Vegetationsgeschichte der Landschaften in Deutschland

Ingo Feeser · Walter Dörfler
Manfred Rösch · Susanne Jahns
Steffen Wolters · Felix Bittmann
Hrsg.

Vegetationsgeschichte der Landschaften in Deutschland

Hrsg.
Ingo Feeser
Institut für Ur- und Frühgeschichte
Christian-Albrechts-Universität zu Kiel
Kiel, Deutschland

Manfred Rösch
Institut für Ur- und Frühgeschichte und
Vorderasiatische Archäologie
Ruprecht-Karls-Universität
Heidelberg, Deutschland

Steffen Wolters
Niedersächsisches Institut für historische
Küstenforschung
Wilhelmshaven, Deutschland

Walter Dörfler
Institut für Ur- und Frühgeschichte
Christian-Albrechts-Universität zu Kiel
Kiel, Deutschland

Susanne Jahns
Brandenburgisches Landesamt für Denkmalpflege
und Archäologisches Landesmuseum
Wünsdorf, Deutschland

Felix Bittmann
Niedersächsisches Institut für historische
Küstenforschung
Wilhelmshaven, Deutschland

ISBN 978-3-662-68935-6   ISBN 978-3-662-68936-3   (eBook)
https://doi.org/10.1007/978-3-662-68936-3

Die Deutsche Nationalbibliothek verzeichnet diese Publikation in der Deutschen Nationalbibliografie; detaillierte bibliografische Daten sind im Internet über https://portal.dnb.de abrufbar.

© Der/die Herausgeber bzw. der/die Autor(en), exklusiv lizenziert an Springer-Verlag GmbH, DE, ein Teil von Springer Nature 2024

Das Werk einschließlich aller seiner Teile ist urheberrechtlich geschützt. Jede Verwertung, die nicht ausdrücklich vom Urheberrechtsgesetz zugelassen ist, bedarf der vorherigen Zustimmung des Verlags. Das gilt insbesondere für Vervielfältigungen, Bearbeitungen, Übersetzungen, Mikroverfilmungen und die Einspeicherung und Verarbeitung in elektronischen Systemen.
Die Wiedergabe von allgemein beschreibenden Bezeichnungen, Marken, Unternehmensnamen etc. in diesem Werk bedeutet nicht, dass diese frei durch jede Person benutzt werden dürfen. Die Berechtigung zur Benutzung unterliegt, auch ohne gesonderten Hinweis hierzu, den Regeln des Markenrechts. Die Rechte des/der jeweiligen Zeicheninhaber*in sind zu beachten.
Der Verlag, die Autor*innen und die Herausgeber*innen gehen davon aus, dass die Angaben und Informationen in diesem Werk zum Zeitpunkt der Veröffentlichung vollständig und korrekt sind. Weder der Verlag noch die Autor*innen oder die Herausgeber*innen übernehmen, ausdrücklich oder implizit, Gewähr für den Inhalt des Werkes, etwaige Fehler oder Äußerungen. Der Verlag bleibt im Hinblick auf geografische Zuordnungen und Gebietsbezeichnungen in veröffentlichten Karten und Institutionsadressen neutral.

Planung/Lektorat: Simon Shah-Rohlfs
Springer ist ein Imprint der eingetragenen Gesellschaft Springer-Verlag GmbH, DE und ist ein Teil von Springer Nature.
Die Anschrift der Gesellschaft ist: Heidelberger Platz 3, 14197 Berlin, Germany

Wenn Sie dieses Produkt entsorgen, geben Sie das Papier bitte zum Recycling.

Vorwort

In den Jahren 1949 und 1952 veröffentlichte Franz Firbas sein epochales zweibändiges Werk über die Waldgeschichte Mitteleuropas. Es waren mit der damals noch recht jungen Pollenanalyse bereits so zahlreiche Untersuchungen erschienen, dass er eine zusammenfassende Darstellung wagen konnte, die ihm auch in hervorragender Weise gelungen ist. Dieses Standardwerk wurde für viele Jahrzehnte die Basis für die weitere Forschungstätigkeit auf dem Gebiet der Waldgeschichte, war aber auch so konzipiert, dass die Nachbarwissenschaften die erzielten Ergebnisse nutzen konnten.

Seither wurde vor allem durch die enorme Erweiterung der Nichtbaumpollenbestimmungen sowie dem Ausbau der Makrorestuntersuchungen aus der Waldgeschichte eine umfassende Vegetationsgeschichte, die in den folgenden Jahren erheblich vorankam und sich auch methodisch sehr stark weiterentwickelte. Dieses betrifft nicht nur viele neue Bestimmungsmöglichkeiten, sondern auch die zeitliche Auflösung der Pollendiagramme und besonders neue, vor allem physikalische Methoden zur Datierung. Trug die Waldgeschichte damals erst wenig zur Siedlungs- und Umweltgeschichte bei, so liefert die heutige Vegetationsgeschichte hierzu ganz wesentliche Beiträge, die auf andere Weise nicht gewonnen werden können. Das führte sogar dazu, dass heute zumindest in Deutschland die Vegetationsgeschichte einschließlich der Archäobotanik besser in archäologischen Einrichtungen als in der eigentlichen Botanik vertreten ist.

Hinzu kommt, dass das Interesse an einer natürlichen Umwelt in den letzten Jahrzehnten erheblich gewachsen und die Kenntnis von deren historischer Entwicklung zur Erklärung der heutigen, weitgehend anthropogenen Landschaftsverhältnisse unerlässlich ist. Das gilt besonders auch im Hinblick auf die naturnahe Erhaltung oder Wiederherstellung einzelner Gebiete, in denen dadurch Fehlentwicklungen verhindert oder teilweise auch rückgängig gemacht werden können.

In Deutschland, und auch weit darüber hinaus, haben die vegetationsgeschichtlichen Untersuchungen in den letzten Jahrzehnten sehr viele neue Erkenntnisse gebracht. Daher bestand seit Längerem das Bedürfnis, diese in einer neuen Auflage des „Firbas" zusammenzufassen. Was damals ein Einzelner gerade noch bearbeiten konnte, hat sich seither sowohl in der Bearbeitungsdichte als auch in der weiterentwickelten Methodik so vermehrt, dass es heute nur noch von einer Gruppe bewältigt werden kann. So bildete sich im Arbeitskreis Vegetationsgeschichte der Reinhold-Tüxen-Gesellschaft mit den Kollegen F. Bittmann, W. Dörfler, S. Jahns, M. Rösch und S. Wolters eine Steuergruppe, die das Konzept für den Band entwarf und die weiteren Mitarbeiter gewann. Durch das dankenswerterweise von der DFG geförderte Vorhaben konnte mit I. Feeser ein pollenanalytisch ausgewiesener Wissenschaftler als Koordinator eingestellt werden, der auch die Neuberechnung und einheitliche Darstellung aller Pollendiagramme vornahm. All den Genannten und natürlich den zahlreichen Autoren selbst gebührt auch an dieser Stelle großer Dank für dieses umfangreiche Werk.

Als Grenze des Bearbeitungsgebietes wurde die heutige Grenze der Bundesrepublik festgelegt, wobei wie in der ersten Auflage auch der deutsche Nordrand der Alpen miterfasst wurde. Um die nacheiszeitliche Vegetationsentwicklung mit ihren Ursprüngen geschlossen darzustellen, wurde wie bereits früher auch das Spätglazial mitbehandelt, für dessen einzelne Phasen es inzwischen sehr gute Datierungen gibt.

Der Inhalt des Werkes wird durch die regionalen Bausteine bestimmt, die zusammen ein Ganzes ergeben. Hinzu kommen übergreifende Kapitel allgemeiner Art. Besonderer Wert wurde auf Ergänzungskapitel zu historischen Landnutzungsformen, Wirtschaftstätigkeiten u. Ä. gelegt, die die Vegetationsentwicklung in den beschriebenen Regionen oftmals stark mitbestimmt haben.

Das Buch ist so angelegt, dass es nicht nur für Fachleute, sondern auch für allgemein-botanisch interessierte Leser gut lesbar ist und vor allem den Vertretern der Nachbarwissenschaften die für sie nötigen Basisinformationen liefert. Dazu dienen auch die Abbildungen.

Damit sich der interessierte Leser nicht in einer Vielzahl von Publikationen verläuft, sind im gedruckten Band nur die ganz wichtigen zu den jeweiligen Kapiteln gehörigen Veröffentlichungen aufgeführt. Ein soweit wie möglich vollständiges Verzeichnis der umfangreichen vegetationsgeschichtlichen Literatur für die behandelten Regionen ist in einem Anhang zusammengestellt und erleichtert damit den Zugang zu detaillierteren und kleinräumigeren Erkenntnissen.

Dem Springer-Verlag gebührt großer Dank für sein Interesse an diesem Werk und die gute Ausstattung.

Möge der „neue Firbas" in der wissenschaftlichen Gemeinschaft die gleiche große Beachtung finden wie die erste Auflage!

Wilhelmshaven, Deutschland   Karl-Ernst Behre

Vorwort der Herausgebenden

Für das Verständnis der modernen Vegetation, sei sie natürlich, naturnah oder durch den Menschen geprägt, ist das Wissen über ihre Entstehung von elementarer Bedeutung. Eine aktuelle, zusammenfassende Darstellung der Vegetationsgeschichte der Landschaften Deutschlands stellt seit Langem ein Desiderat dar. Mit einer mehr als 100 Jahre währenden Forschungsgeschichte der systematischen Pollenanalyse und über 70 Jahre nach dem Erscheinen der „Waldgeschichte Mitteleuropas" von Franz Firbas erschien es angebracht, den Forschungsstand zur Vegetationsgeschichte der letzten 15.000 Jahre erneut allgemein verständlich darzustellen.

Die Literatur zur Vegetationsgeschichte ist weit gestreut und oftmals in regionalen Zeitschriften erschienen, sodass es schwer ist, einen vergleichenden Überblick zu bekommen. Daher war es uns wichtig, standardisierte Pollendiagramme zu erstellen, für die gleiche Zeitscheiben berechnet wurden und die weitgehend das gleiche Repertoire an Pflanzentaxa repräsentieren. Oftmals sind diese Standarddiagramme aus mehreren Einzeluntersuchungen zusammengefügt, da nur selten das komplette Spätglazial und Holozän an einer Lokalität überliefert ist. Für die regionale Differenzierung haben wir uns einerseits am „Firbas" orientiert, andererseits die naturräumlichen Großregionen Deutschlands zugrunde gelegt. Insgesamt 39 Landschaften werden somit in diesem Buch behandelt – die Karte auf Seite IX zeigt die räumliche Gliederung und die Zuordnung der Kapitelnummern zu den Regionen. Der vorgegebene einheitliche Aufbau der Regionalkapitel hat den Autorinnen und Autoren einiges abverlangt, gewährleistet aber eine direkte Vergleichbarkeit. Viele Autorinnen und Autoren haben außerdem die von uns angebotene Möglichkeit genutzt, Besonderheiten der von ihnen bearbeiteten Region anhand eines zusätzlichen Diagramms zu behandeln. Hinzu kommen sechs Einführungskapitel und 23 Kapitel zu vegetationsgeschichtlich relevanten Themen, wie methodische Aspekte oder historische Landnutzungsformen, die für viele der behandelten Regionen Geltung haben. Ein nach den Landschaften geordnetes, möglichst komplettes Literaturverzeichnis befindet sich im Anhang. Für dessen Erstellung bildet die Literaturdatenbank der Abteilung Palynologie und Quartärwissenschaften des Botanischen Instituts der Universität Göttingen die

Grundlage. Die Fertigstellung dieses Werkes hat von der Findung der „Steuergruppe" 2010 in Freiburg bis zum Abschluss viele Jahre benötigt, und wir danken daher allen Beteiligten für ihre Geduld. Die Karten wurden mit Unterstützung der Firma GEOGLIS von Janine Cordts erstellt, die auch alle weiteren Abbildungen bearbeitet hat. Ihr, wie auch dem Institut für Ur- und Frühgeschichte der Universität Kiel und dem Niedersächsischen Institut für Historische Küstenforschung in Wilhelmshaven für ihre materielle und personelle Unterstützung, gilt unser besonderer Dank. Für die Erstellung des Zeitstrahlbildes zu Beginn dieses Vorworts bedanken wir uns sehr bei Susanne Beyer und für das Lektorat bei Helmut Kroll. Ohne die Förderung durch die Deutsche Forschungsgemeinschaft (Nr. Do 482/5) wäre das Projekt nicht durchführbar gewesen; die Herausgebenden danken für das in sie gesetzte Vertrauen.

Kiel, Deutschland	Ingo Feeser
Kiel, Deutschland	Walter Dörfler
Heidelberg, Deutschland	Manfred Rösch
Wünsdorf, Deutschland	Susanne Jahns
Wilhelmshaven, Deutschland	Steffen Wolters
Wilhelmshaven, Deutschland	Felix Bittmann

Vorwort der Herausgebenden IX

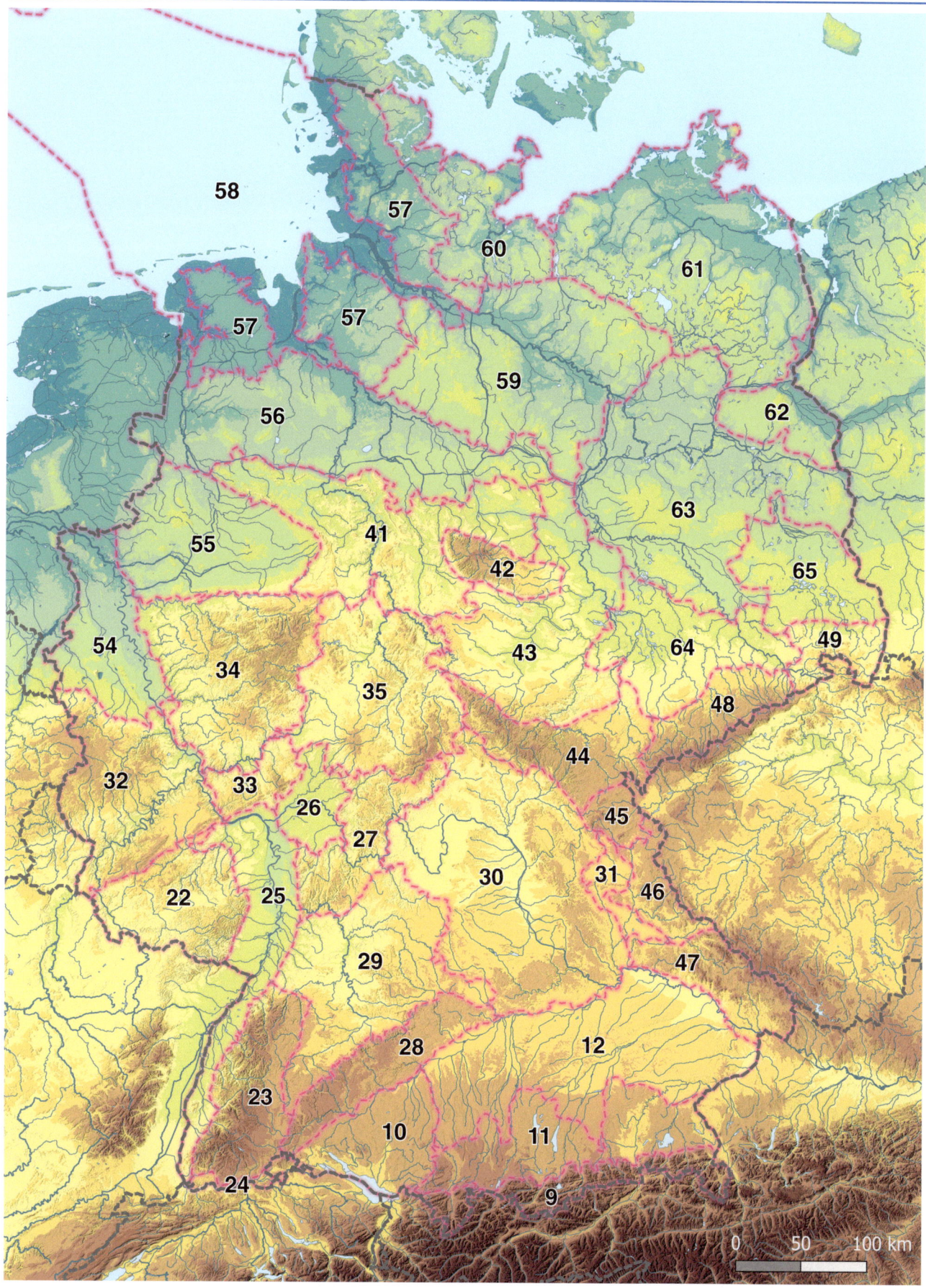

Übersichtskarte der im Buch behandelten Landschaften mit Kapitelnummern

Inhaltsverzeichnis

Teil I Einleitende Kapitel

1 Allgemeine Geographie und Naturraum Deutschlands 3
   Arne Friedmann

2 Paläoklimatologie und Klimageschichte 15
   Norbert Kühl

3 Forschungsgeschichte 31
   Karl-Ernst Behre

4 Von der späten Altsteinzeit bis zum Spätmittelalter 41
   Johannes Müller

5 Die Pollenanalyse als Methode der Paläoökologie
   und Vegetationsgeschichte 59
   André F. Lotter

6 Berechnung und Darstellung der standardisierten Pollendiagramme 77
   Ingo Feeser

Teil II Exkurse zu methodischen Aspekten

7 Die Verlandung von Gewässern und ihre Konsequenzen
   für den Pollengehalt von Torfen und Mudden 83
   Dierk Michaelis

8 Chronologie/Zeit-Tiefen-Modellierung 87
   Ingo Feeser

Teil III Alpen und Alpenvorland

9 Nördliche Kalkalpen 93
   Klaus Oeggl

10 Bodenseegebiet/Ehemaliger Rheingletscher nördlich des Bodensees 103
   Manfred Rösch

11 Schwäbisch-Bayerische Alt- und Jungmoränenlandschaft 119
   Philipp Stojakowits, Arne Friedmann und Michael Peters

12 Iller-Lech-Platte, Tertiärhügelland und Schotterplatten 131
   Arne Friedmann, Philipp Stojakowits und Michael Peters

Teil IV Exkurse zu Landnutzungsformen

13 Ackerbau 143
Karl-Ernst Behre

14 Haubergswirtschaft und Brandfeldbau 147
Richard Pott

15 Heideentstehung und Plaggenwirtschaft 151
Karl-Ernst Behre

16 Moorbrand- und andere Moorkulturen 155
Karl-Ernst Behre und Felix Bittmann

17 Weinbau 159
Manfred Rösch

18 Almwirtschaft 163
Klaus Oeggl

19 Waldweide und Hudelandschaften 167
Joachim Hüppe und Richard Pott

20 Nieder- und Mittelwaldwirtschaft 171
Manfred Rösch

**21 Laubheu – Das Schneiteln von Bäumen zur Futtergewinnung
in Mitteleuropa** 175
Jean Nicolas Haas, Benjamin Dietre, Brigitte Hechenblaickner,
Werner Kofler, Werner H. Schoch, Sönke Szidat und Fabian Vassanelli

Teil V Mittelgebirgslandschaften I

22 Das Pfälzische Berg- und Hügelland 181
Steffen Wolters

23 Schwarzwald 191
Manfred Rösch

24 Hochrhein 205
Lucia Wick

25 Oberrheinisches Tiefland 215
Siegfried Schloß, Lucia Wick und Andreas Lechner

26 Rhein-Main-Tiefland 225
Astrid Stobbe

27 Odenwald und Spessart 237
Manfred Rösch, Felix Bittmann und Ingo Feeser

28 Schwäbische Alb 245
Hans W. Smettan

29 Neckarland 255
Hans W. Smettan

30 Mittel- und unterfränkisches Maingebiet und Fränkische Alb 263
Philipp Stojakowits, Maria Knipping und Arne Friedmann

31	**Oberpfälzer Senke**	273
	Philipp Stojakowits	
32	**Eifel und Hunsrück**	279
	Thomas Litt und Walter Dörfler	
33	**Taunus**	287
	Astrid Stobbe, Lisa Bringemeier, Gabriele Schmenkel und Lucia Wick	
34	**Sauerländisches Bergland und Westerwald**	295
	Richard Pott	
35	**Rhön, Vogelsberg, Knüll und Meißner und ihr Vorland**	305
	Monika Hellmund	

Teil VI Exkurse zur Ressourcennutzung

36	**Holzkohle und Metallgewinnung**	317
	Oliver Nelle	
37	**Die Gewinnung von Teer, Pech und Harz**	319
	Susanne Jahns und Dieter Todtenhaupt	
38	**Ziegeleien, Kalkbrennereien, Glashütten und Salinen**	323
	Walter Dörfler	
39	**Fasergewinnung**	327
	Sabine Karg	
40	**Beginn der Forstwirtschaft**	331
	Andreas Mölder und Marcus Schmidt	

Teil VII Mittelgebirgslandschaften II

41	**Weserbergland und nördliches Harzvorland**	337
	Frank Schlütz	
42	**Harz**	355
	Thomas Giesecke und Ricarda Voigt	
43	**Mitteldeutsches Trockengebiet**	367
	Monika Hellmund	
44	**Thüringer Wald, Frankenwald und Vogtland**	379
	Heike Schneider	
45	**Fichtelgebirge**	391
	Manfred Rösch und Jürgen Hahne	
46	**Oberpfälzer Wald**	397
	Maria Knipping und Jutta Lechterbeck	
47	**Bayerischer Wald**	405
	Jutta Lechterbeck und Maria Knipping	
48	**Erzgebirge**	413
	Martin Theuerkauf und Knut Kaiser	
49	**Elbsandstein- und Lausitzer Gebirge, Polzengebiet und Jeschkengebirge**	421
	Petr Pokorný und Vojtěch Abraham	

Teil VIII Exkurse zu Naturphänomenen I

50 Waldregeneration und Sukzession 431
Ingo Feeser und Peter Poschlod

51 Megaherbivoren-Theorie und halb offene Weidelandschaften 435
Walter Dörfler

52 Magerrasen 439
Peter Poschlod

53 Der klassische Ulmenfall 441
Ingo Feeser, Manfred Rösch und Susanne Jahns

Teil IX Das Tiefland nördlich der Mittelgebirge

54 Niederrhein 445
Arie J. Kalis und Jutta Meurers-Balke

55 Westfälische Bucht 453
Till Kasielke, Jutta Meurers-Balke und Arie J. Kalis

56 Südliches niedersächsisches Altmoränengebiet 463
Andreas Bauerochse, Angelika Kleinmann und Josef Merkt

57 Küstennahe Geestgebiete 477
Steffen Wolters, Felix Bittmann, Walter Dörfler und Karl-Ernst Behre

58 Nordsee und Nordseemarschen 491
Steffen Wolters, Felix Bittmann und Karl-Ernst Behre

59 Prignitz, Wendland, Altmark und Lüneburger Heide 501
Wiebke Kirleis, Jörg Christiansen und Susanne Jahns

60 Westliches Jungmoränengebiet 515
Ingo Feeser und Walter Dörfler

61 Östliches Jungmoränengebiet 531
Martin Theuerkauf, Pim de Klerk und Dierk Michaelis

62 Brandenburgisch-pommersches Jungmoränengebiet innerhalb der baltischen Endmoräne 545
Susanne Jahns und Khadijeh Alinezhad

63 Märkisches Gebiet außerhalb der baltischen Endmoräne 555
Susanne Jahns, Arthur Brande, Thomas Giesecke und Steffen Wolters

64 Sächsische Tieflandsbucht 567
Martina Stebich und Dana Höfer

65 Niederlausitzer und Niederschlesische Heide 577
Susanne Jahns, Michèle Dinies, Andrea Klimaschewski,
Maria Knipping und Jaqueline Strahl

Teil X Exkurse zu Naturphänomenen II

66 (Potenzielle) Natürliche Vegetation und Ökogramme nach Ellenberg 593
Walter Dörfler, Manfred Rösch und Ingo Feeser

67 Meeresspiegelbewegungen und ihre Folgen 595
Karl-Ernst Behre

68 Anthropogene Bodenveränderungen 599
Stefan Dreibrodt

**Gesamtbibliographie der pollenanalytischen Untersuchungen
der Landschaften in Deutschland** 603

Über die Herausgeber

Ingo Feeser Kiel, Studium der Ur- und Frühgeschichte und der Biologie in Kiel, Promotion an der National University of Ireland Galway, Postdoc-Positionen in verschiedenen Projekten am Institut für Ur- und Frühgeschichte in Kiel, seit 2022 Leiter des Palynologischen Labors des Instituts, Arbeitsschwerpunkte: Vegetationsgeschichte Norddeutschlands

Walter Dörfler Kiel, Studium der Biologie und Promotion in Göttingen, bis 2022 Leiter des Palynologischen Labors am Institut für Ur- und Frühgeschichte der Universität Kiel, Arbeitsschwerpunkte: Vegetationsgeschichtliche Untersuchungen in Norddeutschland, Irland, Polen, Bosnien-Herzegowina und der Türkei

Manfred Rösch Gaienhofen, Studium der Biologie und Promotion in Stuttgart, Hohenheim und Bern, bis 2017 Referent für Archäobotanik des Landesdenkmalamtes Baden-Württemberg, apl. Professor an der Universität Heidelberg, Arbeitsschwerpunkte: Vegetationsgeschichte und Archäobotanik Süddeutschlands, Experimentelle Archäologie

Susanne Jahns Wünsdorf, Studium der Biologie und Promotion in Hamburg und Göttingen, Postdoc-Positionen am Institut für Palynologie und Quartärwissenschaften in Göttingen und am Deutschen Archäologischen Institut in Berlin, seit 2000 am Brandenburgischen Landesamt für Denkmalpflege und Archäologischen Landesmuseum, Wünsdorf, Arbeitsschwerpunkte: Palynologie und Archäobotanik Brandenburgs

Steffen Wolters Wilhelmshaven, Studium der Biologie in Potsdam und Galway, Promotion in Potsdam, wissenschaftlicher Mitarbeiter am Niedersächsischen Institut für historische Küstenforschung, Arbeitsschwerpunkte: Vegetations- und Kulturpflanzengeschichte sowie See- und Moorentwicklung in Norddeutschland, frühholozäner Meeresspiegelanstieg der Nordsee

Felix Bittmann Wilhelmshaven, Studium der Biologie in Freiburg und Göttingen, Promotion in Göttingen, seit 2000 Leiter der naturwissenschaftlichen Abteilung und Direktor am NIhK, Honorar-Professor an der Universität Bremen, Arbeitsschwerpunkte: Quartäre Vegetationsgeschichte und Archäobotanik in Niedersachsen

Teil I
Einleitende Kapitel

Allgemeine Geographie und Naturraum Deutschlands

Arne Friedmann

Geologie

Der geologische Aufbau Deutschlands resultiert aus einer langen erdgeschichtlichen Entwicklung, die im ausgehenden Präkambrium vor ca. 600 Mio. Jahren begann und drei Gebirgsbildungsphasen umfasst. Die relevanten tektonischen Großeinheiten setzen sich aus dem mit jüngeren Ablagerungen überdeckten cadomischen Grundgebirge (älter als 535 Mio. a) in Norddeutschland, dem südlich anschließenden variszischen Gebirge (ca. 420 bis 250 Mio. a) sowie dem alpidischen Gebirgsgürtel (jünger als 250 Mio. a) zusammen (Meschede 2018). Über dem kristallinen Grundgebirge aus vorwiegend metamorphen Gesteinen und Plutoniten liegt das kaum deformierte Deckgebirge aus Sedimentgesteinen des Karbons bis Paläogens (360 Mio. bis 66 Mio. a), das in Deutschland weitverbreitet ansteht (Abb. 1.1). Grund- und Deckgebirge sowie vulkanische Gesteine, die ältere Schichten durchbrochen haben, bauen die deutschen Mittelgebirge auf. Im Zuge der alpidischen Orogenese kommt es in den älteren variszischen Gesteinspaketen zu einer ungleichmäßigen Hebung und Bruchtektonik, die in zahlreichen Verwerfungen und Grabenstrukturen (z. B. Oberrheingraben, Fränkische Linie) sowie vulkanischen Aktivitäten (u. a. Kaiserstuhl, Vogelsberg, Rhön, Zittauer Gebirge) ihren Ausdruck findet. Mit der Heraushebung der Alpen werden stark verfaltete, komprimierte und überschobene Gesteinsdecken südlich an die im Variszikum gebildeten Mittelgebirge angegliedert. Im Vorfeld des Alpenbogens bildete sich eine Randsenke (Molassebecken) aus, die den Abtragungsschutt der sich weiter hebenden Alpen aufnahm. Der deutsche Alpenanteil besteht als Teil der Nördlichen Kalkalpen aus überwiegend karbonatischen Sedimentgesteinen des Mesozoikums (ca. 250 bis 66 Mio. a, Abb. 1.2).

Diese tektonischen Grundstrukturen wurden unter dem Einfluss des veränderlichen Klimas je nach Gesteinshärte im Laufe der Erdgeschichte durch exogene Kräfte wie Verwitterung, Wind, Wasser und Eis umgestaltet. Daraus resultieren die beträchtlichen Reliefunterschiede von der planaren Höhenstufe an den Küsten der Nord- und Ostsee über die montane Höhenstufe der Mittelgebirge (Brocken 1142 m, Feldberg 1493 m NN) bis zu den alpin-subnivalen Hochgebirgsgipfeln der Bayerischen Alpen (Zugspitze 2962 m NN).

Geomorphologisch und naturräumlich kann Deutschland in fünf Großräume (Abb. 1.3) gegliedert werden (Liedtke und Marcinek 2002): das deutsche Meeres- und Küstengebiet, das Norddeutsche Tiefland, die Mittelgebirge, das Alpenvorland und die Alpen.

Das Norddeutsche Tiefland prägen die Formen der pleistozänen Kaltzeiten, und es zeigen sich hintereinander gestaffelt die Abfolgen mehrerer glazialer Serien und deren Urstromtäler. Das Jungmoränenland der letzten Eiszeit, der Weichselvereisung, ist dabei reich an Seen und Mooren und besitzt ein relativ ausgeprägtes Relief (Bungsberg 169 m, Helpter Berge 179 m NN). Das Altmoränenland (Geest) ist gekennzeichnet durch ein mehrheitlich flacheres Relief mit verwaschenen Glazialformen, die durch periglaziale Prozesse überprägt wurden. Die Nordseeküste ist durch eine junge tidebeeinflusste Watten- und Marschenflachküste aus marinen Sedimenten mit vorgelagerten Barriere-, Geestkern- oder Marscheninseln charakterisiert. Die Ostseeküste weist von West nach Ost mit der Förden-, Buchten- und Ausgleichsküste unterschiedliche Küstentypen auf und zeigt einen fast nahtlosen Übergang zum Jungmoränenland. Dazu gesellen sich durch Salztektonik ausgelöste Landschaftsformen, bei denen ältere Gesteinsschichten an die Oberfläche gelangten, wie bei Helgoland. Südlich schließt sich im Vorland zur Mittelgebirgsschwelle ausgedehnte Lössüberdeckung an.

Die Mittelgebirgslandschaften sind heterogener (Abb. 1.4) und können in zwei übergeordnete Raumeinheiten unterteilt werden: zertalte Rumpfflächenlandschaften aus

A. Friedmann (✉)
Institut für Geographie, Universität Augsburg,
Augsburg, Deutschland
e-mail: arne.friedmann@geo.uni-augsburg.de

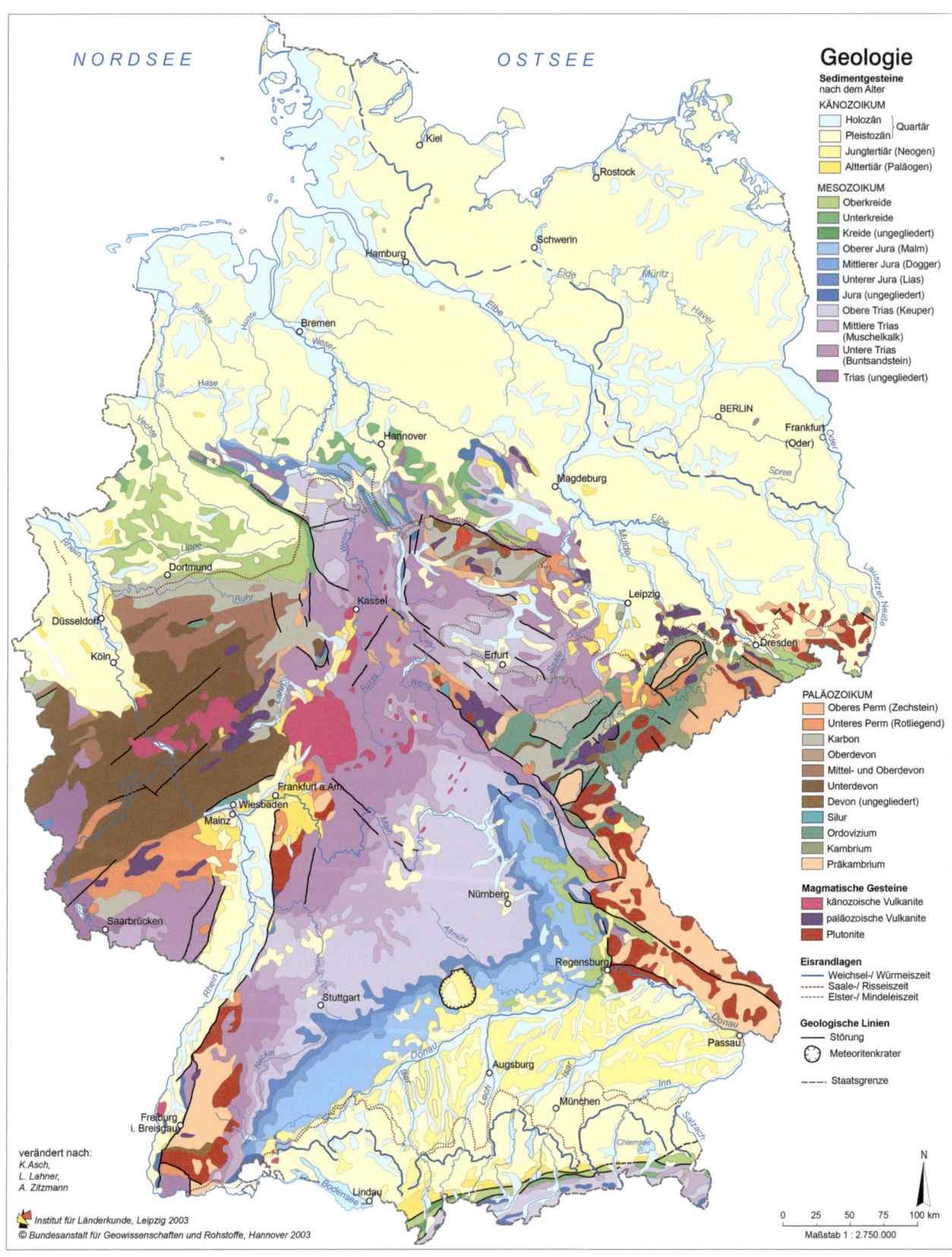

Abb. 1.1 Geologie Deutschlands (verändert nach Asch et al. 2003)

1 Allgemeine Geographie und Naturraum Deutschlands

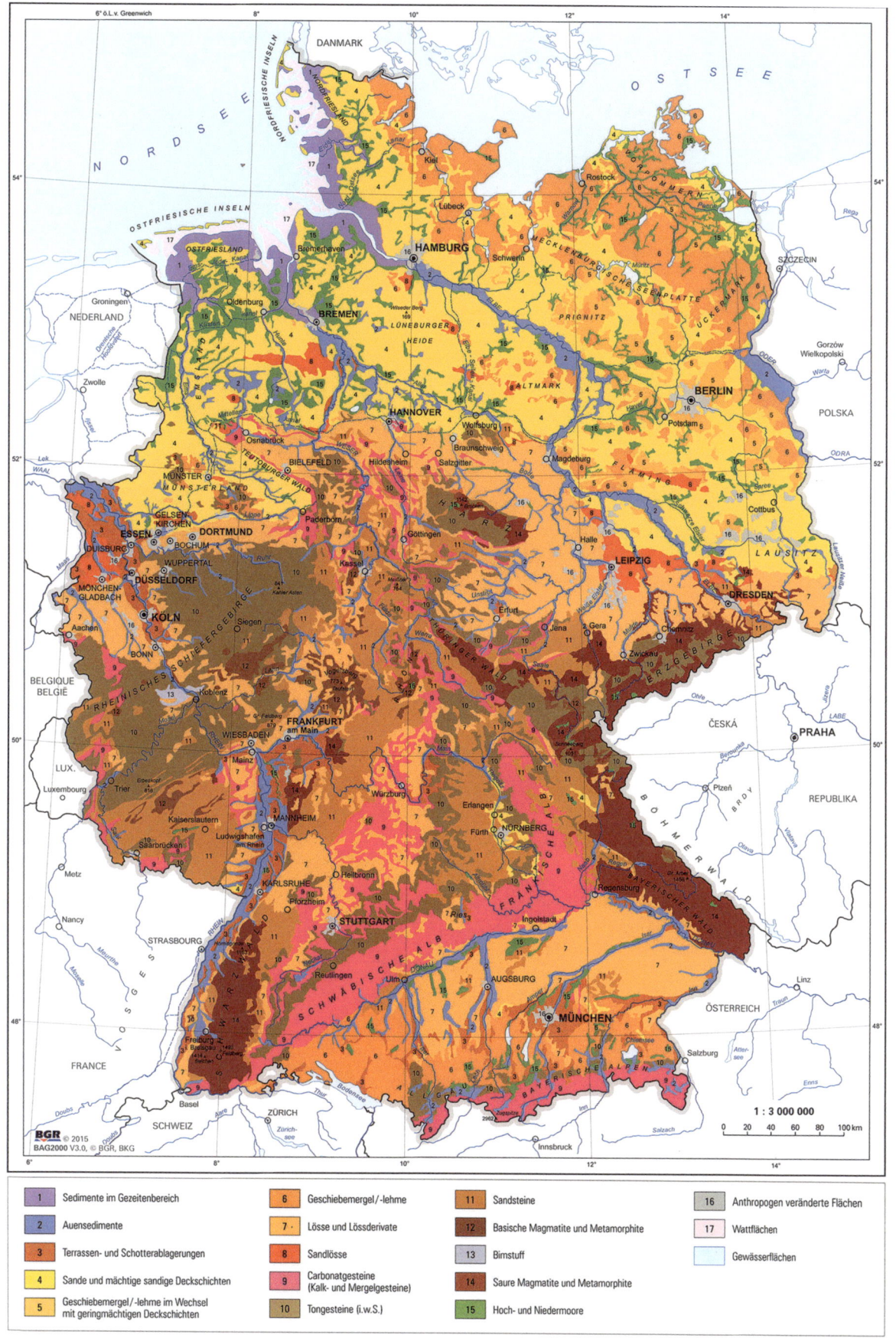

Abb. 1.2 Ausgangsgesteine der Bodenbildung in Deutschland (leicht verändert nach BGR 2016)

Legende:
1. Sedimente im Gezeitenbereich
2. Auensedimente
3. Terrassen- und Schotterablagerungen
4. Sande und mächtige sandige Deckschichten
5. Geschiebemergel/-lehme im Wechsel mit geringmächtigen Deckschichten
6. Geschiebemergel/-lehme
7. Lösse und Lössderivate
8. Sandlösse
9. Carbonatgesteine (Kalk- und Mergelgesteine)
10. Tongesteine (i.w.S.)
11. Sandsteine
12. Basische Magmatite und Metamorphite
13. Bimstuff
14. Saure Magmatite und Metamorphite
15. Hoch- und Niedermoore
16. Anthropogen veränderte Flächen
17. Wattflächen
- Gewässerflächen

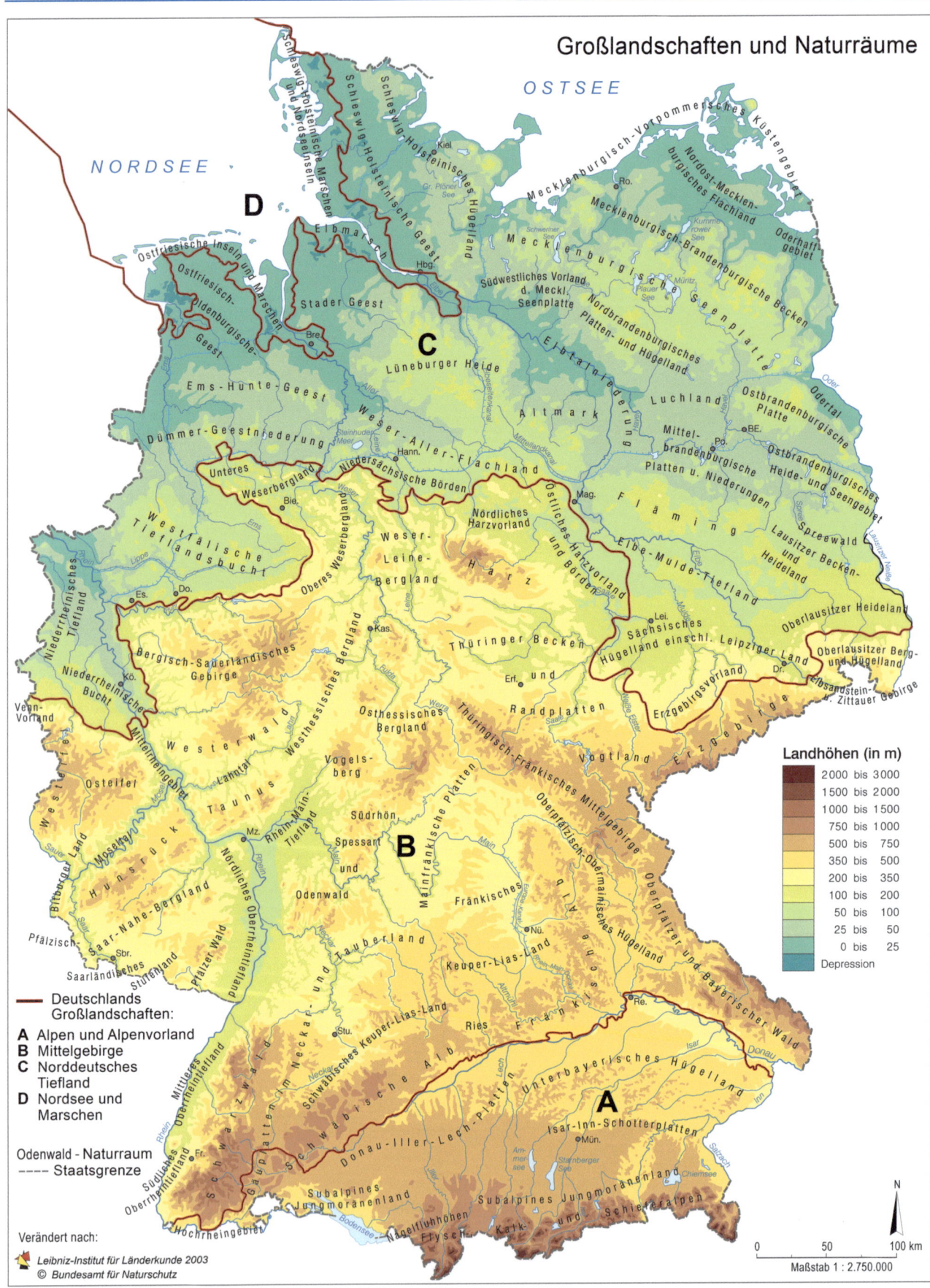

Abb. 1.3 Großlandschaften und Naturräume Deutschlands (verändert nach Großer 2003)

1 Allgemeine Geographie und Naturraum Deutschlands

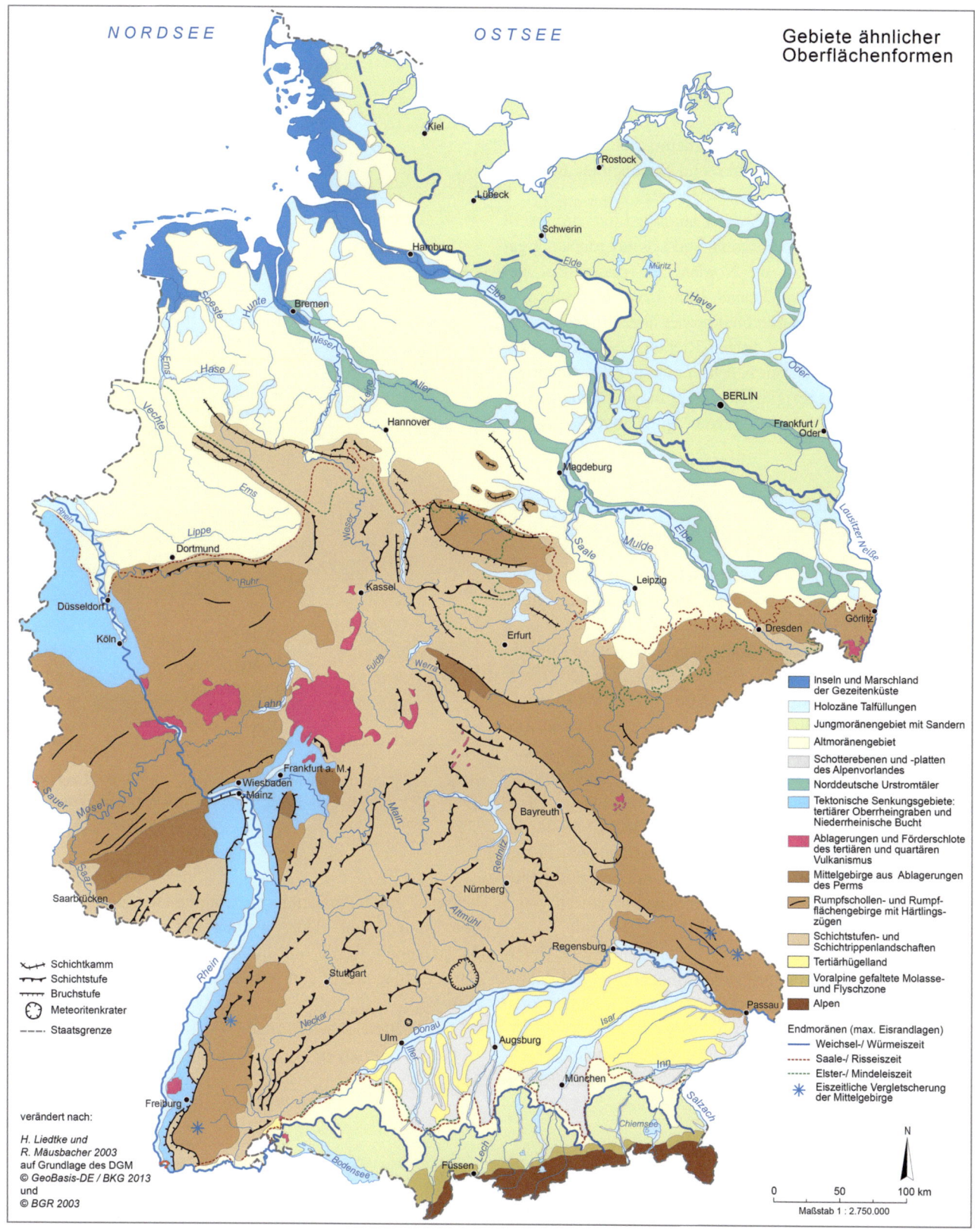

Abb. 1.4 Gebiete ähnlicher Oberflächenformen in Deutschland (verändert nach Liedtke und Mäusbacher 2003)

paläozoischen Gesteinen (Rheinisches Schiefergebirge, Harz, Erzgebirge) sowie Tafel-, Stufen- und Beckenlandschaften aus mesozoischen Sedimentgesteinen (Weserbergland, Thüringer Becken, Süddeutsches Schichtstufenland). Dazu kann man auch die tertiären Senken des Oberrheingrabens und der Niederrheinischen Bucht sowie die Meteoritenkrater des Rieses und Steinheimer Beckens zählen.

Das deutsche Alpenvorland ist landschaftlich dreigeteilt in das durch periglaziale Formung und Lössüberdeckung geprägte Tertiärhügelland im Norden, die glazifluvial gestalteten Schotterplatten (Donau, Iller, Lech, Isar, Inn) und daran anschließend das durch Gletscher überformte Alt- und Jungmoränenland. Darauf folgen Richtung Süden die Allgäuer und die Bayerischen Alpen mit steilem Hochgebirgsrelief, glazialer und periglazialer Überprägung sowie den typischen Formen junger aktiver gravitativer Massenbewegungen.

Klima

Deutschland liegt in der außertropischen Westwindzone und zeichnet sich durch ein ganzjährig mild-gemäßigtes Klima mit einer Vegetationsperiode von 180 bis 230 Tagen je nach Höhenlage aus. Großräumig kann man von einem ozeanisch-maritimen Klimatyp im Nordwesten mit graduellem Übergang zu einem subkontinental getönten Klima im Osten und Süden sprechen (Glaser et al. 2007). Des Weiteren ist orographisch bedingt regional ein Gebirgsklimaeinfluss vorhanden. Thermische Gunstlagen mit Jahresmitteltemperaturen zwischen 9 und 11 °C finden sich im Oberrheintiefland, in der Niederrheinischen Bucht und in der Leipziger Tieflandsbucht (Abb. 1.5). Ungunstlagen in den höheren Mittelgebirgen, dem Alpenvorland und den Alpen weisen demgegenüber nur Jahresmitteltemperaturen von 5 bis 8 °C auf.

Die regionale Niederschlagsverteilung zeigt große Unterschiede (Abb. 1.6). So finden sich hohe Jahresniederschlagswerte von 1500 bis zu über 2000 mm in den Mittelgebirgen und den Alpen, dort besonders in den westexponierten Luvlagen. Geringe Jahresniederschläge weisen die im Regenschatten der Mittelgebirge liegenden Regionen Rhein-

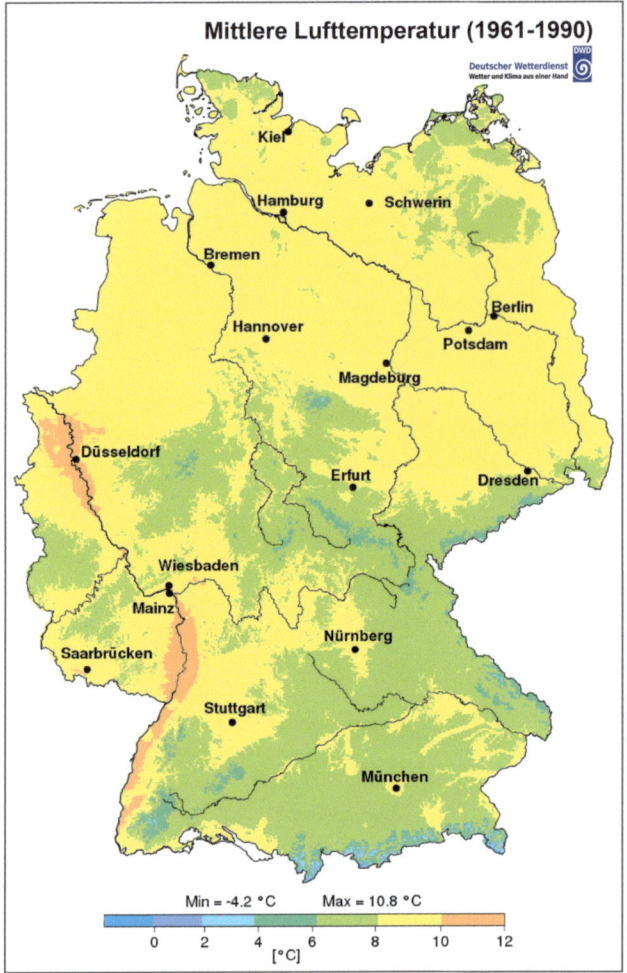

Abb. 1.5 Jahresmitteltemperaturen der Luft in Deutschland 1961–1990 (DWD, Datenbasis: Rasterdaten Deutscher Wetterdienst, leicht ergänzt)

hessens, das unterfränkische Maintiefland und Teile Ostdeutschlands auf. Dort werden am Oderbruch, in der Magdeburger Börde und dem Thüringer Becken jährliche Niederschlagswerte von teilweise unter 500 mm gemessen (DWD).

Für weitere Ausführungen zu Klima im Allgemeinen sowie zur Klimageschichte Mitteleuropas wird auf Kap. 2 verwiesen.

1 Allgemeine Geographie und Naturraum Deutschlands

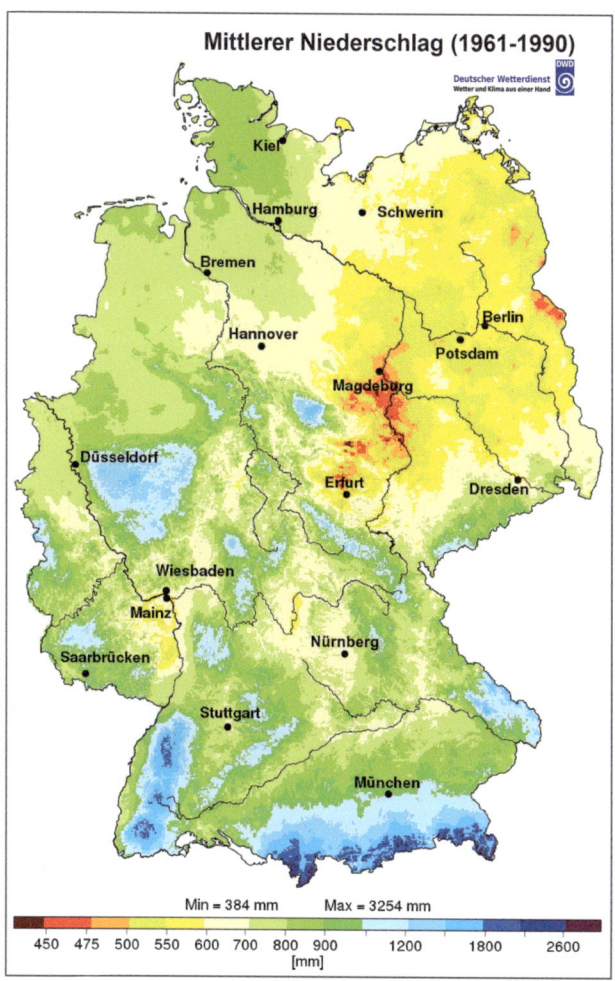

Abb. 1.6 Mittlerer Jahresniederschlag in Deutschland 1961–1990 (DWD, Datenbasis: Rasterdaten Deutscher Wetterdienst, leicht ergänzt)

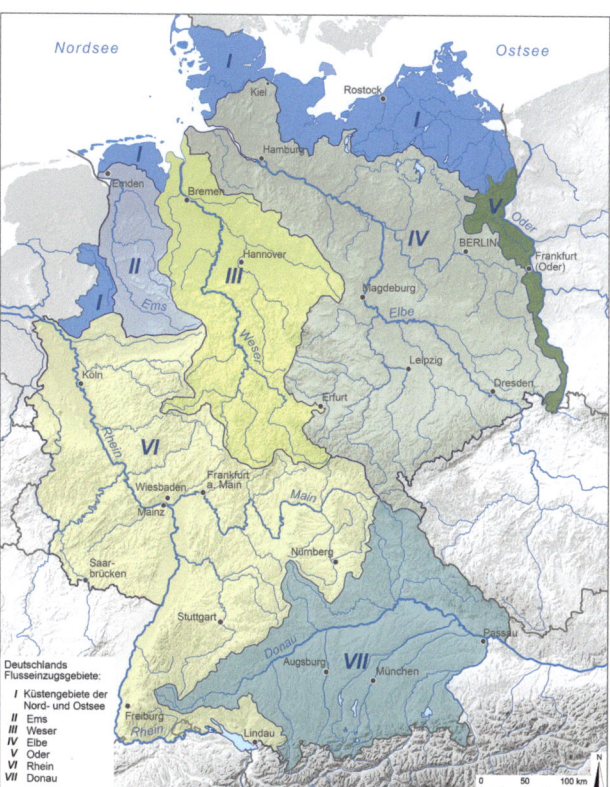

Abb. 1.7 Hauptflüsse und Flusseinzugsgebiete Deutschlands (verändert nach Glaser 2010)

seen gekommen, so im Harzvorland. In der Eifel hat jüngerer Vulkanismus nachfolgend zur Entstehung von Maarseen geführt.

Hydrologie

Generell hat Deutschland ein humides Klima mit weitverbreitetem Niederschlagsüberschuss, was zur Ausbildung eines reichverzweigten Fließgewässernetzes geführt hat (Abb. 1.7). Im Süden Deutschlands quert die europäische Hauptwasserscheide das Land. Nur die Donau mit ihrem Einzugsgebiet entwässert in das Schwarze Meer. Das größte Einzugsgebiet in Deutschland besitzt der Rhein mit seinen Nebengewässern, gefolgt von Oder, Elbe, Weser und Ems, die alle in die Ost- oder in die Nordsee entwässern. Kleine Gebiete in Westdeutschland entwässern in die Maas, und die küstennahen Flüsse in Norddeutschland entwässern direkt in die Nord- oder Ostsee. Natürliche Seen sind in Deutschland vor allem in den ehemals vergletscherten Gebieten Nord- und Süddeutschlands sowie der Mittelgebirge vertreten. Entlang von Flüssen sind kleine Seen als abgeschnürte Altwasserarme überregional verbreitet. In einigen Regionen ist es durch Gips- oder Salzauslaugung zur Bildung von Erdfall-

Böden

Die Böden der deutschen Naturräume (Abb. 1.8) entstanden aus dem regional unterschiedlichen Zusammenwirken der bodenbildenden Faktoren. Dazu gehören neben dem Faktor Zeit das Ausgangsgestein, das Relief, das Klima, das Wasserdargebot, Flora, Fauna und der Einfluss des Menschen (s. auch Exkurs Kap. 68). Dies hat zur Folge, dass sich zahlreiche unterschiedliche Bodenlandschaften mit einer großen Vielfalt an Bodentypen entwickeln konnten. Übergreifend kann man generalisiert sieben Bodenregionen mit insgesamt 43 Bodengesellschaften unterscheiden (BGR 2016), die im Detail einer kleinräumigen inneren Differenzierung unterliegen und auf einer Überblickskarte nicht darstellbar sind. Daneben finden sich anthropogen veränderte Böden der Siedlungsflächen, Bergbaugebiete und Gewässer.

Die Bodenregion der Küsten kennzeichnen Watt- und Marschböden, auf Küstensanden auch Podsol-Regosole. Moore sind überregional verbreitet und je nach Wasserangebot durch Nieder- oder Hochmoorböden geprägt. Große

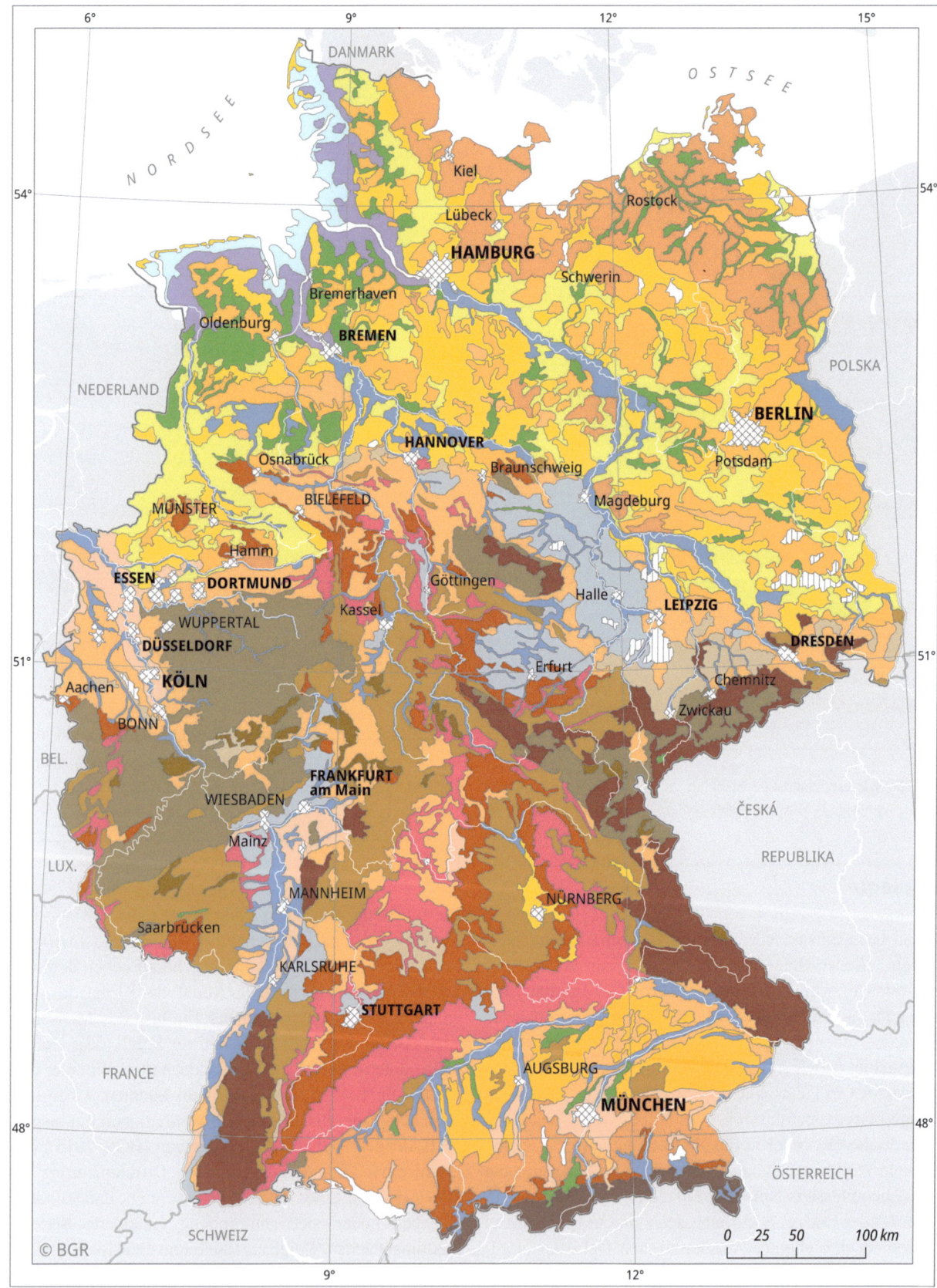

Abb. 1.8 Bodenübersichtskarte von Deutschland (Bundesanstalt für Geowissenschaften und Rohstoffe, Hannover)

1 Allgemeine Geographie und Naturraum Deutschlands

© Bundesanstalt für Geowissenschaften und Rohstoffe, Hannover

Abb. 1.8 (Fortsetzung)

Flusstäler mit ihren Terrassen zeichnen sich durch Auenböden und Gleye aus und sind auch überregional vertreten. Heterogener aufgebaut ist die Bodenregion der Moränen-, Schotterplatten- und Sanderflächen. Sie wird überwiegend von Parabraunerden, Braunerden, Fahlerden sowie Pseudogleyen eingenommen. Die Lössgebiete werden durch Schwarzerden (Tschernoseme) und Parabraunerden dominiert, den fruchtbarsten Bodentypen Deutschlands. Höhere Mittelgebirge und niedrige Hügelländer zeichnen sich als Bodenregion, je nach Ausgangsgestein, durch Ranker, Podsole und Braunerden oder Rendzinen und Pararendzinen aus. Die kleine Bodenregion der Alpen wird von (Tangel-)Rendzinen, Pararendzinen und Braunerden sowie vereinzelt Rankern und Syrosemen (Rohböden aus Festgestein) geprägt.

Vegetation

Deutschland liegt im Florenreich der Holarktis und weist mit ca. 3000 höheren Pflanzenarten nur eine mäßig hohe Phytodiversität auf (BfN 2016). Die vorherrschenden Florenelemente sind (sub-)atlantisch, eumitteleuropäisch, submediterran, boreal und eurasiatisch. Ursprünglich war Deutschland fast vollständig von Wald bedeckt; nur die Meeresküsten, Gewässerufer, Hochmoore, Felsengebiete und die Flächen oberhalb der Baumgrenze waren natürlich waldfrei. Die ursprüngliche natürliche Vegetation Deutschlands ist jedoch durch die seit Jahrtausenden wirksamen Eingriffe des Menschen verändert und durch anthropogene Ersatzgesellschaften (reale Vegetation) modifiziert. Heute werden ca. 31 % Deutschlands von Forsten eingenommen, die restlichen Flächen sind landwirtschaftliche Nutzflächen, Gewässer sowie Siedlungs- und Infrastrukturgebiete (BfN 2016).

Die natürliche Pflanzendecke ist abhängig vom Ausgangsgestein, vom Relief und von der Höhenlage, der Exposition, den Bodeneigenschaften, dem Wasserhaushalt sowie dem Klima. Deutschlandweit sind die Vegetationsverhältnisse kartographisch am besten als potenzielle natürliche Vegetation darzustellen (BfN 2010). Die potenzielle natürliche Vegetation (Abb. 1.9) stellt dabei einen hypothetischen Endzustand der Pflanzendecke dar, der sich aus den aktuell vorherrschenden klimatischen, bodenkundlichen und floristischen Verhältnissen bei völligem Aufhören menschlichen Einflusses unter Berücksichtigung der anthropogenen Eingriffe der Vergangenheit ergeben würde (s. auch Exkurs Kap. 66). Es leitet sich daraus folgendes Bild ab (BfN 2010): Die Küstenvegetation auf den Nord- und Ostseeinseln und kleinräumig auch im küstennahen Festland bestünde im gezeitenbeeinflussten Bereich aus halophilen Quellerbeständen, Salzwiesen, Röhrichten und Bruchwäldern. Auf Sandstränden folgten eine differenzierte grasreiche Dünenvegetation, exponierte Küstenheiden oder in geschützten Lagen Dünengebüsche und birken- oder erlenreiche Wälder oder Kiefernwälder. Die Gebiete der etwas küstenferneren Fluss- und Seemarschen würde von erlen- und eschenreichen Feuchtwäldern eingenommen.

Das Norddeutsche Tiefland zeigte im Bereich des ostseenahen Jungmoränenlandes Tieflandsbuchenwälder, im kontinentaleren Osten auch bodensaure Buchenwälder, Eichen- und Eichen-Kiefernwälder sowie buchendurchsetzte Traubeneichen-Hainbuchenwälder. Im subatlantisch geprägten westlichen Altmoränenland fänden sich bodensaure Buchen-

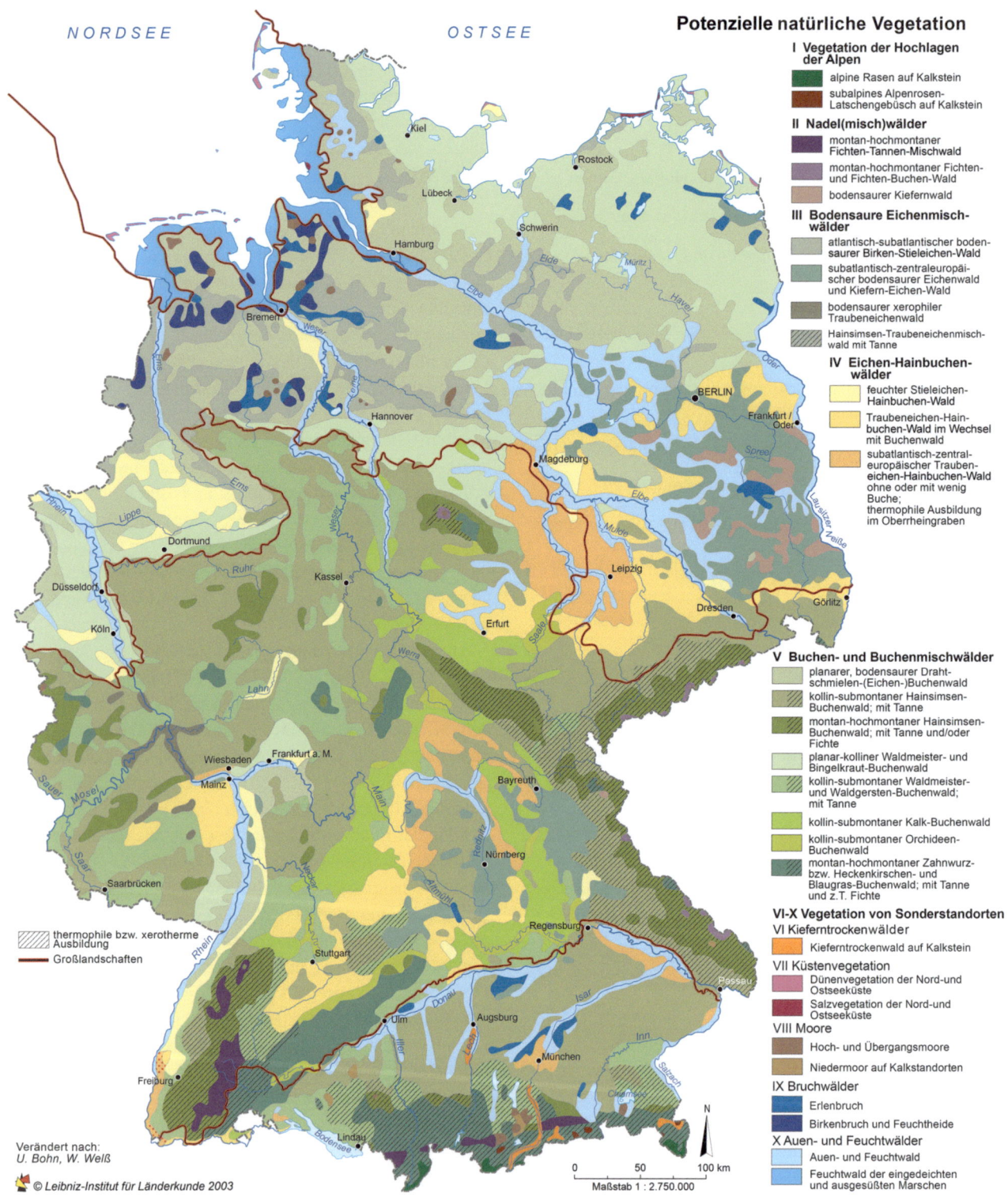

Abb. 1.9 Potenzielle natürliche Vegetation Deutschlands (verändert nach Bohn und Welß 2003)

wälder oder Birken-Stieleichen- oder feuchtere Stieleichen-Hainbuchenwälder. Nach Osten träten im Altmoränenland bodensaure Eichen-Kiefernwälder sowie Traubeneichen-Hainbuchenwälder mit und ohne Buche auf. Entlang der größeren Flüsse entwickelten sich Auenwälder und Bruchwälder. Bei dauerhaft hohem Grundwasserstand fänden sich Niedermoore und im niederschlagsreichen Nordwestdeutschland auch rein niederschlagswassergespeiste Hochmoore.

Die Mittelgebirge wären gekennzeichnet durch kollin-submontane Buchen- und Buchenmischwälder teilweise mit Tanne, sowie durch montan-hochmontane Buchen-Tannenwälder teilweise mit Fichte. In den Hochlagen der Mittelgebirge mit sauren Ausgangsgesteinen fänden sich zudem hochmontane Fichtenwälder und kleinflächige Hochmoore. Die Vegetation der Schichtstufenlandschaften mit karbonatischen Gesteinen zeichnete sich durch kollin-montane Buchenwälder und Traubeneichen-Hainbuchenwälder aus.

Das Alpenvorland würde bestimmt durch Buchen-Tannen-Bergmischwälder, im Süden durchsetzt mit Hochmooren; auf den Schotterplatten wären auch Traubeneichen-Hainbuchenwälder und größere Niedermoorkomplexe vertreten. Entlang der großen Alpenflüsse mit ihrer Auenvegetation stockten auf edaphisch trockenen Schottern Schneeheide-Kiefernwälder.

Mit zunehmender Höhe nähme die Bedeutung der Fichte in den Bergmischwäldern zu und ginge in hochmontanen Lagen der Alpen in reine Fichtenwälder über. In den Bayerischen Alpen käme es lokal zur Ausbildung von Lärchen-Zirbenwäldern. Bei ca. 1800 m Höhe würde die anthropogen erniedrigte alpine Waldgrenze erreicht, und es schlössen sich in der subalpinen Stufe darüber die Latschen-Krummholzgebüsche mit Alpenrosen an. In der alpinen Stufe folgten Rasengesellschaften und schließlich Schuttfluren und Felsspaltengesellschaften in der subnivalen Stufe.

Moore wären in Deutschland besonders in den ehemals vergletscherten Gebieten Nord- und Süddeutschlands sowie den höheren Mittelgebirgen und Alpen bis ca. 1700 m NN vertreten. Darüber hinaus fänden sich Moore in Gebieten mit oberflächlichen Grundwasseraustritten und entlang von Flüssen in allen Landschaften.

Das Prinzip der potenziellen natürlichen Vegetation beruht allerdings auf einem aktualistischen Ansatz, der alle hier angeführten geographischen Gegebenheiten berücksichtigt. In welchem Maße diese potenzielle Vegetation auch auf natürliche und anthropogene Prozesse der letzten 15.000 Jahre zurückgeht, kann aus den Regionalkapiteln zu den einzelnen Landschaften abgelesen werden.

Literatur

Asch K, Lahner L, Zitzmann A (2003) Die Geologie von Deutschland – ein Flickenteppich. In: Institut für Länderkunde Leipzig (ed) Nationalatlas BRD. Relief, Boden und Wasser. Spektrum Akademischer Verlag, Heidelberg, 32–35

BfN (2010) Bundesamt für Naturschutz (ed) Karte der potentiellen natürlichen Vegetation Deutschlands 1:500.000 mit Legende (bearbeitet durch R. Suck u. M. Bushart). Landwirtschaftsverlag, Münster

BfN (2016) Bundesamt für Naturschutz (ed) Daten zur Natur 2016. Landwirtschaftsverlag, Münster

BGR (2016) Bundesanstalt für Geowissenschaften und Rohstoffe (ed) Bodenatlas Deutschland. Schweizerbart'sche Verlagsbuchhandlung, Hannover

Bohn U, Weiß W (2003) Die potentielle natürliche Vegetation. In: Leibniz-Institut für Länderkunde (ed) Nationalatlas BRD. Klima, Pflanzen- und Tierwelt. Spektrum Akademischer Verlag, Heidelberg, 84–87

DWD: www.dwd.de, Deutscher Klimaatlas

Glaser R (2010) Der Naturraum. In: Hänsgen D, Lentz S, Tzschaschel S (eds) Deutschlandatlas. Primus Verlag, Darmstadt, 145–167

Glaser R, Gebhardt H, Schenk W (2007) Geographie Deutschlands. Primus Verlag, Darmstadt

Großer K (2003) Naturraum, naturräumliche Einheiten und Naturraumgliederung. In: Leibniz-Institut für Länderkunde (ed) Nationalatlas BRD. Klima, Pflanzen- und Tierwelt. Spektrum Akademischer Verlag, Heidelberg, 24–25

Liedtke H, Marcinek J (2002) (eds) Physische Geographie Deutschlands. Verlag Klett-Perthes, Gotha

Liedtke H, Mäusbacher R (2003) Grundzüge der Reliefgliederung. In: Institut für Länderkunde Leipzig (ed) Nationalatlas BRD. Relief, Boden und Wasser. Spektrum Akademischer Verlag, Heidelberg, 58–59

Meschede M (2018) Geologie Deutschlands. Springer Spektrum, Springer-Verlag, Berlin

Paläoklimatologie und Klimageschichte

Norbert Kühl

Vegetation und Klima

Für das Verständnis der Vegetationsgeschichte der Landschaften Deutschlands ist die Klimageschichte von zentraler Bedeutung. Die in einem Gebiet lebenden Pflanzen kommen nur deshalb dort vor, weil sie an das Klima ihres Lebensraums angepasst sind. Daher beeinflusst die Variabilität des Klimas die Überlebensmöglichkeit einzelner Pflanzen und somit die Zusammensetzung der Vegetation. Grundsätzlich gehen alle Vegetationsänderungen direkt oder indirekt auf Klimaänderungen zurück, wenn man vom menschlichen Einfluss absieht. Der Einfluss spielt sich auf allen zeitlichen Skalen ab, direkt und recht schnell durch Einzelereignisse wie besonders harte Winter oder durch lange anhaltende Trockenperioden oder über längere Zeiträume durch allmähliche Klimaänderungen. Letztere verschieben die Dominanzverhältnisse zugunsten der jeweils bestangepassten und dadurch konkurrenzfähigsten Arten. Andere Arten dagegen gehen in ihrer Häufigkeit zurück oder müssen das Feld ganz räumen. Indirekte, ebenfalls vom Klima beeinflusste Faktoren sind zum Beispiel die Bodenentwicklung und die Entwicklung von Schädlingen und Krankheiten.

Das Klimasystem ist komplex und durch vielfältige Rückkopplungsmechanismen sehr dynamisch. Klimaänderungen sind Ausdruck dieser Dynamik. Durch die vielfältigen Zeugnisse der Erdgeschichte sind Klimaänderungen der Vergangenheit auf den unterschiedlichsten zeitlichen und räumlichen Skalen und Größenordnungen bekannt. Die Untersuchung biologischer und physikalischer Spuren und ihre Verwendung zur Rekonstruktion des Paläoklimas helfen dabei, die Dynamik zu erforschen. Damit sind sie ein bedeutender Teil der Paläoklimatologie, die untersucht, in welcher Art und Weise, in welchem Umfang, mit welcher Geschwindigkeit und unter welchen Rahmenbedingungen sich das Klima im Lauf der Zeit geändert hat und welche Prozesse dabei wirken.

Für die Klimageschichte bedeutet der enge Zusammenhang zwischen Vegetation und Klima, dass paläobotanische Reste, die aus einer bestimmten Zeit überliefert sind, Schlüsse auf das Klima dieser Zeit zulassen. Da Pflanzen nur unter für sie günstigen Klimabedingungen vorkommen, können aus dem fossilen Vorkommen von Pflanzenresten und ihrer Vergesellschaftung qualitative und zum Teil quantitative Klimarekonstruktionen abgeleitet werden. Sie werden insbesondere zur Rekonstruktion von Temperatur und Niederschlag oder einem verwandten Feuchteparameter verwendet, da vor allem Temperatur und Feuchtigkeitsverfügbarkeit bestimmen, ob eine Pflanze in einem Gebiet überlebens- und konkurrenzfähig ist (Woodward und Williams 1987).

Pflanzenarten haben jeweils spezifische Merkmale entwickelt, die ihre Existenz unter bestimmten Klimaverhältnissen ermöglichen. Beispielsweise haben sukkulente Wüstenpflanzen als Anpassung an Hitze und Trockenheit ihre Blattoberfläche und damit Verdunstungsfläche reduziert und besitzen wasserspeicherndes Gewebe; immergrüne Laubbäume dagegen sind gut an die Bedingungen in den warm-feuchten Tropen angepasst und dominieren deshalb dort. In Gebieten mit temporären Trocken- oder Kältephasen werfen dagegen viele Bäume ihre Blätter als Anpassung an die ungünstige Saison ab. Diese Eigenschaft ist bei den meisten mitteleuropäischen Bäumen ausgeprägt und dient als Anpassung an Frosttrocknis und zur Vermeidung von Gefrierschäden. Pflanzenarten, die an die jeweiligen Bedingungen in einem Gebiet ähnlich gut angepasst sind, kommen nebeneinander vor. Aufgrund ihrer Anpassungen bilden sie morphologisch gut charakterisierte Vegetationseinheiten. Regional bilden sich Pflanzengesellschaften aus, und global lassen sich großräumige Vegetationseinheiten als Biome abgrenzen.

Da diese großräumigen Vegetationseinheiten mit großräumig ähnlichen Klimabedingungen zusammenhängen, lassen sich Vegetationszonen gruppieren und in spezifische Klima-

N. Kühl (✉)
Professur für Waldbau, Albert-Ludwigs-Universität,
Freiburg im Breisgau, Deutschland
e-mail: norbert.kuehl@waldbau.uni-freiburg.de

zonen übersetzen. Das ist besonders attraktiv, wenn man sich vergegenwärtigt, dass Klima durch die Gesamtheit der physikalischen Eigenschaften der Atmosphäre beschrieben wird. So lassen sich Klimazonen mit bestimmten klimatischen Bedingungen als „Steppenklima", „Wüstenklima" oder „feuchtheiße Urwaldklimate" bezeichnen und darstellen, definiert durch physikalische Eigenschaften wie Höhe des Jahresniederschlags und der Durchschnittstemperatur des wärmsten Monats (Köppen 1918). Beispielsweise korreliert in vielen Gebieten der Erde die Waldgrenze mit der durchschnittlichen Julitemperatur von 10 °C, und tiefere Werte werden als limitierend für die Existenz von Wald angesehen.

Um zu zuverlässigen Klimarekonstruktionen zu gelangen, sind im Einzelnen jedoch viele andere Faktoren zu beachten, die kleinräumig die Überlebensfähigkeit und Konkurrenzkraft bestimmen. Die Faktoren können ökologischer oder auch taphonomischer Natur sein. Oft hängen sie indirekt mit dem Klima zusammen. Beispielsweise wird die kleinräumige Zusammensetzung der Vegetation unter anderem von Bodenentwicklung und Konkurrenz bestimmt, und auch organismischer Einfluss wie Krankheiten, Schädlingsbefall oder Äsung durch Herbivoren kann die Häufigkeitsverhältnisse zugunsten der einen oder anderen Art verschieben. Zudem kann durch die kleinräumigen Gegebenheiten das für die Organismen entscheidende Mikroklima von dem zu rekonstruierenden Makroklima abweichen. Taphonomisch sorgen der Transport von Pflanzenresten und ihre unterschiedliche Erhaltungsfähigkeit in Sedimenten, in denen sie bis heute überdauern, für eine Selektion, die paläoökologische Untersuchungsergebnisse mit beeinflusst. Daraus resultieren besondere Herausforderungen, die bei der Entwicklung und Anwendung von Methoden zur Klimarekonstruktion zu berücksichtigen sind. Sie müssen so ausgelegt sein, dass sie den gewünschten Umweltparameter erfassen, im Fall von Klimarekonstruktionen also bestimmte Klimaparameter, ohne dass andere Einflüsse ein falsches Signal generieren. In den letzten Jahrtausenden ist insbesondere der menschliche Einfluss in Europa zum stärksten Einflussfaktor neben dem Klima geworden, der die Zusammensetzung der Vegetation beeinflusst. Zwar bestimmt das Klima an erster Stelle, ob eine Pflanzenart überhaupt vorkommen kann, doch der Mensch hat die „Kontrolle" über die anteilige Zusammensetzung der Vegetation übernommen. Weiter unten wird besprochen, wie unterschiedliche Rekonstruktionsmethoden damit umgehen.

Da der Mensch nach den Entwaldungen vor allem schnellwüchsige Arten angepflanzt hat (Fichten, Kiefer), weichen das Artenspektrum und vor allem die Anteile einzelner Arten gegenüber der natürlichen Vegetation, dem vom Menschen unbeeinflussten Zustand, erheblich ab. Daher wird zwar das Arteninventar der heutigen Vegetationsbedeckung Europas stark vom Klima bestimmt, das tatsächliche Vorkommen an einem Ort und die Häufigkeit einer Art spiegeln jedoch insbesondere die Gestaltung durch Menschen aufgrund seiner Bedürfnisse und seiner Möglichkeiten der Bewirtschaftung wider.

Was ist Klima?

Der physikalische Zustand der Atmosphäre zu einem bestimmten Zeitpunkt an einem bestimmten Ort wird als Wetter bezeichnet. Unter Klima versteht man den durchschnittlichen Zustand und die Dynamik der Atmosphäre. Sie wird durch die Langzeitbeobachtung von Wetter erfasst und ist durch die statistischen Gesamteigenschaften der Atmosphäre repräsentiert. Der von der Weltorganisation für Meteorologie (WMO) festgelegte internationale klimatologische Referenzzeitraum, die Normalperiode, umfasst einen 30-Jahres-Zeitraum. Z.B. wurde die letzte, von 1991 bis 2020 dauernde Normalperiode von der aktuellen Normalperiode 2021 bis 2050 abgelöst. Doch auch andere Startpunkte sowie Zeiträume anderer Dauer werden verwendet. Bei der Beschreibung von Klimadaten muss dies jeweils explizit angegeben werden, da sich die Durchschnittswerte unterschiedlicher Beobachtungszeiträume aufgrund der natürlichen Variabilität zwischen einzelnen Jahren und aufgrund von Klimaänderungen unterscheiden.

Da Wetter als physikalischer Zustand der Atmosphäre definiert ist, lässt es sich durch Messung physikalischer Größen beschreiben. Es handelt sich dabei naturgemäß immer um ein vereinfachtes Abbild des tatsächlichen physikalischen Zustands, da dieser bei Weitem zu komplex ist, um als Ganzes gemessen zu werden. Gängige klimarelevante physikalische Messgrößen sind Temperatur, Niederschlag, Luftfeuchtigkeit, Windgeschwindigkeit und -richtung, Luftdruck und die Einstrahlung. Lange Zeitreihen von Messungen bieten die sogenannten Säkularstationen (lat. *saeculum* – Jahrhundert), die bereits bei ihrer Einrichtung auf lange Zeiträume angelegt wurden. Die längste Zeitreihe in Deutschland stammt von der Säkularstation Potsdam. Bei diesen Messverfahren handelt es sich also um punktuelle Messungen. Zur Erfassung des Wetters in einem größeren Gebiet werden gleichzeitige Messungen vieler Messstationen benötigt, sodass die Dynamik von Luftdruckgebilden, Luftmassen, Frontalzonen und Fronten bestimmt werden kann. Für viele Untersuchungen sind globale, hochaufgelöste und möglichst homogene, von nichtklimatischen Faktoren unbeeinflusste Klimadaten erforderlich. Sie werden über sogenannte Klimatologien bereitgestellt und sind seit Ende des 20. Jahrhunderts verfügbar (New et al. 1999). Seit einigen Jahrzehnten kommen Satelliten zum Einsatz, die flächendeckende Messungen sowie das Messen zusätzlicher Parameter und zusätzlicher Bereiche der Atmosphäre ermöglichen.

Das Klima Mitteleuropas heute

Global betrachtet sind die Temperaturen durch die zu den Polen hin abnehmende jährliche Einstrahlungssumme generell in den niederen Breiten höher als in den hohen Breiten, werden jedoch durch die Land-Wasser-Verteilung und durch Ozean- und Atmosphärenzirkulation moduliert. Das nördliche Mitteleuropa hat durch die Nähe zum Meer ein ozeanisches, ausgeglichen gemäßigtes Klima. Die Temperaturen im Sommer sind moderat und die Winter mild. Nach Osten und Süden hin nimmt die Kontinentalität und damit die Saisonalität zu. Dort sind die Winter strenger und die Sommer heißer, und mit zunehmender Entfernung zum Ozean fällt prinzipiell weniger Niederschlag.

Ein Charakteristikum des mitteleuropäischen Klimas besteht darin, dass die Winter milder sind als in vielen anderen Regionen auf derselben geographischen Breite. Drei wesentliche Faktoren sind dafür verantwortlich. Zum einen sind dies die Westwinde, die durch atmosphärische Ausgleichsströmungen entstehen. Ihre West-Ost-Richtung wird durch die Erdrotation und die daraus resultierende Ablenkung, die Coriolis-Kraft, bestimmt. Während sich in den Tropen und Polargebieten stabile atmosphärische Konvektionszellen ausbilden (Hadley- und Polarzelle), sind die atmosphärische Dynamik und Variabilität in den Gebieten dazwischen, in den Ferrelzellen, deutlich größer. In diesen Breiten ziehen sich die Westwinde als Band um den gesamten Globus. Die Gebirge lenken die Luftströmung ab, sodass die Westwinde nicht rein in West-Ost-Richtung verlaufen, sondern auf der Nord- und Südhemisphäre jeweils ein wellenförmiges Band um den Globus ausbilden. Dadurch erreichen sie Europa von Südwesten her und bringen Wärme aus subtropischen Bereichen sowie Feuchtigkeit, die sie über dem Atlantik aufnehmen. Ein weiterer Faktor liegt in der Wärmekapazität von Wasser begründet. Im Frühling und Sommer werden die Wassermassen des Atlantiks oberflächennah aufgeheizt. Dadurch, dass sie die Wärme über einen Zeitraum von Monaten wieder abgeben, fungieren sie den Winter über als gigantische Heizung. Die Energie wird an die Luft abgegeben und der atmosphärischen Strömung folgend nach Mitteleuropa transportiert. Für Mittel- und Nordeuropa sind die Nord- und die Ostsee, beides recht flache Meeresgebiete, für diesen Effekt von besonderer Bedeutung. Als dritter, bekanntester Mechanismus, der Energie aus niederen in höhere Breiten transportiert, fungiert der Nordatlantikstrom, der als Ableger des Golfstroms warme Wassermassen in die gemäßigten nördlichen Breiten transportiert. Er ist als Teil des „globalen Förderbandes" wichtiger Bestandteil des globalen Klimasystems. Der warme Golfstrom gibt viel Wasser durch Verdunstung ab, dadurch steigt der relative Salzgehalt. Auf seinem Weg in das Polargebiet gibt der Nordatlantikstrom als Ableger des Golfstroms Energie ab, die die milden Winter in unseren Breiten zusätzlich fördert. Durch die Abkühlung der oberflächennahen Wassermassen auf dem Weg in hohe Breiten erhöht sich die Dichte des Wassers, sodass es schließlich im Nordatlantik absinkt, neue Wassermassen nach sich zieht und in der Tiefe wieder in südlichere Gebiete strömt. Diese durch Temperatur- und Salzgehaltsänderung aufrechterhaltene thermohaline Zirkulation hat erheblichen Einfluss auf das europäische Klima. Eine Änderung hat nicht nur Auswirkung auf den marinen Transport von Wärme nach Norden, sondern auch auf die Lage und Stärke der Westwinde, die die Kontinentalität auf dem europäischen Kontinent mitbestimmen (z. B. Jackson et al. 2015). In Kaltzeiten hat der Strom in dieser Form nicht existiert.

In Deutschland unterscheiden sich die einzelnen Regionen klimatisch aufgrund der Entfernung zum Meer, ihrer Lage auf unterschiedlichen Breitengraden und vor allem aufgrund des Reliefs (s. Abb. 1.5 und 1.6 in Kap. 1). Das Nordwestdeutsche Flachland charakterisieren Jahresniederschläge von zumeist über 700 mm, moderat warme Sommer und vergleichsweise milde Winter als ozeanisch. Etwas trockenere westdeutsche Gebiete mit Werten um 600 mm sind die Kölner Bucht, das Mainzer Becken und der Oberrheingraben. Ostdeutschland ist durch seine ausgeprägtere Temperatursaisonalität kontinentaler, die durchschnittlichen Niederschläge liegen dort größtenteils unter 600–700 mm. Im sogenannten mittel- und ostdeutschen Trockengebiet, zu dem die Magdeburger Börde, das Thüringer Becken, die Uckermark und der Oderbruch gerechnet werden, fallen sogar unter 500 mm pro Jahr.

Die Mittelgebirge sind gemäß ihrer Höhenlage kühler, mit hohen Niederschlägen an ihren Westflanken. Dort staut sich die Feuchtigkeit vom Atlantik, steigt auf, kondensiert dabei und regnet ab. Dazu gehören vor allem der Schwarzwald, Teile des Rheinischen Schiefergebirges, der Harz, der Thüringer Wald, der Böhmerwald sowie das Erzgebirge mit teilweise über 2000 mm Jahresniederschlag. Die Alpen werden ebenfalls durch Steigungsregen mit Feuchtigkeit versorgt und haben aufgrund der Höhenlage deutlich niedrigere Jahresmitteltemperaturen.

Proxydaten als Klimazeiger

Aufzeichnungen über physikalische Messungen, die den atmosphärischen Zustand repräsentieren, reichen selten weiter als hundert Jahre zurück. Um Klimaänderungen über lange Zeiträume nachzuvollziehen, werden andere Quellen benötigt. Sogenannte Proxy- oder auch Stellvertreterdaten lassen indirekt auf das Klima der Vergangenheit schließen. Sie kommen in der Natur vor und sind das Ergebnis physikalischer, chemischer oder biologischer Prozesse, die vom Klima abhängen und somit je nach Klimazustand unterschiedlich ausgeprägt sind. Dadurch lässt sich von Proxydaten auf das Klima schließen. Proxydatengeber sind darauf angewiesen, dass sie in geeigneten Archiven konserviert und überliefert werden. Die Qualität der Archive, die Sorgfalt bei der Gewinnung des Probenmaterials sowie die Auswahl und Anwendung der Analysemethoden haben entscheidenden Einfluss auf die Qualität der Auswertungsergebnisse. Falls der zeitliche Verlauf der Ablagerungssequenz nachvollziehbar ist, kann mit den darin enthaltenen Proxydaten sogar der zeitliche Verlauf von Klimadynamik erfasst werden. Die zeitliche Auflösung variiert je nach Sedimentationstyp und -milieu zwischen Jahrtausenden in Tiefseesedimenten zu jahreszeitlicher Auflösung in Baumringen oder Stalagmiten und Stalaktiten (Speläothemen).

Aus historischer Zeit lassen sich in Bibliotheksarchiven Berichte über Wetterzustände oder -phänomene auswerten. Aufschlussreich sind auch Aufzeichnungen von Daten über die Phänologie bestimmter Pflanzen, z. B. wann die Kirsch- und die Apfelblüte eingesetzt haben, über die Lesetermine von Weintrauben oder über Preise von Getreide oder anderen Lebensmitteln (Glaser 2008). Über solche Aufzeichnungen lassen sich regional teilweise recht genaue Klimaverläufe über die letzten ein bis zwei Jahrtausende rekonstruieren.

Weltweit und für lange Zeiträume besitzen botanische Proxydaten nicht nur zur Rekonstruktion der Vegetationsgeschichte, sondern auch als Klimaproxys überragende Bedeutung. Neben mikroskopischen Pflanzenresten in Form von Pollen sind dies Makroreste wie Samen, Knospen oder Blätter, die oft zusätzliche Informationen liefern. In Mitteleuropa sind pflanzliche Überreste aus See- und Moorablagerungen weitverbreitet und gut untersucht. Weitere Beispiele für botanische Proxydaten sind dendroklimatologische Analysen wie Baumringweitenmessungen oder torfstratigraphische Analysen.

Viele weitere Organismen spiegeln ebenfalls klimatische Bedingungen wider und sind deshalb als Proxydatengeber für die Ableitung von Klimazuständen geeignet. Dazu gehören Coleopteren (Käfer), die im Wasser lebenden Chironomiden (Zuckmückenlarven), Cladoceren (Wasserflöhe), Ostrakoden (Muschelkrebse) und die meist marin lebenden Foraminiferen (schalentragende Amöben). Auch anorganische Bestandteile und der Aufbau der Seesedimente können als Klima-Proxydaten verwendet werden und lassen beispielsweise auf Windrichtungen, Grad der Vegetationsbedeckung und auf Niederschlagsbedingungen schließen.

Von den physikalischen Proxydaten stellen stabile Isotope eine bedeutende Gruppe dar. In den letzten Jahrzehnten hat die Messung stabiler Isotope große Bedeutung erlangt. Insbesondere die Messung des Verhältnisses zwischen dem relativ seltenen schweren Sauerstoffisotop ^{18}O und dem Isotop ^{16}O sowie zwischen dem relativ seltenen Deuterium (^{2}H) und dem Wasserstoffisotop ^{1}H wurde zu einem Meilenstein in der Paläoklimaforschung. Der Anteil schwerer Isotope im verdunsteten Wasser (H_2O) wird unter anderem von der Temperatur geregelt – je wärmer es am Ort der Verdunstung ist, desto höher ist der Anteil schwerer Moleküle und umgekehrt. Archiviert sind die über die Zeit variierenden Isotopenanteile unter anderem im Eis von Gletschern in Gebirgen und vor allem im arktischen und antarktischen Eisschild. So ermöglichen es die Analysen aus arktischen Eisbohrkernen, den Klimaverlauf der letzten rund 120.000 Jahre in annähernd jährlicher Auflösung nachzuvollziehen (NEEM Community Members 2013), und die Bohrungen aus der Antarktis den der letzten 820.000 Jahre (EPICA Community Members 2004; Parrenin et al. 2007). Dadurch wurden die nordhemisphärischen starken und abrupten Klimaschwankungen, die Dansgaard-Oeschger-Zyklen, der letzten Eiszeit bekannt. Trotz der Entfernung von über 2000 km zwischen Mitteleuropa und den Bohrlokationen auf Grönland sind viele Klimaphänomene korrelierbar, da beide Gebiete von den Klimageschehnissen über dem Atlantik beeinflusst werden. Auch die Isotopenverhältnisse des Sauerstoffs in Meeressedimenten oder in marin abgelagerten Fossilien wie Foraminiferen zeigen diese Klimaänderungen an. Die Ursache liegt darin, dass während der Eiszeiten riesige Mengen leichteren Wassers in den Gletschern festgelegt waren. Ihr Abschmelzen führte dazu, dass sich in den Ozeanen der Anteil des stabilen Sauerstoffisotops ^{16}O gegenüber ^{18}O wieder erhöhte. Im terrestrischen Bereich geben Isotope aus Seesedimenten und Torfen, aus Speläothemen und einer Vielzahl von organismischen Fossilien (Holz, Diatomeen u. v. m.) Aufschluss über die Klimabedingungen zur Zeit ihrer Bildung.

Proxydaten können auch Stellvertreterdaten für nichtklimatische Umweltänderungen oder indirekte Stellvertreterdaten für Klimaänderungen sein. Wenn die reflektierten Umweltänderungen in einem Wirkzusammenhang mit dem Klima stehen, sind auch aus ihnen wertvolle Informationen in Bezug auf Klimaänderungen zu gewinnen. So dienen die Anteile kosmogener, radiogener Atome von Kohlenstoff (^{14}C) und Beryllium (^{10}Be) als Proxydaten für Solaraktivität. Sie werden in der oberen Atmosphäre in Abhängigkeit von der solaren Energie gebildet. Mit Änderung der Solaraktivität ändert sich folglich die Bildungsrate dieser instabilen Isotope. Damit ändert sich ihr Anteil gegenüber stabilen Isotopen und kann herangezogen werden, um auf die Bedingungen während ihrer Bildungszeit zu schließen. Eine unabhängige zeitliche Kontrolle ist dabei eine wichtige Voraussetzung.

Geologisch lassen sich Gletscherschwankungen in Europa in den Alpen und Skandinavien nachweisen. Sie finden als Proxy für Temperatur und Niederschlag Verwendung. Der als Schnee niedergehende Niederschlag bestimmt, ob und wie sehr das Nährgebiet eines Gletschers anwächst, während die Temperatur die sommerliche Schmelzrate bestimmt und damit insbesondere die Ausdehnung der Gletscherzungen reguliert, die in die Täler fließen. Die Suche nach Proxydaten bringt laufend neue potenzielle Proxydaten hervor. Sie alle müssen sich durch ständige Überprüfung bewähren und tragen im Erfolgsfall neue Erkenntnisse über das Paläoklima bei.

Für alle Proxydaten ist zu beachten, dass sie selbst und die Systeme, in denen sie entstehen, auch auf viele nichtklimatische Faktoren wie z. B. menschlichen Einfluss reagieren. Das kann zu Unsicherheiten bezüglich der klimatischen Information führen. Zudem reagieren Proxydaten meist auf Klima in seiner Gesamtheit, sodass die Rekonstruktion eines bestimmten Klimaparameters oder einiger weniger Klimaparameter eine Vereinfachung darstellt. Daher bedürfen auf Proxys basierende Rekonstruktionen stets sorgfältiger Interpretation sowie Methoden, die diese Unsicherheiten möglichst berücksichtigen und im Rekonstruktionsergebnis darstellen. Multi-Proxy-Studien unterstützen dabei, die komplexe Melange aus klimatischen und nichtklimatischen Einflüssen zu trennen.

Von Proxydaten zur Klimarekonstruktion

Die Rekonstruktion des Paläoklimas aus Proxydaten lässt sich in drei Hauptschritte aufgliedern: zunächst die Bestimmung des Zusammenhangs zwischen Proxydaten und Klima (Kalibrierung). Zur Kalibration werden ein rezenter (Proxy-)Datensatz und rezente Klimawerte benötigt. Anschließend wird der ermittelte Zusammenhang an einem unabhängigen Datensatz getestet, um die Anwendbarkeit und Zuverlässigkeit des Zusammenhangs zu überprüfen (Validierung). Zur Überprüfung der Zuverlässigkeit gehört eine Aussage zur Unsicherheit z. B. durch eine Fehlerabschätzung. Und schließlich wird der Zusammenhang auf einen Paläo-Proxydatensatz angewendet, um das Klima der Vergangenheit zu rekonstruieren (Paläoklimarekonstruktion).

Für den terrestrischen Bereich ist insbesondere Pollen weltweit der terrestrische Proxy schlechthin für Klimaänderungen über lange Zeiträume (Chevalier et al. 2020). Pollen wird in großer Zahl produziert und vor allem von windbestäubten Pflanzen in die Atmosphäre abgegeben. Pollenfunde zeigen, welche Pflanzen zum Zeitpunkt der Ablagerung vorkamen. Für die Klimarekonstruktion auf Grundlage botanischer Funde stehen prinzipiell zwei Möglichkeiten zur Verfügung (Birks et al. 2010): Die Häufigkeitsmethode setzt die Häufigkeitsverhältnisse eines Pollenspektrums aus einer Probe mit Klimaparametern in Verbindung, die Indikatortaxa-Methode verwendet die Beziehung einzelner Arten oder taxonomischer Gruppen (Taxa) zum Klima. Im marinen Bereich können insbesondere für Foraminiferen ähnliche Methoden wie für Pollen angewendet werden. Auch Foraminiferen sind, abhängig von der Art, temperaturabhängig und lassen sich über Häufigkeitsverhältnisse und als Indikatorarten für Rekonstruktionen der Ozeantemperaturen verwenden (Imbrie und Kipp 1971). Die Isotopenverhältnisse in Foraminiferen hängen ebenfalls von Umweltbedingungen ab und lassen Rückschlüsse auf Temperatur und Salinität zu.

Bei den Häufigkeitsmethoden auf botanischer Grundlage werden Oberflächenproben aus Moospolstern, von Mooroberflächen oder aus oberen Schichten von Seesedimenten ausgezählt. Anschließend werden die Oberflächenproben mit den heutigen Klimabedingungen verknüpft. Es werden also die relativen Häufigkeiten der Pollentypen, die in einer Probe nachgewiesen sind, als Folge eines bestimmten Klimazustands interpretiert. Für die Ermittlung des Paläoklimas sind wiederum zwei alternative Vorgehensweisen in Gebrauch. Bei der sogenannten Analogiemethode werden für die Klimarekonstruktion die fossilen Spektren numerisch auf ihre Ähnlichkeit mit rezenten Spektren hin verglichen. Die Klimabedingungen, die an den Fundorten dieser ähnlichsten Rezentspektren herrschen, ergeben das rekonstruierte Klima. Bei der Regressionsmethode „Weighted Average-Partial Least Squares" (WA-PLS) werden bei der zweiten Methode viele rezente Spektren zur Kalibration und zur Ermittlung einer multivariaten mathematischen Funktion (Regression) herangezogen. Diese Beziehung wird anschließend auf fossile Pollenspektren angewendet.

Die Methode der modernen Analogie ist ausgezeichnet für solche Zeitabschnitte und Gegenden geeignet, für die moderne Analogien existieren und für die menschlicher Einfluss auf die Vegetation vernachlässigbar ist. Dann können selbst geringe Klimaschwankungen ermittelt werden (Ohlwein und Wahl 2012). Je mehr jedoch die betrachtete Region und der betrachtete Zeitabschnitt von den heutigen Bedingungen abweichen, umso eher treten nicht-analoge Vegetation und nichtanaloge Klimabedingungen auf (Jackson und Williams 2004). So finden weder die kaltzeitlichen Pflanzengesellschaften noch die Vorherrschaft bestimmter Taxa in vergangenen Warmzeiten eine eindeutige Entsprechung in heutigen Pflanzengesellschaften und somit auch nicht in heutigen Pollenspektren.

Die Indikatortaxa-Methode verfolgt ein grundlegend anderes Prinzip. Sie verwendet die Klimaabhängigkeiten und das gemeinsame Vorkommen einzelner Arten oder taxonomischer Einheiten – den Indikator-Arten oder Indikator-Taxa – für die Rekonstruktion. Sie basiert auf der fundamentalen Annahme, dass das Vorkommen einer Art anzeigt, unter welchen Klimabedingungen sie existieren kann. Pollenhäufigkeiten spielen nur bei der Einschätzung eine Rolle, ob ein Taxon im Gebiet vorkam oder nicht. Zur Bestimmung der Art-Klima-Beziehung dienen rezente Verbreitungsangaben, die mit Klimadaten kombiniert werden. Die limitierenden Werte von Klimaparametern mit Einfluss auf die

Verbreitung einzelner Arten lassen sich abschätzen, indem Verbreitungsgrenzen mit Isolinien von Klimaparametern korreliert werden. Dabei wird versucht, klimatische Isolinien zu finden, die möglichst genau mit der Verbreitungsgrenze eines Taxons übereinstimmen. Klimawerte von Orten, an denen das Vorkommen oder Nichtvorkommen einer Art bekannt ist, werden dafür in ein Klimakoordinatensystem übertragen (Iversen 1944). Von allen Umweltfaktoren haben Temperatur und Wasserverfügbarkeit die größte Bedeutung für die Gliederung der Biosphäre. Beispielsweise wird die Temperatursumme während der Vegetationsperiode oft als bioklimatisch wichtiger angesehen als die mittlere Monatstemperatur des wärmsten Monats (Huntley 2012). Darüber hinaus ist es für Pflanzen und damit für die Rekonstruktion wichtig, dass die Parameter nicht einzeln, sondern gemeinsam, in ihrer Kombination, betrachtet werden. So enthält die Information über die Temperaturen sowohl während des kältesten als auch des wärmsten Monats eine Aussage über den Jahresgang der Temperatur und damit über die Kontinentalität, die für viele Pflanzen von größerer Bedeutung ist als die Jahresdurchschnittstemperatur. Dem liegt die Tatsache zugrunde, dass viele Arten nur bei ausreichend hohen Sommertemperaturen und nicht zu harschen Wintern vorkommen. Immergrüne Arten wie Efeu oder Stechpalme werden besonders stark von zu niedrigen Wintertemperaturen limitiert. Die gemeinsame Betrachtung von Sommer- und Wintertemperaturen ist besonders vorteilhaft, da winterharte Arten niedrige Wintertemperaturen zu einem gewissen Grad durch höhere Sommertemperaturen kompensieren können (Iversen 1944). Neben Minimum- und Maximumtemperaturen können dabei auch Minimumniederschläge während unterschiedlicher Perioden (z. B. Jahreszeit, Gesamtjahr), die Länge der Vegetationsdauer oder die Anzahl der frostfreien Tage bedeutende Faktoren sein. Aus der Schnittmenge der Klimabereiche lässt sich das gemeinsame Klimaintervall mehrerer Taxa bestimmen (Überlappungsmethode). Dadurch wird die Bandbreite des Klimas, das in der Vergangenheit geherrscht haben muss, reduziert. Das Rekonstruktionsergebnis sind also Minimum- und/oder Maximumwerte mit dem Intervall zwischen den beiden Extremwerten.

Eine konzeptionelle Weiterentwicklung der Indikatortaxa-Methode bietet eine statistische Betrachtung der Klimaabhängigkeiten einzelner Taxa, die mit Wahrscheinlichkeitsdichtefunktionen (*probability density functions, pdfs*) beschrieben werden (*pdf*-Methode, Kühl et al. 2002). Abb. 2.1 visualisiert die einzelnen Schritte dieser probabilistischen Indikatortaxa-Methode. Schritt ① umfasst die Gewinnung eines rezenten Pflanzen-Klimadatensatzes, hier auf der Grundlage von chorologischen Daten. Für die statistische Betrachtung sind gerasterte Datensätze ideal. Die ursprünglich als analoge Karten, teils mit unbekannter Projektion vorliegenden Arealinformationen müssen digitalisiert und auf dasselbe gerasterte Breiten-/Längengrad-Raster umgerechnet werden, auf dem die Klimadaten vorliegen (Abb. 2.1A, Schölzel et al. 2002). Gerasterte Klimadatensätze wurden mit der Entwicklung sogenannter Klimatologien zugänglich (Abb. 2.1B, New et al. 1999). Verbreitungs- und Klimadaten werden anschließend kombiniert (Abb. 2.1C, Kühl et al. 2002), wodurch ein Datensatz im mehrdimensionalen Klimaraum entsteht (Abb. 2.1D). Schritt ② besteht in der Entwicklung einer Transferfunktion. Die probabilistische Schätzung der Pflanzen-Klima-Abhängigkeit erfolgt durch die Wichtung der Randverteilung und anschließende Schätzung der Wahrscheinlichkeitsdichtefunktionen (Abb. 2.1E, Kühl et al. 2002). Der korrelierte Einfluss der Klimaparameter wird dabei berücksichtigt und über die Kovarianz quantifiziert. Für Schritt ③, die Rekonstruktion, werden die Klimaabhängigkeiten der in einer Probe nachgewiesenen Taxa mathematisch kombiniert (Abb. 2.1F, Kühl et al. 2002, 2007). Das Rekonstruktionsergebnis ist ebenfalls eine Wahrscheinlichkeitsdichtefunktion. Sie beinhaltet eine Wahrscheinlichkeitsaussage über den Klimazustand in Abhängigkeit vom Vorkommen der jeweiligen Arten. Die Rekonstruktion ergibt ein wahrscheinlichstes Klima und erlaubt, die Unsicherheit der Schätzung quantitativ anzugeben. Über die Kombination von Arten wird der Klimabereich zunehmend eingegrenzt. Dabei haben bei dieser Methode nicht die häufigsten, sondern die klimasensitivsten Arten den größten Einfluss auf das Rekonstruktionsergebnis. Die Methode kann auf Pollenprofile angewendet werden (Abb. 2.1G, Zeitreihenrekonstruktion, z. B. Litt et al. 2009), zudem lassen sich aufgrund ihrer statistischen Eigenschaften mithilfe einer Kostenfunktion großräumig konsistente Temperaturfelder rekonstruieren. (Abb. 2.1H, Gebhardt et al. 2008).

Die Indikatortaxa-Methode bietet die Möglichkeit, ökologisch und numerisch leicht nachvollziehbar aus den fossil gefundenen Taxa zur Rekonstruktion zu gelangen. Zudem können mit dieser Methode auch Arten verwendet werden, die als Makrofossilien wie Samen und Blattreste im Sediment überliefert sind. Sie zeigen das Vorkommen von Pflanzen – oft auf Artniveau – an, die zwar klimasensitiv, jedoch häufig nicht im pollenbasierten Fossilbericht nachweisbar sind. Ein weiterer Vorteil beim Verwenden einzelner Arten besteht darin, dass auch die Verbreitung außerhalb Europas berücksichtigt werden kann, wo die Vegetation aus anderen Arten als in Europa zusammengesetzt ist. Dadurch lassen sich potenziell auch andere als die heute in Europa existierenden Klimazustände rekonstruieren.

Bei der Rekonstruktion von Klima aus Proxydaten ist zu beachten, dass auch einzelne Wetterextreme, die nur in geringem Zusammenhang mit dem langjährigen Klimamittel

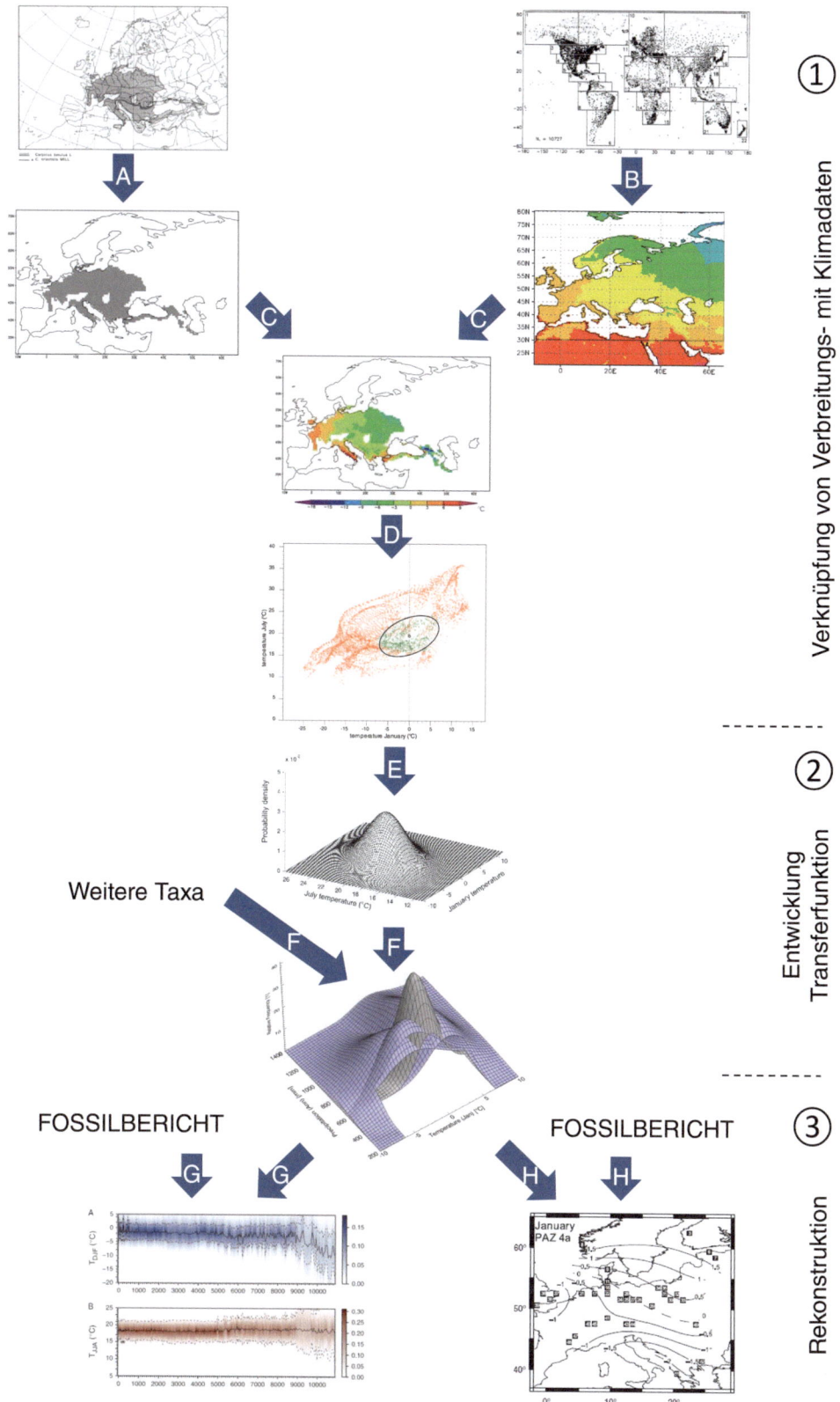

Abb. 2.1 Prinzip der Entwicklung einer Transferfunktion zur Klimarekonstruktion am Beispiel der probabilistischen pdf-Methode. Erläuterung s. Text

stehen, erhebliche und dauerhafte Konsequenzen für Organismen und andere Proxydaten haben können. Für Klimarekonstruktionen bedeutet dies eine oft unterschätzte Unsicherheit bei der Bestimmung und Berechnung von Klimabedingungen (Huntley 2012).

Ein ausgeprägtes Problem besteht zudem darin, dass in Mitteleuropa der Mensch seit Jahrtausenden auf die Vegetation einwirkt und es daher dort keine vom Menschen unbeeinflusste Vegetation mehr gibt. Daher reflektieren rezente Pollenspektren aus Europa sowohl menschliche Tätigkeit als auch Klimabedingungen, sodass Pollenspektren prinzipiell als Proxy für beide Faktoren fungieren können. Mathematisch sind immer ähnliche rezente Spektren zu finden, doch der Beitrag des Klimas zur Zusammensetzung von Pollenspektren ist oft uneindeutig. Methoden, die das Vorhandensein von Arten berücksichtigen, nicht jedoch ihre Häufigkeit, sind dagegen relativ robust gegenüber anthropogenen Vegetationsänderungen, da die Arten auch unter anthropogenem Einfluss nicht außerhalb ihrer klimatischen Limits gedeihen können.

Der Klimaverlauf seit der letzten Eiszeit und seine Ursachen

Wir leben in einem klimatisch variablen Erdzeitalter, das vor etwa 2 Mio. Jahren begann und durch rund fünfzig Kalt- und Warmphasen gekennzeichnet ist. Dabei nahmen Dauer und Amplitude der Kaltzeiten zu, und in den letzten drei bis vier Kaltzeiten bildeten sich ausgedehnte kontinentale Eisschilde. Erst seit knapp 12.000 Jahren befindet sich unser Klima wieder im Zustand einer Warmzeit (Walker et al. 2009).

Als Ursache für den Wechsel von Kalt- und Warmphasen wird die Variabilität der Erdumlaufbahn um die Sonne sowie der Neigung und Rotation der Erdachse angesehen, durch die sich die Einstrahlungsintensität und vor allem die Einstrahlungsverteilung auf der Erde langfristig ändern (Milankovich-Theorie). Die Form der leicht elliptischen Erdumlaufbahn (Exzentrizität) ändert sich mit einer Periodizität von 400.000 und untergeordnet 100.000 Jahren. Die Erdachse wiederum pendelt und kreist in einem Zyklus von 41.000 bzw. 21.000 Jahren (Obliquität und Präzession). Dadurch variieren die Energiemenge, die im nordhemisphärischen Sommer auf mittlere Breiten (60–65 °N) trifft, sowie der Zeitpunkt des geringsten Abstands der Erde zur Sonne. Da sich auf den mittleren bis hohen Breiten der Nordhemisphäre wesentlich größere Landflächen als auf der Südhemisphäre befinden, können sich dort Eisschilde bilden. Wenn die nordhemisphärische sommerliche Einstrahlung zu gering ist, um den im Winter gefallenen Schnee zu tauen, können große Eismassen akkumulieren. Nimmt die sommerliche Einstrahlung zu, können die Eismassen wieder schmelzen. Da Eis eine hohe Albedo (Rückstrahlung) besitzt, wird der jeweilige Trend durch positive Rückkopplung jeweils verstärkt. Weitere Rückkopplungen, die insbesondere den Ozean betreffen, führten dazu, dass das Klima der letzten Eiszeit auf der Nordhalbkugel und insbesondere im Atlantik und in Europa durch teilweise äußerst starke, abrupte Änderungen charakterisiert ist. Auch in den Warmzeiten zeigt sich das Klima dynamisch, jedoch mit wesentlich geringeren Amplituden als während der Eiszeit.

Die Klimaschwankungen im Spätglazial bis zum Beginn des Holozäns

Vor rund 22.000 Jahren war die nordhemisphärische Sommereinstrahlung auf ein relatives Minimum gefallen, und die Inlandsvergletscherung der letzten Eiszeit war maximal. Nach dem glazialen Maximum hatte die Sommereinstrahlung bereits vor über 18.000 Jahren den heutigen Wert erreicht und stieg bis 10.000 Jahre vor heute weiter an. Aufgrund der sich erst langsam verändernden Verteilung von Landmassen, Wasser und Eis unterschied sich am Ende der letzten Eiszeit der Zustand einiger Komponenten des Klimasystems noch erheblich von den heutigen Bedingungen. Vor allem sorgten die kontinentalen Eisschilde dafür, dass die Westwinde noch nicht auf den heutigen Breiten verliefen. Auch war die thermohaline Ozeanzirkulation noch nicht angesprungen, und der Meeresspiegel lag noch etwa 100 m unter dem heutigen Niveau.

Eine bedeutende Rolle für die globale Erwärmung am Ende der letzten Eiszeit spielte der antarktische Ozean. Wahrscheinlich sorgte die Erwärmung des Südpolarmeeres für eine Zirkulationsänderung, die eine vermehrte CO_2-Abgabe aus dem Ozean in die Atmosphäre verursachte und in positiver Rückkopplung eine relativ schnelle globale Erwärmung ermöglichte. Durch diese Erwärmung änderten sich wichtige Komponenten des globalen Klimasystems. Die zunehmende Sommereinstrahlung führte zum Abschmelzen der nordhemisphärischen Eisschilde und zu einer weiter nördlich verlaufenden Grenze der Meereisbedeckung. Dadurch konnte die thermohaline Zirkulation im Nordatlantik allmählich wieder in Gang kommen, die warmes tropisches Wasser in nördliche Breiten transportiert.

Pollenanalysen an mitteleuropäischen terrestrischen Bohrkernen belegen die Einwanderung von Gehölzen nach Mitteleuropa vor ca. 14.500 Jahren. Die Wiederbewaldung war die Folge verbesserter klimatischer Bedingungen, ausgelöst durch die Zunahme der Sommereinstrahlung. Als Erstes finden sich Sträucher wie Zwergbirke, Sanddorn und Wacholder ein. Erst nach einer etwas ungünstigeren Phase, der Ältesten Dryaszeit, etablieren sich im Bølling, ab etwa 13.700 Jahre vor heute, die ersten Wälder. Nach einem ca. 200 Jahre andauernden Klimarückschlag, der Älteren Dryas, stiegen die Temperaturen so weit an, dass sich im

Allerød bestimmte boreale Arten als Pioniergehölze (Birke, Kiefer, Weide, Pappel, Wacholder) etablieren konnten.

Bevor jedoch die thermohaline Zirkulation als riesiges Wärmetransportband komplett ansprang und sich warmzeitliches Klima in Mitteleuropa etablieren konnte, gab es mit der Jüngeren Dryas einen dramatischen, etwa 1000 Jahre dauernden Rückfall in nahezu glaziale Bedingungen. Benannt ist sie nach der heute arktisch-alpin verbreiteten Silberwurz (*Dryas octopetala*). Fossile Reste dieses ausdauernden, an raue Bedingungen angepassten Rosengewächses sind sowohl als Pollen als auch als Makroreste in ganz Mitteleuropa nachgewiesen. Zusammen mit vielen anderen Proxys lassen sich daraus Temperaturen ableiten, wie sie heute in Skandinavien oder in den Alpen oberhalb der Baumgrenze auftreten. Für über 1000 Jahre verschwanden in Norddeutschland Kiefern und weitere Arten der borealen Wälder wieder, die sich dort während des Allerød etabliert hatten. Neben *Dryas octopetala* dominierten weitere Kräuter die Vegetation. Pollen von Gräsern und Beifuß als windbestäubte Vertreter dieser Steppenflora ist besonders häufig in den Sedimenten, die in dieser Zeit gebildet wurden, anzutreffen. Doch auch einige insektenblütige Pflanzen wie Sonnenröschen (*Helianthemum*) sind nachgewiesen.

Der markante Temperaturrückgang auf der Nordhemisphäre ist gut belegt. Er betraf vor allem den Winter. Die Durchschnittstemperatur des kältesten Monats dürfte in Mitteleuropa um 10 °C und in Nordeuropa um bis zu 20 °C zurückgegangen sein. Im Sommer war die Einstrahlung weiterhin hoch und stieg im Verlauf dieser Kaltphase sogar noch an. Dadurch war die Saisonalität außerordentlich ausgeprägt, bei gleichzeitig geringen Niederschlägen. Solch kontinentale Bedingungen sind heute in Europa nicht mehr zu finden. Zudem sorgte die Abkühlung im Winter dafür, dass sich der Boden im Frühling später erwärmte und die Vegetationsperiode daher stark verkürzt war. All dies bedeutete ungünstige Bedingungen für die Existenz von Bäumen.

Der Unterschied gegenüber dem heutigen Klima war in Nordeuropa besonders ausgeprägt, da der Norwegenstrom heute Wärme in Richtung Polarmeer transportiert und dadurch für relativ milde Winter sorgt. Während der Jüngeren Dryas-Zeit war er zum Erliegen gekommen, und Meereis dominierte die Szenerie. Untersuchungen an Sedimenten nahe der norwegischen Küste zeigen, dass der Zustand des Klimasystems jedoch keineswegs stabil war, sondern es in der zweiten Hälfte dieser rund tausend Jahre dauernden Epoche vermehrt Phasen gab, in denen das Meereis abschmolz. Diese wechselten mit Phasen einer erneuten Zunahme des Meereises ab (Bakke et al. 2009). Mehrmals wurde die thermohaline Zirkulation stärker und wieder schwächer, bis sie sich mit Beginn des Holozäns endgültig etabliert hatte.

Als Auslöser der Jüngeren Dryas-Kaltphase wurden ein Meteoriteneinschlag in Nordamerika (Israde-Alcántara et al. 2012) und der Ausbruch des Laacher See-Vulkans in der Eifel diskutiert. Beide Hypothesen konnten nicht als alleinige Ursache verifiziert werden. Als Erklärung erscheinen die Zunahme der Sonneneinstrahlung und Rückkopplungseffekte innerhalb des globalen Klimasystems am plausibelsten. Durch die erhöhte nordhemisphärische Sommereinstrahlung schmolzen die kontinentalen Eisschilde ab, und die Verringerung der Eisoberfläche reduzierte die Albedo. Diese positive Rückkopplung verstärkte die Erwärmung. Besonders der nordamerikanische Eisschild hatte eine große Fläche eingenommen. Beim Abschmelzen entstanden riesige Gletscherseen, von denen einige ihre Wassermassen in kurzer Zeit in den Ozean ergossen. Schmelzwassereinträge dieser Dimension haben das Potenzial, die thermohaline Zirkulation zu reduzieren oder zu unterbinden. Durch die reduzierte Zirkulation und die dadurch fehlende Wärme im Nordatlantik konnte sich mehr Meereis bilden, das auch die Sommer überdauerte. Westwinde gab es weiterhin in Europa, aber sie waren in den Süden verschoben (Brauer et al. 2008). Zu den niedrigen Temperaturen kam ausgeprägte Trockenheit, die vielen Pflanzen kein Überleben ermöglichte.

Die Jüngere Dryas wurde durch eine rasche und starke Erwärmung beendet, die den Übergang ins Holozän markiert. Die Nachweise dafür sind in den unterschiedlichen Archiven der nördlichen Hemisphäre weitverbreitet. Pollendiagramme aus Mittel- und Nordeuropa weisen auf eine zeitweise Öffnung der Birkenwälder während dieser markanten Erwärmungsphase hin (vgl. z. B. Pollenzone 4b im Profil Hämelsee Abb. 56.7). Inwieweit die Zunahme von Nichtbaumpollen-Werten klimatisch als sogenannte präboreale Klimaschwankung oder taphonomisch zu erklären ist, ob es sich um mehrere Schwankungen handelt und ob sie synchron verliefen, ist kaum abschließend zu beantworten (Usinger 2004).

Definiert ist der Beginn des Holozäns am grönländischen Eisbohrkern NGRIP (Walker et al. 2009). Da die Eisbohrkerne eine erkennbare Jahresschichtung aufweisen, ermöglichen sie eine außergewöhnlich genaue Bestimmung sowohl des Zeitpunkts als auch der Dauer dieses Übergangs. Die in arktischen Eisbohrkernen gemessenen Deuteriumwerte (δD) zeigen, dass um 9700 v. Chr. (± 99 Jahre 2σ-Unsicherheit) der Übergang zum Holozän sehr schnell stattfand: innerhalb von knapp 3 Jahren (Walker et al. 2009). Mit dem Abschmelzen der Eisschilde stieg der Meeresspiegel an, sodass das Meer allmählich den europäischen Kontinentalschelf überflutete (s. Exkurs Kap. 67). Die Flutung der heutigen Nordsee fand größtenteils zwischen 9000 und etwa 6000 v. Chr. statt. Dadurch nahmen Wintertemperaturen und Niederschläge zu, und das Klima in Mitteleuropa wurde ozeanischer.

Ursache für den Beginn des Holozäns war wiederum die von Änderungen der Erdbahnparameter getriebene Variabilität der solaren Strahlung. Da sich diese über lange Zeiträume ändert, lässt sich die starke Erwärmung innerhalb weniger Jahre nur durch verstärkende Wirkmechanismen, durch positive Rückkopplungen innerhalb des Klimasystems erklären, so durch eine zunehmende Ausgasung von CO_2 aus den Ozeanen. Die anspringende thermohaline Zirkulation im antarktischen Ozean dürfte hierbei eine große Rolle gespielt haben. Auf der Nordhemisphäre schmolzen die Eisschilde weiterhin ab, doch die Frischwasserzufuhr in die Ozeane war nun zu gering, um das Anspringen der thermohalinen Zirkulation noch zu verhindern. Die thermohaline Zirkulation war etabliert, und nur noch zweimal im frühen Holozän kam es zu Kälteevents, die auf eine Reduktion dieser Zirkulation zurückgeführt werden.

Die das Holozän einleitende Erwärmung hatte zur Folge, dass wärmeliebende Pflanzen und Tiere Gebiete in höheren Breiten und Höhenlagen besiedeln konnten. Nicht alle Pflanzen konnten sofort in diese Gegenden migrieren, denn andere wichtige Umweltbedingungen unterschieden sich noch von den heutigen. So waren die Böden noch roh und entwickelten sich erst unter Einfluss der Vegetation zu humosen Böden, auf denen sich auch anspruchsvollere Arten der Laubmischwälder etablieren konnten.

Klimaänderungen während des Holozäns

Im Vergleich zur teilweise sehr ausgeprägten Klimavariabilität während des Glazials und Spätglazials nimmt sich die holozäne Klimavariabilität als relativ gering aus. Unter den günstigen Klimabedingungen des Holozäns konnten Ackerbau und Landwirtschaft entstehen und langfristig betrieben werden. In der Folge vermehrte sich die Menschheit deutlich und beeinflusst bis heute, je nach Wirtschaftsweise und Dynamik der menschlichen Besiedlung, das Vegetations- und damit das Landschaftsbild dramatisch.

Doch auch im Holozän lassen sich weltweit zahlreiche, mehr oder weniger abrupte und teilweise deutliche, oft regional ausgeprägte Klimaänderungen nachweisen (Tab. 2.1, Mayewski et al. 2004). In Europa wurde das Holozän aufgrund von botanischen Befunden ursprünglich in klimatisch interpretierte Zonen unterteilt: die kühle subarktische Zeit, die relativ kontinentale boreale Zeit, die feuchtere und wärmere atlantische Zeit, die trockenere subboreale Zeit sowie die feuchtere und kühlere subatlantische Zeit. (vgl. Tab. 6.2). Heute werden diese Abschnittsbezeichnungen weiterhin für vegetationsgeschichtliche und weniger für klimatische Pha-

Tab. 2.1 Die wichtigsten spätglazialen und holozänen Klimaphasen und -events in Mitteleuropa und ihre Ursachen

Datierung	Phänomen	Wahrscheinlich wichtigste Ursache(n) (und Rückkopplungen)
Ab ca. 1850 n. Chr.	Global Warming	Zunahme der atmosphärischen Treibhausgaskonzentration
ca. 1350–1850 n. Chr.	Kleine Eiszeit (LIA)	Zeitweise Verminderung der Sonnenaktivität, Vulkanismus (verminderte CO_2-Konzentration)
ca. 950–1250 n. Chr.	Mittelalterliche Klimaanomalie	Teilw. Erhöhte Einstrahlung durch stärkere Variabilität der solaren Aktivität (in Verbindung mit atmosphärischer Rückkopplung)
400–600 n. Chr.	Kühle und trockene Bedingungen während der Völkerwanderungszeit	Reduzierte Einstrahlung durch verminderte solare Aktivität
ca. 600 v. Chr.–200 n. Chr.	Eisen- und römerzeitliches Klimaoptimum	Hohe Einstrahlung durch starke solare Aktivität
700 v. Chr.	2.7 ka-Event	Reduzierte Einstrahlung durch verminderte solare Aktivität
um 3000 v. Chr.	Globale Klimavariabilität; Grüne Sahara	Änderung der Einstrahlungsverteilung inkl. Verschiebung der Innertropischen Konvergenzzone durch Änderung der Erdbahnparameter
um 3000 v. Chr.	Gletschervorstöße, „Neoglaciation"	Langfristiger Trend abnehmender nordhemisphärischer Sommerinsolation durch Variabilität der Erdbahnparameter
6000–4000 v. Chr.	Holozänes Klimaoptimum	Andauernd hohe Sommereinstrahlung in mittleren Breiten
6200 v. Chr.	8.2 ka-Event (ca. 200 Jahre andauernde Kältephase)	Hohe Sommereinstrahlung in mittleren Breiten (negative Rückkopplung durch Schmelzwassereintrag in den Atlantik und Reduktion der thermohalinen Zirkulation)
9700 v. Chr.	Übergang Jüngere Dryas/Holozän	Hohe Sommereinstrahlung (in Verbindung mit positiven Rückkopplungsprozessen)
10.700–9700 v. Chr.	Jüngere Dryas	Hohe Sommereinstrahlung (in Verbindung mit positiven Rückkopplungsprozessen) (dadurch erhöhtes Abschmelzen kontinentaler Eisschilde, starke Reduktion der thermohalinen Zirkulation durch immensen Süßwassereintrag)
ca. 12.600–10.700 v. Chr.	Bølling/Allerød-Wärmephase	Hohe nordhemisphärische Sommereinstrahlung
Ab ca. 20.000 v. Chr.	Zunächst graduelle Wiedererwärmung nach dem Pleniglazial, zeitlich und räumlich variabel	Zunahme der nordhemisphärischen Sommerinsolation, Rückkopplungen aller Komponenten des Klimasystems (Zirkulationsänderung und CO_2-Abgabe des Südozeans in die Atmosphäre)

sen verwendet. Ein global klimatisch begründeter aktueller Vorschlag beinhaltet eine Dreiteilung des Holozäns in frühes (ca. 9700–6200 v. Chr.), mittleres (ca. 6200–2200 v. Chr.) und spätes Holozän (seit 2200 v. Chr., Walker et al. 2012).

Die mittel- und nordeuropäischen Sommertemperaturen im frühen Holozän sind einstrahlungsbedingt die höchsten im gesamten Holozän. Denn vor etwa 10.000 Jahren befand sich die Erde zur Zeit der Sommersonnenwende auf der Nordhalbkugel am nächsten zur Sonne und im Winter am entferntesten von ihr (heute im Januar). Die Eisschilde schmolzen weiterhin ab und beeinflussten vor allem die Situation im mittel- und nordeuropäischen Winter. In dieser Phase war das Klima noch recht kontinental ausgeprägt.

Als markanteste Klimaschwankung im gesamten Holozän lässt sich ein Klimarückschlag vor rund 8200 Jahren identifizieren, der nach seinem zeitlichen Auftreten kurz 8.2 ka-Event genannt wird (Alley und Ágústdóttir 2005). Er ist in zahlreichen Pollendiagrammen Nordeuropas und des Mittelmeergebietes sowie in Nordafrika und im Nahen Osten deutlich ausgeprägt. Dort befanden sich viele Pflanzen an ihrem klimatischen Limit: in Nordeuropa nahe ihrem Temperaturlimit, in Südeuropa an ihrem Limit hinsichtlich der Wasserverfügbarkeit. Die Verminderung der Temperatur und des Niederschlags in diesen Gebieten führte zu deutlich sichtbaren Reaktionen der Vegetation. Auch die Sauerstoff-Isotopenverhältnisse ($\delta^{18}O$) in den Eisbohrkernen Grönlands zeigen deutlich reduzierte Werte in diesem Zeitabschnitt. Daher kann der Event als Abgrenzung zwischen Frühem Holozän und Mittlerem Holozän dienen (Walker et al. 2012).

In Mitteleuropa sind die pollenanalytischen Nachweise allerdings nicht besonders deutlich. Die schwache Erfassung in Pollendiagrammen dürfte darauf zurückzuführen sein, dass die Vegetation aufgrund der für sie nahezu optimalen Klimabedingungen in Mitteleuropa so etabliert und resilient war, dass die Klimaänderung des 8.2 ka-Events in diesem Gebiet nicht ausreichte, um die Zusammensetzung der Vegetation oder die Pollenproduktion einzelner Gehölze signifikant zu verändern. Zudem war der Temperaturrückgang im Winter besonders ausgeprägt, und auf die Pollenproduktion hat vor allem die Sommertemperatur Einfluss. Allerdings lassen sich bei hoher Auflösung auch in Pollendiagrammen Hinweise finden, die auf einen winterlichen Temperaturrückgang deuten. Für immergrüne Pflanzen wie Efeu, Mistel und Stechpalme reichte die Energiesumme im Laufe des Jahres nicht mehr aus, um zu fruchten, und bei noch ungünstigeren Verhältnissen blühten diese Pflanzen nicht mehr. Während des 8.2 ka-Events kommen solche klimasensitiven Arten nicht in Pollendiagrammen vor (Litt et al. 2009).

Die Klimaschwankungen des Präboreals und des 8.2 ka-Events werden auf Schmelzwasser des Laurentidischen Eisschildes zurückgeführt. Die erhebliche Frischwasserzufuhr in den Nordatlantik sorgte, wie schon zu Beginn der Jüngeren Dryas, für eine Reduzierung der thermohalinen Zirkulation.

Die Präboreale Wärmeschwankung und das 8.2 ka-Event fielen zwar wesentlich geringer und kürzer aus als die Jüngere Dryas, doch waren diese beiden Klimaschwankungen die stärksten während des gesamten Holozäns.

Von ca. 6000 bis 4000 v. Chr. waren die Klimabedingungen in Mitteleuropa für die Vegetation der gemäßigten Breiten die günstigsten des gesamten Holozäns, sodass vom holozänen Klimaoptimum gesprochen wird. Dieser Zeitabschnitt entspricht in etwa dem Atlantikum (Zone VI/VII nach Firbas 1949, vgl. Tab. 6.2). Die Sommereinstrahlung war weiterhin hoch und gegenüber dem Einstrahlungsmaximum nur geringfügig abgeschwächt, und die kontinentalen Eisschilde waren weitgehend abgeschmolzen. Der Meeresspiegel näherte sich dem heutigen Niveau (vgl. Exkurs Kap. 67). Im Sommer lagen die Temperaturen in Mitteleuropa 1–2 °C über dem langjährigen Mittel des 20. Jahrhunderts. In Nordeuropa war die Abweichung noch größer, sodass der Temperaturgradient von Skandinavien bis Süddeutschland weniger stark ausgeprägt war als heute.

In Pollenspektren dieser Zeit finden sich einige klimasensitive Arten deutlich häufiger als in anderen Zeitabschnitten. Das trifft vor allem für die immergrünen Arten Efeu (*Hedera*), Stechpalme (*Ilex*) und Mistel (*Viscum*) zu. Sie waren unter den Klimabedingungen dieser Zeit offensichtlich vitaler und blühfreudiger. Da sie immergrün sind, profitierten sie am meisten von der höheren Temperatursumme im Jahresverlauf. Insbesondere die Winter dürften nun milder gewesen sein als noch im frühen Holozän.

Ab dieser Zeit beeinflusste der Mensch die Vegetation zunehmend. Klimaänderungen hatten ihren potenziellen Einfluss auf die Vegetation nicht verloren, doch waren sie im Laufe des Holozäns so schwach ausgeprägt, dass sie in ihrer Wirkung hinter dem prägenden Einfluss des Menschen auf die Vegetation zurückblieben. Die Änderung der Landnutzung, eventuell als Reaktion des Menschen auf Klimaänderungen oder Wetterextreme, hat seither in Mitteleuropa oft einen stärkeren Einfluss auf den Zustand und die Entwicklung der Vegetation als Klimaänderungen allein.

Zwischen ca. 4000 und 3000 v. Chr. ist global eine ausgeprägte Variabilität des Klimas nachweisbar, die sowohl zeitlich als auch in ihrer Ausprägung uneinheitlich ist (Mayewski et al. 2004). Offensichtlich reagierten die Komponenten des Klimasystems auf die allmählich reduzierte Sommerinsolation. Je nach Gebiet lassen sich unterschiedliche Reaktionen feststellen. In Mitteleuropa ändert sich die Vegetation markant durch die Ausbreitung der Buche (*Fagus*), die in weiten Teilen Europas die dominierende Baumart wird. Eine Änderung des Klimas hin zu feuchteren Bedingungen dürfte den Erfolg der Buche begünstigt haben. Allerdings ist anzunehmen, dass der Mensch durch das punktuelle Öffnen der Wälder erst die Voraussetzung für das Eindringen der Buche in die bereits etablierten Wälder geschaffen hat.

Auf der Nordhemisphäre inklusive der Alpen und Skandinaviens wachsen viele Gletscher in diesem Zeitraum wieder an. Zum einen sorgen die verminderte Sommereinstrahlung und Sommertemperaturen dafür, dass weniger Schnee und Eis im Sommer abtauen. Zum anderen ist es warm genug, dass ausreichend Wasser verdunstet und an die Gletscher transportiert wird, wo es in Form von Schnee und später Eis akkumuliert. Im nördlichen Afrika trocknet die Sahara aus, die bis zu diesem Zeitpunkt seit Jahrtausenden vegetationsbedeckt war (Kröpelin et al. 2008). All dies deutet auf eine Verschiebung der Innertropischen Konvergenzzone hin, verursacht durch den sich allmählich ändernden Winkel der Erdachse zur Sonnenumlaufbahn.

Um 700 v. Chr. finden sich Anzeichen einer temporären Klimaverschlechterung, insbesondere eines Rückgangs der Temperatur (van Geel und Renssen 1998). Auf diesen Zeitpunkt ist der Beginn des Subatlantikums und des späten Holozäns gelegt. Die Klimaanomalie fällt mit einer Zeit reduzierter Sonnenaktivität zusammen.

Anschließend verbessern sich die Bedingungen wieder. Um etwa 700 v. Chr. beginnt die Eisenzeit, die im 1. Jahrhundert v. Chr. in die Römische Kaiserzeit übergeht. Im Laufe des 5. Jahrhunderts n. Chr. zerfiel das Römische Reich. Während der nachfolgenden Völkerwanderungszeit, zwischen etwa 400 und 600 n. Chr., wurden – zeitlich versetzt und regional unterschiedlich – Siedlungen verlassen oder die einheimische Bevölkerung von einwandernden Gruppen vertrieben. Die Siedlungsdichte war reduziert, und viele Wirtschaftsflächen fielen brach. Pollendiagramme zeigen, dass diese verlassenen Wirtschaftsflächen vom Wald zurückerobert wurden.

Klimaänderungen und soziokulturelle Veränderungen lassen sich häufig zeitlich korrelieren (Tab. 2.1). Ein ursächlicher Zusammenhang lässt sich dagegen selten eindeutig ableiten. Vermutlich waren die Klimabedingungen in der Eisenzeit günstig, während zwei kühlere Phasen mit der Ausbreitung der Kelten um 350 v. Chr. und mit den römischen Eroberungszügen um 50 v. Chr. zusammenfallen, und auch für die Völkerwanderungszeit lässt sich Klimavariabilität nachweisen, die sich sowohl in temporärer Abkühlung als auch in Trockenheit äußerte (Büntgen et al. 2011). Inwieweit die Klimaanomalien in Mitteleuropa ausreichten, um den soziökonomischen Umbruch in einem Europa übergreifenden Ausmaß auszulösen, ist nicht abschließend geklärt. So ist es zwar plausibel, aber keineswegs nachgewiesen, dass politische Instabilität nach dem Römischen Reich durch Klimaänderungen begünstigt wurde.

Es gibt zahlreiche Hinweise, dass die mittelalterlichen Klimabedingungen in Europa und global von der heutigen Situation signifikant abwichen. In Mitteleuropa waren die Temperaturen höher, sodass diese Phase häufig als Mittelalterliches Klimaoptimum oder Mittelalterliche Wärmeperiode bezeichnet wird. Doch gibt es sowohl innerhalb Mitteleuropas als auch darüber hinaus regional große Unterschiede, sodass eine durchgängige, überregionale Warmphase schwer zu fassen ist und besser von einer Mittelalterlichen Klimaanomalie gesprochen werden sollte. Als wahrscheinlichste Ursache gilt die Variabilität in der Solarstrahlung in Kombination mit atmosphärischer Rückkopplung (Goosse et al. 2012).

Für den Zeitraum zwischen etwa 1400 und 1850 n. Chr. ist eine Phase ungünstigerer, kühlerer Bedingungen nachgewiesen, die als Kleine Eiszeit bezeichnet wird. Die Dauer wird unterschiedlich gefasst, da es sich nicht um eine abrupte, deutliche klimatische Änderung handelt, bei der Beginn und Ende klar abgrenzbar wären. Ursache der Kleinen Eiszeit war offensichtlich eine verminderte Sonnenaktivität. Zu dieser Zeit wurde bereits die Anzahl dunkler Flecken auf der Sonnenoberfläche beobachtet. Diese als Sonnenflecken bezeichneten dunklen Bereiche zeigen starke Protuberanzen an. Eine große Anzahl Sonnenflecken deutet auf hohe Sonnenaktivität und dementsprechend hohe Energieabgabe der Sonne hin. Die kälteste Phase der Kleinen Eiszeit stimmt zeitlich genau mit Jahrzehnten sehr geringer Sonnenfleckenzahlen, dem sogenannten Maunder-Minimum von 1645 bis 1715, und der daraus abgeleiteten reduzierten Einstrahlung überein. Da die Einstrahlung um nur 0,1 % geringer war als heute (Krivova et al. 2010), müssen hierbei verstärkende physikalisch-chemische Rückkopplungseffekte mitgewirkt haben, beispielsweise über stratosphärische Prozesse wie die Ozonbildung, Ozeantemperaturen der niederen Breiten, Albedo-Änderungen durch Änderung der Eisbedeckung oder Wolkenbildung.

Nach der kleinen Eiszeit, etwa seit Mitte des 19. Jahrhunderts, ist ein Erwärmungstrend zu verzeichnen. Er ist auch unter Berücksichtigung der im Klimasystem inhärenten Variabilität statistisch signifikant und äußert sich unter anderem dadurch, dass die meisten der als wärmste Jahre der letzten rund hundert Jahre eingestuften Jahre in die letzten beiden Jahrzehnte fallen. Als Hauptursache dieses „Global Warming" werden anthropogene Treibhausgasemissionen sowie Landnutzungsänderungen angenommen. Allerdings greift der Mensch bereits seit Jahrtausenden durch seine Wirtschaftsweise in das Klimasystem ein, indem er die Treibhausgaskonzentration in der Atmosphäre erhöhte (Ruddiman 2003). In den letzten etwa 150 Jahren jedoch stieg vor allem durch die Industrialisierung und die damit verbundene Verbrennung fossiler Energieträger die atmosphärische CO_2-Konzentration von 280 ppm auf momentan rund 400 ppm an, und eine Verdoppelung des vorindustriellen Wertes auf 560 ppm ist innerhalb der nächsten Jahrzehnte zu erwarten. Dieser Wert ist wesentlich höher als zu irgendeinem Zeitpunkt der letzten 800.000 Jahre. Höhere CO_2-Konzentrationen in der Erdgeschichte gab es zuletzt vor mehreren Millionen Jahren. Im Tertiär waren die CO_2-Werte noch wesentlich höher als heute. Über Millionen von Jahren wurde der Atmosphäre CO_2

Abb. 2.2 Einflussfaktoren auf das Klima, aufgetragen auf den Größenordnungsbereich (Pfeile), auf dem sie zeitlich variieren

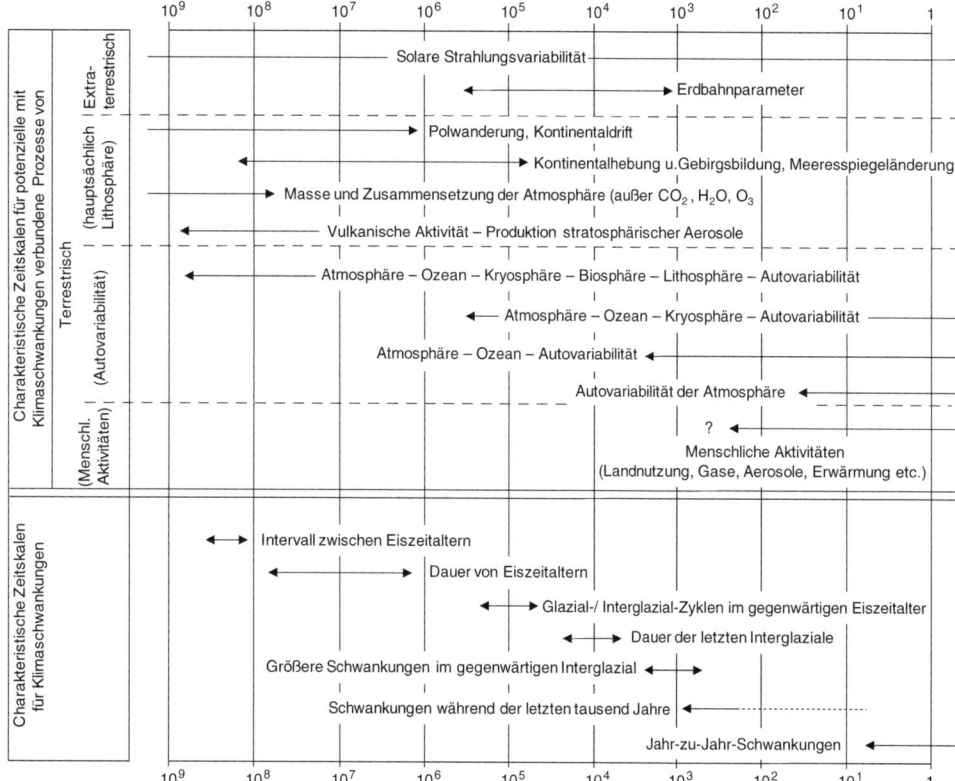

durch Verwitterungsprozesse (Kalkausscheidung) und die Festlegung von organischer Substanz entzogen, z. B. in Form von Torf. Heute wird dieser eingelagerte Kohlenstoff in großem Maßstab durch die Verwendung fossiler Brennstoffe (Erdöl, Erdgas, Stein- und Braunkohle, Torf, Methanhydrat) der Atmosphäre mit unabsehbaren Folgen wieder zugeführt. Die menschliche Ökonomie ist an das heutige Klima angepasst, sodass Änderungen eine große Bedrohung darstellen. Möglichst zutreffende Vorhersagen über Art und Ausmaß von Klimaänderungen und ihre Folgen sind daher besonders wichtig.

Mithilfe von Klimamodellen können zukünftige Klimaänderungen und deren Folgen abgeschätzt werden. Sie verwenden potenzielle Änderungen klimarelevanter Faktoren, z. B. der Verteilung der Sonneneinstrahlung auf der Erde, der Eisbedeckung, und die Konzentrationsänderung von Treibhausgasen, insbesondere von Wasserdampf, CO_2 und Methan, um wahrscheinliche Klimaszenarien zu berechnen (Abb. 2.2).

Doch das System Klima ist ein chaotisches System. Das heißt, es ist sehr von den Randbedingungen abhängig, und kleine Einflussfaktoren können vor allem bei sogenannten Umschlagpunkten (*tipping points*) entscheidenden Einfluss darauf ausüben, ob das System plötzlich einen neuen, vom alten stark abweichenden Zustand einnimmt. Zudem ist der Einfluss vieler Faktoren wie der Variabilität der Solareinstrahlung, von Aerosolen und der Wolkenbildung noch nicht hinlänglich bekannt, und auch bezüglich der vielen Rückkopplungen bestehen noch große Unsicherheiten (IPCC 2014). Um beurteilen zu können, wie realistisch Szenarien von Klimamodellen sind, müssen sie getestet werden. Dabei spielt die Validierung von Klimamodellen durch den Vergleich mit tatsächlichen Klimaänderungen eine sehr wichtige Rolle (Flato et al. 2013).

Mit welchen Änderungen muss in der Zukunft gerechnet werden? Der Paläoklimatologie kommt für die Beantwortung dieser Frage zentrale Bedeutung zu. Je besser wir Geschwindigkeit und Ausmaß der teilweise dramatischen Klimaänderungen der Vergangenheit kennen und diese in Beziehung zu Ursachen setzen können, desto besser verstehen wir das Klimasystem und desto zuverlässiger lassen sich zukünftige Entwicklungen abschätzen. Somit besitzt die Paläoklimatologie unmittelbare Anwendung und Nutzen für die Abschätzung künftiger Klimaänderungen.

Das Klima der Vergangenheit, durch dessen Erforschung wir bereits einiges über die Änderungen des Klimas, über Komponenten des Klimasystems und ihre Variabilität, wie die Entwicklung von Solarstrahlung und Treibhausgasen, und ihre Wechselwirkungen wissen, kann dabei als natürliches Experiment angesehen werden. Je besser Klimarekonstruktionen werden und je besser Klimamodelle in der Lage sind, Klimaänderungen der Vergangenheit mit der Wirkung bestimmter Einflussfaktoren und Rückkopplungsprozesse zu erklären, desto größer wird das Vertrauen in das jeweilige Modell. Viele Unsicherheiten werden aufgrund der Komplexität des Klimasystems bestehen bleiben. Es ist davon auszugehen, dass das Klima als chaotisches System immer Überraschungen bereithalten wird. Doch je besser wir das System verstehen, umso besser lassen sich Änderungen und die damit für Mensch und Natur verbundenen Gefahren abschätzen.

Literatur

Alley R, Ágústdóttir AM (2005) The 8 ka event: Cause and consequences of a major Holocene abrupt climate change. Quaternary Science Reviews 24: 1123–1149

Bakke J, Lie O, Heegaard E, Dokken T, Haug GH, Birks HJH, Dulski P, Nilsen T (2009) Rapid oceanic and atmospheric changes during the Younger Dryas cold period. Nature Geoscience 2: 202–205

Birks HJH, Heiri O, Seppä H, Bjune AE (2010) Strengths and Weaknesses of Quantitative Climate Reconstructions Based on Late-Quaternary Biological Proxies. The Open Ecology Journal 3: 68–110

Brauer A, Haug GH, Dulski P, Sigman DM, Negendank JFW (2008) An abrupt wind shift in western Europe at the onset of the Younger Dryas cold period. Nature Geoscience 1: 520–523

Büntgen, U, Tegel W, Nicolussi K, McCormick M, Frank D, Trouet V, Kaplan JO, Herzig F, Heussner KU et al. (2011) 2500 Years of European Climate Variability and Human Susceptibility. Science 331: 578–582

Chevalier M, Davis BAS, Heiri O, Seppä H, Chase BM, Gajewski K, Lacourse T, Telford RJ, Finsinger W et al. (2020) Pollen-based climate reconstruction techniques for late Quaternary studies. Earth-Science Reviews 210: 103384.

Flato G, Marotzke J, Abiodun B, Braconnot P, Chou SC, Collins W, Cox P, Driouech F, Emori S et al. (2013) Evaluation of Climate Models. In: Stocker TF, Qin D, Plattner GK, Tignor M, Allen SK et al. (eds) Climate Change 2013: The Physical Science Basis. Contribution of Working Group I to the Fifth Assessment Report of the Intergovernmental Panel on Climate Change. Cambridge University Press, Cambridge, New York

EPICA community members (2004) Eight glacial cycles from an Antarctic ice core. Nature 429: 623–628

Firbas F (1949) Waldgeschichte Mitteleuropas. Erster Band: Allgemeine Waldgeschichte. Gustav Fischer, Jena

Gebhardt C, Kühl N, Hense A, Litt T (2008) Reconstruction of Quaternary temperature fields by dynamically consistent smoothing. Climate Dynamics 30: 421–437

van Geel B, Renssen H (1998) Abrupt Climate Change around 2,650 BP in North-West Europe: Evidence for Climatic Teleconnections and a Tentative Explanation. In: Issar AS, Brown N (eds) Water, Environment and Society in Times of Climatic Change. Springer, Boston, Dordrecht, New York, 21–41

Glaser R (2008) Klimageschichte Mitteleuropas. 2., aktualis. u. erw. Auflage. Primus in Wissenschaftliche Buchgesellschaft, Darmstadt

Goosse H, Crespin E, Dubinkina S, Loutre MF, Mann M, Renssen H, Sallaz-Damaz Y, Shindell D (2012), The role of forcing and internal dynamics in explaining the "Medieval Climate Anomaly". Climate Dynamics 39: 2847–2866

Huntley B (2012) Reconstructing palaeoclimates from biological proxies: Some often overlooked sources of uncertainty. Quaternary Science Reviews 31: 1–16

Imbrie J, Kipp NG (1971) A new micropaleontological method for quantitative paleoclimatology: Application to a late Pleistocene Caribbean core. In: Turekian KK (ed) The Late Cenozoic Glacial Ages. Yale University Press, New Haven, 71–181

IPCC (2014) Climate Change 2014: Synthesis Report. Contribution of Working Groups I, II and III to the Fifth Assessment Report of the Intergovernmental Panel on Climate Change in: Pachauri RK, Meyer LA (eds) Core Writing Team, IPCC, Cambridge University Press, Cambridge, New York

Israde-Alcántara I, Bischoff JL, Domínguez-Vázquez G, Li HC, DeCarli PS, Bunch TE, Wittke JH, Weaver JC, Firestone RB et al. (2012): Evidence from central Mexico supporting the Younger Dryas extraterrestrial impact hypothesis. Proceedings of the National Academy of Sciences of the United States of America 109: E738–E747

Iversen J (1944) *Viscum, Hedera* and *Ilex* as climate indicators. Geologiska Föreningens i Stockholm Förhandlingar 66: 463–483

Jackson LC, Kahana R, Graham T, Ringer MA, Woollings T, Mecking JV, Wood RA (2015), Global and European climate impacts of a slowdown of the AMOC in a high resolution GCM. Climate Dynamics 45: 3299–3316

Jackson ST, Williams JW (2004) Modern analogs in Quaternary paleoecology: Here today, gone yesterday, gone tomorrow? Annual Review of Earth and Planetary Science 32: 495–537

Köppen W (1918) Klassifikation der Klimate nach Temperatur, Niederschlag und Jahresablauf. Petermanns Geographische Mitteilungen 64: 193–203; 243–248

Krivova NA, Vieira LEA, Solanki SK (2010) Reconstruction of solar spectral irradiance since the Maunder minimum. Journal of Geophysical Research 115: A12112

Kröpelin S, Verschuren D, Lézine AM, Eggermont H, Cocquyt C, Francus P, Cazet JP, Fagot M, Rumes B et al. (2008) Climate-Driven Ecosystem Succession in the Sahara: The Past 6000 Years. Science 320: 765–768

Kühl N, Gebhardt C, Litt T, Hense A (2002) Probability Density Functions as Botanical-Climatological Transfer Functions for Climate Reconstruction. Quaternary Research 58: 381–392

Kühl N, Schölzel CA, Litt T, Hense A (2007) Eemian and Early Weichselian temperature and precipitation variability in northern Germany. Quaternary Science Reviews 26: 3311–3317

Litt T, Schölzel C, Kühl N, Brauer A (2009) Vegetation and climate history in the Westeifel Volcanic Field (Germany) during the last 11,000 years based on annually laminated lacustrine maar sediments. Boreas 38: 679–690

Mayewski PA, Rohling EE, Curt Stager J, Karlen W, Maasch KA, Meeker D, Meyerson EA, Gasse F, v Kreveld S, Holmgren K (2004) Holocene climate variability. Quaternary Research 62: 243–255

NEEM Community Members (2013) Eemian interglacial reconstructed from a Greenland folded ice core. Nature 493: 489–494

New MG, Hulme M, Jones PD (1999) Representing Twentieth-Century Space – Time Climate Variability. Part I: Development of a 1961–90 Mean Monthly Terrestrial Climatology. Journal of Climate 12: 829–856

Ohlwein C, Wahl E (2012) Review of probabilistic pollen-climate transfer methods. Quaternary Science Reviews 31: 17–29

Parrenin F, Barnola JM, Beer J, Blunier T, Castellano E et al. (2007) The EDC3 chronology for the EPICA Dome C ice core. Climate of the Past, European Geosciences Union (EGU) 3: 485–497

Ruddiman WF (2003) The anthropogenic greenhouse era began thousands of years ago. Climatic Change 61: 261

Schölzel CA, Hense A, Hübl P, Kühl N, Litt T (2002) Digitization and geo-referencing of botanical distribution maps. Journal of Biogeography 29: 851–856

Usinger H (2004) Vegetation and climate of the lowlands of northern Central Europe and adjacent areas around the Younger Dryas-Preboreal transition with special emphasis on the Preboreal oscillation. In: Terberger T, Eriksen BV (eds) Hunters in a changing world. Environment and Archaeology of the Pleistocene-Holocene Transition (ca. 11000–9000 B.C.) in Northern Central Europe. Internationale Archäologie – Arbeitsgemeinschaft, Symposium, Tagung, Kongress 5. Leidorf, Rahden/Westfalen, 1–26

Walker M, Johnsen S, Rasmussen SO, Popp T, Steffensen JP, Gibbard P, Hoek W, Lowe J, Andrews J et al. (2009) Formal definition and dating of the GSSP (Global Stratotype Section and Point) for the base of the Holocene using the Greenland NGRIP ice core, and selected auxiliary records. Journal of Quaternary Science 24: 3–17

Walker MCJ, Berkelhammer M, Björck S, Cwynar LC, Fisher DA, Long AJ, Lowe JJ, Newnham RM, Rasmussen SO, Weiss H (2012) Formal subdivision of the Holocene Series/Epoch: a Discussion Paper by a Working Group of INTIMATE (Integration of ice-core, marine and terrestrial records) and the Subcommission on Quaternary Stratigraphy (International Commission on Stratigraphy). Journal of Quaternary Science 27: 649–659

Woodward FI, Williams BG (1987) Climate and plant distribution at global and local scales. Vegetatio 69: 189–197

Forschungsgeschichte

3

Karl-Ernst Behre

Unter dem Dach der Geologie hatte sich innerhalb der Paläontologie die Disziplin der Paläobotanik herausgebildet, in der es um die Entfaltung und Differenzierung der Pflanzenfamilien und -arten im Verlauf der Erdgeschichte ging. Dieser Begriff wurde zunächst auch auf die Erforschung der Entwicklungsstufen der rezenten Vegetation angewandt und wird gelegentlich auch heute noch in diesem Sinne gebraucht. Zur besseren Klarstellung sollte er jedoch strikt nur noch für die präquartäre Zeit benutzt werden, während sich der Begriff der Vegetationsgeschichte, der sich inzwischen weitgehend durchgesetzt hat, auf die zeitliche Entwicklung der heutigen Vegetation und Flora bezieht.

Dieser Rückblick auf die vergangene Vegetation ermöglicht erst das Verständnis der heutigen Vegetationsformen in ihrer unterschiedlichen Verbreitung. Zusammenstellungen über den frühen Beginn dieser Forschungsrichtung finden sich unter verschiedenen Gesichtspunkten in den bekannten Werken von Bertsch (1942), Firbas (1949), Overbeck (1975), Fægri und Iversen (1975) oder Lang (1994) sowie in speziellen Beiträgen, wie Straka (1966).

Zunächst waren es botanische Makroreste, wie die Funde von Haselnüssen, Wassernüssen oder Glazialpflanzen in Gebieten außerhalb ihres heutigen Vorkommens, die Fragen nach dem postglazialen und bald auch interglazialen Ablauf der Vegetationsentwicklung aufwarfen. Bereits im Jahre 1713 beschrieb v. Carlowitz überraschende Funde von Haselnüssen in den hochgelegenen Mooren des Erzgebirges, und bald kamen Funde von Kiefernzapfen in nordwestdeutschen und holländischen Mooren hinzu, die zeigten, dass auch die Baumvegetation sich in der Nacheiszeit nicht nur ausgebreitet, sondern auch gebietsweise deutlich verändert haben musste.

Der bekannte Dichter Adelbert v. Chamisso war auch als Botaniker und Naturforscher tätig; als solcher beschrieb er 1825 die Zusammensetzung der Torfmoore bei Kolberg, Gnageland und Swinemünde und konnte auf diese Weise die Veränderungen des Ostseespiegels nachweisen.

In Norwegen fand Axel Blytt (ab 1876) einen Wechsel in der nacheiszeitlichen Moorvegetation anhand der Lagen von Baumstümpfen, die er als Nachweis für Klimaänderungen zwischen trockenen und regnerischen Perioden ansah. Diese Ansicht wurde von dem schwedischen Botaniker Rutger Sernander weiterentwickelt, der in den Mooren vier Schichten unterschied und sie Boreal (trocken), Atlantikum (feucht), Subboreal (trocken und warm) und Subatlantikum (feucht und kühl) nannte – Begriffe, die in veränderter Form heute noch gebräuchlich sind und als das Blytt-Sernander-System bekannt wurden (vgl. Tab. 6.2).

Es war dann Adolf Engler, der den damaligen Forschungsstand aus der ganzen Welt in seinem epochemachenden Werk *Versuch einer Entwicklungsgeschichte der Pflanzenwelt* (1879/1882) zusammenstellte, in dem er die vegetationsgeschichtlichen Kenntnisse mit denen der modernen Pflanzengeographie verband.

Lange Zeit waren es die Makroreste aus den Mooren, auf denen die Vegetationsgeschichte basierte; damit konnte jedoch standörtlich nur ein enger Ausschnitt erfasst werden. Einen großen Sprung bezüglich der Makrorestanalysen schaffte dann Oswald Heer (Abb. 3.1 oben links) in der Schweiz. Er hatte sich zunächst mit der Paläobotanik des Tertiärs befasst, als deren Mitbegründer er gilt, doch als in dem extrem trockenen Winter 1863/1864 trockengefallene Pfahlbauten am Rande von Schweizer Seen entdeckt wurden, bearbeitete er die zahllos darin erhaltenen Pflanzenreste. Seine 1865 erschienene Arbeit über *Die Pflanzen der Pfahlbauten* bedeutete einen Quantensprung und stellte den Beginn der später Archäobotanik genannten Teildisziplin dar, zumal sie erstmals auch große Mengen an Kulturpflanzenmaterial lieferte.

Ergänzende Information Die elektronische Version dieses Kapitels enthält Zusatzmaterial, auf das über folgenden Link zugegriffen werden kann [https://doi.org/10.1007/978-3-662-68936-3_3].

K.-E. Behre (✉)
Niedersächsisches Institut für historische Küstenforschung, Wilhelmshaven, Deutschland
e-mail: behre@nihk.de

Abb. 3.1 Wichtige Persönlichkeiten der vegetationsgeschichtlichen und archäobotanischen Forschung in Mitteleuropa. Oben links: Oswald Heer (1809–1883). Oben rechts: Carl Albert Weber (1856–1931). Unten links: Franz Firbas (1902–1964). Unten rechts: Fritz Overbeck (1898–1983)

Die Entstehung der Pollenanalyse ab dem 19. Jahrhundert

Für die heute so wichtigen Pollenkörner interessierte man sich bereits in der ersten Hälfte des 19. Jahrhunderts, zunächst jedoch vorwiegend in taxonomischer Hinsicht. C. J. Fritzsche (1832) beschrieb erstmals genauer Form und Aufbau von Pollenkörnern, und schon 1834 erschien ein Buch von Hugo v. Mohl, in dem er bereits die Pollenkörner von über 1000 Arten beschrieb und in schematisierten Abbildungen vorstellte. Dabei gliederte er sie schon nach der Zahl und Anordnung der Keimfalten und -poren, wie es heute noch üblich ist. Bald darauf wurden auch fossile Pollenkörner gefunden. H. R. Göppert (1838, 1842) beschrieb einige Pollenkörner aus dem Tertiär (Abb. 3.2), und C. G. Ehrenberg fand 1838 Fichtenpollen in schwedischen

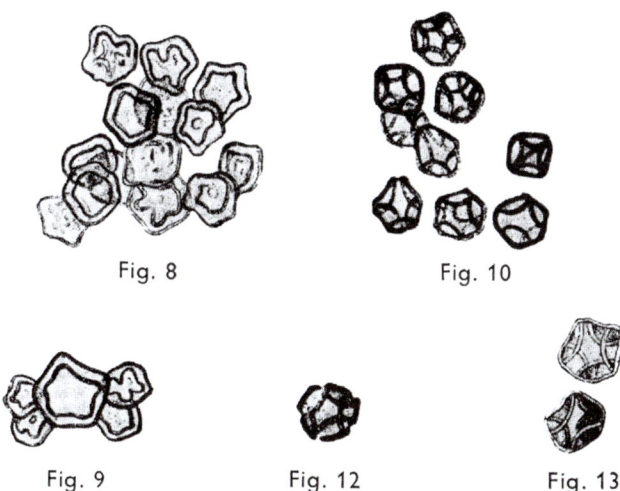

Abb. 3.2 Frühe Pollenzeichnungen von H. R Göppert (1836). Fig. 8 + 9: fossile Erlen-Pollenkörner, trocken; Fig. 10 + 12: fossile Erlen-Pollenkörner, in Wasser getaucht; Fig. 13: *Alnus incana*-Pollenkörner, rezent

Abb. 3.3 Schwarz-Weißtorf-Kontakt in der Esterweger Dose bei Scharrel; aus Overbeck 1939

Kreidevorkommen. Danach war das Interesse an fossilen Pollenkörnern für mehrere Jahrzehnte gering und wurde erst von Carl Albert Weber (Abb. 3.1 oben rechts), dem Botaniker an der Bremer Moorversuchsstation, wieder geweckt. Er wurde von Fritz Overbeck (1975) zu Recht als Erfinder der Pollenanalyse angesehen, denn in seinen Arbeiten von 1893, 1896 und später begann er mit der quantitativen Pollenanalyse, zunächst an gut erhaltenem interglazialem Material. Er beschrieb seine Methode wie folgt: „*Für derartige Zählungen benutze ich einen Objektträger, auf den ein rechteckiges Liniennetz geätzt ist. Die Linien sind in der Längsrichtung des Objektträgers 2 mm, in der Querrichtung 1 mm weit voneinander entfernt.*" Das Probenmaterial hatte er mit Salpetersäure aufgehellt, und er zählte auch einige Proben mehrfach aus, um die Fehlerquote zu berechnen. Seine Analysen zeigen das Mengenverhältnis aller wichtigen Baumpollen zueinander, und darunter waren im eemzeitlichen Material von Honerdingen sogar große Mengen von *Taxus*-Pollen, eine Art, deren Nachweis erst seit den 1960er-Jahren wieder erbracht wurde. C. A. Weber war auch der Erste, der im Pleistozän Sachsens zahlreiche Nadeln und mehrere Zapfen als zu *Picea omorika* gehörig erkannte, weit außerhalb ihres nacheiszeitlichen Verbreitungsgebietes. Allerdings nannte er sie vorsichtig noch *Picea omorikoides*. Die Haupttätigkeit von C. A. Weber lag jedoch im Postglazial, für das er zahlreiche damals mustergültige Pollenanalysen aus dem ganzen norddeutschen Tiefland lieferte. Auch die Archäologie interessierte ihn, und so arbeitete er bereits 1902 mit der Kieler Archäologin Johanna Mestorf bei der Untersuchung von *Wohnstätten der älteren neolithischen Periode in der Kieler Förde* zusammen (Weber und Mestorf 1904). Ein Markstein wurde seine Entstehungsgeschichte des Hochmoores von Augstumal im Memeldelta (Weber 1902), mit dem er die vegetationsgeschichtliche Forschung stark anregte.

Auch um die Moorstratigraphie hat C. A. Weber sich sehr verdient gemacht, denn er war der Erste, der sich intensiv mit dem Grenzhorizont als Rekurrenzfläche (heute Schwarz-Weißtorf-Kontakt, SWK; Abb. 3.3) befasste und ihn beschrieb (Weber 1900). Diese moorstratigraphischen Arbeiten setzte Hugo Gross (1933) in Ostpreußen fort und machte diese Region anschließend auch mit zahlreichen Pollendiagrammen zu einem damals sehr gut untersuchten Gebiet.

Inzwischen hatte Johannes Hoops (1905) sein epochales Werk *Waldbäume und Kulturpflanzen im germanischen Altertum* veröffentlicht, in dem er versuchte, „*alle drei einschlägigen Wissenschaften, Botanik, Archäologie und Sprachwissenschaften, in der Darstellung gleichermaßen zu ihrem Recht kommen lassen*". Dabei stützte er sich bei der Botanik vor allem auf die damals ganz neuen pollenanalytischen Untersuchungen von C. A. Weber.

Die von C.A. Weber in Deutschland entwickelte quantitative Pollenanalyse wurde bald in Skandinavien übernommen, wo Lagerheim (in Witte 1905) erstmals Prozentberechnungen der Baumpollen aus schwedischen Hochmooren durchführte. C. A. Weber selbst folgte 1910 (in H. A. Weber 1918) ebenfalls mit Prozentberechnungen. Einen methodisch großen Schritt nach vorne machte dann der schwedische Staatsgeologe Lennart von Post, indem er 1916 die quantitativen Daten graphisch in Gestalt von Pollendiagrammen präsentierte, mit denen sich die nacheiszeitlichen Vegetationsveränderungen bildhaft verfolgen und regional leicht vergleichen ließen. Da seine Arbeit jedoch auf Schwedisch und darüber hinaus mitten im 1. Weltkrieg erschien, wurde seine

Methode zunächst kaum wahrgenommen und erst richtig bekannt, als sein Schüler Gunnar Erdtman nach dem Krieg zwei umfassende Arbeiten in deutscher Sprache (1920, 1921) herausbrachte.

Danach breitete sich die Pollenanalyse schnell weiter über große Teile Europas, vor allem nördlich der Alpen, aus. Bis 1960 waren in der Bibliographie der inzwischen herausgekommenen Spezialzeitschrift *Pollen et Spores* bereits rund 2000 Zitate von pollenanalytischen Arbeiten über europäische Quartärablagerungen erfasst, allerdings betrafen davon lediglich 33 die Mittelmeerländer. Die Forschungsrichtung expandierte so schnell, dass bereits 1969 die Zahl von 10.000 Publikationen überschritten wurde.

In Deutschland wurden die ersten Pollendiagramme von Peter Stark (1924) und Karl Bertsch (ab 1924) im Südwesten veröffentlicht. In Böhmen entstand an der Deutschen Universität Prag unter der Leitung von Karl Rudolph ebenfalls ein Zentrum der Vegetationsgeschichte. Mit seinem Doktoranden Franz Firbas publizierte er 1922–1926 die ersten Pollendiagramme aus Böhmen, dem Erz- und dem Riesengebirge. Rudolph blieb in Prag und betreute dort zahlreiche Doktoranden mit pollenanalytischen Arbeiten. Er selbst wurde dort Wirklicher außerordentlicher Professor, doch lehnte er unter Hinweis auf seine gesicherte Lebenslage eine Besoldung ab (Schmeidl o. J.).

Franz Firbas wechselte 1928 nach Frankfurt am Main und wurde Assistent von Peter Stark, der dort gerade eine Professur erhalten hatte und auch Fritz Overbeck dorthin mitbrachte. So entstand in Frankfurt ein wichtiges Zentrum der Vegetationsgeschichte. Stark ist jedoch sehr früh verstorben. Die dortige Zusammenarbeit von Firbas und Overbeck führte zu einer lebenslangen Freundschaft, die die deutsche Vegetationsgeschichte über mehrere Jahrzehnte bestimmen sollte, auch wenn sich ihre räumlichen Wege bald wieder trennten.

Die starke Zunahme von Pollendiagrammen von zahlreichen Bearbeitern aus ganz Deutschland führte schon bald zu zusammenfassenden Darstellungen, so von Rudolph (1930) und Bertsch (1935, 1940), und gipfelte dann in dem zweibändigen Werk *Waldgeschichte Mitteleuropas* von Firbas (1949, 1952). Es basierte zwar auf Pollendiagrammen geringer zeitlicher Auflösung mit Probenabständen von zumeist 5–30 cm bei einer Auszählung auf oftmals nur 100–150 Baumpollen/Probe, doch ließen sich die allgemeinen großen Vegetationsabläufe schon erstaunlich gut fassen.

Auch der technische Fortschritt bei der Aufbereitung und Anreicherung der Pollenproben kam voran. Zuerst wurden die Proben nur mit Kalilauge behandelt, und die Pollenkörner mussten mühsam aus einem Gewirr von anderen Pflanzenresten herausgesucht werden. Für silikathaltiges Material kam schon früh die Flusssäurebehandlung auf, es folgten Schweretrennung und anderes. Einen Durchbruch bei organischen Sedimenten bewirkte dann die heute noch angewandte Acetolysemethode, die Erdtman (1934) entwickelte und die ganz erhebliche Erleichterungen bei den Analysen brachte.

Bis in die 1930er-Jahre wurden Pollendiagramme vielfach als Datierungshilfe angesehen. Dabei zeigte sich jedoch bald, wie stark die Abfolge der Waldgesellschaften nicht nur von der Ausbreitung, die ja nicht synchron erfolgte, sondern auch von den landschaftlichen Gegebenheiten abhängig war. Als besonders wichtig wurde jetzt auch der Bezug zur prähistorischen Besiedlung erkannt; erste Maßstäbe setzte hierzu Bertsch (1931) mit seiner Monographie zum Federseemoor.

Mit der Berücksichtigung und der besseren Erkennung auch von Nichtbaumpollen wandelte sich dann die Waldgeschichte langsam zur Vegetationsgeschichte, besonders nachdem Firbas (1934; s. auch Abb. 3.1 unten links) einen wegweisenden Aufsatz über die Bestimmung der Walddichte mithilfe der Pollenanalyse verfasst hatte – ein Thema, das bis heute aktuell geblieben und weiterhin Forschungsgegenstand ist. Diese Aussagen wurden in ganz Deutschland begierig aufgenommen, denn die langjährigen heftigen Diskussionen über die Steppenheidetheorie von Robert Gradmann, ausführlich noch 1933, waren noch nicht beendet (s. auch Kap. 51).

Erste, noch relativ einfache Bestimmungsschlüssel für die Pollenanalyse veröffentlichten Meinke (1927) und Bertsch (1942). Erst danach folgten die pollenmorphologischen Basisarbeiten. Sie kamen im Wesentlichen aus Skandinavien, wo nach dem Band von Gunnar Erdtman (1943, s. auch Abb. 3.4) die grundlegende Arbeit von Johannes Iversen und Jørgen Troels-Smith: *Pollenmorphologische Definitionen und Typen* (1950) erschien. Auf ihr bauen die meisten späteren Bestimmungsbücher auf, vor allem seit dem *Textbook of Pollen Analysis* von Knut Fægri und Johannes Iversen, das gleichfalls 1950 in erster Auflage herauskam. Parallel dazu entstand, ebenfalls in Skandinavien, ab 1961 (Erdtman et al.) eine Pollenmorphologie mit einer anderen Terminologie, die in den Werken von Punt et al. (als Herausgeber ab 1976) und von Moore und Webb (1. Aufl. 1978) aufgegriffen wurde. Nachdem inzwischen der umfassende Leitfaden von Hans-Jürgen Beug (2004) verfügbar ist, hat sich die erstgenannte Terminologie zumindest in Mitteleuropa weitgehend durchgesetzt.

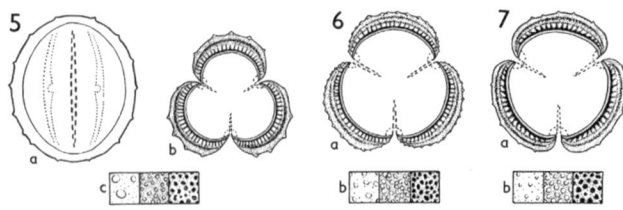

Abb. 3.4 Exakte Zeichnungen von *Artemisia campestris* (5–6) und *A. vulgaris* (7) (aus Erdtman (1949)

Mit den gut bebilderten Werken von Beug und von Moore et al. sowie den vorangegangenen von Erdtman et al. und den Familienbearbeitungen von Punt und Mitarbeitern stehen jetzt hervorragende Bestimmungsmaterialien für die zuverlässige Erkennung vieler Arten und Artengruppen zur Verfügung. Als ein wichtiges Hilfsmittel hat sich dabei die um 1960 entwickelte Phasenkontrastmethode erwiesen, durch die manche Gruppen, insbesondere die Getreidearten, noch weiter aufgegliedert werden können.

Jahrzehntelang waren es die Waldbäume, die im Vordergrund der Untersuchungen standen, doch mit dem besseren Erkennen des Nichtbaumpollens kamen ab den 1930er-Jahren neue Fragestellungen hinzu. Schon 1934 trennte Fritz Overbeck (Abb. 3.1 unten rechts) die verschiedenen Ericales (Heidekrautgewächse) und diente damit vor allem der Moorforschung. Ein wichtiger Schritt war dann die Abgrenzung des Getreidepollens von dem der übrigen Gräser, die Firbas (1937) gelang. Der neue Fokus auf Nichtbaumpollen führte dann schnell zur Erkennung weiterer Arten des Offenlandes, und damit wurde bald die abwechslungsreiche Flora kalter Phasen, insbesondere des Spätglazials, sichtbar. Lange Zeit war es ein zusätzliches Qualitätsmerkmal für Dissertationen und andere größere Arbeiten, dass die Autoren mithilfe der Pollenkörner vorher unbestimmbare Arten erkannten.

Nachdem die Pollendiagramme zunächst jedes für sich in lokale Pollenzonen gegliedert worden waren, suchte man zur überregionalen Vergleichbarkeit nach allgemeinen Gliederungssystemen mit zeitlich festgelegten Zonengrenzen. Dabei wurde das Alter zunächst durch die Verknüpfung mit archäologischen Funden und im Norden mit den Ostseestadien ermittelt. Die ersten dieser Zonengliederungen wurden etwa gleichzeitig für Schonen (Nilsson 1935), Dänemark (Jessen 1935) und Ostpreußen (Gross 1935) entwickelt. Die beiden Letzteren bildeten die Grundlage für die Firbas-Zonen, die dann in Mitteleuropa verbindlich geworden sind. Deren Grenzen mussten allerdings nach Einführung der Radiokarbondaten zeitlich verändert werden. Mit der guten Verfügbarkeit dieser Daten findet man heute viele Pollendiagramme auch nur noch mit einer ^{14}C-datierten Zeitleiste, teils verbunden mit lokalen Pollenzonen.

Die Weiterentwicklung als Vegetationsgeschichte im 20. Jahrhundert

Aus der Waldgeschichte wurde Mitte des 20. Jahrhunderts endgültig eine Vegetationsgeschichte. Dabei geriet nun auch die Siedlungsgeschichte voll ins Blickfeld, und jetzt suchten viele Archäologen von sich aus die Mithilfe der Palynologen. Wegbereitend war dafür Iversen mit seiner Arbeit *Landnam i Danmarks Stenalder*, die 1941 auf Dänisch und Englisch erschien. Hier wurden erstmals systematisch Pollentypen als *culture indicators* beschrieben und verwendet, und der bis heute gebräuchliche *Landnam*-Begriff für die entscheidende Phase des nordmittel- und nordeuropäischen Neolithikums stammt nicht etwa aus der Archäologie, sondern aus der Vegetationsgeschichte. In dieser Arbeit wurde auch der Spitzwegerich (*Plantago lanceolata*) mit dem dortigen Beginn der Besiedlung in Zusammenhang gebracht, doch der Autor ahnte wohl nicht, dass gerade diese Art einmal zum wichtigsten Siedlungszeiger überhaupt werden würde.

Durch Iversen und andere wurde die Zahl der Pollentaxa, die als Siedlungszeiger dienten, immer weiter erhöht. Als Indikatoren zeigen sie sowohl die Siedlungstätigkeit allgemein als auch bestimmte Wirtschaftsweisen an. Das Arbeiten mit ihnen wird als Indikatormethode bezeichnet. Diese fand eine gewisse Endform, als der Verfasser die ökologische Breite der einzelnen Siedlungszeiger und deren Aussagekraft für die verschiedenen Wirtschaftsweisen in einem Schema graphisch darstellte (Behre 1981). Die Indikatormethode findet auch in der Klimageschichte Anwendung und wurde in diesem Fall ebenfalls durch eine Arbeit von Iversen über *Viscum, Hedera and Ilex as climate indicators* (1944) dort nachhaltig eingeführt.

Daneben entwickelte sich der *Modern Analogue Approach*, indem im Rahmen des POLLANDCAL-Netzwerks ganze heutige Vegetationseinheiten mit den rezenten Pollenspektren verglichen und dieses auf frühere Verhältnisse übertragen wird (Gaillard et al. 2008). Bei aller Unschärfe bieten diese Ansätze eine Möglichkeit, die Vegetation quantitativ zu rekonstruieren und damit die Pollendiagramme laienverständlicher zu machen.

Eine wichtige Ergänzung zu den herkömmlichen Relativ-Pollendiagrammen bilden die Absolutdiagramme mit Pollenkonzentration und -influx, die ab den 1970er-Jahren aus den USA zu uns kamen und eine große Hilfe vor allem bei der Bestimmung der Bewaldungsdichte darstellen.

Ein großes Problem stellt die sehr unterschiedliche Pollenerzeugung und -verbreitung der einzelnen Pflanzenarten dar. Hierzu wurden schon früh Untersuchungen an Oberflächenproben und Berechnungen angestellt, die schließlich in der 1970 erschienenen Arbeit von Svend Andersen gipfelten.

Wie in anderen Disziplinen auch wurden in den letzten Jahrzehnten, angetrieben vor allem durch John Birks, verschiedene numerische Methoden (hierzu u. a. Birks et al. 2012) und auch das Modellieren angewandt.

Mit der Etablierung der Vegetationsgeschichte als eigener Forschungsdisziplin konnten die zunächst weit verstreut erschienenen Arbeiten zunehmend in Spezialzeitschriften unseres Faches veröffentlicht werden. Bereits 1954 kam in Schweden die Zeitschrift *Grana Palynologica* heraus, die 1970 in *Grana* umbenannt wurde, und 1959 folgte in Frankreich *Pollen et Spores*, die gleich mit einer umfassenden pollenanalytischen Bibliographie begann, aber leider 1989 eingestellt wurde. Seit 1960 erscheint in Polen die *Acta Palaeobotanica,* und von den Niederlanden aus wurde ab 1967 die *Review of Palaeobotany and Palynology* aufgebaut. Die beiden Letzteren befassen sich jedoch primär mit präquartären Arbeiten. Die Zeitschrift *Vegetation History and Archaeobotany* wird seit 1992 in Deutschland herausgegeben. Sie schlägt den Bogen zur Archäologie, die inzwischen eine der wichtigsten Interessentengruppen unserer Forschungsergebnisse geworden ist.

Die großen Fortschritte der Vegetationsgeschichte sollen für Mitteleuropa mit diesem Buchprojekt, sozusagen der Fortschreibung des *Firbas*, erfasst werden, während für Europa eine umfassende Neubearbeitung des Werkes von Lang (1994) soeben erschienen ist (Lang et al. 2023).

Die Entwicklung der Moorforschung im 20. Jahrhundert

Parallel zu den pollenanalytischen Untersuchungen hat sich auch die eigentliche Moorforschung weiterentwickelt. Seit C. A. Weber die in nordwestdeutschen Hochmooren sehr klare Trennungslinie zwischen dem stark zersetzten Schwarztorf und dem darüberliegenden schwach zersetzten Weißtorf als Grenzhorizont bezeichnete und diesen mit einer lang anhaltenden Trockenphase in Verbindung brachte, wurden die Hochmoore als wichtige Quellen für die Klimaentwicklung erkannt. Granlund (1932) fügte dem Grenzhorizont noch vier weitere Zersetzungsgrenzen hinzu, die er Rekurrenzflächen nannte und deren Zahl später weiter zunahm. Inzwischen wurde erkannt, dass der heute SWK (Schwarz/Weißtorf-Kontakt) benannte Grenzhorizont weder eine Zeitlücke in der Hochmoorbildung darstellt, noch überall gleich alt ist. Weitere Untersuchungen an Rekurrenzflächen haben gezeigt, dass sie teilweise Veränderungen im Niederschlagsklima nachzeichnen, an anderen Stellen jedoch Änderungen in der lokalen Moorhydrologie darstellen, die beide nicht immer zu trennen sind.

Zur Erfassung der hydrologischen sowie trophischen Veränderungen an der ehemaligen Mooroberfläche sind in erster Linie die Makroreste notwendig, die in den Mooren auch als Gewebe besonders gut erhalten sind. Hier brachten vor allem die Arbeiten von Gisbert Grosse-Brauckmann (1972, 1974) große Fortschritte bei den Bestimmungsmöglichkeiten der zahlreichen unverkohlten Reste im Torf. Bereits vorher hatte Troels-Smith (1955) ein detailliertes System zur Benennung unkonsolidierter Sedimente wie Torfe und Seeablagerungen erstellt und diese mit graphischen Symbolen gekennzeichnet. Es hat allerdings keine allgemeine Anwendung gefunden und steht in Konkurrenz mit anderen Systemen zur Sedimentbeschreibung.

Einen Höhepunkt der Moorforschung stellte dann das Werk von Fritz Overbeck (1975; s. auch Abb. 3.1 unten rechts) *Botanisch-geologische Moorkunde* dar, in dem er besonders die zahlreichen Forschungsergebnisse im moorreichen Nordwestdeutschland zusammenfasste und dabei Vegetations-, Klima- und Siedlungsgeschichte miteinander verband. In diesem Werk stellte er mit seinen pollenfloristischen Zonen Nordwestdeutschlands der mitteleuropäischen Zonengliederung von Firbas eine eigene regionale Gliederung gegenüber.

Die Entwicklung der Archäobotanik

Die Entwicklung der Paläoethnobotanik, inzwischen etwas eingängiger meist Archäobotanik genannt (vgl. Willerding 1978), hat sich lange Zeit etwas schwergetan. Das lag vielfach daran, dass die Archäologen die Bedeutung des botanischen Untersuchungsmaterials nicht erkannten und es deshalb nicht beachteten. Die frühen Pfahlbauuntersuchungen in der Schweiz und in Süddeutschland hatten die Forschungen zunächst angeregt, doch das allgemeine Interesse an der Archäobotanik ging bald zurück, und in der ersten Hälfte des 20. Jahrhunderts gab es fast nur noch im Südwesten einige Arbeiten von Karl Bertsch, der dann 1947 den damaligen Forschungsstand in einer ersten *Geschichte der Kulturpflanzen* zusammenfasste. 1956 wurde dann am Römisch-Germanischen Zentralmuseum in Mainz eine Stelle eingerichtet, von der aus Maria Hopf zumeist verkohltes archäobotanisches Material aus Deutschland und Europa bearbeitete. Ein wichtiger Anstoß kam dann aus Wilhelmshaven. Dort begann im Jahre 1954 Udelgard Körber-Grohne mit der Untersuchung des reichen und vorzüglich erhaltenen unverkohlten Materials aus den in den Salzmarschen gelegenen Wurtensiedlungen, allen voran der Feddersen Wierde (publ. 1967). Dieses war mit methodischen Fortschritten an unverkohltem Material und Auswertungen in pflanzensoziologischer Hinsicht verbunden. Das Interesse der Archäologen war jetzt richtig geweckt, und in der Folgezeit setzten in ganz Deutschland entsprechende Untersuchungen ein. Dabei entstand ein weiteres wichtiges Zentrum in Hohenheim.

In der Archäobotanik war es ein großer Gewinn, dass sich nach einer alten deutschen Tradition Lehrer, in diesem Fall Biologielehrer, nebenberuflich in diesem Fach engagierten. Wie vorher bereits Karl Bertsch in Württemberg haben seit etwa 1960 Karl-Heinz Knörzer (vgl. bes. 2007) und Ulrich Willerding (vgl. bes. 1986) zahlreiche Bearbeitungen durchgeführt und dabei im Rheinland und im Großraum Göttingen gut untersuchte Regionen geschaffen.

In der ehemaligen DDR tat sich die Archäobotanik schwer. Hier sind vor allem Jürgen Schultze-Motel, Elsbeth Lange und zunächst auch Klaus-Dieter Jäger zu nennen, die unter schwierigen Bedingungen ab den späten 1960er-Jahren arbeiteten. Schultze-Motel war dabei der Erste, der eine allgemeine jährliche Bibliographie *Literatur über archäologische Kulturpflanzenreste* herausbrachte, die ab 1968 zunächst in der Zeitschrift *Die Kulturpflanze* erschien und von 1992 an in *Vegetation History and Archaeobotany* weitergeführt wurde. Dieses setzte Helmut Kroll 1995–2001 fort und machte die Bibliographie danach allgemein im Internet zugänglich. Dringend erforderlich wurde auch ein Lehrbuch zur Archäobotanik, das schließlich 1999 von Jacomet und Kreuz geschrieben wurde.

Einrichtungen der Vegetationsgeschichte und Archäobotanik

Sowohl die Ausrichtung als auch die Zentren der vegetationsgeschichtlichen Untersuchungen haben in Deutschland in den vergangenen Jahrzehnten erhebliche Veränderungen erfahren. Zunächst waren es universitäre Zentren an den botanischen Instituten von Göttingen, Kiel und später Hohenheim. Zu ihnen kamen mehrere Geologische Landesämter hinzu, bei denen allerdings das Pleistozän wichtiger als das Holozän war. Dort entstanden durch Burchard Menke in Kiel und Helmut Müller in Hannover zahlreiche, für ganz Europa wichtige Arbeiten.

Danach verschoben sich die Verhältnisse stark. In den botanischen Universitätsinstituten erhielten andere Fachrichtungen größeres Gewicht, doch in Göttingen, Hannover und Greifswald sowie am Geologischen Institut in Bonn konnten sich Forschung und Lehre institutionell voll erhalten. Bei den Geologischen Landesämtern wurden hingegen die Kartier- und alle damit zusammenhängenden Arbeiten weitgehend eingestellt, und fast alle Stellen entfielen.

Dafür entwickelten sich im Bereich der Archäologie neue Schwerpunkte der vegetationsgeschichtlichen und archäobotanischen Forschung, und auch die Fördermittel kommen vielfach aus dieser Richtung. Neben dem interdisziplinären Landesinstitut in Wilhelmshaven haben mehrere archäologische Landesämter, zuerst Baden-Württemberg und Hessen, inzwischen auch mehrere andere, entsprechende Abteilungen eingerichtet, und bezeichnenderweise wurden auch bei einigen modern eingestellten Universitätsinstituten für Ur- und Frühgeschichte Archäobotanik und Vegetationsgeschichte erfolgreich angesiedelt, von denen Kiel, Köln und Frankfurt bereits eine längere Tradition aufgebaut haben. Weitere sind in den letzten Jahren hinzugekommen. Wie im Bereich der Bodendenkmalpflege haben sich neben den staatlichen Einrichtungen auch bei uns inzwischen private Firmen etabliert, die insbesondere archäobotanische Untersuchungen ausführen.

Eine dauernde Datensicherung kann nur in Datenbanken erfolgen. Für den Bereich der Pollenanalyse gibt es inzwischen die Europäische Datenbank (*EPD*) und *Pangaea*, die internationale Datenbank *Neotoma* sowie für die alpine Region die *Alpadaba*. Sie sind jedoch sehr lückenhaft, da viele Autoren ihre Ergebnisse zurückhalten. Für die Archäobotanik gibt es die Archäobotanische Datenbank, in der derzeit jedoch nur Untersuchungen bis 2005 erfasst sind; daneben läuft das Programm *Arbodat*, mit dem regionale Datenbanken aufgebaut werden. Hier fehlt es noch an endgültigen dauerhaften Lösungen.

Auch in der Sprache gab es Veränderungen. Lange erschienen die Arbeiten in Deutschland und teils auch in den Nachbarländern auf Deutsch, doch inzwischen hat die *lingua franca* Englisch vielfach Einzug gehalten. Während das für überregionale Fragestellungen angemessen ist, wären viele Leser der meist nur regional wichtigen und gelesenen Publikationen dankbar, wenn sie diese in ihrer Muttersprache aufnehmen könnten, und das gilt wegen der Fachbegriffe besonders für die Nachbarwissenschaftler.

Literatur

Andersen ST (1970) The Relative Pollen Productivity and Pollen Representation of North European Trees, and Correction Factors for Tree Pollen Spectra. Danmarks Geologiske Undersøgelse II/96. Reitzel, København

Behre KE (1981) The interpretation of anthropogenic indicators in pollen diagrams. Pollen et Spores 23: 225–245

Bertsch K (1924) Paläobotanische Untersuchungen im Reichermoos. Jahreshefte des Vereins für Vaterländische Naturkunde in Württemberg 80: 1–19

Bertsch K (1931) Paläobotanische Monographie des Federseerieds. Bibliotheca Botanica 103: 1–127

Bertsch K (1935) Der deutsche Wald im Wechsel der Zeiten. Heine, Tübingen

Bertsch K (1940) Geschichte des deutschen Waldes. Gustav Fischer, Jena

Bertsch K (1942) Lehrbuch der Pollenanalyse. Enke, Stuttgart

Bertsch K, Bertsch F (1947) Geschichte unserer Kulturpflanzen. Wissenschaftliche Verlagsgesellschaft, Stuttgart

Beug HJ (2004) Leitfaden der Pollenbestimmung für Mitteleuropa und angrenzende Gebiete. Friedrich Pfeil, München

Birks HJB, Lotter AF, Juggins S, Smol JP (eds) (2012) Tracking Environmental Change Using Lake Sediments. Vol. 5: Data Handling and Numerical Techniques. Developments in Paleoenvironmental Research 5. Springer, Dordrecht

Blytt A (1876) Essay on the immigration of the Norwegian flora during alternate rainy and dry periods. Cammermeyer, Christiania

von Carlowitz HC (1713) Sylvicultura oeconomica. Johann Friedrich Braun, Leipzig

von Chamisso A (1825) Ueber die Torfmoore bei Colberg, Gnageland und Swinemünde. Archiv für Bergbau und Hüttenwesen 9. Reimer, Berlin

Ehrenberg CG (1838) Beobachtungen über neue Lager fossiler Infusorien und das Vorkommen von Fichtenblütenstaub neben deutlichem Fichtenholz, Haifischzähnen, Echiniten und Infusorien in wolhynischen Feuersteinen der Kreide. Bericht über die zur Bekanntmachung geeigneten Verhandlungen der Königlich Preußischen Akademie der Wissenschaften zu Berlin aus dem Jahre 1838: 102–104

Engler A (1879) Versuch einer Entwicklungsgeschichte der Pflanzenwelt, insbesondere der Florengebiete, seit der Tertiärperiode. Erster Theil: Versuch einer Entwicklungsgeschichte der extratropischen Florengebiete der nördlichen Hemisphäre. Engelmann, Leipzig

Engler A (1882) Versuch einer Entwicklungsgeschichte der Pflanzenwelt, insbesondere der Florengebiete, seit der Tertiärperiode. Zweiter Theil: Versuch einer Entwicklungsgeschichte der extratropischen Florengebiete der südlichen Hemisphäre und der tropischen Gebiete. Engelmann, Leipzig

Erdtman G (1920) Einige geobotanische Resultate einer pollenanalytischen Untersuchung von südwestschwedischen Torfmooren. Svensk botanisk tidskrift 14: 292–299

Erdtman G (1921) Pollenanalytische Untersuchungen von Torfmooren und marinen Sedimenten in Südwest-Schweden. Arkiv för botanik 17: 1–173

Erdtman G (1934) Über die Verwendung von Essigsäureanhydrid bei Pollenuntersuchungen. Svensk botanisk tidskrift 28: 354–358

Erdtman G (1943) An Introduction to Pollen Analysis. Ronald Press Company, New York

Erdtman G (1949) Palynological aspects of the pioneer phase in the immigration of the Swedish flora. II. Identification of pollen grains in the Late Glacial samples from Mt. Omberg, Ostrogothia. Svensk botanisk tidskrivt 43: 46–55

Erdtman G, Berglund BE, Praglowski J (1961) An Introduction to a Scandinavian Pollen Flora. Almquist & Wiksell, Stockholm

Fægri K, Iversen J (1975) Textbook of Pollen Analysis. 3. Auflage. Blackwell, Oxford

Firbas F (1934) Über die Bestimmung der Walddichte und der Vegetation waldloser Gebiete mit Hilfe der Pollenanalyse. Planta 22: 109–45

Firbas F (1937) Der pollenanalytische Nachweis des Getreidebaus. Zeitschrift für Botanik 31: 447–478

Firbas F (1949) Waldgeschichte Mitteleuropas. Erster Band: Allgemeine Waldgeschichte. Gustav Fischer, Jena

Firbas F (1952) Waldgeschichte Mitteleuropas. Zweiter Band: Waldgeschichte der einzelnen Landschaften. Gustav Fischer, Jena

Fritzsche GJ (1832) Beiträge zur Kenntniss des Pollens. Nicolai'sche Buchhandlung, Berlin, Stettin, Elbing

Gaillard MJ, Sugita S, Bunting J, Dearing J, Bittmann F (2008) Human impact on terrestrial ecosystems, pollen calibration and quantitative reconstruction of past land-cover. Vegetation History and Archaeobotany 17: 415–418

Göppert HR (1838) De floribus in statu fossili commentatio. Nova acta physico-medica Academiae Caesareae Leopoldino-Carolinae Naturae Curiosorum 18(2): 545–572

Göppert HR (1842) Über das Vorkommen von Pollen im fossilen Zustande. Neues Jahrbuch für Mineralogie 1841: 338–340

Gradmann R (1933) Die Steppenheide. Naturwissenschaftliche Monatsschrift „Aus der Heimat" 46: 97–123

Granlund E (1932) De Svenska Högmossarnas geologi. Sveriges geoliska Undersökning C 26: 1–193

Gross H (1933) Zur Frage des Weberschen Grenzhorizontes in den östlichen Gebieten der ombrogenen Moorregion. Beihefte zum Botanischen Centralblatt 51/II(2): 305–353

Gross H (1935) Der Döhlauer Wald in Ostpreußen. Beihefte zum Botanischen Centralblatt 53/B(2/3): 405–431

Grosse-Brauckmann G (1972) Über pflanzliche Makrofossilien mitteleuropäischer Torfe I. Gewebereste krautiger Pflanzen und ihre Merkmale. Telma 2: 19–55

Grosse-Brauckmann G (1974) Über pflanzliche Makrofossilien mitteleuropäischer Torfe. II: Weitere Reste (Früchte und Samen, Moose u. a.) und ihre Bestimmungsmöglichkeiten. Telma 4: 51–11

Heer O (1865) Die Pflanzen der Pfahlbauten. Neujahrsblatt der Naturforschenden Gesellschaft in Zürich auf das Jahr 1866: 1–54

Hoops J (1905) Waldbäume und Kulturpflanzen im germanischen Altertum. Trübner, Straßburg

Iversen J (1941) Landnam i Danmarks Stenalder. Danmarks Geologiske Undersøgelse II. R. Nr. 66. Danmarks Geologiske Undersøgelse Serie A. Reitzel, København

Iversen J (1944) *Viscum, Hedera* and *Ilex* as climate indicators. Geologisk Förenings Förhandlingar Stockholm 66: 463–483

Iversen J, Troels-Smith J (1950) Pollenmorphologische Definitionen und Typen. Danmarks Geologiske Undersøgelse. IV/3(8). Reitzel, København

Jacomet S, Kreuz A (1999) Archäobotanik. Ulmer, Stuttgart

Jessen K (1935) Archaeological dating in the history of North Jutlands vegetation. Acta Archaeologica 5: 185–214

Knörzer KH (2007) Geschichte der synanthropen Flora im Niederrheingebiet. Rheinische Ausgrabungen 61, Philipp von Zabern, Mainz

Körber-Grohne U (1967) Geobotanische Untersuchungen auf der Feddersen Wierde. Feddersen Wierde 1. Steiner, Wiesbaden

Kroll H (1995) Literature on archaeological remains of cultivated plants (1992/1993). Vegetation History and Archaeobotany 4: 1–66

Lang G (1994) Quartäre Vegetationsgeschichte Europas. Gustav Fischer, Jena

Lang G, Ammann B, Behre KE, Tinner W (2023) Quaternary Vegetation Dynamics of Europe. Haupt, Bern

Meinke H (1927) Atlas und Bestimmungsschlüssel zur Pollenanalytik. Botanisches Archiv Königsberg 19: 380–449

von Mohl H (1834) Über den Bau und die Formen der Pollenkörner. Fischer, Bern

Moore PD, Webb JA (1978) An Illustrated Guide to Pollen Analysis. 1. Auflage. Blackwell, London

Nilsson T (1935) Die pollenanalytische Zonengliederung der spät- und postglazialen Bildungen Schonens. Geologiska Föreningen i Stockholm Förhandlingar 57: 385–562

Overbeck F (1934) Zur Kenntnis des Pollens mittel- und nordeuropäischer Ericales. Beihefte zum Botanischen Centralblatt 51/II(3): 566–583

Overbeck F (1975) Botanisch-geologische Moorkunde unter besonderer Berücksichtigung der Moore Nordwestdeutschlands als Quellen zur Vegetations-, Klima- und Siedlungsgeschichte. Wachholtz, Neumünster

von Post L (1916) Om skogsträdspollen i sydsvenska torfmosselagerföljder (foredragsreferat). Geologisk Forening, Stockholm 38: 384–394

Punt W et al. (1976–2009) The Northwest European Pollen Flora (NEPF). Vol 1 (1976), Vol 2 (1980), Vol 3 (1981), Vol 4 (1984) Vol 5 (1988), Vol 5 (1991), Vol 7 (1996), Vol 8 (2003), Vol 9 (2009). Elsevier, Amsterdam

Rudolph K (1930) Grundzüge der nacheiszeitlichen Waldgeschichte Mitteleuropas. Beihefte zum Botanischen Centralblatt 47/II(1): 111–176

Rudolph K, Firbas F (1922) Pollenanalytische Untersuchungen böhmischer Moore. Berichte der Deutschen Botanischen Gesellschaft 40: 393–405

Schmeidl H (o. J.) Pollenanalysen in Prag und München in der ersten Hälfte des zwanzigsten Jahrhunderts. Unveröffentlichtes Vortragsmanuskript

Schultze-Motel J (1968) Literatur über archäologische Kulturpflanzenreste (1965–1967). Die Kulturpflanze 16: 215–230

Stark P (1924) Pollenanalytische Untersuchungen an zwei Schwarzwaldhochmooren. Zeitschrift für Botanik 16: 593–618

Straka H (1966) Fünfzig Jahre Pollenanalyse. Die Umschau in Wissenschaft und Technik 13:426–429

Troels-Smith J (1955) Karakterisering af lose jordarter. Characterization of unconsolidated Sediments. Danmarks Geologiske Undersøgelse IV/3(10). Reitzel, København

Weber CA (1893) Über die diluviale Vegetation von Klinge in Brandenburg und ihre Herkunft. Botanische Jahrbücher für Systematik,

Pflanzengeschichte und Pflanzengeographie 17. Beiblatt zu den Botanischen Jahrbüchern 40: 1–20

Weber CA (1896) Die fossile Flora von Honerdingen und das nordwestdeutsche Diluvium. Abhandlungen des Naturwissenschaftlichen Vereins zu Bremen 13: 413–468

Weber CA (1900) Über die Moore, mit besonderer Berücksichtigung der zwischen Unterweser und Unterelbe liegenden. Jahresbericht der Männer vom Morgenstern 3: 3–23

Weber CA (1902) Über die Vegetation und Entstehung des Hochmoores von Augstumal im Memeldelta mit vergleichenden Ausblicken auf andere Hochmoore der Erde. Paul Parey, Berlin

Weber CA, Mestorf J (1904) Wohnstätten der älteren neolithischen Periode in der Kieler Förde. Bericht des Museums vaterländischer Altertümer bei der Universität Kiel 43: 3–24

Weber HA (1918) Über spät- und postglaziale lakustrine und fluviatile Ablagerungen in der Wyhraniederung bei Lobstädt und Borna und die Chronologie der Postglazialzeit Mitteleuropas. Abhandlungen des Naturwissenschaftlichen Vereins zu Bremen 24: 189–267

Willerding U (1978) Die Paläo-Ethnobotanik und ihre Stellung im System der Wissenschaften. Berichte der Deutschen Botanischen Gesellschaft 91: 3–30

Willerding U (1986) Zur Geschichte der Unkräuter Mitteleuropas. Göttinger Schriften zur Vor- und Frühgeschichte 22. Wachholtz, Neumünster

Witte H (1905) *Stratiotes aloides* L.: funnen i Sveriges postglacials aflagringar. Geologiska Föreningen i Stockholm Förhandlingar 27: 432–451

Von der späten Altsteinzeit bis zum Spätmittelalter

4

Johannes Müller

Die Entwicklung menschlicher Gesellschaften in Mitteleuropa ist vom Spätglazial bis zum Industriezeitalter durch zahlreiche umwelt- und technologiebedingte Veränderungen geprägt, die ganz wesentlich zur Formation unterschiedlicher gesellschaftlicher Ausprägungen beigetragen haben (Müller und Kirleis 2019; von Schnurbein 2014; Bánffy et al. 2020). Chronologisch betrachtet haben wir es mit

- komplexen Wildbeutergesellschaften im Spätpaläolithikum und Mesolithikum,
- einfachem Bodenbau und frühen Agrargesellschaften im Neolithikum,
- frühen metallurgischen Gesellschaften insbesondere in der Bronze- und Eisenzeit und
- verschiedenen staatlichen Gesellschaftsformationen mit komplexeren Agrarordnungen, vorindustriellen und industriellen Produktionsweisen und schließlich globalisierten Systemen nach der sogenannten Europäischen Expansion zu tun.

Mitteleuropa wird dabei, wie zahlreiche andere Gebiete der Welt, von mehreren einschneidenden ökonomischen, technischen oder auch kognitiven Veränderungen erfasst, die allgemein unter dem Stichwort von „Revolutionen" zusammengefasst werden: eine „kognitive Revolution" mit dem Aufkommen des Jungpaläolithikums um ca. 45.000 v. Chr., in der sich der Mensch erstmals selbst darstellt und reflektiert; einer „agrarischen Revolution" ab ca. 10.000 v. Chr., in der der Mensch den Übergang von einer aneignenden zu einer produzierenden Wirtschaftsweise vornimmt; einer „urbanen Revolution" ab ca. 4000 v. Chr., in der die Agglomeration großer Bevölkerungsgruppen unter neuen sozialen Konstitutionen stattfindet; einer „industriellen Revolution" ab ca. 1800 n. Chr., die durch die Massenanfertigung von Waren die Veränderung und Beschleunigung der Interaktion innerhalb von und zwischen Gesellschaften bewirkt. Mit zeitlichen Verzögerungen können wir die meisten dieser Veränderungen auch in Mitteleuropa erfassen.

Einige dieser Veränderungen sind durch Umwelteinflüsse oder kurz- und mittelfristige Klimaereignisse beeinflusst worden und führen selbst zu erheblichen Umweltveränderungen auf ganz unterschiedlichen räumlichen und zeitlichen Ebenen. Das gilt auch für demographische Veränderungen, die in der Grundtendenz zu einem erheblichen Bevölkerungswachstum führten.

Insgesamt können wir bei diesen Prozessen ein relationales Zusammenspiel verschiedener Faktoren erkennen, die sowohl ökologische als auch gesellschaftliche Parameter und Indikatoren enthalten (Abb. 4.1). Gerade das Zusammenspiel aus Paläoökologie und Archäologie ermöglicht es im Rahmen einer integrativen Archäologie, solche Wirkmechanismen zu enträtseln. Diese sozioökologischen Veränderungsprozesse, die aus unserer Sicht zu neuen Gesellschaftsformationen führten, lassen sich grundsätzlich als ein Zusammenspiel von Umweltfaktoren, demographischen Entwicklungen, ökonomischen Veränderungen, technologischem Wandel, sozialen Veränderungen und kulturellen Konstanten beschreiben. Entsprechende Interaktionen sollen im Folgenden für unterschiedliche Zeithorizonte und Gesellschaftsformationen ansatzweise beschrieben werden, unter Berücksichtigung verschiedener Entwicklungstendenzen in unterschiedlichen Landschaften Deutschlands.

J. Müller (✉)
Institut für Ur- und Frühgeschichte,
Christian-Albrechts-Universität, Kiel, Deutschland
e-mail: johannes.mueller@ufg.uni-kiel.de

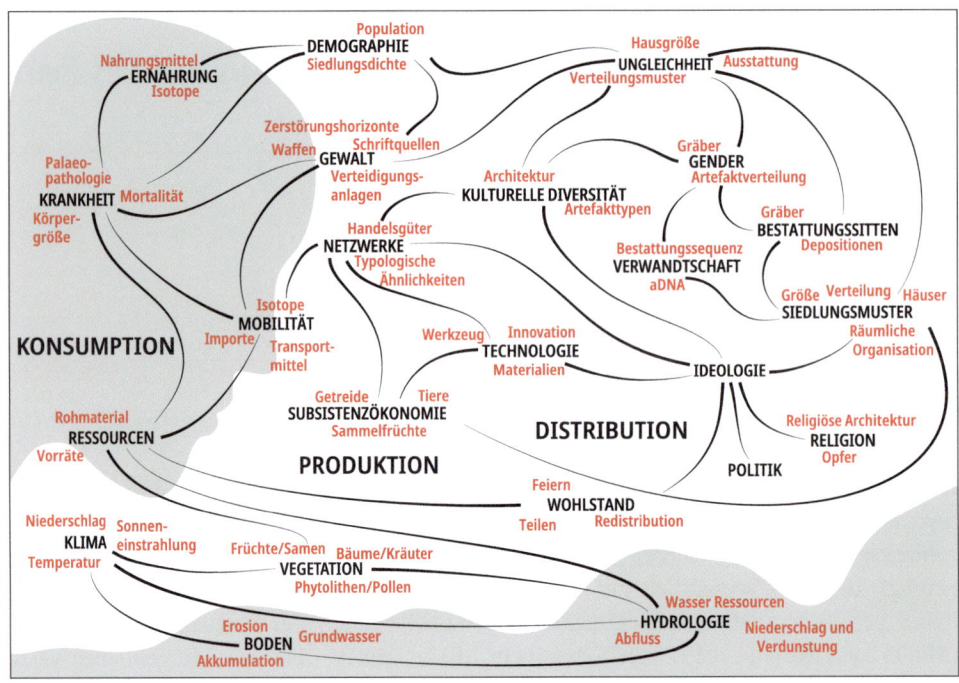

Abb. 4.1 In der Mindmap sind die Beziehungen verschiedener Sphären und Aspekte aufzeigt, die für die Rekonstruktion von sozioökologischen Verhältnissen relevant sind. Die Indikatoren (rot) beschreiben die Variablen der sozioökologischen Archive, die für die Rekonstruktion von Gesellschaft und Umwelt in der kultur- und naturwissenschaftlich orientierten Archäologie verwendet werden (nach Müller und Kirleis 2019)

Sozioökologische Gesellschaftsformationen in Mitteleuropa

Das Zusammenwirken von Mensch und Umwelt führte in Mitteleuropa zur Ausbildung verschiedener sozioökologischer Gesellschaftsformationen, die wir im Folgenden beschreiben wollen. Bezüglich der Menschheitsgeschichte ist der Beginn des in diesem Buch betrachteten Zeitabschnittes, markiert durch das Ende der letzten Eiszeit um ca. 9.600 v. Chr., eine eher technisch festgelegte Grenze. Erfasst werden zu dieser Zeit, zwischen ca. 15.000 v. Chr. und 9600 v. Chr., spätpaläolithische, durch die spätglaziale Landschaft geprägte komplexe Wildbeutergruppen, gefolgt von nacheiszeitlichen mesolithischen Wildbeutergruppen bis ca. 4100 v. Chr. Mit der Ausbreitung des Bodenbaus ab ca. 5500 v. Chr. entstehen erste agrarische Gesellschaften, denen metallurgische Gesellschaften mit einer verstärkten Arbeitsteilung ab ca. 2200 v. Chr. folgen. Erste vorstaatliche Gesellschaften stehen in Verbindung mit der Vorrömischen Eisenzeit und der Römischen Kaiserzeit ab ca. 600 v. Chr. Die Entwicklung der mittelalterlichen Feudalgesellschaften ab ca. 600 n. Chr. wird schließlich durch präindustrielle und industrielle Gesellschaften abgelöst, die ab ca. 1500 n. Chr. die Neuzeit einleiten.

Auch innerhalb des hier betrachteten Untersuchungsraums sind diese grundlegenden Entwicklungen mit teils deutlicher zeitlicher Verzögerung zu fassen. Dies spiegelt sich in gleichnamigen archäologischen Perioden mit jedoch unterschiedlicher chronologischer Einordnung für verschiedene Regionen Deutschlands wider (Abb. 4.2). Für den folgenden Abriss der sozioökologischen Entwicklung wurde, wenn nicht anders erwähnt, die in Abb. 4.3 zusammengefasste archäologisch-historische Periodisierung Mitteleuropas zugrunde gelegt.

Spätpaläolithische Wildbeutergruppen

Seit etwa 45.000 v. Chr. ist die europäische Entwicklung vom sogenannten Jungpaläolithikum geprägt (Terberger 2014; Litt et al. 2021). Im Gegensatz zum vorhergehenden Mittelpaläolithikum ist jetzt der Hauptvertreter der Jetztmensch, der sogenannte *Homo sapiens,* der in Wildbeutergruppen umherschweift. Ähnlich wie die übrigen *Homines sapientes* wie der späte Neandertaler der Mittleren Altsteinzeit ist der Jetztmensch erheblich den glazialen Klimaschwankungen ausgeliefert. Dies beeinflusst die Größe von Schweifgebieten.

Beginnen Elemente abstrakter Kunst schon vor dem Jungpaläolithikum, so treten uns in Deutschland erstmals mit dem Aurignacien (ca. 41.000–33.000 v. Chr.), insbesondere in den Höhlen und Abris der Schwäbischen Alb, Objekte der beweglichen Kleinkunst entgegen. Dabei handelt es sich einerseits um zoomorphe, andererseits auch um anthropomorphe Figurinen von Mischwesen, die auf die gesteigerte Selbstreflexion des Menschen hindeuten. Diese kommt auch in der Zunahme an regulären Bestattungen zum Ausdruck, sowohl im sogenannten Aurignacien als auch im Gravettien (ab ca. 35.000 v. Chr.). Aber auch Schmuck, Musikinstrumente und Gegenstände des täglichen Bedarfs, gefertigt aus

4 Von der späten Altsteinzeit bis zum Spätmittelalter

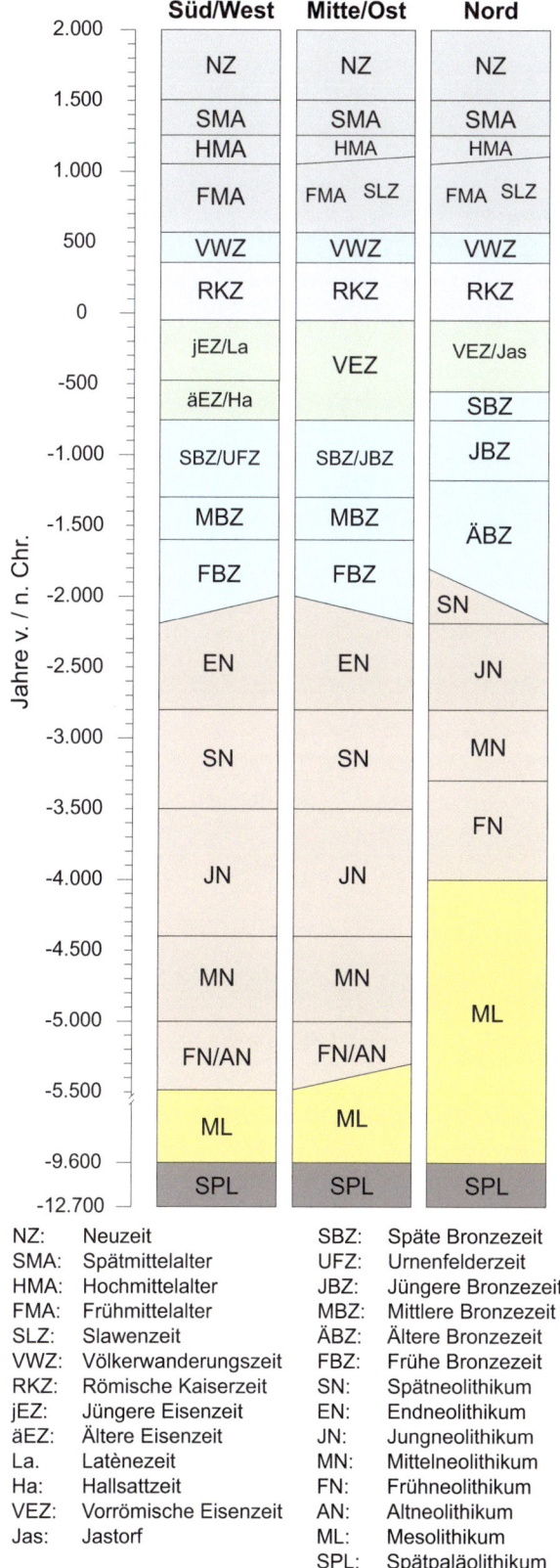

Abb. 4.2 Vergleich der gebräuchlichen archäologischen Periodenbegriffe und ihre zeitliche Einordnung in verschiedenen Regionen Deutschlands

Mammutelfenbein, treten hinzu (Conard und Kind 2017). Diese kognitive Revolution ist verbunden mit einer Expansion der Schweifgebiete der mobilen Jäger und Sammler, die sich immer wieder auf unterschiedliche klimatische Bedingungen einstellen. So wird in dieser glazialen Zeit auf das Vorstoßen oder Abschmelzen der Gletscher sowie auf die Temperaturschwankungen reagiert.

Mit zahlreichen neuen Untersuchungen kann man inzwischen die Bevölkerungsgröße ungefähr rekonstruieren. So erkennen wir im Gravettien (ca. 32.000–24.000 v. Chr.) und im Magdalénien (ca. 18.000–12.000 v. Chr.) eine zeitweise Agglomeration von wohl 2000–3000 Menschen in bestimmten, aufgrund der Zugänglichkeit auch zu aquatischen Ressourcen, bevorzugten Gebieten Europas, unter anderem im süddeutschen Alpenvorland. Die Gruppen benutzen bereits unterschiedliche Rohmaterialien aus weit entfernten Gebieten, sodass regelrechte Kommunikationsnetzwerke entstanden sein müssen, die nur mit einer bestimmten Bevölkerungsgröße aufrechterhalten werden können (Schmidt und Zimmermann 2021).

Als besonders aufschlussreich ist der Fundplatz Gönnersdorf bei Koblenz zu bewerten. Dort konnte eine Magdalénien-Freilandstation *in situ* ausgegraben werden (um 13.500 v. Chr.). Neben den zeltartigen Behausungen und den gravierten Felsplatten sind es insbesondere die Rohmaterialien, über die Schweifgebiete rekonstruierbar sind. So fanden sich in Gönnersdorf mediterrane Mollusken aus 800 km Entfernung.

Mit der Klimaerwärmung zum Ende der letzten Eiszeit (vgl. Kap. 2) findet eine Wiederbesiedlung Mitteleuropas statt. In der Mittelgebirgszone gehört zu den bevorzugten Jagdtieren das Wildpferd, im Norden bei der sogenannten Hamburger Kultur (ca. 13.100–12.000 v. Chr.) vor allem das Rentier. Das Jagdverhalten ist geprägt von großen Treibjagden an den Stellen und Landbrücken, wo Elche und Rentiere umherziehen. Im Ahrensburger Tunneltal konnte eine solche Jagd rekonstruiert werden.

Europaweit erkennen wir den Höhepunkt der Höhlenkunst, insbesondere mit der Darstellung von Jagdszenen. Bei menschlichen Bestattungen werden jetzt auch Hunde mitbestattet.

Nachfolgende mitteleuropäische Waldjäger sind archäologisch durch die sogenannten Federmessergruppen (Azilien, ca. 12.000–11.000 v. Chr.) vertreten. Technologisch setzt eine Verkleinerung der Silexgeräte ein, Pfeil und Bogen sind belegt.

Nachdem mit den beiden Interstadialen Meiendorf und Allerød eine erhebliche Erwärmung stattgefunden hatte, kommt es in der Jüngeren Dryaszeit nochmals zu Kälteeinbrüchen. Kurz davor, um ca. 10.980 v. Chr., erfolgt der gewaltige Ausbruch des Laacher See-Vulkans der Osteifel (s. Abb. 8.3). Riesige Bimsmassen wurden in die Atmosphäre

Abb. 4.3 Die archäologisch-historische Periodisierung der mitteleuropäischen Geschichte. Die Benennungen orientieren sich an gebräuchlichen Begriffen in der mitteleuropäischen Ur- und Frühgeschichte (basierend auf Nikulka 2016, S. 166 Abb. 11)

Abkürzung	Periode	v. / n. Chr.	Epochendauer	Stufendauer
NZ	Neuzeit			
SMA	Spätmittelalter	(um 1250)–1500	250	250
HMA	Hochmittelalter	1000–(um 1250)	250	250
FMA	Frühmittelalter	700–1000	300	300
JM III / VWZ	Späte Merowingerzeit / VWZ (Ende 700)	670–720		50
JM II / VWZ	Späte Merowingerzeit / VWZ	630–670		40
JM I / VWZ	Mittlere Merowingerzeit / VWZ	600–630		30
AM III / VWZ	Mittlere Merowingerzeit / VWZ (Ende 570)	560–600	ca. 350	40
AM II / VWZ	Frühe Merowingerzeit / VWZ	520–560		40
AM I / VWZ	Frühe Merowingerzeit / VWZ (Ende 482)	450–520		130
VWZ	VWZ	350–450		100
RKZ C3	Jüngere römische Kaiserzeit	300–350		50
RKZ C2	Jüngere römische Kaiserzeit	200–300		100
RKZ C1	Ältere römische Kaiserzeit	150–200	ca. 400	50
RKZ B2	Ältere römische Kaiserzeit	50–150		100
(Lt D3) / RKZ B1	Ältere römische Kaiserzeit	15–50		35
Lt D2	Spätlatènezeit / jüng. vorr. Ez	50–15		35
Lt D1	Spätlatènezeit / jüng. vorr. Ez	120–50		70
Lt C2	Mittellatènezeit / mittl. vorr. Ez	180–120		60
Lt C1	Mittellatènezeit / mittl. vorr. Ez	250–180	465	70
Lt B2	Frühlatènezeit / HEK IIB / mittl. vorr. Ez	300–250		50
Lt B1	Frühlatènezeit / HEK IIA3 / ält. vorr. Ez	400–300		100
Lt A	Frühlatènezeit / HEK IIA1–2 / ält. vorr. Ez	480–400		80
Ha D3 / Jastorf a	Jüng. (späte) Hallstattz. / HEK IA2 / ält. vorr. Ez / Bill. IIb	530–480		50
Ha D2 / (Jastorf a)	Jüng. (späte) Hallstattz. / HEK IA2 / ält. vorr. Ez / Bill. IIa	570–530		40
Ha D1	Jüng. (späte) Hallstattz. / HEK IA1 / ält. vorr. Ez / Bill. Ic	630–570	300	60
Ha C	Ältere Hallstattzeit / PVI / Wessenstedt / Billendf. Ia+b	780–630		150
Ha B(2)/3	Späte Urnenfelderzeit / PV	1020–780		240
Ha B1	Jüngere Urnenfelderzeit / PIV	1085–1020		65
Ha A2	Mittlere Urnenfelderzeit / PIV	1155–1085	445	70
Ha A1	Ältere Urnenfelderzeit / PIII	1225–1155		70
Bz D	Späte Hügelgräberbronzezeit / Frühe UFZ / PIII	1365–1225		125
Bz C2 (C)	Jüngere Hügelgräberbronzezeit / PII	1400–1365		35
Bz C1 (B2)	Mittlere Hügelgräberbronzezeit / PII	1500–1400	360	100
Bz B1	Ältere Hügelgräberbronzezeit / PII	1600–1500		100
Bz A2 (-A3)	Jüngere Frühbronzezeit / PI	2000–(1800)–1600	650	400
Bz A1	Ältere Frühbronzezeit	2250–1950		300
EN III	Endneolithikum III / Endneol.	2600–2200		400
EN II	Endneolithikum II / Endneol.	2800–2400	1050	400
EN I	Endneolithikum I / Spätneol.	3250–2750		500
JN II	Jungneolithikum II / Jung-/Spätneol.	3800–3250	950	550
JN I	Jungneolithikum I („Epi-Lengyel") / Jungneol.	4200–3750		450
MN II	Mittelneolithikum II / „Epi-Rössen") / Mittel-/Jungneol.	4500–4200	800	300
MN I	Mittelneolithikum I / Mittelneol.	5000–4500		500
AN II	Altneolithikum II / Frühneolithikum	5300–4900	600	400
FN I	Altneolithikum I / Frühneolithikum	5500–5300		200

geschleudert und verschlechterten für kurze Zeitabschnitte das gesamte Klima in Mitteleuropa mit erheblichen Auswirkungen auf die Vegetation (Dreibrodt et al. 2021).

Mesolithische Wildbeutergruppen

Nach dem endgültigen Rückgang der glazialen Eismassen im Norden und dem schnelleren Zurückweichen der Gletscher aus dem zirkumalpinen Raum verändern sich Umwelt und Landschaft ab ca. 9600 v. Chr. erheblich. Die Entwicklung von Eichenmischwäldern und der mit ihnen verbundenen Unterholzvegetation ermöglicht es nun den Wildbeutergruppen des sogenannten Mesolithikums, ihre Schweifgebiete erheblich zu verkleinern und die Jagd auf standortgebundenes Wild durchzuführen.

Unterschiedliche Lagerplätze sind zum Beispiel in Rottenburg-Siebenlinden oder am Federsee und im Hegau ausgegraben worden (Kind 2010). Es sind Feuerstellen, nach wie vor mit zeltartigen Konstruktionen, die sich entlang der Uferlinien von Seen oder Wasserläufen aufreihen. Die Bevölkerungsdichte ist relativ gering, insbesondere da in den Eichen-Linden-Mischwaldgebieten der Lössgebiete von relativ wenig als Nahrung verwertbarer Biomasse auszugehen ist.

Im Gegensatz zu Süddeutschland ist insbesondere in Norddeutschland von erheblichen aquatischen Nahrungsressourcen auszugehen, die eine stärkere Sesshaftigkeit der mesolithischen Gruppen erlaubten (Glykou 2016; Cziesla 2015). Während wir in den Lössarealen relativ schnell eine Besiedlung durch bäuerliche Gruppen ab ca. 5500 v. Chr. bei Integration der mesolithischen Bevölkerung vorliegen haben, wird im Norden die aneignende Produktionsweise noch bis ca. 4000 v. Chr. beibehalten. Dort erkennen wir ab ca. 4800 v. Chr. die regelhafte Produktion von spitzbodiger Ertebølle-Keramik, die wohl auf überregionale Beziehungen zu Wildbeutergesellschaften mit Keramik im nordostbaltischen Raum zurückzuführen ist.

Neolithische Bodenbau- und Agrargesellschaften

Gegen Mitte des 6. Jahrtausends v. Chr. wird in Mitteleuropa der Bodenbau eingeführt (Müller 2014; Kirleis 2019). Die Domestikation insbesondere von wilden Rindern, Schafen, Ziegen und Schweinen hatte ab ca. 10.200 v. Chr. im Vorderen Orient stattgefunden, ebenso die Kultivierung wilder Getreidearten. Im Rahmen eines langen Prozesses hatten sich die neuen Subsistenztechniken über einen mediterranen und einen kontinentalen Weg nach Europa ausgebreitet. So sind frühe Formen von Ackerbau und Viehzucht ab ca. 6400 v. Chr. im ägäischen Raum und ab ca. 6000 v. Chr. aus dem Karpatenbecken bekannt. Im westlichen Karpatenbecken entwickeln sich um 5500 v. Chr. die sogenannten Linearbandkeramischen Gesellschaften. Diese besiedeln im Laufe eines Ausbreitungsschubs der sogenannten neolithischen Produktionsweise durch Zuwanderung den größten Teil der mitteleuropäischen Lössflächen (Müller 2014).

Linearbandkeramische Gesellschaften sind zunächst durch eine recht einheitlich wirkende Ökonomie, Sozialordnung und Kultur geprägt (Lüning 2000; Furholt et al. 2020). Bandkeramische Langhäuser, zusammengesetzt aus drei Raummodulen, finden sich im gesamten 400.000 km² umfassenden Verbreitungsgebiet. Die Einheitlichkeit der materiellen Kultur, also sowohl der Arbeitsdechsel- und Flintindustrie, der Keramik mit ihren Verzierungsmotiven als auch der Schmuckobjekte ist auffällig. Auch die Vielfalt der Bestattungssitten inklusive der normierten Hockergräber in Grabgruppen und Gräberfeldern verweist auf den überall recht ähnlichen bandkeramischen Habitus. Ein Erklärungsmuster sind die supraregionalen Rohstoff- und Prestigenetzwerke, seien es der Aktinolith-Hornblendschiefer zur Dechselherstellung oder die mediterranen Spondylus-Muscheln, die zu Gürtelschließen oder Perlenschmuck verarbeitet werden.

Nach einer zunehmenden Regionalisierung bricht diese bandkeramische Welt erst nach ca. 15 Generationen um 5000/4900 v. Chr. zusammen – ein verstärktes Vorkommen von Umfriedungen und kleineren Massenbestattungen, dazu der Zusammenbruch der großen Austauschnetzwerke verweisen auf Transformationen am Ende des sogenannten Frühneolithikums (Fontijn 2021). Aus diesen Transformationsprozessen gehen unterschiedliche mittelneolithische Gesellschaften hervor, manche, wie die Stichbandkeramik mit einer Fortsetzung der bandkeramischen Lebensweise, andere, wie Hinkelstein und Großgartach, mit erheblichen Veränderungen, sowohl was den Hausbau als auch die Bestattungssitten mit verstärkt auftretenden Rückenstreckern betrifft.

Während des Mittelneolithikums in Mitteleuropa, das bis ca. 4400 v. Chr. dauert, lassen insgesamt die archäologischen Hinterlassenschaften und der menschliche Einfluss in weiten Gebieten nach. Offensichtlich hat hier ein Bevölkerungsrückgang stattgefunden. Bezeichnend ist jedoch das Aufkommen neuer ritueller Architektur. So sind bereits im 48. und 47. vorchristlichen Jahrhundert Kreisgrabenanlagen mit einem Verbreitungsschwerpunkt im östlichen Mitteleuropa zu beobachten. Ab ca. 4200 v. Chr. werden dann verstärkt größere Grabenwerke angelegt. Die größte Anlage Urmitz mit ca. 120 ha wurde bei Koblenz nachgewiesen. Sie gehört bereits zu Michelsberger Gesellschaften, die sich durch entsprechende Grabenwerke, aber im Gegensatz zu allen neolithischen Vorgängergruppen durch eine archäologisch nicht nachweisbare Bestattungssitte auszeichnen. Michelsberg, das insbesondere im Rheinland während der gesamten Zeitspanne des mitteleuropäischen Jungneolithikums (4200–3500 v. Chr.) prägend ist, zeichnet sich durch wichtige ökonomische Innovationen aus (Lichter 2010). Dazu zählen Untertage-Silexbergwerke wie am Lousberg bei Aachen genauso wie die Einführung des Brandfeldbaus, mit dem eher unfruchtbare Areale attraktiv für die Agrarwirtschaft werden.

Letztere Agrartechnik ist es, die jetzt einen verstärkten Landesausbau und auch die agrarische Besiedlung der Gebiete nördlich der Lösszone, nördlich der Hildesheimer Börde, attraktiv erscheinen lassen.

Während der Westen Mitteleuropas durch Michelsberg geprägt wird, sind es im südöstlichen Teil insbesondere Spätlengyelgruppen wie Gatersleben in Mitteldeutschland, die dort ganz andere Traditionen markieren. Dazu zählt weiterhin die Praxis der Hockerbestattung. Hinzu tritt auch die Kupfermetallurgie, die sich insbesondere in der Baalberger Gruppe durch die Verarbeitung aus Südosteuropa importierten Kupfers zu Schmuckstücken bemerkbar macht. Etwa ab 3800/3700 v. Chr. erkennen wir nicht nur im Baalberger Mittel-Elbe-Saalegebiet, sondern im gesamten Mitteleuropa einen erheblichen Landesausbau, eine sekundäre Kolonisation, die weit über das Altsiedelland hinausgreift und durch einen regelrechten „Grabenwerksboom" gekennzeichnet ist. Dass die ältesten Grabhügel zur Kennzeichnung von individuellen Gräbern zu dieser Zeit, unter anderem im Baalberger Raum, auftreten, ist sicherlich auf eine sich stärker sozial differenzierende Gesellschaft zurückzuführen.

In Norddeutschland und Südskandinavien setzt sich mit der Einführung neuer Bodenbautechniken ab ca. 4100 v. Chr. ebenfalls die produzierende Produktionsweise Schritt für Schritt durch; sie definieren den Beginn des Frühneolithikums im Norden (Müller 2019, vgl. Abb. 4.2). Die sogenannten Trichterbecher-Gesellschaften entstehen aus Michelsberger, Spätlengyel und einheimischen Elementen. Auch hier können ab ca. 3800 v. Chr. nichtmegalithische Langhügel beobachtet werden, die eine Tradition der ältesten oberirdischen Monumente begründen. Diese setzt sich insbesondere in Norddeutschland mit einem Boom an Megalithgräbern fort, die primär ab ca. 3400 v. Chr. landschaftsprägend werden.

Die weite Öffnung von Landschaften, die im Norden ca. 3600–3100 v. Chr. erkennbar ist (Feeser et al. 2019), und das Besetzen dieser Landschaft mit monumentalen Markierungen hängen sicherlich mit der Einführung neuer Produktions- und Transportmittel zusammen: mit dem tiergezogenen Pflug sowie mit Rad und Wagen. Die zunehmende Häufigkeit an Monumenten und die hohen Produktions- und rituellen Deponierungszahlen für Flintbeile weisen auf ein verstärktes Bevölkerungswachstum hin. Während in Süddeutschland die Nachfolgegruppen von Michelsberg mit ihren Toten Übergangsriten zum Tod praktizieren, die archäologisch nicht nachweisbar sind, finden sich im Norden neben den megalithischen Kollektivgräbern auch zahlreiche Einzelgräber mit hölzernen und steinernen Grabschutzeinbauten. Auch in Mitteldeutschland kennen wir von den dortigen Salzmünder und Bernburger Gesellschaften ein vielfältiges Bestattungsritual, dass auch Holz- und Mauerkammergräber als Kollektivbestattungen oder mehrphasige Bestattungsrituale für Einzelbestattungen umfasst. In diese Zeit fällt die Entwicklung des Dorfes. Während im neolithischen Altsiedelland sicherlich die bandkeramischen Zentralsiedlungen wie Borgentreich bei Warburg oder Langweiler 8 bei Bonn als erste Dörfer aufgefasst werden müssen, finden wir solche im Norden erst in den mittleren Trichterbecher-Gesellschaften um 3300 v. Chr. in Siedlungen wie Büdelsdorf oder Oldenburg-Dannau. Ein markanter Bruch ist etwa um 3100/3000 v. Chr. festzustellen. Wohl aufgrund innerer Konflikte, die im Zusammenhang mit dem Bevölkerungswachstum stehen und in einer Erhöhung der Waffenbeigaben in den Gräbern sichtbar werden, führen interne Separationsprozesse zur Entstehung des sogenannten Kugelamphorenphänomens. Jetzt beginnt die Zeit erneut größerer, fast schon paneuropäischer Netzwerke, die mit der Öffnung des Güter-, Tier- und Menschenstroms zu neuen Verhältnissen beitragen und alte überkommen. Es handelt sich wohl um an Viehhaltung orientierte Gruppen, die jetzt mit Rinderdoppelbestattungen an Traditionen von Wagenbestattungen anknüpfen (Müller 2023).

Besonders einschneidend dürfte in materieller Hinsicht im mitteleuropäischen Endneolithikum ab ca. 2800 v. Chr. das Etablieren der Gruppen mit Schnurkeramik gewesen sein. In einem sehr großen Kommunikationsraum, der von den Waldsteppen Russlands bis an den Rhein und von der Schweiz bis nach Finnland reicht, werden trotz zahlreicher ökonomischer Unterschiede recht einheitliche Kulturelemente entwickelt. In Mitteleuropa dominiert eine bipolare Bestattungssitte mit rechtsseitig gehockt liegenden Männern und linksseitig gehockt liegenden Frauen. Insbesondere im Norden, wo dieser Zeitabschnitt als Jungneolithikum bezeichnet wird, dominieren sogenannte Streitäxte die Ausstattung von Männergräbern.

Wie einschneidend die Neuerungen gewesen sein können, zeigen auch Veränderungen im menschlichen Genom. Während die erste dominierende Zuwanderung nach Mitteleuropa durch Menschen ursprünglich anatolischer Abstammung zu Beginn des Frühneolithikums mit der Bandkeramik stattfand, sind es jetzt genetische Fingerabdrücke einer Steppenherkunft, die noch einmal zu einer erheblichen genetischen Zumischung führen (Papac et al. 2021).

In sozialer Hinsicht können wir insbesondere zu Beginn dieser Entwicklung die Errichtung von Grabhügeln für individuelle Schnurkeramik-Bestattungen feststellen, während im Lauf des dritten vorchristlichen Jahrtausends die Nachbestattungen und die Flachgräber wieder zunehmen. Große Trapezhäuser sind aus den mitteldeutschen Lössgebieten bekannt, während in anderen Gebieten eher kleinere Hütten nachgewiesen sind (Meller et al. 2019).

Die ab ca. 2450 v. Chr. in Deutschland vertretenen Glockenbechergruppen imitieren oft dialektisch den Schnurkeramik-Habitus (Großmann 2015). So ist die Bestattungssitte weiterhin bipolar, allerdings mit Frauen als rechten Hockern und Männern als linken Hockern auch nicht mehr primär nach Ost-West, sondern jetzt nach Nord-Süd ausgerichtet. Tatsächlich weist das Schnurkeramik-Netzwerk eher nach Osten, das Glockenbecher-Netzwerk dagegen eher nach Südwesten: Die höchste Zahl an Glockenbechern findet sich auf der Iberischen Halbinsel.

Insgesamt ist eine starke Zunahme der Interaktion und Kommunikation festzustellen. So finden wir in der zweiten Hälfte des dritten Jahrtausends Kreispalisadenanlagen im sachsen-anhaltinischen Pömmelte und Schönebeck, die sowohl von der Dimension als wohl auch der Funktion her den südenglischen Wood- und Stonehenges entsprechen: Hier wird möglicherweise ein astronomisches Wissen transportiert, das in der Frühbronzezeit ebenfalls wichtig sein wird (Spatzier 2017).

Während in den meisten Gebieten Mitteleuropas ab ca. 2200 v. Chr. die Bronzezeit durch eine Zunahme von Metallgeräten und Metallschmuck das Neolithikum ablöst, finden wir im Norden bis ca. 1700 v. Chr. weiterhin spätneolithische Gruppen, die offensichtlich versuchen, mit einer formvollendeten Silextechnologie den Einzug des neuen Werkstoffs aufzuhalten (Vandkilde 1996). Die Jahrhunderte des Wandels um 2200 v. Chr. sind europaweit als klimatisch instabil zu bezeichnen (Dörfler 2015), sodass der beobachtete gesellschaftliche Wandel möglicherweise auch im Zusammenhang mit veränderten Umweltbedingungen stehen kann.

Metallurgische Gesellschaften 1: Chalkolithikum und Bronzezeit

Im Gegensatz zur Zinnbronze während der Bronzezeit erlangten die Kupfergeräte der chalkolithischen Kupfermetallurgie im mitteleuropäischen Neolithikum, die etwa um 3800 v. Chr. beginnt, zu keinem Zeitpunkt eine Dominanz.

Stein als Rohstoff für Werkzeuge wurde nur geringfügig ersetzt, während die Bronzezeit durch die Dominanz von Metall als Werkstoff geprägt ist. Der erhebliche gesellschaftliche Wandel, der mit der Einführung der Zinnbronze als dominierendem Werkstoff der Frühbronzezeit (2200–1600 v. Chr.) verbunden ist, basiert auf der Notwendigkeit, stabile überregionale Metallaustausch-Netzwerke aufzubauen, weiterzuführen und zu garantieren (Kristiansen und Earle 2022; Vandkilde et al. 2015). Zinn ist in Europa in größerem Umfang nur an vier Plätzen verfügbar: im westiberischen Galizien, in der Bretagne, in Cornwall, und im böhmisch-sächsisch-slowakischen Erzgebirge. Werden die meisten Werkstücke aus Zinnbronze produziert, muss die Zulieferung von Zinnbarren für die Legierungen sichergestellt sein. Kupfer ist und war an zahlreichen Orten verfügbar, sodass hier die Netzwerke nicht notwendigerweise die angesprochene Dimension benötigten.

Basierend auf den bereits großräumig angelegten Kommunikations- und Mobilitätsstrukturen der Schnurkeramik- und Glockenbecherphänomene erkennen wir in den weite Gebiete Mitteleuropas dominierenden Aunjetitzer Gesellschaften die Ausbildung neuer metallurgischer Produktionsformen und neuer Produktionsverhältnisse (Kneisel et al. 2012). Gerade die Kontrolle der notwendigen Austauschverbindungen führt zu einer Konzentration der Macht und der Entstehung sozialer Gegensätze, sichtbar in den mitteldeutschen Großgrabhügeln von Leubingen oder Helmsdorf. Das Privileg, in einem Grabhügel insbesondere mit Gold und einer Überausstattung mit metallhandwerklichen Gegenständen bestattet zu werden, ist auf wenige Personen beschränkt. Die Masse der übrigen Bevölkerung ist aus Flachgräbern oder Siedlungsbestattungen bekannt. Obwohl sich in der Aunjetitzer Zeit (2200–1600 v. Chr.) neue Technologien auch des Machterhalts wie der Monopolisierung von Gütern entwickeln, ist die in den Großgrabhügeln bestattete Gruppe noch relativ fluid: In den Grabhügeln wird einerseits auf antike Objekte wie einen neolithischen Schuhleistenkeil Bezug genommen, auf der anderen Seite wird eine Bestattungssitte benutzt, die in der Mittleren Bronzezeit zur Normalität wird. Isotopenanalysen belegen die höhere Diversität des Nahrungsbuffets reicher und aufwendiger bestatteter Personen gegenüber der Bevölkerung, die in den Flachgräbern archäologisch identifiziert wird.

Die Siedlungsweise sowohl im mitteldeutschen Aunjetitzer als auch in der süddeutschen Frühbronzezeit ist durch große Langhäuser geprägt, die in Weilern oder Dörfern organisiert sind (Meller et al. 2019). Im Gegensatz zum östlichen Aunjetitzer Verbreitungsgebiet sind in Deutschland Befestigungen unbekannt. Ein spezifischer Schutz von regionalen Metallproduktionszentren oder sozialen Anwesen war hier nicht nötig, während östlich der Oder die Hauptaustauschroute durch Befestigungen geschützt ist (Abb. 4.4). Während wir dort und im Norden Deutschlands die Erfindung des zweischaligen Überfangkusses beobachten, sind in Mitteldeutschland wohl primär rituell-ideologische Neuerungen erfunden worden. Dazu gehört die Himmelsscheibe von Nebra. Sie repräsentiert die Weitergabe und Nutzung astronomischen Wissens, das für agrarische Gesellschaften aufgrund der Aussaat- und Erntetermine wichtig ist. Entsprechendes ist auch in den Glockenbecher/Aunjetitz-Woodhenges von Pömmelte und Schönbeck sichtbar.

Die dargestellte soziale Differenzierung wird ebenfalls in der süddeutschen Frühbronzezeit fassbar. Mithilfe von Isotopen- und aDNA-Analysen ist es im Lechtal möglich gewesen, die zu einem Haus gehörenden Gräber verwandtschaftlich und sozial zu differenzieren (Stockhammer 2012). So sind die reicher mit Beigaben Ausgestatteten biologisch verwandt, während die ärmer Ausgestatten nicht biologisch verwandt, aber eindeutig aufgrund der Lage der Gräber zur Hausgruppe zugehörig sind. Zusätzlich lassen sich die über Isotopie nachgewiesenen ortsfremden Frauen im böhmisch-mitteldeutschen Gebiet verorten. Von dorther könnten sie das Wissen der Zinnbronzelegierungen in den süddeutschen Raum gebracht haben.

Im Gegensatz zu den nachlebenden neolithischen Gruppen im Norden und den mitteldeutschen Aunjetitzer Zusammenhängen sind es im Süden Deutschlands insbesondere die Metallverarbeitungsketten, die sich am bayerischen Alpenrand nachverfolgen lassen. Vom Erzabbau bis zur Erzverarbeitung zum Metallbarren sind unterschiedliche Fundplätze identifiziert. Deutlich wird allerdings auch, dass die Zentren der Macht nicht direkt an den alpinen oder zirkumalpinen Erzvorkommen und Erzverarbeitungszentren liegen, sondern dass diese nur in fruchtbaren agrarischen Gebieten in Verbindung mit der Kontrolle der metallurgischen Netzwerke zu finden sind (Earle und Kristiansen 2010). Dies ist in Böhmen, Mitteldeutschland und Großpolen der Fall.

Aus welchen Gründen frühbronzezeitliche Gesellschaftsordnungen um 1600 v. Chr. kollabieren oder sich transformieren, ist nicht eindeutig geklärt (Kneisel et al. 2012; Bertemes und Meller 2013). Im Norden können wir nach einer möglichen Übernutzung bestimmter lokaler und kleinregionaler Ressourcen eine Verlagerung der kulturellen Schwerpunkte ab 1700 v. Chr. in den Nordischen Bronzezeitkreis beobachten. Mit einer endgültigen Adaptation der neuen metallurgischen Technologien werden dort die ehemals noch spätneolithischen Gesellschaften in ein regelrechtes Bronzefieber versetzt. Sei es die Mecklenburger oder die Lüneburger Gruppe der Nordischen Bronzezeit: Allein die Zunahme der Differenzierungen in den Trachtausstattungen zeigt die verstärkten Rollenbezüge der Individuen und Gruppen auch in den regionalen Zusammenhängen (Kneisel et al. 2022b).

Auch in den Lössgebieten West-, Mittel- und Süddeutschlands verändert sich viel. Das Konzept der Hügelbestattung wird dort – ähnlich wie in der Nordischen

Abb. 4.4 Die Verbreitung der frühbronzezeitlichen befestigten Siedlungen und Metallbearbeitungswerkzeuge (tuyères) belegt überregionale Kommunikationswege (Kneisel et al. 2022a, S. 241 Abb. 4)

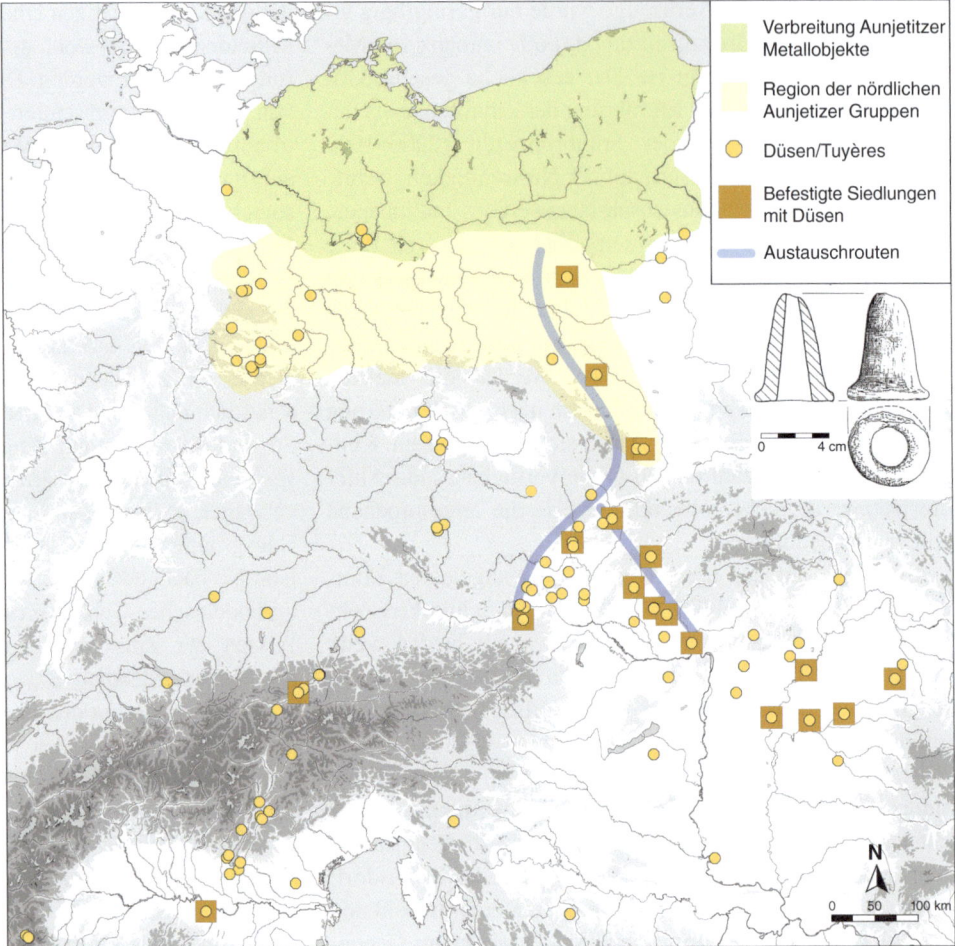

Bronzezeit – zur allgemeinen sozial-rituellen Praxis. Entsprechend wird die Mittlere Bronzezeit in den meisten Regionen Deutschlands auch als Hügelgräberbronzezeit bezeichnet (1600–1300 v. Chr.). Es gibt nach wie vor zahlreiche Grab- und nur wenige Siedlungsnachweise. In verschiedenen Gebieten mit eher niedriger Bevölkerungsdichte wird wahrscheinlich die große Mehrheit in Grabhügeln bestattet, in anderen mit hoher Bevölkerungsdichte wie in Schleswig-Holstein oder Mecklenburg im Norden und Oberbayern im Süden nur ein geringerer Teil. Großflächig erkennen wir weitreichende Verbindungen zwischen den Gebieten bei recht unterschiedlichen Güterströmen und Deponierungsregeln. So kommen aufwendig produzierte Achtkantschwerter im Süden und im Norden vor, während sie in der zentralen Mittelgebirgszone praktisch nicht bekannt sind (Müller 2015).

Im Laufe der Mittleren Bronzezeit deutet sich in verschiedenen Grablegungen eine erneute Veränderung im Bestattungsritus an (Sørensen und Rebay-Salisbury 2023). Während sowohl in der Früh- als auch in der Mittelbronzezeit die Ganzkörperbestattung dominiert, werden im Laufe der Mittelbronzezeit auch Teilbrandbestattungen oder Brandbestattungen in nach wie vor für die gesamte Körperlänge ausgelegten Grablegungen angelegt. Der Übergang von der Körper- zur Brandbestattung deutet sich an. Dramatisch ändert sich die Bestattungssitte allerdings erst um 1300 v. Chr.: Urnenfelder mit Urnenbestattungen dominieren jetzt das südliche Mitteleuropa, und auch in der Nordischen Bronzezeit setzt sich schnell die Urnenbestattung durch. Die Einheitlichkeit dieser Bestattungssitte und die Veränderung des sozialen Konzepts sind so eindeutig, dass wohl ein tiefgreifender gesellschaftlicher Wandel stattgefunden hat. Während die Urnenfelder-Gesellschaften in weiten Gebieten die Spätbronzezeit dominieren (ca. 1300–800 v. Chr.), sind es im östlichen Deutschland die Lausitzer Gesellschaft und im Norden die Nordische Bronzezeit.

Inwieweit diese Transformationsprozesse mit europaweiten Veränderungen in Zusammenhang stehen, wird nach wie vor diskutiert. So erleben wir Zusammenbruchsszenarien in der Ägäis und im ostmediterranen Raum genauso wie in Südosteuropa oder auf der Apennin-Halbinsel. Ausdruck für die neuen politischen Verhältnisse sind befestigte Siedlungen mit normierter Haus- und Wegplanung. Hier lassen sich die Pfahlbaubefunde aus Hagnau oder die Befunde der befestigten Lausitzer Siedlung aus Senftenberg nahtlos mit dem nordpolnischen Biskupin vergleichen. Standardisierte

Siedlungspläne mit elaborierten Befestigungen sprechen für ein grundsätzliches Sicherheitsbedürfnis. Diese Befestigungen haben in den meisten Regionen während der Früh- und erst recht der Mittelbronzezeit gefehlt. Sie entstehen jetzt insbesondere im süd- und mitteldeutschen Raum als extrem große, bis zu 250 ha umfassende Umfriedungen, partiell mit extrem reich ausgestatteten Deponierungen von Goldobjekten, so am Bullenheimer Berg oder auch im bayerischen Bernstorf.

Ausdruck der veränderten politischen Lage ist auch die bronzezeitliche Schlacht im mecklenburgischen Tollensetal. Dort trafen offensichtlich 7500 Krieger in einer größeren Auseinandersetzung an einer Furt zusammen (Jantzen et al. 2014). Interessanterweise fand diese Schlacht mehr oder weniger gleichzeitig mit der ersten größer dokumentierten Schlacht bei Kakemisch zwischen dem Pharao Ramses II und dem Hatti-König Muwattalli II statt: Hinweis auf globale Aspekte der Unruhe.

Wir beobachten eine immense Zunahme an Bestattungen auf sehr großen Gräberfeldern (z. B. Niederkraina mit ca. 2100 Gräbern oder Vollmarshausen mit über 300 Gräbern, Nikulka 2016). Ursache ist ein starkes Bevölkerungswachstum, aber eben auch eine neue Organisation der politischen Ökonomie. So können wir neben den bisher bekannten Subsistenzpraktiken eine großflächige Aufgliederung ganzer Landschaften über Grubenreihen, Wälle und Brücken in einzelne Parzellen erkennen. Dies ist im südlichen Sachsen-Anhalt und in Sachsen der Fall, wo Areale von ca. 130 ha eingefasst werden (Schunke 2017). Auch die sogenannten Celtic Fields im Norden datieren bereits ab 1300 v. Chr. Entsprechende Grabensysteme nehmen beim Übergang zur Eisenzeit noch einmal zu, der im Bereich der Lausitzer Gruppe nahtlos mit der Billendorfer Gruppe erfolgt. Die Zuordnungen von Speicherbauten zu einzelnen Häusern und die Zaunabgrenzungen innerhalb von Siedlungen, wie in Zwenkau 5 oder in Kitzen 25, verweisen wohl auf die Entwicklung von Privateigentum. Entsprechendes wird in der Eisenzeit noch offensichtlicher (Buck und Buck 2022).

Metallurgische Gesellschaften 2: Vorrömische Eisenzeit

Während die Bronzenutzung noch an supraregionale Netzwerke gebunden ist, die den Tausch von Zinnbarren garantiert, ist Eisen zunächst ein wesentlich demokratischerer Werkstoff: Mit Raseneisenerzgewinnung und mit in den Mittelgebirgszonen zugänglichen Eisenlagerstätten kann die Produktion von Eisenartefakten so gut wie überall mit lokalen Ressourcen stattfinden. Nachdem sich die neue Technologie ab ca. 1600 v. Chr. im anatolischen Hatti-Reich entwickelt und bis nach Mitteleuropa verbreitet hatte, werden bald eiserne Waffen, Werkzeuge und Zubehör zu Statusobjekten wie Wagen vor Ort produziert.

In Nord- und Mitteldeutschland wird die neue Eisenverarbeitung zunächst von den Billendorfer Gruppen (Spätlausitz) ab 800 v. Chr. und ab ca. 500 v. Chr. von den Jastorf-Gesellschaften übernommen. Im Billendorfer Gebiet erkennen wir mit der Fortentwicklung der intensiven Agrarwirtschaft, den befestigten Anlagen und der Repräsentanz von Einzelindividuen in elaborierten Kammergräbern auf großen Gräberfeldern eine weiterhin sozial stark differenzierte Gesellschaft. In der Jastorf-Kultur dagegen deutet vieles auf eine ausgesprochene Demokratisierung hin, die in der Gleichförmigkeit der Gräber, der Siedlungen und der lokalen Metallbrennöfen zum Ausdruck kommt (Brandt 2001).

Im südlichen Mitteleuropa haben wir jetzt eine Gesellschaft vorliegen, die verstärkt unter mediterranen Einfluss gerät (Metzner-Nebelsick et al. 2014). Zunächst erkennen wir Kontinuitäten zur vorhergehenden Spätbronzezeit. Bereits zu Beginn der sogenannten Hallstattkulturen nimmt die Anzahl der Grabhügel und die Ausstattung mit eisernen Statusobjekten (z. B. Schwertern) zu, und erneut wird Körperbestattung praktiziert. Sowohl die neuen metallurgischen Technologien, aber insbesondere der einsetzende Gütertransfer, zunächst mit dem norditalienischen, später auch mit dem südfranzösischen Raum führen zu einer zunehmenden Wichtigkeit von Kommunikationskorridoren entlang von Flüssen oder traditionellen Routen (Nakoinz 2013). Gerade an solchen Knotenpunkten der Kommunikation und Interaktion entstehen jetzt – möglicherweise aus vergleichbaren Gründen wie in der Frühbronzezeit – größere Machtzentren: Ab ca. 620 v. Chr. finden wir im ostfranzösischen und südwestdeutschen Raum die sogenannten Fürstengräber und Fürstensitze, teilweise auch als Oppida angesprochen (Krausse 2010).

Eine der am längsten gegrabenen späthallzeitlichen Großsiedlungen ist die Heuneburg bei Hundersingen (Krausse et al. 2016). Sie liegt am oberen Donaulauf genau dort, wo damals offensichtlich die Schiffbarkeit der Donau einsetzte. Manche Archäologen versuchen, sie mit dem von Herodot erwähnten Pyrene zu identifizieren, einer Stadt im Barbaricum. Tatsächlich besteht die Heuneburg aus einer ca. 1,5 ha großen Oberstadt, einer Unterstadt und einer ca. 12 ha großen, tiefer gelegenen Siedlung, die ab 600 v. Chr. florieren. Bei der Außensiedlung handelt es sich um autonome Gehöfte in rechteckigen Parzellen, die durch Gräben, Zäune und Wälle voneinander abgegrenzt sind. In der Oberstadt finden sich zahlreiche Werkstätten, ein zentraler Getreidespeicher und Häuser zum Beispiel für Metallhandwerker. Auch wenn diese klare sozialtopographische Raumordnung oft im Sinne stabiler Machtstrukturen interpretiert wurde, so scheiterte die Suche nach einem Palast oder einem Tempel. Offensichtlich handelte es sich weiterhin um eine anders, als *Big Men System*, organisierte Gesellschaft (Kurz 2010). Zu den Errungenschaften dieser Stadttopographie zählt eine sonst untypische Lehmziegelmauer, welche die Akropolis landschaftlich sichtbar abgrenzt. Um 530/520 v. Chr. führt möglicherweise eine interne Rebellion zu Bränden und zur Zerstörung der Heuneburg. In der Folge dieses Ereignisses werden in der Oberstadt wesentlich unsystematischer große und kleine Häuser und dispers liegende Höfe errichtet, in denen die Getreidelagerung pro Haus stattfindet. Auch Großgrabhügel mit reichen Bestattungen finden sich vor der möglichen Rebellion nur in größerer Entfernung von der Siedlung, während nach 530 einzelne Familien ihre Großgrabhügel in Sichtweite des Burgbergs anlegten. Letzteres verdeutlicht, dass wir es weiterhin mit einer Agglomeration herausgehobener Familien zu tun haben, die einen besseren Zugang zum wirtschaftlichen Überschuss haben als andere (Abb. 4.5; vgl. auch Fernández-Götz 2017).

Unabhängig von den beschriebenen Ereignissen an der Heuneburg handelt es sich bei den süddeutsch-ostfranzösischen Späthallstatt-Gesellschaften (ca. 620–450 v. Chr.) um kleinregionale Machtzentren mit jeweils einem befestigten Oppidum und dazugehörigen Großgrabhügeln, die für reich bestattete Individuen angelegt werden. Im Rahmen der Austauschbeziehungen mit norditalienischen Stadtstaaten werden etruskisches Bronzegeschirr und später aus der griechischen Kolonie Massilia Weinamphoren und prestigeträchtige attisch-schwarzfigurige Keramik eingehandelt. Ob diese oft als vorkeltisch angesprochenen Zusammenhänge alle aufgrund von internen, externen oder umweltbedingten Veränderungen zusammenbrechen, muss an dieser Stelle offenbleiben. Auf alle Fälle werden im angesprochenen Westhallstatt-Raum nach 400 v. Chr. fast keine Großgrabhügel mehr errichtet und die hallstattzeitlichen befestigten Siedlungen faktisch aufgegeben.

Im Gegensatz zur südwestdeutsch-ostfranzösischen Entwicklung kennen wir aus dem südostdeutschen Raum eine ganz andere hallstattzeitliche Situation. Statt befestigter Siedlungen sind es hier verstreut liegende Einzelhöfe, die das gesellschaftliche Gesamtbild prägen, die sogenannten Herrenhöfe. Sicher bestehen hier über Jahrhunderte parallel zur südwestdeutschen sozialen Stratifikation eher egalitärere soziale Praktiken. Bezeichnenderweise sind aus umweltbezogenen Ausgangsbedingungen die Verbindungen zum Süden oder auch der technologische Standard nicht anders: ein Hinweis darauf, dass sich unter ähnlichen Voraussetzungen sehr unterschiedliche Sozialsysteme entwickeln können.

Ab ca. 450 v. Chr. bricht in Süddeutschland ein neuer Zeitabschnitt an: die den Kelten zugeschriebene Latènekultur der Vorrömischen Eisenzeit. Zunächst erkennen wir eine Verlagerung der Machtschwerpunkte in nördlichere Regionen (Krausse 2008). Während ca. 450–250 v. Chr. Fürstensitze/Fürstengräber im Süden fehlen, finden wir diese jetzt in den mittleren Mittelgebirgsregionen. Zu nennen sind hier die Anlagen der Hunsrück-Eifel-Gesellschaften oder der Großgrabhügel und das Oppidum vom Glauberg in der Wetterau. Ab der mittleren Latènekultur (ca. 250 v. Chr.) findet nochmals eine Verlagerung Richtung Norden statt: Jetzt finden sich die befestigten Anlagen hauptsächlich am nördlichen Rand der Mittelgebirgszone. Eine noch weiter Richtung Norden oder Osten sich ausweitende Verlagerung der Machtkonzentrationen findet offensichtlich aufgrund der Andersartigkeit der Sozialorganisation der Jastorfkultur oder der bayerischen Hallstatt-Gesellschaften nicht statt.

Im Gegensatz zu der beschriebenen Tendenz können wir ab dem 3. Jahrhundert v. Chr. im südlichen Mitteleuropa eine

Abb. 4.5 Siedlungsentwicklung der Heuneburg: 1) ca. 620–590 v. Chr.; 2) 590–540/530 v. Chr.; 540/530–450 v. Chr. Hervorzuheben ist die Aufgabe der Außensiedlung nach einem großen Brandereignis um 540/530 v. Chr. (aus Fernández-Götz 2017, S. 275 Abb. 5)

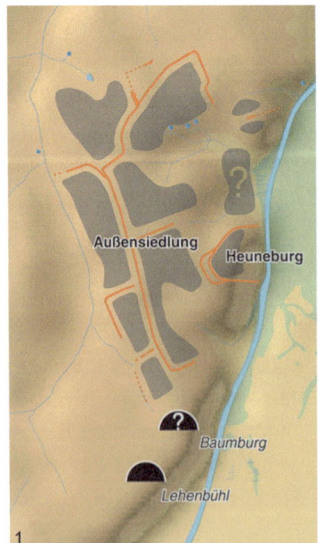

neue, andere Tendenz der demographischen und sozialen Zentralisation beobachten: die Entstehung großer, offener Siedlungsagglomerationen der Latènekultur und der großen spätlatènezeitlichen Oppida ab 130/120 v. Chr. (Stoddart 2017). Diese städtischen Anlagen von teilweise mehr als 200 ha Größe sind die demographischen, wirtschaftlichen und politischen Zentren keltischer Stämme und spielen bei der Invasion Cäsars im *Bellum Gallicum* die bekannte, historisch überlieferte Rolle. Ihre Verbreitung zwischen französischer Atlantikküste und der Mährischen Pforte und zwischen Südfrankreich und Nordhessen markiert das Siedlungsgebiet der vor- und frühstaatlichen Strukturen. Manching bei Ingolstadt ist eine der gut ausgegrabenen Städte mit sicher 10.000 Einwohnern. Dabei handelt es sich einerseits um autonome Hofstrukturen, andererseits um Handwerkerviertel mit spezialisierter Produktion von Metall oder anderen Produkten.

Neben einer extrem filigranen Kunstentwicklung mit dem sogenannten latènezeitlichen Tierstil ist es insbesondere auch die Entwicklung eines eigenen Geldwesens mit den sogenannten Regenbogenschüsselchen, das die verstärkt marktökonomisch organisierte spätkeltische Welt nördlich der Alpen kennzeichnet. Sie führten nicht nur zu einer stärker ausgeprägten Territorialität, sondern auch zu neuen Rechtfertigungsideologien, wie einer neuen Institutionalisierung von Religion. Diese Entwicklungen brechen in Deutschland durch die Abwanderung der Oppidabevölkerung zu Beginn des 1. Jahrhunderts und in Frankreich durch die römische Invasion Mitte des 1. Jahrhunderts v. Chr. ab.

Römische Kaiserzeit und Völkerwanderungszeit

Der römische Sieg in Gallien und das Expansionsbedürfnis des Römischen Reiches bedingten ab ca. 50 v. Chr. die Aufgabe und räumliche Verlagerung zahlreicher ehemals spätlatènezeitlicher Zentralsiedlungen. Als eine Konsequenz der römischen Expansion entstehen zunächst die Rhein-Donau-Grenze und später die Limesgrenze (Rasbach et al. 2020). Am Rhein und südlich der Donau wird ein militärisches und städtisches System etabliert, in das die ehemals germanische oder keltische Bevölkerung integriert wird. Römische Infrastrukturmaßnahmen führen zur Anlage von Fernverkehrsstraßen, zu neuen Wegesystemen und zu Häfen für den Gütertransport entlang des Rheins. Die Andersartigkeit des staatlichen Systems des Imperium Romanum übt einerseits eine Anziehungskraft auf die Bevölkerung der nichtrömischen Gebiete aus, führt aber andererseits auch zu verstärkten Identitätsbildungen in den nichtrömischen, dünner besiedelten Arealen zwischen Rhein und Oder.

So beobachten wir insbesondere während und nach der Hochzeit der militärischen Versuche, das Römische Imperium bis an die Elbe auszudehnen, eine verstärkte Bündelung der einheimischen dörflichen Bevölkerung zu größeren politischen Einheiten. Ihr Ausdruck sind kurzfristige Machtagglomerationen, wie sie in den Fürstengräbern der späten Kaiserzeit zum Ausdruck kommen. Dazu zählt das sogenannte Fürstengrab von Gommern bei Magdeburg. Dort repräsentiert sicherlich ein Dux einen machtvollen Zusammenschluss, erkennbar an der Kombination aus einheimischen und römischen Prunkgegenständen in der Grablegung. Ähnliches gilt auch für den Markomannenführer Marbod, der versuchte, eine machtvolle Allianz aufzubauen. Doch sind diese politischen Machtzusammenschlüsse im nach wie vor schriftlosen Germanien meistens nur von kurzer Dauer, fluide, und entsprechen damit dem, was wir eigentlich auch aus der Frühbronzezeit und der Späthallstattzeit kennengelernt haben.

Über das Siedlungswesen sind wir nur partiell informiert (Nüsse 2014). Doch insbesondere die vollständig ausgegrabene Siedlung Feddersen Wierde zeigt, wie sich über mehrere Generationen gerade im Norden eine gewisse soziale Differenzierung ergibt, sichtbar auch im Hausbau und in den Abgrenzungen innerhalb des Dorfes. Weiterhin sind es rituelle Deponierungen römischen Kriegsgeräts bis tief in das freie Germanien, die als Mooropfer wie in Illerup Ardal die Widerstandskraft gegenüber dem römischen Militär dokumentieren, ähnlich wie in der Varusschlacht bei Kalkriese im Jahr 9 n. Chr.

Nachhaltig im Sinne einer friedlichen Koexistenz entwickeln sich die Beziehungen zwischen imperialistischem Staat und nichtstaatlichen barbarischen Gruppen. So kennen wir in Waldgirmes bei Wiesbaden ein weit vorgeschobenes römisches Militärlager, in dem friedliche Austauschbeziehungen zwischen Einheimischen und Besatzern erkennbar sind. Gerade die intensiven Beziehungen zum Römischen Reich inklusive von Söldnerdiensten erhöhten erheblich die Attraktivität jener römischen Gesellschaft, deren materieller Wohlstand wesentlich höher war als in den germanischen Gebieten. Abgesehen von den immer wieder stattfindenden militärischen Auseinandersetzungen zwischen der imperialen Macht und den nichtstaatlichen bäuerlichen Gemeinschaften ist es sicherlich diese Attraktivität, die nach mehreren Generationen zu einem zunehmenden demographischen Druck auf den Süden führte. Aufgrund der zunehmenden internen Schwierigkeiten des Imperium Romanum ist es beim Einsetzen von Klimaverschlechterungen, die insbesondere Auswirkungen auf die bäuerliche Produktivität haben, nur eine Frage der Zeit, bis Abwanderungsbewegungen in ein geschwächtes Imperium Romanun stattfinden.

Das Resultat ist die sogenannte Völkerwanderungszeit, in der zwar einerseits durchaus auch Siedlungskontinuität in Mitteleuropa nachweisbar ist, in der aber andererseits ein demographischer Niedergang durch Abwanderungen einsetzt (Fehr und Rummel 2011). Die Abwanderungen führen in vielen Gebieten Mitteleuropas zu einer neuen ökonomischen, politischen und kulturellen Situation. Die römischen Städte werden größtenteils verlassen und verfallen. In Germanien haben sich bis ins 5. Jahrhundert n. Chr. neue politische Zusammenschlüsse ergeben, zu Thüringern, Franken und Sachsen. Insbesondere die Franken, die als loser Verbund zunächst auch große Teile des ehemals römischen Areals am Nieder- und Mittelrhein besiedeln und hier durchaus römische Tradition fortführen, sind in der Lage, eine neue dauerhafte politische Tradition aufzubauen. Wirkt das Childerich-Grab in seiner Ausstattung zunächst noch wie eines der fluiden Fürstengräber, wie wir sie aus der Frühbronzezeit, der Hallstattzeit oder der späten Römischen Kaiserzeit kennen, so bewirkt insbesondere die Christianisierung seines Sohnes und Nachfolgers Chlodwig einen neuen ideologischen Schwung in Richtung stabiler sozialer Verhältnisse. Auch die übrigen Gebiete Mitteleuropas bieten am Ende der Völkerwanderungszeit und zu Beginn der Merowingerzeit um 450 n. Chr. ein neues Bild.

Staatliche Gesellschaften entstehen: Von der Merowingerzeit bis ins Hochmittelalter

Mit der Entwicklung der merowingischen und karolingischen Zentralgewalt entsteht in Mitteleuropa ein neues Machtzentrum (Brather et al. 2020). Nach den Zeiten der Abwanderung sind es auch agrartechnische Innovationen, die jetzt ein Bevölkerungswachstum ermöglichen. Dazu gehört die Zunahme der eisernen Agrargeräte, dazu gehört aber auch die systematische Einführung der Zweifelder- und der Dreifelderwirtschaft neben dem in Einfelderwirtschaft praktizierten Roggenanbau (vgl. Exkurs Kap. 13). Die Christianisierungen durch insbesondere irische Mönche führen nicht nur zu einer Reduktion des Widerstands gegen die fränkische Kolonisation, sondern erhöhen lokal auch neue kontinuierliche Gemeinschaftsbezüge über Friedhöfe. Beispiel für eine Kontinuität bietet der fast vollständig ausgegrabene Friedhof in Kelheim. Dort reichen die Grablegungen vom 5. bis zum 14. Jahrhundert. Ein Beispiel für die militärische Absicherung auch der neuen christlichen Herrschaftszusammenhänge bietet die Büraburg bei Fritzlar, die als fränkische Befestigungsanlage gegen die Sachsen dem Schutz der neu entstandenen Fritzlarer Stadt mit ihrem Dom diente.

Die systematische Gründung von Städten und die Anlage und Pflege von Wegesystemen bewirken eine Stabilisierung der Verhältnisse und erhöhen den Warenaustausch. Zu solchen Maßnahmen zählt auch die Pflege der Wasserwege, versinnbildlicht durch die Fossa Carolina als einem Kanalversuch bei Weißenfels, um die Wasserwege von Donau und Rhein miteinander zu verbinden.

Neben dem Ausbau der fränkischen Macht sind es die Entwicklungen im Norden und im Osten, die teilweise andere gesellschaftliche Wege öffneten. Im östlichen Mitteleuropa erkennen wir seit dem 7. Jahrhundert das Besiedeln fast bevölkerungsfreier Areale durch eine slawische Bevölkerung (Jöns et al. 2020). Ein dichtes Netz an slawischen Burgen aus Holz-Erde-Konstruktionen dient dazu, lokale und kleinregionale politische Zentren abzusichern. Im Gegensatz zu den städtischen Entwicklungen im übrigen Mitteleuropa ist für die slawischen Areale aber weiterhin ein diverses Siedlungsmuster aus Einzelhöfen und Siedlungen typisch, seien dies Rundlinge oder einfache Haufendörfer wie in Passow. Der Puffer zwischen slawischen politischen Gebilden und fränkischer Imperialmacht wird oft durch natürliche Hindernisse gebildet, die als *limes saxoniae* bezeichnet werden. Eine nachhaltige Christianisierung des slawischen Gebietes findet erst mit der sogenannten deutschen Ostkolonisation im 12. Jahrhundert statt.

Der Norden Deutschlands, insbesondere die Nord- und Ostseeküste, sind jetzt von einem vermehrten interkulturellen Austausch zwischen wikingischen, slawischen und fränkischen Gruppen geprägt (von Carnap et al. 2020). So entstehen an den Küsten verschiedene Handelsemporien, die bei multikultureller Zusammensetzung der Bevölkerung unter militärischem Schutz als Knotenpunkte des Handels fungieren. In Mecklenburg ist dies Groß Strömkendorf. Dort können wir das Zusammenwirken der verschiedenen Handelsinteressen verfolgen. In Schleswig-Holstein bildet Haithabu die Brücke zum Norden.

Das mittelalterliche Feudalsystem: Spätmittelalter

Mit der Etablierung verschiedener Machtstrukturen beobachten wir erhebliche Veränderungen auch in der Gestaltung, die das gesamte Landschaftsbild beeinflussen. Neben der Durchsetzung der Dreifelderwirtschaft sind es die lokalen Zentren des Kleinadels, die sich mit einem befestigten Burgenbau absichern. Das Burgenwesen dient auf der einen Seite der Machtausübung, andererseits aber auch rein wirtschaftlichen und administrativen Zwecken (Friedrich et al. 2020). Hinzu treten verstärkt die Städte, die mit ihren Ummauerungen einen neuen, anderen Raum des sozialen Zusammenwirkens bilden (Müller und Wemhoff 2020). In Haithabu können wir einen örtlichen Wechsel nach Schleswig feststellen. Dort entsteht mit der Kirche im Zentrum ein neuer Handelsanlaufpunkt. In größeren Städten wie Lübeck oder Freiburg werden neben den bischöflichen Einrichtungen jetzt die Handwerkerviertel zu Zünften und zu Zentren des neuen produktiven Fortschritts. Die Veränderungen haben erhebliche Konsequenzen. Im 13. und 14. Jahrhundert beobachten wir das Wüstfallen zahlreicher Siedlungen, verbunden mit einer Abwanderung in größere Dörfer oder auch in die Städte.

Stadtgründungen sind auch das adäquate Mittel der Ostkolonisation, die insbesondere ab dem 12. Jahrhundert wirksam wird. Die Ausbreitung von Siedlergruppen aus dem Westen Mitteleuropas, getrieben wohl auch durch erneute Klimaverschlechterungen, bewirkt die Veränderung der Siedungslandschaften im Osten.

In der Konsequenz hat sich bis zum Anbruch der Neuzeit in mehreren Jahrhunderten ein einerseits ländlich geprägtes Feudalsystem mit adeliger und klerikaler Herrschaft, andererseits eine städtische Welt mit der Entwicklung neuer handwerklicher und sozialer Techniken entwickelt.

Allgemeine Tendenzen: Demographie und Innovation

Versuchen wir, aus einer *Longue-durée*-Perspektive auf die mitteleuropäische gesellschaftliche Entwicklung zu blicken, so ergeben sich unterschiedliche diachrone Vergleichsmöglichkeiten. Auch wenn wir aufgrund fehlender Daten diesen Blick bisher auf bestimmte chronologische Segmente beschränken müssen, können wir doch bestimmte Aussagen zu demographischen, ökonomischen oder auch sozialen Fragestellungen treffen.

Demographie und Umwelt

Für die Rekonstruktion der Bevölkerungsentwicklung in Mitteleuropa liegen verschiedene Ansätze vor, die im Ergebnis ähnliche Tendenzen aufweisen (Abb. 4.6). Bei Synthesen aus lokalen und regionalen Studien, die in Gegenden intensiver archäologischer Dokumentation und der Teilausgrabung größerer Areale Prognosen errechnen, ergeben sich für das Paläolithikum (Schmidt und Zimmermann 2021, S. 164) Dichtewerte, die relativ gut zu den Berechnungen für das Mesolithikum bis zur Frühbronzezeit passen (Müller 2013, S. 497 Abb. 4, vgl. auch Schmidt und Zimmermann 2021, S. 6 Tab. 3). Für die Perioden seit der Römischen Kaiserzeit liegen leider kaum neuere Daten vor, sodass hier auf ältere Arbeiten zurückgegriffen werden muss (McEvedy und Jones 1978; vgl. Schmidt et al. 2021). Im Ergebnis ist die Bevölkerungsdichte (P/km^2) im Jungpaläolithikum ab 40.000 v. Chr. mit 0,001 und im Spätpaläolithikum ab ca. 18.000 v. Chr. mit 0,004 P/km^2 recht gering. Auch im Mesolithikum ab ca. 9600 v. Chr. liegen die Dichten noch unter 0,1 P/km^2. Erst mit der Neolithisierung ist ein Anstieg auf 0,7 P/km^2 und mit der Neolithisierung auch Norddeutschlands um 4000 v. Chr. auf 1,75 P/km^2 festzustellen. Für die Bronzezeit wird eine Bevölkerungsdichte von ca. 2,3 P/km^2 berechnet, die sich bis zur Römischen Kaiserzeit sicherlich nochmals erhöht. Grundsätzlich zeigen jetzt staatliche Gesellschaften eine wesentlich höhere Dichte, für das Römische Reich mit ca. 14,4 P/km^2. Das gilt auch für das Hoch- und Spätmittelalter in Mitteleuropa. Etwa um 1800 ist dann eine Bevölkerungsdichte von ca. 80 P/km^2 erreicht. Für die frühen staatlichen Einheiten, für die Merowingerzeit um 600 n. Chr., wurde hingegen eine wesentlich geringere Bevölkerungsdichte errechnet (0,8 P/km^2), die eher prähistorischen Werten entspricht. Dies kann mit der Abwanderung in der Völkerwanderungszeit in Verbindung stehen. Vergleichbare Schwankungen scheinen auch in prähistorischen Zeiten beobachtbar zu sein, etwa mit einer abnehmenden Bevölkerung um 3000 v. Chr.

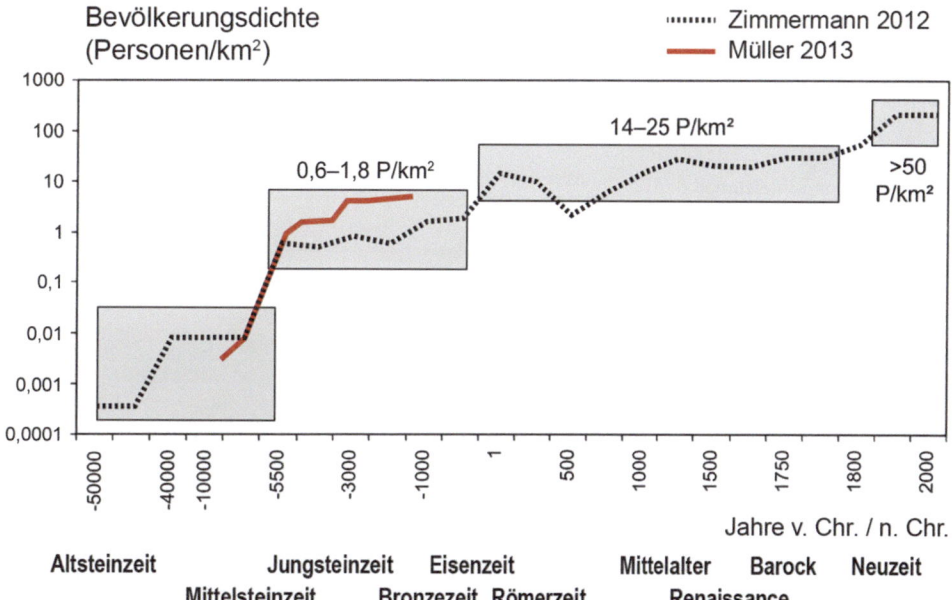

Abb. 4.6 Die Bevölkerungsentwicklung in Mitteleuropa 50.000 v. Chr.–1800 n. Chr. (nach Zimmermann 2012 und Müller 2013)

Die Dichte in den Kerngebieten der Besiedelung, zumeist in den Siedlungsbecken, die im Spätpaläolithikum um 12.000 v. Chr. noch bei nur 0,3 P/km² lag, beläuft sich in der Linearbandkeramik um 5200 v. Chr. auf 10 P/km² und im Endneolithikum und der Bronzezeit auf 15 P/km².

Zusammenfassend erkennen wir in der Bevölkerungsentwicklung grundsätzlich ein Anwachsen, das offensichtlich an sozioökonomische Formationen gebunden ist. Dies betrifft die Bevölkerungssprünge vom Spätpaläolithikum zum Mesolithikum, vom Mesolithikum zum Neolithikum und von den nicht-staatlichen früheisenzeitlichen Gesellschaften zu den staatlichen Gesellschaften. Ein weiterer Bevölkerungsanstieg ist mit der Industrialisierung feststellbar. Wir können diese Bevölkerungsanstiege auch mit der agrarischen, der urbanen und der industriellen Revolution in Verbindung bringen. So sind die höheren menschlichen Fruchtbarkeitswerte bei Sesshaftigkeit für den Anstieg während der agrarischen Revolution verantwortlich.

Die aus archäologischen Hintergrundinformationen berechneten Bevölkerungsgrößen spiegeln sich zumindest in der Tendenz in modellierten Waldöffnungsdaten oder den veränderten Werten zur Biodiversität wider, insofern Zeiträume vor der industriellen Landwirtschaft und nach der nacheiszeitlichen Wiederbewaldung betrachtet werden (Giesecke et al. 2019; Zanon et al. 2018).

Technologie und Ökonomie

Für die Bevölkerungsentwicklung in Mitteleuropa sind partiell auch ökonomische Innovationen und veränderte sozioökonomischen Konstellationen verantwortlich (Abb. 4.7). Veränderte Subsistenztechniken boten oft erst die Möglichkeit einer gesteigerten Nahrungsproduktion und ermöglichten so ein demographisches Wachstum. Dazu zählen auch Aspekte der politischen Organisation des Produktionsprozesses.

So führen die Einführung von Pfeil und Bogen um 15.000 v. Chr. und die damit verbesserte Ressourcennutzung zu einem gewissen Bevölkerungswachstum am Beginn des Spätpaläolithikums. Auch die verminderte Mobilität der mesolithischen Wildbeutergruppen durch die nacheiszeitlichen Umweltveränderungen mit der Jagd auf standortgebundenes Wild und die damit verbundene Reduktion der Schweifgebiete wird eine Erhöhung der Fertilitätsrate und so einen zweiten Wachstumsschub nach 9600 v. Chr. bedingt haben. Die Einführung des einfachen Bodenbaus mit dem Hackstock und von Haustieren, mit der produzierenden Wirtschaftsweise, bewirkt aufgrund der bei Sesshaftigkeit wesentlich höheren Fertilitätsrate ein gesteigertes Bevölkerungswachstum. Dies ist insbesondere in den Lössgebieten der Fall. Mit der vermutlichen Einführung des Brandfeldbaus um 4000 v. Chr. und des tiergezogenen Pfluges um 3500 v. Chr. fand ein weiteres Bevölkerungswachstum statt; Letzteres umfasst das Etablieren einer intensiveren Agrarwirtschaft. Das Bevölkerungswachstum am Ende des Neolithikums und zu Beginn der Bronzezeit kann mit dem weiteren Etablieren des intensiven Feldbaus und auch von Grünland, Ställen und neuen Organisationsformen der Produktion aufgrund metallurgischer Arbeitsteilung in Verbindung gebracht werden. Die mit der Bronzetechnologie ab 1600 v. Chr. und ab ca. 800 v. Chr. (im Norden 500 v. Chr.) und mit der Eisenverarbeitung für landwirtschaftliche Geräte verbundenen Verbesserungen werden ebenfalls eine erhöhte Subsistenzproduktion und damit ein Bevölkerungswachstum begünstigt haben. Gleiches gilt für den ab 100 v. Chr. aufkommenden schollenwendenden Pflug und um 1000 n. Chr. für die Einführung der Dreifelderwirtschaft. Auch die Einführung unterschiedlicher Mühlentechnologien führt zu einer Produktionssteigerung (Handmühle ab 5500 v. Chr., Rundmühle um 200 v. Chr., Wassermühle im römischen Rheinland und außerhalb des römischen Gebietes um 1200 n. Chr.).

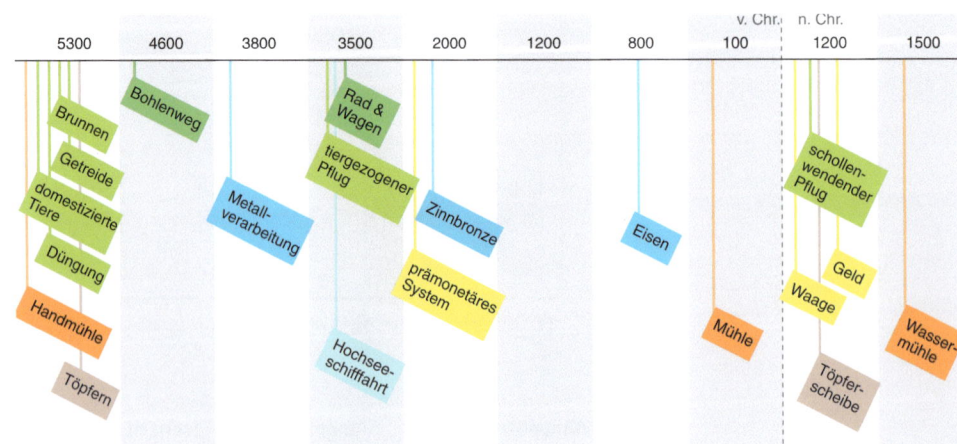

Abb. 4.7 Einige Innovationen in Mitteleuropa 15.000 v. Chr.–1500 n. Chr. in den Bereichen Agrarwirtschaft (hellgrün), Metallurgie (blau), Keramikproduktion (braun), Wassertransport (hellblau) und Landtransport (dunkelgrün)

Wichtig für die Gesamtentwicklung sind auch wasserwirtschaftliche Aspekte. Dazu zählt die Einführung von in Holz eingeschalten Brunnen ab 5200 v. Chr. Veränderungen im Verkehrswesen sind mit den ältesten Bohlenwegen ab 4600 v. Chr. feststellbar. Insbesondere die Erfindung von Rad und Wagen ab 3500 v. Chr. führt zur Entwicklung eines besseren Wegesystems. Die großräumige Aufteilung der Feldflur durch Wege, Wälle und Brücken für Feldabgrenzungen ist eine Umsetzung dieser Innovation ab ca. 1200 v. Chr. sowohl auf einigen mitteldeutschen Lössflächen, aber auch in den ersten Celtic Fields in den küstennahen Bereichen. Auf die Bedeutung der Metallurgie beim Etablieren arbeitsteiliger Prozesse, insbesondere der Bronzetechnologie, wurde schon verwiesen. Auch andere Produktionsbereiche werden durch technische Innovationen arbeitsteiliger organisiert, dazu zählt auch die Einführung der schnelldrehenden Töpferscheibe in den letzten Jahrhunderten v. Chr. Die dargestellten Innovationen, die neben zahlreichen anderen Innovationen stehen, ermöglichten die Entwicklung der genannten sozioökonomischen Formationen.

Ausblick

Prinzipiell erkennen wir eine Entwicklung vom Wildbeutertum über erste Bodenbauer und Agrarwirtschaften hin zu metallurgisch orientierten Gesellschaften mit einer stärkeren Arbeitsteilung und schließlich vorstaatlichen und staatlichen Gesellschaften mit neuen Austausch- und Kommunikations-, aber auch Herrschaftsformen. Der Zugang zu den gesellschaftlichen Ressourcen wird immer ungleicher, auch wenn es immer wieder gegenläufige Tendenzen gibt. Offensichtlich ist mit einer zunehmenden Bevölkerungsgröße tendenziell eine zunehmende Ungleichheit verbunden.

Innovationen durchbrechen oft die Restriktionen, die durch bisherige Produktionsformen vorgegeben waren. Abschließend bleibt zu betonen, dass entsprechende Veränderungen oft in peripheren Zusammenhängen eingeleitet werden: seien das die metallurgischen Innovationen in nordmitteleuropäischen Randgebieten der Frühbronzezeit oder die agrartechnischen Innovationen der an den gesellschaftlichen Rand gedrängten früh- und hochmittelalterlichen Bauerndörfer.

Neben den beobachtbaren gesellschaftlichen strukturellen Ähnlichkeiten in den Prozessverläufen von Gesellschaften ganz unterschiedlichen Hintergrunds spielen die Bedingungen der Umwelt und die Auswirkungen auf sie eine primäre Rolle. Insofern beobachten wir diachron sozioökologischen Wandel, aber auch entsprechende Zugangsunterschiede zu natürlichen und kulturellen Ressourcen, also sozioökologische Ungleichheit. Diese hier für Mitteleuropa nachgezeichnete Geschichte könnte ähnlich auch für andere Regionen Europas oder der Welt geschrieben werden.

Literatur

Bánffy E, Hofmann KP, von Rummel P (eds) (2020) Spuren des Menschen. 800 000 Jahre Geschichte in Europa. Wissenschaftliche Buchgesellschaft, Darmstadt

Bertemes F, Meller H (2013) 1600 – Kultureller Umbruch im Schatten des Thera-Ausbruchs. Tagungen des Landesmuseums für Vorgeschichte Halle 9. Landesamt für Denkmalpflege und Archäologie in Sachsen-Anhalt, Landesmuseum für Vorgeschichte, Halle

Brandt J (2001) Jastorf und Latène: Kultureller Austausch und seine Auswirkungen auf soziopolitische Entwicklungen in der vorrömischen Eisenzeit. Internationale Archäologie. Marie Leidorf, Rahden/Westf.

Brather SW, Brather S, Meier T (2020) Das Frühmittelalter – Kultur und Gesellschaft im Frankenreich. In: Bánffy E, Hofmann KP, von Rummel P (eds), Spuren des Menschen. 800 000 Jahre Geschichte in Europa. Wissenschaftliche Buchgesellschaft, Darmstadt, 319–339

Buck DW, Buck D (2022) Die Lausitzer Gruppe. Beier & Beran, Langenweissbach

Conard NJ, Kind CJ (2017) Als der Mensch die Kunst erfand. Wissenschaftliche Buchgesellschaft, Darmstadt

Cziesla E (2015) Grenzen im Wald. Stabilität und Kontinuität während des Mesolithikums in der Mitte Europas. Marie Leidorf, Rahden/Westf.

Dörfler W (2015) The late 3rd millennium BC in pollen diagrams along a South-North transect from the Near East to Northern Europe. In: Meller H, Arz HW, Jung R, Risch R (eds) 2200 BC – A climatic breakdown as a cause for the collapse of the old world? Tagungen des Landesmuseums für Vorgeschichte Halle 12. Landesamt für Denkmalpflege und Archäologie in Sachsen-Anhalt, Landesmuseum für Vorgeschichte, Halle, 321–334

Dreibrodt S, Krüger S, Weber J, Feeser I (2021) Limnological response to the Laacher See eruption (LSE) in an annually laminated Allerdø sediment sequence from the Nahe paleolake, northern Germany. Boreas 50: 167–183

Earle TK, Kristiansen K (2010) Organizing Bronze Age societies: the Mediterranean, Central Europe, and Scandinavia compared. Cambridge University Press, Cambridge, New York

Feeser I, Dörfler W, Kneisel J, Hinz M, Dreibrodt S (2019) Population Dynamics in the Neolithic and Bronze Age: Multiproxy evidence from north-western Central Europe. The Holocene 29: 1596–1606

Fehr H, von Rummel P (2011) Die Völkerwanderung. Konrad Theiss, Stuttgart

Fernández-Götz M (2017) Contested Power: Iron Age Societies against the State? In: Hansen S, Müller J (eds) Rebellion and Inequality in Archaeology. Habelt, Bonn, 271–288

Fontijn DR (2021) Give peace a chance. Stichings Museum, Amsterdam

Friedrich R, Rittershofer KF, Schreg R (2020) Gespaltene Gesellschaft? Bauern und Adel – Dörfer und Burgen. In: Bánffy E, Hofmann KP, von Rummel P (eds) Spuren des Menschen. 800 000 Jahre Geschichte in Europa. Wissenschaftliche Buchgesellschaft, Darmstadt, 418–442

Furholt M, Cheben I, Müller J, Bistáková A, Wunderlich M, Müller-Scheeßel N (eds) (2020) Archaeology in the Zitatva Valley. The LBK and Želiezovce settlement site of Vráble. Sidestone Press, Leiden

Giesecke T, Wolters S, van Leeuwen JFN, van der Knaap PWO, Leydet M, Brewer S (2019) Postglacial change of the floristic diversity gradient in Europe. Nature Communications 10: 5422

Glykou A (2016) Neustadt LA156. Ein submariner Fundplatz des späten Mesolithikums und des frühesten Neolithikums in Schleswig-Holstein. Untersuchungen und Materialien zur Steinzeit in Schleswig-Holstein und im Ostseeraum 7. Wachholtz, Kiel

Großmann R (2015) Das dialektische Verhältnis von Schnurkeramik und Glockenbecher zwischen Rhein und Saale. Human Development in Landscapes 8. Universitätsforschungen zur Prähistorischen Archäologie 287, Habelt, Bonn

Jantzen D, Lidke G, Dräger J, Krüger J, Rassmann K, Lorenz S, Terberger T (2014) An early Bronze Age causeway in the Tollense Valley, Mecklenburg-Western Pomerania – The starting point for a violent conflict 3300 years ago? Germania 95: 13–50

Jöns H, Gringmuth-Dallmer E, Messal S, Schneeweiss J (2020) Die Slawen. In: Bánffy E, Hofmann KP, von Rummel P (eds) Spuren des Menschen. 800 000 Jahre Geschichte in Europa. Wissenschaftliche Buchgesellschaft, Darmstadt, 342–367

Kind CJ (2010) Jenseits des Flusses – mesolithische Lagerplätze in Siebenlinden 3, 4 und 5 (Rottenburg am Neckar, Lkr. Tübingen). Archäologisches Korrespondenzblatt 40: 467–486

Kirleis W (2019) Atlas of Neolithic plant remains from northern central Europe. Advances in Archaeobotany 4. Barkhuis Publishing, Groningen

Kneisel J, Kirleis W, Dal Corso M, Taylor N (eds) (2012) Collapse or continuity? Environment and development of Bronze Age human landscapes. Proceedings of the International Workshop Socio-Environmental Dynamics over the last 12.000 years: The creation of landscapes 2, Volume 1. Universitätsforschungen zur prähistorischen Archäologie 205. Habelt, Bonn

Kneisel J, Beilke-Voigt I, Nakoinz O (2022a) Interpreting Bronze and Iron Age enclosed spaces, fortifications and boundaries in the western Baltic. In: Hofmann D, Nikulka F, Schumann R (eds) The Baltic in the Bronze Age. Regional patterns, interactions and boundaries. Sidestone Press, Leiden, 231–250

Kneisel J, Schaefer-Di Maida S, Feeser I (2022b) Settlement patterns in the Bronze Age. Western Baltic comparisons at different regional scales. In: Hofmann D, Nikulka F, Schumann R (eds) The Baltic in the Bronze Age. Regional patterns, interactions and boundaries. Sidestone Press, Leiden, 189–218

Krausse D (2008) Etappen der Zentralisierung nördlich der Alpen. Hypothesen, Modelle, Folgerungen. In: Krausse D (ed) Frühe Zentralisierungs- und Urbanisierungsprozesse. Konrad Theiss, Stuttgart, 435–450

Krausse D (ed) (2010) Fürstensitze und Zentralorte der frühen Kelten. Konrad Theiss, Stuttgart

Krausse D, Fernández-Götz M, Hansen L, Kretschmer I (2016) The Heuneburg and the Early Iron Age Princely Seats: First Towns North of the Alps. Archaeolingua, Budapest

Kristiansen K, Earle T (2022) Modelling Modes of Production: European 3rd and 2nd Millennium BC Economies. In: Frangipane M, Poettinger M, Schefold B (eds) Ancient Economies in Comparative Perspective. Springer, Berlin, 1–33

Kurz S (2010) Zur Genese und Entwicklung der Heuneburg in der späten Hallstattzeit In: Krausse D (ed) Fürstensitze und Zentralorte der frühen Kelten. Konrad Theiss, Stuttgart, 239–256

Lichter C (2010) Jungsteinzeit im Umbruch: die „Michelsberger Kultur" und Mitteleuropa vor 6000 Jahren. Primus, Darmstadt

Litt T, Richter J, Schäbitz F (eds) (2021) The Journey of Modern Humans from Africa to Europe. Culture-Environmental Interaction and Mobility. Schweizerbart, Stuttgart

Lüning J (2000) Steinzeitliche Bauern in Deutschland. Die Landwirtschaft im Neolithikum. Universitätsforschungen zur Prähistorischen Archäologie 58. Habelt, Bonn

McEvedy C, Jones R (1978) Atlas of World Population History. Penguin, Harmondsworth

Meller H, Friederich S, Küßner M, Stäuble H, Risch R (eds) (2019) Siedlungsarchäologie des Endneolithikums und der frühen Bronzezeit. Landesmuseum für Vorgeschichte, Halle

Metzner-Nebelsick C, Müller R, von Schnurbein S, Sievers S (2014) Die Eisenzeit. In: von Schnurbein S (ed) Atlas der Vorgeschichte: Europa von den ersten Menschen bis Christi Geburt, 2. Auflage. Konrad Theiss, Stuttgart, 152–226

Müller J (2013) Demographic traces of technological innovation, social change and mobility: From 1 to 8 million Europeans (6000–2000 BCE). In: Kadrow S, Włodarczak (eds) Environment and Subsistence – forty years after Janusz Kruk's „Settlement studies". Habelt, Bonn, 493–506

Müller J (2014) Die Jungsteinzeit. In: von Schnurbein S (ed) Atlas der Vorgeschichte: Europa von den ersten Menschen bis Christi Geburt, 2. Auflage. Konrad Theiss, Stuttgart, 58–105

Müller J (2015) Bronze Age Social Practices: Demography and Economy Forging Long-Distance Exchange. In: Suchowska-Ducke P, Reiter SS, Vandkilde H (eds) Mobility of Culture in Bronze Age Europe. Oxbow, Oxford, 225–230

Müller J (2019) Boom and bust, hierarchy and balance: From landscape to social meaning – Megaliths and societies in Northern Central Europe. In: Müller J, Hinz M, Wunderlich M (eds) Megaliths – Societies – Landscapes. Early monumentality and social differentiation in Neolithic Europe. Habelt, Bonn, 29–74

Müller J (2023) Separation, hybridisation, and networks: Globular Amphora sedentary pastoralists ca. 3200–2700 BCE. Scales of Transformation in Prehistoric and Archaic Societies. Sidestone Press, Leiden

Müller J, Kirleis W (2019) The concept of socio-environmental transformations in prehistoric and archaic societies in the Holocene. The Holocene 29: 1517–1530

Müller U, Wemhoff M (2020) Stadtluft macht frei. In: Bánffy E, Hofmann KP, von Rummel P (eds) Spuren des Menschen. 800 000 Jahre Geschichte in Europa. Wissenschaftliche Buchgesellschaft, Darmstadt, 392–417

Nakoinz O (2013) Archäologische Kulturgeographie der ältereisenzeitlichen Zentralorte Südwestdeutschlands. Universitätsforschungen zur Prähistorischen Archäologie 224. Habelt, Bonn

Nikulka F (2016) Archäologische Demografie. Methoden, Daten und Bevölkerung der europäischen Bronze- und Eisenzeiten. Sidestone Press, Leiden

Nüsse HJ (2014) Haus, Gehöft und Siedlung im Norden und Westen der Germania magna. Marie Leidorf, Rahden/Westf.

Papac L, Ernée M, Dobeš M, Langová M, Rohrlach AB, Aron F, Neumann GU, Spyrou MA, Rohland N et al (2021) Dynamic changes in genomic and social structures in third millennium BCE central Europe. Science Advances 7: eabi6941

Rasbach G, Hüssen C, Wigg-Wolf D (2020) Die Römer kommen! In: Bánffy E, Hofmann KP, von Rummel P (eds) Spuren des Menschen. 800 000 Jahre Geschichte in Europa. Wissenschaftliche Buchgesellschaft, Darmstadt, 247–269

Schmidt I, Hilpert J, Kretschmer I, Peters R, Broich M, Schiesberg S, Vogels O, Wendt KP, Zimmermann A, Maier A (2021) Approaching prehistoric demography: Proxies, scales and scope of the Cologne Protocol in European contexts. Philosophical Transactions of the Royal Society B 376: 20190714

Schmidt I, Zimmermann A (2021) Population dynamics of the Palaeolithic. In: Litt T, Richter J, Schäbitz F (eds) The Journey of Modern Humans from Africa to Europe. Culture-Environmental Interaction and Mobility. Schweizerbart, Stuttgart, 161–174

von Schnurbein S (ed) (2014) Atlas der Vorgeschichte: Europa von den ersten Menschen bis Christi Geburt, 2. Auflage. Konrad Theiss, Stuttgart

Schunke T (2017) Netze auf der Landschaft – Das Rätsel der bronze- bis eisenzeitlichen Grubenreihen (Pit alignments) und Landgräben. Archäologie in Sachsen Anhalt. Sonderband 26/1: 79–94

Sørensen M, Rebay-Salisbury K (eds) (2023) Death and the Body in Bronze Age Europe: From Inhumation to Cremation. University Press, Cambridge

Spatzier A (2017) Das endneolithisch-frühbronzezeitliche Rondell von Pömmelte-Zackmünde, Salzlandkreis, und das Rondell-Phänomen des 4.–1. Jt. v. Chr. in Mitteleuropa. Landesamt für Denkmalpflege und Archäologie Sachsen-Anhalt, Halle

Stockhammer PW (ed) (2012) Conceptualizing Cultural Hybridization, Transcultural Research. Heidelberg Studies on Asia and Europe in a Global Context. Springer, Berlin, Heidelberg

Stoddart S (ed) (2017) Delicate Urbanism in Context: Settlement Nucleation in pre-Roman Germany. McDonald Institute, Cambridge

Terberger T (2014) Der moderne Mensch tritt auf – die jüngere Altsteinzeit. In: von Schnurbein S (ed) Atlas der Vorgeschichte: Europa von den ersten Menschen bis Christi Geburt, 2. Auflage. Konrad Theiss, Stuttgart

Vandkilde H (1996) From Stone to Bronze. The Metalwork of the Late Neolithic and earliest Bronze Age in Denmark. Jutland Archaeological Society, Aarhus

Vandkilde H, Hansen S, Kotsakis K, Kristiansen K, Müller J, Sofaer, J, Sørensen MLS (2015) Cultural Mobility in Bronze Age Europe. In: Suchowska-Ducke P, Reiter SS, Vandkilde H (eds) Mobility of Culture in Bronze Age Europe. Oxbow, Oxford, 5–37

von Carnap-Bornheim C, Jöns H, Maixner B, Müller-Wille M (2020) Handelsemporien und frühe Städte. In: Bánffy E, Hofmann KP, von Rummel P (eds) Spuren des Menschen. 800 000 Jahre Geschichte in Europa. Wissenschaftliche Buchgesellschaft, Darmstadt, 368–391

Zanon M, Davis BAS, Marquer L, Brewer S, Kaplan JO (2018) European Forest Cover during the Past 12,000 Years: A Palynological Reconstruction Based on Modern Analogs and Remote Sensing. Frontiers in Plant Science 9: 253

Zimmermann A (2012) Cultural cycles in Central Europe during the Holocene. Quaternary International 274: 251–258

Die Pollenanalyse als Methode der Paläoökologie und Vegetationsgeschichte

André F. Lotter

Paläoökologie, Palynologie und Pollenanalyse

Die Vegetationsgeschichte befasst sich mit der Entwicklung der Vegetation im Verlauf der Erdgeschichte. In älteren Abschnitten der Erdgeschichte kommt der Untersuchung fossiler Großreste oder deren Abdrücken besondere Bedeutung zu, während in der jüngeren Erdgeschichte, vor allem im Quartär, in den vergangenen 2,6 Mio. Jahren, die Palynologie die gebräuchlichste Methode zur Rekonstruktion vergangener Umweltveränderungen ist, insbesondere der Vegetationsbedeckung. Dieses Kapitel ist Gerhard Lang (1924–2016) gewidmet, der mich als Lehrer und Mentor nachhaltig beeinflusst hat.

Der Begriff Palynologie, der von Hyde und Williams (1944) eingeführt wurde, bezeichnet jenes Arbeitsgebiet der Botanik, das sich mit der Taxonomie, Morphologie, Verbreitung und Funktion von Pollen (Blütenstaub) und Sporen befasst. Sie kommt jedoch auch bei Evolutionsstudien, Honiganalysen, Allergiestudien, forensischen, archäologischen und biostratigraphischen Untersuchungen zur Anwendung. Die Pollenanalyse bildet ein wichtiges Teilgebiet der Palynologie und der Paläobotanik. Sie befasst sich mit der Analyse sogenannter Palynomorphen, mit Pollen von Samenpflanzen, Sporen von Farnen, Moosen, Pilzen und Algen, Acritarchen (Zysten von Dinoflagellaten) wie auch Spaltöffnungen von Blättern und Nadeln sowie anderen mikroskopisch kleinen Resten von Pflanzen und Tieren in Ablagerungen verschiedensten Alters und unterschiedlichster Genese. Die Resultate der Pollenanalyse geben einerseits Informationen zu vergangenen Floren und Vegetationseinheiten, andererseits liefern sie Grundlagen bezüglich der Dynamik und Resilienz der Vegetation im Zusammenhang mit natürlichen Störungen und menschlichen Eingriffen. Sie erlauben eine Abschätzung der Waldbedeckung und der offenen Landschaft und liefern damit wichtige Angaben zu Fragen des Kohlenstoffkreislaufs, des Klimas und des menschlichen Einflusses auf die Vegetation (Lang et al. 2023). Die Paläoökologie wiederum befasst sich mit Veränderungen von und Interaktionen zwischen Ökosystemen in der Vergangenheit. Dabei kommt der Rekonstruktion der Vegetations- und Umweltgeschichte eine bedeutende Rolle zu.

Die ältesten bekannten pflanzlichen Sporen stammen aus dem Ordovizium (vor ca. 450 Mio. Jahren), die ältesten bekannten Pollenkörner von Gymnospermen dagegen stammen aus dem Oberkarbon (vor ca. 320 Mio. Jahren). Erste Angiospermen-Pollenkörner sind ab der Kreidezeit nachgewiesen (vor ca. 140 Mio. Jahren).

Historisch betrachtet ist die Studie von Pollen und Sporen eng an die technologische Entwicklung der Lichtmikroskopie gekoppelt. Bereits im 19. Jahrhundert entdeckte man Pollenkörner in Torfen und präquartären Ablagerungen, und Botaniker studierten deren Morphologie und Funktion. Dies erlaubte es, nicht nur aufgrund des Vorkommens pflanzlicher Großreste den Nachweis von Pflanzen am Fundort (lokal) zu erbringen, sondern auch die anteilsmäßige Verteilung und Veränderung der lokalen und vor allem der regionalen Vegetation der Vergangenheit zu studieren (vgl. Kap. 3).

Der Hauptanteil der Pollenkörner, insbesondere windblütiger Pflanzen, gelangt nicht zur Bestäubung, sondern wird in der Atmosphäre gemischt und spiegelt als Pollenniederschlag die Zusammensetzung der Vegetationsbedeckung wider. Der Pollengehalt fossiler Lagerstätten (z. B. See- und Moorablagerungen), in denen Pollen und Sporen über Jahrtausende konserviert werden, gibt somit Aufschluss über die Zusammensetzung ehemaliger Pflanzengemeinschaften (Phytozönosen).

Ergänzende Information Die elektronische Version dieses Kapitels enthält Zusatzmaterial, auf das über folgenden Link zugegriffen werden kann [https://doi.org/10.1007/978-3-662-68936-3_5].

A. F. Lotter (✉)
Institut für Pflanzenwissenschaften, Abteilung Paläoökologie, Universität Bern, Bern, Schweiz
e-mail: lotterandy@gmail.com

Voraussetzungen der Pollenanalyse

Es müssen verschiedene Grundvoraussetzungen erfüllt sein, damit die Pollenanalyse zu einem vielseitigen Werkzeug der Vegetationsgeschichte wird und es erlaubt, Fragestellungen der Ökologie, der Vegetationskunde und der Umweltgeschichte auf Zeitskalen von Jahrtausenden bis Jahrhunderttausenden anzugehen.

Fossile Erhaltungsfähigkeit

Der Zellinhalt von Pollenkörnern enthält die genetische Information der Pflanze und wird von einer inneren (Intine) und einer äußeren, mitunter mehrschichtigen Wand (Exine) umschlossen (Abb. 5.1). Zellinhalt und die aus Zellulose, Pektin, Kallose, Proteinen (die u. a. die allergische Reaktion bei Heuschnupfen auslösen), Polysacchariden und Antigenen bestehende Intine werden relativ rasch biologisch oder durch Fotooxidation meist vollständig abgebaut. Die Exine (wie auch das Exospor von Sporen) besteht aus Sporopollenin, einem hochvernetzten Heteropolymer mit der Summenformel $C_{90}H_{130-158}O_{24-44}$ (Lang 1994), das eine der widerstandsfähigsten organischen Verbindungen der Natur darstellt und den Zellinhalt vor UV-Strahlung schützt. Die Ablagerungsumgebung hat einen großen Einfluss auf die fossile Erhaltung von Pollenkörnern und Sporen. Unter sauerstofflosen, reduzierenden und sauren Bedingungen ist die Exine fossil erhaltungsfähig. In geeigneter chemisch-physikalischer Umgebung fossiler Lagerstätten wie in See-, Moor- und Meeresablagerungen bleiben die Exine und das Exospor über Jahrtausende bis Jahrmillionen fossil erhalten (s. Abschn. „Geordnete Umweltarchive"). Da der Anteil an Sporopollenin zwischen den verschiedenen Pflanzenarten variiert, gibt es allerdings auch schlecht fossilisierbaren Pollen, der keine Exine aufweist oder dessen Exine einen tiefen Sporopolleningehalt hat und deshalb fossil schlecht (z. B. *Juncus*, *Luzula*) oder nicht erhaltungsfähig ist (hauptsächlich Wasserpflanzen wie z. B. *Najas*).

Eine Frage der Quantität

Für eine verlässliche pollenbasierte Umweltrekonstruktion reicht allerdings die gute fossile Erhaltungsfähigkeit allein nicht aus. Damit Fossilfunde nicht zu Zufallsereignissen werden, müssen sie in ausreichend großer Anzahl vorhanden sein, sodass ihr Vorkommen quantifiziert und statistisch ausgewertet werden kann. Dies ist bei Pollen und Sporen der Fall, denn sie werden reichlich gebildet. Überwiegend werden sie im Verlauf des Frühjahrs, zum Teil aber auch bis in den Spätherbst von den Pflanzen freigesetzt. Die Menge produzierter Pollenkörner und Sporen unterscheidet sich je nach Pflanzenart stark. Vor allem windblütige (anemophile) Pflanzen, wie zum Beispiel Birken- (Betulaceae) und Buchengewächse (Fagaceae), Gräser (Poaceae) und Koniferen (Pinophyta) produzieren massenweise Pollen, um eine hohe Bestäubungsrate zu gewährleisten. Im Vergleich dazu produzieren tierbestäubte (zoophile) Pflanzen weniger Blütenstaub, da dieser gezielt von Insekten (Entomophilie), Vögeln (Ornithophilie) oder Fledermäusen (Chiropterophilie) übertragen wird. Beispiele tierbestäubter Baumarten sind Linde (*Tilia*) und Ahorn (*Acer*). Eine viel seltenere Form der Bestäubung ist die Wasserbestäubung (Hydrophilie), die bei einigen Wasserpflanzen wie zum Beispiel dem Hornblatt (*Ceratophyllum*) und der Wasserpest (*Elodea*) stattfindet.

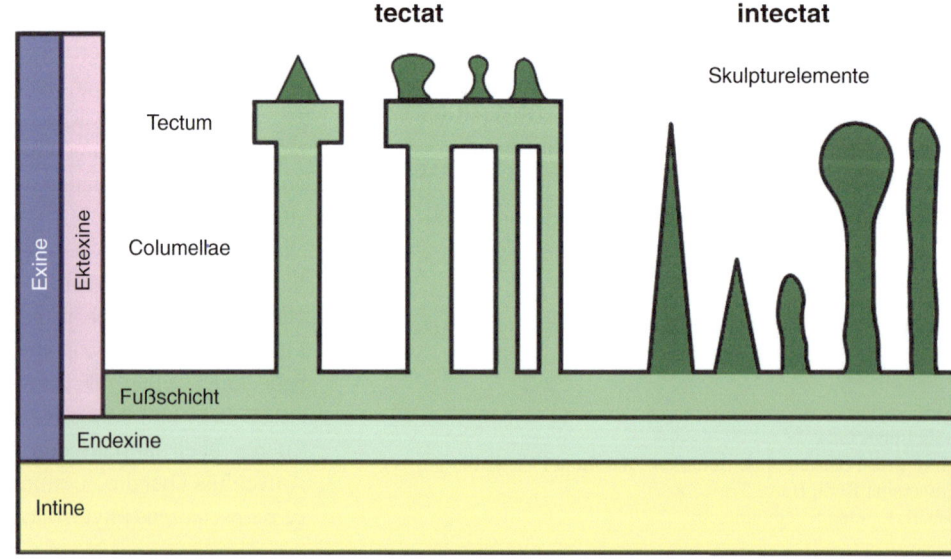

Abb. 5.1 Schematischer Aufbau der Pollenwand. Links: Beispiele verschiedener tectater Exinen mit Skulpturelementen; rechts: Beispiele intectater Exinen mit Skulpturelementen. Im Gegensatz zur Exine ist die Intine fossil nicht erhaltungsfähig. Die Ektexine lässt sich anfärben. Verändert nach Pollen-Wiki. (https://pollen.tstebler.ch)

Neben der Bestäubungsökologie spielen auch andere (z. B. klimatische) Faktoren eine Rolle, sodass die Pollenproduktion individueller Pflanzen von Jahr zu Jahr erheblich variieren kann.

Identifikation

Damit eine ökologische Interpretation der Ergebnisse der Pollenanalyse und eine Rekonstruktion der Vegetation möglich wird, müssen die fossilen Palynomorphen identifiziert und einem Taxon zugeordnet werden können.

Kriterien zur lichtmikroskopischen Bestimmung von Pollenkörnern und Sporen sind neben Form und Größe auch zahlreiche weitere Merkmale wie die Oberfläche (Skulptur) und der Aufbau (Struktur) der Exine (Abb. 5.1) sowie Art, Anzahl, Lage und Symmetrie der Keimöffnungen eines Pollenkorns (Abb. 5.2).

Pollenkörner können eine runde, ovale oder dreieckige Form haben und dabei einen kugelförmigen (sphärischen), abgeflachten (oblaten) oder lang gestreckten (prolaten) Körper aufweisen. Sporen von Moosen oder Farnen hingegen sind meist bohnenförmig oder tetraedrisch. Viele Pollenkörner von Koniferen haben zwei um einen Körper angeordnete Luftsäcke (bisaccat, vesiculat, Abb. 5.2; Nr. 1 in Abb. 5.3). Bei einigen Pflanzen tritt der Pollen infolge unvollständiger Zellteilung der Pollenmutterzelle als Diade oder Tetrade (z. B. Ericaceae, *Typha*) auf.

Pollenkörner zählen zu den Mikrofossilien, die – im Gegensatz zu Makrofossilien oder Großresten – nur unter einem Mikroskop und nicht mit bloßem Auge erkennbar sind. In unseren Breiten haben Pollenkörner einen Durch-

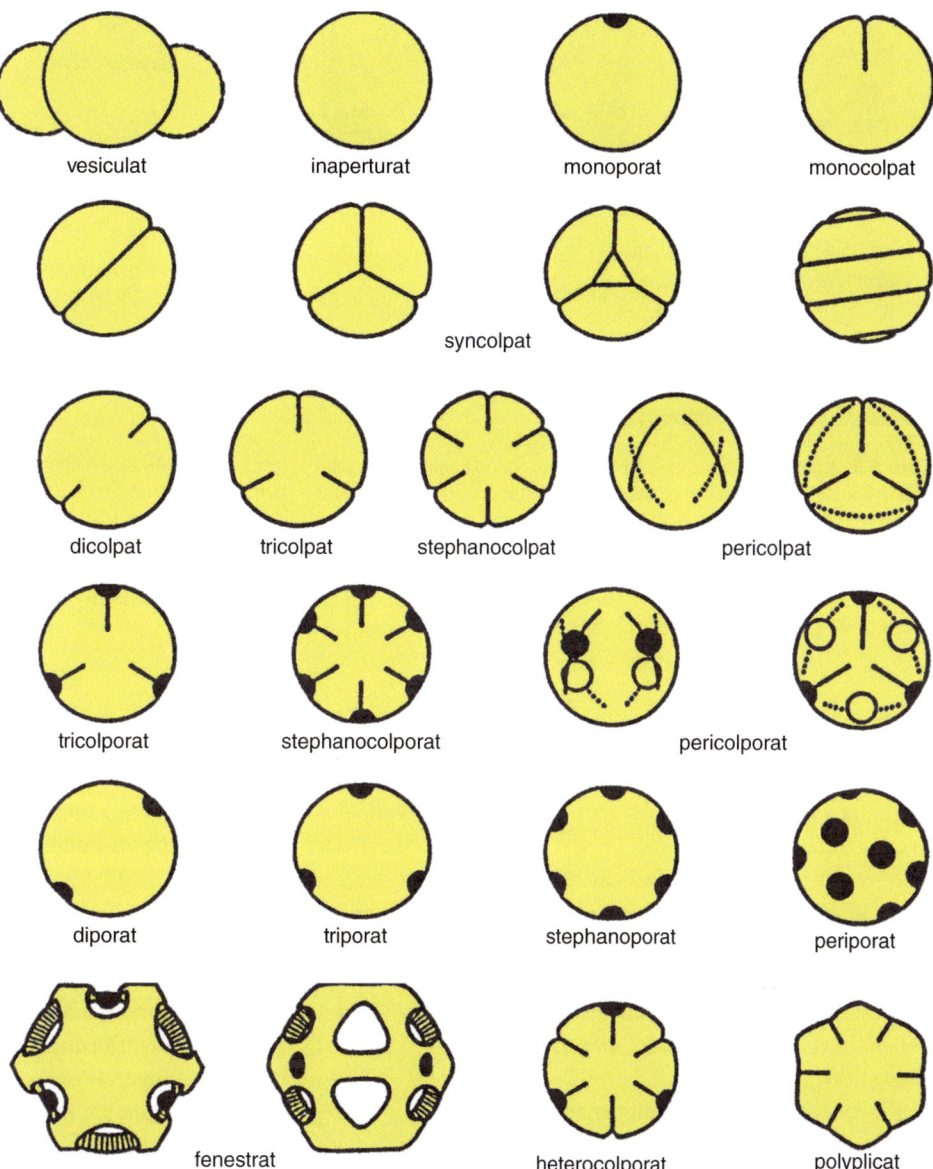

Abb. 5.2 Verschiedene Pollenöffnungstypen. Vesiculater (bisaccater) Pollen (typisch für viele Koniferen) mit zwei Luftsäcken. Inaperturater Pollen ohne Öffnung. Öffnungen (Aperturen) für den Austritt des Pollenschlauchs können aus einer oder mehreren Poren (rund bis oval) oder Keimfalten (colpi, lang gestreckt, spaltförmig) oder aus einer Kombination beider (colporat) bestehen. Beim fenestraten Öffnungstyp fehlen runde oder eckige Teile der Exine. Polyplicater Pollen weist mehr als drei meridional verlaufende Falten auf (verändert nach Lang 1994)

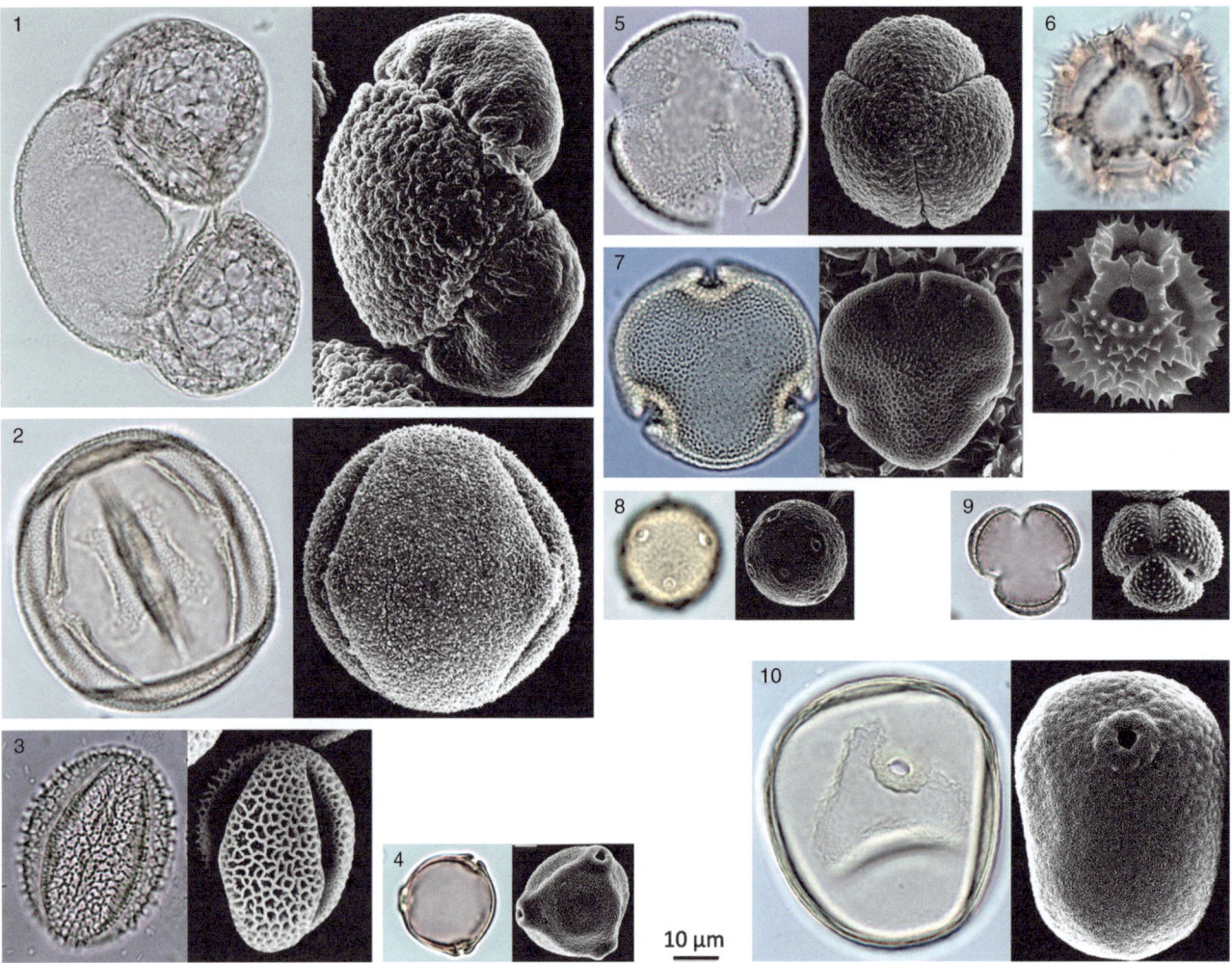

Abb. 5.3 Licht- (Bilder links) und rasterelektronenmikroskopische (REM-Bilder rechts) Bilder typischer Pollen. Alle Pollenkörner sind im gleichen Maßstab abgebildet (10 µm = 10/1000 mm). In Klammern stehen der lateinische Name, der Öffnungstyp und die Skulptur der Pollenoberfläche. **1** Kiefer (*Pinus*, vesiculat); **2** Buche (*Fagus*, tricolporat, scabrat); **3** Wolliger Schneeball (*Viburnum opulus*, tricolporat, reticulat); **4** Birke (*Betula*, triporat, psilat); **5** Eiche (*Quercus*, tricolpat, scabrat); **6** Korbblütler (Asteraceae, fenestrat, echinat); **7** Linde (*Tilia*, tricolporat, reticulat-fossulat); **8** Spitzwegerich (*Plantago lanceolata*, periporat, Poren mit Anulus und Operculum, verrucat); **9** Wermut (*Artemisia*, tricolporat, micro-echinat); **10** Roggen (*Secale cereale*, monoporat. Pore mit Anulus, psilat) (alle REM-Bilder: Abt. Paläoökologie, Universität Bern)

messer zwischen weniger als 10 µm (0,01 mm, z. B. *Myosotis*) und über 200 µm (0,2 mm, z. B. *Abies*). Ihre Größe kann helfen, innerhalb einer Gattung einzelne Arten voneinander zu unterscheiden, wie dies bei den Mikrosporen des Brachsenkrauts (*Isoëtes echinospora* und *I. lacustris*) der Fall ist. Morphologisch sind die Mikrosporen der beiden Arten identisch, aber diejenigen von *I. lacustris* sind größer als die von *I. echinospora* (Birks 1973). Auch bei der Unterscheidung von Wildgraspollen (Poaceae) und Kulturgräsern (Getreide: Cerealia) wird unter anderem die Größe des Pollenkorns als eines der Differenzialmerkmale benutzt (Beug 2004).

Ein wichtiges Bestimmungsmerkmal ist die Gestaltung der Exine (Abb. 5.1). Auf ihrer Oberfläche sind Skulpturelemente erkennbar, die dornen-, keulen- oder warzenförmig sein können und punkt-, streifen-, rillen- oder netzartige Muster formen. Die Skulptur von Pollenkörnern hängt mit der Verbreitungsart zusammen: Glatter (psilater, scabrater) Pollen (Nr. 2, 4, 5 und 10 in Abb. 5.3) ist oft windverbreitet, im Gegensatz zu Pollen mit raueren Oberflächen (stachelig: echinat, Nr. 6 und 9 in Abb. 5.3), der eher durch Insekten verbreitet wird.

Die Exine der meisten Pollenkörner weist eine oder mehrere Keimöffnungen (Aperturen) auf, die als Austrittsstelle für den Pollenschlauch dienen. Die Aperturen können lang gestreckte, spaltförmige Keimfalten (Colpen) oder runde bis ovale Öffnungen (Poren) der Exine sein. Sowohl Colpen als auch Poren können in unterschiedlichster Anzahl auftreten, auch Kombinationen der beiden Öffnungstypen sind möglich (colporat, Abb. 5.2). Aperturränder können verdickt

(z. B. Anulus beim Porus von *Secale cereale,* Nr. 10 in Abb. 5.3) oder verdünnt sein (z. B. Margo bei *Salix*), und die Aperturen können deckelartige Verschlüsse aufweisen (z. B. Operculum bei Poren vom *Plantago lanceolata*-Typ, Nr. 8 in Abb. 5.3).

Die Pollenbestimmung erfolgt auf unterschiedlichen taxonomischen Ebenen. Bei manchem Pollen kann oft nur die Familienzugehörigkeit identifiziert werden (z. B. Cyperaceae, Poaceae, Asteraceae, Nr. 6 in Abb. 5.3). Die meisten Pollenkörner, wie jene der wichtigsten mitteleuropäischen Gehölze (z. B. *Fagus, Quercus, Betula, Pinus,* Abb. 5.3), lassen sich auf Gattungsebene bestimmen, und in einigen Fällen ist auch eine Identifikation der Art möglich (z. B. *Centaurea cyanus*).

Geordnete Umweltarchive

Pollenkörner und Sporen bleiben bei speziellen Umweltbedingungen, wie beispielsweise unter Sauerstoffabschluss sowie in sehr trockener, salziger oder saurer Umgebung, fossil erhalten. Auch überdauern sie in Gletschereis. Ihre Konzentration im Eis ist jedoch niedrig. Auch in Löss, einer äolischen, kalkreich-siltigen Ablagerung, finden sich Pollenkörner. Da Löss jedoch während trocken-kalter Klimaperioden mit geringer Vegetationsbedeckung durch Verwehung von feinkörnigem mineralischem Material gebildet wird, ist die pollenanalytische Aussage meist auf glaziale Perioden beschränkt und das Einzugsgebiet sehr groß (überwiegend Fernflug).

Böden und Höhlenablagerungen können ebenfalls Pollen enthalten. Die Pollenerhaltung ist jedoch schlecht, weshalb dickwandige Pollentypen häufiger gefunden werden, da sie – wie auch im Löss – besser erhalten bleiben. Zudem muss Verlagerung in tiefere Lagen durch Bodenorganismen in Betracht gezogen werden.

Seen akkumulieren, je nach ihrem Nährstoffgehalt und der Menge eingeschwemmten organischen oder mineralischen Materials, Ablagerungen, die das Seebecken sukzessive auffüllen. Art und Zusammensetzung des Sediments geben Aufschluss über den Ort der Sedimentbildung (tiefer Becken-, Ufer- oder Verlandungsbereich) sowie den Zustand des Sees (nährstoffreich oder -arm) und seines Einzugsgebietes (silikatreiche oder kalkreiche Geologie, offene oder vegetationsbedeckte Landschaft).

Moore sind fossile Lagerstätten, die aus mehr oder weniger abgebauten Pflanzenresten, den Torfen, bestehen. Die Einteilung der Moortypen erfolgt oft aufgrund der Hydrologie, ihres Wasserhaushalts, in topogene (durch Grund- oder Oberflächenwasser gespeiste) Niedermoore (Versumpfungs-, Verlandungs-, Quellmoore), in Übergangsmoore (Zwischenstufe der Moorentwicklung vom Nieder- zum Hochmoor) und in ombrogene (durch Niederschlagswasser

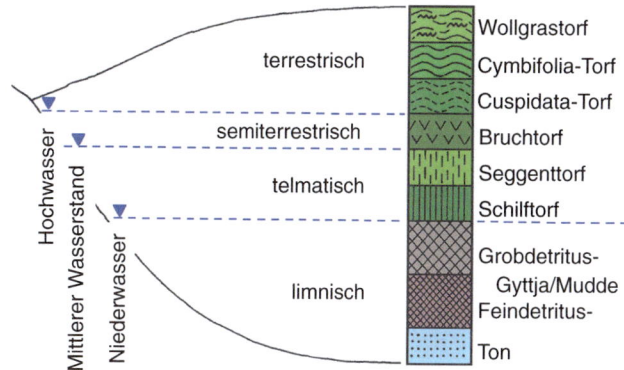

Abb. 5.4 Schematischer Querschnitt durch ein Hochmoor, das sich über einem verlandeten See entwickelte. Die rechte Seite zeigt typische sedentäre (Torfe) und sedimentäre (ständig von Wasser bedeckte) Ablagerungen. Der limnische Bereich (immer von Wasser bedeckt) zeichnet sich durch mineralische (Ton, Seekreide) oder organische Sedimente (Gyttja, deutsch: Mudde) aus. Im telmatischen Bereich (zwischen Niederwasser und mittlerem Wasserstand) eines Sees befinden sich ufernahe Schilf- und Seggengürtel, die entsprechende Torfablagerungen bilden. Der semiterrestrische Bereich ist nur während Hochwasserperioden überflutet und bildet mit dem Bruchwald das Endstadium der Seeverlandung. Pflanzen des terrestrischen Bereichs werden mit Grund-, Oberflächen- (Nieder- und Übergangsmoore) oder Niederschlagswasser (Hochmoore) versorgt und bilden charakteristische Torfablagerungen (verändert nach Lang 1994)

gespeiste) Hochmoore, die jeweils durch eine charakteristische Vegetation und entsprechende Ablagerungen geprägt sind (Succow und Joosten 2001; Abb. 5.4).

Seen und Moore stellen mit ihren Ablagerungen geordnete Archive dar, die Information über den Zustand der Atmosphäre, der Hydrosphäre, der Geosphäre und der Biosphäre, inklusive der Anthroposphäre, einlagern. Sie eignen sich dadurch ideal für vegetations- und umweltgeschichtliche Studien.

Da Pollenkörner und Sporen klein sind und in großer Menge vorkommen, braucht es im Vergleich zu anderen Fossilgruppen (z. B. Käfer, Mollusken, Vertebraten) nur wenig Material für eine repräsentative Probe. In Seen sinkt der Pollen wegen seines spezifischen Gewichts von 1,4–1,5 g cm^{-3} in der Wassersäule ab und wird auf dem Seegrund von anderen organischen und anorganischen sedimentierenden Partikeln eingeschlossen. Pollen, der auf nassen Mooroberflächen an Moosen oder anderen Pflanzen kleben bleibt, wird von der wachsenden lokalen Vegetation eingeschlossen und so in den Torf integriert.

Datierung und Chronologie

Gelingt es, einen Zeitmaßstab mit der Sedimentabfolge zu verknüpfen, so können Art, Zeitpunkt und Dynamik von Vegetationsveränderungen in der Vergangenheit aufgezeigt werden. Eine solche zeitliche Abfolge der verschiedenen

Lagen in See- oder Moorablagerungen kann mit stratigraphischen und physikalischen Datierungsmethoden ermittelt werden (vgl. Exkurs Kap. 8).

Die am häufigsten verwendete Datierungsmethode ist die Radiokarbondatierung Sie basiert darauf, dass Pflanzen mit dem CO_2 neben dem vorherrschenden stabilen Kohlenstoff-12-Atom (^{12}C) auch das radioaktive Kohlenstoff-14-Isotop (^{14}C) aus der Atmosphäre aufnehmen und in ihre Biomasse integrieren. In neu gebildetem Pflanzenmaterial entspricht das $^{14}C:^{12}C$-Verhältnis folglich jenem der Atmosphäre. Nach dem Absterben der Pflanze verändert sich das $^{14}C:^{12}C$-Verhältnis durch den fortschreitenden Zerfall des ^{14}C-Isotops mit einer Halbwertszeit von 5730 Jahren, womit diese Methode zur Datierung von organischem Material bis zu einem Alter von maximal ca. 50.000 Jahren anwendbar ist.

Für die klassische Zählrohrmethode, welche die radioaktiven ^{14}C-Zerfälle misst, braucht es einige Gramm organischen Materials, während die Beschleuniger-Massenspektrometrie-Methode (AMS: accelerator mass spectrometry), welche die Anzahl der ^{14}C-Atome ermittelt, mit wesentlich kleineren Probenmengen (1–2 mg) auskommt. Die AMS-Methode hat den Vorteil, dass einzelne Großreste identifizierter Landpflanzen datiert werden können und so ein möglicher Hartwasserfehler, wie er bei „Bulk"-Datierungen auftreten kann, vermieden wird. Wasserpflanzen nehmen nämlich oft alten Kohlenstoff aus dem Wasser auf, was bei der Datierung undifferenzierter Ablagerungen zu Fehlern führt. Aufgrund der sehr geringen Probenmenge ist es in Ermangelung pflanzlicher Großreste manchmal sogar möglich, von Sedimentrückständen gereinigten fossilen Pollen zu datieren.

Die ermittelten sogenannten konventionellen Radiokarbonalter müssen anhand einer Kalibrationskurve in Kalenderjahre umgerechnet werden, da das $^{14}C:^{12}C$-Verhältnis der Atmosphäre im Verlauf der Erdgeschichte diversen Schwankungen unterworfen war und sich dadurch teils erhebliche Diskrepanzen zwischen ^{14}C-Jahren und Kalenderjahren ergeben. Solche Kalibrationskurven wurden durch engmaschige radiometrische Datierung dendrochronologisch jahrgenau datierter fossiler Hölzer aufgebaut. Kalibrierte Radiokarbonalter werden als Jahre vor heute angegeben (cal BP: before present). „Heute" bezieht sich auf das Jahr 1950, was zu Missverständnissen führen kann. In der Archäologie und Urgeschichte wird das Alter meist in Jahren vor Christus (cal BC: before Christ oder immer häufiger auch BCE: before the Common Era) oder nach Christus (cal AD: Anno Domini bzw. CE: Common Era) angegeben.

Für die jüngste Erdgeschichte erschweren starke Veränderungen der atmosphärischen ^{14}C-Konzentration durch vermehrten Verbrauch fossiler Brennstoffe seit Beginn der Industrialisierung (Suess-Effekt) und durch Kernwaffentests ab Mitte der 1940er-Jahre (Kernwaffen-Effekt) die Anwendung dieser Datierungsmethode. Als alternative Datierungsmöglichkeit von Ablagerungen der vergangenen 100–150 Jahre kann das Blei- (^{210}Pb) und für die vergangenen 50–60 Jahre das Cäsium-Isotop (^{137}Cs) verwendet werden.

In manchen Ablagerungen europäischer Seen und Moore findet sich Aschepartikel vulkanischer Eruptionen (s. u. und auch Abb. 8.3). Aufgrund der mineralogischen Zusammensetzung der vulkanischen Glaspartikel kann die Herkunft der Tephra oft bestimmt werden. Ist die Eruption gut datiert, können solche Tephralagen als chronologische Leithorizonte verwendet werden.

Manche Seesedimente weisen eine jahreszeitliche Schichtung auf (s. u. und auch Abb. 8.1), die jedes Jahr durch zwei oder mehrere unterschiedliche Sedimentlagen aufgebaut ist. Solche jahreszeitlich laminierten Sedimente können ausgezählt werden und erlauben den Aufbau einer hochauflösenden Warvenchronologie, die jedoch analog zu Baumringchronologien durch unabhängige Mehrfachzählungen abgesichert werden muss. Da die Laminationen meist nicht durchgehend bis zur Sediment-Wasser-Grenzschicht reichen, handelt es sich vielfach um schwimmende Chronologien. Sie müssen deshalb an Ankerpunkten eingehängt werden (z. B. Tephralagen, Radiokarbondaten).

Taphonomie: Was bleibt übrig?

Die Taphonomie beschäftigt sich mit Fragen, wie ein Organismus in eine fossile Lagerstätte gelangt, wie komplett das Archiv ist und was vom ursprünglichen Organismus übrig bleibt. Pflanzenteile erfahren auf ihrem Weg von einer Lebensgemeinschaft (Biozönose) zu einem fossilen Bestandteil einer Totengemeinschaft (Thanatozönose) eine starke Reduktion ihrer Biomasse und der ursprünglichen Anzahl der Individuen, was zu einem teilweisen Verlust der ursprünglichen Information führt. So sind einerseits leicht zersetzbare Pollentypen sogar in Seesedimenten taphonomisch bedingt unterrepräsentiert (z. B. *Juncus*), und andererseits bleiben in gut durchlüfteten Ablagerungen (z. B. Löss, Niedermoortorfe) oftmals nur noch schwer zersetzbare Pollen und Sporen erhalten (sog. Zersetzungsauslese; vgl. Abschn. „Fossile Erhaltungsfähigkeit").

In Seen können Wasserspiegelschwankungen oder Rutschungen instabiler Hänge des Seebeckens einerseits im Uferbereich eine Schichtlücke (Hiatus) zur Folge haben, die eine kontinuierliche Sedimentabfolge unterbricht. Andererseits können solche Ereignisse in tieferen Beckenbereichen zu einer Verdoppelung von Schichten oder zu Verunreinigungen mit älterem Pollen führen. In Mooren können Phasen trockenen Klimas zu einem Wachstumsstillstand oder sogar zur Zersetzung von oberflächennahen Torfschichten führen. Schichtlücken entstehen oft auch durch menschliche Eingriffe in Mooren (Torfabbau, Entwässerung).

Aktualitätsprinzip

Ein wichtiges Prinzip in der erdwissenschaftlichen Forschung ist jenes des Aktualismus oder der Gleichförmigkeit der Prozesse (aus dem Englischen: „uniformitarianism"), das bei der Interpretation vegetationsgeschichtlicher und anderer paläoökologischer Daten angewendet wird. Es geht davon aus, dass die Prozesse bekannt sind, welche die heutige und vergangene Verbreitung von Flora und Fauna bestimmen, und dass sich diese Beziehung zwischen Umwelt und Organismen, die Ökologie also, im betrachteten Zeitabschnitt nicht verändert hat. Unter dieser Prämisse lässt das Auftreten spezifischer Arten oder Pflanzengesellschaften auf vergangene Umweltbedingungen schließen. Allerdings existieren für einige Phytozönosen des Spätglazials und des frühen Holozäns keine heutigen Analoga. Einzelne Pflanzen sind zwar regional ausgestorben, kommen aber weiterhin andernorts vor, sodass ihre ökologischen Ansprüche bekannt sind. Obwohl sich evolutive Prozesse meist auf langen Zeitskalen abspielen, können diese jedoch für das Spätquartär nicht vollständig ausgeschlossen werden.

Datenerhebung

Feldarbeit

Bei der Wahl der Lokalität, die das Ausgangsmaterial für eine pollenanalytische Studie liefern soll, ist die wissenschaftliche Fragestellung ausschlaggebend. Im Idealfall handelt es sich um Seen mit kontinuierlicher, ungestörter Sedimentation. Auch Hochmoore eignen sich sehr gut. Die lokale Pollenkomponente (vgl. Abschn. „Polleneinzugsgebiet") steht jedoch stark im Vordergrund, und Schichtlücken können die kontinuierliche Sedimentabfolge unterbrechen. In Ermangelung von See- und Hochmoorablagerungen muss in gewissen Regionen oft auch auf suboptimale Archive wie Niedermoore oder Auensedimente zurückgegriffen werden, in denen die Pollenerhaltung schlecht sein kann und deren Stratigraphie oft komplex und nicht kontinuierlich ist.

Aspekte von Raum und Zeit müssen bei der Wahl der Lokalität ebenfalls berücksichtigt werden. Mathematische Modelle und empirische Studien geben Aufschluss über das Polleneinzugsgebiet von Mooren (Prentice 1985, 1988) und

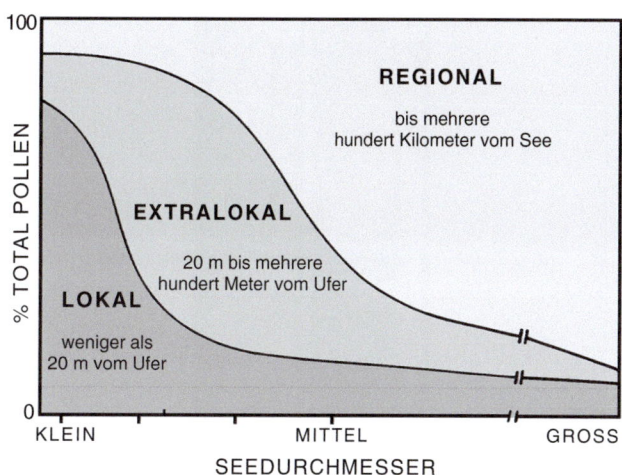

Abb. 5.5 Polleneinzugsgebiet in Abhängigkeit der Größe des Sees. Pollenkörner in Seen stammen je nach Größe der offenen Wasserfläche aus Lokal-, Umgebungs- oder Fernflug. Im Gegensatz zur regionalen ist die lokale und extralokale Pollenkomponente durch einen größeren Anteil insektenblütiger Pflanzen gekennzeichnet. In Mooren dominiert die lokale und extralokale Komponente des Pollenflugs (verändert nach Jacobsen und Bradshaw 1981)

Seen (Sugita 1993). Mit zunehmender Oberfläche eines Sees nimmt das Polleneinzugsgebiet zu (Abb. 5.5 u. Abschn. „Polleneinzugsgebiet") und die lokale Komponente des Pollenniederschlags ab. In Mooren setzt sich der Polleneintrag aus einer lokalen und einer regionalen Komponente zusammen. Fokussiert eine wissenschaftliche Fragestellung auf lokale Aspekte der Vegetationsgeschichte, empfiehlt es sich, Moore, Teiche oder kleine Seen zu wählen, während bei regionalen Fragestellungen mittelgroße und bei überregionalen Fragestellungen große Seen aufgrund ihrer weiter gefassten Polleneinzugsgebiete geeigneter sind.

Seen und Moore, die in der Nähe von kritischen ökologischen Übergangszonen (Ökotone) liegen, eignen sich besonders gut, um den Einfluss vergangener Veränderungen des Klimas wie Temperatur oder Niederschlag auf die Vegetation zu studieren. An solchen Ökotonen kann bereits eine kleine Umweltveränderung einen Wechsel zwischen Pflanzenformationen (Biomen) verursachen. Als Beispiel sei hier auf die alpine Waldgrenze verwiesen, die als Folge von Temperaturveränderungen steigt oder fällt und dadurch markante Vegetationswechsel zwischen alpinen Rasengesellschaften und Nadelwäldern nach sich zieht.

See- und Moorablagerungen der vergangenen 15.000–20.000 Jahre weisen in unseren Breiten meist eine Sedimentmächtigkeit von etwa 5–10 m auf; bei sehr produktiven Seen oder bei hohem erosivem Eintrag kann es auch über 20 m sein. Die Art des Sediments bestimmt die Methoden, die für dessen Beprobung am geeignetsten sind. Aufschlüsse in Baugruben, Entwässerungsgräben, Torfstichen,

Abb. 5.6 Sedimentbohrungen mit dem russischen Torfbohrer. Er besteht aus einem 50–100 cm langen Halbrohr aus Stahl mit geschärfter Längskante und einem drehbaren, die Kammer verschließenden Metallflügel. Die Bohrkammer wird an einem Gestänge bis auf die gewünschte Bohrtiefe in das Sediment gedrückt und dann um 180° gedreht; damit wird ein Halbkern aus der Ablagerung geschnitten. Mit dem Gestänge wieder an die Oberfläche gezogen, wird die Bohrkammer durch Drehung geöffnet, womit das erbohrte Sediment als Halbzylinder auf dem Metallflügel zu liegen kommt (s. Bilder, der Abstand zwischen den Teilstrichen des Metallflügels beträgt 1 cm). Die intakte Stratigraphie der Ablagerungen ist damit direkt im Feld erkennbar. **1** Stratigraphie einer Verlandungsabfolge von Ton, Tongyttja, Feindetritus Gyttja, Grobdetritus Gyttja, Bruchtorf (mit durchbohrtem Erlenstamm) zu Moostorf. **2** Homogene, zum Teil leicht gebänderte Seekreide mit dunkelgrauer vulkanischer Ascheschicht (Laacher See-Tephra, LST, 12.950 cal BP)

Bacheinschnitten, Kiesgruben oder archäologischen Ausgrabungen zeigen die stratigraphische Abfolge der Ablagerungen und erlauben deren Beprobung an einer Stichwand. Auf Mooren und im verlandeten Bereich von Seen können Bohrungen abgeteuft werden. Torfe werden oft mit Kammerbohrern wie dem russischen Torfbohrer (Abb. 5.6) gewonnen. Auf Seen ist ein Boot oder Floß erforderlich (Nr. 1–3 in Abb. 5.7), wenn nicht in der kalten Jahreszeit von der festen Eisoberfläche gebohrt werden kann (Nr. 5 in Abb. 5.7).

In Mooren und Seen kommen meistens Kolbenbohrgeräte zum Einsatz (Abb. 5.7). Das am weitesten verbreitete Bohrgerät ist das nach Livingstone (1955) modifizierte Kolbenlot (Abb. 5.8). Bohrungen mit Kolbenloten werden in terrestrischen und seichten limnischen Bereichen mit einem Bohrgestänge abgeteuft. In tieferen Seen eignen sich Bohrgeräte, bei denen das Kolbenrohr entweder durch Pressluft ins Sediment gepresst oder an Seilen auf den Seegrund abgesenkt wird, um danach mit einem Schlaggewicht ins Sediment gehämmert zu werden (Nr. 3 in Abb. 5.7).

Für die ungestörte Beprobung der obersten, sehr wassergesättigten Sedimente wird idealerweise ein Falllot verwendet. In tiefen Seen mit sehr organischen, mit Methangas gesättigten Ablagerungen erlauben Geräte, die das Sediment in situ am Seegrund einfrieren, die oft laminierte Struktur der Oberflächensedimente intakt zu beproben.

Ablagerungen und Sedimentbeschreibung

Die im Feld erbohrten Sedimentkerne werden vorzugsweise im Labor weiterverarbeitet, um eine mögliche Verunreinigung durch Pollenniederschlag der Umgebung zu vermeiden. In einem ersten Verarbeitungsschritt werden die einzelnen Segmente der Bohrkerne in der Längsachse halbiert (Abb. 5.9). Je nach Konsistenz und Ablagerungsart kann dies mit zwei dünnen Metallplatten oder mit einem dünnen Stahldraht vorgenommen werden. Die Schnittflächen der halbierten Kernsegmente werden schichtparallel gereinigt und zur Dokumentation fotografiert, bevor die Stratigraphie der Ablagerungen beschrieben wird. Ziel einer solchen Sedimentbeschreibung ist es einerseits, möglichst viel Information über die Genese und das Ablagerungsmilieu zu erhalten. Andererseits hilft eine detaillierte Beschreibung, vorhandene Schichtlücken zu erkennen und Störungen in Form von Turbiditen (Nr. 3 in Abb. 5.9) oder Rutschungen bei der pollenanalytischen Beprobung auszuschließen.

Für die Sedimentbeschreibung stehen verschiedene Systeme zur Verfügung. Dabei haben sich in der Paläoökologie und Paläolimnologie international hauptsächlich die Beschreibung von Torfen und Seeablagerungen und die entsprechenden graphischen Sedimentsignaturen nach Troels-Smith (1955) durchgesetzt.

Eine 10 m mächtige Sedimentabfolge kann nicht in einem einzigen Bohrkern entnommen werden, sondern in Teilstücken von 1–2 m Länge, je nach Bohrgerät. Da an den Kernendungen mit Störungen oder Materialverlust gerechnet werden muss, wird ein Parallelkern mit tiefenversetzten Kernenden entnommen, um die kritischen Stellen des ersten Kerns zu überbrücken und eine vollständige, lückenlose Abfolge zu erhalten. Dazu werden nach der Kernbeschreibung die einzelnen Segmente der parallelen Bohrungen (Abb. 5.8) aufgrund von stratigraphischen Markerlagen miteinander korreliert, und es wird ein Kompositkern (Mastercore) mit

Abb. 5.7 Feldarbeit mit verschiedenen Kolbenbohrgeräten
1 Abteufen einer Kolbenlotbohrung mit Schlaghammer auf einer improvisierten Bohrplattform (Foto: Abt. Paläoökologie, Universität Bern);
2 Kolbenlotbohrung auf einem Bohrfloß;
3 Kolbenlotbohrung mit einem UWITEC-Kolbenlot auf einer UWITEC-Bohrplattform (Foto: Abt. Paläoökologie, Universität Bern);
4 Kolbenlotbohrung auf einem gefrorenen See;
5 Auspressen des Sediments aus einem Bohrrohr (Foto: Abt. Paläoökologie, Universität Bern)

absoluten Kerntiefen erstellt, um Schichtlücken in oder Störungen zwischen den einzelnen Bohrsegmenten auszuschließen. Bei sehr homogenen Sedimenten ohne ersichtliche stratigraphische Lagen ist es meist möglich, anhand der Glühverlustkurven oder mittels magnetischer Suszeptibilität die Kernsegmente miteinander zu korrelieren.

Beprobung und Aufbereitung für die Pollenanalyse

Idealerweise wird vor der Beprobung der Sedimentkerne anhand von Datierungen bereits ein Alters-Tiefen-Modell erstellt. So können die Pollenproben den Sedimentationsraten entsprechend über den oberflächlich gereinigten Kern in gleichmäßigen Zeitintervallen verteilt werden, oder die zu untersuchenden Zeitabschnitte im Kern können identifiziert und eingehend beprobt werden. Da Blütenstaub meistens in großer Anzahl in Sedimenten vorhanden ist, reicht für eine relative Pollenanalyse, bei der Pollenprozente berechnet werden (vgl. Abschn. „Graphische Darstellung"), eine Probenmenge von 0,5 bis 1 cm^3 aus. Die genaue Bestimmung der Sedimentmenge ist jedoch für die absolute Pollenanalyse, bei der Pollenkonzentrationen und Pollenakkumulationsraten berechnet werden, zwingend notwendig. Das Volumen lässt sich entweder bei bekannter Dichte durch das Wiegen der Probe oder mittels Wasserverdrängung der Sedimentprobe in einem Messkolben ermitteln, was vor allem bei sehr wassergesättigten oder extrem trockenen Sedimenten vorteilhaft ist. Quadratische Probenstecher (z. B. 1×1 cm Kantenlänge), die einen Würfel mit konstantem, vergleichbarem Probenvolumen (meist 1 cm^3) liefern, eignen sich für feuchte Sedimente. Die Sedimentproben werden dann chemisch aufbereitet. Dabei geht es darum, den Pollen von seiner Sedimentmatrix zu trennen, um schließlich mikroskopische Präparate herstellen zu können, die möglichst keine Sedimentbestandteile mehr enthalten. Je nach Ablagerungsart kommen verschiedene Methoden zur Anwendung. Bei den meisten Pollenaufbereitungsmethoden werden Karbonate mit Salzsäure (HCl) aufgelöst, bevor mit Kalilauge (KOH) Huminsäuren neutralisiert werden. Dann werden durch Sieben (Siebdurchmesser 0,5 mm) große Partikel

schen 90 und 100 °C statt. Zwischen den einzelnen Verarbeitungsschritten werden die Proben mehrmals mit destilliertem Wasser gewaschen und zentrifugiert. Trotz der aggressiven Säuren und Laugen bleibt nach einer solchen

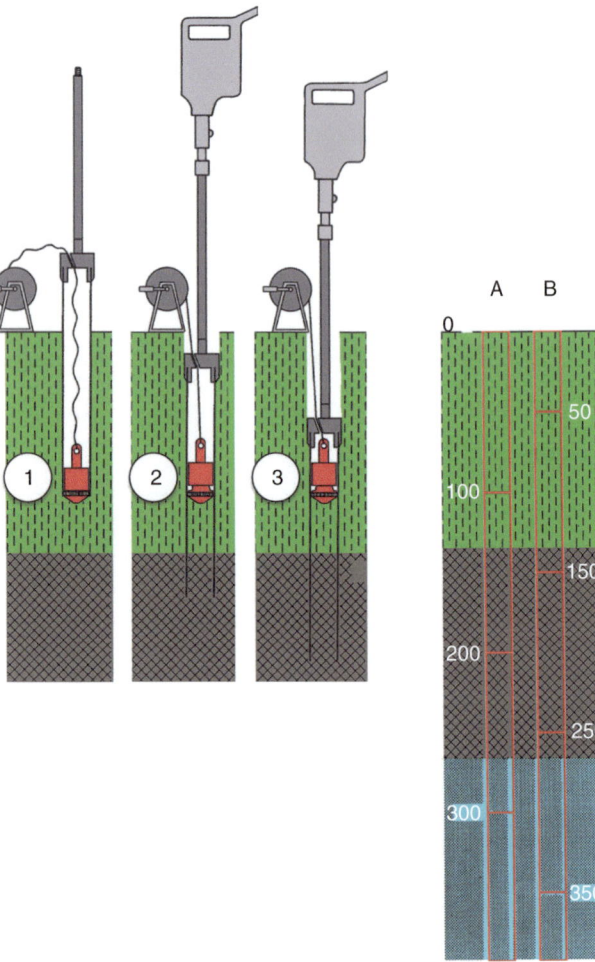

Abb. 5.8 Prinzip der Kolbenlotbohrung und der überlappenden Bohrungen (Merkt und Streiff 1970). **1** Die Bohrkammer wird mit arretiertem Kolben (rot) und lockerem Kolbenseil auf die Bohrtiefe abgesenkt. **2** Das Kolbenseil wird arretiert, bevor die Bohrkammer über das Bohrgestänge mit einem Schlaghammer in das Sediment getrieben wird und den Kolben (rot) auslöst. **3** Nach 100 cm Bohrvortrieb wird die volle Bohrkammer am Gestänge an die Oberfläche gezogen. Überlappende parallele Bohrungen werden um 50 cm vertikal und horizontal versetzt abgeteuft, um bei der Beprobung mögliche Verunreinigungen und fehlendes Sediment an den Übergängen zwischen den 100 cm langen Bohrsegmenten zu vermeiden

(z. B. Nadeln, Blattfragmente, Grobsand) und durch Dekantieren schwere Bestandteile (z. B. Sand, Silt) abgetrennt. Durch Behandlung mit sehr aggressiver Flusssäure (HF) werden die verbliebenen Silikate aufgelöst. Alternativ können feine mineralische Partikel unter Verwendung schwerer Flüssigkeit (z. B. Natriumpolywolframat) durch Schweretrennung vom Pollen separiert werden. Mit einem Gemisch aus Essigsäureanhydrid ($C_4H_6O_3$) und Schwefelsäure (H_2SO_4) werden die Proben acetolysiert, um Zellulose und andere organische Sedimentbestandteile zu entfernen. Die chemischen Aufbereitungsschritte finden alle unter einem speziellen Laborabzug und meist bei Temperaturen zwi-

Abb. 5.9 Beispiele verschiedener limnischer Ablagerungen. **1** Abfolge von gebändertem, spätglazialem Ton zu toniger Kalkgyttja und leicht gebänderter Kalkgyttja. Der Übergang vom Ton zur tonigen Kalkgyttja entspricht dem Beginn der spätglazialen Wiederbewaldung um 14.600 cal BP (Abb. 5.12). Skala: Ein schwarz-weißer Balken entspricht 10 cm; **2** Abfolgen von spätglazialen Lagen mit Feindetritus Gyttja (dunkel) und Kalkgyttja (hell) mit Molluskenschalen. Skala: Ein schwarz-weißer Balken entspricht 10 cm; **3** Abfolge von gebänderter Tongyttja (braun) mit Tonlagen (grau, Schneeschmelze). Zwischen 57,5 und 61 cm befindet sich eine ausgeprägte Turbiditlage. Skala in cm; **4** Holozäne biogeochemische Warven (jahreszeitlich geschichtetes Sediment, Sturm und Lotter 1995). Eine Hell-dunkel-Abfolge entspricht einem Jahr. Die hellen Lagen bestehen aus Kalziten des Frühjahrs und Sommers, während sich die dunklen Lagen aus Detritus und Algenresten des Herbsts und Winters zusammensetzen

chemischen Aufbereitung außer dem resistenten Pollen stets noch etwas organischer Detritus übrig (Abb. 5.10). Insbesondere Holzkohlepartikel bleiben unversehrt erhalten.

Für die absolute Pollenanalyse (vgl. Abschn. „Graphische Darstellung") wird zu Beginn der chemischen Aufbereitung eine bekannte Anzahl von Sporen (z. B. *Lycopodium*) oder exotischem Pollen (z. B. *Eucalyptus*) von Pflanzen, die im Untersuchungsgebiet keine Rolle spielen, entweder als Tabletten oder in flüssiger Form beigegeben (Moore et al. 1991). Die chemisch behandelten Pollenproben werden nach der Aufbereitung in Glycerin oder Silikonöl aufbewahrt. Für die lichtmikroskopische Analyse wird ein Tropfen dieser Mischung auf einen Objektträger gegeben. Bevor ein Deckglas aufgelegt wird, kann mit Safranin oder Fuchsin angefärbt werden, wodurch die Pollenkörner und Sporen eine gelbliche oder rötliche Farbe erhalten, um sie bei der mikroskopischen Analyse leichter von anderen organischen Resten unterscheiden zu können. Das Versiegeln der Präparate mit Wachs oder Einschlusslack (z. B. Nagellack) verhindert ein Auslaufen oder Austrocknen und macht sie einige Jahre haltbar. In Glycerin konservierter Pollen quillt mit der Zeit auf, jedoch lässt sich ein Pollenkorn, falls nötig, durch sanften Druck auf das Deckglas drehen. Für mikroskopische Dauerpräparate wird oft Glyceringelatine verwendet, was den Nachteil hat, dass die Pollenkörner fest eingebettet werden und sich im Präparat nicht mehr bewegen lassen.

Abb. 5.10 Beispiel zweier fossiler Pollenspektren unter dem Lichtmikroskop. Maßstab: 10 µm (=10/1000 mm) **1** Mittelholozänes (ca. 5000 cal BP) Pollenspektrum mit Fichte (Pic: *Picea*), Hasel (Cor: *Corylus*), Erle (Aln: *Alnus*), Weißtanne (Abi: *Abies*) und Linde (Til: *Tilia*). **2** Spätglaziales Interstadial (ca. 13.000 cal BP) mit Kiefernpollen (Pin: *Pinus*) und einer fossilen Grünalgenkolonie (Ped: *Pediastrum*)

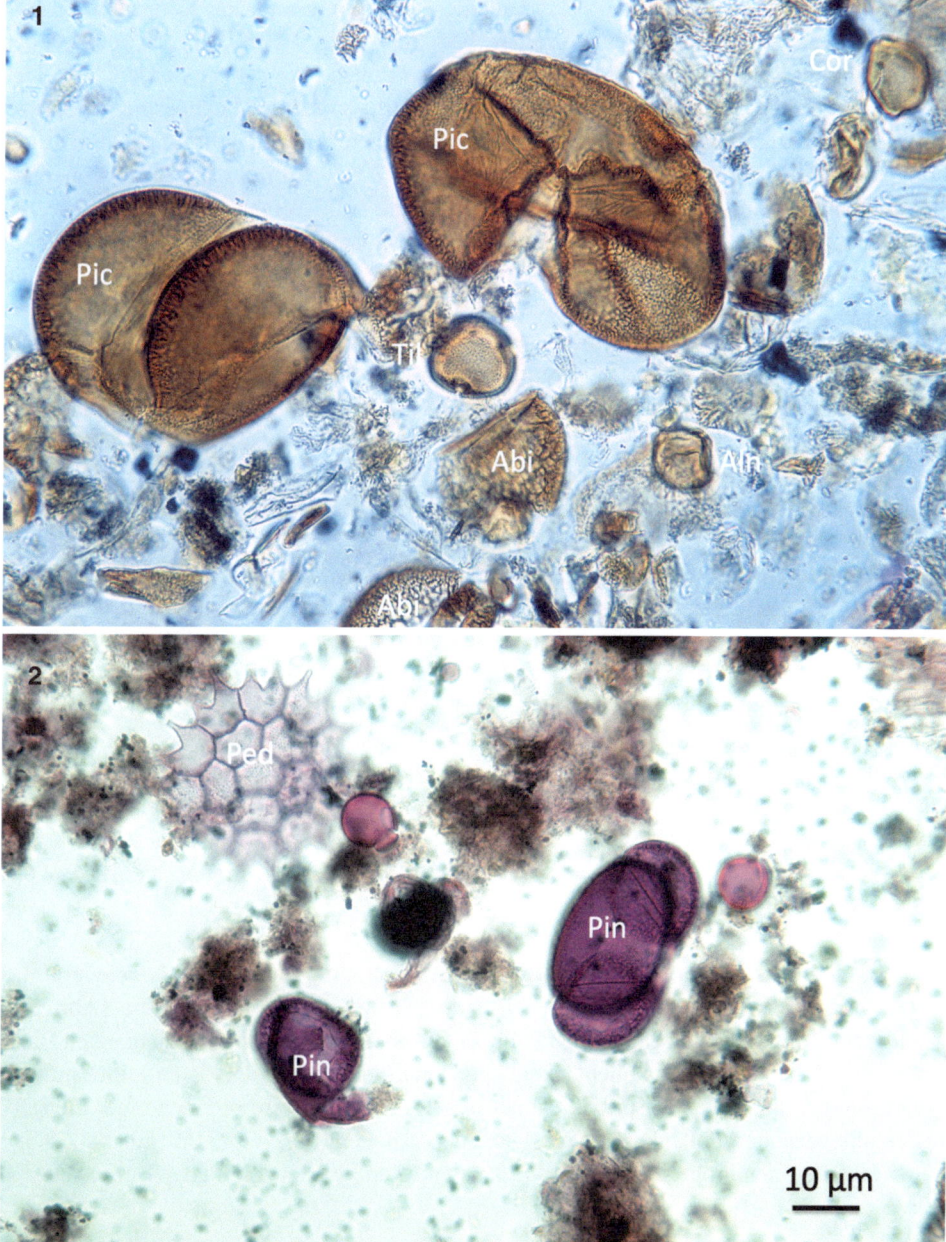

Identifikation und Zählung der Palynomorphen

Bei einer 400- bis 600-fachen Vergrößerung werden unter dem Lichtmikroskop alle Pollenkörner und Sporen sowie die für die absolute Analyse beigefügten Markersporen oder -pollen, die sich in einem Sehfeld befinden, bestimmt und gezählt (Abb. 5.10). Für die Bestimmung kritischer Taxa ist eine 1000-fache Vergrößerung bei Ölimmersion und in manchen Fällen Phasenkontrastoptik nötig. Analysiert wird entlang regelmäßig über das Deckglas verteilter horizontaler oder vertikaler Transekte. Bei der lichtmikroskopischen Bestimmung von mittel- und nordwesteuropäischen Pollen und Sporen können verschiedene illustrierte Atlanten mit Bestimmungsschlüsseln konsultiert werden (Beug 2004; Fægri und Iversen 1989; Moore et al. 1991). Außerdem sind die monographischen Bearbeitungen einzelner Familien und Gattungen im Rahmen der nordwesteuropäischen Pollen Flora (Punt et al. 1976–2009) sowie die Konsultation von Pollenreferenzsammlungen bei der Bestimmung seltenerer Pollentaxa sehr hilfreich.

Bei Routinezählungen liefern Zählsummen zwischen 500 und 600 Körnern statistisch gesicherte Resultate. Je höher die Pollensumme, desto kleiner wird die statistische Unsicherheit der Prozentwerte (Konfidenzintervalle), die mittels spezieller statistischer Methoden abgeschätzt werden kann.

Mit steigender Pollensumme nimmt die Anzahl seltener Pollentaxa zu. Deshalb empfiehlt sich für spezielle Fragestellungen wie die Identifikation von Siedlungsphasen in ur- und frühgeschichtlichen Zeiten oder beim ersten Auftreten eines ökologisch wichtigen Taxons eine Zählsumme von 1000 Pollenkörnern oder mehr.

Seit geraumer Zeit sind auch Bestrebungen im Gange, den zeitraubenden Bestimmungs- und Zählvorgang mittels elektronischer Bild- und Mustererkennung zu automatisieren.

In den für die Pollenanalyse aufbereiteten Sedimentproben können nebst Pollen und Sporen auch andere Palynomorphe (NPP: Non-Pollen Palynomorphs, Grünalgen und Spaltöffnungen von Blättern und Nadeln) bestimmt und Holzkohlepartikel quantifiziert werden.

Auswertung von Pollendaten

Graphische Darstellung: Pollendiagramme

Traditionell wird der Anteil eines jeden Pollentaxons in jeder Probe als Prozentwert einer Pollensumme berechnet. Diese Pollensumme, die 100 % entspricht, enthält in den meisten Fällen alle gezählten Pollenkörner von Bäumen, Sträuchern und Kräutern einer Probe. Pollen von Wasser- und Sumpfpflanzen und Sporen von Farnen und Moosen sowie nicht identifizierbarer Pollen werden aus dieser Summe ausgeschlossen.

Da sich Prozentwerte immer auf eine definierte Summe beziehen, führt die absolute Zu- oder Abnahme eines Taxons zwangsläufig zu einer relativen Ab- oder Zunahme eines oder mehrerer anderer Taxa, was in den absoluten Zahlen nicht der Fall sein muss. Für die Interpretation von Veränderungen der Prozentwerte eines Taxons ist daher die Abklärung wichtig, ob es sich um einen solchen Prozenteffekt handelt. Hier kann die absolute Pollenanalyse wertvolle ergänzende Resultate liefern. Aufgrund des bekannten Probenvolumens, der bekannten Anzahl zur Probe zugefügter exotischer Pollen oder Sporen sowie der Anzahl im mikroskopischen Präparat gezählter exotischer Pollen oder Sporen kann die Konzentration jedes identifizierten und gezählten Pollentyps, das heißt die Anzahl der Pollenkörner pro cm^3, berechnet werden. Weil hier die Grundlage keine definierte Berechnungssumme ist, sondern die absolute Anzahl je Probe ermittelt wird, sind die Konzentrationswerte der einzelnen Taxa voneinander unabhängig. Neben der Vegetationszusammensetzung sind Pollenkonzentrationen jedoch auch stark abhängig von der Geschwindigkeit des Sedimentwachstums. Je höher die Akkumulationsrate des Sediments, desto niedriger ist gewöhnlich die Pollenkonzentration (Verdünnungseffekt) und umgekehrt (Abb. 5.11). Bei gut datierten Sedimenten mit einer verlässlichen Chronologie kann die Pollenkonzentration durch die Ablagerungszeit dividiert werden. Die so erhaltenen Pollenakkumulationsraten (Pollen cm^{-2} $Jahr^{-1}$, oft fälschlicherweise auch als Pollen-Influx bezeichnet) sind auf eine einheitliche Fläche (1 cm^2) und Zeit (1 Jahr) standardisiert und verhindern Probleme, die im Zusammenhang mit Prozentwerten oder Pollenkonzentrationen auftreten können.

Die Ergebnisse der Pollenanalyse eines Sedimentkerns werden graphisch als Pollendiagramm dargestellt. Ein solches Pollendiagramm besteht aus einer Serie von Einzelkurven der verschiedenen identifizierten Pollentaxa. Aus Platzgründen wird oft nur eine Auswahl der häufigsten oder ökologisch wichtigen Taxa dargestellt. Die horizontale Achse der Kurven (Abszisse) zeigt den prozentualen Anteil des Taxons an der Pollensumme, während die vertikale Achse (Ordinate) die Pollenproben bezüglich ihrer Sedimenttiefe oder ihres Alters in stratigraphischer oder chronologischer Lage wiedergibt. Die Einzelkurven werden meist als Schattenrisse (Abb. 5.12) oder Histogramme (wie zumeist im vorliegenden Band) dargestellt. Zur Erleichterung der Lese- und Interpretierbarkeit niedriger Prozentwerte wird oft auch eine (meist 10-fache) Überhöhung der Werte gezeigt. Bei gut datierten Sedimenten kann die Ordinate aufgrund der Tiefen-Alters-Beziehung als eine lineare Zeit-

Abb. 5.11 Der Einfluss von Pollenkonzentrationen und Ablagerungsraten auf die Pollenakkumulationsraten anhand zweier Beispiele. Verändert nach Birks und Birks (1980)

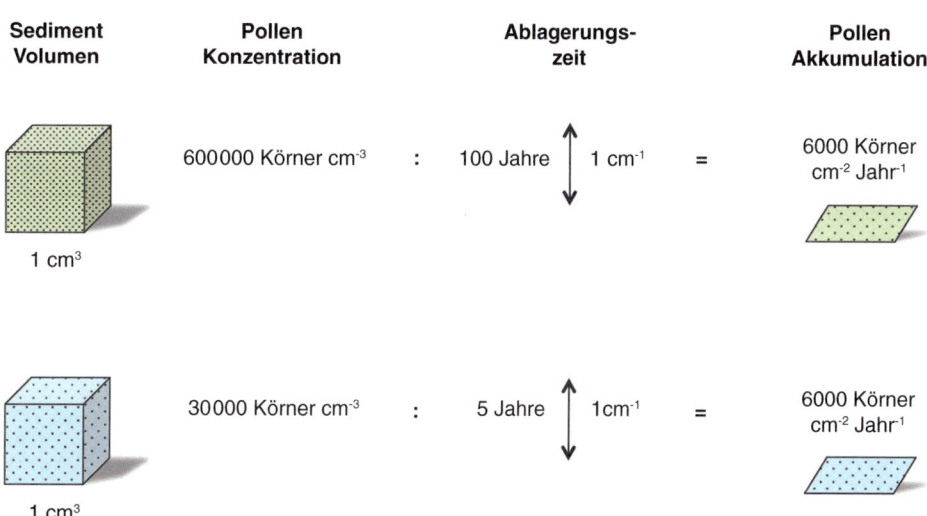

achse gezeichnet werden. Auswahl und Reihenfolge der Einzelkurven hängen stark von der Fragestellung der Untersuchung ab. Traditionell werden zuerst die Kurven ausgewählter Bäume und Sträucher aufgrund ihres ersten stratigraphischen bzw. chronologischen Auftretens und dann die Kurven ausgewählter Kräuter abgebildet. Oft wird auch ein Summendiagramm gezeigt, das die prozentualen Anteile von Wuchsformen (Bäume, Sträucher und Kräuter) als separate Kurven auf 100 % aufaddiert und so einen Hinweis auf die Offenheit der Landschaft gibt. Wenn in den Pollenproben zudem Non-Pollen-Palynomorphen oder Holzkohlepartikel ausgezählt wurden, werden diese Ergebnisse meist auf der rechten Seite des Diagramms wiedergegeben.

Computerprogramme, die verschiedene numerische Analysen, aber auch eine graphische Darstellung der Pollendaten erlauben, wie TILIA (Grimm 1990), psimpoll (Bennett 2000) oder C2 (Juggins 2007), sind allgemein verbreitet.

Zonierung

Zur Erleichterung der Beschreibung und zur Korrelation von Pollendaten werden Pollendiagramme in verschiedene Zonen unterteilt. Für die Zonierung stratigraphischer Daten gibt es verschiedene Ansätze. Für Pollendaten wird eine Einteilung in lokale Pollenzonen („pollen assemblage zones") vorgenommen. Eine Pollenzone ist eine biostratigraphische Zone, die als Sedimentkörper definiert wird, der durch eine charakteristische, mehr oder weniger homogene Zusammensetzung von dominanten Pollen- oder Sporentypen gekennzeichnet ist und sich von darunter- und darüberliegenden Straten durch seine dominanten Pollentypen unterscheidet. Die Zonen werden nach ihren dominanten Pollentypen benannt, und je nach Subdominanz können auch Unterzonen definiert werden. Traditionellerweise wurden Pollendiagramme visuell zoniert. Das Vorkommen nicht dominanter, aber ökologisch wichtig erscheinender Pollentypen wurde von Pollenanalytikern oft bewusst in die Zonierung einbezogen. Auf mathematischen Algorithmen beruhende numerische Zonierungsmethoden (z. B. Clusteranalysen) haben den Vorteil der Reproduzierbarkeit; subjektive Zonendefinitionen individueller Bearbeiter werden vermieden. Um eine Unter- oder Überzonierung eines Diagramms zu vermeiden, ist es zudem möglich, die statistisch signifikante Anzahl von Pollenzonen in einem Diagramm abzuschätzen.

Lokale Pollenzonen können in regionalen Pollenzonen zusammengefasst werden, um die Vegetationsgeschichte eines größeren geographischen Gebietes zu charakterisieren. Diese regionalen Pollenzonen werden in Mitteleuropa häufig mit den traditionellen, auf dem Blytt-Sernander-System basierenden Firbas-Zonen (Firbas 1949) gleichgesetzt (vgl. Kap. 3 u. Tab. 6.2).

Datenanalysen

Neben der graphischen Darstellung und der Zonierung können große Datenmengen, wie sie bei der pollenanalytischen Untersuchung eines Bohrkerns anfallen, mit numerischen Methoden ausgewertet werden. Ordinationsmethoden wie Hauptkomponentenanalysen (PCA) oder Korrespondenz-

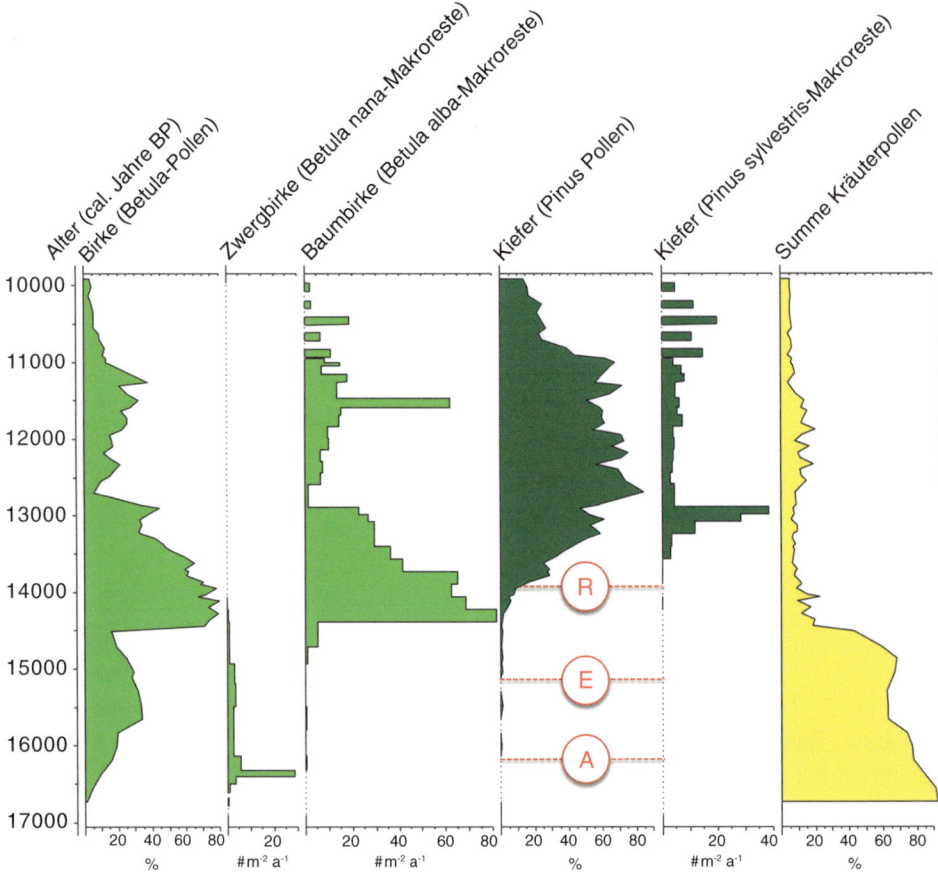

Abb. 5.12 Spätglaziale Abfolge von Birken (*Betula*)-, Kiefer (*Pinus*)-Pollen (Schattenrisse, als Pollenprozente: %) und Großresten (Histogramme, Anzahl Makroreste pro m² und Jahr: m⁻² a⁻¹) am Rotsee (Lotter 1988). Der Verlauf der Summenkurve der Kräuterpollen lässt Rückschlüsse auf Veränderungen der Offenheit der Landschaft zu. Anhand der Pollenkurve der Kiefer sind verschiedene Pollengrenzen markiert: **A** absolute Pollengrenze; **E** empirische Pollengrenze; **R** rationelle Pollengrenze (s. Text für Details)

analysen (CA, DCA) erlauben es, die Veränderungen in den multivariaten Pollendaten auf wenige Dimensionen zu reduzieren. Bei gut datierten Pollenprofilen können Veränderungsraten („rates of change") zwischen benachbarten Proben Aufschluss darüber geben, wann sich die größten Veränderungen in der Zusammensetzung der Pollenspektren und damit die wichtigsten Vegetationsveränderungen abgespielt haben. Anhand der Pollenzusammensetzung der Proben können Rückschlüsse auf die Diversität der Vegetation gezogen werden. Die zum Teil grobe taxonomische Auflösung der Pollendaten verhindert jedoch eine direkte Übertragung der palynologischen in eine floristische Diversität und zeigt daher nur in großen Linien Diversitätsveränderungen der Vegetation in Raum und Zeit.

Forschungsförderungseinrichtungen fordern in zunehmendem Maße, dass Pollendaten, deren Erarbeitung mit öffentlichen Mitteln generiert wurde, nach Publikation der Resultate in öffentlich zugänglichen Datenbanken archiviert werden. Solche relationalen Datenbanken, wie die Europäische Pollendatenbank (EPD), PANGAEA oder NEOTOMA sind wichtige Voraussetzungen für synoptische Vergleiche regionaler Vegetationsentwicklungen, für die Erforschung von Wanderungswegen und -geschwindigkeiten von Baumarten und für die Kartierung der spätquartären Vegetation.

Interpretation von Pollendaten

Die Pollenanalyse liefert sowohl auf lokaler wie auch auf regionaler Ebene sehr verlässliche und reproduzierbare Resultate. Pollendiagramme geben eine Übersicht über die Vegetationszusammensetzung in Raum und Zeit. Sie zeigen, welche Pflanzen in der Vergangenheit wann und wo vorgekommen sind, und gemäß dem Aktualitätsprinzip (vgl. Abschn. „Aktualitätsprinzip") auch, welche Faktoren (z. B. Ökologie, Klima, menschlicher Einfluss) die Zusammensetzung von Flora und Vegetation beeinflusst haben. Im Hinblick auf Stabilität oder Wechsel in der Vegetationszusammensetzung kann die Interpretation von Pollendaten deskriptiv oder kausal sein.

Polleneinzugsgebiet

Bei der Interpretation von Pollendiagrammen im Hinblick auf die vergangene Dynamik der lokalen oder regionalen Vegetation stellt sich die Frage, aus welcher Entfernung die Pollenkörner stammen. Das Polleneinzugsgebiet einer Lagerstätte hängt stark von deren Durchmesser ab (Abb. 5.5). In Teichen und Mooren überwiegt der Pollen der lokalen

Ufer- und Moorvegetation. In Abhängigkeit ihres Durchmessers überwiegt in kleinen und mittelgroßen Seen der Pollen aus der Umgebung (extra lokal). Bei großen Seen ist der Anteil an regionalem Pollenniederschlag vorherrschend, der über Dutzende bis mehrere hundert Kilometer ferntransportiert ist. Jedes Pollenspektrum enthält demzufolge, je nach Größe der Lagerstätte, eine Mischung der Komponenten aus Lokal-, Umgebungs- und Fernflug. Das Verhältnis dieser Komponenten kann sich im Verlauf der Zeit auch ändern, wenn sich die Oberfläche eines Sees durch Auffüllung mit Sediment verkleinert, wenn er verlandet und sich schließlich zu einem Moor entwickelt oder wenn sich die umgebende Vegetation verändert, beispielsweise durch Entwaldung.

Die Beziehung zwischen den in einer Pollenprobe ausgezählten Anteilen an Pollenkörnern und der Anzahl der Pflanzen einer Vegetation, die sie produzieren, ist komplex. Aufgrund der pflanzenspezifischen Pollenproduktion und -verbreitung können die Resultate der Pollenanalyse daher nicht direkt in ein Vegetationsbild übertragen werden, sondern erfordern bei der Interpretation ein breites pflanzenökologisches Wissen. Aufgrund empirischer Daten wurde versucht, diesem Umstand mit Korrekturfaktoren für verschiedene nordwesteuropäische Baumpollen Rechnung zu tragen, die eine Unterrepräsentation insektenblütiger (z. B. Linde, Ahorn, Efeu) und eine Überrepräsentation windblütiger Taxa (z. B. Birke, Erle, Hasel, Kiefer) berücksichtigen (Andersen 1970; Davis 1963). Lokale und regionale klimatische, edaphische, biologische und historische Faktoren und ihre Interaktion verhindern jedoch, dass solche Korrekturfaktoren auf andere geographische Gebiete übertragen werden können. Untersuchungen der Pollenzusammensetzung von Oberflächenproben aus Seen und Mooren und deren Vergleich mit der heutigen Vegetation können deshalb bei der Interpretation von fossilen Pollenspektren hilfreich sein.

Grenzen in Pollenkurven

Aufgrund der unterschiedlichen Pollenproduktion und -verbreitung lässt sich anhand von Pollenfunden das lokale Vorhandensein einer Art oft nicht eindeutig belegen. Dies trifft vor allem für windblütige Arten wie die Birke (*Betula*) und die Kiefer (*Pinus*) zu. Hier leistet die pflanzliche Großrestanalyse bezüglich der Zusammensetzung der lokalen Flora sehr wertvolle Dienste. Abb. 5.12 zeigt eine typische spätglaziale Abfolge der Wiederbewaldung. Neben den Prozentkurven der beiden vorherrschenden Pollentaxa *Betula* und *Pinus* sind auch die Makrorestakkumulationsraten der beiden Gehölze dargestellt. Der Birkenpollen wurde bei der mikroskopischen Analyse nur auf Gattungsebene bestimmt.

Bei den Makrofossilien wurden jedoch die verschiedenen lokal vorhandenen Birkenarten anhand ihrer Früchte, Kätzchenschuppen und Blätter unterschieden (Zwergbirke: *Betula nana*; Baumbirken als *B. alba,* umfasst die Hänge- und die Moorbirke). Bei der Kiefer ist aufgrund der fossilen Nadelfunde die Zuordnung zur Waldkiefer möglich. Die Summenkurve aller Kräuterpollen liefert einen Hinweis auf die Offenheit der Landschaft.

Bezüglich der Einwanderung und Ausbreitung von Baumarten können im Pollendiagramm verschiedene charakteristische Grenzen definiert werden. Fehlende Pollenfunde, vor allem windblütiger Arten, deuten in den meisten Fällen auf deren Abwesenheit im Gebiet hin. Ab der absoluten Pollengrenze (Abb. 5.12) treten erste vereinzelte Fernflugpollenkörner, jedoch keine Großreste auf, was auf eine sich nähernde Arealgrenze schließen lässt. Der Nachweis dieser Grenze hängt allerdings stark von der Summe des gezählten Pollens ab. Ab der empirischen Grenze tritt eine geschlossene Pollenkurve mit niedrigen Prozentwerten auf, und es können erste sporadische Makrorestfunde auftreten, was auf die Einwanderung und erste Ansiedelung der Art in niedriger Populationsdichte hinweist. Der starke Anstieg der Pollenkurve markiert die rationelle Pollengrenze im Diagramm und wird begleitet von Makrorestfunden, die eine lokale Anwesenheit bestätigen und die Ausbreitung der Art im Gebiet in höherer Populationsdichte zeigen. Pollenakkumulationsraten, die im Gegensatz zu Prozentwerten voneinander unabhängig sind (vgl. Abschn. „Graphische Darstellung"), helfen bei der Interpretation, ob Pflanzen lokal, regional oder überregional anwesend waren. Das ist vor allem bei Fragen der Einwanderung und Ausbreitung oder bei Veränderungen der Waldgrenze wichtig. Bei der Festlegung des Zeitpunkts der Massenausbreitung zeigen Pollenakkumulationsraten oft einen Kurvenverlauf, wie er von theoretischen Populationsdynamik-Modellen vorhergesagt wird.

Klima und Mensch

In der Vergangenheit wurde kontrovers darüber diskutiert, ob Pollendaten eine Vegetation repräsentieren, die im Gleichgewicht mit dem Klima sei und deren Dynamik damit durch das Klima bestimmt werde, oder ob hauptsächlich ökologische Faktoren (z. B. Konkurrenz, Verbreitung, Wanderung, Feuer) die Vegetationszusammensetzung bestimmen (Davis et al. 1986; Webb 1986). In diesem Zusammenhang dürfen aber auch Faktoren wie prähistorischer menschlicher Einfluss oder Pflanzenkrankheiten nicht vernachlässigt werden (z. B. der mittelholozäne Ulmenrückgang, vgl. Exkurs Kap. 53).

Traditionell werden Resultate der Pollenanalyse eher in qualitativer, beschreibender Art interpretiert. Je nach

Forschungsfrage werden aufgrund der Ergebnisse lokale oder regionale Vegetationstypen beschrieben, und die Ökologie der beteiligten Pflanzen lässt Rückschlüsse auf frühere ökologische Stressfaktoren zu. Hierbei kann es sich einerseits um Klimaveränderung oder um Feuerregimes handeln, die Veränderungen der Vegetationszusammensetzung auslösen können. Andererseits führt im Holozän auch die menschliche Tätigkeit und Landnutzung zu Änderungen der Vegetationszusammensetzung. Pollen verschiedener, für bestimmte Arten der Landwirtschaft typische Pflanzen eignen sich als Kulturzeiger. Dazu gehören nicht nur Pollenkörner primärer Siedlungszeiger wie Getreide (Roggen, Hafer, Gerste, Weizen, Mais) und anderer Kulturpflanzen (z. B. Buchweizen, Lein, Hanf, Hopfen, Walnuss, Weinrebe), sondern auch Pollen vieler Adventivpflanzen (durch den Menschen eingeführte Pflanzen, z. B. Klatschmohn, Spitzwegerich, Kornblume) und Apophyten (einheimische Pflanzen, die sich auf menschgeschaffenen Standorten stark ausbreiten, z. B. Sauerampfer, Brennnessel, Besenheide).

Quantitative Ansätze

In neuerer Zeit werden numerische Modelle der Pollenverbreitung empirisch mit Pollendaten aus Oberflächensedimenten oder Moospolstern und Vegetationsdaten aus deren Umgebung kalibriert, die dadurch neue Interpretationsansätze pollenanalytischer Daten sowie eine quantitative Rekonstruktion vergangener Natur- oder Kulturlandschaften erlauben (Gaillard et al. 2008; Mrotzek et al. 2016).

Neben der qualitativen und quantitativen Vegetationsrekonstruktion werden Pollendaten auch zur quantitativen Rekonstruktion von Klimaparametern wie Temperatur oder Niederschlag verwendet. Die verschiedenen pollenbasierten Ansätze zur quantitativen Klimarekonstruktion werden im Kap. 2 ausführlich besprochen.

Analytische Ansätze: Multi-Proxy und Testen von Hypothesen

Die Ergebnisse der Pollenanalyse geben Zeugnis von Mustern vergangener Phasen der Stabilität oder der Veränderungen der Vegetation. Pollenbasierte quantitative Rekonstruktionen von Vegetation, Landschaft oder auch von Umweltverhältnissen wie dem Klima sind deskriptiver Natur. Sie können dazu beitragen, Hypothesen für Prozesse zu formulieren, die für die beobachteten stratigraphischen Muster verantwortlich sind. Eine Vielzahl von Faktoren bestimmt allerdings die Zusammensetzung und Verbreitung von Pflanzengesellschaften und damit auch ihrer Pollenspektren. Neben Faktoren wie Umwelt (Klima, Böden, Nährstoffe), Ökologie (Konkurrenz, Populationsdynamik, Krankheiten) und Geschichte (Biogeographie, Störungsregimes, Landnutzung) spielen auch die Interaktion zwischen diesen Faktoren und nicht zuletzt der Zufall eine entscheidende Rolle. Oft gibt es zwei oder mehrere konkurrierende Hypothesen, die versuchen, beobachtete Wechsel in der Pollenstratigraphie zu erklären. Um jedoch Hypothesen bezüglich der Kausalität von Ursache und Wirkung zu testen, braucht es vegetationsunabhängige Daten, wie sie in einem Multi-Proxy-Ansatz zur Verfügung stehen. Auf diese Weise kann zum Beispiel mit geochemischen Sedimentdaten geprüft werden, ob der Vulkanausbruch des Laacher Sees in der Eifel vor rund 13.000 Jahren einen statistisch signifikanten Einfluss auf die Pollenzusammensetzung und damit auf die Vegetation in verschiedenen Regionen Europas hatte (Birks und Lotter 1994). Sauerstoffisotopendaten grönländischer Eiskerne und Sommertemperaturrekonstruktionen, basierend auf fossilen Zuckmücken oder Wasserflöhen, können als unabhängige Klimadaten verwendet werden, um Hypothesen bezüglich der Reaktion der Vegetation auf Temperaturänderungen zu prüfen, während Daten mikroskopischer Holzkohlepartikel es erlauben, den Einfluss von natürlichen und anthropogenen Bränden, zusammen mit Indikatoren für menschliche Nutzung auf die Vegetation zu testen. Zudem können pollenbasierte Vegetationsrekonstruktionen anhand verschiedener Szenarien (z. B. Klimaänderungen, menschlicher Einfluss) mittels dynamischer Vegetationsmodelle auf ihre Plausibilität hin geprüft werden.

Ausblick

Neuste Ansätze umfassen molekulare Analysen um genetische Information (aDNA: ancient DNA) aus fossilen Pollen oder Pflanzenresten zu extrahieren (Bennett und Parducci 2006). Trotz zum Teil noch vorhandener methodischer Probleme eröffnet dieser paläogenetische Ansatz in Kombination mit der Pollenanalyse Möglichkeiten, künftig Populationsdynamik in Raum und Zeit mit Fokus auf evolutiven Prozessen sowie Refugialproblemen und die Abstammungsgeschichte vergangener und heutiger Baumpopulationen zu untersuchen.

Literatur

Andersen ST (1970) The relative pollen productivity and pollen representativity of North European trees and correction factors for tree pollen spectra. Danmarks Geologiske Undersøgelse Ser II 96: 1–99

Bennett KD (2000) psimpoll and pscomb: computer programs for plotting and analysis. Quaternary Geology, Uppsala University, Uppsala

Bennett KD, Parducci L (2006) DNA from pollen: principles and potential. The Holocene 16: 1031–1034

Beug HJ (2004) Leitfaden der Pollenbestimmung für Mitteleuropa und angrenzende Gebiete. Friedrich Pfeil, München

Birks HJB (1973) Past and present vegetation of the Isle of Skye. A Palaeoecological study. University Press, Cambridge.

Birks HJB Birks HH (1980) Quaternary Palaeoecology. Arnold, London

Birks HJB, Lotter AF (1994) The impact of the Laacher See Volcano (11000 yr B.P.) on terrestrial vegetation and diatoms. Journal of Paleolimnology 11: 313–322

Davis MB (1963) On the theory of pollen analysis. American Journal of Science 261: 897–912

Davis MB, Woods KD, Webb SL, Futyma RP (1986) Dispersal versus climate: Expansion of *Fagus* and *Tsuga* into the Upper Great Lakes region. Vegetatio 67: 93–103

Fægri K, Iversen J (1989) Textbook of Pollen Analysis. Wiley, Chichester.

Firbas F (1949) Waldgeschichte Mitteleuropas. Erster Band: Allgemeine Waldgeschichte. Gustav Fischer, Jena

Gaillard MJ, Sugita S, Bunting MJ, Middleton R, Broström A, et al. [POLLANDCAL members] (2008) The use of modelling and simulation approach in reconstructing past landscapes from fossil pollen data: A review and results from the POLLANDCAL network. Vegetation History and Archaeobotany 17: 419–443

Grimm EC (1990) TILIA and TILIA-GRAPH: PC spreadsheet and graphics software for pollen data. Inqua-Commission for the study of the Holocene. Working Group for Data-Handling Methods – Newsletter 4: 5–7

Hyde HA, Williams DA (1944) Studies in atmospheric pollen. I. A daily census of pollens at Cardiff, 1942. New Phytologist 43: 49–61

Jacobsen GL, Bradshaw RHW (1981) The selection of sites for palaeovegetational studies. Quaternary Research 16: 80–96.

Juggins S (2007) C2 Version 1.5 User guide. Software for ecological and palaeoecological data analysis and visualisation. Newcastle University, Newcastle upon Tyne

Lang G (1994) Quartäre Vegetationsgeschichte Europas. Methoden und Ergebnisse. Gustav Fischer, Jena

Lang G, Ammann B, Behre K-E, Tinner W (2023) Quaternary Vegetation Dynamics of Europe. Haupt, Bern

Livingstone DM (1955) A light-weight piston sampler for lake deposits. Ecology 36: 139–141

Lotter A (1988) Paläoökologische und paläolimnologische Studie des Rotsees bei Luzern. Pollen-, großrest-, diatomeen- und sedimentanalytische Untersuchungen. Dissertationes Botanicae 124, Cramer, Berlin, Stuttgart

Merkt J, Streif H (1970) Stechrohr-Bohrgeräte für limnische und marine Lockersedimente. Geologisches Jahrbuch 88: 137–148

Moore PD, Webb JA, Collinson ME (1991) Pollen analysis 2nd ed. Blackwell, London

Mrotzek A, Couwenberg J, Theuerkauf M, Joosten H (2016) MARCO POLO – A new and simple tool for pollen-based stand-scale vegetation reconstruction. The Holocene 27: 321–330

Prentice IC (1985) Pollen representation, source area, and basin size: Towards a unified theory of pollen analysis. Quaternary Research 23: 76–86

Prentice IC (ed) (1988) Records of vegetation in time and space: The principles of pollen analysis. Vegetation history. Kluwer, Dordrecht

Punt W et al. (1976–2009) The Northwest European Pollen Flora (NEPF). Vol 1 (1976), Vol 2 (1980), Vol 3 (1981), Vol 4 (1984) Vol 5 (1988), Vol 5 (1991), Vol 7 (1996), Vol 8 (2003), Vol 9 (2009). Elsevier, Amsterdam

Sugita S (1993) A model of pollen source area for an entire lake surface. Quaternary Research 39: 239–244

Sturm M, Lotter AF (1995) Seesedimente als Umweltarchive. Archimedes 50: 4–8

Succow M, Joosten H (eds) (2001) Landschaftsökologische Moorkunde (2. Auflage 2012). Schweizerbart, Stuttgart

Troels-Smith J (1955) Characterization of unconsolidated sediments. Geological Survey of Denmark 3: 39–71

Webb T (1986) Is vegetation in equilibrium with climate? How to interpret late-Quaternary pollen data. Vegetatio 67: 75–91

Weitere Literatur s. im elektronischen Zusatzmaterial

Whitlock C, Larsen C (2001) Charcoal as a fire proxy. In: Smol JP, Birks HJB, Last WM (eds) Tracking environmental change using lake sediments. Vol. 3: Terrestrial, algal, and siliceous indicators. Developments in Paleoenvironmental Research 3. Kluwer Academic, Dordrecht, 75–97

Wright HE (1980) Coring of soft lake sediments. Boreas 9: 107–114

Wright HE (1991) Coring tips. Journal of Paleolimnology 6: 37–49

Zhang Y, Fountain DW, Hodgson RM, Flenley JR, Gunetileke S (2004) Towards automation of palynology 3: pollen pattern recongnition using Gabor transforms and digital moments. Journal of Quaternary Science 19: 763–768

Zolitschka B (2003) Dating based on freshwater- and marine-laminated sediments. In: Mackay AW, Battarbee RW, Birks HJB, Oldfield F (eds) Global Change in the Holocene. Arnold, London, 92–106

6 Berechnung und Darstellung der standardisierten Pollendiagramme

Ingo Feeser

Die Idee zu diesem Buch hat die Beschreibung der regionalen Vegetationsgeschichte von der letzten Nacheiszeit bis heute anhand ausgewählter Pollendiagramme im Mittelpunkt. Um einen bestmöglichen Vergleich der einzelnen Regionen zu gewährleisten, sollten diese auf eine einheitliche Weise berechnet und dargestellt werden. Da die Datengrundlage für die einzelnen Regionen, sowohl was die zeitliche Auflösung als auch die Datierungsgenauigkeit angeht, recht unterschiedlich ist, wurde eine Darstellung von Kurven ausgewählter Pollentaxa (Tab. 6.1) in Zeitscheiben von 250 Jahren festgelegt. Oftmals decken Datensätze nicht alle Zeitabschnitte ab. In diesen Fällen sind die sogenannten Standardpollendiagramme abschnittsweise aus unterschiedlichen Pollenprofilen der Region zusammengesetzt.

Die Berechnung der relativen Anteile bezieht sich auf die Summe des Landpflanzenpollens, exklusive des Pollens der Cyperaceae (Sauergräser). In Einzelfällen, in denen Pollentaxa durch lokales Vorkommen stark überrepräsentiert sind, wurden diese zusätzlich von der Berechnungssumme ausgeschlossen. Diese Ausnahmen sind durch entsprechende Hinweise in den Pollendiagrammen gekennzeichnet.

Damit bei Pollenprofilen mit großen Probenabständen und daraus resultierender geringer zeitlicher Auflösung keine Zeitscheiben ausfallen, wurden zur Berechnung der relativen Anteile pro Zeitscheibe in 1-cm-Schritten interpolierte Pollenkurven benutzt. Mit diesen wurden dann die Mittelwerte für die Zeitscheiben berechnet. Die Anzahl der jeweils tatsächlich zugrunde liegenden Pollenproben pro Zeitscheibe ist im Pollendiagramm angegeben. Da die gewählte Vereinheitlichung in Regionen mit sehr hoch auflösenden Untersuchungen zu einem gewissen Informationsverlust führt, sind die kumulativen Summendiagramme am linken Rand des Diagramms in Originalauflösung dargestellt. So kann dennoch ein Überblick der tatsächlichen

Tab. 6.1 Liste der in den standardisierten Pollendiagrammen gezeigten Taxa und deren Klassifizierung für das Summendiagramm (B: sonstige Bäume; B_s: mesophile Bäume „Schatten"; B_{sh}: mesophile Bäume „Schatten/Halbschatten"; B_h: mesophile Bäume „Halbschatten/Halblicht"; S: Sträucher; Z: Zwergsträucher; K: Krautige)

Pollentaxon	Klassifizierung	Deutscher Name
Salix	S	Weide
Juniperus	S	Wachholder
Hippophaë	S	Sanddorn
Betula	B_h	Birke
Pinus	B_h	Kiefer
Populus	B_{sh}	Pappel
Corylus	S	Hasel
Ulmus	B_{sh}	Ulme
Quercus	B_h	Eiche
Tilia	B_{sh}	Linde
Fraxinus	B_{sh}	Esche
Hedera	B_{sh}	Efeu
Viscum	B	Mistel
Taxus	B_{sh}	Eibe
Picea	B_{sh}	Fichte
Fagus	B_s	Buche
Abies	B_s	Tanne
Carpinus	B_{sh}	Hainbuche
Juglans	B_h	Walnuss
Castanea	B	Edelkastanie
Alnus	B	Erle
Calluna	Z	Besenheide
Empetrum	Z	Krähenbeere
Humulus/Cannabis	K	Hopfen/Hanf
Secale	K	Roggen
Getreide-Typ	K	Getreide-Typ (exklusive Roggen)
Fagopyrum	K	Buchweizen
Plantago lanceolata-Typ	K	Spitzwegerich
Rumex	K	Ampfer
Artemisia	K	Beifuß
Helianthemum	K	Sonnenröschen
Pteridium	-	Adlerfarn

I. Feeser (✉)
Institut für Ur- und Frühgeschichte, Christian-Albrechts-Universität, Kiel, Deutschland
e-mail: ifeeser@ufg.uni-kiel.de

uflösung der benutzten Pollenprofile ermöglicht werden. Die Summendiagramme unterscheiden verschiedene Gruppen von Baumpollen und Nichtbaumpollen.

Für Baumpollen mesophiler Taxa, das heißt Arten mit mittleren Feuchtigkeitsansprüchen, werden Gruppen unterschiedlicher Lichtansprüche differenziert. Grundlage hierfür ist die Lichtzahl der Zeigerwerte der *Pflanzen Mitteleuropas* von Ellenberg und Leuschner (2010) zurück. In der Gruppe „Schatten" der mesophilen Bäume wurden Taxa mit einer Lichtzahl von 3, in der Gruppe „Schatten/Halbschatten" mit Lichtzahlen 4 bis 5 und „Halbschatten/Halblicht" mit Lichtzahlen von 6 bis 8 zusammengefasst (vgl. Tab. 6.1). Taxa mit indifferenter Angabe sind zusammen mit *Alnus* (als überwiegend auf die azonal verbreitete, nässezeigende Schwarzerle zurückgehender Pollentyp) unter der Summe der sonstigen Bäume zusammengefasst. Darunter ist auch die Mistel (*Viscum*) subsumiert, da sie, wie auch Efeu (*Hedera*), in der Kronenschicht der Bäume blüht.

Bezüglich des Nichtbaumpollens wird der Wildgras-Typ (Wildgräser) von der Summe des übrigen Nichtbaumpollens (Krautige) unterschieden.

Die sich rechts vom kumulativen Summendiagramm anschließende Darstellung der Einzelkurven erfolgt in Balkendarstellung mit gleichem Maßstab (schwarze Balken mit 10-facher Überhöhung in Weiß). Fälle einer abweichenden Skalierung der relativen Anteile sind entsprechend angegeben und farbig differenziert dargestellt. Zeitscheiben mit einem Wert kleiner als 0,02 % werden als + dargestellt. Zusätzlich zu der Standardliste an Pollen- und Sporentypen, die, wenn vorhanden, für alle Regionen dargestellt wird, kann auf der rechten Diagrammseite eine Auswahl zusätzlicher, für diese Region oder Lokalität wichtiger Kurven palynologischer Taxa oder Proxys aufgeführt sein (z. B. Mikroholzkohlepartikel).

Die Sedimentstratigraphie ist in stark vereinfachter Form als Säule am linken Diagrammrand wiedergeben (Abb. 6.1). Die verwendeten Symbole werden auch überlagernd benutzt, wenn zum Beispiel eine Organomudde mit Holzresten oder ein Quellkalk mit Niedermoortorf vermischt vorliegt. Als zusätzliche stratigraphische Information wird, wenn nachgewiesen, die Laacher See-Tephra als chronologischer Markerhorizont der Chronozone II^C angeführt. Bei der Erstellung von Chronologien wurde für diese Tephralage ein ^{14}C-Alter von 11.063 ± 12 BP (Friedrich et al. 1999) angesetzt.

Im Falle der Zusammensetzung des Diagramms aus mehreren Profilen zeigt eine horizontale graue Linie den Wechsel zwischen zwei Profilen an. Die zur Berechnung von Zeitscheiben benutzen Pollenproben entstammen immer nur einem Profil, sodass die Grenze hierbei immer zwischen zwei Zeitscheiben liegt.

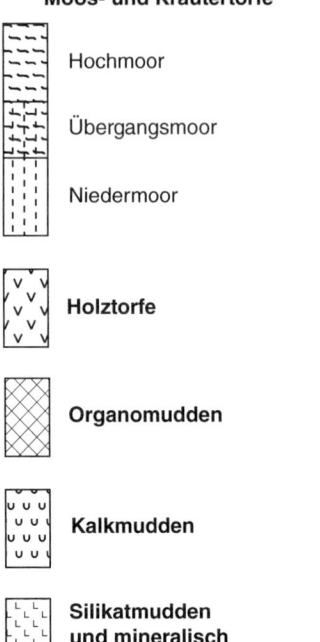

Abb. 6.1 Übersicht über die für die standardisierten Pollendiagramme verwendete, stark vereinfachte lithostratigraphische Klassifizierung der Sedimente und Torfe

Die biostratigraphische Gliederung in regionale Pollenzonen (RPZ) wird im Diagramm durch gestrichelte horizontale Linien markiert. Die Zonengrenzen wurden so gewählt, dass sie immer zwischen zwei Zeitscheiben liegen. Die zur Definition der RPZ benutzten pollenstratigraphischen Merkmale sind jeweils in einer Tabelle im elektronischen Anhang zu den Regionalkapiteln zusammengefasst.

Die im Diagramm und in der Tabelle angegebenen Alter der Zeitscheiben beziehen sich auf das mittlere Alter der 250 Jahre umfassenden Zeitscheiben (Wert ± 125 Jahre), die verwendeten Zeitangaben auf die Zeitenwende (Jahre vor und nach Christi Geburt: v. Chr./n. Chr.). Da es sich bei den zugrunde gelegten Chronologien um eine Interpretation der momentan vorliegenden Daten handelt (vgl. Exkurs Kap. 8), spiegeln sie den aktuellen Forschungsstand wider. Es ist daher nicht auszuschließen oder in einigen Fällen sogar wünschenswert, dass zukünftige Arbeiten die Chronologien überprüfen und gegebenenfalls korrigieren. Dies gilt insbesondere für Regionen, für die momentan keine oder keine ausreichend unabhängigen Datierungen vorliegen, um verlässliche Zeit-Tiefen-Modelle mit geringen Unsicherheiten von wenigen Dekaden zu erstellen. Um eine grobe qualitative Einschätzung der verwendeten Chronologie zu ermöglichen, gibt die Ausgestaltung der Grundlinie der Zeitachse

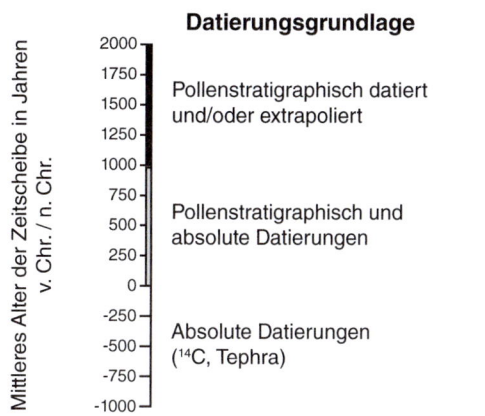

Abb. 6.2 Übersicht über die verschiedenen Darstellungsarten der Zeitachse und deren Bedeutung für die Datierungsgrundlage der entsprechenden Zeitscheiben

einen Überblick über die zugrunde liegenden Datierungen (Abb. 6.2).

Die Verwendung sogenannter Firbas-Chronozonen (N^C bis X^C, s. Tab. 6.2), neben der biostratigraphischen Zonierung der Pollendiagramme, dient dem interregionalen Vergleich in synchronen Zeitabschnitten. Die gewählten Zonengrenzen orientieren sich hierbei an den von Firbas gewählten pollenstratigraphischen Entwicklungen, ohne jedoch allgemeingültige überregionale synchrone Vegetationsentwicklungen implizieren zu wollen. Die in vielen Regionen zu beobachtende gute Übereinstimmung der Zonengrenzen der Regionalen Pollenzonen (RPZ) mit denen der Firbas-Chronozonen ist daher nicht das Ergebnis einer pollenstratigraphischen Datierung und Gleichschaltung von Pollendiagrammen, sondern vielmehr als Beleg für die wissenschaftliche Qualität der Arbeiten von Franz Firbas zu bewerten.

Tab. 6.2 Übersicht zur Zeitstellung der festgelegten Chronozonen und der ursprünglichen Terminologie nach Firbas (1949)

Bezeichnung	Zeitscheiben	Zone und Benennung nach Firbas
X^C	1000–2000 n. Chr.	X. Jüngere Nachwärmezeit, jüngerer Teil des Subatlantikums, Zeit der stark genutzten Wälder und Forste
IX^C	750 v.–750 n. Chr.	IX. Ältere Nachwärmezeit, älterer Teil des Subatlantikums, Buchenzeit
VIII^C	3750–1000 v. Chr.	VIII. Späte Wärmezeit, Subboreal, Eichenmischwald-Buchen-Zeit
VII^C	5750–4000 v. Chr.	VII. Jüngerer Teil der mittleren Wärmezeit, jüngerer Teil des Atlantikums bzw. der Eichenmischwald-Zeit
VI^C	7000–6000 v. Chr.	VI. Älterer Teil der mittleren Wärmezeit, älterer Teil des Atlantikums bzw. der Eichenmischwald-Zeit
V^C	8750–7250 v. Chr.	V. Frühe Wärmezeit, Boreal, Haselzeit
IV^C	9500–9000 v. Chr.	IV. Vorwärmezeit, Präboreal, frühpostglaziale Birken- (Kiefern-) Zeit
----------------------Spätglazial/Späteiszeit ↓/↑Postglazial/Nacheiszeit ----------------------		
III^C	10.500–9750 v. Chr.	III. Jüngere Tundrenzeit/Jüngere Dryaszeit
II^C	11.250–10.750 v. Chr.	II. Kiefern-Birken-Zeit/Allerødzeit
I^C	12.500–11.500 v. Chr.	I. Ältere waldlose oder waldarme Zeit (ältere Tundren- oder Dryaszeit)
N^C	12.750 v. Chr. und älter	I. Ältere waldlose oder waldarme Zeit (ältere Tundren- oder Dryaszeit)*

*Firbas schloss auch Proben des ausklingenden letzten Hochglazials in seine Zone I ein. Um Abschnitte dieser pleniglazialen Zeitstellung (sensu Litt et al. 2007) abzutrennen, wurde die Chronozone N^C definiert. Die Römer kannten in ihrem Rechensystem zwar keine Null, jedoch hat Beda Venerabilis um 725 n. Chr. erstmals das Zeichen N für eine Null in lateinischer Sprache verwendet

Literatur

Ellenberg H, Leuschner C (2010) Zeigerwerte der Pflanzen Mitteleuropas. In: Ellenberg H, Leuschner C (eds) Vegetation Mitteleuropas mit den Alpen. Ulmer, Stuttgart, www.utb.de/doi/suppl/10.36198/9783825281045

Firbas F (1949) Waldgeschichte Mitteleuropas. Erster Band: Allgemeine Waldgeschichte. Gustav Fischer, Jena

Friedrich M, Kromer B, Spurk M, Hofmann J, Kaiser KF (1999) Paleoenvironmental and radiocarbon calibration as derived from Lateglacial/Early Holocene tree-ring chronologies. Quaternary International 61: 27–39

Litt T, Behre KE, Meyer KD, Stephan HJ, Wansa S (2007) Stratigraphische Begriffe für das Quartär des norddeutschen Vereisungsgebietes. Eiszeitalter und Gegenwart 56: 7–56

Teil II
Exkurse zu methodischen Aspekten

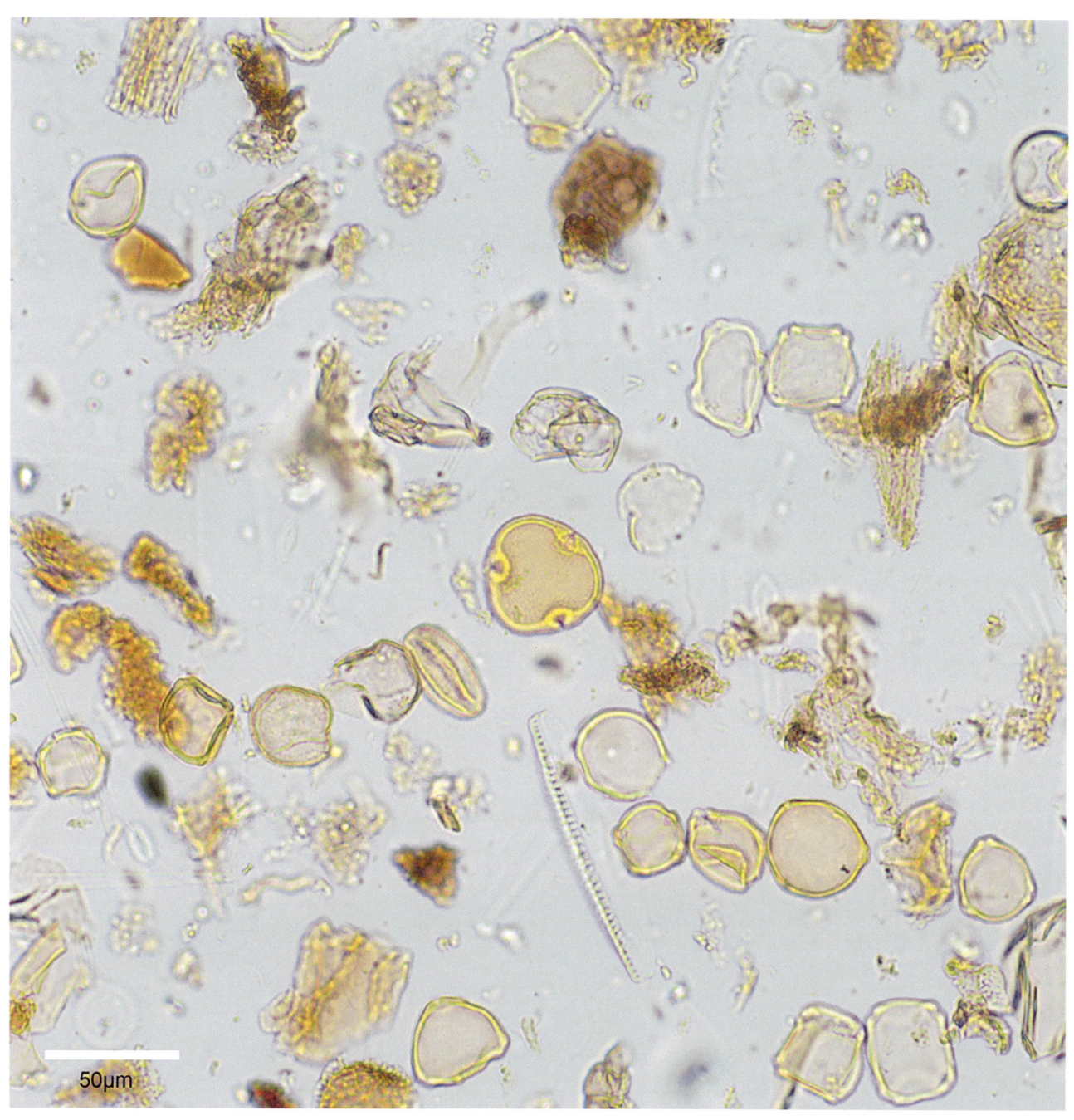

7

Die Verlandung von Gewässern und ihre Konsequenzen für den Pollengehalt von Torfen und Mudden

Dierk Michaelis

Die Verlandung von Gewässern erfolgt in Abhängigkeit von der Wassertiefe und den Eigenschaften des Wasserkörpers (Trophie, Kalkgehalt) unter Bildung typischer Gewässersedimente (Mudde, Gyttja) oder Torfe. Im Wasser lebende Pflanzen und Tiere des Planktons und des Bentos, eingewehte und eingeschwemmte mineralische Partikel und ausgefällter Kalk bilden die Hauptkomponenten von Mudden in unterschiedlichen Anteilen. Torfe können subaquatisch am Gewässergrund durch Röhrichte (z. B. Schilf, Schneide, Schachtelhalm) oder semiaquatisch durch Schwingdecken gebildet werden (z. B. durch Seggen, Sumpf-Lappenfarn, Fieberklee, Abb. 7.1). Als Ende einer Verlandung kann sowohl das vollständige Schließen des Gewässers durch eine Schwingdecke als auch die vollständige Auffüllung des Beckens und die Etablierung von Moorwald oder einem anderen hydrogenetischen Moortyp angesehen werden.

Die Pollensedimentation während der Verlandung eines Gewässers wird unter anderem durch die Eigenschaften des Pollenarchivs und der Pollenkörner selbst beeinflusst. Weist das verlandende Gewässer zum Beispiel einen stark reliefierten Untergrund auf, können nebeneinander über längere Zeit

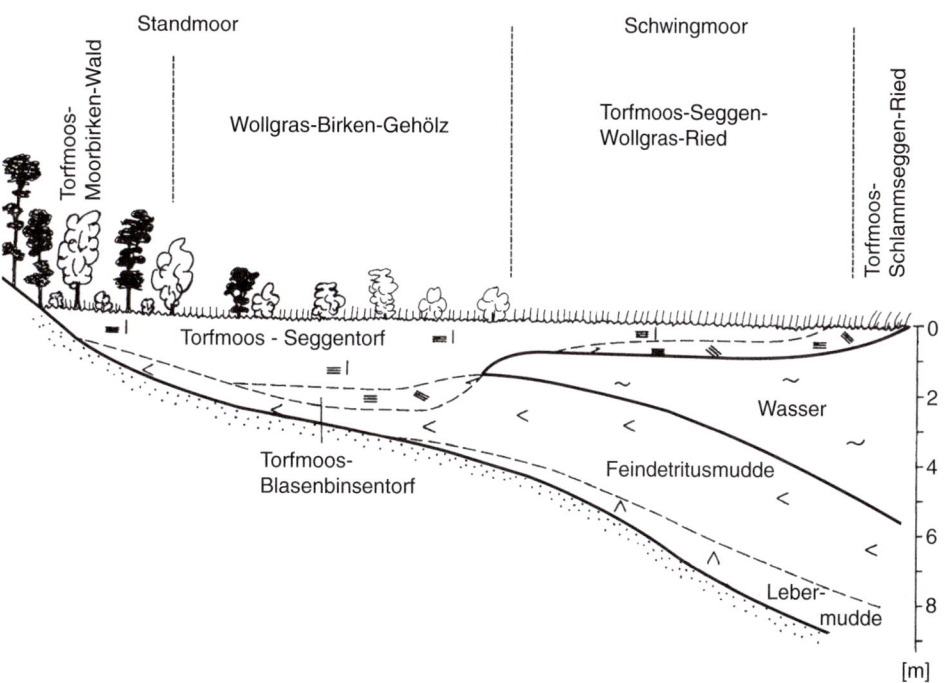

Abb. 7.1 Schematische Darstellung einer Schwingmoorverlandung eines nährstoffarm-sauren Sees (aus Succow und Joosten 2001)

D. Michaelis (✉)
Institut für Botanik und Landschaftsökologie,
Universität Greifswald, Greifswald, Deutschland
e-mail: dierk.michaelis@uni-greifswald.de

torfakkumulierende nasse Moorbereiche und bereits gehölzfähige Moorflächen existieren, die sich in extralokaler Überrepräsentation von Gehölzpollen wie *Salix*, *Alnus*, *Betula* oder *Pinus* widerspiegeln können. Auch wird Pollen, der auf eine Gewässeroberfläche fällt, aufgrund zeitlich verschieden langer Flotation selektiv ins Sediment eingetragen. Die Größe und die Strömungsgeschwindigkeit bilden weitere wichtige Einflussfaktoren für die Pollensedimentation (Holmes 1990). Saccater Pollen von Kiefern, Fichten und Tannen schwimmt länger als nichtsaccater Pollen und wird mit größerer Wahrscheinlichkeit durch Wind in ufernahe Bereiche verdriftet (Ammann 1994). Dadurch ist Pollen dieser Sippen in uferfernen Seesedimenten eher unterrepräsentiert. Diese Situation ändert sich grundlegend, wenn durch die Ausbreitung einer Röhricht- oder Riedvegetation windgeschützte Bereiche an der Untersuchungsstelle entstehen, in denen lange schwimmfähiger Pollen vermehrt absedimentiert. Im Beispieldiagramm vom Grambower Moor (Abb. 7.2) ist im Zuge der Verlandung (Subzone GMAp-B2) eine Verdoppelung des Anteils von *Pinus*-Pollen im Vergleich zu den beiden direkt darunterliegenden Proben zu erkennen.

Mit der Herausbildung einer geschlossenen Vegetationsdecke fallen Effekte durch selektives Verdriften von Pollen aus. Dadurch sinkt der im ufernahen Bereich erhöhte Anteil saccaten Pollens wieder ab. Im Beispieldiagramm setzen beim Übergang von Subzone GMAp-B2 zu Subzone GMAp-B3 die Kurven von *Pediastrum* (Grünalgen) und *Nymphaea* (Seerosen) aus und die Kurven von *Rhynchospora* (Schnabelried) und cf. *Scheuchzeria* (Blasenbinse) ein. Diese deuten auf eine geschlossene, bereits oberflächlich versauerte Schwingdecke, in die kein Einschwemmen von *Pinus*-Pollen mehr erfolgt – zu erkennen am Abfall der *Pinus*-Kurve beim Übergang von GMAp-B2 zu GMAp-B3.

Auf der anderen Seite können aufeinanderfolgende Moorstadien mit ihrer unterschiedlichen Vegetation den Pollenniederschlag auch unterschiedlich festlegen und erhalten.

Im Verlauf einer Schwingdeckenverlandung erfolgt oft eine rasche Sukzession torfbildender Pflanzen. Sind am Beginn oft eu- bis mesotraphente Pflanzen wie *Typha latifolia* und *Thelypteris palustris* vorhanden, so folgen darauf häufig Braunmoos-Seggenriede, die anhand des Pollenarchivs schwierig zu differenzieren sind.

Oft ist nach der Braunmoosphase eine Abfolge von minerotraphenten zu oligotraphenten bzw. ombrotraphenten Torfmoosen zu beobachten. Die Sukzession der Torfmoose, mit Makrofossilien leicht nachzuvollziehen (Michaelis 2013), bleibt durch die Nichtdifferenzierung der *Sphagnum*-Sporen (cf. Moore et al. 1991) meist verborgen. Parallel zum Maximum der *Sphagnum*-Sporen bei 270–260 cm erfolgen eine Ausbreitung von Torfmoosen der *Sphagnum* sect. *Acutifolia* sowie ein Anstieg der Kurven von *Calluna* und Ericaceae undiff. (ab 260 cm Samen von *Andromeda*, cf. Michaelis 2013). Auch wenn im Allgemeinen die Zunahme von *Calluna* auf eine Ausbreitung anthropogener Heidevegetation hindeuten kann (vgl. Exkurs Kap. 15), ist in diesem Fall davon auszugehen, dass sie auf eine lokale Verarmung und Versauerung zum Ende der Verlandungsprozesse und den Übergang zum Regenmoor zurückgeht.

7 Die Verlandung von Gewässern und ihre Konsequenzen für den Pollengehalt von Torfen und Mudden

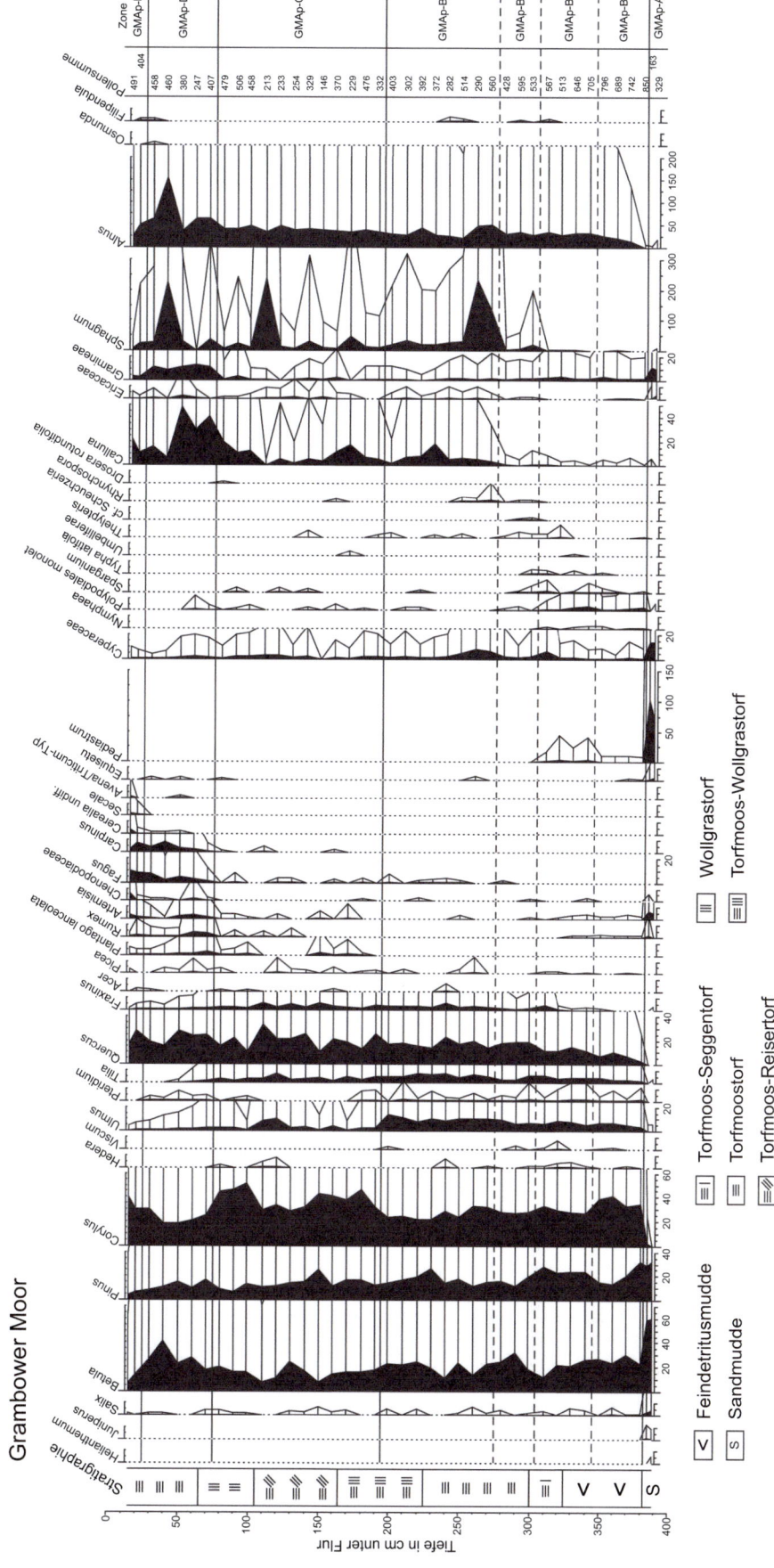

Abb. 7.2 Pollendiagramm aus dem Grambower Moor, Mecklenburg-Vorpommern (48 m NN, Michaelis unveröffentl.) (Grafik: D. Michaelis)

Literatur

Ammann B (1994) Differential flotation of saccate pollen – A nuisance and a chance. Dissertationes Botanicae 234: 101–110

Holmes PL (1990) Differential transport of spores and pollen: A laboratory study. Review of Palaeobotany and Palynology 64: 289–296

Michaelis D (2013) Flora and development of raised bogs in Mecklenburg-Vorpommern. Plant Diversity and Evolution 130: 251–264

Moore PD, Webb JA, Collinson ME (1991) Pollen analysis. Blackwell, Oxford

Succow M, Joosten H (2001) Landschaftsökologische Moorkunde. Schweizerbart'sche Verlagsbuchhandlung, Stuttgart

Chronologie/Zeit-Tiefen-Modellierung

Ingo Feeser

Um Aussagen zum zeitlichen Verlauf von Vegetationsveränderungen treffen zu können, müssen den untersuchten Proben in einem Pollenprofil Alter zugeordnet werden. Hierzu dienen Zeit-Tiefen-Modelle. Die Erstellung von Zeit-Tiefen-Modellen basiert auf Datierungen und Altersabschätzungen für ausgewählte Sedimentabschnitte sowie auf sedimentationsstratigraphischen Beobachtungen. Die Menge und die Qualität der Informationen, die in das Modell einfließen, sind dabei von entscheidender Bedeutung.

Grundlegend ist das von dem dänischen Naturforscher Nicolaus Steno bereits im 17. Jahrhundert formulierte stratigraphische Prinzip, welches besagt, dass in natürlichen geologischen Sedimentabfolgen die Ablagerungen an der Basis (im Liegenden) älter sind als die darüberliegenden (im Hangenden). Diese Aussage gilt natürlich auch für die von der Pollenanalyse untersuchten subfossilen Umweltarchive wie Torfablagerungen oder Seesedimente. Allein die Untersuchung von Proben aus einer ungestörten Sedimentabfolge erlaubt also bereits eine relativ chronologische Einstufung von älter zu jünger.

Ausnahmen von dieser relativ chronologischen Regel sind selten, kommen jedoch vor. Als Beispiel können die sogenannten Klappkleie in küstennahen Mooren der Nordseeküste dienen. Hierbei kommt es, wenn Torfkörper bei Sturmfluten aufschwimmen, zur Ablagerung jüngeren Materials in dem entstandenen Zwischenraum (Behre 2005). Ein anderes Beispiel sind Hangmoore, bei denen es zu Rutschungen des Torfkörpers kommen kann, die dann am Hangfuß zur Überlagerung von jüngerem mit älterem Material führen.

Eine weitere wichtige Annahme bei der Erstellung von Zeit-Tiefen-Modellen ist, dass eine beobachtete einheitliche Beschaffenheit des Sediments innerhalb einer Abfolge auf eine vergleichbare Genese und damit eine vergleichbare Wachstumsgeschwindigkeit schließen lässt. Dies erlaubt die Abschätzung von Sedimentationsraten in nicht jahresgeschichteten Ablagerungen durch Interpolation, sofern wenigstens zwei Datierungen vorliegen (vgl. Kap. 5). Im Sonderfall von jahresgeschichteten Seesedimenten kann die Wachstumsgeschwindigkeit präzise durch Zählung bestimmt werden (Abb. 8.1). Ebenso ist zu berücksichtigen, dass bei Veränderungen der Sedimentbeschaffenheit, zum Beispiel ein Wechsel von Seesedimenten zu Torf oder der Wechsel von schwach zu stark zersetztem Torf, mit einer Veränderung der Sedimentationsrate gerechnet werden muss.

Abb. 8.1 Bohrkerne mit jahresgeschichteten Sedimenten vom Belauer See, Schleswig-Holstein. Sauerstofffreie Bedingungen am Seegrund bedingen eine ungestörte Erhaltung der saisonal variierenden Ablagerungen. Helle Lagen reflektieren Kalzitausfällungen im Frühjahr und Sommer, dunkle Lagen algen- und detritusreiche Ablagerungen des Herbstes und Winters (Foto: J. Merkt)

I. Feeser (✉)
Institut für Ur- und Frühgeschichte, Christian-Albrechts-Universität, Kiel, Deutschland
e-mail: ifeeser@ufg.uni-kiel.de

Abb. 8.2 Reste eines Laubblatts in Ablagerungen des Woseriner Sees, Mecklenburg-Vorpommern. Kurzlebiges, terrestrisches Material wie dieses ist besonders gut für die Altersbestimmung mittels AMS-Radiokarbondatierung geeignet (Foto: I. Feeser)

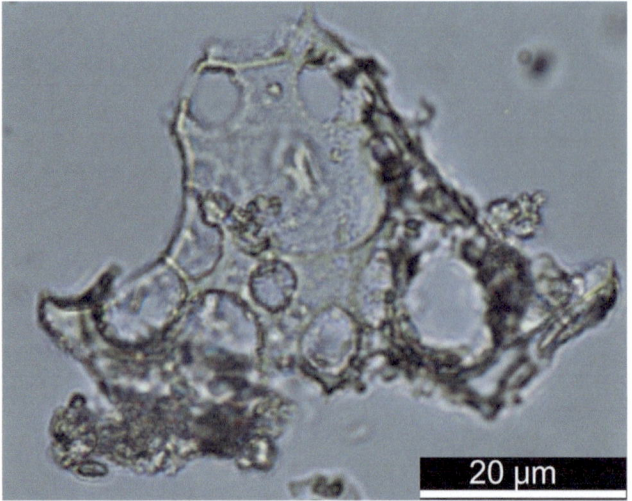

Abb. 8.3 Vulkanischer Aschepartikel (Tephra) aus den spätglazialen Ablagerungen des Paläosees Nahe, Schleswig-Holstein. Die Laacher See-Eruption um ungefähr 10.980 v. Chr. (Friedrich et al. 1999) bedeckte weite Teile Mitteleuropas mit einer Ascheschicht und ist damit ein wichtiges tephrochronologisches Ereignis/Event zur Synchronisation von Umweltarchiven (Foto: S. Krüger)

Ein anderer Sonderfall ist eine zeitliche Lücke in der Sedimentationsabfolge, ein sogenannter Hiatus. Dieser kann durch ein Aussetzen oder nachträgliche Ausräumung der Ablagerung entstehen, im Falle von Mooren durch Torfabbau oder im Falle von Seesedimenten in Ufernähe durch Erosion infolge einer vorübergehenden Seespiegelabsenkung. Ein Hiatus deutet sich in der Regel durch einen scharfen Bruch in der Sediment- und der Pollenzusammensetzung direkt aufeinanderfolgender Proben an.

Als absolute Altersangaben können neben physikalischen Datierungen, wie Radiokarbondatierungen an organischem Material (vgl. Abb. 8.2), auch eventstratigraphische Altersabschätzungen dienen. Hier wären Vulkanaschelagen (Abb. 8.3) oder anderswo gut datierte überregionale synchrone Entwicklungen in der Vegetationsentwicklung, sogenannte pollenstratigraphische Ereignisse, zu nennen (s. Exkurs Kap. 53). In jüngeren Abschnitten können auch historisch belegte Vegetationsveränderungen, wie die neuzeitliche Aufforstung mit ortsfremden Baumarten, zur Altersabschätzung herangezogen werden.

Ein wichtiger Aspekt der Zeit-Tiefen-Modellierung ist, dass individuelle Unsicherheiten der Alterseinstufung berücksichtigt und im Kontext aller vorhandenen alters- und sedimentationsstratigraphischen Daten bewertet werden. Hierzu gehört zum einen die Berücksichtigung des gesamten Wahrscheinlichkeitsbereichs einer Altersabschätzung. So erlauben Radiokarbondatierungen bei 95-prozentiger Wahrscheinlichkeit oftmals nur eine Eingrenzung des Probenalters auf ein Intervall von ein bis zwei Jahrhunderten. Zum anderen müssen Ausreißer (fehlerhafte Datierungen) identifiziert werden. Im Falle von Radiokarbondatierungen können solche Ausreißer verschiedene Gründe habe. So ist zum Beispiel bei den Datierungen von Seesedimenten die Möglichkeit von zu alten Altersmessungen aufgrund des Hartwasserfehlers gegeben (vgl. Kap. 5). Auch bei der Datierung einzelner Großreste kann umgelagertes oder verschlepptes Material zu Fehlern führen. Bei Datierungen von Niedermoortorfen gilt es wiederum, die Möglichkeit von zu jungen Altern aufgrund von Durchwurzelungen zu berücksichtigen.

Je zuverlässiger die Informationen sind, die in das Modell einfließen, desto robuster ist es. Ein Zugewinn an Information kann somit zur Revision und Verbesserung eines vorher bereits erstellten Modells führen (vgl. z. B. Dörfler et al. 2012; Rey et al. 2023).

Das Erstellen des Zeit-Tiefen-Modells ist letztendlich eine interpretierende Interpolation zwischen den als verlässlich eingestuften Altersabschätzungen unter Berücksichtigung der sedimentationsstratigraphischen Informationen. Hierfür finden zunehmend Programme – z. B. OxCal (Bronk Ramsey 2009), Clam (Blaauw 2010) oder Bacon (Blaauw und Christen 2011) – Verwendung, die nicht nur den gesamten Wahrscheinlichkeitsbereich einzelner Altersabschätzungen bei der Zeit-Tiefen-Interpolation berücksichtigen, sondern auch Wahrscheinlichkeitsbereiche für die Ergebnisse, das heißt für die modellierten Probenalter, ausgeben.

Literatur

Behre KE (2005) Das Moor von Sehestedt. Oldenburger Forschungen Neue Folge 21. Isensee Verlag, Oldenburg

Bronk Ramsey C (2009) Bayesian analysis of radiocarbon dates. Radiocarbon 51: 337–360

Blaauw M (2010) Methods and code for ‚"classical' age-modelling of radiocarbon sequences. Quaternary Geochronology 5: 512–518

Blaauw M, Christen JA (2011) Flexible paleoclimate age-depth models using an autoregressive gamma process. Bayesian Analysis 6: 457–474

Dörfler W, Feeser I, van den Bogaard C, Dreibrodt S, Erlenkeuser H, Kleinmann A, Merkt J, Wiethold J (2012) A high-quality annually laminated sequence from Lake Belau, Northern Germany: Revised chronology and its implications for palynological and tephrachronological studies. The Holocene 22: 1413–1426

Friedrich M, Kromer B, Spurk H, Hofmann J, Kaiser KF (1999) Paleoenvironment and radiocarbon calibration as derived from Lateglacial/Early Holocene tree-ring chronologies. Quaternary International 61: 27–39

Rey M, Mustaphi CJN, Szidat S, Gobet E, Heiri O, Tinner W (2023) Radiocarbon Sampling Efforts for High-Precision Lake Sediment Chronologies. The Holocene 33: 581–591

Teil III

Alpen und Alpenvorland

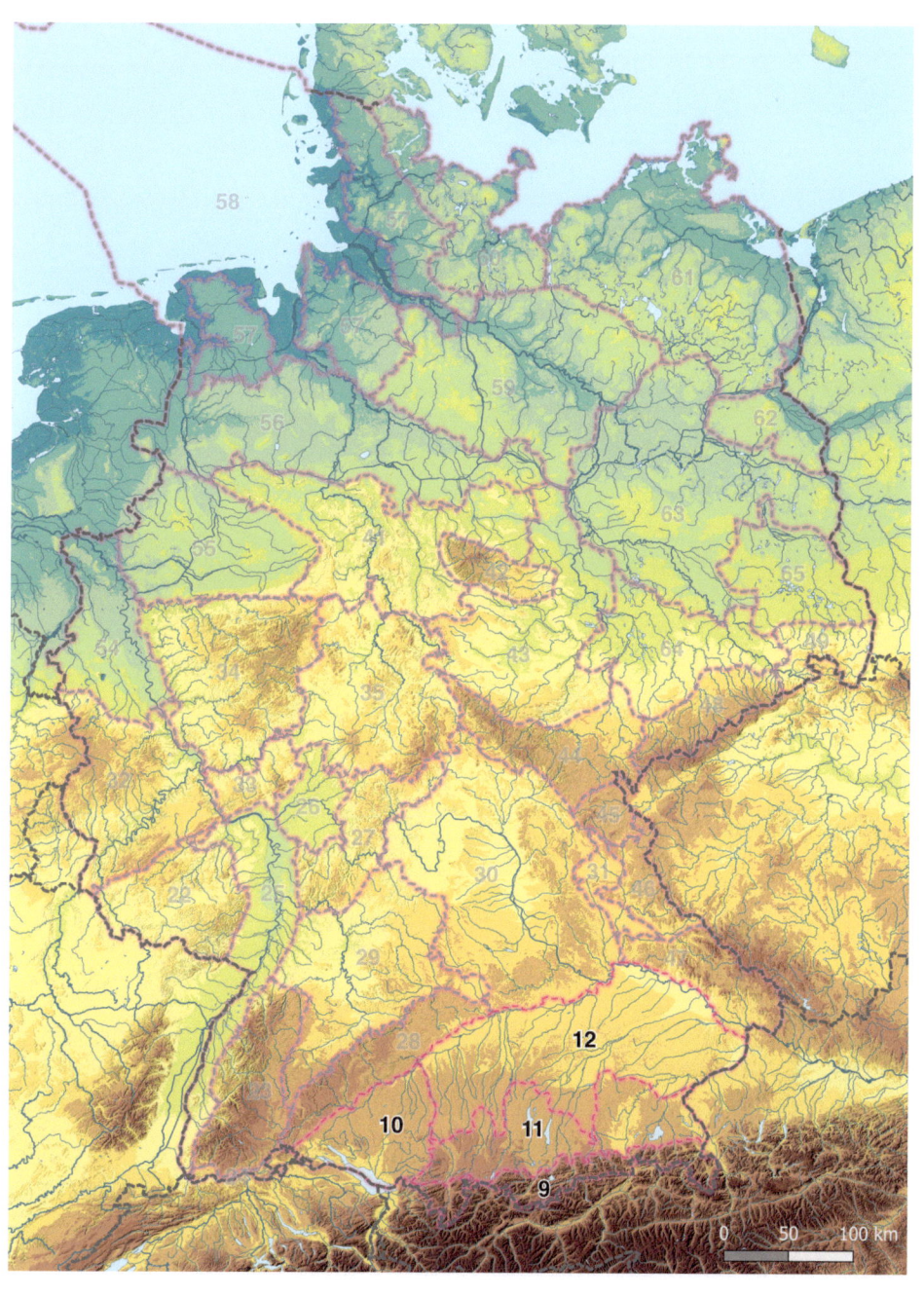

Nördliche Kalkalpen

9

Klaus Oeggl

Blick von der Tuftelalm gegen Osten auf das Lermooser Becken mit Zugspitze und Mieminger Gebirge im Hintergrund (Foto: K. Oeggl)

Ergänzende Information Die elektronische Version dieses Kapitels enthält Zusatzmaterial, auf das über folgenden Link zugegriffen werden kann [https://doi.org/10.1007/978-3-662-68936-3_9].

K. Oeggl (✉)
Institut für Botanik, Leopold-Franzens-Universität,
Innsbruck, Österreich
e-mail: klaus.oeggl@uibk.ac.at

Der Naturraum

Der Naturraum der Nördlichen Kalkalpen umfasst in diesem Abriss einen Teil der Nördlichen Ostalpen mit einer Längserstreckung von fast 200 km und einer maximalen Breite von 50 km vom Bodensee bis Salzburg (Abb. 9.1). Die Landschaft ist geprägt von Ost nach West verlaufenden Kettengebirgen mit dazwischen gelagerten Gebirgsstöcken, die durch markante Täler betont werden. Die Reliefenergie ist hoch, wobei die nördlich vorgelagerten Gebirgsketten teils Mittelgebirgscharakter aufweisen und häufig im Gipfelbereich mit Wiesen oder Wald bedeckt sind. Die südlichen Hauptketten ragen bis über 3000 m NN auf und erscheinen mit senkrechten Kalkwänden als schroffes Hochgebirge. Vereinzelte Gipfel tragen nordseitig noch kleine Gletscherreste. Karstbildungen, wie ausgedehnte Höhlensysteme und Dolinen, gewaltige Schuttströme und Felsstürze (Fernpass) sind ein weiteres Charakteristikum. Die östlichen Ketten sind obendrein durch Hochplateaubildung mit steilen Randkaren gekennzeichnet. An Talformen kommen Schluchten, Klammen, Kerb- und Trogtäler in unterschiedlicher Ausprägung vor. In der Regel sind die Täler scharf eingeschnitten, mit abschüssigen Hängen versehen und bewaldet; stellenweise vereinigen sie sich zu Beckenlandschaften wie bei Ehrwald, Seefeld oder Mittenwald. Die Entwässerung erfolgt meist gegen Norden.

Das gesamte Gebiet ist dünn besiedelt. Die Dauersiedlungen liegen in den Haupttälern, in denen auch die Verkehrswege verlaufen. Übergänge in einzelne Talschaften erfolgen je nach Höhenlage über mittel- und hochgebirgsartige Passlandschaften. Bedingt durch die Attraktivität der Landschaft und der Nähe zu Ballungszentren im Alpenvorland dominiert heute in der wirtschaftlichen Nutzung des Gebietes der Tourismus. Weitere Einkommensquellen sind Land- und Forstwirtschaft; Industriebetriebe sind rar.

Die folgende Übersicht behandelt die Landschaften der Allgäuer und der Ammergauer Alpen, der Bayerischen Voralpen, der Chiemgauer Alpen, des Lechquellengebirges, der Lechtaler Alpen, des Wettersteingebirges einschließlich der Mieminger Kette, des Karwendels, des Rofans, des Kaisergebirges, der Berchtesgadener Alpen sowie der Loferer und Leoganger Steinberge. Die westliche Grenze bildet der Bodensee, die südliche Grenze wird mit dem Klostertal, dem Stanzertal, dem Inntal, Sölland, der Fieberbrunner und Leo-

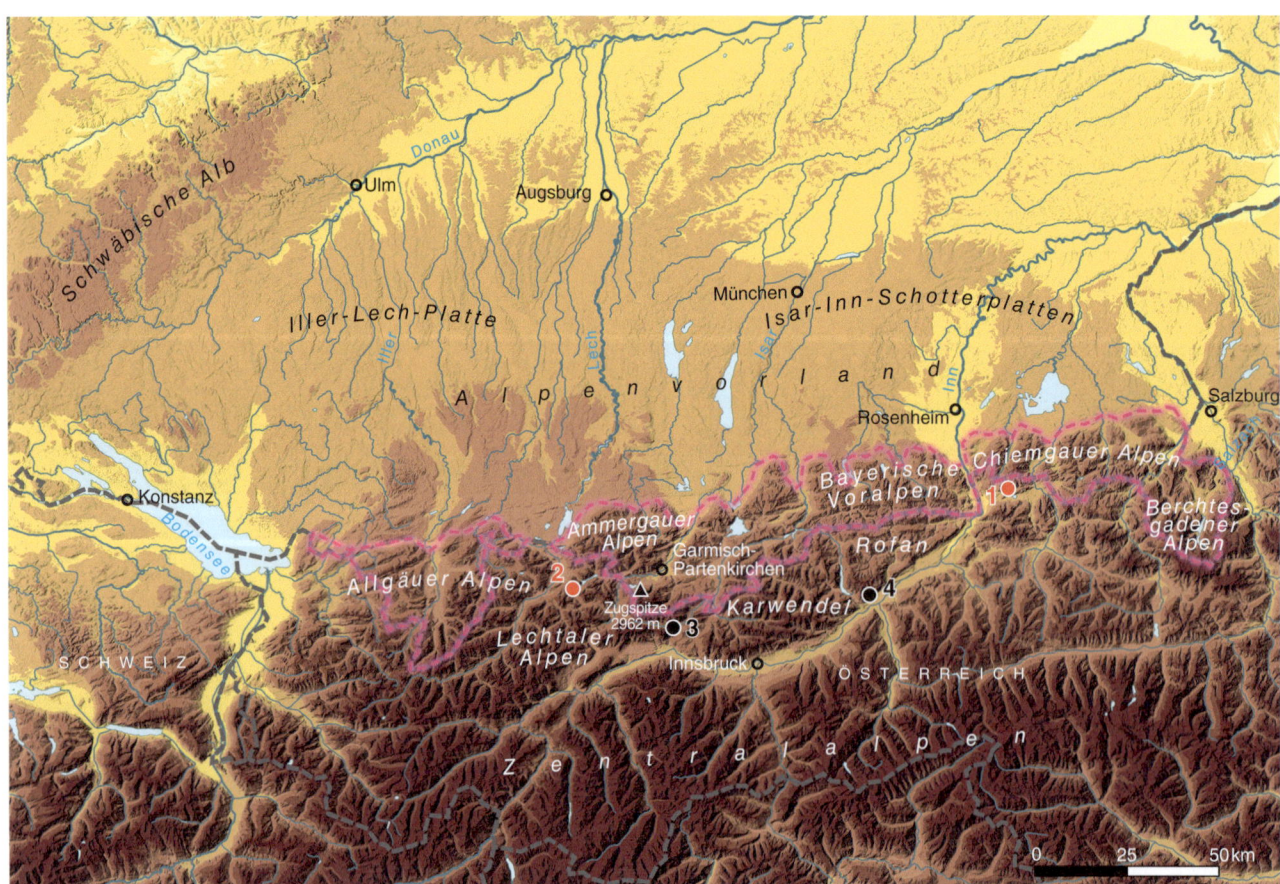

Abb. 9.1 Karte der Region Nördliche Kalkalpen mit pollenanalytisch untersuchten Lokalitäten für das standardisierte Pollendiagramm: 1 Schwemm, 2 Heiterwanger Moor. Weitere im Text erwähnte Lokalitäten: 3 Seefelder Sattel, 4 Frauensee

ganger Ache, Saalach und östlich mit dem Salzachtal festgelegt. Geologisch bestehen die genannten Gebirgsketten hauptsächlich aus Kalken (Aptychenkalk, Dachsteinkalk, Hornsteinkalk, Muschelkalk, Oberrhätkalk, Plattenkalk, Wettersteinkalk), Dolomit (Hauptdolomit, Ramsaudolomit), Flysch, Konglomeraten, Mergeln, Rauwacken (Zellenkalk), Sandsteinen, Tonsteinen und Schiefer.

Böden und Klima

An Bodenbildungen sind Braunerden, Rendzinen und Podsole am häufigsten anzutreffen. Braunerden sind hauptsächlich in eiszeitlichen und spätglazialen Ablagerungen über mergeligen bis kieseligen Ausgangsgesteinen verbreitet und werden überwiegend zur Grünlandwirtschaft (Almwirtschaft) genutzt. Auf Kalk und Dolomit sowie Moräne sind flachgründige, skelettreiche Rendzinen entstanden, und auf spätglazialen, sandigen Schuttdecken entwickelten sich Podsole. Darüber hinaus führten die stark wechselnden naturräumlichen Gegebenheiten zur Bildung von Rohböden auf Felsschutt, Mur- und Felssturzkegeln. Subalpin sind flachgründige Fels- und Skelethumusböden anzutreffen.

Die Nördlichen Kalkalpen haben ein temperiertes, kühles, humides Klima mit ausgeprägter kalter Jahreszeit. Es zeichnet sich durch milde Winter mit hohen Schneemengen und kühle Sommer mit hoher Luftfeuchtigkeit aus. Die Lufttemperatur während der Vegetationsperiode liegt im Talbereich auf ca. 500 m bei 12 °C. Mit zunehmender Seehöhe sinken die Temperaturen in den Gipfellagen auf ca. 7,5 °C ab. Ebenfalls durch die Seehöhe und die Reliefenergie bedingt ist eine Hebung feuchter Luftmassen am Alpenrand und damit eine erhöhte Niederschlagsaktivität vor allem im Sommer festzustellen. Die Niederschlagssumme im Jahr beträgt je nach Höhenlage 1300 bis über 2000 mm (Bayerischer Klimaforschungsverbund 1996).

Vegetation

Trotz des starken menschlichen Einflusses auf die Pflanzendecke seit mehr als zweitausend Jahren ist das Gebiet heute noch auf weiten Teilen von ausgedehnten zusammenhängenden Wäldern bedeckt. In den Tallagen sind als Folge von Rodung und Gewässerregulierung Auenwälder in Kulturland umgewandelt worden. Die ursprünglich verbreiteten montanen Reifweidenauwälder, Silber- und Schwarzpappelauwälder wurden auf kleinste Relikte eingeengt. Auch die initialen Tamarisken-Weidengebüsche der Schotterfluren des Lechs sind nahezu verschwunden. Nachdem man für die Erschließung die besseren Böden und klimatischen Gunstlagen bevorzugte, wurden auch die mesophilen Laub- und Mischwälder (Eichen-Linden-Mischwälder, Eschen-Ahorn-Wälder) auf schmale Säume und Sonderstandorte zurückgedrängt.

Die überwiegende Waldvegetation der montanen Stufe wird durch Tannen-Buchen-Wälder mit subatlantischen Elementen (Eibe, Stechpalme) charakterisiert. Die Baumartenzusammensetzung wurde jedoch durch Bewirtschaftung stark verändert. Meist dominiert die Buche; Fichte und Tanne sind in unterschiedlichen Mengen beigemischt. Am häufigsten ist der Hainlattich-Tannen-Buchen-Wald und auf schattseitigen Hängen der Karbonat-Alpendost-Fichten-Tannen-Buchen-Wald anzutreffen. Auf trockenwarmen Sonnenhängen über Dolomit und Hartkalken wächst vereinzelt ein wärmeliebender Karbonat-Weißseggen-Buchenwald. Als Seltenheiten sind der Steilhang-Eiben-Buchen-Wald und ebenso kleinflächig auf schneereichen Standorten in der subalpinen Stufe der Bergahorn-Buchen-Wald zu nennen.

An den Sonnenhängen auf skelettreichen Rendzinen und auf Schotterflächen der Talauen bildet die Waldkiefer ausgedehnte Bestände. Vielfach sind sie durch Erosion und Waldbrände entstanden, jedoch auf steilen Hängen mit schwer verwitterndem Dolomit handelt es sich um Reliktföhrenwälder (Fernpass, Werdenfelser Land, Seefelder Sattel). Ebenso reliktische Besonderheiten mit westlichem Verbreitungsschwerpunkt stellen die Bestände der Spirke (*Pinus uncinata*) dar. Da Spirken auf nährstoffarmen Böden gut gedeihen, sind sie als Auwälder auf Schotter, als Hangwälder auf Dolomit und in einigen Mooren zu finden.

Schatthänge mit skelettreichen Moderrendzinen und Kalksteinbraunlehmen zwischen 800 und 1500 m werden häufig vom Tannen-Fichten-Wald mit Laubwaldarten im Unterwuchs besiedelt (Waldmeister, Bingelkraut, Hasenlattich etc.). Reine Fichtenwälder sind in der montanen Stufe auf triassischen Kalken und Dolomit natürlich anzutreffen, ansonsten sind sie meist anthropogen bedingt. Die Lärche ist im montanen Fichtenwald oft beigemischt. Sie fehlt im Westen und tritt vermehrt in den südlich, zum Inntal hin gelegenen Gebirgsketten der Nördlichen Kalkalpen als Lärchen-Fichten-Wald auf (Mayer 1974).

Die Waldgrenze liegt im Westen der Nordalpen auf ca. 1800/1900 m und sinkt gegen Osten auf 1600/1700 m. Sie wird von Fichtenwäldern und vereinzelt im Karwendel und Rofan von Zirben- oder Lärchen-Zirben-Wäldern gebildet. In weiten Bereichen ist die Waldgrenze ebenso wie der anschließende Krummholzgürtel im Zuge der Almwirtschaft zur Gewinnung von Weideflächen drastisch reduziert und in tiefere Lagen gedrängt worden. Dadurch entstanden artenreiche Blumenwiesen. Ausgedehnte Gebiete wie das Ammergebirge, die Allgäuer Hochalpen oder das Karwendel und dessen Voralpen wurden unter Schutz gestellt, um die Einzigartigkeit und Ursprünglichkeit der Landschaft zu erhalten.

Pollenarchive und Forschungsgeschichte

Die erosive Tätigkeit der Eiszeitgletscher hat die Täler überformt und Moränen, Glazialtone und zahlreiche Hohlformen hinterlassen, die See- und Moorbildungen begünstigen. So liegen in etlichen Tälern fjordartig eingebettet Seen wie der Plansee, der Heiterwanger See, der Achensee oder der Königssee, um nur die größten zu nennen. Im Hochgebirge sind Kar- und Dolinenseen mit unterschiedlichen Verlandungsstadien häufig. Darüber hinaus begünstigen weitverbreitete wasserstauende tonig-mergelige Schichten in allen Höhenlagen der Kalkalpen zusammen mit den hohen Niederschlägen die Bildung von Hoch- und Niedermooren, die trotz Meliorierungsmaßnahmen in den letzten Jahrzehnten noch ausgedehnte Moorlandschaften bilden, so wie nördlich des Kochelsees, das Murnauer Moor und im Loisachtal.

Erste Studien zur Stratigraphie und Entstehung südbayerischer Moore wurden bereits in der zweiten Hälfte des 19. Jahrhunderts von Otto Sendtner und Anton Baumann durchgeführt, beide an der Universität München. Am Beginn des 20. Jahrhunderts stimulierte Helmut Gams, damals Universität München und später Innsbruck, die weitere quartärbotanische Forschung in den Nordalpen nachhaltig. So schufen Hermann Paul und Selma Ruoff von der Bayerischen Moorkulturanstalt, angeregt durch die Thesen über postglaziale Klimaänderungen von Gams und Nordhagen, ein ausgedehntes Inventar pollenanalytischer Untersuchungen innerhalb des Jungmoränengebietes und der Voralpen. Dem folgten im Jahre 1940 die palynologischen Untersuchungen der Seeablagerungen der Hauptketten der Nordtiroler Kalkalpen durch Graf Rudolph von Sarnthein. Damit war ein Grundstock zur Vegetations- und Klimageschichte der Nordalpen gelegt. Nach dem Zweiten Weltkrieg befasste sich Hannes Mayer, Universität München und später Wien, mit der Waldgeschichte des Berchtesgadener Landes und bearbeitete dabei mehrere Moore. Ab den 1970er-Jahren folgten Nachuntersuchungen zur spät- und postglazialen Waldentwicklung der Moore im Salzach- und Chiemseegletscher, des oberen Illergebietes, sowie Neuerschließungen des Werdenfelser Landes, des Zugspitzplatts, des Ammergebirges und des Kleinen Walsertals. Siegmar Bortenschlager baute an der Universität Innsbruck in den 1970er-Jahren eine Arbeitsgruppe mit reger Forschungstätigkeit auch in den Nordalpen auf. Er analysierte Moore der Reintaler Seenplatte und auf der Angerbergterrasse und initiierte die pollenanalytischen Bearbeitungen der Seen der Nordtiroler Kalkalpen und des größten Hochmoorkomplexes in Tirol, der Schwemm. Mit dem Nachweis von „vorneolithischem Getreidepollen" im oberbayerischen Alpenvorland (Kossack und Schmeidl 1974) und auf dem Seefelder Sattel (Wahlmüller 1985) rückte von nun an auch die Bedeutung palynologischer Untersuchungen für die Vorgeschichtsforschung verstärkt in den Vordergrund. So entstanden mehrere Studien zur Siedlungs- (z. B. Oeggl 1998) und Bergbaugeschichte (z. B. Breitenlechner et al. 2013) der Nördlichen Kalkalpen. Eine vollständige Literaturliste befindet sich im Anhang.

Regionale Vegetations- und Waldgeschichte

Die Beschreibung der Vegetationsgeschichte stützt sich in erster Linie auf die regional geprägten Pollendiagramme aus der Schwemm (Eicher und Oeggl 1989) und dem Heiterwanger Moor (Kofler unveröffentl.; Abb. 9.2). Zusätzlich wurden die genannten Arbeiten ab den 1970er-Jahren konsultiert, da diese wegen der Anwendung von Radiokarbondatierungen eine zuverlässigere Chronologie aufweisen als die älteren Studien. Aufgrund der Längenausdehnung des Untersuchungsgebietes, der Einwanderungsgeschichte der mesophilen Baumarten und des Klimagradienten vom Vorland zum Alpenhauptkamm kann die Beschreibung nur einen schematischen Überblick geben, sodass regionale Abweichungen zu beachten sind. Generell geraten die wärmeliebenden Laubbäume gegenüber den Koniferen entlang des Klimagradienten von den Voralpen zum Hauptkamm ins Hintertreffen, insbesondere im Westen, wo die Nördlichen Kalkalpen die größte Breitenerstreckung besitzen. Dementsprechend ist auch im inneralpinen Raum die Fichte im Westen gegenüber der Buche und der Tanne sowie den anspruchsvolleren Laubbäumen bevorzugt.

Spätglazial

Die spätglaziale Vegetationsentwicklung verläuft in diesem Gebiet gleich wie im westlichen Schweizer Alpenvorland (Ammann et al. 2013). Nach dem Hochglazial führte eine relativ rasche Erwärmung innerhalb einer kurzen Zeitspanne von 21.000–19.000 v. Chr. zum Zerfall des Eisstromnetzes der Alpen (Shakun et al. 2012). Schon vor 19.000 Jahren waren die großen Täler im Ostalpenraum eisfrei (Klasen et al. 2007). Der weitere Gletscherrückzug jedoch erfolgte nicht stetig, sondern wurde durch mehrere Vorstöße oder Kaltphasen unterbrochen. Besonders markant war der mehrere Jahrhunderte dauernde Vorstoß der Gletscher des Gschnitz-Stadials (= Heinrich Event 1; 15.900–15.400 v. Chr.), der mit einer Schneegrenzdepression von 700 m bezogen auf den Gletscherhochstand der Kleinen Eiszeit (1850 AD) einherging. Wiewohl die Haupttäler bereits eisfrei waren, konnten nur wenige Pflanzen die jungen, instabilen Böden aus Moränenschutt, Schotter, Sand und Schluff besiedeln. Sie

9 Nördliche Kalkalpen

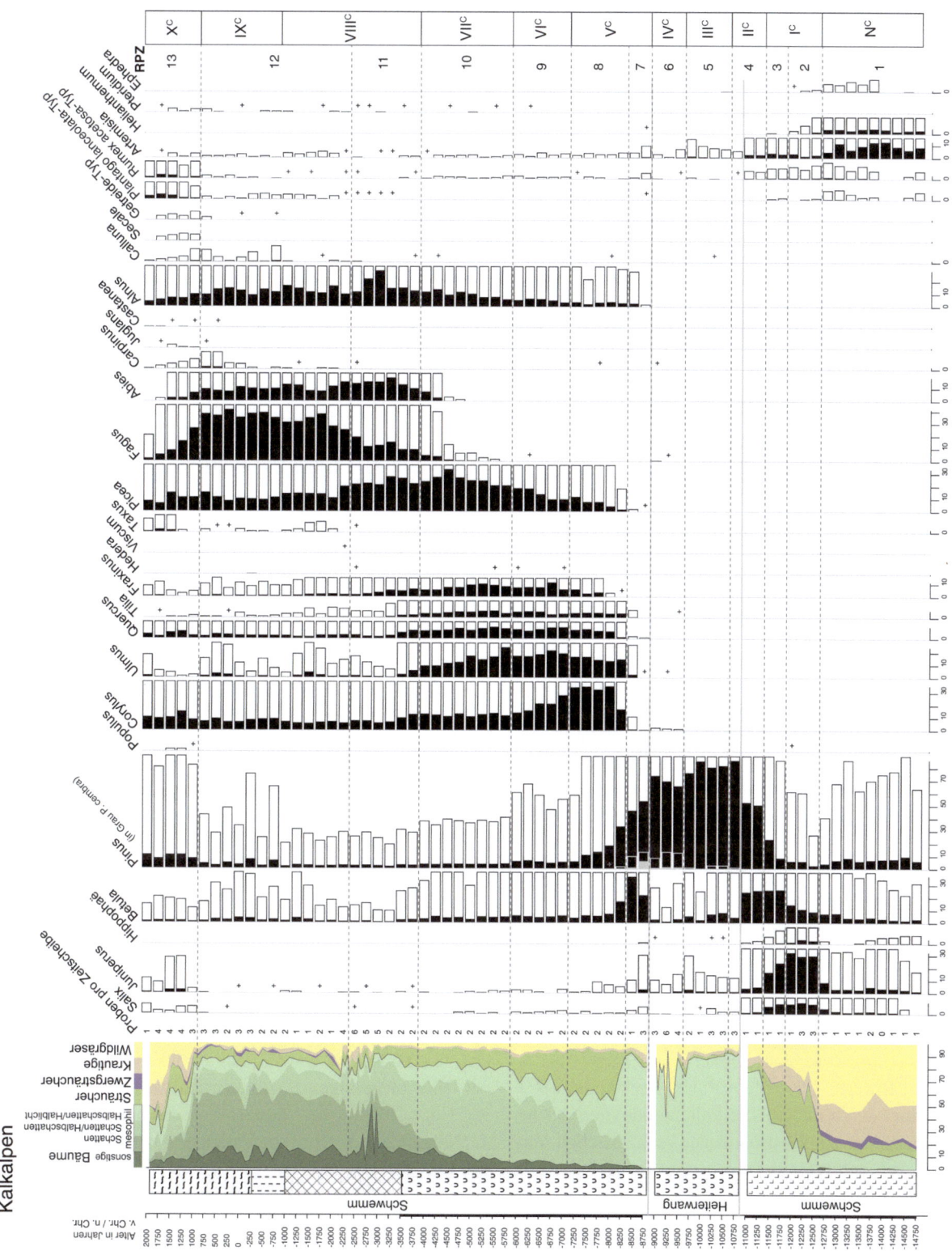

Abb. 9.2 Standardisiertes Pollendiagramm aus der Region Nördliche Kalkalpen, kombiniert aus den Profilen Schwemm (671 m NN, Oeggl 1988) und Heiterwanger Moor (981 m NN, Kofler unveröffentl.)

wanderten aus Mikrorefugien wie Nunatakkern und aus dem Alpenvorland ein. Großreste belegen Arten, die heute bevorzugt in Fels-, Steinschutt- und Geröllfluren auf Kalk gedeihen: Kriechendes Gipskraut (*Gypsophila repens*), Alpen-Leinkraut (*Linaria alpina*), Alpensäuerling (*Oxyria digyna*) und Steinbrech (*Saxifraga* sp., *S. oppositifolia, S. aizoides*) waren genauso vertreten wie Zwergweiden (*Salix herbacea*) auf Schneeböden. Daneben kamen auch Süß- (Poaceae) und Sauergräser (Cyperaceae), Beifuß-Arten (*Artemisia* sp.), Gänsefußgewächse (Chenopodiaceae) und Knöterich-Arten (*Polygonum* sp., *Polygonum viviparum*) vor. Zwergsträucher wie die Silberwurz (*Dryas octopetala*) waren die höchste Lebensform. All diese Arten tolerieren arktisch-alpines oder kontinentales Klima. Die Niederschläge in den Ostalpen erreichten damals nur 30–50 % der heutigen Werte, und die Sommertemperatur war um ca. 10 °C niedriger (Kerschner 2009). Das resultierte in einer offenen Vegetation, die als spätglaziale Steppentundra bezeichnet wird und von der heute auf der Erde kein Äquivalent bekannt ist (Williams et al. 2001). Sie wird zeitlich in die Älteste Dryas (= Grönland Stadial 2, 20.000–12.700 v. Chr.) gestellt.

Im Standarddiagramm (Abb. 9.2, gegliedert in 13 regionale Pollenzonen (RPZ, s. Tab. S 9.1 im elektronischen Zusatzmaterial), wird die Älteste Dryas (ausgehendes Pleniglazial, RPZ 1, Zeitscheiben 14.750 bis 12.750 v. Chr.) der Nördlichen Kalkalpen in den untersten Abschnitten durch hohe Prozentwerte der Gräser und der Kiefer (*Pinus*) charakterisiert. Diese stammen noch aus dem Fernflug und aus Umlagerungen, wie aus der Pollenkonzentration ersichtlich wird. Die Erosion und damit die Sedimentationsrate ist noch hoch und die Vegetation spärlich. Die Ablagerungen in den Sedimentationsbecken dieser Zeit sind meist feinklastische Sedimente (Sande, Schluffe, Tone), die wenig Pollen führen. Um ca. 14.000 v. Chr. werden die abgelagerten Sedimente feinkörniger (Ton oder Tongyttjen) und die Pollenkonzentration steigt, überwiegend bedingt durch die Ausbreitung der Gräser und Kräuter. Die Böden werden durch die sich ausbreitende Vegetation besser stabilisiert, und der erosive Eintrag in die Sedimentationsbecken nimmt ab. Die Pollenspektren dieser späteren Phase der Ältesten Dryas sind durch Poaceae, Cyperaceae, *Artemisia*, Chenopodiaceae, Ranunculaceae, Brassicaceae, Asteraceae, Caryophyllaceae, Rosaceae, Saxifragaceae und *Thalictrum* gekennzeichnet. Die Baumpollenwerte – vor allem *Pinus* – gehen auf 10 % zurück, bedingt durch die erhöhte Pollenproduktion der lokalen Flora und der damit verbundenen rechnerischen Verminderung des Fernfluganteils.

Eine starke Erwärmung vor ca. 13.000 v. Chr. leitete die Ausbreitung der Sträucher im Bølling ein (= Grönland Interstadial GI-1e; 12.700–12.000 v. Chr.; RPZ 1). Zwergbirken (*Betula nana*), Sanddorn (*Hippophaë rhamnoides*), Wacholder (*Juniperus communis*) und Weiden (*Salix*) bauen diese initiale Strauchphase auf, die die Böden für die Wiederbewaldung bereitete (RPZ 2, Zeitscheiben 12.500 bis 12.000 v. Chr.). Palynologisch herrschen unter den Nichtbaumpollen nach wie vor hohe Prozentwerte der Poaceae und krautigen Steppenelemente *Artemisia*, Chenopodiaceae etc. vor, doch die Sträucher nehmen deutlich zu. Die Werte von *Juniperus* steigen bis zu 50 %, jene von *Salix*, *Helianthemum* und *Hippophaë* bis über 5 % an. Die Werte von *Betula* steigern sich vorerst auf 10 %. Großrestfunde aus diesen Straten legen nahe, dass es sich dabei noch um Zwergbirken handelt. Mit dem weiteren Anstieg auf 20–40 % (je höher, desto näher am Alpenvorland) zeichnet sich die Beteiligung der Baumbirken (*Betula* sect. *Albae*) ab. Es entstehen lichte Birkenwälder (RPZ 3, Zeitscheiben 11.750 bis 11.500 v. Chr.). Gegen Ende des Bøllings wandert *Pinus* ein. Aufgrund von Großrestfunden lässt sich zurzeit nur auf zweinadelige Kiefern der Sect. *Pinus* schließen, (vor allem Waldkiefer, *P. sylvestris*). Großreste der Zirbe (*P. cembra*) fehlen aus dieser Phase.

Für die Dauer von etwa hundert Jahren wird die Klimagunst durch eine Kaltphase unterbrochen (GI-1d; 12.000–11.900 v. Chr.), die in den Westalpen als Aegelsee-Schwankung bekannt ist (= Ältere Dryas, GI 1d, Ammann et al. 2013). In den Pollenprofilen der Nördlichen Kalkalpen ist diese Schwankung in den Pollenspektren tieferer Lagen nur undeutlich in einer Stagnation bzw. in höheren Lagen in einem geringfügigen Einbruch der Kiefernkurve, teilweise mit einem Birkengipfel, ausgeprägt (RPZ 3, aufgrund der geringeren Auflösung im Diagramm Abb. 9.2 nicht erkennbar). Während dieser Kaltphase gewinnen die Steppentundren-Arten (*Juniperus, Artemisia,* Chenopodiaceae, Poaceae, Cyperaceae etc.) wieder leicht an Bedeutung. Anschließend breiten sich die Kiefern (*Pinus sylvestris/mugo, P. cembra*) erneut aus. Es entstehen Birken-Kiefern-Wälder, in denen *Pinus* ab 11.500 v. Chr. dominant wird. Damit beginnt die Kiefernwaldzeit des Allerøds (GI-1c; 11.900–10.700 v. Chr., Chronozone II^c, RPZ 4, Zeitscheiben 11.250 bis 10.750 v. Chr.). Sowohl am Alpenrand als auch im Inntal ist die Beteiligung der Birke (bis zu 40 %) am Aufbau dieser Wälder deutlich stärker als im Inneren der Nördlichen Kalkalpen. So bleibt sie im Heiterwanger Becken in der ersten Hälfte des Allerøds deutlich unter 5 %. Die Lichtminderung durch die Pionierbäume reicht aus, um die schattenintoleranten Sträucher und Gräser im Unterwuchs zurückzudrängen. Sie bleiben aber in geringen Prozentwerten vertreten. Um 11.300 v. Chr. führt die Gerzensee-Schwankung (GI 1b, 11.300–10.900 v. Chr.) zu Veränderungen in den Kiefernwäldern, die sich in einer Ausbreitung von *Betula*, der Poaceae und *Artemisia* äußern, während *Pinus* 10–20 % verliert. In höheren Lagen und im Westen ist die Schwankung deutlicher als in tieferen Regionen des östlichen Gebietes. In der Schwemm konnte sie überhaupt nur in den Sauerstoffisotopen identifiziert werden (Eicher und Oeggl 1989). Im Anschluss breiten sich die Kiefern wieder aus, und bereits am

Ende des Allerøds (Chronozone II^C) reichen die Kiefern-Birken-Wälder am Alpenhauptkamm bis auf über 1800 m Seehöhe; am Nordalpenrand liegt die Waldgrenze etwa 200 m tiefer (Bortenschlager 1984).

Die Klimaumkehr der Jüngeren Dryas (Grönlandstadial GS 1; 10.700–9500 v.Chr., Chronozone III^C) verursacht im Gebiet eine Absenkung der Schnee- und Waldgrenze um bis zu 400 m (Kerschner 2009). Sie bildet sich in den Pollendiagrammen in einem leichten Rückgang von *Pinus* (10–20 %) bei einem gleichzeitigen Anstieg von *Pinus cembra* (bis 5 %), *Betula* (5–20 %) und der spätglazialen Steppenelemente ab (*Artemisia*, Chenopodiaceae, Poaceae, Rosaceae, *Thalictrum* etc., RPZ 5, Zeitscheiben 10.500 bis 9750 v. Chr.). In den Tieflagen lichten sich die Kiefern-Birken-Wälder, und die spätglazialen Steppentundrenelemente mit Silberwurz (*Dryas octopetala*) als Leitfossil breiten sich wieder aus. Diese kühlen Klimaverhältnisse dauern 1200 Jahre.

Holozän

Eine neuerliche Erwärmung um etwa 2–3 °C innerhalb weniger Jahrzehnte (Birks und Ammann 2000) erfolgt um 9600 v. Chr. und führt im Alpenvorland zur Einwanderung der wärmeliebenden Laubgehölze. Als Erstes erscheinen Hasel (*Corylus avellana*) und Ulme (*Ulmus* sp.) zwischen 10.000 und 9500 v. Chr. am nördlichen Alpenrand. In den Nördlichen Kalkalpen sind sie vorerst nur als Einzelfunde zu verzeichnen (RPZ 6, Zeitscheiben 9500 bis 9000 v. Chr.), denn weiterhin bleiben während des Präboreals (Chronozone IV^C) Kiefern-Birken-Wälder vorherrschend. *Pinus* ist prädominant mit ≥ 50 %, *Betula* erreicht 30 %. Als Konsequenz auf die Klimabesserung steigt die Waldgrenze auf über 1600 m NN. In einigen Diagrammen (v. a. Bregenzer Wald, Allgäu) erfolgt vor dem Einwandern der wärmeliebenden Laubhölzer eine Auflichtung der Kiefernwälder, gekoppelt mit einem Hochstand der Gräser und Steppenelemente als Ausdruck einer Klimaverschlechterung (terrestrial preboreal oscillation, Bos et al. 2007). Anschließend folgt einem *Betula*-Hochstand die neuerliche Ausbreitung von *Pinus* und *Pinus cembra*. Letztere kann bis zu 15 % erreichen (RPZ 7, Zeitscheiben 8750 und 8500 v. Chr.). Nun wandern auch die Eichenmischwaldarten Eiche (*Quercus*), Linde (*Tilia*) und Ulme ein.

Ab 8500 v. Chr. breiten sich *Corylus*, *Ulmus*, *Tilia* und *Quercus* aus, gefolgt von *Fraxinus* und *Acer*. *Corylus* ist prädominant und erreicht um die 40 %. Die Eichenmischwaldarten bleiben deutlich unter diesem Wert. *Ulmus* ist unter diesen vorherrschend und besitzt ein Maximum, das auch *Fraxinus* zeigt (RPZ 8, Zeitscheiben 8250 bis 7250 v. Chr.). *Corylus* und die Eichenmischwaldarten drängen während des Boreals (Chronozone V^C) den Kiefern-Birken-Wald von den Niederungen sukzessive in größere Höhen ab. Als Konsequenz fallen in Tallagen die Werte von *Pinus* und *Betula* bis zum Ende der RPZ 8 unter 10 %. Laubmischwälder mit *Tilia*, *Ulmus* und *Corylus*, denen *Acer* und *Fraxinus* beigemischt sind, dringen bis ca. 1400 m NN vor. Darüber folgt eine Übergangszone zu den Kiefernwäldern. Diese Kiefernwälder werden von *Pinus sylvestris* dominiert. An der Waldgrenze treten Lärche (*Larix decidua*) und *Pinus cembra* auf.

Schon im frühen Boreal breitet sich die Fichte (*Picea abies*) in der Übergangszone der Laub- und Kiefernwälder aus, belegt durch Holzfunde aus diesen Schichten und Höhenlagen. Die wärmeliebenden Laubbäume werden durch die *Picea*-Einwanderung in RPZ 8 noch nicht eingeschränkt. Erst durch kühle, feuchte Klimaphasen am Beginn des Atlantikums (Chronozonen VI^C und VII^C) gefördert dringt *Picea* sowohl in die Tieflagen als auch bis in die hochmontane Stufe vor (Ravazzi 2002). Ihre Ausbreitung in die tieferen Lagen verhindert das weitere Vordringen von *Corylus*, *Tilia* und *Ulmus* in höhere Lagen schon ab dem Beginn des Atlantikums. *Corylus* fällt von gut 40 % auf unter 15 %. *Ulmus* ist nach wie vor subdominant und weist ein erstes Maximum auf, ebenso *Fraxinus* (RPZ 9, Zeitscheiben 7000 bis 6000 v. Chr.).

Ab 6500/6000 v. Chr. wird in den montanen Lagen *Picea* dominant und kann über 50 % der Pollensumme erreichen (RPZ 10, Zeitscheiben 5750 bis 4000 v. Chr.). *Ulmus* ist subdominant und besitzt um 6000 v. Chr. ein weiteres Maximum. *Corylus* erreicht nur mehr 10 %. Darüber, in der subalpinen Stufe, herrschen weiterhin *Pinus* und *Larix*.

Kühleres und feuchtes Klima reflektieren auch die Maxima von *Ulmus* und *Fraxinus* um ca. 5000 v. Chr. (Chronozone VII^C). Begünstigt durch die feuchten Klimabedingungen erreichen Tanne (*Abies*) aus dem Südwesten und Buche (*Fagus*) aus dem Osten kommend die nördlichen Randalpen fast gleichzeitig. Beide Schattholzarten sind in den Laubwäldern konkurrenzfähig und verdrängen die Eichenmischwaldarten auf ungünstigere Standorte. In den mittleren Lagen (800–1500 m) entwickeln sich Mischwälder aus *Picea*, *Abies* und *Fagus* und zwingen die Eichenmischwaldarten in tiefere Lagen. In den meisten Diagrammen manifestiert sich daher der Übergang des Atlantikums zum Subboreal (Chronozonen VII^C/VIII^C) in einem mehr oder weniger deutlichen Ulmenabfall (s. Exkurs Kap. 53). Ein Vergleich der randalpinen Lokalitäten Frauensee auf der Reintaler Seenplatte im Inntal (Rofan) und der Schwemm (Chiemgauer Alpen) zeigt, dass *Ulmus* in den Relativwerten seit 5100 bis 3000 v. Chr. abnimmt (Abb. 9.3). Unter Berücksichtigung der Pollenakkumulationsraten (Pollenkörner/cm^2/Jahr) wird der Zeitraum auf 4500–3500 v. Chr., also auf ± 1000 Jahre, eingeengt. In den Pollenakkumulationsraten ist auch eine Zweiphasigkeit des Ulmenabfalls zu erkennen. Der erste markante Abfall erfolgt um 4500 v. Chr., dem 500 Jahre später ein zweiter um 3900 v. Chr. folgt. Synchron zur Abnahme der Ulmenwerte

Abb. 9.3 Ulmenfall in den Nördlichen Kalkalpen, reflektiert in den Pollenwerten der Schwemm und im Frauensee, verglichen mit Klimadaten: Bäume (n) = Belegzahlen subfossiler Baumstämme aus See- und Moorablagerungen an der Waldgrenze (Nicolussi et al. 2005); IRD = Treibeis- und Eisbergsedimente (Bond et al. 2001), $\delta^{18}O$ GRIP = Sauerstoffisotopie vom Grönland Eiskern Projekt (Johnsen et al. 1997); grau unterlegt Phasen mit ungünstigem Klima

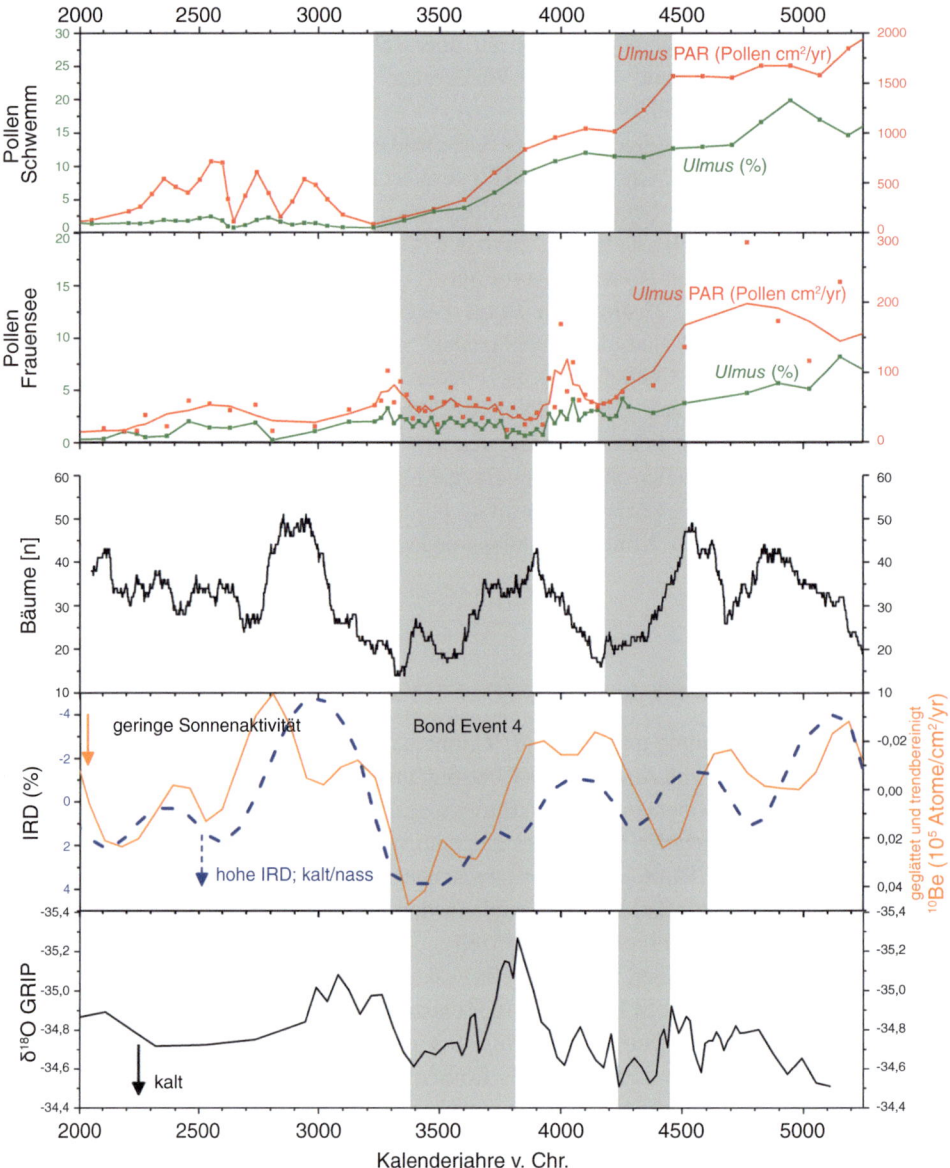

weisen Klimaproxys Phasen mit ungünstigem Klima aus (Wanner et al. 2011). Die Tatsache, dass die ersten Kulturzeiger (Getreide-Typ) anders als außerhalb der Alpen erst ein paar hundert Jahre nach dem ersten Rückgang der Ulme auftreten, lässt daher in den Alpen neben anderen auch klimatische Ursachen für den Rückgang der Ulme (*Ulmus glabra*) möglich erscheinen (Oeggl 2013).

Im Subboreal (Chronozone VIII^C) breiten sich *Fagus* und *Abies* meist auf Kosten von *Picea* weiter aus. Die Mischungsverhältnisse der einzelnen Baumarten sind in Abhängigkeit von Untergrund und Höhenlage unterschiedlich. In Randlagen erreicht *Fagus* schon 30 %, während sie im Inneren der Kalkalpen durchschnittlich 20 % und weniger erzielt. Gleiches gilt für *Abies*, die maximal 30 % erreicht. Die Eichenmischwaldarten werden endgültig auf Sonderstandorte verdrängt. Ihre Einzelwerte liegen bei unter 5 % (RPZ 11, Zeitscheiben 3750 bis 2500 v. Chr.).

In der zweiten Hälfte des Subboreals (Chronozone VIII^C) wird *Fagus* zur dominanten Baumart in den mittelmontanen Lagen. Gleichzeitig reflektiert das Auftreten von Pollen des Getreide- und *Plantago lanceolata*-Typs (Spitzwegerich) erste Eingriffe des Menschen in die Vegetation. Siedlungszeiger sind häufig, Kulturzeiger sporadisch dokumentiert (RPZ 12, Zeitscheiben 2250 v. Chr. bis 750 n. Chr.). Ab der mittleren Bronzezeit (ca. 1600–1300 v. Chr.) lassen sich in den Tallagen Rodungen und Ackerbau nachweisen. Die Brandrodungen sind nun extensiv und führen vor allem zu einer Dezimierung von *Fagus* und *Picea*. Die Lichtungen werden kurzzeitig als Äcker genutzt, brachliegende Kulturflächen und der aufgelichtete Wald werden beweidet und verbuschen anschließend sukzessive mit lichtliebenden Pioniergehölzen wie *Betula*, *Corylus* und *Juniperus*. Häufiger treten nun im Pollenbild insektenblütige Kräuter (*Centaurea nigra*-Typ, Campanulaceae und *Achillea*-Typ) der anthropo-zoogenen Rasen auf, die auf eine Ausdehnung des Grünlandes schließen lassen. In höheren Lagen treten Pollen des *Plantago lanceolata*-Typs und der Kräuter stärker in den Vordergrund, die eine Nutzung der Hochweiden nahelegen. Insbesondere in den Allgäuer Alpen (Hochtannberg und Saloberalpe) ist eine Zunahme der Poaceae, des *Plantago lanceolata*-Typs und der Sporen koprophiler Pilze mit einem Einbruch in den Kurven der Klimax-Baumarten *Picea*, *Abies* und *Fagus* ein deutlicher Hinweis auf die Beweidung der umliegenden Flächen. Auch die Zahlen der Holzkohlepartikel weisen zeitgleich ein Maximum auf und legen den Einsatz von Feuer zur Rodung nahe. Demnach ist in den Nördlichen Kalkalpen mit einer Almwirtschaft ab der mittleren Bronzezeit zu rechnen (Walde und Oeggl 2003).

Mehrfach wurde der Zusammenhang zwischen *Fagus*-Ausbreitung und Mensch diskutiert (Pott 1989; Stojakowits 2014). Das Zusammenfallen des *Fagus*-Maximums mit der Prozentkurve des *Plantago lanceolata*-Typs könnte als Beleg dienen, dass die Buche ab der Mittelbronzezeit durch menschliche Aktivität gefördert wurde und dadurch in den Randalpen zur Dominanz gelangt. Bei einer genaueren Überprüfung der Diagramme wird jedoch ersichtlich, dass die *Fagus*-Ausbreitung bereits vor der empirischen Pollengrenze des *Plantago lanceolata*-Typs beginnt und bereits vorher ein Maximum verzeichnet.

Allgemein verstärkt sich der anthropogene Einfluss im Subatlantikum (800 v. Chr. bis heute, Chronozonen IX^C und X^C). Zwar ist in der ersten Hälfte der Eisenzeit (Hallstattzeit, 800–450 v.Chr.) eine Regeneration der Bergmischwälder in den Tallagen nachgewiesen, jedoch erfolgt am Beginn der Latènezeit (um 450 v. Chr.) eine neuerliche Intensivierung der Siedlungsaktivitäten, wobei eine deutliche Ausbreitung des Grünlandes festzustellen ist. Insgesamt sind die Prozentwerte der Schlussbaumarten noch hoch. Pollenfunde von Poaceae, *Centaurea nigra*-Typ, *Geranium*, *Achillea*-Typ, *Plantago lanceolata*-Typ, *Plantago major*-Typ, *Rumex* und *Sanguisorba* spiegeln die Zunahme des Grünlandes wider. Regelmäßige Pollenfunde vom Getreide-Typ belegen auch Ackerbau in dieser Zeit. Im Bergmischwald dominiert in den Randlagen *Fagus*, im Inneren der Nördlichen Kalkalpen hingegen *Picea* (RPZ 11).

Auch während der Römischen Kaiserzeit (ca. 1.–3. Jahrhundert n. Chr.) wird die agropastorale Wirtschaftsweise aufrechterhalten, insbesondere in Längstalfurchen, in denen auch Römerstraßen verlaufen, wie im Lechtal, im Loisachtal und im Inntal. Im östlichen Inntal und am Seefelder Sattel ist eine kontinuierliche Abnahme von *Fagus* bis in die Gegenwart zu beobachten. Ab dem 3. Jahrhundert n. Chr. breiten sich *Pinus* und *Picea* aus, was auf eine Abnahme der Siedlungstätigkeiten in der Spätantike schließen lässt. Die Poaceae durchlaufen ein Minimum, und Pollenfunde der Getreide (Getreide-Typ, *Secale*) sind gering, sodass wohl ein erheblicher Teil der Siedlungsflächen aufgelassen wurde. Auch während der Völkerwanderungszeit (4.–6. Jahrhundert n. Chr.) bleibt der menschliche Einfluss moderat. Dies führt zu einer Regeneration des Waldes, die sich in einer Ausbreitung von *Picea* und, weniger stark, von *Abies* und *Fagus* äußert (RPZ 12).

Mit dem Mittelalter (ca. 7.–15. Jahrhundert n. Chr., RPZ 13, Zeitscheiben 1000 bis 2000 n. Chr.) beginnt eine nachhaltige Umgestaltung der Wälder. Frühmittelalterliche, noch kleinräumige Landnahmen zeichnen sich im Allgäu und im Ehrwalder Becken ab. Neben Ackerbau wird vor allem die Viehwirtschaft ausgebaut. Eine neuerliche Intensivierung der Landwirtschaft erfolgt am Beginn des Hochmittelalters (ab etwa 1050 n. Chr.). Die Eingriffe in den Wald wirken sich nun drastisch aus. Als Erstes machen sich die Siedlungsaktivitäten in einem Rückgang von *Fagus* bemerkbar, gefolgt von *Abies*. Im randalpinen Buchenmischwaldgebiet werden in den tieferen Lagen *Fagus* und *Abies* selektiv eingeschlagen, wovon *Picea* profitiert und zur dominanten Baumart in den Restbeständen des Bergmischwaldes wird. Große Flächen der Talböden werden in Wiesen und Ackerland umgewandelt. Dementsprechend bilden sich Wiesenkräuter (Poaceae, Campanulaceae, *Centaurea nigra*-Typ) und Kulturpflanzen (Getreide-Typ, *Secale*, *Humulus/Cannabis*-Typ) in den Pollendiagrammen häufig ab. Pollen von Roggen (*Secale*) ist kontinuierlich zu beobachten und hat nun einen maßgeblichen Anteil am Getreidebau. Pollenfunde der Kornblume (*Centaurea cyanus*) legen nahe, dass *Secale* überwiegend als Wintergetreide angebaut worden ist (Behre 1992). In hoch aufgelösten Diagrammen bildet sich im 14. und 15. Jahrhundert n. Chr. eine Ausbreitung von *Picea* ab, bei gleichzeitigem Rückgang der Gräser und Siedlungszeiger. Darin reflektieren sich die Pest und klimatische Veränderungen des Spätmittelalters (RPZ 13, Zeitscheiben 1000 bis 2000 n. Chr.).

Am Beginn der Neuzeit (ab etwa 1500 n. Chr.) erfolgte die endgültige Umgestaltung der Landschaft. Die Rodungen für die Urbanisierung betreffen bevorzugt Buche und Tanne. Sie gehen in den meisten Diagrammen aus den Tallagen auf 5 % der Pollensumme zurück. Die Wiesen- und Weidezeiger erreichen den größten Anteil am gesamten Pollenniederschlag, Poaceae zeigen ein Maximum. Die Kulturzeiger, insbesondere der Pollen vom Getreide-Typ, verzeichnen eine rückläufige Tendenz, während Wiesen- und Weidezeiger zunehmen. Demnach stellt sich die Landwirtschaft in der Neuzeit schwerpunktmäßig mehr auf Grünlandwirtschaft und Viehzucht um. Der Getreideanbau spielt in den Nördlichen Kalkalpen nur noch in Gunstlagen eine Rolle.

Literatur

Ammann B, van Leeuwen JFN, van der Knaap WO, Lischke H, Heiri O, Tinner W (2013) Vegetation responses to rapid warming and to minor climatic fluctuations during the Late-Glacial Interstadial (GI-1) at Gerzensee (Switzerland). Palaeogeography Palaeoclimatology Palaeoecology 391: 40–59

Bayerischer Klimaforschungsverbund (ed) (1996) Klimaatlas von Bayern. Bayerischer Klimaforschungsverbund, München

Behre KE (1992) The history of rye cultivation in Europe. Vegetation History and Archaeobotany 1: 141–156

Birks HH, Ammann B (2000) Two terrestrial records of rapid climatic change during the glacial–Holocene transition (14,000–9,000 calendar years B.P.) from Europe. Proceedings of the National Academy of Sciences of the USA 97: 1390–1394

Bond G, Kromer B, Beer J, Muscheler R, Evans MN, Showers W, Hoffmann S, Lotti-Bond R, Hajdas I, Bonani G (2001) Persistent solar influence on North Atlantic climate during the Holocene. Science 294: 2130–2136

Bortenschlager S (1984) Beiträge zur Vegetationsgeschichte Tirols I: Inneres Ötztal und unteres Inntal. Berichte des naturwissenschaftlich-medizinischen Vereins Innsbruck 71: 19–56

Bos JAA, van Geel B, van der Pflicht J, Bohnke SJB (2007) Preboreal climatic oscillations in Europe: Wiggle-match dating and synthesis of Dutch high-resolution multi-proxy records. Quaternary Science Reviews 26: 1927–1950

Breitenlechner E, Goldenberg G, Lutz J, Oeggl K (2013) The impact of prehistoric mining activities on the environment: A multidisciplinary study at the fen Schwarzenbergmoos (Brixlegg, Tyrol, Austria). Vegetation History and Archaeobotany 22: 351–366

Eicher U, Oeggl K (1989) Pollen- and oxygen-isotope analyses of late- and postglacial sediments from the Schwemm raised bog near Walchsee in Tirol, Austria. Boreas 18: 245–253

Johnsen SJ, Clausen HB, Dansgaard W, Gundestrup NS, Hammer CU, Andersen U, Andersen KK, Hvidberg CS, Dahl-Jensen D, Steffensen JP et al. (1997) The $\delta^{18}O$ record along the Greenland Ice Core Project deep ice core and the problem of possible Eemian climatic instability. Journal of Geophysical Research 102: 26.397–26.410

Kerschner H (2009) Gletscher und Klima im Alpinen Spätglazial und frühen Holozän. In: Schmid R, Matulla C, Psenner R (eds) Klimawandel in Österreich. Die letzten 20.000 Jahre …und ein Blick voraus. Alpine space – man and environment 6. Innsbruck University Press, Innsbruck, 5–26

Klasen N, Fiebig M, Preusser F, Reitner JM, Radtke U (2007) Luminescence dating of proglacial sediments from the Eastern Alps. Quaternary International 164–165: 21–32

Kossack G, Schmeidl H (1974) Vorneolithischer Getreideanbau im bayerischen Alpenvorland. Jahresbericht der Bayerischen Bodendenkmalpflege 15/16: 7–23

Mayer H (1974) Wälder des Ostalpenraumes – Standort, Aufbau und waldbauliche Bedeutung der wichtigsten Waldgesellschaften in den Ostalpen samt Vorland. Fischer, Stuttgart

Nicolussi K, Kaufmann M, Patzelt G, van der Pflicht J, Thurner A (2005) Holocene tree-line variability in the Kauner-valley, Central Eastern Alps, indicated by dendrochronological analysis of living trees and subfossil logs. Vegetation History and Archaeobotany 14: 221–234

Oeggl K (1988) Beiträge zur Vegetationsgeschichte Tirols VII: Das Hochmoor Schwemm bei Walchsee. Berichte des naturwissenschaftlich-medizinischen Vereins Innsbruck 75: 37–60

Oeggl K (1998) Palynologische Untersuchungen aus dem Bereich des römischen Bohlenweges bei Lermoos, Tirol. In: Walde E (ed) Via Claudia. Neue Forschungen. Institut für Klassische Archäologie der Leopold-Franzens-Universität Innsbruck. Innsbruck, 147–171

Oeggl K (2013) Vom Ulmensterben zur Waldverwüstung: anthropogene Vegetationsveränderungen in den Alpen seit dem Neolithikum. Berichte der Reinhold-Tüxen-Gesellschaft 25: 95–107

Pott R (1989): Die Formierung von Buchwaldgesellschaften im Umfeld der Mittelgebirge Nordwestdeutschlands unter dem Einfluss des Menschen. Berichte des Geobotanischen Instituts der Universität Hannover 1: 30–44

Ravazzi C (2002) Late Quaternary history of spruce in southern Europe. Review of Palaeobotany and Palynology 120: 131–177

Shakun JD, Clark PU, He F, Marcott SA, Mix AC, Liu Z, Otto-Bliesner B, Schmittner A, Bards E (2012) Global warming preceded by increasing carbon dioxide concentrations during the last deglaciation. Nature 484: 49–54

Stojakowits P (2014) Pollenanalytische Untersuchungen zur Rekonstruktion der Vegetationsgeschichte im südlichen Iller-Wertach-Jungmoränengebiet seit dem Spätglazial. Dissertation Universität Augsburg, Augsburg

Wahlmüller N (1985) Der vorgeschichtliche Mensch in Tirol. Neue Aspekte aufgrund der Pollenanalyse. Veröffentlichungen des Museum Ferdinandeum Innsbruck 65: 105–120

Walde C, Oeggl K (2003): Blütenstaub enthüllt dreitausendjährige Siedlungsgeschichte im Tannberggebiet. Walserheimat 73: 162–175

Wanner H, Solomina O, Grosjean M, Ritz S, Jetel M (2011) Structure and origin of Holocene cold events. Quaternary Science Reviews 30: 3109–3123

Williams JW, Shuman BN, Webb III T (2001) Dissimilarity analyses of Late-Quaternary vegetation and climate in Eastern North America. Ecology 82: 3346–3362

Bodenseegebiet/Ehemaliger Rheingletscher nördlich des Bodensees

Manfred Rösch

Blick von Norden auf den Bodensee-Untersee. Im Hintergrund das Schweizer Mittelland und die Alpen. Links vor dem Untersee der Mindelsee, rechts davon auf Höhe der Mettnau-Spitze die Buchenseen, am rechten unteren Bildrand der Steißlinger See (Foto: O. Braasch)

Ergänzende Information Die elektronische Version dieses Kapitels enthält Zusatzmaterial, auf das über folgenden Link zugegriffen werden kann [https://doi.org/10.1007/978-3-662-68936-3_10].

M. Rösch (✉)
Institut für Ur- und Frühgeschichte und Vorderasiatische Archäologie, Ruprecht-Karls-Universität, Heidelberg, Deutschland
e-mail: manfred-roesch@t-online.de

Der Naturraum

Die alpine Vorlandvergletscherung in Südwestdeutschland, der ehemalige Rheingletscher, erstreckte sich vom Alpenrand südlich von Bregenz bis zur Donau im Norden, im Westen bis zum Rheinfall und im Osten bis zur Wasserscheide Argen/Iller, an die das Gebiet des Illergletschers anschließt (Abb. 10.1). Auch das Ostschweizer Mittelland südlich des Bodensees gehört zum Rheingletschergebiet, bleibt hier jedoch unberücksichtigt. Südlich der risszeitlich gebildeten Altmoräne, die stellenweise die Donau überschreitet, schließt das würmzeitlich geformte Jungmoränen-Hügelland an. Die Jungmoräne strahlt vom Bodensee nach Norden aus. Dort wird sie durch die äußere Jung-Endmoräne von der Altmoräne abgegrenzt. Die Grenze verläuft von Südwest nach Nordost, vom Raum nördlich Stockachs über Pfullendorf, das Pfrunger Ried, Saulgau, Bad Buchau, Bad Wurzach nach Memmingen. Die Nord-Süd-Ausdehnung der Jungmoräne steigt von 15 km im Westen auf knapp 60 km auf der Linie Lindau – Bad Buchau und wird nach Osten wieder schmäler. Die Altmoräne ist 20–30 km breit und bildet einen Landstreifen entlang der Donau, der vom riss-, aber nicht mehr vom würmzeitlichen Gletscher erreicht wurde. Der tiefstgelegene Teil des Rheingletschergebietes ist das Bodenseebecken mit Höhenlagen unter 500 m NN. Der Pegel des Bodensees liegt bei ca. 395 m. Das Gebiet ist bis auf den Hegau und das Altmoränengebiet mit zahlreichen kleinen Seen und Mooren durchsetzt, die teilweise ebenfalls aus Seen hervorgegangen sind, und liegt meist zwischen 500 und 700 m NN. Einzelne Erhebungen wie Gehrenberg und Höchsten übersteigen 800 m. Das Gebiet wird teilweise nach Süden über den Bodensee in den Rhein entwässert, der nördliche Teil nach Norden in die Donau. Diese europäische Hauptwasserscheide entspricht ungefähr dem Verlauf der Jung-Endmoräne. Die wichtigsten nördlichen Bodenseezuflüsse sind von Ost nach West Argen, Schussen sowie Seefelder, Stockacher und Radolfzeller Aach. Letztere wird vor allem mit Donauwasser aus der Versickerung bei Immendingen gespeist, das in der Aachquelle zutage tritt. Nördlich der Hauptwasserscheide sind die wichtigsten Donauzuflüsse von Ost nach West Iller, Rot, Riss, Kanzach und Ablach. Größtes Stillgewässer ist der Bodensee, im Volksmund auch Schwäbisches Meer genannt, bestehend aus dem Obersee mit dem Überlinger See und dem über die Fließstrecke Seerhein ver-

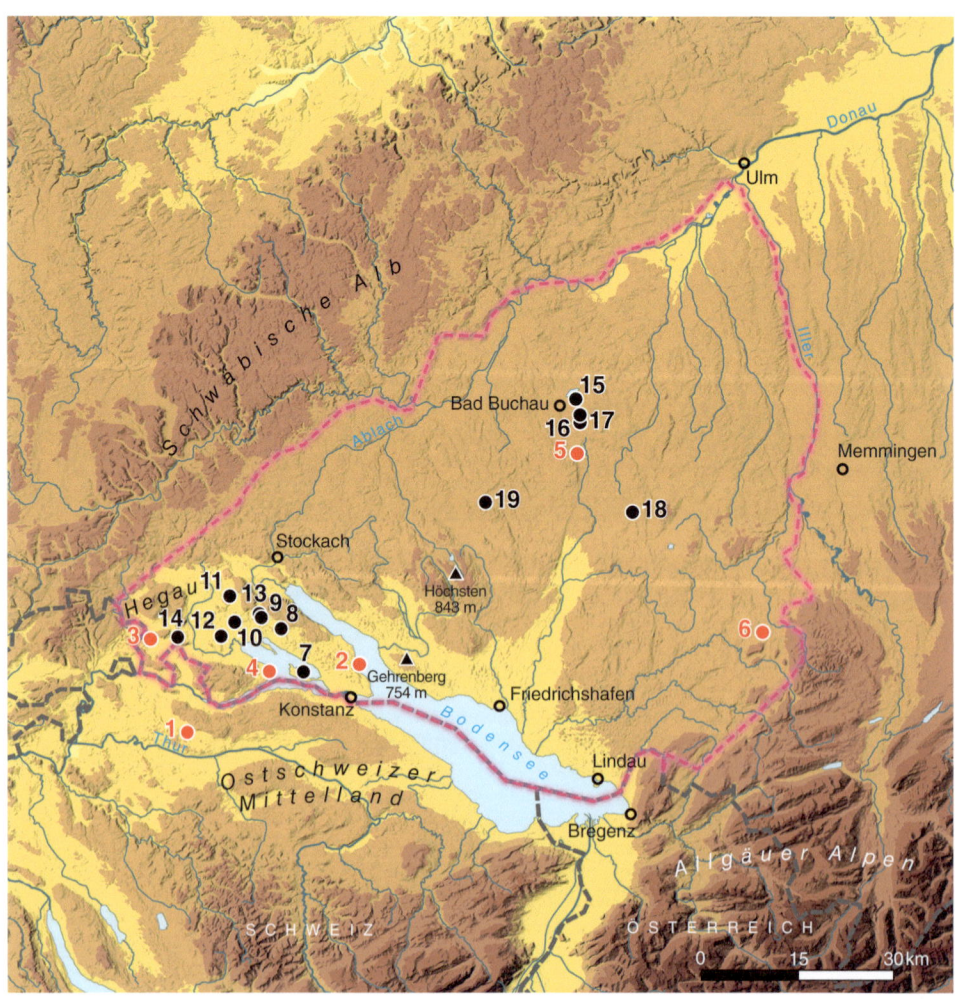

Abb. 10.1 Karte der Region Bodenseegebiet und ehemaliger Rheingletscher nördlich des Bodensees mit pollenanalytisch untersuchten Lokalitäten für das standardisierte Pollendiagramm:
1 Nussbaumer See,
2 Mainau.
Zusätzlich diskutierte Diagramme:
3 Hartsee,
4 Hornstaad,
5 Zellsee,
6 Großer Ursee.
Weitere im Text erwähnte Lokalitäten:
7 Gnadensee,
8 Mindelsee,
9 Buchenseen,
10 Böhringer See und Litzelsee,
11 Steißlinger See,
12 Feuenried,
13 Durchenbergried,
14 Grasseemoor,
15 Federsee,
16 Bad Buchau Torfwerk,
17 Bad Buchau Wildes Ried,
18 Bad Waldsee,
19 Königseggsee

bundenen Untersee. Mit 63 km Länge, 14 km maximaler Breite und 536 km² Gesamtfläche bei 252 m maximaler Tiefe gehört der Bodensee mit dem Plattensee und dem Genfer See zu den größten europäischen Seen.

Böden und Klima

Im Jungmoränengebiet stehen Geschiebe mit schwach entkalkten Parabraunerden an, stellenweise auch Obere Süßwassermolasse. Im Gebiet der Altmoränen ist das Relief schwächer, und man findet auf risszeitlichen Geschieben tiefgründig entkalkte und versauerte, oft pseudovergleyte Böden. Die besten Böden, Parabraunerden auf Löss und Braunerden auf vulkanischen Gesteinen, finden sich im Hegau, einem vulkanisch entstandenen Hügelland zwischen Bodensee, Hochrhein, Schwarzwald und Schwäbischer Alb.

Das Klima ist submontan-subozeanisch mit Jahresmitteln von 8–9 °C und Jahresniederschlägen, die aufgrund des Regenstaus der Allgäuer Alpen und des Bregenzer Waldes von 700 mm im Westen auf über 1500 mm im Osten ansteigen. Somit ergibt sich ein Niederschlagsgradient mit von West nach Ost zunehmenden Niederschlägen, kombiniert mit einem höhenbedingten Temperaturgradienten. Daraus folgt eine Untergliederung in vier Teilregionen: Ganz im Westen hat die mit 400 km² kleinste Region, der Hegau, im Regenschatten des Schwarzwaldes das wärmste und trockenste Klima und zugleich die fruchtbarsten Böden. Im nach Osten anschließenden Bodenseebecken (1620 km², davon 536 km² Wasserfläche) nehmen die Niederschläge von 881 mm in Radolfzell auf 1433 mm in Bregenz zu. Das nördlich bis zur Donau anschließende oberschwäbische Moor- und Hügelland (2040 km²) liegt im Mittel gut 200 m höher als der Bodensee und hat ein feuchteres, kühleres Klima (Aulendorf 8 °C Jahresmittel, 964 mm Jahresniederschlag). Östlich der Schussen geht Oberschwaben ins Westallgäuer Hügelland (2000 km²) über, einer Region mit noch höheren Niederschlägen und heute ausschließlicher Grünlandwirtschaft (Isny 6,8 °C Jahresmittel, 1602 mm Jahresniederschlag).

Vegetation

Als potenzielle natürliche Vegetation gelten Wälder aus Buchen (*Fagus sylvatica*) mit Tannen (*Abies alba*) in höheren Lagen, deren Anteil mit steigender Meeres- und Niederschlagshöhe zunimmt. Für die wärmsten und trockensten Lagen ganz im Westen, im Hegau-Hügelland, wird eine Beteiligung der Traubeneiche (*Quercus petraea*) diskutiert, im Westallgäu neben der Tanne auch eine stärkere Beteiligung der Fichte (*Picea abies*). Die aktuelle Vegetation ist von intensiver land- und forstwirtschaftlicher Nutzung geprägt. So wurden besonders in Oberschwaben und im Allgäu naturnahe Wälder durch Fichtenforste ersetzt.

Besiedlungsgeschichte

Die Erschließung des Gebietes durch bäuerliche Kulturen erfolgte im äußersten Westen (Hegau) und Nordosten (Donautal im Raum Ulm) bereits im Altneolithikum mit der Linearbandkeramik, im Jungmoränen-Hügelland hingegen erst 1200 Jahre später, im Jungneolithikum mit den Kulturgruppen Aichbühl und später Schussenried/Hornstaad. Zwar waren während des Mittelneolithikums (5000–4300 v. Chr.) die regionalen Kulturen Hinkelstein, Großgartach und Rössen gemäß Streufunden bis an den Rand der Jungmoräne herangerückt, bei Konstanz sogar bis in unmittelbare Ufernähe (Dieckmann et al. 2017), aber eindeutige mittelneolithische Ufersiedlungen sind bisher unbekannt. Das Jungneolithikum ist vor allem durch die Feuchtbodensiedlungen der Aichbühler und nachfolgend der Schussenrieder Kultur im nördlichen Oberschwaben ab 4300 v. Chr. und in der zentralen Jungmoräne um den Bodensee mit der Hornstaader Gruppe, einer regionalen Ausbildung der Schussenrieder Kultur, um 4000 v. Chr. gekennzeichnet. Ihnen folgen noch im Jungneolithikum am Bodensee die Pfyner Kultur (3900–3400 v. Chr.) und in Oberschwaben die Pfyn-Altheimer Gruppe (3800–3350 v. Chr.). Das Spätneolithikum ist die Zeit der Horgener Kultur (3400–2800 v. Chr.), und im Endneolithikum folgt auf die Schnurkeramik (2800–2200 v. Chr.) noch die Glockenbecherkultur (2300–2000 v. Chr. in Süddeutschland). Frühbronzezeitliche Besiedlungsspuren setzen an der Wende zum 2. Jahrtausend v. Chr. ein. Ab der späten Bronzezeit (1200–800 v. Chr.) ist im gesamten Naturraum mit Ausnahme der Hochlagen im Westallgäu mit Besiedlung zu rechnen.

Pollenarchive und Forschungsgeschichte

Mit 45 noch existierenden Seen und einer noch größeren Zahl an Mooren steht ein reicher Bestand an vegetationsgeschichtlichen Archiven bereit. Sie sind jedoch nicht gleichmäßig verteilt. Seen fehlen im Hegau und in der Altmoräne. Im restlichen Gebiet kommen noch zahlreiche, teilweise tiefgründige Moore hinzu, die aus Seen hervorgegangen sind. Von den vorhandenen Archiven, besonders in Oberschwaben und im Allgäu, wurde bis heute nur ein kleiner Teil vegetationsgeschichtlich genutzt. Erste Untersuchungen fanden schon zu Beginn der quantitativen Pollenanalyse durch Peter Stark und Karl Bertsch statt. Im Anschluss an den von Franz Firbas festgehaltenen Stand der Forschung entstanden zunächst Studien zum Spätglazial durch Gerhard Lang und Andreas Bertsch, später auch zum Holozän, im oberschwäbischen Jungmoränen-Hügelland durch Gerhard Gronbach und Helga Liese-Kleiber, im Bodenseegebiet durch Helmut Müller und Gerhard Lang. Seit 1985 entstanden am westlichen Bodensee in Zusammenhang mit siedlungsarchäologischen Untersuchungen in spätneolithischen und bronzezeitlichen Ufersiedlungen hochauflösende vegetationsgeschichtliche Studien, zunächst in Mooren, dann an mächtigen Litoralstratigraphien des Bodensees und schließlich an Sedimenten aus dem Zentrum kleiner Seen (zusammenfassend: Rösch et al. 2021). Der methodische Standard in der Pollenanalyse entspricht dabei dem von Beug am Luttersee angewendeten (vergl. Kap. 41). Im östlichen Bodenseegebiet, in Oberschwaben und im Westallgäu kamen ebenfalls neue Untersuchungen hinzu, ebenso im Hegau. Im Fokus der neueren Untersuchungen stand die jüngere Vegetationsgeschichte seit der Bucheneinwanderung. Mittlerweile liegen aus dem Bodenseegebiet hochauflösende Pollenprofile von den Lokalitäten Hornstaad, Mainau, Öhningen-Wangen und Gnadensee vor. Aus dem Hinterland des Bodensees stammen Profile von den kleinen Seen Mindelsee, Buchensee, Böhringer See, Litzelsee, Steißlinger See und Degersee, die am Landesamt für Denkmalpflege durch Manfred Rösch, Lucia Wick, Natalia Rybogina, Jutta Lechterbeck und Angelika Kleinmann erarbeitet wurden. Umfangreiche Pollenstratigraphien aus Mooren im westlichen Bodenseegebiet wurden im Feuenried, Durchenbergried, Grasseemoor und Hartsee durch Manfred Rösch erstellt. In Oberschwaben brachten die Arbeiten von Liese-Kleiber am Federsee den Kenntnisstand voran, später trugen Untersuchungen im Stadtsee von Bad Waldsee, im Königseggsee, im Großen Ursee, im Zellsee und im Gnadensee zur Erweiterung des Kenntnisstands bei (Fischer et al. 2022; Rösch und Marinova 2021; Ryabogina et al. 2021; eine vollständige Literaturliste befindet sich im Anhang).

Regionale Vegetations- und Waldgeschichte

Für die Darstellung wurden zwei Teilprofile zu einem Standardprofil kombiniert: Nussbaumersee, Kern 1 (Spätglazial bis Mittel-Holozän, bis 6750 v. Chr., Rösch 1983) und Mainau-Obere Güll aus dem Überlinger See (bis zur Gegenwart, Rösch und Wick 2018, s. Abb. 10.1). Weil das Bodenseebecken in der Würmeiszeit vergletschert war, sind keine pollenführenden Ablagerungen bekannt, welche die Zeit vor der Ältesten Dryaszeit repräsentieren. Anders verhält sich dies im Altmoränengebiet, aus dem auch glaziale und interglaziale Sedimente und Torfe bekannt wurden, die der Riss-Kaltzeit und der Eem-Warmzeit zuzuordnen sind (Müller 2000; Rösch 2019). Das Pollendiagramm unterteilt sich in 14 regionale Pollenzonen (RPZ, Abb. 10.2 u. Tab. S 10.1 im elektronischen Zusatzmaterial). Die zeitlich sehr hochauflösenden Pollenprofile des Arbeitsgebietes ermöglichen vor allem für die zweite Hälfte der Nacheiszeit eine sehr viel detailliertere Betrachtung, als in Abb. 10.2 dargestellt.

In RPZ 1 (Zeitscheiben 14.750 bis 12.750 v. Chr.) dominiert Nichtbaumpollen. Die Pollenkonzentration ist gering, die *Pinus*-Anteile von teilweise mehr als 10 % und der Pollen wärmeliebender Gehölze werden als Fernflug oder als umgelagertes älteres Material gewertet. Lokale Vorkommen von Spalierweiden (*Salix*), Wacholder (*Juniperus*) und Zwergbirke (*Betula nana*) sind anzunehmen.

In RPZ 2 (Zeitscheiben 12.500 bis 11.750 v. Chr.) beginnt die eigentliche Geschichte des Waldes. Es entstehen Gebüsche aus Sanddorn (*Hippophaë*), *Juniperus*, *Salix* und *Betula nana*, aus denen sich erste (Baum-)Birkenwälder entwickeln. In diesen breitet sich gegen Ende auch die (Wald-)Kiefer aus.

In RPZ 3 (Zeitscheiben 11.500 bis 10.750 v. Chr.) herrschen Wälder aus Kiefer (*Pinus*) und Birke (*Betula*) vor. Es ist eine Übergangszone, in der sich die Birken- allmählich in Kiefernwälder umwandelten. Etwa in der Mitte dieser Zone bildet der um 10.930 v. Chr. abgelagerte Laacher Bimstuff (LST) eine absolute Zeitmarke.

Die RPZ 4 (Zeitscheiben 10.500 bis 9750 v. Chr.) ist durch klare Vorherrschaft der Kiefer gekennzeichnet. Hinweise auf eine erneute klimatisch bedingte Entwaldung während der Jüngeren Dryas sind schwach und beschränken sich auf eine leichte Zunahme von Beifuß (*Artemisia*) und anderen heliophilen Kräutern.

Im Präboreal, RPZ 5 (Zeitscheiben 9500 bis 9000 v. Chr.), kann sich die Birke wieder ausbreiten. Mögliche Ursache ist zunehmende Feuchtigkeit. Dadurch konnte an trockenen Standorten, bis dahin von (Kälte-)Steppen eingenommen, eine Wiederbewaldung zunächst mit Birke stattfinden. Gegen Ende erscheinen Hasel (*Corylus*) und Ulme (*Ulmus*), etwas später auch die Eiche (*Quercus*). Die anfangs klar dominierende Kiefer geht kontinuierlich zurück; die Birke nimmt nach einem kurzen Hochstand rasch wieder ab. Die Hasel nimmt zu und schließt gegen Ende zu Kiefer und Birke auf. Die klimatischen und ökologischen Implikationen dieser Entwicklung sind ungeklärt.

In der ins frühe Boreal fallenden RPZ 6 (Zeitscheiben 8750 bis 8000 v. Chr.) erlangt die Hasel die Vorherrschaft, während Kiefer und Birke rasch abfallen und der Eichenmischwald zunächst stagniert. Die Ursachen für diese Entwicklung werden seit Langem kontrovers diskutiert. Unter anderem wurde ein Waldmanagement durch nun auftretende mesolithische Gruppen ins Spiel gebracht, wofür jedoch klare Belege fehlen.

In RPZ 7 (Zeitscheiben 7750 bis 6750 v. Chr.) setzt sich die Vorherrschaft der Hasel fort. Sie erreicht anfangs ihren Höchststand und nimmt dann zugunsten von Eiche, Ulme, Linde (*Tilia*), Ahorn (*Acer*) und Esche (*Fraxinus*) langsam ab. Sporadisch sind bereits Fichte (*Picea*), Buche (*Fagus*) und Tanne (*Abies*) erfasst. Kiefer und Birke haben nur noch sehr geringe Prozentwerte.

10 Bodenseegebiet/Ehemaliger Rheingletscher nördlich des Bodensees

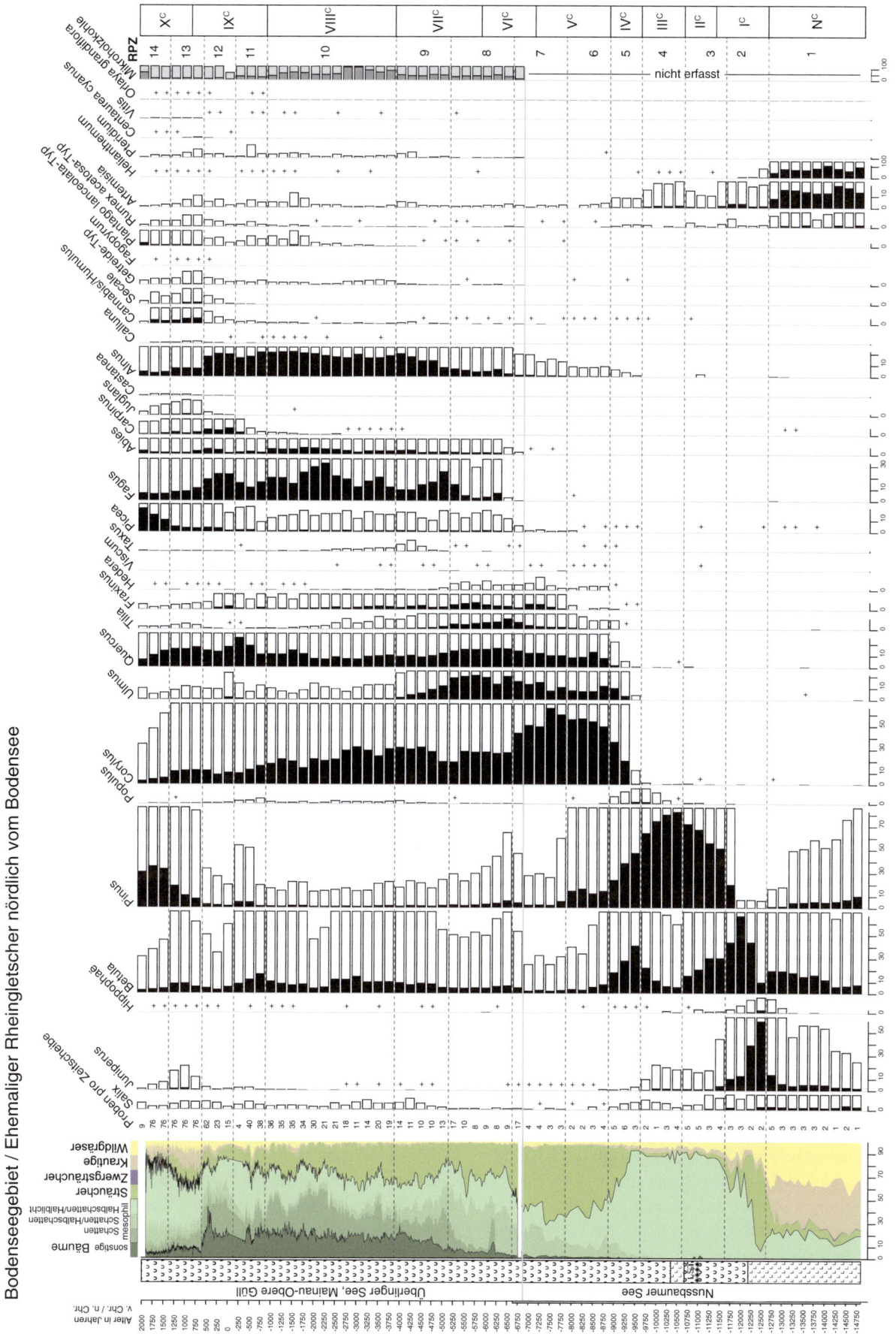

Abb. 10.2 Standardisiertes Pollendiagramm für die Region Bodensee und ehemaliger Rheingletscher nördlich vom Bodensee kombiniert aus den Profilen Nussbaumer See (435 m NN, Rösch 1983) und Überlinger See – Mainau-Obere Güll. (395 m NN, Rösch und Wick 2018)

In RPZ 8 (Zeitscheiben 6500 bis 5250 v. Chr.) überflügelt der Eichenmischwald die Hasel. Dabei bleiben allerdings Ulme und Eiche als dessen häufigste Komponenten mengenmäßig noch hinter dieser zurück. Vor allem in den Feuchtgebieten breitet sich die Erle (*Alnus*) aus, vermutlich die Schwarzerle *A. glutinosa*, die aber als vorwiegend azonale Art bei der weiteren Betrachtung der Dominanzverhältnisse unberücksichtigt bleibt. Am Beginn von RPZ 8 steigt *Picea* auf Werte um 1 %, wenig später ziehen *Fagus* und *Abies* nach. Von diesen dreien kann sich aber gegen Ende der Zone zunächst nur die Buche massenhaft ausbreiten, die dann in RPZ 10 zur häufigsten Holzart wird. Das Auftreten erster neolithischer, das heißt Ackerbau betreibender Gruppen im Untersuchungsgebiet fällt in diese RPZ und deutet sich durch beginnende regelmäßige Nachweise von Kulturzeigern im Pollendiagramm an, etwa des Getreide-Typs. Wie auch nachstehend erläutert (s. u. Abschn. „Menschlicher Einfluss") handelt es sich hierbei jedoch vermutlich um Fernflug, da gemäß der archäologischen Überlieferung das Alpenvorland erst in der folgenden RPZ 9 von bäuerlichen Kulturen des Spätneolithikums erschlossen wurde, wie es auch zunehmende Hinweise menschlicher Eingriffe im Pollendiagramm ab etwa 4300 v. Chr. nahelegen.

Mit der Buchenausbreitung im späten Atlantikum (RPZ 9, Zeitscheiben 5000 bis 4000 v.Chr.) geht *Tilia* deutlich zurück. Diese RPZ zeigt einen bewegten Verlauf: Nach kurzer Vorherrschaft der Buche fällt diese wieder ab, und die Hasel hat einen sekundären Gipfel. Ulme, Linde und Esche gehen auf geringe Werte zurück, und auch die Eiche nimmt ab.

Mit Beginn des Subboreals in RPZ 10 (Zeitscheiben 3750 bis 1000 v. Chr.) dominiert nach dem finalen Ulmenfall anfangs bei noch hohen, aber langsam zurückgehenden Werten von Ulme, Eiche und Esche die Hasel. Die Linde geht erneut deutlich zurück. Ab 2200 v. Chr. dominiert die Buche, ab 1500 v. Chr. gemeinsam mit der Hasel. Die Hainbuche (*Carpinus*) hat nun eine geschlossene Kurve, aber mit geringen Prozentwerten. Auffallend ist, dass in der frühen Phase der Haseldominanz bis zur Zeitscheibe 2500 v. Chr. die Holzkohleeinträge sehr hoch sind, und zwar nicht nur im Profil Mainau, sondern in allen Pollenprofilen des Gebietes, unabhängig davon, ob vom Bodensee oder aus kleinen Seen oder Mooren im Hinterland, und unabhängig davon, ob sie in der Umgebung von Feuchtbodensiedlungen liegen. Der Holzkohleeintrag kann daher nichts mit den Siedlungen zu tun haben, sondern mit der Landnutzung, bei der offenbar Feuereinsatz eine große Rolle spielte.

Die Kurvenverläufe von Hasel, Holzkohle und Kulturzeigern sind gleichläufig, bei der Buche sind sie gegenläufig. Die Offenlandzeiger nehmen nur schwach zu. Kulturchronologisch umfasst RPZ 10 das Jung-, Spät- und Endneolithikum sowie die frühe, mittlere und den Beginn der späten Bronzezeit. Mit dem Beginn der frühen Bronzezeit um ca. 2300 v. Chr. weist die Nichtbaumpollensumme auf deutliche und dauerhafte Entwaldung hin. So nimmt der Spitzwegerich (*Plantago lanceolata*-Typ) deutlich zu, die Kurven des Getreide-Typs und der Holzkohle fallen jedoch etwas ab. Ist die Entwaldung anfangs noch gering, nimmt sie am Ende mit Zeitscheibe 1750 v. Chr. zu. Auffällig hierbei ist ein starker Abfall der Buchenkurve. Die Holzkohleeinträge sind im Vergleich zum Spät- und Endneolithikum jedoch gering. Demnach gab es ab der Frühbronzezeit eine intensive Landnutzung in Form von Feld-Gras-Wirtschaft mit Pflugbau, aber ohne Feuereinsatz.

In RPZ 11 (Zeitscheiben 750 bis 250 v. Chr.) wird nach einer Phase mit Birkendominanz die Eiche dominant. Die Entwaldung wird phasenweise noch stärker, geht aber gegen Ende wieder leicht zurück. Kulturchronologisch sind hierbei die späte Bronzezeit, die Hallstattzeit und die ältere Hälfte der Latènezeit erfasst. Das Abbrechen der Feuchtbodenbesiedlung am Ende der späten Bronzezeit, um 850 v. Chr., das mit einer Klimaverschlechterung in Zusammenhang gebracht wird, kommt in einem Birkenmaximum und einem Rückgang der Offenland- und Kulturzeiger zum Ausdruck. Das zeigen auch die Pollenprofile Böhringer See, Hornstaad, Mainau und Mindelsee: Dort ist ein Landnutzungsrückgang von maximal einem Jahrhundert Dauer um 850 v. Chr. erkennbar (Lechterbeck und Rösch 2021). Ab der späten Eisenzeit (Zeitscheiben 500 und 250 v. Chr.) nimmt die Eiche zu Lasten von Buche, Hasel und Birke an Bedeutung zu, und die Hainbuchenkurve steigt an. Getreide und Spitzwegerich gehen leicht zurück, aber die Kurve von Hanf/Hopfen (*Cannabis/Humulus*) beginnt anzusteigen. Gegen Ende nehmen auch die Anteile von Roggen (*Secale*) und Walnuss (*Juglans*) deutlich zu. Die Eichenvorherrschaft ist durch den Waldbau zu erklären, da in dem bereits zuvor von der Buche beherrschten Gebiet die Eiche sich weder aus eigener Kraft noch durch mäßige Eingriffe wie Waldweide (s. Exkurs Kap. 19) gegenüber der Buche durchsetzen und zur Dominanz gelangen kann. Der Vergleich mit historischen Perioden und schriftlicher Überlieferung legt Mittelwaldwirtschaft nahe, die man örtlich bis in die frühe Bronzezeit zurückverfolgen kann (s. Exkurs Kap. 20).

In RPZ 12 (Zeitscheiben 0 bis 500 n. Chr.) dominiert die Buche. Die Hainbuche erreicht ihr Maximum von knapp 10 %. Die Eiche ist noch gut vertreten, und die Fichte nimmt leicht zu. Am Ende geht die Erle stark zurück. Die Zone entspricht kulturchronologisch der Römischen Kaiserzeit, der Völkerwanderungs- und der Merowingerzeit. Das Wiedererstarken der Buche spricht für ausbleibende Bewirtschaftung über einen längeren Zeitraum von maximal einigen Jahrhunderten. Die Zunahme des Hainbuchenpollens ist mit der Aufgabe der Mittelwaldwirtschaft zu erklären, sodass die zuvor regelmäßig auf Stock gesetzte Hainbuche in die obere Baumschicht und dadurch vermehrt zur Blüte gelangen konnte. Der Rückgang der Erle erklärt sich durch die systematische wirtschaftliche Nutzung der Feuchtgebiete ab dem frühen Mittelalter.

RPZ 13 (Zeitscheiben 750 bis 1250 n. Chr.) weist eine schwache Prädominanz der Eiche bei Subdominanz von Hasel, Buche und Kiefer auf. Gräser und Kräuter erreichen mit mehr als 20 % ihr Maximum, ebenso Getreide, Roggen und Hanf/Hopfen. Diese Zone entspricht dem Früh-, Hoch- und Spätmittelalter und gehört zu den Phasen intensivster Landnutzung im Untersuchungsgebiet. Kulturzeiger sind noch häufig, aber rückläufig. Der Gehölzpollenanteil nimmt ab der Mitte der RPZ langsam zu und reflektiert vermutlich die spätmittelalterliche Krise. Allerdings weist die Zunahme des Wacholders (*Juniperus*) auf fortgesetzte Übernutzung der Wälder, vor allem durch Beweidung hin.

In RPZ 14 (Zeitscheiben 1500 bis 2000 n. Chr.) wird die Kiefer zur wichtigsten Baumart. Auch die Fichte nimmt stetig zu. Bei den Kulturzeigern gehen nach 1750 n. Chr. vor allem Hanf/Hopfen und Roggen zurück. Diese Zone entspricht der Neuzeit.

Wie eine Gegenüberstellung von Pollenprofilen aus den vier Teilregionen zeigt (Abb. 10.3, Hartsee/Hegau, Hornstaad/Bodensee, Zellsee/Oberschwaben und Großer Ursee/Allgäu), ist die Vegetationsentwicklung im Spätglazial und in der ersten Hälfte des Holozäns bis zur Buchenausbreitung (RPZ 1 bis 8), also etwa bis zum Beginn des Neolithikums, sehr ähnlich und weitgehend synchron, sieht man davon ab, dass nach Osten Ulme und Linde auf Kosten der Eiche an Bedeutung gewinnen. Die letzten sieben Jahrtausende (RPZ 9 bis 14) verlangen aber eine differenzierte Betrachtung, denn sie verlaufen keinesfalls gleichartig – ein Hinweis darauf, dass der menschliche Eingriff die wesentliche Triebkraft des Geschehens gewesen ist.

Die Buchenausbreitung erfolgt am frühesten im westlichen Bodenseegebiet, um 5000 v. Chr. Weiter westlich, im Hegau, ist sie um 500 Jahre verzögert. Nördlich des Bodenseebeckens, in Oberschwaben, fallen Buchenausbreitung und finaler Ulmenfall zusammen und datieren um 4000 v. Chr. Im Allgäu ist die Buchenausbreitung ein sehr langwieriger Prozess, der um 4000 v. Chr. beginnt und erst 1500 v. Chr. zum Abschluss kommt.

Nach ihrer Massenausbreitung hat die Buche am Bodensee und in Oberschwaben die größte Bedeutung. Im Hegau dagegen bleibt die Eiche stark und überflügelt bereits im 1. Jahrtausend v. Chr. die Buche dauerhaft. Chronologisch umfasst im Hegau die Buchenherrschaft nur das 3. Jahrtausend v. Chr., bis zu den frühbronzezeitlichen Rodungen. Zwar gibt es auch später Schwankungen der Buchenkurve, doch wird sie nicht mehr dominierend. Im Allgäu ist die Buchenherrschaft durch die stärkere Beteiligung von Tanne und Fichte abgeschwächt. Am Bodensee gibt es fünf Phasen mit Buchendominanz. Die erste dauert von 5000 bis 4300 v. Chr. und endet mit der jungneolithischen Landnahme. Die zweite ist nur von kurzer Dauer, etwa zwei Jahrhunderte von 3500 bis 3300, und fällt in eine Phase verminderter Landnutzung am Übergang Jung-/Spätneolithikum. Die dritte Phase beginnt 2500 v. Chr. und dauert 700 Jahre bis 1800 v. Chr. Es ist die Zeit vom Ende der Schnurkeramik bis zur frühbronzezeitlichen Landnahme, während der es keine Feuchtbodenbesiedlung gibt und Hinweise auf Landnutzung im Gebiet äußerst schwach sind. Der vierte Hochstand der Buchenkurve ist zwischen 1500 und 800 v. Chr. anzusetzen. Er fällt in die mittlere und späte Bronzezeit sowie den Übergang zur älteren Vorrömischen Eisenzeit und ist meist mehrphasig. Ein weiteres deutliches Maximum hat die Buchenkurve zwischen 200 und 600 n. Chr., also in der Spätantike und im Frühmittelalter. Bis auf den vierten Hochstand in der Bronzezeit fallen alle Maxima der Buchenkurven in Zeiten geringer Siedlungs- und Landnutzungsaktivität. Die Buchenhochstände werden im Spätneolithikum durch Hochstände von Hasel und Birke unterbrochen, ab der Bronzezeit durch Zunahme von Eiche oder Birke.

Die bereits von Franz Firbas erwähnten sekundären Haselmaxima im 5. bis 4. Jahrtausend v. Chr. – erkennbar in Abb. 10.3 durch erhöhte Anteile der Sträucher im Summendiagramm – sind daher als Indikatoren jungsteinzeitlicher Landnutzung zu sehen. Sie sind im gesamten Gebiet bemerkenswerterweise weder gleich lang noch synchron oder gleich stark ausgeprägt. Die sekundären Haselmaxima werden vom früh und intensiv besiedelten Westen Richtung Osten immer schwächer, sind bereits in Oberschwaben sehr undeutlich und fehlen im Allgäu. Die Birkenhochstände hingegen sind generell von kurzer Dauer und leiten über zu Buchenhochständen, sind also als Sukzessionen nach Nutzungsrückgängen zu verstehen (vgl. Exkurs Kap. 50 und Abschn. „Menschlicher Einfluss" unten).

In Oberschwaben erfolgt die Buchenausbreitung fast ein Jahrtausend später als am Bodensee erst nach dem Ulmenfall. Sieben Buchenmaxima sind erkennbar: Der erste Buchengipfel fällt ins 4. Jahrtausend v. Chr., der zweite, kurze an die Wende vom 4. zum 3. Jahrtausend v. Chr., der dritte, sehr lang dauernde ins 2. Jahrtausend v. Chr. und der vierte mit den Maximalwerten der Buche ins 2. und 1. Jahrtausend v. Chr. Es folgen zwei kurze und schwache Buchengipfel im späten 1. Jahrtausend v. Chr. und im frühen 1. Jahrtausend n. Chr. Das siebte und letzte Buchenmaximum findet zwischen 600 und 1100 n. Chr. statt. Ab dem dritten Gipfel sind die Entwicklungen am Bodensee und in Oberschwaben gleichläufig. Hier wie dort sind Eiche und Birke die Antagonisten der Buche, dabei ist in Oberschwaben die Eiche etwas schwächer und die Birke stärker. Im Allgäu beginnt die Buchenherrschaft im 3. Jahrtausend v. Chr., als die Buche die Ulme überflügelt. Die Buchenherrschaft verstärkt sich trotz stärkerer Beteiligung von Tanne und Fichte und ist im

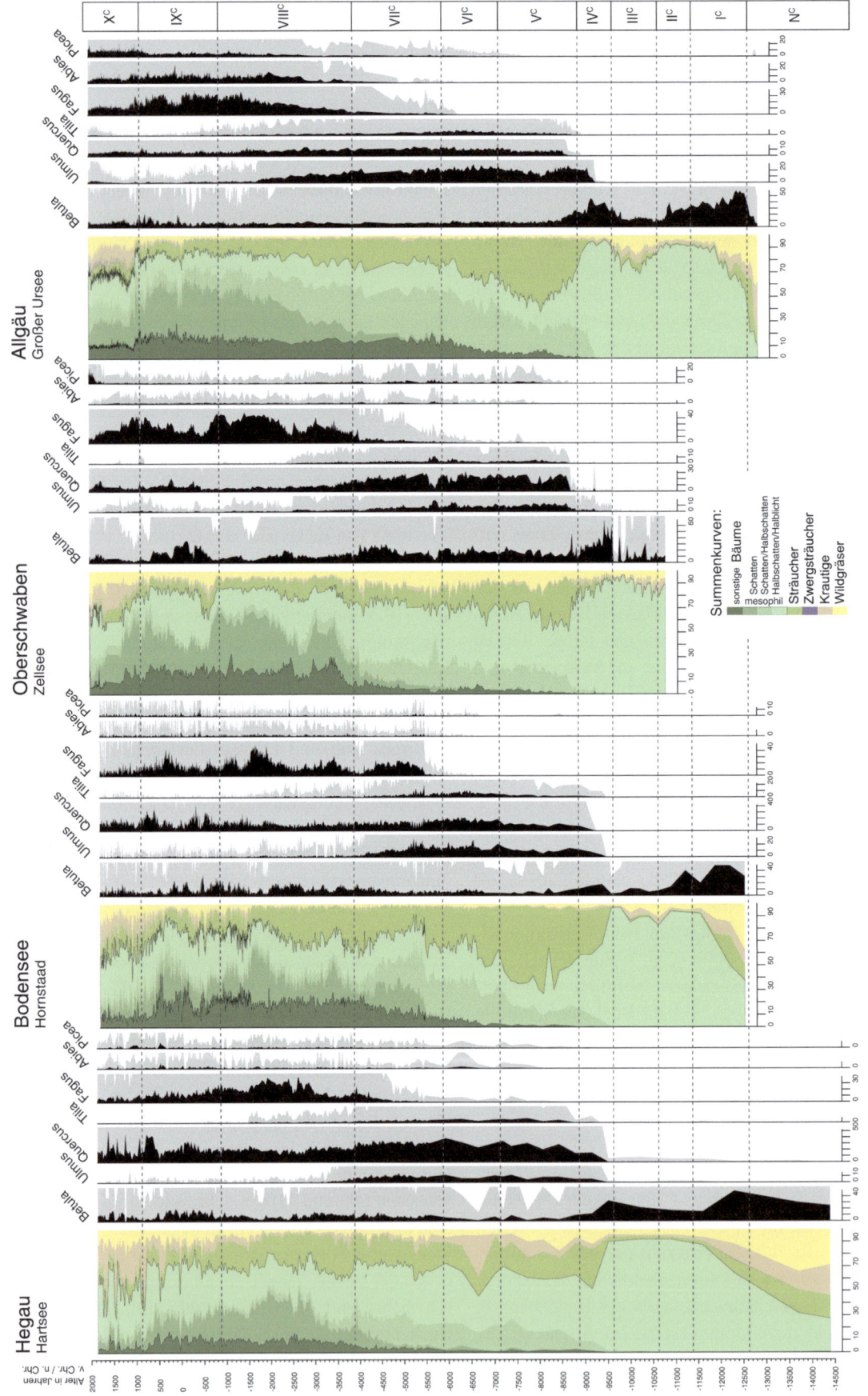

Abb. 10.3 Vegetationsgeschichtlicher Vergleich der vier Teilregionen Hegau, Bodenseebecken, Oberschwaben und Westallgäu anhand von vereinfachten Pollenprofilen vom Hartsee (436 m NN, Rösch und Lechterbeck, im Druck), von Hornstaad (395 m NN, Rösch 1992, 1993), vom Zellsee (577 m NN, Rösch und Marinova 2021) und vom Großen Ursee (695 m NN, Rösch et al. 2020)

2. und 1. Jahrtausend am stärksten. Erstmalig wird sie um die Zeitenwende unterbrochen, als die Wiederbewaldung am Ende der ersten deutlichen Landnutzungsphase von der Birke eingeleitet wird.

Weitere naturräumliche Unterschiede betreffen die anteilige Bedeutung von Buche, Tanne und anderen Bäumen seit dem Subboreal. Zwar kommt die Hauptrolle im gesamten Gebiet der Buche zu, doch ist die Beteiligung der übrigen Baumarten aufgrund klimatischer Einflüsse, insbesondere der Niederschlagshöhe unterschiedlich. Bei der Ursachenforschung dieser regionalen Unterschiede und chronologischen Entwicklungen müssen die Biologie und die Ökologie der unterschiedlichen Baumarten berücksichtigt werden. Im zentralen und nördlichen Teil, also in Oberschwaben bis zum Bodensee-Obersee, herrscht die Buche allein. In den wärmsten und trockensten Lagen im Hegau und westlichen Bodenseegebiet ist eine Beteiligung der Traubeneiche anzunehmen, was die hohen Eichen- und eher niedrigeren Buchenprozente im Hegau untermauern. Eine stärkere Beteiligung der Eiche ist auch in unmittelbarer Umgebung des Bodensees anzunehmen, wo ausgedehnte Hartholzauen wuchsen, beispielsweise am Gnadensee. Klimatische und anthropogene Ursachen für diese Unterschiede sind kaum entwirrbar.

Südlich des Bodensees, im südöstlichen Oberschwaben und im Allgäu gewinnt bei steigenden Niederschlägen die Tanne an Bedeutung. Dort ist auch mit natürlichen Fichtenvorkommen zu rechnen. Während im übrigen Arbeitsgebiet die Tanne eine Nebenkomponente bleibt, die nie die 5-Prozent-Marke im Pollenniederschlag übersteigt, zeichnet sich im Allgäu, zeitgleich zum Anstieg der Buchenkurve, eine deutliche Zunahme der Tanne kurz nach 4000 v. Chr. ab. Nach einem vorübergehenden Rückgang in der zweiten Hälfte des 4. Jahrtausends v. Chr. setzt sich der Anstieg der Tannenkurve im 3. Jahrtausend fort, wiederum parallel zum Anstieg der Buchenkurve. Um 2000 v. Chr. erreicht die Tanne mit mehr als 20 % ihr Maximum und geht anschließend, also während der Bronzezeit, etwas zurück, Der Anstieg der Buchenkurve hingegen setzt sich fort. Im 3. Jahrtausend überschreitet auch die Fichtenkurve die 5-Prozent-Marke. Im 1. Jahrtausend v. Chr. – Vorrömische Eisenzeit –, als sich die Buchenwerte auf hohem Niveau stabilisieren, nimmt die Tanne nochmals zu und übersteigt die 20-Prozent-Marke deutlich. Diese Verhältnisse ändern sich erst im 2. Jahrtausend n. Chr., als Buche und Tanne zurückgehen und die Fichte zunimmt.

Menschlicher Einfluss

In der zweiten Hälfte der Nacheiszeit, nach der Schattholzausbreitung, gerät die Vegetationsentwicklung zusehends unter den Einfluss des wirtschaftenden Menschen. Hierbei überlagern sich regionale und kleinräumige Entwicklungen. Das gilt besonders für die Jungsteinzeit, die Bronzezeit und die Eisenzeit. In historischer Zeit werden der menschliche Einfluss im Gebiet und die dadurch ausgelösten Vegetationsveränderungen großräumig wieder gleichförmiger. So scheint es im ganzen Gebiet nur geringe Unterschiede in der maximalen mittelalterlich-neuzeitlichen Entwaldung gegeben zu haben.

Im Hegau ist menschlicher Einfluss, insbesondere Entwaldung, bereits im 6. Jahrtausend v. Chr. deutlich erkennbar, was im Einklang mit der archäologisch dokumentierten Besiedlungsgeschichte dieser fruchtbaren Landschaft seit der Linearbandkeramik steht. Am Bodensee treten entsprechende Hinweise viel schwächer auf und zeichnen möglicherweise durch Fernflug Ereignisse im benachbarten Hegau nach. Deutliche Spuren einer Besiedlung und bäuerlichen Nutzung – Rückgang von Buche, Linde und Ulme, Zunahme der Mikroholzkohle sowie von Hasel und Birke, das Auftreten von Getreidepollen und Synanthropen – werden hier erst im späten 5. Jahrtausend v. Chr. fassbar (um 4300 v. Chr.), damit allerdings rund 300 Jahre früher als die ältesten bisher bekannten Siedlungen vermuten lassen könnten (Köninger und Schlichtherle 2016). Nach allen archäologischen und paläoökologischen Erfahrungen müsste es also am Bodensee, wie in Oberschwaben und im Schweizer Mittelland, eine Besiedlung des frühen Jungneolithikums, also des Horizonts Aichbühl/Wauwil/Lützengütle gegeben haben, für die klare archäologische Belege jedoch immer noch ausstehen.

Neue siedlungsübergreifende Studien zur prähistorischen Besiedlungsdynamik fehlen in Oberschwaben, konnten aber für das westliche Bodenseegebiet und den Hegau herausgearbeitet werden. Demnach setzten sich im Hegau Besiedlung und Landnutzung auch im Jung-, Spät- und Endneolithikum fort, mit denselben Kulturen wie in den Feuchtbodensiedlungen der Jungmoräne, nämlich mit der Pfyner und Horgener Kultur, der Schnurkeramik- und Glockenbecherkultur. Am Bodensee zeichnen sich dagegen zwei deutliche Rückgänge von Landnutzung und Besiedlungsdichte ab, sowohl am Übergang Jung-/Spätneolithikum (etwa 3700 bis 3300 v. Chr.) als auch am Übergang Endneolithikum/Bronzezeit (etwa 2600 bis 1800 v. Chr.). Diese Einschnitte verlaufen jedoch nicht synchron und sind nicht überall gleich deutlich.

Im Hegau ist nur der Rückgang während Endneolithikum/Frühbronzezeit in allen untersuchten Profilen erkennbar (Abb. 10.3). Die Buchenhochstände sind im Hegau deutlich schwächer als am Bodensee. Die einzige Phase, in der die Besiedlungsspuren am Bodensee stärker sind als im Hegau, ist die Zeit der Schnurkeramikkultur. In allen anderen Fällen scheint der Hegau mit seinem für Ackerbau günstigen Klima und seinen bestens geeigneten Böden der primäre Siedlungsraum gewesen zu sein, womit die neolithische Feuchtbodenbesiedlung möglicherweise nur ein Überschwappen aus dem Gunstraum in Zeiten großer Besiedlungsdichte und hohen Bevölkerungsdrucks darstellt.

Über die Besiedlungsdynamik im Nordosten, im Altsiedelland entlang der Donau und auf der erst später besiedelten oberschwäbischen Jungmoräne sind wir nur schlecht unterrichtet. Allerdings legen am Zellsee (Abb. 10.3), aber auch am Königseggsee wie auch am Federsee wechselnde Dominanzverhältnisse bei den Bäumen und wechselnde Mengen von Kulturzeigern starke Fluktuationen der Landnutzungsintensität zwischen Neolithikum und Eisenzeit nahe. Insbesondere die Abschwächung oder Unterbrechung der Buchendominanz bei gleichzeitiger Zunahme von Birke, Hasel, Eiche sowie des Nichtbaumpollens weist auf eine höhere Intensität der Landnutzung zwischen 3000 und 2500 v. Chr. sowie zwischen 1500 und 1000 v. Chr. und nach 500 v. Chr. hin. Eine starke prähistorische Landnutzung ist bereits vor der Buchenausbreitung im Jungneolithikum erkennbar, dann auch im Endneolithikum mit einem Höchststand um 3000 v. Chr., des Weiteren in der mittleren Bronzezeit (Mitte 2. Jahrtausend v. Chr.) sowie in der späten Bronze- und der Eisenzeit (1. Jahrtausend v. Chr.). Besonders wechselhaft ist die Nutzungsintensität in der späten Spätbronzezeit und der mittleren/späten Latènekultur (2.–1. Jahrhundert v. Chr.).

Bezüglich der Landnutzung im späten Neolithikum gibt es unterschiedliche Ansichten. Weitgehend einig ist man sich, dass die Zunahme von Hasel, später auch der Birke bei Rückgang von Buche, Linde und Ulme durch Niederwaldwirtschaft verursacht ist und dass dabei mit Feuer gearbeitet wurde, wie es die hohen Holzkohlewerte nahelegen. Manche sind aber der Ansicht, dass die Niederwaldwirtschaft der Holzgewinnung, der Jagd und der Weidewirtschaft gedient habe und der Ackerbau davon völlig unabhängig gewesen und auf dauerhaft bewirtschafteten Feldern mit Bodenbearbeitung und möglicherweise schon mit Düngung erfolgt sei (Jacomet et al. 2016; Maier 2001; Baum et al. 2016). Andere sehen den Ackerbau als Zwischennutzung in einer Niederwaldwirtschaft (s. Exkurs Kap. 20). Dabei diente das Holz des Niederwaldes dazu, die wieder eingeschlagene Fläche zu überbrennen, um bessere Erträge zu erzielen. Dass dies praktikabel ist und sehr hohe Erträge ermöglicht, zeigen die Anbauversuche in Hohenlohe (Rösch et al. 2017).

Weitgehende Einigkeit besteht dann wieder ab der Bronzezeit. Man geht von dauerhaft angelegten Feldfluren, Pflugbau und Feld-Gras-Wirtschaft aus. Ungeklärt ist noch, wann die Mistwirtschaft aufkam, die es ermöglichte, die Brachen durch systematische Düngung zu verkürzen und von der Feld-Gras-Wirtschaft zur Felderwirtschaft zu kommen, wodurch die Produktivität in der Landwirtschaft erheblich gesteigert werden konnte. Das Verhältnis von Getreide zu Spitzwegerich in den Pollenprofilen wie auch Änderungen in den Unkrautspektren verkohlter archäologischer Getreidevorräte, genauer der Rückgang von Grünlandpflanzen, die heute charakteristisch sind für Fettweiden oder magere Wiesen, damals aber auf Äckern und vor allem Brachen wuchsen, weist eindeutig in die Römische Kaiserzeit (Tserendorj et al. 2021). Auch in der Bronzezeit unterscheiden sich Landnutzungs- und Siedlungsmuster regional. Am westlichen Bodensee ist eine sehr starke frühbronzezeitliche, aber nur schwache mittelbronzezeitliche Nutzung zu erkennen. In Oberschwaben verhält es sich dagegen umgekehrt: Die mittelbronzezeitliche Landnutzung ist hier viel stärker als die frühbronzezeitliche. Ab der späten Bronzezeit verwischen sich diese regionalen Unterschiede (Scherer et al. 2021).

Grundsätzlich ist eine Zunahme des menschlichen Einflusses, insbesondere der anthropogenen Entwaldung von den Anfängen in der Jungsteinzeit bis in die Neuzeit zu beobachten. Dies ist aber kein linear fortschreitender kontinuierlicher Prozess; vielmehr treten in allen Pollenprofilen immer wieder Phasen mit vermindertem Nutzungsdruck und teilweiser Wiederbewaldung auf. Hier drängt sich die Frage auf, ob solche Rückschläge der landwirtschaftlichen Erschließung stets lokale und zufällige Ereignisse sind oder ob ein Vergleich vieler Profile einer Region ein Muster erkennen lässt, das für bestimmte Zeiten auf weiträumige Krisen und Siedlungsunterbrechungen hinweist. Falls Letzteres zutrifft, wäre es naheliegend, solche Krisen unter klima-, wirtschafts- oder kulturgeschichtlichen Gesichtspunkten zu betrachten, um mögliche Ursachen und Zusammenhänge zu erkennen.

Nutzungsunterbrechungen mit sich anschließenden birkenreichen Vorwaldstadien sind im Pollendiagramm durch kurzfristige Birkenhochstände gekennzeichnet (s. Exkurs Kap. 50). Die Auswertung von 19 Pollenprofilen aus dem Rheingletschergebiet fasst kurze, aber deutliche Gipfel der Birkenkurve chronologisch in einem Jahrhundertraster zwischen dem 55. Jahrhundert v. und dem 19. Jahrhundert n. Chr. zusammen (Abb. 10.4). Insgesamt wurden 245 Birkenhochstände registriert, also im Schnitt knapp zwei pro Jahrhundert. Allerdings bleibt zu bedenken, dass aufgrund der begrenzten Genauigkeit der Zeitmodelle die Datierung in ein bestimmtes Jahrhundert nicht gesichert ist. Jeder Birkenhochstand könnte theoretisch auch in einem der beiden benachbarten Jahrhunderte liegen, wenn auch mit geringerer Wahrscheinlichkeit.

Unter der Annahme, dass die räumliche Gültigkeit der Birkenhochstände in den Einzelprofilen dem Haupt-Polleneinzugsgebiet des untersuchten Sees oder Moores entspricht – es kann auf einige Kilometer im Umkreis geschätzt werden, bei großen Becken wie dem Bodensee selbst auf etwas mehr –, handelt es sich bei den Wiederbewaldungsphasen also zunächst einmal um lokale Ereignisse wie die Aufgabe einer Siedlung oder das Auflassen einer Feldflur. Phasen gehäufter oder zeitgleicher Birkenhochstände in mehreren Diagrammen deuten dagegen auf regionale Siedlungsrückgänge hin. Hinweise auf eine deutlich erhöhte Anzahl von Birkenhochständen pro Jahrhundert, das heißt vier pro Jahrhundert und damit doppelt so viele wie durch-

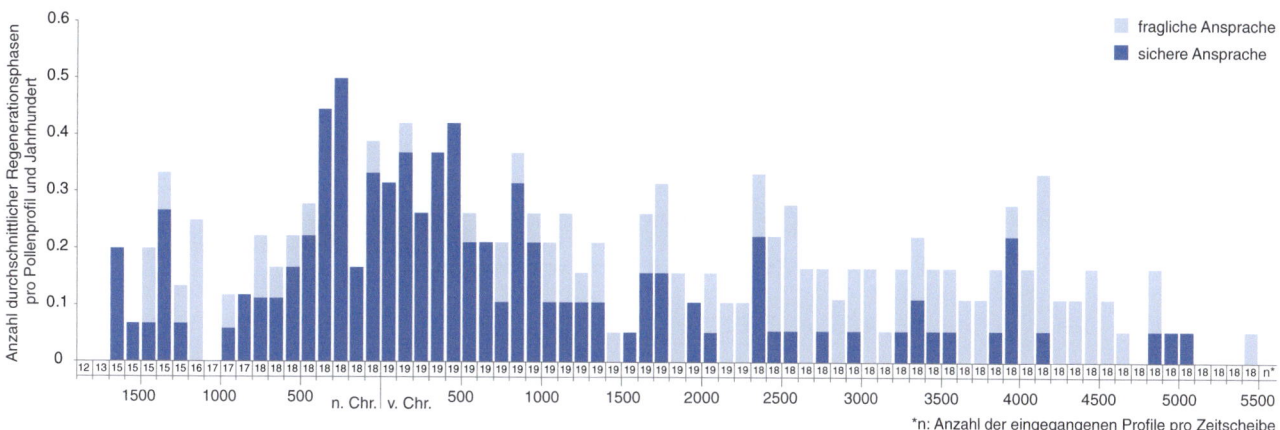

Abb. 10.4 Auswertung von 19 Pollenprofilen aus dem Arbeitsgebiet in Bezug auf Birkenmaxima als Indikatoren für Regenerationsphasen. Folgende 19 Profile wurden hierfür betrachtet: Gr. Ursee, Obersee, Stadtsee, Zellsee, Wildes Ried, Buchau-Torfwerk, Königseggsee, Mainau, Gnadensee, Mindelsee, Hornstaad, Buchensee, Durchenbergried, Böhringer See, Litzelsee, Feuenried, Steißlinger See, Grasseemoor, Hartsee

schnittlich erfasst, sind erstmals für das 8. Jahrhundert v. Chr. erfasst, kulturgeschichtlich gesehen also am Übergang von der späten Bronzezeit zur frühen Eisenzeit. Im 9. Jahrhundert v. Chr. ist diese Rate noch höher. Es ist die Zeit des Übergangs von der späten Bronze- zur frühen Eisenzeit, zugleich eine Phase ungünstigen Klimas (Göschener Kaltphase). Der vegetationsgeschichtlich nachgewiesene Siedlungsrückgang steht im Einklang mit den archäologischen Quellen. Um 850 v. Chr. bricht die Feuchtbodenbesiedlung an allen Seen und Mooren endgültig ab (Billamboz und Nelle 2016). Ab der Mitte des 1. Jahrtausends v. Chr. häufen sich die Jahrhunderte mit überdurchschnittlich vielen Waldregenerationsphasen – ein Trend, der bis zur Mitte des 1. Jahrtausends n. Chr. anhält. Es beginnt im 5. Jahrhundert v. Chr., der Übergangsphase von der frühen Hallstattkultur zur späteisenzeitlichen Latènekultur, wohl ebenfalls eine Zeit ungünstigen Klimas (Swindles et al. 2007; Plunkett und Swindles 2008) und setzt sich noch im 4. Jahrhundert fort. Eine kurzfristige Erholung von Bevölkerung und Wirtschaft ist im 3. Jahrhundert zu verzeichnen, das bezüglich Bevölkerung und Landnutzung wohl auch den Höhepunkt der späteisenzeitlichen Nutzung darstellt. Vom 2. Jahrhundert v. Chr. bis zum 1. Jahrhundert n. Chr. folgt eine ganze Serie von Krisen mit Landnutzungsunterbrüchen. Über Klimaverschlechterungen in dieser Zeit ist nichts bekannt. Politisch aber war es, wie den schriftlichen Quellen zu entnehmen ist, eine Zeit großer Unruhe, wie die Schlagwörter Kimbernzüge und Helvetiereinöde verdeutlichen, die auf Wanderungen sogenannter germanischer und keltischer Verbände hinweisen (Rieckhoff und Rösch 2019). Im 2. Jahrhundert, der Blütezeit des Römischen Kaiserreichs, auch in den Provinzen Obergermanien und Rätien, ist die Zahl der Waldregenerationsphasen gering. Sie steigt im 3. und 4. Jahrhundert n. Chr. auf ihren absoluten Höchststand. Als mögliche Ursachen kommen die spätantike Klimaverschlechterung sowie die politischen Unruhen durch die Rückverlegung der römischen Reichsgrenze an Rhein und Donau infrage, verbunden mit der Besetzung und Besiedlung des aufgegebenen Gebietes durch den germanischen Stammesverband der Alamannen. Danach wird die Zahl an Waldregenerationsphasen gering. Vom 9. bis 13. Jahrhundert n. Chr. gibt es so gut wie keine Birkenhochstände. Erst in den Krisenzeiten des späten Mittelalters und der frühen Neuzeit steigt die Rate wieder an. Besonders das 14. und 17. Jahrhundert erweisen sich als Krisenzeiten. Die Hintergründe – Klimaverschlechterung, Pest, Dreißigjähriger Krieg – liegen auf der Hand.

Floristische Veränderungen unter dem Einfluss des Menschen

Für die Frage, welche Nutzpflanze wann und wo genutzt wurde, ist hauptsächlich die Archäobotanik zuständig, die sich dem Thema durch botanische Großrestanalyse, also hauptsächlich durch Bestimmung von Früchten und Samen von archäologischen Fundstellen, annähert. Aufgrund höherer Auszählsummen, dichterer Beprobung und verbesserter Pollendiagnostik kann aber heute auch die Vegetationsgeschichte zu dieser Frage beitragen.

Solche speziellen floristischen Fragen können aufgrund des guten Untersuchungsstandes besonders im westlichen Bodenseegebiet angegangen werden. Grundsätzlich nimmt die Zahl der Pollentypen und damit die Diversität der Pollenspektren vom Älteren zum Jüngeren zu und erreicht ihren Höchststand in historischer Zeit, genauer in der frühen Neuzeit: Einige Neophyten vermehren bereits die biologische Vielfalt, und der hauptsächlich von der industriellen Landwirtschaft ab dem 19./20. Jahrhundert verursachte Arten- und Biotopschwund macht sich noch nicht bemerkbar. Das ist in Abb. 10.5 am Beispiel des Litzelsees zu sehen.

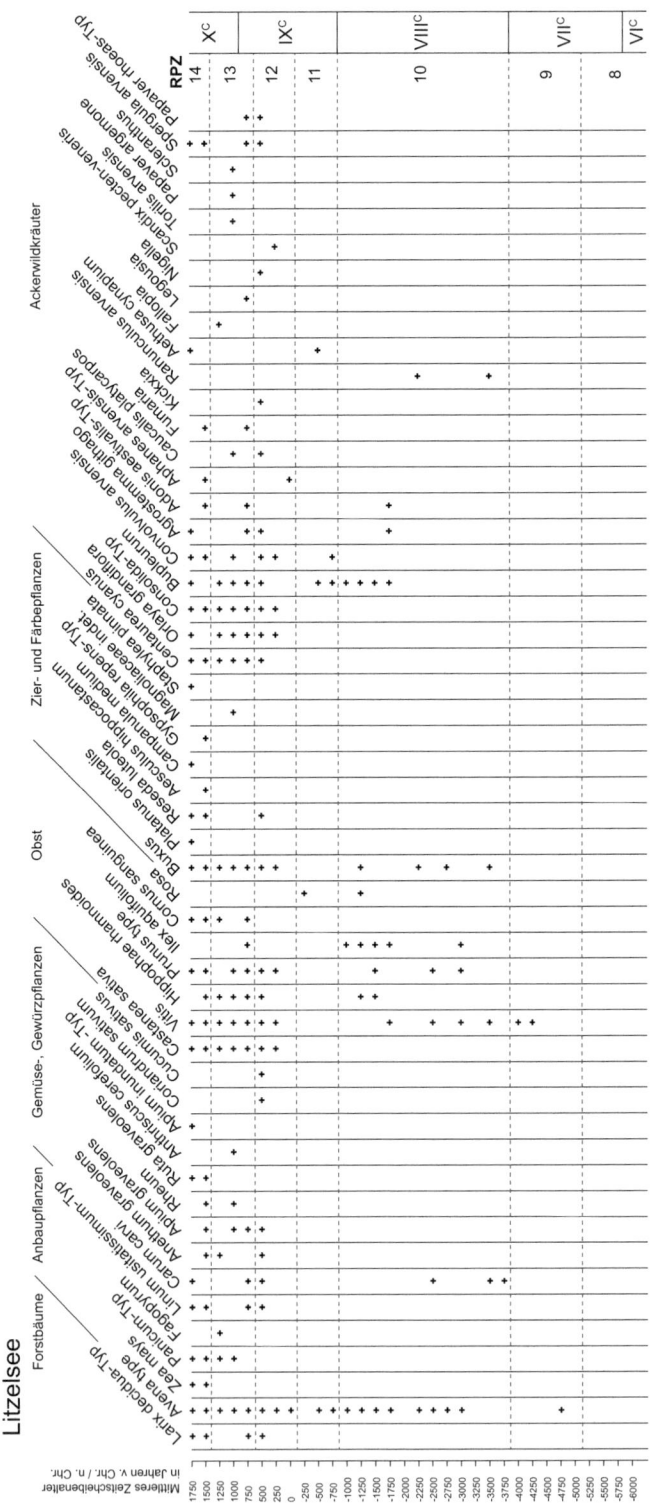

Abb. 10.5 Seltene Pollentypen im Profil Litzelsee, Nachweise in chronologischer Übersicht

Unter den Nahrungspflanzen reichen die Nachweise von undifferenziertem Getreide, Weizen-, Gerste- und Hafer-Typ und Gebautem Lein sowie von *Prunus*-Typ und *Juglans regia* bis in prähistorische Zeit zurück. Das ist beim Hafer eigentlich überraschend, weil ein Anbau von Saathafer vor dem frühen Mittelalter durch Großreste nicht belegt werden kann, erklärt sich aber durch wilde Haferarten, die wohl seltene Bestandteile der indigenen Flora waren. Der Gebaute Lein ist seit dem Neolithikum fassbar; das deckt sich mit den Großrestfunden aus den Feuchtbodensiedlungen, vermehrt aber in historischer Zeit. Dazu passt, dass Oberschwaben im Mittelalter und in der frühen Neuzeit ein Zentrum des Leinanbaus war und die Städte im Gebiet, zum Beispiel Ravensburg, Drehscheiben des Leinwandhandels nach Italien waren. Der Pollen des Gebauten Leins gehört zu den am schlechtesten im Pollenniederschlag vertretenen Typen der heimischen Flora. Selbst in historischen Leinröstgruben ist der Pollen selten – seltener als die Früchte und Samen der Pflanze.

Walnusspollen galt früher als Marker für die Römische Kaiserzeit, weil man davon ausging, die Römer hätten die Walnuss in Mitteleuropa eingeführt. Der Baum hat natürliche Vorkommen auf der südlichen Balkanhalbinsel und in Kleinasien. In den meisten Standardprofilen am westlichen Bodensee setzt die Walnusskurve bereits in der späten Eisenzeit ein. Gemeinsam mit Pollenfunden aus eisenzeitlichen Honigresten legt das eine Einführung der Walnuss nicht erst durch die Römer, sondern bereits durch die Kelten nahe. Zum *Prunus*-Typ zählt der Pollen von Kernobstgewächsen wie Kirsche, Zwetschge und Pflaume. Für diese liegen sichere archäobotanische Belege erst seit der Römischen Kaiserzeit vor. Da aber die wildwachsende und im Gebiet indigene Schlehe auch zu diesem Pollentyp zählt, lassen sich hieraus keine weiteren Schlüsse ziehen.

Die Esskastanie (*Castanea sativa*) erscheint in der Römischen Kaiserzeit und tritt dann kontinuierlich auf. Sichere vorrömische Funde fehlen auch in sehr detailliert untersuchten Pollenprofilen, weshalb man in diesem Fall die Einführung durch die Römer bestätigen kann. Seit der Römischen Kaiserzeit oder spätestens seit dem Frühmittelalter gibt es vereinzelte Funde von Sellerie (*Apium graveolens*) und Dill (*Anethum graveolens*). Gurke (*Cucumis sativus*) und Koriander (*Coriandrum sativum*) erscheinen auch schon im Frühmittelalter, doch bleibt es hier jeweils bei einem Pollenkorn. Die palynologische Überlieferung muss hier durch die großrestanalytische ergänzt werden. Früchte oder Samen der ursprünglich mediterranen Kräuter Sellerie (*Apium graveolens*), Dill (*Anethum graveolens*), Petersilie (*Petroselinum crispum*) und Zitronenmelisse (*Melissa officinalis*) sind bereits für jungneolithische Seeufersiedlungen wie auch Mineralbodensiedlungen belegt und tauchen auch in den feucht erhaltenen Schichten der Hallstattzeit in den Burggräben der Heuneburg auf (Jacomet 1988; Küster 1985;

Maier 2001; Rösch und Fischer 2016). Man kann heute von einem bescheidenen Gartenbau seit der Jungsteinzeit ausgehen, also lange vor den Römern, mit einem beschränkten Repertoire von Gewürzen und Gemüsen.

Ab dem Hochmittelalter sind Rhabarber (*Rheum*), Kerbel (*Anthriscus cerefolium*), Magnolie (*Magnolia*), Borretsch (*Borago officinalis*) und Hirse (*Panicum*-Typ) belegt, wiederum nur mit einem oder ganz wenigen Pollenkörnern. Der Rhabarber stammt aus Zentralasien. Archäologische Funde liegen bisher keine vor. Man ging von einer Nutzung erst ab der Neuzeit aus. Die Wildsippen des Kerbels sind in Südeuropa und Westasien beheimatet. Wann er in Kultur genommen wurde und wann er nach Mitteleuropa kam, ist unklar. Ein archäologischer Beleg für Baden-Württemberg stammt aus dem spätmittelalterlichen Konstanz. Borretsch ist mediterraner Herkunft und wurde als Nutzpflanze von den Arabern nach Spanien gebracht, von wo er ins übrige Europa kam. Archäologische Funde gibt es in Südwestdeutschland nicht. Rispen- und Kolbenhirse (*Panicum miliaceum* und *Setaria italica*) sind seit der späten Bronzezeit als Kulturpflanzen archäologisch belegt. Da der Pollentyp schwierig ist und sich nur bei optimaler Erhaltung von anderen Süßgräsern abgrenzen lässt, ist der Zeitpunkt des ersten Auftretens nicht überzubewerten.

Im Spätmittelalter taucht als weitere Körnerfrucht der Buchweizen (*Fagopyrum*) auf, der in Südwestdeutschland aufgrund der Bodengüte wenig angebaut und dementsprechend in archäologischem Kontext wenig gefunden wurde. Belegt ist er nur in Sindelfingen (15. Jahrhundert) und Heidelberg (17. Jahrhundert).

Erst in der Neuzeit sind Mais (*Zea mays*), Gartenraute (*Ruta graveolens*), die Alleebäume Rosskastanie (*Aesculus hippocastanum*) und Platane (*Platanus orientalis*) sowie die Zierpflanzen Schleierkraut (*Gypsophila repens*-Typ) und Garten-Glockenblume (*Campanula medium*) belegt. Der Mais kam nach 1492 rasch nach Europa. In Deutschland wurde er im 16. und 17. Jahrhundert vorwiegend in Gärten angebaut, erst später auch im Feldbau (Körber-Grohne 1987). Die Gartenraute war ursprünglich eine mediterrane Felsenpflanze und wurde wohl schon früh als Gewürzpflanze in Kultur genommen. Als Nutzpflanze gelangte sie auch nach Mitteleuropa. Sie konnte sich in klimatisch begünstigten Gebieten einbürgern. Da die Blätter oder die ganze blühende Pflanze genutzt werden, sind die Fundchancen der Früchte in archäologischem Kontext gering. Die entsprechenden Funde stammen aus Freiburg und Tübingen (hochmittelalterlich), Heidelberg (spätmittelalterlich) sowie Schwäbisch Hall (Frühe Neuzeit). Neben dem frühneuzeitlichen Pollenfund aus dem Böhringer See gibt es drei Pollenkörner aus einem hallstattzeitlichen Bronzekessel aus einem Grabhügel von Altheim-Heiligkreuztal, Speckhau im Umfeld der Heuneburg – ein klarer Beleg für eine prähistorische Nutzung der Pflanze. Ebenfalls neuzeitlich sind sehr seltene Pollenfunde des aus Amerika stammenden Tabaks (*Nicotiana*). Ein früher Anbau im Gebiet wird durch einen Samenfund aus einem auf das Jahr 1617 datierten Lehmwickel aus dem Augustiner-Chorherrenstift in Öhningen untermauert.

Die Platane kommt aus Auenwäldern des östlichen Mittelmeergebietes und wird seit dem 18. Jahrhundert auch in Mitteleuropa als Park- oder Alleebaum gepflanzt. Die Rosskastanie stammt aus Schluchtwäldern der östlichen Balkanhalbinsel und wird seit dem 17. Jahrhundert auch in Mitteleuropa als Zierbaum gepflanzt.

Neben Kultivaren verdienen auch Wildpflanzen der synanthropen Vegetation Beachtung. Das beginnt mit den Ackerwildkräutern, deren Auftreten oder Verschwinden einen besseren Einblick in die Standortsbedingungen des Ackers und die Produktionsbedingungen des Ackerbaus gibt als die Kulturpflanzen (Willerding 1986).

Echte Ackerunkräuter aus der Klasse der Stellarietea mediae sind in vorchristlicher Zeit äußerst rar. Im späten Neolithikum beschränkt sich das auf zwei Pollenkörner des Acker-Hahnenfußes (*Ranunculus arvensis*). Ab der Bronzezeit sind Kornrade (*Agrostemma githago*), Adonisröschen (*Adonis aestivalis/flammea*) und Hasenohr (*Bupleurum*) belegt. Da sowohl Lang- wie auch Sichelblättriges Hasenohr im Bodenseegebiet nicht vorkommen, dürfte es sich wohl um das Rundblättrige (*Bupleurum rotundifolium*) handeln. In der Hallstattzeit erscheint die Ackerwinde (*Convolvulus arvensis*), in der Römischen Kaiserzeit Acker-Frauenmantel (*Aphanes arvensis*), Feld-Rittersporn (*Consolida regalis*) und Acker-Breitsame (*Orlaya grandiflora*). Venuskamm (*Scandix pecten-veneris*), Kornblume (*Centaurea cyanus*) und Schwarzkümmel (*Nigella*) sind ab der Völkerwanderungszeit belegt. Die häufigsten Ackerwildkräuter im Pollenniederschlag des Litzelsees sind Kornblume, Acker-Breitsame und Feld-Rittersporn. Sie treten bis in die Neuzeit recht regelmäßig in allen Profilen auf. Andere Pollentypen sind selten. Das sind ab dem Frühmittelalter Klatschmohn (*Papaver rhoeas*-Typ), Tännelkraut (*Kickxia*), Acker-Spörgel (*Spergula arvensis*), Acker-Haftdolde (*Caucalis platycarpos*), Erdrauch (*Fumaria*) und Frauenspiegel (*Legousia*), im Spätmittelalter Knäuel (*Scleranthus*), Acker-Klettenkerbel (*Torilis arvensis*), Sandmohn (*Papaver argemone*) und Windenknöterich (*Polygonum convolvulus*). Vom Obersee in Kißlegg kommt im Frühmittelalter das Braune Mönchskraut (*Nonea pulla*) hinzu, eine subkontinental verbreitete Art, die vor allem im mitteldeutschen Trockengebiet belegt ist, das heute in Südwestdeutschland nur noch im Ries (Riegelberg bei Utzmemmingen) beobachtet wurde. In der Neuzeit sind keine Neuzugänge mehr zu verzeichnen. Da diese entomogamen Arten im Pollenniederschlag, der in Seeablagerungen dokumentiert ist, äußerst selten zu finden sind, handelt es sich beim erstmaligen Auftreten um einen Terminus post-quem.

Zweithäufigstes Halmfruchtunkraut in den mittelalterlichen Pollenspektren nach der Kornblume ist überraschenderweise der Acker-Breitsame. Besonders häufig tritt er am Hartsee auf. Dort wurden insgesamt 136 Körner registriert, das erste im 9. Jahrhundert v. Chr. Gehäuft und stetig findet sich der Pollen zwischen dem 9. und 17. Jahrhundert n. Chr. Wie alle Arten der Haftdoldenäcker, von den hier genannten Arten Adonisröschen, Hasenohr, Feld-Rittersporn, Venuskamm, Schwarzkümmel, Acker-Haftdolde, Frauenspiegel und Acker-Klettenkerbel, profitierte er von der durch den Pflugbau ausgelösten Bodenerosion an Hängen. Dadurch wurden die Standorte trockener, was den Konkurrenzdruck durch wüchsigere Arten minderte (Rösch 2018). Da die frühesten Nachweise aus der späten Bronzezeit stammen, kann man folgern, dass es in der Jungsteinzeit im Gebiet keinen Pflugbau und daher noch keine nennenswerte Bodenerosion gab. Dies stärkt zweifellos die Hypothese eines Wald-Feldbaus im Spätneolithikum. Der Rückgang der Haftdoldenäcker in der Neuzeit ist auf erosionsdämpfende Maßnahmen im Ackerbau wie Stufenraine zurückzuführen, später auf die Stilllegung flachgründiger, produktionsschwacher Standorte und die Umwandlung in Grünland. In der heutigen Kulturlandschaft sind die Haftdoldenäcker wohl die am stärksten gefährdete Pflanzengemeinschaft.

Bei den Ruderalpflanzen ist die Zunahme der Artenvielfalt und der Nachweisdichte ebenfalls deutlich. Gerade bei den mittelalterlich regelmäßig belegten Taxa *Ballota nigra*-Typ, *Polygonum aviculare*, *Conium maculatum*, *Galeopsis*-Typ, *Echium* und *Rumex aquaticus*-Typ (wohl *Rumex hydrolapathum*) sind prähistorische Funde selten oder fehlen. Bei den Grünlandtypen wie auch den Typen von Ginsterheiden und Borstgrasrasen nimmt zwar die Nachweisfrequenz in historischer Zeit zu, die Diversität hingegen kaum. Viele Arten dürften indigen gewesen und durch den anthropogenen Landschaftswandel lediglich häufiger geworden sein. Bei sehr seltenen Taxa stellt sich die Frage, ob das erstmalige Auftauchen in der Landschaft mit der Einwanderung ins Gebiet gleichzusetzen ist. Das ist wohl eher zu verneinen. Ginsterheiden und Borstgrasrasen als Pflanzenformationen fehlen aus geologisch-edaphischen Gründen im Arbeitsgebiet weitgehend.

Aus Wald oder Gebüsch stammen sehr unterschiedliche Taxa. Die Mistel (*Viscum album*) ist wie auch der Efeu (*Hedera helix*) und die Stechpalme (*Ilex aquifolium*) vor dem 3. Jahrtausend v. Chr. viel häufiger als später; danach kommen nur noch spärliche Pollenfunde vor. Das wurde oft klimageschichtlich begründet, kann aber auch mit Veränderungen der Waldstruktur und -ökologie zusammenhängen.

Bei der Rebe (*Vitis vinifera* s.l.) muss zwischen prähistorischen Vorkommen der europäischen Wildrebe (*Vitis sylvestris*) in Auenwäldern und historischen Vorkommen der

Weinrebe (*Vitis vinifera*) unterschieden werden, auch wenn das pollenmorphologisch nicht nachvollziehbar ist (s. Exkurs Kap. 17).

Die wenigen prähistorischen Buchsbaum-Pollenkörner (*Buxus sempervirens*) dürften auf Fernflug aus Südwesten zurückgehen – die nächsten als natürlich geltenden Vorkommen sind am Basler Rheinknie. Die häufigeren historischen Funde stammen wohl von örtlichen Anpflanzungen in Gärten oder Parks. Der Wollige Schneeball (*Viburnum lantana*) ist ab der späten Eisenzeit recht gut belegt, zuvor weniger, was mit der zunehmenden Auflichtung der Landschaft und der Zunahme von Mänteln, Säumen und Hecken zusammenhängen dürfte. Der im frühen Spätwürm häufige Sanddorn (*Hippophaë rhamnoides*) ist im frühen und mittleren Holozän pollenanalytisch nicht mehr fassbar. Erneutes Auftreten in der Bronzezeit und dann wieder im Mittelalter dürfte ebenfalls mit der Zunahme von Gebüschen zusammenhängen, in jüngerer Zeit wohl auch auf Pflanzungen zurückgehen.

Pollen des *Larix*-Typs ist erwartungsgemäß in der Neuzeit am häufigsten, es liegen aber keine forstgeschichtlichen Angaben vor, seit wann Lärchen (*Larix decidua*) und Douglasien (*Pseudotsuga menziesii*) im Gebiet gepflanzt wurden. Da die Forstwirtschaft sich wie andere Kameralwissenschaften in den Zeiten von Aufklärung und Absolutismus entwickelten, dürfte die Einführung exotischer Baumarten nicht vor das späte 17. Jahrhundert zurückreichen. Überraschend sind sporadische Funde des *Larix*-Typs im Frühmittelalter, die einer Erklärung harren. In Sedimenten des Bodensees wäre Eintrag des wenig mobilen Pollens aus alpinen Wuchsgebieten durch den Rhein möglich, nicht aber bei kleinen Seen mit kleinem hydrologischem Einzugsgebiet.

Von der Kornelkirsche (*Cornus mas*) gibt es nur mittelalterliche Pollenfunde. Durch Fruchtfunde aus neolithischen Feuchtbodensiedlungen ist aber ihr Vorkommen mindestens seit dem Beginn des Subboreals gesichert. Ein Import aus dem Mittelmeergebiet oder vom Balkan erscheint wenig plausibel (Hoffstatt und Maier 1999). Vielmehr scheint ein weiter nach Nordwesten reichendes Areal dieses Strauchs plausibler, ähnlich wie bei den palynologisch besser belegten Gewächsen Efeu, Mistel und Stechpalme (Rösch 2000). Die Pimpernuss (*Staphylea pinnata*) mit aktuellen Vorkommen auf dem Bodanrück ist am Litzelsee nur durch ein frühneuzeitliches Pollenkorn erfasst, doch gibt es aus Süddeutschland ältere Fruchtfunde aus archäologischem Kontext, die andeuten, dass dieser ursprünglich ostmediterran verbreitete Baum schon früh wegen seiner dekorativen glänzenden Samen angesalbt wurde und an geeigneten Standorten verwilderte. Auch im Profil Mainau, nahe den aktuellen Vorkommen, sind es nur zwei Pollenkörner, aus dem 19./20. und dem 14. Jahrhundert n. Chr. Vermutlich ist die Pimpernuss also hier nicht indigen.

Unter den Taxa, die in Feuchtgebieten vorkommen, sind viele Vertreter der Pfeifengraswiesen, deren Nachweis weit in prähistorische Zeit zurückreicht. Hier ist von Indigenat und dem Vorkommen in natürlichen Auenwaldverlichtungen auszugehen. Unter den Wasserpflanzen finden sich neben denen, die am Bodensee zu erwarten sind, vereinzelt auch unerwartete wie die Brachsenkräuter (*Isoëtes*), aber es fehlt, was unter den gegebenen klimatischen Bedingungen eigentlich zu erwarten wäre, die Wassernuss (*Trapa natans*). Einem einzigen eisenzeitlichen Pollenkorn vom Buchensee und zwei Pollenkörnern vom Hartsee (10. und 16. Jahrhundert n. Chr.) stehen zahlreiche Belege durch das ganze Holozän unter wesentlich kühlerem Klima im Allgäu und in tieferen Lagen des Südschwarzwaldes gegenüber. Am Federsee belegen prähistorische Fruchtfunde die nahrungswirtschaftliche Bedeutung dieser einjährigen Schwimmblattpflanze: Entsprechende Belege am wesentlich wärmeren Bodensee fehlen. Von einer weiteren Wasserpflanze, der carnivoren Wasserfalle (*Aldrovanda vesiculosa*) aus der Familie der Sonnentaugewächse, liegen nur Samenfunde aus dem Eem-Interglazial (Biberach) vor.

Literatur

Baum T, Nendel C, Jacomet S, Colobran M, Ebersbach R (2016) "Slash and burn" or "weed and manure"? A modelling approach to explore hypotheses of late Neolithic crop cultivation in pre-Alpine wetland sites. Vegetation History and Archaeobotany 25: 611–627

Billamboz A, Nelle O (2016) Kalenderdaten, Siedlungs- und Waldgeschichte. In: Archäologisches Landesmuseum Baden-Württemberg, Landesamt für Denkmalpflege im Regierungspräsidium Stuttgart (eds) 4.000 Jahre Pfahlbauten. Thorbecke, Ostfildern, 309–313

Dieckmann B, Hald J, Hoffstadt J, Vogt R (2017) Eine neue mittelneolithische Siedlungsstelle am westlichen Bodensee bei Allensbach-Hegne, Gemarkung Reichenau. Archäologische Ausgrabungen in Baden-Württemberg 2016. Konrad Theiss, Stuttgart, 70–73

Fischer E, Marinova E, Rösch M (2022) Contributions to the European Pollen Database 62. Königseggsee, Upper Swabia, Germany. Grana 61: 314–317

Hoffstatt J, Maier U (1999) Handelsbeziehungen während des Jungneolithikums im westlichen Bodenseeraum am Beispiel der Fundplätze Mooshof und Hornstaad Hörnle I A. Archäologisches Korrespondenzblatt 29: 205–212

Jacomet S (1988) Pflanzen mediterraner Herkunft in neolithischen Seeufersiedlungen der Schweiz. In: Küster H (ed) Der prähistorische Mensch und seine Umwelt. Forschungen und Berichte zur Vor- und Frühgeschichte in Baden-Württemberg 31. Konrad Theiss, Stuttgart, 205–212

Jacomet S, Ebersbach R, Akeret Ö, Antolín F, Baum T, Bogaard A, Brombacher C, Bleicher NK, Heitz-Weniger A et al. (2016) On-site data cast doubts on the hypothesis of shifting cultivation in the late Neolithic (c. 4300–2400 cal. BC): Landscape management as an alternative paradigm. The Holocene 26: 1858–1874

Köninger J, Schlichtherle H (2016) Lake dwellings in Baden-Württemberg. Conservation projects in situ at Lake Constance and the Federsee Moor. Conservation and Management of Archaeological Sites 18: 287–296

Körber-Grohne U (1987) Nutzpflanzen in Deutschland. Konrad Theiss, Stuttgart

Küster H (1985) Neolithische Pflanzenreste aus Hochdorf, Gemeinde Eberdingen (Kreis Ludwigsburg). Forschungen und Berichte zur Vor- und Frühgeschichte in Baden-Württemberg 19: 13–83

Lechterbeck J, Rösch M (2021) Böhringer See, western Lake Constance (Germany): An 8500 year record of vegetation change. Grana 60: 119–131

Maier U (2001) Untersuchungen in der neolithischen Ufersiedlung Hornstaad-Hörnle IA am Bodensee. In: Maier U, Vogt R (eds) Siedlungsarchäologie im Alpenvorland VI. Botanische und pedologische Untersuchungen zur Ufersiedlung Hornstaad-Hörnle IA. Forschungen und Berichte zur Vor- und Frühgeschichte in Baden-Württemberg 74. Konrad Theiss, Stuttgart, 9–384

Müller U (2000) A Late-Pleistocene pollen sequence from the Jammertal, south-western Germany with particular reference to location and altitude as factors determining Eemian forest composition. Vegetation History and Archaeobotany 9: 125–131

Plunkett G, Swindles GT (2008) Determining the sun's influence on Lateglacial and Holocene climates: A focus on climate response to centennial-scale solar forcing at 2800 cal. BP. Quaternary Science Reviews 27: 175–184

Rieckhoff S, Rösch M (2019) Ein keltischer Exodus? Archäologisch-botanische Überlegungen zum Übergang Eisenzeit – Römische Kaiserzeit in Südwestdeutschland. In: Karl R, Leskovar J (eds) Interpretierte Eisenzeiten. Fallstudien, Methoden, Theorie. Studien zur Kulturgeschichte von Oberösterreich 49, Oberösterreichisches Landesmuseum, Linz, 57–87

Rösch M (1983) Geschichte der Nussbaumer Seen (Kt. Thurgau) und ihrer Umgebung seit dem Ausgang der letzten Eiszeit aufgrund quartärbotanischer, stratigraphischer und sedimentologischer Untersuchungen. Mitteilungen der Thurgauischen Naturforschenden Gesellschaft 45, Huber, Frauenfeld

Rösch M (1992) Human impact as registered in the pollen record: Some results from the western Lake Constance region, Southern Germany. Vegetation History and Archaeobotany 1: 101–109

Rösch M (1993) Prehistoric land use as recorded in a lake-shore core at Lake Constance. Vegetation History and Archaeobotany 2: 213–232

Rösch M (2000) Anthropogener Landschaftswandel in Mitteleuropa während des Neolithikums. Beobachtungen und Überlegungen zu Verlauf und möglichen Ursachen. Germania 78,2: 293–318

Rösch M (2018) Evidence for rare crop weeds of the Caucalidion group in Southwestern Germany since the Bronze Age: Palaeoecological implications. Vegetation History and Archaeobotany 26: 75–84

Rösch M (2019) Botanische Untersuchungen an einem letztinterglazialen Torflager in Biberach. Fundberichte aus Baden-Württemberg 38: 7–35

Rösch M, Biester H, Bogenrieder A, Eckmeier E, Ehrmann O, Gerlach R, Hall M, Hartkopf-Fröder C, Herrmann L et al. (2017) Late neolithic agriculture in temperate Europe – A long-term experimental approach. Land 6: 11

Rösch M, Fischer E (2016) Environment, Land use and nutrition at the Heuneburg according to botanical analysis. In: Krausse D, Fernández-Götz M, Hansen L, Kretschmer I (eds) The Heuneburg and the Early Iron Age Princely Seats: First Towns North of the Alps. Archaeolingua, Budapest, 71–75

Rösch M, Lechterbeck J (im Druck) Zur spät- und nacheiszeitlichen Vegetations- und Landnutzungsgeschichte des Hegau. Fundberichte aus Baden-Württemberg

Rösch M, Wick L (2018) Contributions to the European Pollen Database 41. Western Lake Constance (Germany): Überlinger See, Mainau. Grana 58: 78–80

Rösch M, Stojakowits P, Friedmann A (2020) Does site elevation determine the onset and intensity of human impact? Pollen evidence from southern Germany. Vegetation History and Archaeobotany 30: 255–268

Rösch M, Marinova E (2021) Contributions to the European Database 51. Zeller See. Grana 60: 243–245

Rösch M, Feger KH, Fischer E, Hinderer M, Kämpf L, Kleinmann A, Lechterbeck J, Marinova E, Schwalb A et al. (2021) How changes of past vegetation and human impact are documented in lake sediments: Paleoenvironmental research in southwestern Germany – A review. In: Rosen MR, Finkelstein D, Park Boush L, Pla-Pueyo S (eds) Limnogeology: Progress, challenges and opportunities. A tribute to Elizabeth Gierlowski-Kordesch. Springer, Heidelberg, New York, 107–134

Ryabogina N, Marinova E, Rösch M (2021) 56. Gnadensee. Grana 60: 477–479

Scherer S, Höpfer B, Deckers K, Fischer E, Fuchs M, Kandeler E, Lehndorff E, Lomax H, Marhan S et al (2021) Middle Bronze Age land use practices in the north-western Alpine foreland – A multiproxy study of colluvial deposits, archaeological features and peat bogs. Soil 7: 269–304

Swindles GT, Plunkett G, Roe HM (2007) A delayed climatic response to solar forcing at 2800 cal. BP: Multiproxy evidence from three Irish peatlands. The Holocene 17: 177–182

Tserendorj G, Marinova E, Lechterbeck J, Behling H, Wick L, Fischer1 E, Sillmann M, Märkle T, Rösch M (2021) Intensification of agriculture in southwestern Germany between Bronze Age and Medieval period, based on archaeobotanical data from Baden-Württemberg. Vegetation History and Archaeobotany 30: 35–46

Willerding U (1986) Zur Geschichte der Unkräuter Mitteleuropas. Göttinger Schriften zur Vor- und Frühgeschichte 22. Wachholtz, Neumünster

Schwäbisch-Bayerische Alt- und Jungmoränenlandschaft

Philipp Stojakowits, Arne Friedmann und Michael Peters

Blick vom Rand des Auerbergs nach Süden in das Alpenvorland mit der Jungmoränenlandschaft des ehemaligen Lechgletschers und der dort vorherrschenden Landnutzung (Wiesen, Weiden und Forstwirtschaft). Im Bildmittelgrund sind die Aufragungen der gefalteten Vorlandmolasse und im Bildhintergrund ist der Alpenkörper mit Blick auf das Trogtal des ehemaligen Lechgletschers zu erkennen (Foto: A. Friedmann)

Ergänzende Information Die elektronische Version dieses Kapitels enthält Zusatzmaterial, auf das über folgenden Link zugegriffen werden kann [https://doi.org/10.1007/978-3-662-68936-3_11].

P. Stojakowits (✉)
Landesamt für Bergbau, Energie und Geologie des Landes Niedersachsen, Hannover, Deutschland
e-mail: philipp.stojakowits@lbeg.niedersachsen.de

A. Friedmann
Institut für Geographie, Universität Augsburg, Augsburg, Deutschland

M. Peters
Institut für Vor- und Frühgeschichtliche und Provinzialrömische Archäologie, Ludwig-Maximilians-Universität, München, Deutschland

Der Naturraum

Das bayerische Alpenvorland lässt sich in die Naturraum-Haupteinheiten Donau-Iller-Lech-Platte, Unterbayerisches Hügelland mit Isar-Inn-Schotterplatten und das Voralpine Moor- und Hügelland mit den Alt- und Jungmoränengebieten gliedern.

Das Relief steigt von Norden nach Süden an und erreicht am Alpennordrand im Osten der Region ca. 700 m NN und im Westen rund 900 m NN. In der Jungmoränenlandschaft, in Oberbayern etwa südlich der Höhe von München bis zu den Alpen, ragen einige Molassehöhen auf, wie der Auerberg (1055 m NN), der Hohe Peißenberg (988 m NN) und der Taubenberg (896 m NN). Die niedrigsten Punkte liegen am Altmoränenrand bei rund 500 bis 600 m NN und in der östlichen Jungmoränenlandschaft bei rund 500 m NN.

Das nördlich der Jungmoränenzüge flächenmäßig relativ kleinräumig verbreitete Altmoränengebiet (Abb. 11.1) wurde durch die vorwürmzeitlichen Vereisungen geprägt (überwiegend sind sie risszeitlich, teilweise mindel- oder günzzeitlich). Das Gebiet besitzt eine flachwellig-hügelige Topographie, ist arm an Hohlformen und teilweise lössüberdeckt. Die Jungmoränenlandschaft, geformt durch Iller-, Wertach-Lech-, Isar-Loisach-, Inn-Chiemsee- und Salzachgletscher, dagegen kennzeichnet ein hügeliges Grund- und Endmoränenrelief mit zahlreichen Hohlformen und Drumlinschwärmen sowie -feldern (z. B. Eberfinger Drumlinfeld). Diese Landschaft charakterisiert zudem ein außerordentlicher Reichtum an Seen und Mooren. Hochmoore finden sich dabei in großer Zahl. Insgesamt stellt das Jungmoränenland einen ungünstigen Siedlungsraum dar, der später als etwa die lössbedeckten Flächen in Niederbayern zur Donau hin besiedelt wurde. In stark reliefiertem Gelände ist das Gebiet noch heute waldreich.

Böden und Klima

Das Klima ist mit 6–8 °C Jahresmitteltemperatur kühl und mit nach Süden ansteigendem Jahresniederschlag von 850–1500 mm feucht. Richtung Osten nimmt die Kontinentalität zu. Es dominieren Parabraunerden, Braunerden, Pararendzinen, Gleye und Moorböden.

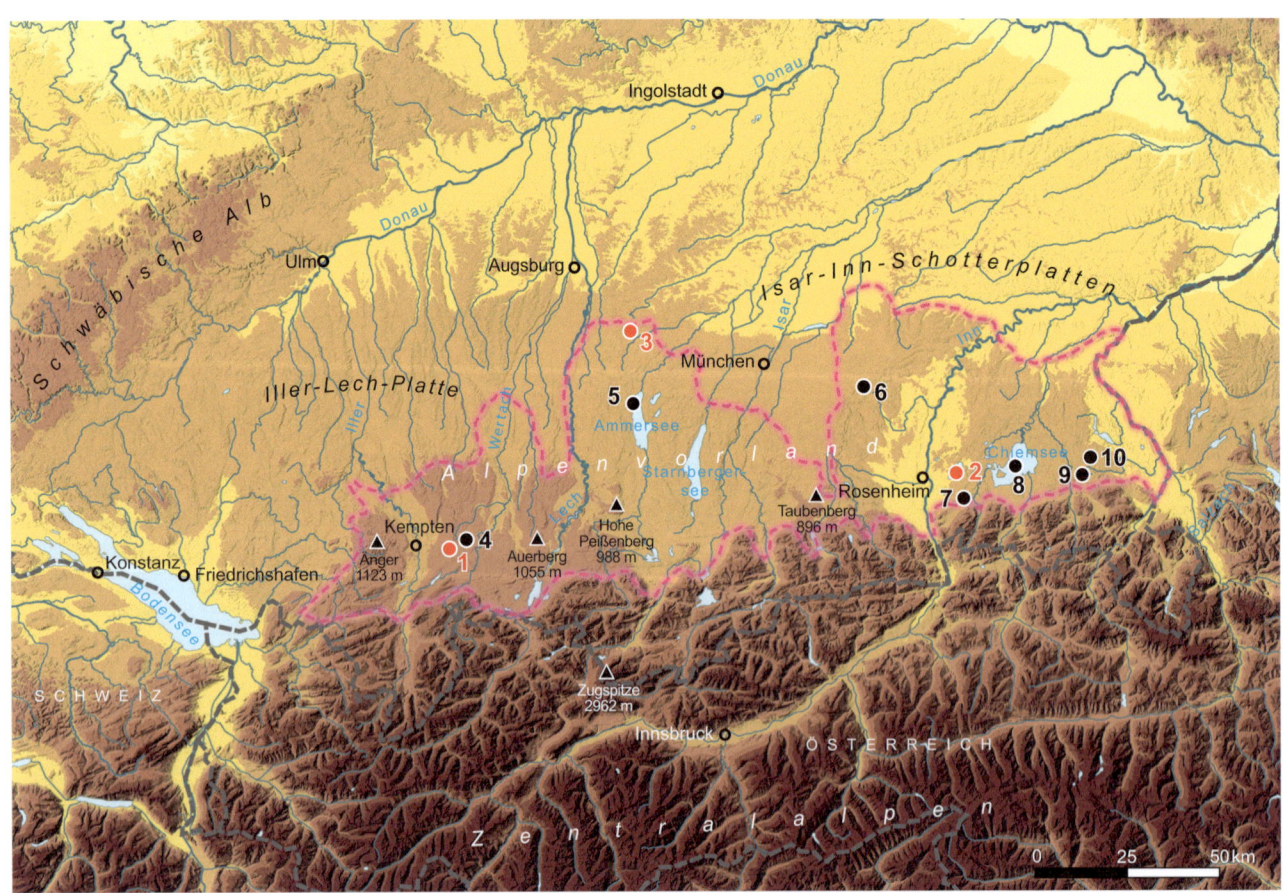

Abb. 11.1 Karte der Schwäbisch-Bayerischen Alt- und Jungmoräne mit pollenanalytisch untersuchten Lokalitäten für das standardisierte Pollendiagramm: 1 Dürrenbühl, 2 Simssee. Zusätzlich diskutiertes Diagramm: 3 Haspelmoor. Weitere im Text erwähnte Lokalitäten: 4 Mehlblockmoos, 5 Ammersee, 6 Kirchseeon, 7 Stöttener Filz, 8 Chiemsee, 9 Moor in der Pechschnait, 10 Lauter

Vegetation

Die Vegetation weist durch das kleingekammerte Landschaftsrelief mit entsprechenden Umweltbedingungen ein sehr vielfältiges Erscheinungsbild mit zahlreichen Sonderstandorten auf. Die potenzielle natürliche Vegetation in der Jungmoränenlandschaft kennzeichnen Tannen-Buchen-Wälder mit Fichte und zwar differenziert nach Höhenlage, Nährstoff- und Basengehalt (bodensauer oder basenreich) sowie Feuchteangebot. Besonders der Waldmeister-Tannen-Buchen-Wald würde auf reichen lehmigen und mäßig basenreichen Standorten im Jungmoränengebiet stocken. Auf frischen, stark basenreich-kalkhaltigen Jungmoränenstandorten dominierte der Waldgersten-Tannen-Buchen-Wald (Suck und Bushart 2012). Weiter nähme der Tannen- und Fichtenanteil mit der Alpennähe und Höhenlage zu. Im Inn-Chiemsee-Gletschergebiet würden infolge der im Ausgangsmaterial überwiegenden silikatreichen, zentralalpinen Komponenten in erster Linie Hainsimsen-(Tannen-)Buchenwälder zur Ausbildung gelangen (Seibert 1968). Die potenzielle natürliche Vegetation saurer Feuchtgebiete des Jungmoränenlandes wird durch waldfreie Hochmoorvegetation, Latschen- oder Spirkenmoorwald sowie Torfmoos-Fichtenwald als Moorrandwald charakterisiert. Entlang der größeren Alpenflüsse käme eine Auenzonierung mit Lavendelweiden-Gebüschen, einem Grauerlen-Auenwald oder auch Giersch-Bergahorn-Eschen-Wald und Buntreitgras- oder Schneeheide-Kiefernwälder zur Ausbildung. An feuchten basischen Standorten und Niedermooren würde sich ein Schwarzerlen-Eschen-Sumpfwald mit Giersch-Bergahorn-Eschen-Wald mit vereinzelten Walzenseggen-Schwarzerlen-Bruchwäldern einstellen. In der Altmoränenlandschaft kämen vorrangig Waldmeister-Buchenwälder im Komplex mit Hainsimsen-Buchenwäldern vor (Suck und Bushart 2012).

Die gesamte Pflanzendecke unterliegt jedoch menschlicher Beeinflussung. Die Wälder sind forstwirtschaftlich genutzt und bestehen häufig aus Fichtenforsten. Der Bergmischwald, der große Teile des Jungmoränenlandes einnahm, setzt sich heute überwiegend aus Fichten, untergeordnet aus Buchen und zu kleinen Teilen noch aus Tannen zusammen. Eine besondere Waldvergesellschaftung bildet der Paterzeller Eibenwald bei gleichnamigem Ort mit über 2000 älteren Eiben (*Taxus baccata*). Landwirtschaftliche Nutzflächen stechen in den meisten Gebieten hervor. Im Altmoränengebiet mit teilweiser Lössüberdeckung wird großflächiger Intensivackerbau mit Getreide- und Maisanbau betrieben. Richtung Alpen nehmen im Jungmoränenland die Grünlandanteile zu. Es handelt sich dabei überwiegend um intensiv gegüllte, artenarme Fettwiesen und -weiden. Die Auen sind durch menschliche Eingriffe in die Flussdynamik mit Begradigungen und mit Staustufen zur Wasserkraftnutzung größtenteils ihrer Überschwemmungsdynamik beraubt. So wachsen hier kaum mehr natürliche Auenwälder mit Weich- und – vor allem untergeordnet im Norden der Arbeitsregion – Hartholzaue, sondern an Stauhaltungen schilfreiche Verlandungsabfolgen. An den kurzen freien Fließstrecken sind die ehemaligen Auenwälder überwiegend forstlich genutzt oder mussten Acker- und Grünlandnutzungen weichen. Die noch vorhandenen Reste der ehemaligen Wildflusslandschaft, etwa der Isar in der Pupplinger Au oder des Lechs im Bereich der Litzauer Schleife mit typischer Zonierung, stellen heutzutage eine zunehmend seltenere Besonderheit dar. Die Feuchtgebiete, Nieder- und Hochmoorflächen, wurden vielerorts abgetorft und drainiert. Nur kleinräumig blieben naturnahe und intakte Moorbereiche erhalten. In jüngster Zeit wurden viele Moore renaturiert und stabilisiert. Gewisse Flächenanteile werden von Verkehrsinfrastruktur und Siedlungsflächen eingenommen. Der Überbauungsgrad in reliefertem Gelände und im südlichen Jungmoränenland fällt geringer aus.

Forschungsgeschichte

Die bayerischen Jung- und untergeordnet Altmoränengebiete waren schon früh Gegenstand zahlreicher pollenanalytischer Untersuchungen (u. a. Paul und Ruoff 1927, 1932). Die frühen Arbeiten bis Anfang der 1970er-Jahre weisen aus heutiger Sicht jedoch methodische Schwächen auf: geringe Pollensummen, große Probenabstände, keine oder wenig berücksichtigte Nichtbaumpollen-Typen, keine oder nur vereinzelte ^{14}C-Daten. Überblicksmäßig zusammengefasst und dargestellt sind Teile dieser älteren Arbeiten in Firbas (1952) und Kral (1979). Moderne Untersuchungen liegen dann ab Mitte der 1970er-Jahre vor (u. a. von Karl-August Rausch, Hans-Jürgen Beug, Hansjörg Küster, Angelika Kleinmann, Ricarda Voigt, Philipp Stojakowits und Michael Peters), zuletzt von Rösch et al. (2021, 2024). So kann das Untersuchungsgebiet als relativ gut erforscht gelten. Es gibt jedoch noch einige räumliche Lücken, insbesondere in der Allgäuer Altmoränenlandschaft und den Altmoränengebieten zwischen Isar und der Staatsgrenze zu Österreich sowie in Teilen der ostbayerischen Jungmoränenlandschaft. Eine vollständige Literaturliste befindet sich im Anhang.

Regionale Vegetations- und Landnutzungsgeschichte

Das Standarddiagramm (Abb. 11.2) setzt sich aus den spätglazialen Daten des in der oberbayerischen Jungmoränenlandschaft gelegenen Simssees auf 472 m NN (Beug 1976) und den holozänen Straten von der Lokalität Dürrenbühl auf 924 m NN im Allgäu zusammen (Stojakowits 2014, Abb. 11.3). Die Spätglazial-Chronologie basiert auf bio-

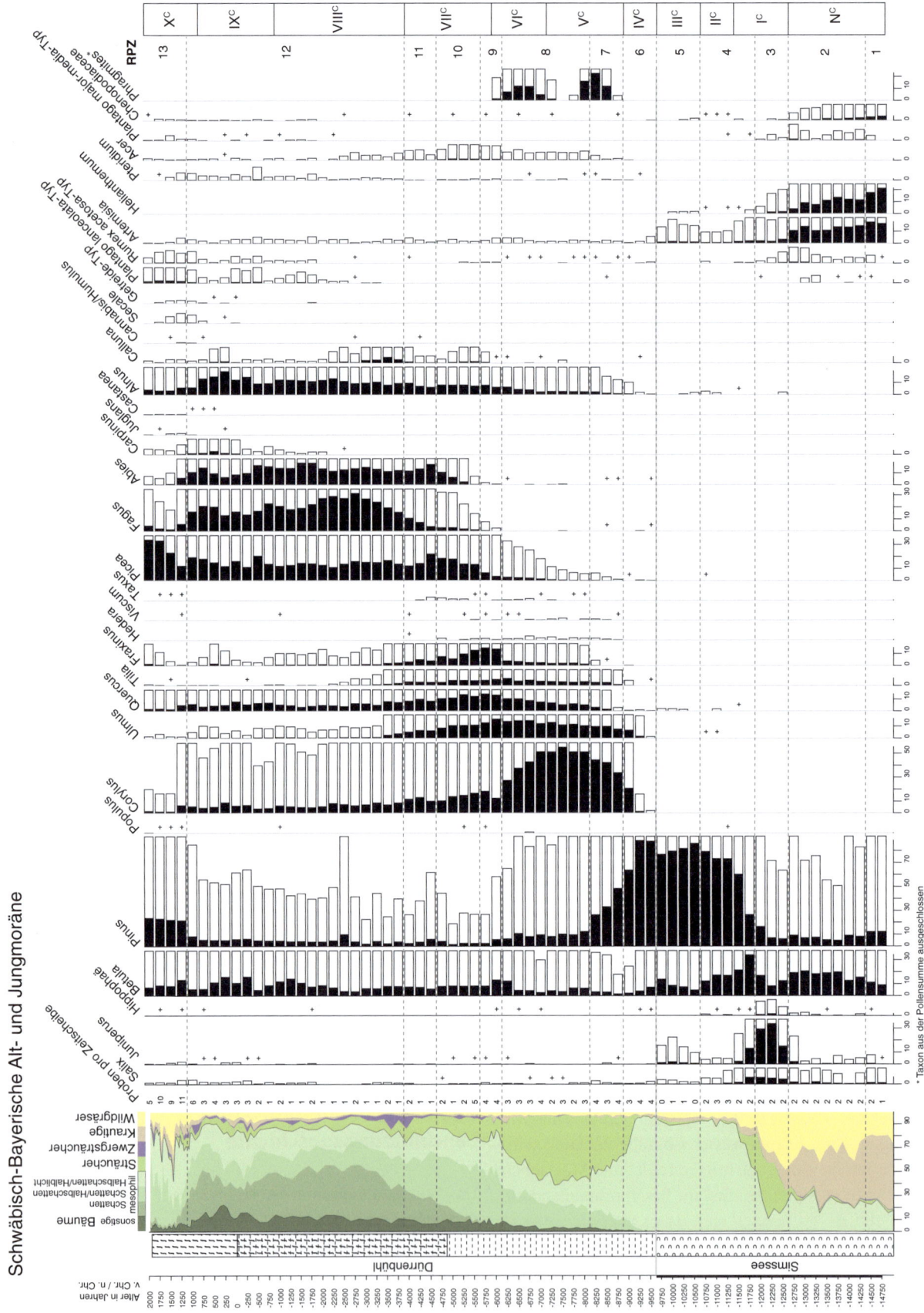

Abb. 11.2 Standardisiertes Pollendiagramm der Region Schwäbisch-Bayerische Alt- und Jungmoräne, kombiniert aus den Profilen Simssee (472 m NN, Beug 1976) und Dürrenbühl (924 m NN, Stojakowits 2014)

Abb. 11.3 Herbstzeitlicher Aspekt aus dem Dürrenbühlmoos mit Moorkolk im Zentrum und umgebenden Spirkenwäldern sowie daran anschließenden Fichtenwäldern im Moorrandbereich (Foto: A. Friedmann)

bzw. chronostratigraphischen Events, der Holozänchronologie liegen neben vier Radiokarbondatierungen aus dem Moor selbst zusätzlich pollenstratigraphische Vergleiche mit dem nahe gelegenen Mehlblockmoos zugrunde (Stojakowits 2014). Das Diagramm lässt sich in 13 regionale Pollenzonen (RPZ) untergliedern (s. Tab. S 11.1 im elektronischen Zusatzmaterial). Ein zusätzliches Pollendiagramm stammt vom Haspelmoor (Peters 2015), dessen Chronologie auf 32 Radiokarbondatierungen basiert. Es verdeutlicht die im Text wiederholt erwähnten Unterschiede zwischen Jung- und Altmoränenlandschaft (Abb. 11.4).

Während des Hochglazials mit dem Vereisungsmaximum um etwa 24.000 Jahren lag die Jungmoränenlandschaft unter dem Eis der Vorlandvergletscherung. In der vorgelagerten Altmoränenlandschaft bestand eine lückige Vegetation aus Gräsern und Beifuß (*Artemisia*) sowie Spezialisten wie Spalierweiden (*Salix*) und Gegenblättrigem Steinbrech (*Saxifraga oppositifolia*), die auch als Steppentundra bezeichnet wird (u. a. Lang 1994).

Mit dem Abschmelzen der Gletscher zum Alpenrand setzt das Spätglazial vor etwa 18.000 Jahren ein. Die sehr schüttere Pioniervegetation (ausgesprochen niedrige Pollenkonzentration!) der Steppentundra aus Sauer- und Süßgräsern sowie Beifuß, Sonnenröschen, Wiesenraute und vielen anderen, die Rohbodenstandorte besiedelnden Pflanzen wie Kriechendes Gipskraut (*Gypsophila repens*), breitet sich während dieser Zeit, dem ausgehenden Pleniglazial oder der ersten Subzone der Ältesten Dryas (Ammann et al. 1994), auf den eisfrei gewordenen Standorten aus (im Standarddiagramm nicht dargestellt). Mit fortschreitend besseren Wuchsbedingungen nahm insbesondere das Sonnenröschen (*Helianthemum*) in den artenreichen Pionierrasen während der sog. *Helianthemum*-Subzone innerhalb der Ältesten Dryas zu (RPZ 1). In der folgenden Zone (RPZ 2, Zeitscheiben 14.250 bis 12.750 v. Chr.) etablierten sich niederwüchsige Strauchformationen mit Zwergbirke (*Betula nana*), durch Großrestfunde z. B. vom Simssee bezeugt (Beug 1976), sowie Wacholder und Spalierweiden. Das Landschaftsbild war von einem mosaikartigen Nebeneinander aus Rasengesellschaften und Zwergstrauchbeständen geprägt.

Der Beginn des Böllings (ca. 12.600 v. Chr.) ist durch die Ausbreitung einer lockeren Strauchtundra mit Strauchgehölzen charakterisiert. Neben Wacholder (*Juniperus*) und Sanddorn (*Hippophaë*) waren auch Spalierweiden und Zwergbirke verbreitet. Die Vorkommen von Vegetationsbeständen aus *Artemisia*, *Helianthemum* und weiteren heliophilen Arten gingen entsprechend zurück (RPZ 3, Zeitscheiben 12.500 bis 12.000 v. Chr.). Während dieser Strauchphase wanderten erste Baumbirken ein (*Betula pubescens*, *B. pendula*), makrorestanalytisch nachgewiesen am Hofstätter See und Simssee (Beug 1976) sowie unter Vorbehalt auch im Profil Lauter (Schmeidl 1971). Nachfolgend entwickelten sich erste offene parktundraartige Birkenwälder, gegliedert in eine trockene Ausprägung auf Moränenkuppen und eine feuchte auf Unterhängen sowie in Senken mit eingestreuten Offenlandbereichen. Die lichten Vegetationsverhältnisse werden unter anderem durch die Verbreitung von Mondraute (*Botrychium*) und Dornigem Moosfarn (*Selaginella selaginoides*) angezeigt. Im späten Bölling gelangte auch die Waldkiefer (*Pinus sylvestris*) in das Untersuchungsgebiet, belegt durch Makrorestfunde, vom Simssee (Beug 1976) und Schleinsee (Mielke und Müller 1981). Lokal sind zudem

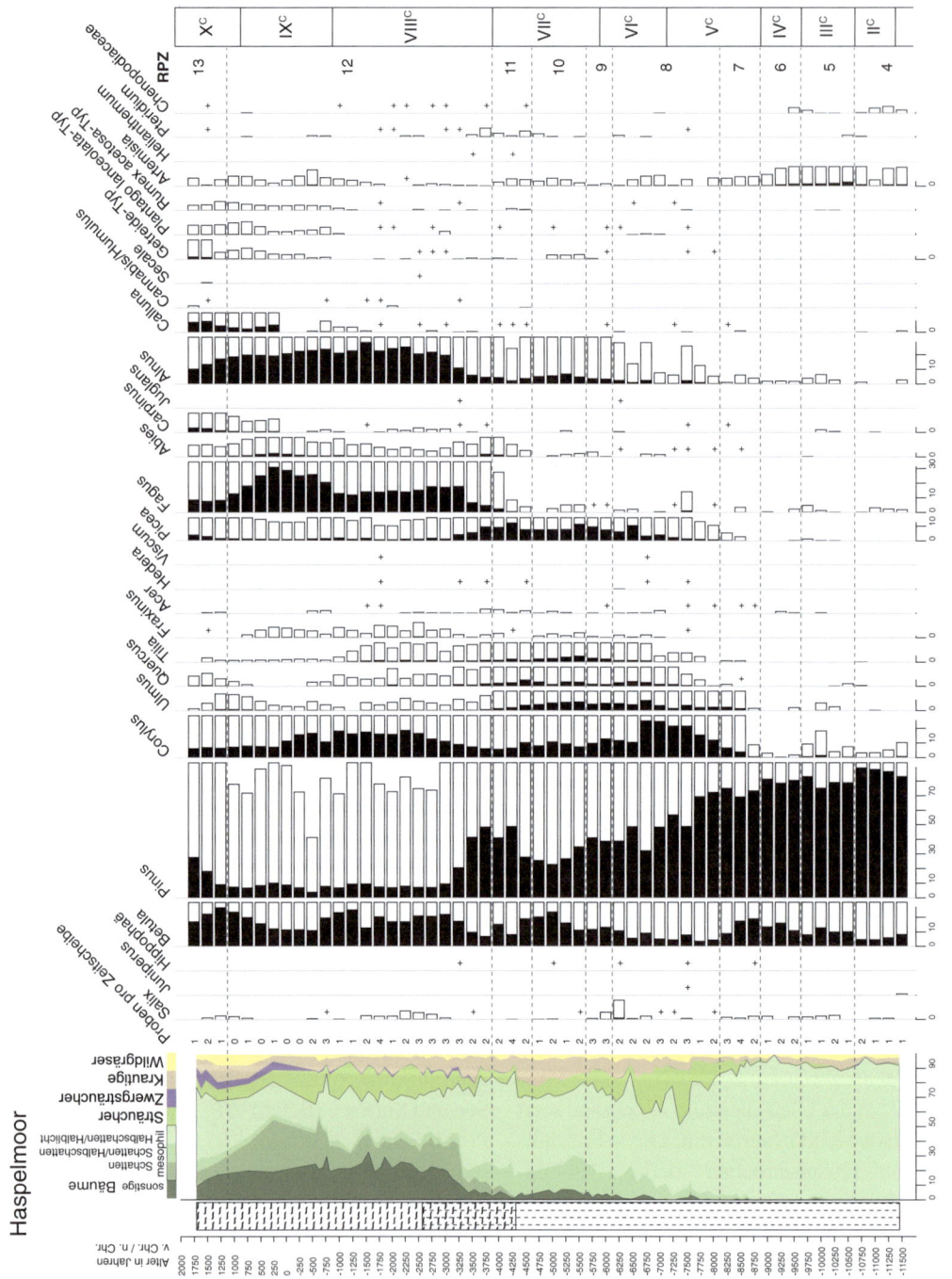

Abb. 11.4 Pollendiagramm des Haspelmoors (546 m NN, Peters 2015) zur Verdeutlichung der vegetationsgeschichtlichen Unterschiede zwischen der Jung- und der Altmoränenlandschaft

erste kleinere Pappelvorkommen anzunehmen. Die Birkenwälder mit ersten vereinzelten Waldkiefern waren weiterhin sehr licht (unterster Teil von RPZ 4, Zeitscheibe 11.750 v. Chr.). Nur in wenigen hoch aufgelösten Pollenprofilen ist der knapp 150 Jahre andauernde Temperaturrückgang der Älteren Dryas erfasst, wie am Ammersee (Kleinmann 1995) und im Mehlblockmoos (Stojakowits 2014), der wohl nur einen sehr schwachen Einfluss auf die vorhandenen Wälder hatte.

Im Laufe des Allerøds (ab etwa 11.500 v. Chr.) wurden die mittlerweile von Kiefern beherrschten Wälder allmählich etwas dichter (RPZ 4, Zeitscheiben 11.500 bis 10.750 v. Chr.). Standortbedingt waren Baumbirken stärker beigemischt. Ferner gesellten sich Ebereschen (*Sorbus aucuparia*) und vereinzelt Pappeln (*Populus*) hinzu. Letztere dürften in Auen stellenweise bestandsbildend aufgetreten sein. Makrorestfunden aus der Schweiz (Burga und Perret 1998) zufolge sollte es sich vorwiegend um die Zitterpappel (*Populus tremula*) gehandelt haben. Einige Pollendiagramme zeigen darüber hinaus einen ausgeprägten Birkenvorstoß während des Allerøds, und auch die im späten Allerød eruptierte Laacher See-Tephra konnte nachgewiesen werden (Kleinmann 1995; Stojakowits 2014).

Die Klimadepression der Jüngeren Dryas (RPZ 5, ca. 10.600 bis 9600 v. Chr.) führte zu einer vergleichsweise schwachen Auflichtung der Kiefernwälder in der Altmoränenlandschaft und im nördlichen Teil des Jungmoränengebietes. Zum Alpenrand hin äußerte sich die Waldauflockerung zusehends markanter. Neben erhöhten Anteilen heliophytischer Taxa, (v. a. *Artemisia*, *Helianthemum* und Wildgräser) trat auch *Juniperus* im Unterwuchs der Wälder wieder stärker hervor. Ferner zeugen Nachweise anderer Vertreter offener Standorte, wie Gänsefußgewächse (Chenopodiaceae), Mondraute, Moosfarn und Wiesenraute, von der Waldauflichtung. δ^{18}O-Untersuchungen aus dem Ammersee (von Grafenstein et al. 1992) ergaben eine maximale Absenkung der Jahresdurchschnittstemperatur von ca. 5 °C gegenüber dem Allerød bis auf unter 1 °C.

Im Präboreal (oder Vorwärmezeit, RPZ 6, Zeitscheiben 9500 bis 9000 v. Chr.) mit seinem anfangs raschen und deutlichen Temperaturanstieg um rund 6 °C (von Grafenstein et al. 1992) schlossen sich die Wälder erneut. Viele in der Jüngeren Dryas häufigere Pionier- und Steppenpflanzen wurden entsprechend zurückgedrängt. Das Waldbild beherrschte weiterhin *Pinus sylvestris*. In den geschlossenen, aber immer noch lichten Kiefernwäldern trat standortsbedingt *Betula* stärker in Erscheinung, verbreitet stockten Ebereschen. Vorwiegend in tieferen Lagen war auch *Populus* reichlich vertreten, und *Juniperus* war noch häufig im Unterwuchs vorhanden. In verhältnismäßig trockenen Gebieten ereigneten sich gehäuft Waldbrände. Im Laufe des Präboreals gelangten erste thermophile Gehölze in das Untersuchungsgebiet. In der risszeitlichen (Alt-)Moränenlandschaft waren das zuerst Ulmen (*Ulmus*) in der Umgebung des Haspelmoors (Peters 2015) wie auch in der Allgäuer Jungmoränenlandschaft, etwa im Dürrenbühl und Mehlblockmoos im Kempter Wald (Stojakowits 2014) und im ehemaligen Inn-Chiemsee-Gletschergebiet, so in der Gegend um den Hofstätter See und Simssee (Beug 1976), sowie im Moor in der Pechschnait (Schmeidl 1971). Bis zur Wende zum Boreal (Chronozone V^C) gesellten sich neben der Hasel (*Corylus*) die zumeist kurz nach der Ulme (*Ulmus*) immigrierte Eiche (*Quercus*), Linde (*Tilia*) und Ahorn (*Acer*) zu den etablierten Baumarten. Dabei sind die beiden Letzteren aufgrund ihrer geringen Pollenproduktion und teilweiser Insektenblütigkeit im Pollenniederschlag stark untervertreten. Dadurch kann das Einwanderungsgeschehen nur schlecht rekonstruiert werden. Mit dem Erscheinen der thermophilen Gehölze setzte die Verdrängung von *Pinus* ein. Erlen, vermutlich ausschließlich Grauerlen (*Alnus incana*) wie in der Ostschweiz (Burga und Perret 1998), drangen in der späten Vorwärmezeit ebenfalls in die Region vor und besetzten azonal entlang der Flussläufe geeignete Habitate. In der Regel gelangten bis dato nur *Ulmus* und *Corylus* zur Massenausbreitung. Aus Oberösterreich und dem Salzburger Land kommend war die Fichte (*Picea abies*) in die ostbayerische Jungmoränenlandschaft eingewandert und hatte im späten Präboreal ihr Areal mindestens bis zum Jungendmoränenzug südöstlich von München ausgedehnt (Kirchseeon I, Rausch 1975).

In der ausgesprochen kleingliedrigen Landschaft mit ihren ohnehin schon vielfältigen Umweltbedingungen gestalten sich fortan Vergleiche infolge der mehr und mehr erfolgten Standortdifferenzierung bei zugleich steigender Artenvielfalt keineswegs einfach.

Die im Boreal aufkommenden Laubmischwaldformationen (RPZ 7, Zeitscheiben 8750 bis 8250 v. Chr.) drängten die Waldkiefer, und untergeordnet Birken, weiter sukzessiv zurück. Daran hatte die Hasel durch die Ausbildung einer üppigen Strauchschicht im Unterholz großen Anteil. Zudem dürfte sich die Hasel jetzt auch azonal in Flussauen und entlang von Seeufern ausgebreitet haben. Die allgemein voranschreitende Bodenbildung begünstigte den Verdrängungsprozess der Waldkiefer, die sich auf Extremstandorten einnischte (z. B. Moorränder und schotterreiche Flussauen). Standortbedingt und je nach Höhenlage sowie Alpenrandnähe oder -ferne differenzierten sich verschieden zusammengesetzte Laubmischwälder aus. Die Linde spielte vor allem auf Parabraunerden und nährstoffreichen Braunerden (u. a. auf Lössinseln in der Altmoränenlandschaft) eine beträchtliche Rolle, während an Unterhängen beispielsweise verstärkt die Esche (*Fraxinus*) wuchs, die mittlerweile wieder heimisch geworden war. Elemente der Laubwälder waren u. a. Efeu (*Hedera*) und Mistel (*Viscum*). Ab dem mittleren Boreal (erste Hälfte RPZ 8, Zeitscheiben 8000 bis 7250 v. Chr.) waren die einst zonalen Kiefernwälder vollständig verschwunden. Das Areal der Fichte erstreckte sich über große Teile des Allgäus, das bayerische Allgäu wurde dabei schon im frühen Boreal besiedelt. Die Westgrenze verlief östlich des Bodensees über die Iller-Lech-Platte zur Donau (Küster 1995). Daraus resultierte eine verschärfte Konkurrenzsituation für die Hasel östlich dieser Grenzlinie. Im kontinentaleren Klima der östlichen Jungmoränenlandschaft, und dabei verstärkt in höheren Lagen, breitete sich die Fichte zudem schon etwas aus (z. B. Rausch 1975; Voigt 1996). Eine weitere Vegetationsgrenze lässt sich ungefähr entlang der Linie Kempten, Marktoberdorf, Schongau, Bad Tölz, Rosenheim über den Chiemsee nach Traunstein ziehen, kleinräumig modifiziert durch Höhenlage und Niederschlagsmenge. Nördlich davon erlangten in den Waldbeständen insgesamt Eichen die Vorherrschaft, während in der alpenrandnahen Jungmoränenlandschaft Ulmen, genauer gesagt Bergulmen (*Ulmus glabra*), dominierten (Küster 1995). Diese Zonierung der Vegetation entlang des Höhengradienten in Nord-Süd-Richtung und des Ozeanitätsgefälles in West-Ost-Richtung lässt sich in groben Zügen bereits den Pollendiagrammen von Paul und Ruoff (1927) und (1932) entnehmen.

Mehrere Waldumbauphasen kennzeichnen das Atlantikum (Chronozone VI^C und VII^C). Im Älteren Atlantikum (zweite Hälfte RPZ 8, Zeitscheiben 7000 bis 6250 v. Chr.) waren weiterhin Laubmischwaldformationen verbreitet, bei allerdings schwindenden Haselanteilen. Die erste größere Waldumbauphase wurde durch das 8.2 ka-Event (s. Kap. 2) verursacht und ist pollenstratigraphisch durch eine markante Depression der *Corylus*-Kurve charakterisiert. Mit dem Höhepunkt der Klimadepression (RPZ 9, Zeitscheiben 6000 bis 5750 v. Chr.) setzt von der Allgäuer Jungmoränenlandschaft bis südöstlich von München in vielen Diagrammen die empirische Pollenkurve der Buche (*Fagus sylvatica*) ein. Den Chiemgau erreichte die Buche laut einer ^{14}C-Datierung aus dem Stöttener Filz II (Rausch 1975) und der Altersinterpolation vom Chiemsee (Voigt 1996) erst ein paar Jahrhunderte später. Grund hierfür ist, wie schon von Kral (1979) bemerkt, ein westlicher und ein östlicher Wanderweg der Rotbuche mit einem Zusammentreffen der beiden Provenienzen in der oberbayerischen Jungmoränenlandschaft. Die Weißtanne (*Abies alba*) erschien meist etwas früher als die Buche. Die Wanderwege westlicher und östlicher Provenienzen der Tanne trafen nach Kral (1979) im Inn-Salzach-Gebiet aufeinander, wie mittels moderner Genanalysen gezeigt werden konnte (Breitenbach-Dorfer et al. 1997). Nach Tinner und Lotter (2001, 2006) förderte eine nachhaltige Änderung im Klimamodus nach dem 8.2 ka-Event, von kontinentalen Verhältnissen mit kalten Wintern und trocken-heißen Sommern zu ozeanischeren Bedingungen mit milderen Wintern ohne häufige Spätfröste und feuchteren Sommern, die beiden Schatthölzer Buche und Tanne. In die nördlich vorgelagerte Altmoränenlandschaft zwischen Lech und Isar drangen beide Baumarten mit einer gewissen Verzögerung vor. Infolge der dichter gewordenen Laubmischwälder und der alpenrandnah verbreiteten fichtenreichen Wälder höherer Lagen ging der üppige Haselunterwuchs in der Regel zurück. Zudem war die Hasel azonal mittlerweile starker Konkurrenz durch die expandierende Esche und die sich etablierende Schwarzerle (*Alnus glutinosa*) ausgesetzt. Die fortschreitende Entfaltung der Buche und Tanne – Letztere eilte in höheren Lagen dem Laubholz voraus – führte zur Zurückdrängung verschiedener Laubgehölze (z. B. Linde). So wurde der langsame Ulmenrückgang im Jüngeren Atlantikum (RPZ 10 u. 11, Zeitscheiben 5500 bis 4000 v. Chr.) und frühen Subboreal (ab 3800 v. Chr.) in der Jungmoränenlandschaft vorrangig durch die Schattholzausbreitung verursacht. Dabei verdrängte die Tanne die Bergulme auf feuchtere Standorte. Auch die Buche war an diesem Verdrängungsprozess beteiligt. An der Wende zum Subboreal waren in der Jungmoränenlandschaft vielerorts die bis dato zonalen Laubmischwaldformationen durch Schattholzgesellschaften mit *Abies* und *Fagus* ersetzt.

In das Jüngere Atlantikum, und dabei insbesondere an dessen Ende, datieren punktuell auch die ersten pollenanalytischen Hinweise auf neolithische Kulturgruppen (z. B. Münchshofener Kultur im Haspelmoor), insbesondere auch durch Makroreste von Einkorn (*Triticum monococcum*), Emmer (*Triticum dicoccum*) und Schlafmohn (*Papaver somniferum*) der Münchshofener Kultur aus Moorenweis (Küster 1995). Im Bereich der Altmoräne herrschten weiterhin eichenreiche Laubmischwälder vor, in denen die Buche sich langsam ausbreitete (Bürger 1995; Peters 2015). Fichten und Tannen besaßen hier aufgrund der niedrigeren Niederschläge und höheren Temperaturen im Vergleich zur alpenrandnahen Jungmoränenlandschaft nur geringe Konkurrenzkraft. Höhere Fichtenanteile repräsentierten dort meist azonale Vorkommen in Gestalt von Fichten-Moorrandwäldern.

Die im Standarddiagramm ab dem Jüngeren Atlantikum und teils schon zuvor vorhandenen Zwergstrauchnachweise, vor allem *Calluna* und *Vaccinium*-Typ (Letzterer im Standarddiagramm nicht dargestellt), entstammen in erster Linie dem Moor selbst.

Im Subboreal (ca. 3800–800 v. Chr.) und frühen Subatlantikum (bis ca. 800 n. Chr.) entwickelte sich in montanen Lagen der Jungmoränenlandschaft der sogenannte gemischte Bergwald aus Buche, Tanne und Fichte (RPZ 12, Zeitscheiben 3750 v. Chr. bis 1000 n. Chr.) als Klimaxformation. Die Buche verliert mit zunehmender Höhe an Konkurrenzkraft, und umgekehrt oder alpenferner treten entsprechend Fichten und Tannen zurück. Der gemischte Bergwald mit untergeordnet vorkommendem Bergahorn besitzt eine große standörtliche Amplitude. Das fichtenreiche Verbreitungsgebiet lag dabei im südlichen Jungmoränenland, besonders in höheren Lagen verstärkt mit Tanne, ansonsten dominierte die Buche, wie auch in den tieferen Regionen des Inn-Chiemsee-

Gebietes. Anstehende Molassegesteine förderten dagegen tannenreiche Bestände. Mit der Expansion der Schattholzgesellschaften wurden andere Laubmischwaldelemente weiter zurückgedrängt. Lediglich die Eichenarten konnten sich relativ lange gegenüber dem wachsenden Konkurrenzdruck der Buche behaupten, mussten aber schließlich je nach Art auf feuchtere und trockenere Standorte ausweichen. Zudem begünstigten spätfrostgefährdete Flächen die Eichen gegenüber der Buche. In der Altmoränenlandschaft zwischen Lech und Isar herrschten Buchenwälder als zonale Vegetation vor. Allerdings vollzog sich dort, wie oben erwähnt, die Buchenausbreitung mit gewisser Verzögerung. Auch hier beeinflussten standörtliche Unterschiede die Waldzusammensetzung. An trockenen und staunassen Stellen waren den Buchen untergeordnet Eichen beigemischt, auf sehr reichen Böden fanden noch Ahorn, Esche und Linde Nischen in den Buchenwaldformationen. Die Tanne war vermutlich nur in den nördlich an die Würmendmoränen anschließenden höheren Lagen sporadisch verbreitet. An vielen Lokalitäten bildeten sich ausgedehnte Bruchwaldvorkommen mit Schwarzerle heraus. Als letzter postglazialer Rückkehrer wanderte die Hainbuche mit Wuchsorten in der zweiten Baumschicht während des jüngeren Subboreals (ab ca. 2000 v. Chr.) in das ehemals vergletscherte Alpenvorland ein, errang jedoch keine größere Bedeutung.

Lokal fällt in die erste Hälfte des Subboreals das Einsetzen der diskontinuierlichen Kurve des Spitzwegerichs (*Plantago lanceolata*). Primäre Kulturzeiger wie der Getreide-Typ waren noch selten, wurden jedoch vereinzelt im Alt- und Jungmoränengebiet nachgewiesen. Im Übergang zur Bronzezeit (Kupferzeit) erfolgte eine Ausweitung des Siedlungsraums entlang der großen Flusstäler in günstigeren Lagen bis an die großen Alpenvorlandseen. Dabei wurden große Teile des bayerischen Allgäus gemieden. Kontakte und Handelsrouten bestanden in den Alpenraum hinein, insbesondere zu den Erzlagerstättengebieten der Nordalpen (Sommer 2006). Bronzezeitlich sind vielerorts gehäuft Ackerbau und Viehwirtschaft belegende primäre und sekundäre Kulturzeiger nachgewiesen. Richtung Alpenrand herrschte viehwirtschaftliche Nutzung vor. Lokal ist menschliche Einflussnahme sogar innerhalb der Nördlichen Kalkalpen (s. Kap. 9) belegt. Besonders während der Urnenfelderzeit (späte Bronzezeit, ca. 1300–800 v. Chr.) fand eine fortschreitende Aufsiedlung ungünstigerer Lagen des Jungmoränenlandes statt. Entlang von Handelsrouten in die Alpen existierten am Eingang großer Täler Siedlungen (Sommer 2006). Die Landnahme war mittlerweile am Alpenrand angekommen, doch blieben große Waldflächen zwischen den Siedlungsachsen unberührt.

Im Älteren Subatlantikum (ca. 800 v. Chr.–800 n. Chr.) herrschte im würmzeitlich vergletscherten Teil des Untersuchungsgebietes weiterhin der gemischte Bergwald aus Buchen, Tannen und Fichten vor. Die Hainbuche gewann anfangs nur lokal in tieferen Lagen etwas an Bedeutung. Im Altmoränengebiet zwischen Lech und Isar prägten noch Buchenwälder die Landschaft. Der menschliche Eingriff in die Landschaft zeigte nun flächigere Ausmaße, und es kam zu größeren Rodungen, besonders zur Dezimierung der Buche, aber auch von Fichte und Tanne.

Während der Vorrömischen Eisenzeit (ab ca. 800 v. Chr.) finden sich kontinuierlich *Plantago lanceolata*-Nachweise im ganzen Alpenvorland, ebenso wurden andere sekundäre Kulturzeiger in dieser Zeitscheibe häufiger. Belege des Getreide-Typs einschließlich weniger erster *Secale*-Funde zeugen von ackerbaulicher Tätigkeit. Vorrangig und mit besonderer Akzentuierung zum Alpenrand hin wurde jedoch, wie schon zuvor, Viehhaltung als vorherrschende Wirtschaftsform praktiziert. Das deuten die Nachweise verschiedener (Wald-)Weidezeiger wie Süßgräser, Spitzwegerich und *Rumex acetosa*-Typ an. Daneben waren Vertreter von Ruderalgesellschaften verbreitet (z. B. Beifuß und Gänsefußgewächse). Die allgemein steigenden Holzkohlenachweise können örtlich sowohl mit Brandrodung als auch mit lokaler Erzverhüttung in Zusammenhang stehen. Bei auftretenden Wiederbewaldungen breiteten sich zunächst Birke und Hasel auf den aufgelassenen Flächen aus, in deren Halbschatten dann insbesondere die Buche aufkam. Phasen mit geringerer Siedeltätigkeit oder Unterbrechung ließen vielerorts die Süßgräser-Anteile nicht mehr bedeutend absinken, woraus sich – unter Vorbehalt – eine gewisse Etablierung von Dauergrünland ableiten lässt.

Im Zuge der römischen Herrschaft entfalteten sich größere Rodungsaktivitäten entlang der geschaffenen Siedlungsachsen. Davon besonders betroffen waren die Buche und die Tanne; insbesondere die Tanne fand als Bauholz für die römischen Siedlungen und Militärposten Verwendung (Küster 1994). Die Nachweise von Ackerbau sind im Untersuchungsgebiet jedoch vergleichsweise gering. In der klimatisch ungünstigen Jungmoränenlandschaft wurden vorwiegend Hafer (*Avena*) und Emmer angebaut (Küster 1995). Das gut ausgebaute römische Straßennetz im Alpenvorland (u. a. die Via Claudia) ermöglichte eine Fernversorgung der römischen Truppen. Bereits früher dominierte aber im Jungmoränengebiet die Viehwirtschaft. Infolge der Intensivierung der Viehzucht wurde jetzt weiteres Grünland erschlossen. Dagegen lag im Altmoränengebiet eine stärkere Betonung auf dem Ackerbau. Meist ab dem 3. Jh. n. Chr. treten Eichen und Hainbuchen im Pollenniederschlag stärker in Erscheinung. Die Hainbuche als stockausschlagsfreudige Baumart wurde durch Niederwaldwirtschaft gefördert, freigestellte Eichen wurden im Zuge einer Mittelwaldwirtschaft zu Zwecken der Schweinemast geschont (s. Exkurs Kap. 20).

Nach dem Ende der römischen Okkupation setzte vielerorts eine Sekundärsukzession ein, und die teils übernutzten Wälder konnten sich etwas erholen, vielerorts durch Ausbreitung eines gemischten Bergwalds mit vorhergehenden

Vorwaldstadien aus Birke und Hasel. Örtlich wurde diese Phase der Waldregeneration allerdings durch kurze Landnutzungsperioden unterbrochen, die sich in Ackerbaunachweisen und leicht erhöhten sekundären anthropogenen Indikatoren äußern. Aufgrund der vorliegenden Pollenanalysen lässt sich eine Kontinuität des menschlichen Wirtschaftens auch während der Völkerwanderungszeit erkennen; selbst in der kühlen Jungmoränenlandschaft kam es keineswegs zu einer vollständigen Unterbrechung der Besiedlung.

Die nächste Rodungswelle ereignete sich im Frühmittelalter mit den Klöstern als treibenden Kräften. Es erfolgte die Aufsiedelung des südlichen Allgäus und der übrigen höhergelegenen Jungmoränengebiete bis zum Alpenrand. In vielen Gebieten, wie um den Chiemsee (Voigt 1996), wurden großflächig Waldbestände gerodet. Es folgte der hochmittelalterliche Landesausbau mit zahlreichen Ortsgründungen und systematischen Rodungen mit einer Ausweitung des Ackerbaus. Von da an besteht weitverbreitet ortsfeste Siedlungskontinuität bis heute (Sommer 2006). Der Offenlandanteil in der Landschaft nahm deutlich zu, und der Prozess der Waldzerstörung setzte ein. An den größeren Alpenflüssen samt Zuflüssen wurde Holzflößerei betrieben, und die Köhlerei (s. Exkurs Kap. 36) war in den Wäldern weitverbreitet (von Hornstein 1951). Für die Ausweitung des Ackerbaus erfolgte die Erschließung der vorgesehenen Flächen mittels der seit dem Hochmittelalter häufig angewandten Technik des Brandfeldbaus (s. Exkurs Kap. 14). Neben dem zur Ernährung kultivierten Getreide diente nun Hanf (*Cannabis sativa*) verstärkt zur Fasergewinnung. Außer der Intensivierung des Ackerbaus wurde auch weiterhin Waldweide in größerem Umfang betrieben. Das drückt sich mitunter im Aufkommen von Wacholder im Unterwuchs aus. Im Spätmittelalter ist in der Regel eine Phase geringerer Landnutzung mit schwacher Walderholung nachgewiesen. Dies könnte im Zusammenhang mit den umgreifenden schweren Pestepidemien im 14. und 15. Jahrhundert stehen; denkbar ist aber auch ein Siedlungsrückgang als Folge der Klimaverschlechterung der Kleinen Eiszeit oder eine Kombination beider Faktoren.

Das Jüngere Subatlantikum (X^C, ab Zeitscheibe 1000 n. Chr.) in der bayerischen Jungmoränenlandschaft zwischen Iller und Salzach bezeichnete Firbas (1952) als Kiefern-Fichten-Zeit (RPZ 13). Die in vielen Pollenprofilen augenscheinlich starke Zunahme der *Pinus*-Anteile hängt mit der lokalen Ausbreitung von Kiefernarten in den Mooren selbst zusammen, die in großer Zahl drainiert wurden und teils dem Torfstich zum Opfer fielen. Bis in das westliche Oberbayern reichen Vorkommen der Moorkiefer (*Pinus rotundata*). Ab der Grenze zwischen Isar- und Inn-Vorlandgletscher tritt in den Hochmooren der Jungmoränenlandschaft die Wuchsform der niederliegenden Bergkiefer (*Pinus mugo*) an die Stelle der Moorkiefer.

In der Neuzeit schließlich führten mehrere Rodungswellen zu einer Verarmung sowie zu einem flächenhaften Rückgang der Waldgesellschaften. Infolge der Ausweitung von Acker- und Grünlandflächen traten Ackerunkräuter und Kulturzeigerarten gehäuft auf. Zudem erreichten der Anteil der Wildgräser sowie der Getreideanbau an vielen Lokalitäten maximale Verbreitung. Im 18. und 19. Jahrhundert war die Waldzerstörung im Jungmoränenland auf ihrem Höhepunkt angelangt. Die Fichte war in den völlig übernutzten Restwaldflächen zur Vorherrschaft gelangt und wurde fortan durch die ab Mitte des 18. Jahrhunderts oder mancherorts erst zu Beginn des 19. Jahrhunderts geregelte Forstwirtschaft gefördert. Buche und Tanne waren bereits stark zurückgedrängt. Der einst flächenmäßig vorherrschende gemischte Bergwald stockte nur noch fragmentarisch. An dessen Stelle waren anthropogen bedingte Ersatzgesellschaften getreten, und das heutige Kulturlandschaftsbild begann sich zu manifestieren. Im Laufe des 19. Jahrhunderts ging im Jungmoränenland der Getreideanbau fortlaufend zurück und wich der Grünlandwirtschaft. Brachgefallene Flächen wurden verstärkt mit Fichte aufgeforstet.

Literatur

Ammann B, Lotter A, Eicher U, Gaillard M-J, Wohlfarth B, Haeberli W, Lister G, Maisch M, Niessen F, Schlüchter C (1994) The Würmian Late-glacial in lowland Switzerland. Journal of Quaternary Science 9: 119–125

Beug HJ (1976) Die spät- und frühpostglaziale Vegetationsgeschichte im Gebiet des ehemaligen Rosenheimer Sees (Oberbayern). Botanische Jahrbücher für Systematik 95: 373–400

Breitenbach-Dorfer M, Konnert M, Pinsker W, Starlinger F, Geburek T (1997) The contact zone between two migration routes of silver fir, *Abies alba* (*Pinaceae*), revealed by allozyme studies. Plant Systematics and Evolution 206: 259–272

Burga C, Perret R (1998) Vegetation und Klima der Schweiz seit dem jüngeren Eiszeitalter. Ott, Thun

Bürger O (1995) Prähistorische Landschaftskunde am Fallbeispiel Pestenacker. Pollenanalytische Untersuchungen zur Vegetations- und Siedlungsgeschichte im Altmoränengebiet zwischen Lech und Isar (Bayerisches Alpenvorland). Korneli, München

Firbas F (1952) Spät- und nacheiszeitliche Waldgeschichte Mitteleuropas nördlich der Alpen. Zweiter Band: Waldgeschichte der einzelnen Landschaften. Gustav Fischer, Jena

Kleinmann A (1995) Seespiegelschwankungen am Ammersee. Ein Beitrag zur spät- und postglazialen Klimageschichte Bayerns. Geologica Bavarica 99: 253–367

Kral F (1979) Spät- und postglaziale Waldgeschichte der Alpen auf Grund der bisherigen Pollenanalysen. Österreichischer Agrarverlag, Wien

Küster H (1994) The economic use of Abies wood as timber in central Europe during Roman times. Vegetation History and Archaeobotany 3: 25–32

Küster H (1995) Postglaziale Vegetationsgeschichte Südbayerns: Geobotanische Studien zur prähistorischen Landschaftskunde. Akademie Verlag, Berlin.

Lang G (1994) Quartäre Vegetationsgeschichte Europas. Gustav Fischer, Jena

Mielke K, Müller H (1981) Palynologie. In: Bender F (ed) Angewandte Geowissenschaften 1. Enke, Stuttgart, 393–407

Paul H, Ruoff S (1927) Pollenstatistische und stratigraphische Mooruntersuchungen im südlichen Bayern. I. Teil. Moore im außeralpinen Gebiet der diluvialen Salzach-, Chiemsee- und Inn-Gletscher. Berichte der Bayerischen Botanischen Gesellschaft 19: 1–84

Paul H, Ruoff S (1932) Pollenstatistische und stratigraphische Mooruntersuchungen im südlichen Bayern. II. Teil. Moore in den Gebieten der Isar-, Allgäu- und Rheinvorlandgletscher. Berichte der Bayerischen Botanischen Gesellschaft 20: 1–264

Peters M (2015) Pollenanalytische Untersuchungen im Haspelmoor. In: Mundorff A, von Seckendorff E (eds) Am Wasser. Steinzeitmenschen am Haspelsee. Museum Fürstenfeldbruck, 35–47

Rausch K (1975) Untersuchungen zur spät- und nacheiszeitlichen Vegetationsgeschichte im Gebiet des ehemaligen Inn-Chiemseegletschers. Flora 164: 235–282

Rösch M, Friedmann A, Rieckhoff S, Stojakowits P, Sudhaus D (2021) A Late Würmian and Holocene pollen profile from Tüttensee, Upper Bavaria, as evidence of 15 millennia of vegetation history in the Chiemsee glacier region. Acta Palaeobotanica 61: 136–147

Rösch M, Friedmann A, Stojakowits P (2024) Contributions to the European pollen database: 70. Bad Tölz, Egelsee (Bavaria, Germany). Grana 63: 67–70

Schmeidl H (1971) Ein Beitrag zur spätglazialen Vegetations- und Waldentwicklung im westlichen Salzachgletschergebiet. Eiszeitalter und Gegenwart 22: 110–126

Seibert P (1968) Vegetation und Landschaft in Bayern. Erläuterungen zur Übersichtskarte der natürlichen Vegetationsgebiete von Bayern. Erdkunde 22: 294–313

Sommer CS (ed) (2006) Archäologie in Bayern. Pustet, Regensburg

Stojakowits P (2014) Pollenanalytische Untersuchungen zur Rekonstruktion der Vegetationsgeschichte im südlichen Iller-Wertach-Jungmoränengebiet seit dem Spätglazial. Dissertation, Universität Augsburg

Suck R, Bushart M (2012) Potentielle natürliche Vegetation Bayerns. Karte + Erläuterungen zur Übersichtskarte 1:500.000. Bayerisches Landesamt für Umwelt, Augsburg

Tinner W, Lotter A (2001) Central European vegetation response to abrupt climate change at 8.2 ka. Geology 29: 551–554

Tinner W, Lotter A (2006) Holocene expansions of Fagus silvatica and Abies alba in Central Europe: Where are we after eight decades of debate? Quaternary Science Reviews 25: 526–549

von Grafenstein U, Erlenkeuser H, Müller J, Kleinmann A (1992) Oxygen isotope records of benthic ostracods in Bavarian lake sediments: Reconstruction of Late and Post Glacial air temperatures. Naturwissenschaften 79: 145–152

von Hornstein F (1951) Wald und Mensch. Waldgeschichte des Alpenvorlandes Deutschlands, Österreichs und der Schweiz. Otto Maier, Ravensburg

Voigt R (1996) Paläolimnologische und vegetationsgeschichtliche Untersuchungen an Sedimenten aus Fuschlsee und Chiemsee (Salzburg und Bayern). Dissertationes Botanicae 270. Cramer, Berlin, Stuttgart

Iller-Lech-Platte, Tertiärhügelland und Schotterplatten

Arne Friedmann, Philipp Stojakowits und Michael Peters

Kulturlandschaftsimpression aus dem Tertiärhügelland im nördlichen Dachauer Land westlich der Ortschaft Ainhofen (Foto: M. Peters)

Ergänzende Information Die elektronische Version dieses Kapitels enthält Zusatzmaterial, auf das über folgenden Link zugegriffen werden kann [https://doi.org/10.1007/978-3-662-68936-3_12].

A. Friedmann (✉)
Institut für Geographie, Universität Augsburg,
Augsburg, Deutschland
e-mail: arne.friedmann@geo.uni-augsburg.de

P. Stojakowits
Landesamt für Bergbau, Energie und Geologie des Landes Niedersachsen, Hannover, Deutschland

M. Peters
Institut für Vor- und Frühgeschichtliche und Provinzialrömische Archäologie, Ludwig-Maximilians-Universität,
München, Deutschland

Der Naturraum

Das bayerische Alpenvorland außerhalb der ehemals vergletscherten Bereiche lässt sich in die Iller-Lech-Platte, das Tertiärhügelland mit den Isar-Inn-Schotterplatten sowie das Donautal gliedern (Abb. 12.1). Letzteres wird im Folgenden als eigenständige Raumeinheit beschrieben. Im Untersuchungsraum nimmt die Kontinentalität Richtung Osten zu.

Das Donautal bildet die Nordgrenze des Gebietes und besteht aus ebenen, quartären Schotter- und Kiesterrassen, die neben der Aue mit ihren Auenböden und der Niederterrasse vor allem die lössbedeckten Hochterrassen (Gäuboden in Niederbayern) mit Parabraunerden umfassen. Das Klima ist mild-gemäßigt und mäßig trocken. Die Durchschnittstemperaturen liegen bei 8 bis 9 °C, doch besteht die Gefahr der Kaltluftseebildung. Die Jahresniederschläge beziffern sich auf 600 bis 750 mm; nach Osten im Luv des Bayerischen Waldes nehmen sie zu. Das Gebiet ist arm an Seen und Mooren; nur degradierte Niedermoore in abgeschnittenen verlandeten Flussarmen treten auf. Es handelt sich um einen sehr günstigen Siedlungsraum, der früh besiedelt wurde und heute sehr waldarm ist. Die Besiedlungsdichte ist bei einer intensiven landwirtschaftlichen Nutzung hoch (u. a. Gemüse- und Zuckerrübenanbau). Als potenzielle natürliche Vegetation wäre eine Untergliederung in Hart- und Weichholzaue (Feldulmen-Eschen-Auenwald mit Grauerle und Silberweiden-Auenwald) zu erwarten. Auf den höheren Terrassen würden Feldulmen-Eschen-Hainbuchen-Wälder stocken (Suck und Bushart 2012).

Der Untergrund des Tertiärhügellands besteht aus tertiärem Abtragungsschutt der Alpen (Molasse). Oberflächlich stehen in den größeren Flusstälern (z. B. Paar, Ilm, Laaber, Isar, Vils, Rott), die das Hügelland durchziehen, Schotter quartären Alters an. Das Hügelland ist an vielen Stellen großflächig lössüberdeckt, und es herrschen Parabraunerden vor. In den Flusstälern dominieren Auenböden (z. B. Gleye). Die größten Höhen werden im Gebiet mit knapp 700 m NN erreicht, die tiefsten Punkte liegen im Osten nahe der Donau bei rund 320 m NN. Das Klima ist mild-gemäßigt und mäßig feucht. Die Jahresniederschläge nehmen von Nord nach Süd zu den Alpen hin zu und betragen zwischen 650 und 850 mm. Dabei werden die Höchstwerte in Nähe der Endmoränen erreicht. Die Durchschnittstemperaturen (7–8 °C) hingegen nehmen Richtung Alpenrand ab. Das Gebiet ist sehr arm an

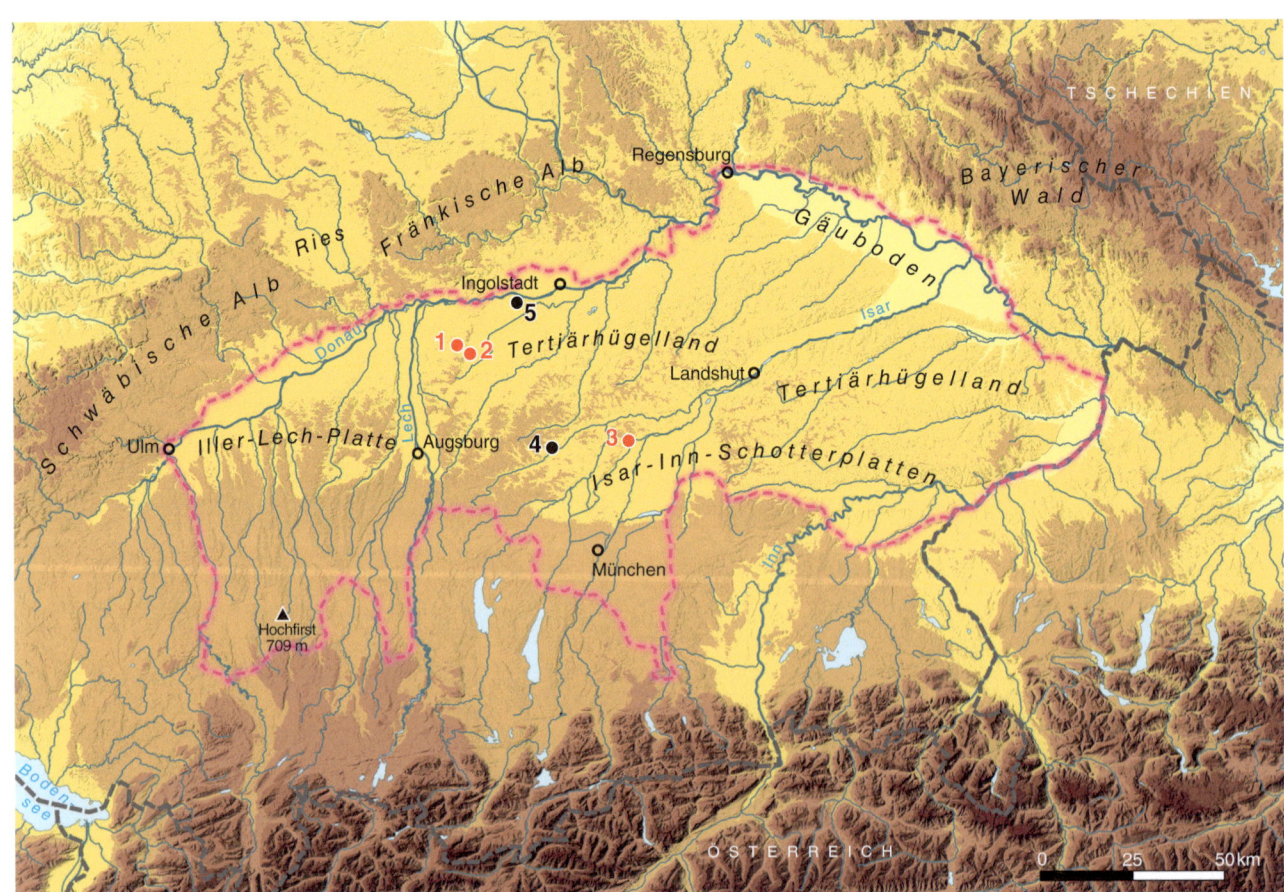

Abb. 12.1 Karte der Region Iller-Lech-Platte, Tertiärhügelland und Isar-Inn-Schotterplatten mit pollenanalytisch untersuchten Lokalitäten für das standardisierte Pollendiagramm: 1 Haselbach, 2 Walda. Zusätzlich diskutiertes Diagramm: 3 Gartelshausen. Weitere im Text erwähnte Lokalitäten: 4 Weichs, 5 Donaumoosprofile

Mooren. Heute gibt es nur noch wenige degradierte Niedermoore in den Flusstälern, die mit der Ausnahme des Isar-, Glonn- und Paartals in der Regel nur sehr kleinräumig ausgebildet sind. In der sogenannten Ingolstädter Ausräumungslandschaft befindet sich das großflächige, stark degradierte oberbayerische Donaumoos. Insgesamt stellt das Tertiärhügelland einen günstigen Siedlungsraum dar, der früh besiedelt wurde. Die aktuelle Vegetation ist stark vom Menschen geprägt, sodass naturnahe Bereiche kaum mehr vorhanden sind. Bei den kleinen verbliebenen Waldflächen handelt es sich fast gänzlich um Forste (vorwiegend Fichten-, teils auch Kiefernforste). Das Tertiärhügelland ist weiter durch eine großräumige landwirtschaftliche Nutzung gekennzeichnet – neben Grünlandwirtschaft wird intensiv Ackerbau betrieben (z. B. Getreide und Kartoffeln), jüngst auch verstärkt Maisanbau zur Biogasgewinnung. Auf Lössflächen finden sich Sonderkulturen wie Spargel und Hopfen. Im Wuchsdistrikt bis etwa 450 m NN kennzeichnet ein Mosaik aus Hainsimsen-Eichen-Hainbuchen-Wäldern, reinen Labkraut-Eichen-Hainbuchen-Wäldern und Hainsimsen-Buchenwäldern, z. T. mit Eiche, die potenzielle natürliche Vegetation. Auf Dünenzügen gelangten Kiefern-(Eichen-)Wälder zur Entwicklung (Seibert 1968). Lagen über 450 m NN wären in der Regel bei noch ausreichender Basenversorgung von einem Waldmeister-(Tannen-)Buchenwald eingenommen.

Die Iller-Lech- und Isar-Inn-Schotterplatten erhalten ihre Gestalt durch ebene und terrassierte, quartäre Schotterkörper sowie reliefierte Molasserücken (= Riedel), die von Flüssen durchzogen sind (u. a. Günz, Mindel, Wertach, Alz). So wird die Münchener Schotterebene großflächig von würmzeitlichen Sedimenten aufgebaut, und die teilweise lössüberdeckten Hochterrassen sind im Norden von Parabraunerden, ansonsten von Braunerden bedeckt. Sowohl Braunerden als auch Parabraunerden kennzeichnen auch den Bereich der Riedel. In den Flusstälern herrschen Gleye, Auenrendzinen und flachgründige Braunerden vor. Die höchstgelegenen Bereiche finden sich nahe den Endmoränen mit rund 800 m NN, die tiefsten Punkte nahe der Donau mit rund 400 m NN. Das Klima ist gemäßigt, mäßig feucht im Norden, feucht im Süden. Die Niederschläge erreichen Jahressummen zwischen 650 und bis über 1000 mm, die Durchschnittstemperaturen betragen 6–8 °C. Heute ist die Region faktisch frei von Seen und Niedermooren; Letztere kommen nur in Flusstälern vor. Die Moore sind allesamt gestört und drainiert. Der Siedlungsraum ist günstig und die Vegetation heute stark verändert. Auf Lössterrassen ist das Gebiet waldarm, auf Höhenrücken und hoch gelegenen Schotterplatten dagegen waldreich (v. a. Fichtenforste). Eine floristische Besonderheit stellen die Heideflächen, wie im Gebiet der Münchener Schotterebene oder im Süden Augsburgs, und die Reste der ehemaligen Wildflusslandschaft des Lechs bei Augsburg dar. Landwirtschaftliche Nutzung ist auf besseren Böden weitverbreitet. Wie im Tertiärhügelland hat auch hier der Maisanbau verstärkt Einzug gehalten. Auf älteren Talterrassen überwiegt der Ackerbau über die Grünlandwirtschaft. Im Gegensatz dazu werden die Talböden vorwiegend von Grünland, vereinzelt von Streuwiesen eingenommen. Die potenzielle natürliche Vegetation besteht auf der Iller-Lech-Platte, je nach Basenversorgung, aus Hainsimsen-Buchenwäldern oder Waldmeister-(Tannen-)Buchenwäldern, vor allem im Süden mit Tanne. Am Nordrand der Iller-Lech-Platte wären insbesondere Labkraut-Eichen-Hainbuchen-Wälder verbreitet. Im Bereich der Münchener Schotterebene würden sich Labkraut-Eichen-Hainbuchen-Wälder und kleinflächig Fingerkraut-Kiefern-Eichen-Wälder einstellen (Seibert 1968). Für die Inn-Schotterplatten wird dieselbe potenzielle natürliche Vegetation mit Ausnahme der Kiefern-Eichen-Wälder angenommen. Laut neuer Kartierung der potenziellen natürlichen Vegetation (Suck und Bushart 2012) kämen auch Hainsimsen-Buchenwälder im Wechsel mit Waldmeister-Buchenwäldern zur Ausbildung, örtlich zudem Waldgersten-Buchenwälder.

Forschungsgeschichte und Pollenarchive

Die ersten Pollenanalysen legten Hermann Paul und Selma Ruoff in den 1930er-Jahren vom Westrand der Münchener Schotterebene vor. In den 1950er-Jahren folgten die Untersuchungen von Hans Langer aus der Iller-Lech-Platte sowie von Hans Schmeidl. Erstmals wurden jetzt Nichtbaumpollen, wenn auch nur sehr wenig differenziert, aufgenommen. Anfang der 1960er-Jahre veröffentlichten Langer aus dem Tertiärhügelland und der südlichen Lech-Platte sowie Schmeidl vom Nordrand der Münchener Schotterebene weitere Pollendiagramme. Letzterer leistete das Spätglazial betreffend im Gebiet Pionierarbeit. Von Corrie Bakels (1978) wurden erstmals vegetationsgeschichtliche Daten in archäologischem Kontext erhoben. Später bearbeitete Ricarda Voigt ein Profil aus dem Dinkelscherbener Becken und Christine Kortfunke (1992) mehrere Profile aus dem oberbayerischen Donaumoos samt Umgebung. Jüngere Arbeiten, vor allem nach der Jahrtausendwende, aus dem Gebiet südlich der Donau stammen von Hermann Jerz, Maria Knipping, Hansjörg Küster, Michael Peters sowie Nina Petrosino (2006) und Alexandra Raab et al. (2005). Vom Nordrand der Münchener Schotterebene legte Michael Peters (2002a) ein weiteres Pollendiagramm vor. Aus dem Schmuttertal und dem Lechtal bei Augsburg, dem schwäbisch-oberbayerischen Tertiärhügelland sowie dem unteren Isartal untersuchten Philipp Stojakowits und Arne Friedmann mehrere Pollenprofile. Des Weiteren legten Anja Milovanovic et al. (2020) eine Studie aus dem niederbayerischen Tertiärhügelland vor. Eine vollständige Literaturliste befindet sich im Anhang.

Generell mangelt es in der Arbeitsregion jedoch an hoch aufgelösten Pollendiagrammen mit einer belastbaren Zahl an ^{14}C-Datierungen. Östlich einer Linie von Regensburg über Landshut nach Waldkraiburg wurden, abgesehen von Lokalitäten nahe der Donau, bisher keine pollenanalytischen Untersuchungen durchgeführt. Von daher behandelt dieses Kapitel lediglich die Schotterplatten und das Tertiärhügelland westlich der genannten Grenze. Problematisch ist zudem, dass in den östlichen Teilen der beiden Naturräume in der Regel nur Niedermoore in den Flusstälern ausgebildet sind, die im Laufe des Holozäns häufig überschwemmt wurden und Grundwasserspiegelschwankungen unterlagen. Daraus resultierten Hiaten und Abschnitte mit selektivem Pollenzersatz. Aufgrund von Drainage und Inkulturnahme sind die Moore insgesamt zudem stark degradiert und unterliegen einer fortschreitenden Torf- sowie Pollenzersetzung. Selbst das heute noch über 10.000 ha große oberbayerische Donaumoos steht nahezu vollständig unter Nutzung. Daher existiert für die Region kein repräsentatives Standardpollendiagramm, und es kann aus den vorhandenen Pollenanalysen kein verlässliches Kompositprofil konstruiert werden. Die im Folgenden beschriebenen regionalen Pollenzonen (RPZ) des Diagramms sind somit eher als lokale Pollenzonen zu verstehen. Da sich die frühe Besiedlung im Neolithikum weitgehend auf die Lössgebiete beschränkte, in denen keine geeigneten Archive vorhanden sind, kommen frühe Einflüsse auf die Vegetation kaum zum Ausdruck.

Regionale Vegetations- und Landnutzungsgeschichte

Die Chronologie des standardisierten Pollendiagramms Haselbach/Walda (Abb. 12.2) basiert auf ^{14}C-Datierungen von Kortfunke (1992), im Spätglazial und Frühholozän ergänzt durch pollenstratigraphische Verknüpfungen mit Profilen aus dem ehemals vergletscherten Alpenvorland, die des Diagramms Gartelshausen (Peters 2002a) auf fünf ^{14}C-Datierungen. Das Diagramm lässt sich in 13 Pollenzonen (RPZ) untergliedern (s. Tab. S 12.1 im elektronischen Zusatzmaterial). Wie oben bereits ausgeführt, ist das Diagramm nur bedingt zur Beschreibung der regionalen Vegetations- und Landnutzungsgeschichte geeignet, sodass für Entwicklungen, die nicht im Pollendiagramm ersichtlich sind, auf zusätzliche Arbeiten verwiesen wird.

Den ersten pollenanalytischen Überlieferungen aus der Älteren Dryaszeit (Kortfunke 1992) zufolge ist das Vegetationsbild von einer offenen, an Kräutern reichen Poaceae-*Artemisia*-Steppe mit vereinzelt eingestreuten Strauchformationen geprägt (RPZ 1, Zeitscheiben 12.750 bis 12.000 v. Chr.). Letztere sind aus Wacholder (*Juniperus*), niederwüchsigen Weidenarten (*Salix*) sowie Zwerg- und Strauchbirke (*Betula nana* und *B. humilis*) zusammengesetzt.

Die Nichtbaumpollen-Flora wird von Cyperaceae (z. T. lokal) und Poaceae bestimmt. Daneben wachsen in den lückigen Beständen zahlreiche heliophytische Steppen- und Tundrenelemente, wie Chenopodiaceae und die nicht im Pollendiagramm dargestellten Taxa Kreuzblütler (Brassicaceae), Sonnenröschen (*Helianthemum*), Steinbrechgewächse des *Saxifraga oppositifolia*-Typs und Wiesenraute (*Thalictrum*). Der Vegetationsbedeckungsgrad ist aufgrund weiter fortgeschrittener Bodenentwicklung höher als im würmzeitlich vergletscherten Alpenvorland. Die bekannte Zwei- bis Dreiteilung der Ältesten Dryas – je nachdem, ob der älteste Teil dem ausgehenden Pleniglazial zugerechnet wird oder nicht – konnte bisher nicht belegt werden. Das jüngste Drittel der Ältesten Dryas dauerte ungefähr von 13.700 bis 12.700 v. Chr.

Das Bølling (ca. 12.700–11.800 v. Chr., Zeitscheiben 12.500 bis 12.000 v. Chr.) wird durch eine *Juniperus-Hippophaë*-Strauchphase eingeleitet. Neben den beiden namengebenden Taxa sind in den Gehölzformationen niederwüchsige Birken- und Weidenarten verbreitet. Im weiteren Verlauf des frühen Bølling wandern die Baumbirken *Betula pendula* und *B. pubescens* ein und bilden lichte Wälder. Heliophile Sträucher sind aber weiterhin verbreitet, wenn auch nun weniger häufig im Unterwuchs oder an noch waldfreien Standorten. Das reichhaltige Vegetationsmosaik wird u. a. durch edaphisch trockene Bereiche, Flusslaufverlagerungen und erste Moorbildungen begünstigt (Stojakowits und Friedmann 2023). Im späten Bølling gelangt die Waldkiefer (*Pinus sylvestris*) wieder in das nördliche Alpenvorland und formiert zusammen mit der Hängebirke lichte Wälder. Auf feuchteren Flächen tritt die Moorbirke in den Vordergrund.

Zu Beginn von RPZ 2 (Zeitscheiben 11.750 bis 10.750 v. Chr.), die dem Allerød entspricht, breitet sich *Pinus sylvestris* weiter aus und beherrscht dann das Waldbild. In der Krautschicht der lichten Kiefernwälder kommen Gräser reichlich vor. Je nach Standort sind Birken unterschiedlich stark am Aufbau der Kiefernwälder beteiligt. Gemäß dem Pollenbefund breitet sich auch *Populus* aus. Lichtzeiger wie *Artemisia* und *Juniperus* gehen zurück. Es existieren aber noch offene Standorte, worauf die Vorkommen von Mondraute (*Botrychium*) und Moosfarn (*Selaginella selaginoides*) hinweisen (Stojakowits und Friedmann 2023). Beide sind im Pollendiagramm nicht dargestellt.

Der Kälterückschlag der Jüngeren Dryas (RPZ 3, Zeitscheiben 10.500 bis 9750 v. Chr.) führt nur zu geringen Veränderungen in der Vegetationszusammensetzung und äußert sich in einer schwachen Auflichtung der Kiefernwaldbestände, die insbesondere durch eine Zunahme von *Juniperus*, *Artemisia* und Poaceae, aber auch von vielen anderen Kräutern angezeigt wird (z. B. Chenopodiaceae, *Helianthemum* und *Thalictrum*). An klimatisch günstigen Standorten ist von einer gehemmten Kiefernausbreitung auszugehen. In

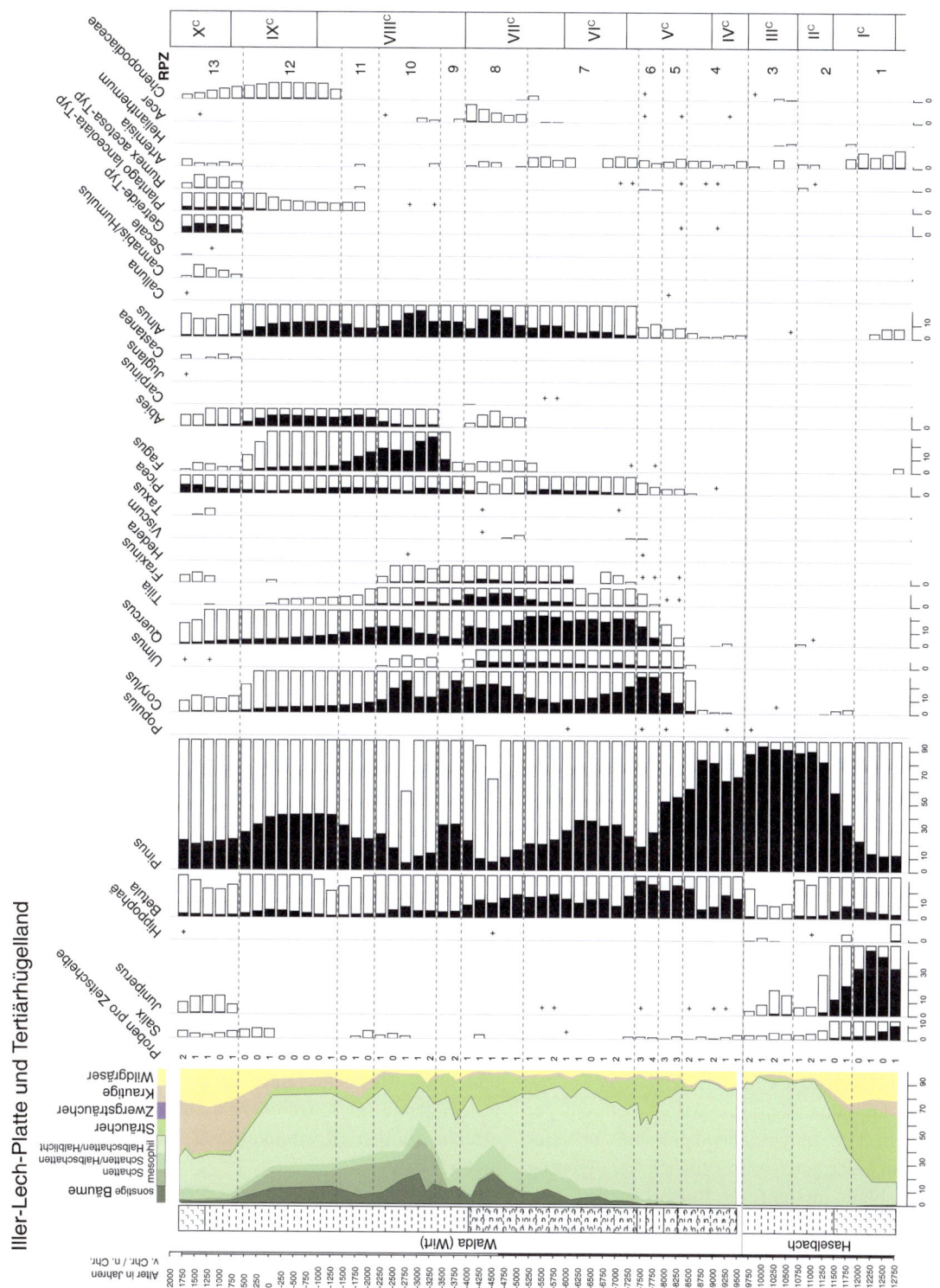

Abb. 12.2 Standardisiertes Pollendiagramm für die Region Iller-Lech-Platte, Tertiärhügelland und Isar-Inn-Schotterplatten, kombiniert aus den Profilen Haselbach (421 m NN, Kortfunke 1992) und Walda/Wirt (402 m NN, Kortfunke 1992). In Teilen musste das Diagramm interpoliert werden, da einige Zeitscheiben nicht durch Proben belegt sind

manchen Donaumoosprofilen zeigt sich eine Zweiteilung der Jüngeren Dryas: Eine feucht-kalte Phase wurde von einem trocken-kalten Abschnitt, reich an *Juniperus,* abgelöst (Kortfunke 1992). Zudem wurden in den Archiven erhöhte mineralische Einträge registriert. Der Übergang zum Holozän ab ca. 9600 v. Chr. wird durch rückläufige Nichtbaumpollen-Anteile (u. a. *Artemisia*) und sinkende *Juniperus*-Werte angezeigt.

Während RPZ 4 (Zeitscheiben 9500 bis 8500 v. Chr.) charakterisieren meist ausgedehnte Kiefernwälder das Bild der Vegetation im Präboreal. Lokal sind, wie im Randbereich des Donaumooses, auch birkenreiche Formationen verbreitet. Häufige Waldbrände schaffen immer wieder neue Sukzessionsflächen. Als nächster Rückwanderer dürfte entlang von Fließgewässern vereinzelt die Grauerle (*Alnus incana*) vorgekommen sein. Durch das Erscheinen der Ulme (*Ulmus*) und etwas verzögert auch der Hasel (*Corylus avellana*) gegen Ende des Präboreals entsteht für die bereits vorhandenen Baumarten eine neue Konkurrenzsituation (Stojakowits und Friedmann 2018). In der Spätphase dieses vegetationsgeschichtlichen Abschnitts breitet sich lokal *Betula* aus.

Die RPZ 5 und 6 (Zeitscheiben 8250 bis 7500 v. Chr.) zeigen die Etablierung und Ausbreitung der Linde (*Tilia*) und Eiche (*Quercus*) im Boreal – es kommt zu einer Differenzierung in unterschiedliche Waldtypen. Auf Lössböden gelangt *Tilia* zur Vorherrschaft. *Quercus* dominiert auf mittleren Standorten, und *Ulmus* kann sich auf vergleichsweise feuchten Böden relativ gut behaupten, rückt aber im Vergleich zum südlichen Alpenvorland im Waldbild deutlich in den Hintergrund. Verzögert erreicht die Esche (*Fraxinus*) das nördliche Alpenvorland. Auch *Acer* (Ahorn) ist in den Laubmischwäldern mit haselreichem Unterwuchs verbreitet. Allmählich wird *Pinus* durch die Expansion der Laubbäume auf Extremstandorte wie arme Molassesande, Dünen und junge Schotterflächen zurückgedrängt, kann sich aber auf mittleren Standorten in den lichten Laubmischwäldern noch länger halten, besser als in der südlich anschließenden Moränenlandschaft. Die Einwanderungsfolge thermophiler Gehölze lässt sich leider nicht exakt rekonstruieren, denn die vorliegenden Profile sind meist zu gering aufgelöst oder mit Hiaten belastet. Erschwerend kommt teils selektiver Pollenzersatz hinzu. Das Grundmuster dürfte jedoch dem der gut untersuchten bayerischen Jungmoränenlandschaft entsprechen, allerdings mit einer gewissen zeitlichen Verzögerung im Einwanderungsablauf. Im Laufe des Boreals ist die Fichte (*Picea abies*) bis in die Iller-Lech-Platte vorgedrungen. Vorzugsweise wurden von ihr der Rand von Vermoorungen und staunasse Stellen besiedelt (Langer 1958, 1961). Ob die Art nur entlang des Alpenrandes gewandert und von dort aus in das Gebiet der Schotterplatten und des Tertiärhügellands gelangt ist oder ob weitere Wanderwege in Ost-West-Richtung existiert haben, kann nach aktuellem Kenntnisstand nicht beantwortet werden.

In RPZ 7 (Zeitscheiben 7250 bis 5250 v. Chr.) breitet sich *Fraxinus* auf feuchteren Standorten aus, etwa im Hangfußbereich oder in Gestalt bachbegleitender Eschenwälder. Die verschiedenen Laubmischwaldformationen werden fortschreitend dichter, wodurch *Corylus* immer schlechtere Wuchsbedingungen vorfindet und mehr als die Hälfte der borealen Maximalanteile einbüßt. Lokal sind mittlerweile Bruchwälder mit Schwarzerle (*Alnus glutinosa*) verbreitet.

Während des Spätmesolithikums (ca. 7000 bis 5500 v. Chr.) zeichnet sich in Südbayern eine technische Innovation, die Verwendung viereckig gefertigter Mikrolithen, sogenannter Trapeze, als verbesserter Pfeilspitzentyp ab (Terberger 2010). Interessant ist, dass diese Innovation hier etwa zeitgleich mit der Etablierung dichterer Laubmischwälder verknüpft ist. Eventuell besteht hier ein Zusammenhang zwischen veränderter Vegetation und geänderter Jagdweise. Um 5500 Jahren v. Chr. vollzog sich in Südbayern nahe der Donau der Übergang von der aneignenden Wirtschaftsweise der Jäger und Sammler zur produzierenden der Ackerbauern und Viehzüchter. Die neue Lebensweise breitete sich vom Gäuboden und dem Nördlinger Ries her auch bis in unser Gebiet aus (u. a. Sommer 2006).

In RPZ 8 (Zeitscheiben 5000 bis 4000 v. Chr.) erscheinen dann Tanne und Buche (*Abies alba* und *Fagus sylvatica*) gebietsweise mehr oder minder zeitgleich. Nach ^{14}C-Datierungen sind die beiden Schatthölzer in der Umgebung des Donaumooses um 4800 bis 4600 v. Chr. aufgekommen. Die Immigration erfolgte vermutlich von Westen und Süden her aus der Moränenlandschaft. Eine erste schwache Expansion von *Fagus* ist teilweise schon für das ausgehende Atlantikum belegt. Wie schon von Langer (1958, 1961) bemerkt, ist die Fichte spätestens ab dem Jüngeren Atlantikum in räumlicher Nähe zur südlich anschließenden Moränenlandschaft am Aufbau der Laubmischwälder beteiligt, während sie in der restlichen Arbeitsregion vorwiegend auf Sonderstandorten stockt. Im Jüngeren Atlantikum treten in einigen Archiven Hiaten auf, die weit in das Subboreal reichen und möglicherweise durch erhöhte fluviale Erosion oder durch fehlendes Moorwachstum aufgrund erniedrigter Grundwasserstände im Jüngeren Atlantikum und Subboreal verursacht wurden (Kortfunke 1992; Stojakowits und Friedmann 2016).

Vereinzelte Nachweise des Getreide-Typs und geringe Anteile von weiteren Kulturzeigern geben Hinweise auf neolithische Landnahmen und Besiedlung im Bereich des Tertiärhügellands. So zeigt das Diagramm Weichser Moos (Peters und Wunsch 2014) möglicherweise bandkeramische menschliche Eingriffe in die Landschaft an. Das südostbayerische Mittelneolithikum, die erste eigenständige Kultur Bayerns, umfasste das gesamte Tertiärhügelland Oberbayerns und den Nordosten Bayerisch Schwabens. Jetzt ist mit der Ausdehnung des Siedlungsgebietes und vielleicht auch der ökonomischen Nutzung ungünstigerer Flächen zu rechnen (Sommer 2006). Die darauffolgende Münchshofener Kultur (ca. 4500 bis 3800 v. Chr.) führte zur Etablierung weiter südlich ins Alpenvorland reichender Siedlungsinseln mit erstmaligem Anbau von Gerste und Mohn. Mit der Glockenbecherkultur (ca. 2500 bis 2200 v. Chr.) endete die Jungsteinzeit. Eine hohe Fundstellendichte ist gerade auch für den Augsburger Raum fassbar. Kennzeichnend war wohl eine Intensivierung der Landwirtschaft, die zu Kolluvienbildung in einem bedeutsamen Ausmaß führte (Sommer 2006). Eventuell belegen die Diagramme Haselbach (Kortfunke 1992) sowie Gartelshausen (Peters 2002a) Landschaftsöffnungen des Mittel- oder des ausgehenden Neolithikums.

In RPZ 9 bis 11 (Zeitscheiben 3750 bis 1500 v. Chr.) kommt es zu einer weiteren Ausbreitung von *Fagus* und *Abies*. *Fagus* kann große Teile des Tertiärhügellands besetzen, *Abies* kommt verstärkt nur auf den höher gelegenen südlichen Riedeln der Iller-Lech-Platte zur Expansion. *Ulmus*, *Tilia* und *Quercus* werden zurückgedrängt. Erstmals tritt die Hainbuche (*Carpinus*) auf und kann sich nachfolgend sporadisch ausbreiten (Peters und Wunsch 2014; Stojakowits und Friedmann 2016). *Pinus* wird dadurch örtlich selbst von den flachgründigen Böden der Schotterplatten verdrängt. *Alnus* breitet sich in Mooren und Auen auf flussnahen Talböden aus.

In der frühen und mittleren Bronzezeit sind Einzelhöfe wie auch Ansiedlungen aus mehreren Großbauten und als Sonderform darüber hinaus Höhensiedlungen mit ihrem Netz an Fernbeziehungen vertreten. Beispiel hierfür ist die Höhensiedlung auf dem Freisinger Domberg an der Nahtstelle zwischen dem oberbayerischen Tertiärhügelland und der Münchener Schotterebene mit einer ersten Siedlungsphase von der ausgehenden Früh- bis in die beginnende Mittelbronzezeit und später dann etwas weiter westlich der Burgberg bei Bernstorf oberhalb des Ampertals (Sommer 2006). Die archäologisch fassbare Aufsiedlung dieser Region spiegelt sich im Diagramm Gartelshausen (Abb. 12.3) deutlich wider. Gerste und Dinkel waren die wichtigsten Getreidearten, während der Urnenfelderzeit (Spät-Bronzezeit) gewannen Rispenhirse und Hülsenfrüchte in Südbayern an Bedeutung (Küster 1995). Auf eine beginnende stärkere Öffnung der Landschaft im Tertiärhügelland während des ausgehenden Subboreals deuten neben dem *Plantago lanceolata*-Typ auch die vermehrten Nachweise von weiteren sekundären Kulturzeigern wie *Artemisia*, Apiaceae, Ranunculaceae, *Rumex acetosa*-Typ, Chenopodiaceae und

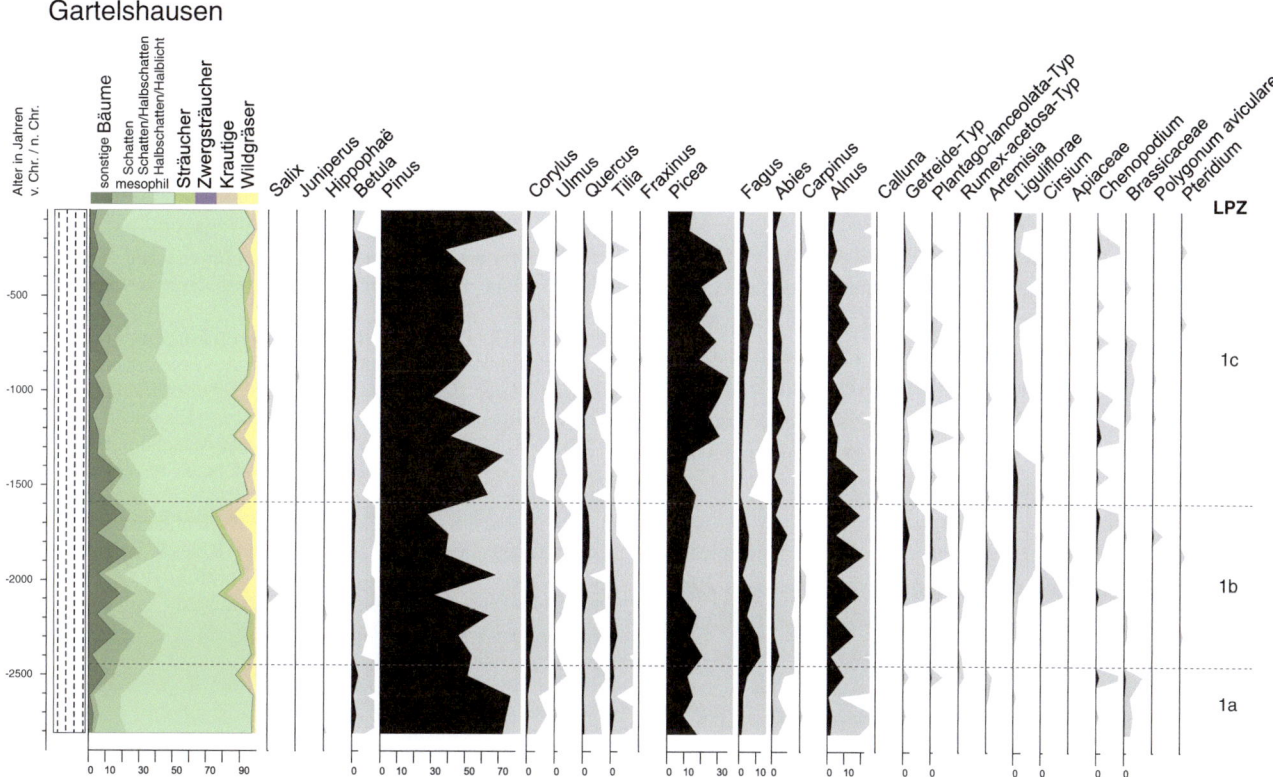

Abb. 12.3 Das Pollenprofil Gartelshausen (450 m NN, Peters 2002a) zeigt die Landschaftsöffnungen und Kulturzeiger des ausgehenden Neolithikums sowie der Bronze- und Eisenzeit am Rand des Tertiärhügellands

Holzkohle. Die seltenen Nachweise des Getreide-Typs für das Neolithikum und die Bronzezeit im Subboreal lassen sich aufgrund der geringen zeitlichen Auflösung und des Mangels an ausreichend datierten Profilen nicht oder nur sehr eingeschränkt bestimmten Kulturgruppen zuordnen. Zu beachten ist auch die unterschiedliche vegetations- und landnutzungsgeschichtliche Entwicklung der verschiedenen Naturräume Aue, Talrand, Talhang, lössfreie Niederterrasse, lössbedeckte Terrassen und der Höhenrücken, die räumlich und zeitlich unterschiedlich intensiven Eingriffen ausgesetzt waren.

Die RPZ 12 (Zeitscheiben 1250 v. Chr. bis 500 n. Chr.) zeigt stark variierende Gehölzanteile, die auf menschliche Eingriffe schließen lassen. Es sind in den Pollendiagrammen des Tertiärhügellands und der Schotterplatten mehrere Rodungs- und Auflichtungsphasen erkennbar, die einen allgemeinen Rückgang der Waldfläche widerspiegeln. Davon ausgenommen ist *Carpinus*, die aufgrund ihrer Stockausschlagsfähigkeit durch Nutzung sogar gefördert wird (Peters 2002b; Peters und Wunsch 2014; Stojakowits und Friedmann 2016).

Nachweise vom Getreide-Typ, darunter erste Roggenfunde (*Secale cereale*), sowie der *Plantago lanceolata*-Typ und zahlreiche andere sekundäre Kulturzeiger geben Zeugnis von weiteren Eingriffen des eisenzeitlichen Menschen (Peters 2002b; Milovanovic et al. 2020)

Wichtigste Getreidearten waren während der Hallstattzeit, wie schon zuvor, Gerste und Dinkel, Letzterer als Brotgetreide, die Gerste auch zum Bierbrauen. Für die folgende Latènezeit zeichnet sich im weiteren Verlauf die Zivilisation im Zusammenhang mit dem Oppidum Manching deutlich ab. Nach dem Ende der Oppidaphase verbleibt eine Restbevölkerung in ländlichen Siedelplätzen wie Gehöftgruppen und Viereckschanzen (Sommer 2006).

Die Zeit der römischen Besatzung ist durch die weitere Öffnung der Landschaft gekennzeichnet. Besonders von Holzeinschlag betroffen sind *Alnus* in den Tälern sowie *Fagus* und *Abies* in den höheren Lagen. Primäre und sekundäre Kulturzeiger sind in den Pollendiagrammen der Region kontinuierlich nachweisbar, wie auch Walnuss (*Juglans regia*) und Esskastanie (*Castanea sativa*) (Stojakowits und Friedmann 2016; Milovanovic et al. 2020).

Mit dem Abzug der Römer kann sich insbesondere *Alnus* in den Tälern wieder ausbreiten. *Abies* erholt sich von den Rodungen im Tertiärhügelland kaum mehr, während sich *Picea* und teilweise auch *Pinus* und *Fagus* erneut etablieren. Manche Kulturzeiger sind stark rückläufig, andere fehlen völlig. Insgesamt lässt sich dennoch eine gewisse Kontinuität menschlichen Wirkens während der Völkerwanderungszeit ableiten, wenn auch mit geringerer Intensität, wobei wohl verstärkt Weidewirtschaft anstelle des Ackerbaus betrieben wurde. Diese Entwicklung setzt sich im frühen Mittelalter fort.

RPZ 13 (Zeitscheiben 750 bis 1750 n. Chr.) zeigt erneut Rodungen und eine fortschreitende Landschaftsöffnung an. Mit der starken Entfaltung des Ackerbaus im Hochmittelalter ist auch eine typische Ackerbegleitflora mit *Centaurea cyanus* und *Polygonum aviculare*-Typ oder Funden von *Agrostemma githago, Polygonum persicaria* und *Spergula arvensis* nachgewiesen. Es wird aber auch verstärkt Weidewirtschaft betrieben, wie sich in den häufigeren Nachweisen von *Juniperus* und *Pteridium* oder auch *Calluna* und *Melampyrum* zeigt (Stojakowits und Friedmann 2016). Lokaler Bergbau und Raseneisenerzverhüttung führten zu einem enormen Holzbedarf mit fortschreitender Degradierung der Wälder.

In der Neuzeit kam es zu weiteren Rodungen und zur maximalen holozänen Landschaftsöffnung. Dies führte zu einer weiteren Reduzierung der Anteile von *Fagus, Quercus* und *Alnus* in den Wäldern. Durch Aufforstungen nahmen die Waldflächen anschließend wieder zu. Besonders *Picea* und teilweise *Pinus* wurden verstärkt in die Forsten eingebracht.

Literatur

Bakels C (1978) Four linearbandkeramik settlements and their environment: A paleoecological study of Sittard, Stein, Elsloo and Hienheim. Analecta Praehistorica Leidensia 11: 1–244

Kortfunke C (1992) Über die spät- und postglaziale Vegetationsgeschichte des Donaumooses und seiner Umgebung. Dissertationes Botanicae 184. Cramer, Berlin, Stuttgart

Küster H (1995) Postglaziale Vegetationsgeschichte Südbayern: Geobotanische Studien zur prähistorischen Landschaftskunde. Akademie Verlag, Berlin

Langer H (1958) Zur Waldgeschichte von Bayerisch-Schwaben. Berichte der Naturforschenden Gesellschaft Augsburg 9: 1–38

Langer H (1961) Zur postglazialen Waldentwicklung im Tertiären Hügelland und die heutigen Forstgesellschaften. Berichte der Naturforschenden Gesellschaft Augsburg 12: 11–34

Milovanovic A, Friedmann A, Stojakowits P (2020) Ein Beitrag zur holozänen Vegetationsgeschichte des niederbayerischen Tertiärhügellandes. Hoppea, Denkschriften der Regensburger Botanischen Gesellschaft 81: 145–158

Peters M (2002a) Paläoökosystemforschung im Einzugsgebiet des Freisinger Dombergs. Archäologie im Landkreis Freising 8: 129–136

Peters M (2002b): Entwicklung und Veränderung der Flußlandschaft im Bereich Ingolstadt/Manching seit der letzten Eiszeit. In: Dobiat C, Sievers S, Stöllner T (eds) Dürrnberg und Manching. Wirtschaftsarchäologie im ostkeltischen Raum. Kolloquien zur Vor- und Frühgeschichte 7: 207–218

Peters M, Wunsch S (2014) Der Beginn des Neolithikums an der oberbayerischen Donau und angrenzenden Gebieten im Spiegel der Pollenanalyse. In: Husty L, Irlinger W, Pechtl J (eds) „…und es hat doch was gebracht!" Festschrift für Karl Schmotz zum 65. Geburtstag. Marie Leidorf, Rahden/Westfalen, 37–48

Petrosino N (2006) Zur Vegetations- und Agrargeschichte im Kelheimer Raum. Hoppea, Denkschriften der Regensburger Botanischen Gesellschaft 67: 5–215

Raab A, Leopold M, Völkel J (2005) Vegetation and land-use history in the surroundings of the Kirchenmoos (Central Bavaria, Germany) since the late Neolithic Period to the early Middle Ages. Zeitschrift für Geomorphologie N.F. Supplement 139: 35–61

Seibert P (1968) Vegetation und Landschaft in Bayern. Erläuterungen zur Übersichtskarte der natürlichen Vegetationsgebiete von Bayern. Erdkunde 22: 294–313

Sommer CS (ed) (2006) Archäologie in Bayern. Pustet, Regensburg

Stojakowits P, Friedmann A (2016) Zum Ablauf der Vegetationsgeschichte im Paartal bei Dasing unter Berücksichtigung der menschlichen Einflussnahme seit der Römerzeit. Bericht der Bayerischen Bodendenkmalpflege 57: 183–193

Stojakowits P, Friedmann A (2018) Zur frühholozänen Vegetationsgeschichte im unteren Isartal und angrenzenden Tertiärhügelland. Hoppea, Denkschriften der Regensburger Botanischen Gesellschaft 79: 143–154

Stojakowits P, Friedmann A (2023) Zur spätglazialen und altholozänen Vegetationsgeschichte im Raum Augsburg. Berichte des Naturwissenschaftlichen Vereins für Schwaben 127: 2–14

Suck R, Bushart M (2012) Potentielle natürliche Vegetation Bayerns. Karte u. Erläuterungen zur Übersichtskarte 1:500000. Bayerisches Landesamt für Umwelt, Augsburg

Terberger T (2010) Die Alt- und Mittelsteinzeit. In: von Schnurbein S (ed) Atlas der Vorgeschichte, 2. Auflage. Konrad Theiss, Stuttgart, 12–57

Teil IV

Exkurse zu Landnutzungsformen

Ackerbau

Karl-Ernst Behre

Die Wende von der Mittelsteinzeit zur Jungsteinzeit ist in erster Linie durch den Übergang vom Jagen und Sammeln zum Ackerbau gekennzeichnet. Dabei gab es von Süd nach Nord eine erhebliche Verzögerung mit dem Beginn des Ackerbaus und damit auch mit dem regionalen Beginn der Jungsteinzeit.

In der Jungsteinzeit gibt es Hinweise sowohl auf Wanderfeldbau mit Brandrodung (Rösch et al. 2014) als auch für Dauerackerbau im engeren Siedlungsumfeld (Jacomet et al. 2016). Dabei wurde der Boden zunächst mit der Hacke, dann mit einem einfachen handgezogenen Hakenpflug aufgerissen. Angebaut wurden vor allem die alten Spelzweizenarten Emmer und Einkorn, im Süden auch freidreschender Hartweizen, Nackt- und Spelzgerste sowie Erbsen und Linsen. An der Wende Jungsteinzeit/Bronzezeit wurde der Handhaken durch den rindergezogenen Hakenpflug, den Ard, ersetzt, wie auf zahlreichen bronzezeitlichen Felsbildern Skandinaviens zu erkennen ist. Der bislang älteste Ard wurde real in einem Hochmoor bei Walle/Ostfriesland gefunden. Mit ihm konnte der Ackerbau stark intensiviert werden.

Eine ganz neue Kulturform kam in der Vorrömischen Eisenzeit in weiten Teilen Norddeutschlands sowie in den benachbarten Niederlanden und in Dänemark auf, die nach englischem Vorbild „Celtic fields" genannt wurde. Es waren großflächige Kammerfluren, in denen die Kammerränder durch Einbringung von Humus und Mineralboden aus der Umgebung zu 8–16 m breiten Wällen aufgehöht wurden, auf denen dann der Ackerbau stattfand. Dieser rotierte jedoch in festem Rhythmus jeweils nur über Teilbereiche des oft über 100 ha großen Ackergeländes, wie in dem Pollendiagramm Immenmoor (Abb. 13.1) erkennbar ist. In jüngster Zeit wurden durch den Einsatz von Laserscan zahlreiche dieser „Celtic fields" neu entdeckt. Die ständige Düngung mit dem Bodenmaterial aus der Umgebung führte zu bis dahin unbekannten ausgedehnten Umweltzerstörungen. Um 100 n. Chr. wurden diese Kammerfluren aufgegeben (Zimmermann 1976; Behre 2000).

In der späten Vorrömischen Eisenzeit hatten zwei wichtige Innovationen in der Agrartechnik erhebliche Auswirkungen auf den Ackerbau. Ab etwa 200 v. Chr. wurde der Streichbrettpflug erfunden, der den Boden wendete (Abb. 13.2) und sich in der Folgezeit durchsetzte. Er führte zu ganz neuen Ackerbiotopen, in denen die mehrjährigen Arten zurückgedrängt und nach und nach durch einjährige Arten ersetzt wurden. Damit änderte sich naturgemäß das Artenspektrum in den Pollenanalysen. So verliert der wichtigste Siedlungszeiger, *Plantago lanceolata*, von dieser Zeit an sein Merkmal als Ackerunkraut und erscheint in erster Linie als Anzeiger von Grünland (Behre 1981).

Eine zweite Innovation war die Entwicklung der Sense für die bodennahe Ernteweise. Das Gerät war seit der Bronzezeit bekannt, konnte aber für die Getreideernte erst nach der Erfindung des Halmfängers (Reffs) eingesetzt werden. Vorher wurden die Getreideähren mit der Hand oder später mit der Sichel geerntet – eine Methode, die gebietsweise bis ins Frühe Mittelalter fortgesetzt wurde. Mit der bodennahen Ernteweise, die in der Vorrömischen Eisenzeit einsetzte, wurde jetzt auch der Roggen erfasst und gelangte ins Saatgut. Er war zwar bereits als Unkrautroggen im Acker vorhanden, wurde aber bei der Ernte bewusst ausgelassen. Unbeabsichtigt vermehrte er sich jetzt in den Feldern und zeigte dabei seine Vorteile in Jahren schwieriger Witterung, sodass er vom Unkraut zur erwünschten Kulturpflanze wurde. Ab etwa 100 n. Chr. wurde Roggen auf den ärmeren Böden Norddeutschlands die wichtigste Kulturpflanze (vgl. Exkurs Kap. 15).

Die starke Zunahme des Bedarfs an Ackerfrüchten zwang im Mittelalter zu einem Feldsystem, bei dem die geeigneten Flächen optimal genutzt wurden und dabei die notwendige regelmäßige Düngung miteingeschlossen wurde. Im 8. Jahrhundert entstand dazu im Süden die Drei-

K.-E. Behre (✉)
Niedersächsisches Institut für historische Küstenforschung, Wilhelmshaven, Deutschland
e-mail: behre@nihk.de

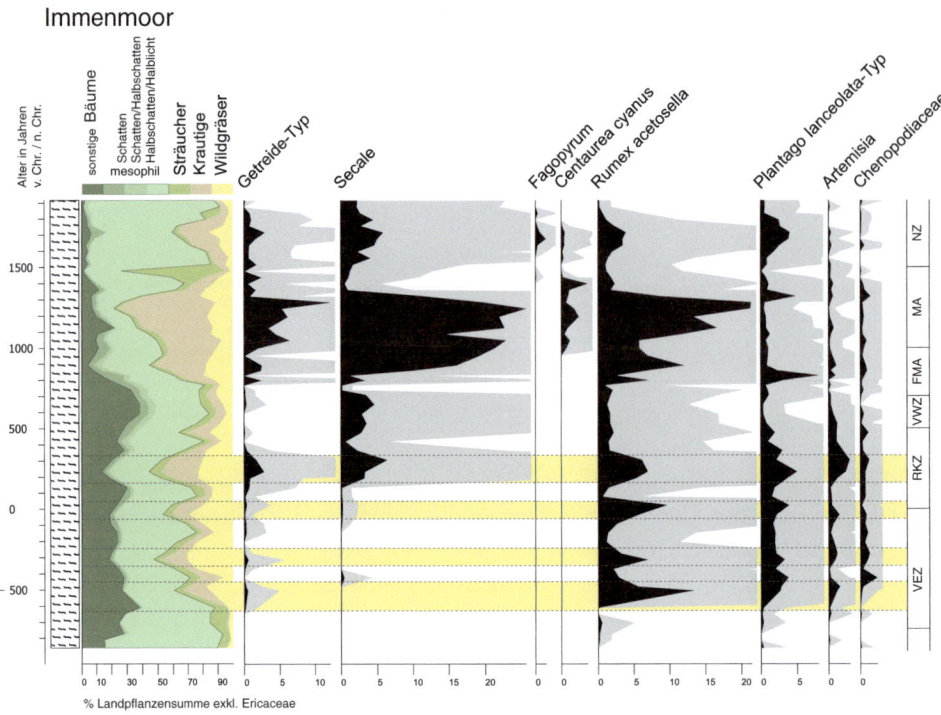

Abb. 13.1 Ausschnitt aus dem Pollendiagramm Immenmoor am Rande eines „Celtic field". Die gelben Bänder zeigen die viermalige Rotation von dessen Bewirtschaftung an dieser Stelle (nach Behre und Kučan 1994). VEZ: Vorrömische Eisenzeit; RKZ: Römische Kaiserzeit; VWZ: Völkerwanderungszeit; FMA: Frühmittelalter; MA: Mittelalter; NZ: Neuzeit

Abb. 13.2 Die älteste Abbildung eines Streichbrettpfluges aus dem Oldenburger Sachsenspiegel (1336). Unten die gewendeten Schollen

felderwirtschaft, die sich nach und nach ausbreitete und schließlich die Landwirtschaft in Süd- und Mitteldeutschland dominierte. In Norddeutschland war sie wenig verbreitet, dort herrschte zumeist eine Einfeldkultur (vgl. Exkurs Kap. 15). Bei der Dreifelderwirtschaft war die Ackerfläche in drei Zelgen von etwa gleicher Größe eingeteilt, die jeweils einheitlich bestellt wurden und in denen Flurzwang herrschte. Jeder Bauer hatte Anteile an allen drei Zelgen. Die Zelgen trugen Wintergetreide, Sommergetreide und Brache, und diese Nutzung rotierte in einem dreijährigen Turnus. Auf den jeweiligen Brachflächen weidete das Vieh und sorgte damit für die Düngung der jeweils nachfolgenden Ackerphasen. Außerdem wurde mit Stallmist gedüngt, dessen Nährstoffe großenteils aus der Waldweide stammten. Nichtgetreide wie Lein, Hopfen oder Gemüse passten nicht in diese Fruchtfolge und wurden in Gärten oder auf Sonderflächen kultiviert. Die fest gefügte Kulturfolge von Getreiden behinderte die Ausbreitung der erst in der Neuzeit eingeführten Kartoffeln und Futterrüben. Mit der Einführung der verbesserten Dreifelderwirtschaft, bei der ab dem Ende des 18. Jahrhunderts mit zusätzlicher Düngung auch die Brache beackert wurde, wurde diese Behinderung abgebaut. Für die Pollenanalyse ist es wichtig, dass kultivierter Hopfen nur in älterer Zeit erfasst werden kann, da seit der späten Neuzeit nur noch weibliche Pflanzen in den Hopfengärten zugelassen sind. Der meist nicht unterschiedene Pollen von Hopfen/Hanf in mittelalterlichen Seesedimenten stammt vom Hanf, einer anderen in Sonderkultur angebauten Nutzpflanze, der in Seen geröstet wurde.

Literatur

Behre KE (1981) The interpretation of anthropogenic indicators in pollen diagrams. Pollen et Spores 23: 225–245

Behre KE (2000) Frühe Ackersysteme, Düngemethoden und die Entstehung der nordwestdeutschen Heiden. Archäologisches Korrespondenzblatt 30: 135–151

Behre KE, Kučan D (1994) Die Geschichte der Kulturlandschaft und des Ackerbaus in der Siedlungskammer Flögeln, Niedersachsen, seit der Jungsteinzeit. Probleme der Küstenforschung im südlichen Nordseegebiet 21. Verlag Isensee, Oldenburg

Jacomet S, Eberbach R, Akeret Ö, Antolin F, Baum T, Bogaard A, Brombacher C, Bleicher NK, Heitz-Weniger AK et al. (2016) On-site data cast doubts on the hypothesis of shifting cultivation in the late Neolithic (c. 4300–2400 cal. BC): Landscape management as an alternative paradigm. The Holocene 26: 1858–1874

Rösch M, Kleinmann A, Lechterbeck J, Wick L (2014) Botanical off-site and on-site data as indicators of different land use systems: A discussion with examples from Southwest Germany. Vegetation History and Archaeobotany 23: 121–133

Zimmermann WH (1976) Die eisenzeitlichen Ackerfluren – Typ "Celtic Field" – von Flögeln-Haselhörn, Kr. Wesermünde. Probleme der Küstenforschung im südlichen Nordseegebiet 11: 79–90

Haubergswirtschaft und Brandfeldbau

Richard Pott

Eine noch heute für das Siegerland, das Lahn-Dill-Bergland und das südliche Sauerland typische Waldform ist der Niederwald, der mit Restflächenanteilen von über 30.000 ha das ehemals weit größere Wald- und Landnutzungsgebiet der Hauberge des südwestfälischen Berglandes kennzeichnet. Der Haubergsbegriff beinhaltet in forstlich-waldbaulicher Sicht genossenschaftlich bewirtschaftete Parzellen mit Verjüngung durch Stockausschlag. Aus der Holzkohlegewinnung für die Eisenverhüttung hat sich seit hallstattlichen Epochen und besonders in der Vorrömischen Eisenzeit diese spezifische Stockausschlagwirtschaft entwickelt. Im Jahre 1467 wird der Begriff Hauberg erstmals urkundlich erwähnt (Pott 1990).

Als komplexe, genossenschaftlich organisierte Form der Waldbewirtschaftung sind die Nutzungen schon früh schriftlich festgehalten worden, so 1718 in der *Güldenen Jahnordnung*, 1834 in der *Preußischen Haubergsordnung*, 1879 in einer *Dritten Haubergsordnung* und zuletzt 1975 in dem neuen *Gemeinschaftswaldgesetz*.

Charakteristisch für dieses Betriebssystem ist die Bewirtschaftung jeder einzelnen Haubergsgemarkung, die zunächst in so viele Jahresschläge, „Jahne" oder „Haue" aufgeteilt wurde, wie Umtriebsfolgen für den Hauberg vorgesehen waren, sodass jährlich nur ein Schlag zum Abtrieb gelangte (Abb. 14.1).

Im südwestfälischen Bergland ist dies mit typischen aufeinanderfolgenden extensiven Nutzungen auf ein und derselben Fläche verbunden (Abb. 14.2):

- als Eichenschälwald zur Lohegewinnung,
- Stangenholzgewinnung zur Herstellung von Holzkohle,
- Anbau von Getreide und Buchweizen,
- Ginster-, Futter- und Streugewinnung,
- Waldweide.

R. Pott (✉)
Institut für Geobotanik, Leibniz Universität,
Hannover, Deutschland
e-mail: pott@geobotanik.uni-hannover.de

Solche zyklischen Wald-Feldbausysteme finden sich als sogenannte Reuttebetriebe – regional modifiziert – in ganz Europa von den Pyrenäen bis nach Finnland verbreitet.

Der Hauberg entstand in den stark geneigten Gegenden des südwestfälischen Berglandes (in den Bereichen bis etwa 500 m NN), wo aus Mangel an wirtschaftsfähigem Acker- und Weidegrünland die Bedürfnisse der Land- und Holzwirtschaft innerhalb des Waldes aufeinander abgestimmt waren. Darüber hinaus waren diese Mittelgebirgsregionen mit ihren leicht gewinnbaren, manganreichen Eisenerzen Zentren früher Eisenverhüttung. Nach archäologischen Befunden reichen die Anfänge des Erzabbaus und der Verhüttung sowie die damit einhergehende Holzkohleproduktion in Meilern (s. Exkurs Kap. 36) in die beginnende Eisenzeit um 700 v. Chr. zurück.

Archäologische und anthrakologische Untersuchungen der entsprechenden Plätze weisen auf die Verwendung von nur 5- bis 21-jährigen Buchenholzstangen für die Holzkohleproduktion hin (Pott und Speier 1995). Die Eisenverhüttung erfolgte an den oberen Berghängen mitten im Wald. Früh- und hochmittelalterliche Verhüttungsplätze mit Rennöfen wurden ebenfalls als Waldschmieden mit Gebläseöfen an windexponierten Hängen angelegt.

Die mittelalterliche Rodungsperiode mit Neugründung und Erweiterung von Gehöften und Dörfern durch eine wachsende Bevölkerung ging mit steigenden Bedürfnissen an Weide- und Ackerflächen sowie einer extensiven Bau-, Brand- und Kohlholznutzung einher. Sie leitete gravierende Veränderungen im Waldbild ein. Durch Übernutzung wurden die Wälder verwüstet und ihre Böden durch Degradation und Podsolierung großflächig verändert (s. Exkurs Kap. 68).

In den Forstakten der damaligen Zeit lässt sich nachlesen, dass man von Olpe nach Siegen gehen konnte, ohne einen „halbwegs vernünftigen" Baum zu sehen. Wegen der auftretenden Holznot wurden schon im 15. Jahrhundert von landesherrlicher Seite erste Regelungen zur Waldschonung und entsprechende Verbote erlassen – so z. B. in den Jahren 1472 und 1498 (Pott 1985, 1990). Für viele Teile des Süderberglands wurden durch die Grafen von Nassau im

Abb. 14.1 Handtuchstreifenartige Haubergsschläge und Eichen-Birken-Mischwald (Foto: R. Pott, 1984)

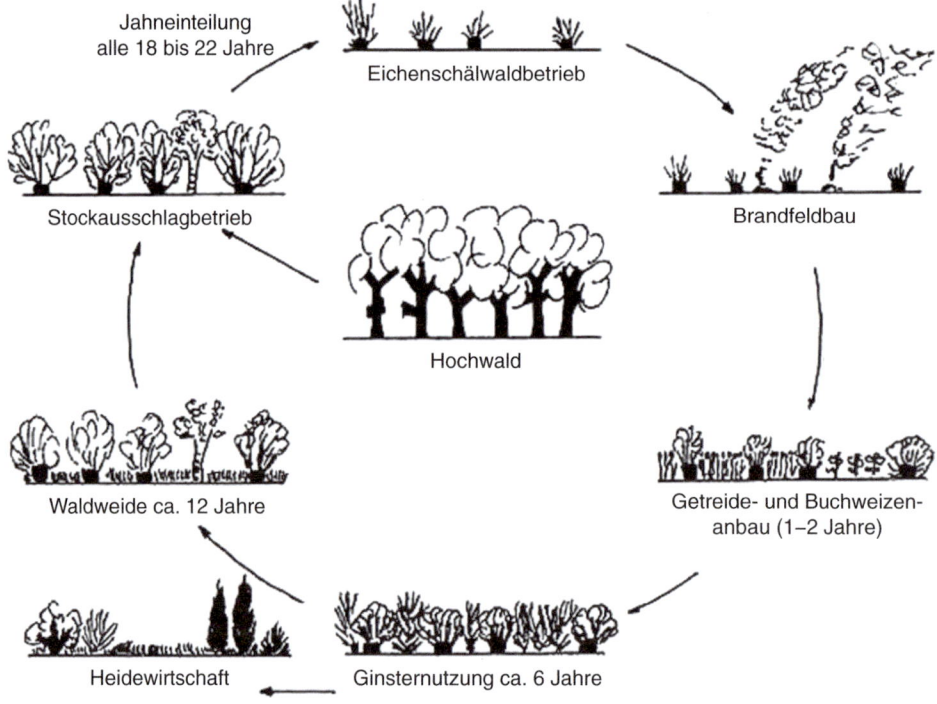

Abb. 14.2 Rotationssystem und Dauer von Holz- und Wald-Feldbaunutzungen der zyklischen Haubergswirtschaft (aus Pott 1990)

Jahre 1562 umfangreiche Holz- und Waldordnungen erlassen. Sie mündeten in die geregelte und im heutigen Sinne nachhaltige Haubergnutzung.

Von der Haubergwirtschaft mit ihren vielfältigen Nutzungen hat sich bis heute nur der Stockholzabtrieb für die Brenn- und Kleinholzgewinnung mit gebietsweise beträchtlichen Flächenanteilen erhalten.

Die heutigen Niederwälder der Hauberge bestehen größtenteils nicht mehr aus Buchen (*Fagus sylvatica*), sondern aufgrund von Veränderungen der Böden und bei andauernder Stockausschlagwirtschaft aus den ausschlagfreudigeren Eichen und Birken (*Quercus robur*, *Q. petraea* und *Betula pendula*). Der Holzartenwechsel zugunsten von Eiche und Birke vollzieht sich dabei in Silikatbuchenwäldern bei vergleichsweise kurzen Umtriebszeiten von weniger als 30 Jahren. Bei Umtriebszeiten von mehr als 30 Jahren vermag die Buche sich weiterhin zu behaupten.

Literatur

Pott R (1985) Vegetationsgeschichtliche und pflanzensoziologische Untersuchungen zur Niederwaldwirtschaft in Westfalen. Abhandlungen aus dem Westfälischen Museum für Naturkunde 47: 1–75

Pott R (1990) Die Haubergswirtschaft im Siegerland. Vegetationsgeschichte, extensive Holz- und Landnutzungen im Niederwaldgebiet des südwestfälischen Berglandes. Beiträge zur Lebensqualität, Walderhaltung und Umweltschutz, Gesundheit, Wandern und Heimatpflege 28. Wilhelm-Münker-Stiftung, Siegen

Pott R, Speier M (1995) Paläobotanische Untersuchungen zur Entwicklung prähistorischer und historischer Waldfeldbausysteme im Lahn-Dill-Bergland. In: Pinsker B (ed) Eisenland – Zu den Wurzeln der Nassauischen Eisenindustrie. Begleitkatalog zur Sonderausstellung der Sammlung Nassauischer Altertümer im Museum Wiesbaden. Verlag des Vereins für Nassauische Altertumskunde und Geschichtsforschung, Wiesbaden, 235–256

Heideentstehung und Plaggenwirtschaft

Karl-Ernst Behre

Die Entstehungsgeschichte der großen nordwestdeutschen Heiden war lange umstritten. Besonders um 1900 gab es harte Diskussionen, ob sie natürlich oder anthropogen seien, und die Entscheidung für das Letztere brachte zum großen Teil die Pollenanalyse. Sie zeigt bereits für das Neolithikum erste vorübergehende Verheidungen bei Siedlungsplätzen; größere folgten in der Bronzezeit. Später wurden zahlreiche Hügelgräber aus Heidesoden errichtet, wie das dafür typische Besenheidepodsol-Profil nachweist.

Die Bildung der ausgedehnten nordwestdeutschen Heiden auf den armen pleistozänen Sandböden setzte mit der Siedlungsausdehnung nach der Völkerwanderungszeit ein. Die stark zunehmende Bevölkerungsdichte führte zu einem nachhaltigen Druck auf die Wälder, deren Böden degradierten, was zur Entstehung von Besenheideflächen führte.

Der entscheidende Faktor war jedoch in großen Gebieten die Einführung einer neuen Ackerbauform, der Plaggenwirtschaft (Abb. 15.1). Im Gegensatz zu der in Mittel- und Süddeutschland herrschenden Dreifelderwirtschaft war dieses ein Einfeldsystem, bei dem Jahr für Jahr auf der gleichen Fläche geackert wurde. Angebaut wurde in erster Linie Winterroggen, deshalb sprach man auch vom Ewigen Roggenbau. Bei den nährstoffarmen Sandböden erforderte dies eine stetige Düngung, für die der anfallende Mist nicht ausreichte. Deshalb schlug man zunächst in den Wäldern, danach in den entstandenen Heideflächen Plaggen, das sind Soden, die aus dem humosen Oberboden der Heide bestehen. Sie wurden dann neben den Höfen oder in Tiefställen kompostiert und anschließend auf die Ackerfläche, den Esch, gebracht. Dieser wurde dabei ständig erhöht, sodass die dabei gebildeten Plaggenesche im Laufe der Zeit vielfach Höhen

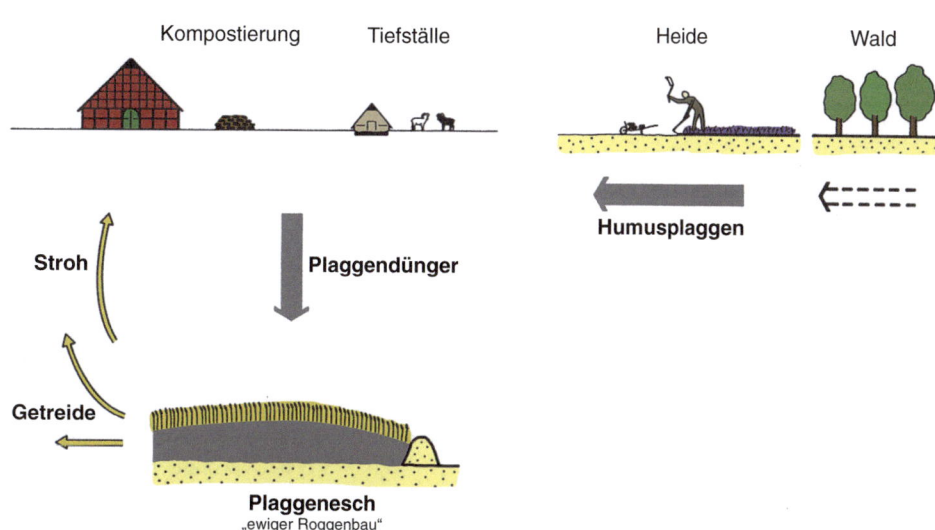

Abb. 15.1 Schema der Plaggenwirtschaft mit dem Ewigen Roggenbau (Grafik nach Behre 2008)

K.-E. Behre (✉)
Niedersächsisches Institut für historische Küstenforschung,
Wilhelmshaven, Deutschland
e-mail: behre@nihk.de

Abb. 15.2 Plaggenschläger bei Bülstedt, Krs. Rotenburg (1956) (Foto: G. Jacob-Friesen)

von mehr als 1 m bei einer Größe von oftmals über 100 ha erreichten.

Beim Plaggenschlag zog man dem Boden buchstäblich die Haut ab (Abb. 15.2). Danach brauchte die Regeneration einer geschlagenen Heidefläche sechs bis sieben Jahre, bis sie wieder schlagreif war. Mit fortschreitender Degradierung dauerte das jedoch immer länger. Die schriftlichen Quellen sprechen davon, dass schließlich für 1 ha Roggenacker 20–40 ha Plaggenmatt (Schlagfläche) zur Verfügung stehen mussten, die immer lückenhafter wurden und nur noch in Intervallen von 20 und mehr Jahren geschlagen werden konnten. Das hatte naturgemäß eine sehr starke Ausweitung der Heiden zur Folge. Die durch die Plaggenwirtschaft und zusätzliche Beweidung entstandenen Heiden erreichten gegen Ende des 18. Jahrhunderts ihre größte Ausdehnung (Abb. 15.3). Sie bedeckten damals fast vollständig die Altmoränenlandschaft und waren dort die Kulturlandschaft schlechthin. Nur wenige Waldreste hatten sich erhalten, und die Dörfer mit ihren Plaggeneschen waren Inseln in der Heidelandschaft (Behre 2008).

Diese Heidelandschaft hatte allerdings kaum Ähnlichkeit mit den heute noch bestehenden Heidegebieten. Die Plaggenwirtschaft bewirkte eine gigantische Umweltzerstörung, die folgenschwere Auswirkungen hatte. In die frisch abgeplaggten blanken Sandflächen griff der Wind; es kam zu erheblichen Flugsandverwehungen, die Straßen und Dörfer verschütten konnten, und an vielen Stellen bildeten sich auch Dünen, die stellenweise Höhen von über 15 m erreichten.

Der Beginn der Plaggenwirtschaft lag noch im Frühen Mittelalter und breitete sich dann schnell aus. Der früheste Nachweis dieser Wirtschaftsform kommt aus Dunum auf der ostfriesischen Geest. Das Pollendiagramm aus einem kleinen Kesselmoor innerhalb des Plaggeneschs spiegelt Beginn und Ablauf genau wider (Abb. 15.4). Dort setzt die Plaggen-

Abb. 15.3 Die maximale Ausdehnung der Heiden in Niedersachsen, Schleswig-Holstein und Jütland um 1760 nach alten Karten (aus Behre 2008)

wirtschaft kurz vor 1000 v. Chr. (^{14}C: cal. 953 ± 60 n. Chr.) ein. Verbunden mit dem Steilanstieg des Roggens sind das Auftreten und der Anstieg von Unkräutern wie *Rumex* cf. *acetosella*, *Scleranthus annuus*, *Centaurea cyanus* und anderen, die zeigen, dass Winterroggen angebaut wurde, wie es auch aus den schriftlichen Quellen hervorgeht. In der vorangehenden Römischen Kaiserzeit wurde hingegen in erster Linie Sommerroggen angebaut (Behre 1992).

15 Heideentstehung und Plaggenwirtschaft

Abb. 15.4 Ausschnitt aus dem Pollendiagramm Hilliges Moor bei Dunum/Ostfriesland (Behre 1976). Erkennbar ist der plötzliche Beginn (^{14}C: cal. 953 ± 60) der Plaggenwirtschaft mit dem steilen Anstieg von Roggen und den Wintergetreideunkräutern. Der an dieser Stelle stattfindende Rückgang der Zwergstrauchgesellschaften ist nur scheinbar und statistisch durch die hohen Werte der Ackerpflanzen bedingt. Tatsächlich nehmen die Heiden stark zu. Sehr niedrige Prozentwerte sind durch graue Kreise markiert. VEZ: Vorrömische Eisenzeit; RKZ: Römische Kaiserzeit; VWZ: Völkerwanderungszeit; FMA: Frühmittelalter; HMA: Hochmittelalter; SMA: Spätmittelalter; NZ: Neuzeit

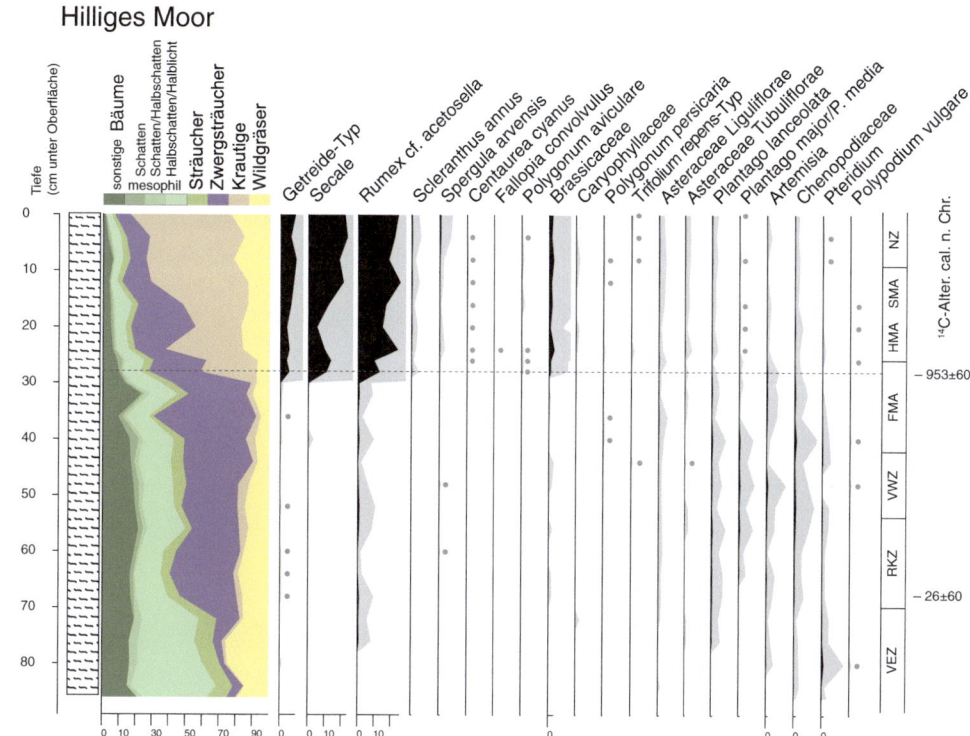

Diese Wirtschaftsform erreichte schließlich ein natürliches Ende. Wegen der mangelnden Nährstoffe, des Fehlens notwendiger weiterer Heideflächen und vor allem der negativen Energiebilanz – zum Schluss war die Hälfte der Arbeit der Menschen und der Gespanne allein für die Plaggengewinnung nötig – brach das hergebrachte Heidebauerntum im 19. Jahrhundert zusammen. Der Staat griff ein: Mit den Agrarreformen wurden große Heideflächen enteignet und um die Mitte des 19. Jahrhunderts in Kiefern- und Fichtenwälder überführt. Ab dem Jahr 1842 wurde dann in großen Mengen Guano importiert, und bald darauf bewirkte die Einführung des Mineraldüngers eine neue Form des Heidebauerntums, die jetzt ohne Plaggendünger auskam. Einige verbliebene und unter Schutz gestellte Heideflächen geben kein Bild von den früheren devastierten Heiden. Sie müssen außerdem ständig gepflegt werden, damit der natürliche Wald nicht wieder von ihnen Besitz ergreift.

Literatur

Behre KE (1976) Beginn und Form der Plaggenwirtschaft in Nordwestdeutschland nach pollenanalytischen Untersuchungen in Ostfriesland. Neue Ausgrabungen und Forschungen in Niedersachsen 10: 197–224

Behre KE (1992) The history of rye cultivation in Europe. Vegetation History and Archaeobotany 1: 141–156

Behre KE (2008) Landschaftsgeschichte Norddeutschlands. Wachholtz, Neumünster

Moorbrand- und andere Moorkulturen

Karl-Ernst Behre und Felix Bittmann

Nordwestdeutschland und die benachbarten Niederlande waren ursprünglich von riesigen Hochmooren bedeckt, von denen einige Flächen von jeweils über 100 km² aufwiesen. Wegen ihrer extremen Nährstoffarmut waren sie siedlungsfeindlich und wurden lange nur zur Torfgewinnung herangezogen. Mit dem zunehmenden Bevölkerungsdruck kamen auch sie ins Blickfeld, und besonders nach dem Urbarmachungsedikt Friedrichs des Großen von 1765 für das damals preußische Ostfriesland setzte eine starke Moorkolonisation ein. Jetzt wurde auch die Oberfläche der Hochmoore für den Anbau von Kulturpflanzen genutzt. Düngemittel dafür standen nicht zur Verfügung.

Es war die extensive Moorbrandkultur, die Ende des 17. Jahrhunderts aus den Niederlanden eingeführt worden war und sich in Norddeutschland im 18. Jahrhundert stark ausbreitete, im Wesentlichen westlich der Weser. Deren Prinzip war es, die sehr wenigen im Hochmoortorf enthaltenen Nährstoffe zu konzentrieren, um Ackerbau zu ermöglichen. Zunächst musste die Oberfläche des meist noch wachsenden Moores abtrocknen. Dazu wurden in regelmäßigen Abständen flache parallele Gräben in die Mooroberfläche eingetieft. Danach wurde der Bereich dazwischen zwecks besserer Abtrocknung aufgehackt. Im folgenden Jahr, jeweils Anfang Mai, erfolgte das Abbrennen (Abb. 16.1). Die zurückbleibende Asche lieferte dann genügend Nährstoffe, um für ein paar Jahre ausreichende Erträge zu erzielen.

Es waren jedoch nur sehr anspruchslose Kulturpflanzen, die hier gediehen. Bevorzugt wurde der Buchweizen (*Fagopyrum esculentum*), der seit dem Mittelalter in Deutschland kultiviert wurde und der in den ersten Jahren nach dem Abbrennen das Dreißigfache seiner Einsaat erbrachte, was für die damalige Zeit sehr viel war. Daneben wurde nur wenig Roggen und Rauhafer (*Avena strigosa*) angebaut, zumeist als Sicherheit gegen den gelegentlichen Ausfall des sehr frostempfindlichen Buchweizens.

Mit dem Verbrauch der wenigen gewonnenen Nährstoffe wurde der Ertrag schnell geringer, und bereits nach 6–7 Jahren musste sich das Moor 25–30 Jahre erholen, bevor ein neues Abbrennen erfolgen konnte. Die erforderlichen Hochmoorflächen mussten damit immer größer werden, und die Äcker entfernten sich immer weiter von den Moorkolonien. Die aufgelassenen Flächen verheideten. Vor allem die Besen- und die Glockenheide breiteten sich in den Bereichen zwischen den Gräben aus, während sich in den feuchteren Gräben verbreitet Pfeifengras ansiedelte. Dieses streifenartige Vegetationsmuster lässt sich bis heute auf noch erhaltenen Moorflächen erkennen und gibt Zeugnis dieser bis ins 20. Jahrhundert angewandten Form der Moornutzung. Luftaufnahmen zeigen, dass zumindest im Gebiet zwischen Weser und Ems alle großen Hochmoore ausnahmslos betroffen waren (Abb. 16.2). Dabei verschwand großflächig bis zu einem Meter Torf, der für die Rekonstruktion der Vegetationsgeschichte sehr wichtig gewesen wäre.

Verbunden damit war eine enorme Rauchentwicklung in Nordwestdeutschland und Holland, vor allem in der ersten Maihälfte. Der gelb-graue Rauch legte sich wie ein Schleier über die Landschaft und verdüsterte den Himmel. Diese riesige graue Wolke von „Höhenrauch" hielt sich natürlich nicht an die Erzeugergebiete, sondern reichte je nach Windrichtung bis nach Krakau, Lyon, in die Normandie und nach Südengland. Heftige Beschwerden bis hin zu diplomatischen Noten waren die Folge. Erlassene Verbote und Bußgelder hatten nur teilweise Erfolg, denn für die sehr armen Moorkolonisten war dies die einzige Ernährungsgrundlage.

Ausgelöst von diesen Querelen gründete sich 1870 in Bremen der Nordwestdeutsche Verein gegen das Moorbrennen, die älteste ökologische Bewegung der Welt, die schließlich 1923 ein gesetzliches Verbot des Moorbrennens durchsetzte. Dieser Verein gab auch die Anregung zu der 1877 in Bremen erfolgten Gründung der Preußischen Moorversuchsstation.

K.-E. Behre (✉) · F. Bittmann
Niedersächsisches Institut für historische Küstenforschung, Wilhelmshaven, Deutschland
e-mail: behre@nihk.de

Abb. 16.1 Das Moorbrennen als Vorbereitung zur Einsaat wurde in Nordwestdeutschland von 1700 bis nach 1900 betrieben. Holzstich von Deist ca. 1880

Abb. 16.2 Fast alle Hochmoore in Nordwestdeutschland wurden durch die Moorbrandkultur überformt. Erkennbar sind hier die Entwässerungsgräbchen des Hochmoores am Ewigen Meer in Ostfriesland (Quelle: Google Earth, GeoBasis-DE/BKG, DigitalGlobe. Aufnahme von 12/2008)

Andere Formen der Hochmoorkultivierung sollen hier nur kurz genannt werden. In Ostfriesland begann man bereits im 10./11. Jahrhundert mit sogenannten Aufstreckfluren, bei denen vom Moorrand her etwa 100 m breite parallele Streifen bis 2 km in das Hochmoor hineingetrieben wurden. Im Elbe-Weser-Gebiet dagegen wurden ab dem späten Mittelalter Moorhufendörfer auf dem Hochmoor errichtet. Ab 1630 verbreiteten sich von den Niederlanden her Fehnkulturen, die primär der Brenntorfgewinnung dienten. Diese Nutzungsform breitete sich schnell in Ostfriesland und Oldenburg aus, jedoch nicht östlich der Weser. Dabei wurden breite schiffbare Kanäle in die Hochmoore getrieben und davon ausgehend ein ganzes Netzwerk an Seitenkanälen (Abb. 16.3). Sie dienten einerseits der Entwässerung, andererseits dem Abtransport von Torf in die Städte. Auf dem Rückweg brachten sie Abfall aus den Städten sowie Dung und Schlick mit, die als Dünger auf den abgetorften Flächen Verwendung fanden und deren Kultivierung ermöglichten.

Ab dem 18. Jahrhundert wurden dann Moorkolonien auf nicht abgetorften und nicht entwässerten Flächen gegründet. Während im Westen die beschriebene Moorbrandkultur Einzug hielt, wurden östlich der Weser ab 1750 mit der Findorffschen Hochmoorkultur zahlreiche Hochmoorkolonien gegründet. Sie waren auf eine Mischwirtschaft von Ackerbau

Abb. 16.3 Fehnkanal in Ostfriesland mit den beiderseitigen Häuserzeilen. Auf diesem historischen Foto von 1965 sind es noch die ursprünglichen Bauernhäuser, die heute fast alle umgebaut sind (Foto: K.-E. Behre)

und Viehhaltung mit Torfabbau ausgerichtet und aufgrund guter Entwässerung wirtschaftlich deutlich erfolgreicher als die westlichen Moorbrandkulturen.

Mit der Errichtung der Preußischen Moorversuchsstation in Bremen wurde ab 1880 die Deutsche Hochmoorkultur entwickelt. Große Hochmoorgebiete wurden nach Entwässerung, Aufkalkung und Ausbringung von Kunstdünger, der nun verfügbar war, rein landwirtschaftlich genutzt. Bis in die 1950er-Jahre entstanden so mehrere hundert Moorkolonien.

Weiterführende Literatur

Behre KE (2008) Landschaftsgeschichte Norddeutschlands. Wachholtz, Neumünster

Behre KE (2023) Ostfriesland vom Dollart bis zur Jade. Die Geschichte der Landschaft und ihrer Besiedlung. 2. erweiterte Auflage. Ostfriesische Landschaft, Aurich

Bittmann F (2002) Moore. In: Beck H, Geuenich D, Steuer H (eds) J. Hoops, Reallexikon der germanischen Altertumskunde. Band 20. de Gruyter, Berlin, New York, 216–221

Overbeck F (1975) Botanisch-geologische Moorkunde. Wachholtz, Neumünster

Weinbau

Manfred Rösch

Die Weinrebe (*Vitis vinifera*), eine in zahlreichen Sorten gepflegte Kulturpflanze, ist ein Vertreter der 700 Arten zählenden Familie der Weinrebengewächse (Vitaceae). Als ihre Stammform gilt die in den Auenwäldern des Mittelmeergebietes und nördlich angrenzender Gebiete vorkommende europäische Wildrebe (*V. sylvestris*). Es sind Auenwaldlianen, ausdauernde, tiefwurzelnde rankende Holzgewächse, die eine Höhe von mehr als 30 m erreichen können. Ihre Beeren gehören zu den Früchten mit dem höchsten Zuckergehalt. Die Samen sind öl- und eiweißreich.

In Deutschland hat die Wildrebe heutzutage noch seltene Vorkommen am Oberrhein und an der Donau. Diese heutige Beschränkung auf Tieflagen und große Stromtäler im südlichen Mitteleuropa wird in der floristischen Literatur als naturgegeben betrachtet. Die Pollenanalyse weist aber auf eine viel weitere nacheiszeitliche Verbreitung der Wildrebe hin, mit Vorkommen selbst im Alpenvorland und im Schwarzwald. Funde von Rebenpollen in süddeutschen Pollendiagrammen sind auf örtliches Vorkommen zurückzuführen, da der vorwiegend nicht windblütige Pollen kaum verweht wird. Abb. 17.1 fasst Pollenfunde aus allen Profilen im südwestdeutschen Alpenvorland zusammen.

Da eine Unterscheidung zwischen Pollenkörnern von wildem und kultiviertem Wein (Abb. 17.2) nicht möglich ist, helfen archäobotanische Nachweise zur Klärung der Nutzungsgeschichte. Die ältesten Weinkernfunde reichen im Mittelmeergebiet vor das Neolithikum zurück und setzen auch nördlich davon bereits im Neolithikum ein. Man geht von gesammelten Wildreben aus, die noch nicht vinifiziert wurden. Gemäß den Pollenfunden war die Wilde Weinrebe im südlichen Mitteleuropa während des Neolithikums und der Bronzezeit häufig. Nördlich der Alpen ist sie seit ca. 9000 v. Chr. regelmäßig nachgewiesen (Abb. 17.1). Sie wurde jedoch kaum genutzt, wie das Fehlen von Traubenkernen in den Feuchtbodensiedlungen des Alpenvorlandes zeigt.

Der Rückgang der pollenanalytischen Nachweise in Süddeutschland ab 3700 v. Chr. spiegelt eine Abnahme der Bestände der Wilden Rebe wider und wird mit Klimawandel, der natürlichen Veränderung der Böden und Vegetation der Auen sowie schließlich deren zunehmender anthropogener Störung erklärt.

Die erneute Zunahme pollenanalytischer Nachweise ab der Zeitenwende hängt mit der Einführung der Kulturrebe und des Weinbaus zusammen. Bei vereinzelten Rebenpollenfunden im 1. Jahrtausend v. Chr. ist unklar, ob sie auf letzte Wildrebenvorkommen oder bereits auf die kultivierte Weinrebe zurückgehen. Nach derzeitigem Kenntnisstand betrieben die Kelten keinen Weinbau, sondern importierten Wein aus dem Süden. Römischer Weinbau ist für die linksrheinischen Gebiete Mittel- und Westeuropas gesichert, für die klassischen Weinbaugebiete, zum Beispiel an der Mosel. Für die rechtsrheinischen Gebiete an Main und Neckar nimmt man Weinbau in kleinerem Umfang ebenfalls ab römischer Zeit an.

Die Domestikation der Weinrebe fand gegen Ende des 5. Jahrtausends v. Chr. in Vorderasien statt. Erste schriftliche Quellen aus Ägypten datieren in die Mitte des 4. Jahrtausends v. Chr. Im Zuge der Entwicklung der Fruchtbaumkultur breitete sich der Weinbau über das ganze Mittelmeergebiet aus. Während die griechische Literatur verloren ging, sind wir über den römischen Weinbau gut unterrichtet. Die wichtigsten antiken Autoren zu diesem Thema sind Cato d. Ä., Columella, die beiden Plinii und Varro.

Vermehrte Nachweise von Rebenpollenkörnern ab dem Frühmittelalter (Abb. 17.1) deuten auf eine Ausweitung des Weinanbaus hin. Die mittelalterlich-neuzeitliche Weinbaugeschichte Deutschlands ist umfassend in zahlreichen Publikationen aufgearbeitet. Der mittelalterliche Weinbau fußt auf dem antiken. Im Frühmittelalter lagen die Rebgärten noch in der Ebene. Die Erschließung ackerbaulich nicht nutzbarer steiler Südhänge war erst mit dem Terrassenbau ab dem 10. Jahrhundert möglich.

M. Rösch (✉)
Institut für Ur- und Frühgeschichte und Vorderasiatische Archäologie, Ruprecht-Karls-Universität, Heidelberg, Deutschland
e-mail: manfred-roesch@t-online.de

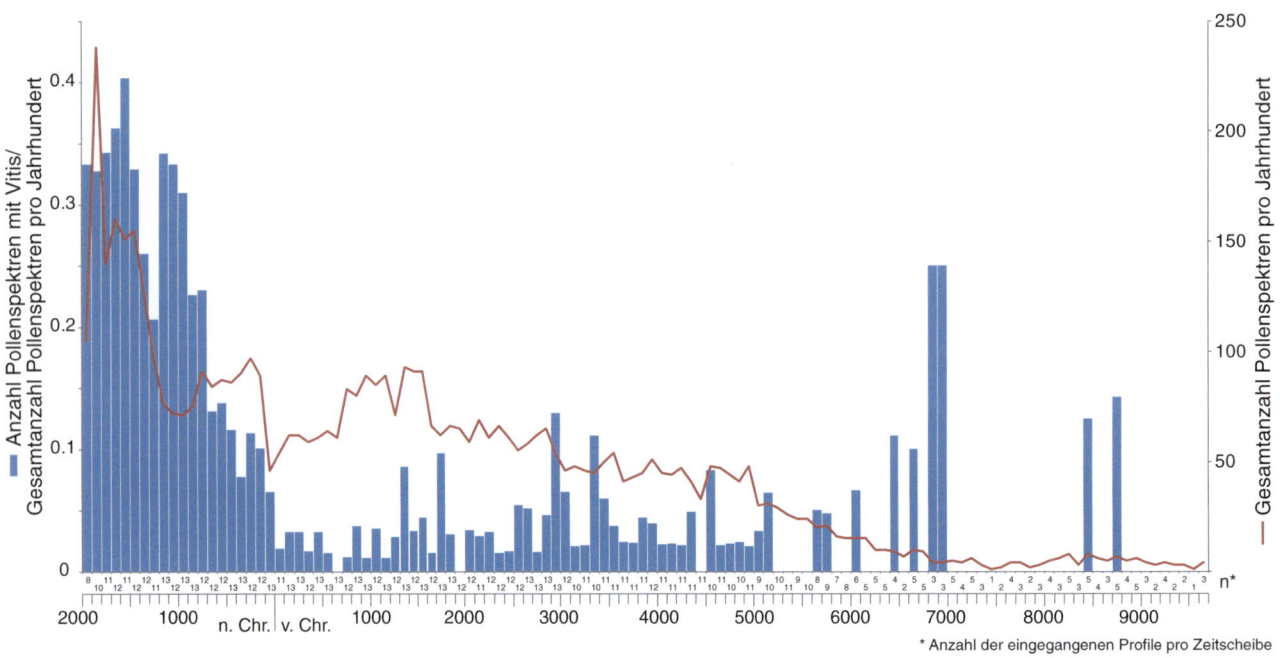

Abb. 17.1 Nachweise von *Vitis*-Pollenkörnern in Pollendiagrammen aus dem westlichen Bodenseegebiet (Grafik: I. Feeser)

Im Laufe des Mittelalters nahm der Weinkonsum zu. Die Anbaugebiete dehnten sich nach Norden über die heutigen Weinbaugrenzen hinaus bis fast zur Ostsee aus und erreichten viel höhere Lagen als heute. Die spätmittelalterliche Agrarkrise begünstigte den Weinbau zu Lasten des Ackerbaus. Seine maximale Ausdehnung erfuhr der Weinbau im späten 15. und frühen 16. Jahrhundert.

Sein neuzeitlicher Rückgang lässt sich neben den pollenanalytischen Hinweisen auch anhand von Traubenkernfunden in Lehmgefachen nachzeichnen. Diese Kerne gelangten nämlich nicht als Magerungszuschlag wie Stroh oder Druschabfälle in den Lehm, sondern zufällig, weil sie da lagen, wo der Lehm angerührt wurde. Wo viel Weinbau betrieben wurde, lagen viele Kerne im Hof am Boden, wo wenig angebaut wurde, wenige, und wo kein Wein angebaut wurde, gar keine. Die Ursachen für den neuzeitlichen Rückgang sind vielschichtig: Neben kurzfristigen Faktoren wie Kriegen, Seuchen und Missernten, verursacht durch eingeführte Rebschädlinge, wirkten langfristige demographische, klimatische und konjunkturelle Änderungen wie stärkere Konkurrenz durch bessere Importweine oder billigere Getränke wie Bier, Schnaps oder Obstweine.

Weinbau ist und war arbeitsaufwendig. Der Einsatz von Zugtieren war im Terrassenweinbau kaum möglich. Zusätzlich zur Bodenbearbeitung waren Düngung und Pflanzenschutz erforderlich. Durch Hacken entwickelte sich im Weinberg eine spezifische Hackfrucht-Unkrautgesellschaft als Ersatzgesellschaft wärmebedürftiger Wälder, die sogenannte Weinbergslauch-Gesellschaft mit zahlreichen Geophyten. Auch wenn die Stoffentzüge im Weinbau deutlich niedriger sind als bei einjährigen Anbaupflanzen, mussten sie durch Düngung ausgeglichen werden. Da Weinbauern im Gegensatz zu den Ackerbauern kaum Vieh und Weiderechte hatten und deshalb keinen Mist erzeugen konnten, mussten sie den Dünger häufig zukaufen. Der Weinbau prägte folglich die wirtschaftliche und soziale Struktur und das Bild der resultierenden Kulturlandschaft (Abb. 17.3).

Durch geänderte Verfahren der Bodenbearbeitung und Unkrautregulierung wie Herbizideinsatz oder Dauerbegrünung wurden die meisten typischen Weinbergunkräuter verdrängt. Auch der deutlich erhöhte Pflanzenschutzaufwand durch die Einschleppung der amerikanischen Rebschädlinge – Reblaus und Mehltau im 19. Jahrhundert – führte zu tiefgreifenden Veränderungen des traditionellen Weinbaus. Heute werden Pfropfreben mit reblausresistenter Unterlage verwendet, während man früher die Rebe mit Stecklingen oder Ablegern vermehrte. Ein moderner Pfropfreben-Weinberg hat eine Lebenserwartung von lediglich 20–30 Jahren, wohingegen wurzelechte Weinberge vergangener Zeiten praktisch unendlich alt werden konnten, da die Pflanzen durch Absenker verjüngt wurden. Eine geschlechtliche Vermehrung fand so nicht statt, und das Erbgut blieb langfristig unverändert. Daher lassen sich moderne Rebsorten genetisch bis ins Mittelalter, ja bis in die Antike zurückverfolgen, und man fragt sich eher, wie bei vegetativer Vermehrung die große Vielfalt an Rebsorten zustande kam (Ramos-Madrigal et al. 2019).

Abb. 17.2 Zeichnungen eines rezenten Pollenkorns der kultivierten Weinrebe (*Vitis vinifera*, oben) und eines subfossilen Pollenkorns vermutlich der wilden Weinrebe aus einem neolithischen Gefäß aus Aamosen, Dänemark (unten), nach Zeichnungen von J. Troels-Smith (Foto: Nationalmuseum Kopenhagen)

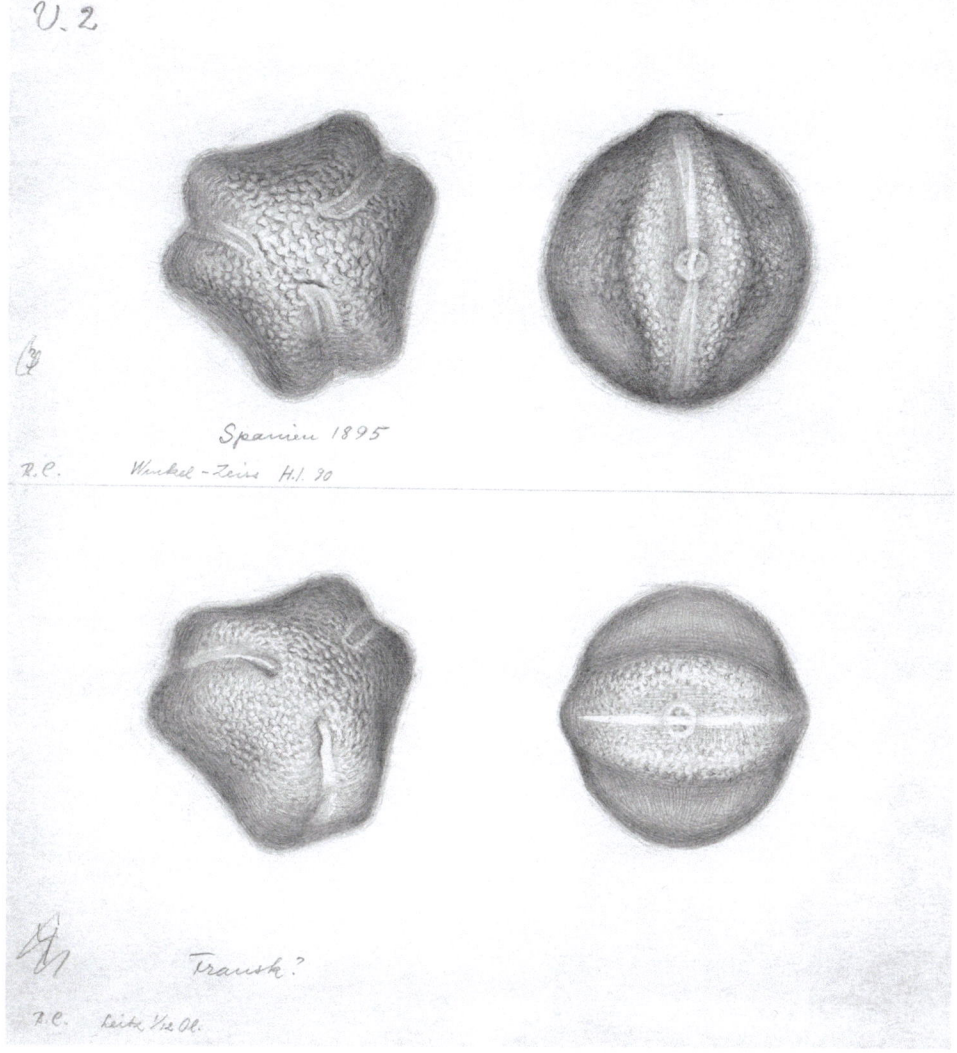

Abb. 17.3 Steinriegel (Lesesteinhaufen) im Taubertal bei Creglingen. Der Weinbau ist bis auf Restflächen verschwunden und hat Streuobstwiesen und Gebüsch Platz gemacht (Foto: M. Rösch)

Literatur

Ramos-Madrigal J, Runge AKW, Bouby L, Thierry Lacombe T, Samaniego Castruita JA, Adam-Blondon A-F, Figueiral I, Hallavant C, Martínez-Zapate JC, Schaal C et al (2019) Palaeogenomic insights into the origins of French grapevine diversity. Nature Plants 5: 595–603

Almwirtschaft

Klaus Oeggl

Die Almen der subalpinen und alpinen Stufe stellen einen besonderen Teil der Kulturlandschaft in den Alpen dar (Abb. 18.1 und 18.2). Allgemein steht der Begriff „Alm" für Bergweiden samt Infrastruktur, und unter Almwirtschaft oder Hochweidewirtschaft wird der saisonale Auftrieb, die Sömmerung von Groß- und Kleinvieh auf meist oberhalb der alpinen Waldgrenze gelegenes Grasland verstanden. Der Anfang dieser Viehwirtschaft wurde mit dem Fund der neolithischen Gletschermumie „Ötzi" in den Ötztaler Alpen in Zusammenhang gebracht. Die Ausbreitung von Weidezeigern in Pollendiagrammen aus der Umgebung der Fundstelle wurden als Anzeichen einer frühen Hochweidewirtschaft schon tausend Jahre vor Lebzeiten der Gletschermumie gedeutet (Bortenschlager 2000). Weder archäologische Befunde (Spindler 1993) noch die Rekonstruktion der Äsung aus dem Dung von Ziegenartigen von der Fundstelle bestätigen jedoch einen neolithischen Weidegang in diesen Hochlagen. Das lässt starke Zweifel an einer derartig frühen Ausübung einer Hochweidewirtschaft im Alpenraum aufkommen. Zudem fiele der Beginn dieser frühen Weidewirtschaft mit einer ungünstigen Klimaphase zusammen.

Der Weidegang im Gebirge lässt aufgrund des selektiven Abfressens genießbarer Kräuter und Gräser eine Zunahme ungenießbarer Pflanzen erwarten. Jedoch zeigen Langzeituntersuchungen, dass sich ein solcher Effekt wegen der starken vegetativen Regenerationsfähigkeit der Gräser nicht einstellt (Augustine und McNaughton 1998). Darüber hinaus bestimmen Störungsregime wesentlich die Nischendifferenzierung, Koexistenz und Biodiversität in alpinen Pflanzengesellschaften. Eine Störung durch Beweidung bedeutet Biomasseentzug, was bei Pflanzen regenerative Eigenschaften selektiert (Fertilität, rasche Vollendung des Lebenszyklus). Diese Anpassungsstrategie entspricht einem ruderalen Verhalten (Grime 2001) und muss im Hochgebirge für jede Pflanze eigens evaluiert werden. Während in den Pollendiagrammen der Tieflagen die klassischen anthropogenen Zeiger wie *Plantago lanceolata*-Typ, *Rumex acetosa*-Typ gemeinsam mit hohen Gräserwerten Weidegang reflektieren, stammen Funde derartiger Pollen im Hochgebirge überwiegend aus dem Fernflug und spiegeln die Landnutzung in den Tieflagen wider. Um diese Problematik weiter zu verfolgen, wurden Analysen vom rezenten Pollenniederschlag der Grünlandvegetation entlang eines Höhentransekts über den Hauptkamm der Ostalpen durchgeführt und mit Vegetationsaufnahmen und Umweltvariablen korreliert (Seehöhe, Bodentyp, Landnutzung etc.). Auf diese Weise wurden spezifische Pollentypen als Weidezeiger für die subalpine Stufe der Ostalpen ermittelt. Darunter fallen entomogame Arten, die ruderal auf Weidedruck reagieren, wie *Campanula barbata, C. scheuchzeri, Phyteuma betonicifolium, P. hemisphericum* (alle *Campanula/Phyteuma*-Typ), *Euphrasia minima* (*Rhinanthus*-Typ), Gentianaceae und andere mit eng lokaler Pollenverbreitung. Das wurde auch durch rezente vegetationsökologische Untersuchungen verifiziert (Pierce et al. 2007). Die Anwesenheit dieser Weidezeiger in subfossilen Proben dokumentiert eine Beweidung und damit den Beginn einer Hochweidewirtschaft in den Ostalpen frühestens ab der Bronzezeit (Festi et al. 2014; Gilck und Poschlod 2019).

Für die nördlichen Kalkalpen liegen mehrere Nachweise einer prähistorischen Hochweidenutzung vor. Auf der Saloberalpe bei Füssen und auf dem Hochtannberg zeichnet sich eine Auflichtung des Waldes durch Beweidung ab der Spätbronzezeit, teilweise ab der Mittelbronzezeit ab, wie auch Untersuchungen im Allgäu (Stojakowits 2014), im Ammergebirge (Bludau 1985), im Wettersteingebirge (Weber 1999) und im Mangfallgebirge (Gilck und Poschlod 2021) einen Anstieg der Weidezeiger ab der Bronzezeit bestätigen.

Für die östlichen Bereiche der nördlichen Kalkalpen fehlen eindeutige Hinweise auf eine prähistorische Hochweidenutzung, obwohl aus den Tallagen eindeutige Nachweise für

K. Oeggl (✉)
Institut für Botanik, Leopold-Franzens-Universität,
Innsbruck, Österreich
e-mail: klaus.oeggl@uibk.ac.at

Abb. 18.1 Rinderweide in den Alpen. Die in jüngerer Zeit rückläufige Entwicklung der Almwirtschaft führt zu einer Nutzungsaufgabe von Gebäuden (Foto: K. Oeggl)

Abb. 18.2 Subalpine Schafweide in Lüsens, Sellrain (Foto: K. Oeggl)

agro-pastorale Siedlungen vorliegen. Die Diagramme aus den Hochlagen der Chiemgauer Alpen lassen sich in Hinsicht auf derartige anthropogene Landnutzungsänderungen nicht interpretieren, und in den Profilen vom Hochkönig ist eine mögliche Hochweidenutzung durch die prähistorischen Bergbauaktivitäten überprägt.

Die weitere Entwicklung der Almwirtschaft läuft mit der Siedlungsgeschichte in den Tieflagen parallel. Für die zweite Hälfte der Spätbronzezeit lassen die Pollenanalysen in den westlichen Kalkalpen einen Rückgang der Almwirtschaft erkennen, dem eine Intensivierung der Weideaktivität in der Eisenzeit folgt. So reflektiert der Rückgang der Erle im Zusammenhang mit erhöhter Feueraktivität und dem Auftreten von Weidezeigern auf dem Hochtannberg den Beginn einer extensiven Hochweidewirtschaft, die bis zum Ende der Römischen Kaiserzeit andauert. Von der Spätantike bis zum Hochmittelalter bezeugen moderate Werte der Weidezeiger, dass Almwirtschaft nach wie vor eine Rolle in der Subsistenzwirtschaft im Alpenraum spielt. Dann folgt eine graduelle Steigerung der Viehwirtschaft in den Hochlagen, die sich in einem markanten Rückgang aller Baumarten bei gleichzeitiger Ausbreitung der Gräser und Weidezeiger widerspiegelt. Ab der Römerzeit ist die Almwirtschaft auch in den Profilen der östlichen Kalkalpen klar abgebildet. Die Eingriffe in die subalpine Vegetation sind massiv und führen partiell zu einer Absenkung der Waldgrenze um 200–300 m. Erst in den letzten Jahrzehnten ist durch den Rückgang der Weidewirtschaft wieder ein Höhersteigen der Waldgrenze zu beobachten.

Literatur

Augustine DJ, McNaughton SJ (1998) Ungulate effects on the functional species composition of plant communities: Herbivore selectivity and plant tolerance. The Journal of Wildlife Management 62: 1165–1183

Bludau W (1985) Zur Paläoökologie des Ammergebirges im Spät- und Postglazial. Schäuble, Rheinfelden

Bortenschlager S (2000) The Iceman's environment. In: Bortenschlager S, Oeggl K (eds) The Iceman and his natural environment. The Man in the Ice 4. Springer, Wien, New York, 11–24

Festi D, Putzer A, Oeggl K (2014) Mid and late Holocene land-use changes in the Ötztal Alps, territory of the Neolithic Iceman „Ötzi". Quaternary International 353: 17–33

Gilck F, Poschlod P (2019) The origin of alpine farming: A review of archaeological, linguistic and archaeobotanical studies in the Alps. The Holocene 29: 1503–1511

Gilck F, Poschlod P (2021) The history of human land use activities in the Northern Alps since the Neolithic Age. A reconstruction of vegetation and fire history in the Mangfall Mountains (Bavaria, Germany). The Holocene 31: 579591

Grime J P (2001) Plant Strategies, Vegetation Processes and Ecosystem Properties. 2nd ed. Wiley, New York

Pierce S, Luzzaro A, Caccianiga M, Ceriani RM, Cerabolini B (2007) Disturbance is the principal α-scale filter determining niche differentiation, coexistence and biodiversity in an alpine community. Journal of Ecology 95: 698–706

Spindler K (1993) Der Mann im Eis. Goldmann, München

Stojakowits P (2014) Pollenanalytische Untersuchungen zur Rekonstruktion der Vegetationsgeschichte im südlichen Iller-Wertach-Jungmoränengebiet seit dem Spätglazial. Dissertation, Universität Augsburg

Weber K (1999) Vegetations- und Klimageschichte im Werdenfelser Land. Augsburger Geographische Hefte 13: 1–127

Waldweide und Hudelandschaften

Joachim Hüppe und Richard Pott

Seit dem Neolithikum wurden domestizierte Haustierrassen zu Nahrungskonkurrenten von Auerochse, Wisent und Wildpferd, die als Grasfresser zuvor lichte Bereiche der Wälder beweidet hatten und nunmehr Zuflucht in den Ufergebieten der weit verästelten Flüsse, in Sümpfen und Mooren suchten. Diese frei lebenden Tiere waren nicht in der Lage, auf Futterpflanzen des Waldes umzusteigen, da sie, anders als Rotwild, Rehwild und Elch, die Inhalts- und Abwehrstoffe zahlreicher Kräuter und Gehölze nicht verdauen oder neutralisieren können. Elche, die flachwasserreiche Wälder lieben, wurden jedoch allmählich nach Nord- und Osteuropa verdrängt. Rothirsch, Reh und Wildschwein blieben echte Waldtiere. Durch die anhaltende Beweidung durch Haustiere und sicher auch die Gewinnung von Laub als Winterfutter entstanden halb offene Hudelandschaften.

Verschiedene Hudelandschaftstypen

Hudelandschaften sind durch eine vergleichsweise hohe Biotopvielfalt gekennzeichnet, denn Vegetation und Physiognomie von Hudelandschaften werden einerseits von den natürlichen Standortbedingungen und andererseits von den jeweiligen Beweidungsintensitäten und -modalitäten geprägt. Da diese Faktoren sowohl im Raum als auch mit der Zeit wechseln können, gibt es keinen einheitlichen Hudelandschaftstyp, wohl aber vergleichbare Charakteristika als Folge von Weidewirkung und Weideselektion. Den differenzierten Standortbedingungen entsprechend bilden die natürlichen Waldgesellschaften unterschiedliche Ausgangsbasen für die aus ihnen hervorgehende Hudevegetation. Dabei spielen die unterschiedliche artspezifische Verbissresistenz und Regenerationsfähigkeit der Gehölzarten eine wesentliche Rolle (Abb. 19.1). Das zeigt sich bei einem Vergleich zwischen Laubwäldern und Nadelwäldern sehr auffällig. Nach Totalverbiss vermag der Laubholzjungwuchs Stockausschläge zu bilden, der Nadelholzjungwuchs bis auf die Eibe aber nicht. Deshalb fehlen den beweideten Nadelwäldern im Gegensatz zu den Laubholzwäldern die Verbuschungsformen der bestandseignen Gehölze. Es treten generell vielmehr weidebedingte, nitrophytische Hochstauden sowie Triftrasen, *Calluna*-Heiden und andere Vegetationsformationen unter Waldbäumen auf. Wenn auch nicht in dieser ausschließlichen Form, so ergeben sich aber auch zwischen den einzelnen Laubwaldgesellschaften beträchtliche Degenerations- und Regenerationsunterschiede in der Biotopstruktur (Pott und Hüppe 1991; Pott 1996).

J. Hüppe (✉) · R. Pott
Institut für Geobotanik, Leibniz Universität,
Hannover, Deutschland
e-mail: hueppe@geobotanik.uni-hannover.de

Abb. 19.1 Von Rindern beweidete Dünen und Triften im Borkener Paradies im Emstal bei Meppen (1995). Diese Hudelandschaft besitzt eine hohe landschaftliche Vielfalt. Die scheinbar regellose und im Einzelnen doch so regelmäßige Anordnung der Vegetationsstrukturen sowie das offene Gelände mit kulissenartig umrandeten und vorspringenden Baum- und Strauchpartien, die den Durchblick halb verdecken und gerade dadurch den Eindruck der Weite verleihen – alles umgibt diese Landschaft der Gegensätze mit dem Zauber der Ursprünglichkeit und ist dennoch weit davon entfernt (aus Pott 1996)

Wirkungen der Waldweide auf die Vegetation

Die vom Weidevieh ausgelöste Sukzession führt vom geschlossenen Wald über gelichtete Bestände und parkartige Stadien zur freien Trift (Abb. 19.2). Hierbei handelt es sich um eine fortlaufende Degradationsreihe bei andauernder Beweidungsintensität. Neben den einzelnen Degradationsstadien können aber in einer Hudelandschaft auch Regenerationskomplexe auftreten.

Für viele Hudelandschaften ist ein solches Nebeneinander von Degradations- und Regenerationskomplexen bezeichnend. Gerade die unregelmäßig im Gelände verteilten Gehölzinitialen geben im Zusammenspiel mit den größeren Waldresten und den Einzelbäumen den Gebieten das Gepräge von kulissenartig aufgebauten Parklandschaften (Abb. 19.3, 19.4 und 19.5). Dabei sind die einzelnen Komplexe in sich zonenartig gegliedert. Sie bestehen in regelmäßiger Anordnung aus Triftrasen, Staudensaum, Waldmantel (Gebüsch) und Wald und Einzelbäumen oder Baumgruppen, die in jungen Gehölzinitialen oder in den Wacholderdickichten aber auch fehlen können. Solche Zonierungskomplexe sind in den Hudegebieten ausschließlich als anthropo-zoogene Bildungen anzusprechen (vgl. Burrichter et al. 1980; Pott und Hüppe 2001, 2008; Luick und Schuler 2008; Küster 2012, 2016; Kasielke 2016). Die Gebüsche bestehen – je nach Substrat und Landschafts-

Abb. 19.2 Wisent im Białowieża-Nationalpark (1995). Einst war der Wisent in ganz Europa weitverbreitet; man nimmt an, dass dieses Wildrind in den ehemaligen Urwäldern Europas für kleinflächige Waldlichtungen sorgte. Durch die allmähliche Vernichtung der Urwälder und die Jagd wurden die Wisente immer mehr zurückgedrängt. In den 1920er-Jahren war auch der letzte Wisent in freier Wildbahn erlegt; die heutigen Bestände sind Rückzüchtungen aus Zoologischen Gärten, die wieder ausgewildert wurden und deren Populationsdichte durch kontrollierte Jagd wieder reguliert werden muss (aus Pott 1996)

Abb. 19.3 Galloways werden seit 1994 mit gutem Erfolg zur Pflege der Hudeflächen im NSG Borkener Paradies bei Meppen eingesetzt (aus Pott 1996)

Abb. 19.4 Polnische Wildpferde (Tarpane) im Białowieża-Nationalpark (1995). Auch hier handelt es sich um Rückkreuzungen. Diese braun-grauen Wildpferde mit schwarzer Mähne und schwarzem Schweif, mit breitem Aalstrich und schwarzen unteren Beinhälften wurden in den Steppen und Waldsteppen Südrusslands 1871 ausgerottet (aus Pott 1996)

typ – aus verschiedenen, aber allesamt bewehrten (dornigen, stacheligen oder aromatischen) Sträuchern, die das Weidevieh verschmäht, so aus Wacholder, Weißdorn, Schlehe, Brombeergebüschen und im Unterwuchs der Wälder auch Stechpalme oder Eibe. Diese Arten sind in Verbindung mit dem Verbiss der Weidetiere für die dynamischen Prozesse der Degradation und Regeneration ursächlich verantwortlich und machen das physiognomische Bild der Hudelandschaft erst verständlich (Pott und Hüppe 1991). Sie erklären auch die wechselnden Aspekte in verschiedenen Zeitabständen, die im Wesentlichen durch Verlagerung, Neubildung und Zerstörung der Gehölzgruppen durch das Weidevieh zustande kommen. Die Hudelandschaft ist eben keine statische, sondern eine überaus dynamische Landschaft. Die Beweidungsintensitäten, der Viehbesatz und die Beweidungsmodalitäten sind deshalb für deren dauerhaften Erhalt essenziell (Pott und Hüppe 2007; Pott 2014).

Der traditionelle Viehtrieb, der spätestens seit dem Mittelalter mit Wanderschäfern in Form weiter Transhumanzen durchgeführt wurde, ist heute nahezu erloschen. Er hatte sicherlich eine wichtige Funktion für die Entstehung und den Erhalt zahlreicher Triftweiden in Form von charakteristischen Halbtrockenrasen und Magerrasen. Ein weites Wegenetz von Triftwegen und Routen, auf denen das Vieh von Ort zu Ort getrieben wurde, führte über abgeerntete Felder, entlang von Hecken und Waldparzellen über breite Grünstreifen. Wanderschäferei stand dabei vielerorts im Vordergrund. Die Schafe transportierten dabei eine Vielzahl von Diasporen charakteristischer Trockenrasenelemente, die mit Klett- und Haftfrüchten dem Fell der Tiere anhingen und zwischen den Klauen vertragen wurden. Sie hatten deshalb eine nicht zu unterschätzende Bedeutung für die floristische Komposition der Rasengesellschaften und für die Fernverbreitung entsprechender Arten. Heute haben die Hudelandschaften eine große Bedeutung als historische Kulturlandschaften mit hoher Biodiversität.

Abb. 19.5 Dülmener Wildpferde im Merfelder Bruch (1995). Diese Tiere werden heute in Westfalen in quasi freier Wildbahn gehalten (aus Pott 1996)

Literatur

Burrichter E, Pott R, Raus T, Wittig R (1980) Die Hudelandschaft Borkener Paradies im Emstal bei Meppen. Abhandlungen des Landesmuseums für Naturkunde 42: 3–69

Kasielke T (2016) Traditionelle Formen der Waldnutzung in Westfalen. Siedlung und Landschaft in Westfalen 41: 46–47

Küster H (2012) Landnutzungsstrategien und ihre Relikte. Historische Kulturlandschaften in Niedersachsen. Mitteilungen der Niedersächsischen Naturschutz-Akademie 1: 13–18

Küster H (2016) Arkadien als halboffene Weidelandschaft. Merkur 758: 651–656

Luick R, Schuler HK (2008) Waldweide und forstrechtliche Aspekte. Berichte des Instituts für Landschafts- und Pflanzenökologie Universität Hohenheim 17: 149–164

Pott R (1996) Biotoptypen. Schützenswerte Lebensräume Deutschlands und angrenzender Regionen. Ulmer, Stuttgart

Pott R (2014) Allgemeine Geobotanik – Biogeosysteme und Biodiversität. 2. Auflage. Springer, Berlin, Heidelberg

Pott R, Hüppe J (1991) Die Hudelandschaften Nordwestdeutschlands. Abhandlungen des Westfälischen Museums für Naturkunde 53: 5–313

Pott R, Hüppe J (2001) Flussauen- und Vegetationsentwicklung an der mittleren Ems. Abhandlungen des Westfälischen Museums für Naturkunde 63: 5–119

Pott R, Hüppe J (2007) Spezielle Geobotanik. Pflanze – Klima – Boden. Springer, Berlin, Heidelberg, New York

Pott R, Hüppe J (2008) Naturschutzfachliche Bedeutung und Biodiversität kulturhistorischer Wälder und Hudelandschaften in Nordwestdeutschland. In: Bültmann H, Pallas J, Schmidt C, Sieg B (eds) Aspekte der Geobotanik – From Local to Global. Eine Festschrift für Fred Daniëls. Abhandlungen des Westfälischen Museums für Naturkunde 70: 199–226

Nieder- und Mittelwaldwirtschaft

Manfred Rösch

Ein Urwald besteht aus unterschiedlichen Holzarten unterschiedlicher Altersklassen und hat verschiedene Stockwerke. Dabei überwiegen nach Flächendeckung meist wenige alte, hohe Bäume, nach Anzahl zahlreiche junge, niedrige oder mittelhohe. Urwald ist für den Menschen nur schwer nutzbar. Deshalb begann man schon früh, den Wald durch geeignete Maßnahmen zu verändern, sodass ein besser nutzbarer Wirtschaftswald entstand. Die einfachste Maßnahme ist das Abschlagen oder Abbrennen unerwünschter Bäume. Auch gezielte Maßnahmen des Waldmanagements zur Förderung fruchttragender Gehölze wie Hasel oder Apfelbaum gab es möglicherweise schon in der Steinzeit, doch sind sie schwer nachweisbar. In der Jungsteinzeit entwickelte sich aus dem wiederholten Abschlaggen von Gehölzbeständen die Niederwaldwirtschaft, die auch mit landwirtschaftlicher Zwischennutzung nach dem Einschlag verknüpft wurde (Wald-Feldbau). Durch Niederwaldwirtschaft entsteht ein Niederwald. Seine Bäume sind keine aus Samen entstandenen Kernwüchse, sondern haben sich aus bodennahen Knospen der Wurzelstöcke gefällter Bäume entwickelt. Bei allen Laubhölzern wie auch bei der Eibe überleben nämlich die Wurzelstöcke das Fällen des Baums und regenerieren aus bodennahen Knospen einen meist mehrstämmigen neuen Baum mit buschartigem Wuchs. Da der Bestand schon voll bewurzelt ist, ist der Holzzuwachs eines solchen Niederwalds anfangs wesentlich höher als bei einem gepflanzten Bestand. Das machte man sich ab der Bronzezeit und noch in der frühen Neuzeit vor allem in Bergbau- und frühen Industrierevieren zunutze. Dort wurde der Rohstoff Holz knapp, und zur Erzeugung von Holzkohle oder Brennholz ist die Qualität des schwachen Niederwaldholzes ausreichend. Die Umtriebszeit des Niederwalds betrug je nach Wüchsigkeit des Bestands 15 bis 30 Jahre (Abb. 20.1). Noch in historischer Zeit wurde die Niederwaldwirtschaft oft mit ackerbaulicher Zwischennutzung verknüpft, und es wurde auch Eichenlohe geerntet. Aufgrund der unterschiedlichen Fähigkeit der Holzarten, mit dem regelmäßigen Kahlschlag zurechtzukommen, kommt es zu einer Selektion: Hasel, Hainbuche, Linde sowie lichtbedürftige Pioniere wie Salweide, Zitterpappel, Birke werden gefördert, Buche und Eiche gehemmt. Die Tanne verschwindet ganz. Im Pollenniederschlag wird das noch deutlicher, weil die Pioniere und die meisten Stockausschlagfreudigen auch früh mannbar werden: Bei Umtriebszeiten unter 25 Jahren kommen Buche und Eiche nicht mehr zur Blüte. Niederwaldwirtschaft wird heute nur noch auf weniger als 1 % der deutschen Waldfläche betrieben.

Eine komplexere Form der Waldbewirtschaftung stellt die Mittelwaldwirtschaft dar. Dabei wird der Wald in zwei Schichten mit unterschiedlich langen Umtriebszeiten genutzt (Abb. 20.2). In der oberen Baumschicht stehen mit großen Abständen alte, große Bäume, sogenannte Überhälter, die in langen Intervallen zur Gewinnung von Bauholz geerntet werden. Die Nutzungsintervalle betragen oft 200–300 Jahre oder mehr. Geerntete Bäume werden durch Nachpflanzungen ersetzt (Kernwüchse wegen der Holzqualität). Zwischen den alten Bäumen stehen zahlreiche kleinere, die in Intervallen von 20–50 Jahren zum Gewinn von Brennholz oder Rohstoff für die Köhlerei auf den Stock gesetzt werden und sich anschließend aus dem Stock verjüngen. Der unterschiedliche Lichtbedarf der Holzarten und ihre Nützlichkeit regeln die Artenzusammensetzung. Die Oberschicht besteht meist aus (Trauben-)Eichen: Sie lassen viel Licht durch, liefern wertvolles Nutzholz und mit den Eicheln Futter für die Waldweide (Schweinemast). In der Unterschicht ist die Hainbuche besonders häufig, die als Schattholz das einfallende Restlicht effektiv zu nutzen weiß und ein Holz mit hohem Brennwert liefert. Dazu kommen die Buche, die Hasel und weitere Weichhölzer. Auch Mittelwälder nehmen in Deutschland heute weniger als 1 % der Waldfläche ein. Die früheren Bestände wurden meist in Hochwälder überführt und kleinflächig auch als Bannwälder für wissenschaftliche Zwecke

M. Rösch (✉)
Institut für Ur- und Frühgeschichte und Vorderasiatische Archäologie, Ruprecht-Karls-Universität, Heidelberg, Deutschland
e-mail: manfred-roesch@t-online.de

Abb. 20.1 Ernte eines Hasel-Niederwalds in Slowenien (Foto: M. Rösch)

Abb. 20.2 Mittelwald in den südwestlichen Karpaten. Die Zerreichen (*Quercus cerris*) in der Oberschicht sind noch grün, während die Gehölze in der zweiten Baumschicht wegen Wassermangels bereits verfärbt sind (Foto: M. Rösch)

ganz aus der Nutzung genommen. Dort kann man beobachten, wie die Eiche ohne den menschlichen Schutz rasch von der Buche verdrängt wird (Abb. 20.3). Wegen der langen Umtriebszeit der Oberschicht setzt Mittelwaldwirtschaft langfristiges, generationenübergreifendes Planen voraus.

Aufgrund vegetationsgeschichtlicher Indizien lässt sich die Mittelwaldwirtschaft in Süddeutschland bis in die frühe Bronzezeit zurückverfolgen. Sehr verbreitet war sie auch in der späten Eisenzeit, im Hoch- und Spätmittelalter. Die in der kollinen und submontanen Stufe Süddeutschlands sehr verbreiteten Eichen-Hainbuchen-Wälder sind vermutlich keine natürliche Waldgesellschaft, sondern aus früheren Mittelwäldern hervorgegangen. Ein anderer Aspekt aller forstlichen Betriebssysteme ist, dass die Bäume nicht ihre maximal mögliche Lebensspanne erreichen dürfen, sondern nach oft weniger als 10 % dieser Zeit geerntet werden. Allerdings haben die Wurzelstöcke im Niederwaldbetrieb und in der Unterschicht des Mittelwalds eine Lebenserwartung, die deutlich höher liegt.

Abb. 20.3 Ein ehemaliger Mittelwald bei Forchtenberg wurde unter Naturschutz gestellt und zum Bannwald erklärt. Nach wenigen Jahrzehnten ohne Nutzung und Pflege hat die Buche begonnen, die Traubeneiche zu verdrängen. Die Eiche kann sich im tiefen Buchenschatten nicht verjüngen. Die Buchen aus der zweiten Baumschicht überwachsen die alten Eichen und bringen sie durch Lichtentzug zum Absterben (Foto: M. Rösch)

21

Laubheu – Das Schneiteln von Bäumen zur Futtergewinnung in Mitteleuropa

Jean Nicolas Haas, Benjamin Dietre, Brigitte Hechenblaickner, Werner Kofler, Werner H. Schoch, Sönke Szidat und Fabian Vassanelli

Eine der größten Herausforderungen für die prähistorische Landwirtschaft in Europa war das Durchfüttern von Haustieren, wie Schafen, Ziegen, Rindern und Schweinen, durch die langen Winter, da das Verfüttern von Wiesenheu erst mit der Eisenzeit Einzug hielt (800 v. Chr.). Die Laubfuttergewinnung oder -wirtschaft war in der Jungsteinzeit und in der Bronzezeit vor allem in Gebirgsregionen von großer Bedeutung und ist es noch immer, sodass seit mindestens 6000 Jahren die sogenannte Schneitelwirtschaft, das Gewinnen von Baumlaub als Futter, eine zentrale Rolle spielte. Dabei wurden von fast allen europäischen Laubhölzern belaubte Zweige im Spätsommer mit dem sogenannten Gertelmesser abgeschlagen, die Zweige danach getrocknet, um schlussendlich als Trockenbiomasse und als nährstoff- und proteinreiches Laubfutter im Winterhalbjahr Verwendung zu finden, auch weil dadurch, gemäß dem Wissen vieler Landwirte, viel schmackhaftere Milchprodukte zu gewinnen sind. Historische Gemälde zeugen von der Bedeutung dieser Laubfutterwirtschaft (Abb. 21.1), und das heutige Schneiteln, das Ernten von Zweigen als Laubfutter, ist immer noch – in einigen Gebieten Mitteleuropas, im Schwarzwald, in Südtirol, im Zentralmassiv, im Lötschental im Wallis (Abb. 21.3) – eine gängige und wichtige Landwirtschaftspraxis (Haas und Rasmussen 1993; Haas et al. 1998). Im Spätsommer gewonnenes Eschenlaub (*Fraxinus excelsior*) gilt als das beste Laubfutter, da es gut verdaulich und besonders schmackhaft ist und sich jährlich ernten lässt. Weitere, sehr beliebte Baumgattungen für die Laubheugewinnung, allerdings mit Jahresabständen von mindestens fünf Jahren zur Schonung der Bäume, sind Ahorn (*Acer*), Ulme (*Ulmus*), Eiche (*Quercus*) und Eberesche (*Sorbus aucuparia*). In laubbaumarmen Regionen wie dem Schweizer Kanton Uri werden im Winter auch Äste von Tannen (*Abies alba*) abgeschlagen und verfüttert.

Abb. 21.1 Mittelalterliches Fresko aus dem 12. Jh. n. Chr. aus der Klosterkirche von Zillis, Schweiz, mit der Laubfuttergewinnung auf einer Esche (*Fraxinus excelsior*) (Foto: P. Heman)

J. N. Haas (✉) · B. Dietre · B. Hechenblaickner · W. Kofler
F. Vassanelli
Institut für Botanik, Leopold-Franzens-Universität,
Innsbruck, Österreich
e-mail: Jean-Nicolas.Haas@uibk.ac.at

W. H. Schoch
Labor für Quartäre Hölzer, Langnau a. A., Schweiz

S. Szidat
Departement für Chemie, Biochemie und Pharmazie, Universität Bern, Bern, Schweiz

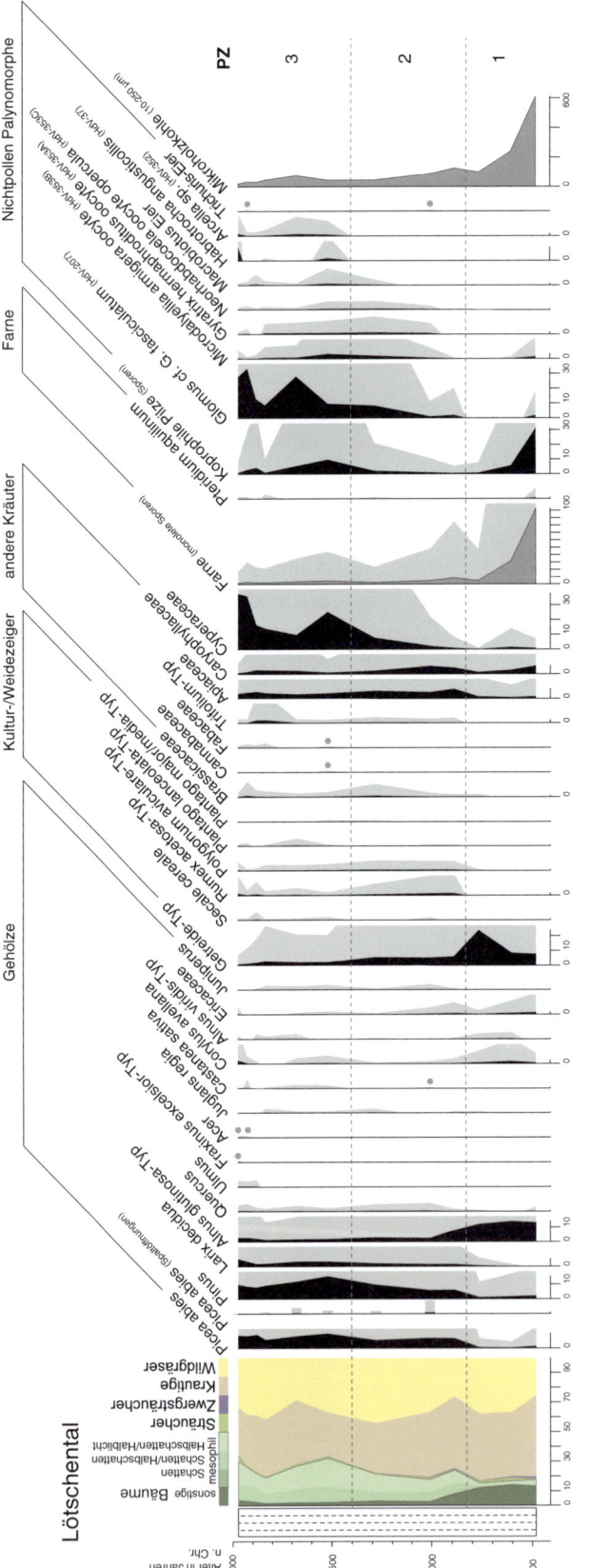

Abb. 21.2 Palynologisches Übersichtsdiagramm (% Landpflanzensumme ausgewählter Taxa, sehr niedrige Prozentwerte sind im Diagramm 10-fach überhöht in grau dargestellt oder mit grauen Punkten markiert) zu den botanischen und zoologischen Taxa aus dem 25 m² großen Lötschental-Moor (Wallis, Schweiz, 1600 m NN, 46°25'40"N/7°50'22"O). Das kalibrierte Alters-Tiefen-Modell beruht auf der Interpolation von drei Radiokarbondatierungen aus '76, 37, und 16 cm Moortiefe (BE-13674, BE-13675, BE-13676). Die lokalen Pollenzonen (PZ) wurden mithilfe einer CONISS-Cluster-Analyse erstellt (Graphik: B. Dietre, I. Feeser)

Abb. 21.3 Laubfuttergewinnung auf einer Esche (*Fraxinus excelsior*) mit einer Gertel durch Xaver Siegen in der Nähe von Ried bei Blatten im Lötschental, Schweiz (Foto: J. N. Haas)

Interessanterweise führt das regelmäßige Abschneiden der Zweige von Laubfutterbäumen zu einer erhöhten Biodiversität unterhalb der Bäume (z. B. Kräuter, Insekten), wohl wegen der besseren Lichtverhältnisse am Boden. Zudem sind die eigentümlichen Schneitelbäume in vielen Gebieten Mitteleuropas eine touristische Attraktion, deren Erhalt aus traditionellen und ästhetischen Gründen, teils sogar mit finanzieller Förderung durch die öffentliche Hand subventioniert wird. Im archäologischen Kontext konnte anhand spezifischer holzanatomischer Strukturen der Nachweis erbracht werden, dass Laubfuttergewinnung schon während der Jungsteinzeit vor mehr als 6000 Jahren als landwirtschaftliche Praxis eingesetzt wurde (Rasmussen 1993; Haas und Schweingruber 1993; Haas 2002). Für das Lötschental im Wallis konnte erstmalig palynologisch aufgezeigt werden, wie sich eine solche jahrhundertelange Laubfutterwirtschaft auf die Pollenproduktion der vor Ort stehenden typischen Laub-futterbäume Ahorn, Esche und Eberesche ausgewirkt hat (Abb. 21.2). Obwohl mehrere Jahrhunderte alte Laubfutterbäume noch heute in großer Zahl in unmittelbarer Nähe des Lötschental-Moores und im ganzen Lötschental wachsen (Abb. 21.3), sind sie und auch ihre historischen Vorgängerbäume im pollenanalytischen Bild der letzten Jahrhunderte in keiner Weise erkennbar (Abb. 21.2): So konnte von Ahorn, Esche und Eberesche – trotz hoher Pollensumme pro analysierter Probe – kein einziges Pollenkorn gefunden werden. Dies lässt sich auf die regelmäßige und bis vor Kurzem durchgeführte Schneitelung zurückführen, wodurch diese Laubbäume über Jahrhunderte keinerlei Blüten ausbilden konnten und damit auch keine Pollenverbreitung stattfand. Erst durch die lokale Aufgabe der Schneitelwirtschaft vor wenigen Jahrzehnten blühen diese früheren Laubheubäume, wie Esche und Ahorn, heute im oberen Lötschental wieder und produzieren Pollen.

Literatur

Haas JN (2002) 6000 years of tree pollarding and leaf-hay foddering of livestock in the Alpine area. Austrian Journal of Forest Science/Centralblatt für das gesamte Forstwesen 119: 231–240

Haas JN, Karg S, Rasmussen P (1998) Beech leaves and twigs used as winter fodder: Examples from historic and prehistoric times. In: Charles M, Halstead P, Jones G (eds) Fodder: Archaeological, Historical and Ethnographic Studies. Environmental Archaeology 1: 81–86

Haas JN, Rasmussen P (1993) Zur Geschichte der Schneitel- und Laubfutterwirtschaft in der Schweiz – Eine alte Landwirtschaftspraxis kurz vor dem Aussterben. In: Brombacher C, Jacomet S, Haas JN (eds) Festschrift Zoller: Beiträge zu Philosophie und Geschichte der Naturwissenschaften, Evolution und Systematik, Ökologie und Morphologie, Geobotanik, Pollenanalyse und Archäobotanik. Dissertationes Botanicae 196. Cramer, Berlin, Stuttgart, 469–489

Haas JN, Schweingruber F (1993) Wood-anatomical evidence of pollarding in ash stems from the Valais, Switzerland. Dendrochronologia 11: 35–43

Rasmussen P (1993) Analysis of goat/sheep faeces from Egolzwil 3, Switzerland: Evidence for branch and twig foddering of livestock in the Neolithic. Journal of Archaeological Science 20: 479–502

Teil V
Mittelgebirgslandschaften I

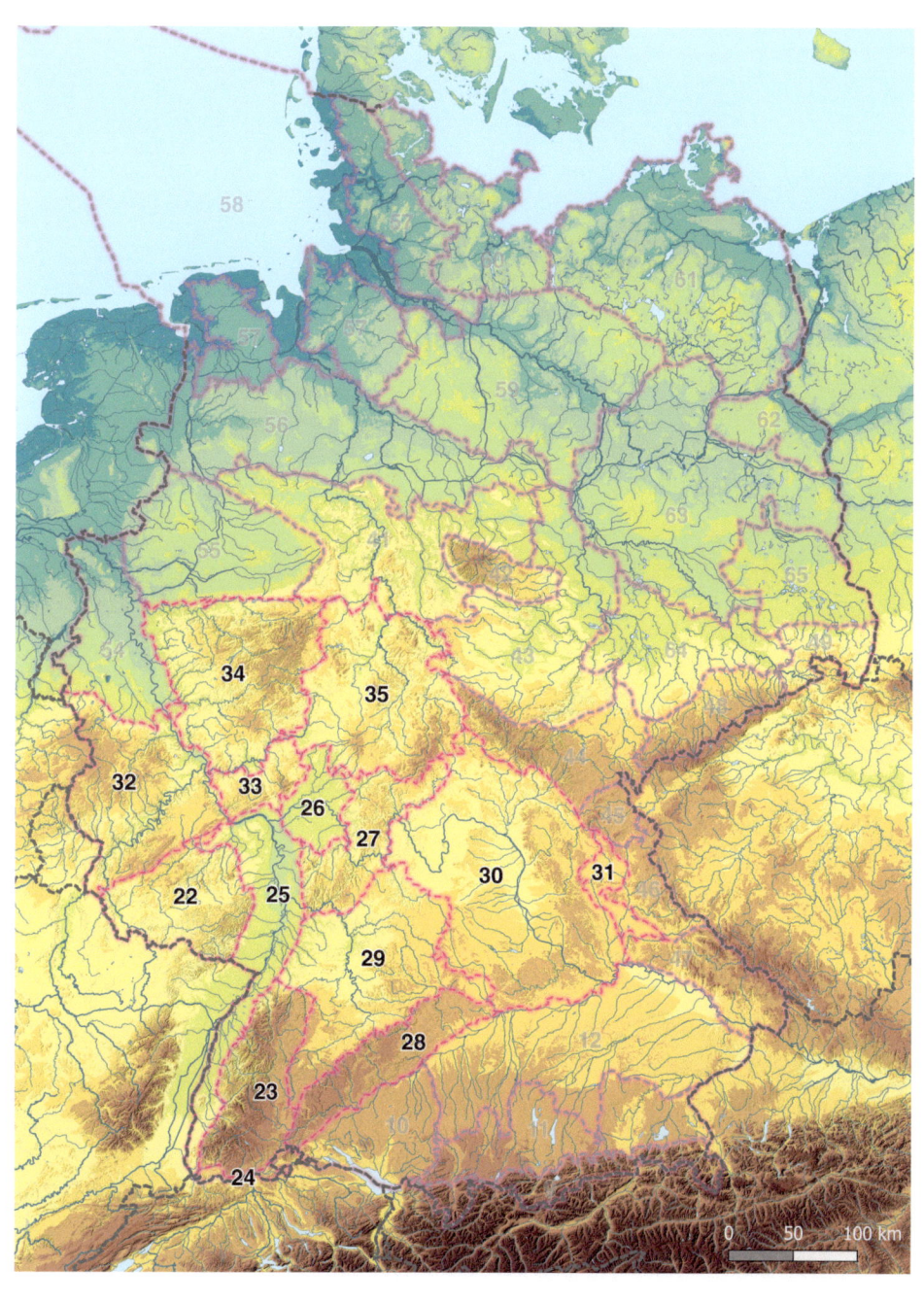

Das Pfälzische Berg- und Hügelland

Steffen Wolters

Blick von der Burg Gräfenstein auf Merzalben am Fuße des Kufenbergs (491 m) im Mittleren Pfälzerwald. Im Hintergrund liegt bereits das flachere Relief der Südwestpfälzischen Hochfläche als Teil des Pfälzisch-Saarländischen Muschelkalkgebietes (Foto: S. Wolters)

Ergänzende Information Die elektronische Version dieses Kapitels enthält Zusatzmaterial, auf das über folgenden Link zugegriffen werden kann [https://doi.org/10.1007/978-3-662-68936-3_22].

S. Wolters (✉)
Niedersächsisches Institut für historische Küstenforschung,
Wilhelmshaven, Deutschland
e-mail: wolters@nihk.de

Der Naturraum

Zwischen Hunsrück und Oberrheinischem Tiefland erstreckt sich im Südwesten Deutschlands eine Mittelgebirgsregion, die Firbas (1952) als Pfälzisches Berg- und Hügelland bezeichnete (Abb. 22.1). Als Teil des Nordfranzösischen Schichtstufenlandes setzt es sich aus den drei grenzüberschreitenden naturräumlichen Großregionen Pfälzerwald (Haardtgebirge), Pfälzisch-Saarländisches Muschelkalkgebiet und Saar-Nahe-Bergland zusammen. Die ersten beiden Einheiten reichen südwärts bis an die Vogesen heran.

Der geologische Untergrund variiert entsprechend der naturräumlichen Gliederung. Der Pfälzerwald ist durch die triassischen Ablagerungen des Bundsandsteins (Abb. 22.2) geprägt, in den südwestlich angrenzenden Landschaften dagegen steht zunehmend Muschelkalk an. Der Westen und der Norden des Pfälzischen Berg- und Hügellandes sind durch Ablagerungen der variskischen Faltengebirgsbildung während des Perms und Karbons charakterisiert. Die vorherrschenden Böden sind Ausdruck der Ausgangsgesteine. Damit dominieren im Gebiet Braunerden. Lediglich im Bereich anstehender Kalk- und Mergelgesteine entwickelten sich Rendzinen und Braunerde-Rendzinen.

Die bedeutendsten Flüsse sind die Saar und ihr rechter Nebenfluss, die Blies, die Nahe sowie ihre rechten Nebenflüsse Glan und Alsenz. Als besonders markante Niederung schiebt sich die St.-Ingbert-Kaiserslauterer Senke (Westpfälzische Moorniederung) auf einer Länge von über 60 km in Nordostrichtung zwischen Pfälzerwald und Muschelkalkgebiet im Süden und das Bergland im Norden. Außerhalb der Niederungen steigen die Höhen in weiten Teilen der Region auf Lagen zwischen 200 und 600 m an, im Norden und Osten von etwa 20 Bergen über 600 m NN überragt. Der überwiegende Teil der Gipfel befindet sich im Pfälzerwald (Kalmit 673 m), doch die höchste Erhebung des Pfälzischen Berg- und Hügellandes ist der Donnersberg (687 m) im Nordpfälzer Bergland, einer Haupteinheit des Saar-Nahe-Berglandes.

Das Klima des Pfälzischen Berg- und Hügellandes ist gemäßigt und in weiten Teilen subatlantisch geprägt. Jahresniederschlagsmengen und mittlere Jahrestemperatur variieren allerdings beträchtlich mit Höhenlage und Exposition (650–1000 mm und 6–9 °C). Dabei befinden sich die niederschlagsärmsten Bereiche im Lee der vorherrschenden regenreichen Südwestwinde.

Der Pfälzerwald ist heute mit ca. 180.000 ha das größte zusammenhängende Waldgebiet Deutschlands mit ausgedehnten Buchenwäldern, doch finden sich hier ebenso größere Kiefernbestände. Außerhalb der geschlossenen Bewaldung ist die Landschaft durch Ackerbau und Grünlandnutzung mit eingestreuten Waldinseln geprägt. Die heutige potenzielle natürliche Vegetation wäre vor allem ein artenarmer Hainsimsen-Buchenwald (Luzulo-Fagetum) auf den weitverbreiteten armen sandigen Ausgangssubstraten und vereinzelt artenreichere Waldgersten- (Hordelymo-Fagetum) sowie Perlgras-Buchenwälder (Melico-Fagetum) auf besseren Böden. In der azonalen Niederungsvegetation würden sich Stieleichen-Hainbuchenwälder (Stellario-Carpinetum) und feuchte Birken-Stieleichen-Wälder (z. B. Betulo-Quercetum molinietosum) entwickeln.

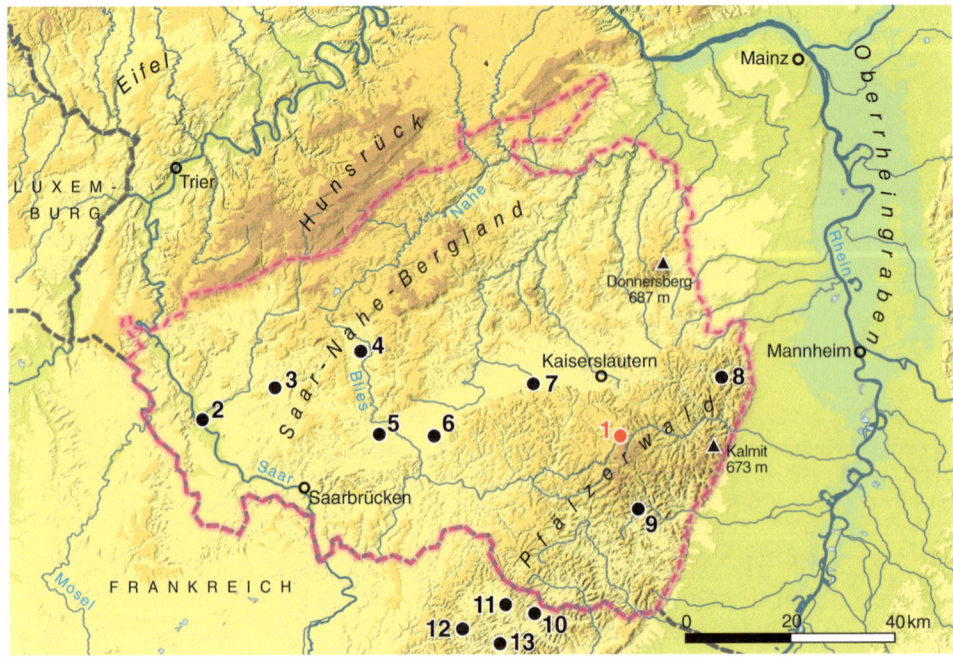

Abb. 22.1 Karte des Pfälzischen Berg- und Hügellandes mit pollenanalytisch untersuchten Lokalitäten für das standardisierte Pollendiagramm und das zusätzlich diskutierte Diagramm:
1 Schwanental und Speßtalmoor.
Weitere im Text erwähnte Lokalitäten:
2 Saartal (Pachten),
3 Talaue der Theel bei Lebach,
4 Wurzelbacher Bruch,
5 Spiesen,
6 Jägersburger Moor,
7 Landstuhler Bruch,
8 Friedenseiche,
9 Queichtal,
10 Kobert-Haut,
11 Erlenmoos,
12 La Horn,
13 Waldeck

Abb. 22.2 Der Kaltenbacher Teufelstisch im südlichen Pfälzerwald (Wasgau) zeigt auf exemplarische Weise das Ausgangsgestein des Pfälzerwaldes. Der massive Buntsandsteinfelsen ragt etwa 14 m hoch und ist der bekannteste einer Reihe von markanten Pilzfelsen in der Region (Foto: S. Wolters)

Pollenarchive

Das Pfälzische Berg- und Hügelland weist nur wenige Moore und praktisch keine natürlichen Stillgewässer auf. Auf diesen Mangel führte bereits Firbas (1952) die geringe Anzahl der vegetationsgeschichtlichen Untersuchungen im Gebiet zurück. In der Tat finden sich größere Vermoorungen nur entlang der fluss- und bachbegleitenden Niederungen, wie im Saartal, dem Tal der Theel oder besonders in der Westpfälzischen Moorniederung. In der Letzteren war die Abtorfung bereits in den 1930er-Jahren weit fortgeschritten. Im Pfälzerwald verhindern die durchlässigen Sandböden und das stark zertalte und steilkuppige Relief trotz der relativ hohen Niederschläge die Ausbildung großflächiger Moore. Allerdings treten entlang der stauenden Sperrschichten des Buntsandsteins zahlreiche Quellen aus, die zur Bildung von Kleingewässern (sog. Sohle) und Kleinmooren mit geringer Torfmächtigkeit führen. Darüber hinaus lassen sich im Pfälzisch-Saarländischen Muschelkalkgebiet und besonders im benachbarten Lothringischen Keuperland zahlreiche geschlossene Hohlformen, die sogenannten Mardellen, als potenzielle Pollenarchive finden, deren Entstehung allerdings nach neuesten Erkenntnissen (z. B. Etienne et al. 2011) anthropogener Natur ist und deren Sedimente höchstens die letzten 2000 Jahre abbilden.

Forschungsgeschichte

Wie in vielen Landschaften Deutschlands setzte auch die vegetationsgeschichtliche Erforschung des Pfälzischen Berg- und Hügellandes in den 1930er-Jahren ein. Von herausragender Bedeutung sind die zahlreichen Niedermoorprofile von Firbas (1934) aus der Westpfälzischen Moorniederung, denn unter ihnen befinden sich die einzigen veröffentlichten Pollendiagramme mit spätglazialen Ablagerungen im Gebiet. Insgesamt wurden bis heute etwa 50 Lokalitäten auf beiden Seiten der deutsch-französischen Grenze bearbeitet, doch der überwiegende Teil der Untersuchungen ist älter als 50 Jahre. Zur Pionierphase (1934–1938) der Forschungsgeschichte in der Region zählen neben Firbas (1934, 1935) und Jaeschke (1938) auch die Untersuchungen von Hatt (1937) und Dubois et al. (1938) in den Talvermoorungen des Wasgaus (Vasgovie) im nördlichen Elsass (Abb. 22.3). Eine zweite Phase der Erforschung schloss sich zwischen 1953 und 1965 an, die sich der Kiefernfrage im Pfälzerwald (Precht 1953) und der nacheiszeitlichen Waldentwicklung im Saarland unter natürlichen und anthropogenen Bedingungen widmete (z. B. Firtion et al. 1959; Leschik 1961). Nach einer 40-jährigen Unterbrechung rückte die Vegetationsgeschichte erst Anfang der 2000er-Jahre wieder in den Blickpunkt, als im Rahmen von kulturlandschafts- und bestands-

Abb. 22.3 Das heute von *Molinia caerulea* geprägte Erlenmoos bei Sturzelbronn im Wasgau wurde bereits 1938 von Dubois et al. untersucht (Foto: S. Wolters)

geschichtlichen Forschungen an historischen Meilerplätzen im Mittleren Pfälzerwald moderne pollenanalytische Untersuchungen mit unabhängiger Datierung notwendig wurden (Hildebrandt et al. 2007; Wolters 2007). Moderne, radiokarbondatierte Pollendiagramme wurden jüngst auch aus dem Queichtal am Übergang zum Wasgau (Schloß 2017) und auf der französischen Seite des Wasgaus vorgestellt (Gouriveau et al. 2020, 2021). Eine vollständige Literaturliste befindet sich im Anhang.

Regionale Vegetations- und Waldgeschichte

Das Standarddiagramm stammt aus dem Schluss des Großen Schwanentals im Mittleren Pfälzerwald in ca. 400 m NN (Abb. 22.4). Dort begünstigen hohe Jahresniederschläge (1004 mm, Station Johanniskreuz, 1961–1990, Deutscher Wetterdienst) eine Moorbildung, die die Vegetationsgeschichte der letzten 5000 Jahre abbildet. Dies erscheint im Verhältnis zu den benachbarten Landschaften recht kurz, entspricht aber offensichtlich dem Einsetzen der Moorbildung in der Berglandschaft der Region. Dies zeigt sich auch darin, dass die Mehrzahl der pollenanalytischen Überlieferungen im Gebiet in dieser Zeit oder gar noch später, wie z. B. im Wurzelbacher Bruch im oberen Bliestal (Jaeschke 1938), einsetzt. Ausnahmen davon bilden die bereits erwähnten Niedermoore der Westpfälzischen Moorniederung und des Saartals sowie die kleinflächigen Talvermoorungen im französischen Teil des Pfälzerwaldes, deren Vegetationsgeschichte kurz rekapituliert und den Ausführungen zum Standarddiagramm vorangestellt wird.

Aus dem Landstuhler Bruch in der Westpfälzischen Moorniederung liegen vier Profile mit spätglazialen Sedimenten vor, deren Basis Firbas (1934, 1935) aufgrund der teilweise bis zu 80 % hohen *Salix*-Pollenwerte als waldlose Weidenzeit charakterisierte und sie schließlich – entgegen anfänglichen Erwägungen einer prä-allerødzeitlichen Stellung – der Jüngeren Dryas (Chronozone III^C) zuordnete (Firbas 1949, 1952). Neben *Salix* und sehr hohen Anteilen an Nichtbaumpollen herrscht *Betula*-Pollen vor. Letzterer repräsentiert Bestände der heute im Gebiet ausgestorbenen Zwergbirke, worauf die zahlreichen Funde von *Betula nana*-Großresten (Blätter, Früchte und Fruchtschuppen) hinweisen. Die spätglaziale Flora ist zudem durch regelmäßige Nachweise von *Hippophaë rhamnoides*, *Selaginella selaginoides* und *Empetrum nigrum* charakterisiert. Während Firbas letztlich die Nachweise der Krähenbeere vorläufig als ein weiteres Indiz für eine Zuordnung zur Jüngeren Dryas nahm, sollten erst weitere Untersuchungen eine endgültige Entscheidung über die genaue zeitliche Stellung ermöglichen (Firbas 1949). Die Unsicherheit über das Alter der basalen Sedimente in der Westpfälzischen Moorniederung lag nicht zuletzt an den ausgesprochen hohen prozentualen Anteilen von Gräsern, Sauergräsern und weiteren Offenlandanzeigern (im Durchschnitt mehr als 85 % der Gesamtpollensumme). Tatsächlich zeigt ein Vergleich mit gut datierten Pollendiagrammen aus den Nachbarregionen (vgl. Kap. 23 und 32), dass derart hohe Anteile an Nichtbaumpollen (und hohe *Salix*-Werte) eher typisch für prä-allerødzeitliche Vegetationsphasen (Chronozone I^C oder älter) sind. Eine vollständige Revision der alten Firbas-Diagramme mithilfe der neuen Erkenntnisse aus den Nachbarregionen scheitert allerdings am Fehlen diagnostisch wichtiger Taxa, was dem pollenmorphologischen Kenntnisstand der 1930er-Jahre geschuldet ist. So fehlen in den Firbas-Diagrammen wichtige – heute gut bestimmbare – Sippen der spätglazialen Vegetation, wie z. B. *Juniperus*, *Filipendula* und *Artemisia*, die für eine feinere Untergliederung unerlässlich sind. Leider ist auch eine Nachuntersuchung dieser Standorte mit modernen Methoden nicht mehr möglich, da die Torfe mit den mächtigsten Spätglazialprofilen seit den 1950er-Jahren von der Ramstein Air Base überbaut wurden und nicht mehr zur Verfügung stehen. So muss die Frage der Chronologie der spätglazialen Vegetationsentwicklung im Pfälzischen Berg- und Hügelland bis zum Auffinden geeigneter Sedimente weiter offenbleiben.

Die frühholozäne Wiederbewaldung ist nach Firbas (1952) durch eine Kiefernzeit (Chronozone IV^C) und eine Kiefern-Haselzeit (Chronozone V^C) geprägt. Darüber, ob eine der Kiefernzeit vorangegangene birkenreiche Phase bereits in die Nacheiszeit fällt oder noch zum ausgehenden Spätglazial gehört, war sich bereits Firbas nicht sicher, da neben sicheren Anzeichen einer Bewaldung noch Reste einer arktisch-alpinen Vegetation nachweisbar waren, und bis heute lassen fehlende unabhängige Datierungen keine genaueren Schlüsse zu.

Während der Kiefern-Haselzeit breiteten sich neben der Hasel sukzessive auch die Arten des Eichenmischwalds aus: Ulme, Eiche, Linde und Esche. Aus den Talvermoorungen Kobert-Haut und entlang der La Horn im Wasgau auf französischer Seite weisen ^{14}C-Datierungen darauf hin, dass die Ausbreitung der Hasel zwischen 6700 und 6500 v. Chr. ihr Maximum erreichte (Gouriveau et al. 2020). Danach setzte mit der Ausbreitung der Erle ab 6300 v. Chr. und der weiteren Zunahme der Arten des Eichenmischwalds nach Firbas (1952) die Eichenmischwald-Erlen-Zeit ein (Chronozone VI^C). Vergleicht man diese Entwicklung mit den benachbarten Regionen, so fällt auf, dass zum Nord-Schwarzwald (vgl. Kap. 23) eine zeitliche Verzögerung von nahezu 1000 Jahren besteht. Auch verglichen mit den Vogesen südlich der Zaberner Senke setzten Haselmaximum und Erlenausbreitung etwa 500 Jahre später ein (de Klerk 2014), zeitgleich mit dem Beginn der Torfbildung in den niederen Lagen des Buntsandsteingebietes des Wasgaus.

Zwischen 6000 und 4000 v. Chr. (Chronozone VII^C) etablierten sich in der gesamten Region die wärmezeitlichen Eichenmischwälder mit Eiche, Linde, Ulme, Esche und Hasel. Ihre Zusammensetzung änderte sich auch im folgenden Jahrtausend nur unwesentlich, da der klassische Ulmenfall (s. Exkurs Kap. 53) im Pfälzischen Berg- und Hügelland nur schwach ausgeprägt ist.

Nun setzt innerhalb der Chronozone VIII^C auch die vegetationsgeschichtliche Aufzeichnung im Standarddiagramm (Abb. 22.4) ein. Das Diagramm ist in fünf regionale Pollenzonen (RPZ) gegliedert (s. Tab. S 22.1 im elektronischen Zusatzmaterial). RPZ 1 (Zeitscheiben 2750 bis 1000 v. Chr.) zeigt die auf den terrestrischen Standorten vorherrschenden Eichenmischwälder, deren lichter Kronenschluss das Aufkommen von Hasel in der Strauchschicht noch erlaubte. Der Anteil von *Tilia* und *Acer* – als überwiegend insektenblütige Gehölze sind sie im Pollendiagramm stark unterrepräsentiert – an den spätwärmezeitlichen Eichenmischwäldern war beträchtlich, und die vorherrschenden Bestände sind im Sinne von edellaubholzreichen Eichen-Linden-Mischwäldern zu interpretieren. Deren regionale Verteilung variiert allerdings, und so ist die Beteiligung der Linde im Saartal (Leschik 1961) und im französischen Wasgau (Gouriveau et al. 2020, 2021) eher gering. Im Landstuhler Bruch (Firbas 1934) und im angrenzenden Jägersburger Moor (Jaeschke 1938) sowie am Übergang zur Neuweiler-Spieser Höhe (Hauff 1965) ist sie dagegen ebenso stark vertreten wie im Queichtal (Schloß 2017) und im Mittleren Pfälzerwald. Letzteres zeigt, dass die lindenreichen Wälder nicht nur auf die basiphilen Standorte entlang der Niederungen beschränkt waren, sondern auch die armen Standorte der Buntsandstein-Mittelgebirge besetzten.

Firbas (1952) bezeichnete die Chronozone VIII^C im Pfälzer Berg- und Hügelland als Eichenmischwald-Buchen-Zeit, da in dieser Zeit die Buche einwanderte. Zumindest für den Wasgau belegen nun Radiokarbondatierungen, dass die empirische Pollengrenze von *Fagus*, und damit deren Einwanderung und Ansiedlung, zwischen 6000 und 5500 v. Chr. liegt (Gouriveau et al. 2020), also mithin früher als bisher bekannt, wenngleich die Werte für die nächsten drei Jahrtausende niedrig bleiben. Um 3000 v. Chr., als die vegetationsgeschichtliche Überlieferung im Standarddiagramm einsetzt, war die Buche auch im Mittleren Pfälzerwald Bestandteil der Waldvegetation, doch vermochte sie es noch nicht, die lindenreichen Eichenmischwälder zu verdrängen.

Der Anteil von Nadelhölzern war gering, doch ist die lokale Anwesenheit der Kiefer, deren Ursprünglichkeit im Pfälzerwald in der Forschungsgeschichte kontrovers diskutiert wurde, durch mehrere pollenanalytische Untersuchungen belegt worden, so z. B. in den Diagrammen Friedenseiche (Precht 1953), Queichtal (Schloß 2017) sowie Waldeck (Gouriveau et al. 2021). Fichte und Tanne fehlten im Gebiet. Die sporadischen Nachweise von *Abies* dürften auf Fernflug aus den Nordvogesen oder dem Nordschwarzwald zurückzuführen sein. Dagegen stammen die Nachweise von *Picea* wohl größtenteils aus dem Südschwarzwald, da die Fichte in den Vogesen und im Nordschwarzwald von untergeordneter Bedeutung war.

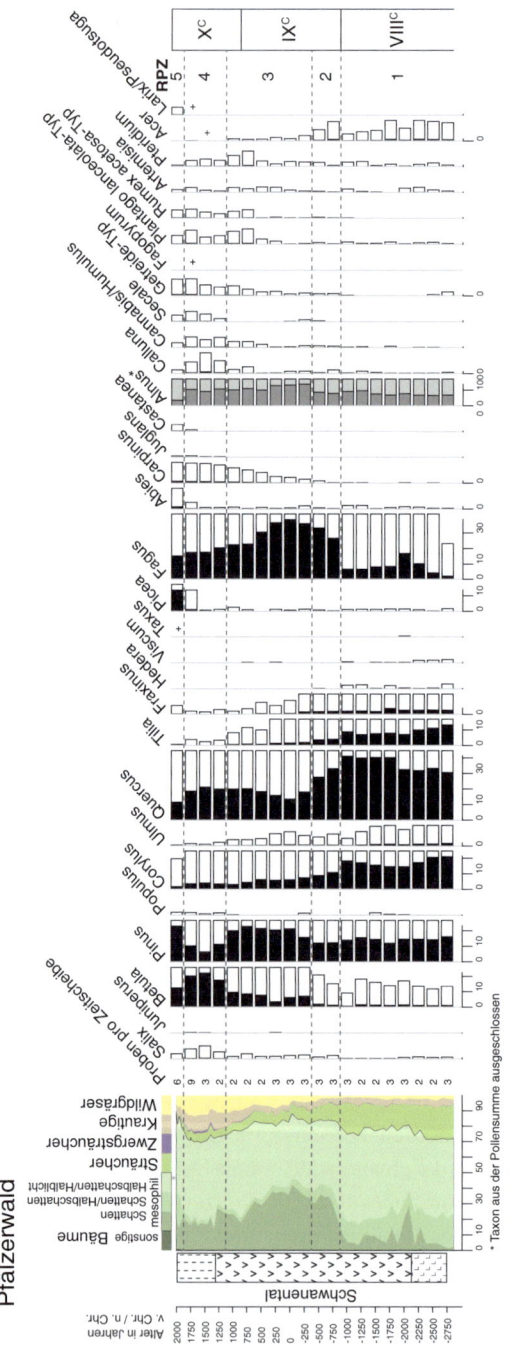

Abb. 22.4 Standardisiertes Pollendiagramm für das Pfälzische Berg- und Hügelland. Profil Großes Schwanental (400 m NN, Wolters 2007)

Die grundwassernahen Standorte wurden von der Erle eingenommen. Von Beginn an ist das Pollendiagramm durch hohe *Alnus*-Werte gekennzeichnet, die in dieser Höhe nur auf einen überproportional starken Eintrag von *Alnus*-Pollen aus der lokalen Moorvegetation zurückzuführen sind. Stetige Funde von Holzresten belegen zudem schon ab der Basis des Bohrkerns einen Erlenbruchwald in der näheren Umgebung. Somit herrschten auf den grundwassernahen Standorten im Pfälzerwald in der Chronozone VIII^C Erlen-Bruchwälder vor, wie sie für die Vermoorungen dieser Zeit im Pfälzischen Berg- und Hügelland insgesamt typisch waren. Entwicklungen hin zu meso- oder oligotrophen Ausbildungen setzten erst später während der Ausbreitung der Buche ein (Firbas 1952).

Die Massenausbreitung von *Fagus* erfolgte in den Wäldern um Johanniskreuz ab 1000 v. Chr. (RPZ 2, Zeitscheiben 750 bis 500 v. Chr.) mit dem Einsetzen eines feucht-kühleren Klimas am Übergang zur Chronozone IX^C (s. Kap. 2). Damit scheint die Buche im Mittleren Pfälzerwald deutlich später die Vorherrschaft übernommen zu haben als in den südlich, östlich und südöstlich gelegenen benachbarten Mittelgebirgen und ist somit eher mit dem Eifel-Hunsrück-Raum vergleichbar. Dort begann die Massenausbreitung der Buche frühestens ab etwa 1500 v. Chr., häufig aber noch später (vgl. Kap. 32). Selbst im südlichen Teil des Pfälzerwaldes, im Wasgau, kommt es bereits zwischen 2500 und 2000 v. Chr. zur Massenausbreitung der Buche. Diese Massenausbreitung ist für das gesamte Gebiet belegt. Leider macht es der Mangel an Radiokarbondaten in den Pollendiagrammen aus den 1950er- und 1960er-Jahren unmöglich, die Variabilität der Ausbreitung im Pfälzischen Berg- und Hügelland genauer zu fassen. Die Ausbreitung der Buche vollzog sich auf Kosten der Eiche und, in besonderem Maße, der Linde, die sozusagen als Platzhalter der Buche in den Wäldern fungiert hatte. Es begann die Herausbildung von bodensauren Buchenmischwäldern, die im Pfälzerwald heute mit dem montanen Hainsimsen-Buchenwald und dem submontan-kollinen Traubeneichen-Buchen-Wald vertreten sind.

Am Übergang zur RPZ 3 (Zeitscheiben 250 v. Chr. bis 1000 n. Chr.) gelangte die Buche zur absoluten Vorherrschaft, während Linde und Eiche im Waldbild weiter zurücktraten. Buchen- und Buchen-Eichen-Wälder bestimmten die Landschaft im Mittleren Pfälzerwald. Das *Fagus*-Maximum wird etwa um 100 v. Chr. erreicht. Somit haben sich im Verlauf des ersten vorchristlichen Jahrtausends jene Waldgesellschaften etabliert, die heute als natürliche Vegetation des Pfälzerwaldes angesehen werden. Als weitere Baumart trat *Carpinus* ab etwa 800 v. Chr. als Element des Eichen-Hainbuchen-Waldes hinzu, der den Pollendiagrammen von Leschik (1961) und Firtion et al. (1959) zufolge seine größte Verbreitung im Saartal und im Tal der Theel hatte. Durch die Ausbreitung der Buche und den gleichzeitigen Rückgang von *Quercus*, *Tilia* und auch *Corylus* vollzog sich eine Verarmung der Laubwaldflora. Die Veränderung des Waldbildes wird auch durch die *Viscum*-Kurve illustriert. Am Rückgang der Mistel ist neben dem Rückgang der Sommertemperaturen auch die starke Ausbreitung der Buche beteiligt, die als Wirtsbaum ausscheidet. Zudem spiegelt sich die Buchenausbreitung in der Kurve von *Hedera* wider, deren Aussetzen allerdings nicht die Verdrängung des Efeus darstellt, sondern auf eine Unterdrückung der Blüte durch stärkere Beschattung zurückzuführen ist.

Während der menschliche Einfluss auf den Pfälzerwald seit dem Neolithikum mit Beginn des Ackerbaus gering blieb und von einem Fortbestehen der natürlichen Vegetation bis in das erste nachchristliche Jahrtausend ausgegangen werden kann, zeigt RPZ 4 (Zeitscheiben 1250 bis 1750 n. Chr.) den ersten nachhaltigen Eingriff in die Wälder, der in die Zeit des hoch-/spätmittelalterlichen Landesausbaus datiert. Als Buntsandsteingebiet gehört der Pfälzerwald aufgrund seiner naturräumlichen Ungunst ohnehin zum Jungsiedelland, das erst ab dem Hochmittelalter erschlossen wurde (Hildebrandt et al. 2007). Von den ackerbaulich bevorzugten Böden des Muschelkalkgebietes, die eine deutlich längere Nutzungsgeschichte aufweisen, liegen keine pollenanalytischen Untersuchungen vor.

Die Waldnutzungsgeschichte ab dem Mittelalter zeigt das Diagramm aus dem Speßtalmoor (Abb. 22.5), das sich ca. 1 km westlich vom Standardprofil auf 380 m NN befindet. Mit Beginn von RPZ 4 fallen die Werte von *Pinus* und *Fagus* infolge intensiver Rodung stark ab. Im Zuge dessen nimmt der Anteil an *Quercus* zu, was auf eine selektive Holznutzung hinweist. Dabei wurde die Eiche wohl zum Zwecke der Waldweide gefördert, wie dies auch durch den sprunghaften Anstieg der *Pteridium*-Kurve belegt wird, die die Ausbreitung des Adlerfarns als Waldweide- und Brandrodungsindikator zeigt. Die Waldauflichtung, die zu Beginn des 15. Jahrhunderts ihren Höhepunkt erreicht hatte, förderte das Auftreten lichtliebender Gehölze (*Corylus*, *Populus*, z. T. *Betula*) und Gräser. Zusammen mit den Nachweisen des *Genista*-Typs stellt sich ein anthropo-zoogener Vegetationskomplex aus grasreichen Eichen-Hudewäldern und Besenginstersäumen dar, der von birkenreichen Regenerationsstadien durchsetzt war. Die Nutzung von Birke und Hasel im Zuge einer Mittelwaldwirtschaft ist ebenso naheliegend. Eine großflächige Umwandlung von Wald in Ackerland ist allerdings angesichts der Reliefverhältnisse in der Umgebung der Moore nicht vorstellbar und wird durch die relativ geringen *Secale*-Werte auch nicht gestützt. Der Rückgang der *Alnus*-Kurve zeigt, dass die Waldauflichtung auch die grundwassernahen Standorte erfasst hatte, in denen nun Hopfen (*Humulus*/*Cannabis*-Kurve) als Halblichtelement der Erlenbruchwälder stärker zur Geltung kam. Ab dem 15. Jahrhundert setzte ein deutlicher Rückgang der Siedlungszeiger ein, der die Auswirkungen der spätmittelalterlichen Wüstungsperiode widerspiegelt. Der verringerte Nutzungsdruck auf die Wälder führte zur Regeneration der Buchen-

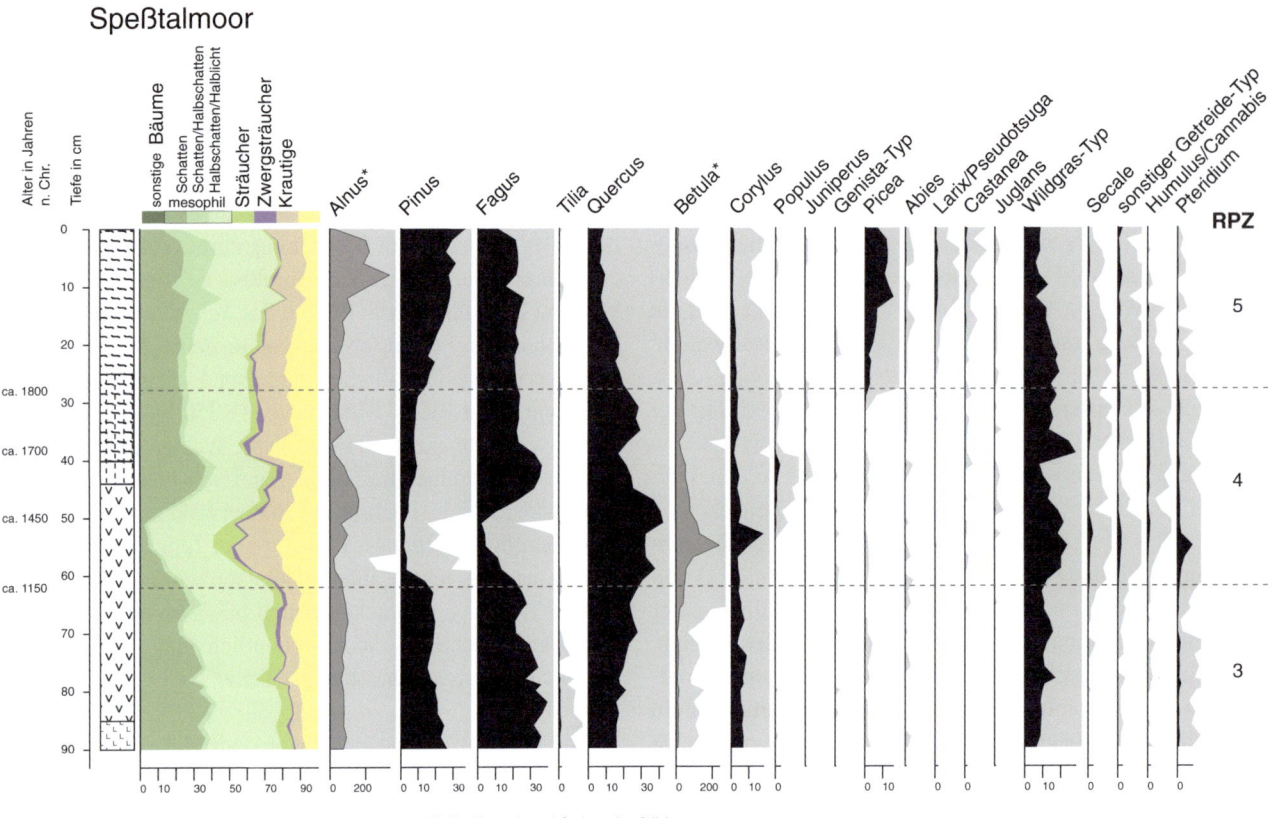

Abb. 22.5 Pollendiagramm des Profils Speßtalmoor (380 m NN, Wolters 2007). Das Diagramm zeigt die Waldnutzungsgeschichte des Pfälzerwaldes seit dem Mittelalter

bestände auf den mittleren Standorten, während sich der Weidedruck auf die trockenen Standorte verlagerte. Ein typisches Anzeichen dafür ist die Ausbreitung von Wacholderheiden (Einsetzen der *Juniperus*-Kurve). Der neuerliche, nun neuzeitliche Rückgang von *Fagus* ist Zeugnis der einsetzenden Meilerwirtschaft im Pfälzerwald. Zwar setzte die Massenköhlerei erst ab dem Jahre 1724 mit der Errichtung von Eisenschmelzen und Hammerwerken ein, doch weisen sowohl datierte Holzkohlefunde als auch sprachgeschichtliche Belege darauf hin, dass es im Mittleren Pfälzerwald schon vor dieser Epoche einzelne Kohlstellen gegeben hat (Hildebrandt et al. 2007). Der neuzeitliche, köhlereigeprägte Waldumbau ähnelt indes in den Grundzügen dem des hochmittelalterlichen Landesausbaus, bleibt allerdings in seiner Intensität hinter jenem zurück. Zudem sind in dieser Phase die Standorte der Kiefer, deren Kurve weiter ansteigt, nicht vom Einschlag betroffen. Darauf weisen auch die Kohlholzspektren hin, in denen *Pinus* nur eine untergeordnete Rolle spielt (Hildebrandt et al. 2007).

Der synchrone Anstieg der *Pinus*-, *Picea*-, *Abies*- und *Larix/Pseudotsuga*-Kurve in RPZ 5 reflektiert das Einsetzen der Forstwirtschaft ab dem ausgehenden 18. Jahrhundert. Die planmäßige Umwandlung des Laubwaldes setzte gegen Ende des 18. Jahrhunderts ein, doch sind erste Kiefernkulturen im Pfälzerwald schon ab etwa 1750 nachzuweisen (Abb. 22.6). Die Kurve von *Castanea* setzt gegen Ende von RPZ 4 ein, und die in der letzten Zone deutlich gestiegenen Werte sind Zeugnis der forstlichen Pflege der Edelkastanie, die seit der Römischen Kaiserzeit, wie auch *Juglans,* in der Pfalz eingebürgert ist. Sie findet heute am Haardtrand die günstigsten Bedingungen und verhält sich infolge subspontaner Ausbreitung wie eine einheimische Baumart.

Abb. 22.6 Die Kiefer (*Pinus sylvestris*) ist heute eine der häufigsten Baumarten im Pfälzerwald. Zwar gehen die heutigen Bestände auf forstliche Ansiedlung zurück, doch haben die pollenanalytischen Untersuchungen den autochthonen Status der Kiefer belegt (Foto: S. Wolters)

Literatur

de Klerk (2014) Palynological research of the Vosges Mountains (NE France): A historical overview. Carolinea 72: 15–39

Dubois G, Dubois C, Hée A, Walter E (1938) La végétation et l'historie de la Tourbière d'Erlenmoos en Vasgovie. Bulletin de la Société d'Histoire Naturelle de la Moselle 35: 41–54

Etienne D, Ruffaldi P, Goepp S, Ritz F, Georges-Leroy M, Pollier B, Dambrine E (2011) The origin of closed depressions in Northeastern France: A new assessment. Geomorphology 126: 121–131

Firbas F (1934) Zur spät- und nacheiszeitlichen Vegetationsgeschichte der Rheinlandpfalz. Beihefte zum Botanischen Centralblatt 52/B(1): 119–156

Firbas F (1935) Die Vegetationsentwicklung des mitteleuropäischen Spätglazials. Bibliotheca Botanica 112: 1–68

Firbas F (1949) Waldgeschichte Mitteleuropas. Erster Band: Allgemeine Waldgeschichte. Gustav Fischer, Jena

Firbas F (1952) Waldgeschichte Mitteleuropas. Zweiter Band: Waldgeschichte der einzelnen Landschaften. Gustav Fischer, Jena

Firtion F, Kolling A, Schröder K (1959) Die Talaueablagerungen der Theel bei Lebach und ihre Bedeutung zur jüngeren Waldgeschichte und zur Archäologie des Saarlandes. Annales Universitatis Saraviensis, Naturwissenschaften-Scientia 8: 161–212

Gouriveau E, Ruffaldi P, Duchamp L, Robin V, Schnitzler A, Figus C, Walter-Simonnet AV (2021) From the Neolithic to the present day: The impact of human presence on floristic diversity in the sandstone Northern Vosges (France). Bulletin de la Société Géologique de France 192: 4

Gouriveau E, Ruffaldi P, Duchamp L, Robin V, Schnitzler A, Walter-Simonnet AV (2020) Holocene vegetation history in the Northern Vosges Mountains (NE France): Palynological, geochemical and sedimentological data. The Holocene 30: 888–904

Hatt JP (1937) Contribution a l'analyse pollinique des Tourbières du Nord-Est de la France. Bulletin du Service de la Carte Géologique d'Alsace et de Lorraine 4: 1–79

Hauff R (1965) Pollenanalytische Untersuchungen im Saar-Hügelland. Mitteilungen des Vereins für Forstliche Standortskunde und Forstpflanzenzüchtung 15: 24–27

Hildebrandt H, Heuser-Hildebrandt B, Wolters S (2007) Kulturlandschaftsgenetische und bestandsgeschichtliche Untersuchungen anhand von Kohlholzspektren aus historischen Meilerplätzen, Pollendiagrammen und archivalischen Quellen im Naturpark Pfälzerwald, Forstamt Johanniskreuz. Mainzer Geographische Studien, Sonderband 3. Geographisches Institut der Johannes-Gutenberg-Universität, Mainz

Jaeschke J (1938) Zur nacheiszeitlichen Waldgeschichte der Rhein- und Saarpfalz. Beihefte zum Botanischen Centralblatt 58/B(2): 235–242

Leschik G (1961) Die postglaziale Waldentwicklung im mittleren Saartal. Veröffentlichungen des Instituts für Landeskunde des Saarlandes 4. Institut für Landeskunde des Saarlandes, Saarbrücken

Precht J (1953) Pollenanalytische Untersuchung zur Kiefernfrage im Pfälzerwald. Mitteilungen der Pollichia III. Reihe 1: 150–159

Schloß S (2017) Zur spätholozänen Vegetationsgeschichte und Landnahme im Pfälzerwald – Ein Pollenprofil aus dem Queich-Tal bei Wilgartswiesen. In: Lechterbeck J, Fischer E (eds) Kontrapunkte. Festschrift für Manfred Rösch. Universitätsforschungen zur Prähistorischen Archäologie 300, Philipp von Zabern, Mainz, 65–71

Wolters S (2007) Zur spätholozänen Vegetationsgeschichte des Pfälzerwaldes: Neue pollenanalytische Untersuchungen im Pfälzischen Berg- und Hügelland. E&G Quaternary Science Journal 56: 139–161

Schwarzwald

Manfred Rösch

Blick vom Schauinsland auf den Feldberg (Foto: S. Wolters)

Ergänzende Information Die elektronische Version dieses Kapitels enthält Zusatzmaterial, auf das über folgenden Link zugegriffen werden kann [https://doi.org/10.1007/978-3-662-68936-3_23].

M. Rösch (✉)
Institut für Ur- und Frühgeschichte und Vorderasiatische Archäologie, Ruprecht-Karls-Universität, Heidelberg, Deutschland
e-mail: manfred-roesch@t-online.de

Der Naturraum

Das südwestlichste deutsche Mittelgebirge, der Schwarzwald, zieht sich auf 165 km Länge bei wechselnder Breite zwischen 30 und 60 km vom Kraichgau im Norden bis zum Hochrhein im Süden (Abb. 23.1). Im Westen fällt er steil zur Oberrheinebene ab, im Osten senkt er sich allmählich zum Oberen Gäu und zur südlich anschließenden Baar. Die Grenzen sind hauptsächlich geologisch bestimmt: Im Westen trennt ihn die Randverwerfung von der Vorbergzone und der anschließenden Oberrheinebene, im Osten und Norden bildet der Übergang vom Buntsandstein oder Grundgebirge zum Muschelkalk die Grenze, im Süden die Stufe zum Hochrheintal. Die feinere naturräumliche Gliederung unterscheidet Nördlichen, Mittleren, Südost- und Südschwarzwald.

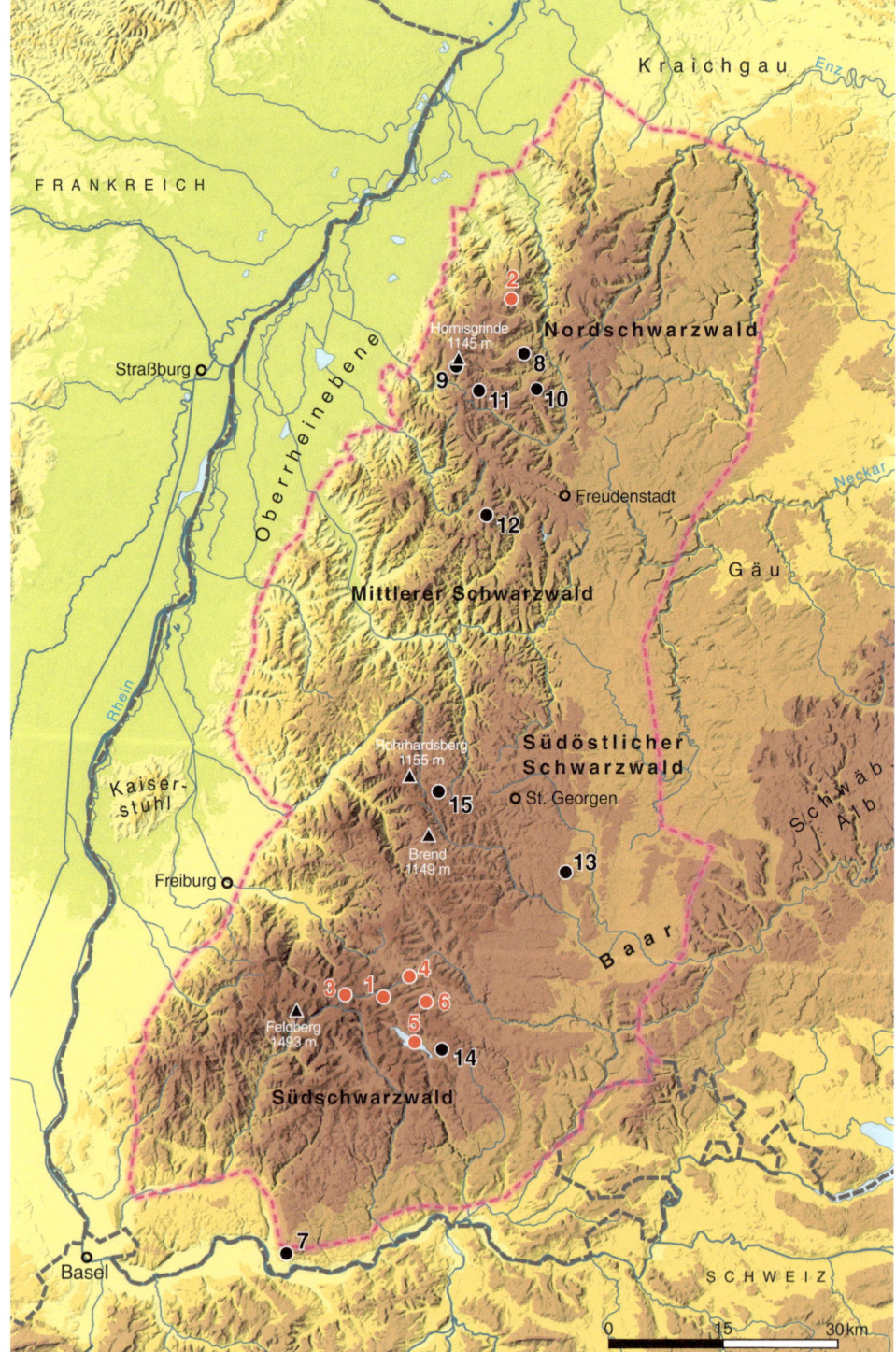

Abb. 23.1 Die Karte zeigt den Schwarzwald mit pollenanalytisch untersuchten Lokalitäten für das standardisierte Pollendiagramme:
1 Rotmeer,
2 Herrenwieser See,
3 Feldsee,
4 Titisee,
5 Schluchsee
6 Urseemoor.
Weitere im Text erwähnte Lokalitäten:
7 Bergsee,
8 Schurmsee,
9 Mummelsee
10 Huzenbacher See,
11 Wilder See am Ruhestein,
12 Glaswaldsee
13 Plattenmoos,
14 Steerenmoos
15 Moor beim Elzhof

23 Schwarzwald

Der Nördliche Schwarzwald wird geologisch vom Buntsandstein geprägt und entwässert im östlichen Teil über die Enz zum Neckar, im westlichen über die Murg zum Rhein. Die höchsten Erhebungen liegen im Westteil westlich des Murgtals im Grindenschwarzwald (Hornisgrinde 1163 m NN). Südlich von Freudenstadt und im Süden bis St. Georgen schließt sich der Mittlere Schwarzwald an, der über Rench, Kinzig und Elz zum Oberrhein entwässert. Die Höhenlagen betragen meist zwischen 800 und 900 m, im Südwesten über 1000 m NN (Rohrhardsberg 1155 m NN). Es steht hauptsächlich Grundgebirge, Granit und Gneis an. Der im Südosten anschließende südöstliche Schwarzwald entwässert über Brigach und Breg zur Donau und hat bei ähnlicher Höhenlage (Brend 1149 m NN) ein viel sanfteres Relief. Der Südschwarzwald fällt vom Feldbergmassiv (Feldberg 1493 m NN) nach allen Richtungen allmählich ab und entwässert über Dreisam, Wiese und kleinere Bäche zum Oberrhein sowie über Wehra, Alb und Wutach zum Hochrhein. Die Geologie wird vom Grundgebirge bestimmt. Ein mutmaßlich am Beginn des Holozäns den gesamten Schwarzwald bedeckender Lössschleier fiel der Bodenerosion zum Opfer (s. Exkurs Kap. 68).

Böden und Klima

Bei den Böden des Schwarzwaldes handelt es sich vorwiegend um flach- bis mittelgründige Braun- und Parabraunerden. Auf Buntsandstein kommen auch Podsole und Anmoorgleye vor.

Der Schwarzwald hebt sich von den umliegenden Landschaften durch hohe Niederschlagssummen ab, mit Maxima an der Hornisgrinde (2100 mm im Jahr) und am Feldberg (knapp 2000 mm im Jahr). Dabei sind in gleicher Höhenlage die Niederschläge im Südschwarzwald wegen des Regenschattens der Vogesen niedriger als im Nordschwarzwald. Die Jahresmitteltemperaturen betragen in Abhängigkeit von der Höhenlage zwischen 8 °C in Tallagen im Westen und 3 °C auf dem Feldberg. Im Westen des Mittelgebirges ist das Klima subozeanisch, im Osten subkontinental und winterkalt.

Vegetation

Wenngleich der Schwarzwald heute noch zu fast 70 % von Wald bedeckt ist, kann die rezente Vegetation durchweg als anthropogen überprägt gelten. So ist die in weiten Teilen nicht autochthone Fichte die vorherrschende Baumart und deutlich häufiger als Rotbuche und Weißtanne. Als natürliche Waldgesellschaften gelten in Abhängigkeit von der Höhenstufe, der Bodengüte und der Kontinentalität im Einzugsgebiet des Rheins der Waldmeister-Buchenwald mit Traubeneiche und Esskastanie, der Hainsimsen-Buchenwald, in höheren Lagen mit Weißtanne, der Waldschwingel-Buchenwald, und in den Hochlagen der Bergahorn-Buchenwald und der Hainsimsen-Buchenwald mit Weißtanne und Fichte. Im Einzugsgebiet der Donau, dem südöstlichen Schwarzwald, findet sich der Labkraut- und der Hainsimsen-Tannenwald, in den Hochlagen der Preiselbeer-Tannenwald.

Extra- oder azonal kommt submontan an Felsen der Birken-Traubeneichen-Wald vor, in Auen der Sternmieren-Schwarzerlen-Wald, in höheren Lagen Winkelseggen-Eschenwald, Ahorn-Eschen-Wald und Ahorn-Linden-Wald, hochmontan auf armen Böden im subkontinentalen Klima der Peitschenmoos-Fichtenwald, in Bachauen der Grauerlenwald, und auf Torf, vor allem auf entwässerten Hochmooren, der Moorbeeren-Spirkenwald. Generell herrschen in der natürlichen Vegetation Tannen-Buchen-Wälder mit steigender Beteiligung der Weißtanne bei zunehmender Höhe und Kontinentalität vor. Die Beteiligung der Fichte am Naturwald ist umstritten, allerdings sprechen die Pollenprofile gegen ihre stärkere Beteiligung vor der Neuzeit (Chronozone X^C). Der Schwarzwald wird heute vor allem forstwirtschaftlich, als Grünland und touristisch genutzt. Eine ackerbauliche Nutzung fehlt im Nordschwarzwald bis auf Randlagen ganz. In den übrigen Teilen ist sie kleinflächig und vorwiegend auf tiefere Lagen beschränkt.

Pollenarchive

Aufgrund würmzeitlicher Vergletscherung gibt es im Schwarzwald sehr viele Kare. Die meisten von ihnen sind verlandet und von Mooren bedeckt. Nur die tiefsten enthalten noch Seen. Im Nordschwarzwald sind dies Herrenwieser See, Schurmsee, Mummelsee, Huzenbacher See, Wilder See am Ruhestein und – naturräumlich bereits zum Mittleren Schwarzwald zählend – Glaswaldsee. Als größter Schwarzwälder Karsee kommt im Südschwarzwald der Feldsee hinzu (Abb. 23.1) Titisee und Schluchsee waren Zungenbecken des Feldberggletschers. Beim See im Urseemoor ist die Genese unklar, ebenso beim Bergsee, in submontaner Lage an der Schwarzwaldsüdabdachung gelegen. Dieser ist vermutlich risszeitlichen Ursprungs und war in der Würm-Kaltzeit nicht vergletschert. Im Mittleren und südöstlichen Schwarzwald müssen sich Untersuchungen hauptsächlich auf Hochmoore beschränken. Generell sind die Seen wie auch die Moore klein, was eine feinräumliche vegetationsgeschichtliche Differenzierung ermöglicht. Aufgrund der schwachen Vereisung und doch höhenbedingten zögerlichen Erwärmung sind spätglaziale Ablagerungen meist geringmächtig und frühe Phasen der Vegetationsentwicklung schlecht aufgelöst oder gar nicht fassbar. Eine Ausnahme stellt das von Lotter und Hölzer (1994) untersuchte Rotmeer-Moor im Südschwarzwald dar.

Forschungsgeschichte

Erste vegetationsgeschichtliche Studien aus der Pionierzeit der Pollenanalyse stammen von Peter Stark (Stark 1924, 1929) und seinen Schülern Broche (1929) und Jaeschke (1934). Unabhängig davon trug Erich Oberdorfer in den frühen 1930er-Jahren insbesondere mit seiner Studie über den Schluchsee zum Forschungsstand bei, bevor er sich ausschließlich der Vegetationskunde zuwandte (Oberdorfer 1931). Seit 1950 war der Schwarzwald das Hauptarbeitsgebiet von Gerhard Lang, zunächst mit Studien zum Spätglazial im Rahmen seiner Dissertation bei Franz Firbas in Göttingen, dann mit mehreren Arbeiten zur Spät- und Nacheiszeit, ergänzt durch Arbeiten seiner Schüler. 2005 fasste Lang den damaligen Stand der vegetationsgeschichtlichen Forschung monographisch zusammen (Lang 2005). Zu eigenen und zu Arbeiten von Schülern, unter anderem von Hölzer (Hölzer und Hölzer 1987, 1988a, b, 1995, 2000, 2003), Schloß (1978, 1987), Lotter (Lotter und Hölzer 1994) und Rösch (1989, 2000), kamen aus Hohenheim und Freiburg noch die Dissertationen von Radke (1973) im Nordschwarzwald und Friedmann (2000) im Mittleren Schwarzwald sowie einige unveröffentlichte Examensarbeiten hinzu. Seit der Drucklegung von Langs Übersicht erschienen noch die Untersuchung von Sudhaus (2005) im Plattenmoos und die Arbeiten von Rösch und Tserendorj an den Karseen und in einigen Mooren des Nordschwarzwaldes (Gassmann et al. 2006; Rösch 2009a, b, 2010, 2012, 2015; Rösch et al. 2009; Rösch und Tserendorj 2011a, b). Im Rahmen von Drittmittelprojekten sind Untersuchungen am Titisee, Feldsee, Schluchsee und Bergsee durch Fischer, Rösch und Wick sowie an Hochmooren im südöstlichen Schwarzwald durch Fischer und Rösch im Gange (Knopf et al. 2016; Rösch 2017).

Die landeskundlich-siedlungsgeschichtliche Forschung ging in Anlehnung an Gradmann (1931) gemäß den bekannten oder fehlenden schriftlichen und archäologischen Quellen lange von einer sehr späten, erst mittelalterlichen Besiedlung aus. Anderweitige Hinweise aus der Vegetationsgeschichte wurden als Fernflug abgetan. Neue archäologische, montanarchäologische und sprachkundliche Untersuchungen legen eine deutlich frühere Erschließung weiter Teile des Mittelgebirges nahe. Dies steht im Einklang mit aktuellen vegetationsgeschichtlichen Ergebnissen. Die Erschließung des Schwarzwalds durch den Menschen und die dadurch ausgelösten naturräumlichen Veränderungen stehen im Mittelpunkt der nachfolgenden Ausführungen.

Eine vollständige Literaturliste befindet sich im Anhang.

Regionale Vegetations- und Waldgeschichte

Im Standarddiagramm (Abb. 23.2) wurden spätglaziale und frühholozäne Daten aus dem Rotmeer im Südschwarzwald (Lotter und Hölzer 1994) mit mittel- und spätholozänen Daten aus dem Herrenwieser See im Nordschwarzwald (Rösch 2012) kombiniert. Die Chronologie des Rotmeerprofils basiert auf Altersabschätzungen für zwei Tephralagen (Veddeasche und Laacher See-Tephra) sowie pollenstratigraphischen Verknüpfungen und wurde ohne Radiokarbondaten erstellt, das aus dem Herrenwieser See basiert auf insgesamt 41 Radiokarbondaten. Als zusätzliche Taxa werden die beiden Brachsenkräuter gezeigt, die im Schwarzwald zumindest im Pollenniederschlag phasenweise sehr häufig sind, dazu die Stechpalme, die im Schwarzwald die Ostgrenze ihrer süddeutschen Verbreitung erreicht. Die Vegetationsgeschichte der letzten 15.000 Jahre kann in 15 unterschiedlich lange regionale Pollenzonen (RPZ) untergliedert werden (s. auch Tab. S 23.1 im elektronischen Zusatzmaterial).

Die spätglaziale Vegetationsgeschichte und der Übergang zur Nacheiszeit mit der Abfolge Steppenrasen – Zwergstrauchstadium mit Weiden, Wacholder, Zwergbirke – Strauchphase mit Wacholder und Sanddorn – Birke – Kiefer – Birkenvorstoß – Thermophilenausbreitung scheinen im Schwarzwald nach Ausweis des Rotmeer-Profils ähnlich wie im Alpenvorland verlaufen zu sein, allerdings kann man aufgrund fehlender absoluter Datierung Synchronität innerhalb des Schwarzwaldes und zu benachbarten Landschaften nur vermuten. Im frühen Spätglazial (RPZ 1, Zeitscheiben 13.000 bis 12.750 v. Chr.) herrschte im Schwarzwald, wie auch in tieferen Lagen, baumlose Rasenvegetation vor, mit Süß- und Sauergräsern sowie einer großen Vielfalt heliophiler Kräuter, unter denen im Pollenniederschlag der Beifuß mengenmäßig hervorsticht. Für diese durch kontinentales, trocken-kaltes Klima geprägte Vegetation wird auch die Bezeichnung Steppentundra verwendet. Der Ausbreitung der ersten Bäume am Übergang zum Bølling ging eine längere Phase mit Zwerg- und Spaliersträuchern und Sträuchern voraus (RPZ 2, Zeitscheiben 12.500 bis 12.000 v. Chr.). Beteiligt waren Spalierweiden, die Zwergbirke, Wacholder, möglicherweise zunächst in der niederliegenden Form *Juniperus communis* var. *saxatilis*, und Sanddorn. Dann begannen Baumbirken *Betula pubescens*, *B. pendula* sich in lückigen Gruppen bis etwa 1000 m Höhe auszubreiten (RPZ 3, Zeitscheiben 11.750 und 11.500 v. Chr.). Dazwischen entstanden auf bereits tiefgründigeren Böden Hochstaudenfluren mit Schlangenknöterich, Großem Wiesenknopf, Bal-

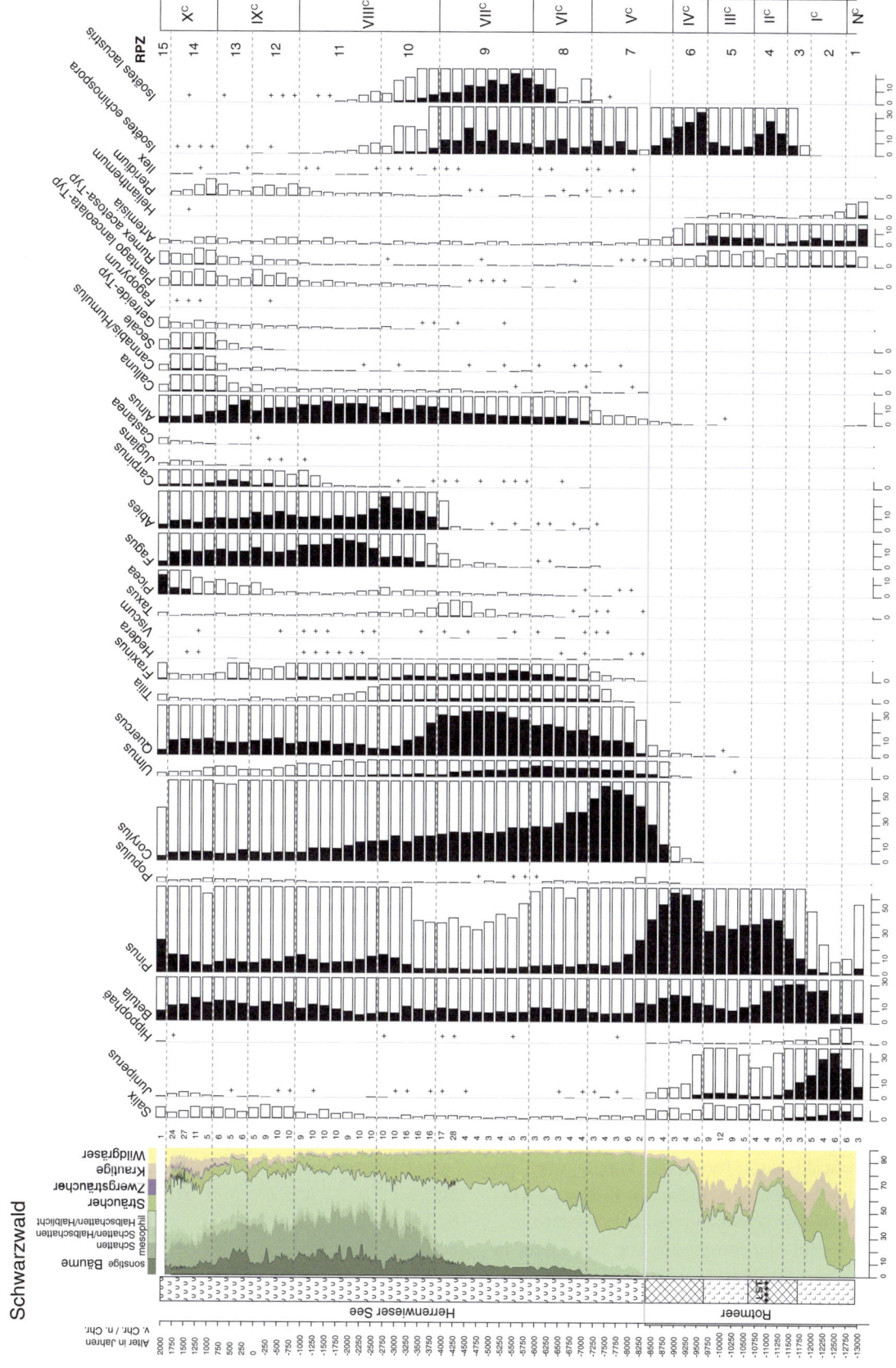

Abb. 23.2 Standardisiertes Pollendiagramm für den Schwarzwald kombiniert aus den Profilen Rotmeer (960 m NN, Lotter und Hölzer 1994) und Herrenwieser See (830 m NN, Rösch 2012)

drian, Skabiosenflockenblume und anderen. Dieser Vegetationstyp kann als Parktundra bezeichnet werden. Anschließend breitete sich die Kiefer aus (RPZ 4, Zeitscheiben 11.250 bis 10.750 v. Chr.). Der Klimarückschlag der Älteren Dryas (Nichtbaumpollen-Maximum im Summendiagramm am Ende von RPZ 2) war nur von kurzer Dauer und ist nur bei hoher zeitlicher Auflösung, wie im Rotmeer, zu erkennen. Man geht von einer Absenkung der Waldgrenze um 100 m auf etwa 900 m aus. Mit der Ausbreitung der Kiefer am Übergang von RPZ 3 zu RPZ 4 schlossen sich bis in Höhenlagen von über 1100 m die lockeren Baumgruppen zu dichten Wäldern zusammen. Nur die Hornisgrinde und die Hochlagen des Südschwarzwalds blieben noch waldfrei. Bei der Kiefer handelte es sich hauptsächlich um die Waldkiefer *Pinus sylvestris*. Zwar liegen auch schon im Spätglazial Belege der Bergkiefer *Pinus mugo* in Gestalt von Großresten vor, doch deutet dies eher auf unbedeutende lokale Vorkommen. Innerhalb des Spätglazials dauerte diese Phase (RPZ 3 bis 5) mit vorwiegend Kiefernwäldern mit rund drei Jahrtausenden am längsten. Sie gliedert sich in eine initiale Phase mit viel Birke und Nichtbaumpollen (RPZ 3), gefolgt von einer langen Phase mit relativ niedrigen Nichtbaumpollen-Werten (RPZ 4) sowie einer anschließenden Phase mit höheren Werten (RPZ 5), bevor mit dem Wiederanstieg der Birke das Spätwürm ausklingt. Klimageschichtlich entspricht dies der Abfolge Ältere Dryas (kalt) – Allerød (warm) – Jüngere Dryas (kalt) – Präboreal (warm). In den Kaltphasen war nach Ausweis des Baumpollen/Nichtbaumpollen-Verhältnisses der Wald stark aufgelichtet bis aufgelöst. So geht man für RPZ 5 (Zeitscheiben 10.500 bis 9750 v. Chr.), das heißt für die Jüngere Dryas (Chronozone III^C), von einer Absenkung der Waldgrenze von mindestens 300 m, also auf 800 m ü. NN oder darunter aus. Das Rotmeer dürfte während der Jüngeren Dryas knapp über der Waldgrenze gelegen haben, wie der Nichtbaumpollenanteil von über 50 % nahelegt. Die Waldgrenzschwankungen wurden oft als Klimaindikatoren betrachtet. Angesichts der vegetationsökologischen Komplexität ist jedoch bei der Ableitung von Temperaturen aus Arealverschiebungen Vorsicht geboten.

In der ersten Hälfte des Holozäns (RPZ 6 bis 9, Zeitscheiben 9500 bis 4000 v. Chr.) herrschte im Schwarzwald in den ersten tausend Jahren noch die Kiefer vor, danach waren es die mesophilen Laubgehölze Hasel, Eiche, Ulme, Linde, Ahorn und Esche. Die Waldkiefer wurde im Südlichen und Mittleren Schwarzwald ganz verdrängt, konnte aber im Nordschwarzwald auf den armen Böden des Buntsandsteins mit geringen Anteilen überdauern und profitierte in der zweiten Hälfte des Holozäns von Störungen. Die Bergkiefer in ihrer aufrechten Form, die Spirke, war im Holozän wohl auch vor Ort, vermutlich vereinzelt an Moorrändern. Im späten Holozän profitierte sie von der Entwässerung von Hochmooren und konnte auf diesen Standorten geschlossene Waldbestände, Bergkiefern-Moorwälder, bilden.

Die Hasel wanderte bereits im Präboreal ein, bildete in den lichten Kiefern-Birken-Wäldern eine Strauchschicht und verdrängte Birken und Kiefern allmählich, weil sie durch ihre Beschattung deren Verjüngung verhinderte. Die nachfolgende Vorherrschaft der Hasel erstreckte sich bis in die höchsten Gipfellagen. Im nachfolgenden Atlantikum (RPZ 8 bis 9, Zeitscheiben 7000 bis 4000 v. Chr.) spielte die Hasel noch lange eine wichtige Rolle. Die Ausbreitung erfolgte in der Abfolge Eiche und Ulme, Linde, Esche. Beim Ahorn kann aufgrund der geringen Repräsentanz die Beteiligung an der Bestockung nur grob abgeschätzt werden. Zwar ist bei diesen Gattungen eine pollenmorphologische Artdifferenzierung nicht oder nur schwer möglich, doch kann man aufgrund vegetationsökologischer Erwägungen bei der Eiche aufgrund der Bodenverhältnisse von überwiegend Traubeneiche ausgehen. Bei der Ulme handelte es sich um die Bergulme, weil die Auenwaldulmen ausscheiden, bei der Linde um die Sommerlinde und beim Ahorn aufgrund der Höhenlage um den Bergahorn. Die Linde, die im Pollenniederschlag stark untervertreten ist, spielte in der Bestockung vor allem des Südschwarzwaldes mit seinen besseren Böden eine sehr große Rolle. Seit dem Atlantikum war auch die Erle, wohl hauptsächlich *Alnus glutinosa*, am Pollenniederschlag stark beteiligt, das geht wohl auf azonales Vorkommen an Moor- und Gewässerrändern zurück. Das Waldbild jener Zeit wird vervollständigt durch einige kleinere Bäume, Sträucher, Lianen und Epiphyten, die vor der Schattholzausbreitung ihre größte Verbreitung hatten. Davon sind Efeu, Mistel, Stechpalme und Eibe immergrün. Sie wurden auch als Klimaindikatoren herangezogen, wenngleich ihr Rückgang auch auf ungünstigere Lichtverhältnisse nach der Schattholzausbreitung zurückzuführen sein könnte. Bei *Viscum* kann es sich vor der Tannenausbreitung nur um die Laubholzmistel gehandelt haben. Mit der Tannenausbreitung kam wahrscheinlich auch die Tannenmistel, die heute hier noch häufig ist. Die späteren *Viscum*-Pollenfunde dürften vielleicht auf diese Unterart zurückgehen, denn die Laubholzmistel befällt die Buche nicht, und andere Wirtsbäume waren spärlich geworden.

Die Weißtanne erreicht um 3000 v. Chr. in RPZ 10 (Zeitscheiben 3750 bis 2750 v. Chr.) ihre maximale Verbreitung. Dann schließt die Rotbuche zu ihr auf und überflügelt sie. Als mögliche Ursachen für Veränderungen der Vegetation kommen jetzt neben dem Klima und biotischen oder edaphischen Faktoren auch menschliche Eingriffe infrage (s. Exkurse Kap. 14, 19 und 20). In RPZ 11 (Zeitscheiben 2500 bis 1000 v. Chr.), um 2000 v. Chr., erreicht die Rotbuche ihre maximale Verbreitung. Anschließend, am Übergang RPZ 11 zu RPZ 12 (Zeitscheiben 750 v. Chr. bis 0), geht sie leicht zurück, während Birke und Kiefer zunehmen. Unklar ist, ob dieser Wandel regional ist oder nur auf Veränderungen am Seeufer zurückgeht. Zu Beginn von RPZ 13 (Zeitscheiben 250 bis 750 n. Chr.) kommt es zu einer letztmaligen, wenngleich nicht vollständigen Wiederbewaldung mit Zunahme vor allem von Erle, Birke und Hainbuche. Bei der Letzteren ist zu fragen, wie hoch sie tatsächlich nach oben in die Hochlagen ging. Ab 500 n. Chr., also noch in RPZ 13, beginnt eine starke Entwaldung, die um 1000 n. Chr., also mit dem Beginn von RPZ 14 (Zeitscheiben 1000 bis 1750 n. Chr.), ihren vorläufigen Höhepunkt mit rund 25 % Nichtbaumpollen erreicht. Anschließend geht der Nichtbaumpollen-Anteil nur mäßig zurück und erreicht im 18. Jahrhundert n. Chr. seinen Höchststand. Dies markiert das Ende von RPZ 14. Die nachfolgende Phase mit Dominanz von Kiefer und Fichte wird als RPZ 15 abgetrennt (Zeitscheibe 2000 n. Chr.).

Landnutzungs- und Siedlungsgeschichte

Ab dem späten Atlantikum (RPZ 9, 5500 v. Chr.) beginnt in den umgebenden Tieflagen das Neolithikum – der wirtschaftende Mensch tritt in Erscheinung und beginnt die Natur zu verändern. Aus allen Karseen des Nordschwarzwaldes liegen gut auflösende Pollendiagramme für das mittlere und späte Holozän vor (Abb. 23.3). Die Abläufe der Vegetationsentwicklung sind nur teilweise synchron. Besonders in Chronozone IX^C zeichnen sich beträchtliche Unterschiede ab, bedingt durch den Umstand, dass die Vegetationsentwicklung hauptsächlich durch den menschlichen Einfluss, in diesem Fall durch Bergbau, gesteuert wurde.

Da im Schwarzwald archäologische oder historische Hinweise auf vormittelalterliche Besiedlung lange fehlten und auch heute äußerst spärlich sind, war man der Ansicht, dass das Mittelgebirge von urgeschichtlicher Besiedlung ausgenommen war. Später wurden daran Zweifel angemeldet, und neuere Untersuchungen haben gezeigt, dass diese berechtigt sind. Pollenanalytische und onomastische Untersuchungen und schließlich auch archäologische Funde zeigen deutliche Spuren vorgeschichtlicher Begehung und Nutzung.

Was kann nun die Vegetationsgeschichte zu dieser Diskussion beitragen? Zunächst einmal den Umstand, dass ein Bauer aus der Zeit der Linienbandkeramik, der aus der Oberrheinebene zur Hornisgrinde hochblickte, dort nicht diese deutlichen Höhenstufen in der Vegetation wahrnahm, die wir heute kennen, mit schwarzen Wäldern in der Höhe. Er sah Wald von der Ebene bis zu den höchsten Gipfeln, der sich überall aus den gleichen Gehölzen zusammensetzte. Der schwarze Wald in der Höhe entstand mit der Tannenausbreitung im späten Neolithikum, und dieser Eindruck verstärkte sich im 19. Jahrhundert n. Chr. mit der Fichtenaufforstung. Die Menschen der Linienbandkeramik und auch noch der Rössener Kultur hatten daher wohl guten Grund, hochzusteigen und zu schauen, welche Nutzungsmöglichkeiten dort oben möglich waren. Am Steerenmoos im Südschwarzwald in 1000 m Höhe wurde eine deutliche Landnutzungsphase gefunden, die zeitlich ins fünfte Jahrtausend v. Chr. fällt. Aufgrund der fehlenden visuell sichtbaren Höhenstufen und aufgrund noch reicherer Böden, begründet auf geringmächtigen, später erodierten Lössauflagen, gab es möglicherweise viele frühe Versuche, im Schwarzwald landwirtschaftlich Fuß zu fassen, doch war ihnen aufgrund des rauen Klimas kein dauerhafter Erfolg beschieden.

Der pollenanalytische Nachweis von menschlichen Eingriffen in kleinen, von Tieflagen umgebenen Gebirgen ist wegen des Pollenfernflugs ein methodisches Problem. Deshalb ist eine Absicherung der vegetationsgeschichtlichen Hinweise durch andere Quellen und Methoden hilfreich. Ohne diese kann der Fernfluganteil durch einen Vergleich der aktuellen Vegetation mit dem aktuellen Pollenniederschlag abgeschätzt werden. Danach beträgt er im Schwarzwald höchstens zwischen 5 und 10 %. Pollenwerte oder Veränderungen für einzelne Taxa von mehr als 3 % sind daher schwer mit Fernflug erklärbar. Hinzu kommt, dass eine weit entfernt stattfindende und nur durch Fernflug angezeigte Landnutzung in allen Profilen eines Wuchsgebietes das gleiche Signal hinterlassen würde, wenn die Profile aus kleinen Seen oder Mooren stammen, was im Schwarzwald der Fall ist. Die Signale für menschlichen Eingriff sind hier aber in den einzelnen Profilen weder synchron noch gleich stark ausgeprägt, noch gleichläufig. Das spricht eindeutig gegen die Ansicht, dass prähistorische Nutzungsphasen in Pollenprofilen des Schwarzwaldes auf Fernflug beruhen.

Dauerhafte Besiedlung und Nutzung lassen sich erstmals für das erste Jahrtausend v. Chr. festhalten, und zwar ausgerechnet im Nordschwarzwald, der für landwirtschaftliche Nutzung aufgrund von Böden und Klima am allerwenigsten geeignet ist. Triebfeder dieser Kolonisation waren die Eisenerz- und Buntmetallvorkommen. Bei der Landnutzung handelte es sich wohl um die einfache Subsistenzlandwirtschaft einer Bergbau betreibenden Bevölkerung, mit dem Schwerpunkt auf der Viehhaltung. Das bietet sich im armen Waldgebirge an, weil es viel mehr geeigneten Platz für Weiden als für Äcker gibt und weil wegen der armen Böden der Mistbedarf für deren Düngung hoch ist und auch lange Brachen erforderlich sind. Ablesbar ist das am Verhältnis der Pollenwerte vom *Plantago lanceolata*-Typ zum Getreide-Typ, das – verglichen mit fruchtbaren Tieflagen – sehr zum Erstgenannten verschoben ist. Nach Ausweis des Nichtbaumpollen/Baumpollen-Verhältnisses schafften es die Kelten mit ihrer „Nebenerwerbslandwirtschaft", den Nordschwarzwald zu 30 % und mehr zu entwalden, fast so stark wie im Mittelalter. Wie der Vergleich der Pollenprofile aus den Karseen zeigt, war die Nutzung nicht überall gleich stark und auch zeitlich versetzt, was in einer Bergbaulandschaft nicht überrascht: Nicht überall wurden Pingen, Rennöfen und Schmieden gleichzeitig betrieben, sondern nach Erschöpfung der Erzvorkommen an einem Platz zog man weiter und gründete ein neues Bergwerk. Diese Ungleichzeitigkeit belegt auch, dass die Signale für eisenzeitliche Landnutzung kein Fern-

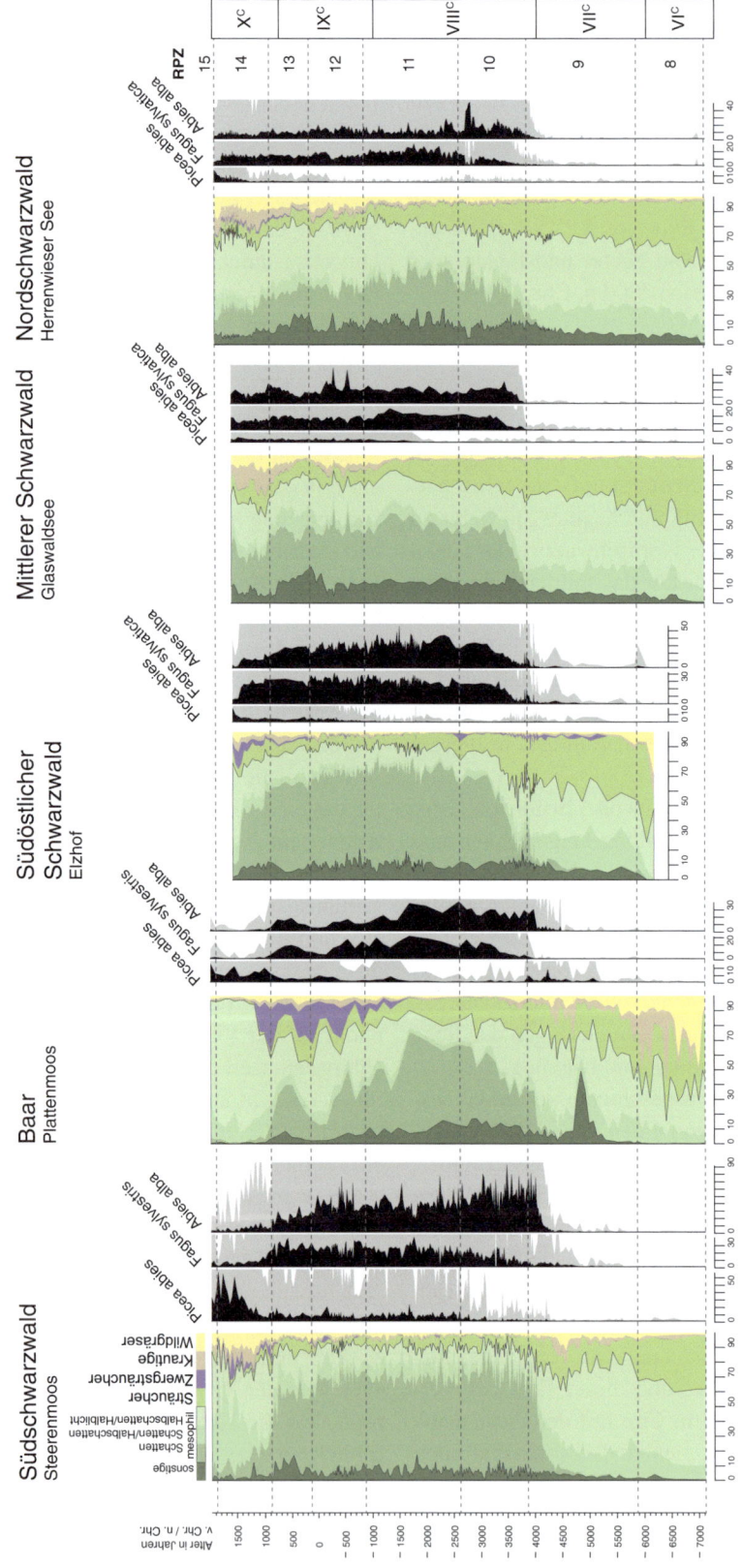

Abb. 23.3 Zeitlinearer Vergleich von Summendiagrammen und ausgewählter Taxa (*Picea*, *Fagus* und *Abies*) aus den Karseen des Nordschwarzwalds

flugphänomen aus der Ebene sind, sondern lokales Geschehen wiedergeben. In die gleiche Richtung weisen die Glühverlustkurven, die schon früh Phasen mit Bodenerosion im hydrologischen Einzugsgebiet der Seen, also in Höhen zwischen 750 und 1150 m, anzeigen. Seit der Spätlatènezeit und besonders in der Völkerwanderungszeit ließ der Nutzungsdruck nach, und es kam zur teilweisen Wiederbewaldung, ehe ab dem Frühmittelalter erneut eine starke Entwaldung einsetzte.

Als Hinweis auf frühe menschliche Einflussnahme kann auch der Rückgang der Weißtanne bereits im dritten Jahrtausend v. Chr. (RPZ 11) gelten, die starke Zunahme der Kiefer ab 3000 v. Chr. (zweite Hälfte RPZ 10) und die der Eiche ab 2000 v. Chr., die zunehmende Häufigkeit von Getreide und Spitzwegerich sowie kurze und daher in den Zeitscheiben nicht aufgelöste, deutliche Birkengipfel, als Folge einer Ausbreitung von Pioniergehölzen bei Nachlassen menschlicher Eingriffe. Im Herrenwieser See gibt es neun solche Birkengipfel. Sie datieren ins 35., 32., 27., 16., 13., 8. und 5. vorchristliche sowie ins 3./4., 7. und 14. nachchristliche Jahrhundert, die ersten drei somit ins Spätneolithikum, die nächsten vier in Bronze- und Eisenzeit und die letzten in die Völkerwanderungszeit, das Frühmittelalter, und an den Beginn des Spätmittelalters. Diese Birkengipfel sind keine Indizien für Nutzung, sondern für das Nachlassen oder den Abbruch früherer Nutzung. Sie stellen aber aufgrund der hohen Pollenproduktion und -verbreitung der Birke deutlichere Signale dar als die eigentlichen Zeiger für menschlichen Eingriff. Eingedenk der Schwierigkeit, dies mangels historischer und archäologischer Quellen mit geschichtlichen Ereignissen zu verknüpfen, fällt die Gleichzeitigkeit mit aus benachbarten Tieflagen bekannten kulturellen Übergangs- oder Krisenzeiten auf.

Im mittleren, südöstlichen und Südschwarzwald, zeigen sich trotz genereller besserer Eignung für bäuerliche Landnutzung deutliche Unterschiede in der Erschließung und Nutzung. Im südöstlichen Schwarzwald setzen zwar Hinweise auf bäuerliche Landnutzung knapp vor der Schattholzausbreitung und dem Ende des Ulmenrückgangs (Übergang RPZ 9/10) ein und setzen sich ähnlich wie im Nordschwarzwald fort, doch bleibt die Entwaldung dort ab der Bronze- und Eisenzeit deutlich schwächer als im Norden, und auch die Veränderungen in der Waldvegetation sind weniger stark ausgeprägt: Tanne und Buche herrschen bis ins Hochmittelalter vor, dabei verschiebt sich die Gewichtung ab dem zweiten Jahrtausend v. Chr. und verstärkt im Hochmittelalter von der Tanne zur Buche (Profile Elzhof und Moosschachen/Martinskapelle, Henkner et al. 2018). Andere Holzarten treten zurück. Lediglich schwache Birkengipfel deuten Wiederbewaldungsphasen an – am Elzhof im 20., 16., 14., 13., 8./7., und 3. vorchristlichen sowie im 1.–3. nachchristlichen Jahrhundert. Die Fichte nimmt hier allerdings früher zu und erreicht schon im ersten vorchristlichen Jahrtausend bis zu 5 %. Zu einer Hauptkomponente wird sie aber auch hier erst sehr spät. Im Südschwarzwald ist die Tannenherrschaft sogar noch deutlich und länger während. Im Steerenmoos geht die Weißtanne erst kurz vor der Zeitenwende zurück und wird von der Buche überflügelt. Zuvor ist sie bis auf kurze Phasen prädominant. Frühe Hinweise auf menschliche Eingriffe sind hier eher schwach. Doch auch hier scheint der Wald nicht völlig unberührt geblieben zu sein.

Als Fazit bleibt festzuhalten, dass die sogenannte Tannenzeit im gesamten Schwarzwald zwar etwa gleichzeitig mit Chronozone VIII^C beginnt, aber unterschiedlich lange dauert und auch durch unterschiedlich deutliche Tannendominanz gekennzeichnet ist. Die bisherige Ansicht, das sei klimatisch und edaphisch gesteuert, kann aufgrund neuerer Untersuchungen nicht bestätigt werden. Klimatische und edaphische Faktoren werden anthropogen überlagert: Die Tannenzeit endet mit dem Beginn schwerwiegender menschlicher Eingriffe. Das geschieht örtlich zu verschiedener Zeit. In manchen Profilen, so am Buhlbachsee, Wilden See, Mummelsee und Schurmsee, fehlt eine ausgesprochene Tannenzeit. Die Buche ist hier von Beginn an mindestens gleich stark vertreten, die Tanne übersteigt kaum 20 % und geht erst im Mittelalter stark zurück. Am Herrenwieser See endet die Tannenzeit dagegen bereits im dritten Jahrtausend v. Chr., am Glaswaldsee um die Zeitenwende, am Huzenbacher See im Frühmittelalter. Im Südostschwarzwald endet die Tannenzeit erst im Frühmittelalter, im Mittleren Schwarzwald (Breitnau-Neuhof) schon zu Beginn der Bronzezeit, im Steerenmoos (Südschwarzwald) um die Zeitenwende.

Unter natürlichen Bedingungen war die Tanne seit dem vierten Jahrtausend v. Chr. wohl im gesamten Schwarzwald die vorherrschende Holzart. Im Nordschwarzwald sorgte Niederwaldwirtschaft zur Deckung des Holzbedarfs für den Bergbau sowie frühe und extensive bäuerliche Subsistenzwirtschaft für ihren frühen Rückgang. Aus den anderen Teilen des Schwarzwaldes wurde bislang kein prähistorischer Bergbau bekannt. Eine mäßige bäuerliche Landnutzung mit Waldweide und plenternder Holznutzung ließ offenbar die Vorherrschaft von Tanne und Buche unbehelligt. Andere Holzarten, vor allem die Birke, machten sich hier nur vorübergehend bei Nachlassen der Nutzung durch Vorwaldstadien (Birkengipfel) bemerkbar. Auch extensive Waldweide dürfte das Kräfteverhältnis in diesem System wenig beeinflusst haben, denn starker Verbiss am Jungwuchs von Tanne und Buche macht sich erst bemerkbar, wenn ein Konkurrent wie die Fichte mit ins Spiel kommt und ein Generationswechsel in der ersten Baumschicht ansteht, also nach drei Jahrhunderten bei der Buche und nach sechs bei der Tanne.

Abb. 23.4 Langholzfloß auf der Kleinen Enz (aus Scheifele 1996)

Der endgültige Rückgang der Weißtanne und die übrigen Bestandsveränderungen im Wald während Chronozone X^C, vor allem ab der frühen Neuzeit (RPZ 14, obere Hälfte, und 15, Zeitscheiben 1500 bis 2000 n. Chr.), sind auf Holznutzung mit Flößerei in großem Stil zurückzuführen (Scheifele 1996; Rösch 2015; Abb. 23.4).

Zur Geschichte der Wasservegetation in den Karseen

Umweltveränderungen laufen nicht nur im Wald oder durch Beseitigung des Waldes ab, sie sind auch an der Vegetation der Seen und Moore selbst erkennbar. In den Seesedimenten finden sich Mikrosporen der Brachsenkräuter *Isoëtes lacustris* und *I. echinospora* teilweise in erheblicher Menge (Abb. 23.2). Die Pflanzen haben nur noch am Feldsee und Titisee aktuelle Vorkommen. *Isoëtes echinospora* erschien im Spätglazial (RPZ 3/4), *I. lacustris* erst im Holozän (RPZ 7). Neben dem Erscheinen der Brachsenkräuter verdient auch deren Verschwinden Beachtung. In den Karseen des Nordschwarzwaldes waren sie im frühen und mittleren Holozän sehr verbreitet. Mit der Schattholzausbreitung zu Beginn des Subboreals beginnt ihr Rückgang (RPZ 10), der sich in RPZ 11 fortsetzt und spätestens im Mittelalter (RPZ 14) zu ihrem Verschwinden führt; beide Arten sind gleichermaßen betroffen. Mutmaßliche Hauptursache ist der hydrologische Wandel von kalkarm-oligotrophen Klarwasser- zu dystrophen Braunwasserseen, ausgelöst und verstärkt durch Verlandungs- und Vermoorungsprozesse an den Ufern und vermehrt durch zunehmende Rohhumusbildung in den umgebenden Wäldern, was sich auch in einer Zunahme von *Calluna* im Pollendiagramm äußert. Inwieweit die Versauerung der Waldböden von menschlichen Eingriffen verstärkt wurde, ist ungeklärt. Das weitgehende Verschwinden der Brachsenkräuter in der Eisenzeit (RPZ 11), also während massiver Eingriffe des Menschen in die Natur, mag Koinzidenz sein. Die geringere Pufferkapazität der Böden im Nordschwarzwald spielte bei diesen Bodenveränderungen wohl ebenfalls eine Rolle.

Überraschende Funde seltener Ackerunkräuter als Hinweise auf Ackerbau im Schwarzwald und dadurch ausgelöste Umweltveränderungen

Im Nordschwarzwald sind in den Profilen aus den Karseen vereinzelt auch Ackerwildkräuter erfasst, vorwiegend während des Mittelalters (Tab. 23.1). *Bupleurum* wurde in fast allen Seen gefunden. Keine der drei heimischen Arten kommt heute im Schwarzwald vor. Frühere Vorkommen vom Rundblättrigem Hasenohr *Bupleurem rotundifolium* scheinen am nächstliegenden. Funde von *Centaurea cyanus*, der säureholden Kornblume, in ebenfalls sieben der acht Seen sind weniger überraschend, wohl aber die von *Orlaya grandiflora*, dem kalkholden und heute ausgestorbenen Strahlen-Breitsamen, in immerhin fünf Seen. Bis auf ein eisenzeitliches Pollenkorn aus dem Herrenwieser See und etliche römische und völkerwanderungszeitliche Pollenkörner aus dem Huzenbacher See und dem Wilden See handelt es sich um mittelalterliche Belege. Ebenfalls in fünf Seen ist *Sper-*

Tab. 23.1 Übersicht über die Nachweise seltener Ackerunkräuter in Pollendiagrammen von Karseen des Schwarzwaldes. Bodenreaktion: N = neutral, B = basisch, S = sauer

Pollentaxon	Buhlbachsee	Ellbachsee	Glaswaldsee	Herrenwieser See	Huzenbacher See	Mummelsee	Schurmsee	Wilder See am Ruhestein		Bodenreaktion
Bupleurum	x		x	x	x		x	x	7	B
Centaurea cyanus		x	x	x	x	x	x	x	7	S
Orlaya grandiflora		x	x	x	x			x	5	B
Spergula arvensis			x		x	x		x	5	N
Caucalis platycarpos		x	x		x			x	4	B
Falcaria T			x	x	x			x	4	B
Torilis arvensis				x					1	B
Kickxia				x	x			x	3	B
Adonis aestivalis T			x					x	2	B
Aphanes arvensis				x				x	2	S
Scleranthus			x	x					2	S
Agrostemma githago		x							1	N
Ranunculus arvensis			x						1	B
Scandix pecten-veneris				x					1	B
Turgenia latifolia					x				1	B
Vicia tetrasperma		x							1	S
Viola tricolor T					x				1	N

gula arvensis vertreten, eine bodenvage Art, von der aus dem Schwarzwald zahlreiche floristische Beobachtungen vorliegen. Bei *Caucalis platycarpos*, der namengebenden Art der Haftdoldenäcker, und beim *Falcaria*-Typ/*Torilis arvensis*, beide mit Nachweisen in vier Seen und auf kalkreiche Standorte hinweisend, ist das nicht der Fall. Ausgesprochene Kalkzeiger mit heutigen Verbreitungslücken im Schwarzwald sind auch *Kickxia elatine/spurium* und *Adonis aestivalis/flammea* mit Belegen aus drei oder zwei Seen, dagegen sind die Säurezeiger *Scleranthus* und *Aphanes arvensis*, belegt jeweils in zwei Seen, auch rezentfloristisch im Schwarzwald belegt, der Lehmzeiger *Aphanes* allerdings seltener. Weitere sechs Arten, die generell schlecht im Pollenniederschlag repräsentiert sind, wurden nur in jeweils einem See gefunden worden. Dabei handelt es sich um drei bodenvage oder säureholde Arten, *Agrostemma githago*, *Vicia tetrasperma* und *Viola arvensis*, und um drei kalkholde, *Ranunculus arvensis*, *Scandix pecten-veneris* und *Turgenia latifolia*. Besondere Beachtung verdient die letztgenannte Art. Sie gilt deutschlandweit als ausgestorben. Es liegen auch keine archäobotanischen Großrestfunde aus Baden-Württemberg vor, und es handelt sich hier am Huzenbacher See auch um den ersten und einzigen Pollenfund. Er datiert ins 14. Jahrhundert n. Chr.

Da alle diese Arten entomogam mit sehr schlechter Pollenverbreitung sind, kann Ferntransport aus Tieflagen zwar nicht absolut ausgeschlossen werden, ist aber wenig wahrscheinlich. Wie kann man aber das Vorkommen von Arten der Haftdoldenäcker-Arten auf den sauren Böden im Buntsandsteingebiet des Nordschwarzwaldes erklären? Mit dem Umstand, dass sie keine obligaten Basenzeiger im Sinne einer physiologischen Notwendigkeit sind, sondern eher Trockenheitszeiger! Als lichtbedürftige Arten mit schwacher Konkurrenzkraft wurden sie auf reichen Standorten von wüchsigeren Arten verdrängt und konnten sich nur dort behaupten und entfalten, wo sie aufgrund der Trockenheit als relative trockenresistente Pflanzen vor der Konkurrenz der anderen geschützt waren. Auch im sehr humiden Schwarzwaldklima entstehen solche Standorte, wenn am Hang der Pflugbau zu Bodenerosion führt und flachgründige, „geköpfte" Böden mit geringer Wasserspeicherkapazität entstehen. Wenn es dann während der Vegetationsperiode mal einige Wochen lang nicht regnet, was auch im Schwarzwald möglich ist, führt das zu einer Trockenheit, mit der nur wenige Pflanzen zurechtkommen. Wohl war das Caucalidion im Schwarzwald nicht so verbreitet wie auf der Schwäbischen Alb, doch ist sein Vorkommen durchaus plausibel.

Zusammenfassend zeigt sich im Schwarzwald die für ein süddeutsches Mittelgebirge exemplarische Gleichläufigkeit der Vegetationsentwicklung. Deutlich werden aber auch die regionalen und lokalen Besonderheiten, die vom Bodentyp oder der Geologie des Ausgangsgesteins, der jeweiligen Höhenlage und seit dem mittleren Holozän verstärkt durch die menschliche Nutzung geprägt sind. Hervorzuheben ist die starke Dynamik der ökologischen Veränderungen während mehr als zehn Jahrtausenden, die sich aus dem heutigen, statischen Bild der aktuellen Vegetation nicht erschließt.

Bis Chronozone VII^C folgt die regionale Vegetationsentwicklung den Grundzügen der nacheiszeitlichen Vegetationsentwicklung im südlichen Mitteleuropa. Mit der Tannenzeit in Zone VIII^C und bis in IX^C und X^C nachwirkend entwickelt der Schwarzwald eine eigene Charakteristik, die ihn deutlich von anderen Landschaften in Mitteleuropa unterscheidet. Parallelen finden sich in den Vogesen. In der Chronozone IX^C gibt es einen Dominanzwechsel von Weißtanne zu Rotbuche, dessen Ursachen noch unklar sind. Vormittelalterliche menschliche Eingriffe sind, vom Nordschwarzwald während IX^C abgesehen, schwächer als in tieferen Lagen des Alpenvorlandes und vor allem in den früh besiedelten Gäulandschaften, doch steht eine vormittelalterliche Nutzung in weiten Teilen des Schwarzwaldes aufgrund der pollenanalytischen Ergebnisse inzwischen außer Frage.

Literatur

Broche W (1929) Pollenanalytische Untersuchungen an Mooren des südlichen Schwarzwaldes und der Baar. Berichte der naturforschenden Gesellschaft Freiburg im Breisgau 29: 1–243

Friedmann A (2000) Die spät- und postglaziale Landschafts- und Vegetationsgeschichte des südlichen Oberrheintieflands und Schwarzwalds. Freiburger Geographische Hefte 62: 1–222

Gassmann G, Wieland G, Rösch M (2006) Das Neuenbürger Erzrevier im Nordschwarzwald als Wirtschaftsraum während der Späthallstatt- und Frühlatènezeit. Germania 84: 273–306

Gradmann R (1931) Süddeutschland. Engelhorn, Stuttgart

Henkner J, Ahlrichs J, Fischer E, Fuchs M, Knopf T, Rösch M, Scholten T, Kühn P (2018) Land use dynamics derived from colluvial deposits and bogs in the Black Forest, Germany. Journal of Plant Nutrition and Soil Science 181: 240–260

Hölzer A, Hölzer A (1987) Paläoökologische Mooruntersuchungen an der Hornisgrinde im Nordschwarzwald. Carolinea 45: 43–50

Hölzer A, Hölzer A (1988a) Untersuchungen zur jüngeren Vegetations- und Siedlungsgeschichte im Blindenseemoor (Mittlerer Schwarzwald). Carolinea 46: 23–30

Hölzer A, Hölzer A (1988b) Untersuchungen zur jüngeren Vegetations- und Siedlungsgeschichte in der Seemisse am Ruhestein (Nordschwarzwald). Telma 18: 157–174

Hölzer A, Hölzer A (1995) Zur Vegetationsgeschichte des Hornisgrindegebietes im Nordschwarzwald: Pollen, Großreste und Geochemie. Carolinea 53: 199–228

Hölzer A, Hölzer A (2000) Ein Torfprofil vom Westabfall der Hornisgrinde im Nordschwarzwald mit *Meesia triquetra* ANGSTR. Carolinea 58: 139–148

Hölzer A, Hölzer A (2003) Untersuchungen zur Vegetations- und Siedlungsgeschichte im Großen und Kleinen Muhr an der Hornisgrinde (Nordschwarzwald). Mitteilungen des Vereins für Forstliche Standortskunde und Forstpflanzenzüchtung 42: 31–44

Jaeschke J (1934) Zur postglazialen Waldgeschichte des nördlichen Schwarzwaldes. Beihefte zum Botanischen Centralblatt 51/II(3): 527–565

Knopf T, Bosch S, Kämpf L, Wagner H, Fischer E, Wick L, Millet L, Rius D, Duprat-Qualid F et al (2016) Archäologische und naturwissenschaftlichen Untersuchungen zur Landnutzungsgeschichte des Südschwarzwaldes. Archäologische Ausgrabungen in Baden-Württemberg 2015: 50–55

Lang G (2005) Seen und Moore des Schwarzwaldes als Zeugen spätglazialen und holozänen Vegetationswandels. Andrias 16. Staatliches Museum für Naturkunde, Karlsruhe

Lotter AF, Hölzer A (1994) A high-resolution Late-Glacial and early Holocene environmental history of Rotmeer, southern Black Forest (Germany). In: Lotter AF, Ammann B (eds) Festschrift Gerhard Lang. Beiträge zur Systematik und Evolution, Floristik und Geobotanik, Vegetationsgeschichte und Paläoökologie. Dissertationes Botanicae 234. Cramer, Berlin, Stuttgart, 365–388

Oberdorfer E (1931) Die postglaziale Klima- und Vegetationsgeschichte des Schluchsees (Schwarzwald). Berichte der naturforschenden Gesellschaft Freiburg im Breisgau 31: 2–85

Radke GJ (1973) Landschaftsgeschichte und -ökologie des Nordschwarzwaldes. Hohenheimer Arbeiten – Pflanzliche Produktion 68: 3–121

Rösch M (1989) Pollenprofil Breitnau-Neuhof: Zum zeitlichen Verlauf der holozänen Vegetationsentwicklung im südlichen Schwarzwald. Carolinea 47: 15–24

Rösch M (2000) Long-term human impact as registered in an upland pollen profile from the southern Black Forest, south-western Germany. Vegetation History and Archaeobotany 9: 205–218

Rösch M (2009a) Zur vorgeschichtlichen Besiedlung und Landnutzung im nördlichen Schwarzwald aufgrund vegetationsgeschichtlicher Untersuchungen in zwei Karseen. Mitteilungen des Vereins für Forstliche Standortskunde und Forstpflanzenzüchtung 46: 69–82

Rösch M (2009b) Botanical evidence for prehistoric and medieval land use in the Black Forest. In: Klápště J, Sommer P (eds) Medieval Rural Settlement in Marginal Landscapes. Ruralia VII. Brepols, Turnhout, 335–343

Rösch M (2010) Der Nordschwarzwald – das Ruhrgebiet der Kelten? Neue Ergebnisse zur Landnutzung seit über 3000 Jahren. Alemannisches Jahrbuch 2009/2010: 155–169

Rösch M (2012) Vegetation und Waldnutzung im Nordschwarzwald während sechs Jahrtausenden anhand von Profundalkernen aus dem Herrenwieser See. Standort Wald 47: 43–64

Rösch, M (2015) *Abies alba* and *Homo sapiens* in the Schwarzwald – a difficult story. Interdisciplinaria Archaeologica 6: 47–62

Rösch M (2017) Ein Pollenprofil aus dem Schluchsee zur Kenntnis der Landnutzungsgeschichte im Hochschwarzwald. Archäologische Ausgrabungen in Baden-Württemberg 2016: 28–32

Rösch M, Gassmann G, Wieland G (2009) Keltische Montanindustrie im Schwarzwald – eine Spurensuche. In: Kelten am Rhein. Akten des dreizehnten Internationalen Keltologiekongresses 2007 in Bonn. Erster Teil, Archäologie, Ethnizität und Romanisierung. Beihefte Bonner Jahrbücher 58. Philipp von Zabern, Mainz, 263–278

Rösch M, Tserendorj G (2011a) Florengeschichtliche Beobachtungen im Nordschwarzwald (Südwestdeutschland). Hercynia NF 44: 53–71

Rösch M, Tserendorj G (2011b) Der Nordschwarzwald – früher besiedelt als gedacht? Pollenprofile belegen ausgedehnte vorgeschichtliche Besiedlung und Landnutzung. Denkmalpflege in Baden-Württemberg 40: 66–73

Scheifele M (1996) Als die Wälder auf Reisen gingen. Wald – Holz – Flößerei in der Wirtschaftsgeschichte des Enz-Nagold-Gebietes. Braun, Karlsruhe

Schloß S (1978) Pollenanalytische Untersuchungen in der Seemisse beim Wildsee/Ruhestein (Nordschwarzwald). Beiträge zur naturkundlichen Forschung in Südwestdeutschland 37: 37–53

Schloß S (1987) Ein spätglaziales Pollenprofil von der Hornisgrinde, Nordschwarzwald. Carolinea 45: 167–168

Stark P (1924) Pollenanalytische Untersuchungen an zwei Schwarzwaldhochmooren. Zeitschrift für Botanik 16: 593–618

Stark P (1929) Über die Wandlungen des Waldbildes im Schwarzwald während der Postglazialzeit. Naturwissenschaften 17: 1–8, 31–35

Sudhaus D (2005) Paläoökologische Untersuchungen zur spätglazialen und holozänen Landschaftsgeschichte des Ostschwarzwaldes im Vergleich mit den Buntsandsteinvogesen. Freiburger Geographische Hefte 64: 1–153

Hochrhein

Lucia Wick

Luftaufnahme des Bergsees mit Blick nach Südosten auf die Stadt Bad Säckingen und den Hochrhein. Südlich des Rheins das untere Fricktal mit dem Tafeljura (Foto: E. Meyer)

Ergänzende Information Die elektronische Version dieses Kapitels enthält Zusatzmaterial, auf das über folgenden Link zugegriffen werden kann [https://doi.org/10.1007/978-3-662-68936-3_24].

L. Wick (✉)
Geoökologie, Dept. Umweltwissenschaften, Universität Basel,
Basel, Schweiz
e-mail: lucia.wick@unibas.ch

Der Naturraum

Als Hochrhein wird der rund 140 km lange Abschnitt des Rheins zwischen dem Bodensee und dem Rheinknie bei Basel bezeichnet (Abb. 24.1). Die nördlich an den Hochrhein angrenzenden Landschaften sind der Dinkelberg und der Südschwarzwald (südlicher Hotzenwald) und weiter östlich der Klettgau sowie der Hegau. Die südliche Hochrheinregion ist durch die Hochplateaus und tief eingeschnittenen Täler des Tafeljuras mit dem Fricktal geprägt. Zwischen Schaffhausen und Bodensee schließt sich das nördliche Schweizer Mittelland an, das über die Hauptflüsse Aare und Thur in den Hochrhein entwässert. Diese Region, wie auch der Hegau, unterscheidet sich naturräumlich und vegetationsgeschichtlich nicht wesentlich von der Bodenseeregion. Sie wird hier daher nicht weiter berücksichtigt.

Die Geologie des Südschwarzwalds wird hauptsächlich durch Granite und Gneise des Grundgebirges (Hotzenwaldkomplex) und des überlagernden Deckgebirges aus Quarzsandsteinen (Rotliegend-Sedimente) und Buntsandstein bestimmt (Stössel und Benz 2002, vgl. Kap. 23). Im Westen des Gebietes, zwischen Wiese-, Rhein- und Wehratal, liegt der tektonisch reich gegliederte Bruchschollenkomplex des Dinkelbergs. Er besteht vorwiegend aus Karbonatgestein des Oberen Muschelkalks und ist stark verkarstet. Südlich des Hochrheins wird das Grundgebirge von stellenweise sehr mächtigen Sedimentgesteinen überlagert. Der Tafeljura ist auf Krustendehnungen bei der Bildung des Oberrheingrabens zurückzuführen. Zwischen den Tafelbergen aus harten Kalkschichten fraßen sich die Gewässer tief in die weichen, tonigen Sedimente ein.

Der Rheingletscher reichte in der vorletzten Eiszeit (Riss) weit in das Hochrheintal hinein und vereinigte sich während des Maximalstands mit dem Feldberggletscher. Die würmeiszeitliche Endmoräne liegt bei Schaffhausen, weshalb weite Teile des Tafeljuras eisfrei blieben. In der Riss- und Würmeiszeit wurde die vom Rhein gebildete Flussrinne mit mächtigen Kiesablagerungen verfüllt. Durch die anschließende Wiedereintiefung des Flusses entstanden die Terrassenschotter am Hochrhein.

Böden

Ausgangsmaterial der Bodenbildung waren vorwiegend die an der Oberfläche liegenden quartären Deckschichten. Verlehmte Lössablagerungen haben sich vor allem am Dinkelberg, südlich von Basel, im Fricktal und an einigen Stellen auf den Jura-Tafelbergen erhalten.

Die Böden über Grundmoränen der Riss-Kaltzeit und auf feinmaterialreichen Decklehmen auf den Plateaus des Tafeljuras sind meist tiefgründig. Wo der Decklehm besonders gut und mächtig erhalten ist, entwickelten sich Pseudogley-Parabraunerden und Braunerde-Rendzinen. Auf Kalkgestein ohne Deckenlehm sind Rendzinen zu finden. In den nicht allzu steilen Hängen zwischen Plateaurändern und Talböden entstanden durch Erosion und Umlagerungen zum Teil mehrere Meter mächtige Deckschichten aus Hanglehmen und Hangschutt. Hier zeigt sich ein kleinräumiges Spektrum von basenreichen Braunerden (auf Gehängelehm am Oberhang) bis stark sauren Braunerde-Rendzinen.

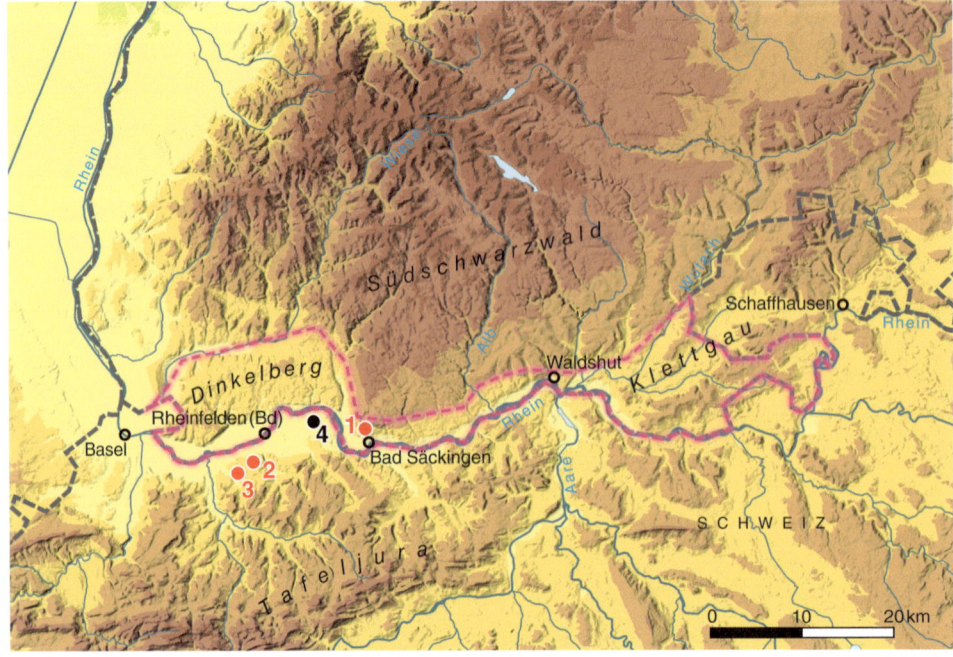

Abb. 24.1 Karte der Region Hochrhein mit pollenanalytisch untersuchten Lokalitäten für das standardisierte Pollendiagramm:
1 Bergsee.
Zusätzlich diskutierte Diagramme:
2 Häxeplatz,
3 Bärefels.
Weitere im Text erwähnte Lokalität:
4 Breitsee

Die Pseudogley-Parabraunerden auf Grundmoränen und Deckenlehmen sind tiefgründig und versauert. Sie verfügen über eine gute Wasserspeicherfähigkeit, neigen aber teilweise zu starken Vernässungen im Unterboden. Es handelt sich um gute Waldstandorte und – nach Kalkung und allfälliger Entwässerung – ertragreiche Ackerböden.

Auf der vorwiegend aus Gesteinen des Muschelkalks und anderen mesozoischen Festgesteinen aufgebauten, tektonisch stark zergliederten Dinkelbergscholle sind vor allem Böden der Rendzina/Terra-fusca-Entwicklungsreihe auf Karbonatgestein verbreitet. Über Keupergesteinen kommen Böden der Pararendzina/Pelosol-Entwicklungsreihe hinzu. An den steilen Hängen der Dinkelbergtäler und am Südabhang des Dinkelbergs dominieren flachgründige und nährstoffarme Rendzinaböden aus Karbonatgesteinsschutt.

In ebenen Lagen oder in flachen Mulden auf den von Lösslehm und lösslehmreichen Fließerden bedeckten Terrassen- und Moränensedimenten kommt stellenweise Pseudogley-Parabraunerde vor.

Klima

Das Klima in Basel ist subozeanisch. Der westliche Abschnitt des Hochrheintals zählt, zusammen mit der südlichen Oberrheinebene, zu den wärmsten Regionen nördlich der Alpen (Bider et al. 1984). Die Jahresmitteltemperatur in Basel beträgt 10,5 °C; am Dinkelberg, am Rand des Südschwarzwalds, im Klettgau und im östlichen Hochrheintal liegt sie bei 9–10 °C. Die Jahresniederschläge schwanken je nach Lage (Staueffekte) zwischen 900 und 1100 mm. Ein aus dem Fricktal abfließender Kaltluftstrom, der sogenannte Möhlin-Jet, sorgt im westlichen Hochrheintal und im Raum Basel im Winter für die Auflösung der Nebelfelder und eine außerordentlich hohe Anzahl an Sonnentagen.

Natürliche Vegetation

Die Landschaft in den unteren Lagen des Hochrheintals ist auf den landwirtschaftlich nutzbaren Flächen weitgehend entwaldet, und die noch vorhandenen Wälder sind stark anthropogen geprägt. Buchenwälder gelten als potenzielle natürliche Waldgesellschaften, deren Ausprägung von geologischen, edaphischen und lokalklimatischen Faktoren beeinflusst wird. Am Südfuß des Schwarzwaldes handelt es sich überwiegend um Waldmeister- und Hainsimsen-Buchenwald. Auf Karbonatgestein in der submontanen und montanen Stufe am Dinkelberg und im Tafeljura sind Seggen-Buchenwälder verbreitet. Dort besiedeln sie bevorzugt die tiefgründigen, schwach geneigten und frischen Böden. Moor (1972) bezeichnet den Seggen-Buchenwald als Klimax-Assoziation für den Jura. Er ist vor allem in der submontanen Stufe mit Lichtholzarten wie Waldkiefer, Elsbeere, Mehlbeere und Traubeneiche durchsetzt.

An nordexponierten Schattenhängen, auf Kalksteinrendzina mit ständiger schwacher Zufuhr von Felsschutt, stocken relativ artenarme Linden-Buchen-Wälder mit Bergahorn und Esche (Moor 1968), auf schmalen Kalkfelsplateaus oder meist südexponierten Hängen mit dünner Humusauflage wachsen Waldkieferbestände. Sie sind mindestens teilweise auf anthropogene Landnutzung zurückzuführen.

Die Wälder auf Braunerde in der Region Basel unterhalb von ca. 350 m NN werden den Eichen-Hainbuchen-Wäldern zugeordnet (Hegg et al. 1993); die obere Grenze der durchwegs wirtschaftsbedingten Bestände im rheinnahen Bereich wird mit der oberen Rebbaugrenze (ca. 600 m NN) gleichgesetzt (Brodtbeck et al. 1997, 2000).

Auf Gley- und Pseudogleyböden im Grundwasserbereich sowie entlang von Gewässern kommen Schwarzerlen-Bruchwälder und Eschenmischwälder mit Traubenkirsche vor.

Pollenarchive und Forschungsgeschichte

Das gesamte Untersuchungsgebiet am Hochrhein lag in der Würmeiszeit im periglazialen Bereich und ist deshalb frei von glazigenen Sedimentarchiven. Die mesozoischen Kalkgesteine am Dinkelberg und im Tafeljura sind stark verkarstet, sodass nur wenige der oberflächlichen Hohlformen permanent Wasser führen. Die ältesten palynologischen Untersuchungen stammen aus den Niedermoortorfen des Breitsees, einer vernässten Lössmulde innerhalb der risszeitlichen Endmoräne östlich von Möhlin (CH). Das Pollendiagramm (Härri 1932) zeigt die Eichenmischwaldzeit, gefolgt von zuerst Tannen- und dann Buchendominanz. Die Lokalität wurde schon früh entwässert und im 20. Jahrhundert endgültig zerstört – wie vermutlich auch andere potenzielle Umweltarchive in der landwirtschaftlich intensiv genutzten Landschaft. Erst in den letzten zwei bis drei Jahrzehnten erwachte das Interesse an der Vegetationsgeschichte im Nordwestschweizer Jura und am Hochrhein wieder, angeregt durch archäologische Projekte und forstwissenschaftliche Fragestellungen (eine vollständige Literaturliste befindet sich im Anhang). Die systematische Suche nach geeigneten Pollenarchiven im Kanton Basel-Landschaft und im Fricktal ergab jedoch bisher lediglich zwei kleine Karstsenken mit holozänen Feuchtsedimenten, die im jüngeren Neolithikum einsetzen. Beide Lokalitäten liegen auf Jura-Tafelbergen südwestlich von Rheinfelden, CH: Häxeplatz (388 m NN, Abb. 24.2) auf dem Rheinfelder Berg und Bärefels (396 m NN) rund 2,5 km entfernt in der Nähe des ehemaligen Klosters Olsberg. Am Dinkelberg nördlich von Rheinfelden (Baden) wurde im Verlandungsbereich der wasserführenden Karstdoline Moosloch ein rund 300 cm langes Sediment-

Abb. 24.2 Die Karstdoline beim Häxeplatz auf dem Rheinfelder Berg (Schweiz) (Foto: L. Wick)

profil erbohrt und ein Übersichtspollendiagramm erstellt. Es zeigt die Waldentwicklung von der Eisenzeit bis in die frühe Neuzeit.

Als eigentlicher Glücksfall für die Untersuchungen zur Waldgeschichte am Hochrhein erwies sich der an der Schwarzwald-Südabdachung außerhalb der würmzeitlichen Vereisung bei Bad Säckingen gelegene Bergsee (382 m NN). Die Entstehung des Beckens steht vermutlich im Zusammenhang mit der Bildung eines sub- oder randglazialen Rinnensystems während der Konfluenz der rißzeitlichen Feldberg- und Rheingletscher (Becker und Angelstein 2004). In den späten 1990er-Jahren wurden im Rahmen von seismischen, sedimentologischen und geophysikalischen Untersuchungen mehrere Bohrkerne entnommen und erste Pollenanalysen durchgeführt (Becker et al. 2006). Im Jahr 2013 erbohrte ein Team des Centre National de la Recherche Scientifique (CNRS) Besançon mit einem UWITEC-Kolbenlot einen 25 m langen Sedimentkern, der rund 45.000 Jahre zurückreicht. Ein erstes holozänes Pollendiagramm wurde im Zusammenhang mit einem Projekt zur Landnutzungsgeschichte des Südschwarzwalds publiziert (Knopf et al. 2019).

Regionale Vegetations- und Waldgeschichte

Das Spätglazial und frühe Holozän in der Hochrheinregion ist nur am Bergsee erfasst (Duprat-Oualid et al. 2017). Die Vegetationsentwicklung in diesem Zeitraum verläuft wie im westlichen Bodenseeraum (s. Kap. 10).

Das Standarddiagramm Bergsee (Abb. 24.3) ist in 11 regionale Pollenzonen (RPZ) gegliedert (s. Tab. S 24.1 im elektronischen Zusatzmaterial) und beginnt an der Basis mit einem geschlossenen Laubmischwald (RPZ, Zeitscheiben 7000 bis 5250 v. Chr.). *Corylus* dominiert im Pollenniederschlag, und *Quercus*, *Tilia*, *Ulmus* sowie *Fraxinus* erreichen hier ihre Maximalwerte. Die Schatthölzer *Abies alba* und *Fagus sylvatica* wandern um ca. 6000 v. Chr. ein. Gleichzeitig mit ihrer Ausbreitung in RPZ 2 (Zeitscheiben 5000 bis 4500 v. Chr.) etabliert sich auch die Eibe (*Taxus baccata*), während *Corylus* und die Eichenmischwaldarten kontinuierlich an Bedeutung verlieren. Die Tanne setzt sich schneller durch als die Buche und gelangt vor dieser zur Dominanz (RPZ 3, Zeitscheiben 4250 bis 4000 v. Chr.). Damit unterscheidet sich das Hochrheingebiet deutlich von der Bodenseeregion (s. Kap. 10). Dort tritt *Abies* nie bestandsbildend

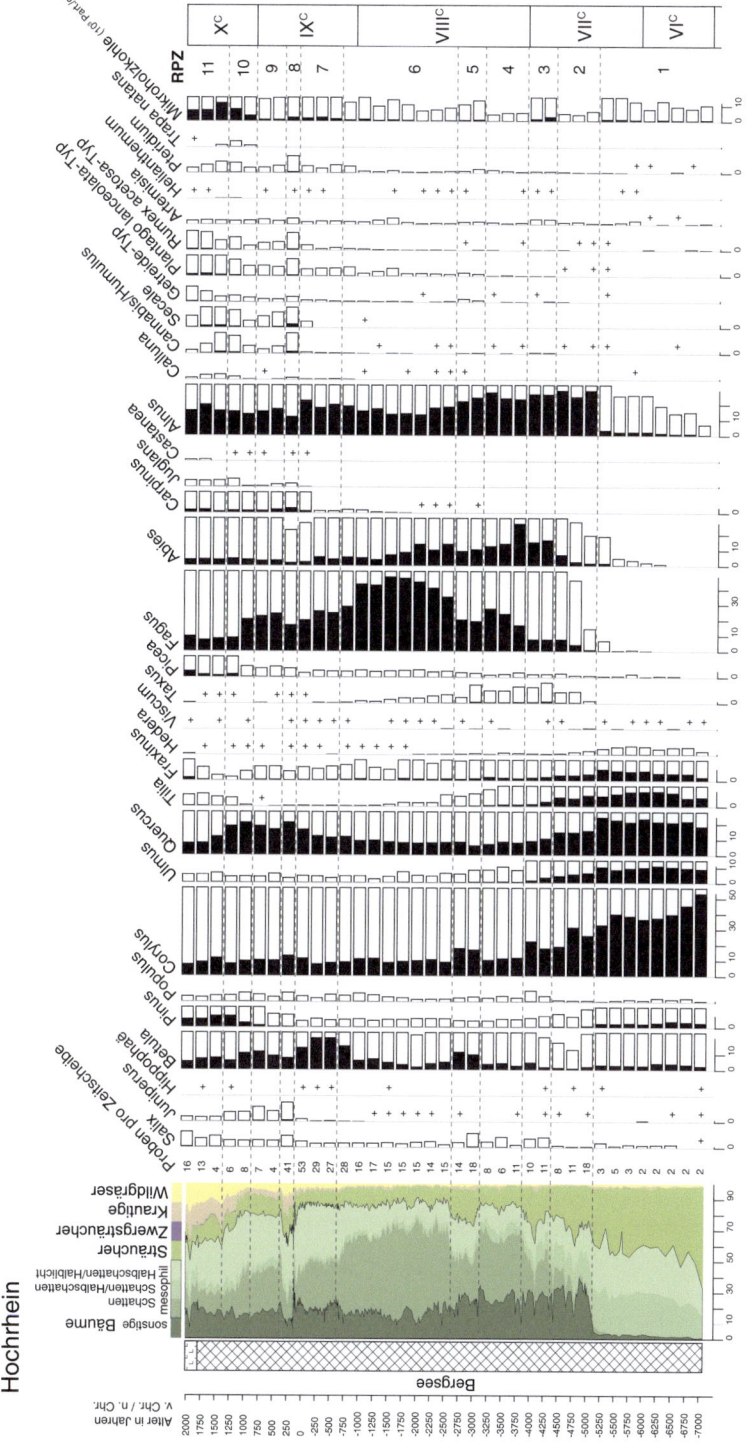

Abb. 24.3 Standardisiertes Pollendiagramm für den Hochrhein. Bergsee/Bad Säckingen (382 m NN, Knopf et al. 2019)

auf. Starke Schwankungen der *Abies*-Pollenwerte, temporäre Hochstände der Krautigen und von *Corylus* sowie hohe Mikroholzkohlekonzentrationen in RPZ 3 weisen auf erste anthropogene Eingriffe in die Wälder um 4.200 v. Chr. hin, von denen die Buche offensichtlich profitiert und in RPZ 4 (Zeitscheiben 3750 bis 3250 v. Chr.) ein erstes Maximum erreicht, während die übrigen mesophilen Baumarten wie auch die Tanne zurückgehen. Ein Einbruch der Buchenkurve am Bergsee, begleitet von erhöhten Werten der Kulturzeiger und Mikroholzkohlen sowie einer Zunahme von Hasel und Birke, spricht für ausgedehnte Waldauflichtungen im Spätneolithikum, das zeitlich der RPZ 5 (Zeitscheiben 3000 bis 2750 v. Chr.) entspricht. Die Entstehung der beiden wasserführenden Karstdolinen südlich des Rheins zwischen 4000 und 3500 v. Chr. könnte mit veränderten hydrologischen Bedingungen infolge von Waldrodungen zusammenhängen. Die lokalen Pollenspektren des Tafeljuras (Abb. 24.4) zeigen einen massiven Rückgang von *Abies* und *Tilia*, die bis gegen 3000 v. Chr. das Waldbild prägten, und eine starke Zunahme der Pioniergehölze *Betula*, *Populus*, *Corylus* und *Salix*. Die Tannenbestände können sich danach vorübergehend leicht erholen (RPZ 6, Zeitscheiben 2500 bis 750 v. Chr.), und auch Eichen scheinen vor allem im Tafeljura von den Veränderungen zu profitieren, bevor die Buche endgültig überhandnimmt und mit 50–80 % ihre Maximalwerte erreicht. Im jüngeren Abschnitt von RPZ 6 sind bei leicht rückläufigen *Fagus*-Werten eine Zunahme der Krautigen und die beginnende Ausbreitung der Hainbuche (*Carpinus betulus*) zu beobachten. Am Übergang zu RPZ 7 (Zeitscheiben 500 v. Chr. bis 0) wird der Buchenwald stark aufgelichtet, und nach einer temporären Birkenphase folgt die für die späte Eisenzeit charakteristische Eichendominanz. Wacholder und Krautige, darunter vor allem Weidezeiger wie *Plantago lanceolata*-Typ, *Rumex acetosa*-Typ und *Pteridium* werden häufiger. Ein Anstieg der krautigen Taxa auf 30–35 % in RPZ 8 (Zeitscheibe 250 n. Chr.) und die weitere Zunahme von *Juniperus* und *Carpinus* lassen auf intensive Landnutzung schließen (Waldweide, Mittelwaldwirtschaft; s. Exkurse Kap. 19 und 20). Die von den Römern in die Region eingeführten Kulturpflanzen Roggen (*Secale cereale*), Walnuss (*Juglans regia*) und Esskastanie (*Castanea sativa*) treten erstmals auf. Im Profil Tafeljura (Abb. 24.4) erfolgt im 1. Jahrhundert ein abrupter Rückgang der Eiche, begleitet von hohen Konzentrationen an Mikro- und Makroholzkohle. Danach wird die Umgebung vor allem zur Deckung des Brennholzbedarfs und als Viehweide (koprophile Pilze!) genutzt. Nach einem raschen Rückgang der Siedlungszeiger erfolgt im 3./4. Jahrhundert eine Wiederausbreitung der Buchenwälder (RPZ 9, Zeitscheiben 500 und 750 n. Chr.). Unter massivem Einsatz von Feuer (Mikroholzkohlenkurve!) werden ab dem 7./8. Jahrhundert vor allem im Tafeljura die Buchenbestände gerodet und die landwirtschaftlichen Flächen ausgeweitet. Die Pollendiagramme lassen auf eine kleinbäuerliche Landwirtschaft mit Dreifelderwirtschaft, Allmenden im Rheintal und Viehhaltung auf den sauren Böden des südlichen Hotzenwalds schließen. Im Hochmittelalter (RPZ 10, Zeitscheiben 1000–1250 n. Chr.) entstehen ausgedehnte Eichen-Mittelwälder für Schweinemast und Holzproduktion. Vom Spätmittelalter bis zur frühen Neuzeit erreicht die Zerstörung der Wälder in der Hochrheinregion ihren Höhepunkt (RPZ 11, Zeitscheiben von 1500 bis 2000 n. Chr.), nicht nur wegen Übernutzung der natürlichen Ressourcen durch die Landwirtschaft, sondern vor allem auch als Folge des enormen Holzverbrauchs durch die Eisenhammerindustrie am Hochrhein. Aufforstungen erfolgen in der Neuzeit überwiegend mit Fichten, Kiefern und Lärchen. Die neuzeitlichen Nutz- und Zierbäume *Platanus*, *Robinia* und *Aesculus* machen sich ab dem frühen 18. Jahrhundert bemerkbar, regelmäßige Pollenfunde von *Zea mays* und *Ambrosia* setzen im 20. Jahrhundert ein.

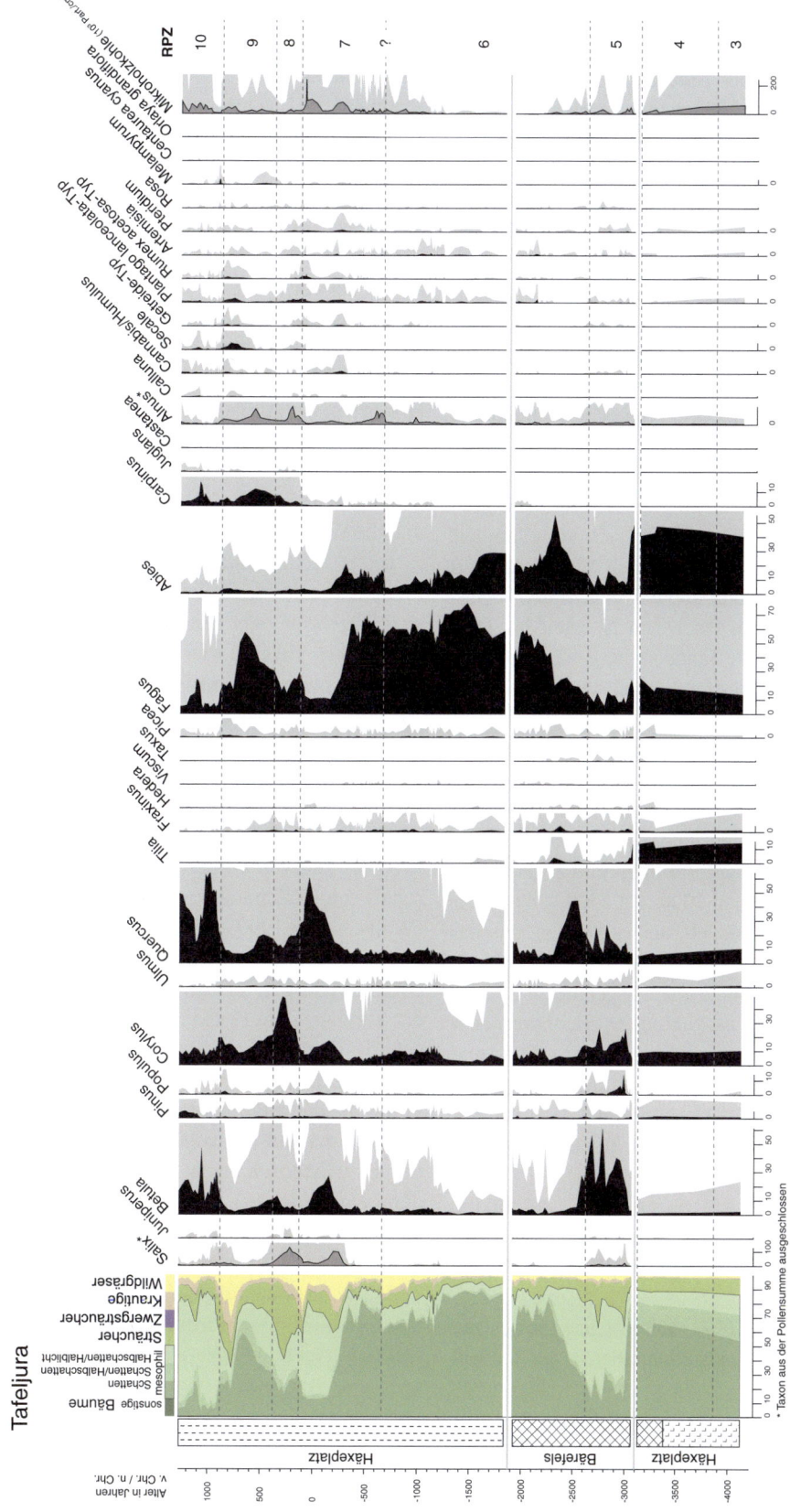

Abb. 24.4 Pollendiagramm für den Schweizer Tafeljura, kombiniert aus zwei Profilen von Karstdolinen: Häxeplatz/Rheinfelden (388 m NN, Wick 2015) und Bärefels/Arisdorf (396 m NN, Wick unveröffentl.)

Siedlungsgeschichte und Landnutzung

Bereits im Alt- und Mittelpaläolithikum hielten sich Menschen am Hochrhein auf. Im jüngeren Mittelpaläolithikum sind vor allem Lagerstellen des Moustérien auf den Mittel- und Hochterrassen und in der Nähe von Silexlagerstätten belegt. Im Jungpaläolithikum (Magdalénien) ist eine Zunahme von Fundstellen zu beobachten, die sich im Mesolithikum fortsetzt. Erste frühneolithische Siedlungsspuren (5300–5000 v. Chr.) im Raum Basel und am östlichen Hochrhein bei Schaffhausen sowie Singen werden der Linearbandkeramik und der La-Hoguette-Gruppe zugeordnet. Mittelneolithische Siedlungsnachweise sind spärlich, aber im frühen Jungneolithikum (4500–4000 v. Chr.), das sowohl Einflüsse von Südwesten (Egolzwil) als auch von der Oberrheinebene (Michelsberg) zeigt, beginnt eine mehr oder weniger kontinuierliche Besiedlung und Landnutzung im ganzen Hochrheingebiet. In diese Zeit datieren auch die für die Region frühesten palynologischen Nachweise von Landnutzung am Bergsee. Die neolithischen Eingriffe in die Wälder wirken sich vor allem auf die Tanne aus, die auf Feuer, Verbiss durch Waldweide und Winterfütterung mit Zweigen empfindlich reagiert und gegenüber der widerstandsfähigeren Buche im Nachteil ist. Dies mag auch erklären, weshalb die Tanne in der Bodenseeregion (s. Kap. 10) nie richtig Fuß fassen konnte, obwohl es dafür weder klimatische noch edaphische Gründe gibt: Vermutlich verlief einer der Einwanderungswege von Südwesten her entlang der Jurakette bis in die Region Basel und von dort im Hochrheintal nach Osten. Dort wurde die *Abies*-Ausbreitung durch anthropogene Aktivitäten und die Konkurrenz der Buche verlangsamt oder gestoppt. Im Spät- und Endneolithikum, mit Schwerpunkt zwischen 3000 und 2500 v. Chr., war das Hochrheingebiet dicht besiedelt, und es wurden, wie das Diagramm aus dem Schweizer Tafeljura zeigt (Abb. 24.4), auch die abgelegenen Waldgebiete intensiv genutzt.

Aus der Bronzezeit gibt es zahlreiche Siedlungsnachweise. Bemerkenswert sind vor allem mehrere mittel- und spätbronzezeitliche Fundstellen im Fricktal (CH), die unter mächtigen Kolluvien erhalten geblieben sind. Die Pollendiagramme zeigen in dieser Zeit maximale Buchenwerte und nur wenig Einsatz von Feuer. Dies lässt auf eine Änderung der Landnutzungsverfahren gegenüber dem Neolithikum schließen. In der Spätbronzezeit entstanden auf strategisch günstig gelegenen Anhöhen, wie dem Basler Münsterhügel, erste befestigte Siedlungen.

Aus der älteren Eisenzeit (800–450 v. Chr.) gibt es nur vereinzelte archäologische Fundstellen, aber in der Latènezeit zeichnet sich mit der Gründung von keltischen Großsiedlungen (z. B. Basel-Gasfabrik, 155–80 v. Chr. und Basel-Münsterhügel) eine Zentralisierung ab. Große Buchenwaldgebiete werden in Eichen-Mittelwälder für die Schweinemast umgewandelt.

Im späten 1. Jahrhundert v. Chr. gelangt das ganze Hochrheingebiet unter römische Kontrolle. Auf dem Territorium der keltischen Rauriker wird 44 v. Chr. die Colonia Raurica gegründet, um ca. 15 v. Chr. beginnt der Bau des Koloniehauptortes und Militärlagers Augusta Raurica. Die Rodung der Eichenbestände am 7 km entfernten Häxeplatz hängt möglicherweise mit der Holzbeschaffung für die erste Bauphase zusammen (Wick 2015). In der Umgebung entstehen zahlreiche Gutshöfe für die Versorgung mit Nahrungsmitteln. Nach dem Fall des Limes um 260 n. Chr. bildet der Hochrhein bis zum endgültigen Abzug der römischen Truppen um 401/402 n. Chr. die Reichsgrenze. Germaneneinfälle, Erdbeben und Klimaverschlechterungen sorgen ab Mitte des 3. Jahrhunderts für einen Bevölkerungsrückgang und die Wiederbewaldung von landwirtschaftlichen Flächen.

Im 6./7. Jahrhundert entstehen mit der Gründung des Frauenklosters Säckingen und der Einrichtung des Bischofssitzes in Basel zwei neue Machtzentren am Hochrhein. Als königliches Eigenkloster ist das Stift Säckingen mit ausgedehnten Ländereien ausgestattet. Von hier aus wird im 8.–10. Jahrhundert der Hotzenwald erschlossen. Im Jahre 1173 überträgt Friedrich Barbarossa die Reichsvogtei über das Kloster und seine Besitztümer am Hochrhein, im südlichen Hotzenwald und im Fricktal an die Grafen von Habsburg, die die Region bis zur Besetzung durch die Franzosen im Jahre 1799 als Teil von Vorderösterreich verwalten und die Landschaft mit Waldnutzungsrechten und Forstgesetzen prägen (Wullschleger 1990, 1992).

Im Mittelalter entwickelt sich die Hochrheinregion zu einem wichtigen Zentrum der Eisenindustrie. Das Eisenerz wird aus dem Fricktal zur Verhüttung an den Rhein geschafft. Dort wird ab dem 12. Jahrhundert Wasserkraft von den Rheinzuflüssen für den Antrieb der Schmiedehämmer und Blasebälge eingesetzt. Im 16. Jahrhundert beginnt sich ein Holzmangel abzuzeichnen, der mit dem Bau von modernen Hochöfen nach dem Dreißigjährigen Krieg und dem zunehmenden Nutzungsdruck durch die Landwirtschaft so gravierend wird, dass Waldordnungen zum Schutz der Wälder erlassen werden, darunter im Jahre 1786 die für die damalige Zeit sehr fortschrittliche vorderösterreichische Waldordnung, die unter anderem die Waldweide weitgehend verbietet.

Literatur

Becker A, Angelstein S (2004) Rand- und subglaziale Rinnen in den Vorbergen des Süd-Schwarzwaldes bei Bad Säckingen, Hochrhein. Eiszeitalter und Gegenwart 54: 1–19

Becker B, Ammann B, Anselmetti FS, Hirt A, Magny M, Millet L, Rachoud AM, Sampietro G, Wüthrich C (2006) Palaeoenvironmental studies on Lake Bergsee, Black Forest, Germany. Neues Jahrbuch für Geologie und Paläontologie 240: 405–445

Bider M, Herrenschneider A, von Ruloff H, Schüepp W (1984) Die klimatischen Verhältnisse in der weiteren Basler Region. Regio Basiliensis 25: 53–83

Brodtbeck T, Zemp M, Frei M, Kienzle U, Knecht D (1997, 2000) Flora von Basel und Umgebung, 1980–1996. Mitteilungen der Naturforschenden Gesellschaften beider Basel, Bd 2, 3, Lüdin, Liestal

Duprat-Oualid F, Rius D, Bégeot C, Magny M, Millet L, Wulf S, Appelt O (2017) Vegetation response to abrupt climate changes in Western Europe from 45 to 14.7k cal a BP: The Bergsee lacustrine record (Black Forest, Germany). Journal of Quaternary Science 32: 1008–1021

Härri H (1932) Löss- und pollenanalytische Untersuchungen am Breitsee (Möhlin, Aargau). Mitteilungen der Aargauischen Naturforschenden Gesellschaft 19: 99–152

Hegg O, Beguin C, Zoller H, (1993) Atlas schutzwürdiger Vegetationstypen der Schweiz. Bundesamt für Umwelt, Wald und Landschaft (BUWAL), Bern

Knopf T, Fischer E, Kämpf L, Wagner H, Wick L, Duprat-Oualid F, Floss H, Frey T, Loy AK, et al. (2019) Zur Landnutzungsgeschichte des Südschwarzwaldes – Archäologische und naturwissenschaftliche Untersuchungen. Fundberichte aus Baden-Württemberg 39: 19–101

Moor M (1968) Der Linden-Buchenwald. Vegetatio 16: 159–191

Moor M (1972) Versuch einer soziologisch-systematischen Gliederung des Carici-Fagetum. Vegetatio 24: 31–69

Stössel I, Benz M (2002) Geologie am Hochrhein. In: Fricktalisch-Badische Vereinigung für Heimatkunde (ed) Nachbarn am Hochrhein. Eine Landeskunde der Region zwischen Jura und Schwarzwald Bd. 1, Binkert, Laufenburg CH, 13–37

Wick L (2015) Das Hinterland von Augusta Raurica: Paläoökologische Untersuchungen zur Vegetation und Landnutzung von der Eisenzeit bis zum Mittelalter. Jahresberichte aus Augst und Kaiseraugst 36: 209–215

Wullschleger E (1990) Forstliche Erlasse der Obrigkeit im ehemals vorderösterreichischen Fricktal. Berichte der Eidgenössischen Forschungsanstalt für Wald, Schnee und Landschaft 323. Flück-Wirth, Teufen

Wullschleger E (1992) Der Wald im vorderösterreichischen Fricktal. In: Fricktalisch-Badische Vereinigung für Heimatkunde (ed) Vom Jura zum Schwarzwald. Blätter für Heimatkunde und Heimatschutz 66. Binkert, Laufenburg CH, 1–38

Oberrheinisches Tiefland

Siegfried Schloß, Lucia Wick und Andreas Lechner

25

Rheinlandschaft bei Speyer mit intensiver Nutzung durch Baggerseen, Industrie- und Wohnbebauung und Freizeitnutzung (Foto: wr@_y-foto.de)

Ergänzende Information Die elektronische Version dieses Kapitels enthält Zusatzmaterial, auf das über folgenden Link zugegriffen werden kann [https://doi.org/10.1007/978-3-662-68936-3_25].

S. Schloß (✉)
Staatliches Museum für Naturkunde, Karlsruhe, Deutschland
e-mail: s.schloss@t-online.de

L. Wick
Geoökologie, Dept. Umweltwissenschaften, Universität Basel, Basel, Schweiz

A. Lechner
Institut für Geographie, Universität Osnabrück, Osnabrück, Deutschland

© Der/die Autor(en), exklusiv lizenziert an Springer-Verlag GmbH, DE, ein Teil von Springer Nature 2024
I. Feeser et al. (Hrsg.), *Vegetationsgeschichte der Landschaften in Deutschland*, https://doi.org/10.1007/978-3-662-68936-3_25

Der Naturraum

Das Oberrheinische Tiefland erstreckt sich auf einer Länge von rund 300 km und einer Breite von 30–50 km zwischen Basel und Mainz (Abb. 25.1). Im Süden ist es vom Schweizer Jura, im Westen von den Vogesen und im Osten vom Schwarzwald begrenzt. Im nördlichen Bereich bilden westlich der Pfälzerwald sowie östlich Kraichgau und Odenwald die Grenzen. Das Rhein-Main-Tiefland und das Rheinische Schiefergebirge grenzen das Gebiet nach Norden ab.

Das Oberrheinische Tiefland, das durch tektonische Dehnungs- und Zerrungsprozesse in der Erdkruste und im oberen Erdmantel entstanden ist, ist Teil des Europäischen Grabenbruchsystems (ECRIS), das sich vom Mittelmeer bis nach Skandinavien erstreckt. Aufgrund der durch alpine Orogenese verursachten Anhebung der Grabenschultern verstärkte sich die Grabeneinsenkung, die im Eozän vor rund 50 Mio. Jahre begann. Das Oberrheinische Tiefland ist gleichsam der eingebrochene Scheitel eines kristallinen Grundgebirge-Gewölbes. Miozäner Vulkanismus am Kaiserstuhl und kleinere Bruchsysteme im nördlichen Teil des Grundgebirges sind weitere Zeugen tektonischer Störungen, die die heutige Morphologie und Landschaft geprägt haben. Pliozäne und pleistozäne Ablagerungen von Schotter und Sanden haben zur Auffüllung der Grabensenkung beigetragen. Die Basis dieser Lockersedimente liegt bei Heidelberg mehr als 700 m unter NN („Heidelberger Loch"). In diese Ablagerungen hat sich vor 15–20 Mio. Jahre der Urrhein eingegraben, der seinerzeit nur bis an den südlichen Teil der Tiefebene reichte und noch keine Verbindung zum Alpenrhein hatte. Im Frühpleistozän war durch Aare und Hochrhein die Anknüpfung an das Schweizer Mittelland und an den Bodensee erfolgt, danach im mittleren Pleistozän die Anbindung an den Alpenrhein zum heutigen Flusssystem. Lithostratigraphisch werden im südlichen Oberrheingraben die Neuenburg-, die Breisgau- und die Iffezheim-Formation unterschieden, im nördlichen Teil weiterhin die Iffezheim-, die Viernheim-, die Ludwigshafen- und die Mannheim-Formation. Die fluviatile Morphodynamik des Rheins sowie seiner Neben- und Zuflüsse, der Wechsel zwischen Kalt- und Warmzeiten sowie das nach Norden abnehmende Gefälle des Rheins führten zur Ausbildung der sogenannten Furkationszone mit überwiegend parallel verlaufenden Rheinläufen. Diese Furkationszone reduzierte sich im Laufe des Spät- und Postglazials, in dem sich von Norden her aufgrund von geringerer Fließgeschwindigkeit des Rheins die Mäanderzone bis in den Raum Karlsruhe/Rastatt ausbildete. Neben den vom Rhein fluviatil geschaffenen Landschaftselementen kam es auf den außerhalb des Rheinregimes liegenden Bereichen zur Ausbildung von lössbedeckten Terrassensystemen und Dünenbildungen auf der Niederterrasse, die durch die Schwemmfächer der seitlich zuströmenden Bäche unterteilt wurden und mit dem sogenannten Hochgestade, einer markanten, bis über 10 m hohen Geländestufe, den Übergang zur Rheinaue bilden. Die kulturtechnischen und wasserbaulichen Maßnahmen seit dem 19. Jahrhundert wie Rheinbegradigung, Rhein-Seitenkanal, Schlingenlösung, Bau von Staustufen, und steuerbaren Rückhalteräumen sowie großflächige industrielle Ansiedlungen hatten gravierende Landschaftsveränderungen wie den Verlust von Auenwäldern zur Folge.

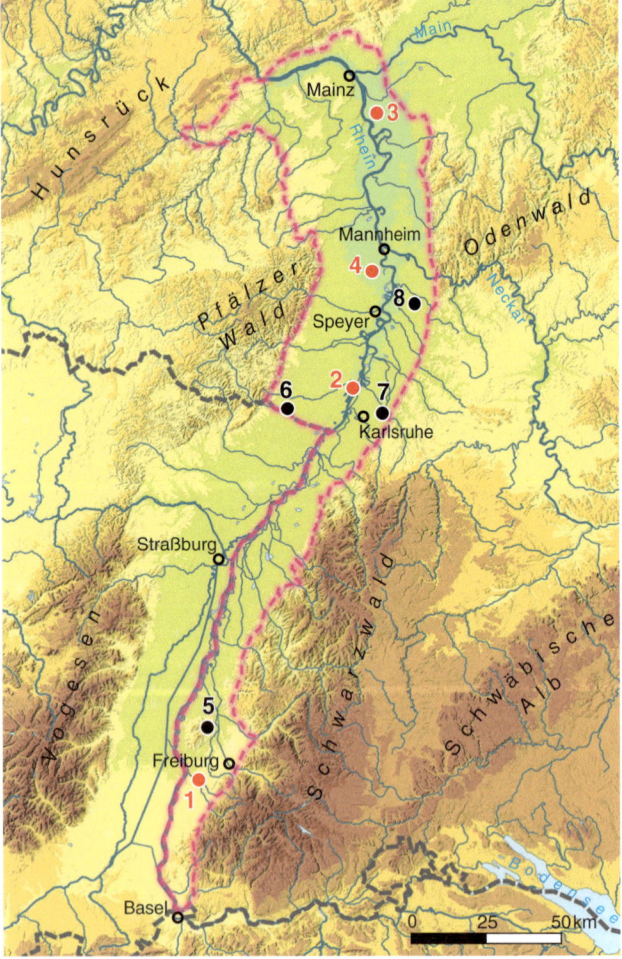

Abb. 25.1 Karte des Oberrheinischen Tieflands mit pollenanalytisch untersuchten Lokalitäten für das standardisierte Pollendiagramm: 1 Mengen, 2 Hördt, 3 Dornheimer Lache. Zusätzlich diskutiertes Diagramm: 4 Neuhofen. Weitere im Text erwähnte Lokalitäten: 5 Wasenweiler Ried Ost, 6 Lautermoor, 7 Weingartner Moor, 8 Walldorf

Böden

Die Böden im Oberrheintiefland werden im Bereich der rezenten Aue und der Altaue vom Überflutungsregime des Rheins und den hohen Grundwasserständen geprägt, die zusätzlich durch zufließendes Grundwasser erhöht werden, das von der Niederterrasse am Fuße des Hochgestades in die Auenbereiche einströmt. Das führte zur Ausbildung von Auengleyen, Auenpararendzinen und anmoorigen Bodenbildungen. Die terrestrischen Böden der höher liegenden Terrassenformationen, mit Lössablagerungen unterschiedlicher Mächtigkeit, sind Parabraunerden, Pararendzinen und Tschernoseme. Die Schwemmfächer der seitlich zufließenden Bäche der Randgebirge haben Kolluvien und Schwemmlösse als Ablagerungen. Im nördlichen Teil des Oberrheintieflandes sind Dünenzüge und Flugsanddecken den Schwemmfächern und Terrassen aufgelagert.

Klima

Das Klima im Oberrheinischen Tiefland weist eine subatlantische Prägung auf, bedingt durch subtropische Warmluftmassen, die über die burgundische Pforte von Süden hereinströmen und auf subpolare Kaltluft vom Norden treffen, sodass eine Art Übergangscharakter zwischen den kontinentalen und den maritim-atlantischen Luftmassen besteht. Lange Sonnenscheindauer, hohe Sommertemperaturen vor allem im südlichen Teil der Oberrheinebene mit Durchschnittswerten von 20 °C und Jahresmittel von 11 °C bedeuten eine Klimagunst, die in Süd-Nord-Richtung nur wenig variiert. Die West-Ost-Temperaturgegensätze und Niederschläge sind durch die Leelage der Vogesen und des Pfälzerwaldes sowie durch die Luvseite von Schwarzwald und Odenwald mit Steigungsregen deutlich ausgeprägter. Mit einem Jahresniederschlag von 500 mm bildet der Kaiserstuhl eine regelrechte Trockeninsel im Oberrheintiefland, während ansonsten zwischen 600 und 700 mm Jahresniederschläge fallen, die ein sommerliches Maximum aufweisen. Bei Inversionswetterlagen im Winter ist das Oberrheintiefland von dichten Nebellagen erfüllt, während die Randgebirge über der Nebeldecke meist sonniges und mildes Klima aufweisen.

Heutige Landnutzung

Die natürliche Trennung zwischen der rezenten Rheinaue/Altaue und der höherliegenden Niederterrasse bestimmen die Landnutzung und Besiedlung. Der Rhein als große europäische Wasserschifffahrtsstraße hat zu Hafenanlagen, damit verbundenen Industrieansiedlungen und einer Erweiterung der Siedlungen geführt. Intakte Auenwaldungen mit Weich- und Hartholzauen sind entweder ausgestockt oder neben den einheimischen Arten wie Eiche, Ulme und Esche forstlich mit Pappel- und Edellaubholzbeständen oder mit Bergahorn und eingeführter Schwarznuss durchmischt. Auf trockeneren, kiesigen Standorten kommt Waldkiefer vor, auf an nur wenigen Tagen überfluteten Standorten wächst die Buche. Außerhalb des Waldes bedingen die hohen Grundwasserstände feuchte Grünlandgesellschaften, die als Mähwiesen genutzt werden. Sofern eine Mähnutzung unterbleibt, entwickeln sich diese Wiesenstandorte zu Erlenbruchwäldern. Auf weniger feuchten Böden wird Ackerbau betrieben, Hackfrüchte, Zuckerrüben, Getreide und Kartoffel sind die Hauptfeldfrüchte. Durch Nassbaggerung der Kiesindustrie sind – auf ehemaligen landwirtschaftlichen Flächen – zahlreiche Baggerseen entstanden, die als Freizeitanlagen und für den Angelsport genutzt werden. Auf der Niederterrasse sind die Wälder der Schwemmfächer mit Hainbuchen-Eichen-Buchen-Wäldern bestockt. Auf Dünenzügen und Flugsanden herrscht die Kiefer vor. Zwischen den Wäldern und den höher liegenden ackerbaulich genutzten Lössterrassen liegen Grünlandflächen in feuchter Ausbildung, die als Mähwiese oder Viehweide genutzt werden. Die Klimagunst begünstigt auf den Terrassen eine intensive Kultivierung von Sonderkulturen wie Gemüse-, Spargel- und Tabakanbau bis hin zum Weinbau, der sich zwischenzeitlich von den steileren Lagen am Gebirgsrand in die Ebene ausgedehnt hat.

Potenzielle natürliche Vegetation

Die potenzielle natürliche Vegetation im Oberrheinischen Tiefland ist in den Bundesländern Hessen, Rheinland-Pfalz und Baden-Württemberg bearbeitet oder liegt in neuer Bearbeitung vor (Reidl et al. 2013). Ausgehend vom Ufer des Rheinstroms wird die dominierende Waldgesellschaft der Weichholzaue von Silberweiden, Korbweiden und Schwarzpappel gebildet. Die Weidenaue ist eine stabile Pflanzengesellschaft, die für ihre Verjüngung auf offene Sand- und Kiesflächen angewiesen ist, die durch die Überflutungsdynamik bei Hochwässern permanent gebildet werden. Bei durchflossenen Altrheinarmen fehlen Schwimmblattvegetation und Schilfröhricht weitgehend, während bei abgetrennten ehemaligen Rheinarmen eine üppige Schwimmblattvegetation mit Teichrose (*Nuphar lutea*), Seerose (*Nymphaea alba*), Tausendblatt (*Myriophyllum*), Laichkraut (*Potamogeton*) und Wassernuss (*Trapa natans*) sowie ein ausgeprägter Großseggen- und Schilfgürtel zu finden sind. Durch den Rheinausbau sind im südlichen Teil die dortigen Auen vom Rhein abgeschnitten und nur noch eingeschränkt einer natürlichen Auendynamik ausgesetzt (Abb. 25.2). Die abgesunkenen Grundwasserstände führten zur Ausbildung trockener Standorte und zur Umwandlung in Waldgesellschaften mit Winterlinde, Stieleiche und Kiefer, vereinzelt Flaumeiche und Trockengebüschen mit Sanddorn und Liguster. Auch der Ausbau der Staustufen hat zur weiteren Verringerung der ehemaligen Auenwaldungen geführt, da sich die hydrologischen Verhältnisse durch Dauerstau nachteilig verändert haben. Man spricht deshalb von einer Bastardaue. Bestandsbildend sind Stieleiche, Ulme und Esche, auf höheren Standorten Buche und Bergahorn. Mit Beginn der Mäanderzone ist die Vegetation entsprechend der Überflutungsdauer und Höhe der Überflutung in folgende Stufen

Abb. 25.2 Blick von Osten, Höhe Landau, über das Oberrheinische Tiefland zum Pfälzerwald. Niederungs- und Galeriewald, Siedlungen, Weinbau und Grünland. (Foto: wr@fly-foto.de)

einzuteilen, die eine hohe Natürlichkeit aufweisen: Die tiefste Stufe ist die Weichholzaue; die Weidenbestände ertragen bis zu 180 Tage Überflutung und Überflutungshöhen von 4 m. Die tiefe Hartholzaue hat bei Überflutungen von bis 140 Tagen und Überflutungshöhen von bis zu 2,7 m ein gedeihliches Auskommen und wird durch Stieleiche, Feld- und Flatterulme sowie eine üppige Strauchschicht von Schneeball und Rotem Hartriegel mit Frühjahrsgeophyten geprägt. In der hohen Hartholzaue mit nur wenigen Tagen Überflutung kommen Buche und Hainbuche, auf trockenen Kieshügeln auch die Waldkiefer vor. Die Altmäander, hinter dem heutigen Rheinhauptdeich gelegen, sind bei hoch anstehendem Grundwasser Standort von Erlen- und Eschenwäldern, die auf teilweise anmoorigem Boden stocken.

Die Niederterrasse bis zu den randlichen Verwerfungen der Vorbergzone ist überwiegend Standort von Perlgras-Buchenwald sowie von Flattergras-Buchenwald auf den lössbedeckten Terrassen, den sogenannten Riedelflächen. Wuchsorte von Buchen-Eichen-Wald, Schwarzerlenbruch, Birkenbruch und Erlen-Eschen-Sumpfwald kommen hauptsächlich auf den Schwemmfächern der zufließenden Seitenbäche vor. Basenarme trockene Sandgebiete in den Randbereichen der Schwemmfächer können als Standort der Waldkiefer gelten. Waldfreie Standorte sind kleinflächig in und an kleinen Stillgewässern und den Altwassern ausgebildet. Im Nordteil des Tieflandes sind Auenwälder nur kleinflächig und schmal vorhanden. Das rheinhessische Tiefland ist wohl seit Langem schon waldarm und besonders niederschlagsarm und weist einen steppenartigen Charakter auf: Standort für wärmeliebenden Hainbuchen-Buchen-Wald unterschiedlichster Ausprägung.

Forschungsgeschichte und Pollenarchive

Die vegetationsgeschichtliche Erforschung im Oberrheintiefland begann mit einer ersten Arbeit von Peter Stark 1925 und hatte mit den Arbeiten von Franz Firbas, Erich Oberdorfer und Siegfried Rothschild einen ersten Höhenpunkt Mitte der 1930er-Jahre. Schwerpunkt der Untersuchungen waren die Altarme des Rheins und des Neckars, dort waren geeignete, anmoorige Sedimente zu finden, die zu ersten, dem damaligen Forschungsstand entsprechenden pollenanalytischen Auswertungen führten, die sich im Wesentlichen auf die Baumarten beschränkten, aber auch erste Makroreste der Wasservegetation enthielten.

Danach gab es eine zeitlich große Lücke, die erst wieder durch Gisbert Grosse-Brauckmann in den 1970er-Jahren geschlossen wurde. Seine Untersuchungen konzentrierten sich allerdings auf den Nordteil der Oberrheinebene. Ab der Jahrtausendwende kam es zu neueren Untersuchungen im gesamten Oberrheintiefland durch die Arbeiten der Arbeitsgruppe um Joop Kalis, dann durch Arne Friedmann und Andreas Lechner sowie durch Adam Hölzer und Siegfried Schloß. Diese Untersuchungen mit absoluten Altersdatierungen, engen Probeabständen und umfangreichem Artenspektrum an Nichtbaumpollen ergaben ein erstes, modernes Abbild der Vegetationsentwicklung des Spät- und Postglazials. Während in der Altaue durch die verlandeten Altarme des Rheins eine durchaus gute Situation für pollenanalytische Untersuchungen gegeben ist, sind geeignete Fundorte auf der Niederterrasse weitaus seltener und beschränken sich im Wesentlichen auf die Schwemmfächer der Bäche, während zu den

Trockenböden der Terrassen bisher keine Untersuchungen vorliegen. Eine vollständige Literaturliste befindet sich im Anhang.

Regionale Wald- und Vegetationsgeschichte

Für die Wald- und Vegetationsgeschichte des Oberrheintieflandes ist es erforderlich, zwischen den Teilräumen der Terrassenlandschaft und der ehemaligen Auenlandschaft, das heißt dem Gebiet vom Hochgestade zum heutigen Rheinstrom, zu differenzieren. Während hier das Wasserregime des Rheins die Vegetationsentwicklung und den Standort bestimmt, sind dort auf den höherliegenden Teilen der Ebene die klimatischen und edaphischen Bedingungen die primären Faktoren der nacheiszeitlichen Entwicklung. Aufgrund geeigneter Pollenanalysen wurde ein zusammengesetztes Pollenprofil konstruiert, das sich aus den Diagrammen Dornheimer Lache, Mengen und Hördt zusammensetzt (Abb. 25.3; s. auch Tab. S 25.1 im elektronischen Zusatzmaterial).

Ergänzend hierzu wurde für die Beschreibung der regionalen Pollenzonen (RPZ) auf Datenmaterial verschiedener Bearbeiter (Friedmann, Hölzer) zurückgegriffen. Die Chronologie basiert auf einer Kombination von pollenstratigraphischen Verknüpfungen und absoluten Altersdatierungen der Profile Mengen (Wick in Ollive et al. 2009), Wasenweiler Ried-Ost (Friedmann 2000), Dornheimer Lache (Bos et al. 2008) und Hördt (v. Wahl unveröffentl.).

Nach dem Würm-Hochglazial beginnt die Vegetationsentwicklung mit einer deutlichen Ausbreitung von Wacholder (*Juniperus*), Sanddorn (*Hippophaë*) und Birken (*Betula*). Diese Phase ist am Oberrhein bisher nur in unveröffentlichten Profilen (Walldorf, Kinzhurst, Mooswald) erfasst und nur in Diagrammen aus ehemaligen Rheinläufen bekannt, sodass ein Beleg für die Bereiche der Niederterrasse fehlt. Ihr Verlauf muss jedoch vorrangig der Rheindynamik mit dem Wechsel von Erosion und Sedimentation zugeschrieben werden. Absolute Altersangaben hierzu fehlen Mit dieser fluviatil bedingten Standortsituation kommt es auf den nicht vom Rhein geprägten Standorten zu Kiefern- und Birkenausbreitung mit Beifuß (*Artemisia*) und Wildgräsern (RPZ 1, Zeitscheiben 11.250 und 11.000 v. Chr.) Örtliches Vorkommen der Kiefer (*Pinus*) ist im nördlichen Teil der Rheinebene durch Makroreste wie Nadeln und Spaltöffnungen nachgewiesen. Eine geschlossene Kiefernwaldgesellschaft kann deshalb vermutet werden.

Im südlichen Teil der Oberrheinebene kommt es bereits zu einem ersten Auftreten von Eiche (*Quercus*) und Erle (*Alnus*) – Nachweise, die mit den von Oberdorfer (1937) im südlichen Elsass nachgewiesenen ersten thermophilen Laubgehölzen übereinstimmen, sodass eine frühe Einwanderung nicht ausgeschlossen werden kann.

Der Bewaldung im Allerød folgt in der RPZ 2 (Zeitscheiben 10.750 bis 9750 v. Chr.) durch die weitere Ausbreitung der Kiefer. Ihr örtliches Vorkommen ist, wie das des Wacholders, durch Makroreste wie Spaltöffnungen und Nadeln nachgewiesen; ein erster Erlengipfel, wohl Grünerle (*Alnus viridis*), belegt die Klimaverschlechterung in der Jüngeren Dryas. Die Kiefer bleibt weiterhin mit ansteigenden Werten die dominierende Baumart, ebenso steigt die Birke leicht an bei gleichzeitigem starkem Anstieg der Gräser und Kräuter. Dabei weist *Artemisia* zusammen mit Gräsern sehr hohe Werte auf – ein deutlicher Hinweis auf die Jüngere Dryas, die eine gewisse Auflichtung der bisherigen Waldbestände bewirkte, wodurch sich Wacholder, Weide und Sauerampfer (*Rumex acetosella*) erneut stärker ausbreiten konnten. Dennoch kann davon ausgegangen werden, dass in der Jüngeren Dryas eine ziemlich geschlossene Kiefernbewaldung gegeben war. Schwach angedeutet wird die stadiale Phase der Jüngeren Dryas mit kurzem Rückgang der Birken und Wiederanstieg von Wacholder, Sanddorn und *Artemisia* im Nordteil (Weingartner Moor, Walldorf), im Südteil des Tieflandes hingegen nimmt die Kiefer zu.

In der RPZ 3 (Zeitscheiben 9500 bis 8750 v. Chr.) ist weiterhin die Kiefer landschaftsprägend. Birke, Wacholder und Sanddorn gehen weiter zurück. Hasel (*Corylus*), Eiche und Linde (*Tilia*) sind bereits mit geschlossenen Kurven vorhanden. Hölzer und Hölzer (1994) beschreiben im Lautermoor den Nachweis der Friesland-Schwankung, die sich durch einen Vorstoß der Birke und der Zunahme von Mädesüß (*Filipendula ulmaria*) abbildet und deren Ende mit 9920 ± 80 unkalibriert B.P. datiert ist.

Im Boreal (RPZ 4, Zeitscheiben 8500 bis 6500 v. Chr.) erfolgt die Ausbreitung der laubwerfenden und wärmeliebenden Gehölze mit Hasel und Eichenmischwald, die sich kleinräumig in der Reihenfolge ihrer Maximalwerte voneinander unterscheiden und teilweise noch von der Kiefer überflügelt oder von lokalen Lindengipfeln überlagert werden. Der Eichenmischwald breitet sich von Norden nach Süden aus – eine Folge der sich nach Süden verlagernden Mäanderausbildung und Ablagerungen von Hochflutlehmen in den Auen. Die Wasservegetation ist im Boreal in den Altarmen artenreich, mit Seerose (*Nymphaea alba*), Teichrose (*Nuphar lutea*), Tausendblatt (*Myriophyllum*), Laichkraut (*Potamogeton*) und Wassernuss (*Trapa natans*). Die Wassernuss hat am Oberrhein ein isoliertes Vorkommen und war bereits vor dem siedelnden Menschen verbreitet. Es ist zu vermuten, dass sie durch die Jäger und Sammler bereits an geeigneten, wenig oder nicht mehr durchströmten Altrheinarmen ausgebracht und als Nahrungsquelle genutzt wurde. In den feuchten Talauen der zufließenden Seitenbäche waren Erlengaleriewälder mit Fieberklee (*Menyanthes trifoliata*) und Großseggen die prägenden Pflanzengesellschaften.

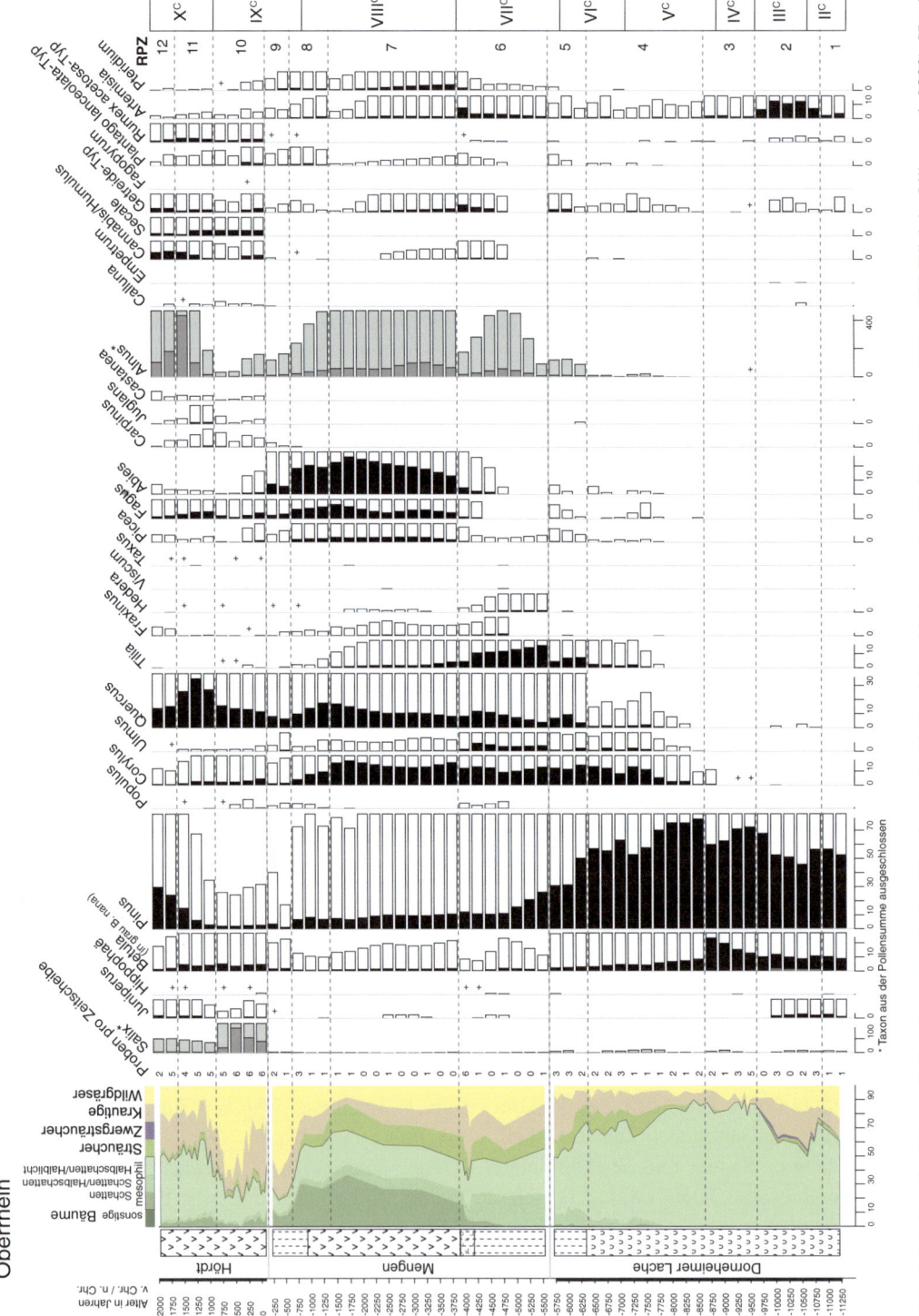

Abb. 25.3 Standardisiertes Pollendiagramm für das Oberrheinische Tiefland, kombiniert aus den Profilen Mengen (212 m NN, Wick in Ollive et al. 2009), Hördt (100 m NN, v. Wahl unveröffentl.) und Dornheimer Lache (87 m NN, Bos et al. 2008)

Mit Beginn des Atlantikums (RPZ 5, Zeitscheiben 6250 bis 5750 v. Chr.) veränderte sich das Vegetationsbild nur wenig, jedoch gehen Kiefer und Birke weiter zurück. Es kommt vor allem im südlichen Teil der Oberrheinebene zu Hasel- und Lindenmaxima. Beide sind häufiger als Eiche und Ulme. Im Nordteil der Tiefebene bilden sich in den Altmäandern des Rheins von der Stieleiche dominierte Eichenmischwälder, was Ausdruck der Ausbildung einer Hartholzaue ist (Abb. 25.4). Erste Nachweise von Buche (*Fagus sylvatica*), Efeu (*Hedera helix*), Mistel (*Viscum album*) und Stechpalme (*Ilex aquifolium*) sind vorhanden, und in den Rheinauen kommt die Wildrebe (*Vitis sylvestris*) vor. Diese ist keine Kletterpflanze, vielmehr wächst sie, von Stützbäumen getragen, mit diesen in die Höhe, um sich über das Kronendach der Stützbäume auszubreiten (s. Exkurs Kap. 17). Bei Waldrodungen oder altersbedingtem Einstürzen der Stützbäume verschwindet die Wildrebe wieder aus den Wäldern.

In der RPZ 6 (Zeitscheiben 5500 bis 4000 v. Chr.) gehen Kiefer und Birke weiterhin stark zurück; Linde, Eiche, Ulme und Hasel erreichen ein erstes Maximum. Efeu, Mistel und Esche sind dem Laubmischwald beigemischt. Die ersten Siedlungszeiger wie Getreide-Typ, *Plantago lanceolata*-Typ und *Rumex acetosa*-Typ treten zusammen mit erhöhten Werten von *Artemisia* und *Pteridium* am Ende des Jüngeren Atlantikums (Chronozone VII^C) auf. Insgesamt sind die hohen Nichtbaumpollen-Werte ein deutlicher Hinweis auf die beginnende Landnahme. Buche und Tanne kommen in geringen Werten in geschlossenen Kurven vor allem im Südteil der Tiefebene vor. Ein erster Erlengipfel geht wohl auf die Schwarzerle zurück, die mit Fieberklee (*Menyanthes trifoliata*) und Sumpffarn (*Thelypteris palustris*) als Begleiter eine azonale Waldgesellschaft in den Bachniederungen der zum Rhein zufließenden Niederungsbäche bildete. Die Tanne (*Abies alba*) hatte gegenüber ihrem heutigen Vorkommen ein größeres Verbreitungsgebiet, das nach Norden über die Vogesen und den Schwarzwald hinaus bis an den östlichen Rand des Pfälzerwaldes reichte (Schloß 2017). Sie ist auf der Niederterrasse sowohl im südlichen Bereich als auch im mittleren Bereich der Tiefebene auf Höhe Karlsruhe nachgewiesen (Lechner 2008).

In RPZ 7 (Zeitscheiben 3750 bis 1500 v. Chr.) breitet sich die Eiche weiter aus, auch Hasel und Buche nehmen zu, während die Ulme fast verschwindet und die Linde in Gänze zurückgeht. Die Tanne bleibt im Südteil noch in Ausbreitung; das dürfte vorrangig durch die Nähe zum Schwarzwald bedingt sein. Die Siedlungszeiger verringern sich, lediglich *Pteridium* zeigt eine stärkere Präsenz.

Mit Beginn der RPZ 8 (Zeitscheiben 1250 bis 750 v. Chr.) kommt es zu einem Rückgang aller Baumarten bei gleichzeitigem Anstieg und Dominanz der Nichtbaumpollen. Die Hainbuche (*Carpinus betulus*) erscheint.

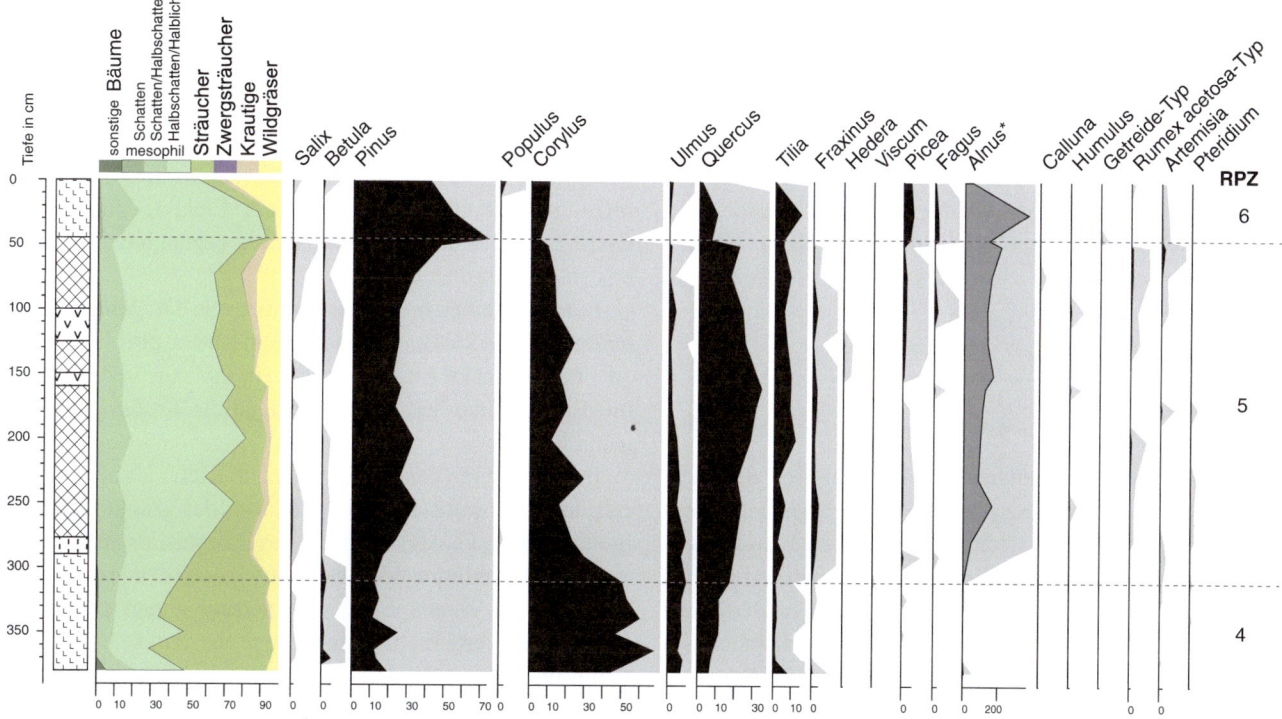

Abb. 25.4 Pollendiagramm Neuhofen 2 (93 m NN, Beyer 1976). Lokalität aus dem Bereich des Auwalds/Paläomäander

In der RPZ 9 (Zeitscheiben 500 bis 250 v. Chr.) am Wechsel vom Subboreal zum Älteren Atlantikum erweitert sich mit der Ausbreitung der Hainbuche die Zahl der Laubgehölze. Gleichzeitig sind deutliche Eingriffe durch beginnende Rodung der Wälder zu verzeichnen, die mancherorts eine fast waldfreie Landschaft bedingen, in der Birke, Wacholder und Weide gleichsam als Pioniervegetation ihren Platz finden und somit im Pollendiagramm wieder verstärkt Ausdruck finden.

In der RPZ 10 (Zeitscheiben 0 bis 750 n. Chr.) bei noch hohen Nichtbaumpollen- und Siedlungszeiger-Werten erholen sich Eiche, Buche und Hasel wieder, auch die Hainbuche nimmt zu. Walnuss (*Juglans regia*) und Esskastanie (*Castanea sativa*) sind wohl durch die Römer eingeführt worden und nun regelmäßig pollenanalytisch nachweisbar. Siedlungszeiger, insbesondere Getreide-Typ und *Secale* sowie *Calluna*, kommen in größerer Menge vor. Die Tanne geht stark zurück. Die Buche ist mit geringen Werten konstant vorhanden. Die Zunahme der Weide im Pollendiagramm kann man als Ausbreitung von Weiden infolge der Rheindynamik und somit jeweils als lokale Erscheinung betrachten.

Die RPZ 11 (Zeitscheiben 1000 bis 1500 n. Chr.) ist durch einen Wiederanstieg von Eiche, Buche, Erle und Weide charakterisiert. Diese Wiederbewaldung ist als Folge der Sukzession und des Standortwandels von der tiefen Weichholzaue zur hohen Hartholzaue im rheinnahen und überfluteten Bereich durch Verlagerung des Rheinstroms, die Ablagerung von Rheinsedimenten, dadurch wechselnde Überflutungshöhen und unterschiedliche Hochwassertoleranzen zu sehen. Außerhalb der vom Rhein beeinflussten Waldstandorte kam es auf der Niederterrasse großflächig zu Waldrodungen und Landgewinnung für die Landwirtschaft.

Nach den Waldrodungen im Mittelalter wurden Waldverordnungen erlassen (RPZ 12, Zeitscheiben 1750 bis 2000 n. Chr.), insbesondere in den bischöflichen Wäldern, die eine geregelte Holznutzung und Waldweide zum Ziel hatten und die letztlich durch Ansaat der Kiefer vor allem auf den Niederterrassen wieder zu geschlossenen Waldbeständen führten.

Kulturgeschichte

Das Oberrheinische Tiefland gilt archäologisch seit dem Neolithikum und der Bronzezeit als reich besiedeltes, teilweise schon waldfreies Siedlungsland. Größere zusammenhängende Waldgebiete bildeten die Altauen und die feuchten Schwemmfächer. Auf den höherliegenden und damit nie vom Rheinhochwasser gefährdeten Terrassenflächen im Oberrheinischen Tiefland lag das bevorzugte Siedlungsgebiet für die beginnende kulturelle und ackerbauliche Entwicklung im Postglazial. Da geeignete Pollenarchive von diesen Standorten weitgehend fehlen und sich vegetationsgeschichtliche Untersuchungen auf Archive aus den weniger genutzten feuchten Landschaftsräumen stützen, ist der pollenanalytische Nachweis der Siedlungstätigkeit für das gesamte Oberrheingebiet schwierig. Aus der Altsteinzeit stammt der Frauenschädel vom Binshof bei Speyer, dessen Alter auf 28.000–20.000 Jahre geschätzt wird. Die Weidenthal-Höhle bei Wilgartswiesen im Pfälzerwald gilt als mesolithischer Siedlungsplatz, ebenso die Kleine Kalmit bei Landau. Eindeutige pollenanalytische Nachweise menschlicher Aktivität für diese Zeitabschnitte fehlen, da die zu vermutenden Eingriffe gering und nur von lokaler Bedeutung waren. Die Jungsteinzeit ist archäologisch weitaus besser erforscht. Die linearbandkeramische Siedlung und die Doppelring-Grabenanlage von Herxheim bei Landau (5000 v. Chr.) sind zwar in ihrer Bedeutung und Interpretation der damaligen Geschehnisse – von rituellem Grabplatz über Kriegsereignisse bis hin zu Kannibalismus – derzeit noch strittig, jedoch ist aus Vorratsgruben bekannt, dass, wie in anderen jungsteinzeitlichen Siedlungen, Ackerbau mit Emmer, Einkorn und Hülsenfrüchten betrieben wurde. Pollenanalytische Untersuchungen zu Herxheim fehlen jedoch bisher.

Mit der Römerzeit wurden Hafenanlagen und Siedlungen entlang des Rheins gegründet, die damit auch zu größeren Eingriffen in die Auenlandschaft und die dortige Vegetation führten.

Entwicklung der Auenwälder

Da die feuchten Auenlandschaften weder für Ansiedlungen noch für ackerbauliche Nutzung geeignet waren, verlief die Waldentwicklung in diesen Gebieten über weite Strecken der Nacheiszeit relativ ungestört. Sie war jedoch stark von der im Norden nach Süden beginnenden Mäanderausbildung mitbestimmt; sie schuf erst die standörtlichen Voraussetzungen für die Hartholzaue mit Eichen, Ulmen und Eschen, die sich auf diesen Standorten gegenüber der Kiefer erst spät durchsetzten.

Einen Einblick hiervon vermittelt das Diagramm Neuhofen 2 (Abb. 25.4), aus einem Altmäander, dort kommt es zu einer typischen Ausbildung der Hartholzaue in der RPZ 5 mit Eiche, Ulme und Esche, während die Kiefer subdominant bleibt.

Insofern ist die hochwassertolerante Kiefer als natürlicher Bestandteil sowohl der Auen wie auch des gesamten Oberrheinischen Tieflandes während des Postglazials anzusehen, zumal die Kiefernwälder der Mittelgebirge wie etwa im Schwarzwald bereits im Boreal verschwunden sind (vgl. Kap. 23). Datierte Eichenstammfunde aus dem frühen Atlantikum im Bereich der Furkationszone sind bekannt. Wegen der Dominanz der Kiefer im Pollenniederschlag muss man sie jedoch eher als kleinflächige Vorkommen interpretieren und noch nicht als ausgeprägte Waldungen der Hartholzaue.

Literatur

Beyer R (1976) Pollenanalytische und sedimentologische Untersuchung einer verlandeten Rheinschlinge bei Neuhofen (Pfalz). Unveröffentlichte Diplomarbeit, Universität Göttingen

Bos JAA, Dambeck R, Kalis AJ, Schweizer A, Thiemeyer H (2008) Palaeoenvironmental changes and vegetation history of the northern Upper Rhine Graben (southwestern Germany) since the Lateglacial. Netherlands Journal of Geosciences – Geologie en Mijnbouw 87: 67–90

Friedmann A (2000) Die spät- und postglaziale Landschafts- und Vegetationsgeschichte des südlichen Oberrheintieflands und Schwarzwalds. Freiburger Geographische Hefte 62: 1–222

Hölzer A, Hölzer A (1994) Studies on the vegetation history of the Lautermoor in the Upper Rhine valley (SW-Germany) by means of pollen, macrofossils and geochemistry. In: Lotter AF, Ammann B (eds) Festschrift Gerhard Lang. Beiträge zur Systematik und Evolution, Floristik und Geobotanik, Vegetationsgeschichte und Paläoökologie. Dissertationes Botanicae 234. Cramer, Berlin, Stuttgart, 309–336

Lechner A (2008) Paläoökologische Beiträge zur Rekonstruktion der holozänen Vegetations-, Moor- und Flussauenentwicklung im Oberrheintiefland. Sierke Verlag, Göttingen

Reidl K, Wolf T, Koltzenburg M, Herter W, Bushart M, Suck R, Michiels HG (2013) Potentielle natürliche Vegetation von Baden-Württemberg. Verlagspublikation Umweltverwaltung Baden-Württemberg, Ubstadt-Weiher

Oberdorfer, E (1937) Zur spät- und nacheiszeitlichen Vegetationsgeschichte des Oberelsasses und der Vogesen. Zeitschrift für Botanik 30: 513–572

Ollive V, Petit C, Garcia J, Wick L, Schlumbaum A (2009) La paysage antique. In: Reddé M (ed) Oedenburg – Fouilles françaises, allemandes et suisses à Biesheim et Kunheim, Haut-Rhin, France. Volume 1: Les camps militaires julio-claudiens. Monographien des Römisch-Germanischen Zentralmuseums 79. Schnell & Steiner, Regensburg, 17–43

Schloß S (2017) Zur spätholozänen Vegetationsgeschichte und Landnahme im Pfälzerwald – Ein Pollenprofil aus dem Queichtal bei Wilgartswiesen. In: Lechterbeck J, Fischer E (eds) Kontrapunkte. Festschrift Manfred Rösch. Universitätsforschungen zur Prähistorischen Archäologie 300. Philipp von Zabern, Mainz, 65–71

Rhein-Main-Tiefland

26

Astrid Stobbe

Blick in die nördliche Wetterau. Die überwiegend sehr ertragreichen Böden machen sie zu einer der fruchtbarsten Landschaften Deutschlands (Foto: A. Stobbe)

Ergänzende Information Die elektronische Version dieses Kapitels enthält Zusatzmaterial, auf das über folgenden Link zugegriffen werden kann [https://doi.org/10.1007/978-3-662-68936-3_26].

A. Stobbe (✉)
Institut für Archäologische Wissenschaften, Johann Wolfgang Goethe Universität, Frankfurt am Main, Deutschland
e-mail: stobbe@em.uni-frankfurt.de

Der Naturraum

Das Rhein-Main-Tiefland, benannt nach den dortigen Vorflutern, liegt im Süden des Landes Hessen und gehört zu den klimatischen Gunsträumen Deutschlands. Als eine der wirtschaftsstärksten Regionen in Europa wird es heute insbesondere durch die Finanzmetropole Frankfurt am Main geprägt (Abb. 26.1).

Geologisch handelt es sich um ein känozoisches Senkungsgebiet, dessen zentrale Zone im Oberrheinischen Graben liegt. Seine Öffnung und Absenkung erfolgten im frühen Tertiär (Eozän) im Zuge der alpidischen Orogenese. Die ältesten tertiären Ablagerungen liegen auf dem Rotliegenden und repräsentieren Abtragungsprodukte der umliegenden Gebirge, die unter den damals herrschenden tropischen Klimabedingungen verwitterten. Meerestransgressionen führten zur Ablagerung mächtiger Mergel, Tone und Kalke, zusammen mit überwiegend feinkörnigen, tonigen Sedimenten. Seit dem Pliozän dominierte eine terrestrische, durch die regionalen Flüsse geprägte Dynamik. Im Pleistozän herrschten im Großraum periglaziäre Bedingungen mit überwiegend physikalischer Verwitterung vor. Unter diesem Einfluss gelangte Solifluktionsschutt aus den Mittelgebirgen als fluvial transportierte Schotter in die Täler. Dort bildeten sich aufgrund unterschiedlicher Absenkung und durch den Wechsel von Sedimentation und Einschneidung größere Terrassensysteme heraus (Semmel 1989).

Beim phasenweisen Trockenfallen dieser Schotterbetten wurden Sand und Schluff ausgeweht. Der Main bildete dabei eine natürliche Grenze, die der Flugsand aufgrund seiner bodennahen Verlagerung nicht überqueren konnte. Vor allem in der Wetterau wurden hingegen mächtige Lössdecken abgelagert. Ihre hohe Fruchtbarkeit begründet die Bedeutung der Region als Altsiedellandschaft und ertragsreichstem Agrarraum Hessens. Die für die Vegetationsgeschichte dieses Gebietes ausgewerteten Pollendiagramme stammen aus der Wetterau, aber auch aus der von Flugsanden dominierten Untermainebene und somit aus den Kernbereichen des Rhein-Main-Tieflands. Im Folgenden werden daher diese beiden Regionen näher betrachtet.

Die Wetterau liegt nördlich von Frankfurt in der nordöstlichen Verlängerung des Oberrheingrabens (Abb. 26.1). Es handelt sich um eine ausgedehnte Beckenlandschaft (ca. 800 km²), die im Westen vom Taunus und im Osten vom

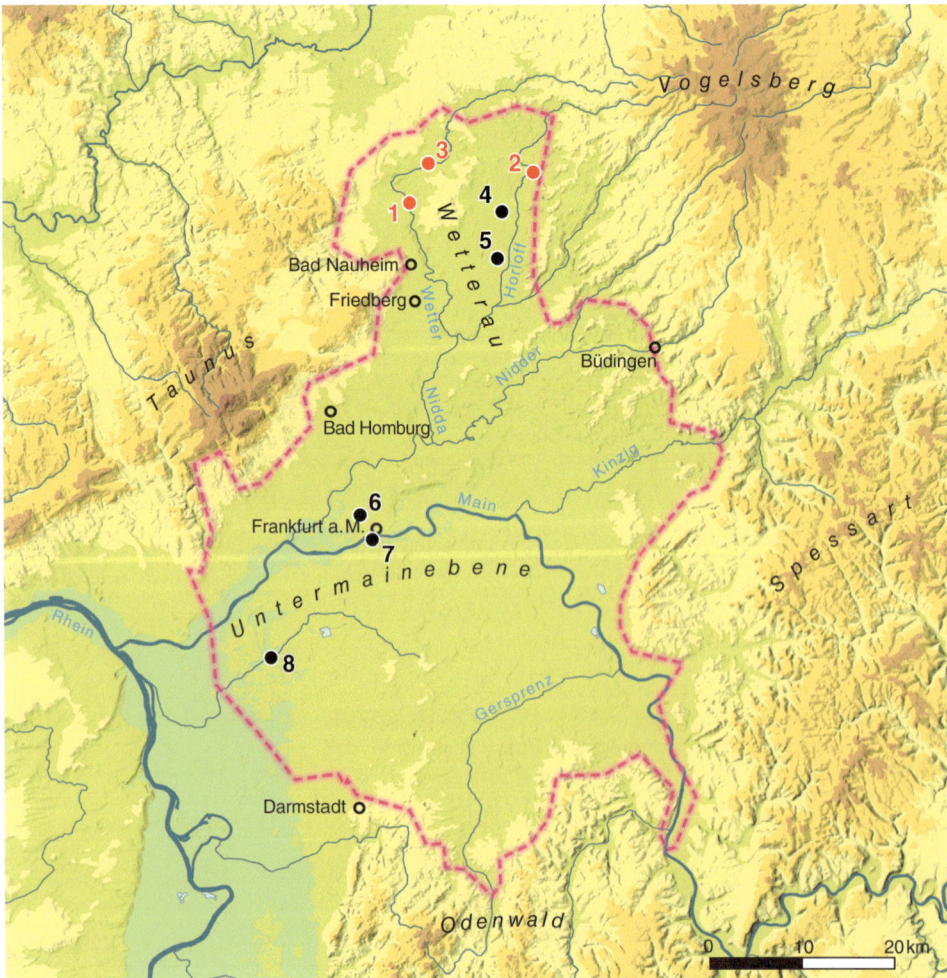

Abb. 26.1 Karte des Rhein-Main-Tieflands inkl. Wetterau mit pollenanalytisch untersuchten Lokalitäten für das standardisierte Pollendiagramm:
1 Oppershofen,
2 Mönchborn.
Zusätzlich diskutiertes Diagramm:
3 Salzwiese.
Weitere im Text erwähnte Lokalitäten:
4 Dorfwiese,
5 Echzell,
6 Senckenbergmoor,
7 Kelsterbacher Terrassen,
8 Mönchbruch

Vogelsberg begrenzt wird. Der weit nach Osten vorspringende Taunuskamm nordwestlich von Friedberg trennt sie in einen südlichen und einen nördlichen Teil. Die Erhebungen bleiben im Wesentlichen unter 250 m NN. Von der Nidda und ihren zahlreichen Nebenflüssen durchflossen, ist sie in zahlreiche Rücken und Senken gegliedert, in deren Grund sich stellenweise breite Auen ausgebildet haben.

Als südlichster Teil der Hessischen Senke war die Wetterau bereits zum Ende des Paläozoikums ein Senkungsbereich und Sedimentationsraum (Kümmerle 1981). Durch die im Tertiär einsetzende verstärkte Bruchtektonik kam es gegenüber der angrenzenden Mittelgebirgsumrahmung wiederum zur tektonischen Absenkung, sodass sich dort mächtige Abtragungsprodukte ablagern konnten. Sie unterlagen im Vorfeld einer intensiven tropischen Verwitterung. Außerdem bildeten sich ausgedehnte Sümpfe, deren Reste die unter anderem aus der Horloffniederung dokumentierten tertiären Braunkohlen sind, deren Abbau von 1804 bis 1991 sowohl im Tiefbau als auch im Tagebau erfolgte. Die starken tektonischen Bewegungen waren in späteren Phasen auch von kräftigem Vulkanismus begleitet, der zur Entstehung des größten zusammenhängenden Vulkangebietes in Mitteleuropa rund um den Vogelsberg führte. Seine Basalte sind bis in die Wetterau verbreitet.

Die Untermainebene erstreckt sich südlich entlang des Mains und wird im Süden und Osten durch den Odenwald und den Spessart begrenzt, im Westen durch den Oberrheingraben. Der durchschnittliche Höhenbereich liegt zwischen 90 m und 150 m NN. Sie ist hauptsächlich durch die flachen, lang gestreckten Stufen unterschiedlich alter Mainterrassen gegliedert, von denen insbesondere die sogenannte Kelsterbacher Terrasse weitflächig oberflächennah ansteht.

Böden und Klima

Nördlich des Mains ist das wichtigste Ausgangssubstrat für die Böden der Löss, der in der gesamten Wetterau verbreitet ist und bis zu 10 m mächtig sein kann (Schrader 1978). Der Klimaxboden ist die Parabraunerde, doch kommen auch Tschernoseme in verschiedenen Degradationsstadien vor. Die Böden der Flusstäler sind aus holozänen Hochflutablagerungen hervorgegangen, die aus schluffig-lehmigen, 1–2 m mächtigen Auenlehmen bestehen. In den Auen sind stellenweise Niedermoore mit stark vererdeten Torfen anzutreffen, in denen örtlich bis zum Beginn des vorletzten Jahrhunderts Torf gestochen wurde.

Die naturräumliche Zugehörigkeit der Wetterau zum Rhein-Main-Tiefland macht sich durch ein günstiges, schwach kontinental geprägtes Klima (8–9 °C Jahresdurchschnittstemperatur) mit warmen Sommern, milden Wintern und relativ geringen jährlichen Niederschlägen (536–650 mm) im Regenschatten des Taunus bemerkbar. Sowohl klimatisch als auch edaphisch gesehen bietet die Wetterau für die Landwirtschaft optimale Bedingungen, wie das Landschaftsbild am Beginn des Kapitels zeigt.

In der Untermainebene südlich des Mains dagegen sind vorwiegend fluviale Schotter verbreitet, die von Flugsanddecken und Binnendünen des Pleistozäns überdeckt sind. Löss fehlt weitgehend. Die sandigen Areale der südlichen Mainterrassen müssen bezüglich der Nährstoffausstattung und des Wasserhaushalts als Ungunststandorte für die Landwirtschaft gelten, doch werden ihre Eigenschaften durch das aufliegende Decksediment, das aus der Jüngeren Tundrenzeit stammt und allerødzeitliche Laacher See-Tephra enthält, deutlich aufgewertet (Plass 1972). Dennoch herrschen vor allem basenarme und podsolige Braunerden mit geringen Nährstoffgehalten vor. Holozäne Sedimente wie Hochflutlehm, Auenlehm, anmoorige Verfüllungen von Altläufen und Moore sind auf die Täler begrenzt und vor allem in der Mainebene und im Hessischen Ried zu finden.

Auch dieses Gebiet gehört zu den wärmsten Deutschlands, und dank der milden Winter ist die Vegetationszeit lang. Die Jahresniederschlagswerte sind gering und liegen im langjährigen Durchschnitt bei 655 mm. Ein großer Teil der Untermainebene ist noch mit Wald bedeckt. Aufgrund des günstigen Klimas finden sich neben Ackerbau vor allem Obstbau und Sonderkulturen.

Vegetation

Das Rhein-Main-Tiefland ist heute eine waldarme Landschaft mit rund 15 % Waldanteil, doch fehlt die ursprüngliche Waldvegetation in ihrer natürlichen Artenzusammensetzung völlig, und die Restbestände sind durch die seit Jahrtausenden angewandten Betriebsformen wie Nieder-, Mittel- oder Hochwaldwirtschaft kaum noch mit dem ursprünglichen Naturwald identisch. Diese Wälder können daher auch nur bedingt für die Rekonstruktion früherer Pflanzengesellschaften herangezogen werden.

Wie im Landschaftsbild am Beginn des Kapitels zu sehen, ist die Wetterau vor allem durch Ackerland geprägt, und in den teilweise breiten Auen herrscht Grünland vor. Pflanzengeographisch liegt sie im Zentrum des Verbreitungsgebietes der Buche, die nach Bohn (1996) heute die Landschaft zu etwa 90 % der Landesfläche prägen würde. Es würde sich um bodenfrische Buchenwälder handeln, in denen die Traubeneiche regelmäßig einzelstammweise vorkommt. In den niederschlagsärmsten Gebieten, inmitten der Trockeninsel um Münzenberg, wären thermophile Traubeneichen-Mischwälder ausgebildet. Heute sind dort Silikat- und Trockenrasen vorhanden. Für die Täler und Talmulden mit sandigen und lehmigen Böden wird ein Sternmieren-Eichen-Hainbuchen-Wald (Stellario-Carpinetum) beschrieben, in Senken und Flutrinnen ein Traubenkirschen-Erlen-Eschen-

Abb. 26.2 Salzwiese bei Münzenberg in der Wetterau (Foto: A. Stobbe)

Wald (Pruno-Fraxinetum). In den breiten Talauen, in denen als potenzielle natürliche Vegetation ein Eichen-Ulmen-Hartholzauenwald (Querco-Ulmetum) oder in der Weichholzaue Uferweidengebüsche wachsen würden, herrscht heute fast ausnahmslos Grünland vor. Im Jahre 1989 wurden über 7000 ha der Auenbereiche zum Landschaftsschutzgebiet erklärt und mehrere Naturschutzgebiete ausgewiesen. Auch die Areale, in denen in der Wetterau Salzquellen an die Oberfläche treten, stehen unter Schutz, denn hier haben sich natürliche Binnensalzwiesen mit einer reichen und sehr speziellen Vegetation entwickelt (sog. Halophyten, Abb. 26.2).

Die Untermainebene dagegen ist vor allem durch sandige Böden charakterisiert und weist daher eine andere potenzielle natürliche Vegetation auf. Aufgrund des zudem sehr trockenen Klimas werden natürliche Kiefernvorkommen seit dem Pleistozän vermutet. Auf sauren Böden werden Moos-Kiefernwälder (Dicrano-Pinetum) postuliert, denen vereinzelt Laubhölzer wie Stieleiche, Eberesche, Aspe und Hängebirke beigemischt waren. Auf den kalkreichen, frischen und sandigen Böden dürften sich ein Kiefern-Laubmischwald oder auch Eichenmischwald einstellen. Heute kommen auf den sandigen Standorten bodensaure Buchen-Eichen-Wälder vor. Auf den Sandstandorten stocken vor allem Kiefern. Diese gehen auf Pflanzungen zurück, die bereits im Jahr 1426 mit Nürnberger Waldsamen und nach Nürnberger Technik erfolgten.

Siedlungsgeschichte

Die ältesten menschlichen Spuren stammen vom *Homo erectus* und wurden in der Umgebung von Münzenberg in der Wetterau gefunden. Das Mündungsgebiet des Mains zeichnet sich neben menschlichen Funden aus dem Jungpaläolithikum vor allem durch zahlreiche mesolithische Fundstellen aus. Seit der Ältesten Bandkeramik (5500 v. Chr.) war das Gebiet eine bevorzugte Siedlungslandschaft, und Ackerbau und Viehzucht bestimmten fortan die Lebensgrundlage der Menschen. Inzwischen sind allein in der Wetterau rund 200 Fundplätze der Bandkeramik bekannt. Im Verlauf der Jungsteinzeit folgten auf die Bandkeramik die Hinkelsteingruppe, die Großgartacher Gruppe, die Kulturstufe Planig-Friedberg und schließlich die Rössener Kultur, im Zuge derer es neben der kontinuierlichen Besiedlung der fruchtbaren Lösslandschaften auch zur Entstehung von Dörfern in zuvor ungenutzten Gebieten kam. Funde aus der jungneolithischen Michelsberger Kultur, die in die Zeit um 4200–3500 v. Chr. datiert wird, sind zahlreich. In dieser Kulturperiode bevorzugten die Menschen die Anlage der Siedlungen auf Geländeerhebungen, die durch Grabenanlagen befestigt waren. Auch in der Terrassenlandschaft der Untermainebene zeigen sich vermehrt Fundstellen. Darauf folgten die Wartberg-Gruppe und schließlich die Becherkulturen (2700–2200 v. Chr.). Funde des Spät- und Endneolithikums sind aus der Wetterau und von den Mainterrassen bekannt und zeigen eine weitflächige Aufsiedlung im Endneolithikum.

Aus der folgenden Frühen Bronzezeit sind kaum Siedlungen bekannt. Die Hügelgräberkultur (1600/1500–1300 v. Chr.) dagegen hat wieder reichen archäologischen Niederschlag im gesamten Gebiet gefunden. Es zeigt sich, dass nun unterschiedlich ausgestattete Naturräume dauerhaft genutzt wurden. So finden sich neben zahlreichen Siedlungen auf Böden aus Löss auch westlich des Mains in hochwassergefährdeten Tallagen Siedlungen, für die eine Mischwirtschaft angenommen wird. Während der folgenden

Urnenfelderkultur (1200–800/750 v. Chr.) war das Rhein-Main-Tiefland flächendeckend besiedelt. Reiche Funde von Sicheln und Mahlsteinen sprechen für einen hohen Stellenwert der agrarischen Produktion, die durch Viehzucht ergänzt wurde.

Aus der Hallstattkultur (750–450 v. Chr.) sind erstmals Gegenstände aus Eisen nachweisbar. Seit dem 4. Jahrhundert v. Chr. gehörte das Gebiet zum Einflussgebiet der frühen Kelten, und das Untermaingebiet gilt als ein kultureller Schwerpunkt in Hessen. Im östlichen Grenzgebiet der Wetterau entstand der Fürstensitz Glauberg. Salzgewinnung aus den salzigen Quellen der Wetterau ist spätestens ab der Latènezeit an mehreren Standorten belegt (s. u.). Rund um die Mineralquellen von Bad Nauheim entwickelte sich in der Spätlatènezeit eine industrieartige Salzproduktion.

Gegen Ende des 1. Jahrhunderts v. Chr. begann die römische Einflussnahme. Die flächendeckende Besetzung erfolgte unter Kaiser Vespasian (69–79 n. Chr.). Entlang des Limes gab es zahlreiche Kastelle, und die Wetterau, die zur Provinz Germania Superior zählte, war von einem dichten Netz von *villae rusticae* überzogen. Die römische Herrschaft endete vermutlich 259/260 n. Chr. mit der Überrennung des Limes durch die Alamannen. 496/497 n. Chr. ging die Wetterau in fränkische Hand über. In der Zeit der Karolinger um die Mitte des 8. Jahrhunderts wurde die Rhein-Main-Region zu einem Kernland des Reiches. Vor allem auch in der nördlichen Wetterau kam es nun zu einer verstärkten Besiedlung.

Seither war die Rhein-Main-Region mit Mainz, Worms und Speyer über Jahrhunderte ein politisches, wirtschaftliches und kulturelles Zentrum Europas. Frankfurt entwickelte sich zu einer bedeutenden Königspfalz. In der Mitte des 12. Jahrhunderts wurde es zur Wahlstadt der deutschen Könige und erwarb das Markt-, Messe- und Münzrecht. In der Stauferzeit, im 12. Jahrhundert, hatte die Wetterau mit den freien Reichsstädten Friedberg und Gelnhausen mit seiner Kaiserpfalz sowie den reichsunmittelbaren Sicherungsburgen Münzenburg, Friedberg und Ronneburg eine enorme politische und strategische Bedeutung.

Eine historische Besonderheit des Rhein-Main-Gebietes ist, dass es niemals eine territoriale Einheit der Region gab, sondern eine tausendjährige Kleinstaaterei vorherrschte.

Pollenarchive

Im Rhein-Main-Tiefland stehen für die Erforschung der regionalen Vegetationsgeschichte ausschließlich Niedermoore zur Verfügung. Sie liegen in der Regel an Überflutungsstandorten in den Flussauen. Ihre torfbildende Vegetation bestand aus Großröhrichten, Großseggenrieden oder Erlenbrüchen. Viele der ehemals vorhandenen Torfvorkommen sind durch Grundwasserabsenkung, diverse Torfstiche und die Gewinnung von „Blumenerde" in den letzten Jahrhunderten zerstört worden. Auch bewirken die andauernde Wasserentnahme für den Großraum Frankfurt sowie die gezielte Trockenlegung der Feuchtgebiete zur Schaffung von Weide- und Ackerflächen, dass nach wie vor Moore vernichtet werden. Im Stadtgebiet Frankfurt fielen Torfablagerungen zudem den nachkriegszeitlichen Baumaßnahmen zum Opfer (z. B. Senckenbergmoor), oder sie sind aufgrund der Bebauung nicht mehr zugänglich. Dennoch konnten Torfmächtigkeiten von über 4 m nachgewiesen werden, die teilweise durch die Überdeckung mit mächtigen Kolluvien seit dem Mittelalter konserviert geblieben sind.

In den Pollendiagrammen wurden weder die Sauergräser noch die Erlen in die Pollensumme aufgenommen, da sie in bestimmten Perioden zur moorbildenden Vegetation gehörten und dadurch einen zu großen Einfluss auf die regionale Pollenkomponente gehabt hätten. Die Pollentypendiversität in den Diagrammen ist überaus hoch. Dies spricht gegen selektive Korrosion, wie sie häufig in zersetzungsanfälligen Niedermooren auftritt. Da die Torfbildner häufig wechselten und dies zu veränderten Wachstumsgeschwindigkeiten führte, sind Interpolationen kaum möglich, und eine hohe Zahl von Radiokarbondatierungen ist für die zeitliche Einordnung der Vegetationsveränderungen erforderlich.

Forschungsgeschichte

Das Rhein-Main-Tiefland blickt auf eine sehr lange pollenanalytische Tradition zurück. Bereits 1836 veröffentlichte Johann Heinrich Robert Göppert Zeichnungen von Pollenkörnern aus der Wetterauer Braunkohle bei Bad Salzhausen. Pollenanalytische Untersuchungen an holozänen Ablagerungen fanden in der Wetterau jedoch vor den 1990er-Jahren nicht statt, obwohl in den 1920er-Jahren Peter Stark als Erster in Deutschland an der Frankfurter Universität eine Abteilung für Palynologie gründete und Franz Firbas und Fritz Overbeck dort als Mitarbeiter tätig waren. Die Wetterau blieb damals palynologisch ausgespart, da in den Tieflagen der Mittelgebirgslandschaften, wie Firbas (1952, S. 27) schrieb: „[…] dem Reichtum an urgeschichtlichen Funden ein begreiflicher Mangel an Mooren und noch ein größerer an Seen gegenüber [steht]. Auch erschweren methodische Unzulänglichkeiten (z. B. Pollenzersetzung) die Untersuchungen." Dies führte dazu, dass trotz der langen Frankfurter Pollentradition und zahlreicher Niedermoorvorkommen vor 1990 keine holozänen Ablagerungen in der Wetterau pollenanalytisch untersucht wurden. Eine Bearbeitung der mehrere Meter mächtigen Niedermoore erfolgte erst seit den 1990er-Jahren am Labor für Archäobotanik des Seminars für Vor- und Frühgeschichte der Universität Frankfurt (heute Institut für Vor- und Frühgeschichte) unter der

Leitung von Arie Joop Kalis. Mehrere Diplomarbeiten sowie Dissertationen (Stobbe 1996; Schweizer 2001; Bos 1998) und zahlreiche Detailstudien im Rahmen von Drittmittelprojekten haben sich seither mit der Vegetationsgeschichte befasst. Die Mehrzahl der palynologischen Arbeiten erfolgt bis heute in Verbindung mit archäologischen Untersuchungen. Bislang wurden zwölf Moore ausgewertet, die den Zeitraum vom Spätglazial bis zum Mittelalter abdecken (Abb. 26.1).

Pollenanalytische Untersuchungen an holozänen Ablagerungen in der Untermainebene fanden dagegen bereits in den 1930er-Jahren statt und konzentrierten sich auf verlandete Altarme des Mains (Rothschild 1935; Baas 1938; Leschik 1994). Im Rahmen des Forschungsprojektes „Global Change – Wandel der Geo-Biosphäre während der letzten 15.000 Jahre. Kontinentale Sedimente als Ausdruck sich verändernder Umweltbedingungen" erfolgten vom Labor für Archäobotanik in Frankfurt neuere Untersuchungen im Untermaingebiet (Bauer 1999; Singer 2006). Eine vollständige Literaturliste befindet sich im Anhang.

Regionale Vegetations- und Waldgeschichte

Für das Standarddiagramm wurden zwei Profile aus der nördlichen Wetterau genutzt (Abb. 26.3). Es wurden die spätglazialen Daten aus einem Niedermoor bei Oppershofen, 141 m NN (Bos 1998) mit holozänen Daten aus dem Niedermoor Mönchborn, Gemeinde Hungen in der nordöstlichen Wetterau, 131 m NN (Stobbe 1996, 2000, 2008a, b, 2009; Stobbe und Gumnior 2021; Stobbe und Bringemeier 2022, vgl. Abb. 26.1) kombiniert. Die Basis für die Chronologie bilden 23 Radiokarbondaten. Diese wurde außerdem durch Datierungen und pollenstratigraphische Verknüpfungen zu weiteren, ebenfalls aus der Wetterau stammenden Archiven verfeinert (Abb. 26.1). Es wurden 15 regionale Pollenzonen (RPZ) untergliedert (s. Tab. S 26.1 im elektronischen Zusatzmaterial). Zusätzlich wurde das Diagramm Salzwiese aus der zentralen Wetterau für den Zeitraum von 2200 v. Chr. bis 1000 n. Chr. hinzugenommen (Abb. 26.4), da sich dort die intensive Nutzung der zentralen Wetterau im Vergleich zu dem eher am Rande des Beckens gelegenen Standarddiagramm deutlicher abzeichnet (Stobbe 2009).

Für die Untermainebene, deren Vegetationsentwicklung sich vor allem aufgrund der fehlenden nährstoffreichen Lössbedeckung von der der Wetterau unterscheidet, steht kein durchgängiges und gut datiertes Pollendiagramm zur Verfügung. Daten aus dem Spätglazial und dem Frühholozän sowie aus dem späten Subboreal/Übergang Subatlantikum stammen aus dem südlich des Frankfurter Flughafens gelegenen Profil Mönchbruch (Abb. 26.1; Bauer 1999; Singer 2006) und von den Kelsterbacher Terrassen (Rothschild 1935; Leschik 1994). Daten aus dem späten Atlantikum und Subboreal fehlen zumeist. Ergänzt werden diese Daten durch die Analysen des Senckenbergmoores, dessen Ablagerungen jedoch im Atlantikum abbrechen (Baas 1938). In östlich von Frankfurt gelegenen Mooren sind bislang ebenfalls keine längeren Sequenzen nachgewiesen. Die Mehrzahl der vorhandenen Ablagerungen stammt auch hier aus dem Frühholozän und dem Subatlantikum.

Spätglazial

Mit dem Ende der Eiszeit (RPZ 1, Zeitscheiben 12.500 bis 11.500 v. Chr.) wurde die Vegetationsbedeckung dichter, und die fluviale Aktivität verringerte sich. In der zunächst offenen Steppenvegetation, in der Wildgräser (Poaceae) und Beifuß (*Artemisia*) von großer Bedeutung waren, breiteten sich Weiden (*Salix*), Wacholder (*Juniperus*), Zwergbirken (*Betula nana*) und Sanddorn (*Hippophaë rhamnoides*) aus. Wenig später folgten Baumbirken, die, zusammen mit Kräutern wie *Seseli libanotis* und *Bupleurum*, sowohl auf den Hochflächen als auch in den Tälern wuchsen. Die Vielzahl der nachgewiesenen lichtliebenden Kräuter belegt aber, dass nach wie vor eine Steppenvegetation vorherrschend war. In den Auen dominierten vor allem Weiden (*Salix*) und Wildgräser.

Im folgenden Alleröd (RPZ 2, Zeitscheiben 11.250 bis 10.500 v. Chr.) verdrängte die aus dem Süden, vermutlich entlang des Rheintals einwandernde Kiefer (*Pinus*) zunehmend die lichtliebenden Kräuter und Wildgräser. Dabei profitierte die Kiefer von dem kontinentalen Klima und dominierte vor allem auf den trockenen Hochflächen. Die Abkühlung der Jüngeren Dryas (RPZ 3, Zeitscheiben 10.250 bis 9750 v. Chr.) brachte größere Mengen an Niederschlägen, und starke Fröste herrschten in den Wintern vor. Auf die Vegetation hatte die Abkühlung aber nur wenig Einfluss. Aufgrund der geschützten Beckenlage des Rhein-Main-Tieflands kam es lediglich zu einer geringen Abnahme der Kiefernbestände.

Holozän

Die auf 9700 v. Chr. datierende Grenze zwischen Spätglazial und Holozän (RPZ 4, Zeitscheiben 9500 bis 8750 v. Chr.) ist prinzipiell durch eine großräumige Wiederbewaldung gekennzeichnet. Die Kiefer hatte die Jüngere Dryas überdauert und konnte somit schnell mit Beginn des Holozäns zur absoluten Dominanz gelangen (über 80 % der Pollensumme). Ihre weite ökologische Amplitude erlaubte es ihr, in der Wetterau sowohl auf den sand- und kiesreichen Böden der Flusstäler und auf den tertiären Sanden um Münzenberg, die höchstens eine dünne Lössdecke trugen, als auch auf den fruchtbaren Böden der Hochflächen zu gedeihen. Im Unter-

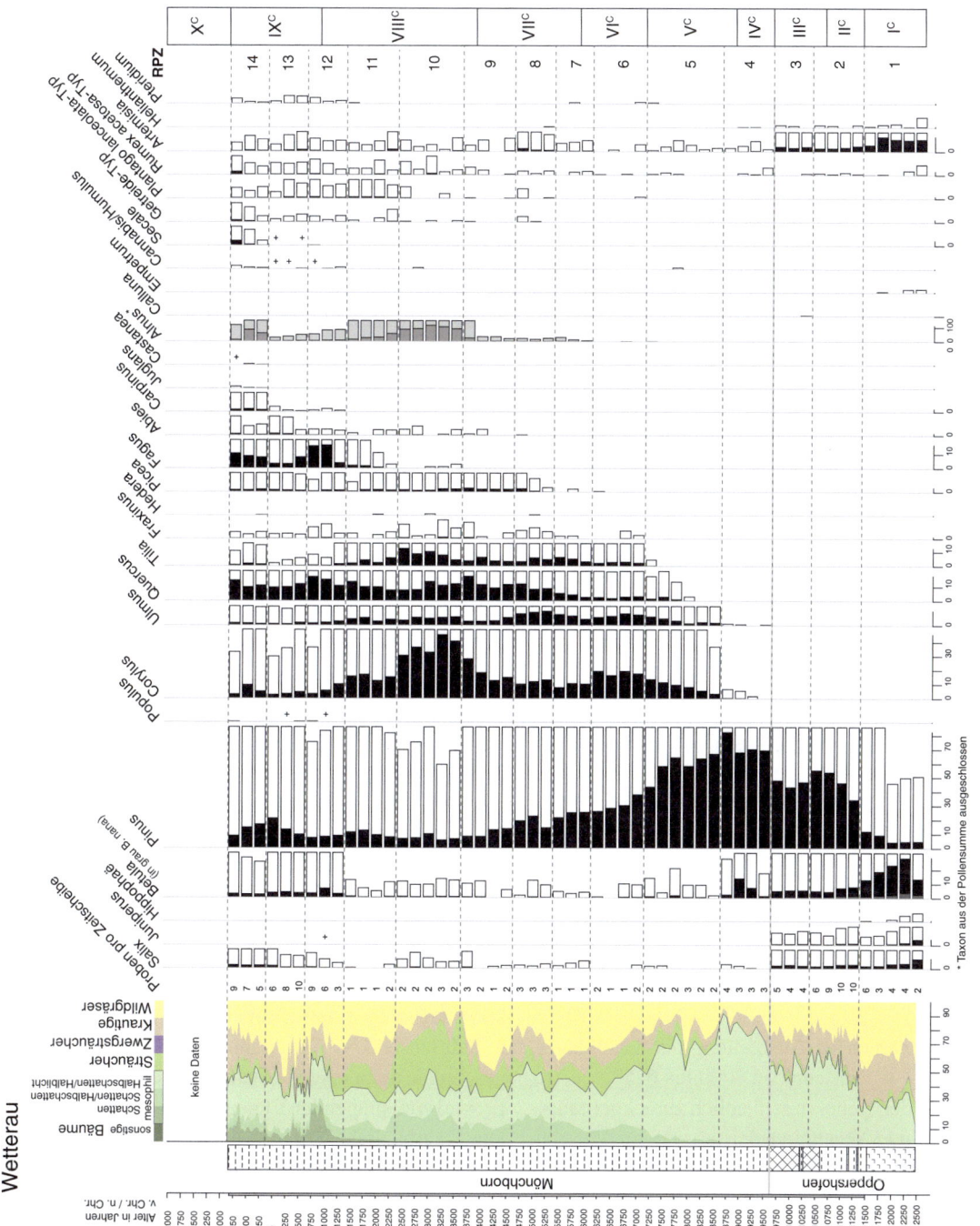

Abb. 26.3 Standardisiertes Pollendiagramm für das Rhein-Main-Tiefland inkl. Wetterau, kombiniert aus den Profilen Oppershofen (141 m NN, Bos 1998) und Mönchborn (131 m NN, Stobbe 1996)

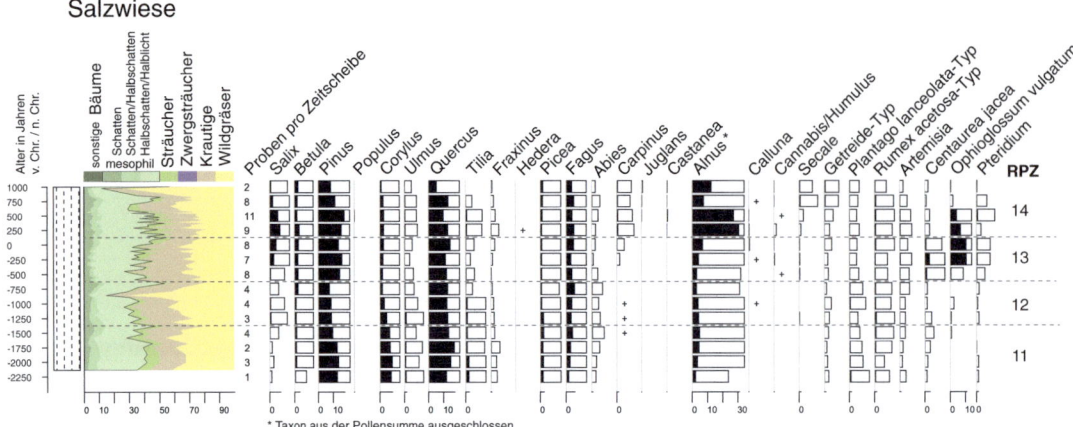

Abb. 26.4 Pollendiagramm Salzwiese aus der Wetterau (150 m NN, Stobbe 2009)

maingebiet breitete sie sich auf den Sanddünen aus. Dabei begünstigte insbesondere das anhaltend kontinentale Klima die Kiefer und verhinderte eine starke Ausbreitung der Birke. Im Verlauf des Präboreals erreichten Hasel (*Corylus avellana*) und Ulme (*Ulmus*) das Untersuchungsgebiet. Die Kiefer blieb bis 7000 v. Chr. die dominante Baumart, obwohl sich die Hasel zunehmend ausbreitete (RPZ 5, Zeitscheiben 8500 bis 7250 v. Chr.). Insbesondere in den trockenen Bereichen in der Wetterau (Trockeninsel um Münzenberg), wo heute die jährlichen Niederschläge unter 600 mm liegen, dominierte die Kiefer, während in den etwas niederschlagsreicheren Gebieten Kiefer und Hasel etwa gleiche Anteile besaßen. In den unteren Mittelgebirgslagen und vor allem im Taunus und Vogelsberg wuchsen hingegen hauptsächlich Haseln (Schäfer 1996, s. Kap. 33 und 35). In der Untermainebene spielte die Hasel lediglich eine untergeordnete Rolle. Bereits Rothschild (1935) betonte, dass dort keine selbstständige Haselphase abgegrenzt werden kann und die Kiefer nach wie vor das Baumpollenspektrum dominiert. Die Laubbäume Ulme und Eiche (*Quercus*) sind vorhanden, und jeweils gegen Ende der Zone treten Linde (*Tilia*) und Esche (*Fraxinus*) auf, doch besaßen sie zu dieser Zeit nur geringe Anteile an der Waldvegetation. Erlenpollen (*Alnus*) ist ebenfalls belegt.

Erst mit der zunehmenden Ausbreitung der Laubbäume im Atlantikum (RPZ 6, Zeitscheiben 7000 bis 6250 v. Chr.) wurde die Kiefer in der Wetterau schließlich zurückgedrängt. Das sich entwickelnde Vegetationsmuster war im Wesentlichen vom Substrat und der Niederschlagsverteilung abhängig. Während sich die Kiefer auf den zentralen, überwiegend mit Löss bedeckten Hochflächen in der Wetterau weiterhin behaupten konnte, nahmen die Anteile der Laubbäume und der Hasel in den niederschlagsreicheren Teilen und zu den Mittelgebirgen hin deutlich zu. Hier stockte insbesondere die Linde, die jedoch im Pollendiagramm aufgrund ihrer geringen Pollenverbreitung stets unterrepräsentiert ist. In der Untermainebene dagegen wurden die Kiefernvorkommen durch die Ausbreitung der Laubhölzer zunächst kaum beeinflusst. Noch im frühen Atlantikum ist im Diagramm Mönchbruch 80 % Kiefernpollen belegt (Bauer 1999) und zeigen so die ungebrochene Dominanz auf den edaphisch ungünstigen Flugsandböden (Schweizer und Kalis 2006; Rothschild 1935; Bauer 1999). Die zu Staunässe neigenden Böden eroberte hingegen vielerorts die Eiche. Die nährstoffreichen, frischen bis feuchten Standorte wurden von einem artenreichen Stieleichenmischwald eingenommen. In den weiten Auenbereichen der Flüsse wuchsen dagegen mit dem Eichen-Ulmen-Hartholzauenwald (Querco-Ulmetum) ähnliche ulmenreiche Wälder. Die Laubbäume breiteten sich auf den trockenen Böden aus Löss immer weiter aus (RPZ 7, Zeitscheiben 6000 bis 5500 v. Chr.) und verdrängten allmählich die lichtliebende Hasel, während südlich des Mains die Kiefer weiterhin dominierte. Hohe Werte der Wildgräser belegen aber nach wie vor auch in der Wetterau lichte Wälder und weitgehend waldfreie Auenbereiche. Erst jetzt tritt die Erle in der Wetterau mit einer geschlossenen Kurve auf, während sie in der Untermainebene bereits im Atlantikum verbreitet war.

Die seit dem Neolithikum kontinuierliche Besiedlung des Rhein-Main-Tieflands führte schon früh zu markanten Veränderungen des Landschaftsbildes und der Umwelt. Ab dem 6. Jahrtausend v. Chr. kann daher auch die Vegetationsgeschichte nicht losgelöst vom Menschen betrachtet werden. Er wird zum prägenden Element der Vegetationsentwicklung. Die ackerbauliche Nutzung der Wetterau und damit auch die anthropogene Beeinflussung der Wälder (RPZ 8, Zeitscheiben 5250 bis 4750 v. Chr.) erfolgte mit der ersten Einwanderungswelle der Linearbandkeramik um 5500 v. Chr. In der trockenen zentralen Wetterau führte dies zu einem Rückgang von Kiefer und Hasel (Schweizer 2001; Schweizer und Kalis 2006), während auf den umliegenden Standorten durch die Schaffung von Siedlungs- und Nutzflächen vor allem Lindenwälder gerodet wurden (Stobbe 1996). Zeitgleich sind primäre (Getreide-Typ) und sekundäre Siedlungszeiger nachgewiesen (*Plantago lanceolata*-Typ, *Rumex acetosa*-Typ und *Artemisia*). In der Untermainebene veränderte sich das Waldbild ebenfalls. Dort breiteten sich Haseln, Eichen und Linden aus und verdrängten stellenweise die Kiefer. Ulme und Esche spielten hier dagegen nach wie vor eine eher untergeordnete Rolle. Erste Hinweise auf menschliche Präsenz treten im Profil Mönchbruch etwa um 5300 v. Chr. auf (Bauer 1999).

Die Fichte (*Picea*) zeigt im gesamten Untersuchungsgebiet nun eine geschlossene Kurve, die aber sicherlich auf Fernflug zurückzuführen ist. Zeitgleich ist für die zentrale Wetterau (Profil Salzwiese, Schweizer 2001) eine nahezu geschlossene Buchenkurve belegt. In den folgenden rund 1000 Jahren sind kontinuierlich Siedlungszeiger nachgewiesen, welche die landwirtschaftliche Nutzung der Altsiedellandschaft im Mittelneolithikum anzeigen. In den Diagrammen aus der Untermainebene fehlen entsprechende Sedimente und auch diejenigen aus der folgenden Zeitstellung bis zum Ende des Subboreals weitgehend, oder sie sind undatiert und pollenanalytisch schlecht aufgelöst.

Vegetationsveränderungen zeigen sich in den Diagrammen aus der Wetterau erneut etwa um 4600 v. Chr. (RPZ 9, Zeitscheiben 4500 bis 3750 v. Chr.), am Ende des Mittelneolithikums. Die Kurve der Hasel beginnt zu steigen, und auch die Wildgräser nehmen deutlich zu. Es entwickelten sich, vermutlich unter dem Einfluss von Waldweide, lichte haselreiche Wälder mit einem dichten Grasunterwuchs. Die Linden- und Ulmenwerte dagegen gehen zurück. Der Lindenrückgang ist vermutlich auf Rodungen zurückzuführen, während der deutliche Ulmenrückgang möglicherweise eher durch eine Winterfütterung der Tiere mit Ulmenlaub bedingt wurde (s. Exkurs Kap. 21). Auch wenn im Profil Mönchborn für diese Zeit keine primären Siedlungszeiger belegt sind, zeigt sich eine landwirtschaftliche Nutzung in den Profilen Echzell und Dorfwiese deutlich (Abb. 26.1). Dort wird sie gar von vermehrten kolluvialen Einschwemmungen begleitet.

Eine weitere offensichtliche Veränderung in den Wäldern beginnt um 4200/4100 v. Chr. mit den Stufen IV und V der Michelsberger Kultur des Jungneolithikums. Die Wildgräser gehen zurück, und die Haselwerte steigen weiter an, bis sie schließlich in einem holozänen Maximum gipfeln (RPZ 10, Zeitscheiben 3500 bis 2500 v. Chr.). Zudem kommt es zu einer Zunahme von Eiche und Ulme. Ab etwa 3200 v. Chr. breitete sich auch die Linde wieder aus und erreicht ihre höchsten Werte im Holozän. Kurz darauf sinken die Werte der Eiche ab. Die Kiefer dürfte in dieser Zeit kaum noch Standorte in der Wetterau besessen haben. Die Wildgräser zeigen ein Minimum. Erstmals breiteten sich Erlenbruchwälder in den Feuchtgebieten der Wetterau aus.

Ein weiteres Kennzeichen in der Mittelgebirgszone zu dieser Zeit ist die nun geschlossene und geringfügig ansteigende Buchenkurve. Obwohl diese heute in den Wäldern der Mittelgebirgsregion dominierende Baumart bereits im Profil Salzwiese im Neolithikum eine geschlossene Kurve aufweist (Schweizer 2001), ist dies im Profil Echzell und Dorfwiese erst ab 3500/3600 v. Chr. und im Profil Mönchborn sogar erst um 2300 v. Chr. zu beobachten. Haselreiche Laubwälder dominierten bis 2200 v. Chr. vor allem in den Randlagen. Das Zentrum der Wetterau dagegen war durch größere landwirtschaftlich genutzte Freiflächen charakterisiert, und die Hasel spielte dort eher eine untergeordnete Rolle.

Mit Beginn der Bronzezeit, um 2200 v. Chr. (RPZ 11, Zeitscheiben 2250 bis 1500 v. Chr.), kam es erneut zu deutlichen Veränderungen der Vegetation. Die Hasel wurde stark zurückgedrängt, und in den Randlagen der Wetterau verschwanden nun auch die Lindenbestände, während die Wildgräser und Siedlungszeiger deutlich zunahmen. Wenig Beeinflussung dagegen zeigt die Eiche in allen Profilen, was darauf schließen lässt, dass ihre Bestände eher geschont wurden. Die Buche ist nun in allen Profilen kontinuierlich mit leicht steigender Tendenz nachgewiesen. Auch in der mittleren Bronzezeit bleiben die Nichtbaumpollenwerte hoch, und die Zahl von Grünlandtaxa ist angestiegen. Gleichzeitig sinken die Erlenwerte deutlich.

Ein Hauptmerkmal der späten Bronzezeit ist die beginnende Massenausbreitung der Buche in den Randlagen der Wetterau (RPZ 12, Zeitscheiben 1250 bis 750 v. Chr.). Im Zentrum dieser Lösslandschaft dagegen, wo nahezu alle potenziellen Buchenstandorte landwirtschaftlich genutzt wurden, waren ihrer Ausbreitung klare Grenzen gesetzt (Abb. 26.4). Gleichzeitig ist die Hainbuche erstmals mit einer geschlossenen Kurve belegt. Die wenigen Daten aus der Untermainebene zeigen, dass zu dieser Zeit dort vor allem die Eiche dominierte, aber auch die Kiefer noch Werte von rund 20 % aufweist, gefolgt von der Hasel. Die Kiefer wuchs vermutlich auf den sauren Sandböden und bildete lichte Wälder, in denen unter anderem Adlerfarn (*Pteridium aquilinum*), Kleiner Sauerampfer (*Rumex acetosella*) und Besenheide (*Calluna vulgaris*) im Unterwuchs vorkamen. Der Nachweis von Nadelresten in einem Moor bei Kelsterbach (Rothschild 1935) spricht für ein insulares Verbreitungsgebiet der Kiefer auf den Dünen und Flugsanden. Auf kalkreichen Sandböden wuchsen vor allem Eichen mit Haseln im Unterwuchs. An den erhöhten Stellen in Bachufernähe stockten Ulmen, wenige Eschen und Linden. Die Buche dagegen erreicht im Profil Mönchbruch, südlich des Frankfurter Flughafens, nicht mehr als 10 %. Vermutlich kam sie lediglich vereinzelt im Waldbild vor, und die nachgewiesenen Pollenkörner stammen von Bäumen, die auf besseren Böden mit niedrigem Grundwasserstand wuchsen. Diese Standorte wiederum wurden aber auch bevorzugt als Kulturland genutzt. Eine intensivere Nutzung der Auenbereiche ist nun belegt.

Ab etwa 750 v. Chr., mit der Eisenzeit, kam es zu starken anthropogenen Eingriffen in die Vegetation. Die Frei- und

Nutzflächen dehnten sich bis in die Randlagen und unteren Mittelgebirgslagen aus. Die Nutzung war so stark, dass der zuvor deutlich sichtbare Unterschied zwischen dem Zentrum der Wetterau und ihren Randgebieten verschwand. Der hohe Nutzungsdruck auf die Landschaft führte vermehrt zu Abspülungen und Bodenumlagerungen (Houben et al. 2012). Auch in der Untermainebene zeichnet sich mit der Eisenzeit eine deutliche Veränderung ab. Vor allem die Eichenwerte gehen stark zurück, während die Kiefernwerte deutlich ansteigen. Gleichzeitig nehmen die Werte von *Pteridium* zu und belegen eine Versauerung und möglicherweise Auflichtung durch Waldweide. Die Buchenwerte sinken wie in der Wetterau (Singer 2006).

Um 350 v. Chr. (RPZ 13, Zeitscheiben 500 v. Chr. bis 0) erhöhte sich der anthropogene Einfluss auf die Landschaft nochmals. Vermutlich wurden nun alle verfügbaren Flächen ackerbaulich genutzt, der Getreideanbau intensiviert und die Brachephasen verkürzt. Eine Übernutzung der Böden zeigt sich seit der Latènezeit selbst in den Lössgebieten wie der Wetterau durch das regelmäßige Auftreten von Verhagerungszeigern wie *Calluna* und *Rumex acetosella*.

Die noch vorhandenen Wälder – mehrheitlich Eichen-Wirtschaftswälder – dürften damals geringere Flächenanteile besessen haben als heute. In den Auen waren großflächig Pfeifengraswiesen (Molinion caeruleae) verbreitet. Auch in der Untermainebene verstärkte sich der anthropogene Druck. Die Nachweise für Grünland, wie der *Plantago lanceolata*-Typ oder die Cichorioideae, steigen auf Werte, wie sie erst für das Mittelalter wieder belegt sind. Erstmals ist hier nun die Getreidekurve geschlossen. Gleichzeitig erreichen die Kiefernwerte ihr Maximum, während die Werte von Eiche, Linde und Birke sinken. Die Kurve der Hainbuche dagegen ist geschlossen.

Am Ende der Spätlatènezeit sind in den Pollendiagrammen der Wetterau Hinweise auf partielle Waldregenerationen zu erkennen (Zunahme *Fagus*, *Quercus*, Anstieg *Alnus*, vgl. Abb. 26.4), die mit archäologisch belegten Bevölkerungswechseln in Verbindung gebracht werden können. Während die Getreidewerte nicht zurückgehen und auf eine Besiedlungskontinuität verweisen, zeigen die gestiegenen Baumpollen-Anteile, dass nachlassender Druck auf die Wälder offensichtlich dazu führte, dass stellenweise Niederwälder durchwachsen und somit blühen konnten. Weidewälder regenerierten sich. Auch die Feuchtgebiete mit ihren Streuwiesen bewaldeten sich aufgrund einer ausbleibenden Nutzung mit Erlen (vgl. Abb. 26.4). Diese partielle Waldregeneration in den Jahrzehnten um Christi Geburt endete in der zentralen Wetterau am Ende des 1. Jahrhunderts n. Chr. mit der römischen Aufsiedlung. In allen Pollendiagrammen gehen die Buchen- und Eichenwerte zurück, doch sinken sie nicht unter das Niveau der vorangegangenen späten Eisenzeit. Standorte, die für Ackerbau schlechter geeignet waren und auf denen sich aufgrund des nachlassenden Nutzungsdrucks um Christi Geburt Wald entwickelt hatte (heute typische Standorte der Feuchtwiesen und Weiden), wurden auch in der Römerzeit nicht unmittelbar landwirtschaftlich genutzt und blieben daher bewaldet. Es fand eine Konzentration auf die für den Ackerbau ertragreichen Standorte statt, in denen man eine Steigerung der Gesamtproduktion erreichte. Walnuss (*Juglans regia*) und Esskastanie (*Castanea sativa*) sind seit der Römerzeit in den Diagrammen vereinzelt nachgewiesen. Im Untermaingebiet zeigt sich mit der Römerzeit ein leichter Rückgang der Kiefer und der Arten des frischen Grünlandes. Eine signifikante Veränderung zwischen den Spektren der späten Eisenzeit und der Römerzeit ist aber auch hier nicht zu beobachten. Der Übergang erscheint fließend. Der Mönchbruch blieb auch zu dieser Zeit mit Erlen bewaldet, auch wenn es im heutigen Mönchbrucher Wald Nachweise von römischen Villen gibt. Wie auch in der Wetterau erfolgte offenbar in der Römerzeit zumeist keine stärkere Nutzung der feuchten Standorte. Verschiedene Profile aus dem Hessischen Ried belegen ein jeweils unterschiedliches Pollenspektrum, das darauf schließen lässt, dass in der römischen Periode eine kleinräumig sehr differenzierte Nutzung stattfand (Singer 2006).

Die Aufgabe des Limes in der Mitte des 3. Jahrhunderts n. Chr. (RPZ 14, Zeitscheiben 250 bis 750 n. Chr.) zeichnet sich in der zentralen Wetterau kaum ab. Weder eine Waldzunahme noch eine Veränderung der Zusammensetzung der krautigen Taxa geben Hinweise auf einen Wechsel der Landwirtschaftsmethoden oder auf eine deutliche Reduzierung der landwirtschaftlich genutzten Flächen. Die Profile der östlichen Wetterau dagegen belegen eine Bewaldung ehemaliger Feldfluren, denn hier steigen die Kurven der Buche und der Hainbuche deutlich an. Vermutlich waren die Siedlungen nicht gleichmäßig über die Wetterau verteilt, und wie bereits in vorangegangenen Perioden waren die Randlagen stärker bewaldet. In der Untermainebene macht sich der Rückzug der Römer zum Rhein ebenfalls kaum bemerkbar. Die landwirtschaftliche Nutzung wurde beibehalten, möglicherweise etwas abgeschwächt.

In der Merowingerzeit weist die Wetterau eine klare Trennung zwischen Wald und Offenland auf. Wie schon in der Urnenfelderzeit und in der Römerzeit zeigt sich in den außerhalb des Limes gelegenen Gebieten eine Wiederbewaldung, während in der zentralen Wetterau die Siedlungsaktivitäten wieder zunahmen. Roggen (*Secale cereale*) wurde nun angebaut. Auch in der Untermainebene kommt es im 5. Jahrhundert zu einer erneuten Zunahme von *Pteridium* und Nichtbaumpollen. Arten des frischen Grünlandes sind häufig nachgewiesen. Besonders auffällig ist der Rückgang der Buchenkurve.

Mit der Karolingerzeit um 800 n. Chr. kam es zu einem deutlichen Siedlungsausbau, der sich in allen Pollendiagrammen der Wetterau durch einen starken Nichtbaumpollen-

Anstieg niederschlägt. Roggen und ein verändertes Unkrautspektrum mit einer Vielzahl an Ruderalpflanzen belegen die Ausweitung der Dreifelderwirtschaft und neben Sommergetreide auch den Anbau von Wintergetreide. Für die jüngeren Perioden fehlen geeignete Archive in der Wetterau. In der Untermainebene zeigt sich ein von der Wetterau abweichendes Bild, denn dort steigen die Eichenwerte deutlich an, doch die Werte der Buche, Linde und Ulme sinken auf ein Minimum. Dies dürfte mit der Entstehung des Wildbann Dreieich zusammenhängen, dem bedeutenden Reichsforst im Gebiet des heutigen Hessens. Dennoch sind auch im Pollendiagramm Mönchbruch mit Roggen und *Centaurea cyanus* typische Vertreter der Dreifelderwirtschaft nachgewiesen. Nun wurden auch erstmals die Erlenwälder gerodet. Die zunehmende Nutzung im Mittelalter führte dazu, dass die Kiefern auf den Sanddünen komplett verschwanden. Erste Nadelholzaufforstungen erfolgten bereits ab 1426 n. Chr.

Salzwiesen

In einigen Gebieten der Wetterau treten an Verwerfungen Quellen aus dem Werra-Salinar (Zechstein/Trias) aus und beeinflussen weite Bereiche mit salzhaltigem Grundwasser (Kümmerle 1981). Dabei begünstigen in der Wetterau die hohen Jahresmitteltemperaturen bei geringen Niederschlägen in Verbindung mit dem salzhaltigen Grundwasser die Anreicherung von Salz in den Böden. Diese seltene Kombination führt zur Entstehung von primären binnenländischen Salzwiesen, wie bei Münzenberg, die mit ca. 7 ha die größten in Hessen sind (Abb. 26.2).

Sie weisen eine reiche Halophytenflora auf, wie Salzbinsenrasen (Juncetum gerardii), Milchkraut- (*Glaux maritima-/Triglochin maritimum*-Assoziation), Queller- (Salicornietum europaeae) oder Salzwegerichfluren (Plantaginetum winteri). Aus diesen Binnensalzwiesen stammt das Pollenprofil Salzwiese (Abb. 26.4), das für die neolithischen Perioden im Rahmen einer Dissertation (Schweizer 2001) und ab der späten Bronzezeit im Rahmen verschiedener Forschungsprojekte analysiert wurde. Auch in diesem Profil zeigt sich, dass sich die Erle erst ab dem Subboreal stärker in den feuchten Auenbereichen ausbreitete. Bis dahin herrschten dort farnreiche Röhrichte mit Igelkolben (*Sparganium*) sowie Sauergräsern (Cyperaceae) und Wildgräsern vor. Im Bereich der Salzwiesen wurden die Auenbereiche bereits seit der Bandkeramik genutzt (Schweizer 2001). Sicherlich machten dort vor allem die an die Oberfläche tretenden und für Mensch und Tier frei zugänglichen Salzquellen das Gebiet besonders attraktiv, ist doch insbesondere bei einer stark auf mineralarmen Kulturpflanzen beruhenden Ernährung eine externe Versorgung mit Natriumchlorid von elementarer Bedeutung. Eine intensivere Nutzung der Auenbereiche setzte in der späten Bronzezeit ein und verstärkte sich in der Eisenzeit. Zu dieser Zeit waren in den Auen großflächig Pfeifengraswiesen (Molinion caeruleae) verbreitet. Ab der Latènezeit wurde in der Wetterau in großem Stil Salz aus der Sole gewonnen, und insbesondere Bad Nauheim entwickelte sich zu einem der bedeutendsten eisenzeitlichen Salinenstandorte Mitteleuropas. Aber auch von den Salzwiesen bei Münzenberg liegen einige Briquetagefunde vor, die Salzgewinnung belegen. Gleichzeitig sind dort salztolerante Arten wie der Salzwegerich (*Plantago maritima*) in RPZ 13 belegt, und auch die salzertragende Gemeine Natternzunge (*Ophioglossum vulgatum*) tritt massenhaft auf.

Möglicherweise spielte das Heu der Pfeifengraswiesen im Prozess der Salzgewinnung eine Rolle, weshalb sie gefördert wurden. Denn eine ganz ähnliche Zusammensetzung, wie sie das Pollenprofil Salzwiese zeigt, wurde auch in einer Pollenprobe aus einer organischen Schicht aus dem Bereich der keltischen Gradierbecken in Bad Nauheim gefunden.

In römischer Zeit kam die Salzgewinnung zum Erliegen, und wie viele andere Feuchtgebiete bewaldete sich auch die Salzwiese aufgrund einer fehlenden Nutzung.

Literatur

Baas J (1938) Zur Geschichte der Pflanzenwelt und der Haustiere in der Landschaft des unteren Maintales. Abhandlungen Senckenberg Naturforschende Gesellschaft Frankfurt 440: 1–36

Bauer K (1999) Vegetations- und Landschaftsgeschichte im Naturschutzgebiet Mönchbruch. Unveröffentlichte Diplomarbeit, Universität Frankfurt a. Main

Bohn U (1996) Vegetationskarte der Bundesrepublik Deutschland 1: 200000: potentielle natürliche Vegetation. Blatt CC 5518 Fulda, Bundesforschungsanstalt für Naturschutz u. Landschaftsökologie Bonn-Bad Godesberg. Landwirtschaftsverlag, Münster-Hiltrup

Bos JAA (1998) Aspects of the Lateglacial-Early Holocene Vegetation Development in Western Europe. Palynological and palaeobotanical investigations in Brabant (The Netherlands) and Hessen (Germany). Dissertation, Universität Utrecht. LPP Contribution Series 10

Firbas F (1952) Spät- und nacheiszeitliche Waldgeschichte Mitteleuropas nördlich der Alpen. Zweiter Band: Waldgeschichte der einzelnen Landschaften. Gustav Fischer, Jena

Göppert JHR (1836) De floribus in statu fossilicommentatio. Nova acta Academia Leopoldina Naturae Curiosorum 18: 547–572

Houben P, Schmidt M, Mauz B, Stobbe A, Lang A (2012) Asynchronous Holocene colluvial and alluvial aggradation. A matter of hydrosedimentary connectivity. The Holocene 23: 544–555

Kümmerle E (1981) Geologische Karte von Hessen 1:25000, Blatt 5518, Butzbach, mit Erläuterungen. HLFB, Wiesbaden

Leschik G (1994) Zur Waldgeschichte im Rhein-Main-Gebiet. In: Jockenhövel A (ed) Ausgrabungen in der Talauensiedlung „Riedwiesen" bei Frankfurt am Main-Schwanheim. Fundberichte aus Hessen 24/25: 102–104

Plass W (1972) Erläuterungen zur Bodenkarte von Hessen 1:25000, Blatt 5917 Kelsterbach. HLFB. Wiesbaden

Rothschild S (1935) Zur Geschichte der Moore und Wälder im Nordteil der Oberrheinischen Tiefebene. Beihefte zum Botanischen Centralblatt 54/B: 140–184

Schäfer M (1996) Pollenanalysen an Mooren des Hohen Vogelsberges (Hessen). Beiträge zur Vegetationsgeschichte und anthropogenen

Nutzung eines Mittelgebirges. Dissertationes Botanicae 265. Cramer, Stuttgart, Berlin

Schrader L (1978) Erläuterungen zur Bodenkarte von Hessen 1:25000, Blatt Nr. 5518 Butzbach. HLFB, Wiesbaden

Schweizer A (2001) Archäopalyonologische Untersuchungen zur Neolithisierung der nördlichen Wetterau/Hessen – mit einem methodischen Beitrag zur Pollenanalyse in Lößgebieten. Dissertationes Botanicae 350. Cramer, Stuttgart, Berlin

Schweizer A, Kalis AJ (2006) Die Waldbedeckung zur Zeit der Bandkeramik in Süd- und Mittelhessen. Berichte der Kommission für Archäologische Landesforschung in Hessen 8: 127–133

Semmel A (1989) Die quartäre Landschaftsentwicklung im Untermaingebiet. In: Ament H (ed) Frankfurt und Umgebung. Führer zu den archäologischen Denkmälern in Deutschland 19. Konrad Theiss, Stuttgart, 15–30

Singer C (2006) Die Vegetation des nördlichen Hessischen Rieds während der Eisenzeit, der Römischen Kaiserzeit und dem Frühmittelalter – Pollenanalytische Untersuchungen zur vegetationsgeschichtlichen Rekonstruktion eines Natur- und Siedlungsraumes unter römischem Einfluss. Dissertation, Universität Frankfurt

Stobbe A (1996) Die holozäne Vegetationsgeschichte der nördlichen Wetterau. Paläoökologische Untersuchungen unter besonderer Berücksichtigung anthropogener Einflüsse. Dissertationes Botanicae 260. Cramer, Stuttgart, Berlin

Stobbe A (2000) Die Vegetationsentwicklung in der Wetterau und im Lahntal in den Jahrhunderten um Christi Geburt. Ein Vergleich der palynologischen Ergebnisse. In: Haffner A, von Schnurbein S (eds) Kelten, Germanen, Römer im Mittelgebirgsraum zwischen Luxemburg und Thüringen. Rudolf Habelt, Bonn, 201–219

Stobbe A (2008a) Die Wetterau und der Glauberg – Veränderungen der Wirtschaftsmethoden von der späten Bronzezeit zur Frühlatènezeit, In: Krausse D (ed) Frühe Zentralisierungs- und Urbanisierungsprozesse. Zur Genese und Entwicklung frühkeltischer Fürstensitze und ihres territorialen Umlandes. Forschungen und Berichte zur Vor- und Frühgeschichte in Baden-Württemberg 101. Konrad Theiss, Stuttgart, 97–114

Stobbe A (2008b) Vegetationsgeschichtliche Untersuchungen am Glauberg. In: Schwitalla GM (ed) Der Glauberg in keltischer Zeit. Zum neuesten Stand der Forschung. Fundberichte aus Hessen, Beiheft 6: 211–222

Stobbe A (2009) Die Wetterau in römischer Zeit – eine waldfreie Landschaft? In: Zimmer S (ed) Kelten am Rhein. Akten des dreizehnten internationalen Keltenkongresses 2007 in Bonn. Beihefte der Bonner Jahrbücher 58: 251–261

Stobbe A, Bringemeier L (2022) Die Waldentwicklung zwischen Neolithikum und Eisenzeit in der hessischen Mittelgebirgszone vor dem Hintergrund anthropogener und klimatischer Einflüsse. In: Hansen S, Krause R (eds) Die Frühgeschichte von Krieg und Konflikt. Universitätsforschungen zur prähistorischen Archäologie 383. Prähistorische Konfliktforschung 5. Rudolf Habelt, Bonn, 403–428

Stobbe A, Gumnior M (2021) Palaeoecology as a tool for the future management of forest ecosystems in Hesse (Central Germany): beech (*Fagus sylvatica* L.) versus lime (*Tilia cordata* Mill.). Forests 12: 924

Odenwald und Spessart

Manfred Rösch, Felix Bittmann und Ingo Feeser

Blick nach Südwesten auf das Weschnitztal im Vorderen Odenwald (Foto: S. Wolters)

Ergänzende Information Die elektronische Version dieses Kapitels enthält Zusatzmaterial, auf das über folgenden Link zugegriffen werden kann [https://doi.org/10.1007/978-3-662-68936-3_27].

M. Rösch (✉)
Institut für Ur- und Frühgeschichte und Vorderasiatische Archäologie, Ruprecht-Karls-Universität, Heidelberg, Deutschland
e-mail: manfred-roesch@t-online.de

F. Bittmann
Niedersächsisches Institut für historische Küstenforschung, Wilhelmshaven, Deutschland

I. Feeser
Institut für Ur- und Frühgeschichte, Christian-Albrechts-Universität, Kiel, Deutschland

Der Naturraum

Der Odenwald und der Spessart, beides Mittelgebirge des südwestdeutschen Schichtstufenlandes, liegen zu beiden Seiten des Mains zwischen Aschaffenburg im Norden und Wertheim im Süden (Abb. 27.1). Nach Westen grenzt sich der Odenwald durch einen abrupten Höhenabfall zur Oberrheinischen Tiefebene ab. Die südliche Grenze bildet der Kleine Odenwald, der durch das Durchbruchstal des Neckars vom restlichen Odenwald getrennt ist. Der nördlich des Mainvierecks gelegene Spessart wird im Norden und Nordosten durch den Verlauf der Flüsse Kinzig und Sinn eingefasst und grenzt hier an die Mittelgebirgszüge Vogelsberg und Rhön. Jedoch wird auch die östlich der Sinn gelegene Südrhön dem Arbeitsgebiet zugerechnet, da es sich geologisch um einen Ausläufer des Spessarts handelt und somit naturräumlich dem Odenwald und Spessart zugeordnet wird.

Beide Gebirge bestehen überwiegend aus Buntsandstein. Kristalline Gesteine stehen nur dort an, wo die Buntsandsteinschichten abgetragen sind, so im Vorderen oder Kristallinen Odenwald, der mit Höhen von bis zu 400 m NN zur Oberrheinebene im Westen überleitet. Östlich schließt sich der sogenannte Sandstein-Odenwald mit Höhen zwischen 150 und 550 m NN an. Die höchste Erhebung des Odenwalds ist mit 626 m NN der Katzenbuckel, die Basaltkuppe eines ehemaligen Vulkans. Eine ähnliche Situation ergibt sich für den Spessart. Der durch kristallines Gestein geprägte Vordere Spessart (300 bis 436 m NN) grenzt sich mit einem markanten Bruchrand von der westlich gelegenen Untermainebene ab. Im östlich anschließenden Sandstein-Spessart werden Höhen von bis zu 586 m NN (Geiersberg, auch Breitsol genannt) erreicht. Die Morphologie des Spessarts ist in weiten Teilen durch Hochflächen geprägt, im Odenwald dagegen herrschen Kerbtäler und steiles Relief vor.

In beiden Mittelgebirgen sind manganhaltige Eisenerze mit Silber und Kupfervorkommen an der Basis des Buntsandsteins entlang der Schichtstufen zum Teil oberflächennah aufgeschlossen (Lorenz 2000; Babist 2013).

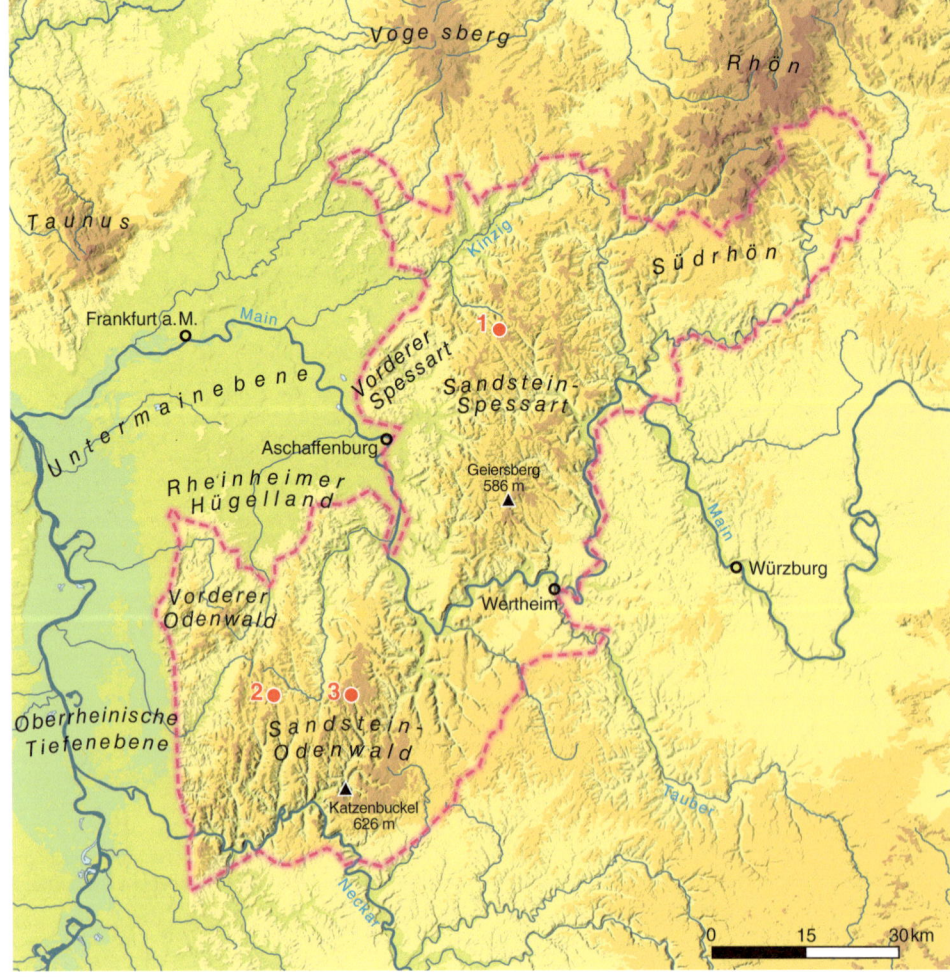

Abb. 27.1 Karte der Region Odenwald und Spessart mit pollenanalytisch untersuchten Lokalitäten für das standardisierte Pollendiagramm:
1 Wiesbüttmoor,
2 Rotes Wasser.
Zusätzlich diskutiertes Diagramm:
3 Eutersgrund

Klima und Böden

Sowohl im Odenwald als auch im Spessart herrscht ein atlantisch geprägtes, niederschlagsreiches und mäßig kühles Klima vor. Die Jahresniederschläge nehmen von den westlichen Tieflagen mit ca. 715 mm zu den weiter östlich gelegenen Hochlagen auf bis zu 1200 mm zu; gleichzeitig nehmen die Jahresdurchschnittstemperaturen von 9,5 °C auf 7 °C ab. Somit ergibt sich im Vergleich zu anderen Mittelgebirgen ein relativ mildes Klima, mit Gunstlagen für Obst- und Weinbau entlang der Täler, wie in den Seitentälern des Neckars und des Mains.

Bedingt durch den anstehenden Buntsandstein herrschen in beiden Mittelgebirgen überwiegend nährstoffarme Böden, arme Braunerden und Podsolbraunerden vor, die für den Ackerbau wenig geeignet sind. Vor allem die sandigen Böden zeichnen sich durch eine geringe Wasserspeicherkapazität aus und neigen zur Versauerung. In Gebieten mit anstehendem Oberem Buntsandstein im südlichen und östlichen Spessart sowie auf den Hochflächen des östlichen Odenwalds sind Lösslehme mit reicheren, aber auch tongründigen, zur Staunässe neigenden Böden verbreitet (Braunerde bis Pseudogley). Ausgedehnte Lösslehmvorkommen finden sich auch in den Hanglagen der teils tief eingeschnittenen Bachtäler sowie im westlichen Teil des Kristallinen Odenwalds (Parabraunerden und Braunerden). Im Vorderen Spessart sind Lösslehmdecken nur kleinräumig zu finden; hier dominieren skelettreiche, podsolierte Braunerden. Fruchtbare Bodenverhältnisse mit kalkreichem Löss finden sich vor allem am westlichen Rand des Odenwalds am Übergang zur Rheinebene.

Heutige Landnutzung und potenzielle natürliche Vegetation

Sowohl der Odenwald als auch der Spessart zeichnen sich durch ihren Waldreichtum aus. Dies gilt insbesondere für die höheren Lagen der Sandsteingebiete. Dort wird neben der vorherrschenden forstwirtschaftlichen Nutzung auch Grünlandwirtschaft betrieben. Ackerbau beschränkt sich auf die tiefsten Lagen. Neben Forsten mit hohem Nadelholzanteil gibt es vor allem im Sandstein-Spessart auch Laubholzbestände, besonders der Traubeneiche zur Wertholznutzung.

Im Vorderen Spessart wird neben forstwirtschaftlicher Nutzung auch intensiver Ackerbau betrieben. Der Vordere Odenwald hingegen zeichnet sich durch größere, laubholzreiche Waldgebiete aus, durchsetzt mit durch Hecken und Feldgehölzen strukturiertem Offenland. Im Norden dominiert hierbei der Ackerbau, im Süden die Grünlandnutzung. An den klimatisch begünstigten Hängen des Maintals gibt es Obst- und Weinbau. Einen Überblick zur Vegetation des Spessarts und Odenwalds geben Zerbe (1999) und Knapp (1963).

Ohne menschliche Nutzung würden heute größtenteils Hainsimsen-Buchenwälder die Vegetation bilden, zum Teil auf mäßig trockeneren Standorten mit Beteiligung von Traubeneichen. Auf lehmigen Böden, wie im Vorderen Odenwald, wären auch Waldmeister-Buchenwälder vertreten. An nassen Standorten, am Grunde der Täler, wären Auen- und Sumpfwälder mit Esche und Erlen ausgebildet (Winkelseggen-Erlen-Eschen-Wald, Hainmieren-Schwarzerlen-Auenwald, Eschen-Erlen-Sumpfwald).

Siedlungs- und Nutzungsgeschichte

Über eine Besiedlung oder Nutzung des Odenwalds in vorgeschichtlicher Zeit ist wenig bekannt (Kreuz 2024). Nur einzelne Streufunde in Form von Steingeräten zeugen von der sporadischen Anwesenheit des Menschen (Lorenz und Stark 1994; Lorenz 2000). Diese Funde reichen zurück bis in das Frühneolithikum (Bandkeramische Kultur, 2. Hälfte des 6. Jahrtausends v. Chr.). Siedlungen dieser Zeit sind aus dem linksmainischen Gebiet südwestlich von Aschaffenburg bekannt. Für das Endneolithikum sind Siedlungsaktivitäten im unteren Aschafftal belegt; sie deuten den Beginn der Aufsiedlung der Tallagen an, die sich über die Bronze- bis in die Eisenzeit hinzieht.

Mit Beginn des 2. Jahrhunderts n. Chr. wird der Odenwald durch die Römer erschlossen, wie Reste des Odenwaldlimes, von Kastellen, römischen Straßen, Villen und antiken Steinbrüchen belegen (Baatz 1989). In dieser Zeit beginnen im Odenwald vermutlich auch der Abbau der Erzvorkommen und die Eisenverhüttung (Mössinger 1957).

Im Spessart hingegen ist Bergbau erst seit dem Spätmittelalter belegt. Zur Römerzeit lag der Spessart jenseits des römischen, durch das Maintal gebildeten Grenzverlaufs und war weitgehend unbesiedelt. Bis in das 10. Jahrhundert scheint die Siedlungsaktivität auf das Maintal und die linksmainischen Gebiete beschränkt gewesen zu sein. Erst im Laufe des 11. Jahrhunderts n. Chr., in einer klimatisch günstigeren Phase (vgl. mittelalterliche Klimaanomalie in Kap. 2), scheint es zu einer Aufsiedlung des Spessarts entlang der Täler von Aschaff, Laufach und Bessenbach gekommen zu sein (Christ 1963 und Marquart 2017, zitiert in Kreuz 2024). Zum Ende des Spätmittelalters, ab dem 13. Jahrhundert n. Chr., gehörte der Spessart zum kurmainzischen Bannwald, in dem keinerlei Nutzung erlaubt war.

Vom Mittelalter bis in das 18./19. Jahrhundert hinein spielten neben der Eisenverhüttung (s. Exkurs Kap. 36) vor allem die Glasherstellung (s. Exkurs Kap. 38) und die damit einhergehende Köhlerei eine wichtige Rolle. Der damit verbundene Holzverbrauch, zusätzlich zur Nutzholzgewinnung, führte im südlichen Odenwald im 16./17. Jahrhundert zu ersten Forstverordnungen mit Nutzungseinschränkungen. Noch Ende des 18. Jahrhundert wurden große Mengen Eichen- und Buchenholz aus dem Odenwald über den Neckar in den Rhein geflößt (Schnur 2012).

Pollenarchive

Odenwald und Spessart sind im Vergleich zu anderen Mittelgebirgen arm an Mooren. Es handelt sich fast ausschließlich um kleine, geringmächtige Durchströmungs-, Hang- oder Quellmoore, vielfach ohne kontinuierliches Torfwachstum. Die vegetationsgeschichtlichen Abfolgen können selbst in nah beieinanderliegenden Torfprofilen stark variieren und lückig sein, was die Interpretation erschwert. Zudem sind die Torfe oft stark zersetzt und durchwurzelt, wodurch mit einer Zersetzungsauslese zu rechnen ist und absolute Datierungen mittels Radiokohlenstoffdatierungen erschwert werden. Auch Störungen durch fluviatile Umlagerungen sind möglich. Diese für pollenanalytische Untersuchungen insgesamt nicht idealen Voraussetzungen spiegeln sich auch im vegetationsgeschichtlichen Forschungsstand wider.

Forschungsgeschichte

Der Beginn der vegetationsgeschichtlichen Forschungen in Odenwald und Spessart ist mit den pollenanalytischen Untersuchungen von Josef Jaeschke in den 1930er-Jahren verbunden. Jüngere Arbeiten, überwiegend an denselben Lokalitäten, stammen von Gisbert Große-Brauckmann und Barbara Streitz, später von Arthur Brande, Meike Lagies und Katja Weichhardt-Kulessa.

Insgesamt liegen aus der gesamten Region Odenwald und Spessart Untersuchungen von zwölf Lokalitäten vor. Diese liegen überwiegend in den Buntsandsteingebieten. Untersuchungen aus dem kristallinen Bereich beschränken sich auf den Vorderen Odenwald (Große-Brauckmann 1999). Der Großteil der untersuchten Ablagerungen datiert in den jüngeren Zeitabschnitt des Subatlantikums (Chronozone X^C). Trotz des Nachweises von bis in das frühe Holozän zurückreichenden Ablagerungen – so berichten Brande et al. (2011) von zwei Lokalitäten des Odenwaldes über präboreale und atlantische Spektren, die aber durch erheblich jüngeres Material überprägt waren – reichen mehr oder weniger kontinuierlich aufgewachsene Torfarchive nur bis in das Atlantikum (Chronozone VII^C) zurück. Eine vollständige Literaturliste befindet sich im Anhang.

Regionale Vegetations- und Waldgeschichte

Der pollenanalytische Forschungsstand erlaubt nur, die Vegetationsgeschichte von Odenwald und Spessart grob zu skizzieren. Für beide Mittelgebirge liegen kontinuierliche Profile vor, die jeweils bis in das Subboreal (Chronozone VIII^C) zurückreichen (Abb. 27.2). Die standardisierten Diagramme basieren auf den Untersuchungen von Lagies (2005) und umfassen zum einen das Profil Wiesbüttmoor (Wbm2) aus dem nördlichen Sandstein-Spessart und zum anderen ein kombiniertes Pollendiagramm aus den Profilen Rotes Wasser (RW 2a) und Eutergrund (Eg 2) aus dem westlichen oder östlichen Sandstein-Odenwald. Bei den Lokalitäten Wiesbüttmoor und Rotes Wasser handelt es sich um Durchströmungsmoore von bis zu 1 km Länge und ca. 50–60 m Breite. An der Lokalität Eutergrund wurden kleinflächige Vermoorungen oder Kleinstmoore in einem ca. 20–70 m breiten Bachtal untersucht.

Die verwendete Chronologie basiert auf den Angaben von Lagies (2005) unter Berücksichtigung der als verlässlich interpretierten ^{14}C-Datierungen sowie weiteren von der Bearbeiterin genannten historischen Vegetationsereignissen (z. B. Aufforstungen seit Mitte des 19. Jahrhunderts).

Aufgrund gemeinsamer Entwicklungen in beiden Pollendiagrammen wurden fünf regionale Pollenzonen (RPZ 2 bis 6) definiert. Eine zusätzliche ältere, wohl in das Atlantikum (Chronozone VII^C) zu stellende und nicht in den Standarddiagrammen erfasste Zone (RPZ 1) bezieht sich auf ein unveröffentlichtes Pollendiagramm von Lagies (vgl. Abb. 27.3). Aufgrund der geringen Probendichte, der damit verbundenen Schwierigkeiten der eindeutigen biostratigraphischen Zuordnung sowie Unsicherheiten bei der absoluten Datierung wurde für dieses Profil auf eine standardisierte und kombinierte Darstellung verzichtet. Die Beschreibung der regionalen Vegetationsgeschichte erfolgt daher in sechs RPZ (s. Tab. S 27.1 im elektronischen Zusatzmaterial).

In der regionalen Pollenzone (RPZ) 1, jüngeres Atlantikum, ca. 5200 bis 4000 v. Chr., die nur im Diagramm Eutergrund (Eg 3) erfasst ist (Abb. 27.3), haben *Ulmus* und *Tilia* ihre maximalen Anteile und belegen das Vorherrschen von lindenreichen Eichenmischwäldern. Hierbei dürfte es sich vor allem um die Winterlinde (*T. cordata*) gehandelt haben.

27 Odenwald und Spessart

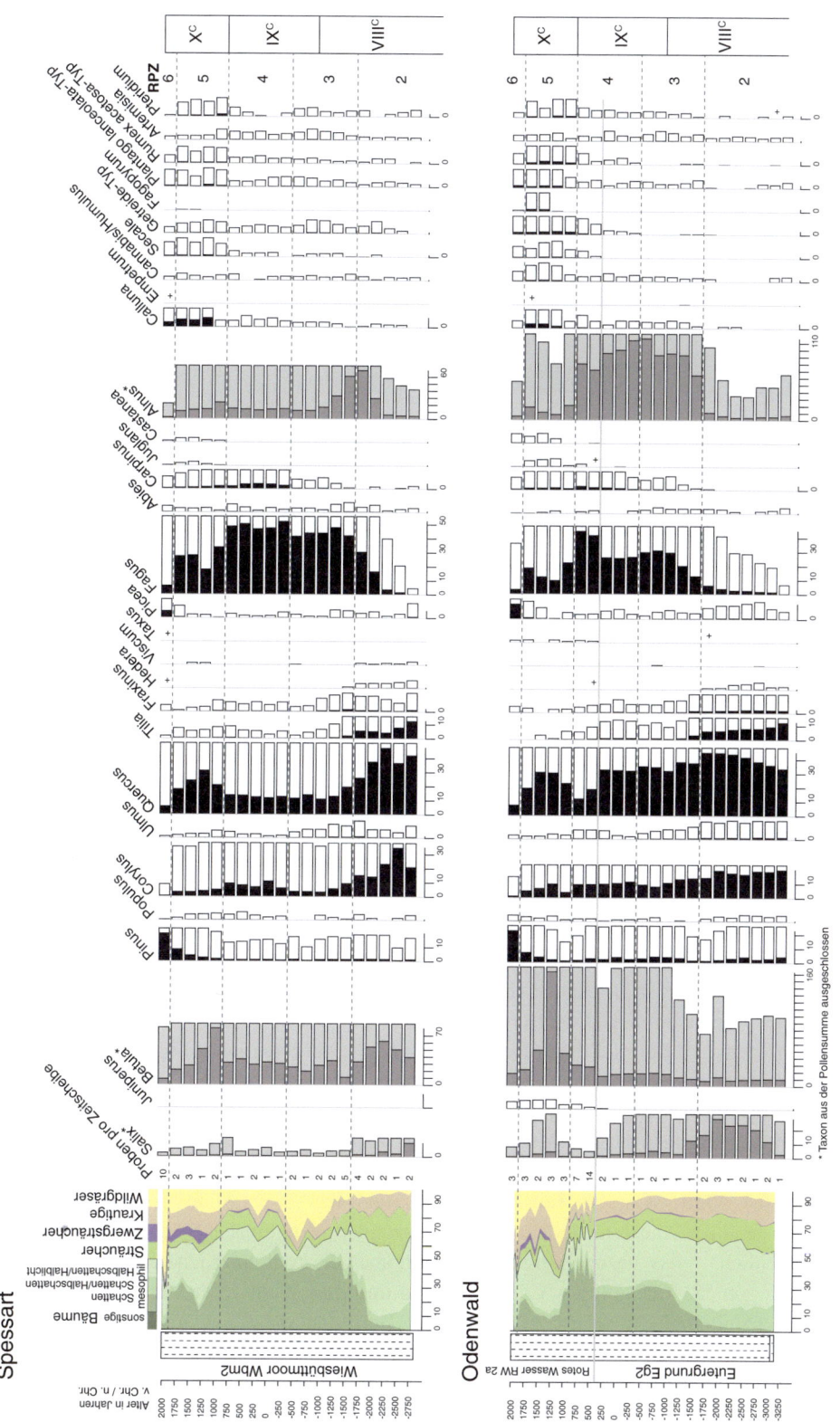

Abb. 27.2 Standardisiertes Pollendiagramm für den Odenwald, kombiniert aus den Profilen Rotes Wasser (425 m NN, Lagies 2005) und Eutergrund Eg2 (400 m NN, Lagies 2005) sowie Profil Wiesbüttmoor (430 m NN, Lagies 2005) für den Spessart

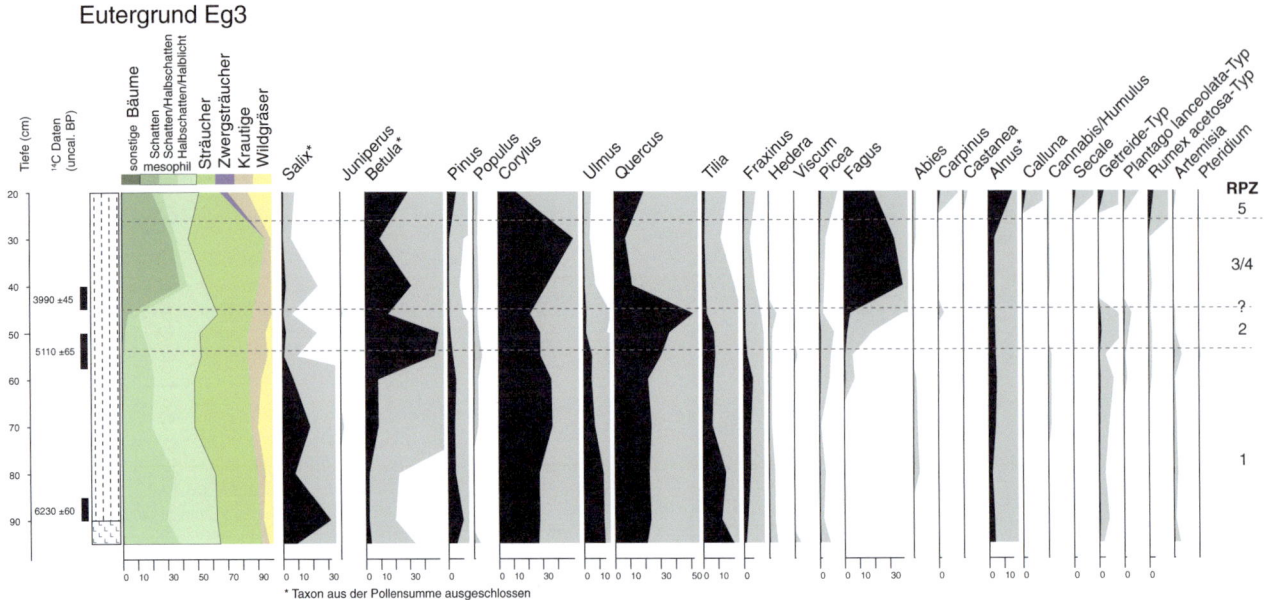

Abb. 27.3 Pollendiagramm Eutergrund Eg3 (400 m NN, Lagies unveröffentl.). Pollenspektren des Atlantikums und der Nachweis des klassischen Ulmenfalls im Odenwald

Sporadische Nachweise von Fichte (*Picea*) und Tanne (*Abies*) sind, wie auch in den nachfolgenden RPZ, mit Ausnahme der jüngsten als Fernflug zu interpretieren.

Vereinzelte Funde des Getreide-Typs an der Basis des Profils fallen der ¹⁴C-Datierung nach in die Zeit des Früh- (Jüngere Bandkeramik) bis Mittelneolithikums (Kulturen Großgartach/Rössen). Da die Anlage von Ackerflächen sich vermutlich auf die Rheinebene oder das Reinheimer Hügelland beschränkte, handelt es sich bei den Nachweisen von Pollenkörnern des Getreide-Typs um pollenmorphologisch nicht abtrennbare Wildgrasanteile, oder sie müssen als Fernflugeintrag angesprochen werden. Als möglichen Hinweis auf menschliche Aktivität in den Mittelgebirgen kann lediglich der längerfristige Rückgang der Linde (*Tilia*) und Ulme (*Ulmus*) bei gleichzeitiger Zunahme der lichtliebenden Hasel (*Corylus*) angeführt werden. Dies kann auf eine erste Öffnung der geschlossenen Wälder, zum Beispiel durch Beweidung, hindeuten. Möglicherweise deutet sich auch eine Wechselwirtschaft mit ackerbaulicher Zwischennutzung an, was die spärlichen Getreidepollenfunde in einem anderen Licht erscheinen ließe (s. Exkurse Kap. 13, 14 und 20).

Der Beginn der RPZ 2 (ca. 4000 v. Chr. bis Zeitscheibe 1750 v. Chr.) ist durch eine deutliche Abnahme der Ulme gekennzeichnet und fällt zeitlich – das dazugehörige ¹⁴C-Datum spricht für ein Alter von ca. 4000–3800 v. Chr. – in den Zeitraum des klassischen mittelholozänen Ulmenfalls (s. Exkurs Kap. 53), der auch in dieser Region mit dem Beginn regelmäßiger Nachweise des Spitzwegerichs (*Plantago lanceolata*-Typ) einhergeht und für eine anthropogene Ursache dieses Phänomens spricht.

Vor allem in dem Pollendiagramm aus dem Spessart sind Siedlungszeiger wie *Plantago lanceolata*-Typ, *Rumex acetosa*-Typ und Getreide-Typ in der RPZ 2 schon deutlich vertreten und sprechen trotz fehlender archäologischer Nachweise für menschliche Aktivitäten im Spät-/Endneolithikum. Diese könnten auch für den in der gesamten Region fassbaren stetigen Rückgang von *Tilia* in dieser RPZ verantwortlich sein, etwa durch direkte Nutzung oder Waldweide. Profitiert hat hiervon die Rotbuche (*Fagus sylvatica*), die sich nun zunehmend in den Eichenmischwäldern beider Mittelgebirge ausbreitete. Speziell im Eutergrund scheint auch die Eiche (*Quercus*) profitiert zu haben. Generell zeichnen sich die Profile dieser Lokalität (Eg 2 und 3) zum Ende dieser und auch in der folgenden RPZ durch vergleichsweise höhere Anteile von *Quercus* aus. Ursache hierfür sind vermutlich die flachgründigen Böden, auf denen die Eiche gegenüber der Buche bevorteilt war (Lagies 2005).

Am Übergang zur RPZ 3 (Zeitscheiben 1500 bis 500 v. Chr.) breitet sich die Buche massiv aus, und die Hainbuche (*Carpinus*) ist kontinuierlich nachgewiesen. Dies geht mit einer endgültigen Abnahme von *Tilia* zu Beginn der RPZ einher und legt eine grundlegende Veränderung der Waldzusammensetzung nahe. So enden auch in beiden Pollendiagrammen die kontinuierlichen Nachweise von Efeu (*Hedera*) und im Profil Wbm 2 der Mistel (*Viscum*). Die Ausbreitung der Buche ist spätestens zur Mitte der RPZ 3 (Zeitscheibe 1000 v. Chr.) abgeschlossen, und es herrschten bis in die RPZ 4 rotbuchenreiche Wälder vor. Gleichzeitig mit der Buche breitet sich auch die Schwarzerle (*Alnus glutinosa*) stärker aus, ist aber aufgrund ihrer Ökologie auf feuchte Standorte –

vor allem bachbegleitend – beschränkt und somit lokal mit unterschiedlichen Anteilen an der Vegetation beteiligt, wie sich in der folgenden RPZ 4 im Vergleich der beiden Diagramme zeigt. Die zeitliche Gleichläufigkeit der Buchenausbreitung in der Region sowie in den angrenzenden Mittelgebirgen (vergl. z. B. Kap. 35 und 41) legt eine überregionale Ursache nahe. Dies kann zum einen auf eine Klimaveränderung hindeuten, aber auch großräumige Veränderungen der menschlichen Aktivitäten könnten hierzu beigetragen haben. So geht in den Pollendiagrammen der Anstieg von *Fagus* mit einer Zunahme des Getreide-Typs, von *Pteridium* sowie des *Plantago lanceolata*-Typs einher und spricht für stärkeren menschlichen Einfluss mit Beginn der Bronzezeit, möglicherweise Auflichtung durch Waldweide. Bei den frühen *Secale*-Nachweisen im Wiesbüttmoor handelt es sich jedoch entweder um aus jüngeren Schichten umgelagerten Pollen oder um Unkrautroggen. Vereinzelte Nachweise sind auch anderenorts seit dem Neolithikum bekannt (Behre 1992).

Die RPZ 4 (Zeitscheiben 250 v. Chr. bis 750 n. Chr.) ist durch ein Buchen- und Hainbuchenmaximum charakterisiert. Die Haselwerte sind leicht erhöht, und im Odenwald setzt die kontinuierliche *Juniperus*-Kurve ein. Die deutlichen Kurvensprünge von *Quercus* und *Fagus* im kombinierten Pollendiagramm für den Odenwald hängen mit dem Profilwechsel von Eutergrund Eg2 auf Rotes Wasser RW2a zusammen. Diese repräsentieren folglich keine regionale Vegetationsveränderung, sondern sind durch lokale standörtliche Unterschiede erklärbar, die im Eutergrund zu einer Bevorteilung der Eiche gegenüber der Buche geführt haben (vgl. auch RPZ 2). Nach Lagies (2005) profitierten Hainbuche und Hasel von einem nachlassenden Siedlungsdruck. Dies lässt ein leichter Rückgang der Siedlungszeigerwerte im Profil Wiesbüttmoor Wbm 2 vermuten. Im Odenwald ist die Zunahme der Hasel und der Hainbuche jedoch mit einem Anstieg von Siedlungszeigern und dem Beginn der kontinuierlichen Kurve des Getreide-Typs verknüpft. Auch fallen hier die frühmittelalterlichen maximalen *Carpinus*-Werte (Zeitscheiben 500 und 750 n. Chr.) mit einer weiteren deutlichen Zunahme von Siedlungszeigern (u. a. Getreide-Typ und Beginn der geschlossenen *Secale*-Kurve) zusammen. Demnach kann auch zunehmende menschliche Nutzung oder eine veränderte Waldwirtschaft ursächlich gewesen sein. Eine beginnende Übernutzung der Landschaft und damit zusammenhängende Verheidung in RPZ 4 ist sowohl im Odenwald durch die Ausbreitung des Wacholders (*Juniperus*) als auch im Spessart durch erhöhte Heidekrautwerte (*Calluna*) angedeutet.

Eindeutige Hinweise auf die archäologisch nachgewiesene römerzeitliche Landnutzung im Odenwald fehlen. Lediglich der erste Nachweis von *Juglans* im Profil Eutergrund Eg2 datiert in das 1. Jahrhundert n. Chr. und kann mit der Kultivierung des Walnussbaumes zur römischen Zeit in Verbindung gebracht werden.

Den Beginn der RPZ 5 (Zeitscheiben 1000 bis 1750 n. Chr.) markiert ein starker Rückgang von Fagus. Gleichzeitig erholt sich *Quercus*. Die Grünlandarten, Sträucher und Nichtbaumpollen nehmen stark zu. Damit werden waldwirtschaftliche Eingriffe im Zuge einer Nieder- oder auch Mittelwaldwirtschaft mit Eichenüberhältern für die Schweinemast und Grünlandnutzung sehr wahrscheinlich (s. Exkurs Kap. 20). Insbesondere im Südspessart hat die Buche deutlich geringere Anteile, und die Eiche herrscht vor. Die Hainbuche tritt ebenfalls deutlicher hervor. Zusammen mit sehr hohen Birkenanteilen spricht dies eher für eine Niederwaldwirtschaft. Allgemein führte diese hochmittelalterliche Landnahme zu einer starken Entwaldung der Landschaften und der weiträumigen Entstehung von intensiv genutzten Flächen.

Als neue Kulturpflanze lässt sich Buchweizen (*Fagopyrum*) nachweisen. Von Vorteil für seinen Anbau im Odenwald und im Spessart war wohl seine Toleranz gegenüber sauren, trockenen, sandigen Böden (Körber-Grohne 1988). Der Buchweizen wurde möglicherweise bereits zu dieser Zeit im Rahmen der Haubergswirtschaft, einer Form der Niederwaldwirtschaft (s. Exkurs Kap. 14), angebaut, angezeigt durch den deutlichen Rückgang der Gehölzwerte sowie der Zunahme von *Calluna* und *Pteridium*. Der Anbau von Buchweizen im Wechsel mit Roggen im Rahmen der Haubergswirtschaft (Schiffelwirtschaft) ist für das Hessische Ried, in der Hessischen Rheinebene um den Odenwald, bis zum Ende des 19./Anfang des 20. Jahrhunderts belegt (Große-Brauckmann und Lebong 2001). Zeitgleich mit maximalen *Fagopyrum*-Werten kommt es in beiden Mittelgebirgen zu einer Erholung der Buche im Pollendiagramm (Zeitscheiben 1500 und 1750 n. Chr.). Dies spricht für einen grundlegenden Landnutzungswandel im Spätmittelalter und in der frühen Neuzeit. Hiermit verbunden war ein Rückgang der bisher durch Hudewaldwirtschaft geförderten Eichenbestände. Da die Buche von größerem Wert für die Köhlerei ist, spiegelt diese Entwicklung vermutlich auch die zunehmende Bedeutung der Glashütten- und Bergbauindustrie und den damit verbundenen hohen Energie- und Holzbedarf wider. Ob Köhlerei bereits seit Beginn der hochmittelalterlichen Landnahme betrieben wurde und zur Entwaldung beigetragen hat, ist unklar (s. Exkurs Kap. 36).

Die abschließende RPZ 6 (Zeitscheibe 2000 n. Chr.) ist durch großflächige Entwaldung – *Quercus* und *Fagus* gehen zurück –, gefolgt von ersten Aufforstungen seit der Mitte des 19. Jahrhunderts n. Chr. mit Fichte (*Picea*) und Kiefer (*Pinus*) gekennzeichnet (s. Exkurs Kap. 40). Mit dem Übergang zur Hochwaldwirtschaft ging auch der Buchweizenanbau zurück.

Von der Lokalität Eutergrund im östlichen Sandstein-Odenwald (vgl. Abb. 27.1) liegt ein bislang unveröffentlichtes Profil (Eg3, Abb. 27.3) von M. Lagies vor, für das drei ^{14}C-Datierungen zur Verfügung stehen.

Es beginnt mit einer linden- und haselreichen Eichenmischwald-Zeit (RPZ 1), die den ^{14}C-Datierungen gemäß bis in die Zeit der Bandkeramischen Kultur (ca. 5500 bis 4900 v. Chr.) zurückreicht. *Fagus*- und *Carpinus*-Nachweise fehlen noch. *Quercus*, *Ulmus*, *Tilia* und *Fraxinus* bilden die Hauptbaumarten. Lokal von Bedeutung war *Salix*, dagegen spielten *Betula* und *Alnus* kaum eine Rolle. Ein deutlicher Rückgang von *Ulmus* markiert den Beginn der RPZ 2 und datiert den ^{14}C-Datierungen nach auf ca. 4000–3800 v. Chr. und somit in den Zeithorizont des klassischen mittelholozänen Ulmenfalls (s. Exkurs Kap. 53).

Quercus erreicht, wie auch in den anderen Diagrammen (s. Abb. 27.2), Maximalwerte. Auch *Betula* nimmt in der zweiten Hälfte der Zone stark zu, sehr wahrscheinlich wegen lokaler Ausbreitung der Birke. Siedlungszeiger wie Getreide, *Plantago lanceolata*-Typ und *Rumex acetosa*-Typ zeigen leicht erhöhte Werte. Ein Zusammenhang mit den michelsbergzeitlichen Getreidefunden aus Siedlungen der Tieflagen (Kreuz et al. 2014) erscheint plausibel. Der Übergang zu RPZ 3 ist im regionalen Vergleich bei ca. 45 cm anzusetzen und durch den Steilanstieg von *Fagus* sowie den gegenläufigen steilen Abfall der *Quercus*-Kurve gekennzeichnet. Das aus diesem Abschnitt vorhandene ^{14}C-Datum (ca. 2600–2400 v. Chr.) entspricht jedoch nicht den Erwartungen und kann auf eine Störung oder älteres, umgelagertes Material hindeuten. Auch eine folgende Abgrenzung der RPZ 4 ist nicht möglich, was an der geringen zeitlichen Auflösung liegen mag. Die oberste Probe ist wegen der deutlich geringeren *Fagus*- und *Corylus*-Werte vermutlich in die RPZ 5 zu stellen. Siedlungszeiger wie Getreide-Typ, *Secale*, *Plantago lanceolata*-Typ und *Rumex acetosa*-Typ treten hier wieder stärker auf.

Literatur

Baatz D (1989) Hummetroth. Römischer Gutshof Haselburg. In: Herrmann FR, Baatz D (eds) Die Römer in Hessen. Konrad Theiss, Stuttgart

Babist J (2013) Anthropogene Geländemorphologie des Bergbaureviers Weschnitz bei Fürth im mittleren Odenwald (Südhessen) – Entstehung einer Kulturlandschaft. In: Silvertant J (ed) Mining and Cultural Landscape. Institute Europa Subterranea. Silvertant Erfgoedprojecten, Valkenburg a. d. Geul, 72–101

Behre KE (1992) The history of rye cultivation in Europe. Vegetation History and Archaeobotany 1: 141–156

Brande A, Weichhardt-Kulessa K, Zerbe S (2011) Moorvegetation und -entwicklung der Drei Seen im mittleren Odenwald (Bayern). Telma 41: 29–66

Christ G (1963) Aschaffenburg. Grundzüge der Verwaltung des Mainzer Oberstifts und des Dalbergstaates. Historischer Atlas von Bayern, Teil Franken 1. Kommission für Bayerische Landesgeschichte, München, 12

Große-Brauckmann G (1999) Torfbildende Pflanzengemeinschaften der Vergangenheit im Vorderen Odenwald. Botanik und Naturschutz in Hessen 11: 51–70

Große-Brauckmann G, Lebong U (2001) Pollenanalytische und Makrofossilbefunde aus dem Sandstein-Odenwald. Carolinea 59: 25–44

Knapp R (1963) Die Vegetation des Odenwaldes, unter besonderer Berücksichtigung des Naturparkes „Bergstraße-Odenwald". Institut für Naturschutz, Darmstadt

Körber-Grohne U (1988) Nutzpflanzen in Deutschland. Kulturgeschichte und Biologie. Konrad Theiss, Stuttgart

Kreuz A, Märkle T, Marinova E, Rösch M, Schäfer E, Schamuhnj S, Zerl T (2014) The Late Neolithic Michelsberg culture – just ramparts and ditches? A supraregional comparison of agricultural and environmental data. Praehistorische Zeitschrift 89: 72–115

Kreuz A (2024) Zur Vegetations- und Nutzungsgeschichte von Odenwald und Spessart. In: Wackerfuß W (ed) Beiträge zur Erforschung des Odenwalds und seiner Randlandschaften Bd. 9. Breuberg-Bund, Breuberg-Neustadt, 1–32

Lagies M (2005) Palynologische Untersuchungen zur Vegetations- und Siedlungsgeschichte von Spessart und Odenwald während des jüngeren Holozäns. In: Regierungspräsidium Stuttgart, Landesamt für Denkmalpflege (eds) Zu den Wurzeln europäischer Kulturlandschaft – experimentelle Forschungen. Materialhefte zur Archäologie Baden-Württembergs 73. Konrad Theiss, Stuttgart, 169–271

Lorenz H, Stark F (1994) Steinzeitfunde in Steinbach und Fürth. In: Wagner O (ed) Heimatbuch Fürth im Odenwald mit den Ortsteilen Fürth, Brombach, Ellenbach, Erlenbach, Fahrenbach, Kröckelbach, Krumbach, Linnenbach, Lörzenbach, Seidenbach, Steinbach, Weschnitz. Selbstverlag der Gemeinde Fürth im Odenwald, Fürth, 276–277

Lorenz J (2000) Spessartsteine. Spessartin, Spessartit und Buntsandstein – eine umfassende Geologie und Mineralogie des Spessarts. Geografische, geologische, petrografische und bergbauliche Einsichten in ein deutsches Mittelgebirge. Mitteilungen des Naturwissenschaftlichen Museums Aschaffenburg 25. Lorenz, Karlstein

Marquart M (2017) Beiträge zur Vorgeschichte des Aschaffenburger Landes im Spiegel der Sammlungen des Aschaffenburger Stiftsmuseums. Schriftenreihe Band 66. Geschichts- und Kunstverein Aschaffenburg, Aschaffenburg

Mössinger F (1957) Bergwerke und Eisenhämmer im Odenwald. Schriften für Heimatkunde und Heimatpflege im Starkenburger Raum 21/22. Verlag der Südhessischen Post, Heppenheim

Schnur H (2012) Das Köhlerhandwerk im südlichen Odenwald. Verein Museumsstraße Odenwald-Bergstraße e.V., Erbach

Zerbe S (1999) Die Wald- und Forstgesellschaften des Spessarts mit Vorschlägen zu deren zukünftigen Entwicklung. Mitteilungen des Naturwissenschaftlichen Museums Aschaffenburg NF 19: 3–354

Schwäbische Alb

Hans W. Smettan

Blick von Fildern auf die Schwäbische Alb. Die aus Malm gebildete Steilstufe wirkt wie eine blaue Mauer (Foto: H. Smettan)

Ergänzende Information Die elektronische Version dieses Kapitels enthält Zusatzmaterial, auf das über folgenden Link zugegriffen werden kann [https://doi.org/10.1007/978-3-662-68936-3_28].

H. W. Smettan (✉)
Oberaudorf – Auerbach, Deutschland
e-mail: h.smettan@web.de

Der Naturraum

Die in Baden-Württemberg liegende Schwäbische Alb erstreckt sich vom Ries im Nordosten bis zum Hochrhein im Südwesten (Abb. 28.1). Die höchste Erhebung bildet im Südwesten der Lemberg mit 1015 m NN. Im Nordosten weist der Ipf bei Bopfingen dagegen nur 668 m auf, und das angrenzende Nördlinger Ries liegt bei etwa 430 m NN. Dieses Mittelgebirge entstand aus Meeresablagerungen während der Jurazeit, 200–150 Mio. Jahre vor heute, in Form gewaltiger Schichten aus Ton, Kalk und Mergel (Geyer und Gwinner 1986).

Die Gesteine lassen sich drei Hauptformationen zuordnen: Am Fuß des im Norden aufragenden Albtraufs steht Lias an, der Schwarze Jura. Er besteht aus Sandsteinen, dunklen Tonen und grauen Mergeln sowie aus Bitumen und Pyrit. Der Dogger, der Braune Jura, wird aus einer Folge von feinsandigen Tonen sowie Kalksandsteinen und Eisenoolithen gebildet (Wagner 1991). Er formt die Vorberge und die unteren Hänge der Alb. Die sich darüber erhebende Steilstufe des Albtraufs wird vom Malm, dem Weißen Jura, aufgebaut. Er ist charakterisiert durch eine wechselnde Folge von Mergeln, Kalkbänken und Schwammkalken.

Die Kalke wurden im Laufe der Jahrmillionen teilweise gelöst, sodass heutzutage die Alb das größte Karstgebiet Mitteleuropas darstellt. Außer Karsterscheinungen gibt es in diesem Gebirgsstock noch weitere geologische Besonderheiten: einmal das durch einen Meteoriteneinschlag vor etwa 14,7 Mio. Jahren herausgebildete Steinheimer Becken sowie die durch Vulkanismus vor 15–13 Mio. Jahren entstandenen Durchschlagröhren, die sich mit wasserundurchlässigem Basalttuff füllten.

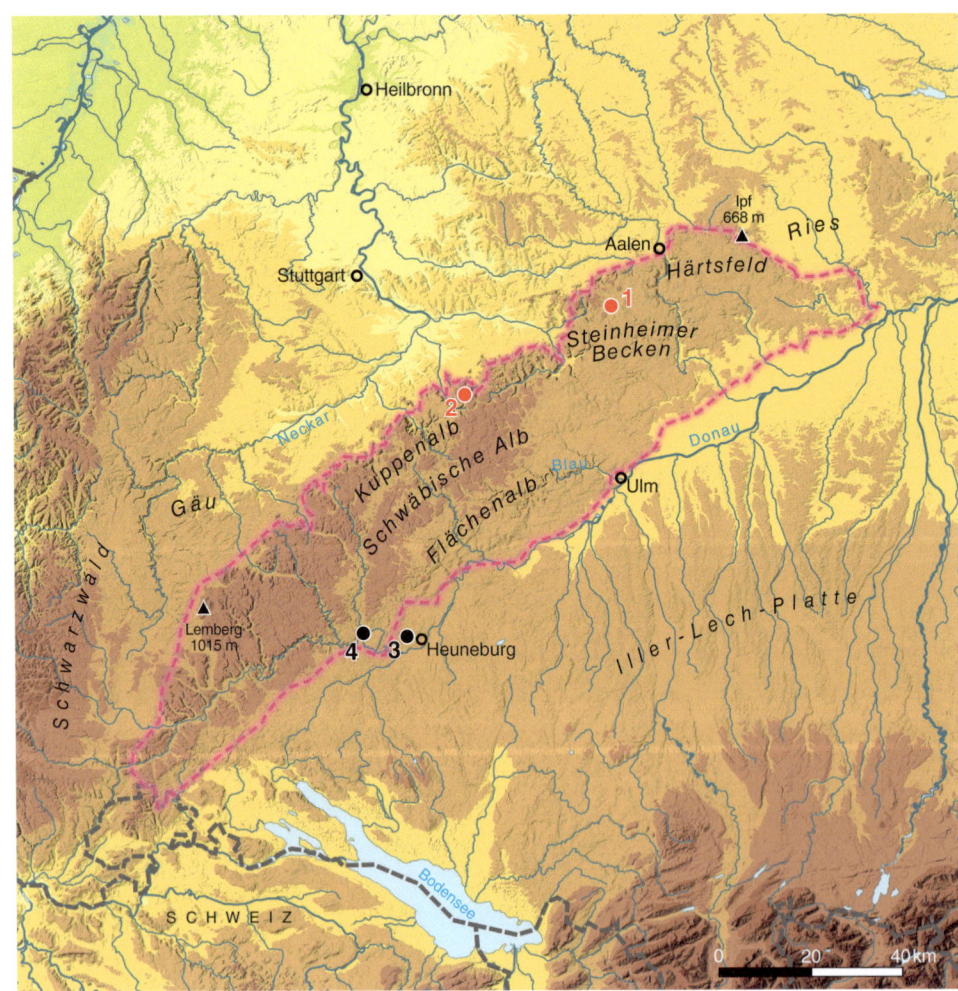

Abb. 28.1 Karte der Hochlagen der Schwäbischen Alb mit pollenanalytisch untersuchten Lokalitäten für das standardisierte Pollendiagramm:
1 Rauhe Wiese,
2 Schopflocher Ried.
Weitere im Text erwähnte Lokalitäten:
3 Blochinger Ried,
4 Wasenried

Böden und Klima

Der größte Teil der Alb wird von schweren und lehmigen Böden bedeckt, die örtlich auch locker und krümelig sein können. Es handelt sich vor allem um steinige Verwitterungslehme (Braunerden, Terra fusca und Pelosole). Auf der Flächenalb sind auch fruchtbare Parabraunerden verbreitet, die aus Löss und Ablagerungen von Molassesand entstanden sind. An den steilen Hängen trifft man dagegen auf Kalk-Skelettböden und Kalkstein-Schwarzerden in Form verschiedener Rendzinen.

Zu Moorbildungen kam es nur an Stellen, an denen der Untergrund abgedichtet ist. An einigen Stellen im Süden geschah dies durch das aus den Alpen stammende Moränenmaterial, auf dem Albuch über Bohnerztonen sowie Feuersteinlehmen und auf der nördlichen Mittleren Alb im Bereich der verfüllten Vulkanschlote.

Das Klima des Gebirgsstocks ist 3–5 °C kälter als das in seinem Vorland. So liegt die durchschnittliche Jahresmitteltemperatur zwischen 4 und 7 °C. Im Januar misst man im langjährigen Mittel −2 °C und im Juli rund 15 °C. Dazu kommt, dass im Vergleich zu den angrenzenden Gebieten die Niederschläge höher sind: Auf der mittleren und südwestlichen Alb fallen 900–1100 mm, im Südosten auf der Flächenalb nur 670–750 mm.

Vegetation

Ohne direkte und indirekte Eingriffe durch den Menschen wäre die Schwäbische Alb bis auf wenige Ausnahmen von verschiedenen Buchenwaldgesellschaften bedeckt (Reidl et al. 2013). Davon wäre auf der Hochfläche der Waldgersten-Buchenwald am weitesten verbreitet (Abb. 28.2). Wo jedoch der Boden oberflächlich entkalkt ist, würde diese Gesellschaft vom Waldmeister-Buchenwald abgelöst. Reicht die Entkalkung tiefer, würde – so zum Beispiel auf dem Albuch und dem Härtsfeld – ein artenarmer Hainsimsen-Buchenwald das Landschaftsbild prägen. In den niederschlagsreicheren Gebieten der Zollernalb sowie bei Aalen gäbe es darüber hinaus Buchenwälder mit Beteiligung der Tanne.

Die wärmebegünstigten, mäßig trockenen, kalkreichen Standorte würden vom Orchideen-Buchenwald eingenommen. Diese Gesellschaft würde an den steileren Hängen in warmer, trockener Lage vom Spitzahorn-Sommerlinden-Wald abgelöst. An entsprechend luftfeuchten und kühlen Lagen hätte dagegen der Bergahorn-Eschen-Wald mit seiner feuchtigkeitsliebenden Krautschicht seinen Lebensraum (Smettan 1995). Schließlich sind für die waldfreien Felsköpfe basenliebende Felsspalten- und Saumgesellschaften kennzeichnend. Wenn auch heutzutage noch große Bereiche der Alb von den genannten Gesellschaften eingenommen werden, so wurden in den letzten Jahrhunderten einige Gebiete mit Nadelhölzern – vor allem Fichten – aufgeforstet.

Der überwiegende Teil der Albhochfläche wird aufgrund der Viehhaltung von Berg-Glatthafer-Wiesen und Mittelgebirgs-Goldhafer-Wiesen eingenommen. Darüber hinaus gibt es auf sonnenseitigen Hängen artenreiche Trespen-Halbtrockenrasen und Wacholderheiden. In den von Bächen durchzogenen Tälern sind dagegen nasse Staudenfluren und Sumpfdotterblumenwiesen verbreitet. Zu erwähnen sind noch die Getreideäcker, auf denen häufig Weizen oder Mais angebaut wird. Wegen der Saatgutreinigung und wegen des Einsatzes von Herbiziden sind viele der früher

Abb. 28.2 Blick vom Roßfeld bei Gönningen zum vom Buchenwald bedeckten Roßberg (869 m) (Foto: H. Smettan)

verbreiteten Ackerwildkräuter inzwischen sehr selten geworden (für genaue Angaben siehe Smettan 2020).

Die Schwäbische Alb war spätestens seit der Mittleren Bronzezeit in starkem Maße besiedelt und genutzt, worauf unter anderem zahlreiche Grabhügel hinweisen. Archäologische Untersuchungen belegen auch eine eisenzeitliche, römische und jüngere Besiedlung. Jungsteinzeitliche Präsenz hingegen wurde vor allem in Randlagen bekannt. Die zahlreichen Höhlen wurden außerdem durch paläolithische Funde bekannt, darunter frühe Kunstobjekte.

Forschungsgeschichte

An einem Bohrkern aus dem Wasenried bei Sigmaringen (Abb. 28.1) gelang es Karl Bertsch bereits vor über 90 Jahren, die Waldgeschichte des Gebietes ab dem Präboreal in groben Zügen aufzuzeigen. Noch in den 1920er-Jahren erschien von ihm eine Publikation über die Wald- und Florengeschichte der Schwäbischen Alb. Später führte Rudolf Hauff Untersuchungen auf dem Albuch durch und rekonstruierte die Vegetationsentwicklung ab dem Atlantikum. Nach dem Zweiten Weltkrieg veröffentlichte Karlhans Göttlich eine Arbeit über das Dürbheimer Moor (1951). Gerhard Lang untersuchte die ältesten Sedimente aus dem Schopflocher Ried und konnte dadurch die Vegetationsabfolge von der Ältesten Dryas bis zum Präboreal aufzeigen. In den folgenden Jahren analysierten Karl Bertsch und Peter Groschopf Pollen aus der Umgebung von Ulm.

Schwere Schäden im Wald regten die Staatliche Forstverwaltung in Baden-Württemberg an, naturnäher aufzuforsten. Dazu musste aber das natürliche Waldbild der einzelnen Regionen für das Subatlantikum bekannt sein. Für die notwendigen Pollenanalysen stellte sich Rudolf Hauff zur Verfügung.

Ein frühholozänes Profil aus Bad Urach wurde von Manfred Rösch vorgelegt (1993). Als Nächstes sei eine Bohrung vom Schmiechener See genannt. Eberhard Grüger stellte fest, dass sich die Sedimente in einer Eiszeit zu bilden begonnen hatten. In der gleichen Zeit untersuchte Smettan flachgründige Moore auf dem Albuch und dem Härtsfeld. Neben der nacheiszeitlichen Vegetationsgeschichte der Ostalb wurden auch interessante Befunde zur Besiedlungsgeschichte vorgelegt. 2010 unternahm Smettan den Versuch – gute Moorarchive fehlen aufgrund von Entwässerung und Torfabbau –, die Landschaftsgeschichte im Umfeld der Heuneburg an der oberen Donau zu rekonstruieren.

Aus dem Albvorland seien Pollenanalysen des Verfassers aus dem Filstal angeführt (Smettan 1992). Außerdem gelang es Rösch (1999) anhand eines Pollenprofils aus einem Fischteich bei Nabern, die Geschichte der dortigen Kulturlandschaft vom späten Mittelalter bis zur frühen Neuzeit herauszuarbeiten. Eine ausführlichere Darstellung der vegetationsgeschichtlichen Erforschungsgeschichte unter Berücksichtigung der auf der Alb durchgeführten Makrorestanalysen veröffentlichte Smettan (2020). Eine vollständige Literaturliste befindet sich im Anhang.

Regionale Wald- und Vegetationsgeschichte

Das zur Beschreibung der regionalen Wald- und Vegetationsgeschichte benutzte Standarddiagramm (Abb. 28.3) wurde aus den Profilen Schopflocher Torfgrube, 758 m NN (Lang 1952; Chronozonen N^C bis V^C) und Rauhe Wiese, 667 m NN, zusammengesetzt (Smettan 1995; VII^C bis X^C; 10 ^{14}C-Daten). Da von den Sedimenten aus der Schopflocher Torfgrube (= Schopflocher Ried) keine Radiokarbondaten vorliegen, wurde ihr Alter durch einen überregionalen Vergleich pollenstratigraphisch abgeschätzt.

Auch gelang es nicht, mit den auf der Alb erstellten Pollendiagrammen ein lückenloses Standarddiagramm zu erstellen. Daher sind die Aussagen zum Boreal und zum älteren Atlantikum unsicher und bedürfen ergänzender Untersuchungen.

Die regionale Vegetationsgeschichte der Schwäbischen Alb kann in zwölf regionale Pollenzonen (RPZ) gegliedert werden (s. Tab. S 28.1 im elektronischen Zusatzmaterial). Die ältesten seinerzeit von Lang (1952) untersuchten Sedimente aus der Schopflocher Torfgrube stammen wohl aus dem Pleniglazial (N^C). Die hohen Werte von Nichtbaumpollen in dieser RPZ 1 (Zeitscheiben 13.000 bis 12.750 v. Chr.) zeigen, dass damals die Schwäbische Alb von einer baumlosen Steppentundra eingenommen wurde. Nur an sehr kalte Winter angepasste Zwergsträucher sowie verschiedene Kräuter, Gräser und Seggen prägten das Landschaftsbild. Sie mussten nicht nur mit den schwierigen klimatischen Verhältnissen zurechtkommen, sondern auch mit nährstoffarmen Rohböden, deren Besiedlung wegen der Solifluktion zusätzlich erschwert war (Smettan 2010). In den Sedimenten ist deshalb nur wenig Blütenstaub, und dieser ist oft selektiv zersetzt. Auch fanden sich in den Ablagerungen aus dieser Zeit Pollenkörner, die aus umgelagertem vorwürmeiszeitlichem Material stammen.

Bei den nachgewiesenen Gehölzen *Salix und Betula* dürfte es sich um Zwergsträucher gehandelt haben, die die kältesten Monate unter einer Schneedecke überdauerten. Auf den trockeneren Rohböden bildeten wahrscheinlich Latschenkiefern (*Pinus*), der Sanddorn (*Hippophaë rhamnoides*) und das Meerträubel (*Ephedra fragilis*-Typ) zusammen mit den lichtliebenden Kräutern *Artemisia, Helianthemum*, Apiaceae, Asteraceae, Chenopodiaceae und anderen sowie Süßgräsern (Wildgräser) die Pflanzendecke.

Im Verlauf der RPZ 2 (Zeitscheiben 12.500 bis 11.500 v. Chr.), die wahrscheinlich die Älteste Dryas (Chronozone I^C) widerspiegelt, scheint wohl wegen milderer Winter die

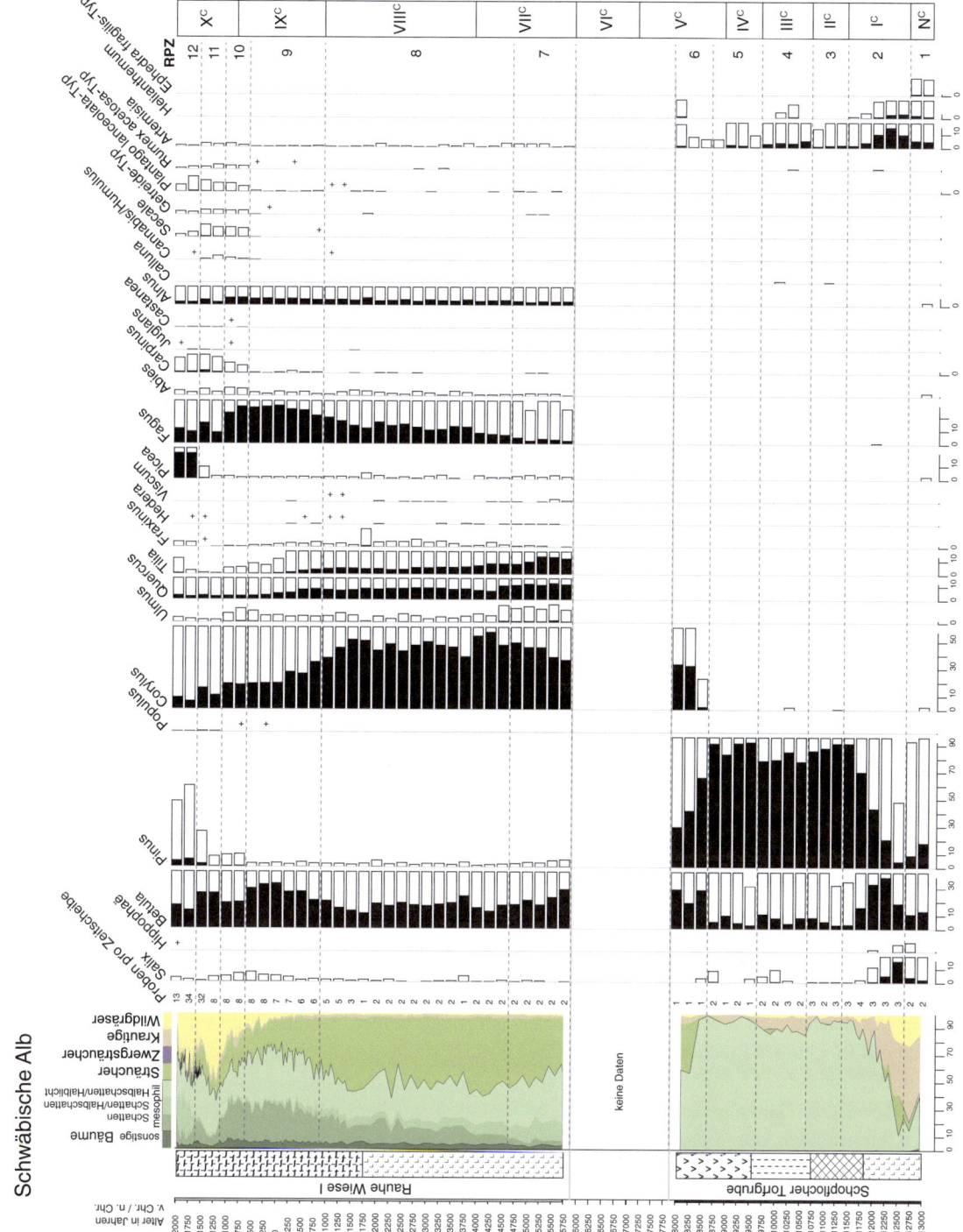

Abb. 28.3 Standardisiertes Pollendiagramm für die Hochlagen der Schwäbischen Alb, kombiniert aus den Profilen Rauhe Wiese (667 m NN, Smettan 1995) und Schopflocher Ried (758 m NN, Lang 1952)

Solifluktion geringer worden zu sein, sodass das Pflanzenwachstum nicht mehr so stark behindert wurde. In der Folge konnte sich zunehmend organisches Material im Sediment anreichern, und in nassen Senken konnten sogar Torfe entstehen. Ähnlich wie im Pleniglazial wuchsen in diesem Jahrtausend weiterhin Zwergweiden (*Salix*) und der Sanddorn. Der von Lang (1952) noch nicht pollenanalytisch erfasste, für diese RPZ aber eigentlich typische Wacholder wurde für diese Zone im Blochinger Ried nachgewiesen (Smettan 2010). Dabei ist aber unklar, ob es sich um den niederliegenden Zwergwacholder (*Juniperus communis* ssp. *alpina*) oder den aufrechten Heidewacholder (*Juniperus communis* ssp. *communis*) gehandelt hat.

Der wichtigste Unterschied gegenüber der Hocheiszeit ist das massenhafte Auftreten der Kiefer (*Pinus*). Es ist jedoch unsicher, ob es dazu durch die Ausbreitung von Latschengebüschen oder durch die Einwanderung von Waldkiefern kam. Auf jeden Fall bildeten die Nadelgehölze noch keinen geschlossenen Wald, sondern Inseln und lockere Bestände in der Kältesteppe. Dies aber reichte, dass viele lichthungrige Pflanzen, wie Wildgräser, Beifuß *Artemisia* und Sonnenröschen (*Helianthemum*) ihre Wuchsorte verloren und ihre Anteile im Pollendiagramm abnahmen. Sowohl die Befunde vom Schopflocher Ried als auch vom Blochinger Ried zeigen, dass in der RPZ 3 (Zeitscheiben 11.250 bis 10.750 v. Chr.) die Alb von einem Kiefernwald bedeckt war, in dem Birken vorkamen. Lichthungrige Gehölze wie der Sanddorn und Kräuter, wie zum Beispiel das Sonnenröschen, wurden dadurch weiter verdrängt. Selbst der Wermut erreicht nur noch niedrige Pollenanteile.

Die RPZ 4 (Zeitscheiben 10.500 bis 9750 v. Chr.) weist nur geringe Unterschiede zur vorhergehenden Pollenzone auf. Nach Lang (1952) spiegelt sich in ihr die Entwicklung der Jüngeren Dryas (Chronozone III^C) wider, in der es einen Kälterückschlag gegeben hat. Durch ihn verloren die baumförmigen Gehölze an Boden, wodurch die Heliophyten wieder häufiger wurden. So weist der Anteil des Nichtbaumpollens (Krautige und Wildgras-Typ im Summendiagramm) mit 10,6 % einen rund doppelt so hohen Wert im Vergleich zur RPZ 3 mit 4,9 % auf. Kiefernpollen dominiert nach wie vor mit 80,5 % im Vergleich zu 88,7 % in der Pollenzone zuvor. In den durch das Blochinger Ried repräsentierten tieferen Lagen (585 m NN) nimmt der Anteil des Kieferpollens nur von 95,8 auf 91,9 % ab. Daher ist anzunehmen, dass weiterhin lichte Kiefernwälder die regionale Vegetation prägten.

Mit der RPZ 5 (Zeitscheiben 9500 bis 8750 v. Chr.) beginnt sich das Postglazial in den Sedimenten des Schopflocher Rieds widerzuspiegeln. In dieser Zeit, dem Präboreal (Chronozone IV^C), prägte ein von Birken (*Betula*) durchsetzter Kiefernwald (*Pinus*) die Pflanzendecke. Die Krautschicht hatte im Vergleich zum Spätglazial viele Wuchsorte verloren. So sind die Süßgräser nur noch mit 0,2 % gegenüber 1,6 % in der RPZ 4 vertreten, und *Artemisia* weist nur noch 1,4 statt 4 % auf.

Die obersten von Lang untersuchten Horizonte, die zur RPZ 6 (Zeitscheiben 8500 bis 8000 v. Chr.) zu stellen sind, stammen wohl aus dem frühen Boreal (Chronozone V^C). Die wenigen Proben zeigen die Einwanderung und Ausbreitung der Hasel (*Corylus avellana*). Dadurch wurde der Anteil der Kiefer (*Pinus*) im Pollenbild geringer. Die Zunahme des Birkenpollens (*Betula*) könnte dagegen lokal bedingt sein. Lang (1952) vermutete, dass damals im Schopflocher Ried Birkenbruchwälder entstanden. Nicht mehr erfasst wurde mit den Sedimenten aus der Torfgrube das Auftauchen der Eichenmischwaldarten Eiche, Linde und Ulme. Diese Gehölze konnte Bertsch (1926) für das späte Boreal von der Südwestalb belegen.

Bemerkenswert ist noch, dass in dieser Zeit anscheinend die Zirbelkiefer (*Pinus cembra*) an den Felsen des oberen Donautals vorkam. Es fanden sich nämlich in mittelsteinzeitlichen Schichten der Falkensteiner Höhle bei Thiergarten entsprechende Holzkohlen (Firbas 1941; Smettan 2020).

Die ältesten Sedimente von der Rauhen Wiese zeigen mit der RPZ 7 (Zeitscheiben 5750 bis 4750 v. Chr.) die Vegetation des späten Atlantikums (Chronozone VII^C). Damals prägte auf dem Albuch ein Eichenmischwald mit einer Strauchschicht aus Haseln die Landschaft. So stammten 11,6 % des Pollens von der Eiche, 11,1 % von der Linde und 1,2 % von der Ulme. Untypisch für die Alb ist sicherlich die große Menge an Blütenstaub, der von der Birke (21,9 %) verweht wurde. Dies ist nämlich auf die schlechten, nährsalzarmen Böden im Umkreis der Rauhen Wiese zurückzuführen.

Im Vergleich zum Neckarland (vgl. Kap 29) fällt auf, dass damals auf dem Albuch nur etwa halb so viel Blütenstaub von den Eichen verweht wurde, dagegen etwa doppelt so viel von den Linden. Berücksichtigt man zusätzlich, dass *Tilia* vorwiegend entomogam, insektenblütig und deshalb im Pollenniederschlag untervertreten ist, geht man wohl nicht fehl, wenn man annimmt, dass im späten Atlantikum zumindest auf dem Albuch jeder dritte Baum eine Linde gewesen ist. Zu einem ähnlichen Ergebnis kam bereits Bertsch (1926) aufgrund seiner Untersuchungen im Wasenried. Firbas (1952) stellte dies auch bei weiteren Mittelgebirgen fest.

Vor allem die Winterlinde (*Tilia platyphyllos*) dürfte zumindest auf dem Albuch eine ähnliche Bedeutung für den Wald gehabt haben wie im Subboreal die Buche (*Fagus sylvatica*). Die in Bezug auf Wärme anspruchsvollere Sommerlinde (*Tilia cordata*) konnte man wohl nur an den sonnenseitigen Steilhängen antreffen. Auf beiden Arten schmarotzten damals Laubholzmisteln (*Viscum album*) (< 0,1 %), während sich an den Eichen eher Efeu (*Hedera helix*) (< 0,1 %) hinaufrankte.

Heutzutage kaum mehr vorstellbar war die ausgeprägte Strauchschicht aus Haseln (43,2 %). Unter ihrem Blätterdach konnten sich im Sommer nur wenige Kräuter und Gräser halten. Allein die Tüpfelfarne Polypodiaceae kamen mit dem beschatteten Boden zurecht. In dieser Zeit scheinen Tannen (*Abies alba*) und Fichten (*Picea abies*) auf die Südwestalb vorgestoßen zu sein. Auffällig ist noch, dass bereits damals die Buche (*Fagus sylvatica*) (3,4 %) auf dem Albuch vorkam. In dem vom Klima begünstigten Neckarland konnte diese Schattholzart erst Jahrhunderte später größere Bedeutung gewinnen.

Die RPZ 8 (Zeitscheiben 4500 bis 1000 v. Chr.), die wohl ganz überwiegend das frühe Subboreal (Chronozone VIII^C) widerspiegelt, zeigt kein gleichbleibendes Waldbild. Vielmehr veränderte sich in diesem Zeitraum die Vegetationsdecke unübersehbar. So wurde in dieser Zeit die Buche die häufigste Baumart. In der Umgebung der Rötenbacher Streuwiese erreichte sie sogar 55 % der Gesamtpollensumme. Eine solche Bedeutung konnte dieses Gehölz wohl aus klimatischen Gründen weder im Neckarland noch im Ries erlangen (Smettan 2004).

Die Anteile von *Tilia* und *Ulmus* halbieren sich, aber auch *Quercus* nimmt ab. Das deutet auf einen Rückgang von Linde, Ulme und Eiche zugunsten der Buche hin. So konnte die stark schattende Buche die lichthungrigen Konkurrenten auf vielen Standorten verdrängen. Allein die auf den staunassen und nährsalzarmen Böden vorkommenden Birken konnten sich halten. Dies galt wahrscheinlich auch für die Hasel, die auch auf mehr oder minder sauren Lehmböden wächst.

Ein anderes Bild bot die Südwestalb. Hier beteiligten sich ab dem späten Atlantikum Nadelgehölze am Waldaufbau. Nach den Pollenanalysen im Deilinger Moor (Hauff 1979) konnte vor allem die Tanne an Bedeutung gewinnen. Auch von der Fichte und sogar von der Waldkiefer nahm Hauff an, dass an ihrem damaligen Vorkommen auf der Südwestlichen Alb nicht zu zweifeln sei.

In der Umgebung des Wasenrieds bei Sigmaringen waren *Abies* und *Picea* ebenfalls in dieser Zeit im Wald vertreten (Bertsch 1926; Smettan 2010). Weiterhin kann man vermuten, dass in dieser Epoche Tannen vom Schwäbisch-Fränkischen Wald her, – wo sie heutzutage bei Aalen noch natürlicherweise vorkommen (s. o.) den Albtrauf erreichten. Die geringen Pollenwerte (0,2 %) weisen aber darauf hin, dass es diesem Nadelgehölz nicht gelang, auf der Hochfläche der nordöstlichen Alb Fuß zu fassen. Dazu mögen die Gefahr von Spätfrösten und die sommerliche Trockenheit beigetragen haben.

In der RPZ 9 (Zeitscheiben 750 v. Chr. bis 500 n. Chr.) griff der Mensch nachweisbar in das Waldbild ein, sodass naturferne Wälder und verschiedene Ersatzgesellschaften entstanden. Da damals in der Umgebung der Rauhen Wiese Eisenerze verhüttet wurden, benötigte man in großer Menge Holzkohle (s. u.). Dazu wurden regelmäßig die Gehölze geschlagen, sodass bald rasch mannbare Pioniergehölze das Waldbild prägten. Gefördert wurde hierdurch vor allem die Birke, deren Anteil im Pollendiagramm von 17,2 auf 28,5 % stieg. Seltener wurden dagegen die Edellaubhölzer.

In anderen Gebieten, so auf der Mittleren Alb, im Bereich des sogenannten Heidengrabens und an der oberen Donau im Umkreis der Heuneburg, wurde dagegen für die Siedlungen der keltischen Bevölkerung in großem Umfang gerodet.

In der RPZ 10 (Zeitscheiben 750 und 1000 n. Chr.) zeigt die Zunahme von Pollenanteilen verschiedener Getreide- (1,0 %) und Grünlandarten (Wildgräser 18,3 %), dass in dieser Zeit auf der Nordöstlichen Alb erstmals Flächen zur landwirtschaftlichen Nutzung geschaffen wurden. Das nicht gerodete Land wurde meist von der Buche (25,3 %) geprägt, auf der Rauhen Wiese hingegen herrschten weiterhin Birken (19,3 %) und Haselsträucher (18,7 %) vor. Bemerkenswert ist noch, dass sich im Mittelalter die Hainbuche *Carpinus* auf dem Albuch ausbreiten konnte. Lag in der RPZ 9 der Anteil dieses ausschlagfreudigen Gehölzes noch unter 0,1 %, so waren es jetzt 0,7 %.

Die RPZ 11 (Zeitscheiben 1250 und 1500 n. Chr.) zeigt die Landschaftsentwicklung der Nordöstlichen Alb während des späten Mittelalters und der frühen Neuzeit. Dabei lassen sich weitere Rodungen nachweisen. Dadurch sank der Anteil der Buche von 25,3 % in der RPZ 10 auf 12,3 %. Gleichzeitig nahm die relative Menge der Süßgräser (32,1 %) als Indikator für eine Viehhaltung zu, und der Getreidepollen als Beleg für einen Ackerbau stieg leicht auf 1,2 %. Außerdem kann man für diese Zeit die Entstehung von verschiedenen Mittelwaldtypen erkennen (s. u.).

In den letzten 250 Jahren (RPZ 12, Zeitscheibe 2000 n. Chr.) änderte sich aufgrund von Aufforstungen, der Ablösung von Weiderechten in den Mittelwäldern und längeren Umtriebszeiten erneut das Waldbild. So stieg der Anteil der Fichte in der Umgebung der Rauhen Wiese von 0,6 % in der RPAZ 11 auf jetzt 19,2 %. Außerdem wurde aufgrund der längeren Umtriebszeiten vielerorts die Hasel verdrängt.

Landnutzungs- und Besiedlungsgeschichte

Von der Feld-Gras-Wirtschaft zum heutigen Ackerbau

Die pollenanalytischen Nachweise einer prähistorischen Landwirtschaft zeigen sich auf der Hochfläche der Alb wegen des relativ kühlen Klimas und der oft mäßig ertragreichen Böden erst viel später als im wärme- und bodenbegünstigten Neckarland (vgl. Kap. 29). Dort fallen Veränderungen im Pollenbild aufgrund der Siedeltätigkeit bereits im Altneolithikum auf (5500–4900 v. Chr., Smettan 2019).

Die ältesten Spuren einer ackerbautreibenden Bevölkerung fanden sich in diesem Mittelgebirge im Blautal bei Ehrenstein. Die Gebäude der Siedlung wurden um 3955 v. Chr. errichtet, im Jungneolithikum.

Auf der Nordöstlichen Alb mehren sich die archäologischen Befunde ab der Urnenfelderzeit. Der Albuch und das Härtsfeld wurden jedoch erst im hohen Mittelalter kultiviert (Kempa 1995). Sieht man sich die auftretenden Besiedlungszeiger im Pollenbild an, so werden im Laufe der Jahrhunderte Verschiebungen in der Pollenzusammensetzung erkennbar. Dies lässt sich auf Änderungen bei der Landwirtschaft zurückführen.

So wurde im Allgemeinen bis in die frühalamannische Zeit mehr Blütenstaub von der mehrjährigen Ruderalpflanze Beifuß *Artemisia* cf. *vulgaris* als von den einjährigen Gänsefußgewächsen *Chenopodium* gefunden (Smettan 2010).

Dahinter steckt, dass ursprünglich lange Zeit eine Feld-Gras-Wirtschaft betrieben wurde (s. Exkurs Kap. 13). Dabei wurde nach wenigen Jahren Getreideanbau das Feld mehrere Jahre beweidet. Sinn und Zweck war die Humusregeneration. So konnten sich auch mehrjährige Unkräuter halten. Zu Letzteren gehört der Gewöhnliche Beifuß, dessen Blätter in der Regel vom Vieh verschmäht werden. Diese Nutzungsweise war auf Grenzertragsböden sogar noch im 19. Jahrhundert üblich (Smettan 1993). Der erschöpfte Acker wurde, wie Johann Herkules Haid (1786) in „Ulm mit seinem Gebiete" schreibt, manchmal 10 bis 20 Jahre lang als Wiese (Mähder) oder Weide genutzt und erst dann das inzwischen aufgekommene Gestrüpp mit den Rasensoden abgebrannt. Dadurch wurden nicht nur die meisten Unkräuter mit ihren Samen vernichtet, sondern auch Mineralstoffe freigesetzt, die einem neuen Getreideanbau guttaten (Smettan 1995).

Ab dem Mittelalter benötigte die anwachsende Bevölkerung mehr Nahrungsmittel. Da die besseren Böden bereits alle kultiviert waren, wurde die Dauer der Brache verkürzt, was ziemlich schnell zur Dreifelderwirtschaft führte. Dabei wurde im ersten Jahr Wintergetreide, im zweiten Sommergetreide angebaut und im dritten Jahr das Feld unbestellt liegengelassen.

In den Pollendiagrammen aus der Umgebung der Heuneburg an der oberen Donau zeigt sich deshalb bereits im hohen Mittelalter, dass wegen dieser kurzen Brachzeit der Gänsefußpollen sechs- bis siebenmal so häufig auftritt wie der Blütenstaub des Beifußes (Smettan 2010).

Im Laufe des 19. Jahrhunderts wurde, um den wachsenden Nahrungsbedarf zu decken, immer häufiger auch das Brachfeld bestellt. Im 20. Jahrhundert veränderten dann neue Züchtungen und der zunehmende Weizen- und Maisanbau sowie der Einsatz von Herbiziden und mineralischen Dünger das Landschaftsbild. Einerseits konnten hiermit die Erträge gewaltig gesteigert werden, andererseits wurde jedoch der Lebensraum für viele Pflanzen und Tiere fast flächendeckend zerstört.

Vom Urwald zum Fichtenforst

Das natürliche Waldbild ist auf der Schwäbischen Alb nicht einheitlich. Handelte es sich vor den Eingriffen durch den Menschen auf der Westlichen und Mittleren Alb vor allem um Waldgersten-Buchenwald, so wuchs auf den kalkarmen Böden von Albuch und Härtsfeld, aber auch auf der Altmoräne im Süden vor allem der Hainsimsen-Buchenwald.

Letzterer verlor auf dem Albuch bereits in der Latènezeit sein natürliches Aussehen, da er damals regelmäßig geschlagen wurde, um Holzkohle zu gewinnen. In den dadurch entstandenen Niederwäldern prägten Birken zusammen mit anderen Pioniergehölzen das Waldbild bis ins frühe Mittelalter.

Als dann im Mittelalter auch die nordöstliche Alb besiedelt und bald darauf auf den besseren Böden die Dreifelderwirtschaft eingeführt wurde, benötigte man für das Vieh neue Weidegründe. Dazu wurden die Wälder aufgelichtet und als Mittelwälder bewirtschaftet (Smettan 1995; s. auch Exkurs Kap. 20).

Holzentnahme, Beweidung und später auch Streunutzung ließen jedoch den Waldboden stark verarmen, sodass im Laufe der Zeit baumfreie Flächen entstanden, auf denen nur noch Magerkeitszeiger wie zum Beispiel das Heidekraut (*Calluna*) wuchsen. Das heißt, nicht nur der Holzertrag hatte abgenommen, sondern auch das Futter für das Vieh.

Notgedrungen wurden deshalb im 19. Jahrhundert die Weiderechte abgelöst, und die Streunutzung wurde verboten. Außerdem wurden längere Umtriebszeiten festgelegt, sodass sich wieder ein Hochwald entwickeln konnte. Das fehlende Brennmaterial kam inzwischen mit der Eisenbahn in Form von Kohle zur Bevölkerung. Auch waren schon ab dem Jahre 1780 Versuche mit Nadelholzanpflanzungen gemacht worden (Haid 1786). Bald danach wurden große Gebiete mit Fichten und vereinzelt mit Kiefern (Forchen) aufgeforstet (Smettan 1995; Schaal 2014). Im Pollenbild zeigt sich dies an einer Abnahme der lichthungrigen und anspruchslosen Gehölzarten, während die Buche und die Fichte zulegen konnten.

Wie auf der Nordostalb wurden auch auf der Südwestalb im 19. Jahrhundert die Weiderechte abgelöst und die baumlosen Stellen mit Fichten aufgeforstet. Da gleichzeitig die Umtriebszeiten verlängert wurden, konnten sich auch hier bewirtschaftete Fichtenreinbestände zum Hochwald entwickeln.

Erst 1920 begann man wieder die im Gebiet natürlicherweise wachsenden Buchen und Tannen anzupflanzen. Ab den 1980er-Jahren wurde auch die Eiche nachgezogen, und die kernfaulen Fichtenforste wurden in Laubholzbestände umgebaut (Schaal 2014).

Literatur

Bertsch K (1926) Pollenanalytische Untersuchungen an einem Moor der Schwäbischen Alb. Veröffentlichungen der Staatlichen Stelle für Naturschutz beim Württembergischen Landesamt für Denkmalpflege 3: 7–27

Firbas F (1941) Pflanzendecke und Klima der mesolithischen Jäger des Birkenkopfs in Stuttgart. In: Peters E (ed) Die Stuttgarter Gruppe der mittelsteinzeitlichen Kulturen. Veröffentlichungen des Archivs der Stadt Stuttgart 7: 25–34

Firbas F (1952) Spät- und nacheiszeitliche Waldgeschichte Mitteleuropas nördlich der Alpen. Zweiter Band: Waldgeschichte der einzelnen Landschaften. Gustav Fischer, Jena

Geyer O, Gwinner M (1986) Geologie von Baden-Württemberg, 3. Auflage. Schweizerbart, Stuttgart

Göttlich K (1951) Ein Pollendiagramm aus der Südwestalb, entwicklungs- und waldgeschichtlich betrachtet (Dürbheimer Moor bei Spaichingen, Wttbg.). Berichte der Deutschen Botanischen Gesellschaft 64: 174–179

Haid JH (1786) Ulm mit seinem Gebiete. Christian Ulrich Wagner senior, Ulm

Hauff R (1979) Pollenanalytische Untersuchungen in der Traufzone der Südwestalb. Mitteilungen des Vereins für Forstliche Standortskunde und Forstpflanzenzüchtung 27: 36–38

Kempa M (1995) Die Verhüttungsplätze. Beiträge zur Eisenverhüttung auf der Schwäbischen Alb. Forschungen und Berichte zur Vor- und Frühgeschichte in Baden-Württemberg 55: 147–192

Lang G (1952) Zur späteiszeitlichen Vegetations- und Florengeschichte Südwestdeutschlands. Flora 139: 243–294

Reidl K, Wolf T, Koltzenburg M, Herter W, Bushart M, Suck R, Michiels HG (2013) Potentielle natürliche Vegetation von Baden-Württemberg. Verlagspublikation Umweltverwaltung Baden-Württemberg, Ubstadt-Weiher

Rösch M (1993) Quartärbotanische Untersuchung eines frühholozänen Torfes von Bad Urach (Schwäbische Alb). In: Brombacher C, Jacomet S, Hass JN (eds) Festschrift Zoller: Beiträge zu Philosophie und Geschichte der Naturwissenschaften, Evolution und Systematik, Ökologie und Morphologie, Geobotanik, Pollenanalyse und Archäobotanik. Dissertationes Botanicae 196. Cramer, Berlin, Stuttgart, 369–376

Rösch M (1999) Ein Pollenprofil aus dem ehemaligen Fischweiher des Herzogs von Württemberg bei Nabern, Stadt Kirchheim/Teck, zur Kenntnis der Kulturlandschaftsgeschichte des Späten Mittelalters und der Frühen Neuzeit im Vorland der Schwäbischen Alb. Fundberichte aus Baden-Württemberg 23: 741–778

Schaal R (2014) Waldzustände als Spiegel gesellschaftlicher Ansprüche – Waldentwicklung auf der mittleren Schwäbischen Alb und im nördlichen Oberschwaben seit dem 16. Jahrhundert. Jahreshefte der Gesellschaft für Naturkunde in Württemberg 170: 79–113

Smettan H (1992) Was der Blütenstaub unter dem Göppinger Rathaus verrät. Hohenstaufen Helfenstein. Historisches Jahrbuch für den Kreis Göppingen 2: 9–20

Smettan H (1993) Wie der Mensch die Pflanzendecke des Albuchs veränderte – Pollenanalytische Ergebnisse zum Einfluß des vor- und frühgeschichtlichen Menschen auf die Umwelt. Höhle und Karst 1993: 333–344

Smettan H (1995) Archäoökologische Untersuchungen auf dem Albuch. In: Landesdenkmalamt Baden-Württemberg (ed) Beiträge zur Eisenverhüttung auf der Schwäbischen Alb. Forschungen und Berichte zur Vor- und Frühgeschichte in Baden-Württemberg 55. Konrad Theiss, Stuttgart, 37–146

Smettan H (2004) Vegetationsgeschichtliche Untersuchungen am westlichen Riesrand (Württemberg). In: Krause R, Pfeffer KH (eds) Studien zum Ökosystem einer keltisch-römischen Siedlungskammer am Nördlinger Ries. Tübinger Geographische Studien 130: 179–242

Smettan H (2010) Die Landschaftsgeschichte im Umfeld der Heuneburg/obere Donau. Ein Beitrag zur Wald-, Moor- und Besiedlungsgeschichte. Fundberichte aus Baden-Württemberg 31: 115–264

Smettan H (2019) Die spät- und nacheiszeitliche Vegetationsgeschichte des Neckarlandes. Jahreshefte der Gesellschaft für Naturkunde in Württemberg 175: 61–95

Smettan H (2020) Die spät- und nacheiszeitliche Vegetationsgeschichte der Schwäbischen Alb. Jahreshefte der Gesellschaft für Naturkunde in Württemberg 176: 5–42

Wagner E (1991) Geologie und Landschaftsgeschichte der Schwäbischen Alb. In: Hahn J, Kind CJ (eds) Urgeschichte in Oberschwaben und der mittleren Schwäbischen Alb. Archäologische Informationen aus Baden-Württemberg 17. Gesellschaft für Vor- und Frühgeschichte in Württemberg und Hohenzollern, Stuttgart, 13–16

Neckarland

Hans W. Smettan

Blick vom Stuttgarter Fernsehturm nach Norden in das dicht besiedelte Neckarland (Foto: H. Smettan)

Ergänzende Information Die elektronische Version dieses Kapitels enthält Zusatzmaterial, auf das über folgenden Link zugegriffen werden kann [https://doi.org/10.1007/978-3-662-68936-3_29].

H. W. Smettan (✉)
Oberaudorf – Auerbach, Deutschland
e-mail: h.smettan@web.de

Der Naturraum

Gebiete und Abgrenzung

Das hier als Neckarland bezeichnete Gebiet umfasst mehrere Naturräume, die seinerzeit von Firbas (1952) gemeinsam abgehandelt wurden. Es handelt sich um oberes, mittleres und unteres Neckarland, Bauland, Strom- und Heuchelberg, Kraichgau, Tauberland, Kocher-Jagst-Ebene sowie Hohenloher und Haller Ebene, außerdem Schwäbisch-Fränkischer Wald, Schurwald und Welzheimer Wald und schließlich noch Stuttgarter Bucht, Filder, Albvorland, Glemswald, Schönbuch, Obere Gäue und Baar (Abb. 29.1). Es erstreckt sich über 150 km vom Quellgebiet des Neckars auf der Baar im Süden bis zum Odenwald im Norden. Die Höhe sinkt hierbei von 710 m NN beim Neckarursprung auf etwa 140 m NN im Norden.

Geologie und Böden

Das Neckarland ist ein Teil der südwestdeutschen Schichtstufenlandschaft. Die ältesten Sedimente wurden während der Trias abgelagert. Dazu gehört der Muschelkalk, der im Norden, im Westen und an den eingeschnittenen Neckarhängen zu Tage tritt. Darüber folgen die Schichten des Keupers, anstehend im Stromberg, auf der Hohenloher und der Haller Ebene, im Schwäbisch-Fränkischen Wald und in den oberen Gäuen. Auf den Fildern, vereinzelt auch im Schwäbisch-Fränkischen Wald, steht Schwarzer Jura (Lias) an, auf den Gäuflächen und den Fildern Löss. Die hier entstandenen Parabraunerden sind die fruchtbarsten Böden in der Region.

Daneben gibt es Braunerden (Podsol-Braunerde oder tonreiche Terra fusca). Durch Grundwasser beeinflusste Gleye sind wie die Pelosole für den Ackerbau weniger ge-

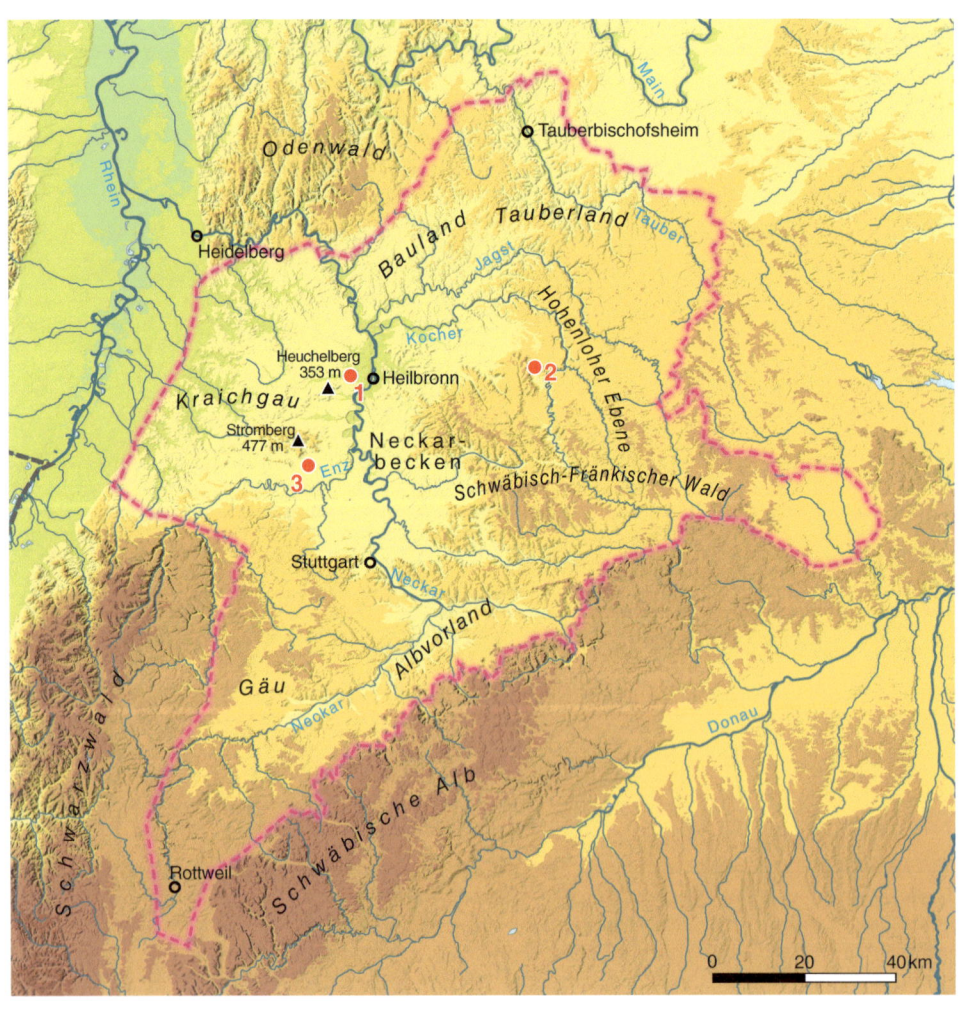

Abb. 29.1 Karte des Neckarlandes mit pollenanalytisch untersuchten Lokalitäten für das standardisierte Pollendiagramm:
1 Großgartach/Leinbachaue,
2 Kupfermoor,
3 Sersheimer Wiesenmoor

eignet und werden deshalb eher als Grünland bewirtschaftet. Schließlich kommen an Steilhängen flachgründige Rendzinen vor.

Klima

Nicht im Süden, sondern im mittleren und unteren Neckarland liegt die langjährige mittlere Lufttemperatur am höchsten: So werden für Tauberbischofsheim 9,8 °C und für das Neckartal bei Stuttgart 11,3 °C angegeben, während der entsprechende Wert am oberen Neckar in Rottweil bei 8,2 °C liegt.

Auch die Jahresniederschläge weisen bemerkenswerte Unterschiede auf: Fallen im Norden im Durchschnitt 637 mm Regen und Schnee und bei Stuttgart 659 mm, werden bei Rottweil 946 mm gemessen, obwohl das Gebiet im Regenschatten des Schwarzwaldes liegt.

Diese unterschiedlichen klimatischen Verhältnisse sind zusammen mit den verschiedenen Bodentypen der Hauptgrund für die nicht einheitliche Vegetationsentwicklung ab dem Atlantikum.

Potenzielle natürliche Vegetation

Nach Oberdorfer und Müller (1977) sowie Reidl et al. (2013) würden ohne den Menschen Eichen-Eschen-Hainbuchen-Wälder den Neckar begleiten. In den angrenzenden wärmebegünstigten Gebieten kämen verschiedene Eichen-Hainbuchen-Wälder vor. Dazu gehört vor allem der Waldlabkraut-Traubeneichen-Hainbuchen-Wald.

Am häufigsten wären im Neckarland jedoch verschiedene Buchenwaldgesellschaften, auf basenarmen Standorten der Hainsimsen-Buchenwald und auf kalkreicherem Untergrund der Waldmeister-Buchenwald. Im oberen Neckarland und auf der Baar kämen Waldmeister-Tannen-Buchen-Wälder und Waldgersten-Tannen-Buchen-Wälder hinzu (vgl. Smettan 2019).

Forschungsgeschichte

Die ersten Pollenanalysen zur Waldgeschichte des Neckarlandes aus den 1920er-Jahren stammen von Karl Bertsch. Weitere frühe Arbeiten wurden von Walter Broche im Schwenninger Moos und von Gustav Schaaf aus Hohenlohe und dem Schwäbisch-Fränkischen Wald erstellt, weiterhin von Franz Firbas in der Nähe von Stuttgart. Nach dem Krieg führten Rudolf Hauff und Oskar Sebald im Auftrag der Forstverwaltung Pollenanalysen durch, um das natürliche Waldbild vor dem Beginn stärkerer menschlicher Eingriffe herauszufinden. Neuere Untersuchungen von Hans Smettan (zuletzt 2006, 2019) wurden von der Archäologie angeregt und befassen sich mit kleinen Mooren in Erdfällen oder mit Auensedimenten. Aus dem Kraichgau stammen Arbeiten von Manfred Rösch (2005; sowie Rösch et al. 2017). Die letztgenannte Arbeit hat den einzigen echten See, den Aalkistensee bei Maulbronn, zum Thema. Hans Smettan publizierte 2019 eine umfassende Darstellung der Erforschungsgeschichte mit Berücksichtigung der Makrorestanalysen. Eine vollständige Literaturliste befindet sich im Anhang.

Regionale Vegetations- und Waldgeschichte

Das Standarddiagramm (Abb. 29.2) wurde aus den Profilen Leinbachaue bei Großgartach (Smettan 2002, Chronozonen I^C–IV^C, 6 ^{14}C-Daten), Kupfermoor (Smettan 1988, Chronozonen VI^C–IX^C, 34 ^{14}C-Daten) und Sersheimer Wiesenmoor (Smettan 1985, Chronozonen V^C und X^C, 12 ^{14}C-Daten) zusammengesetzt. Für die spätglazialen und frühholozänen Abschnitte wurden zusätzlich pollenstratigraphische Altersabschätzungen für die Chronologie einbezogen und fragliche ^{14}C-Daten ausgeschlossen. So wurden zum Beispiel zwei zu jung datierende ^{14}C-Daten aus dem Bereich des frühholozänen Haselmaximums im Profil III aus dem Sersheimer Wiesenmoor im Kontext der Entwicklungen in den Regionen des Schwarzwaldes und des Alpenvorlandes als Ausreißer gewertet und der Beginn des Haselausbreitung entsprechend pollenstratigraphisch datiert. Diese Neubewertung resultiert in einer gegenüber früheren Publikationen um bis zu 500 Jahre abweichenden chronologischen Einordnung der entsprechenden Pollenspektren im Boreal und frühen Atlantikum. Die regionale Vegetations- und Waldgeschichte kann in zwölf regionale Pollenzonen (RPZ) eingeteilt werden (s. Tab. S 29.1 im elektronischen Zusatzmaterial).

In RPZ 1, die der Chronozone I^C entspricht (Zeitscheiben 12.500 bis 11.500 v. Chr.), wurde das Neckarland von einer Steppentundra mit einzelnen Gehölzinseln eingenommen – eine Vegetation, die mit den Rohböden, mit Trockenheit und winterlicher Kälte zurechtkam. Eine große Rolle spielten Gräser (45,3 %) und lichtliebende Kräuter, wie zum Beispiel der Beifuß (*Artemisia*). Die große Menge an Kiefernpollen (*Pinus* 39,9 %) ist sicher aufgrund seines widerstandsfähigen und weit fliegenden Blütenstaubs überrepräsentiert. Zu welchem Anteil der Pollen von der baumförmigen Waldkiefer (*Pinus sylvestris*) oder der strauchförmigen Latschenkiefer (*P. mugo*) stammt, lässt sich pollenanalytisch nicht klären. Aufgrund der nachgewiesenen offenen Krautschicht sind überwiegend strauchförmige Vertreter, wie auch im Fall der Birke (*Betula*) und der Weide (*Salix*), anzunehmen.

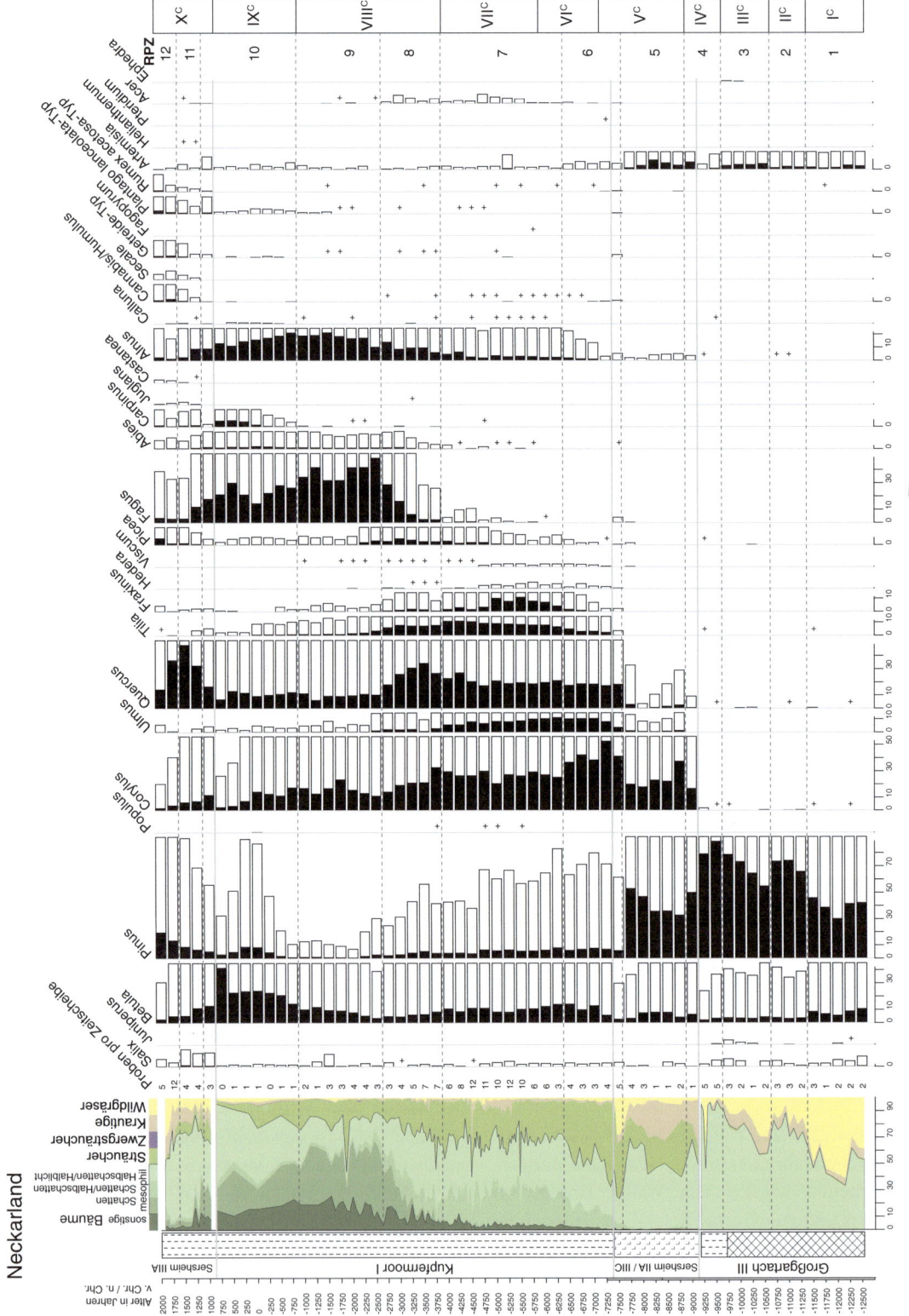

Abb. 29.2 Standardisiertes Pollendiagramm für das Neckarland, kombiniert aus den Profilen Großgartach (166 m NN, Smettan 2002), Kupfermoor (375 m NN, Smettan 1988) und Sersheimer Wiesenmoor (234 m NN, Smettan 1985)

Während der klimatisch günstigeren Phase des Allerøds (RPZ 2, Zeitscheiben 11.250 bis 10.750 v. Chr.) nimmt der Anteil der Kiefer stark zu (71,3 %) und lässt auf Kiefernwälder mit schwacher Beteiligung von Birken und Weiden schließen. Die nun vermutlich vorherrschenden baumförmigen Vertreter der Gehölze führten zu schattigeren Verhältnissen in der Krautschicht und erklären den deutlichen Rückgang lichtliebender Kräuter und Gräser im Pollendiagramm.

RPZ 3, die chronostratigraphisch den Kälterückschlag der Jüngeren Dryas widerspiegelt (Zeitscheiben 10.500 bis 9750 v. Chr.), ist durch eine Abnahme der baumförmigen Gehölze gekennzeichnet. Lichtliebende Arten wie Beifuß (*Artemisia*) kamen wieder häufiger zum Blühen. Im Verlauf der Zone nehmen die Gehölzanteile, darunter Kiefer (*Pinus*) und Wacholder (*Juniperus*), zu und deuten die Entwicklung lichter Kiefernwälder bereits zum Ende der Jüngeren Dryas an. Die gleichzeitigen Nachweise von Meerträubel (*Ephedra*) weisen dabei auf ein ausgeprägt kontinentales Klima mit trockenen, warmen Sommern und sehr kalten Wintern hin. Spätestens ab der RPZ 4, das heißt ab dem Präboreal oder der Chronozone IV^C (Zeitscheiben 9500 bis 9000 v. Chr.), dominieren Kiefernwälder, und der Anteil lichtliebender Gehölze wie Birke, Wacholder und Weide erhöht sich, während die Menge der Kräuter und Gräser deutlich abnimmt. Die Hasel (*Corylus*) wandert zwar bereits im Präboreal ein, breitet sich aber erst mit dem Beginn des Boreals, in RPZ 5 (Zeitscheiben 8750 bis 7750 v. Chr.), aus. Zeitgleich kommt es zur Einwanderung und Etablierung mehrerer Laubbaumarten wie Eiche (*Quercus*), Ulme (*Ulmus*) und Erle (*Alnus*). Der hohe Anteil der Kiefer (41,1 %) und lichtliebender Arten wie *Artemisia* (4,2 %) ist bemerkenswert. Dies kann jedoch auf schwierige, gestörte Sedimentationsverhältnisse und damit vermutlich verbundene Anteile von sekundärem, umgelagertem Pollen vor Beginn der Torfbildung im Profil Sersheimer Wiesenmoor hinweisen. Ebenso dürfte das deutliche Maximum der Wildgräser, um 7500 kalibriert v. Chr., kurz vor dem Beginn des Torfwachstums am Standort, auf ein lokales Phänomen im Zusammenhang mit der Moorgenese zurückzuführen sein.

Der Beginn der RPZ 6 (Zeitscheiben 7500 bis 6500 v. Chr.) fällt in das ausgehende Boreal (Chronozone V^C) und ist durch Maximalwerte der Hasel (> 50 %) und der Einwanderung weiterer Laubbaumarten wie Linde (*Tilia*) und Esche (*Fraxinus*) gekennzeichnet.

Durch das geschlossene Kronendach der haselreichen Wälder gelang jetzt nur noch wenig Licht auf den Boden, sodass die Anteile der Waldkiefer und des Nichtbaumpollens deutlich abnehmen. In dieser Zeit tauchte auch der Ahorn (*Acer*) auf, dessen Pollen grundsätzlich stark unterrepräsentiert ist. Außerdem wuchsen in den Baumkronen Laubholzmisteln (*Viscum*) und an den Bäumen kletterten Efeupflanzen (*Hedera*) hinauf. Im Verlauf der Zone nehmen die klassischen Eichenmischwaldarten bis zu Beginn der RPZ 7 (Zeitscheiben 6250 bis 4000 v. Chr.) zu, die wahrscheinlich überwiegend das späte Atlantikum (Chronozone VII^C) widerspiegeln, die Eichenmischwaldarten im Pollendiagramm dominieren (*Quercus* 21 %, *Tilia* 9,2 %, *Ulmus* 8,5 %, *Fraxinus* 6 %). Ausbreiten konnte sich offensichtlich auf bodenfeuchten Standorten auch die Schwarzerle (*Alnus*). Der Anteil der Hasel sank. Die Fichte (*Picea*) erreicht im mittleren Neckarland bereits damals 1,3 %. Es dürfte sich dabei aber um Fernflug aus dem Schwäbisch-Fränkischen Wald gehandelt haben. Dort fasste der Baum anscheinend damals Fuß. Auf den armen Böden dieses Höhenzuges wuchsen auch Birken.

Dies weist auf regionale Unterschiede hin. So spielte im mittleren Neckarland die Eiche eine größere, die Linde dagegen eine kleinere Rolle als in der Haller Ebene. Auch wanderte die Buche (*Fagus*) im Verlauf dieser Zone ein, die sich in der anschließenden RPZ 8 (Zeitscheiben 3750 bis 2750 v. Chr.) stark ausbreitete und allmählich die Eiche und Hasel verdrängte. Der Anteil der Ulme sank von 8,5 auf 2,2 % und repräsentiert auch in dieser Region den klassischen mittelholozänen Ulmenfall, der traditionell die Grenze zwischen Atlantikum und Subboreal bestimmt (s. Exkurs Kap. 53). Auf feuchten und nassen Böden breitete sich die Schwarzerle aus.

Ab RPZ 9 (Zeitscheiben 2500 bis 1000 v. Chr.) dominiert im Neckarland die Buche. Zurückgedrängt wurde vor allem die Eiche. Auf der Haller Ebene lag ihr Anteil bei nur noch 12,5 %. Der Blütenstaub der Kiefer (1,5 %) scheint sogar nur noch durch Fernflug in das Gebiet gekommen zu sein.

Im wärmeren und niederschlagsärmeren Teil des Neckarlandes erlangte die Buche erst 300 Jahre später die Vorherrschaft und weist darüber hinaus um 10 % niedrigere Werte auf als auf der Haller Ebene.

Am oberen Neckar, auf der Baar und im Schwäbisch-Fränkischen Wald setzte sich damals die Tanne fest und bildete einen wichtigen Bestandteil des Waldes (Smettan 2000), was sich auch in den zunehmenden Anteilen von *Abies* im vorliegenden Standarddiagramm widerspiegelt. Sogar im Schönbuch (Hauff 1969) und bei Stuttgart (Firbas 1941) tauchte der Nadelbaum auf. Ab der RPZ 10 (Zeitscheiben 750 v. Chr. bis 1000 n. Chr.), die in das frühe Subatlantikum fällt (Chronozone IX^C), wurde die Pflanzendecke weniger vom Klima und vom Boden beeinflusst als vielmehr durch die zunehmenden Eingriffe des Menschen (s. u.). Zum Beispiel entstand auf der Haller Ebene aufgrund einer umfangreichen Brennholzgewinnung aus dem naturnahen Buchen-Eichen-Wald ein Niederwald aus Pioniergehölzen (s. Abschn. „Vorgeschichtliche Salzgewinnung"). Dadurch sank der Anteil der Buche, während die Birke damals mit 23,7 % am meisten Pollen produzierte.

Erst ab etwa 300 n. Chr., also nach dem Limesfall, konnte in der Umgebung des Kupfermoores die Buche zusammen mit der Hainbuche wieder die Oberhand gewinnen. Letztere hatte als leicht ausschlagendes Gehölz schon zuvor vom häufigen Holzeinschlag profitiert.

Anders sah die Vegetation im Schwäbisch-Fränkischen Wald aus: Hier stockte während des frühen Subatlantikums ein Buchen-Tannen-Wald (Hauff 1956). An einigen Orten waren Eichen, Birken, Kiefern oder sogar Fichten am Aufbau des Waldes beteiligt. Das wurde durch Holzfunde aus römischen Brunnen bestätigt (Körber-Grohne 1980). Ähnliche Waldbilder konnte man in Hohenlohe (Smettan 2006) und am oberen Neckar (Smettan 2000) antreffen.

In der RPZ 11 (Zeitscheiben 1250 und 1500 n. Chr.), ab dem hohen Mittelalter, erreichten die menschlichen Eingriffe ihren Höhepunkt. Es wurde nicht nur weiter gerodet, sondern die noch vorhandenen Wälder wurden sowohl als Holzlieferanten wie auch als Viehweide genutzt (s. Exkurse Kap. 19 und 20). Dadurch entstanden Eichenhudewälder und Mittelwälder, die sich besonders gut im Profil des Sersheimer Wiesenmoores widerspiegeln (Smettan 1985). Die Eiche wurde wieder die häufigste Baumart, während die Buche zurückging. Mittelwälder waren am Neckar noch zu Beginn des 19. Jahrhunderts verbreitet. An anderen Orten, so im Schwäbisch-Fränkischen Wald, wurden wegen des häufigen Holzeinschlags die Vorwaldgehölze Birke, Hasel und Weide wieder häufiger. Allgemein entstanden immer mehr gehölzfreie Stellen, auf denen nur anspruchslose Kräuter und Zwergsträucher wie zum Beispiel das Heidekraut aufkommen konnten (Smettan 2006). Gleichzeitig erkennt man in den Pollendiagrammen die zunehmende Bedeutung des Ackerbaus mit den Nachweisen von Hanf (*Cannabis*-Typ), Flachs (*Linum usitatissimum*), Roggen (*Secale cereale*), weiteren Getreidearten sowie des Anbaus von Nussbäumen wie zum Beispiel Walnuss (*Juglans regia*) und Esskastanie (*Castanea sativa*).

Da der Wald mit seinen an Nährstoffen verarmten Böden in der Neuzeit weder den wachsenden Holzbedarf decken konnte noch dem Vieh ausreichendes Futter lieferte, setzte ab etwa 1750 n. Chr. (RPZ 12, Zeitscheiben 1750 und 2000 n. Chr.) ein Umdenken bei seiner Bewirtschaftung ein. Es kam zur Trennung von Wald und Weide sowie zur Ablösung der Streu- und anderer Rechte im Wald. Anschließend konnte aufgeforstet werden, vor allem mit der Fichte. So stieg selbst im mittleren Neckarland in den beiden letzten Jahrhunderten der Anteil der Fichte von 0,5 % in der RPZ 9 auf 3,9 %. Durch längere Umtriebszeiten entstanden Hochwälder, in denen die Vorwaldgehölze größtenteils herausgedunkelt wurden. So sank der Anteil der Hasel in RPZ 10 von 10,3 % auf 2,9 %.

Kulturlandschaftsgeschichte

Zur Geschichte des Ackerbaus

Die ältesten Spuren von Ackerbau stammen im mittleren Neckarland aus dem Altneolithikum.

Entgegen Robert Gradmanns Steppenheidetheorie zeigen die Pollendiagramme, dass die Neolithiker in Südwestdeutschland keine Steppe vorfanden, sondern geschlossenen Wald, worauf bereits Karl Bertsch hingewiesen hat.

Im oberen Neckarland weisen Indizes von Gänsefußgewächsen, Beifuß, Getreide und Kohleflittern darauf hin, dass in der Jungsteinzeit etwa drei Viertel der gerodeten Fläche brachgelegen haben und als Weide genutzt wurden (Smettan 2000). Vor der erneuten Feldbestellung wurde dieses Grünland abgebrannt. Der Wechsel von einem mehrjährigen Anbau von Kulturpflanzen und einer anschließend längeren Grünlandnutzung wird als Feld-Gras-Wirtschaft bezeichnet.

Im Laufe der Bronzezeit und der vorrömischen Eisenzeit wurden die Brache verkürzt und der Boden gepflügt. Technische Neuerungen und noch kürzere Brache führten in der provinzialrömischen Zeit zu einer besonders ertragreichen Landwirtschaft.

Nach dem Abzug der Römer im 3. Jahrhundert n. Chr. blieben die Felder wieder längere Zeit brachliegen. Das änderte sich erst im Laufe des frühen und hohen Mittelalters, als die Dreifelderwirtschaft entstand (s. Exkurs Kap. 13). Sie hielt sich in Südwestdeutschland bis in das 19. Jahrhundert. Da der Nahrungsbedarf aber weiter gestiegen war, wurde immer häufiger auch das Brachfeld bestellt (verbesserte Dreifelderwirtschaft).

Im 20. Jahrhundert veränderte sich der Anbau von Kulturpflanzen stärker und schneller als in den Jahrhunderten zuvor: Maschinelle Bearbeitung des Bodens, gründlichere Saatgutreinigung, neue Pflanzenzüchtungen, der Einsatz von Herbiziden und die mineralische Düngung steigerten die Erträge gewaltig, zerstörten aber auch den Lebensraum vieler Pflanzen und Tiere. Zahlreiche bis dahin weitverbreitete Arten stehen inzwischen in Baden-Württemberg auf den Roten Listen.

Frühere Waldnutzungen

Ein Rückgang von Ulme und Linde bei Zunahme der Esche in der Jungsteinzeit ist durch Schneitelwirtschaft in Ermangelung von Wiesen bedingt (s. Exkurs Kap. 21). Die Laubfütterung war bis ins 19. Jahrhundert weitverbreitet.

Am Kupfermoor auf der Haller Ebene entstand in der Latènezeit ein Niederwald (s. Exkurs Kap. 20). Dies geschah zur Brennholzgewinnung. Warum damals so viel Brennholz benötigt wurde, wird im Abschn. „Salzgewinnung" erklärt.

Im hohen Mittelalter stand wegen der verkürzten Brachezeit in der Dreifelderwirtschaft für das Vieh viel zu wenig Weide zur Verfügung. Das Problem wurde durch Waldweide gelöst (s. Exkurs Kap. 19), was eine Auflichtung des Waldes erforderlich machte. Die Schattholzarten mussten möglichst entfernt werden, damit die Krautschicht genügend Licht bekam. Die Eiche wurde wegen ihres Holzes und wegen der Eicheln für die Schweinemast geschont. Die anderen trotz der Beweidung aufkommenden Gehölze wurden zur Brennholzgewinnung alle 25 bis 30 Jahre geschlagen.

Auf diese Art und Weise entstand der sogenannte Eichenhudewald, ein Mittelwald mit Eichen als Oberholz (s. Exkurs Kap. 20). Das ist besonders gut in den Pollendiagrammen vom Sersheimer Wiesenmoor und vom Bodenseele bei Sersheim zu erkennen (Smettan 1985, 1999a). Im oberen Neckarland und in Teilen des Schwäbisch-Fränkischen Waldes wurde auch die Buche als Bannraitel geschont. Mittelwälder gab es in Südwestdeutschland anscheinend schon in der Bronzezeit (Rösch et al. 2017).

Im fichtenreichen Virngrund spielte seit dem späten Mittelalter die Harzgewinnung eine wichtige Rolle (Jänichen 1956). Sie schädigte hauptsächlich die Fichten, während die Glasproduktion vor allem zu Lasten der Buchen ging (s. Exkurse Kap. 37 und 38). Im Schwäbisch-Fränkischen Wald gab es ab dem späten Mittelalter eine große Zahl von Glashütten (Schaaf 1931b; Jänichen 1956). Die Glasmacher benötigten als Flussmittel Pottasche (Kaliumkarbonat), die aus der Asche von Bäumen hergestellt wurde. Dafür wurde weit mehr Holz benötigt als für das Heizen der Schmelzöfen (Lang 1991). So entwickelte sich aus dem einstigen Mischwald in großen Teilen des Schwäbisch-Fränkischen Waldes ein Nadelwald (Schaaf 1931a).

Vielerorts war der Wald als Holz- und Futterlieferant überfordert. Der Boden verarmte, und es entstanden vermehrt offene Stellen, auf denen nur ein paar Magerkeitszeiger wie zum Beispiel das Heidekraut aufkamen. Sie konnten den Hunger des Viehs nicht mehr stillen, und auch die Menge und Qualität des Holzes litten unter der Übernutzung und unter den verarmten Böden (Smettan 1985).

So setzte zu Beginn des 19. Jahrhunderts zwangsläufig ein Umdenken in der Waldnutzung ein. Die Weide- und Streurechte wurden abgelöst und die Umtriebszeiten für die Bäume deutlich erhöht. Dadurch konnte sich wieder ein Hochwald entwickeln, der wertvolles Nutzholz bildete. Große Flächen wurden mit Nadelgehölzen, vor allem mit der Fichte, aufgeforstet.

In den meisten Pollendiagrammen erkennt man das an einer starken Zunahme von Fichtenpollen sowie an einer abnehmenden Menge an Blütenstaub der Hasel und anderer lichthungriger Gehölze.

Mancherorts kam es schon früher zu einer Überführung des Hudewalds in einem Hochwald mit Nadelbäumen: Bei Empfingen im Kreis Freudenstadt wurde der Wald nämlich schon im 16. Jahrhundert entsprechend umgestaltet (Smettan 2000). Die Nadelgehölze Fichte und Kiefer scheinen dort so früh gefördert worden zu sein, um ihr Holz für den Schiffsbau verkaufen zu können. Dazu wurden die Stämme auf dem Wasserweg bis in die Niederlande geflößt.

Vorgeschichtliche Salzgewinnung

In der Hallstattzeit umgab ein naturnaher Wald das auf der Haller Ebene gelegene Kupfermoor. Danach, ab etwa 450 v. Chr., änderte sich das Bild: Wo bisher ein bodensaurer Buchen-Eichen-Wald vorherrschte, entstanden birkenreiche Niederwälder (Smettan 1988, 1996). Das geschah durch Niederwaldwirtschaft. Dabei kam die Buche nicht mehr zum Blühen und wurde langsam von den Pioniergehölzen verdrängt. Diese Bewirtschaftung sollte den großen Holzbedarf der Saline von Schwäbisch Hall decken (Carlé 1965; Hees 2002). In der zweiten Hälfte des 3. Jahrhunderts n. Chr. gelangte die Buche wieder zur Vorherrschaft, wohl weil die Salzsiederei wegen kriegerischer Ereignisse stark zurückging oder sogar eingestellt wurde. Im 7. Jahrhundert n. Chr., also im frühen Mittelalter, lässt sich dann wieder ein Niederwald nachweisen; das weist wiederum auf Salzsiederei hin, wenn auch in geringerem Umfang (Smettan 1988).

Darüber hinaus konnten mithilfe von Pollenanalysen vorgeschichtliche Besiedlungsschwankungen festgestellt (Smettan 1999a), die Verwendung wasserführender Dolinen zum Rösten von Hanf und Flachs nachgewiesen (Smettan 1989, 1999b, 2000) sowie die Folgen der Siedlungstätigkeit für die Landschaft aufgezeigt werden. So kam es schon in der Jungsteinzeit zu großen kolluvialen Bodenverlagerungen sowie zu einem veränderten Wasser- und Lichthaushalt (Smettan 1992, 1995).

Literatur

Carlé W (1965) Die natürlichen Grundlagen und die technischen Methoden der Salzgewinnung in Schwäbisch Hall (I). Jahreshefte des Vereins für vaterländische Naturkunde in Württemberg 120: 79–119

Firbas F (1941) Ein buchenzeitliches Torflager in Korntal bei Stuttgart. Veröffentlichungen der Württembergischen Landesstelle für Naturschutz 17: 147–157

Firbas F (1952) Spät- und nacheiszeitliche Waldgeschichte Mitteleuropas nördlich der Alpen. Zweiter Band: Waldgeschichte der einzelnen Landschaften. Gustav Fischer, Jena

Hauff R (1956) Pollenanalytische Beiträge zur nachwärmezeitlichen Waldgeschichte des Schwäbisch-Fränkischen Waldes. Mitteilungen des Vereins für Forstliche Standortskartierung und Forstpflanzenzüchtung 5: 3–9

Hauff R (1969) Nachwärmezeitliche Pollenprofile aus baden-württembergischen Forstbezirken IV. Mitteilungen des Vereins für Forstliche Standortskunde und Forstpflanzenzüchtung 19: 29–48

Hees M (2002) Prähistorische Salzgewinnung. Der Beitrag der Ethnographie zu ihrer Erforschung. Ethnographisch-Archäologische Zeitschrift 43: 227–244

Jänichen H (1956) Die Holzarten des Schwäbisch-Fränkischen Waldes zwischen 1650 und 1800. Mitteilungen des Vereins für Forstliche Standortskartierung und Forstpflanzenzüchtung 5: 10–31

Körber-Grohne U (1980) Beitrag zum römerzeitlichen Bild des Schwäbisch-Fränkischen Waldes. Mitteilungen des Vereins für Forstliche Standortskunde und Forstpflanzenzüchtung 28: 1–10

Lang W (1991) Zur Produktion farbloser Butzenscheiben während des Spätmittelalters im Nassachtal, Gemeinde Uhingen. Hohenstaufen/Helfenstein. Historisches Jahrbuch für den Kreis Göppingen 1: 19–39

Oberdorfer E, Müller T (1977) Vegetation. In: Staatliche Archivverwaltung Baden-Württemberg (ed) Das Land Baden-Württemberg. Amtliche Beschreibung nach Kreisen und Gemeinden Bd. 1. Allgemeiner Teil. 2. Aufl. Kohlhammer, Stuttgart, 74–93

Reidl K, Wolf T, Koltzenburg M, Herter W, Bushart M, Suck R, Michiels HG (2013) Potentielle natürliche Vegetation von Baden-Württemberg. Verlagspublikation Umweltverwaltung Baden-Württemberg, Ubstadt-Weiher

Rösch M (2005) Zur Vegetationsgeschichte des südlichen Kraichgaus. Botanische Untersuchungen bei Großvillars, Gemeinde Oberderdingen, Landkreis Karlsruhe. Fundberichte aus Baden-Württemberg 28: 839–870

Rösch M, Fischer E, Kury B (2017) Der Maulbronner Klosterweiher. Spiegel von vier Jahrtausenden Kulturlandschaftsgeschichte. Denkmalpflege in Baden-Württemberg 4: 282–287

Schaaf G (1931a) Blütenstaubzählungen an Hohenloher Mooren. Veröffentlichungen der Staatlichen Stelle für Naturschutz beim Württembergischen Landesamt für Denkmalpflege 8: 77–100

Schaaf G (1931b) Der obergermanische Limes und seine Beziehung zur Laub-Nadelwaldgrenze. Jahreshefte des Vereins für vaterländische Naturkunde in Württemberg 87: 94–130

Smettan H (1985) Pollenanalytische Untersuchungen zur Vegetations- und Siedlungsgeschichte der Umgebung von Sersheim. Fundberichte aus Baden-Württemberg 10: 367–421

Smettan H (1988) Naturwissenschaftliche Untersuchungen im Kupfermoor bei Schwäbisch Hall – ein Beitrag zur Moorentwicklung sowie zur Vegetations- und Siedlungsgeschichte der Haller Ebene. Forschungen und Berichte zur Vor- und Frühgeschichte in Baden-Württemberg 31: 81–115

Smettan H (1989) Der *Cannabis/Humulus*-Pollentyp und seine Auswertung im Pollendiagramm. In: Körber-Grohne U, Küster H (eds) Archäobotanik. Dissertationes Botanicae 133. Cramer, Berlin, Stuttgart, 25–40

Smettan H (1992) Pollenanalysen in der alten Lauffener Neckarschlinge, Kreis Heilbronn. Jahreshefte der Gesellschaft für Naturkunde in Württemberg 147: 169–206

Smettan H (1995) Pollendiagramme als Belege anthropogener Landschaftsveränderungen im prähistorischen Württemberg. Archäologische Informationen aus Baden-Württemberg 30: 9–14

Smettan H (1996) Vorgeschichtliche Salzgewinnung und Eisenerzverhüttung im Spiegel württembergischer Pollendiagramme. In: Jockenhövel A (ed) Bergbau, Verhüttung und Waldnutzung im Mittelalter – Auswirkungen auf Mensch und Umwelt. Vierteljahrsschrift für Sozial- und Wirtschaftsgeschichte, Beiheft 121. Franz Steiner, Wiesbaden, 84–92

Smettan H (1999a) Besiedlungsschwankungen von der Latènezeit bis zum frühen Mittelalter im Spiegel südwestdeutscher Pollendiagramme. Fundberichte aus Baden-Württemberg 23: 779–807

Smettan H (1999b) Der Leofelser Moortopf in Hohenlohe. Naturwissenschaftliche Untersuchungen zu seiner Entwicklung und zur Besiedlungsgeschichte in seiner Umgebung. Fundberichte aus Baden-Württemberg 23: 809–844

Smettan H (2000) Vegetationsgeschichtliche Untersuchungen am oberen Neckar im Zusammenhang mit der vor- und frühgeschichtlichen Besiedlung. Materialhefte zur Archäologie in Baden-Württemberg 49, Konrad Theiss, Stuttgart

Smettan H (2002) Vegetationsgeschichtliche Untersuchungen in der Leinbachaue bei Leingarten-Großgartach, Kreis Heilbronn. Fundberichte aus Baden-Württemberg 26: 45–67

Smettan H (2006) Der Reußenberg in Hohenlohe. Naturwissenschaftliche Untersuchungen zur Entwicklung seiner Karsthohlformen sowie zur Wald- und Besiedlungsgeschichte seiner Umgebung. Jahreshefte der Gesellschaft für Naturkunde in Württemberg 162: 151–227

Smettan H (2019) Die spät- und nacheiszeitliche Vegetationsgeschichte des Neckarlandes. Jahreshefte der Gesellschaft für Naturkunde in Württemberg 175: 61–95

30 Mittel- und unterfränkisches Maingebiet und Fränkische Alb

Philipp Stojakowits, Maria Knipping und Arne Friedmann

Blick auf Nordheim an der Volkacher Mainschleife in Mainfranken (Foto: Christian Beuschel/PIXELIO)

Ergänzende Information Die elektronische Version dieses Kapitels enthält Zusatzmaterial, auf das über folgenden Link zugegriffen werden kann [https://doi.org/10.1007/978-3-662-68936-3_30].

P. Stojakowits (✉)
Landesamt für Bergbau, Energie und Geologie des Landes Niedersachsen, Hannover, Deutschland
e-mail: philipp.stojakowits@lbeg.niedersachsen.de

M. Knipping
Institut für Biologie, Universität Hohenheim, Stuttgart, Deutschland

A. Friedmann
Institut für Geographie, Universität Augsburg, Augsburg, Deutschland

Der Naturraum

Der Naturraum lässt sich in die Naturraum-Haupteinheiten Fränkische Alb im Süden und Osten, das Fränkische Keuper-Lias-Land im Zentrum und die Mainfränkischen Platten mit dem mittleren Maintal im Nordwesten gliedern (Abb. 30.1). Der betrachtete Raum wird im Osten durch die Oberpfälzer Senke und im Süden durch die Donau begrenzt. Im Nordwesten bilden die Mittelgebirge Odenwald, Spessart und Rhön, im äußersten Norden die Werra und das Vorland des Thüringer Waldes die Grenze. Nach Westen schließen die Gäuplatten des Tauberlandes und das Schwäbische Schichtstufenland sowie im Südwesten das Ries an. Der Raum ist aus mesozoischem Deckgebirge aufgebaut und Teil des süddeutschen Schichtstufenlandes. Das Relief ist durch Becken- und Stufenlandschaften mit niedrigem Hügellandcharakter geprägt. Die höchsten Erhebungen erreichen 653 m NN am Poppberg in der Fränkischen Alb und 689 m NN am Hesselberg im nördlichen Vorland der südlichen Frankenalb. Die Stufenhochflächen erreichen Höhen zwischen 400 und 600 m NN. Die niedrigsten Punkte liegen im westlichen Unterfranken bei Homburg am Main mit etwa 140 m NN. Während der quartären Kaltzeiten war die Region nicht vergletschert, sondern durch Permafrost beeinflusstes Periglazialgebiet. Die entsprechenden reliktischen periglazialen Formen wie Sanddünen, Lössablagerungen, Deckschichten und Blockschutthalden sind noch zahlreich in der Landschaft anzutreffen. Oberflächlich stehen in den größeren Flusstälern von Main, Altmühl, Regnitz und Pegnitz, die das Hügelland durchziehen, Terrassensedimente und Schotter quartären Alters mit Auenböden an. Die Landschaft ist äußerst arm an Seen und Mooren. Nur sehr wenige degradierte Niedermoore oder abgedeckte Torfe treten auf, vor allem in Flusstälern. Es handelt sich um einen sehr günstigen Siedlungsraum, der früh besiedelt wurde. Er ist heute in den Tieflagen waldarm und nur in den Lagen oberhalb 500 m waldreicher (Abb. 30.2). Die Besiedlungsdichte ist bei einer intensiven landwirtschaftlichen Nutzung (u. a. Gemüseanbau und Sonderkulturen) hoch.

Die Fränkische Alb im Süden und Osten des Untersuchungsraums ist aus Gesteinen des Jura (ca. 201 bis 145 Mio. Jahre) aufgebaut. Besonders die verwitterungsresistenten Karbonatgesteine des Oberen Jura (früher Malm) bilden ein durch Kuppen und Hügel geprägtes, verkarstetes,

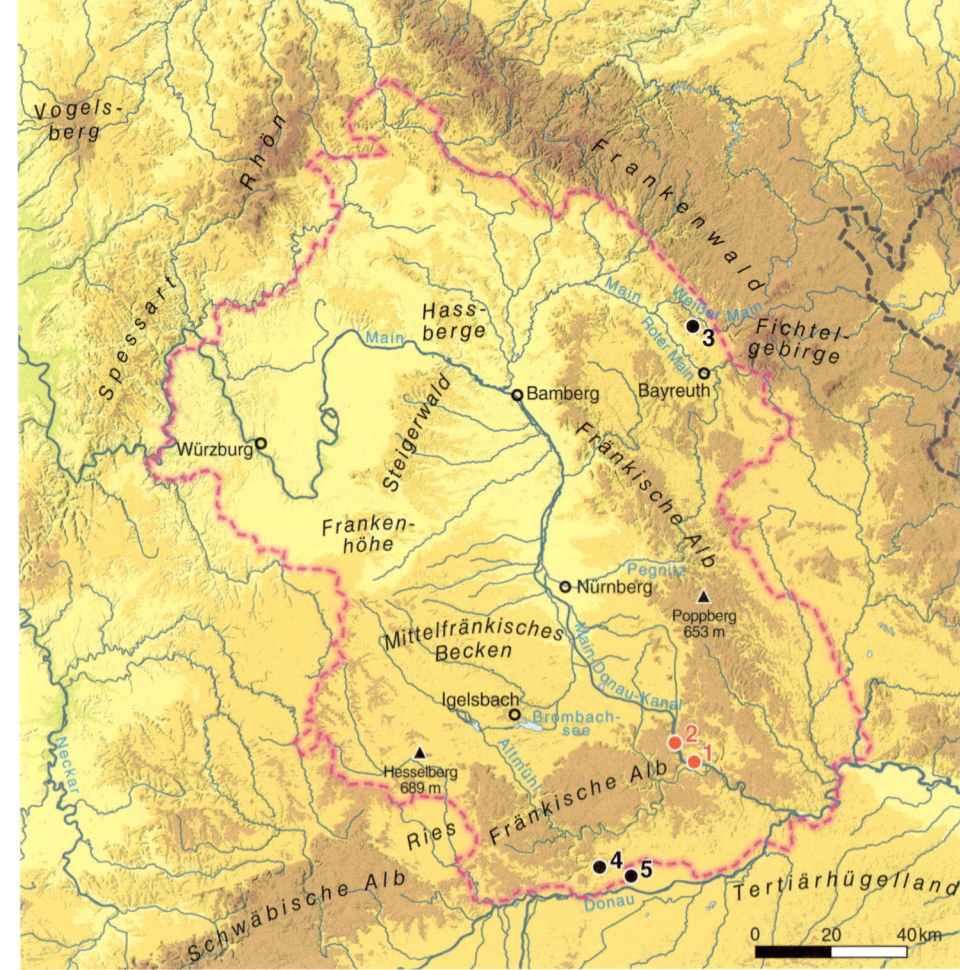

Abb. 30.1 Karte des mittel- und unterfränkischen Maingebietes und der Fränkischen Alb mit pollenanalytisch untersuchter Lokalität für das standardisierte Pollendiagramm: 1 Ottmaringer Tal. Zusätzlich diskutiertes Diagramm: 2 Berchinger Schleuse. Weitere im Text erwähnte Lokalitäten: 3 Lindauer Moor, 4 Meilenhofen, 5 Schuttertal

Abb. 30.2 Kulturlandschaft im Maindreieck bei Karlstadt, nördlich von Würzburg (Foto: Versonnen/PIXELIO)

submontanes bis montanes Hochland, das steil mit ca. 300 m Stufenhöhe an den Rändern, dem Albtrauf, zum Vorland abfällt. Infolge der Klüfte im Karst zeigt sich dieser Naturraum als gewässerarm und edaphisch relativ trocken, obwohl die Hochlagen der östlichen Frankenalb mit Jahresniederschlägen von 700 bis über 900 mm die höchsten Regenmengen in der Region verzeichnen. Das Klima ist subozeanisch getönt, die Jahresmitteltemperaturen liegen zwischen 7 und 8 °C. Kleinräumig werden die Jurakalke der Frankenalb von Alblehm überdeckt, im Osten auch von oberkreidezeitlichem Sandstein und im äußersten Süden von Molasse. Die basenreichen Böden der Fränkischen Alb umfassen vor allem Braunerden, Rendzinen und Pararendzinen, bei Lössüberdeckung auch Parabraunerden. Die aktuelle Vegetation ist vom Menschen geprägt, sodass naturnahe Bereiche nur noch kleinräumig existieren. Die verbliebenen Waldflächen bestehen fast gänzlich aus Forsten, vorwiegend Buchen- und Kiefernforste, teils auch Eichen- und Fichtenforste. In den tief eingeschnittenen Tälern mit Auenböden finden sich entlang der Flüsse noch Reste von Erlen-Eschen-Auwäldern. Als potenzielle natürliche Vegetation sind in der nördlichen Frankenalb artenreiche Kalk-Buchenwälder anzunehmen, die jedoch je nach Standortausprägung variieren (Waldgersten-Buchenwald und Waldmeister-Buchenwald sowie Eichen-Buchen-Wälder). Für die teilweise podsolierten, heute flächenhaft von Kiefernforsten bestandenen Böden der kreidezeitlichen Sandsteine sind als potenzielle natürliche Vegetation bodensaure Kiefern-Eichen-Mischwälder ausgewiesen. In der südlichen Frankenalb tritt vermehrt Waldmeister-Buchenwald im Wechsel mit Waldgersten-Buchenwald hervor, in warm-trockenen Hanglagen auch Seggen-Buchenwald sowie waldarme Trockengebiets-vegetation mit Saum- und Felsbandgesellschaften (Suck und Bushart 2012).

Das Fränkische Keuper-Lias-Land, mit dem Vorland der Fränkischen Alb, der Frankenhöhe, Steigerwald, Haßberge und dem mittelfränkischen Becken im Zentrum des Gebietes ist aus Gesteinen der Oberen Trias (Keuper, ca. 237 bis 201 Mio. Jahre) und des Unteren Jura (Lias, ca. 201 bis 174 Mio. Jahre) aufgebaut und erstreckt sich in 250 bis ca. 500 m Höhe. Es gehört zum sanft von West nach Ost geneigten Schichtstufenland, wird aber vorwiegend von Sand-, Mergel- und Tonsteinen sowie Gipsablagerungen geprägt. Dabei sind die Stufenhöhen niedriger als in der zuvor beschriebenen Naturraum-Haupteinheit ausgebildet. Die Böden des Keuper-Lias-Landes sind podsolierte Braunerden über sandigem Ausgangsmaterial und Pelosol-Braunerden über basenreicherem Ausgangsgestein. Über Löss treten Parabraunerden auf. Das Klima weist Jahresmitteltemperaturen zwischen 7 und 8,5 °C und Jahresniederschläge von 600 bis ca. 750 mm auf. Diese nehmen von West nach Ost ab. Die basenarmen, wenig fruchtbaren Sandsteingebiete und auch die Flugsandgebiete, wie der Nürnberger Reichswald, sind bis heute noch überwiegend bewaldet oder forstlich genutzt (Kiefernforste). Die potenzielle natürliche Vegetation besteht aus bodensauren Eichen- und Eichen-Kiefern-Mischwäldern. Die übrigen Flächen des Fränkischen Keuper-Lias-Landes werden mehrheitlich von kollin bis submontan verbreiteten Eichen-Hainbuchen-Wäldern und Hainsimsen-Buchenwäldern eingenommen, auf der Frankenhöhe teilweise mit eingestreuter Tanne (Seibert 1968; Suck und Bushart 2012).

Die Mainfränkischen Platten mit dem Maindreieck, dem tief eingeschnittenen mittleren Maintal und dem Grabfeld erstrecken sich bis zur Werra und zum südlichen Vorland des Thüringer Waldes im Norden. Das Gebiet ist vorwiegend aus Kalk- und Mergelgesteinen des Muschelkalks aufgebaut (Mittlere Trias, ca. 247 bis 237 Mio. Jahre). Dabei sind nur wenig prägnante Stufen ausgebildet. Als nordwestlichster Teil des Schichtstufenlandes handelt es sich landschaftlich um flachwellige Gäuplatten, die in Höhen zwischen 200 und 350 m NN liegen. Die Böden der lössüberdeckten Mainfränkischen Platten umfassen vor allem Parabraunerden, daneben Kalksteinbraunlehme und Rendzinen. Klimatisch stellen die Mainfränkischen Platten den wärmsten und trockensten Landschaftsraum des Bearbeitungsgebietes dar. Die Jahresmitteltemperaturen liegen zwischen 8 und 9,5 °C, die Jahresniederschläge reichen von 500 bis ca. 650 mm. Die aktuelle Vegetation ist stark vom Menschen geprägt. Bei mildem Klima und fruchtbaren Böden wird intensiv Ackerbau betrieben. Wie das Landschaftsbild am Anfang des Kapitels zeigt, erfolgt besonders an den Hängen des Mains Weinanbau. Als potenzielle natürliche Vegetation sind in den Mainfränkischen Platten kolline Kalk-Buchenwälder verbreitet, vor allem buchenarmer Labkraut-Eichen-Hainbuchen-Wald und Orchideen-Buchenwald (Seibert 1968). Standörtlich differenziert und teilweise verzahnt kommen Flattergras-Buchenwald, Waldmeister-Buchenwald, Waldgersten-Buchenwald und Seggen-Buchenwald zur Ausbildung (Suck und Bushart 2012).

Forschungsgeschichte

Pionierarbeit in der Region leisteten einerseits Hans Zeidler (1939), andererseits Margarete Ott-Eschke (1952). Ersterer legte Pollenanalysen von insgesamt sechs im Mittelmaingebiet zwischen Würzburg, Steigerwaldrand und Schweinfurter Becken gelegenen Mooren vor. Von Ott-Eschke (1952) wurden ebenfalls Moore auf Keuperstandorten untersucht, die allesamt aus dem Großraum Nürnberg (Nürnberger Reichswald) stammen. In den 1960er-Jahren legte Hans Langer (1962) noch ein kurzes Pollenprofil aus dem mittelfränkischen Becken vor. Später publizierte Arthur Brande (1975) ein Pollendiagramm mit spätglazialen und frühholozänen Straten aus dem in der südlichen Fränkischen Alb gelegenen Schuttertal. Ursula Ertl (1987) bearbeitete drei Pollenprofile aus dem Maingebiet sowie eine weitere Lokalität aus dem mittelfränkischen Becken. Um die Jahrtausendwende erschienen pollenanalytische Untersuchungen aus dem der Fränkischen Alb zugehörigen Abschnitt des Altmühltals bei Kinding und dem Ottmaringer Tal (Hilgart et al. 1999; Knipping 2001). Schließlich untersuchten Peters und Peters (2011) noch eine Lokalität aus dem Schuttertal und Falkenstein et al. (2016) ein Profil vom Bullenheimer Berg im Mittelmaingebiet. Eine vollständige Literaturliste befindet sich im Anhang.

Regionale Vegetations- und Landnutzungsgeschichte

Die Chronologie des Standarddiagramms Ottmaringer Tal (Knipping 2001) basiert auf gesetzten Altersangaben für markante pollenstratigraphische Ereignisse, wie dem Beginn des Bøllings und der Jüngeren Dryas im Spätglazial sowie dem Beginn des Hochmittelalters in historischer Zeit (Abb. 30.3). Die so ermittelten Zeitscheiben wurden anhand von gut datierten Pollendiagrammen aus angrenzenden Regionen auf ihre Validität hin überprüft (s. auch Tab. S 30.1 im elektronischen Zusatzmaterial). Das zusätzliche Pollendiagramm stammt von der Schleuse Berching, 380 m NN, rund 7 km nordwestlich des Standarddiagramms gelegen (Knipping unveröffentl., Abb. 30.4). Dort wurden ebenfalls keine Radiokarbondatierungen durchgeführt, jedoch enthält das Profil zwei die Urnenfelderzeit eingrenzende Keramikfunde.

Den basalen Diagrammabschnitt (regionale Pollenzone, RPZ, 1, Zeitscheiben 14.000 bis 12.750 v. Chr.), der die Älteste Dryas repräsentiert, kennzeichnen hohe Anteile an Wildgräsern (Poaceae), Sauergräsern (Cyperaceae) und viele heliophytische Kräuter wie Beifuß (*Artemisia*). Unter den Gehölzen findet sich vor allem Weide (*Salix*), aber auch Birke (*Betula*) und etwas Wacholder (*Juniperus*). Die Nachweise der Kiefer (*Pinus*) sind auf Fernflug zurückzuführen. Auf trockeneren Standorten war eine grasreiche Steppentundra mit eingestreuten Beständen von niederwüchsigen strauchförmigen Gehölzen verbreitet. In vernässten Mulden gelangten Sauergräser zu größerer Bedeutung. Die hohen *Salix*-Anteile sind, wie auch in dem von Ertl (1987) untersuchten Lindauer Moor, auf die Lage der Moore in Tälern (Altmühl- und Obermaintal) zurückzuführen und spiegeln somit ein lokales Signal aus dem Überflutungsbereich wider. Das Bølling (RPZ 2, Zeitscheiben 12.500 bis 11.500 v. Chr.) setzt klassischerweise mit einer sogenannten *Juniperus-Hippophaë*-Strauchphase ein, die aber im vorliegenden Standarddiagramm nicht repräsentiert ist. Es erfolgen auch die Einwanderung erster Baumbirken (*Betula pubescens*, *B. pendula*) und die Etablierung offener Birkenwälder. Im späten Bølling wanderte die Waldkiefer (*Pinus sylvestris*) ein und bildete lichte Mischbestände mit den Birken. Die lokale Anwesenheit der Kiefer bezeugen im vorliegenden Standarddiagramm Funde von Spaltöffnungen. Während des Allerøds (RPZ 3, Zeitscheiben 11.250 bis 10.750 v. Chr.) herrschten lichte Kiefernwälder mit insgesamt geringer Birken-

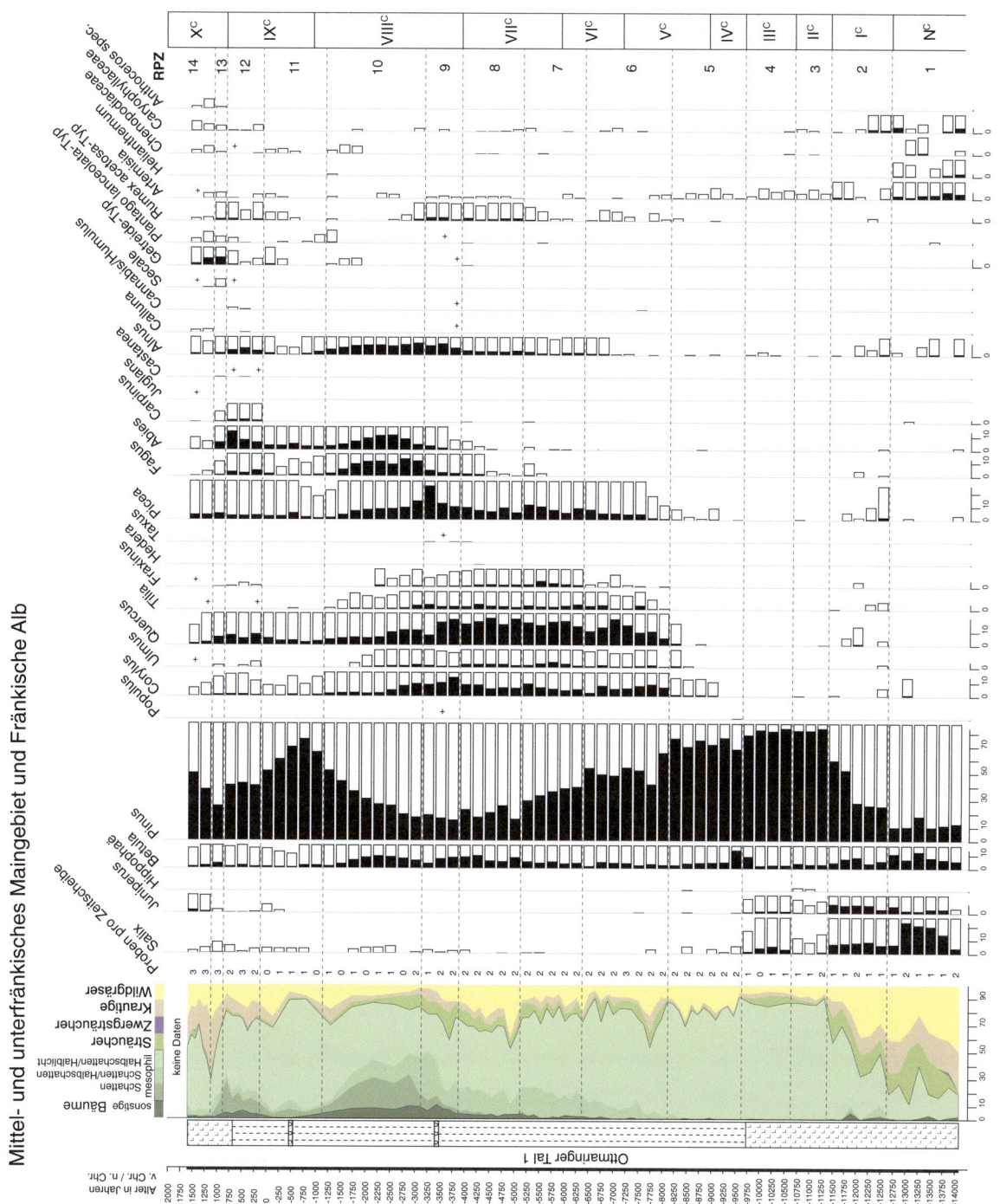

Abb. 30.3 Standardisiertes Pollendiagramm für die Region Mittel- und unterfränkisches Maingebiet und Fränkische Alb. Profil Ottmaringer Tal (390 m NN, Knipping 2001)

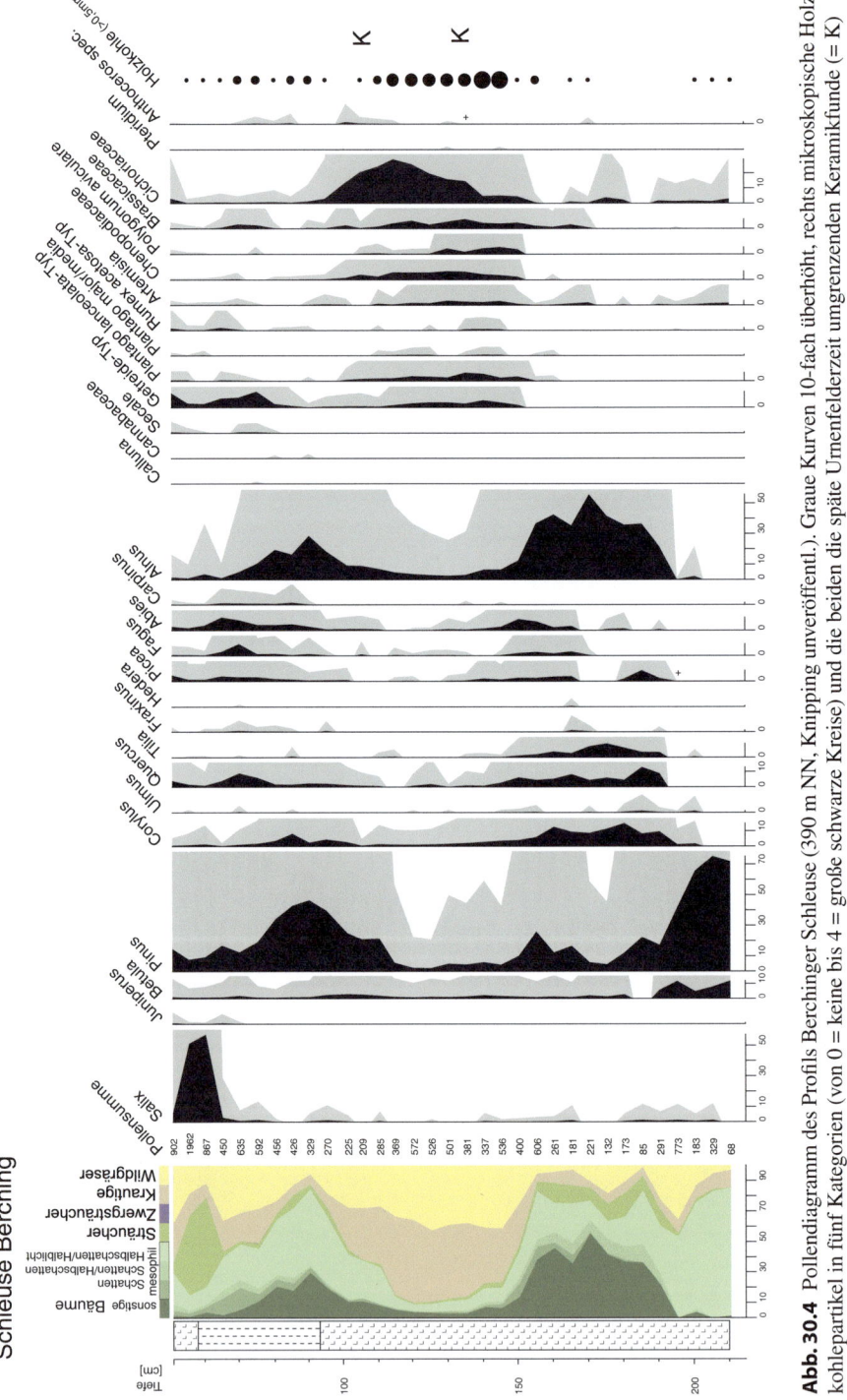

Abb. 30.4 Pollendiagramm des Profils Berchinger Schleuse (390 m NN, Knipping unveröffentl.). Graue Kurven 10-fach überhöht, rechts mikroskopische Holzkohlepartikel in fünf Kategorien (von 0 = keine bis 4 = große schwarze Kreise) und die beiden die späte Urnenfelderzeit umgrenzenden Keramikfunde (= K)

beteiligung vor. Der Kälterückschlag der Jüngeren Dryas (RPZ 4, Zeitscheiben 10.500 bis 9750 v. Chr.) schlägt sich in den Pollendiagrammen nur in Gestalt einer schwachen Waldauflichtung nieder (Abb. 30.3), nachgewiesen auch im Profil Meilenhofen (Brande 1975) und im Lindauer Moor (Ertl 1987). Die schwache Waldauflichtung wird durch die Zunahme von *Juniperus* und *Artemisia* angezeigt. Daneben wurden im Standarddiagramm erhöhte mineralische Einträge registriert.

Im Präboreal (untere Hälfte der RPZ 5, Zeitscheiben 9500 bis 8750 v. Chr.) bestimmten weiterhin lichte Kiefernwälder das Landschaftsbild. Den Beginn des Präboreals kennzeichnen in der südlichen Frankenalb eine Zunahme der Birkenanteile sowie rückläufige Weiden- und Wacholderwerte. Die wieder stärker vertretenen Süßgräser können zum einen mit erhöhter Waldbrandhäufigkeit im Zusammenhang stehen, die ab dem Alleröd durch zahlreiche Holzkohlepartikel belegt ist, zum anderen vom Aufkommen lokaler Schilfbestände im Moor sowie entlang der Altmühl herrühren. Im ausgehenden Präboreal wanderten die Hasel (*Corylus avellana*) und die Fichte (*Picea abies*) ein. Im älteren Boreal (obere Hälfte der RPZ 5, Zeitscheiben 8500 bis 8250 v. Chr.) gelangten die thermophilen Gehölze Eiche (*Quercus*) und Ulme (*Ulmus*) in das Gebiet. Das jüngere Boreal und das beginnende Atlantikum (RPZ 6, Zeitscheiben 8000 bis 6500 v. Chr.) kennzeichnet weiterhin *Pinus*-Dominanz. Dabei dürfte es sich hier um lokale Signale von den trockenen Hangstandorten des Altmühltals und des Ottmaringer Tals handeln. Im zonalen Waldbild war *Pinus sylvestris* sicher nicht mehr dominant. An ihre Stelle waren mittlerweile die thermophilen Laubgehölze *Quercus*, *Ulmus* und *Tilia* sowie lokal auch *Picea abies* getreten. Azonal hatte sich mittlerweile die Erle (*Alnus*) etabliert. Während des restlichen Älteren Atlantikums und in Teilen des Jüngeren Atlantikums (RPZ 7, Zeitscheiben 6250 bis 5250 v. Chr.) verlor *Pinus sylvestris* weiter an Bedeutung, und *Quercus* sowie *Picea abies* breiteten sich entsprechend aus. Im feuchteren Bereich, so an Unterhängen, trat die Esche (*Fraxinus excelsior*) hinzu. Im nachfolgenden Verlauf des Jüngeren Atlantikums (RPZ 8, Zeitscheiben 5000 bis 4000 v. Chr.) wanderte die Buche (*Fagus sylvatica*) in das Gebiet ein, im 32 km südwestlich gelegenen Schuttertal am Rand der Fränkischen Alb radiometrisch auf ca. 4200 v. Chr. datiert (Peters und Peters 2011). Zu dieser Zeit rückte die Arealgrenze der Tanne (*Abies alba*) sukzessiv näher. Der Anteil von *Pinus sylvestris* am Bestockungsgrad pendelte sich auf niedrigem Niveau ein. Am Ende des Abschnitts ist erstmals neolithische Landnutzung durch Pollen vom Getreide-Typ und Spitzwegerich (*Plantago lanceolata*) belegt. Im frühen Subboreal (RPZ 9, Zeitscheiben 3750 bis 3250 v. Chr.) gelangte schließlich noch *Abies alba* in die Fränkische Alb und breitete sich zusammen mit *Fagus sylvatica* etwas aus. Im Zuge dieser Schattholzausbreitung erreichte *Picea abies* ihre Maximalverbreitung. Hierbei dürfte es sich aber vor allem um lokale Vorkommen auf dem Moor handeln. Zu Beginn des Abschnitts dürften Eingriffe der endneolithischen Chamer Gruppe repräsentiert sein. Neben einem vermutlich durch Schneitelwirtschaft bedingten Rückgang von *Ulmus* (s. Exkurs Kap. 53) kam *Corylus avellana* stärker im Unterwuchs der aufgelichteten Wälder auf, und es wurde Ackerbau betrieben (Getreidenachweis). Wenige Kilometer östlich, bei Dietfurt-Griesstetten, wurden eindeutige pollenanalytische Signale der Chamer Kultur registriert, gestützt durch eine Reihe von ^{14}C-Datierungen und Keramikfunde (Stojakowits und Knipping 2023). Mit der endgültigen Ausbreitung von *Fagus sylvatica* und *Abies alba* im weiteren Verlauf des Subboreals (RPZ 10, Zeitscheiben 3000 bis 1250 v. Chr.) wurden die thermophilen Laubgehölze teilweise zurückgedrängt. Dieser Verdrängungsprozess wurde jedoch durch eine abermalige Ausbreitung von *Pinus sylvestris* überlagert. Dies ist durch anthropogene Einflussnahme während der Urnenfelderzeit bedingt. Kulturzeiger (Getreide-Typ, *Plantago lanceolata*-Typ und Gänsefußgewächse – Chenopodiaceae) einer unweit gelegenen urnenfelderzeitlichen Siedlung sind am Ende des Subboreals regelmäßig vorhanden, allerdings umfasst das Standarddiagramm in diesem Abschnitt nur wenige Proben. Deswegen sei an dieser Stelle auf das Pollendiagramm Berchinger Schleuse (Abb. 30.4) verwiesen, in dem diese Phase höher aufgelöst ist – zwischen 150 und 105 cm Tiefe lokalisiert und datiert durch zwei Keramikfunde im Profil. Auf die ausgesprochen hohe Siedlungsdichte in diesem Bereich des Altmühl- und Sulztals während der Urnenfelderzeit verweist im Diagramm Berchinger Schleuse ein großes Ensemble von Kulturzeigern. Neben belegtem Getreideanbau kommen auch zahlreiche Vertreter von Ersatzgesellschaften vor (u. a. Weiden und Ruderalarten), wie *Plantago lanceolata*, *P. major/media*, *Rumex*, *Artemisia*, Chenopodiaceae und *Polygonum aviculare*. Weiterhin weisen die Kurven einiger Baumpollentypen infolge der starken Übernutzung sogar Unterbrechungen auf, und die Holzkohleeinträge sind stark erhöht. In der ersten Hälfte des Älteren Subatlantikums (RPZ 11, Zeitscheiben 1000 v. Chr. bis Christi Geburt) gelangte unter den Gehölzpollen erneut *Pinus* zur Vorherrschaft. In Verbindung mit anderen Pollenprofilen aus der näheren Umgebung, die die gleiche Entwicklung zeigen (z. B. Abb. 30.4), lässt sich daraus eine großflächige Waldvernichtung ableiten (Knipping 2001). Die Wuchsorte von *Pinus* beschränkten sich auf Sonderstandorte wie trockene Steilhänge (Abb. 30.5) und aufgelassene Flächen, die von ihr rasch wieder besiedelt wurden. In der nachfolgenden RPZ 12 (Zeitscheiben 250 bis 750 n. Chr.), welche die Römerzeit mit der Einführung der Esskastanie (*Castanea sativa*), die Völkerwanderungszeit und Teile des frühen Mittelalters umfasst, kam es insgesamt zur Walderholung mit stärkerem Aufkommen von *Abies alba*, *Fagus sylvatica*

Abb. 30.5 Blick auf einen südexponierten Steilhang im Altmühltal. Diese trockenen Sonderstandorte bieten der Kiefer (*Pinus sylvestris*) geeignete Wuchstandorte (Foto: P. Stojakowits)

und *Quercus*. Weiterhin konnte die Hainbuche (*Carpinus betulus*) in den Wäldern der Umgebung Fuß fassen. Mit dem Einsetzen des Hochmittelalters (RPZ 13, Zeitscheibe 1000 n. Chr.), das dem Beginn des Jüngeren Subatlantikums (X^c) entspricht, erreichte die Siedlungsintensität mit Ackerbau und Weidenutzung einen Höhepunkt. Damit ging eine erneute, weitreichende Waldvernichtung einher, die sich vor allem in stark rückläufigen Anteilen von *Abies* und *Fagus*, aber in diesem Fall auch von *Pinus* niederschlägt. *Quercus* jedoch wurde zu Zwecken der Schweinemast geschont und indirekt gefördert. Auf intensiven Ackerbau verweisen, neben den erhöhten Roggen- (*Secale cereale*) und anderen Getreidefunden, auch die Vorkommen der Hornmoose (*Anthoceros punctatus* und *A. laevis*) – im Standarddiagramm zu *Anthoceros* sp. zusammengefasst – sowie die Nachweise der Kornblume (*Centaurea cyanus*, im Standarddiagramm nicht dargestellt). Weiterhin gab es vermehrt Ruderalstandorte. Darauf deuten die gestiegenen Anteile von *Artemisia* und der Chenopodiaceae hin. Im nachfolgenden Spätmittelalter und der frühen Neuzeit (RPZ 14, Zeitscheiben 1250 bis 1500 n. Chr.) ging gegenüber dem Hochmittelalter der Nichtbaumpollen-Anteil auf rund 35 % zurück, jedoch nahm der Mensch weiterhin intensiv Einfluss auf die Landschaft. Die zonalen Laubmischwälder wurden nahezu vollständig vernichtet – selbst *Quercus* findet sich nur noch geringfügig im Pollenspektrum –, und *Pinus sylvestris* nahm rasch aufgelassene Flächen ein. Die Bedeutungszunahme von *Juniperus* zeigt intensive Waldweide an (s. Exkurs Kap. 19). In der frühen Neuzeit hingegen gingen die bestellten Ackerflächen zurück. Im Standarddiagramm reißt die Pollenüberlieferung in dieser Epoche ab. Dadurch fehlen etwa die letzten 300 Jahre im Profil mit der Etablierung von Kiefern- und Fichtenforsten, aber auch Buchen- und Eichenforsten während der späten Neuzeit.

Literatur

Brande A (1975) Vegetationsgeschichtliche und pollenstratigraphische Untersuchungen zum Paläolithikum von Mauern und Meilenhofen (Fränkische Alb). Quartär 26: 73–106

Ertl U (1987) Pollenstratigraphie von Talprofilen im Main-Regnitz-Gebiet. Berichte der Naturwissenschaftlichen Gesellschaft Bayreuth 19: 45–123

Falkenstein F, Schußmann M (2016) Forschungen am Bullenheimer Berg 2011–2015. Bericht der Bayerischen Bodendenkmalpflege 57: 101–182

Hilgart M, Knipping M, Reisch L, Rieder KH, Trappe M (1999) Der Talraum der Altmühl bei Kinding während der älteren Eisenzeit (Hallstattzeit). Untersuchungen zur Archäologie und Paläoökologie einer vorgeschichtlich dicht besiedelten Kulturlandschaft. Mitteilungen der Fränkischen Geographischen Gesellschaft 46: 127–170

Knipping M (2001) Pollenanalytische Untersuchungen an einem Profil aus dem Ottmaringer Tal (Südliche Frankenalb). Quartär 51/52: 211–227

Langer H (1962) Beiträge zur Kenntnis der Waldgeschichte und Waldgesellschaften Süddeutschlands. Bericht der Naturforschenden Gesellschaft Augsburg 14: 1–120

Ott-Eschke M (1952) Pollenanalytische Untersuchungen im Gebiet des Nürnberger Reichswaldes. Forstwissenschaftliches Centralblatt 71: 48–63

Peters M, Peters A (2011) Analyse eines Pollenprofils aus dem Schuttertal bei Ingolstadt-Pettenhofen – Zur Rekonstruktion der vorgeschichtlichen Umwelt. Bericht der Bayerischen Bodendenkmalpflege 52: 19–46

Seibert P (1968) Vegetation und Landschaft in Bayern. Erläuterungen zur Übersichtskarte der natürlichen Vegetationsgebiete von Bayern. Erdkunde 22: 294–313

Stojakowits P, Knipping M (2023) Quartäre Vegetationsentwicklung in Bayern im Spiegel der Pollenarchive und Makrorestanalyse. In: Uthmeier T, Mischka D (eds) Steinzeit in Bayern. Das Handbuch. WBG Theiss, Darmstadt, 148–167

Suck R, Bushart M (2012) Potentielle natürliche Vegetation Bayerns. Karte und Erläuterungen zur Übersichtskarte 1:500000. Bayerisches Landesamt für Umwelt, Augsburg

Zeidler H (1939) Untersuchungen an Mooren im Gebiet des mittleren Mainlaufs. Zeitschrift für Botanik 34: 1–66

Oberpfälzer Senke

Philipp Stojakowits

31

Typische Impression des Oberpfälzer Hügellandes mit Blick auf Amberg und den Mariahilfberg im Bildhintergrund (Foto: iStock.com/AntiRejas)

Ergänzende Information Die elektronische Version dieses Kapitels enthält Zusatzmaterial, auf das über folgenden Link zugegriffen werden kann [https://doi.org/10.1007/978-3-662-68936-3_31].

P. Stojakowits (✉)
Landesamt für Bergbau, Energie und Geologie des Landes Niedersachsen, Hannover, Deutschland
e-mail: philipp.stojakowits@lbeg.niedersachsen.de

Der Naturraum

Die Region umfasst die Naturraumeinheit oberpfälzisches Hügelland mit einer Höhenlage zwischen 350 und 700 m NN. Sie liegt zwischen den Höhen der Fränkischen Alb im Westen und den Höhen des Oberpfälzer Waldes im Osten (Abb. 31.1) und gliedert sich in zwei Becken: das Weidener Becken im Norden und das Amberg-Schwandorf-Bodenwöhrer Becken im Süden, die durch einen wallartigen Höhenzug, die Kohlberger Höhen, voneinander getrennt sind. Der Untergrund wird von einer großen Zahl verschiedener mesozoischer Sedimentgesteine, wie Buntsandstein, aufgebaut. Die Gesteinseinheiten wurden infolge tektonischer Bewegungen vielfach in Gestalt einzelner Schollen gegeneinander verschoben, was zur Ausbildung einer Bruchschollenlandschaft führte. Morphologisch gesehen handelt es sich daher in weiten Teilen um eine Schichtstufenlandschaft mit unterschiedlich abtragungsresistenten Gesteinen, die im ausgehenden Tertiär und während des Quartärs ihre Formung erfuhr.

Bedingt durch die topographische Lage zwischen der Fränkischen Alb und dem Oberpfälzer Wald weist das Gebiet der Oberpfälzer Senke eine relative Niederschlagsarmut (ca. 650–850 mm) bei zugleich hohen Sommerdurchschnittstemperaturen (> 15 °C) auf. Die Jahresdurchschnittstemperatur beträgt je nach Lage rund 7–8 °C. Aus den anstehenden Gesteinen entwickelten sich vorwiegend saure Bodentypen. Neben zonal verbreiteten sauren Braunerden und Podsol-Braunerden gelangten in den Senken und Tälern Niedermoore, örtlich mit geringer Übergangs- und Hochmoorauflage, Anmoorgleye und Pseudogleye zur Ausbildung. Die über Jahrhunderte währende Streunutzung führte vielerorts zur Ausbildung von Podsolen, teilweise mit Ortstein. Die aktuelle Landnutzung besteht neben Forst- und Landwirtschaft auch vielerorts aus Teichwirtschaft in den Niederungen. Größere Waldgebiete mit vorherrschender *Pinus sylvestris* und einem an Zwergsträuchern (*Calluna vulgaris*, *Vaccinium myrtillus* und *V. vitis-idea*) reichen Unterwuchs finden sich westlich von Weiden sowie östlich von Schwandorf. Die potenzielle natürliche Vegetation der Oberpfälzer Senke kennzeichnen bodensaure Kiefern- und von Eichen dominierte Laubmischwälder (Seibert 1968).

Forschungsgeschichte

Bislang liegen aus dem Arbeitsgebiet nur wenige Pollenanalysen vor. Pionierarbeit leisteten 1939 Hermann Paul und Josef L. Lutz mit den Pollendiagrammen Aschenschlag und Wackersdorf, beide bei Schwandorf gelegen, mit dem Profil aus der Stürzerlohe im Manteler Forst südöstlich Grafenwöhr und westlich von Weiden sowie mit dem Profil Röthelweiher südlich von Grafenwöhr. Deren Ergebnisse fanden auch Eingang in die Waldgeschichte von Firbas (1952). Diese frühe Arbeit von Paul und Lutz (1939) ist aber aus heutiger Sicht mit methodischen Schwächen behaftet (geringe Pollensummen, große Probenabstände, keine oder wenig ausgezählte Nichtbaumpollen-Typen, keine ^{14}C-Daten). Ende der 1980er-Jahre untersuchte Stalling (1987) ein neues Profil aus der Stürzerlohe und Knipping (1989) ein weiteres nahegelegenes Pollendiagramm aus dem Manteler Forst, Gscheibte Loh, beide erstmals mit ^{14}C-Daten für das Gebiet. Außerdem untersuchte Knipping (1989) mit Anhaltsträßle ein weiteres Profil aus dem Manteler Forst. Seitdem wurden keine weiteren vegetationsgeschichtlichen Studien vorgelegt.

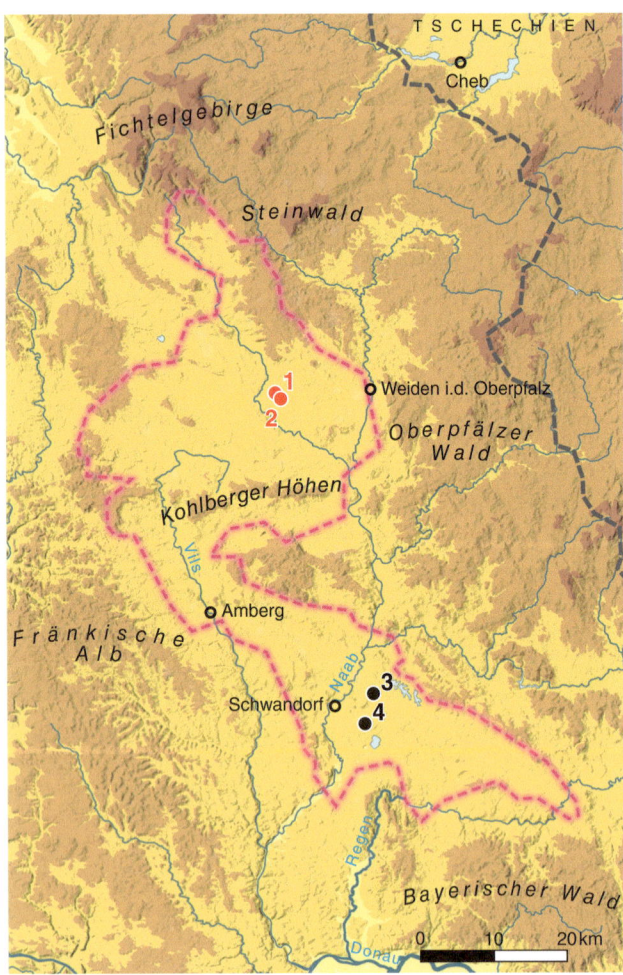

Abb. 31.1 Karte der Oberpfälzer Senke mit pollenanalytisch untersuchten Lokalitäten für das standardisierte Pollendiagramm: 1 Stürzerlohe, 2 Gscheibte Loh. Weitere im Text erwähnte Lokalitäten: 3 Aschenschlag, 4 Wackersdorf

Regionale Vegetations- und Landnutzungsgeschichte

Das für die Region kompilierte Standarddiagramm (Abb. 31.2) setzt sich aus den Daten der Profile Stürzerlohe (Stalling 1987) und Gscheibte Loh (Knipping 1989) mit identischer Höhenlage zusammen (410 m NN). Die Chronologie basiert auf fünf ^{14}C-Datierungen, zwei davon aus der Stürzerlohe und drei aus der Gscheibten Loh. Zur Verbesserung der Chronologie gingen in das Altersmodell noch pollenstratigraphische Abschätzungen für die spätglazialen Abschnitte ein. Es sei noch angemerkt, dass das kreierte Standarddiagramm nicht als solches gelten kann und in vielen Zeitscheiben nicht durch Proben belegt ist. Gleiches gilt für die ausgewiesenen regionalen Pollenzonen (RPZ), die teils eine stark lokale Tönung aufweisen. Ferner sind infolge des sehr geringen Moorwachstums im Profil Gscheibte Loh kaum Horizonte überliefert, die auch nur eine generelle Aussage über frühere prähistorische Einflussnahmen des Menschen während des Neolithikums und der Bronzezeit ermöglichen (Knipping 1997).

Das Diagramm lässt sich grob in 15 RPZ untergliedern (s. auch Tab. S 31.1 im elektronischen Zusatzmaterial)) und setzt in der sogenannten *Helianthemum*-Subzone innerhalb der Ältesten Dryas ein (RPZ 1, Zeitscheiben >13.250 bis 12.750 v. Chr.). Zu dieser Zeit prägten artenreiche Rasengesellschaften und Pionierformationen das Vegetationsbild. In der folgenden *Betula nana*-Subzone (RPZ 2, Zeitscheibe 12.500 v. Chr.), dem jüngsten Abschnitt der Ältesten Dryas, kamen mosaikartig erste niederwüchsige Strauchformationen mit Zwergbirke (*Betula nana*) auf, wie durch Großrestfunde aus dem Kulzer Moos im südlichen Oberpfälzer Wald belegt ist (Schmeidl 1969). Es herrschten aber weiterhin Rasengesellschaften vor. Zu Beginn des Böllings, in der *Juniperus-Hippophaë*-Strauchphase, gelangten Strauchformationen zur Ausbreitung. Im vorliegenden Kompositprofil ist das jedoch aufgrund der zu geringen Auflösung nicht sichtbar. Neben Wacholder (*Juniperus*) und Sanddorn (*Hippophaë*) kamen auch niederwüchsige Weiden (*Salix*) und Zwergbirke in der lockeren Strauchtundra vor. Heliophytische Vegetationsbestände mit Beifuß (*Artemisia*) und Sonnenröschen (*Helianthemum*) gingen in ihrer Verbreitung entsprechend zurück. Darauf wanderten erste Baumbirken (*Betula pubescens, B. pendula*) in das Gebiet ein, und es bildeten sich langsam parktundraartige Birkenwälder (RPZ 3, Zeitscheiben 12.250–11.500 v. Chr.). Erste Exemplare der Waldkiefer (*Pinus sylvestris*) durchsetzten schließlich im späten Bölling die lichten Birkenwälder. Während des Alleröds dominierten lichte Kiefernwälder (RPZ 4, Zeitscheiben 11.250 bis 10.750 v. Chr.). Ab dem späten Alleröd ist die Anwesenheit von *Populus* bezeugt. Der Kälterückschlag der Jüngeren Dryas führte zu einer schwachen Auflichtung der Wälder, worauf die wieder häufigeren Vorkommen von *Juniperus, Artemisia* und *Helianthemum* verweisen (RPZ 5, Zeitscheiben 10.500 bis 9750 v. Chr.).

Den Übergang zum Holozän markieren rückläufige Nichtbaumpollen-Anteile und sinkende *Juniperus*-Werte. Während des Präboreals prägten weiterhin lichte Kiefernwälder das Waldbild (RPZ 6, Zeitscheiben 9500 bis 8250 v. Chr.). Standortbedingt spielte örtlich *Betula* eine größere Rolle in der Waldzusammensetzung. Sie gewann im Laufe des Präboreals gegenüber *Pinus sylvestris* weiter an Bedeutung. Analog zu Makrorestbefunden aus der Ostschweiz (Burga und Perret 1998) dürften sich erste lokale Vorkommen der Grauerle (*Alnus incana*), azonal entlang der Flussläufe, etabliert haben. Das Waldbild des frühen Boreals glich weitestgehend dem des Präboreals. Erst im späten Boreal, und damit deutlich verzögert gegenüber angrenzenden Regionen im Osten und Süden, konnte sich die Hasel (*Corylus avellana*) im Gebiet langsam ausbreiten (RPZ 7, Zeitscheiben 8000 bis 7250 v. Chr.). Firbas (1952) stellte mangels einer robusten Chronologie Einwanderung, Ausbreitung und Maximum der Hasel sowie die Etablierung weiterer thermophiler Laubmischwaldelemente noch in das Boreal, die Chronozone V^c. Allerdings stellt sich die Frage, inwieweit der nach der Abtorfung des Moores Stürzerlohe einsetzende Torfzersatz im Profil von Stalling (1987) in die Tiefe fortgeschritten war und schon zur Abreicherung von Laubholzpollen durch selektive Zersetzung geführt hatte. Im Gegensatz zu dem von Paul und Lutz (1939) geborgenen Profil mit einer Mächtigkeit von 2,8 m erreichen die von Stalling (1987) bearbeiteten Bohrkerne nur noch eine Gesamtlänge von 1,7 m und bestanden durchweg aus stark zersetztem Torf.

Das Ältere Atlantikum wird in der Frühphase weiterhin durch die Vorherrschaft von Kiefernwäldern bei zugleich voranschreitender Ausbreitung von Haselgebüschen (*Corylus avellana*) und dem Aufkommen der Ulme (*Ulmus*) und der Eiche (*Quercus*, RPZ 8, Zeitscheiben 7000 bis 6250 v. Chr.) gekennzeichnet. In der zweiten Hälfte des Älteren Atlantikums gelangte *Corylus avellana* schließlich zur Dominanz (RPZ 9, Zeitscheiben 6000 bis 5750 v. Chr.). Neben den bereits etablierten Laubhölzern *Ulmus* und *Quercus* konnte nun auch die Linde (*Tilia*) im Gebiet Fuß fassen. Diese thermophilen Gehölze verdrängten *Pinus sylvestris* sukzessive von den mittleren und besseren Standorten. In der ersten Hälfte des Jüngeren Atlantikums erlangte *Betula* größere Bedeutung, und *Corylus avellana* ging in seiner Verbreitung entsprechend zurück (RPZ 10, Zeitscheiben 5500 bis 5000 v. Chr.). Azonal konnte sich *Alnus* etwas ausbreiten. Hierbei dürfte es sich vor allem um den Pollenniederschlag aus von Schwarzerlen (*Alnus glutinosa*) dominierten Bruchwäldern handeln. Dabei erreichte *Alnus* in den beiden Mooren aus dem Schwan-

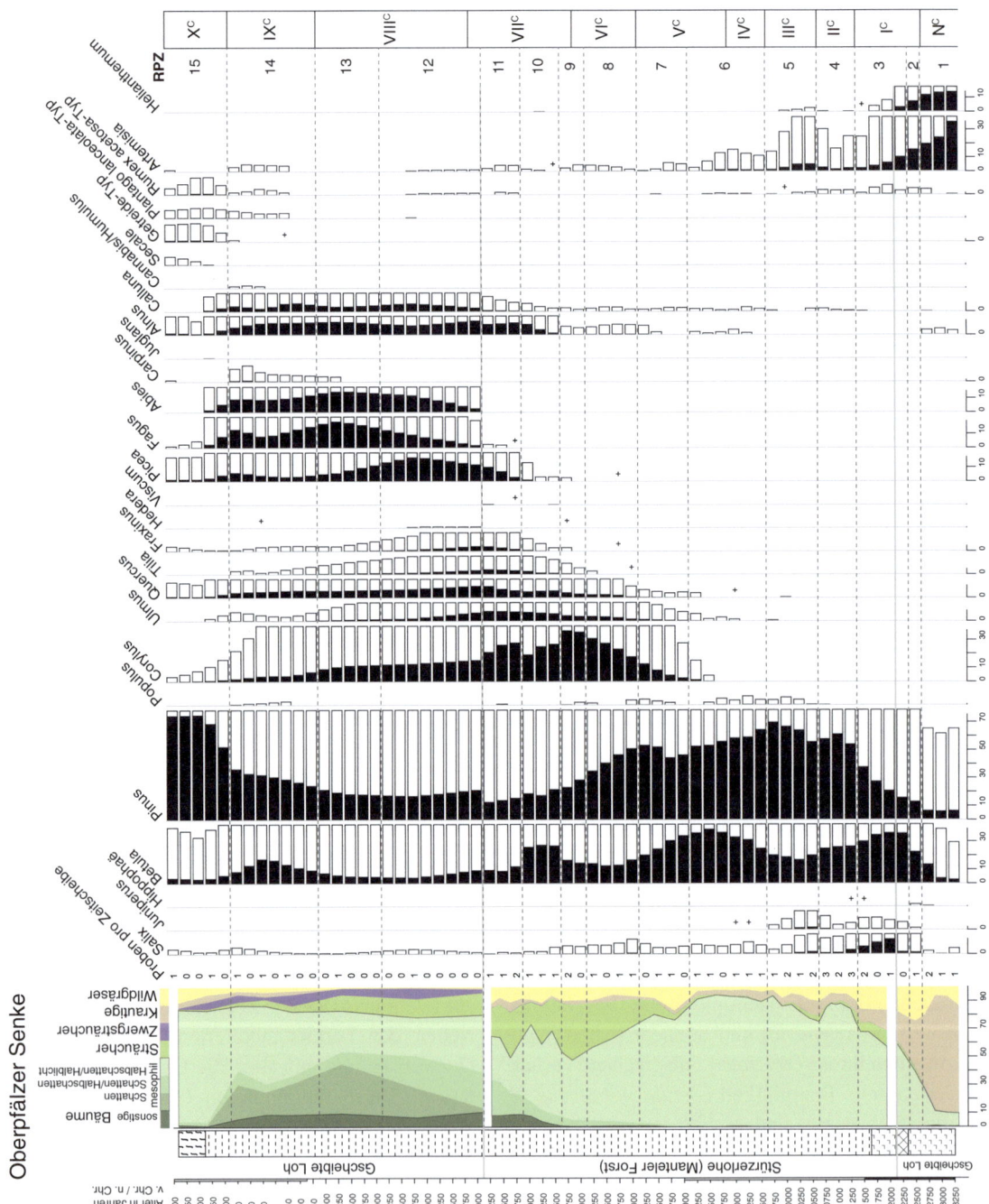

Abb. 31.2 Standardisiertes Pollendiagramm für die Oberpfälzer Senke, kombiniert aus den Profilen Stürzerlohe (420 m NN, Stalling 1987) und Gscheibte Loh (410 m NN, Knipping 1989)

dorf-Bodenwöhrer Becken, Aschenschlag und Wackersdorf, deutlich höhere Anteile (rund 40 bzw. 30 %) als im Weidener Becken. Nachfolgend bildete die Hasel (*Corylus avellana*) wieder das häufigste Taxon, und die Fichte (*Picea abies*) sowie die Esche (*Fraxinus excelsior*) gelangten als weitere Rückwanderer in die Oberpfälzer Senke und breiteten sich aus (RPZ 11, Zeitscheiben 4750 bis 4250 v. Chr.). Die Verdrängung von *Pinus sylvestris* auf ärmere Standorte erreichte in der zweiten Hälfte des sehr feuchten Jüngeren Atlantikums ihren Höhepunkt.

Im frühen Subboreal nahmen die Anteile von *Pinus sylvestris* in der Waldzusammensetzung wieder zu, jedoch ausschließlich auf den trockneren Standorten, wie schon Paul und Lutz (1939) festgestellt hatten. Zudem breitete sich *Picea abies* weiter aus, und es vollzog sich der langsame Populationsaufbau der Buche (*Fagus sylvatica*) sowie der Tanne (*Abies alba*, RPZ 12, Zeitscheiben 4000 bis 2250 v. Chr.). Im Zuge dieser Schattholzexpansion gingen die thermophilen Laubmischwaldelemente, mit Ausnahme von *Quercus*, im Waldbild zurück. Akzentuierend schritt die Bodenversauerung voran, wodurch die Besenheide (*Calluna vulgaris*) nicht nur auf dem Moor, sondern auch im Unterwuchs einiger Waldtypen häufiger wurde. Den weiteren Verlauf des Subboreals kennzeichneten Buchen-Tannen-Mischwälder als vorherrschende Waldformation mit nur sehr untergeordneter Beteiligung von *Picea abies* (RPZ 13, Zeitscheiben 2000 bis 1000 v. Chr.). Als letzter Rückwanderer gelangte im ausgehenden Subboreal schließlich die Hainbuche (*Carpinus betulus*) in das Gebiet.

Im Älteren Subatlantikum erreichte *Pinus* erneut Dominanz. Buchen-Tannen-Mischwälder waren weiterhin verbreitet (RPZ 14, Zeitscheiben 750 v. Chr. bis 750 n. Chr.). Erste anthropogene Eingriffe datieren in die Latènezeit. Neben dem Nachweis von Ackerbau (Getreide-Typ) breiteten sich auch sekundäre Kulturzeiger wie Spitzwegerich (*Plantago lanceolata*), Ampfer (*Rumex*) und Wermut/Beifuß (*Artemisia*) aus. Während der Römischen Kaiserzeit gewann *Betula* zeitweilig etwas größere Bedeutung. Da die Römische Kaiserzeit aber nur mit einer Probe repräsentiert ist, können hier keine weiterführenden Aussagen zur menschlichen Einflussnahme getroffen werden – das gilt auch für die nachfolgenden Kulturstufen. Im Frühmittelalter wurde gemäß dem Pollenbefund wieder Ackerbau in der näheren Umgebung betrieben; daneben ist ein Ensemble an sekundären Kulturzeigern belegt. Während des Hochmittelalters wurde der Ackerbau ausgeweitet, und die Buchen-Tannen-Mischwälder sowie andere Waldformationen erfuhren im Zuge des verstärkten Aufkommens von Eisenerzabbau samt Metallverarbeitung einen starken Holzeinschlag. Die *Oberpfalz* war eines der bedeutendsten Bergbaureviere und ist als „Ruhrgebiet des Mittelalters" mit großflächiger Holznutzung in die Literatur eingegangen. Hier kam es zu einer regelrechten Zerstörung des natürlichen Waldes. Das Jüngere Subatlantikum (X^C) klassifizierte Firbas (1952) in der Region als Kiefern-Fichten-Zeit. Im hier vorliegenden Kompositdiagramm herrscht aber allein *Pinus* vor (RPZ 15, ab 1000 n. Chr.), da im Manteler Forst fast ausschließlich dieses Gehölz zur Aufforstung kam (Scheipl 2001). Die starke Ausbreitung von *Pinus* hat aber auch eine lokale Ursache, denn die Entwässerung und das Torfstechen in den Mooren förderte die Ausbreitung von Kiefernarten. Neben *Pinus sylvestris* wurde dadurch auch *P. rotundata* indirekt gefördert. Größere Bestände der Moorkiefer oder Spirke sind aus der Gscheibten Loh bekannt (Lutz 1944), daneben sind beispielsweise Vorkommen aus der Mooslohe bei Weiden belegt (Paul 1913). In der Stürzerlohe hingegen gelangten Waldkiefernmoore auf Torfstichregenerationsflächen zur Ausbildung (Stalling 1987). Zuvor wuchsen auf dem früheren Übergangsmoor auch häufig Spirken (Paul und Lutz 1939). Zudem führten die seit dem Mittelalter betriebene Waldweide (s. Exkurs Kap. 19) und die großflächigen Kahlschläge für die bis ins 16. Jahrhundert weitverbreitete Eisenverhüttung sowie die auch seit dem 16. Jahrhundert intensiv praktizierte Streugewinnung, neben der allgemeinen Holzentnahme, zu einer weiteren Devastierung der ohnehin schon armen zonalen Böden und damit zur indirekten Förderung von *Pinus sylvestris* im Zuge der Sekundärsukzession, wie schon Lutz (1944) festgestellt hatte.

Literatur

Burga C, Perret R (1998) Vegetation und Klima der Schweiz seit dem jüngeren Eiszeitalter. Ott, Thun

Firbas F (1952) Spät- und nacheiszeitliche Waldgeschichte Mitteleuropas nördlich der Alpen. Zweiter Band: Waldgeschichte der einzelnen Landschaften. Gustav Fischer, Jena

Knipping M (1989) Zur spät- und postglazialen Vegetationsgeschichte des Oberpfälzer Waldes. Dissertationes Botanicae 140, Cramer. Berlin, Stuttgart

Knipping M (1997) Pollenanalytische Untersuchungen zur Siedlungsgeschichte des Oberpfälzer Waldes. Telma 27: 61–74

Lutz JL (1944) Über den Gesellschaftsanschluß oberpfälzischer Kiefernstandorte. Berichte der Bayerischen Botanischen Gesellschaft 28: 64–124

Paul H (1913) Zur Flora einiger Moore in der Oberpfalz. Hoppea 12: 175–200

Paul H, Lutz JL (1939) Zur Kenntnis der Moore des Oberpfälzer Mittellandes. Zeitschrift für Botanik 34: 193–230

Scheipl W (2001) Der Manteler Wald. In: Markt Mantel (ed) Markt Mantel. Geschichte und Geschichten. Selbstverlag, Mantel, 109–132

Schmeidl H (1969) Beitrag zur spätglazialen Vegetations- und postglazialen Waldentwicklung im südlichen Oberpfälzer Wald. In: Rückert G (ed) Erläuterungen zur Bodenkarte von Bayern 1:25.000, Blatt Nr. 6640 Neunburg vorm Wald. Bayerisches Geologisches Landesamt, München, 103–113

Seibert P (1968) Vegetation und Landschaft in Bayern. Erläuterungen zur Übersichtskarte der natürlichen Vegetationsgebiete von Bayern. Erdkunde 22: 294–313

Stalling H (1987) Untersuchungen zur spät- und postglazialen Vegetationsgeschichte im Bayerischen Wald. Dissertationes Botanicae 105. Cramer, Berlin, Stuttgart

Eifel und Hunsrück

Thomas Litt und Walter Dörfler

Blick auf das Holzmaar und das Hügelland der Eifel (Foto: S. Wagner)

Ergänzende Information Die elektronische Version dieses Kapitels enthält Zusatzmaterial, auf das über folgenden Link zugegriffen werden kann [https://doi.org/10.1007/978-3-662-68936-3_32].

T. Litt (✉)
Paläontologisches Institut,
Rheinische Friedrich-Wilhelms-Universität, Bonn, Deutschland
e-mail: t.litt@uni-bonn.de

W. Dörfler
Institut für Ur- und Frühgeschichte,
Christian-Albrechts-Universität, Kiel, Deutschland

Naturraum

Lage

Als Teil des Rheinischen Schiefergebirges erstreckt sich die Eifel linksrheinisch vom Südwesten Nordrhein-Westfalens bis ins nördliche Rheinland-Pfalz mit den Eckpunkten Aachen im Norden, Trier im Süden und Koblenz im Osten. Naturräumlich wird das Gebiet traditionell in Osteifel, Westeifel und Vennvorland gegliedert. Nördlich von Bonn fällt sie zur Niederrheinischen Bucht ab. Die Ardennen bilden den Fortsatz in Belgien und Luxemburg nach Westen. Das Moseltal bildet im Süden die Grenze zum Hunsrück; beide Mittelgebirge werden im Osten vom Rheintal begrenzt. Südlich des Hunsrücks schließt sich das Nordpfälzer Bergland an. Die höchste Erhebung der Eifel ist mit 746,9 m über NN der Vulkankegel Hohe Acht, im Hunsrück ist es mit 816,3 m NN über NN der Erbeskopf (Abb. 32.1).

Geologie

Im gesamten Gebiet von Eifel und Hunsrück bilden Ablagerungen des Devonmeeres den Untergrund, abgesehen von schmalen Streifen mit karbonischen Sedimenten im äußersten Nordwesten und der Aufragung vordevonischer Gesteine im Venn (Meyer 2013). Während der variszischen Orogenese im Oberkarbon wurden die Gesteine gefaltet. Im Perm kam es zu Abtragungsprozessen; Sedimente des Buntsandsteins sind in der Westeifel erhalten geblieben. Im Mesozoikum waren Eifel und Hunsrück größtenteils kein Ablagerungsraum. Im Tertiär kam es zur Hebung von Eifel und Hunsrück als Rumpfgebirge. In die Mitte dieses Abschnitts datiert das Maximum des Hocheifelvulkanismus. Auch in der Osteifel treten vereinzelt tertiäre Vulkanite auf. Der Vulkanismus im Quartär steht im Zusammenhang mit der Hebung des Rheinischen Schiefergebirges vor 700.000 Jahren und ist an in Nordwest-Südost-Richtung verlaufende

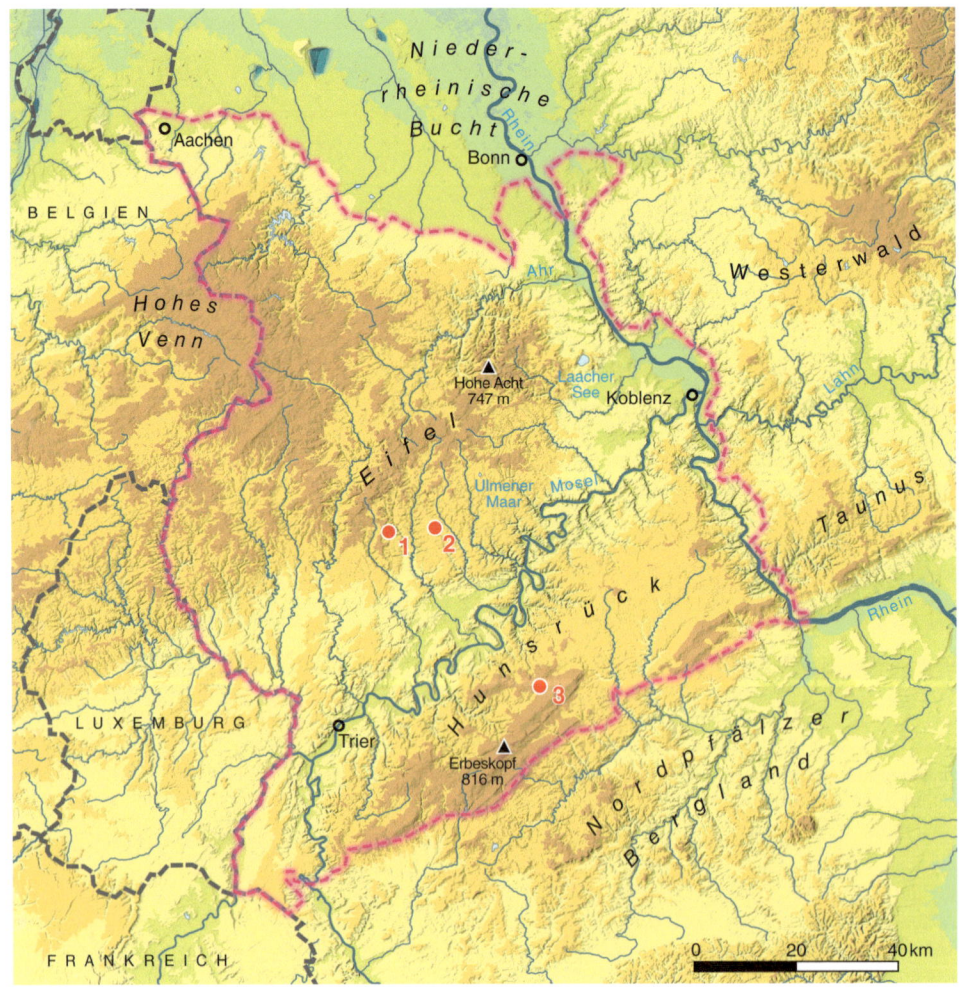

Abb. 32.1 Karte der Region Eifel, Hunsrück, Mittelrhein und Moseltal mit pollenanalytisch untersuchten Lokalitäten für das standardisierte Pollendiagramm: 1 Meerfelder Maar, 2 Holzmaar. Zusätzlich diskutiertes Diagramm: 3 Wetzelbruch

variszisch angelegte Störungen gebunden. Über 60 Maare sowie etwa 100 Tuff- und Schlackenkegel prägen gegenwärtig die Vulkaneifel. Als jüngste Eruptionen gelten der gewaltige Ausbruch des Laacher See-Vulkans vor 12.900 Jahren sowie die Entstehung des Ulmener Maars vor 11.000 Jahren.

Böden

Die Bodenbildung im Gebiet von Eifel und Hunsrück wird durch das Substrat bestimmt, das überwiegend aus unterdevonischen Silikatgesteinen, aus quarzitischen Sand- und Siltsteinen, Tonschiefern und Grauwacken gebildet wird. In der Nähe von Maaren bilden Tuffdecken das oberflächennahe Substrat, während Kolluvien oder fluviatil geprägte Sedimente in Talungen oder Hangfüßen verbreitet sind. An Bodentypen sind auf den Hochflächen Braunerde-Ranker bis Braunerden, in Hangfußlage Pseudogleye ausgeprägt.

Klima

Im Grenzbereich zwischen atlantischer und mitteleuropäischer Klimaregion gelegen, ist das Gebiet klimatisch relativ feucht und winterkühl (Julimittel 16 °C, Januarmittel −1 °C). Die mittleren Jahresniederschläge nehmen von deutlich über 1000 mm im Westen bis zu unter 800 mm im Osten ab. Die Hauptvegetationsperiode beträgt 130–150 Tage. Temperaturen und Niederschläge sind von der Höhenlage abhängig. Das Moseltal bildet einen klimatischen Gunstraum, der seit römischer Zeit Weinbau ermöglicht.

Vegetation

Eifel und Hunsrück liegen in der Zone der temperaten sommergrünen Wälder mit verbreiteten Waldgesellschaften wie Hainsimsen-Buchenwald (*Luzulo-Fagetum*) und Hainsimsen-Traubeneichen-Buchenwald (*Luzulo-Querco-Fagetum*, Schwind 1984), die teilweise stark von Fremdgehölzen durchdrungen sind (*Picea abies, Pinus sylvestris, Pseudotsuga menziesii, Robinia pseudoacacia*). Die landwirtschaftliche Nutzung konzentriert sich auf die Hochflächengebiete, auf denen Braunerden ausgebildet sind. In Hangbereichen finden sich mehrschürige Mähwiesen mit *Arrhenatherum*.

Für Eifel und Hunsrück kann auch unter Berücksichtigung der vegetationsgeschichtlichen Befunde als potenzielle natürliche Vegetation ein artenarmer Hainsimsen-Buchenwald (*Luzulo-Fagetum* und *Luzulo-Melico-Fagetum*) nach Ellenberg angenommen werden (Schröder 2011; Schwind 1984). Nur im klimatisch begünstigten Unterlauf der Mosel werden wärmeliebende Eichenmischwälder angegeben. Im Hunsrück ist es aufgrund der hohen Niederschläge und der generell saureren Bodenbedingungen vielerorts zur Vermoorung in Form der Hangbrücher gekommen. Diese Niedermoore bilden das Archiv für vegetationsgeschichtliche Untersuchungen im Hunsrück, während in der Eifel vor allem die Sedimente der zahlreichen, zum Teil verlandeten Maare gute Bedingungen für paläoökologische Studien bieten.

Forschungsgeschichte

Vegetationsgeschichtliche Forschungen in der Eifel begannen 1949 mit Untersuchungen von Margrit Hummel. In den folgenden Jahren haben Werner Trautmann, Ilse Peters, Pim D. Jungerius, Peter A. Riezebos und Rudolf T. Slotboom, Jürgen Schwaar sowie Herbert Straka Pollenanalysen durchgeführt. Letzterer hat eine wegweisende Zusammenfassung zur Vulkaneifel vorgelegt (Straka 1975). Als weitere Bearbeiter und Bearbeiterinnen sind zu nennen: Bruno Bastin, Etienne Juvigné, Brigitte Urban, Hartmut Usinger, Achim Wolf, Andrew Evans, Björn Bahrig, Suzanne Leroy, Christoph Herbig und Frank Sirocko, Hannes Knapp, Beate Kubitz, Martina Stebich, Thomas Litt und Norbert Kühl.

Zur Rekonstruktion der Vegetations- und Klimageschichte des Spätglazials und Holozäns in der Vulkaneifel wurden besonders in den letzten 20 Jahren jährlich geschichtete Sedimente aus dem Holzmaar und dem Meerfelder Maar für detaillierte paläobotanisch-palynologische Untersuchungen verwendet. Die hohe zeitliche Auflösung erlaubt eine präzise Erfassung von Dauer und Intensität klimatisch und anthropogen induzierter Vegetationsveränderungen der letzten 15.000 Jahre. Dadurch gelang es, die in Mitteleuropa einmaligen Profile der Eifelmaare auf ein sicheres biostratigraphisches und geochronologisches Fundament zu stellen. Eine sichere Korrelation und Synchronisation mit anderen hochauflösenden Archiven Europas speziell aus dem Übergangsbereich Pleistozän/Holozän sind somit möglich. Der menschliche Einfluss auf die nacheiszeitliche Vegetationsgeschichte kann sicher dokumentiert und interpretiert werden, sodass auch ein Vergleich mit archäologischen und historischen Quellen auf kalendarischer Skala möglich ist (Kubitz 2000; Litt 2003; Litt et al. 2001, 2009; Stebich 1999; Litt und Stebich 1999).

Für den Hunsrück liegen seit den 1950er-Jahren Untersuchungen aus den Brüchern von Erich Bauer, Thomas Becker, Burkhard Frenzel, Kurt Schroeder, Walter Dörfler, Andrew Evans, Siegfried Schloß und Lucia Wick vor. Pollenanalysen an Siedlungsbefunden führte Julian Wiethold durch. Eine vollständige Literaturliste befindet sich im Anhang.

Regionale Vegetations- und Waldgeschichte

Weichsel-Pleniglazial und -Spätglazial

Die Palynologie spielt als biostratigraphische Methode eine wichtige Rolle bei der Gliederung und Korrelation von kontinentalen Folgen des Jungpleistozäns. Klassische stratigraphische Einheiten wie Bølling, Allerød, Jüngere Dryaszeit sind durch pollenstratigraphische Kriterien definiert (Iversen 1973). Allerdings benötigen solche Biozonen eine exakte Zeitkontrolle. Die beste Möglichkeit der Kombination von Palynologie und Zeitskala ist die Untersuchung von jährlich geschichteten Sedimenten, denn ^{14}C-Daten sind mit ihren Problemen der Kalibration und Plateaueffekten zu ungenau, um eine solide chronologische Basis für die zum Teil abrupt verlaufenden Vegetations- und Klimaveränderungen zu bilden.

Im Verlauf der Arbeiten hat sich die Warvensequenz vom Meerfelder Maar im Vergleich zu der vom Holzmaar als vollständiger und ungestörter erwiesen (Brauer et al. 2001). Deshalb wurde im unteren Abschnitt des Standarddiagramms die Warvenchronologie vom Meerfelder Maar als geochronologisches Gerüst für die Biostratigraphie des Spätglazials genutzt (Abb. 32.2). Das Standarddiagramm ist in 14 regionale Pollenzonen (RPZ) gegliedert (s. auch Tab. S 32.1 im elektronischen Zusatzmaterial).

RPZ 1 (Zeitscheibe 12.750 v. Chr.) gehört chronostratigraphisch noch dem Pleniglazial an. Die Vegetation kann als arktische Steppentundra beschrieben werden. Der Anteil von Kräuterpollen überwiegt bei Weitem. Als Hauptkomponenten sind Gräser, Sauergräser (Cyperaceae), Beifuß (*Artemisia*), Gänsefußgewächse (Chenopodiaceae) und Sonnenröschen (*Helianthemum*) zu nennen. Der prozentual höhere Anteil von Kiefer (*Pinus*) unter den Gehölzen ist aufgrund der geringen Vegetationsdichte als Fernflug zu deuten. Bei den Birken (*Betula*) handelt es sich wohl überwiegend um die Zwergbirke (*Betula nana*, Nachweise von Makroresten im Hitschemaar).

Der Beginn der spätglazialen Erwärmung, einhergehend mit der Untergrenze der RPZ 2 (Zeitscheiben 12.500 bis 12.000 v. Chr.), liegt bei 12.500 v. Chr. und ist chronostratigraphisch mit der des Meiendorf-Insterstadials verbunden. Die Vegetation reagiert durch Ausbreitung von Sträuchern wie Weiden (*Salix*), Wacholder (*Juniperus*), Sanddorn (*Hippophaë*) und Zwergbirken, aber auch von ersten Baumbirken (Makroreste aus dem Hitschemaar). Der Anteil von Heliophyten unter den Kräutern bleibt noch recht hoch. Die beginnende Birkenausbreitung wurde am Ende der Zone, in der Ältesten Dryaszeit, durch einen abrupten Klimarückschlag unterbrochen, in dem es wieder zur Ausbreitung einer Steppentundra kam. Die RPZ 2 korreliert im Wesentlichen mit dem älteren Abschnitt der Chronozone I^C.

Die RPZ 3 (Zeitscheiben 11.750 bis 11.500 v. Chr.) entspricht chronostratigraphisch dem Bølling-Interstadial sowie der nachfolgenden Älteren Dryaszeit. Lichte Birkenwälder (nach Makroresten aus dem Hitschemaar überwiegend *B. pubescens*) breiten sich aus, durchsetzt von Weiden- und Wacholderbeständen. Der Nichtbaumpollen-Anteil liegt durchschnittlich bei 40 % und wird durch Wildgräser und Kräuter wie Beifuß und Ampfer (*Rumex acetosa*-Typ) bestimmt. In der zweiten Hälfte der RPZ 3 nehmen die Anteile des Nichtbaumpollens wieder zu, was auf eine gewisse Auflichtung der Waldvegetation hindeutet. Diese klimatisch induzierte Vegetationsveränderung korreliert mit dem Klimarückschlag während der Älteren Dryaszeit. Die RPZ 3 stimmt zeitlich mit dem jüngeren Abschnitt der Chronozone I^C überein.

Erst nach 13.350 Warvenjahren vor heute (vor 1950, also 11.400 v. Chr.) kommt es am Beginn der RPZ 4 (Zeitscheiben 11.250 bis 10.750 v. Chr.) zur Ausbreitung von Kiefern in der Region, aber zunächst dominieren noch die Baumbirken (nach Großrestuntersuchungen vor allem *Betula pubescens*). Pappeln (*Populus*) und Weiden sind ebenfalls in der Gehölzvegetation vertreten. Chronostratigraphisch gehört diese Zone in das Allerød-Interstadial, das der Chronozone II^C entspricht. Im mittleren Abschnitt der Zone kommt es zu einer kurzfristigen Klimaverschlechterung, was mit höheren Nichtbaumpollen-Werten einhergeht. Dieses Ereignis wird als Gerzensee-Oszillation bezeichnet. Etwa 12.880 Jahre vor heute (10.930 v. Chr.) erfolgte der Ausbruch des Laacher See-Vulkans, der in der Osteifel und im Rheingebiet katastrophale Folgen für die Geobiosphäre hatte. In der Westeifel ist jedoch die Vulkanasche nur wenige Zentimeter dick, und nach den pollenanalytischen Daten blieb der Einfluss dieser Eruption dort eher gering. Allenfalls können Veränderungen in der Diatomeenflora festgestellt werden.

Etwa 200 Jahre nach dem Ausbruch des Laacher See-Vulkans kommt es klimabedingt zu einem Zusammenbruch der Birken-Kiefern-Wälder. Dieses Ereignis markiert den Beginn der RPZ 5 (Zeitscheiben 10.500 bis 9750 v. Chr.). Eine subarktische Steppentundra mit Beifuß, Gräsern, einigen Sträuchern wie Weiden sowie Wacholder und nur vereinzelt Baumbirken prägt die Landschaft. Sowohl bio- und chronostratigraphisch als auch sedimentologisch kann dieser Abschnitt sicher eingegrenzt werden und umfasst nach den Warvenzählungen ein Intervall von knapp 1100 Jahren, die Jüngere Dryaszeit (Chronozone III^C).

Holozän

Die Untergrenze der RPZ 6 (Zeitscheiben 9500 bis 9000 v. Chr.) entspricht dem Übergang zwischen Pleistozän und Holozän vor 11.650 Warvenjahren vor heute. Die gesamte Biozone korrespondiert im Wesentlichen mit der Chronozone IV^C. Als Hauptkomponenten der Wälder dominieren zu Beginn des Holozäns Birke und Kiefer. Pappeln, Weiden und Wacholder sind ebenfalls vertreten. Erste Haseln (*Corylus*),

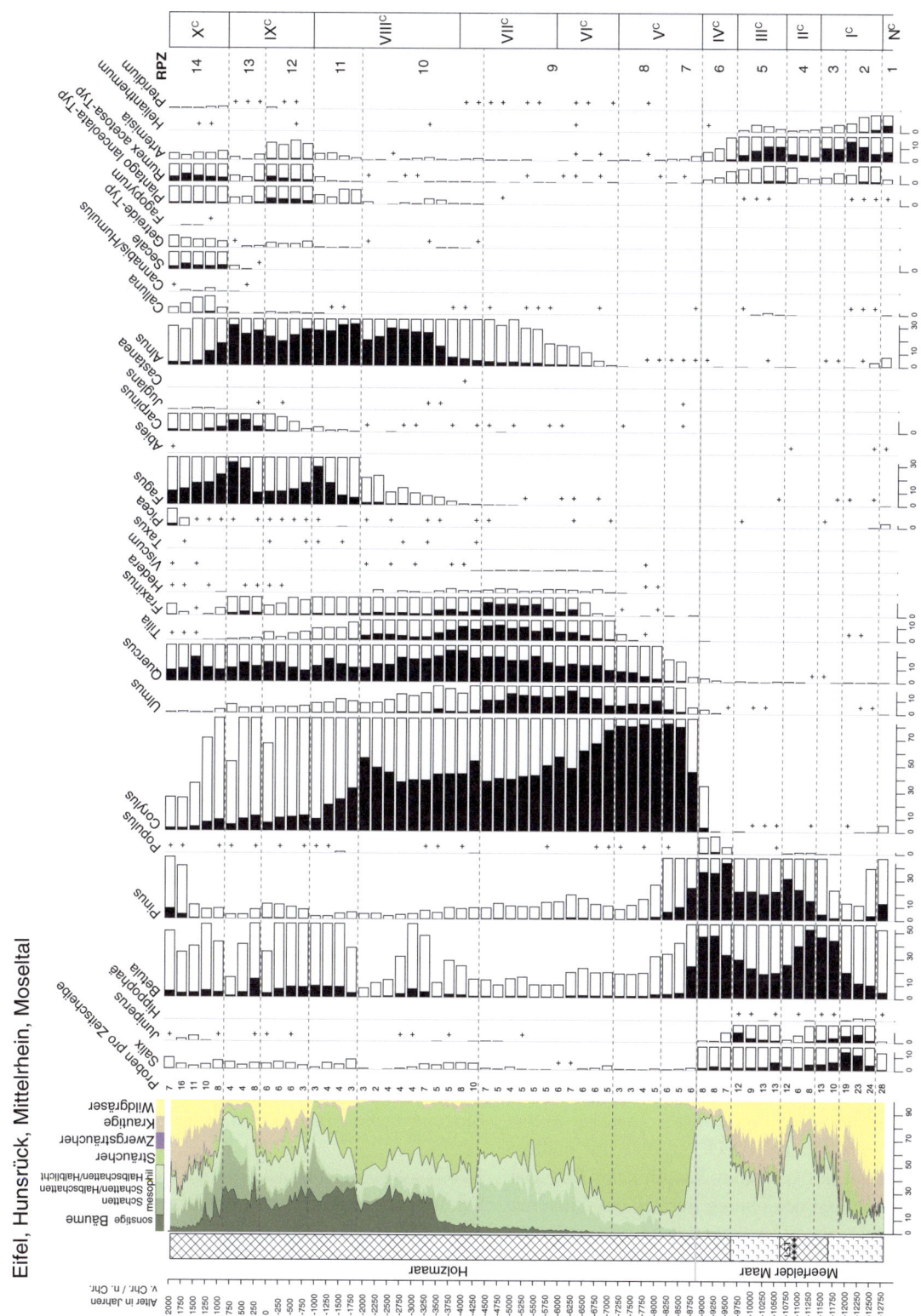

Abb. 32.2 Standardisiertes Pollendiagramm für die Region Eifel, Hunsrück, Mittelrhein, Moseltal kombiniert aus Meerfelder Maar (336 m NN, Litt und Stebich 1999) und Holzmaar (431 m NN, Litt et al. 2009)

Eichen (*Quercus*) und Ulmen (*Ulmus*) wanderten in das Gebiet der Eifel am Ende der Zone ein. Bis auf geringere Werte von Beifuß und Ampfer ist Kräuterpollen kaum noch vertreten. Innerhalb der RPZ 6 kam es um 9050 v. Chr. zur Eruption des Ulmener-Maar-Vulkans. Seine Vulkanasche ist sowohl im Holzmaar als auch im Meerfelder Maar nachgewiesen und dient als wichtige regionale Zeitmarke.

Die Untergrenze der RPZ 7 (Zeitscheiben 8750 bis 8250 v. Chr.) entspricht dem Beginn des Boreals bei 8850 v. Chr. (Chronozone V^C) und ist durch den markanten Anstieg der Haselkurve gekennzeichnet. Während Birken und Kiefern an Boden verlieren, breiten sich Eichen und Ulmen aufgrund der stärkeren Konkurrenzkraft aus. Die Zone umfasst lediglich den älteren Teil des Boreals.

Die RPZ 8 (Zeitscheiben 8000 bis 7250 v. Chr.) entspricht dem jüngeren Boreal (innerhalb der Chronozone V^C). Die Hasel dominiert immer noch. Eichen und Ulmen breiten sich weiter aus, während Birken und Kiefern kaum noch eine Rolle spielen. Am Ende der Zone wandert die Linde (*Tilia*) in das Gebiet ein.

Die Untergrenze der RPZ 9 (Zeitscheiben 7000 bis 4500 v. Chr.) beginnt nach den Warvenzählungen bei 7100 v. Chr. und korrespondiert mit dem Beginn des Älteren Atlantikums (Chronozone VI^C), reicht aber weit in das Jüngere Atlantikum (Chronozone VII^C) hinein. Diese klassische Eichenmischwaldzeit wird durch erhöhte Werte von Eiche, Ulme, Linde, Esche (*Fraxinus*) und Haselsträuchern bestimmt. Die Erle (*Alnus*) wandert am Beginn der Zone in das Gebiet ein. Die RPZ 9 war offenbar auch klimatisch begünstigt, wie das gehäufte Vorkommen von Mistel (*Viscum*) und Efeu (*Hedera*) anzeigt, und markiert das holozäne Klimaoptimum.

Die Untergrenze der RPZ 10 (Zeitscheiben 4250 bis 2000 v. Chr.) wird mit dem Rückgang von Ulme und Esche definiert, während im weiteren Verlauf auch die Lindenwerte abnehmen. Eichen und Haseln haben nach wie vor höhere Werte, während die Erle deutlich an Boden gewinnt. Die Buche (*Fagus*) beginnt sich auszubreiten. Innerhalb der Zone sind erste siedlungsbedingte Vegetationsveränderungen durch jungsteinzeitliche Ackerbauern und Viehzüchter im Pollendiagramm feststellbar (Rössen- und Michelsberger Kultur). Davon zeugen höhere Birkenwerte und das erste Auftreten von Getreidepollen und Siedlungszeigern wie Spitzwegerich (*Plantago lanceolata*-Typ). Niedrige Werte des Nichtbaumpollens weisen jedoch auf eine nur mäßige Waldrodung während des gesamten Neolithikums hin. Die gesamte RPZ 10 umfasst den oberen Bereich des Jüngeren Atlantikums (Chronozone VII^C) sowie den unteren und mittleren Teil des Subboreals (Chronozone VIII^C).

Die RPZ 11 (Zeitscheiben 1750 bis 1000 v. Chr.) wird durch die zunehmende Ausbreitung der Buche als Schattholzart charakterisiert. Die Hasel verliert deutlich an Boden. Auch die Hainbuche (*Carpinus*) kommt nun regelmäßig vor. Menschliche Einflüsse spiegeln sich in Pollendiagrammen wider (Pollen vom Getreidetyp, Spitzwegerich, Ampfer [*Rumex acetosa*-Typ] und Beifuß [*Artemisia*] sowie höhere Birkenwerte), die archäologisch mit der mittleren und jüngeren Bronzezeit verknüpft werden können (Hügelgräber- und Urnenfelderkultur). Die RPZ 11 korreliert mit dem oberen Teil des Subboreals (Chronozone VIII^C).

Die RPZ 12 (Zeitscheiben 750 v. Chr. bis 0) korreliert mit der unteren Hälfte des Älteren Subatlantikums (Chronozone IX^C) und setzt vor etwa 2800 Jahren mit dem deutlichen Abfall der Buchenkurve ein. Die Besiedlung während der vorrömischen Eisenzeit (Hunsrück-Eifel-Kultur) führt zu drastischen Vegetationsveränderungen, wie das Pollendiagramm zeigt. Der Wald wurde durch intensive Rodungtätigkeit stark aufgelichtet, und die Eisenmetallurgie hatte erhöhten Holzbedarf. Die Summe der Kräuterpollen steigt im Diagramm stark an; die Siedlungszeiger haben einen hohen Anteil daran (Wildgräser, Beifuß, Ampfer, Spitzwegerich, Getreide u. a.). Mit gewissen Intensitätsschwankungen dauerte die intensive Landnutzung bis in die Römische Kaiserzeit fort. Die Römer fanden in der Eifel eine bereits hoch entwickelte Landwirtschaft vor, und am Vegetationsbild ändert sich nichts Einschneidendes.

Die RPZ 13 (Zeitscheiben 250 bis 750 n. Chr.) ist durch den Besiedlungsrückgang in der Völkerwanderungszeit gekennzeichnet. Die Bewaldung wird wieder dichter, die Buchen- und Hainbuchenkurven steigen an, die Siedlungszeiger gehen stark zurück. Die Zone korrespondiert mit dem jüngeren Abschnitt des Älteren Subatlantikums (Chronozone IX^C).

Die RPZ 14 (Zeitscheiben 1000 bis 2000 n. Chr.) ist gekennzeichnet durch erneute intensive Rodung und Siedlungstätigkeit, beginnend vor 1000 Jahren und mit der Karolingerzeit verbunden (entspricht chronologisch dem Jüngeren Subatlantikum bzw. der Chronozone X^C). Auffällig ist die große Bedeutung des Anbaus von Roggen (*Secale*) seit dem frühen Mittelalter. Der Nachweis von Walnuss (*Juglans*) steht im Zusammenhang mit der Anpflanzung in mittelalterlichen Klöstern. Der intensive anthropogene Einfluss auf die Vegetation der Eifel setzte sich bis in die Neuzeit fort. Vor 200 Jahren erfolgten in diesem Raum die ersten Anpflanzungen von Kiefern und Fichten (*Picea*) durch preußische Aufforstungsmaßnahmen (s. Exkurs Kap. 40).

Römische Besiedlung im Diagramm aus dem Wetzelbruch (Hunsrück)

Die Vegetationsentwicklung verläuft im Hunsrück weitgehend ähnlich zur Eifel. Am Beispiel einer lokalen Studie aus der Nähe der römischen Siedlung Belginum (Abb. 32.3) in der heutigen Gemeinde Hinzerath sollen die anthropogenen Eingriffe in dieser Zeit näher diskutiert werden. Das

Moor deckt mit einer Torfmächtigkeit von nur 80 cm Ablagerungen die letzten 5000 Jahre ab, was einer mittleren Wachstumsrate von 60 Jahren pro cm entspricht. Die Chronologie des Profils beruht auf sieben ^{14}C-Daten. Da es über weite Abschnitte seiner Entwicklung ein Erlenbruch gewesen ist, wurde der mit bis zu 490 % des Baumpollens dominierende Erlenpollen aus der Bezugssumme ausgeschlossen (Dörfler 2019).

Zur Parallelisierung mit dem Standarddiagramm aus der Eifel wurden die oben beschriebenen regionalen Pollenzonen auf den Hunsrück übertragen (Abb. 32.4). Das Torfwachstum setzte in RPZ 10, dem frühen Subboreal, etwa 3000 v. Chr. ein. Ein von Linden dominierter Eichenmischwald mit hohen Anteilen an Hasel bestimmt zu dieser Zeit die Vegetation. Hinweise auf eine neolithische Landnutzung beschränken sich auf einzelne Nachweise von Siedlungsanzeigern, die auch als Fernflug, etwa aus der Eifel oder dem Moseltal, interpretiert werden können. Mit dem Übergang zu RPZ 11 setzt die Ausbreitung der Buche ein, die, wie in der Eifel, überwiegend zuungunsten von Hasel und Linde erfolgt. Zunehmend dichte, dunkle Wälder bestimmen fortan das Bild. In der Mitte dieses Abschnitts, etwa gegen 1300 v. Chr., nehmen auch die Siedlungsanzeiger und die Gräser deutlich zu. Dies weist auf eine intensivere Landnutzung ab der Bronzezeit hin. Im Gegensatz zur Eifel gehen die Lindenwerte nur ganz allmählich zurück. Das lässt auf den Fortbestand vom Menschen kaum beeinflusster Waldbereiche im Hunsrück schließen. Während der folgenden RPZ 12 wird die Buche zur dominanten Baumart, während Linde und Hasel weiter kontinuierlich zurückgehen. Dieser Abschnitt, der in die Eisenzeit fällt, ist darüber hinaus durch einen Anstieg der Wildgräser- und Birkenwerte gekennzeichnet. Beides ist als Anzeichen für eine moderate Nutzung der Wälder zu interpretieren. Mit dem Übergang zu RPZ 13 steigen kurz vor Christi Geburt alle Siedlungsanzeiger deutlich an, und auch Weideanzeiger erreichen Maximalwerte. Dies steht mit spätkeltischen und römischen Siedlungen in nur 1200 m Entfernung zum Moor in Zusammenhang. Die hohen Wildgraswerte und die deutlich erhöhten Werte des als Weideunkraut zu interpretierenden Adlerfarns legen eine extensive Weidewirtschaft in der römischen Zeit nahe. Damit kann auch der fortgesetzte Rückgang der Buchenwerte im Pollendiagramm erklärt werden. Der Ackerbau hat in der auf Handwerk und Handel orientierten Siedlung Belginum, an der Hunsrück-Höhenstraße gelegen, offenbar kaum eine Rolle gespielt, wie die ganz geringen Getreidewerte anzeigen. Generell dominierten auch in historischer Zeit auf den silikatreichen Böden des Hunsrücks die Grünland- und die Weidewirtschaft.

In die zweite Hälfte der RPZ 13 fällt der Siedlungszeigerrückgang der Völkerwanderungszeit, der zu einer moderaten Erholung der Buchenbestände und einer Ausbreitung der Hainbuche führte. Die Kurven der Siedlungsanzeiger brechen aber nicht vollständig ab, sodass von einer gewissen Siedlungskontinuität auszugehen ist.

Im letzten Abschnitt, der RPZ 14, kommt es ab etwa 1000 n. Chr. zu einer Intensivierung der Landnutzung mit Getreideanbau in größerem Umfang. Der gleichzeitige starke Anstieg der Besenheide kann einerseits auf relativ trockene Standorte auf dem Moor zurückzuführen sein, historisch ist aber auch die Ausbreitung der Heide in den Wäldern auf den armen silikatischen Böden der Hunsrückhochfläche belegt. So liegen die Reste der römischen Siedlung in der Flur Hochgerichtsheide. Auch die Walnuss (*Juglans*) ist nunmehr regelmäßig belegt, und Pollenkörner vom Wein (*Vitis*) treten vereinzelt auf. Diese

Abb. 32.3 Luftaufnahme der Hunsrück-Höhenstraße. Im Vordergrund das archäologische Museum Archäologiepark Belginum, am oberen Bildrand rechts das locker bewaldete Moor Wetzelbruch (Foto: R. Cordie)

Wetzelbruch

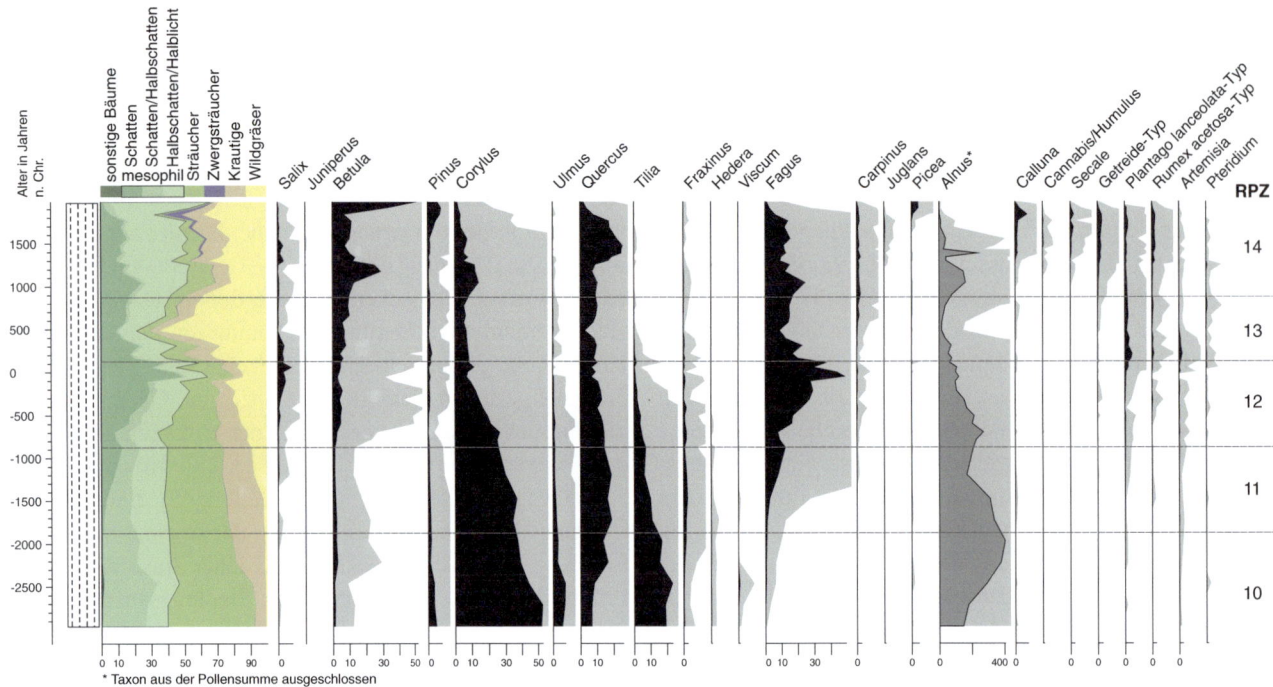

Abb. 32.4 Pollendiagramm zur Region Eifel, Hunsrück, Mittelrhein und Moseltal. Die römische Besiedlung des Hunsrücks im Diagramm Wetzelbruch (559 m NN, Dörfler 2019)

sind aber als Fernflug aus dem klimatisch begünstigten Moseltal zu werten, da der Hunsrück für den Anbau dieser wärmeliebenden Art nicht geeignet ist. Als weitere Art, die zuvor nur als Fernflug belegt ist, tritt in den obersten Proben auch Fichte (*Picea*) auf, die die hohen Werte der Besenheide (*Calluna*) ablöst. Fichte und Kiefer (*Pinus*) bilden die wichtigsten Baumarten der im ausgehenden 18. Jahrhundert einsetzenden Aufforstung. Die Maximalwerte der Birke in der Oberflächenprobe weisen darauf hin, dass die rezente Bestockung des Moores mit Birke ein junges Phänomen darstellt. Somit stellt der Hunsrück ein im Vergleich zur Eifel in der Prähistorie eher extensiv genutztes Mittelgebirge dar.

Literatur

Brauer A, Litt T, Negendank JFW, Zolitschka B (2001) Lateglacial varve chronology and biostratigraphy of lakes Holzmaar and Meerfelder Maar. Boreas 30: 83–88

Dörfler W (2019) Zur Vegetations- und Umweltgeschichte im Mittelgebirgsraum von Hunsrück und Eifel mit einem Schwerpunkt in Belginum. In: Cordie R, Haßlinger N, Wiethold J (eds) Was aßen Kelten und Römer? Umwelt, Landwirtschaft und Ernährung westlich des Rheins. Schriften des Archäologieparks Belginum 17. Archäologiepark Belginum, Morbach-Wederath, 15–26

Iversen J (1973) The development of Denmark´s nature since the last glacial. Danmarks Geologiske Undersogelse 5: 1–126

Kubitz B (2000) Die holozäne Vegetations- und Siedlungsgeschichte in der Westeifel am Beispiel eines hochauflösenden Pollendiagrammes aus dem Meerfelder Maar. Dissertationes Botanicae 339. Cramer, Berlin, Stuttgart

Litt T (2003) Environmental response to climate and human impact in central Europe during the last 15,000 years – a German contribution to PAGES-PEPIII. Editorial. Quaternary Science Reviews 22: 1–4

Litt T, Stebich M (1999) Bio- and chronostratigraphy of the Lateglacial in the Eifel region, Germany. Quaternary International 61: 5–16

Litt T, Brauer A, Goslar T, Merkt J, Balaga K, Müller H, Ralska-Jasiewiczowa M, Stebich M, Negendank JFW (2001) Correlation and synchronisation of Lateglacial continental sequences in northern central Europe based on annually laminated lacustrine sediments. Quaternary Science Reviews 20: 1233–1249

Litt T, Schölzel C, Kühl N, Brauer A (2009) Vegetation and climate history in the Westeifel Volcanic Field (Germany) during the last 11,000 years based on annually laminated lacustrine sediments. Boreas 38: 679–690

Meyer W (2013) Geologie der Eifel, 4. Aufl. Schweizerbart, Stuttgart

Schröder L (2011) Karte der Potentiellen Natürlichen Vegetation Deutschlands. Bundesamt für Naturschutz, Bonn

Schwind W (1984) Der Eifelwald im Wandel der Jahrhunderte: ausgehend von Untersuchungen in der Vulkaneifel. Eifelverein, Düren

Stebich M (1999) Palynologische Untersuchungen zur Vegetationsgeschichte des Weichsel-Spätglazial und Frühholozän an jährlich geschichteten Sedimenten des Meerfelder Maares (Eifel). Dissertationes Botanicae 320. Cramer, Stuttgart, Berlin

Straka H (1975) Die spätquartäre Vegetationsgeschichte der Vulkaneifel. Pollenanalytische Untersuchungen an vermoorten Maaren. In: Landesamt für Umweltschutz Rheinland-Pfalz (ed) Beiträge zur Landespflege in Rheinland-Pfalz, Beiheft 3. Nising, Oppenheim, 1–163

Taunus

33

Astrid Stobbe, Lisa Bringemeier,
Gabriele Schmenkel und Lucia Wick

Blick vom Großen Zacken in den östlichen Hintertaunus (Foto: A. Stobbe)

Ergänzende Information Die elektronische Version dieses Kapitels enthält Zusatzmaterial, auf das über folgenden Link zugegriffen werden kann [https://doi.org/10.1007/978-3-662-68936-3_33].

A. Stobbe (✉) · L. Bringemeier
Institut für Archäologische Wissenschaften, Johann Wolfgang Goethe Universität, Frankfurt am Main, Deutschland
e-mail: stobbe@em.uni-frankfurt.de

G. Schmenkel
Universität Frankfurt am Main, Frankfurt am Main, Deutschland

L. Wick
Geoökologie, Dept. Umweltwissenschaften, Universität Basel, Basel, Schweiz

Der Naturraum

Der Taunus ist Teil des Rheinischen Schiefergebirges und erstreckt sich zwischen dem Rhein im Westen, der Lahn im Norden, der Wetterau im Osten und dem Main im Süden (Abb. 33.1). Er gliedert sich in den Vortaunus, den Hohen Taunus sowie den Hintertaunus, der seinerseits durch die Idsteiner Senke in den östlichen und westlichen Hintertaunus geteilt ist (Meyen und Schmithüsen 1953–1962).

Zur Oberrheinischen Tiefebene hin bildet der Vortaunus mit Höhen von 300–500 m NN einen steil abfallenden Übergang. Gneise, Grünschiefer, Phyllite und örtlich anstehende Kies- und Schotterüberdeckungen sorgen für ein wechselhaftes Relief. Der Hauptkamm des Hohen Taunus ist im Schnitt lediglich rund 4 km breit und verläuft auf einer Länge von etwa 75 km in südwestlich-nordöstlicher Richtung. Abschnittsweise wird er aus zwei parallelen Quarzitrücken gebildet, die eine Senke aus weicherem (Ton-)Schiefer trennt und die auch die Randlagen kennzeichnen. Am Übergang zwischen dem zerklüfteten Quarzit und dem für Grundwasser eher schwach durchlässigen Schiefer treten zahlreiche Schichtquellen auf. Die höchsten Erhebungen des östlichen Taunus sind der Große Feldberg (879 m NN), der sich anders als der übrige Hauptkamm aus Schiefern mit eingeschalteten quarzitischen Sandsteinlagen zusammensetzt, sowie der Kleine Feldberg (826 m NN) und der Altkönig (798 m NN). Der westliche Teil erreicht mit der Kalten Herberge (619 m NN), der Hohen Wurzel (618 m NN) und der Hohen Kanzel (592 m NN) geringere Höhen. Der Hintertaunus fällt zum Lahntal hin von Höhen um 600 m NN auf 250 m NN relativ flach ab. Er setzt sich vorwiegend aus Tonschiefern und vereinzelten Kalkvorkommen zusammen und entwässert über die Usa zur Wetterau sowie nach Norden zur Lahn.

Böden und Klima

Die Böden des Taunus sind mit Ausnahme der Gebiete mit mächtigeren Lössablagerungen oder lössreichen Lockersedimenten größtenteils nährstoffarm und sauer. Im Vortaunus sind vorwiegend flach- bis mittelgründige Braun- und Parabraunerden anzutreffen. Im Hohen Taunus dominieren dagegen basenarme, flache und podsolierte Böden, die aufgrund ihres hohen Stein- und Grusgehalts eine geringe Speicher-

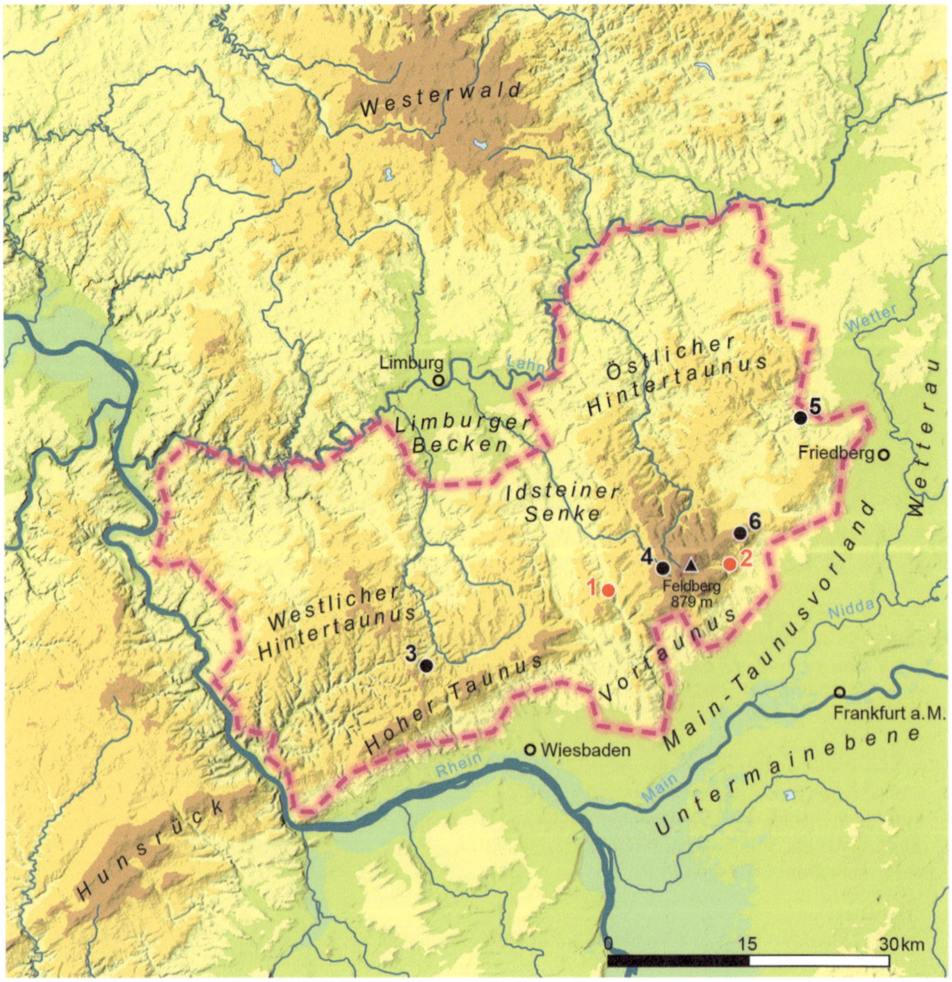

Abb. 33.1 Karte des Taunus mit pollenanalytisch untersuchten Lokalitäten für das standardisierte Pollendiagramm:
1 Heftricher Moor,
2 Heidetränktal.
Weitere im Text erwähnte Lokalitäten:
3 Bad Schwalbach,
4 Oberes Emsbachtal,
5 Usatal,
6 Kellerborn/Habigsborn

fähigkeit für Sickerwasser aufweisen. Quarzite und Sandsteine ragen als Härtlinge heraus. Neben sehr steil abfallenden Felskuppen aus Schiefer (Abb. 33.2) bilden sie oft markante Formationen. Im westlichen und östlichen Hintertaunus dominieren Braunerden und Pseudogleye aus Grauwackenschiefer. In der 3–4 km breiten Idsteiner Senke sind Parabraunerden aus Lösslehm oder Löss weitverbreitet (HLNUG 2007). Entlang der oftmals scharf eingekerbten Bachläufe existieren kaum Auen; erst im Vorland sind geweitete Täler und ausgedehntere Auen mit jüngeren, geringmächtigen alluvialen Sedimenten anzutreffen. Dort treten überwiegend Gleye auf. Die Rodungen im Mittelalter und in der frühen Neuzeit bewirkten starke Bodenerosionen (s. Exkurs Kap. 68). Davon zeugen stellenweise heute noch sichtbare Erosionsrinnen (Runsen), die eine Tiefe von bis zu 15 m aufweisen können.

Der Taunus befindet sich in einer Übergangszone zwischen (sub-)atlantischem und subkontinentalem Klima. Aufgrund seiner Lage im Wind- und Regenschatten des Hunsrücks ist er im Vergleich zu anderen Mittelgebirgen trocken und warm. Der Hohe Taunus bildet eine Wasser- und Wetterscheide. Die jährlichen Niederschläge betragen dort zwischen 800 und 1000 mm mit vergleichsweise hohem Schneeanteil, die mittleren Jahrestemperaturen liegen bei 5,5–7,5 °C. Der Vortaunus dagegen ist vor rauen Nord- und Nordwestwinden geschützt. Warme Winde aus dem Rhein-Main-Vorland können eindringen. Die mittlere jährliche Durchschnittstemperatur liegt mit 9–10 °C deutlich höher. Im östlichen und westlichen Hintertaunus herrscht ein feuchtkühles Mittelgebirgsklima mit Niederschlägen von 600–700 mm und einer mittleren Jahrestemperatur von 7–8 °C vor; die Idsteiner Senke dagegen ist mit 590 mm Jahresniederschlag und einer mittleren Jahrestemperatur von 8,5–9 °C wärmer und trockener.

Vegetation

Der Vortaunus als Einzugsgebiet Frankfurts und Wiesbadens ist dicht besiedelt und eher waldarm. Der Hohe Taunus hingegen wird größtenteils forstwirtschaftlich genutzt. Standorttypische Hainsimsen-Buchenwälder mit äußerst artenarmer Krautschicht gelten als Hauptbestandteil und flächenmäßig bedeutendste Gesellschaft der potenziellen natürlichen Vegetation im Hohen Taunus, wie auch im Vortaunus und Hintertaunus (Klausing und Weiß 1986). Dort sind jedoch außerdem Perlgras- und Zahnwurz-Buchenwald weit stärker repräsentiert (Wittig et al. 2022). Daneben treten bodensaure Eichenwälder auf. Der Wiederaufbau der seit dem Mittelalter zunehmend devastierten Wälder begann zu Beginn des 19. Jahrhunderts (s. Exkurs Kap. 40). Die Fichte (*Picea abies*) wurde etwa ab 1800 n. Chr. gepflanzt und erreichte etwa 150 Jahre später die heutige Ausbreitung. Daneben wurden auch Waldkiefern und Lärchen in die Wälder eingebracht. Nadelforste nahmen so bis in die jüngste Vergangenheit eine ähnlich große Fläche ein wie die Laubwälder (Wittig et al. 2022), doch sind die Bestände durch die Trockenheit der letzten Jahre sehr stark geschädigt und vielerorts abgestorben. Grünland existiert im Taunus nur zerstreut. Insbesondere die Standorte in zahlreichen Bachtälern sowie magere Grünlandbereiche sind für die Artenvielfalt von Bedeutung. Im östlichen Taunus finden sich Relikte ehemals ausge-

Abb. 33.2 Schieferfelsen an der Nordseite des Taunuskamms (Foto: A. Stobbe)

dehnter Waldwiesen mit Beständen artenreicher Borstgrasrasen und Pfeifengraswiesen. Durch extensive Beweidung gefördert, entstanden in vielen Gegenden von Besenheide (*Calluna vulgaris*) und Heidelbeere (*Vaccinium myrtillus*) dominierte Heidelandschaften, von denen kleinflächige Reste in wenigen Schutzgebieten noch erhalten sind, wie in der Stierstädter Heide. Die Idsteiner Senke wird aufgrund ihrer klimatisch begünstigten Lage und geeigneten Böden überwiegend ackerbaulich genutzt.

Pollenarchive

Der Taunus verfügt über sehr wenige pollenführende Archive (Abb. 33.1). Die wenigen Niedermoore sind heute zumeist entwässert, in Agrarflächen umgewandelt und abgetragen. Die beiden einzigen namentlich benannten Moore sind das rund 9 ha große Heftricher Moor (Abb. 33.3), ein Niedermoor östlich von Idstein im Hintertaunus, und das Bad Schwalbacher Moor im westlichen Hintertaunus. Letzteres wurde aber bereits ab 1905 für die Moorbadeanstalt in Bad Schwalbach ausgebeutet. Auch die Torfe aus dem Heftricher Moor wurden dort genutzt, doch sind noch kleinere Moorkörper erhalten geblieben. Außerdem existieren wenige sehr kleine und geringmächtige Vermoorungen, zumeist sehr junger Zeitstellung (Mittelalter bis Neuzeit), wie im Emsbachtal oder der Habigsborn im Hohen Taunus. Feuchtsedimente, in denen Pollenerhaltung möglich war, sind in den scharf eingekerbten Bachläufen des Taunus selten vorhanden, sodass für pollenanalytische Untersuchungen lediglich punktuell schmale Randsenken wie im Usatal zur Verfügung stehen.

Forschungsgeschichte

Der Mangel an Archiven wurde bereits von Firbas beklagt: „(…) diese Gebirge sind außerordentlich arm an Mooren, sodass wir über ihre Waldgeschichte nur sehr schlecht unterrichtet sind" (Firbas 1952). Erste Arbeiten führte Jaeschke in den 1930er-Jahren durch (Jaeschke 1935, 1936) und analysierte die Ablagerungen Heidetränktal, Emsbachtal und Kellerborn. Letztere Ablagerung ist mittlerweile vollkommen ausgetrocknet und die Torfe sind verschwunden. Bei jüngsten Geländeprospektionen konnten noch erhaltene Pollenarchive aus dem Hohen Taunus (Profil Heidetränktal), dem Usinger Becken und dem Hintertaunus aufgefunden und bearbeitet werden (Profile Usatal, Heftricher Moor und Emsbachtal) (Schmenkel 2001, 2003, Stobbe und Bringemeier 2022, Stobbe und Gumnior 2021). Eine vollständige Literaturliste befindet sich im Anhang.

Regionale Vegetations- und Waldgeschichte

Das Standarddiagramm aus dem Taunus (Abb. 33.4) setzt sich aus den Daten aus dem Moor Heidetränktal, 400 m NN (Chronozonen V^C bis VII^C), sowie aus dem Niedermoor Heftrich, 319 m NN (Chronozonen VIII^C bis X^C), zusammen. Die Vermoorungen liegen maximal 12 km voneinander entfernt (Abb. 33.1), die Verknüpfung der Diagramme war jedoch aufgrund der unterschiedlichen Standorte (Hintertaunus und Hoher Taunus) nicht ohne Brüche in den Kurvenverläufen möglich. Daten für das Spätglazial sind nicht vorhanden, und auch die frühholozänen, präborealen Spek-

Abb. 33.3 Blick auf das Heftricher Moor in Richtung Südosten (Foto: A. Stobbe)

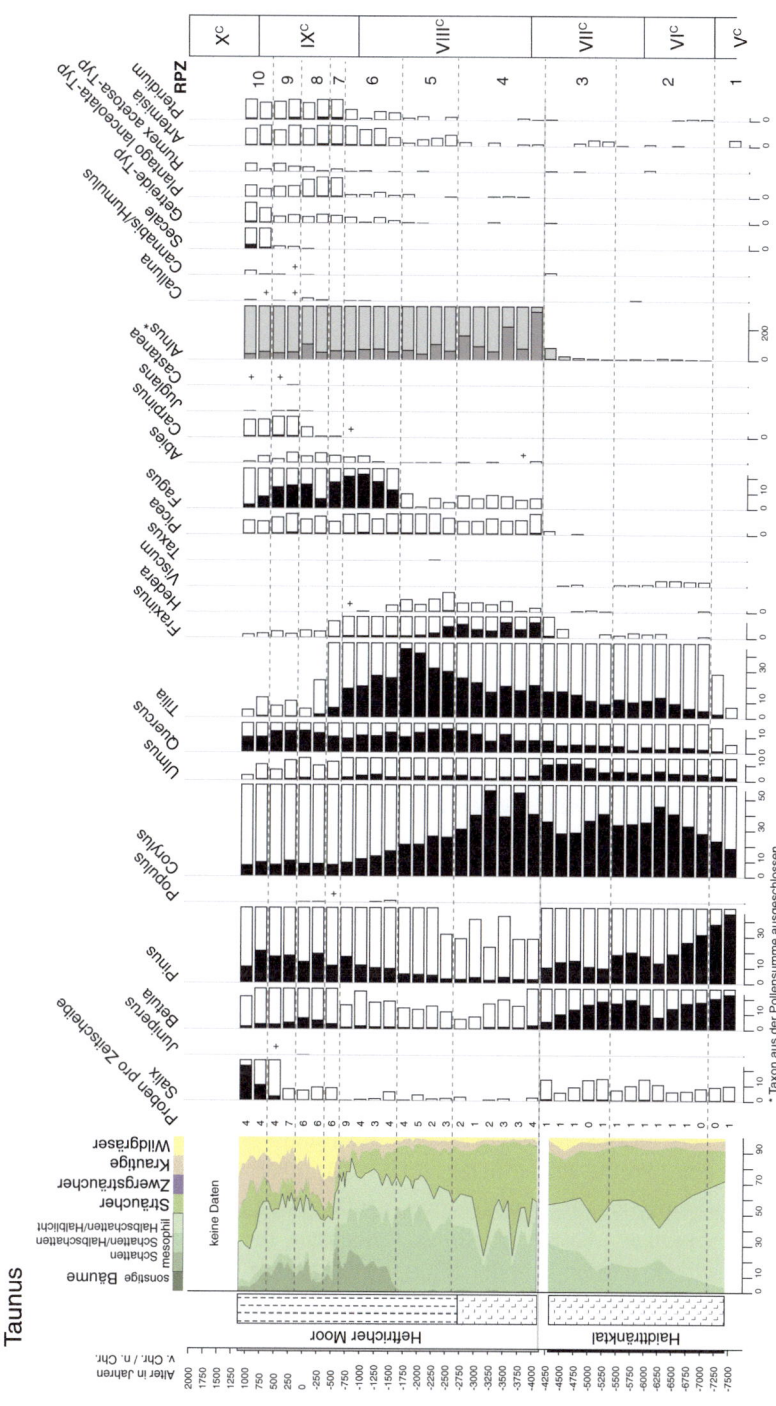

Abb. 33.4 Standardisiertes Pollendiagramm für den Taunus, kombiniert aus den Profilen Heftricher Moor (319 m NN, Stobbe und Bringemeier 2022) und Heidetränktal (400 m NN, Schmenkel 2001)

tren sind durch starke Umlagerungen gekennzeichnet, sodass sie nicht dargestellt sind. Es wurden elf regionale Pollenzonen untergliedert (RPZ, s. Tab. S 33.1 im elektronischen Zusatzmaterial).

Die spärlichen Daten aus dem Präboreal belegen, dass zu dieser Zeit vor allem ausgedehnte Kiefernwälder vorherrschten. Auch im Boreal (RPZ 1, Zeitscheiben 7500 bis 7250 v. Chr.) dominierten zunächst noch Kiefern (*Pinus*) im Waldbild, und die Hasel (*Corylus*) begann sich nur langsam auszubreiten. Dies unterscheidet den Taunus von vielen Mittelgebirgen, die im Boreal wesentlich höhere Hasel- und niedrigere Kiefernwerte aufweisen. Die Entwicklung ähnelt jedoch der in der angrenzenden Wetterau (vgl. Kap. 26). Wenige, vermutlich umgelagerte Pollenkörner von *Ulmus, Tilia* und *Quercus* sind nachgewiesen.

Die Hauptausbreitung der Hasel erfolgte im Taunus erst im Atlantikum (RPZ 2, Zeitscheiben 7000 bis 5500 v. Chr.). Sie erreichte Werte bis zu über 40 %. Dennoch spielte die Kiefer im Taunus, ganz ähnlich wie in der Wetterau, nach wie vor auf trockenen, flachgründigen Standorten eine größere Rolle. Die Ulmen- (*Ulmus*) und Eichenwerte (*Quercus*) liegen unter 10 %, während die Linde (*Tilia*) zwischen 10 und 15 % erreicht. Esche (*Fraxinus*), Erle (*Alnus*) und Mistel (*Viscum album*) sind mehr oder weniger kontinuierlich, aber mit sehr geringen Werten belegt.

Um 5500 v. Chr. (RPZ 3, Zeitscheiben 5250 bis 4250 v. Chr.) steigen insbesondere die Werte von Ulme und Linde etwas an, während die Anteile von Kiefer und Birke (*Betula*) sinken. Auch wenn bislang nur für die Lössstandorte in der Idsteiner Senke und dem Usinger Becken eine Besiedlung im Altneolithikum belegt ist (u. a. Wotzka et al. 2001), existieren auch im Profil Heidetränktal aus dem Hohen Taunus mit dem Auftreten von *Artemisia,* gefolgt von einem Anstieg der Wildgräser, insbesondere ab 4800 v. Chr., Indikatoren von Landnutzung (erste Nachweise des Getreide-Typs gegen Ende der Zone, ca. 4300 v. Chr.).

Etwa um 4000 v. Chr., am Ende des Atlantikums, weisen die Sedimente des Profils Heidetränktal stärkere Störungen auf. Die weitere Vegetationsentwicklung wird daher anhand des Profils Heftrich rekonstruiert, dessen Moorwachstum nun einsetzt. An der Grenze beider Profile zeigen unter anderem die Ulmen- und Eschenwerte im kombinierten Standarddiagramm deutliche Sprünge (Anstieg *Fraxinus*, Rückgang *Ulmus*). Die Unterschiede dürften in erster Linie standortbedingt sein. Die vergleichsweise niedrigen Ulmenwerte in Profil Heftrich gegenüber dem Profil Heidetränktal hängen möglicherweise auch mit dem Ulmenfall zusammen, der um 4000 v. Chr. in weiten Gebieten Deutschlands sichtbar ist (s. Exkurs Kap. 53). In der benachbarten Wetterau ist er nicht belegt, jedoch im Vogelsberg bereits um 4500 v. Chr. (vgl. Standarddiagramm Kap. 35). Die im Profil Heftrich relativ unvermittelt einsetzenden Kurven der Erle und Buche (*Fagus*) lassen einen Hiatus vermuten, obwohl sich dieser nicht aus den Datierungen ableiten lässt. Somit sollte der Abschnitt zwischen 4200 und 4000 v. Chr. mit gewissen Vorbehalten betrachtet werden.

Im Subboreal steigen die Haselwerte erneut deutlich an und erreichen ihr holozänes Maximum mit teilweise über 50 % (RPZ 4, Zeitscheiben 4000 bis 2750 v. Chr.). Die Kiefern- und Birkenwerte dagegen sinken auf ein Minimum. Neben der Hasel herrschte nun vor allem die Linde im Waldbild vor. Die Linde produziert gegenüber der Hasel geringe Pollenmengen im Verhältnis 1 : 8, sodass zu dieser Zeit von ausgedehnten Lindenwäldern auszugehen ist (Stobbe u. Gumnior 2021, Stobbe u. Bringemeier 2022). Die Werte der Eiche liegen um 10 %, die der Ulme unter 5 %. Die Esche dagegen weist nun deutlich gestiegene Werte auf. Die Buche sowie die Fichte (*Picea*) sind erstmals mit einer geschlossenen Kurve belegt, dabei gehen Letztere nicht auf lokale Vorkommen, sondern auf Fernflug zurück, wie auch sporadisch auftretende Nachweise für *Abies*. Diese großflächigen Veränderungen sind vermutlich auf eine starke pastorale Beeinflussung der Wälder zurückzuführen, die bereits im Jungneolithikum einsetzte. Dadurch entstanden haselreiche Wirtschaftswälder. Das Auftreten von *Plantago lanceolata*-Typ, *Artemisia* und vereinzelt Getreide-Typ belegt zudem die landwirtschaftliche Nutzung im Hintertaunus. Funde der jungneolithischen Michelsberger Kultur (4200–3500 v. Chr.) sind sowohl aus den Tieflagen als auch aus den Höhen in oder am Rand der Beckenlandschaften, wie beispielsweise dem befestigten Kapellenberg, belegt (u. a. Feth et al. 2012). Bemerkenswert ist die deutlich gestiegene Erlenkurve. Ab etwa 3100 v. Chr. nehmen die Werte von *Tilia*, *Quercus* und *Fraxinus* sowie der Wildgräser zu, während die Haselwerte sinken. Handelte es sich im Jungneolithikum noch um gelichtete Wälder mit viel Hasel im Unterwuchs – das deutet auf eine stärkere Waldweide hin – entwickelten sich nun dichte, fast reine Lindenbestände. Linden besaßen in der Vorgeschichte vor allem wegen der Nutzung ihres Bastes eine große Bedeutung; darüber hinaus erträgt diese Baumart problemlos eine Niederwaldbewirtschaftung.

Mit über 45 % sind die Lindenwerte zwischen 2500 und 1600 v. Chr. (RPZ 5, Zeitscheiben 2500 bis 1750 v. Chr.) die höchsten für den Taunus im gesamten Holozän. Um 2200 v. Chr. sind in vielen Diagrammen der Mittelgebirgszone deutliche Vegetationsveränderungen zu beobachten. So zeigen sich in den Tieflagen großflächige Auflichtungen, aber auch das Profil Usatal (Abb. 33.1) weist einen Rückgang der Hasel und der Linde sowie einen Anstieg der Eiche und des Nichtbaumpollens auf, was auf eine verstärkte Nutzung des Taunus hindeutet (Stobbe und Bringemeier 2022). Im Hintertaunus dagegen bleiben die Lindenwerte unverändert hoch, und eine anthropogene Beeinflussung wird erst in der Hügelgräberbronzezeit um 1600 v. Chr. deutlich. Aus dieser Zeit sind im Taunus etliche Grabhügelgruppen bekannt, wie die bei Oberursel, die mit mehr als 200 Hügeln eine der größten in Hessen ist.

Mit der raschen Ausbreitung der Buche zu Beginn der RPZ 6 (Zeitscheiben 1500 bis 750 v. Chr.) geht der Lindenanteil deutlich zurück. Beide Baumarten erreichen jeweils zwischen 20 und 30 %. Angesichts der auch gegenüber *Fagus* niedrigeren Pollenproduktion von *Tilia* muss noch immer von einer Lindendominanz in den Wäldern ausgegangen werden. Das könnte einerseits durch ihre Fähigkeit, sich vegetativ zu vermehren, andererseits aber auch durch ihre hohe Lebenserwartung von bis zu 1000 Jahren bedingt sein. Die Buche breitete sich jedoch im Verlaufe der Bronzezeit immer stärker auf Kosten der Linde aus und erreichte um 1000 v. Chr. mit über 25 % ihre höchsten Werte. Für die Buchenausbreitung werden seit Langem verschiedene Gründe diskutiert, wie etwa ein kühleres und feuchteres Klima am Übergang vom Subboreal zum Subatlantikum. Möglicherweise profitierte die Buche davon, doch bleiben zunächst auch die Lindenwerte rund 1000 Jahre lang ausgesprochen hoch. Neben klimatischen und biologischen Faktoren hatten ohne Zweifel auch anthropogene Aktivitäten einen wesentlichen Einfluss auf die Ausbreitung der Buche. Bereits der erste *Fagus*-Anstieg um 1600 v. Chr. korreliert mit einem Anstieg des Nichtbaumpollens, wie von *Artemisia*, *Plantago lanceolata*-Typ, Wildgräsern und Getreide-Typ.

Ab etwa 800/750 v. Chr., mit Beginn der Eisenzeit, zeigen sich markante Veränderungen (RPZ 7, Zeitscheibe 500 v. Chr.). Zwar liegen aus dieser Zeit im Taunus wenige archäologische Funde vor, jedoch nimmt die Buchenkurve deutlich ab, während die Nichtbaumpollen ansteigen. Wenig später erholen sich die Buchenbestände allerdings wieder, während die Lindenwerte weiterhin stark fallen. Nachdem *Tilia* seit dem Atlantikum (Chronozonen VI^c und VII^c) und insbesondere im Subboreal (Chronozone VIII^c) in den Wäldern des Taunus dominiert hatte, verschwand sie im Laufe von nur 200 Jahren nahezu an allen Standorten im Taunus (Stobbe und Gumnior 2021, Stobbe und Bringemeier 2022).

Aber auch die Buche herrschte nicht lange in den Wäldern vor, denn im 5. Jahrhundert setzten im Taunus großflächige Rodungen ein (RPZ 8, Zeitscheiben 250 v. Chr. bis 0). Die Nichtbaumpollen-Werte erreichen über 40 %, und insbesondere der Anstieg der Wildgräser belegt die starke Öffnung der Landschaft. Dungpilzsporen (nicht im Diagramm dargestellt), hohe Werte von *Platago lanceolata*-Typ und anderen Grünlandzeigern sprechen für ausgedehnte Tierhaltung. Bemerkenswert sind die deutlich gestiegenen Werte der Holzkohlenfragmente. Diese Entwicklung spiegelt die keltische Besiedlung im Taunus wider. Nicht nur das Heidetränk-Oppidum, dessen Fläche nach neusten Untersuchungen auf etwa 380 ha geschätzt wird, und eine Akropolis, die in Oberstadt und Unterstadt untergliedert werden kann (Stähler 2019), sondern auch die großflächige Bewirtschaftung vieler weiterer Gebiete im Taunus führten dazu, dass die Bestände der Linden- und Buchenwälder stark abnahmen. Die Eiche dagegen, von der stets vermutet wird, dass sie als Bauholz favorisiert und dadurch dezimiert wurde, weist in ihrer Kurve nur wenige Veränderungen seit 3000 v. Chr. auf. Vermutlich wurde diese Baumart wegen der Bedeutung von Eicheln als Nahrung für Mensch und Tier bewusst geschont (s. Exkurs Kap. 20). Zudem mehren sich nun die Nachweise von Hainbuche (*Carpinus betulus*), und die Pionierbäume Birke und Kiefer nehmen zu. Die Ulmenwerte dagegen sind nochmals gefallen.

Die Zu- und Abnahme der Buchenbestände setzte sich weiter fort. Mit dem Rückzug der keltischen Siedler zeigt sich ein Rückgang der Holzkohlenwerte, und auch die Kurve der Wildgräser sowie die prozentualen Anteile von *Betula* und *Pinus* sinken. Die Buchen- und Ulmenbestände dagegen konnten sich leicht erholen. Die Linde spielte in diesen Wäldern keine Rolle mehr. Von der Mitte des 1. bis zur Mitte des 3. nachchristlichen Jahrhunderts gehörte ein Teil des Taunus zum Imperium Romanum. Auf dem Taunuskamm verlief der heute stellenweise noch sichtbare Obergermanisch-Raetische Limes, und in der Nachbarschaft des Profils Heftrich wurde das Steinkastell Alteburg mit einem Lagervicus und zwei Kleinkastellen errichtet (Becker 2014). Dennoch überstiegen die Auswirkungen auf die Vegetation die der Eisenzeit nicht. Die Buchenkurve erreicht höhere Werte als in den drei Jahrhunderten v. Chr., und der Nichtbaumpollen ist niedriger.

Mit der Aufgabe des Limes in der Mitte des 3. Jahrhunderts n. Chr. sinkt der Nichtbaumpollen, und die Buchenkurve steigt (RPZ 9, Zeitscheiben 250 bis 500 n. Chr.). Auf flachgründigen Standorten breitete sich die Kiefer stärker aus. Nach dem Untergang des Weströmischen Reiches besiedelten Franken ab dem 5. Jahrhundert n. Chr. den Taunus, aber erst mit der Karolingerzeit um 800 n. Chr. (RPZ 10, Zeitscheiben 750 bis 1000 n. Chr.) nahmen die anthropogenen Eingriffe deutlich zu und führten zu Rodungen der vorherrschenden Buchenwälder. Die Getreidewerte steigen deutlich und belegen Ackerbau. Im 10. Jahrhundert werden auch in höher gelegenen Regionen Siedlungen errichtet. Im Hochmittelalter zeigt sich eine Konzentration in kleineren Dörfern und ersten Städten. Auch breiteten sich in dieser Periode und den folgenden Jahrhunderten Industrien wie Eisen- und ab dem 15. Jahrhundert Glashütten aus. Der Einfluss der Glashütten, die vor allem im Emsbachtal zahlreich nachgewiesen sind, schlägt sich aber nicht in Form einer nochmaligen Entwaldung nieder (Schmenkel 2003).

Literatur

Becker T (2014) Das Kastell „Alteburg" bei Idstein-Heftrich. Archäologische Denkmäler in Hessen 177. Selbstverlag des Landesamtes für Denkmalpflege Hessen, Wiesbaden

Feth W, Heinz G, Gronenborn D, Junge A, Kreuz A, Recker U (2012) Weitere Geländeforschungen zur jungneolithischen Befestigung im Main-Taunus-Kreis. Neue Forschungen zum Kapellenberg in Hofheim am Taunus. hessenARCHÄOLOGIE 2012: 35–39

Firbas F (1952) Spät- und nacheiszeitliche Waldgeschichte Mitteleuropas nördlich der Alpen. Zweiter Band: Waldgeschichte der einzelnen Landschaften. Gustav Fischer, Jena

HLNUG (2007) Bodenübersichtskarte von Hessen 1 : 500.000. Hessisches Landesamt für Naturschutz, Umwelt und Geologie, Wiesbaden

Jaeschke J (1935) Zur Waldgeschichte des Odenwaldes und des Taunus (Vorläufige Mitteilung). Forstwissenschaftliches Centralblatt 57: 541–549

Jaeschke J (1936) Zur nacheiszeitlichen Waldgeschichte des Odenwaldes, Taunus und Spessarts. Forstwissenschaftliches Centralblatt 58: 375–382

Klausing O, Weiß A (1986) Standortkarte der Vegetation in Hessen: potentielle natürliche Vegetation der Waldfläche und natürliche Standorteignung für Acker- und Grünland. Hessisches Landesamt für Umwelt, Wiesbaden

Meyen E, Schmithüsen J (eds) (1953–1962) Handbuch der naturräumlichen Gliederung Deutschlands. Selbstverlag der Bundesanstalt für Landeskunde, Remagen. Selbstverlag der Bundesanstalt für Landeskunde und Raumforschung, Bad Godesberg

Schmenkel G (2001) Pollenanalytische Untersuchungen im Taunus. Berichte der Kommission für Archäologische Landesforschung in Hessen 6: 225–232

Schmenkel G (2003) Das Profil Emsbachtal zur Zeit der mittelalterlichen Glashütten. Pollenanalytische Untersuchungen zur Vegetationsgeschichte. In: Steppuhn P (ed) Glashütten im Gespräch. Berichte und Materialien vom 2. Internationalen Symposium zur archäologischen Erforschung mittelalterlicher und frühneuzeitlicher Glashütten Europas. Schmidt-Römhild, Lübeck, 171–174

Stähler CM (2019) Zwischen Heidetränke und Heidengraben. Untersuchungen der latènezeitlichen Besiedlung der Hohe Mark zur Frage der Ausdehnung des Heidetränk-Oppidums in Oberursel (Hochtaunuskreis). Fundberichte Hessen Digital 1: 227–296

Stobbe A, Gumnior M (2021) Palaeoecology as a tool for the future management of forest ecosystems in Hesse (Central Germany): Beech (*Fagus sylvatica* L.) versus lime (*Tilia cordata* Mill.). Forests 12: 924

Stobbe A, Bringemeier L (2022) Die Waldentwicklung zwischen Neolithikum und Eisenzeit in der hessischen Mittelgebirgszone vor dem Hintergrund anthropogener und klimatischer Einflüsse. In: Hansen S, Krause R (eds) Die Frühgeschichte von Krieg und Konflikt. Universitätsforschungen zur prähistorischen Archäologie 383. Prähistorische Konfliktforschung 5. Rudolf Habelt, Bonn, 403–428

Wittig R, Ehmke W, König A, Uebeler M (2022) Taunusflora – Ergebnisse einer Kartierung im Vortaunus, Hohen Taunus und kammnahen Hintertaunus. Botanische Vereinigung für Naturschutz in Hessen, Frankfurt am Main

Wotzka HP, Laufer E, Posselt M, Starossek B (2001) Periphere Plätze der späten Bandkeramik im Usinger Becken (Östlicher Hintertaunus, Hessen). Vorbericht für die Jahre 1999 und 2000. Berichte der Kommission für Archäologische Landesforschung in Hessen 6: 53–75

Sauerländisches Bergland und Westerwald

34

Richard Pott

Das Hochsauerland bei Winterberg (Foto: B. Song)

Ergänzende Information Die elektronische Version dieses Kapitels enthält Zusatzmaterial, auf das über folgenden Link zugegriffen werden kann [https://doi.org/10.1007/978-3-662-68936-3_34].

R. Pott (✉)
Institut für Geobotanik, Leibniz Universität,
Hannover, Deutschland
e-mail: pott@geobotanik.uni-hannover.de

Der Naturraum

Die Mittelgebirge Sauerländisches Bergland und Westerwald sind Bestandteile des östlichen Rheinischen Schiefergebirges (Abb. 34.1). Sie entstanden vor etwa 400–290 Mio. Jahren im Zuge der variszischen Gebirgsbildung. Das sogenannte Rhenoherzynikum weist in Struktur und geologischer Entwicklung enge Zusammenhänge mit dem Harz weiter im Osten auf. Die Gesteine stammen bis auf eng begrenzte Gebiete mit älteren Schichten hauptsächlich aus dem Devon und Karbon. Randlich greifen Gesteine aus dem Zeitraum des Perms bis zur Kreide auf das Rheinische Schiefergebirge über. Die Bezeichnung Schiefergebirge verleitet zwar zu der Annahme, dass im Rheinischen Schiefergebirge besonders viel und fast überall Schiefer vorkommt, der als Baumaterial für den beliebten Dachschiefer vielerorts genutzt wurde und wird. Solche Schiefergesteine finden sich aber nur in begrenzten Bereichen aufgeschlossen, wie in Teilen des Bergischen Landes und im Siegerland. Die Hauptmasse der Gesteine im Sauerländischen Bergland und im Westerwald sind geschieferte, sandige Tonsteine, Sandsteine, Grauwacken und Quarzit. Massenkalke aus dem Mitteldevon sind punktuell eingeschaltet. Sie zeigen Karsterscheinungen mit Höhlenbildungen. Vulkanische Gesteine wie Basalt, Tuffstein und Bimsstein gibt es nur lokal im Westerwald; sie wurden im Paläogen und Neogen auf dem alten Gebirgsrumpf des Schiefergebirges abgelagert.

Das Sauerländische Bergland – auch als Teil des sogenannten Süderberglands bezeichnet – ist die naturräumliche Haupteinheit des Rheinischen Schiefergebirges in Nordrhein-Westfalen und im nordwestlichen Hessen. Nach Süden schließt sich der Westerwald an, der im Süden von der Lahn zwischen Koblenz, Limburg und Wetzlar mit dem Limburger Becken und dem Mittelrheinischen Becken begrenzt wird. Seine höchste Erhebung ist mit 657 m die zum Hohen Westerwald gehörende Fuchskaute. Das Süderbergland entspricht in etwa den historischen Regionen Sauerland, Bergisches Land und Wittgensteiner Land. Es enthält mehrere in sich geschlossene Höhenzüge, die landläufig größtenteils unter dem Begriff Sauerland geführt werden, wie das Rothaargebirge mit dem Langenberg (843 m) und dem Kahlen Asten (842 m) als höchsten Erhebungen, den Saalhauser

Abb. 34.1 Karte der Region Sauerländisches Bergland und Westerwald mit pollenanalytisch untersuchten Lokalitäten für das standardisierte Pollendiagramm:
1 Moor am Giller/Hofginsberger Heide,
2 Moor bei Lützel.
Zusätzlich diskutierte Diagramme:
3 Moor in Erndtebrück,
4 Moor in Weidelbach

Bergen mit dem Himberg (688 m), dem Ebbegebirge mit der Nordhelle (663 m) und dem Lennegebirge mit dem Homert (656 m). Der Kahle Asten bildet die Rhein-Weser-Wasserscheide; in seiner Gipfelregion liegt die Quelle der Lenne auf 825 m Höhe und ist damit die höchstgelegene Quelle Nordwestdeutschlands. Die Lenne fließt nach Westen zur Ruhr und in den Rhein. Auf dem Südosthang des Kahlen Astens entspringt die Odeborn, auf dem Nordosthang die Sonneborn. Das Wasser beider Fließgewässer erreicht durch Eder und Fulda die Weser.

Gerade das Rothaargebirge mit den höchsten Erhebungen weist ein stark von den Westwinden des Atlantiks geprägtes und damit recht feuchtes Klima auf. Dieses steht modellhaft für die anderen Mittelgebirgsregionen des Sauerländischen Berglandes und des Westerwalds: Der Jahresdurchschnittsniederschlag erreicht hier etwa 1400 mm und ist damit fast doppelt so hoch wie im Nordwestdeutschen Tiefland (750–850 mm). Im Winter fallen die Niederschläge meist als Schnee. Durchschnittlich liegt an etwa 120 Tagen im Jahr eine geschlossene oder durchbrochene Schneedecke; die maximale Schneehöhe liegt im Mittel bei 80 cm. Der Kahle Asten gehört mit nur rund 1400 h Sonnenschein zu den sonnenärmsten Orten in Deutschland.

Die Böden dieser Mittelgebirgsregionen sind vorwiegend Braunerden bzw. Pseudogley-Braunerden, die aus den Verwitterungsprodukten devonischer Ton- und Sandsteine sowie pleistozänen Hangflächenlehmen hervorgegangen sind. Meist handelt es sich um grusig-steinige Lehmböden der Mulden- und Hanglagen mit überwiegend sauren Substrateigenschaften. Die tief- bis mittelgründig entwickelten Böden zeigen bei geringer Bodennitrifikation nur niedrige Basengehalte. Auf basenreichen Ausgangsgesteinen, wie den devonischen Massenkalken, gibt es meist flachgründige Rendzinaböden oder kolluviale Braunerden, die jedoch nur kleinräumig und inselhaft vorhanden sind.

Unter Grund- und Staunässeeinfluss stehende Pseudogleye charakterisieren die Bodendecken der kleinflächigen Muldenlagen, während Kuppen und Felsklippen flachgründige Braunerde-Ranker oder stellenweise auch steinig-grusige Rohböden wie Ranker oder Syroseme aufweisen. Kolluviale Böden aus umgelagertem Löss- oder Hanglehm sind an den Bergfüßen zahlreicher Mittelgebirge vorhanden.

Vegetation

Auf den basen- und nährstoffarmen Bodensubstraten dominieren in den submontanen und montanen Lagen großflächige bodensaure Silikatbuchenwälder vom Typ des Luzulo-Fagetum (pflanzensoziologische Nomenklatur nach Pott 1995). Diese hallenartig strukturierten Hainsimsen-Buchenwälder, in denen nahezu ausschließlich die Buche (*Fagus sylvatica*) die Baumschicht aufbaut, sind aufgrund der geringen Bodennitrifikation durch das fast völlige Fehlen einer anspruchsvollen Krautschicht gekennzeichnet. Lediglich die Weiße Hainsimse (*Luzula luzuloides*) und die Drahtschmiele (*Deschampsia flexuosa*) bilden nennenswerte Bestände.

Entsprechend dem großen Areal der Silikatbuchenwälder ergeben sich je nach unterschiedlicher Basen- und Nährstoffversorgung der Böden, der Exposition und Inklination eine Fülle von edaphischen und geomorphologischen Differenzierungsmöglichkeiten: In den mittleren Höhenlagen ist die Traubeneiche (*Quercus petraea*) in geringem Maße beigemischt. An Fels- und Schutthängen kann sie jedoch kleinflächige Hangwälder vom Typ des Luzulo-Quercetum petraeae mit mehr wärmeliebenden Arten ausbilden.

Auf flachgründigen Rendzinaböden und (teilweise kolluvialen) Braunerden über Kalk, Dolomit, Mergel etc. stocken Waldgersten-Buchenwälder vom Typ des Hordelymo-Fagetum, in denen auch mit steigender Höhenlage verstärkt Edellaubhölzer wie Esche, Bergulme, Berg- und Spitzahorn sowie Winterlinde (*Fraxinus excelsior*, *Ulmus glabra*, *Acer pseudoplatanus*, *Acer platanoides*, *Tilia cordata*) auftreten und die Krautschicht deutlich artenreicher ist.

Auf lehmig-schluffigen und basenhaltigen Braun- und Parabraunerden aus Tonschiefern und Lösslehm stocken Waldmeister-Buchenwälder vom Typ des Galio odorati-Fagetum. In den Aushagerungsbereichen von Mulden- und Hanglagen finden sich Buchenwälder mit Waldmeister, Einblütigem Perlgras und Goldnessel zusammen mit der Weißen Hainsimse als Vertreter der bodensauren Silikatbuchenwälder.

Im Ufer- und Überschwemmungsbereich der kleineren Fließgewässer stocken als wenige Meter breite Gehölzgesellschaften Schwarzerlengaleriewälder vom Typ des Stellario nemorum-Alnetum glutinosae. In ihrer Baumschicht herrscht die Schwarzerle (*Alnus glutinosa*) vor, wobei mit steigender Bodengüte die Esche vermehrt hinzutritt. Die üppige Krautschicht wird von feuchtigkeitsliebenden Arten mit hohen Nährstoffansprüchen dominiert. Mit zunehmender Höhenlage treten *Chaerophyllum-hirsutum*-reiche Hochstaudenfluren im Unterwuchs der Erlenwälder stärker hervor und prägen zusammen mit *Polygonum bistorta* und *Acer pseudoplatanus* die Höhenform der montanen Auenwälder.

Siedlungsgeschichte

Die Grenze zwischen neolithischen und bronzezeitlichen Epochen ist wohl nirgendwo scharf zu ziehen. Sie hat vielleicht auch nie existiert (Narr 1983). Doch lassen sich die Metallzeiten, seit etwa 1700 v. Chr. bis zu Christi Geburt, durch klare traditionelle Typologien und entsprechende Bestattungsriten von archäologischer Seite deutlich abgrenzen.

Megalithkulturen aus dem Norden, Steinkistenkulturen aus dem Südosten sowie Glockenbecherleute aus dem Süden und Westen trugen um 1700 v. Chr. das erste Kupfer nach Westfalen (Bleicher 1983). Für die Regionen des Berglandes dürfte zunächst eine gemischtbäuerliche Wirtschaft mit dominierendem Viehbauerntum, Waldweide und Ackerbau maßgeblich gewesen sein.

Die Siedlungsgeschichte des Gebietes, insbesondere des südlichen Sauerlandes und des Siegerlandes, ist durch das Vorhandensein von Lagerstätten mit leicht gewinnbarem manganreichem Eisenerz geprägt, dessen Verhüttung bereits recht früh eine umfangreiche Eisenindustrie nach sich zog (Jockenhövel und Willms 2005). Mit der Entdeckung des Werkstoffs Eisen beginnt in den Mittelgebirgslandschaften des Rheinischen Schiefergebirges der Prozess einer Landschafts- und Vegetationsumgestaltung in einem bis dahin nie gekannten Ausmaß, dessen Triebfeder die industrielle Produktion des Metalls als neuem, technisch-metallurgischem Kulturgut war. Der ungeheure Bedarf an Holzkohle als Energieträger zur Verarbeitung der reichlichen Erzvorkommen in Form von Rot- und Brauneisensteinen brachte einen tiefgreifenden Wandel in der Struktur der natürlichen Waldlandschaften mit sich, die in eine Fülle neuer anthropo-zoogener Ersatzgesellschaften mündete.

Aus dem engen funktionellen Zusammenhang von Montanindustrie, Holzkohleproduktion und Waldwirtschaft entstand im Laufe der Jahrhunderte eine rotationsmäßig betriebene Niederwaldwirtschaft, die Ackerbau und Viehzucht sowie Holznutzung und -vermeilerung im Einklang mit Industrie und Landwirtschaft innerhalb eines Betriebssystems vereinigen konnte. Die historische Verknüpfung dieses als Haubergswirtschaft im Jahre 1467 (s. Exkurs Kap. 14) erstmals erwähnten Betriebssystems mit der Eisenproduktion wurde schon im ausgehenden 19. Jahrhundert erkannt. Archäologische und paläobotanische Untersuchungen zur prähistorischen Entstehungsgeschichte dieser Waldwirtschaftsform erfolgten aber erstmals durch Krasa (1931).

Als sichtbare Zeugen einer von der Montanindustrie geprägten frühkeltischen Industriewelt beherrschen die zahlreichen Überreste der eisenzeitlichen Wall- und Oppidumanlagen die Höhenkuppen des Rothaargebirges, des Westerwalds und des Lahn-Dill-Berglandes.

Pollenarchive

Wegen des atlantischen Klimaeinflusses und der hohen Niederschläge konnten sich fast überall in schwach geneigten Hang- und Tallagen zahlreiche Quell- und Übergangsmoore mit Torfmächtigkeiten von bis zu 250 cm entwickeln, die teils baumfrei und teils mit Birkenmoorwäldern vom Typ des Betuletum pubescentis bestockt sind (Abb. 34.2). Bekannt dafür sind die Moore des Ebbe- und Rothaargebirges sowie des Lahn-Dill-Berglandes und der Haincher Höhe am Übergang vom Westerwald zum Sauerland. Moore des Sauerländischen Berglandes liegen im Grenzbereich des südlichen Hochsauerlands zum Siegerland und Wittgensteiner Land. Dort markieren devonische Tonschiefer, Sandsteine, Grauwacken und Quarzite den Nordostflügel des Rheinischen Schiefergebirges. Problematisch für vegetationsgeschichtliche Untersuchungen ist jedoch, dass es sich bei den in Flusstälern oder in Hanglagen aus-

Abb. 34.2 Moor im Edertal bei Lützel im Rothaargebirge (Foto: S. Jahns)

gebildeten Torflagern in der Regel nur um Niedermoore handelt, die im Laufe des Holozäns häufig überschwemmt wurden und Schwankungen des Grundwasserspiegels unterlagen. Daraus resultieren Hiaten und Abschnitte mit selektivem Pollenzersatz. Aufgrund von Drainagen, Moorbeweidung und Inkulturnahme sind die Moore zudem stark degradiert und unterliegen einer fortschreitenden Torfzehrung mit Pollenzersetzung.

Forschungsgeschichte

In den Jahren 1926 bis 1938 begannen Hermann Budde und Hanns Koch mit ersten palynologischen Arbeiten zur Rekonstruktion der postglazialen Waldgeschichte der Mittelgebirge Westfalens. Seither sind weitere pollenanalytische Studien erschienen, die durch Radiokarbondatierungen Differenzierungen regionaler und lokaler Entwicklungen der Waldgeschichte ermöglichen. Verglichen mit dem hochmoorreichen Tiefland Nordwestdeutschlands sind die Berg- und Hügelländer sowie die Mittelgebirge Westfalens jedoch immer noch unzureichend erforscht. Die älteren Arbeiten von Hermann Budde und Hans-Wolfgang Rehagen für die Moore des Süderberglandes – Siegerland und Sauerland – erlauben infolge sehr weiter Probenabstände nur begrenzt Aussagen zur Vegetationsentwicklung, insbesondere unter dem Einfluss des Menschen. Generell mangelt es in der Untersuchungsregion aber immer noch an hochauflösenden Pollendiagrammen mit einer ausreichenden Zahl an ^{14}C-Datierungen. Für das Bergische Land, das nördliche Sauerland sowie für weite Teile des Westerwalds liegen noch keine pollenanalytischen Arbeiten vor. Von daher können im Folgenden auch nur die groben Züge der nacheiszeitlichen Vegetationsentwicklung dargestellt werden. Die Vegetationsentwicklung unter menschlichem Einfluss seit der Eisenzeit bis hin zur Transformation der natürlichen Buchenwälder in die Niederwälder im Zuge der Haubergswirtschaft des späten Mittelalters und der frühen Neuzeit ist jedoch durch Pollenanalysen, ^{14}C-Datierungen und Holzkohleanalysen in den vielen kleinen Mooren mehrfach dokumentiert und gut belegt (zuletzt Stobbe 2018). Eine vollständige Literaturliste befindet sich im Anhang.

Regionale Vegetations- und Waldgeschichte

Ausgewählte Moore des Sauerländischen Berglandes und des Westerwalds

Zur Erstellung des Standarddiagramms (Abb. 34.3) für die Untersuchungsregion wurden die Pollenprofile des Moores am Giller und des Moores bei Lützel im Rothaargebirge (Pott 1985) ausgewählt. Es gliedert sich in 7 regionale Pollenzonen (RPZ, s. auch Tab. S 34.1 im elektronischen Zusatzmaterial). Das Moor am Giller im siegerländischen Teil des Rothaargebirges lagert wie auch die übrigen Moore des Gebietes auf den devonischen Schiefern des Ederkopfmassivs und bildet an dessen Nordabdachung in Höhenlagen von etwa 600 m ein ca. 3 ha großes Hangmoor, das auch als Hofginsberger Heide bezeichnet wird. Ein zweiter Moorkomplex unweit der Ortschaft Lützel in Höhenlagen um 530 m, das Lützeler Moor oder Moor bei Lützel, ca. 1,5 km nördlich der Ederquelle, ist ein Versumpfungsmoor in einer Quellmulde nahe dem Ederkopf mit vorwiegenden Bruch- und Wollgrastorfen.

Zur detaillierteren Darstellung der Entwicklung vom ausgehenden Neolithikum bis zum Mittelalter/zur Neuzeit (ab ca. 3300 v. Chr. bis heute) wird zusätzlich das Moor von Erndtebrück im Edertal im heutigen Naturschutzgebiet Auf der Struth im Westen des Wittgensteiner Landes unterhalb des Rothaarkamms auf 470 m Höhe herangezogen. Es bietet den besten Überblick über bronzezeitliche Siedlungsintensitäten und Wirtschaftsweisen.

Mit seiner heutigen Größe von 1,7 ha ist dieses Moor durch Torfgewinnung an den Rändern und damit verbundener Entwässerung stellenweise ausgetrocknet und in seiner ursprünglichen Ausdehnung beträchtlich reduziert. Über wasserstauenden Tonschiefern haben sich durch schnelles Torfwachstum bis zu 2,4 m mächtige organogene Schichten gebildet, die somit Untersuchungen mit hoher zeitlicher Auflösung ermöglichen.

Die spätglaziale Vegetationsgeschichte ist lediglich durch das Moor in Weidelbach (Lahn-Dill-Bergland des Westerwalds, Speier 1994) repräsentiert. Es umfasst Erlenbruchwaldtorfe über spätglazialen Tonen, reich an organischem Material. Die Region wird begrenzt durch das nach Südwesten anschließende Tal der Dill sowie die Basalthochflächen des Hohen Westerwalds, durch die im Südosten gelegenen Erhebungen des Lahn-Dill-Berglandes und westlich durch die Gebirgsketten des unmittelbar benachbarten Siegerlandes. Es ist ein kleiner 0,4 ha großer Rest einer vormals ausgedehnten Talvermoorung, die heute durch die Anlage von Fischteichen, Fichtenforsten und Wiesennutzungssystemen weitestgehend verschwunden ist.

Die Vegetationsgeschichte des Sauerlandes einschließlich des Westerwalds

Das Jüngere Atlantikum (RPZ 1, Zeitscheiben 5750 bis 4250 v. Chr.) ist nach Firbas durch die nahezu synchrone Ausbreitung von Erle und Esche (*Alnus* und *Fraxinus*) definiert und endet mit dem klassischen Ulmenfall (s. Exkurs Kap. 53) am Übergang zum Subboreal (Chronozone VIII^C) ca. 4000 v. Chr., so auch im Sauerländischen Bergland, auch wenn das Alters-Tiefen-Modell einen etwas früheren Zeit-

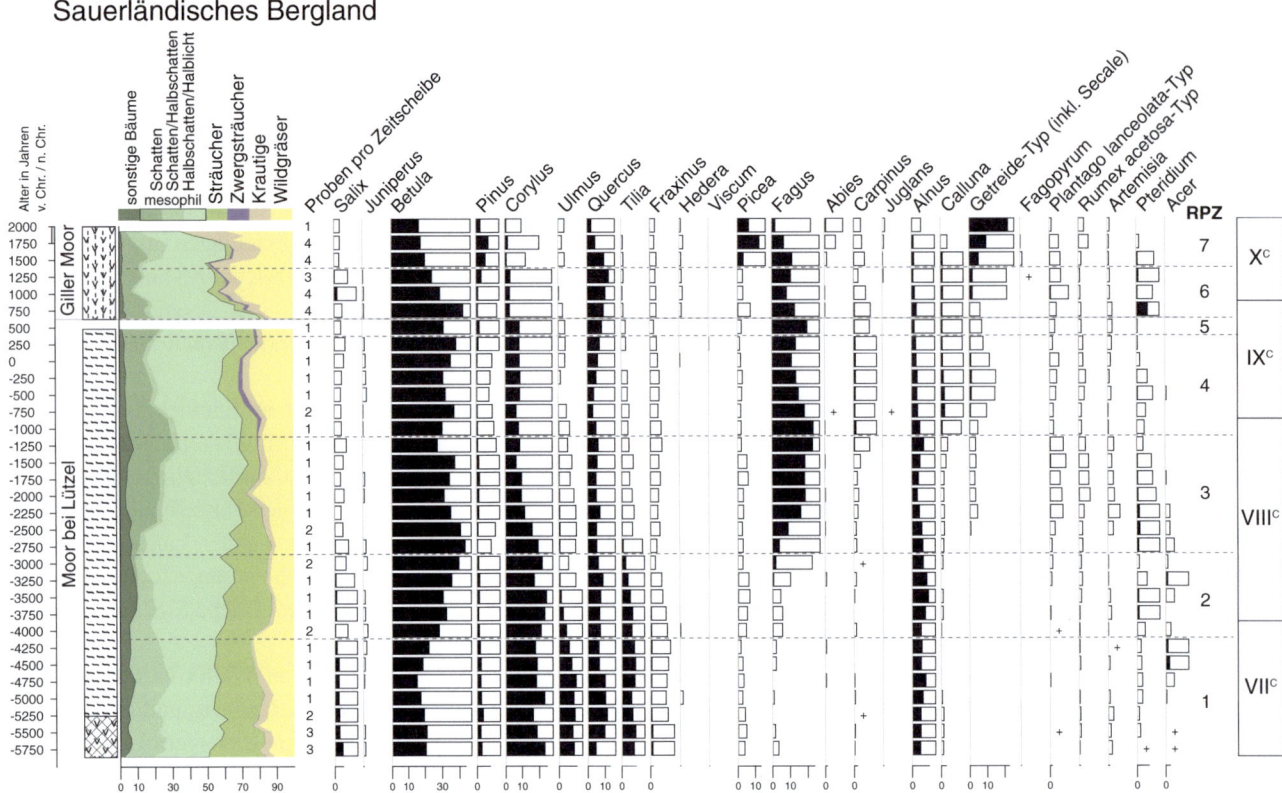

Abb. 34.3 Standardisiertes Pollendiagramm für das Sauerland, kombiniert aus den Profilen Moor am Giller (Höhe 600 m NN, Pott 1985) und Moor bei Lützel (Höhe 530 m NN, Pott 1985)

punkt (Ende RPZ 1, ca. 4100 v. Chr.) für den Ulmenfall ergibt. In der folgenden RPZ 2 (Zeitscheiben 4000 bis 3000 v. Chr.) erscheint dann die Buche (*Fagus*) mit durchgehender Kurve. Neben der Ulme (*Ulmus*) nimmt nun auch die Linde (*Tilia*) weiter ab, die dann mit dem beginnenden Anstieg und der Massenausbreitung der Buche in RPZ 3 (Zeitscheiben 2750 bis 1250 v. Chr.) keine größere Rolle im Waldbild mehr spielt. Gleichzeitig setzen nun auch die Anzeiger für Ackerbau und direkte Landnahme in der näheren Umgebung in Form von Getreidepollen ein, der hier in das Endneolithikum oder die beginnende Bronzezeit datiert. Mehrfache Nachweise für anfänglich noch geringfügige Eingriffe in die Waldlandschaft sind jedoch durch den Spitzwegerich (*Plantago lanceolata*) als Bestandteil früher Ackerfluren mit sehr viel höherer Pollenproduktion und Freisetzung als die angebauten Getreide bereits spätestens ab 4000 v. Chr. vorhanden.

Die pollenanalytischen Untersuchungen im sauerländischen Bergland zeigen, dass sich die Buchenwaldgesellschaften nur zögerlich formiert haben. Nach dem klima- und sukzessionsbedingten Wandel nemoralgemäßigter Waldvegetation, der sich in den RPZ 1 bis 3 zeigt, hat sich *Fagus sylvatica* in mehreren Schüben ausgebreitet. In den Profilen von Lützel und am Giller zeigt sich nach ersten Ausbreitungstendenzen der endgültige Zusammenschluss der Buche zu weitflächigen Buchen-Mischwaldgesellschaften an der Wende vom Subboreal zum Subatlantikum (RPZ 3/4) gegen 1000 v. Chr.

Durch vegetationsgeschichtliche Untersuchungen zur Genese der Niederwaldwirtschaft im südwestfälischen Bergland (s. Arbeiten des Autors im Anhang) konnten eisenzeitliche Eichen-Birken-Sekundärwälder des älteren Subatlantikums (u. a. Zunahme des Nichtbaumpollens, erste Ausbreitung von *Calluna*-Heiden und Anstieg des Getreidepollens, RPZ 4, Zeitscheiben 1000 v. Chr. bis 250 n. Chr.) als prähistorische Vorläufer späterer Niederwaldformationen identifiziert werden. Eine deutliche Walderholung zeigt sich in der Völkerwanderungszeit (RPZ 5, Zeitscheibe 500 n. Chr.) durch den Rückgang der Nichtbaumpollen auf 10 %, das Maximum der Buche und den Rückgang der Siedlungszeiger, vor allem Getreide, auf minimale Werte. Es schlossen sich mittelalterliche Rodungsphasen an (RPZ 6, Zeitscheiben 750 bis 1250 n. Chr.), die im Zuge einer ersten fränkischen Siedlungswelle um 600–700 n. Chr. erfolgten und über mehrere Stufen bis zum Jahr 1300 in den Hochlagen des Rothaargebirges zur kräftigen Ausweitung von Siedlungsflächen führten. Umfangreicher Getreideanbau mit Waldweidewirtschaft ging Hand in Hand mit starken Brandrodungsschüben. Offensichtlich wurde in großem Rahmen Wechsellandhude betrieben, denn die Beweidung von Ackerbrachen im Wechsellandsystem macht sich insbesondere durch starke Pollenanteile des *Plantago lanceolata*-Typs in den betreffenden Profilabschnitten bemerkbar. Seit dieser Zeit führt auch intensiv ausgeübter Niederwaldbetrieb zu einer starken Flächenreduktion von Buchenhochwaldbeständen zugunsten spezifisch bewirtschafteter Stockausschlagwälder.

Die spätmittelalterliche Wüstungsperiode (RPZ 7, Zeitscheiben 1500 bis 2000 n.Chr.), die den gesamten mitteleuropäischen Raum erfasste, zeigt sich auch in den Profilen des südwestfälischen Berglandes. Sie hat sich allerdings weit weniger ausgewirkt als in benachbarten Landschaftsteilen. In den Pollendiagrammen von Lützel sowie vom Giller lassen sich die Anfänge dieser kurzfristigen Siedlungsdepression mit spontaner Rückentwicklung des Buchenwaldes auf den Beginn des 14. Jahrhunderts (1315 ± 70 n. Chr., Moor bei Lützel) datieren und entsprechend mit anderen Profilen synchronisieren.

Neuzeitliche Perioden der Waldverwüstung des 15./16. und 17. Jahrhunderts (RPZ 7) kündigen sich im steilen Anstieg der Nichtbaumpollen durch zunehmende Auflichtung des Waldes und Öffnung der Landschaft an. Heute dagegen bestehen die Waldbestände zu mehr als zwei Drittel, gebietsweise sogar ausschließlich, aus standortfremden Fichtenforsten.

Das Moor von Erndtebrück (Süderbergland)

Aufgrund pollenfloristischer Studien von König (1970) datieren die tiefsten und ältesten Schichten des zentralen Moorteiles in das ausgehende Atlantikum (Chronozone VII^C). Ein erlenreicher Birkenbruchwald bildet – wie in den anderen Mooren des Süderberglandes – die lokale Moorvegetation. Dort setzte während der ersten nachchristlichen Jahrhunderte (Chronozone IX^C) das starke ombrogene Torfwachstum ein. Der atlantische Eichenmischwald mit hohen Mengen an Eichen, Linden, Ulmen und Haselsträuchern ist annähernd gleich wie im Moor bei Lützel (Abb. 34.3) repräsentiert. Auch *Fagus* lässt sich mit vereinzelten Pollenfunden bereits nachweisen. Unter dem nahezu vollständigen Rückgang von *Ulmus* und *Tilia* sowie dem allmählichen Anstieg von *Fagus* ist auch hier die langsame Formierung von montanen Buchenwäldern auf Kosten der Eichenmischwälder dokumentiert.

Das vorliegende Diagramm (Abb. 34.4, nach Pott 1985) reicht allerdings nicht so weit zurück. Die untersten Schichten verweisen in das Subboreal (Chronozone VIII^C, RPZ 2 und 3 – Zonierung wie im Standarddiagramm, kleinere zeitliche Abweichungen sind durch die zugrunde liegenden Alters-Tiefen-Modelle der verschiedenen Profile oder lokale Abweichungen bedingt) bis in die Zeit um 3300 v. Chr. Birkenstubben an der Basis transgredierender Moorentwicklungsphasen bezeugen aber in gleicher Weise ein lokales, charakteristisches Betuletum pubescentis mit hohen Beimengungen von *Salix*-Arten für die Randzonen dieses Moores. Seggenbestände im Bruchwald oder seggenreiche Hochstaudenfluren mit Mädesüß (*Filipendula ulmaria*) und mit gewöhnlichem Gilbweiderich (*Lysimachia vulgaris*) finden ebenfalls ihren Niederschlag.

Natürliche Waldentwicklungsprozesse im Umfeld dieses Moores wurden sehr früh durch anthropogene Eingriffe unterbrochen und gesteuert. Schon an der Profilbasis sind Getreidepollen nachweisbar, die – wie im Moor bei Lützel – bereits auf neolithischen und bronzezeitlichen Ackerbau und Waldweide schließen lassen, die um 2000 v. Chr. einen ersten Höhepunkt erreichen. Bereits in der späten Bronzezeit ab ca. 1500 v. Chr. (Ende der RPZ 2) finden sich in den Diagrammen Buchenanteile von 10–25 %. Ohne Moorwaldanteile ergeben sich für die Waldungen am Rothaargebirgskamm sogar Buchenwerte von 40–60 %. Alle bronzezeitlichen Siedlungszeigeranteile lassen zunächst eine Siedlungsbelebung erkennen, die aber langsam wieder abnimmt, um in der jüngeren Bronzezeit gegen 1000 v. Chr. wieder unvermittelt anzusteigen (*Plantago, Rumex, Artemisia*). Dieser Aufschwung der Siedlungszeiger verläuft kontinuierlich bis zum Übergang zur älteren Eisenzeit ab ca. 800 v. Chr. (RPZ 3), in der hallstattzeitliche Erzbauern als Köhler, Schmelzer und Landwirte wohl erste Umwandlungen der Buchenwälder in Eichen-Birken-Stangenholzwälder vollzogen haben dürften. Dementsprechend geht die Buchenkurve bei gleichzeitigem leichtem Anstieg von Eichen- und Birkenpollen kontinuierlich bis etwa 100 n. Chr. zurück. Solche anthropogenen Umformungen fanden ihre Fortsetzung und flächenhafte Ausdehnung in der Latènezeit ab 450 v. Chr., wie zahlreiche archäologische Schmelzofen- und Holzkohlefunde zusätzlich bestätigen (vgl. Krasa 1955, Sönnecken 1971).

Im Zuge der Römischen Kaiserzeit und anschließenden Völkerwanderung (etwa 370 bis 570 n. Chr., RPZ 5) sinken die Siedlungsanzeiger nach einem plötzlichen Rückgang des Getreideanbaus ab ca. 100 n. Chr. auf minimale Werte ab. Gleiche Phänomene zeigen sich im Profil des Moores am Giller. Die Depression dauert in den Profilen von Erndtebrück bzw. am Giller etwa bis 300 n. Chr. Schwache Siedlungshinweise mit verringertem Getreideanbau sind aber durchlaufend festzustellen, sodass ein völliger Rückgang der landwirtschaftlichen Nutzflächen in den Berglandregionen Westfalens ausgeschlossen werden kann. In ganz charakteristischer Weise kommt es während dieser Zeit zur umfangreichen Regeneration des Waldes; dabei ist der Anstieg von *Fagus* durch den rückläufigen anthropogenen Einfluss bedingt.

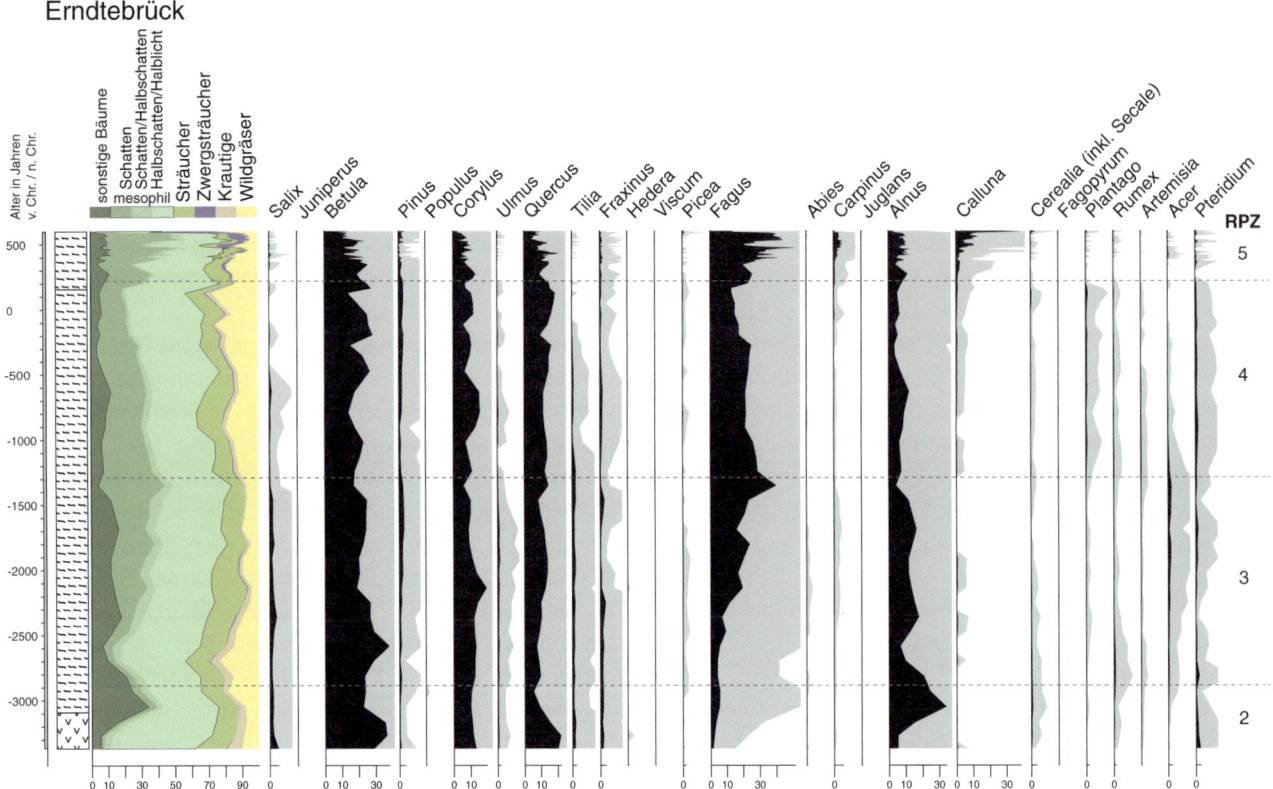

Abb. 34.4 Pollendiagramm aus dem Moor in Erndtebrück (Höhe 470 m NN, Pott 1985). Das Diagramm zeigt den menschlichen Einfluss auf die Vegetation in der Region seit dem Neolithikum ab ca. 3300 v. Chr.

Am Ende der jüngeren Kaiserzeit (3.–4. Jahrhundert) sinken die Buchenwerte für kurze Zeit wieder ab, bevor dann eine deutliche Erholung mit den höchsten Werten des gesamten Diagramms während der Völkerwanderung ab etwa 350 n. Chr. zu erkennen ist. Durch frühgeschichtliche Siedlungstätigkeit und Vernichtung von Buchenwäldern in großem Umfang ab 600 n. Chr. erfahren aber Sekundär- und Ersatzformationen starke Förderung und prägen von nun an in beträchtlichem Umfang das Vegetations- und Landschaftsbild. Mit dem massiven Rückgang von *Fagus* und der starken Ausbreitung von *Calluna* sowie Getreide in den obersten Spektren zeigen sich gerade noch die Verhältnisse ab dem Mittelalter bis zur Neuzeit, die sich aufgrund von Torfstich, Torfzersetzung und -setzung bei gleichzeitiger Infiltration von rezentem Pollenmaterial nicht mehr weiter auflösen lassen.

Vergleichsweise spät breitet sich die Hainbuche (*Carpinus betulus*) in den umliegenden Bergtälern des Wittgensteiner Landes aus. Vereinzelte Pollenfunde von Hainbuchen sind zwar regelmäßig und in allen Proben vertreten, eine Zunahme des Hainbuchenanteils auf mehr als 1 % zeigt sich aber erst seit der Zeit um 150–200 n. Chr. Die Hainbuche ist noch heute wichtiger Bestandteil des potenziellen Eichen-Hainbuchen-Auenwaldes, der mit einer charakteristischen Gehölzartenkombination von Stieleiche (*Quercus robur*), Hainbuche sowie Bergahorn (*Acer pseudoplatanus*) in den engen Tälern des Berglandes überall verbreitet ist.

Das Moor in Weidelbach, Lahn-Dill-Bergland des Westerwaldes

In der spätglazialen Vegetationsentwicklung des Westerwaldes und des südlichen Rothaargebirges, wie sie im Moor in Weidelbach (Speier 1994) repräsentiert ist, mit Bølling, Allerød und Jüngerer Dryaszeit (Chronozonen I^C–III^C, bis ca. 9700 v. Chr.), prägen Birken und Kiefern relativ lichte Gehölzformationen, in denen vor allem zunächst arktische, spalierwüchsige Kriechweiden, u. a. *Salix herbacea*, *Salix retusa*, die Strauchvegetation beherrschen. In die vorhandene Waldvegetation sind fleckenhaft gehölzarme Strukturen mit hochglazialen Steppen- und Tundrenelementen wie *Artemisia*, *Thalictrum*, *Helianthemum*, *Potentilla* sowie Ampfer-Arten (*Rumex*) eingestreut (PZ 1 bis 3, Abb. 34.5). Begleitet wird das Spektrum dieser heliophilen Florenelemente durch glaziale Vertreter der Lippenblütler sowie der beiden Meerträubel-Arten *Ephedra distachya* und *E. fragilis*. Nur wenig repräsentiert sind dagegen die Zwergsträucher. Die ältere Phase des Allerøds (PZ 1, ab ca. 12.200 v. Chr.) wird vegetationsgeschichtlich durch eine Vorherrschaft der Birke

34 Sauerländisches Bergland und Westerwald

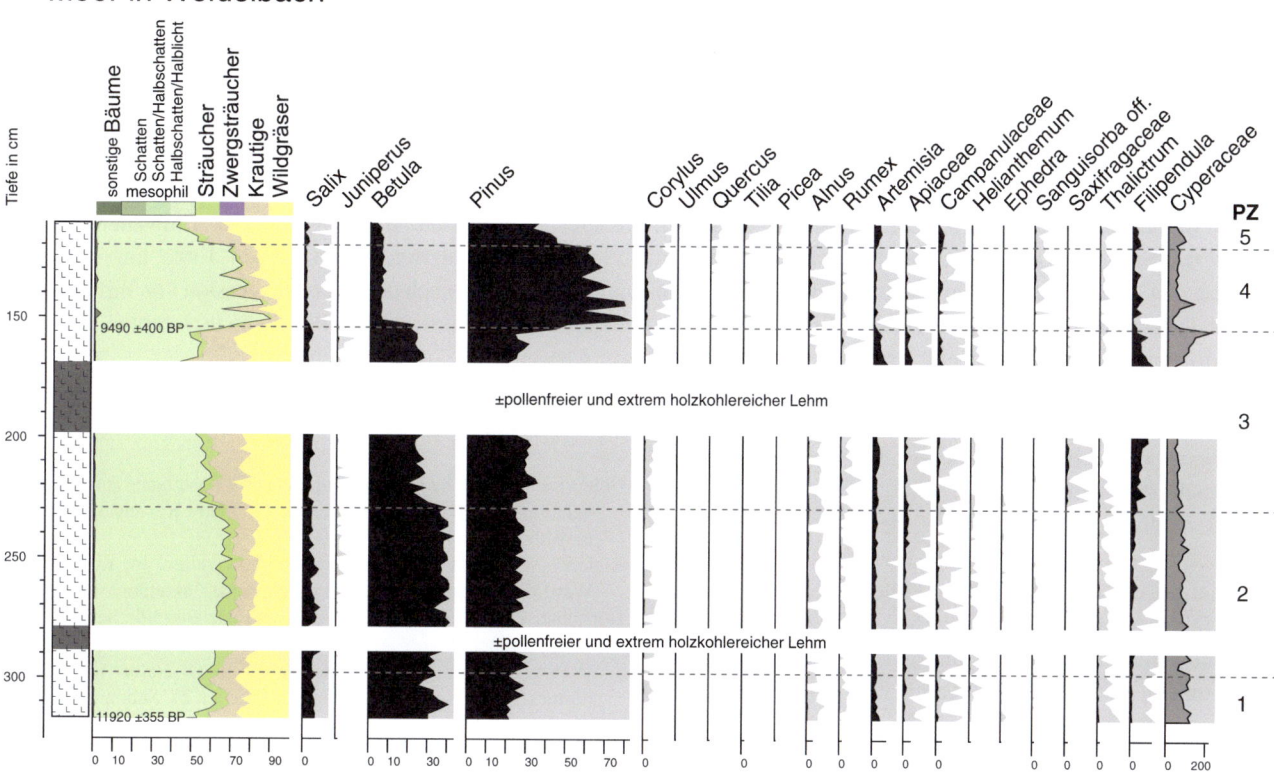

Abb. 34.5 Pollendiagramm aus dem Moor in Weidelbach (Höhe 390 m NN, Speier 1994). Das Diagramm zeigt die Vegetationsentwicklung im ausgehenden Glazial bis ins frühe Holozän

geprägt, die nach Firbas und auch Overbeck als birkenreiche Epoche des mittleren Subarktikums von einer jüngeren, kiefernreichen Periode unterschieden werden kann.

Wie in weiten Teilen Mittel- und Norddeutschlands beherrschen auch im Rothaargebirge und im Westerwald die Birken in der älteren Phase des Allerøds mehrheitlich das spätglaziale Waldbild (PZ 1). Neben den in diese Waldformationen kleinflächig eingestreuten Tundrenelementen lassen die Taxa vorwiegend feuchter bis nasser Standortansprüche weitere lokale Differenzierungsmöglichkeiten des Vegetationsmosaiks zu. Die noch deutlichen *Salix*-Werte zu Beginn des Allerøds (PZ 1) demonstrieren in Zusammenhang mit den ausgeprägten Cyperaceae-Spektren den vorwiegenden Auencharakter des Standorts mit galerieartig zonierten Weidengebüschen und Seggenrieden. Hinsichtlich der Pollenspektren für die beiden Waldbildner *Betula* und *Pinus* fügt sich das Bild der Ergebnisse aus dem Rothaargebirge in die Gesamttendenz der Gehölzformationen ein, die auch die weiteren nördlichen Mittelgebirgslandschaften prägen. In der klimaoptimalen Phase des jüngeren Allerøds (PZ 1, bis ca. 10.700 v. Chr.) verschieben sich analog den edaphischen Vordifferenzierungen die Verhältnisse zugunsten kiefernreicher Waldtypen. Dabei spielte an den untersuchten Niedermoorstandorten lokal die Birke immer und bis in die jüngste Zeit eine dominante Rolle, nur unterbrochen in der frühnacheiszeitlichen Phase des Präboreals (PZ 3, ca. 9700 bis 8700 v. Chr.) und des Boreals (PZ 4, ca. 8700 bis 7200 v. Chr., nach Speier 1994). Unter der Schattwirkung der zunehmend an Dominanz gewinnenden immergrünen Nadelbäume erfahren die heliophilen Tundren- und Steppenelemente sowie Gräser und Cyperaceae eine Eingrenzung ihrer Wachstums- und Ausbreitungsmöglichkeiten. In den Pollenspektren wird diese Entwicklungstendenz hin zu lichtärmeren und geschlosseneren Waldformationen anhand einer Regression dieser Florenelemente deutlich. Dennoch verlieren die kältezeitlichen Vegetationskomponenten nicht völlig an Bedeutung, sondern finden im Zyklus der sich nach häufigen Brandereignissen regenerierenden Kiefernwälder periodisch kleinflächige Besiedlungsmöglichkeiten (Burrichter und Pott 1987).

Mit einer Unterbrechung der allerødzeitlichen Erwärmungsphase wird um 10.700 v. Chr. die jüngere Tundrenzeit (PZ 2) eingeleitet. Als pollenfloristische Leitniveaus kennzeichnen vermehrte Ausbreitungstendenzen der glazialen Heliophyten sowie die Öffnung der Wälder zu birkenreicheren Gehölzformationen diese Sukzessionsphase – im Diagramm vor allem erkennbar durch die Zunahme von *Artemisia* und den erhöhten Nichtbaumpollen-Anteil von über 50 %. In den lückigen Gehölzformationen finden die kälteresistenten Steppenelemente wie *Thalictrum*, *Helianthemum* und *Ephedra* vermehrte Ausbreitungsmöglichkeiten.

Am Beginn der Nacheiszeit, im Präboreal (PZ 3, ab 9700 v. Chr.), breitet sich die Kiefer explosionsartig aus und drängt die Birke zurück. Gegen Ende des Präboreals erscheint in der Regel die Hasel, die in die lichten Kiefernwälder vordringt und gebietsweise im Boreal (PZ 4 nach Speier 1994) die Pollenspektren dominiert. Nicht so jedoch am Weidelbach: Dort ist kaum eine Zunahme von *Corylus* zu erkennen, und die Kiefer behält ihre Dominanz bei (PZ 3 und 4). In der PZ 5 setzt auch die geschlossene Kurve der Fichte (*Picea*) ein, die aus den eiszeitlichen Überdauerungsgebieten auf dem Balkan langsam aus dem Südosten in die Mittelgebirge Süd- und Südostdeutschlands vordringt. Bevor das Profil dann abbricht, ist gerade noch der Beginn des frühen Atlantikums (PZ 5, ab ca. 7200 v. Chr.) mit dem Ansteigen der Kurven von *Ulmus*, *Quercus* und *Tilia* erfasst. Der weitere Verlauf ist nicht mehr dokumentiert.

Bei näherer Betrachtung der Sedimente und Sedimentationsverhältnisse – überwiegend mineralische, pollenarme und teilweise sogar pollenfreie Ablagerungen einer Talvermoorung, sehr wahrscheinlich das Ergebnis von Überschwemmungen oder Fluterereignissen – drängt sich eine ganz andere, sehr viel wahrscheinlichere Interpretation der pollenanalytischen Ergebnisse auf. Die Datierungen mit zeitlich sehr großen Spannen und die bereits durchgängig unerwartet deutlichen Pollenanteile von *Alnus* und *Corylus* in den tonigen Sedimenten legen, auch beim Vergleich mit benachbarten Regionen, massive Umlagerungen und Erosionen in vegetationsarmen Zeiten und Pollenferntransport nahe. Die durchgehend ebenfalls erhöhten Werte von Arten der Tundren und Kältesteppen wie *Helianthemum*, *Artemisia* und *Salix* unter den Gehölzen sowie weiteren krautigen Arten weitgehend unbewaldeter Standorte sind vielmehr typisch für die Jüngere Dryas. Danach würde das Profil nicht bis in das Allerød zurückreichen; vielmehr würden die PZ 1 bis 3 insgesamt in die Jüngere Dryaszeit (ca. 10.700–9700 v. Chr.) mit den genannten, für sie typischen Elementen datieren, die dann durch die rasche Wiederbewaldung in der Nacheiszeit unter die Nachweisgrenze fallen oder ganz verschwinden. Die Datierung der Profilbasis (kalibriert ca. 13.100–11.200 v. Chr.) wäre etwas zu alt (Pleniglazial bis Prä-Allerød), aber durch die Umlagerungen und erosiven Störungen insbesondere in diesem Bereich leicht zu erklären. Der massive Kiefernanstieg zu Beginn der PZ 4 würde demzufolge dann den Beginn der Nacheiszeit mit dem Präboreal markieren und dem generellen Verlauf der nacheiszeitlichen Wiederbewaldung in den meisten Regionen Deutschlands entsprechen. Die Datierung an der Grenze von PZ3/4 mit ihrer großen Datierungsspanne ergibt ein kalibriertes mittleres Alter von ca. 9000 v. Chr. und würde diese Interpretation somit ebenfalls stützen. PZ 5 mit erneut deutlichen Hinweisen auf offenere Vegetationsverhältnisse und reduzierter Bewaldung, ähnlich wie in der Jüngeren Dryas, würde dann entweder eine weitere Störung mit umgelagerten Sedimenten anzeigen oder den bekannten kurzzeitigen Klimarückschlag im Verlauf des Präboreals (Behre 1967) darstellen. Das Boreal mit der Massenausbreitung der Hasel in den durch die Kiefer dominierten Wäldern und der Einwanderung der Eichenmischwaldarten gegen dessen Ende am Übergang zum Atlantikum nach der Grundsukzession von Firbas würde demgemäß im vorliegenden Profil gänzlich fehlen.

Literatur

Behre KE (1967) The Late Glacial and early Postglacial history of vegetation and climate in northwestern Germany. Review of Palaeobotany and Palynology 4: 149–161

Bleicher W (1983) Die vorrömischen Metallzeiten. In: Kohl W (ed) Westfälische Geschichte Band I. Schwann, Düsseldorf, 114–142

Burrichter E, Pott R (1987) Zur spät- und nacheiszeitlichen Entwicklungsgeschichte von Auenablagerungen im Ahse-Tal bei Soest (Hellwegbörde). In: Köhler E, Wein N (eds) Natur- und Kulturräume. Münstersche Geographische Arbeiten 27. Schöningh, Paderborn, 129–135

Jockenhövel A, Willms C (2005) Das Dietzhölzetal-Projekt: Archäometallurgische Untersuchungen zur Geschichte und Struktur der mittelalterlichen Eisengewinnung im Lahn-Dill-Gebiet (Hessen). Münstersche Beiträge zur ur- und frühgeschichtlichen Archäologie 1. Marie Leidorf, Rahden/Westfalen

König H (1970) Untersuchungen zur Vegetationsentwicklung in Wittgenstein (Moor Erndtebrück). Wittgenstein 34: 2–53

Krasa O (1931) Frühgeschichtliche und mittelalterliche Eisenschmelzen im Siegerland. Siegerland 13: 49–55

Krasa O (1955) Neue Forschungen zur vor- und frühgeschichtlichen Eisenindustrie im Siegerland. Westfälische Forschungen 8: 194–197

Narr KJ (1983) Die Steinzeit. In: Kohl W (ed) Westfälische Geschichte Band I. Schwann, Düsseldorf, 81–111

Pott R (1985) Beiträge zur Wald- und Siedlungsentwicklung des westfälischen Berg- und Hügellandes auf Grund neuer pollenanalytischer Untersuchungen. In: Pott R, Sternschulte A, Wittig R, Rückert E (eds) Vegetationsgeographische Studien in Nordrhein-Westfalen. Wald- und Siedlungsentwicklung – Bauerngärten – Spontane Flora. Siedlung und Landschaft in Westfalen 17. Selbstverlag der Geographischen Kommission für Westfalen, Münster, 1–37

Pott R (1995) Die Pflanzengesellschaften Deutschlands, 2. Auflage. Ulmer, Stuttgart

Sönnecken M (1971) Die mittelalterliche Rennfeuerverhüttung im märkischen Sauerland. Siedlung und Landschaft in Westfalen 7. Selbstverlag der Geographischen Kommission, Münster

Speier M (1994) Vegetationskundliche und paläoökologische Untersuchungen zur Rekonstruktion prähistorischer und historischer Landnutzung im südlichen Rothaargebirge. Abhandlungen aus dem Westfälischen Museum für Naturkunde 56: 3–174

Stobbe A (2018) Ein neues Pollenprofil vom Kleinen Wähbach am Giller im Rothaargebirge. Kreis Siegen-Wittgenstein, Regierungsbezirk Arnsberg. Archäologie in Westfalen-Lippe 2017: 217–222

35

Rhön, Vogelsberg, Knüll und Meißner und ihr Vorland

Monika Hellmund

Hohe Rhön. Blick vom entwaldeten Hang der Wasserkuppe nach Osten (Foto: M. Hellmund)

Ergänzende Information Die elektronische Version dieses Kapitels enthält Zusatzmaterial, auf das über folgenden Link zugegriffen werden kann [https://doi.org/10.1007/978-3-662-68936-3_35].

M. Hellmund (✉)
Landesamt für Denkmalpflege und Archäologie, Landesmuseum für Vorgeschichte, Halle (Saale), Deutschland
e-mail: mhellmund@lda.stk.sachsen-anhalt.de

Der Naturraum

Als Teil der Mittelgebirge umfasst das Gebiet die beiden Naturräume Westhessisches Berg- und Senkenland sowie Osthessisches Bergland (Abb. 35.1). Neben Hessen sind Teile von Thüringen und Bayern inbegriffen. Zum Osthessischen Bergland gehören die Rhön (950 m NN), der Vogelsberg (773 m), das Knüllgebirge (635 m), das Fulda-Werra-Bergland mit dem Kaufunger Wald (643 m) und dem Meißner (753 m) sowie das Werratal (130–260 m). Durch das Osthessische Bergland verläuft die Rhein-Weser-Wasserscheide. Das Westhessische Berg- und Senkenland enthält den Kellerwald (675 m), den Habichtswälder Bergwald (615 m), den Burgwald (443 m) und die Westhessische Senke mit dem Kasseler Becken (ca. 160 m) und dem Amöneburger Becken (ca. 260–200 m), dem Vorderen Vogelsberg (400–200 m) und dem Marburg-Gießener Lahntal (ca. 200–150 m). Das Gebiet wird überwiegend durch mesozoische Gesteine gestaltet, flächenmäßig überwiegt der Buntsandstein. Bei der hessischen Senke handelt es sich um ein im Tertiär entstandenes Senkungsfeld, das infolge Bruchtektonik zerstückelt wurde und eine längs der Flusstäler entstandene Kette von intramontanen Becken bildet.

Für das Osthessische Bergland ist ein Nebeneinander von mesozoischen Tafellandschaften und vulkanisch geprägten Bergen charakteristisch. Die vulkanischen Bildungen des Miozäns überlagern ein Fundament aus Buntsandstein und tertiären Sanden, im Osten auch Gesteine des Muschelkalks und des Keupers. Der Vogelsberg ist mit 2500 km^2 das größte zusammenhängende Vulkangebiet Mitteleuropas. Die ursprünglichen Basaltdecken sind durch Erosion in isolierte Vorkommen zerlegt. An manchen Stellen kam es zur Bildung von Bauxit sowie zu einer Konzentration des in Basalten enthaltenen Eisens zu Eisenerzen. Die Hohe Rhön ist ein zusammenhängendes Hochland mit fast geschlossener Basaltdecke. Das Werratal entstand durch Ausräumung der Buntsandstein- und Zechsteinschichten sowie unterirdische Auslaugungen von Zechsteinsalzen und synsedimentärer Absenkung des Untergrunds.

Seit Ende des 19. Jahrhunderts wurden im Naturraum Braunkohlenflöze abgebaut. Heute ist der Sand- und Kiesabbau von Bedeutung, und der Basalt ist ein begehrtes Roh-

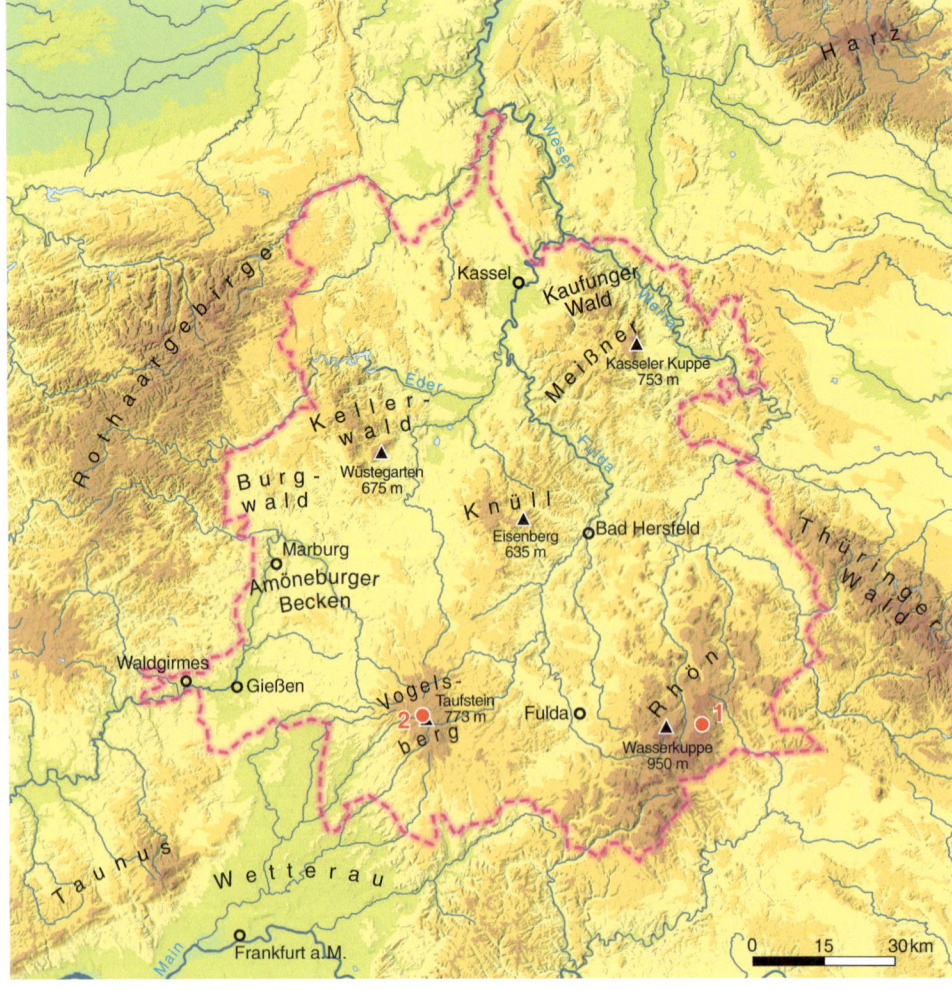

Abb. 35.1 Karte der Region Rhön, Vogelsberg, Knüll und Meißner und ihr Vorland mit pollenanalytisch untersuchten Lokalitäten für das standardisierte Pollendiagramm:
1 Schwarzes Moor,
2 Breungeshainer Heide und Forellenteiche

material für Schotter- und Natursteingewinnung. Im Gebiet sind primäre Solequellen bekannt, etwa in Nidda und Bad Salzungen. Im Zusammenhang mit dem Kalisalzbergbau sind südlich von Fulda und Gerstungen große Abraumhalden entstanden.

Im Vogelsberg und in der Rhön herrschen Braunerden aus basischen Gesteinen, stellenweise Parabraunerden aus Lösslehm und Pseudogleye vor. Im Kellerwald finden sich Podsol-Braunerden. Vielerorts sind podsolige Braunerden aus basenarmen Sandsteinen sowie Rendzinen bis Braunerde-Rendzinen über Kalkstein ausgebildet. Im Kasseler und im Amöneburger Becken sind Parabraunerde-Tschernoseme anzutreffen. In den Tallagen finden sich grundwasserbeeinflusste Bodentypen.

Verglichen mit vielen anderen Mittelgebirgen sind die Niederschläge im Gebiet gering. Durchschnittlich erreichen sie im Vogelsberg zwischen 1000 und 1200 mm, in der Rhön zwischen 800 und 1000 mm, am Meißner und Knüll um 800 mm. Im Unteren Vogelsberg fallen durchschnittlich 600–750 mm. Die Jahresmitteltemperatur beträgt in den Hochlagen um 5 °C, im Unteren Vogelsberg 6,5–7,0 °C und im Vorderen Vogelsberg zwischen 7,5 und 8 °C. Das Amöneburger Becken ist durch ein warmes, mildes Beckenklima mit 600 mm Niederschlägen und 8 °C im Jahresmittel gekennzeichnet. Ähnlich ist das Klima im Marburg-Gießener Lahntal.

Der Buchenwald reicht im Vogelsberg heute bis in die höchsten Lagen. Auch für die Hohe Rhön wäre dies zu erwarten. Als potenzielle natürliche Vegetation ist im Hohen Vogelsberg meist der anspruchsvolle Zahnwurz-Buchenwald und im Unteren Vogelsberg der Perlgras-Buchenwald zu erwarten. Im Oberwald, dem zentralen, 600 bis 773 m hoch liegenden Plateaubereich, ist der weniger anspruchsvolle Flattergras-Hainsimsen-Buchenwald und an stärker versauerten Stellen der artenarme Hainsimsen-Buchenwald potenziell natürlich. Stellenweise gedeihen präalpine Hochstauden, die auf einen hochmontanen Wald des Typs Aceri-Fagetum hinweisen. Bei etwa 500 m geht die Buchen-Mischwaldzone der unteren Lagen in die Berg-Buchen-Zone über. Bergahorn (*Acer pseudoplatanus*), Schwarzerle (*Alnus glutinosa*), auch Spitzahorn (*Acer platanoides*) und Eberesche (*Sorbus aucuparia*) sowie Esche (*Fraxinus excelsior*) und Bergulme (*Ulmus glabra*) treten dann zur Buche (*Fagus sylvatica*) hinzu. Wärmebedürftige Gehölze wie die Hainbuche (*Carpinus betulus*) gedeihen heutzutage bis in Höhen von 600 m. Auf Blockschutthalden wachsen Hang- und Blockschuttwälder unterschiedlicher Zusammensetzung: mit Karpatenbirke (*Betula pubescens* ssp. *carpatica*), Eberesche, Bergahorn, Sommerlinde (*Tilia platyphyllos*) und Bergulme. Am Randgehänge und im Randsumpf der Hochmoore findet sich häufig Karpatenbirke (Bohn 1981) (Abb. 35.2).

Im Gebiet stockt auf Keuper und Buntsandstein vorrangig Hainsimsen-Buchenwald. In Muschelkalkgebieten sind Kalkbuchenwälder typisch. Im Bereich der Täler und Bachauen wüchsen Erlen- und Eschen-Erlen-Wälder. Im Marburg-Gießener Lahntal sind feuchte Hainbuchen-Stieleichen-Wälder verschiedener Ausprägung potenziell

Abb. 35.2 Typischer Karpatenbirkenwald auf partiell abgetorftem Hochmoor im Roten Moor in der Rhön. (Foto: W. Dörfler)

natürlich. In planaren Lagen wäre Waldmeister-Buchenwald mäßig basenreicher Standorte zu erwarten. Im Amöneburger Becken wird Flattergras-Buchenwald kartiert, und am Abhang der Amöneburg findet sich ein Linden-Ulmen-Blockschuttwald.

Archive der Vegetationsgeschichte bilden Niedermoore, Seen und in den Hochlagen des Osthessischen Berglandes Hochmoore. Dort entwickelten sich über verwitterten Basaltschichten und wasserundurchlässigen Tonen echte ombrogene Moore. So erreichen das Schwarze Moor und das Rote Moor (800–830 m) in der Rhön Ausdehnungen von 77 bzw. 50 ha; die Breungeshainer Heide im Vogelsberg misst 5 ha. Infolge Entwässerung und Abtorfung sind die Hochmoore heute nicht mehr intakt. Weitere Pollenarchive bieten zudem die Subrosionssenken im Werratal sowie im Haunetal, wo natürliche Seen oder Moore (Stedtlinger Moor) entstanden. Im Westhessischen Berg- und Senkenland wurden vorrangig Moore im Amöneburger Becken, im Marburger und im Gießener Lahntal bearbeitet.

Forschungsgeschichte

Erste Pollenanalysen an den Mooren der Rhön, des Kaufunger Waldes, des Knülls, des Vogelsbergs, des Haunetals und des Meißners stammen aus den 1920er- und 1930er-Jahren und sind mit den Namen Franz Firbas, Herbert Hesmer, Fritz Overbeck, Hans Heinrich Pfalzgraf, Karl Rudolph und Heinz Schmitz verbunden. Firbas (1934) hat sich mit der Entstehung der Grünlandflächen in der Hohen Rhön anhand der Pollenspektren von Oberflächenproben befasst. In den 1950er- und 1960er-Jahren folgten Bearbeitungen durch Hans-Jürgen Beug, Ingeborg Griez, Fritz Overbeck und Hans-Ulrich Steckhan. Overbeck et al. (1962) verknüpften die wechselnden Anteile von Baum- und Nichtbaumpollen in einem Diagramm aus dem Roten Moor mit ^{14}C-Daten und der Siedlungsgeschichte der Rhön. Jüngeren Datums sind Pollenanalysen von Friedhelm Gauhl, Jürgen Hahne, Elsbeth Lange, Hartmut Stalling, Monika Schäfer und Barbara Streitz. Neben vegetationsgeschichtlichen Aspekten stand die Entwicklung der Auen im Fokus von Untersuchungen. Im Amöneburger Becken und in Kiesgruben im Lahntal wurde Laacher See-Tuff entdeckt, ebenso in Moorinitialstadien der Mittelgebirge durch Beug, Grosse-Brauckmann und Hahne. Mehrere Profile im Gebiet beinhalten Teilabschnitte des Spätglazials (siehe Wolfgang Andres, Johanna A. A. Bos, Beate Disselnkötter, Holger Rittweger, Monika Schäfer, Ursula Schirmer, Heike Schneider, Barbara Streitz, Rolf Wiermann und Ralf Urz). Archäologische Forschungen waren Anlass für Untersuchungen im Amöneburger Becken: Bei Bracht, Fritzlar, Fulda, Kirchhain-Niederweimar und im Lahntal durch Arie J. Kalis, Holger Rittweger, Margita v. Rochow, Astrid Stobbe und Ralf Urz. Geologisch-geographische und paläoökologische Fragestellungen wurden im Amöneburger Becken, im Lahntal und im mittleren Werratal durch Rittweger, Schneider und Kollegen verfolgt. Klein- und Kleinstmoore in der Rhön, im Vogelsberg und im Kaufunger Wald waren Gegenstand von Bearbeitungen durch Hans-Jürgen Beug, Gisbert Grosse-Brauckmann und Monika Schäfer. Eine vollständige Literaturliste befindet sich im Anhang.

Dort sind auch unveröffentlichte Qualifizierungsarbeiten der Universitäten Aachen, Frankfurt (Main), Gießen, Göttingen, Jena und Marburg aufgenommen.

Regionale Vegetationsgeschichte

Das hier dargestellte Diagramm wurde aus einem Spätglazial-Profil des Schwarzen Moores in der Rhön sowie aus Teilen der Profile Breungeshainer Heide und Forellenteiche aus dem Vogelsberg zusammengesetzt (Abb. 35.3, s. auch Tab. S 35.1 im elektronischen Zusatzmaterial). Das Schwarze Moor, das einzige Kermimoor Deutschlands, liegt auf 770–785 m und umfasst ca. 70 ha. Das 7,08 m mächtige Profil wurde in 781 m Höhe erbohrt. Auf den basalen Ton folgen Niedermoortorfe aus Seggen, Braunmoos, Birkenbruchwald, *Phragmites* und schließlich Hochmoortorfe aus *Eriophorum* und *Sphagnum* (Hahne 1991). Das Hochmoor Breungeshainer Heide ist 715 m hoch gelegen. Die Mächtigkeit des erbohrten Profils beträgt 4,08 m. Über basalen Mudden folgen Niedermoortorf, Bruchtorf mit Birken, Weiden und Erlen und schließlich Sphagnumtorf (Schäfer 1996). Das Übergangsmoor Forellenteiche umfasst ca. 240 m², es liegt 712 m hoch. Das erbohrte Profil ist 1,38 m mächtig. Auf Seggentorf folgt Bruchwaldtorf mit Erle, Birke und Übergangstorf (Schäfer 1996). Für das Zeit-Tiefen-Modell wurden konventionelle ^{14}C-Datierungen verwendet, die an Torfen und Sedimenten erhoben wurden.

Im beginnenden Weichsel-Spätglazial (regionale Pollenzone RPZ 1, Zeitscheiben 12.000 bis 11.500 v. Chr.) sprechen die noch geringen Anteile von Baumpollen und von Kiefer (*Pinus*) für das Vorliegen einer Steppentundra. Der Abschnitt kann in eine ältere Strauch- und eine jüngere Baumphase gegliedert werden. Die erste Phase ist durch hohe Prozentanteile von Weide (*Salix*), Wacholder (*Juniperus*) und Sanddorn (*Hippophaë*) gekennzeichnet. Beifuß (*Artemisia*), Sonnenröschen (*Helianthemum*) und Sauerampfer (*Rumex acetosa*-Typ) weisen Höchstwerte auf. Im zweiten Abschnitt breiten sich Birken (*Betula*) aus, und es bilden sich kleinere, lichte Bestände von (Baum-)Birken. Am Ende des Abschnitts steigt *Pinus* an, und die Sträucher werden verdrängt. Die zeitliche Auflösung des Diagrammabschnitts erlaubt keine Untergliederung im Hinblick auf einen Klimarückschlag. Hahne (1991) rechnet die ältesten Sedimente dem Bølling-Interstadial zu.

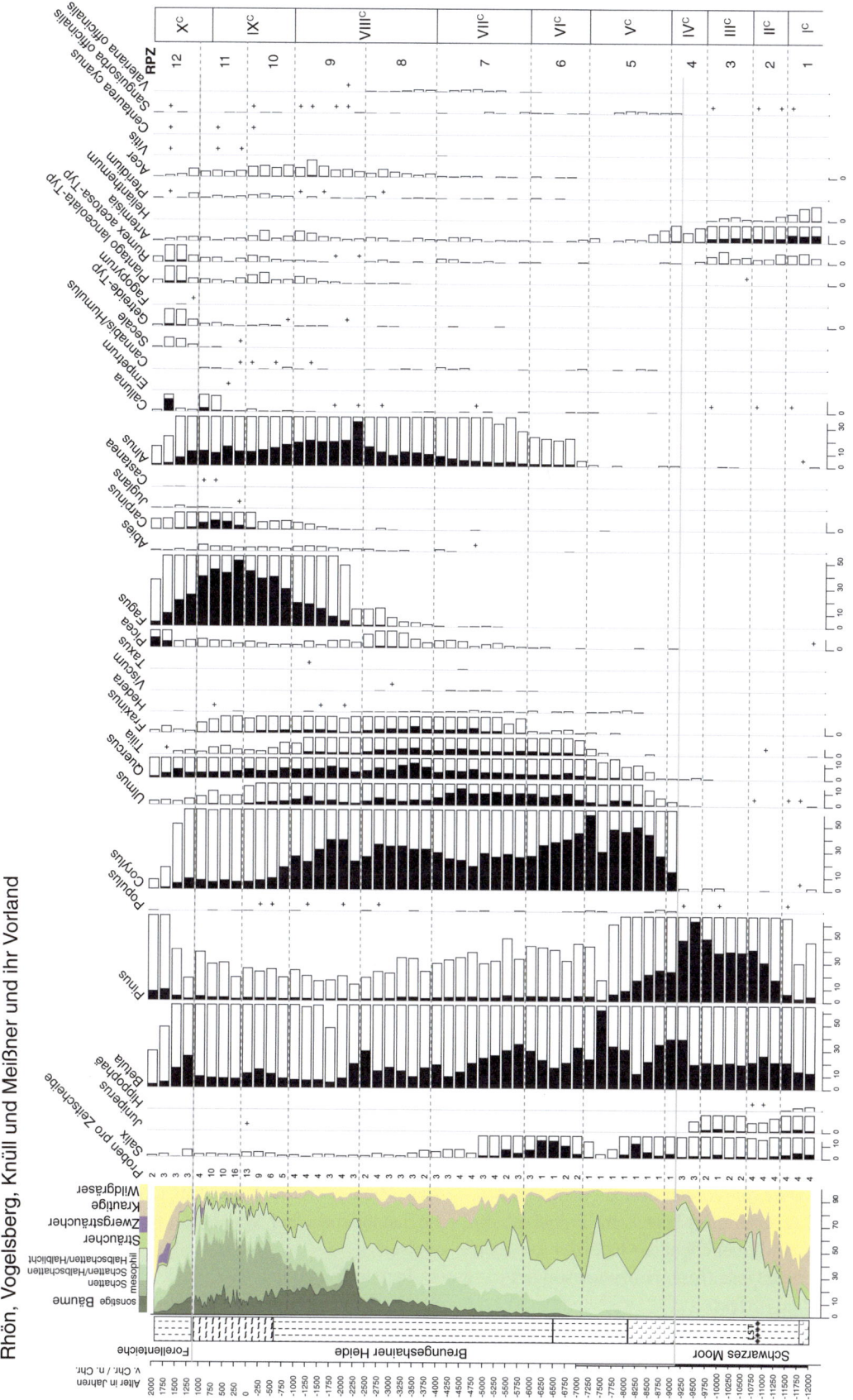

Abb. 35.3 Standardisiertes Pollendiagramm für die Region Rhön, Vogelsberg, Knüll und Meißner, kombiniert aus Schwarzes Moor (781 m NN, Hahne 1991), Breungeshainer Heide (715 m NN, Schäfer 1996) und Forellenteiche (712 m NN, Schäfer 1996)

In der folgenden RPZ 2 (Zeitscheiben 11.250 bis 10.750 v. Chr.), dem Allerød-Interstadial, steigt der Baumpollen-Anteil an. Die Werte von *Betula* und vor allem von *Pinus* nehmen zu. Die Prozentwerte von *Salix*, *Juniperus* und *Hippophaë* sowie von Wildgräsern, *Rumex acetosa*-Typ, *Artemisia* und *Helianthemum* gehen deutlich zurück. Krautreiche Rasengesellschaften verschwinden allmählich, die Wälder sind nunmehr geschlossener. Das Allerød zeichnet sich in der Rhön durch Kiefernreichtum und recht hohe Birkenwerte aus. Im hier dargestellten Profil ist keine Laacher See-Tephra erfasst. An einem anderen Profil desselben Moores ist diese jedoch 7 cm mächtig.

Mit der Klimaverschlechterung während der Jüngeren Dryaszeit (RPZ 3, Zeitscheiben 10.500 bis 9750 v. Chr.) werden die allerødzeitlichen Kiefernwälder aufgelichtet, und der Bestand an Baumbirken reduziert sich. Die Anteile des Nichtbaumpollens nehmen zu. *Pinus* sinkt unter die Werte des vorangegangenen Abschnitts. Zugleich breiten sich *Salix*, *Betula*, Wildgräser, *Artemisia*, *Helianthemum* und *Rumex acetosa*-Typ wieder aus. Funde einzelner Pollenkörner wärmeliebender Arten gehen sehr wahrscheinlich auf Umlagerung zurück. Sowohl Baumbirke (*Betula pubescens*) als auch Zwergbirke (*B. nana*) sind durch Makroreste belegt. In dieser Kältephase kommt es zu einer Absenkung der Waldgrenze. Sie wird am Fichtelberg auf 600 m geschätzt. Nach den Funden der Baumbirkenfrüchte zu urteilen, dürfte die Baumgrenze in der Rhön höher gelegen haben. Die Anteile von *Juniperus* und *Artemisia* sowie Funde weiterer Offenlandanzeiger wie *Helianthemum* verweisen auf das Vorhandensein gras-, seggen-, hochstauden- und gebüschreicher Rasengesellschaften. In die Torfe des Schwarzen Moores gelangte minerogenes Material, das auf offene Böden in der Umgebung hindeutet. Gegen Ende des Abschnitts kommt es erneut zu einer Ausbreitung von *Pinus*.

Im folgenden Präboreal (RPZ 4, Zeitscheiben 9500 bis 9000 v. Chr.) zeigen sich die Auswirkungen der Klimaerwärmung zu Beginn des Holozäns. Die Wiederbewaldung ist durch steigende Werte von *Pinus* und *Betula* charakterisiert. Die Offenlandzeiger *Juniperus, Artemisia* und *Helianthemum* treten zurück, und der Anteil der Krautigen und Wildgräser sinkt unter 15 %. *Pinus* wird nun in den Montanlagen vorübergehend dominant. *Betula*-Pollen stammt wahrscheinlich von lokalen Birkenbeständen. Pollen von *Salix* verweist auf Weidengebüsche nahe dem Sedimentationsbecken. Vereinzelt sind Pollenkörner vom *Rumex acetosa*-Typ, von *Artemisia* und Mädesüß (*Filipendula*) belegt. Im Präboreal sind erste Pollenkörner von wärmeliebenden Gehölzen wie Eiche (*Quercus*), Ulme (*Ulmus*) und Hasel (*Corylus*) sowie Fichte (*Picea*) und Erle (*Alnus*) erfasst.

Im Laufe des Boreals (RPZ 5, Zeitscheiben 8750 bis 7250 v. Chr.) breitet sich im bisher lichten Montanwald, der von *Pinus* und *Betula* mit Pappel (*Populus*) gebildet wird, die Hasel als wärmeliebendes Gehölz aus. *Corylus* wird binnen eines halben Jahrtausends bis in die Hochlagen dominant. In den Beckenlandschaften ist *Corylus* weniger stark vertreten. Gegenläufig zur *Corylus*-Ausbreitung gehen die Pollenanteile lichtbedürftiger krautiger Taxa wie *Artemisia* und die Wildgräser bis auf ein Minimum zurück. Efeu (*Hedera*) tritt nunmehr regelmäßig auf. Erste Pollenfunde von Linde (*Tilia cordata*-Typ) und Esche (*Fraxinus*) sind vorhanden. Nach und nach vermögen sich *Ulmus*, vermutlich *Ulmus glabra*, und *Quercus* stärker auszubreiten. *Pinus* wird in dieser Phase durch *Corylus* auf Sonderstandorte, vielleicht Blockschutthalten, sowie in niedere Lagen verdrängt. Vorübergehend sinken die *Salix*-Werte, während *Betula* lokal häufig bleibt und sogar ein Maximum erreicht. Wahrscheinlich war das Moor randlich von Moorbirken und Weiden bestanden. Ein Maximum von *Betula* in Zeitscheibe 7500 v. Chr. führt zu einem scheinbaren Einbruch der anderen Baumpollenkurven.

Während RPZ 6 (Zeitscheiben 7000 bis 6000 v. Chr.), im Älteren Atlantikum, geht der Anteil von *Corylus* allmählich zurück. Das Profil Breungeshainer Heide enthält im Abschnitt oberhalb des *Corylus*-Maximums in der Zeitscheibe 7000 v. Chr. eine Brandschicht –offenbar das Resultat eines lokalen Moorfeuers, das mit den Aktivitäten von mesolithischen Menschen zusammenhängen könnte. In den halbschattigen Haselwäldern stand dem Wild reichlich Nahrung zur Verfügung. Vermutlich wurden spezielle Plätze, wie Tränken, Rast- und Äsungsflächen der Wildtiere, für die Jagd genutzt. *Pinus* sinkt unter 5 % und ist in der Montanvegetation kaum mehr vertreten. *Ulmus* breitet sich aus, zum Teil auch *Quercus*, *Tilia* und schließlich *Fraxinus*. Es sind haselreiche Laubmischwälder mit stellenweise reich entwickelter Kraut- und Strauchschicht, die ein Mosaik verschiedener Waldgesellschaften bilden. An den Hängen und auf Blockschutthalden können sich Linden und Ulmen ansiedeln. Pollen von *Quercus* war im Mittelgebirge schwächer vertreten als *Ulmus*. *Betula* und *Salix* sind zu dieser Zeit weiterhin in der lokalen Vegetation bedeutend. Der als Insektenblütler im Pollenspektrum unterrepräsentierte Ahorn (*Acer*) tritt wiederholt auf, und *Alnus* wird langsam bedeutender. Im Verlauf dieser Phase nehmen die Anteile der Wildgräser und der Krautigen zu. Darunter sind mehrere insektenbestäubte und im Polleneintrag unterrepräsentierte Arten wie Großer Wiesenknopf (*Sanguisorba officinalis*) und Echter Baldrian (*Valeriana officinalis*). Dies dürfte auf die Entstehung gras-, kräuter- und hochstaudenreicher Vegetation in der Moorumgebung hinweisen.

In der folgenden RPZ 7 (Zeitscheiben 5750 bis 4000 v. Chr.), im Jüngeren Atlantikum, treten die lokal bedeutenden Gehölze *Salix* und *Betula* nach und nach zurück, während *Alnus* allmählich zunimmt. *Corylus* verliert nunmehr an Terrain. *Ulmus* ist im Bergwald stark vertreten und erreicht sein holozänes Maximum. Die Bedeutung von

Quercus, *Tilia* und *Fraxinus* nimmt zu. *Tilia* breitet sich etwas langsamer als *Quercus* aus, *Fraxinus* folgt noch später. Das Osthessische Bergland gehört zu den Gebieten, die reich an Ulmen, Linden, Eschen und Ahorn sind. Die nährstoffreicheren, frischen bis feuchten Böden werden von *Ulmus*, *Fraxinus*, *Acer* und *Corylus* sowie vereinzelt von *Alnus* besiedelt. Rezente Entsprechungen dieser haselreichen Ulmen-Linden-Eschen-Ahorn-Wälder mit beigemischten Eichen des Atlantikums sind nicht bekannt. *Hedera*, *Viscum* (Mistel) und *Acer* sind nahezu stetig vertreten. Vereinzelt ist Eibe (*Taxus*) nachgewiesen. Erste Nachweise von Buche, Tanne (*Abies*) und Hainbuche werden auf Fernflug zurückgeführt. Im ausgehenden Atlantikum tritt *Ulmus* zurück, während *Corylus* erneut an Bedeutung gewinnt. *Tilia* und *Fraxinus* sind von der Umbildung der Vegetation in geringerem Maße betroffen als *Ulmus*. Der *Ulmus*-Abfall (s. Exkurs Kap. 53) datiert im Vogelsberg auf 4200–4000 v. Chr. Pollenfunde von *Hedera* und *Viscum* belegen wärmere klimatische Bedingungen. Heute sind das Juli- und das Januarmittel für das Vorkommen von *Hedera* und *Viscum* in den Hochlagen zu niedrig. Pollen von *Valeriana officinalis* und *Sanguisorba officinalis* verweisen weiterhin auf eine hochstaudenreiche Feuchtvegetation in Moornähe. Der *Ulmus*-Rückgang in Verbindung mit vermehrten Nachweisen der Krautigen sowie der Ausbreitung lichtbedürftiger Gehölze wie *Betula*, *Alnus* und *Corylus* deutet auf eine Auflichtung des Montanwaldes.

Seit dem Frühneolithikum sind wenige Siedlungszeiger nachweisbar, etwa der Getreide-Typ, *Artemisia*, *Rumex acetosa*-Typ und Adlerfarn (*Pteridium*). Der Getreidepollen ist wahrscheinlich aus tieferen Lagen eingetragen. Der im Sommer ausgeprägte lokale Gras- und Kräuterreichtum auf der zentralen Hochfläche des Oberwaldes könnte eine Beweidung mit Nutztieren begünstigt haben. Im Unterschied zu anderen Mittelgebirgen liegt der Vogelsberg nahe an Altsiedelgebieten. Es ist denkbar, dass der Bergwald in ein System der Landschaftsnutzung mit saisonaler Viehweide einbezogen war (Transhumanz). Einzelfunde von verloren gegangenen, meist nicht datierbaren neolithischen Steingeräten sprechen für eine Begehung höherer Lagen. Die entsprechenden Siedlungen dürften in den tieferen Lagen zu finden sein.

In der ersten Phase des Subboreals (RPZ 8, Zeitscheiben 3750 bis 2500 v. Chr.) gehen die Prozentanteile von *Ulmus*, *Betula* und *Salix* zurück, während *Alnus* und *Corylus* zunehmen. *Quercus*, *Tilia* sowie *Fraxinus* erreichen nun ihr Maximum und sinken dann ab. *Quercus* ist in den niederen Höhenlagen des Gebietes während des Subboreals allgemein stärker vertreten als im Vogelsberg und in der Rhön. Nach etwa 3000 v. Chr. erreicht *Picea* eine Zeitlang maximal 5 %, was wahrscheinlich auf Fernflug zurückgeht. Auch die stetig auftretenden Pollenfunde von *Abies* dürften auf Ferneintrag beruhen. Bis um 2500 v. Chr. sind *Ulmus*, *Tilia* und *Fraxinus* im Bergwald noch recht häufig. Ein *Ulmus*-Gipfel deutet auf eine zeitweilige Regeneration des ulmenreichen Waldes hin. *Acer* breitet sich schrittweise aus, und *Fagus* erreicht erstmalig mehr als 1 %. Im Pollendiagramm ist weiterhin eine hochstaudenreiche Vegetation zu erkennen, vertreten durch *Valeriana officinalis*. Auch die Anteile der Wildgräser sind phasenweise erhöht. Die Pollenfunde von *Viscum* verschwinden nunmehr. Die Umwandlung der Bergwälder dürfte auf eine Klimaänderung zurückgehen und zudem durch anthropo-zoogene Eingriffe begünstigt worden sein. Es sind *Pteridium*, *Rumex acetosa*-Typ und vereinzelt Pollen vom Getreide-Typ nachgewiesen. Funde von Spitzwegerich (*Plantago lanceolata*-Typ) als wichtigem anthropogenem Anzeiger werden im Vogelsberg um 3100 v. Chr. stetig, in der Rhön nach 2600 v. Chr. *Plantago lanceolata* kann im Mittelgebirge vorwiegend in Grünlandgesellschaften und an Ruderalstellen gedeihen. Ein Vorkommen in Äckern und Brachen ist zu dieser Zeit in höheren Lagen wenig wahrscheinlich. Im Pollenbild zeigt sich der menschliche Einfluss auf die Vegetation während des Subboreals deutlicher als in der vorangehenden Periode. Eine Nutzung von halb offener Vegetation in Moornähe und im gelichteten Montanwald als Weide während des Jung-, Spät- und Endneolithikums ist wahrscheinlich. Das Pollendiagramm des etwa 500 m entfernt liegenden Bodenprofils Heide weist nach einem subborealen *Corylus*-Gipfel einen ausgeprägten Gras- und Kräuterreichtum auf (Schäfer 1991). Das lässt auf eine offene Vegetation auf einem Mineralboden nahe dem Moor schließen. Die ältesten Siedlungsspuren datieren im Hohen Vogelsberg in das Endneolithikum, die Schnurkeramikkultur.

In der zweiten Phase des Subboreals (RPZ 9, Zeitscheiben 2250 bis 1000 v. Chr.) verweist das um 2250 v. Chr. datierende *Alnus*-Maximum auf die Ausbildung lokaler Erlenbestände. Zunächst ist *Corylus* wiederum stark vertreten. In dieser Phase findet aber ein grundlegender Wandel des Bergwaldes statt. Die Werte von *Fagus* steigen und erreichen allmählich 20 %. Die Ausbreitung der Buche erfolgt zu Lasten von *Corylus*, *Tilia* und *Ulmus*. Die Wälder werden schattenreicher. Die Anteile von *Corylus* und *Fagus* ändern sich in der Folge wiederholt, bis schließlich Buche die Oberhand gewinnt. *Acer* erreicht ein Maximum, und *Carpinus* etabliert sich, vermutlich in den tieferen Lagen. Pollen von *Abies* ist etwas häufiger, das aber auf Fernflug zurückgeführt wird. Das Verschwinden von *Hedera* spricht wahrscheinlich für sinkende Wintertemperaturen. Die hochstaudenreiche Offenlandvegetation, vertreten durch *Valeriana officinalis*, tritt nunmehr zurück. Ein weiterer Haselhochstand in Verbindung mit höheren Siedlungszeigerwerten spricht für eine Phase recht bemerkenswerter Landschaftsnutzung im Mittelgebirge. Diese zeigt sich im Diagramm durch auftretenden Pollen vom Getreide-Typ sowie vom Spitzwegerich. Für die Hügelgräber-Bronzezeit fällt im Vogelsberg eine Fundhäufung von Grabhügeln auf, die bis in Höhen von 500/600 m reichen. Zugehörige Siedlungsbefunde fehlen bisher weitgehend.

Zu Beginn der RPZ 10 (Zeitscheiben 750 bis 0 v. Chr.) übersteigt die Kurve von *Fagus* diejenige von *Corylus*. Im Verlauf des Älteren Subatlantikums bilden sich in der Region anspruchsvolle Buchenwälder mit Ahorn und nur noch geringen Anteilen von Eiche, Ulme, Linde, Hainbuche und Esche heraus. Die Buchenausbreitung dürfte Folge einer Klimaverschlechterung und nachlassender anthropogener Einwirkung sein. Kleine Anstiege der *Fagus*-Werte sind öfter mit abnehmenden Anteilen der Krautigen und Wildgräser verknüpft. Der siedlungszeigende Pollen vom Getreide-Typ, von *Plantago lanceolata*, *Artemisia* und *Pteridium*, erreicht gegen Ende der Pollenzone höhere Werte, was für eine intensivere anthropo-zoogene Nutzung sprechen dürfte. *Artemisia* weist auf lokale Eutrophierung hin, Besenheide (*Calluna*) auf die Existenz nährstoffarmer Standorte. Diese Periode entspricht der Latènezeit. Sie erweist sich als die prähistorische Epoche mit den intensivsten anthropogenen Eingriffen in die Montanvegetation. Siedlungsnachweise für die Hochlagen fehlen zwar, in der näheren bis weiteren Umgebung sind jedoch bedeutende archäologische Fundplätze, etwa der Glauberg, bekannt. Im Amöneburger Becken gibt es eisenzeitliche Fundstellen wie Mardorf 23, wo eine Siedlungskontinuität ab der Früh-/Mittellatènezeit bis in das 2./3. Jh. n. Chr. nachgewiesen ist.

RPZ 11 (Zeitscheiben 250 bis 1000 n. Chr.), die zweite Phase des Älteren Subatlantikums, umfasst die Zeitspanne von der Römischen Kaiserzeit und Völkerwanderungszeit bis zum Frühmittelalter. Die Römische Kaiserzeit ist im Vogelsberg durch das *Fagus*-Maximum gekennzeichnet. Der Vogelsberger Oberwald ist nunmehr ein fast reines Buchenwaldgebiet geworden. Wahrscheinlich bilden sich im Laufe der Zeit anstelle anspruchsvoller Buchenwälder stellenweise weniger anspruchsvolle heraus, denn Funde von *Mercurialis perennis* (nicht im Diagramm dargestellt) werden seltener. *Ulmus*, *Tilia*, *Fraxinus* und *Acer* gedeihen weiterhin an Sonderstandorten. Im Vogelsberg gibt es erste Pollenfunde von Roggen (*Secale*) und Walnuss (*Juglans*). Letzterer ist als Ferneintrag in das Mittelgebirgsmoor anzusehen. Im Unterschied zur vorrömischen Eisenzeit gehen nun die Siedlungszeiger, vor allem Pollen des *Plantago lanceolata*- und Getreide-Typs, zurück. Auch die Anteile der Wildgräser und von *Pteridium* sind geringer. Der Bergwald wird offenbar weniger intensiv genutzt. Es ist anzunehmen, dass die Wirtschaftsflächen in tiefere Lagen verlagert wurden. Dies mag mit der Etablierung von ungedüngten Heuwiesen in den Beckenlandschaften während dieser Zeit und der Anlage des Limes-Grenzwalls zusammenhängen, der wahrscheinlich das Triften von Viehherden erschwerte. Durch Rückgang der Waldweide in den montanen Lagen erreicht die Buche ihre maximale Verbreitung. Archäologische Belege aus der Römischen Kaiserzeit sind für den Vogelsberg selten. Im Folgenden sinkt der Anteil von *Fagus* wieder, erholt sich dann nochmals. Während der Völkerwanderungszeit sind die Siedlungszeiger eine Zeitlang reduziert, setzen aber nicht lange aus. Ähnliches zeigt sich in der Rhön und am Meißner (Stalling 1983). In dieser Phase breitet sich auch *Carpinus* in den niederen Berglagen aus und erreicht die höchsten Werte. Dieses Maximum datiert im Gebiet auf die Zeitscheibe 750 n. Chr. Erstmals wird Pollen von Esskastanie (*Castanea*) erfasst, sicher durch Fernflug eingetragen. Im Verlauf des 8. Jahrhunderts kommt es zu Aufsiedelungen im Unteren Vogelsberg.

In RPZ 12 (Zeitscheiben 1250 bis 2000 n. Chr.), dem Jüngeren Subatlantikum, zeigen sich erhebliche Veränderungen der Vegetation. *Ulmus*, *Tilia*, *Fraxinus* und vor allem *Carpinus* gehen zurück. Später erfolgen der endgültige Rückgang von *Fagus* und der Hauptanstieg der Wildgräser sowie der Krautigen einschließlich der Siedlungszeiger. Die Erschließung des Mittelgebirges zeigt sich durch die Abnahme der Buche und des Baumpollens insgesamt sowie durch die gegenläufige Zunahme des Nichtbaumpollens. Der geschlossene Wald geht zugunsten offener Vegetation zurück. Auch der Oberwald ist nun durch Abholzungen, die Anlage von Siedlungen und die Schaffung von Kulturflächen betroffen. *Corylus* und *Quercus* weisen hier zeitweise kleine Gipfel auf. Der Vogelsberg bleibt vorrangig der Buche vorbehalten, während in den Buntsandsteingebieten mehr Eichen wachsen. Auch die mooreigenen Gehölze wie *Betula* und *Alnus* werden durch die Abholzungen beeinträchtigt. *Betula* breitet sich zunächst anstelle von *Alnus* aus und verliert erst später an Wuchsraum. Phasenweise konstituieren sich Birkenwälder, vermutlich mit Karpatenbirke (s. Abb. 35.2). Die Umgebung des Moores wird zunehmend waldfrei, und im Oberwald entstehen Wiesen- und Seggenmoore. Die Getreidekurve ist seit ca. 800 n. Chr. geschlossen; ein markanter Anstieg erfolgt erst zum ausgehenden Mittelalter. *Plantago lanceolata*-Typ, *Rumex acetosa*-Typ, Wildgräser sowie weitere Grünlandzeiger erreichen hohe Prozentanteile, was eine intensive Beweidung der Berglagen anzeigt. Gras- und krautreiche Hudewälder, Hudeweiden, Rasengesellschaften, Triften, Feuchtweiden und -wiesen nehmen zunehmend Raum in der Umgebung des Moores ein. Der Rückgang des Baumpollen-Anteils ist in größerem Maße als zuvor mit Feuereinwirkung verbunden, wie Mikroholzkohlen im Diagramm Forellenteiche (hier nicht abgebildet) zeigen.

Der allmähliche Rückgang der Bewaldung erfolgt im Oberwald wahrscheinlich nach der Jahrtausendwende. Die mittelalterliche Landnutzung wird im Hohen Vogelsberg durch die Holz- und Weidewirtschaft, den Ackerbau und die Beweidung bestimmt. Pollen vom Getreide-Typ dürfte nun größtenteils aus den Berglagen selbst stammen. Vereinzelt ist in den Mooren des Oberwaldes Pollen von Buchweizen (*Fa-

gopyrum) nachgewiesen. Auch Segetalpflanzen wie die Kornblume (*Centaurea cyanus*) sind belegt. Heute wird im Oberwald Ackerbau bis etwa 500/600 m Höhe betrieben. Relikte neuzeitlicher Ackerterrassen sind am Westhang des Hoherodskopfes in lokalklimatisch günstiger Lage bis 738 m Höhe nachweisbar. Die Anteile von *Secale*, von Wildgräsern, vom *Rumex acetosa*-Typ und vom *Plantago lanceolata*-Typ nehmen deutlich zu. Gegenläufig nehmen anspruchsvolle Hochstauden sowie *Betula* ab. In oberflächennahen Pollenspektren ist die Entwicklung einer lokalen *Calluna*-Heide im Bereich der Lokalität Forellenteiche zu erkennen. Beweideter Hudewald ist durch einen höheren Gras- und Kräuterreichtum sowie durch Weideunkräuter wie *Pteridium* und *Calluna* erkennbar. Als intensivste Phase anthropogener Eingriffe in die Montanvegetation zeichnet sich die Neuzeit aus. Der Getreidepollen erreicht höchste Werte. Im Oberwald ist es während des Jüngeren Subatlantikums aufgrund von Abholzung und Entwässerung in den meisten Mooren nur zu einem geringen Torfzuwachs gekommen. Die oberflächennahe Austrocknung der Moore ist durch die Zunahme der Wildgräser gekennzeichnet, auch *Betula* und *Alnus* gehen zurück. In den jüngsten Pollenspektren zeigt sich die Aufforstung durch ansteigende Anteile von *Pinus* und *Picea*. Pollen vom Getreide-Typ tritt nun zurück.

Prähistorische und historische Nutzungen

Im Gebiet sind vereinzelt Fundstellen des Alt-, Mittel- sowie des Jung- und Spätpaläolithikums bezeugt, weiterhin sind Fundkomplexe des älteren und jüngeren Mesolithikums bekannt (Rehbaum-Keller 1984). Ein möglicher Hinweis auf die Anwesenheit des mesolithischen Menschen im Bergwald ist eine im Torf der Breungeshainer Heide vorhandene Brandschicht. Frühneolithische Siedlungsnachweise der Linearbandkeramik sind vorrangig auf die Beckenlandschaften bei Marburg und Fulda sowie auf den Vorderen Vogelsberg begrenzt. Ähnlich verhält es sich mit den nachfolgenden neolithischen Abschnitten der Rössener Kultur, der Michelsberger Kultur und der Wartberg-Kultur. Im Pollenspektrum finden sich seit dem Frühneolithikum seltene Siedlungszeiger wie Pollen des Getreide-Typs. Das im Mittelgebirge für das Neolithikum und die Bronzezeit durch Pollenfunde nachweisbare Feuchtgrünland in Moornähe begünstigte wahrscheinlich eine saisonale Beweidung des Montanwaldes durch Nutztiere. Aus der jungneolithischen Michelsberger Kultur sind Lesefunde von Steingeräten bis in höhere Lagen bekannt (Fetsch 2021). Um 3100 v. Chr. werden siedlungsanzeigende Pollentypen, wie Spitzwegerich, in den Mooren des Vogelsberges stetig. Diese Funde, Pollenbelege für Grünland und Veränderungen in der Zusammensetzung des Baumpollens, deuten auf eine anthropo-zoogene Nutzung der Montanlagen während des Neolithikums. Hierbei ist eine Waldweide (s. Exkurs Kap. 19) von Nutztieren während der Sommermonate anzunehmen. Für die nachfolgende Einzelgrabkultur und Schnurkeramikkultur (ab dem Beginn des 3. Jahrtausends v. Chr.) sind für einige Mittelgebirgslagen (< 450 m) des Vogelsbergs Funde dokumentiert. Auch die Glockenbecherkultur konzentriert sich auf die Beckenlandschaften, ist aber auch vereinzelt in höheren Lagen nachgewiesen. Aus der frühen Bronzezeit sind Einzelfunde und Deponierungen bekannt, während in der Hügelgräber-Bronzezeit auch im Mittelgebirge Grabhügel in beachtlicher Funddichte bezeugt sind. Im Pollenspektrum zeigen sich eine deutliche Auflichtung der Wälder und eine Zunahme der Siedlungszeiger. Für die Spätbronzezeit, die Urnenfelderkultur, sind in Nordhessen mehrere Hortfunde bekannt, und es werden befestigte Höhensiedlungen angelegt, etwa auf dem südlich des Gebietes gelegenen Glauberg, der vor allem während der Frühlatènezeit ein zentraler Ort war. In dieser Zeit werden bevorzugt niedere Lagen besiedelt. Relativ hohe Siedlungszeigerwerte bezeugen allerdings eine Fortsetzung der Nutzung höherer Lagen.

Mehrere Oppida entstehen am Rande der Beckenlandschaften. Im 1. Jahrhundert v. Chr. etablieren sich in den zuvor keltisch geprägten Gebieten germanische Gruppen, ohne dass im Pollendiagramm ein Wandel der Landnutzung erkennbar wäre. Römische Feldzüge führen durch den nordhessischen Raum; auf germanischem Boden entstehen römische Marsch- und Versorgungslager, und bei Waldgirmes im Lahntal gibt es eine augusteische Stadtgründung. Das Gebiet befindet sich außerhalb des Limes, der nach 110 n. Chr. um die Wetterau errichtet und in der Mitte des 3. Jahrhunderts aufgegeben wird. Der Rückgang der Siedlungszeiger und die hohen Buchenwerte sprechen dafür, dass die Hochlagen des hessischen Berglands zu dieser Zeit nicht mehr intensiv genutzt wurden. Die Völkerwanderungszeit ist durch einen zeitweiligen Rückgang der Siedlungszeiger gekennzeichnet. An der Wende vom 5. zum 6. Jahrhundert wird das Gebiet in das fränkische Reich eingegliedert, und im Jahr 721 nimmt Bonifatius seine missionarische Tätigkeit auf. Mit der Gründung der Klöster Fulda (744) und Bad Hersfeld (769) werden im 8. Jahrhundert mit der Christianisierung die kirchenorganisatorische Neuordnung des Raumes und der mittelalterliche Landesausbau eingeleitet.

Im ausgehenden Frühmittelalter kam es zu großflächiger Abholzung des Bergwalds und zu einer Ausweitung der Agrarflächen in höheren Lagen. Abgesehen von Erholungsphasen, während der spätmittelalterlichen Wüstungsphase und des Dreißigjährigen Krieges, sind Mittelalter und Neuzeit durch erhebliche Abholzungen, Ackerbau und Weidewirtschaft gekennzeichnet, die auch archivalisch belegt sind. Die zentral gelegenen Moore befanden sich inmitten großer waldfreier Flächen. Die Wälder des Vogelsbergs wurden in der Neuzeit als Mittelwald sowie als Niederwald bewirtschaftet und für die Waldweide genutzt. Die Ausdehnung der Äcker war im 16. und 17. Jahrhundert am größten. Es sind verschiedene Formen von Drei-, Vier- oder Fünffelderwirtschaft mit wiederholtem Anbau von Sommergetreide bezeugt. In der Rhön und im Knüllgebirge ist Feldgraswirtschaft (Wechselwiese, Drieschwirtschaft) belegt, hierbei wechseln die Brach- oder Grünlandfläche, die beweidet wird, mit 1- bis 2-jährigem Getreideanbau. In einigen Mittelgebirgen stand eine Form der Brandwirtschaft mit einem Rotationszyklus von Ackerbau, Brache und Holznutzung in Verbindung (s. Exkurs Kap. 14). Für den Vogelsberg ist dies nicht bekannt. Im Spätmittelalter und vor allem in der Neuzeit wurden in einigen Regionen Glashütten unterhalten, die einen erheblichen Holzbedarf hatten (s. Exkurs Kap. 38).

Bis in das 20. Jahrhundert wurde im Vogelsberg Köhlerei betrieben, und Schlackenhalden zeugen von Eisenverhüttung. In der zweiten Hälfte des 18. Jahrhunderts kam im Vogelsberg die Stallhaltung auf, und die Waldweide mit Großvieh wurde unbedeutend. Nunmehr wurde das Grünland zur Grasheugewinnung genutzt und besser gepflegt. Im 19. Jahrhundert erfolgte die Auflösung des Pferchzwangs: Dadurch stieg die Anzahl der im Oberwald weidenden Schafe erheblich an und Besenheide breitete sich aus. Noch im 19. Jahrhundert sind Hudeweiden das Charakteristikum der Montanlagen auch im Vogelsberg. Anstelle von *Fagus* breitet sich im Oberwald in einer jüngeren Phase *Picea* aus, die ab dem 17. Jahrhundert oder seit Ende des 18. Jahrhunderts in Oberhessen planmäßig gepflanzt wurde. Die Fichtenbestände auf der Breungeshainer Heide wurden in den 1870er-Jahren begründet. Bis Ende des 19. Jahrhunderts waren die Huterechte im Hohen Vogelsberg vollständig abgelöst. Heutzutage zeichnet sich der Hohe Vogelsberg durch einen hohen Anteil von Laubwald, Fichtenforsten, Erlenbruchwäldern und teils verheideten Grünlandflächen aus.

In der Hohen Rhön dürfte für die flächendeckende Entwaldung des Hochplateaus das Waldgewerbe mit Köhlereien, Glashütten, Eisenschmelzen und Pottaschesiedereien (s. Exkurs Kap. 36, 37 und 38) entscheidend gewesen sein. Dort blieben die Hochlagen infolge der Entscheidung der Grund- und Landesherren, weiterhin extensive Beweidung mit Schaf- und Ziegenherden zu dulden, waldfrei. Die Hohe Rhön ist das einzige deutsche Mittelgebirge, in dem die anthropogen geschaffenen Freiflächen weitgehend erhalten geblieben sind.

Literatur

Bohn U (1981) Vegetationskarte der Bundesrepublik Deutschland 1:200.000 – Potentielle natürliche Vegetation – Blatt CC 5518 Fulda. Schriftenreihe für Vegetationskunde 15. Landwirtschaftsverlag, Bonn-Bad Godesberg

Fetsch S (2021) Die Michelsberger Kultur in Hessen. Eine Analyse chronologischer und räumlicher Entwicklungen. Dissertation, Universität Mainz

Firbas F (1934) Über die Bestimmung der Walddichte und der Vegetation waldloser Gebiete mit Hilfe der Pollenanalyse. Planta 22: 109–145

Hahne J (1991) Untersuchungen zur spät- und postglazialen Vegetationsgeschichte im nördlichen Bayern (Rhön, Grabfeld, Lange Berge). Flora 185: 17–32

Overbeck F, Aletsee L, Müller K, Wiermann R (1962) Einige Hinweise zu den Exkursionen im nordwestdeutschen Flachland und in der Rhön. Institut für Weltwirtschaft, Kiel

Rehbaum-Keller A (1984) Archäologisch-ökologische Studien zur vorgeschichtlichen Besiedlung der Wetterau und des Vogelsberges. Dissertation, Universität Frankfurt/Main

Schäfer M (1991) Grünland im Hohen Vogelsberg (Hessen) in prähistorischer Zeit – Ergebnisse von Bodenpollenanalysen. Archäologisches Korrespondenzblatt 21: 477–488

Schäfer M (1996) Pollenanalysen an Mooren des Hohen Vogelsberges (Hessen) – Beiträge zur Vegetationsgeschichte und anthropogenen Nutzung eines Mittelgebirges. Dissertationes Botanicae 265. Cramer, Berlin, Stuttgart

Stalling H (1983) Untersuchungen zur nacheiszeitlichen Vegetationsgeschichte des Meißners (Nordhessen). Flora 174: 357–376

Teil VI
Exkurse zur Ressourcennutzung

Holzkohle und Metallgewinnung

Oliver Nelle

Bei unvollständiger Verbrennung von Holz entsteht Holzkohle (Abb. 36.1). Seit der Mensch Holz nutzt, ist anthropogene Holzkohle archäologisch überliefert (Ludemann und Nelle 2017). Als Abfall von Feuerstelle, Ofen und abgebranntem Haus dient die gegen mikrobiellen Abbau resistente Holzkohle heute als Proxy für Holznutzung und Umweltbedingungen. Doch im Laufe der Geschichte war sie auch Ressource. Ihr kommt eine essenzielle Rolle als leicht zu transportierender Energieträger, als wenig Rauch erzeugendes Brennmaterial, aber insbesondere und essenziell als Reduktionsmittel spätestens mit der Eisengewinnung und -verarbeitung zu, bevor seit dem 19. Jahrhundert Steinkohle diese Aufgabe übernahm.

Als Proxy liefert Holzkohle, zum Beispiel aus Kohlenmeilerstellen, Informationen zu Baumartenzusammensetzung und Waldbewirtschaftung. Die Wissenschaft von der Holzkohle, auch Anthrakologie genannt, liefert komplementär zur Palynologie Informationen zu Vorhandensein und Nutzung von Gehölzarten und trägt damit zur Rekonstruktion der Umweltverhältnisse bei (Nelle et al. 2010). Ein Beispiel für diese Komplementarität ist die Möglichkeit, die Häufigkeit insektenbestäubter Gehölze wie etwa die Kernobstgewächse (Maloideae) besser zu erfassen als mit der Pollenanalyse. Sie belegt damit deren Bedeutung in den Holznutzungsspektren neolithischer Siedlungen in vielen Regionen Europas. Dabei finden sich Holzkohlen nicht nur in anthropogenen Schichten und Befunden, sondern auch in Böden, Sedimenten und Torfen als Rückstände von Wildfeuern. Diese können quantifiziert werden und zur Kenntnis der früheren Rolle von Feuerereignissen in der Landschaft beitragen. Reste von Orten des Holzkohlenverbrauchs zeigen die Nutzung bestimmter Holzarten für spezifische technische Zwecke an. Darüber hinaus sind Holzkohlefragmente als Reste von Herdfeuern oder abgebrannten Gebäuden der häufigste Fund bei archäologischen Grabungen. Unter Mineralbodenbedingungen bilden sie die einzige Informationsquelle zur Nutzung der Ressource Holz.

Mit den Anfängen der Metallgewinnung kam neben den bisherigen Holznutzungsarten wie Kochen, Heizen, Bauen und Werkzeugherstellung das Rösten, Schmelzen und Schmieden von Metallerzen oder Metallen hinzu (Lechtman und Klein 1999). Ab der Eisenzeit sind Meilergruben belegt. Holzkohle wurde also intentionell produziert (Abb. 36.2) und dann zur Reduktion der Eisenoxide eingesetzt, um mehr oder weniger reines Eisen zu gewinnen. Der Einbau von Kohlenstoffatomen aus dem Holz in das Metallgitter führt dabei zu einer schmiedbaren Materialqualität, die als Stahl bezeichnet wird. Auch die Reduktion von Kupferoxiden braucht Schwefel oder Holzkohle – ob diese in den Anfängen der Metallgewinnung gezielt beigegeben wurde oder ob dieses reduzierende Milieu mit verkohlendem Holz im offenen Feuer erreicht wurde, wird weiter diskutiert, solange keine bronzezeitlichen Herstellungsorte identifiziert sind. Theophrast (371–287 v. Chr.) beschreibt den Verkohlungsprozess, und bereits im Mesolithikum wendeten die Menschen Köhlereitechniken für die Gewinnung von Teer und Birkenpech an (s. Exkurs Kap. 37).

Holzkohle wurde im Mittelalter und weiter zunehmend in der Neuzeit überall produziert. Davon zeugen Abertausende von Meilerstellen – Gruben oder in der Neuzeit plane Plätze, sogenannte Meilerpodien oder -plätze. Mithilfe der Lidar-Technik lassen sich „Kohlwälder" identifizieren, in denen man im Oberflächenscan besonders in den Mittelgebirgen die terrassenartigen ungefähr 100 m² großen Produktionsstätten erkennt. In manchen Regionen sind Meilerstellen das häufigste archäologische Bodendenkmal; sie zeugen auch in scheinbar unberührten „Urwäldern" von der historischen Waldnutzung oder deuten in Gebirgen früher höhere Waldgrenzen an.

O. Nelle (✉)
Dendrochronologisches Labor,
Landesamt für Denkmalpflege Baden-Württemberg,
Gaienhofen-Hemmenhofen, Deutschland
e-mail: oliver.nelle@rps.bwl.de

Abb. 36.1 Holzkohle von Eiche (Gattung *Quercus*, sommergrün) (Foto: O. Nelle)

Zur Herstellung von rund 5 t Roheisen in 500 Öfen im spätkaiserzeitlichen Joldelund im Verlauf von 100 Jahren errechneten Dörfler und Wiethold (2000) einen Bedarf von 105 t Holzkohle (vgl. Kap. 57). Als Kohlholz – Eiche und Erle – wurden pro Jahr rund 8 t für die Verhüttung und möglicherweise weitere 8 t für das Ausschmieden der Luppe benötigt. Mit einem angenommenen jährlichen Zuwachs von ca. 2 fm/ha würden etwa 8 ha Wald für die Erzeugung von ca. 50 kg Roheisen pro Jahr gereicht haben. Die Eisenverhüttung hat in diesem Beispiel also nicht zu einer flächenhaften Waldvernichtung geführt. Anders hat dies wohl in der Neuzeit in manchen europäischen Mittelgebirgen ausgesehen: Neuzeitliche Meiler mittlerer Größe umfassen 80 bis 150 fm Holz. Würden diese im Kahlschlag gewonnen, würde ein Hektar Wald also in drei bis acht Meilern verkohlt werden, je nach Holzvorrat des Waldes.

Dem Informationsträger Holzkohle lässt sich durch entsprechende Analysen ein breites Kaleidoskop an Informationen entlocken: Holzart (via holzanatomischer mikroskopischer Analyse) meist taxonomisch bis zur Gattung; Mindestdurchmesser und Holzstärkeanalyse; bei genügender Anzahl von Jahrringen eine dendrochronologische Datierung; bei Vorhandensein einer Waldkante ein ähnlich präzises Radiokarbonalter wie bei einjährigen Pflanzenteilen; die Pyrolysetemperatur; mittels Analyse stabiler Isotope Informationen zu Klima (^{18}O, ^{13}C), Nährstoffhaushalt (N) oder Provenienz ($^{87}Sr/^{86}Sr$). In der Zukunft kann möglicherweise deutlich günstiger als mit ^{14}C-AMS durch Messung des chemischen Alters von Holzkohle datiert werden, und der genaue Blick auf die Pyrolyseprodukte wird mit neuen Erkenntnissen zu Feuerprozessen archäologische Brandbefunde besser verstehen lassen.

Abb. 36.2 Herstellung von Holzkohle in einem stehenden Rundmeiler (Freiburger Stadtwald, 2015) (Foto: O. Nelle)

Literatur

Dörfler W, Wiethold J (2000) Holzkohlen aus den Herdgruben von Rennfeueröfen und Siedlungsbefunden des spätkaiserzeitlichen Eisengewinnungs- und Siedlungsplatzes am Kammberg bei Joldelund, Kr. Nordfriesland. In: Haffner A, Jöns H, Reichstein J (eds) Frühe Eisengewinnung in Joldelund, Kr. Nordfriesland. Teil 2: Naturwissenschaftliche Untersuchungen zur Metallurgie- und Vegetationsgeschichte. Universitätsforschungen zur prähistorischen Archäologie 59. Habelt, Bonn, 217–262

Lechtman H, Klein S (1999) The production of copper–arsenic alloys (arsenic bronze) by cosmelting: Modern experiment, ancient practice. Journal of Archaeological Science 26: 497–526

Ludemann T, Nelle O (2017) Anthracology: Local to global significance of charcoal science. Quaternary International 457: 1–5

Nelle O, Dreibrodt S, Dannath Y (2010): Combining pollen and charcoal: Evaluating Holocene vegetation composition and dynamics. Journal of Archaeological Science 37: 2126–2135

Die Gewinnung von Teer, Pech und Harz

Susanne Jahns und Dieter Todtenhaupt

Holzteer und Holzpech sind Produkte, die mittels Erhitzung von Holz und Rinde durch Pyrolyse bei verminderter Sauerstoffzufuhr erzeugt werden. Holzteer ist ein zähflüssiger Stoff, der gewonnen wird, indem man Holz erhitzt und verschwelt, ähnlich der Herstellung von Holzkohle (vgl. Exkurs Kap. 36). Holzpech ist hingegen ein schmelzbarer Rückstand, der bei der Destillation von Holzteer entsteht. Die beiden Begriffe wurden früher häufig synonym verwendet und erst in jüngerer Zeit nach DIN-Norm definiert. Gemäß ihren Eigenschaften: klebend, dichtend, schmierend, desinfizierend, brennbar, waren und sind die Verwendungsmöglichkeiten für Teer und Pech vielfältig. Stellvertretend genannt sei hier nur die große Bedeutung für die Seefahrt mit hölzernen Schiffen, für die ein großer Teil des insgesamt hergestellten Holzteers zum Kalfatern des gesamten Schiffsrumpfs verwendet wurde. Bei großen Schiffen wurden bis zu 20 t Teer und Pech benötigt.

Für die Pyrolyse kann das Holz zum einen durch Verbrennen oder Verschwelen autotherm direkt erhitzt werden. Auf diese Weise hat schon der Neandertaler durch Erhitzen von Birkenrinde Pech erzeugt, das er als Klebstoff verwendete (Grünberg et al. 1999; Todtenhaupt et al. 2007). Nachweise gibt es aus allen prähistorischen Epochen. Auch die kupfersteinzeitliche Gletschermumie aus den Ötztaler Alpen (Ötzi) hatte mit Birkenpech geklebte Pfeile bei sich (Egg und Spindler 2008). Autotherme Herstellung wurde auch in speziell konstruierten Öfen und Meilern betrieben, bevorzugt mit harzreichem Kiefernwurzelholz.

Effektiver ist aber die Teer- und Pechgewinnung durch indirekte allotherme Erhitzung des Holzes. Ab dem 7. Jahrhundert n. Chr. ist vor allem aus dem slawischen Siedlungsgebiet das sogenannte Doppeltopfverfahren bekannt (Kurzweil und Todtenhaupt 1991). Dabei werden zwei aufeinander gesetzte Keramiktöpfe verwendet. Der obere Topf weist ein oder mehrere Löcher im Boden auf. Der untere Topf wird in die Erde eingegraben. Das Holz im oberen Topf wird durch ein umschließendes Feuer auf ca. 500–600 °C erhitzt (Abb. 37.1). Das austretende Destillat sammelt sich im unteren Topf und kühlt ab. Neben Birkenrinde wurde auch bei dieser Methode vor allem Kiefernholz genutzt (Brande und Schumann 1991). Aufwendiger konstruiert ist der doppelwandige, gemauerte Teerofen (Abb. 37.2), der archäologisch ab dem 13. Jahrhundert nachgewiesen ist und dessen neuzeitliche Verbreitung sich im Raum Berlin mit den palynologisch nachgewiesenen kiefernreichen Restwäldern deckt (Brande und Schumann 1991). Die Teerschweler verwendeten ausschließlich harzreiches Wurzelholz von den Nadelbäumen Kiefer, Fichte und Tanne. Nach Möglichkeit ließ man die Stubben zwei bis vier Jahre nach dem Fällen der Bäume im Boden, damit sich viel Harz ansammeln konnte. Für das Fällen der Bäume waren die Waldbesitzer oder die staatliche Forstbehörde zuständig, die oft unverantwortlich viel Holz einschlugen. Dies trug spätestens seit dem Mittelalter und vor allem in der Neuzeit zu großflächiger Entwaldung bei.

Direkt am Baum, ohne Erhitzung, erfolgt die Gewinnung von Harz, in Süddeutschland und Österreich auch Pecherei genannt. Hierbei wird das Rohharz direkt durch Verletzung der Rinde bis hinein in das Splintholz mit seinen Harzkanälen gewonnen. Harzreiche Nadelbäume – auch hier zumeist Kiefern – werden so genutzt. Während der Vegetationsperiode führte der Harzer ungefähr einmal wöchentlich in einem Winkel von 45° schräg auf eine Tropfrinne zu-

S. Jahns (✉)
Brandenburg. Landesamt f. Denkmalpflege u. Archäol. Landesmuseum, Wünsdorf, Deutschland
e-mail: susanne.jahns@bldam.brandenburg.de

D. Todtenhaupt
Berlin, Deutschland

Abb. 37.1 Gewinnung von Holzteer im Doppeltopfverfahren bei der experimentellen Teerschwele des Museumsdorfes Düppel/Berlin: (**a**) vor dem Schwelgang, (**b**) nach Beendigung des Schwelgangs (Fotos: D. Todtenhaupt)

Abb. 37.2 Ein aus dem späten 19. Jahrhundert stammender Teerofen in Rostock-Rövershagen, der zu besonderen Anlässen in Betrieb genommen wird (Foto: D. Todtenhaupt)

laufende Risse aus. Das aus den verletzten Harzkanälen austretende Harz floss zur Tropfrinne und dann in ein an deren unterem Ende angebrachtes Auffanggefäß. Bei sachgemäßer Durchführung schadete die Prozedur dem Baum nur schwach (Weidermann 1999). Allerdings steht das Harzen im Nutzungskonflikt mit einer optimalen Holzerzeugung. Die Nutzung von Harz zu medizinischen Zwecken und als Räucherwerk wird schon in antiken Schriftquellen erwähnt. Auch im Mittelalter und der frühen Neuzeit fand Harz vielfältig Verwendung, unter anderem als Klebstoff und Bindemittel für Farbpigmente in der Ölmalerei. Rohharz wird durch Destillation in Kolophonium und Terpentinöl aufgespalten. In neuerer Zeit diente Kolophonium, das den größeren Bestandteil ausmacht, zur Herstellung verschiedenster Produkte: von Lacken über Seife bis zum Bogenharz für Streichinstrumente. Im Osten Deutschlands wurde zur Zeit der DDR in den großflächig gepflanzten Kiefernforsten die Harzgewinnung besonders intensiv betrieben. Hier kam auch dem Terpentinöl große wirtschaftliche Bedeutung zu. Es wird unter anderem als Lösungsmittel in der Farben- und in der Pharmaindustrie verwendet. Um das Jahr 1990 kam die Harzgewinnung in Deutschland zum Erliegen. Zum einen trat das Rohharz überseeischer Nadelhölzer mit größerem Ertrag als Konkurrenz auf, zum anderen sind Naturharze in vielen Branchen durch industriell hergestellte Kunstharze ersetzt worden. Bis heute findet man aber noch Kiefern mit den typischen Spuren der Harzgewinnung (Abb. 37.3).

Literatur

Brande A, Schumann M (1991) Pollen- und Holzkohlenanalysen zum Problem der mittelalterlichen Teerschwelen in Düppel (Berlin-Zehlendorf). Acta Praehistorica et Archaeologica 23: 103–107

Grünberg JM, Graetsch H, Baumer U, Koller J (1999) Untersuchung der mittelpaläolithischen „Harzreste" von Königsaue, Ldkr. Aschersleben-Staßfurt. Jahresschrift für mitteldeutsche Vorgeschichte 81: 7–38

Egg M, Spindler K (2008) Kleidung und Ausrüstung der Gletschermumie aus den Ötztaler Alpen. Monographien des Römisch-Germanischen Zentralmuseums Mainz 77. Schnell & Steiner, Regensburg

Kurzweil A, Todtenhaupt D (1991) Technologie der Holzteergewinnung. Acta Praehistorica et Archaeologica 23: 63–91

Todtenhaupt D, Elsweiler F, Baumer U (2007) Das Pech des Neandertalers – eine Möglichkeit der Herstellung. Experimentelle Archäologie in Europa, Bilanz 2007: 155–161

Weidermann K (1999) Zur Wald-, Forst- und Siedlungsgeschichte des Naturparkes Nossentiner/Schwinzer Heide. Naturpark Nossentiner/Schwinzer Heide: Aus Kultur und Wissenschaft Heft 1, Karow, 6–58

Abb. 37.3 Ehemals geharzte Kiefer im Naturpark Hoher Fläming in Brandenburg (Foto: S. Jahns)

Ziegeleien, Kalkbrennereien, Glashütten und Salinen

Walter Dörfler

Neben den Metallurgen zählen die Ziegler, Kalkbrenner, Glas- und Salzmacher zu den historischen Gewerben mit dem höchsten Energiebedarf. Außer den Rohstoffen – Ton, Kalkstein, Quarzsand und Holzasche oder Sole – wird für den Herstellungsprozess viel Holz oder Holzkohle benötigt. Darum hatte die Etablierung dieser Techniken drastische Auswirkungen auf die Waldbestände. Während für die Einrichtung von Metallhütten das Vorkommen von Erzen und für Salinen das Vorkommen von Sole das entscheidende Kriterium war, konnten Ziegeleien, Kalkbrennereien und Glashütten fast überall errichtet werden, wo das Endprodukt benötigt wurde oder wo die Ressourcen ausreichend zur Verfügung standen. Heute zeugen oftmals nur noch Straßen- und Flurnamen von den ehemaligen Gewerben. Die Techniken waren im Römischen Reich weitverbreitet, gelangten aber nach dessen Zusammenbruch erst im Laufe des frühen Hochmittelalters wieder in die Regionen nördlich der Alpen.

Ziegel ersetzten Holz und Lehm erst ganz allmählich und waren zunächst ein im klerikalen und adeligen Bereich bevorzugtes Baumaterial. Die erste profane Verwendung von Ziegeln ist in Norddeutschland für die ab 1163 errichtete Waldemarsmauer belegt (Abb. 38.1). Zu dieser Zeit kamen Backsteine noch nicht aus fest installierten Ziegeleien mit Öfen, sondern sie wurden im *Feldbrand* hergestellt. Dazu wurden luftgetrocknete Lehmziegel mit reichlich Torf- oder Holzkohle zu einem Meiler aufgetürmt, der nach außen mit frischem Lehm verstrichen war. So konnten die Backsteine über mehrere Tage kontrolliert gebrannt werden, ähnlich wie bei der Verkohlung in Kohlemeilern. Solche Meiler waren bis zum Ende des 19. Jahrhunderts im Einsatz (Abb. 38.2).

Abb. 38.1 Die Waldemarsmauer am Danewerk als erster profaner Ziegelbau in Norddeutschland von 1163 (Quelle: © ALSH, Tom Körber)

Der Energiebedarf lag dabei etwa dreimal so hoch wie bei modernen Ringöfen. Damit blieben Ziegel lange Zeit ein recht teures Baumaterial.

Auch Kalk ist in Gruben oder Meilern gebrannt worden. Erhalten haben sich nur wenige Reste von Brennöfen, in denen der gebrochene Kalkstein zu Branntkalk verarbeitet wurde (Abb. 38.3). Aus Ostholstein ist vom Kellersee bei Malente auch die Verarbeitung von Wiesenkalk oder Seekreide, im Flachwasser ausgeschiedenem kalkhaltigem Sediment, belegt. Der Flurname Alte Kalkhütte weist auf den Standort eines Ofens, der zwischenzeitlich auch zum Brennen von Ziegeln im Einsatz war.

W. Dörfler (✉)
Institut für Ur- und Frühgeschichte, Christian-Albrechts-Universität, Kiel, Deutschland
e-mail: wdoerfler@ufg.uni-kiel.de

Abb. 38.2 Ziegelherstellung im Feldbrand. Oben links: Das Aufsetzen des Meilers aus getrockneten Lehmziegeln und Kohle. Oben rechts: Der fertig aufgesetzte Meiler wird mit Lehm luftdicht verkleidet. Unten links: Der Brand ist abgeschlossen, und die Verkleidung kann entfernt werden. Unten rechts: Die fertig gebrannten Ziegel werden abgefahren. Alle Aufnahmen aus dem Film Feldbrandziegelei von Gabriel Simons und Dore Andrée (Sabershausen im Hunsrück 1963) (Quelle: Technische Informationsbibliothek, TIB AV-Portal3)

Abb. 38.3 Historischer Kalkofen im Freilichtmuseum Glentleiten (Foto: W. Dörfler)

Unter diesen energieaufwendigen Gewerben wiesen Glashütten den höchsten Holzverbrauch auf (Abb. 38.4). Dazu zählt nicht nur das getrocknete Holz, das zum Erreichen von 1400 °C im Schmelzofen benötigt wurde, sondern vor allem jenes Holz, das zur Gewinnung des Rohstoffs Holzasche verbrannt wurde (Wedepohl 2003; Herb und Willburger 2016). Bei einfachen Waldglashütten wurde die Holzasche direkt als Flussmittel eingesetzt, um den Schmelzpunkt des Quarzsandes herabzusetzen. Für teurere Gläser wurde dazu das importierte Soda oder die aufwendig aus Holzasche gewonnene Pottasche genutzt. Glashütten entstanden nördlich der Alpen ab dem Mittelalter in waldreichen Gebieten, hatten aber keine dauerhaften Gebäude, sondern wurden – wenn das Holz im Einzugsgebiet verbraucht war – abgebrochen und an anderer Stelle neu errichtet. Oftmals setzten Grundbesitzer die Glasmacher ein, um Wald roden zu lassen und in Äcker oder Wiesen umzu-

Abb. 38.4 Darstellung einer mittelalterlichen Glashütte des 15. Jahrhunderts in der Reisebeschreibung des John Mandeville (Quelle: British Museum, Add Ms 24189 fol 16r)

wandeln. Die Glasmacher hatten dabei die Verpflichtung, nicht nur das Kronen- und Stammholz, sondern auch die Wurzelstöcke zu nutzen.

Da Salz die für die Ernährung essenziellen Elemente Chlor und Natrium enthält, wird es oft auch als weißes Gold bezeichnet. Seine Bedeutung wird mit der des Erdöls im 20. Jahrhundert verglichen. Wenige Hinweise gibt es für neolithische Salzgewinnung, diese treten vermehrt für die Bronzezeit und besonders die Eisenzeiten auf (Saile 2000). Im römischen Reich und auch im Mittelalter sind die Erzeugung von und der Handel mit Salz wichtige Wirtschaftszweige. So ist der Fernhandel der Hanse mit Lübeck als Zentralort eng mit der wirtschaftlichen Entwicklung Lüneburgs als wichtigstem Salzproduzenten verknüpft. Es wurde nicht nur für die direkte Ernährung des Menschen und seines Viehs, sondern besonders auch zur Konservierung von Fisch (Hering) und Fleisch sowie zur Erzeugung von Käse oder Sauerkraut benötigt. Damit die Sole durch Erwärmung konzentriert werden und schließlich das Salz auskristallisieren kann, ist viel Energie nötig. Diese wurde in Mitteleuropa in Form von Feuerholz bereitgestellt, was in erheblichem Umfang zur Degradierung und Zerstörung der Wälder beigetragen hat.

Erst mit der Verwendung von zunächst Kohle, im Ruhrgebiet seit 1370, und dann in der Neuzeit zunehmend von Erdöl und Gas konnte Holz als Brennmaterial im Haushalt und Gewerbe ersetzt werden. So konnten stark degradierte Wälder regenerieren, und die planmäßige Forstwirtschaft (s. Exkurs Kap. 40) sorgte für die Neuanlage von Wäldern, oftmals aber als monospezifische Forsten.

Literatur

Herb C, Willburger N (2016) Glas. Von den Anfängen bis ins Frühe Mittelalter. Konrad Theiss, Stuttgart

Saile T (2000) Salz im Ur- und Frühgeschichtlichen Mitteleuropa – Eine Bestandsaufnahme. Bericht der Römisch-Germanischen Kommission 81: 130–334

Wedepohl KH (2003) Glas in Antike und Mittelalter. Schweizerbart, Stuttgart

Fasergewinnung

Sabine Karg

Der Bast bildet als Leitungsgewebe von Bäumen zwischen Holz und Borke lange parallele Zellstrukturen aus, die als Fasern genutzt werden können. Solche pflanzlichen Fasern dienten bereits in der Steinzeit zur Herstellung von feinen Fäden, Schnüren und Seilen, aus denen wiederum Tragevorrichtungen wie Netze, Beutel, Taschen, Halterungen für Gefäße, Siebe und Gewebe wie Matten und Kleidungsstücke und vieles mehr angefertigt wurden (Karg 2022a). Archäologische Funde belegen, dass Baumbast der Eiche vor mehr als 8500 Jahren sogar verwoben wurde (Rast-Eicher et al. 2021). Aus der ca. 10.000 Jahre alten mesolithischen Fundstelle Friesack im brandenburgischen Havelland gibt es Netzfragmente, deren Fäden aus dem Bast von Weiden gefertigt wurden (Körber-Grohne 1995) (Abb. 39.1). Baumbast von Linden und Eichen fand häufig für die Herstellung von Schuhen und Hüten in den neolithischen Seeufersiedlungen im Alpenvorland Verwendung. Wie die Faserbestimmung an zahlreichen archäologischen Geflecht- und Gewebefunden zeigt, bildete Baumbast durch alle Zeitepochen hinweg die allerwichtigste Rohstoffquelle. Verfügbarkeit und Qualität der einzelnen Baumarten spielten eine wichtige Rolle. So weisen Bastfasern je nach Baumart eine unterschiedliche Länge und Qualität auf. Die Linde, deren Bast lange, feine und sehr stabile Fasern hat, stand in Mitteleuropa ab dem frühen Atlantikum (ca. 7500 v. Chr.) als Rohstofflieferant zur Verfügung (Karg 2022a) (Abb. 39.2). Altdorfer (2010, 86) vermutet für neolithische Feuchtbodensiedlungen am Südrand des Pfäffikersees in der Schweiz eine bereits planmäßige Waldwirtschaft, in der Linden für die Bastgewinnung schon im 4. Jahrtausend v. Chr. gepflegt worden sind.

Zwei verschiedene Leinsorten wurden seit dem Neolithikum angebaut: Der kurzwüchsige und stark verzweigte Öllein produziert große Samen, die für die Herstellung von Leinöl dienten. Der langwüchsige und wenig verzweigte Faserlein ist im archäologischen Befund an den kleineren Samen nachweisbar (Karg 2022b). Aus den feinen und sehr reißfesten Fasern dieser Sorte wurden im Neolithikum Fischernetze gefertigt (Rast-Eicher 2015). Aufgrund des aufwendigen Herstellungsprozesses und auch wegen ihrer Haltbarkeit waren Leinenstoffe bis in die Neuzeit hinein sehr geschätzt und wurden über Generationen hinweg weitervererbt.

Die etwas gröberen Fasern des Hanfs fanden nördlich der Alpen erst seit dem Mittelalter weite Verbreitung und waren ein wichtiger Rohstoff für die Herstellung von Seilen für die Schifffahrt.

Für die Gewinnung von groben Pflanzenfasern kann der Bast bei einigen Pflanzen direkt mit der Rinde abgelöst und verarbeitet werden. Bis in die Gegenwart hinein wird jedoch das Rotten von Baumrinden und Pflanzenstängeln zur Gewinnung feiner Fasern betrieben. Man nennt diesen Vorgang auch Röste und unterscheidet zwischen Tau- und Wasserröste). Das Auslegen von Leinstängeln auf Wiesen oder abgeernteten Ackerflächen (Abb. 39.3) zur Tauröste kann archäologisch nicht nachgewiesen werden. Bei der Wasserröste taucht man abgeschälte Baumrinden oder ausgeraufte Brennnessel-, Lein- oder Hanfstängel in Stehgewässer, Gruben oder ausgediente Brunnen und beschwert die Bündel mit Steinen. Im archäologischen Befund ist diese Tätigkeit mehrfach nachgewiesen (Andresen und Karg 2011). Der Fäulnisprozess beginnt, abhängig von der Wassertemperatur, nach wenigen Tagen. Bakterien und Mikroorganismen zersetzen dann den Klebstoff (Pektine), der die Faserbündel zusammenhält. Danach können einzelne Bündel abgelöst werden. Die so aufbereiteten Fasern wurden anschließend getrocknet, mit einem Bock gebrochen, um Holzbestandteile zu zerkleinern, mit einem Holzmesser geschwungen, um Holz- und Rindenbestandteile zu entfernen, und gehechelt, also durch feine Kämme gezogen, bevor sie versponnen und weiter verzwirnt oder verwebt wurden.

Röstgruben, die früher wegen des unangenehmen Geruchs meist weit von den Wohnsiedlungen entfernt lagen,

S. Karg (✉)
Institut für Prähistorische Archäologie, Freie Universität, Berlin, Deutschland
e-mail: sabine.karg@fu-berlin.de

Abb. 39.1 Netz aus Weidenbast von dem mesolithischen Lagerplatz bei Friesack, Brandenburg (Foto: B. Gramsch, BLDAM)

Abb. 39.2 Herstellung von Lindenbast. Links: Abgeschälte Rinden von der Linde, die zur Röste in einen See gelegt werden. Mitte: Nach der Röste kann der Lindenbast leicht von den Rinden abgezogen werden. Rechts: Die gewaschenen Lindenbaststreifen werden zum Trocknen aufgehängt (Fotos: S. Karg)

sind im Falle von Hanf und seltener von Lein auch pollenanalytisch nachweisbar. Durch größenstatistische Untersuchungen gelang es, den Pollen von Hanf vom nah verwandten Hopfen zu unterscheiden (Dörfler 1990). Hanf produziert eine große Anzahl von Pollen, die durch den Wind verbreitet werden. Weist ein Pollendiagramm in einem Moor oder See ungewöhnlich hohe Werte von Hanfpollen auf, so deutet dies auf die Nutzung des Feuchtgebietes als Röste hin. Generell treten in Mitteleuropa derartige Hanfpollenhochstände in Pollendiagrammen erst ab dem Frühmittelalter auf.

Abhängig von der geographischen Lage und der jeweiligen Zeitepoche suchten sich unsere Vorfahren für die Herstellung von bestimmten Objekten ganz gezielt das jeweils am besten geeignete Rohmaterial aus.

Abb. 39.3 Ausgeraufter Faserlein, der direkt zur Tauröste auf dem Feld ausgelegt wird (Foto: W. Dörfler)

Literatur

Altdorfer K (2010) Die prähistorischen Feuchtbodensiedlungen am Südrand des Pfäffikersees. Monographien der Kantonsarchäologie Zürich 41. FO-Fotorotar AG, Zürich, Egg

Andresen ST, Karg S (2011) Retting pits for textile fibre plants at Danish prehistoric sites dated between 800 B.C. and A.D. 1050. Vegetation History and Archaeobotany 20: 517–526

Dörfler W (1990) Die Geschichte des Hanfanbaus in Mitteleuropa aufgrund palynologischer Untersuchungen und von Großrestnachweisen. Praehistorische Zeitschrift 65: 218–244

Karg S (2022a) Lime bast winning: know-how, labour input and quantity needed for the production of two selected Neolithic finds. In: Ulanowska A, Grömer K, Vandenberghe I, Öhrman M (eds) Ancient Textile Production from an Interdisciplinary Perspective – Humanities and Natural Sciences Interwoven for our Understanding of Textiles. Springer, Cham, 187–196

Karg S (2022b) Kulturpflanze Lein – Bastfaserlieferant und Superfood. Archäologie in Deutschland 2: 32–34

Körber-Grohne U (1995) Bericht über die botanisch-mikroskopische Bestimmung des Rohmaterials von Friesack, Landkreis Havelland. Veröffentlichungen des Museums für Ur- und Frühgeschichte Potsdam 29: 7–12

Rast-Eicher A (2015) Vom Fischernetz zum Kinderhut: neolithische und bronzezeitliche Gewebe und Geflechte. Archäologie der Schweiz 38: 16–23

Rast-Eicher A, Karg S, Bender Jørgensen L (2021) The use of local fibres for textiles at Neolithic Çatalhöyük (Turkey). Antiquity 95: 627–647

Beginn der Forstwirtschaft

Andreas Mölder und Marcus Schmidt

Spätestens durch den mittelalterlichen Landesausbau erhielten die Wälder, sofern sie mit den damaligen technischen Möglichkeiten erschlossen werden konnten, in Mitteleuropa das Gepräge einer Kulturlandschaft. Dementsprechend war während des Mittelalters und in der frühen Neuzeit der menschliche Nutzungseinfluss auf den Wald in der Nähe von Siedlungen am größten. Eichen- und buchenreiche Weidewälder sowie Nieder- und Mittelwälder (s. Exkurs Kap. 20) zur Erzeugung von Bau- und Brennholz dienten einer Vielzahl von Nutzungsansprüchen. Erste auf eine Nachhaltigkeit der Holzerzeugung bedachte Regelungen finden sich dabei in den ab dem 16. Jahrhundert erlassenen landesherrlichen Forstordnungen und in den oft noch älteren, von den Waldeigentümern oder ihren Vertretern verfassten Waldordnungen (z. B. Weistümer, Mark- oder Märkerordnungen).

Der Beginn einer rationellen und dabei auf größtmögliche Wirtschaftlichkeit bedachten Forstwirtschaft ist erst im Verlauf des 18. Jahrhunderts klar erkennbar. Ab dieser Zeit wurde die auf eine Maximierung des nachhaltig zu erzielenden Holzertrags ausgerichtete Bewirtschaftung der Wälder zum wirtschaftlichen und politischen Ziel der Landesherrschaft, das von einer straff organisierten Forstverwaltung umgesetzt wurde (Abb. 40.1).

Zu verstehen ist diese Entwicklung insbesondere vor dem Hintergrund der nach dem Dreißigjährigen Krieg wieder stark ansteigenden Bevölkerungszahlen und einer damit verbundenen Zunahme des Nutzungsdrucks auf die Wälder. Dabei handelte es sich nicht nur um den erhöhten Bau- und Brennholzbedarf der Bevölkerung, sondern auch um den im Zeitalter des Merkantilismus zunehmenden Holzbedarf der frühneuzeitlichen Gewerbe. Insbesondere Bergbau, Metallverarbeitung und Glasherstellung (s. Kap. 42 sowie Exkurse Kap. 36, 37 und 38), aber auch der Betrieb von Salinen wirkten sich nachteilig auf die Holzvorräte aus, und dies vornehmlich in den Staats- und größeren Privatwaldungen. Zudem wurde die natürliche Regeneration der Waldbestände durch die großflächig ausgeübte Waldweide (s. Exkurs Kap. 19) mit Rindern, Pferden, Schafen und Ziegen sowie die in vielen Regionen übliche Streu- oder Plaggenwirtschaft (s. Exkurs Kap. 15) beeinträchtigt. Diesen für die Holzerzeugung nachteiligen Zuständen wollte die rationelle Forstwirtschaft entgegenwirken. Dennoch kann für diese Zeitepoche in Deutschland nicht von einer flächendeckenden Waldverwüstung gesprochen werden, da die Intensität des anthropogenen Einflusses, einschließlich der Waldweide, sehr stark von der Entfernung zu Siedlungen und der Erschließung der Waldstandorte abhing. Daher fanden sich in Abhängigkeit vom lokalen Nutzungsdruck und der Zugänglichkeit der Bestände sowohl dicht mit Bäumen bestandene als auch stark übernutzte Waldbereiche. So gab es an steileren Hängen oder in höheren Berglagen noch dichte naturnahe Wälder in größerem Umfang, während die gut erreichbaren und erschlossenen Wälder der ebenen Lagen vielerorts stark verlichtet waren.

Für die Wälder in Deutschland war die Zeit zwischen dem Beginn der rationellen Forstwirtschaft um 1750 und dem späten 19. Jahrhundert eine Periode einschneidender Veränderungen. Die bestehenden Wälder unterlagen einem tiefgreifenden Wechsel der Baum- und Betriebsarten. Insbesondere zielte obrigkeitliches Handeln auf eine klare Trennung von Land- und Forstwirtschaft, vor allem von Weide und Wald. Um dieses Ziel zu erreichen, wurde die Einschränkung althergebrachter Nutzungsrechte der Bevölkerung angestrebt, deren endgültige Ablösung überwiegend im Verlauf des 19. Jahrhunderts erfolgte. Zu diesen Servituten gehörten neben Rechten zur Holznutzung vor allem die zur Waldweide und zur Schweinemast. Dabei ging einerseits Waldfläche verloren, wenn bei der Ablösung von

A. Mölder (✉) · M. Schmidt
Abteilung Waldnaturschutz, Nordwestdeutsche Forstliche Versuchsanstalt, Hann. Münden, Deutschland
e-mail: andreas.moelder@nw-fva.de

Abb. 40.1 Rationelle Forstwirtschaft um 1790 im Schwarzatal nahe Schwarzmühle im Thüringer Wald. Fichtenbestände werden geerntet und als Bauholz sowie zur Holzkohleherstellung genutzt, der Boden wird bearbeitet, Fichten werden neu gepflanzt (Quelle: Schlossmuseum Arnstadt, Sign. II-90-4, Aquarell, Maler unbekannt)

Nutzungsrechten beispielsweise Abfindungen durch nachfolgend gerodeten Forstgrund nötig waren. Andererseits entstanden auch in größerem Umfang neue Wälder auf Standorten, die für eine landwirtschaftliche Nutzung weniger gut geeignet waren.

Durch die Schaffung dichter Hochwälder wurden die Struktur und das Erscheinungsbild der Wälder und damit auch der Waldlebensräume tiefgreifend verändert (Abb. 40.2). Dies galt einerseits für Laubholz-Hochwälder mit der dominierenden Schattbaumart Buche (*Fagus sylvatica*), andererseits vor allem für ausgedehnte Nadelholzbestände, im Tiefland insbesondere mit der Waldkiefer (*Pinus sylvestris*) und im Bergland mit der Fichte (*Picea abies*). Lichte Eichen-Hutewälder wichen nach der Beendigung der Waldweide dichten Nadelholzbeständen (Abb. 40.3). Gehölzarme Heide-, Moor- und Dünenflächen wurden mit Kiefern aufgeforstet. Dies spiegelt sich nicht nur in veränderten Baumartenanteilen in Pollendiagrammen wider, sondern lässt sich beispielsweise auch auf historischen Karten schon im letzten Drittel des 18. Jahrhunderts (Abb. 40.4) ablesen. Neue Techniken für Holzeinschlag und -transport ermöglichten ab dem 19. Jahrhundert zudem die intensive holzwirtschaftliche Nutzung vieler ehemals unzugänglicher Waldbereiche.

40 Beginn der Forstwirtschaft

Abb. 40.2 Holzfäller im Sachsenwald bei Hamburg um 1850. In einem lichten und strukturreichen Hutewald werden mächtige Eichen und Buchen gefällt; von der nachfolgenden Pflanzung eines dichten Hochwaldes ist auszugehen (Quelle: Stiftung Historische Museen Hamburg – Altonaer Museum, Inv.-Nr. 1981–1982, Öl auf Leinwand, Hermann Kauffmann 1808–1889)

Abb. 40.3 Förster im Hutewald, einen Fichtenbestand betrachtend. Kolorierter Kupferstich als Frontispiz eines Forstlehrbuchs aus dem Jahre 1794 von Kaspar Heinrich von Sierstorpff (1750–1842). Der Kupferstich verdeutlicht die forstlichen Umbrüche des 18. Jahrhunderts sehr eindrücklich: Im Vordergrund ein lichter Eichen-Buchen-Hutewald. Am Rande dieses „Waldes der Vergangenheit" stehen zwei Männer, wohl Forstbeamte, von denen einer in den „Wald der Zukunft" weist: Ein dichter Fichtenbestand, der einzig der Holzproduktion dient. Waldweide ist dort nicht mehr vorgesehen (Quelle: Caspar Heinrich von Sierstorpff (1796), Ueber die forstmäßige Erziehung, Erhaltung und Benutzung der vorzüglichsten inländischen Holzarten. Erster Theil, der die Forst-Botanik, die Naturkunde der Bäume überhaupt und die Beschreibung der Eiche enthält)

Abb. 40.4 Historische Karten von 1714 (oben) und 1776 aus dem östlich der Elbe gelegenen Amt Neuhaus (Niedersachen) zeigen den im Verlauf des 18. Jahrhunderts erfolgten Landnutzungswandel. Zweimal derselbe Kartenausschnitt: Ausgehend von einem schon 1714 bestehenden königlichen Pflanzgarten „Dannen Camp", in dem Kiefern angezogen wurden, erfolgte die fast flächendeckende Aufforstung von gehölzarmen Moor- und Dünenflächen innerhalb von 60 Jahren. Nur in der Nähe der Ortschaft Stapel sind 1776 noch offene Sanddünen erhalten geblieben, die vermutlich beweidet wurden (Quelle: Generall Carte von dem im Herzogthum Lauenburg belegenen Ambte Neuhaus nebst allen denen in nachstehender Ordnunge darzu gehörigen Pertinentzien und Dörffern, erstellt 1714 von G. D. Michaelsen, Archivsignatur: NLA HA Kartensammlung Nr. 31 a/16 pg; Kurhannoversche Landesaufnahme des 18. Jahrhunderts, Blatt 70 Stapel, erstellt 1776, Archivsignatur: NLA WO K 20919)

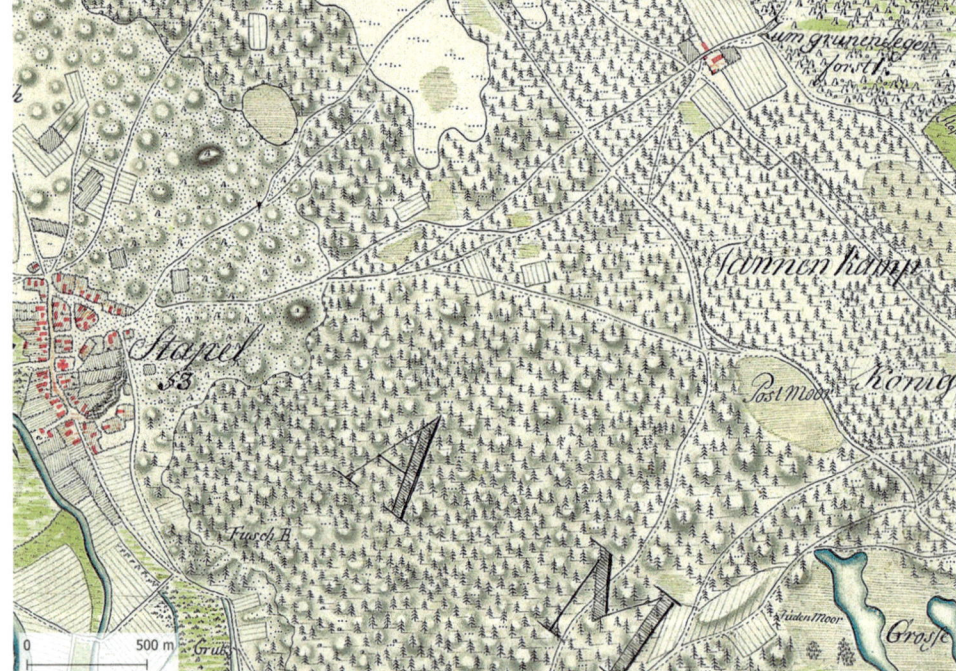

Weiterführende Literatur

Mölder A, Tiebel M, Plieninger T (2021) On the interplay of ownership patterns, biodiversity, and conservation in past and present temperate forest landscapes of Europe and North America. Current Forestry Reports 7: 195–213

Schwappach A (1886/1888) Handbuch der Forst- und Jagdgeschichte Deutschlands. 2 Bände. Springer, Berlin

Teil VII
Mittelgebirgslandschaften II

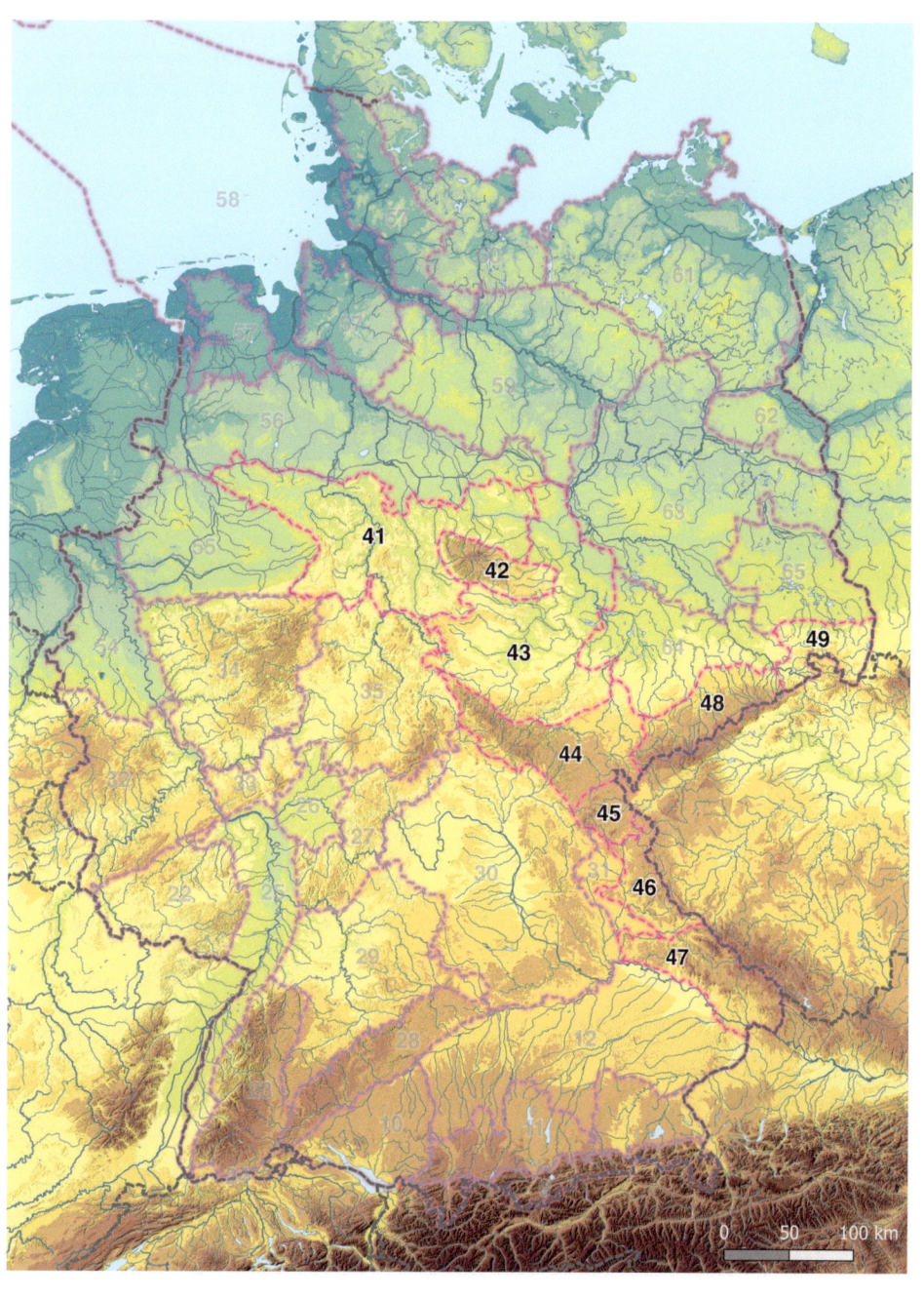

Weserbergland und nördliches Harzvorland

Frank Schlütz

Blick über reifende Getreidefelder und das Westwerk der Abtei Corvey auf das bewaldete Sollinggewölbe jenseits der Weser. Es war vor nunmehr bald sechs Jahrtausenden, dass hier erstmals ein Mensch das Land bestellte (Foto: F. Schlütz)

Ergänzende Information Die elektronische Version dieses Kapitels enthält Zusatzmaterial, auf das über folgenden Link zugegriffen werden kann [https://doi.org/10.1007/978-3-662-68936-3_41].

F. Schlütz (✉)
Institut für Ur- und Frühgeschichte,
Christian-Albrechts-Universität, Kiel, Deutschland
e-mail: frank.schluetz@ufg.uni-kiel.de

Der Naturraum

Geologie und Böden

Als Weserbergland wird hier der nördlichste Mittelgebirgsbereich westlich des Harzes zusammengefasst. Es erhebt sich über die Norddeutsche Tiefebene und erstreckt sich von West nach Ost über 500 km vom Mittellandkanal über das Osnabrücker Land, das Lipper Bergland und das eigentliche Weser- und Leinebergland bis nach Halberstadt im nördlichen Harzvorland. Im Südwesten engt die Westfälische Bucht das Bergland zum Harz und zum Thüringer Becken hin auf eine Breite von etwa 200 km ein (Abb. 41.1). Hier reicht das Gebiet von der Paderborner Hochfläche über Eggegebirge, Oberwälder Land und Warburger Börde zur Weser und weiter über Solling, Reinhardswald und Leinetal bis in das Untereichsfeld bei Duderstadt. Der Zusammenfluss von Fulda und Werra markiert bei Hannoversch Münden (120 m NN) die Grenze zum südlich angrenzenden Hessischen Bergland. Aus der Vereinigung beider Flüsse geht die Weser hervor. Sie durchbricht das Sollinggewölbe zwischen Solling, Reinhards- und Habichtswald westwärts nach Bad Karlshafen, von wo die Weser einen großen Bogen macht in Richtung zur Porta Westfalica südlich von Minden, um zwischen Wiehen- und Wesergebirge hindurch in nur mehr 40 m Höhe ihr Bergland in Richtung Nordsee zu verlassen. Den geologischen Untergrund dominieren Sedimentgesteine des Erdmittelalters (Mesozoikum), in der Fläche die der Trias, in den umgebenden Randgebirgen besonders auch solche aus der Jura- und der Kreidezeit. In den Randgebirgen sind die Gesteinsschichten durch tektonische Prozesse stark versetzt und verstellt.

Höhenzüge und die höchsten Gipfel von Wiehengebirge (320 m NN) und Wesergebirge (336 m NN) bestehen aus den harten Kalken des Korallenooliths wie auch aus Porta-Sandstein des Jura. In den anschließenden Gebirgen und im nördlichen Leinebergland treten Gesteine der Kreidezeit hinzu. Gebietsweise blieben weiche Juratone in Grabenbrüchen erhalten, so am Südrand des Lipper Berglandes. Dort fand man in einer Tongrube unweit Nieheim das westfälische Meeresreptil *Westphaliasaurus simonsensii*.

Senkrecht gestellte Schichten der Kreidezeit formen die Kämme von Teutoburger Wald und Egge, dabei tritt besonders der bis 300 m mächtige Osning-Sandstein hervor. Aus ihm bestehen der höchste Gipfel Preußische Velmerstot (468 m NN) wie auch die frei stehenden Externsteine bei Horn-Bad Meinberg. Verbreitet findet sich Kreide auf der Paderborner Hochfläche und im nördlichen Harzvorland.

Flächig dominierend sind jedoch die Gesteine der in Buntsandstein, Muschelkalk und Keuper dreigeteilten Trias. Westlich der Weser geben die tonreichen Schichten des Keupers dem Osnabrücker Hügelland, dem Lipper Bergland und dem Umland der Warburger Börde ein hügelig-welliges Gepräge. Den Gipfel des markanten Köterbergs (496 m NN) bilden harte quarzitische Sandsteine des oberen Keupers.

Nach Osten tritt der teils sehr harte und dickbankige Muschelkalk unter dem Keuper hervor und formt die markanten Geländestufen am westlichen Rand des Wesertals. Im Oberwälder Land reicht der Muschelkalk bis an das Eggegebirge. Östlich der Weser wölbt sich der aus mittlerem Bunt-

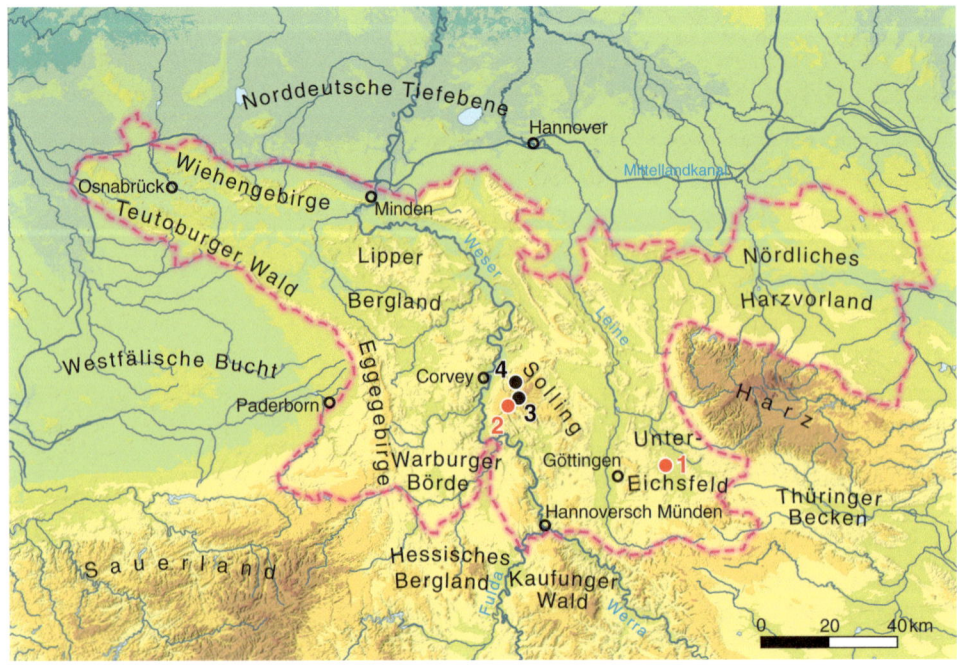

Abb. 41.1 Karte des Weserberglandes und des nördlichen Harzvorlandes mit pollenanalytisch untersuchter Lokalität für das standardisierte Pollendiagramm: 1 Luttersee. Zusätzlich diskutiertes Diagramm: 2 Ahlequellmoor. Weitere im Text erwähnte Lokalitäten: 3 Torfmoor, 4 Mecklenbruch

sandstein aufgebaute Solling bis zur Großen Blöße (528 m NN) empor. Die weichen Tone des oberen Buntsandsteins (Röt) hat die Weser ausgeräumt und sich so bei den Städten Höxter und Holzminden ein weites Tal geschaffen (Abb. 41.2).

Nach Osten folgen das Solling-Vorland aus Muschelkalk sowie die weite Senke des Leinetalgrabens mit dem Muschelkalkhorst des Göttinger Waldes. Daran anschließend bildet der Buntsandstein Becken und Höhen, in denen die Verwitterung überhängende Felswände herausformte.

In einem schmalen Streifen am Harzrand treten tonige und karbonatische Gesteine vom Ende des Erdaltertums (Paläozoikum) zutage. Die anhaltende Auslaugung der enthaltenen Zechsteinsalze führte zu schlotförmigen Erdfällen über eingestürzten Hohlräumen. Mit nach Westen zunehmender Tiefenlage des Zechsteins pausen sich die Auslaugungshohlräume an der Oberfläche im Untereichsfeld als großflächige Senken mit Seen wie dem Luttersee durch.

Von der im älteren Tertiär (Paläogen) noch großflächigen Meeresbedeckung zeugen nur kleine Reste sandiger Ablagerungen, die in Senkungsstrukturen (Erdfälle, Grabenbrüche) und unter Basaltdecken des jüngeren Tertiärs (Neogen) erhalten blieben. Der tertiäre Vulkanismus hinterließ Basaltkuppen wie den Brunsberg (480 m NN) westlich von Göttingen sowie in der Warburger Börde eine den Desenberg (343 m NN) bildende Schlotfüllung. Geflutete Basaltbrüche ließen beliebte Badeseen entstehen. Gegen Ende des Neogens zog sich das Meer aus dem Weserbergland zurück. Braunkohleflöze im Lipper Bergland zeugen noch von ehemaligen Mooren in einer tropischen Flusslandschaft. Größere Vorkommen wurden einst in der Hilsmulde bei Wallensen abgebaut.

Auf das tropische Tertiär folgte die Abkühlung des Pleistozäns mit langen eiszeitlichen Kaltphasen und kurzen Warmzeiten mit nur mehr gemäßigtem Klima. Während der Elster- und der Saaleeiszeit drangen die nordischen Gletscher über die Norddeutsche Tiefebene bis in das nördliche Weserbergland vor. Die dadurch gestauten Flüsse Weser und Leine bildeten bis weit in ihre Nebentäler hineinreichende Eisstauseen. In stillen Bereichen entstanden Beckentone. Auf den bis über 100 m tiefen Seen trieben Eisschollen mit nordischem Feuerstein talaufwärts.

Die wiederkehrenden Kaltphasen des Pleistozäns, zuletzt die Weichselkaltzeit, hinterließen große Mengen an fluviatilen Sanden und Schottern, die kurzen wärmeren Abschnitte humose Ablagerungen und Torfe. Kiesabbau schuf entlang der Flüsse perlschnurartig aufgereihte Baggerseen wie auch die Northeimer Seenplatte. Ältere pleistozäne Terrassenschotter finden sich bis 160 m Höhe über dem heutigen Weserniveau. Die organischen Ablagerungen der Warmzeiten sind lokal in Senkungsstrukturen erhalten. Ein Vorkommen südlich von Holzminden wurde zu Beginn der Industrialisierung und in Notzeiten untertägig erschlossen und wird heute als Brennzuschlag in der Tongrube Nachtigall abgebaut.

Gegen Ende der Weichselkaltzeit wehten Winde feinen Gletscherstaub in das Weserbergland. Daraus entstandene Lössablagerungen finden sich weitverbreitet in Beckenlagen, in Tälern und auf Hochflächen. Entlang der Höhenzüge und Hanglagen der Randgebirge und des nördlichen Leineberglandes reicht die Bodenbildung heute kaum über flachgründige Ranker auf Ton- und Sandsteinen und bei kalkhaltigem Ausgangsgestein nicht über Rendzinen hinaus. Flächig verbreitet sind Rendzinen entlang der Weser und im Solling-Vorland. Bei ungestörter Bodengenese entwickelten

Abb. 41.2 Blick vom Brunsberg südlich von Höxter über wassergefüllte Kiesgruben im Wesertal, Eisenbahnbrücke und Rapsfelder in den Solling (Foto: S. Jahns)

sich Braunerden sowohl auf kalkhaltigen Gesteinen (Lipper Bergland, Oberwälder Land) wie auch auf den basenarmen Sandsteinen (Sollinggewölbe). Aus den weitverbreiteten Lössablagerungen entstanden Parabraunerden. Unter kontinentaleren Klimaverhältnissen finden sich Übergänge zu Schwarzerden (Tschernosem-Parabraunerden, Leinetalgraben, Untereichsfeld) sowie Schwarzerden (Tschernosem, nördliches Harzvorland). Insgesamt legten die aus Löss hervorgegangenen fruchtbaren Böden die Grundlage für den frühen Ackerbau. In Lehmkuhlen abgebaut, lieferten Losssedimente wichtige Werk- und Baustoffe.

Klima

Im Zeitraum 1961–1990 lag die Mitteltemperatur übers Jahr zwischen 6 und 10 °C, im Januar zwischen +2 °C im Nordwesten und in weiten Teilen bis unter −1 °C, im Solling auch etwas tiefer. Der Juli hatte im Nordwesten und in den Tallandschaften teils über 17 °C, in den höchsten Lagen etwa 15 °C. Die Kontinentalität, gemessen als Differenz zwischen den Mitteltemperaturen von Januar und Juli, nimmt von Nordwesten (16 °C) nach Südosten zu und erreicht im Raum Northeim und im Untereichsfeld ihr Maximum (17,5 °C). An Jahresniederschlag fielen in den drei Jahrzehnten etwa 600–800 mm in tieferen Lagen, im Solling über 1000 mm, an den Kämmen des südlichen Teutoburger Waldes und der Egge über 1100 mm und bei Preußisch Velmerstot über 1300 mm. Der jährliche klimatische Wasserüberschuss lag zumeist bei 200 mm, im trockenen Leinetal (Göttingen, Northeim) und im Untereichsfeld teilweise nur bei etwa 100 mm, in den feuchten Höhenlagen der Gebirge hingegen bei über 600 mm. Für den Sommermonat Juli weisen nur Gebirgszüge und Hochlagen eine positive Wasserbilanz auf, die aber selbst im Eggegebirge und im Solling 50 mm wohl nicht übersteigt.

Vegetation

Wälder stehen heute vor allem entlang der Höhenzüge und in den Bergländern. Flache Tieflagen werden von Ackerbau, in feuchteren Bereichen auch von Grünland eingenommen. Die Randgebirge des Nordwestens sind mit verschiedenen Laub- und Nadelwäldern bestanden. Zwischen Wiehengebirge und Teutoburger Wald findet sich eine von Ackerbau geprägte Kulturlandschaft. Hier liegen auch die einzigen städtischen Verdichtungsräume. Südlich davon und westlich des Wesertals wechseln waldbestandene Höhen mit weiten Ackerflächen. Ein ähnliches Bild zeigen die gehölz- und waldreichen Kulturlandschaften zwischen Weser und Harz nördlich des Sollings. Die Warburger Börde, weite Talabschnitte von Weser und Leine sowie das Untereichsfeld sind von Ackerbau geprägte offene Kulturlandschaften. Das Sollinggewölbe bildet die größte geschlossene Waldlandschaft des Weserberglandes. Mit einer Waldbedeckung von über 70 % gehören auch der südliche Teutoburger Wald und das Eggegebirge zu den Waldlandschaften.

Frühe Schriftquellen und Kartenwerke (u. a. Preußische Uraufnahme, 1836–1850) zeigen, dass es um Zustand und Ausdehnung der Wälder in der jüngeren Vergangenheit vielerorts deutlich schlechter stand als heute. Holz war lange Zeit nicht nur wichtiges Baumaterial, sondern auch Energieträger für das tägliche Kochen und Heizen. Dabei kam es zu Zielkonflikten zwischen der ansässigen Bevölkerung und den herrschaftlichen Waldbesitzern, wie es für das Oberwälder Land von Annette von Droste-Hülshoff in ihrer Novelle „Die Judenbuche" thematisiert wurde. Zudem benötigte man für Glasherstellung und Metallgewinnung immer größere Mengen an Holzkohle, die Köhler in zahllosen Meilern auf eingeebneten Plätzen im Wald herstellten (s. Exkurs Kap. 36, 37 und 38). Die einst gebietsweise dichte Häufung solcher Meilerplätze tritt in digitalen Geländemodellen noch heute deutlich zutage.

Bei Aussetzen menschlichen Einflusses wäre das Weserbergland in allen Höhenlagen bewaldet. Von Natur aus waldfrei wären nur Gewässer, Sümpfe, Moore und steile Felsklippen. Vorherrschende Baumart wäre die Rotbuche (*Fagus sylvatica*). Wie bei Siedlungsrückgängen der Vergangenheit würden auf Freiflächen aufwachsende Wälder zunächst reichlich Bäume mit flugfähigen Samen wie Birke und Hainbuche enthalten. Je nach geologischem Ausgangssubstrat und Hanglage wären bei einer Wiederbewaldung drei ökologische Gruppen von Buchenwäldern zu erwarten, wie sie auch heute im Gebiet vorkommen, durch Landwirtschaft, Siedlungen und Infrastruktur aber von vielen ihrer standortgemäßen Wuchsorte ferngehalten werden.

Wo sich über Sandsteinen oder Sanden saure, basenarme Braunerden entwickelt haben, sind Buchenwälder in der Krautschicht artenarm und zumeist durch das Auftreten der Hainsimse (*Luzula luzuloides*) gekennzeichnet. Das im sauren Milieu gehemmte Einarbeiten der Laub- und Krautstreu in den Boden führt zur Anhäufung von Humus als Moderauflage. Die aus Löss hervorgegangenen Böden weisen einen etwas höheren Basengehalt auf, sodass ihre Krautschicht das etwas anspruchsvollere Flattergras (*Milium effusum*) enthält.

Auf Kalkgesteinen arbeiten Regenwürmer den anfallenden Humus in den Oberboden ein. Der Nährstoffreichtum dieser fruchtbaren Mullschicht und der hohe Basengehalt lassen anspruchsvolle Pflanzen wie den Bärlauch (*Allium ursinum*), das Waldbingelkraut (*Mercurialis perennis*), den Aronstab (*Arum maculatum*) und den Hohlen Lerchensporn (*Corydalis cava*) gedeihen. Kennzeichnend für diese Buchenwälder ist die Waldgerste (*Hordelymus europaeus*), bei etwas geringerem Basengehalt der Waldmeister (*Galium odoratum*). Wo an ausgesetzten Südhängen die Bodenentwicklung nicht über flachgründige Rendzinen hinausreicht, lassen die dort schlechtwüchsigen Buchen viel Sonnenlicht auf den trockenen Waldboden gelangen. Dort gedeihen Seggen (*Carex*) und Orchideen wie das Rote Waldvöglein (*Cephalanthera rubra*) und der Frauenschuh (*Cypripedium calceolus*).

Den bei Hochwasser überfluteten Flussauenbereichen bleibt die Rotbuche fern. In der höher gelegenen Hartholzaue sind es Stieleiche (*Quercus robur*), Esche (*Fraxinus excelsior*) und Ulmen (*Ulmus minor, U. laevis*), in der häufiger gefluteten Weichholzaue schmalblättrige Weiden (*Salix alba, S. fragilis*) und Schwarzerle (*Alnus glutinosa*), die Wald- und Gehölzbestände zu bilden vermögen. Auf nassen Sumpfflächen stehen auf besseren Böden Bruchwälder aus Schwarzerle, auf nährstoffarmen und sauren Böden aus Moorbirke (*Betula pubescens*).

Forschungsgeschichte

Mit Verbreitung der Pollenanalyse weckten unterschiedlichste Ablagerungen des Weserberglandes das Interesse der Forschenden. Das wohl früheste Pollendiagramm, das von dem Forstbotaniker Herbert Hesmer aus dem Torfmoor bei Neuhaus im Solling stammt, entstand als Teil einer vergleichenden Waldgeschichte von Solling, Kaufunger Wald und Harz (Hesmer 1928). Erste Pollenanalysen im Harzvorland führte Karl Witt (1930) durch, ein Schüler des Göttinger Geologen und Paläontologen Adolf von Koenen.

Anfangs standen die Pollenkörner der Gehölze im Vordergrund, von denen je Probenhorizont oft nur 100 Stück bestimmt wurden. Der vertikale Probenabstand in den Diagrammen kann dabei mehrere Dezimeter betragen, da man zu Anfang viele Schichtzentimeter umfassende Mischproben aus den Bohrkernen und Profilwänden entnahm. Den Diagrammen stellte man rezente Oberflächenproben (Moospolster) zur Seite, um aus dem Vergleich von heutiger Pollenzusammensetzung und Vegetation auf zurückliegende Waldbilder schließen zu können. Großer Wert wurde zu Anfang auch auf einige Nichtpollen-Palynomorphe gelegt, wie Spermatophoren von Ruderfußkrebsen, Gehäuse von Schalenamöben (Hochmoortönnchen, *Amphitrema flavum*) und Pilzsporen (*Bryophytomyces* [*Tilletia*] *sphagni*) (Witt 1930; Koch 1936).

Herbert Hesmer (1904–1982) wandte sich nach seiner waldgeschichtlichen Promotionsarbeit an der Forstlichen Hochschule zu Hannoversch Münden anderen Gebieten zu. Der bis zu seinem Tod im Jahr 1964 an der Universität Göttingen tätige Franz Firbas, seine und deren Schüler und Schülerinnen und folgende Generationen waren und sind vom Harz bis in das Eggegebirge hinein vegetationsgeschichtlich tätig. Firbas ist es ganz wesentlich zu verdanken, dass sich die palynologische Waldgeschichte durch planmäßige Einbeziehung der Pollenformen von Kräutern, Stauden und Gräsern ab etwa Mitte der 1930er-Jahre zu einer auch baumfreie Formationen umfassenden Vegetationsgeschichte weiterentwickelte. Mit seinen grundlegenden Arbeiten zur Morphologie von Getreidepollen wurde auch der Ackerbau in den Pollendiagrammen sichtbar. Erst in jüngerer Zeit werden neben entsprechenden Pollenformen auch die Sporen von Dungpilzen als Beweidungszeiger genutzt (Jahnk et al. 2020; Singer 2016 unveröffentl.).

Von Beginn an untersuchte man neben Torfen aus Hoch- und Niedermooren auch Seesedimente und entfernte hier störende mineralische Beimengungen schon mit Flusssäure. Die Proben stammten aus den Wänden der damals vorhandenen Torfstiche, aus eigenen Aufgrabungen oder aus den Kammern spezieller Bohrer. Die Geschichte der Fichtenforste erschloss man aus den Pollenkörnern der dem mineralischen Boden aufliegenden Nadelstreu („Trockentorfe", Firbas und Broihan 1936). Den Seeburger See im Untereichsfeld erbohrte Karl Steinberg bei seinen im Herbst 1935 begonnenen Untersuchungen vom Eis aus. Nach dessen Kriegstod verfasste sein Lehrer Franz Firbas die Publikation der Ergebnisse unter Steinbergs Namen und noch mit einer erst neunteiligen (I–IX) Zonierung (Steinberg 1944). Die Identifikation einer Schicht „feinsten Sandes" als vulkanische Asche des spätglazialen Ausbruchs des Laacher See-Vulkans mit Bildung eines Maarsees bei Maria Laach (Ahrens und Steinberg 1943) machte den Luttersee zur Typlokalität dieses geochronologischen Leithorizonts in den an Organik reichen Ablagerungen des Alleröd-Interstadials (Abb. 41.5).

Vier Jahrzehnte später unternahm Su-Hwa Chen aus Taiwan erste Nachuntersuchungen des Luttersees (Chen 1988). Die Ergebnisse gaben ihrem Betreuer Hans-Jürgen Beug, einem Schüler von Firbas, den Anstoß zu einer der intensivsten Studien der ackerbaulichen Siedlungsgeschichte. Er analysierte dazu die oberen 3,9 m Seesediment lückenlos Zentimeter für Zentimeter (Beug 1992). Je Probe wurden 1000 Baumpollen ausgezählt. Einschließlich der mitbestimmten Kräuter und Gräser entspricht dies in einigen Proben einer Gesamtsumme von 2000 Pollenkörnern, bei starker Anwesenheit der früher nicht in den Baumpollen einbezogenen Hasel stieg die Gesamtsumme auf bis zu 3000 Körner. Hinzu kamen die Durchmusterung je eines zweiten Präparats auf seltene Pollentypen und die genaue taxonomische Ansprache aller Pollenkörner vom Getreide-Typ unter Phasenkontrastbeleuchtung. Dies ist wohl eine der ersten und bis heute wenigen hochauflösenden lückenlosen Arbeiten mit solch hohen Zählsummen und solch detaillierter palynologischer Bestimmung.

Auch die Erforschung des Sollings wurde vorangetrieben. Schwerpunkte waren seine beiden einzigen Hochmoore, das Torfmoor und das Mecklenbruch. Der seit dem Ende des 18. Jahrhunderts mehrmals ansetzende Torfabbau (Abb. 41.3)

Abb. 41.3 Ehemaliger Torfstich im Mecklenbruch mit Tafeln auf Niveau der einstigen natürlichen Hochmooroberfläche um 1740 vor Beginn des Torfabbaus sowie der Torfhöhen in 1812 beim Pausieren und 1948 beim Aussetzen des Abbaus (Foto: F. Schlütz)

bot in den Notzeiten Ende der 1940er-Jahre mit frischen Stichwänden gute Voraussetzungen für die 1949 abgeschlossenen Arbeiten von Helmut Scholz und Karl-Heinz Knörzer (Firbas 1952; Beug 2016). Etwa zeitgleich setzten die Untersuchungen der Niedermoore einschließlich des Ahlequellemoores ein. Jüngste pollenanalytische Untersuchungen zum Ahlequellemoor legten Susanne Jahns (2005) und zu Niedermooren bei Uslar Michael Wille vor (in Bubenzer 1999). Elisabeth Kretzmeyer schrieb 1949 ihre Staatsexamensarbeit über die Alter der Kalktuffe im Leinetal. Den westlichen Randgebirgen des Weserberglandes widmete sich Werner Trautmann (1957) mit einer palynologisch-pflanzensoziologischen Arbeit. Durch Ulrich Willerding, der bei Firbas seine Staatsexamensarbeit 1957 über nacheiszeitliche Pflanzenreste aus der Abbaugrube des heutigen Göttinger Kiessees verfasste, liegen zahlreiche archäobotanische Untersuchungen verkohlter Reste aus archäologischen Grabungen vom Spätpaläolithikum bis in das Mittelalter vor (siehe Zitate in Kirleis und Willerding 2008). Pollenanalysen in unmittelbarem archäologischem Kontext sind hingegen selten (u. a. Schlütz 1997, 1998).

Besonders westlich der Weser waren Forschende zahlreicher Wissenschaftsstandorte tätig. Eine der frühesten Arbeiten zum Osnabrücker Umland erbrachte ein bis in das Boreal zurückreichendes Diagramm vom Larberg im westlichsten Wiehengebirge (Koch 1936). Die zeitlich wohl vollständigsten Diagramme stammen von Schwaar (1976) aus dem Belmer Bruch im Osnabrücker Land sowie von Deppe und Stritzke (2009) von östlich Lemgo und reichen bis in das Spätglazial bzw. bis zum Beginn des Holozäns zurück. Wie auch im übrigen Weserbergland setzt die Bildung der Archive meist erst im Laufe des Holozäns ein, und jüngere Schichten können infolge von Torfabbau fehlen (Pott 1982). Neuere Untersuchungen und Übersichten stammen von Richard Pott und Holger Freund.

Erste absolute Datierungen durch ^{14}C-Messungen erfolgten für die von Steckhan (1961) aufgestellten biostratigraphischen Leithorizonte der Sollingmoore in Hannover (Geyh 1967; Schneekloth 1967). Eine Kalibrierung und eine Umrechnung in kalendarische Alter waren zu der Zeit noch nicht möglich. Auch lange nach Einführung der Kalibrierung finden sich bis weit in die 1990er-Jahre hinein in der Literatur auf v. Chr. und n. Chr. deklarierte Jahreszahlen, die auf unkalibrierten ^{14}C-Altern beruhen und um mehrere Jahrhunderte vom wahren Alter abweichen können.

Zusammenfassungen bis dahin nicht publizierter Arbeiten sowie neu durchgeführter Pollenanalysen bietet die umfangreiche Übersichtsarbeit von Beug (2016). Eine Vielzahl von Zählergebnissen und Auswertungen liegt nur in Form unveröffentlichter Abschlussarbeiten und interner Berichte vor und droht somit früher oder später verloren zu gehen. Eine vollständige Literaturliste befindet sich im Anhang.

Regionale Vegetations- und Waldgeschichte

Zur Darstellung der vegetations- und siedlungsgeschichtlichen Entwicklung wurden zwei gut untersuchte Landschaften gewählt. Das Standarddiagramm aus dem Untereichsfeld steht beispielhaft für früh ackerbaulich genutzte Lösslandschaften der offenen Becken wie auch breiter Talabschnitte von Weser und Leine (Abb. 41.4, s. auch Tab. S 41.1 im elektronischen Zusatzmaterial). Demgegenüber repräsentiert das Diagramm aus dem Ahlequellemoor im Solling die nur allmählich erschlossenen Hochlagen (Abb. 41.6).

Im Untereichsfeld haben Auslaugungen der tief liegenden Zechsteinsalze zu wiederkehrenden Oberflächenabsenkungen beim heutigen Ort Seeburg und zur Entstehung von Seeburger See, Luttersee und weiterer Hohlformen geführt. Nach den Untersuchungen von Steinberg (1944) wurde das gesamte Senkungsgebiet von Streif (1970) detailliert geologisch bearbeitet und der Seeburger See intensiv limnologisch sowie auch noch einmal palynologisch untersucht.

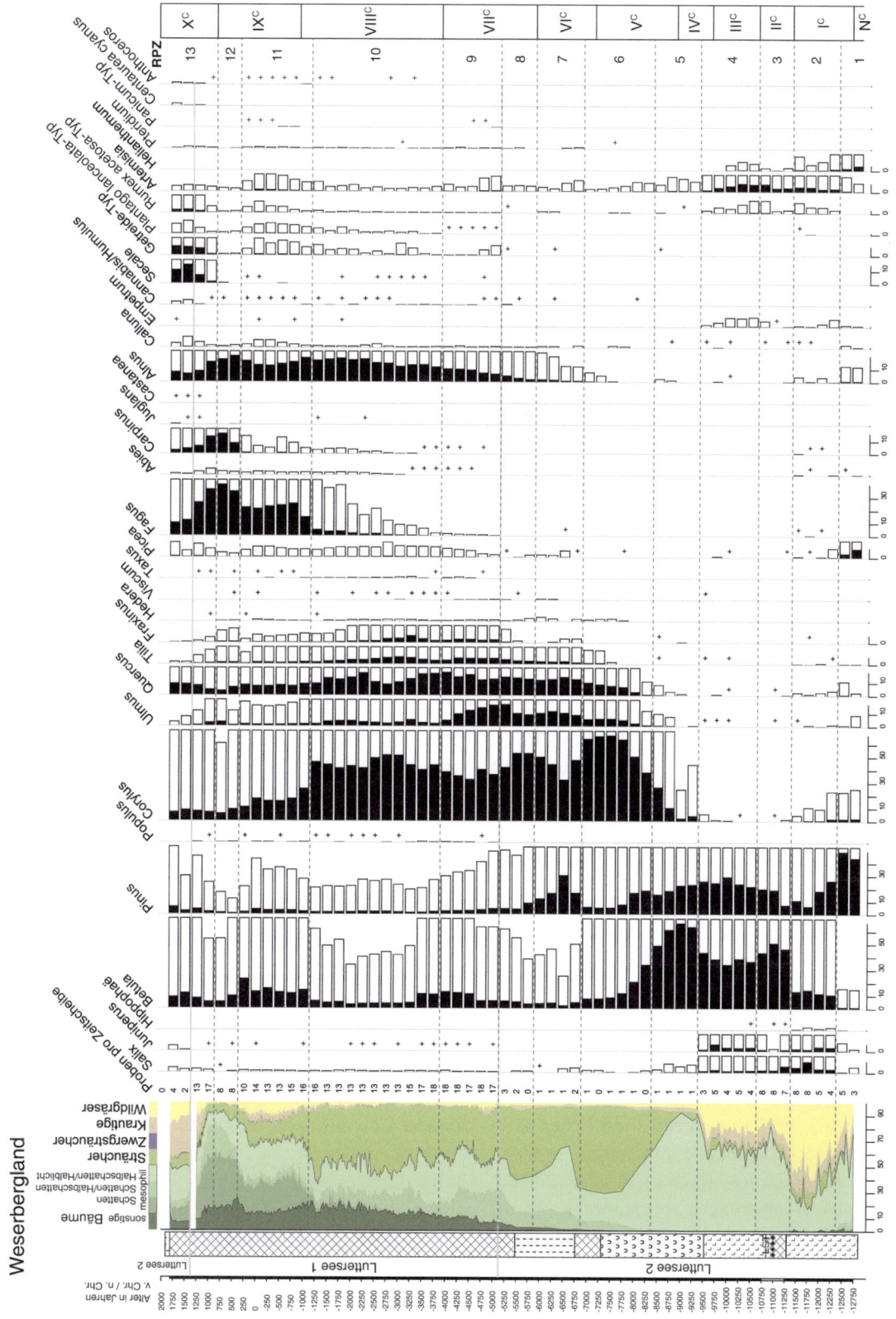

Abb. 41.4 Standardisiertes Pollendiagramm für das Weserbergland und das nördliche Harzvorland, kombiniert aus den Profilen Luttersee Lut1 (162 m NN, Beug 1992) und Luttersee Lut2 (162 m NN, Chen 1988)

Die Ablagerungen im Seeburger See reichen von der Gegenwart bis in die letzte Phase vor Beginn des Holozäns zurück (Chronozone III^C), die des Luttersees enthalten zudem noch die vorhergehenden Zeitabschnitte (Chronozonen I^C und II^C) und das Ende des Pleniglazials (Chronozone N^C). Zu den Arbeiten im Umfeld beider Seen siehe Beug (2016). Der Luttersee, ca. 670 × 370 m groß, liegt in etwa 162 m Höhe. Bei ihm handelt es sich um eine am Grund durch Hang- und Quellwasser vernässte Subrosionssenke. Ein oberirdischer Zulauf existiert nicht, die umgebenden Höhen erreichen bis zu 200 m. Vom nahen Seeburger See (156 m) ist er durch eine ca. 10 m hohe Geländerippe getrennt.

Grundlage für das Diagramm Luttersee sind im unteren Teil Chen (1988), im oberen Teil Beug (1992). Die Profile wurden dicht beieinander auf dem Lutteranger erbohrt, der durch Trockenlegung des Sees nach 1840 entstand, aber heute wieder geflutet ist. Der jüngste Abschnitt wurde wiederum aus Chen (1988) ergänzt, dennoch fehlt der Anschluss an die Gegenwart. Wichtige Zusatzinformationen geben die Funde von Samen, Früchten und vegetativen Resten (Steinberg 1944). Mangels absoluter Datierungen dienen gut kenntliche palynostratigraphische Ereignisse der absoluten zeitlichen Einordnung. Der zeitliche Abgleich erfolgte dabei für das Spätglazial nach Litt et al. (2007), für das Holozän anhand von Juessee (s. Kap. 42) und Finnbruch. Die bis 10,80 m erbohrten Seesedimente des Luttersees reichen bis etwa 12.750 Jahre v. Chr. zurück. Detailuntersuchungen zur Neolithisierung beginnen um 5000 v. Chr. Die Gliederung in regionale Pollenzonen RPZ (1–13) erfolgt nach biostratigraphischen Kriterien. Nach den zeitlich fixierten Firbas-Chronozonen (I^C bis X^C) verläuft die Ulmenkurve im Profil Luttersee nicht typisch mit dem klassischen Ulmenfall (s. Exkurs Kap. 53) an der Grenze von VII^C nach VIII^C (RPZ 9/RPZ 10). Der Rückgang setzt schon in VII^C am Übergang der RPZ 8/9 ein, gleichzeitig mit der Ausbreitung von Esche und Erle, die sonst die Grenze VI^C/VII^C charakterisiert. Am Übergang VII^C/VIII^C erreicht die Ulmenkurve jedoch auch am Luttersee ihr erstes Minimum. Der Übergang vom Mesolithikum zum Neolithikum fällt in die jüngere Wärmezeit (VII^C), kenntlich an den regelmäßigen Funden des Getreide- und des *Plantago lanceolata*-Typs.

Die ältesten Schichten wurden am Übergang vom Pleni- zum Spätglazial (RPZ 1, Zeitscheiben 12.750 und 12.500 v. Chr., N^C/I^C) abgelagert. Trotz ihrer kaltzeitlichen Herkunft weisen sie hohe Pollenanteile von wärmeliebenden Gehölzen auf (*Corylus, Ulmus, Quercus, Alnus*). Solcher Pollen stammt aus Ablagerungen vergangener Warmperioden des Pleistozäns oder auch aus dem Tertiär. Nachgewiesene Tertiärelemente sind Schirm- und Hemlocktanne (*Sciadopitys, Tsuga*, Chen 1988). Da weder interglaziale noch tertiäre Sedimente am Luttersee anstehen, hat möglicherweise der Wind diesen Pollen eingetragen. Die kleinen und überdeckten Vorkommen von Braunkohlen und interglazialen Torfen des Weserberglandes werden als Quellen kaum eine Rolle gespielt haben. Es besteht noch Forschungsbedarf, inwiefern der umgelagerte Pollen, ähnlich dem Lössstaub, aus fernen Gebieten mit großflächigeren Vorkommen stammen mag.

In der RPZ 2 (Zeitscheiben 12.250 bis 11.500 v. Chr.) nimmt die Vegetationsdichte um den See herum zu, die Prozentwerte des von weit entfernten Kiefern stammenden *Pinus*-Pollens gehen entsprechend zurück. Es sind vor allem Vertreter der großen Gruppe der Süßgräser (Wildgräser; Poaceae) sowie Stauden und Kräuter (zusammengefasst als Krautige), die sich ausbreiten. Holzige Pflanzen sind durch Weiden (*Salix*), Wacholder (*Juniperus*) Krähenbeere (*Empetrum*), Sonnenröschen (*Helianthemum*) und das Heidekraut (*Calluna vulgaris*) vertreten. Zudem gab es Sträucher der Zwergbirke (*Betula nana*), deren Fruchtreste gefunden wurden, sowie Sträucher des Sanddorns (*Hippophaë*), von denen neben Pollen auch Schuppenhaare der Blätter in den See gelangten. In der artenreichen Gattung Beifuß (*Artemisia*) gibt es sowohl krautige als auch verholzende Vertreter. Das Landschaftsbild prägte somit wohl eine Kältesteppe mit meist niedrigen Gebüschgruppen. Von den nicht dargestellten Taxa weisen Meerträubel (*Ephedra*) und Gänsefuß (Chenopodiaceae) auf trockene, skelettreiche Rohböden und die Wiesenraute (*Thalictrum*) auf feuchtere Standorte hin. Krähenbeere und Heidekraut lassen Juli-Mitteltemperaturen von mindestens 8 °C vermuten. Die Vegetationsdecke blieb lückig, und der so von den umliegenden Hängen heruntergespülte Löss setzte sich im See als Schluffmudde ab.

In der darauffolgenden Klimaerwärmung des Allerød-Interstadials wurde der Vegetationsschluss dichter (RPZ 3, Zeitscheiben 11.250 bis 10.750 v. Chr.). Der auf lockeres sandig-kiesiges Substrat angewiesene Sanddorn fehlt nun fast ganz, und auch andere konkurrenzschwache Gehölze (Weiden, Wacholder, Krähenbeere, Sonnenröschen) werden weniger. Die Zwergbirke ist noch vorhanden, doch der größere Teil des Birkenpollens stammt nun von Bäumen der Moorbirke (*Betula pubescens*), von der es Funde von Früchtchen und Fruchtschuppen gibt. Durch vermehrte Biomasseproduktion und verringerten minerogenen Eintrag bildete sich eine organogene Feinmudde. Mit dem allgemeinem Vegetationsschluss unterblieb nun auch der äolische Eintrag von umgelagertem Pollen. Die Waldkiefer (*Pinus sylvestris*) breitete sich aus – ob schon bis ins Untereichsfeld, bleibt fraglich. An den Beginn der Kiefernzunahme fällt der Ausbruch des Laacher See-Vulkans, dessen vulkanische Asche die Landschaft überzog und im See eine feinkörnige, weißgraue Schicht hinterließ (Abb. 41.5).

Die RPZ 4 (Zeitscheiben 10.500 bis 9500 v. Chr.) spiegelt den globalen Klimarückschlag der Jüngeren Dryaszeit wider. Die erneut aufgelockerte Vegetationsdecke ließ die Wiederzunahme von Wacholder, Krähenbeere und Sonnenröschen sowie vermehrte Erosion (Silt/Lösseintrag) zu. Die Birken-

Abb. 41.5 Der beim Vulkanausbruch des Laacher See-Maars um etwa 11.000 v. Chr. von südwestlichen Winden aus der Vulkaneifel ins Untereisfeld gewehte Laacher See-Tuff, eingeschaltet als graue Lage in olivgrüne Mudden der Allerødzeit des Luttersees um 3,6 m Sedimenttiefe (Foto: F. Schlütz)

bestände verringerten sich, doch die Moorbirke blieb im Gebiet, wie Makroreste belegen. Neben solchen Bäumen deuten auch die geringen Mengen an Nichtbaumpollen auf günstigere Wuchsbedingungen als im RPZ 1 hin. Ursache für die Vegetationsentwicklung mögen höhere Niederschläge gewesen sein, die zudem ein Nachsacken des Luttersees durch verstärkte unterirdische Auslaugung nach sich zogen (Streif 1970).

Mit der Wiedererwärmung zu Beginn des Holozäns verdrängten Birken- und Kiefernwälder das Grasland (RPZ 5, Zeitscheiben 9250 bis 8500 v. Chr.). Im weiteren Verlauf (RPZ 6, Zeitscheiben 8250 bis 7000 v. Chr.) kommt es zur Massenausbreitung der Hasel und zur Einwanderung der wärmeliebenden Ulmen (*Ulmus*) und Eichen (*Quercus*) sowie schließlich auch Linden (*Tilia*). Die reichlich vorhandenen Haselnüsse wurden von den Menschen des Mesolithikums gesammelt und geröstet (Wolf 1994). Das Auftreten von Efeu (*Hedera helix*) spricht für Juli- und Januar-Mitteltemperaturen von wohl mindestens 15 °C bzw. −2 °C.

Mit der RPZ 7 (Zeitscheiben 6750 bis 6000 v. Chr.) erscheinen Eschen (*Fraxinus excelsior*) in den Wäldern. Die Fichte (*Picea*) war in den Harz gelangt, von wo ihr Pollen in das Untereichsfeld wehte. Beim ersten höheren *Picea*-Eintrag nimmt auch die Kiefer zu, die wärmeliebende Hasel und der Efeu nehmen hingegen ab. Möglicherweise gab es zur Blühzeit der Fichte (heute April bis Juni) vermehrt östliche Winde, die vorübergehend zu einem kontinentaleren Klima führten. Dies mag mit dem globalen Klimarückschlag vor etwa 8200 Jahren (8.2 ka-Event, s. Kap. 2) zusammenhängen. Danach sprechen das Erscheinen der Mistel (*Viscum album,* Juli ≥ 16 °C) wie auch Fruchtnachweise der Schneide (*Cladium mariscus,* Juli ≥ 15,5 °C) für wärmere Sommer.

In der Folgezeit werden die Wälder dichter und schattiger, mit etwas weniger Hasel in der Strauchschicht, und die Kiefern werden verdrängt (RPZ 8, Zeitscheiben 5750 bis 5250 v. Chr.). Besonders häufig waren nun Ulmen. Neben Eichen gewinnen allmählich Linden, Schwarzerle (*Alnus glutinosa*) und schließlich auch die Esche an Bedeutung. Erhöhte Niederschläge führen zur weiteren Absackung des Seegrunds wie auch der umgebenden Subrosionssenken (Streif 1970).

Mit der RPZ 9 (Zeitscheiben 5000 bis 4000 v. Chr.) beginnt die geschlossene Kurve der Rotbuche (*Fagus sylvatica*) und zeitgleich die Neolithisierung durch einwandernde Ackerbauern. Nach den archäologisch bezeugten Siedlungen der frühbäuerlichen Kultur der Linearbandkeramik begann die Neolithisierung andernorts im Untereichsfeld schon ein paar Jahrhunderte eher als am Luttersee, in der Warburger Börde ab etwa 5300 v. Chr.

Die ankommenden Menschen schlugen Rodungsinseln für ihre Siedlungen und Felder (Getreide-Typ) in den Wald und lichteten ihn durch Holzentnahme und Viehweide. Dies schuf neue Standorte für konkurrenzschwache Pflanzen (*Rumex acetosa*-Typ, *Artemisia*). Der Spitzwegerich (*Plantago lanceolata*-Typ) profitierte durch seine Trittresistenz, der Wacholder durch vor Fraß schützende Nadeln. Der erste

Ackerbau war nur von kurzer Dauer, und Birken besiedelten die bald wieder aufgelassenen Flächen. Zur Zeit des starken Rückgangs der Ulmen deutet wenig auf menschliche Einflussnahme hin (s. Exkurs Kap. 53).

In der RPZ 10 (Zeitscheiben 3750 bis 1250 v. Chr.) wurden die ausgefallenen Ulmen auf feuchten bis mäßig nassen Auenböden wohl von Stieleichen (*Quercus robur*), auf nassen Böden von der Erle ersetzt. Zudem breitete sich die Hasel wieder aus. Die Rodungen einer erneuten neolithischen Siedlungswelle (Getreide-Typ, *Plantago lanceolata*-Typ) betrafen vor allem die Eichenstandorte, aber auch die Ausbreitung der Erle wurde begrenzt. In der gewählten Darstellungsform scheint durchgehend menschliche Aktivität geherrscht zu haben; tatsächlich konnte Beug (1992) insgesamt acht, durch Unterbrechungen getrennte, Siedlungsphasen unterscheiden. Für die um 2000 v. Chr. beginnende Bronzezeit deuten vermehrt auftretende Unkräuter wie Spitzwegerich, Sauerampfer und Beifuß auf eine verstärkte Bedeutung der Grünlandwirtschaft hin. In den Wäldern hatte sich die Rotbuche so weit ausgebreitet, dass neben den weiterhin genutzten Haselnüssen nun auch geröstete Bucheckern den Speiseplan bereicherten (Wolf 1994).

Ab Beginn der RPZ 11 (Zeitscheiben 1000 v. Chr. bis 250 n. Chr.) liegt der Pollenanteil von *Fagus* bei 15 % und darüber. Bei Berücksichtigung ihrer relativ geringen Pollenproduktion machte die Rotbuche auf den ihr zusagenden Böden wohl recht schlagartig ab 1000 v. Chr. etwa die Hälfte oder mehr des Baumbestands aus. Die Wälder wurden dadurch schattiger und in der Jugendphase lichtbedürftige Bäume (*Ulmus*, *Quercus*) und Haselsträucher (*Corylus*) weniger. Der Nässe der Erlenstandorte blieb die Rotbuche fern. So war es vermutlich die ausgedehntere Landwirtschaft der einsetzenden Eisenzeit, die der Erle zusetzte. Die Birke scheint sich mit ihren sehr schwebfähigen Früchtchen erfolgreich ausgebreitet zu haben. Vermutlich standen wegen häufiger Feldverlagerungen und auch gelegentlicher Siedlungsaufgaben immer wieder neue Brachflächen für diesen Pionierbaum zur Verfügung. Am Ende der RPZ 11 geht der Getreidebau zurück, und die Birkenbestände dehnen sich ein letztes Mal erheblich aus. Die RPZ 12 (Zeitscheiben 500 und 750 n. Chr.) spiegelt vor allem die Verhältnisse während und unmittelbar nach der Völkerwanderungszeit wider. Menschen verlassen das Untereichsfeld, und Ackerbau findet für etwa 350 Jahre kaum mehr statt (Beug 1992). Erlen drangen auf das nasse Grünland vor, Rotbuchen und Hainbuchen (*Carpinus*) auf die Äcker. Für kurzlebige Pionierstadien mit Birke fehlte es zusehends an Brachen.

Das anschließende starke Bevölkerungswachstum führte im Mittelalter und in der frühen Neuzeit (RPZ 13, Zeitscheiben 1000 bis 1750 n. Chr.) ab ca. 800 n. Chr. zu zahlreichen Ortsneugründungen und zu einem deutlichen Ausbau von Ackerbau (*Secale*, Getreide-Typ) und Viehzucht (*Rumex acetosa*-Typ). Die jüngsten Jahrhunderte mit Fichtenaufforstungen sind nicht mehr erfasst, ihre Sedimente gingen vermutlich beim Ablassen des Luttersees verloren.

Der Solling: die jüngere holozäne Entwicklung im Mittelgebirge

Das Ahlequellemoor liegt in etwa 310 m Höhe am Schnittpunkt zweier tertiärer Gräben, an deren tektonischen Bruchlinien die namengebende Quelle durch aufsteigende Wässer gespeist wird. Die Entstehungsgeschichte dieses Talmoores, das stellenweise Zwischenmoorcharakter aufweist, reicht über 8000 Jahre bis an das Ende der Chronozone VI^C zurück (Abb. 41.6). Es ist damit älter als die bei Neuhaus und Silberborn gelegenen Hochmoore Mecklenbruch (460 m NN) und Torfmoor (490 m NN).

Der Solling war am Ende von Chronozone VI^C und in VII^C (Zeitscheiben 6250 bis 4000 v. Chr.) wie auch danach dicht von Laubwald bestanden (PZ 1). Trotz vergleichsweise hoher Pollenproduktion der Eiche sind ihre Prozentwerte im Diagramm zunächst nur etwa so hoch wie die der Ulme und deutlich geringer als die Lindenwerte. Auf den relativ basenreichen lössbürtigen Böden in den tertiären Gräben wird sich ein Lindenwald mit vielen Ulmen und wenigen Eichen als breites Zickzackband durch den Solling gezogen haben. Eichen dürften auf den armen Böden der umgebenden Sandsteinkuppen häufiger gewesen sein, in Bereichen mit ausreichender Lössbedeckung mögen aber auch dort die anspruchsvolleren Linden und Ulmen vorgeherrscht haben. Unter einer lichten Baumschicht trugen die Wälder eine dichte Schicht aus Haselsträuchern. Wohl erst mit dem kühler werdenden Klima gegen Ende der Mittleren Wärmezeit und wohl auch durch die fortschreitende Verarmung der Böden wird die Eiche im Waldbild häufiger. Die Bachläufe begleiteten dichte Erlenbestände, deren Polleneintrag schon zu Beginn der Torfbildung so hoch war wie der aller anderen Bäume zusammen. Im Mecklenbruch und im Torfmoor (Knörzer 1949; Steckhan 1961) bleiben die Erlenanteile weit hinter denen des Ahlequellemoores zurück. Beide Hochmoore gingen aus Birkenbrüchern hervor. Möglicherweise hatten die zur Hochmoorentwicklung führenden hohen Niederschlagsmengen um Neuhaus zur Auswaschung der Bodennährstoffe geführt.

Zum Ende der PZ 1 (Mittlere Wärmezeit) vervielfachen sich die *Alnus*-Werte, was auf eine zunehmende Vernässung und eine damit einhergehende Ausdehnung der Erlenbrücher des Ahlequellemoores hinweist. Diese Entwicklung deutet auf allgemein feuchtere Bedingungen infolge der kühleren Temperaturen und wohl auch höherer Niederschläge hin. Bis dahin scheinen auf dem Niedermoor noch einige Kiefern (*Pinus sylvestris*) existiert zu haben. Diese wurden von den Erlen verdrängt. Die anschließend geringen *Pinus*-Werte (ca. 5 %) könnten allein aus Pollenfernflug stammen. Mit fort-

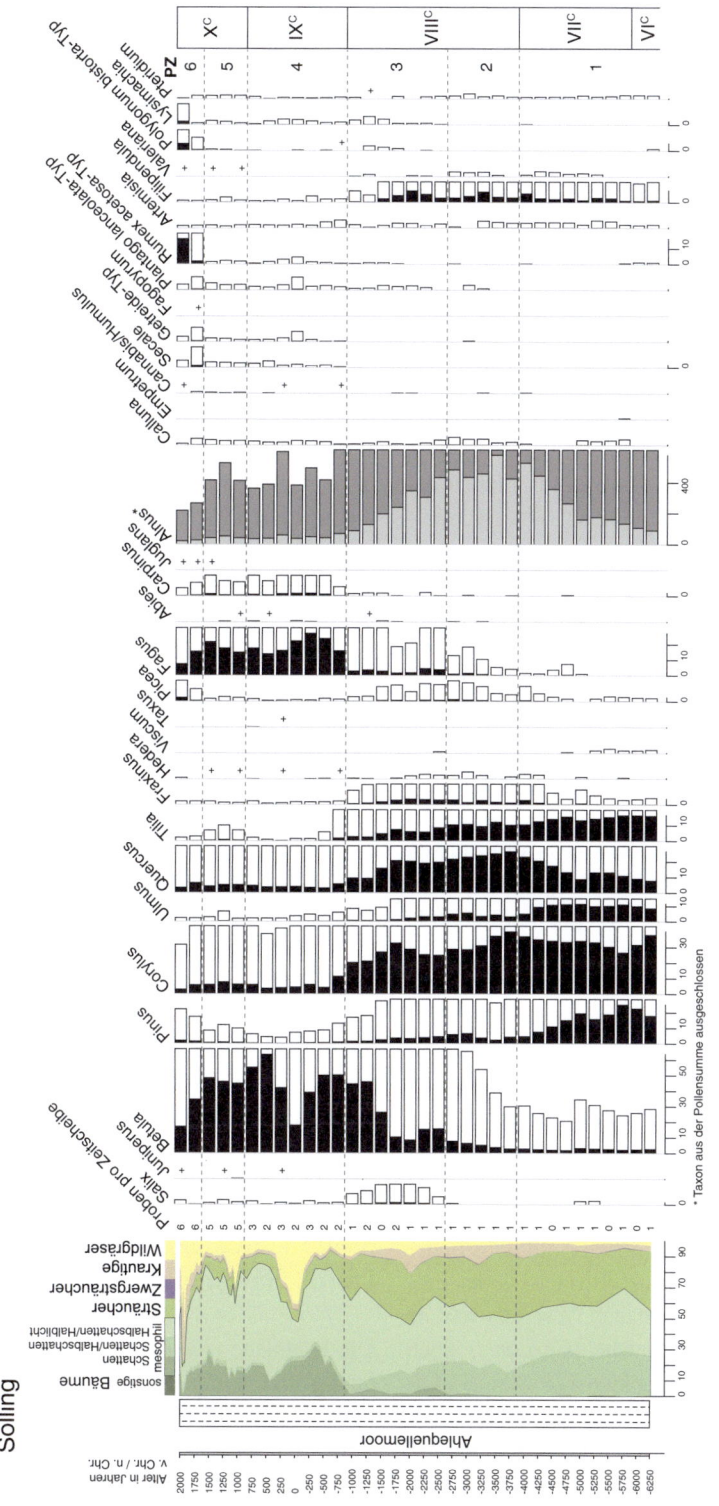

Abb. 41.6 Pollendiagramm Ahlequellemoor (300 m NN, Jahns 2005) aus dem Solling. Es zeigt, dass die Hochlagen nur allmählich erschlossen wurden

schreitendem Klimawandel tritt nun die Rotbuche (*Fagus*) in Erscheinung.

Wie im Untereichsfeld markieren auch im Solling der Rückgang von *Ulmus* (< 5 %) und erhöhte *Quercus*-Werte den Übergang zur Chronozone VIII^C (PZ 2, Zeitscheiben 3750 bis 2750 v. Chr., Beginn Subboreal). Hinweise auf eine mögliche Beteiligung menschlicher Tätigkeit am Ulmenfall gibt es im Solling noch viel weniger als am Luttersee im Untereichsfeld. In den Wäldern standen nun vor allem Eichen und Linden, daneben auch Eschen (*Fraxinus*) und Rotbuchen. Die leicht erhöhten *Picea*-Werte deuten auf Pollenflug aus dem Harz durch Ostwindlagen im Frühling bis Frühsommer hin. Mit den Pollenfunden von Spitzwegerich (*Plantago lanceolata*-Typ) wird anthropogener Einfluss im Laufe der PZ 2 erstmals im Pollendiagramm sichtbar. PZ 3 (Zeitscheiben 2500 bis 1000 v. Chr., Ende Subboreal) ist durch vermehrten Nachweis von Spitzwegerich, Sauerampfer (*Rumex acetosa*-Typ) und Süßgräsern (Wildgräser), aber auch der Rotbuche gekennzeichnet. Die Kräuter deuten auf Waldweide hin. Für das südliche Sollinggewölbe ist Waldweide inzwischen auch durch Sporen von Dungpilzen nachgewiesen (Jahnk et al. 2020). Die mit den Weidetieren einhergehenden Störungen der bis dahin etablierten Wälder mögen im nassen Bereich Ersatzgesellschaften mit Weiden (*Salix*) und Birken (*Betula*) sowie auf Normalstandorten die Rotbuche gefördert haben. Gegen Ende der Chronozone VIII^C scheint ein großer Teil der Erlen durch Birken verdrängt zu werden, und Weidengebüsche wie auch Hochstaudenfluren mit Mädesüß (*Filipendula*) und Baldrian (*Valeriana*) werden seltener. Die fallenden *Picea*-Werte lassen einen Rückgang kühler östlicher Strömungslagen vermuten.

Die folgende Massenausbreitung der gegen Spätfröste empfindlichen Rotbuche kennzeichnet den Beginn der PZ 4 (Zeitscheiben 750 v. Chr. bis 750 n. Chr., älteres Subatlantikum). Außerhalb der nassen Bereiche wurde die Rotbuche schlagartig zum dominierenden Waldbaum. Von nun an scheint in Teilen des Sollings oder in den hineinführenden Tälern Ackerbau (Getreide-Typ) erfolgt zu sein. Ein vorübergehender Rückgang der Birken deutet auf eine Phase starker Beweidung feuchter Bereiche bei oder auf dem Ahlequellemoor um Christi Geburt herum hin. Während des anschließenden Rückgangs des menschlichen Einflusses in der Völkerwanderungszeit breiten sich die Birken wieder aus. Anders als im Untereichsfeld und im nahen Wesertal (Schlütz 1997) nehmen jedoch weder Hainbuche (*Carpinus*) noch Rotbuche (*Fagus*) zu. Vermutlich konnten für diese Baumarten geeignete Standorte am Ahlequellemoor während der Völkerwanderungszeit nicht brachfallen und von ihnen besiedelt werden, da in diesem Teil des Sollings kein Ackerbau erfolgt war. Die Zunahme der Hainbuche in den Diagrammen vom Torfmoor und Mecklenbruch bei Neuhaus (Knörzer 1949; Steckhan 1961) mag auf eine ackerbauliche Erschließung des Sollings von Nordosten über das Hellental bis um Neuhaus herum hinweisen.

Der Beginn des hohen Mittelalters (PZ 5, Zeitscheibe 1000 bis 1500 n. Chr.) ist durch vorübergehend höhere Anteile an Pollen von Süßgräsern gekennzeichnet. Mit Beginn der industriellen Neuzeit (PZ 6, Zeitscheiben 1750–2000 n. Chr.) setzt die bis heute in den Tälern des Hochsollings vorherrschende Grünlandwirtschaft ein (Süßgräser, Spitzwegerich, Sauerampfer). Entsprechend ihrer Nässe waren Wiesen und Weiden reich an den gelben Blütenständen des Gilbweiderichs (*Lysimachia*), blassrosafarbenen Blütenwalzen des Wiesenknöterichs (*Polygonum bistorta*), glänzend gelben Butterblumen verschiedener Hahnenfuß-Arten und bleichgrünen Kohldisteln (Jahns 2005, *Ranunculus acris*-Typ, *Cirsium*-Typ).

Die Eiche mag zum Zweck der herbstlichen Eichelmast wie auch für Bauholz gefördert worden sein. Hohe Werte des Getreide-Typs und von Roggen (*Secale*) können von Versuchen eines Waldfeldbaus um 1750 als auch von Äckern stammen (Firbas 1952). Um diese Zeit gab es allein im hannoverschen Teil des Sollings etwa 25.000 Stück Vieh. Insgesamt waren die Wälder sehr aufgelichtet und stark von Birken beherrscht. Auch die ab dem Jahr 1737 langsam einsetzenden Fichtenanpflanzungen (Knörzer 1949) kommen in zuletzt erhöhten *Picea*-Werten zum Ausdruck. Im Jahr 1866 legte der spätere Holzmindener Apotheker Wilhelm Kubel mit seinen Arbeiten über das Coniferin der Nadelbäume die Grundlage für die 1874 am Fuße des Sollings einsetzende Produktion von Vanillin und damit für die weltweit erste großtechnische Synthese eines Aromastoffes überhaupt.

Kaum mehr als 200 m vom Profil Ahlequellemoor entfernt liegen archäologische Befunde, die vermutlich auf das im Jahr 814 gegründete Kloster Hethis verweisen. Wegen anhaltender Versorgungsschwierigkeiten verließen die Benediktinermönche Hethis nach nur acht Jahren und gründeten 822 im nahen Wesertal das Kloster Corvey (zu sehen im Landschaftsbild zu Beginn des Kapitels). Ihre anzunehmenden Aktivitäten im Solling heben sich nicht aus der um diese Zeit einsetzenden Kultivierungsphase des Sollings heraus (Jahns 2005).

Landschaftsentwicklung

Die Rotbuche (*Fagus sylvatica*) war in keiner Warmzeit so häufig und dominant wie im gegenwärtigen Holozän. Am Fuße des früh von ihr besiedelten Harzgebirges setzt die geschlossene *Fagus*-Kurve gegen 4500 v. Chr. ein, im Untereichsfeld und im Solling schon etwa um 5000 v. Chr. Während für das Untereichsfeld eine Beeinflussung durch die einwandernden Ackerbauern angenommen werden könnte ist ein anthropogener Bezug für den Solling wohl auszuschließen. Erst etwa 1000 Jahre später beginnt die geschlossene *Fagus*-Kurve im angrenzenden Wesertal mit der Ankunft der ersten Ackerbauern, die der Michelsberger Kultur oder auch schon der Rössener Kultur angehörten. Etwa zeitgleiche Funde von Spitzwegerich im Ahlequellemoor belegen ein schnelles Vordringen der neolithischen Waldweide in den Solling. Es scheint, dass die Buche erst mit dem Menschen ins Wesertal vordrang. Vielleicht bedurfte es zur Einwanderung der Rotbuche in die Tieflagen menschengemachter Störungen (Harzvorland, Untereichsfeld, Wesertal). In den Hochlagen, durch Stürme und kühlfeuchtes Klima gefördert, wird die Rotbuche von Natur aus eher Fuß gefasst haben. Orkanartige Stürme mögen dabei nicht nur die notwendigen Wuchsnischen in die existierenden Eichenmischwälder gebrochen, sondern auch das Saatgut über größere Distanzen mit sich geführt haben. Wie Altersmodelle und die Kalibrierung von Datierungen zeigen, begann die Buchendominanz vom Untereichsfeld bis ins Osnabrücker Land wahrscheinlich sehr zeitnah um 1000 v. Chr. und ähnlich sprunghaft wie im Eggegebirge, und zwar durch den Klimawandel zu Beginn des Subatlantikums (IX^c, Jahnk et al. 2020; Schwaar 1976; Schneekloth 1967; Trautmann 1957). Ähnlich wie für Harz und Solling ist vermutlich auch für das nordwestliche Weserbergland ein von den Randgebirgen ausgehendes Vordringen anzunehmen. Zu dieser Massenausbreitung der Rotbuche kam es also erst einige Jahrtausende nach ihrer Einwanderung ins Gebiet. Das Holz von *Fagus sylvatica* ist Ausgangsmaterial für Schuhleisten. Der Gattungsname stand im Jahr 1911 Pate bei der Benennung des Fagus-Werkes in Alfeld, heute Weltkulturerbe.

Soweit erkennbar erfuhr die Hainbuche (*Carpinus betulus*) im Weserbergland mindestens in drei Zeitperioden eine indirekte anthropogene Förderung. Erste stärkere Zunahmen zeichnen sich um Christi Geburt ab, und zwar sowohl mehrmals in Harznähe als auch zwischen Wiehengebirge und Teutoburger Wald. Mit der einsetzenden Völkerwanderungszeit kam es dann in der südlichen Egge, im Wesertal bei Corvey wie auch am Ziegenberg südlich von Höxter, stellenweise im Solling und auch im Untereichsfeld zur lokalen Ausbildung größerer *Carpinus*-Bestände. Infolge der mittelalterlichen Wüstungsvorgänge des 14. Jahrhunderts sind am Harzrand (Chen 1988, Silberhohl) wie im Eggegebirge (Trautmann 1957, Eggemoor II) nochmals lokal Hainbuchenwälder entstanden. Ähnlich wie die Rotbuche nahm auch die Hainbuche erst Jahrtausende nach ihrer ersten Anwesenheit dann schlagartig in kürzester Zeit größere Flächen ein.

Wie schon Steinberg (1944) für die Völkerwanderungszeit betont, darf wohl für alle drei Phasen eine Hainbuchenbestockung aufgegebener Siedlungsfluren angenommen werden. Wegen der eher geringen Größe der Fluren findet dies, wie für den Solling aufgezeigt, nur in nahegelegenen Pollenarchiven seinen palynologischen Niederschlag. Mit dem Fehlen angrenzender Wirtschaftsflächen, wie am Ahlequellemoor oder dem Federbruchmoor im Reinhardswald (Jahnk et al. 2020), zeichnen sich keine Hainbuchenphasen ab. Dies schließt aber Änderungen im regionalen Siedlungsgeschehen nicht aus (Grünlandwirtschaft). Wo hohe *Carpinus*-Werte über mehrere Baumgenerationen hin anhalten, lagen die aufgegebenen Flächen in eher feuchten bis mäßig nassen Bereichen. Dort ist mit zunehmender und besonders bei schwankender Bodenfeuchte die Hainbuche der Rotbuche überlegen. Trockenere Brachflächen wurden wie im Untereichsfeld und Wesertal von der Rotbuche wieder eingenommen. In einem alleinigen Anstieg von *Carpinus* mag sich damit auch eine Verlagerung der Äcker auf trocknere Flächen und nicht zwingend ein starker Siedlungsrückgang widerspiegeln.

Eine in der Eisenzeit aufkommende Nutzung von Hainbuchen als lebende Hecke könnte das schnelle Übergreifen auf die Brachen und das Ausbleiben von Birkenanstiegen erklären. Der mittelhochdeutsche Begriff Hainbuche leitet sich vom niederdeutschen Begriff Hagenbuche ab, der auf den Gebrauch zum Einhegen verweist. Die Bewaldung der Brachen mag von schattenspendenden Überhältern ausgegangen sein. In Hecken standen dem Namen nach auch Sträucher der Hagebutte (*Rosa canina*) und des Hagedorns oder Weißdorns (*Crataegus*). Im Laufe der Eisenzeit befand sich möglicherweise mehr Vieh bei den Siedlungen und könnte mit solchen Hecken von den Äckern fern und auf den Weiden gehalten worden sein, ähnlich wie heute noch mit den traditionellen Nieheimer Flechthecken. In den nach dem Untergang von Siedlungen aufkommenden *Carpinus*-Wäldchen mag die inhaltliche Bedeutung des Wortes Hain im Sinne von „kleiner Wald" wie auch als Gedenkort menschlicher Schicksale seinen Ursprung haben.

Möglicherweise waren es die an basenreiche Böden gebundenen Linden (*Tilia cordata* wie auch *T. platyphyllos*), die den einwandernden Neolithikern den Weg zu den fruchtbaren Lössböden wiesen. Aus ihrem Bast wurden lange Zeit Schnüre, Seile und Gewebe hergestellt. Linden mögen so schon lange eine besondere Rolle für den Menschen gespielt haben. In der Bronzezeit wurde eine Gruppe von Siedlern in der Lichtensteinhöhle südlich des Harzes beigesetzt. Die dabei entzündeten Feuer betrieb man vor allem mit Lindenholz. Linden müssen um die Höhle entweder sehr häufig gewesen oder aber gezielt für diesen Zweck ausgewählt worden sein (Jahnk et al. 2020). Im Lipper Land östlich von Lemgo scheinen die Wälder mancherorts noch bis in das Subatlantikum von Linden dominiert worden zu sein (Deppe und Stritzke 2009). Lange kennzeichneten Linden die Thingplätze, und noch im 19. Jahrhundert ereilte Verurteilten unter

Gerichtslinden die Hinrichtung. Im Epos vom Kloster Dreizehnlinden, mit dem wohl das damalige Kloster und heutige Weltkulturerbe Corvey gemeint ist, schildert der Ostwestfale Friedrich Wilhelm Weber (1813–1894) den nicht unblutigen Übergang zum Christentum. Bis heute werden Friedhöfe und Kirchplätze von Linden gesäumt.

Die Geschichte der Eibe (*Taxus baccata*) ist pollenanalytisch schwer fassbar. Nach den Funden im Luttersee ist der auf basenreiche Böden angewiesene Baum wohl spätestens seit dem 5. Jahrtausend im Göttinger Wald heimisch (Beug 1992) und nach Holzkohlefunden auch schon während der Zeit der Linearbandkeramik genutzt worden (Kirleis und Willerding 2008). Ein Vorkommen findet sich heute unweit der Burg Plesse, von der das im Mittelalter für Armbrüste und Bögen geschätzte Eibenholz verhandelt wurde. An den Muschelkalkhängen des Wesertals stehen Eiben mindestens seit Beginn des Subatlantikums (Averdieck und Preywitsch 1995).

Durch Mensch und Weidevieh geförderte Gehölze waren der Wacholder (*Juniperus communis*) wie auch die Hülse oder Stechpalme (*Ilex aquifolium*). Beide Gehölze sind dank stacheliger Nadeln bzw. Blätter sowie durch Inhaltsstoffe gut gegen Verbiss geschützt. Während der klimatisch anspruchslose Wacholder Teil der offenen Vegetation des Spätglazials war und mit Aufkommen dichter Wälder aus den Pollendiagrammen verschwindet, wandert die Stechpalme erst mit fortschreitender Klimaerwärmung ein. *Ilex*-Pollen findet sich zwar auch schon eher, stammt dann aber wie der Pollen anderer thermophiler Taxa (*Carya, Arceuthobium*) aus umgelagerten Sedimenten früherer Warmzeiten des Pleistozäns (Schlütz 1997). Als typisches atlantisches Florenelement ist *Ilex aquifolium* westlich der Weser teilweise häufig, weiter östlich in den Pollendiagrammen wie im Vegetationsbild selten. Frühe palynologische Nachweise der Stechpalme finden sich am niederschlagsreichen Fuß des Teutoburger Waldes schon im ausgehenden Mesolithikum (Pott 1982).

Stellenweise scheinen Stechpalme und Wacholder schon seit dem Neolithikum durch den wirtschaftenden Menschen gefördert worden zu sein. Die mit dem Subatlantikum (IX^C) einsetzenden Nachweise der Stechpalme im Ravensberger Land mögen, ähnlich wie die Massenausbreitung der Rotbuche, mit einem dann atlantischer getönten, also niederschlagsreicheren und weniger winterkalten Klima zusammenhängen (Freund 1994). Eine allgemeine anthropo-zoogene Förderung von Stechpalme und Wacholder durch Auflichtung und Beweidung setzt besonders im Laufe des Mittelalters ein. Die mittelalterliche Wacholderzunahme ist auch östlich der Weser erkennbar.

Noch stärker als die Stechpalme ist der Gagelstrauch (*Myrica gale*) an atlantisches Klima gebunden und entsprechend nur im nordwestlichsten Weserbergland zu finden. Die pollenmorphologische Abtrennung von der Hasel ist nicht immer ganz trennscharf. Wahrscheinlich erreichte der Strauch das Weserbergland im Subatlantikum (Freund 1994; Pott und Hüppe 2001). Das Vorkommen von Gagelstrauch im Silberhohl unweit des Harzes ist durch junge Einschleppung entstanden, also synanthrop (Chen 1988).

In der Späteiszeit (N^C bis III^C) fanden die Menschen des ausklingenden Paläolithikums (Altsteinzeit) südwestlich des Untereichsfelds, beim heutigen Reinhausen, Schutz unter herausgewitterten Felsüberhängen (Abris) des Buntsandsteins. Ihre Feuer unterhielten sie vorrangig mit dem Holz von Weiden sowie Birken und Kiefern. Dabei sprechen vom Laacher Tuff (Abb. 41.5) überdeckte Holzkohlen für eine Verfügbarkeit von Kiefernholz schon im Allerød. Die Paläolithiker aßen die vitaminreichen Früchte des Sanddorns (*Hippophaë rhamnoides*) und der Bärentraube (*Arctostaphylos*) und sammelten die perlenartigen Klausenfrüchte des Echten Steinsamens (*Lithospermum officinale*, Willerding 1994; Wolf 1994).

Siedlungstätigkeit des Menschen

Der Übergang von der mit Sammeln und Jagd rein aneignenden Wirtschaftsweise des Mesolithikums (Mittelsteinzeit) hin zu Ackerbau und Viehzucht des Neolithikums (Jungsteinzeit) setzt auf den guten Lössböden gebietsweise schon um 5500 v. Chr. mit der sogenannten Linearbandkeramik ein. Eine der frühesten Siedlungen lag westlich des Untereichsfelds im Tal der Leine. Die am Luttersee nachgewiesene Landwirtschaft ging von Siedlungsgründungen ab dem Altneolithikum aus (Saile 2009). Die archäologisch nachgewiesenen Siedlungen der Linearbandkeramik und besonders der nachfolgenden Rössener und Michelsberger Kultur sind in den Lössgebieten des Weserberglandes recht zahlreich (Saile 2009; Pollmann 2018) und dort auch häufiger pollenanalytisch erfasst (u. a. Freund 1994; Schlütz 1997).

Wie Pollenanalyse und Archäobotanik belegen, säten die Menschen zunächst die frühen Weizenarten Emmer und Einkorn sowie zudem mehrzeilige Gerste wie auch Nacktgerste (Beug 1992; Kirleis und Willerding 2008). Zur Ernte schnitten sie die Getreideähren mit Feuersteinsicheln vom Halm. Ein für das Mahlen besonders geeigneter Quarzit-Sandstein wurde von Hannoversch Münden bis in den Raum Göttingen importiert. Neben Getreiden bauten die Neolithiker des Weserberglandes auch Erbse, Linse, Lein und Schlafmohn an.

Mit der Bronzezeit kamen dann Bohnen (*Vicia faba*), damals noch deutlich kleinere Formen als die heute in Westfalen beliebten Dicken Bohnen, und Rispenhirse (*Panicum miliaceum*) auf den Tisch (Wolf 1994). Ab der Eisenzeit sind vermehrt Hafer und Roggen zu finden. Beide zählen zu den sogenannten sekundären Getreiden. Sie kamen als Unkräuter; ihre Nutzbarkeit als Getreide wurde erst spät erkannt. So entwickelte sich Roggen (*Secale cereale*) tausende Jahre nach seiner Ankunft als Beimengung der Getreide Weizen und Gerste im Neolithikum dann zum wichtigsten Getreide des Mittelalters. Die Rolle des Hafers (*Avena sativa*) blieb eher gering. Auch Gerste und die heute fast vergessene Rispenhirse waren im Mittelalter von Bedeutung (vgl. Brüder Grimm, Der süße Brei). Saatweizen (*Triticum aestivum*) nimmt ab der Eisenzeit zu und tritt im 20. Jahrhundert an die Stelle von Roggen als das meistangebaute Nahrungsgetreide. Schon im Neolithikum trat er auch in Form des Zwergweizens auf (Kirleis und Willerding 2008).

Nachweislich einiger weniger Pollenfunde von *Fagopyrum* wurde Buchweizen (*F. esculentum*) im Mittelalter und in der Neuzeit eher zurückhaltend angebaut (Beug 2016). Etwas häufiger ist Buchweizen hingegen in einigen Diagrammen westlich der Weser. Auf den außerhalb des Weserberglandes verbreiteten Sandböden wurde Buchweizen deutlich häufiger angebaut (Freund 1994). Der Flachs- oder Leinanbau (*Linum usitatissimum*) und die daraus gewonnenen Tücher ließen Leineweberstädte wie Bielefeld im Ravensberger Land und auch Göttingen erblühen. Die Rolle des Ravensberger Landes als eines der bedeutendsten Leinanbaugebiete spiegelt sich auch im Pollenbefund wider (Freund 1994).

Zu den frühesten archäobotanisch belegten Ackerunkräutern des Neolithikums zählen die noch heute häufige Ackerkratzdistel (*Cirsium arvense*), der Weiße Gänsefuß (*Chenopodium album*), Winden- (*Polygonum convolvulus*) und Vogelknöterich (*Polygonum aviculare*) sowie das Klettenlabkraut (*Galium aparine*).

Frühe Begleiter des Ackerbaus waren auch die unscheinbaren Hornmoose, die im lichten Getreidebestand auf der Ackerkrume wuchsen. Der Eintrag ihrer Sporen in die Archive erfolgte zusammen mit erodierten Bodenbestandteilen. Letztere führten in organischen Ablagerungen zu einem Anstieg der minerogenen Beimischungen. Im Untereichsfeld wie im Wesertal treten im Neolithikum zunächst Sporen vom Punktierten Hornmoos (*Anthoceros punctatus*) oder vom sporenmorphologisch sehr ähnlichen Ackerhornmoos (*A. agrestis*) auf (Beug 1992; Schlütz 1997). Mit dem Übergang zur bodennahen Ernteweise in der Eisenzeit werden ihre Sporenfunde häufiger, und es tritt *Phaeoceros laevis* (syn. *P. carolinianus*) hinzu. Durch die Umstellung der Ernteweise gab es nun herbstliche Stoppeläcker, auf denen Hornmoose bei länger ausbleibendem Umbruch gut gedeihen konnten. Mit der Ausweitung des Ackerbaus im Mittelalter nehmen die Funde von Hornmoossporen weiter deutlich zu. Dies mag auch mit dem verstärkten Erosionseintrag von den jetzt zusätzlich in Kultur genommenen steileren Hanglagen wie auch mit der Verwendung des schollenwendenden Pfluges zusammenhängen. Heute sind Hornmoose durch dichte Getreidebestände und erntenahen Ackerumbruch nur noch selten zu finden.

Die Ackerflockenblume oder Kornblume (*Centaurea cyanus*) gilt gemeinhin als typisches Unkraut des Wintergetreides, gedeiht aber auch im Sommergetreide. Während von den Getreiden wohl lange Zeit vor allem Sommerformen angebaut wurden, begann im Mittelalter der fortwährende Anbau des Winterroggens. Entsprechend häufen sich die Pollenfunde der Kornblume ab dieser Zeit. Neben *C. cyanus* mögen damals auch verwandte Arten wie die Bergflockenblume (*C. montana*) im Getreide gestanden haben (Schlütz 1997). Da es der Kornblume an natürlichen Standorten mangelt, ist sie in den letzten Jahrzehnten durch die Intensivierung des Ackerbaus insgesamt stark zurückgegangen. Dank Maßnahmen wie Ackerrandstreifenprogrammen kann sie wieder etwas häufiger erblühen.

Für vegetationsgeschichtliche Nachweise anderer stark gefährdeter Arten wie Himmelsleiter (*Polemonium caeruleum*) und Blasenbinse (*Scheuchzeria palustris*) wird auf Beug (2016) verwiesen.

Südländische Bäume mit großen Früchten wie Walnuss (*Juglans regia*), Esskastanie (*Castanea sativa*) und Rosskastanie (*Aesculus hippocastanum*) wurden vom Menschen gezielt eingeführt und kultiviert. Sie sind die letzten Vertreter von einst im warmen Tertiär weitverbreiteten Sippen, die die Kaltzeiten des Pleistozäns in Südeuropa und Kleinasien überdauerten. Holozäne Pollenfunde der Walnuss gibt es im Weserbergland sehr vereinzelt etwa mit Beginn der Bronzezeit und vermehrt seit dem Mittelalter. Die noch selteneren Funde der Esskastanie fallen in das Mittelalter, im Wesertal ausnahmsweise schon in die Völkerwanderungszeit (Averdieck und Preywitsch 1995). Großreste der Früchte und Samen kennt man von Walnuss und Esskastanie spätestens aus dem mittelalterlichen Göttingen, frühmittelalterliche Walnüsse auch aus der Nähe von Rinteln (Firbas 1949). Die heutigen Reliktvorkommen der Rosskastanie liegen auf der Balkanhalbinsel. Mit dem 16. Jahrhundert zunehmend als schattenspendender Schmuckbaum angepflanzt, tritt sie in unseren Pollenarchiven ausgesprochen selten und oberflächennah auf (Beug 2016). Wann die Kultivierung dieser Bäume im Weserbergland tatsächlich einsetzte, bleibt offen. Wie drei Kernfunde belegen, genossen die Mönche des Klosters Corvey schon früh Pfirsiche noch ungeklärter Herkunft (Schlütz 1997).

Seit Rodung der Wälder und Öffnung der Vegetationsdecke durch Feldbestellung und Tritt begannen bereits im Neolithikum der Abtrag von Boden und seine Ablagerung als Schwemmlöss in Kolluvien, im Auenlehm und in Seen. Im Laufe von Bronzezeit und Eisenzeit führte fortschreitende Tiefenerosion zur Abtragung der Schwarzerden. Im Mittelalter dehnten sich Rodung und Erosion auf weniger ertragreiche Standorte aus. Dieser unumkehrbare und bis heute anhaltende Prozess verringert die Lössauflagen und die Bodenentwicklung auf den Kuppen und Hängen. So entstehen in Buntsandsteinlandschaften wie dem Solling und Untereichsfeld potenzielle Standorte armer Hainsimsen-Buchenwälder, wo sonst Waldmeister-Buchenwälder hätten stehen können. In den Kalksteingebieten führt die Erosion zur Ausweitung flachgründiger Rendzinen und damit zur Schaffung potenzieller Standorte lichter Orchideen-Buchenwälder. Sie treten an die Stelle tiefgründiger Böden, auf denen bei Wiederbewaldung gutwüchsige Waldmeister-Buchenwälder stocken würden. Mit den lössbürtigen Auenlehmen sind auf den nun durch sie überdeckten Kiesen und Sanden der Flusstäler hoch gelegene basenreiche Standorte entstanden, die nun eine Hartholzaue mit anspruchsvollen Baumarten zu tragen vermögen. Die erosionsbedingte Materialverlagerung hat somit nicht nur unmittelbaren Einfluss auf die morphologische Gestalt der Landschaft, sondern auch auf die Artenzusammensetzung der möglichen Wälder.

Mit dem Ackerbau des Neolithikums beginnt vor über 7000 Jahren der Übergang von einer sich zuvor nur allmählich ändernden Naturlandschaft zu einer vom Menschen geformten Kulturlandschaft. Der dabei über mehr als sieben Jahrtausende gewachsene Reichtum an Biodiversität und Wuchsstandorten wurde mit der aufkommenden modernen Landwirtschaft in den letzten 70 Jahren bald vollständig wieder aufgerieben. Daran hat auch der fortschreitende Verbrauch von Landschaft für Verkehr, Industrie und Siedlungen seinen Anteil. Die Diversitätsverarmung betrifft nicht nur die Äcker. Auch orchideenreiche Trockenrasen mit Wacholdern, Enzianen und Bläulingen sind, wie so viele botanische und zoologische Kleinode des Weserberglandes, Mosaiksteine der einst lebendigen Kulturlandschaft. Um die noch vorhandene Arten- und Standortdiversität zu erhalten und zu befördern, bedarf es heute einer angemessenen Bewirtschaftung und fortgesetzter aktiver Pflegemaßnahmen. Denn in den meisten Fällen ist Naturschutz eigentlich Kulturlandschaftsschutz.

Literatur

Ahrens W, Steinberg K (1943) Jungdiluvialer Tuff im Eichsfeld. Berichte des Reichsamts für Bodenforschung 1943: 17–30

Averdieck FR, Preywitsch K (1995) Die Grundlosen bei Höxter – Ein Beitrag zur Vegetations- und Siedlungsgeschichte der Umgebung von Höxter. Egge-Weser 7: 57–78

Beug HJ (1992) Vegetationsgeschichtliche Untersuchungen über die Besiedlung im Unteren Eichsfeld, Landkreis Göttingen, vom frühen Neolithikum bis zum Mittelalter. Neue Ausgrabungen und Forschungen in Niedersachsen 20: 261–339

Beug HJ (2016) Die spät- und nacheiszeitliche Vegetationsentwicklung am Nordrand der niedersächsischen und hessischen Mittelgebirge (Harz bis Weser). Friedrich Pfeil, München

Bubenzer O (1999) Sedimentfallen als Zeugen der spät- und postglazialen Hang- und Talbodenentwicklung im Einzugsgebiet der Schwülme (Südniedersachsen). Kölner Geographische Arbeiten 72: 1–132

Chen SH (1988) Neue Untersuchungen über die spät- und postglaziale Vegetationsgeschichte im Gebiet zwischen Harz und Leine (BRD). Flora 181: 147–177

Deppe A, Stritzke R (2009) Bodenkundliche und palynologische Untersuchungen im Naturschutzgebiet Begatal, Kreis Lippe, NRW. Geologie und Paläontologie in Westfalen 72: 5–30

Firbas F (1949) Waldgeschichte Mitteleuropas. Erster Band: Allgemeine Waldgeschichte. Gustav Fischer, Jena

Firbas F (1952) Spät- und nacheiszeitliche Waldgeschichte Mitteleuropas nördlich der Alpen. Zweiter Band: Waldgeschichte der einzelnen Landschaften. Gustav Fischer, Jena

Firbas F, Broihan F (1936) Das Alter der Trockentorfschichten im Hils. Planta 26: 291–302

Freund H (1994) Pollenanalytische Untersuchungen zur Vegetations- und Siedlungsentwicklung im westlichen Weserbergland. Abhandlungen aus dem Westfälischen Museum für Naturkunde 56: 1–103

Geyh MA (1967) Hannover Radiocarbon Measurements V. Radiocarbon 9: 218–236

Hesmer H (1928) Die Waldgeschichte der Nacheiszeit des nordwestdeutschen Berglandes auf Grund von pollenanalytischen Mooruntersuchungen. Hannoversch Münden. Dissertation, Forstliche Hochschule Berlin

Jahnk SL, Behling H, Küchler P, Schmidt M (2020) Vegetations- und Landnutzungsgeschichte des Reinhardswaldes (Hessen): History of vegetation and land use in the Reinhardswald forest (Hesse, Germany). Tuexenia 40: 101–130

Jahns S (2005) The later Holocene history of vegetation, land-use and settlements around the Ahlequellmoor in the Solling area, Germany. Vegetation History and Archaeobotany 15: 57–63

Kirleis W, Willerding U (2008) Die Pflanzenreste aus der linienbandkeramischen Siedlung von Rosdorf-Mühlengrund, Ldkr. Göttingen, im südöstlichen Niedersachsen. Praehistorische Zeitschrift 83: 133–178

Knörzer KH (1949) Die Vegetation des Torfmoores im Solling und die nacheiszeitliche Waldgeschichte dieses Gebietes auf Grund von Pollenuntersuchungen. Staatsexamensarbeit, Universität Göttingen

Koch H (1936) Beitrag zur Florengeschichte des Osnabrücker Landes. Mitteilungen des Naturwissenschaftlichen Vereins zu Osnabrück 23: 57–98

Litt T, Behre KE, Meyer KD, Stephan HJ, Wansa S (2007) Stratigraphische Begriffe für das Quartär des norddeutschen Vereisungsgebietes Eiszeitalter und Gegenwart 56: 7–56

Pollmann HO (2018) Das Neolithikum Westfalens – neu kartiert, Archäologie in Westfalen-Lippe 2017: 195–199

Pott R (1982) Das Naturschutzgebiet „Hiddeser Bent – Donoper Teich" in vegetationsgeschichtlicher und pflanzensoziologischer Sicht. Abhandlungen aus dem Westfälischen Museum für Naturkunde 44: 1–108

Pott R, Hüppe J (2001) Flussauen- und Vegetationsentwicklung a. d. mittleren Ems – Zur Geschichte eines Flusses in Nordwestdeutschland. Abhandlungen aus dem Westfälischen Museum für Naturkunde 63: 1–119

Saile T (2009) Siedlungsarchäologische Untersuchungen zum Frühneolithikum im südlichen Niedersachsen. Beiträge zur Ur- und Frühgeschichte Mitteleuropas 56: 43–53

Schlütz F (1997) Beiträge zur Vegetations- und Siedlungsgeschichte im Wesertal bei Höxter-Corvey. Ausgrabungen und Funde in Westfalen-Lippe 9 A: 55–72

Schlütz F (1998) Einbeck Negenborner Weg. Pollenanalytische Untersuchungen. Ein Beitrag zur Vegetationsgeschichte der Stadt Einbeck im Mittelalter. In: Heege A (ed) Einbeck, Negenborner Weg. I: Naturwissenschaftliche Studien zu einer Töpferei des 12. und frühen 13. Jahrhunderts. Keramiktechnologie, Paläoethnobotanik, Pollenanalyse, Archäozoologie. Isensee, Oldenburg, 169–174

Singer D (2016) Holocene environmental history and nature conservation of the fen Körbecker Bruch (Warburger Börde, Germany). Bachelorarbeit, Universität Göttingen

Schneekloth H (1967) Vergleichende pollenanalytische und ^{14}C-Datierungen an einigen Mooren im Solling. Geologisches Jahrbuch 84: 717–734

Schwaar J (1976) Paläogeobotanische Untersuchungen im Belmer Bruch bei Osnabrück. Abhandlungen des Naturwissenschaftlichen Vereins zu Bremen 38: 207–257

Steckhan HU (1961) Pollenanalytisch-vegetationsgeschichtliche Untersuchungen zur frühen Siedlungsgeschichte im Vogelsberg, Knüll und Solling. Flora 150: 514–551

Steinberg K (1944) Zur spät- und nacheiszeitlichen Vegetationsgeschichte des Untereichsfelds. Hercynia 3: 529–587

Streif H (1970) Limnogeologische Untersuchung des Seeburger Sees (Untereichsfeld): Geologische Untersuchungen an niedersächsischen Binnengewässern 7. Beihefte zum Geologischen Jahrbuch 83: 1–106

Trautmann W (1957) Natürliche Waldgesellschaften und nacheiszeitliche Waldgeschichte des Eggegebirges. Mitteilungen der Floristisch-soziologischen Arbeitsgemeinschaft N.F. 6/7: 2762–2796

Witt K (1930) Zur Waldgeschichte der Nacheiszeit im westlichen Harzvorland. Mitteilungen der Floristisch-soziologischen Arbeitsgemeinschaft in Niedersachsen 2: 98–115

Wolf G (1994) Paläo-ethnobotanische Befunde zu den Abris aus dem Buntsandsteingebiet im Landkreis Göttingen. Veröffentlichungen der urgeschichtlichen Sammlungen des Landesmuseums zu Hannover 43: 161–173

Harz

42

Thomas Giesecke und Ricarda Voigt

Blick auf den Hohnekamm, den Erdbeerkopf und den Schierker Feuerstein (Foto: T. Giesecke)

Ergänzende Information Die elektronische Version dieses Kapitels enthält Zusatzmaterial, auf das über folgenden Link zugegriffen werden kann [https://doi.org/10.1007/978-3-662-68936-3_42].

T. Giesecke (✉)
Department of Physical Geography, Universiteit Utrecht,
Utrecht, Niederlande
e-mail: t.giesecke@uu.nl

R. Voigt
Luckenwalde, Deutschland

Der Naturraum

Als nördlichstes Mittelgebirge Deutschlands ragt der Harz weit in das Norddeutsche Tiefland hinein, von dem er sich geologisch und klimatisch stark unterscheidet. Er erstreckt sich über etwa 90 km Länge zwischen Seesen im Nordwesten und der Lutherstadt Eisleben im Südosten. Die Breite beträgt bis zu 30 km. Im Landschaftsbild tritt er als Waldinsel inmitten einer weitgehend ausgeräumten Agrarlandschaft hervor. Geologisch lässt sich der Harz gegen das Harzvorland klar durch die Grenze von Gesteinen des Erdaltertums (Paläozoikum) zum Erdmittelalter (Mesozoikum) definieren. Vor allem im Norden und Westen ist diese Grenze auch in der Landschaft gut sichtbar, da sich hier das Gebirge steil über sein Vorland erhebt. Während der Hebung wurden dabei die Gesteine des Mesozoikums aufgerichtet und bilden an der Nordseite des Gebirges Höhenrücken, wie zum Beispiel die Teufelsmauer. Am südlichen Gebirgsrand tritt oft Gips des Zechsteins zutage. Im Südosten tauchen die Hochflächen allmählich unter das mesozoische Deckgebirge ab, sodass der Harzrand hier kaum noch als Höhenzug in Erscheinung tritt. Naturräumlich ergibt sich eine Gliederung in Oberharz, Unterharz und Östliche Harzabdachung. Als Hochharz wird der zentrale Bereich des Oberharzes oberhalb von 700 m NN mit dem Acker-Bruchberg-Zug (928 m), dem Achtermann (926 m), dem Wurmberg (971 m) und dem Brockengebiet abgetrennt (Abb. 42.1). Der höchste Berg ist der Brocken mit 1142 m NN.

Zum Großteil bestehen die paläozoischen Gesteine des Harzes aus klastischem Sedimentgestein des Devons und Karbons. Besonders charakteristisch für den Harz ist die Grauwacke, ein grauer bis grün-grauer Sandstein. Untermeerisch ausgeflossene Lava findet sich unter anderem im Oberharzer Diabaszug. Riffbildungen an vulkanischen Inseln im Devon schufen die Kalksteine bei Elbingerode und dem Iberg. Daneben sind noch die drei Plutone des Harzes zu erwähnen (Brocken-, Ramberg- und Oker-Pluton), die die Granite der markanten Klippen im Oberharz und das Bodetal bei Tale prägen.

Die basenarmen klastischen Sedimentgesteine sowie auch die Granite führten zur Entstehung von nährstoffärmeren, oft versauerten Böden. Hier sind flachgründige Ranker, tiefgründigere Braunerden und in feuchten Bereichen Pseudogley-Braunerden anzutreffen. Aus verwittertem Granit gehen oft Sand- und Lehmböden hervor. In höheren Lagen und unter Fichtenbeständen entwickelten sich auf basenarmen Gesteinen auch Podsole. Eine Besonderheit für den Harz sind die schwermetallreichen Böden (Galmeiböden) im Bereich alter Schlackenhalden aus der Bergbauzeit (Dierschke und Knoll 2002).

Die höchsten Erhebungen liegen im westlichen Teil des Gebirges unter direktem Einfluss der oft von Westen aufziehenden atlantischen Tiefdruckgebiete. Daher fallen in den hohen Lagen des Hochharzes die höchsten Niederschlagsmengen mit über 1500 mm im Jahr. Die östlichen Teile des Harzes liegen dagegen im Regenschatten mit Jahressummen des Niederschlags unter 700 mm. Der Regenschatten macht sich auch schon im Gebirge selbst bemerkbar und ist bereits wenige Kilometer südöstlich des Brockens nachweisbar. Im Hochharz und vor allem am Brocken gibt es oft Nebel. Durch die exponierte Lage trägt der Oberharz stärker atlantische Züge mit nicht nur hohen Niederschlagssummen, sondern

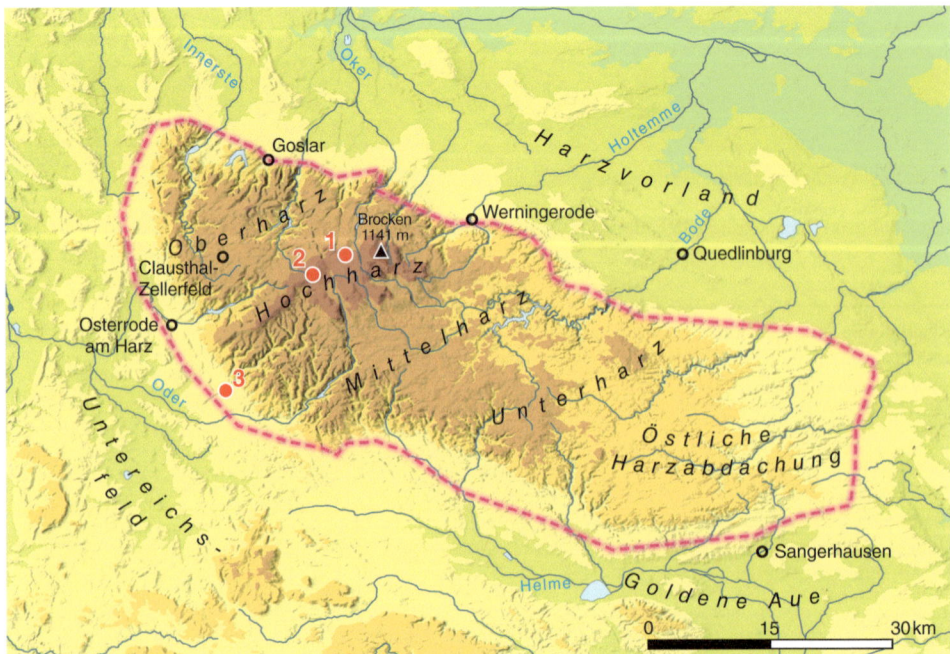

Abb. 42.1 Karte des Harzes mit pollenanalytisch untersuchten Lokalitäten für das standardisierte Pollendiagramm: 1 Radauer Born, 2 Bruchbergmoor. Zusätzlich diskutiertes Diagramm: 3 Juessee

auch mit im Vergleich zu den östlichen Teilen ausgeglicheneren Temperaturen, mit milderen Wintern und kühleren Sommern. Somit liegt das Gebirge im Übergangsbereich zwischen subozeanischem und subkontinentalem Klima.

Vegetation

Die Vegetation des Harzes hat schon früh das Interesse von Naturforschern geweckt, das bis heute nicht zum Erliegen gekommen ist. Ein guter Überblick findet sich in Dierschke und Knoll (2002), auf dem diese Zusammenfassung basiert. Der west-östliche Klimagradient des Harzes zeigt sich auch in horizontalen Verbreitungsmustern einiger Pflanzenarten. So haben kontinentale Elemente wie Färber-Meier (*Asperula tinctoria*) und Dänischer Tragant (*Astragalus danicus*) hier ihre Westgrenze. An den Harzrändern gibt es Sonderstandorte mit Muschelkalk oder Gipshügeln und den entsprechenden floristischen Besonderheiten wie Frühlings-Adonisröschen (*Adonis vernalis*). Von hier nimmt die Artenzahl der Gefäßpflanzen zum Harzinneren deutlich ab.

Eine vertikale Gliederung der Vegetation (Abb. 42.2) ist vor allem am steil aufragenden Gebirgsrand im Nordwesten erkennbar, jedoch lassen sich feste Höhengrenzen schwer definieren, da die unterschiedliche Exposition der Hänge oder anstehende Gesteine kleinräumig zu starken Unterschieden führen. Im Vergleich zu anderen deutschen Mittelgebirgen ist der Harz kälter, und die Höhenstufen beginnen und enden damit 100–200 m tiefer.

Die kolline Stufe (bis 250/300 m NN) findet sich nur an den Harzrändern, die stark vom Menschen geprägt sind. Hier reihen sich Dörfer und Städte entlang der Grenze des Harzes aneinander. Die naturnahe Vegetation besteht aus Laubmischwäldern mit Buche (*Fagus sylvatica*) und Hainbuche (*Carpinus betulus*), Stiel- und Traubeneiche (*Quercus robur*, *Qu. petraea*). Buchen dominieren die westlichen und Eichen oft die östlichen Harzränder. Von früherer extensiver Weidenutzung zeugen die Magerrasen, die sich auf flachgründigen Kalk-, Dolomit- und Gipsstandorten finden.

Im Übergangsbereich zur submontanen Stufe (250/300–450/500 m NN) mischen sich Vegetationselemente der montanen und kollinen Stufen. Diese Höhenlagen dominiert die Buche in naturnahen Wäldern. Stattdessen wachsen dort jedoch oft Fichtenforste. Vor Beginn des Waldbaus war auch die montane Stufe (450/500–750/850 m NN) weitgehend von der Buche bedeckt, vermutlich vergesellschaftet mit Bergahorn (*Acer pseudoplatanus*) und Fichte (*Picea*

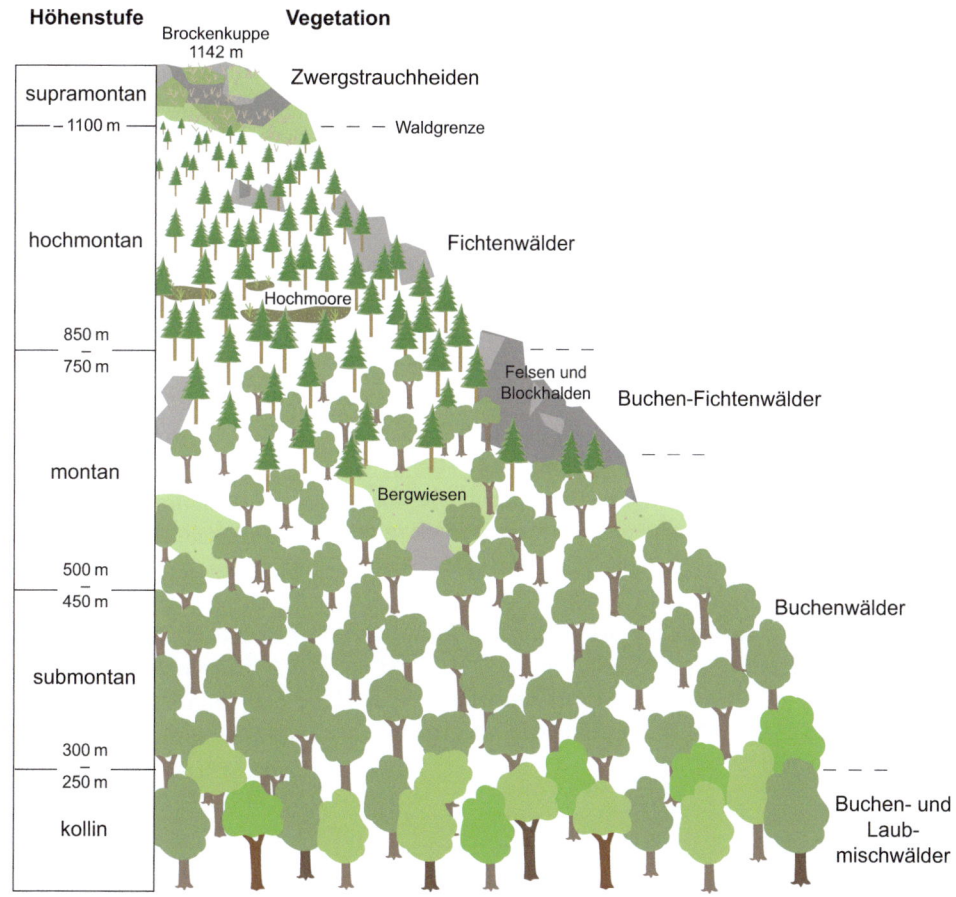

Abb. 42.2 Höhenstufen und Vegetationszonen des Harzes (Grafik: J. Cordts)

Abb. 42.3 Blick über das Torfhausmoor auf den Brocken (Foto: R. Voigt)

abies). Heute herrschen auch hier Fichtenforste vor, die in den letzten Jahren weitgehend dem Borkenkäfer zum Opfer gefallen sind und durch Anpflanzungen von Mischwäldern ersetzt werden. Die Schwarzerle (*Alnus glutinosa*) kommt in Flusstälern vor.

Die hochmontane Stufe (oberhalb von 750/850 m NN) ist durch natürliche Fichtenwälder charakterisiert. Die Bergfichtenwälder haben borealen Charakter, und ihre Verbreitung deckt sich mit den zentralen Hochlagen des Nationalparks Harz. In dieser Zone finden sich auch größere Hochmoore und kleinere Hangmoore (Abb. 42.3). Im Grenzbereich zwischen Wald und Moor gibt es Vorkommen von Zwergbirke (*Betula nana*). Nur am Brocken gibt es eine Wald- und Baumgrenze und eine darüberliegende supramontane Stufe mit baumfreien Pflanzengesellschaften. Die Natürlichkeit der Baumgrenze am Brocken wurde lange diskutiert. Messungen der Bodentemperatur von 6,7 °C in der Vegetationsperiode an der Baumgrenze bei 1100 m NN stimmen jedoch mit dem globalen Durchschnitt für Baumgrenzen überein und bestätigen die Natürlichkeit dieser Grenze für den Brocken (Hertel und Schöling 2011). Die offene Brockenkuppe wird von Heiden mit Besenheide (*Calluna vulgaris*) und Heidelbeere (*Vaccinium myrtillus*) dominiert. Eine Besonderheit der Heiden ist die Brocken-Küchenschelle (*Pulsatilla alpina* ssp. *austriaca*, syn. *P. alba*), die ihre nächsten Vorkommen in den Vogesen und im Riesengebirge hat.

Forschungsgeschichte

Die Geschichte der vegetationsgeschichtlichen Erforschung des Harzes ist in Beug et al. (1999) ausführlich dargestellt. Sie beginnt in der Mitte des 18. Jahrhunderts mit der Dokumentation von Haselnussfunden in den Torfen des Harzes, die Firbas (1949) ausgewertet hat. Erste Pollenanalysen wurden im Jahr 1908 von Stoller durchgeführt, und das erste Pollendiagramm stammt aus dem Jahr 1927 (Wendt und v. Bülow 1927). Bereits 1928 stellte Hesmer eine Übersicht der nacheiszeitlichen Vegetationsgeschichte auf der Basis von mehreren Pollendiagrammen vor. Einen Überblick zur jüngeren Waldgeschichte gaben Firbas et al. (1939) auf der Basis von 32 Pollendiagrammen unter Einbeziehung des Nichtbaumpollens, der vorher noch keine Berücksichtigung fand. Beug (1957) befasste sich mit der spätglazialen und frühen postglazialen Vegetationsentwicklung. Willutzki (1962) konnte erste ^{14}C-Datierungen nutzen, um das Alter von Vegetationsveränderungen sowie von Rekurrenzflächen zu erfassen. Jüngere Arbeiten befassten sich mit der Entwicklung der Moore im Oberharz (Henrion 1989; Beug et al. 1999) und deren Reaktion auf die Schwermetallbelastung (Gałka et al. 2019). Im Zusammenhang mit Untersuchungen von Holzkohlen wurde das einzige Pollendiagramm von einem Moor östlich des Brockens, dem Blumentopfmoor, erstellt (Knapp et al. 2015). Eine vollständige Literaturliste befindet sich im Anhang.

Regionale Vegetations- und Waldgeschichte

Die regionale Vegetationsgeschichte wird hier anhand des Standarddiagramms dargestellt, bestehend aus zwei Pollenprofilen aus den Hochlagen des Harzes und eines zusätzlichen Pollenprofils vom westlichen Harzrand. Für das Standarddiagramm (Abb. 42.4) wurde das Pollenprofil vom Kammoor auf dem Bruchberg (910 m NN) gewählt, das am besten datierte Diagramm (15 ^{14}C-Datierungen) aus dem Hochharz, das die letzten 10.500 Jahre Vegetationsentwicklung im Ober- und Hochharz zeigt (Beug et al. 1999, s. Tab. 42.1 im elektronischen Zusatzmaterial). Die ersten 1000 Jahre des Holozäns und das ausgehende Spätglazial wurden mit Daten vom Radauer-Born-Profil 2 (Henrion 1990) ergänzt, um die gesamte bekannte Vegetationsgeschichte des Harzes vorzustellen. Die Chronologie für diesen ältesten Abschnitt basiert auf der chronostratigraphischen Zuordnung der Vegetationsveränderungen im Vergleich mit anderen Diagrammen (Henrion 1990).

Alle Pollendiagramme der Hochlagen des Harzes haben die Eigenschaft, dass sie nicht nur die Vegetationsentwicklung der näheren Umgebung dokumentieren, sondern partiell auch die des Harzvorlandes. Zum einen stellen die Moore offene Flächen ohne Baumbewuchs dar, zum anderen ist die Pollenproduktion der Bäume unter den kühlen Bedingungen des Harzes deutlich geringer als im Vorland. Dadurch erhöht sich der relative Anteil des aus tieferen Lagen herangewehten Pollens in den Pollendiagrammen. Hinzu kommt die exponierte Lage. So überragt der Acker-Bruchberg-Zug den westlichen Harz bei einer Entfernung zum Harzvorland von weniger als 15 km. Das zusätzliche Pollendiagramm des am Harzrand gelegenen Juessees (241 m NN, Voigt et al. 2008), datiert anhand von 21 ^{14}C-Datierungen, hat dieses Problem nicht und erlaubt es, die Entwicklungen im Hochharz mit der Geschichte in den tieferen Lagen zu vergleichen (Abb. 42.5). Der Juessee ist als Erdfall durch die Auswaschung von Zechsteinsalzen am Ende des Spätglazials entstanden. In der folgenden Beschreibung der regionalen Wald- und Vegetationsgeschichte beziehen sich die Altersangaben der regionalen Pollenzonen (RPZ) auf das Standarddiagramm aus dem Hochharz. Zum Teil abweichende Alter für diese biostratigraphischen Zonengrenzen im Pollendiagramm vom Juessee spiegeln zeitversetzte Entwicklungen aufgrund räumlicher und klimatischer Unterschiede wider.

Trotz vieler Bemühungen ist es bisher nicht gelungen, Archive im Harz zu finden, die die gesamte spätglaziale Abfolge der Vegetationsentwicklung dokumentieren. Zwar wurden basale Torfe gefunden, die hohe Anteile von Nichtbaumpollen sowie Pollen von Charakterarten des Spätglazials enthalten. Ablagerungen aus der Allerødzeit (Chronozone II^C) und die zu erwartende Laacher See-Tephra fehlen jedoch. In der Rhön gibt es allerødzeitliche Torfbildungen (z. B. Beug 1957), die vermuten lassen, dass es auch im Harz zur Torfbildung kam. Demnach wurden entsprechende Ablagerungen im Harz während der Jüngeren Tundrenzeit wahrscheinlich durch Solifluktion wieder aufgearbeitet oder überlagert (Beug et al. 1999). Pollenspektren, die der Chronozone III^C (Jüngeren Tundrenzeit) zugeordnet werden, stammen aus dem Radauer Born (800 m NN, Henrion 1990), dem Rotenbeektal (760 m NN, Beug et al. 1999) und der Acker-Vermoorung (825 m NN, Willutzki 1962). Charakteristisch für diese Pollenspektren sind die ähnlich hohen Anteile von Kiefer und Birke, die zusammen am Radauer Born etwa 50 % der Pollensumme ausmachen (RPZ 1, Zeitscheibe 9750 v. Chr.). Demnach lag die Waldgrenze deutlich tiefer. Die Vegetation bestand aus Pioniergesellschaften, (sub-)alpinen Rasen, Zwergsträuchern (*Betula*, *Juniperus*, *Hippophaë*, *Salix*, Ericaceae) und Hochstaudenfluren. Das Profil vom Radauer Born zeigt in diesem Bereich eine hohe Pollendiversität von Kräutern (u. a. *Anemone*-Typ, *Trollius*, *Centaurea scabiosa*-Typ, *Epilobium*, *Selaginella selaginoides*). Ein Versuch, diesen Zeitabschnitt mit der ^{14}C-Methode zu datieren, ergab zu geringe Alter, was durch Umlagerungen von organischem Material in die tonige Basis der Torfe oder Durchwurzelung erklärt werden kann (Henrion 1990). Somit besteht für das Spätglazial des Hochharzes keine unabhängige absolute Datierung, und es ist daher nicht sicher, ob die waldfreie Phase des Hochharzes ausschließlich die Chronozone III^C repräsentiert oder noch bis in die Warmzeit hineinreicht (Beug et al. 1999). Für den Harzrand zeigt das Diagramm vom Juessee im untersten Abschnitt (RPZ 1) einen Baumpollenanteil von mehr als 70 % mit einer Dominanz der Kiefer. Diese spätglazialen Proben enthalten auch Pollen von Hasel, Fichte und Tanne sowie der Flügelnuss *Pterocarya*, die nicht von Pflanzen jener Zeit stammen, sondern durch Erosion älterer Ablagerungen eingebracht wurden. Die starke Erosion im Einzugsgebiet des Sees weist auf eine lückenhafte Vegetationsbedeckung hin.

Pflanzen, die in der Jüngeren Tundrenzeit bereits vor Ort waren, konnten auf den Temperaturanstieg zu Beginn unserer Warmzeit (RPZ 2, Zeitscheiben 9500 bis 8500 v. Chr.) schnell reagieren. Im Hochharz wie auch am Harzrand, im westlichen Harzvorland (s. Kap. 41, Diagramm Luttersee) und generell in vielen Regionen Mitteleuropas war es vor allem die Birke, die schnell zur Massenausbreitung kam. Am Juessee wurde sie jedoch bereits nach wenigen Jahrhunderten größtenteils von Kiefern verdrängt. Im Hochharz dauerte dagegen die Ausbreitung der Kiefern deutlich länger. Maximale Pollenanteile werden am Bruchberg und in vielen anderen Diagrammen des Harzes erst in der Zeitscheibe 8500 v. Chr. erreicht. Die Anwesenheit von Baumbirken in diesem Zeitraum wurde durch Holzfunde in den Torfen der Acker-Vermoorung von Willutzki (1962) nachgewiesen.

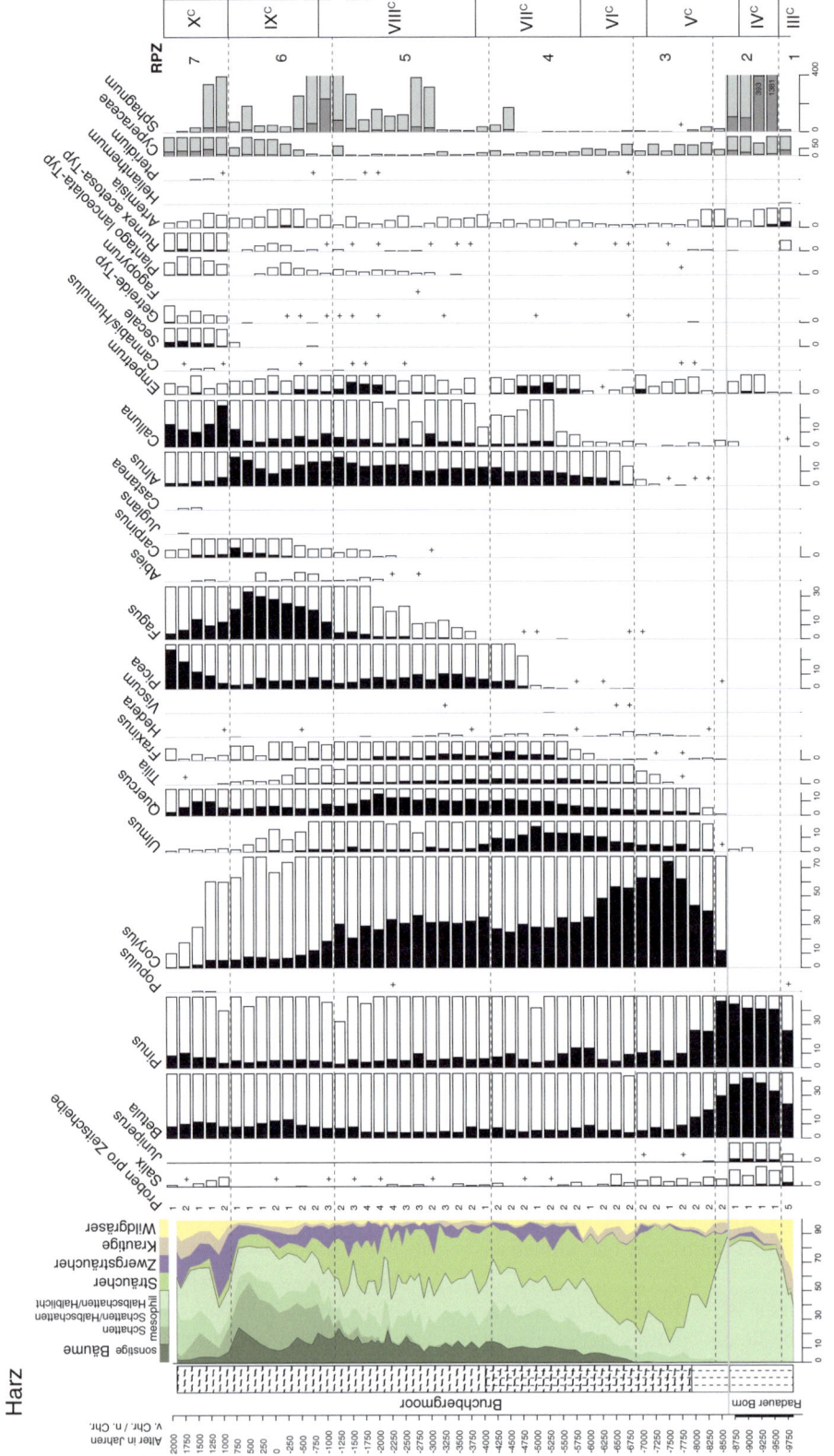

Abb. 42.4 Standardisiertes Pollendiagramm für den Harz, kombiniert aus den Profilen vom Radauer Born – Profil 2 (800 m NN, Henrion 1990) und dem Kammoor auf dem Bruchberg (910 m NN, Beug et al. 1999)

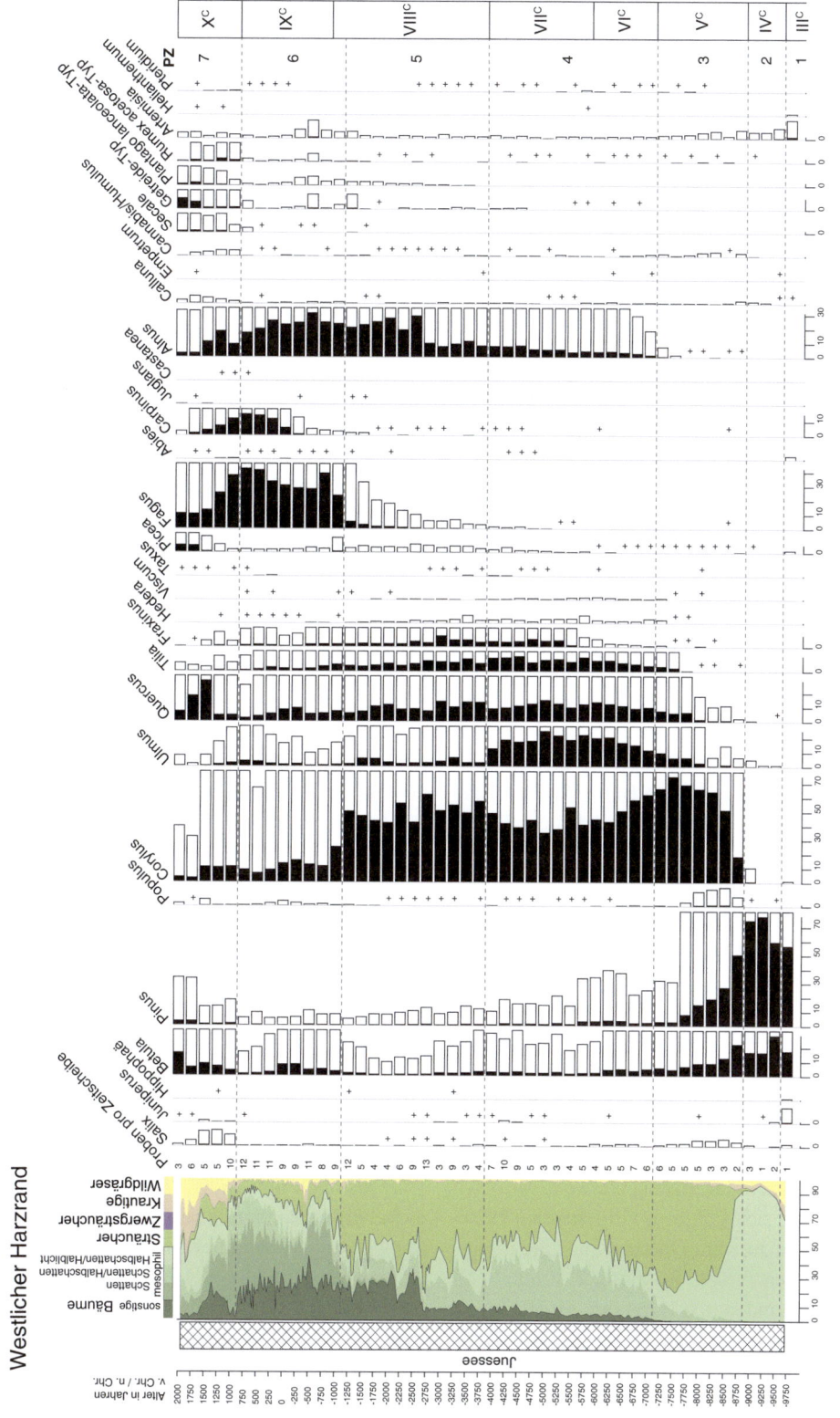

Abb. 42.5 Pollendiagramm Juessee (241 m NN, Voigt et al. 2008). Es zeigt die Entwicklungen am westlichen Harzrand

Makroskopische Reste der Kiefer sind für diese Zeit aus dem Hochharz nicht bekannt. Dennoch vermuten Beug et al. (1999), dass zum Ende dieser Phase auch der Brocken mit Kiefern bewaldet war. Die kontinuierlichen Pollenkurven des Wacholders mit Anteilen von mehr als 2 % in den Profilen aus dem Radauer Born (Henrion 1990) und aus der Märchenweg-Vermoorung (Rotenbeektal, Beug et al. 1999) zeigen allerdings, dass die Wälder im Hochharz noch sehr offen waren. Mit Beginn der RPZ 2 kam es im Hochharz an vielen Stellen zu Vernässungen und Vermoorungen (Beug et al. 1999). Demnach sind nicht nur die Temperaturen, sondern auch die Niederschlagsmengen angestiegen. Früchte und Holz der Zwergbirke sind im Torf der Radauer-Born-Vermoorung dokumentiert (Beug 1957). Aus den Makrorestuntersuchungen ergibt sich für die Vermoorungen eine sehr artenreiche Niedermoorvegetation mit hohen Ansprüchen an die Nährstoffversorgung.

Kennzeichnend für RPZ 3 (Zeitscheiben 8250 bis 7000 v. Chr.) sind die hohen Haselwerte. Die Ausbreitung der Hasel begann am Juessee und im Oberharz etwa zeitgleich um 8800 v. Chr., erfolgte am Harzrand aber schneller als in den Hochlagen. Am Juessee erreichen die Pollenanteile der Hasel den Wert von 50 % bereits um 8500 v. Chr., im Oberharz dagegen erst rund 700 Jahre später, um 7750 v. Chr. In beiden Gebieten erreichte sie ihre maximale Verbreitung um 7500 v. Chr. mit Pollenanteilen von jeweils ca. 75 %. Ihre lokale Anwesenheit in den Hochlagen des Harzes bis 1044 m NN ist durch die Funde von Haselnüssen in einigen Mooren belegt (Firbas 1949). Das Alter der Funde ist nur am Brockenmoor (1000 m NN) und am Radauer Born (800 m NN) pollenanalytisch erfasst. In beiden Fällen wurden die Funde der Vegetationsentwicklung der mittleren Wärmezeit zugeordnet, also dem Abschnitt mit wieder fallenden Prozentwerten der Hasel. Firbas (1952) gibt als heutige Höhengrenze der Hasel im Harz 680 m NN an. Dies würde bedeuten, dass die Temperaturen in der mittleren Wärmezeit mehr als 1,5 °C über den heutigen lagen. Die Hasel wächst in wintermilden Gebieten auch bei geringeren Sommertemperaturen, und die Verschiebung der Höhengrenze ließe sich damit auch durch eine Veränderung der Saisonalität erklären. Zu den regelmäßigen Pollenfunden von Efeu (*Hedera helix*) gesellen sich im oberen Abschnitt von RPZ 3 auch vereinzelte Pollenkörner der Mistel (*Viscum album*). Ab ca. 8000 v. Chr. breiteten sich Ulmen und Eichen am Harzrand und 300 Jahre später auch im Oberharz aus. Sie drängten die Kiefern und Birken zurück. Zu dieser Zeit (ca. 7750 v. Chr.) erreichten auch Linden den Harzrand. Im Hochharz nahmen die Vermoorungen auf Kosten der Hochstaudenfluren zu. Im Bruchbergmoor breitete sich Scheidiges Wollgras (*Eriophorum vaginatum*) aus. Dies zeigt die zunehmende Verarmung und den Beginn der Hochmoorentwicklung in den nassesten Bereichen des Moores an. Damit einhergehend wurde die Krähenbeere (*Empetrum*) häufiger.

Die zunehmende Beschattung in den dichter werdenden Wäldern führte im gesamten Harz und im Harzvorland zur allmählichen Zurückdrängung der Hasel. Zusammen mit dem Rückgang der *Corlyus*-Werte charakterisieren hohe Anteile von *Ulmus* diesen Zeitabschnitt (RPZ 4, Zeitscheiben 6750 bis 4250 v. Chr.), in dem sich auch Eschen (*Fraxinus excelsior*) im Gebiet ausbreiteten. Dieser Wechsel zu dichten Laubmischwäldern vollzog sich am Harzrand 300–500 Jahre früher als in den Hochlagen. Im Oberharz gewannen neben den dominierenden Ulmen auch Eichen und Winterlinden an Bedeutung. Dass Eiche und Linde die höheren Lagen des Harzes in dieser Zeit erreicht haben, belegen Holzfunde aus dem Sonnenberger Moor (765 m NN, Willutzki 1962) und der Bruchberg-Vermoorung (Beug et al. 1999). Am Juessee dürften Eichen, Ulmen und Linden etwa gleich hohe Anteile in den Wäldern gehabt haben. Eschen waren vermutlich auf die flussbegleitenden Auwälder beschränkt. Mit Beginn von RPZ 4 breitete sich auch die Schwarzerle (*Alnus glutinosa*) in den Tälern des Harzes und Harzvorlandes aus. Die Fichte (*Picea abies*) etablierte sich im Verlauf von RPZ 4 in den Hochlagen und blieb auf diese beschränkt. Während die Fichtenpollenanteile im Juessee-Diagramm unter einem Prozent bleiben, wird diese Marke auf dem Bruchberg um 4700 v. Chr. überschritten. Der Harzrand blieb demnach fichtenfrei. In den vermoorten Bereichen gesellte sich zur Krähenbeere auch Besenheide. Zum Ende des Atlantikums (2. Hälfte Chronozone VII[C]) kam es zu verstärktem Flächenzuwachs der Moore im Hochharz (Beug et al. 1999). Am Bruchbergmoor zeugen höhere Anteile von Torfmoossporen ab 4500 v. Chr. von zunehmender Vernässung.

Der Übergang zu RPZ 5 (Zeitscheiben 4000 bis 1250 v. Chr.) wird durch den Ulmenfall markiert (s. Exkurs Kap. 53). Prägend für die Zone sind insbesondere die weitere Ausbreitung der Fichte im Hochharz und das Auftreten der Buche (*Fagus sylvatica*). Die Pollenwerte der Fichte erreichen ein erstes Maximum von über 10 % im Hochharz. Dies entspricht vermutlich einem wesentlich höheren Anteil in den Wäldern, wenn man berücksichtigt, dass ein Teil des Laubholzpollens im Gegensatz zum Fichtenpollen aus dem Harzvorland stammen dürfte. Damit ist in dieser Zeit von fichtendominierten Wäldern in den Hochlagen des Harzes auszugehen. Die Buche blieb dagegen zunächst sowohl im Harz als auch im Harzvorland selten. Um 2500 v. Chr. kam es in beiden Bereichen zu einer verstärkten Ausbreitung der Schwarzerle, vermutlich durch einen Anstieg des Grundwasserspiegels bedingt. Am Juessee erreichte die Hasel wieder ähnlich hohe Anteile wie im Boreal (Chronozone V[C] bzw. RPZ 3). Dies spiegelt wahrscheinlich eine Förderung der lichtliebenden Hasel durch die Auflichtung der Wälder für Siedlungen und Ackerbau wider. Die Wirkung des Menschen am Harzrand wird auch durch das Auftreten von Spitzwegerich (*Plantago lanceolata*-Typ) in beiden Diagrammen dokumentiert. Dabei ist die Kurve im Juessee-Diagramm lokal und im Bruchberg-Diagramm regional zu interpretieren. Im Harz selbst hatte der Mensch zu dieser Zeit sicher kaum Einfluss auf die Vegetation. Die Moore breiteten sich dort zunächst nicht mehr im selben Ausmaß aus wie in den Jahrtausenden zuvor. Erst ab ca. 1700 v. Chr. setzte in vielen Mooren erneut ein verstärktes laterales und vertikales Wachstum ein. Dies konnte auch für die Acker-Bruchberg-Vermoorung detailliert gezeigt werden und ging oft mit einem Wechsel der Torfbildner einher (Beug et al. 1999). In der Bruchberg-Vermoorung erfolgte der Wechsel von Wollgrastorfen (*Eriophorum*) zu Torfmoostorfen (*Sphagnum*), also vom Übergangs- zum Hochmoortorf, allerdings schon um 4000 v. Chr.

Die Dominanz der Buche kennzeichnet den Abschnitt RPZ 6 (Zeitscheiben 1000 v. Chr. bis 750 n. Chr.). Ihre starke Ausbreitung fand gleichzeitig im Harz und am Harzrand um 1000 v. Chr. statt. Die Buche verdrängte die übrigen Laubbäume von den meisten grundwasserfernen Standorten. Mit der Ausbreitung von schattigen Buchenwäldern ging die Bedeutung der Hasel weiter zurück. Nur in den Hochlagen des Harzes konnte sich die Fichte gegenüber der Buche behaupten. Im Gegensatz zum Juessee steigen die Prozentwerte der Buche im Bruchberg-Diagramm nur allmählich an. Dies deutet auf eine langsamere Ausbreitung der Baumart im Harz unter Konkurrenz zur Fichte hin. Ein Holzkohlefund von der Heinrichshöhe (950 m NN), datiert auf etwa 1000 v. Chr., belegt, dass die Buche bereits zu Beginn von RPZ 6 im von der Fichte beherrschten Hochharz vorkam (Robin et al. 2013). Zur Buche gesellte sich in dieser Zeit zunächst vereinzelt, ab der Zeitenwende verstärkt auch die Hainbuche (*Carpinus betulus*). Sie breitete sich vor allem auf aufgegebenen Siedlungsflächen im Harzvorland und in den Harztälern aus, drang aufgrund ihrer Wärmebedürftigkeit jedoch nicht in die höheren Lagen des Gebirges vor. Die zunehmende Besiedlung in der Eisenzeit und in der Römischen Kaiserzeit im Harzvorland und die damit einhergehende Öffnung der Wälder zeigen sich in den Diagrammen aus den Hochlagen des Harzes durch verstärktes Auftreten von Pollen des Getreide-Typs und des Spitzwegerichs sowie in steigenden Anteilen der Birke. Der Flächenzuwachs der Moore setzte sich fort, aber zunächst nicht im selben Ausmaß wie am Ende von RPZ 5. Erst ab der Zeitenwende lässt sich wieder ein verstärktes vertikales Moorwachstum feststellen, und zwar durchgängig von *Sphagnum*-Torfen (Beug et al. 1999).

Mit Beginn der RPZ 7 (Zeitscheiben 1000 bis 2000 n. Chr.) zeigt das Diagramm vom Bruchberg deutliche Veränderungen der Vegetation, die durch zurückgehende Pollenanteile von *Alnus* und *Fagus* sowie steigende Anteile von *Calluna*, Kräutern und Siedlungszeigern gekennzeichnet sind. Getreidepollen ist kontinuierlich mit steigenden Anteilen vorhanden, dokumentiert aber nicht Ackerbau in den Hochlagen des Harzes, sondern zeigt die Entwaldung in der Region um den Bruchberg an, wodurch der Fernfluganteil von Pollen aus dem Vorland des Harzes anstieg. In diesen letzten 1000 Jahren der Waldentwicklung des Harzes bestimmte der Mensch das Geschehen. Der steigende Holzbedarf führte zu einer fast völligen Entwaldung des Harzes und einer späteren Aufforstung mit Fichte. Dies zeigt sich im Diagramm vom Bruchberg in einem Rückgang der Buchenanteile und im Anstieg der Fichtenanteile. Im Diagramm vom Juessee zeigt sich ab 700 n. Chr. eine andere stark durch den Menschen beeinflusste Entwicklung im Zuge der frühmittelalterlichen Besiedlungszunahme. Zu stärkeren Rodungen kam es jedoch erst um 1000 n. Chr., auch hier angezeigt durch einen Rückgang in den Pollenanteilen von Buche und Hainbuche zusammen mit zunehmenden Pollenanteilen von Kräutern, des Getreide-Typs und der Birke. Rings um den Juessee wurde seit dieser Zeit Landwirtschaft betrieben. Der starke Anstieg der *Quercus*-Anteile im Juessee-Diagramm geht sicherlich auf eine Förderung der Eichen durch den Menschen im Spätmittelalter um 1400 n. Chr. zurück. Ab ca. 1600 n. Chr. kam es zu weiteren großflächigen Rodungen, von denen nun auch die Eichen betroffen waren. Gleichzeitig breitete sich die Fichte aus. Zwar war sie am Harzrand zu dieser Zeit selten, doch ist ihr lokales Vorkommen am Juessee durch Makroreste belegt. Die Offenheit der Landschaft wird von den hohen Anteilen des Kräuterpollens angezeigt.

Bergbau im Harz

Der Reichtum des Harzes an Silber-, Blei-, Kupfer- und Eisenerzen hat Einfluss auf die Vegetation. Vegetationsfreie Ausbisse von Erzlagern wie am Rammelsberg bei Goslar, wurden schon früh vom Menschen genutzt. Die Anfänge des Harzer Erzbergbaus lassen sich schwer fassen. Wahrscheinlich ist eine bronzezeitliche Verhüttung von Kupfererzen aus dem Harz. Erste archäologische Belege für eine Verhüttung von Eisenerzen stammen jedoch erst aus der Zeit um Christi Geburt aus den Ausgrabungen in Düna bei Osterode (Klappauf 2000). Die ältesten Schlacken in Düna kommen aus dem Lerbacher Revier bei Osterode. Unter jüngeren Funden aus dem 3.–4. Jahrhundert n. Chr. finden sich Erze von Rammelsberger Herkunft sowie Hinweise auf die Silbergewinnung aus Oberharzer Gangerzen (Brockner 2000). Urkundlich belegt ist der Bergbau im Harz (Rammelsberg) erst seit dem Jahr 968 n. Chr. Die Erze wurden zur Verhüttung in waldreiche Gebiete gebracht, da zur Schmelze weit größere Mengen an Holzkohle als an Erz erforderlich waren (s. Exkurs Kap. 36). Damit hatte der Bergbau am Rammelsberg schnell Auswirkungen auf den Wald im Oberharz. Der Kaiser vergab das Lehen einzelner Bergregionen an Klöster, die als Unternehmer am Rammelsberg beteiligt waren und über den Energieträger Holz verfügten. Das Wichtigste unter den Klöstern war Walkenried, 1127 n. Chr. gegründet. Die Holzkohlereste auf den unzähligen Meilerplätzen im Harz geben

Aufschluss über die Veränderung der Waldzusammensetzung. Dabei geben Art und Lage des Meilers oft ausreichend Information, um die Holzreste auch zeitlich einzuordnen. Hohe Anteile der Buche oder gar ihre Dominanz sind typisch für frühe Meiler des 10. Jahrhunderts (Knapp et al. 2015). Schlackenhalden bei Clausthal-Zellerfeld (600 m NN) aus dieser Zeit zeigen eine diverse Waldzusammensetzung mit hohen Anteilen von Ahorn neben der Buche sowie dem Vorkommen von Fichte und Eiche (Hillebrecht 1982). Aufgrund der geringen Pollenproduktion ist der Ahorn in Pollendiagrammen unterrepräsentiert. Die Holzkohleanalysen machen deutlich, dass dieser Baum bis ins Mittelalter an der Waldzusammensetzung im Harz mit 1–10 % beteiligt war, nach 1500 n. Chr. aber fehlte oder selten war.

Die Zisterzienser begannen wahrscheinlich im 13. Jahrhundert, Stollen im Oberharz anzulegen, um silberhaltige Erzgänge, aber auch die Eisenerzvorkommen am Iberg zu erschließen. Mit der Gründung des Klosters Cella bei der später danach benannten Bergstadt Zellerfeld um das Jahr 1200 n. Chr. intensivierte sich der Bergbau im Oberharz. Neben vereinzelten kleinen Stollen wurden zu dieser Zeit vor allem oberflächennahe silberreiche Bleierze gewonnen. Die Wasserhebung in den Stollen erschwerte den weiteren Ausbau. Meilerplätze, die dieser Zeit zugeordnet werden können, weisen bereits einen höheren Anteil an Holzkohle von Lichtbaumarten auf (Birke, Hasel, Weide, Vogelbeere), was für eine zunehmende Öffnung der Wälder spricht. Auch wenn die Köhler bei der Herstellung der Holzkohle wenig selektiv waren und alle Bäume im Umkreis nutzten, so wurde doch die Buche für die Holzkohlegewinnung bevorzugt. Dies und die generelle Öffnung der Wälder erlaubten es der Fichte, sich gegenüber der Buche durchzusetzen und sich auch in den tieferen Lagen des Harzes auszubreiten. Das Problem der Wasserhebung, politische Machtstrukturen, Kriege und Pest beendeten diese Bergbauphase um das Jahr 1350 n. Chr. Dies gab den Wäldern eine Ruhepause, und offen gelassene Flächen wurden schnell wieder vom Wald eingenommen.

Um den Bergbau wiederzubeleben, wurden im 16. Jahrhundert von verschiedenen Landesherren Bergfreiheiten erlassen, die Bergleute aus Sachsen, Böhmen, Franken und sogar aus Tirol in den Oberharz lockten und zur Gründung von freien Bergstädten führte. Auch im Unterharz wurden Gruben erschlossen, die allerdings mehr Flussspat und Eisenerz lieferten als das begehrte Silber. Durch die Entwicklung der durch Wasserkraft getriebenen Wasserhebung konnten die Stollen nun tiefer in den Berg getrieben werden. Zum Ausbau der Stollen wurde im Harz vorwiegend Fichtenholz eingesetzt. Es ist zwar nicht so haltbar wie Buchen- oder Eichenholz, aber es warnt den Bergmann durch Knacken, bevor es einem etwaigen Anstieg des Gebirgsdrucks nachgibt. Trotz dieser selektiven Nutzung der Fichte als Bauholz finden sich zu dieser Zeit vor allem Fichten-Holzkohlereste auf den Meilerplätzen. Die Fichte muss sich also nach der ersten Bergbauphase massiv im Harz ausgebreitet haben; die pollenanalytischen Befunde bestätigen das. Mit der Nutzung der Wasserkraft zur Entwässerung der Gruben stieg jetzt auch der Bedarf an Wasserkraft, die das gesamte Jahr kontinuierlich zur Verfügung stehen musste. Um diesem Bedarf nachzukommen, wurden zwischen 1536 und 1866 mehr als 120 Teiche, 500 km Gräben und 30 km unterirdische Gräben angelegt, deren Überreste heute als Oberharzer Wasserregal ein wichtiges Kulturdenkmal darstellen und zum UNESCO-Weltkulturerbestätte Bergwerk Rammelsberg, Altstadt von Goslar und Oberharzer Wasserwirtschaft gehören. Mit dem technischen Fortschritt erhöhte sich der Holzbedarf. Während anfangs auch die vorwiegend aus Buchenholz gewonnene „harte Kohle" noch zur Verhüttung genutzt wurde, musste im 18. Jahrhundert auf weniger wertvolle weiche Fichtenkohle zurückgegriffen werden, da die Buchenbestände erschöpft waren. Im sehr stark genutzten Oberharz verringerte sich der Waldanteil von 42 % im Jahr 1691 auf 27 % im Jahr 1750 (Liessmann 2010). Darüber hinaus kam es zum Ende des 17. Jahrhunderts mehrfach zu starkem Befall durch Borkenkäfer (Beug et al. 1999). In dieser Situation wurde im Jahr 1726 Johann Georg von Langen zum Forstmeister des Fürstentums Blankenburg ernannt, zu dem auch Teile des Oberharzes gehörten. Von Langen ermittelte den Vorrat und Holzzuwachs und bestimmte die Nutzungsmenge auf Basis des Waldzustands und nicht des Holzbedarfs. Er führte die gezielte Saat als Verjüngungsform ein, setzte vor allem auf die Fichte und förderte dadurch ihre Ausbreitung im Harz. Er gilt als Vater der rationellen Forstwirtschaft. Die Entwaldung des Harzes hatte damit jedoch kein Ende, wie auch die Landschaftsmalereien des 18. und 19. Jahrhunderts (Abb. 42.6) eindrücklich dokumentieren. Anfang des 19. Jahrhunderts wurde das Holz verstärkt in die Harztäler geflößt und dort auf Großkohlungsplätzen zu Kohle gemacht. Im Laufe des 19. Jahrhunderts wurde die Holzkohle durch Steinkohle ersetzt, und die Wälder des Harzes konnten sich ab Mitte des 19. Jahrhunderts wieder schließen. Jedoch erfolgte die Aufforstung des Harzes unter dem Gesichtspunkt der Holzproduktion vor allem mit Fichte. Zusätzlich wurden in den Harzer Mooren Entwässerungsgräben angelegt, um die Anbaufläche für die Fichte zu vergrößern.

Der Bergbau und das Hüttenwesen im Harz hatten nicht nur die Entwaldung des Harzes zur Folge, sondern sorgten auch für eine Umweltbelastung mit Schwermetallen im Harz und weit über seine Grenzen hinaus (Abb. 42.7). In zwei Torfprofilen aus dem Sonnenberger Moor zeichnen vor allem die Bleigehalte die oben beschriebene Entwicklung des Bergbaus im Harz nach (Kempter und Frenzel 2000). Auch die Torfe des Odersprungmoors zeigen deutlich den Doppel-

Abb. 42.6 Die Schnarcherklippen im Hochharz nahe Schierke: Links: kolorierte Radierung von Georg Melchior Kraus 1785 (Herzog August Bibliothek Wolfenbüttel: Nf 2° 3, Titelblatt). Rechts: Aquarell, Georg Heinrich Crola 1843 (Kulturstiftung Wernigerode)

Abb. 42.7 Die Frankenscharrnhütte bei Clausthal-Zellerfeld um 1840 – eine der gravierendsten Schwermetallquellen im Oberharz. Kolorierte Lithographie nach einer Zeichnung von Wilhelm Ripe (aus den Sammlungen der Schloss Wernigerode GmbH, Inventar-Nr. Gr 000996)

gipfel der Bleianreicherung (Gałka et al. 2019) mit dem ersten starken Anstieg des Bleigehalts, datiert auf 1150 n. Chr. Diese Analysen zeigen auch einen Anstieg der Kupferdeposition zusammen mit den erhöhten Bleigehalten sowie die Anreicherung von Zink. Die mittelalterliche Schwermetallbelastung des Harzes und seiner Ränder ist frappierend. Der in den Erzen enthaltene Schwefel wurde durch die Verhüttung zu Sulfaten oxidiert und dürfte schon während der ersten Bergbauphase sauren Regen verursacht haben, der auf den karbonatarmen Böden im Harz früh zur Versauerung beigetragen hat. Neben der Belastung über die Luft führten der Bergbau und die Verhüttung auch zur Anlage von Halden, aus denen Schwermetalle herausgelöst, feineres Material herausgewaschen und dann in Fließgewässer eingetragen wurde. Am stärksten betroffen sind die Täler der Innerste und der Oker. Hier sowie auf den Schlackenhalden im Harz selbst finden sich Galmei-Fluren – Pflanzengesellschaften, die die hohen Schwermetallbelastungen gut ertragen können und die oft durch die Galmei-Grasnelke (*Armeria maritima* ssp. *halleri*) charakterisiert sind.

Literatur

Beug HJ (1957) Untersuchungen zur spätglazialen und frühpostglazialen Floren- und Vegetationsgeschichte einiger Mittelgebirge (Fichtelgebirge, Harz und Rhön). Flora 145: 167–211

Beug HJ, Henrion I, Schmüser A (1999) Landschaftsgeschichte im Hochharz: Die Entwicklung der Wälder und Moore seit dem Ende der letzten Eiszeit. Papierflieger, Clausthal Zellerfeld

Brockner W (2000) Archäometrische Untersuchungen an ausgewählten Grabungsfunden zur Erhellung der frühen Silbergewinnung in der Harzregion. In: Segers-Glocke C (ed) Auf den Spuren einer frühen Industrielandschaft: Naturraum – Mensch – Umwelt im Harz. Arbeitshefte zur Denkmalpflege in Niedersachsen 21. Niemeyer, Hameln, 39–41

Dierschke H, Knoll J (2002) Der Harz, ein norddeutsches Mittelgebirge. Natur und Kultur unter botanischem Blickwinkel. Tuexenia 22: 279–421

Firbas F (1949) Waldgeschichte Mitteleuropas. Erster Band: Allgemeine Waldgeschichte. Gustav Fischer, Jena

Firbas F (1952) Spät- und nacheiszeitliche Waldgeschichte Mitteleuropas nördlich der Alpen. Zweiter Band: Waldgeschichte der einzelnen Landschaften. Gustav Fischer, Jena

Firbas F, Losert H, Broihan F (1939) Untersuchungen zur jüngeren Vegetationsgeschichte im Oberharz. Planta 30: 422–456

Gałka M, Szal M, Broder T, Loisel J, Knorr KH (2019) Peatbog resilience to pollution and climate change over the past 2700 years in the Harz Mountains, Germany. Ecological Indicators 97: 183–193

Henrion I (1989) Langfristige natürliche Wachstums- und Regenerationsprozesse in Mooren des Oberharzes. Telma Beihefte 2: 365–380

Henrion I (1990) Neue Pollendiagramme aus dem Frühpostglazial des Oberharzes. Tuexenia 10: 513–522

Hertel D, Schöling D (2011) Below-ground response of Norway spruce to climate conditions at Mt. Brocken (Germany) – A re-assessment of Central Europe's northernmost treeline. Morphology, Distribution, Functional Ecology of Plants 206: 127–135

Hesmer H (1928) Die Waldgeschichte der Nacheiszeit des nordwestdeutschen Berglandes auf Grund von pollenanalytischen Mooruntersuchungen. Zeitschrift für Forst- und Jagdwesen 60: 193–245, 299–313

Hillebrecht LM (1982) Die Relikte der Holzkohlewirtschaft als Indikatoren für Waldnutzung und Waldentwicklung: Untersuchungen an Beispielen aus Südniedersachsen. Göttinger geographische Abhandlungen 79: 1–157

Kempter H, Frenzel B (2000). The impact of early mining and smelting on the local tropospheric aerosol detected in ombrotrophic peat bogs in the Harz, Germany. Water, Air Soil Pollution 121: 93–108

Klappauf L (2000) 1000 Jahre Bergbau? In: Segers-Glocke C (ed) Auf den Spuren einer frühen Industrielandschaft: Naturraum – Mensch – Umwelt im Harz. Arbeitshefte zur Denkmalpflege in Niedersachsen 21. Niemeyer, Hameln, 119–120

Knapp H, Nelle O, Kirleis W (2015) Charcoal usage in medieval and modern times in the Harz Mountains area, Central Germany: Wood selection and fast overexploitation of the woodlands. Quaternary International 366: 51–69

Liessmann W (2010) Historischer Bergbau im Harz – Kurzführer. Springer, Dordrecht, London, New York

Robin V, Knapp H, Bork HR, Nelle O (2013) Complementary use of pedoanthracology and peat macro-charcoal analysis for fire history assessment: Illustration from Central Germany. Quaternary International 289: 78–87

Stoller J (1908) Die Moore des Oberharzes. In: Königlich Preußische Geologische Landesanstalt (ed) Erläuterungen zur Geologischen Karte von Preußen und benachbarten Bundesstaaten, Lieferung 100, Blatt Harzburg. Selbstverlag, Berlin, 120–123

Voigt R, Grüger E, Baier J, Meischner D (2008) Seasonal variability of Holocene climate: A palaeolimnological study on varved sediments in Lake Jues (Harz Mountains, Germany). Journal of Paleolimnology 40: 1021–1052

Wendt L, Bülow KV (1927) Ein Pollendiagramm aus dem Brockengebiet. Centralblatt für Mineralogie, Geologie und Paläontologie, Abteilung B 7: 277–287

Willutzki H (1962) Zur Waldgeschichte und Vermoorung sowie über Rekurrenzflächen im Oberharz. Nova Acta Leopoldina NF 25. Barth, Leipzig

Mitteldeutsches Trockengebiet

Monika Hellmund

Blick vom Petersberg (250,4 m ü. NN) Richtung Westen. Im Hintergrund links die Kupferschieferhalde bei Hübitz, im Hintergrund Mitte/rechts der 95 km entfernt liegende Brocken (1142 m ü. NN) (Foto: M. Hellmund)

Ergänzende Information Die elektronische Version dieses Kapitels enthält Zusatzmaterial, auf das über folgenden Link zugegriffen werden kann [https://doi.org/10.1007/978-3-662-68936-3_43].

M. Hellmund (✉)
Landesamt für Denkmalpflege und Archäologie, Landesmuseum für Vorgeschichte, Halle (Saale), Deutschland
e-mail: mhellmund@lda.stk.sachsen-anhalt.de

Der Naturraum

Naturräumlich beinhaltet das Gebiet das Östliche Harzvorland und die Börden sowie das Thüringer Becken mit Randplatten, somit den südlichen Teil Sachsen-Anhalts und weite Bereiche Thüringens (Abb. 43.1). Das Mitteldeutsche Trockengebiet im engeren Sinne umfasst den im Südosten um den Harz gelegenen halbmondförmigen Landstrich mit weniger als 500 mm jährlichen Niederschlägen. Dazu gehört auch das Nördliche Harzvorland, das hier zum Weserbergland und nördlichen Harzvorland (Kap. 41) gestellt wird. Für die Abgrenzung des Trockengebietes wird oft das Areal von *Adonis vernalis* (Frühlings-Adonisröschen) herangezogen.

Die Gesteinsformationen sind im Naturraum vorrangig durch Anhydrite aus dem Zechstein (Perm) sowie durch triassische Schichten geprägt. Sie sind meist von tertiären und quartären Sedimenten überdeckt. Die Gletscher der Elsterkaltzeit (Weiße Elster) erreichten Thüringen. Die Südgrenze der nordischen Geschiebe folgt der Linie Jena – Weimar – Erfurt. Die Gletscher der Saalekaltzeit stießen mit der drenthestadialen Eisrandlage bis in den Raum Naumburg vor. Jene der Weichselkaltzeit gelangten nicht mehr in diesen Naturraum. Der abgelagerte Löss weist im Norden mit 80 bis 120 cm eine beträchtliche und im Süden eine geringere Mächtigkeit auf. Subrosion von Anhydriten und Gips aus dem Zechstein und dem Mittleren Muschelkalk sind die Ursache für das häufige Auftreten von Erdfällen. Die primären Binnensalzquellen des Gebietes werden durch das Zechsteinsalz gespeist. An der Geländeabsenkung waren entlang der herzynisch streichenden Störungslinien zudem tektonische Einflüsse beteiligt.

In der überwiegend ebenen Magdeburger Börde werden Höhen von 50 bis 146 m NN erreicht, auf der Querfurter Platte bis 240 m. Der Petersberg, ein Porphyrhärtling, ist mit 250 m die höchste Erhebung nördlich von Halle (Saale) (Abb. 43.2). Das Thüringer Becken ist ein flachwelliges Triashügelland (~130–300 m, Ettersberg 481 m), in dem Buntsandstein, Muschelkalk und Keuper schüsselförmig abgelagert sind. Die im Norden und Nordwesten angrenzenden Muschelkalkflächen werden von den Höhenzügen des Hainich (494 m), der Hainleite (463 m), der Schmücke (380 m), der Schrecke und der Finne (beide 370 m) gebildet. Im Süd-

Abb. 43.1 Karte des Mitteldeutschen Trockengebietes mit pollenanalytisch untersuchten Lokalitäten für das standardisierte Pollendiagramm:
1 Gaterslebener See,
2 Süßer See.
Zusätzlich diskutiertes Diagramm:
3 Moosloch.
Weitere im Text erwähnte Lokalitäten:
4 Binder See,
5 Rehmer Moor,
6 Mühlberger Ried,
7 Vollersroda Erlenwiese,
8 Siebleben

Abb. 43.2 Östliches Harzvorland. Blick vom Höhnstedter Kelterberg Richtung Süden über die Fläche des ehemaligen Salzigen Sees mit dem Kernersee (links) und dem Bindersee (rechts). Hintergrund Mitte Firma Romonta (Rohmontanwachs) (Foto: M. Hellmund)

osten schließen die Ilm-Saale und die Ohrdrufer Platte an (bis 303 m), nach Nordosten die Pultscholle des Kyffhäusers (450 m).

An Fließgewässern sind die mittlere und die untere Saale und deren Zuflüsse Ilm, Unstrut, Weiße Elster, Wipper (Mündung bei Bernburg, Saale) und Bode zu nennen.

Die Magdeburger Börde gilt als die klassische Löss-Schwarzerde-Landschaft mit den fruchtbarsten Böden Deutschlands. Die Schwarzerde von Eickendorf erhielt die maximale Bodenwertzahl 100. Erosionsbedingt sind im Gebiet Löss-Rendzinen und Löss-Pararendzinen entstanden. Stellenweise liegen Griserden, also degradierte Schwarzerden, Parabraunerden, Fahlerden (modifizierte Parabraunerden) und Braunerden vor. In Flussnähe finden sich Gleye, im Schwarzerdegebiet Gley-Tschernoseme (Kainz und Fleischer 2006).

Das Klima ist durch warme Sommer, milde Winter und ein Maximum an Niederschlägen während der Sommermonate geprägt. Die Jahresniederschläge betragen im Mitteldeutschen Trockengebiet aufgrund der Leewirkung des Harzes zwischen 450 und 500 mm, in trockenen Jahren weit darunter. Die Jahresmitteltemperatur erreicht 8,4 bis 9,9 °C. Im Thüringer Becken werden Niederschläge zwischen 500 und 600 mm sowie eine Jahrestemperatur bis 8,5 °C gemessen. In den höheren Lagen fallen 550 bis 650 mm Niederschläge, zum Teil mehr, und die mittlere Temperatur liegt zwischen 7 und 8 °C.

In den Subrosionssenken des Naturraums entstanden mancherorts Seen, die zum Teil verlandet sind. Im Mansfelder Land sind der Salzige und der Süße See zu nennen. Von Ersterem sind nur noch Restflächen vorhanden. Salziger und Süßer See weisen aufgrund der Zuführung salzhaltigen Grund- und Quellwassers eine bemerkenswert hohe Salinität auf. Im Zusammenhang mit der Rekultivierung von Flächen des Braunkohlentagebaus sind neue Seen wie der Geiseltal- und der Concordiasee entstanden.

Die Region ist reich an Bodenschätzen. In der Vorgeschichte beruhte der Reichtum der Region zu einem erheblichen Maß auf der Salzgewinnung. Im 13. Jahrhundert kam der Kupferschieferbergbau im Mansfelder Land auf. In mehreren Revieren, etwa im Geiseltal, wurde seit dem 15. Jahrhundert Braunkohle im Tagebau gewonnen. Der unterirdische Kalisalzbergbau wird seit dem 19. Jahrhundert betrieben, und mehrere Abraumhalden des Kupferschiefer- und Kalibergbaus prägen das Landschaftsbild.

Vegetation – Potenzielle natürliche Vegetation

Heute stellt das Gebiet eine vorrangig waldarme und agrarisch genutzte Kulturlandschaft dar. Nur die Höhenzüge sind meist von Wald bedeckt. Potenzielle natürliche Waldgesellschaften sind der Eichen-Hainbuchen-Wald, stellenweise der Traubeneichen-Hainbuchen-Wald und der Eichen-Winterlinden-Mischwald (Landesamt für Umweltschutz 2000). Die Auenböden der breiten Flussniederungen wären von Erlen-Eschen-Stieleichen-Wäldern und von Stieleichen-Hainbuchen-Wäldern eingenommen. Im zentralen Thüringer Becken wird Winterlinden-Rotbuchen-Mischwald, in den Auen und Niederungsgebieten Labkraut-Eschen-Hainbuchen-Wald und Sternmieren-Eschen-Hainbuchen-Wald kartiert. Im Bereich der angrenzenden Randplatten sind auf basenreichen bis kalkhaltigen Wuchsorten Waldgersten- und Waldmeister-Rotbuchenwald und auf basenarmen Standorten Hainsimsen-Rotbuchenwald potenziell natürlich (Bushart und Suck 2008). An den Muschelkalksteilhängen der Unstrut sind wärmeliebende Trockeneichenwälder und Trocken- und Halbtrockenrasen mit zahlreichen Orchideenarten, Federgras, Diptam und Purpurblauem Steinsamen ausgebildet. An primären und sekundären Binnensalzstellen des Gebietes gedeihen Halophyten und auf Bergbauhalden schwermetalltolerierende Pflanzen. Standortfremde Gehölze wie *Robinia pseudoacacia* (Robinie) und *Acer negundo* (Eschen-Ahorn) breiten sich stellenweise aus.

Forschungsgeschichte

Erste Pollenanalysen aus den 1930er-Jahren liegen für den Remkerslebener See vor (Nietsch 1939). In den 1950er-Jahren folgten Bearbeitungen am Gaterslebener und am Salzigen See durch Helmut Müller (Müller 1953) sowie an Niedermooren Thüringens durch Horst Luthard. Seit den 1960er-Jahren untersuchten Elsbeth Lange und Helga Jacob Lokalitäten in Thüringen, wie Siebleben, Alperstedter Ried, Große Sonder, Mühlhausen und andere. In den 1990er-Jahren schließen sich Pollenanalysen von Thomas Litt an quartären und holozänen Sedimenten an (Krumpa, Bindersee, Litt 1994). Im südwestlichen Harzvorland wurden Erdfälle (Moosloch) von Ina Begemann (2003) bearbeitet. Der Süße See im Mansfelder Land wurde palynologisch und geochemisch von Monika Hellmund und Volker Wennrich untersucht (Hellmund et al. 2011). Heike Schneider und Absolventen der Universität Jena analysierten Niedermoore, das Rehmer Moor und das Mühlberger Ried in Thüringen (Schneider 2012, 2013).

Ablagerungen des Spätglazials sind in den Profilen Gaterslebener See, im Mühlberger Ried, im Salzigen See, in Siebleben sowie im Geiseltal vorhanden und durch Tatjana Boettger, Helmut Müller, Elsbeth Lange, Thomas Litt, Volker Wennrich und Maria Seifert (in Dietrich Mania) untersucht worden. Mehrfach ist Laacher See-Tephra in den Profilen nachgewiesen worden. Es gibt einige Lokalitäten, die längere Abschnitte des Holozäns umfassen und hochauflösend analysiert sind: Bindersee, Gaterslebener See, Süßer See, Moosloch, Mühlberger Ried und Rehmer Moor. Im Zusammenhang mit archäologischen Ausgrabungen sind Pollenanalysen an Einzelproben oder Profilen durchgeführt worden. Für Thüringen sind Apfelstädt, Bürgel (Heike Schneider u. a.), Gera-Tinz und Siebleben (Lange), das Opfermoor von Oberdorla (Helga Jacob), in Sachsen-Anhalt Bruchsberg (Müller), Cösitz (Lange), Haldensleben, Zehmitz, Niederröblingen, Oechlitz und Quedlinburg (Hellmund) zu nennen. Eine vollständige Literaturliste befindet sich im Anhang.

Regionale Vegetationsgeschichte

Die Vegetationsgeschichte des Gebietes wird anhand der pollenanalytischen Untersuchungen zweier Profile des Gaterslebener (Aschersleben er) Sees (Müller 1953) und eines Profils des Süßen Sees (Hellmund et al. 2011) dargestellt (Abb. 43.3, s. auch Tab. S 43.1 im elektronischen Zusatzmaterial). Die Profile A1 und A5 des Gaterslebener Sees decken die Zeitspanne Spätglazial bis mittleres Holozän ab, das Diagramm vom Süßen See die jüngeren Abschnitte. Für den Süßen See liegen ^{14}C-Datierungen vor. Ansonsten fehlen oftmals absolute Datierungen oder sind wegen des Hartwassereffekts nicht zuverlässig. Zum Teil waren für die zeitliche Einordnung biostratigraphischer Leithorizonte ^{14}C-Datierungen aus benachbarten Regionen heranzuziehen.

Die Landschafts- und Vegetationsgeschichte des Naturraums ist durch die vielerorts vorhandenen fruchtbaren Schwarzerdeböden, das subkontinentale Klima und die abwechslungsreiche Intensität der Besiedlungstätigkeit des Menschen geprägt.

An der Basis des Diagramms, regionale Pollenzone (RPZ) 1, vor 12.750 v. Chr., deutet Pollen von lichtliebenden Kräutern, wie Beifuß (*Artemisia*) und Sonnenröschen (*Helianthemum*), sowie von Wildgräsern auf eine offene Landschaft. Weide (*Salix*), Birke (*Betula*) und Sanddorn (*Hippophaë*) sind vorhanden. Kiefer (*Pinus*) ist vielfach belegt, dürfte im vegetationsarmen Gelände jedoch zumeist auf Fernflug zurückgehen. Pollen wärmebedürftiger Taxa, wie Hasel (*Corylus*), Erle (*Alnus*), Eiche (*Quercus*) und Linde (*Tilia*), ist wahrscheinlich durch Umlagerung in das Sediment gelangt.

Die folgende RPZ 2 (Zeitscheiben 12.500 bis 11.500 v. Chr.) lässt eine Viergliederung mit zwei auffälligen Gipfeln der Krautigen, der Wildgräser und der Sträucher erkennen. Der Anteil der Kiefer geht anfangs zurück, gegenläufig steigen *Salix*, *Betula* sowie *Hippophaë*. Es entwickelt sich eine strauchreiche Vegetation mit Weiden, Birken und Sanddorn, zudem sind kräuterreiche Grassteppen ausgebildet. Vorübergehend niedrigere Anteile der Heliophyten deuten auf eine zeitweilige Erwärmung mit Bewaldung (cf. Bølling?). Der Anteil von Sanddorn sinkt vorübergehend, während derjenige von *Betula* und *Pinus* ansteigt. Durch Funde ihrer Nüsschen sind sowohl Zwergbirke (*Betula nana*) als auch Moorbirke (*B. pubescens*) bezeugt. Es entstehen Wäldchen aus Strauch- und Baumbirken, Weiden und Kiefern. In der Folge steigen die Prozentwerte der Wildgräser und der Krautigen, vor allem von *Artemisia*, sowie von *Salix*, *Betula* und *Hippophaë* wieder an. Sowohl *Artemisia* als auch *Betula* erreichen ihr Maximum. Die meisten Bäume dürften dann verschwunden gewesen sein. Vereinzelte Pollenkörner wärmebedürftiger Taxa sind wohl sekundär eingetragen. Diese Periode entspricht der Älteren Dryaszeit.

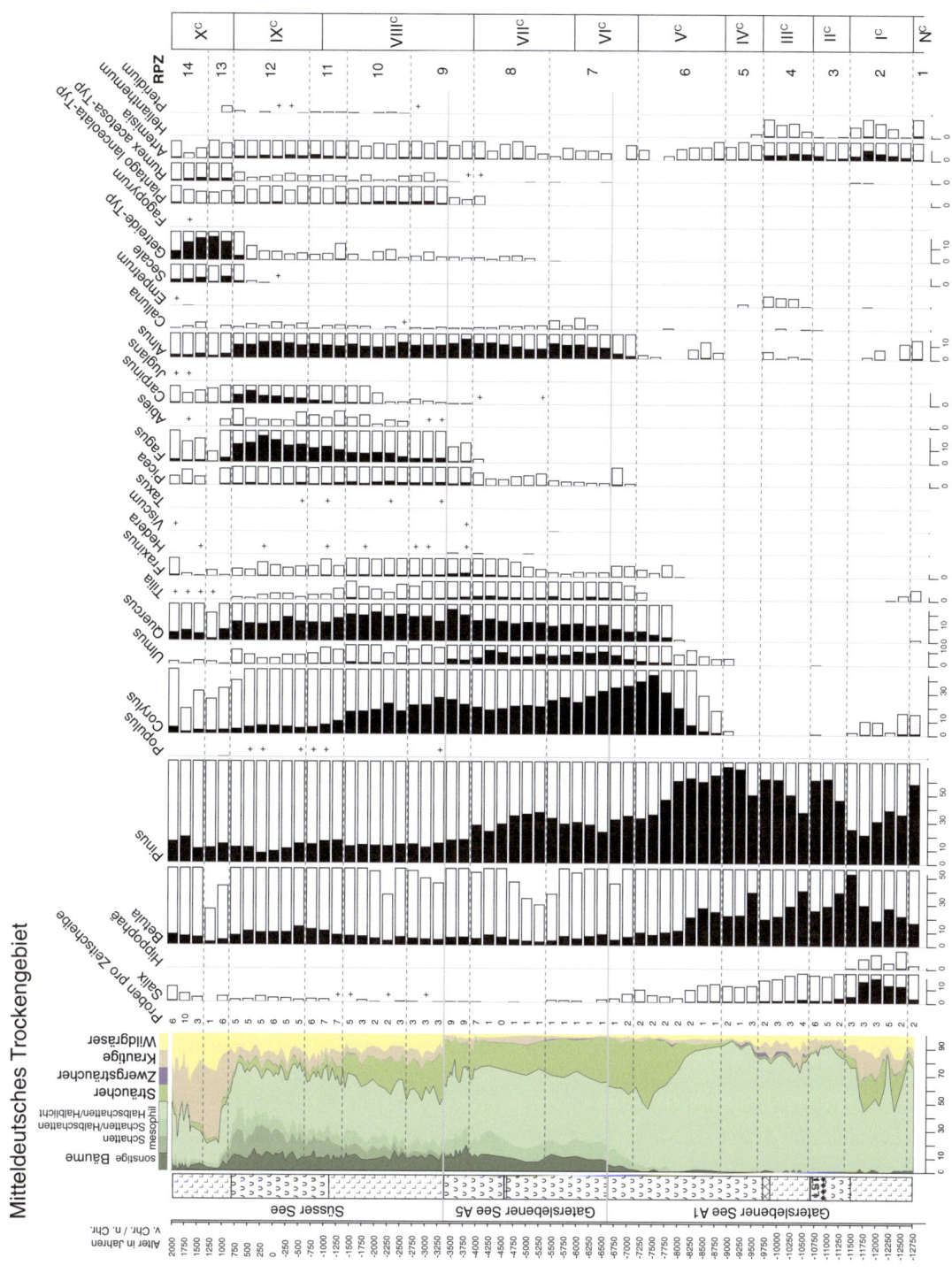

Abb. 43.3 Standardisiertes Pollendiagramm für das Mitteldeutsche Trockengebiet, kombiniert aus den Profilen Gaterslebener See (108 m NN, Müller 1953) und Süßer See (93 m NN, Hellmund et al. 2011)

Die Periode des Allerøds (RPZ 3, Zeitscheiben 11.250 bis 10.750 v. Chr.) lässt eine Entwicklung von birkendominierten zu kiefernreichen Wäldern erkennen. Der Übergang zur Wärmephase ist mit einem Wechsel von minerogenem zu organogenem Sediment verknüpft. Anfangs sind lichtreiche Birkenwälder mit Weiden ausgebildet. Dann sinken die Anteile der krautigen Sippen am Pollenniederschlag, und Sanddorn kommt nicht mehr vor. Im weiteren Verlauf erreicht die Kiefer höhere Werte als die Birke, und es entstehen ausgedehnte Kiefernwälder. Diese sind noch lichtdurchflutet, denn es gibt weiterhin Pollenfunde von *Artemisia* und vereinzelt von *Helianthemum*. Im jüngeren Abschnitt wurde Laacher See-Tephra nachgewiesen (ca. 11 cm mächtig).

Im Einzelnen unterscheiden sich die spätglazialen Pollenspektren der betrachteten Region. So ist im Geiseltal keine ältere *Hippophaë*-reiche Phase erfasst. In Krumpa sind während des Allerøds auffallend hohe Anteile der Krautigen und der Wildgräser nachgewiesen. Das dürfte auf eine lokal offene kräuter- und grasreiche Vegetation zurückgehen.

In der folgenden Phase der Jüngeren Dryaszeit (RPZ 4, Zeitscheiben 10.500 bis 9750 v. Chr.) zeichnet sich ein Kälterückschlag ab. Erneut steigen die Anteile der Wildgräser und der krautigen Sippen, wenngleich nicht in demselben Ausmaß wie in den älteren Kältephasen. Der Baumpollenanteil sinkt entsprechend. Die Wälder werden zurückgedrängt oder zumindest stark aufgelichtet. Heliophyten wie die Wildgräser, *Artemisia*, *Helianthemum*, Krähenbeere (*Empetrum*) und Besenheide (*Calluna*), breiten sich aus. Weiden sind an den feuchteren Wuchsorten häufig. Durch Makroreste ist Zwergbirke (*Betula nana*) nachgewiesen. Pollenkörner von *Juniperus* fehlen in den Profilen vom Gaterslebener See, da dieser Pollentyp erst seit etwa 1960 bestimmt wurde.

Die holozäne Wiederbewaldung infolge der klimatischen Verbesserung wird im Präboreal (RPZ 5, Zeitscheiben 9500 bis 9000 v. Chr.) durch Birke und Kiefer eingeleitet. Der sinkende Anteil der Krautigen, wie *Artemisia* und *Empetrum*, sowie der Wildgräser belegt, dass die gehölzfreien Flächen deutlich zurückgehen. Es entwickeln sich lichte Birken- und schließlich halbschattige Kiefernwälder. Kleine Peaks bei den Krautigen einschließlich *Artemisia* und den Wildgräsern verweisen auf eine vorübergehende Abkühlung. Erste wärmeliebende Gehölze, wie *Corylus* und *Ulmus*, wandern ein. Die weiterhin geschlossene *Artemisia*-Kurve weist darauf hin, dass noch offene Vegetation vorhanden ist. Pollen von *Helianthemum* tritt jedoch zurück. Der Anteil der Baumpollen steigt im Folgenden.

Während des Boreals (RPZ 6, Zeitscheiben 8750 bis 7250 v. Chr.) ist von nahezu geschlossenen Wäldern auszugehen. Die Werte von Krautigen und Wildgräsern sinken zuletzt unter 4 %. Dieser geringe Anteil von Offenland bleibt für mehrere Jahrtausende bestehen. *Pinus* dominiert weiterhin die Gehölzvegetation und gedeiht offenbar an unterschiedlichen Wuchsorten. An lichtreichen Stellen sind birkenreiche Bestände ausgebildet. Sodann gehen die Anteile von *Betula* und *Salix* zurück. Die schattentolerantere Hasel breitet sich nun im Unterholz der Kiefern- und Birkenwälder aus und bildet Haselwäldchen. Gegen Ende des Zeitabschnitts zeigt die Hasel höhere Werte als die Kiefer. Dennoch erreicht *Corylus* im Flachland eine geringere Verbreitung als in den angrenzenden Mittelgebirgen wie dem Harz (s. Kap. 42). Dies dürfte mit der Trockenheit im Flachland zusammenhängen. Die Kiefer kann sich weiterhin im Gebiet behaupten. Esche (*Fraxinus*), Linde (*Tilia*) und Erle wandern ein. *Ulmus* und *Quercus*, auch *Fraxinus*, werden nun im Pollenniederschlag häufiger. *Artemisia* tritt ein wenig zurück.

Im Standarddiagramm folgt auf das Profil A5 jenes von A1, beides ehemaliger Gaterslebener See. Mit der Ausbreitung besser schattenertragender Spezies wie Eiche, Ulme, Linde und Esche im Älteren Atlantikum (RPZ 7, Zeitscheiben 7000 bis 5500 v. Chr.), sinken die Anteile von *Pinus* und *Corylus* allmählich. Die Kiefer verbleibt jedoch über 20 % und ist weiterhin an der Waldvegetation trockener sowie sehr feuchter Standorte beteiligt. Ihr relativ hoher Anteil zeigt eine Anbindung an die östlichen Kiefern-Eichen-Gebiete mit kontinentalem Klimaeinschlag (s. Kap. 63), im Gegensatz zu dem sich westlich anschließenden Weserbergland und dem nördlichen Harzvorland (s. Kap. 41). Dort ist die Kiefer weniger häufig als im nördlichen Harzvorland. In den großen Flussauen breiten sich anstelle der Kiefern allmählich Eichen aus. Die Erle vermag sich an geeigneten Nassstandorten in den Tälern entlang von Bächen und feuchten Senken auszubreiten. Die Hasel wird durch die Gehölze des Eichenmischwaldes allmählich zurückgedrängt, und die Linde spielt nun in den Wäldern eine größere Rolle. Bei den Funden von Fichtenpollen handelt es sich um Ferneintrag aus dem Harz (s. Kap. 42) oder den südlich gelegenen Mittelgebirgen. Diese Phase ist mit dem Mesolithikum gleichzusetzen, Eingriffe des mesolithischen Menschen in die Vegetation sind jedoch in den Pollenspektren nicht ablesbar. Vereinzelt kommt Pollen vom *Rumex acetosa*-Typ (Sauerampfer) vor.

Für das Mesolithikum ist im mitteldeutschen Trockengebiet von nahezu geschlossenem Baumbewuchs auszugehen, der sich als ein Mosaik aus haselreichen Eichenmischwäldern auf vorzugsweise nährstoffreichen, nicht zu trockenen Böden sowie haselarmen Kiefern-Eichen-Wäldern auf trocken-warmen Standorten darstellt. Relikte offener Vegetation (Trockenrasen, „Steppen") sind auf extrazonale Standorte wie südexponierte Hänge beschränkt (Litt 1994). An natürlich gehölzfreien Flächen kommen im Gebiet des Weiteren An- und Niedermoore sowie Binnensalzstellen in

Betracht. Es sei erwähnt, dass seitens einiger Bodenkundler und aufgrund von Molluskenanalysen die Existenz ausgedehnter Steppen im Frühholozän Mitteldeutschlands postuliert wird. Dies läuft den pollenanalytischen Ergebnissen jedoch zuwider (s. Exkurs Kap. 51). Heute macht sich vielerorts bei ausbleibender anthropo-zoogener Nutzung, auch an exponierten Waldgrenzstandorten, die nicht mehr durch Schafe oder Ziegen beweidet werden, eine allmählich einsetzende Wiederbewaldung bemerkbar. Im Gebiet sind nahezu alle Böden, auch die Schwarzerde, waldfähig.

In RPZ 8 (Zeitscheiben 5250 bis 4000 v. Chr.) sind in der Region kiefern- und haselreiche Eichenmischwälder mit Eiche, Ulme, Linde und Esche ausgebildet. In dieser Zeitspanne nimmt *Ulmus* zeitweise ab und steigt wieder. Vorübergehend fallen auch die Werte von *Pinus*, *Corylus* und *Alnus*. Es treten erste Pollenkörner von *Fagus* auf. Das Pioniergehölz *Betula* erreicht einen Gipfel, *Salix* tritt jedoch weitgehend zurück. In dieser Phase wird das Gebiet von früh- und mittelneolithischen Kulturen besiedelt, und Eingriffe des Menschen werden im Pollenbild erkennbar: Die Anteile von Krautigen und Wildgräsern steigen, erstmals ist Pollen des Getreide-Typs nachgewiesen, der sich im Folgenden verstetigt. Für die Linienbandkeramikkultur und weitere früh- sowie mittelneolithische Kulturen ist somit Ackerbau bezeugt. In den Zeitscheiben 4500 bis 4250 v. Chr. und erneut nach 4000 v. Chr. sind die Werte vom Getreide-Typ und von *Artemisia* erhöht. Die neolithische Besiedlung ist im Gebiet mit einer Zurückdrängung des Waldes verbunden (Müller 1953). Der Anteil der Krautigen steigt im Diagramm Gaterslebener See A5 auf etwa 8 bis 10 %. Weitaus höher ist der Anteil des Nichtbaumpollens im Umfeld des Bindersees (hier nicht abgebildet). Dort sind zwei frühneolithische Phasen mit erhöhten Anteilen des Nichtbaumpollens, vor allem von Wildgräsern, der Chenopodiaceae und von *Artemisia*, erkennbar. Der menschliche Einfluss auf die Vegetation ist dort jedoch nicht von Dauer, und der Wald kann sich vorübergehend regenerieren. Im Standarddiagramm zeigen die Schwankungen der Pollenkurven von *Pinus*, *Betula*, *Corylus*, *Ulmus*, *Quercus*, *Tilia* und *Alnus* sowie der Krautigen an, dass siedlungsnahe Bereiche infolge von Holznutzung und Ackerbau in eine halb offene Landschaft umgewandelt und die angrenzenden Wälder mit Vieh beweidet, dadurch zusätzlich aufgelichtet werden. Anderenorts nehmen die mehr schattenertragenden Baumbestände zu, wahrscheinlich in siedlungsferneren Gebieten. *Ulmus* erreicht maximale Werte, die im Übergang zu RPZ 9 mit dem sogenannten Ulmenfall deutlich zurückgehen (s. Exkurs Kap. 53). Es sind erste Pollenkörner vom *Plantago lanceolata*-Typ erfasst. Spitzwegerich wird im Gebiet ab etwa 4000 v. Chr. stetig.

RPZ 9 (Zeitscheiben 3750 bis 2750 v. Chr.) ist mit dem beginnenden Subboreal und den mittelneolithischen Kulturen (Baalberger Kultur, Schiepziger Gruppe, Salzmünder und Bernburger Kultur u. a.) und der beginnenden spätneolithischen Schnurkeramikkultur zu verbinden. Die Waldvegetation verändert sich markant. Der Anteil von *Pinus* geht deutlich zurück und unterschreitet 20 %. Die Kiefer kann nur an trockenen und sehr feuchten Wuchsorten überdauern. Gegenläufig breiten sich *Corylus* und *Quercus* aus. *Ulmus*, *Tilia* und *Fraxinus* sind zunächst noch häufig und treten schließlich zurück. Die Werte der lichtbedürftigen Birke und auch von *Alnus* steigen an. Die Anteile von *Fagus* erreichen über 2 %. Als Schattholz setzt sich die Rotbuche langfristig gegenüber mehr lichtbedürftigen Gehölzen durch, sofern ihr das Klima zusagt. Zudem profitiert sie von den durch Viehweide im Wald verursachten Störungen.

In diesem Abschnitt folgt das Profil Süßer See auf jenes des Gaterslebener Sees. Es ist auffällig, dass im Süßen See stets höhere Anteile insbesondere der Wildgräser wie auch der Krautigen erfasst sind. Auch wenn die Herkunft der Wildgraspollenkörner nicht eindeutig ist, so dürfte ein bestimmter Anteil des Polleneintrags mit Schilfbeständen in der Ufervegetation zusammenhängen. Ein weiterer Teil dürfte aus anthropo-zoogen geschaffenem Offenland und aufgelichtetem Wald stammen. Anthropogene Einwirkungen sind anhand der gestiegenen Werte vom Getreide-Typ, vom *Plantago lanceolata*-Typ (um 2 %) sowie vom *Rumex acetosa*-Typ abzuleiten.

Picea erreicht nun Anteile um 1 %. Diese Werte dürften mit der Fichtenausbreitung im nahe gelegenen Harz (s. Kap. 42) oder den südlich gelegenen Mittelgebirgen zusammenhängen. Die Fichtenwerte bleiben über die folgenden Jahrtausende ähnlich hoch. Im Thüringer Becken sind an einigen Lokalitäten höhere Fichtenwerte bezeugt, etwa im Mühlberger Ried und im Rehmer Moor (Orlatal). Hierbei spielt die Nähe zu den natürlichen Fichtenwuchsorten eine Rolle. Zu dieser Zeit werden im Süßen See auch Pollen von Weißtanne (*Abies*) stetig. Ihr Vorkommen geht ebenfalls auf Ferneintrag aus den südlichen Mittelgebirgen zurück. Funde von Hainbuche (*Carpinus*) und *Rumex acetosa*-Typ verstetigen sich. Neben ökologischen und klimatischen Veränderungen dürfte die Waldumbildung am Süßen See auch durch anthropogene Einwirkung verursacht worden sein.

In RPZ 10 (Zeitscheiben 2500 bis 1500 v. Chr.) gedeihen in den eher lichten Eichenmischwäldern mit Rotbuche weiterhin zahlreiche Haselgebüsche. *Ulmus*, *Tilia* und *Fraxinus* sind an der Waldvegetation beteiligt. *Alnus* ist an Nass- und Feuchtstandorten und *Pinus* vorrangig an trockenen Wuchsorten verbreitet. Allmählich breitet sich *Fagus* in der

Region aus, im Flachland offenbar etwas früher als im Harz. Im Thüringer Becken wird die Ausbreitung von *Fagus* im Zusammenhang mit den bronzezeitlichen Eingriffen des Menschen gesehen, in der Orlasenke um 1800 v. Chr., in Mühlberg um 1650 v. Chr. und in der Erlenwiese bei Weimar um 1150 v. Chr. (Schneider 2013). Im Umfeld des Süßen Sees setzt die Ansiedlung der Rotbuche bereits um 3300 v. Chr. ein. Vereinzelte Pollenfunde von Rotbuche sind im Gebiet dagegen schon deutlich älter.

Diese Zone lässt sich mit den Kulturstufen des Spätneolithikums, der Schnurkeramik- und Glockenbecherkultur sowie der frühen Bronzezeit parallelisieren. Das Pollendiagramm Süßer See weist erhebliche Anteile von Siedlungszeigern auf. Die schon im Mittelneolithikum im Diagramm erkennbare Siedlungstätigkeit wird nahezu kontinuierlich fortgesetzt; es sind nur kurze Phasen mit niedrigeren Werten der Siedlungszeiger vorhanden. Pollen vom Getreide-Typ wird dann etwas seltener. Das Diagramm weist für viele Jahrhunderte erhöhte Anteile vom *Plantago lanceolata*-Typ und der Wildgräser aus.

Der Spitzwegerich gilt als ein Indikator für Viehwirtschaft. Da für das Neolithikum und die Bronzezeit noch nicht von der Existenz anthropogen entstandener Wiesen und Weiden auszugehen ist, lassen die Funde von Getreidepollen und vom *Plantago lanceolata*-Typ im Flachland auf einen Getreideanbau in Art einer Feld-Gras-Wirtschaft mit beweideten Brachen schließen. Auch in der frühen Bronzezeit (ab 2200 v. Chr.) spricht der hohe Anteil von Krautigen, Wildgräsern und Getreide-Typ für eine weitgehend kontinuierliche Besiedlung im Umfeld. In der nahen Umgebung der Siedlungsplätze ist die Landschaft geöffnet. Angrenzend sind Wälder vorhanden, die eine bedeutende Rolle in der Subsistenzwirtschaft der Menschen, für Holzgewinnung und Viehweide, innehatten. In dieser Phase sind die Werte des *Plantago lanceolata*-Typs erhöht. Nunmehr treten öfter Pollen vom Adlerfarn (*Pteridium*) auf. Dieser ist ein Säurezeiger, der auf Störungen im Waldgefüge hinweist. Die Anteile des Nichtbaumpollens erreichen im Süßen See um 1700/1600 v. Chr. einen Tiefstand. Hier setzt die Getreidekurve nahezu aus. Offenbar ist für die ausgehende frühe Bronzezeit ein Siedlungsrückgang zu konstatieren, der nicht lange andauert.

Im Verlauf der Bronzezeit wird Spitzwegerich phasenweise seltener. Dies kann auf einen Rückgang der Viehbeweidung hinweisen. Denkbar ist auch, dass Spitzwegerich verdrängt wird, wenn Ackerflächen intensiver genutzt werden und die Brachedauer verkürzt wird.

In RPZ 11 (Zeitscheiben 1250 bis 750 v. Chr.) verändert sich die Zusammensetzung des Waldes erneut. Es sind zwar weiterhin eichenreiche Mischwälder mit Kiefer ausgebildet, aber Hasel, Ulme, Eiche, Linde und Esche sind seltener. Eiche und Rotbuche sind bestandsbildend. Aufgrund des höheren Anteils der Rotbuche werden die Wälder stellenweise schattenreicher. Dies wird durch die anzunehmende Abkühlung des Klimas begünstigt. In der Folge sinkt *Corylus* dauerhaft unter 10 %. Allmählich ist mit der Ansiedlung von *Carpinus* (> 1 %) zu rechnen. RPZ 11 lässt sich der mittleren und späten Bronzezeit sowie der beginnenden Hallstattzeit zurechnen. Während der Spätbronzezeit nimmt der Bewaldungsgrad offenbar ab. Der Anteil des Gehölzpollens, der anfangs noch bei 87 % liegt, sinkt ab. Gegenläufig steigen die Werte von *Artemisia* und der Wildgräser an. Sie verweisen auf Offenlandstandorte, beweidete Flächen und Ruderalgesellschaften. Die anfangs gestiegenen Werte des Pollens vom Getreide-Typ, vom *Plantago lanceolata*-Typ sowie vom *Rumex acetosa*-Typ und *Pteridium* belegen, dass von einem erheblichen menschlichen Einfluss auf die Vegetation auszugehen ist. In der nahen Siedlungsumgebung wird der Wald zurückgedrängt, und die vom Vieh beweideten Wälder sind aufgelichtet. Das Pionier- und Halblichtholz *Betula* ist nunmehr stärker vertreten.

RPZ 12 (Zeitscheiben 500 v. Chr. bis 750 n. Chr.) umfasst die Vorrömische Eisenzeit, die Römische Kaiserzeit, die Völkerwanderungszeit und das beginnende Frühmittelalter. Zu Beginn dieser Phase nimmt der Anteil des Gehölzpollens wieder zu und jener des Nichtbaumpollens gegenläufig ab. Anfangs erreicht *Betula* einen Gipfel; das spricht für eine einsetzende Waldregeneration. *Quercus* und *Fagus* sind im Pollenspektrum zunächst nahezu gleich vertreten. Hasel, Ulme, Linde und Esche bleiben auf niedrigem Niveau weiterhin in den Wäldern vertreten. Während der Römischen Kaiserzeit übersteigt der Anteil von *Fagus* jenen von *Quercus*. Aufgrund der klimatischen Gegebenheiten gelangt die Rotbuche im überwiegenden Teil des Naturraums nicht zur Vorherrschaft. Im Waldbestand nimmt sie aber einen erheblichen Anteil neben *Quercus* ein, wenn man die im Unterschied zur Eiche geringere Repräsentanz im Pollenniederschlag berücksichtigt. Im Thüringer Becken ist *Fagus* zum Teil sehr schwach, etwa in Siebleben, im Rehmer Moor (Orlasenke) und in Vollersroda bei Weimar, und zum Teil deutlich vertreten, wie im Mühlberger Ried. Es gibt demnach im Gebiet regionale Unterschiede in der Waldausprägung. Auf das *Fagus*-Maximum folgt im Süßen See im 6. Jahrhundert n. Chr. das *Carpinus*-Maximum. Während RPZ 12 schwankt der Baumpollenanteil mehrmals geringfügig. Ein kleiner Anstieg ist während der Völkerwanderungszeit festzustellen. Diese Phase ist durch einen etwas niedrigeren Anteil der Krautigen und der Wildgräser charakterisiert. Dabei sind entsprechende Tiefstände in der Vorgeschichte markanter (Hellmund und Wennrich 2014). Seit der Römischen Kaiserzeit sind erste Pollen von Roggen (*Secale*) zu verzeichnen. Der *Plantago lanceolata*-Typ und *Artemisia* zeigen zeitweise oder durchgehend erhöhte Werte. Pollen vom Getreide-Typ ist stetig vertreten und setzt auch während der Völkerwanderungszeit nicht aus. Demnach ist nicht von einem siedlungsleeren Raum auszugehen. Gegen Ende von RPZ 12 setzt ein auffälliger Anstieg der Krautigen ein, zugleich fällt der Baumpollenanteil stark ab.

Im Verlauf des Früh- und Hochmittelalters (RPZ 13, Zeitscheiben 1000 bis 1250 n. Chr.) sinkt der Anteil der Gehölzpollen auf minimale 25 %. Die Waldbestände werden sehr stark zurückgedrängt, und das Offenland weitet sich aus. Im Zuge des frühmittelalterlichen Landesausbaus entwickelt sich im Umfeld des Süßen Sees eine sehr waldarme Kulturlandschaft. Ende des 8. Jahrhunderts setzt infolge der hoheitlichen Umstrukturierung ein massiver Holzeinschlag ein. Die Region wird großflächig entwaldet und agrarisch genutzt. Dabei liegt der Schwerpunkt auf dem Getreideanbau. Der Holzentnahme betrifft vor allem hainbuchen-, erlen- und rotbuchenreiche Wälder und sodann Eichenbestände. Auch Birken, Weiden, Ulmen und Eschen nehmen ab. Die Prozentanteile von Bäumen wie Rotbuche und Eiche werden in dieser Zeit minimal. Im Gebiet sind im Mittelalter dennoch mächtige Rotbuchenstämme verfügbar. Dies zeigt der aus Rotbuchenholz gefertigte Einbaumfund aus Wansleben am Salzigen See, der dendrochronologisch ins 12. Jahrhundert datiert. Infolge der großflächigen Entwaldung und der damit einhergehenden Erosion im Einzugsgebiet kam es zu einem erheblichen Sedimenteintrag in den Süßen See (Hellmund et al. 2011).

Im Verlauf des Spätmittelalters und der Neuzeit (RPZ 14, Zeitscheiben 1500 bis 2000 n. Chr.) sind markante Anstiege der Gehölze und Rückgänge der Krautigen und der Wildgräser festzustellen, was mit Wüstungsvorgängen zusammenhängen dürfte. Der Anteil der Gehölztaxa verdoppelt sich zeitweise im Vergleich zum hochmittelalterlichen Tiefststand. Die Birken- und Eichenbestände erholen sich, auch *Pinus*, *Corylus*, *Fagus* und *Alnus* vermögen sich auszubreiten. *Ulmus*, *Tilia*, *Fagus* und *Carpinus* sind weiterhin im Gebiet vertreten. Die Getreidewerte erreichen im Spätmittelalter ihr Maximum. Auch *Secale* ist Teil des mittelalterlichen Getreideanbaus, aber hier weniger bedeutend als in vielen anderen Regionen. Im Schwarzerdegebiet werden bevorzugt anspruchsvollere Getreidearten wie Weizen und Gerste kultiviert. Auch der Pollen der Krautigen erreicht sein Maximum. In den Mittelgebirgen verläuft der Anstieg der Kurven vom Getreide- und vom *Plantago lanceolata*-Typ oftmals parallel. Nicht so im mitteldeutschen Trockengebiet: Hier steigen die Anteile des *Rumex acetosa*-Typs (Großer Sauerampfer) auf maximale Werte, die des *Plantago lanceolata*-Typs und von *Artemisia* sinken hingegen. Dies dürfte mit der abnehmenden Bedeutung der Viehwirtschaft und der intensiveren Landschaftsnutzung durch die Dreifelderwirtschaft zusammenhängen. Erstmals ist im heutigen Weinanbaugebiet Pollen von *Juglans* feststellbar. Des Weiteren gibt es einen Nachweis von Buchweizen (*Fagopyrum*). In der jüngeren Neuzeit vermögen sich Gebüsche mit Weide, Birke und Hasel wieder etwas auszubreiten. Stellenweise sind kiefernreiche Laubmischwälder ausgebildet. Im Süßen See ist für die jüngere Neuzeit kein Anstieg der Fichte feststellbar.

Ergänzend ist das Pollendiagramm Moosloch nahe Nordhausen (240 m NN) als Beispiel für den südlichen Harzrand abgebildet (Begemann 2003, Abb. 43.4). Dabei handelt es sich um einen kleinen Erdfall, dessen Sedimente Abschnitte des Atlantikums, das Subboreal und das Subatlantikum umfassen. Die unteren Pollenzonen werden hier in die Chronozonen VII^C und VIII^C eingestuft, mit dem Ulmenabfall als Übergang (bei ca. 500 cm).

Der Polleneintrag aus der lokalen/extralokalen Vegetation, von Birke und Weide, manchen Krautigen und Wasserpflanzen, ist erheblich. Im Atlantikum erreicht *Tilia* zeitweise hohe Anteile. Für das frühe Neolithikum sind nur wenige Siedlungszeiger erfasst, für das Spätneolithikum und die frühe Bronzezeit sind dann höhere Anteile zu verzeichnen. Die rationelle *Fagus*-Grenze datiert nach 2000 v. Chr. Seit der frühen Bronzezeit gibt es im Gebiet Nachweise des Getreide-Typs und weiterer Siedlungszeiger. Eine Phase intensiver Siedlungstätigkeit ist für die Vorrömische Eisenzeit belegt, unter anderem durch hohe Anteile der Wildgräser. In dieser Zeitspanne sinken die Anteile von Eiche auffällig; gegenläufig steigt die Rotbuche. Die Völkerwanderungszeit und das Frühmittelalter zeichnen sich im Profil Moosloch durch einen geringen Anteil des Nichtbaumpollens aus. In dieser Zeit setzen sich *Carpinus* und *Fagus* zu Lasten von *Quercus* und *Corylus* in den Wäldern durch. Die Rotbuche erreicht im Südharzvorland wesentlich höhere Werte als an anderen Orten im Untersuchungsgebiet. Die großflächige Entwaldung erfolgte im Umfeld des Mooslochs im Verlauf des 11. Jahrhunderts. Im Hoch- und Spätmittelalter erreichen der Getreide- und der *Plantago lanceolata*-Typ hohe Prozentwerte. In der Umgebung ist demnach neben dem Ackerbau auch die Viehweidewirtschaft von Bedeutung. Die Gehölze werden zeitweise stark zurückgedrängt und können sich erst zu Beginn der Neuzeit wieder erholen.

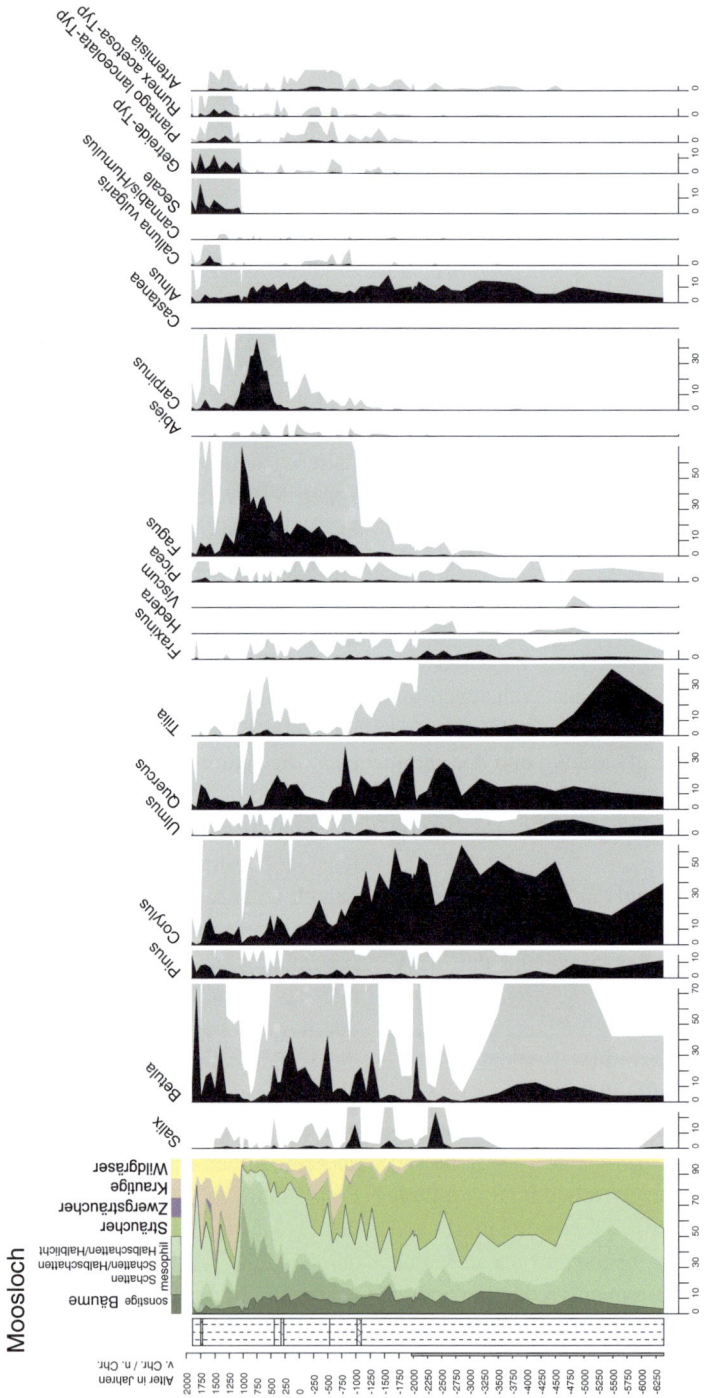

Abb. 43.4 Das Pollendiagramm Moosloch (240 m NN, Begemann 2003) als Beispiel für den südlichen Harzrand

Prähistorische und historische Nutzungen

Das Paläolithikum ist im Gebiet durch bemerkenswerte Fundkomplexe des Alt- und Mittelpaläolithikums vertreten. Auch das Jungpaläolithikum ist repräsentiert. Aus dem Mesolithikum sind drei menschliche Bestattungen bekannt. In den bisher vorliegenden Diagrammen sind keine anthropogenen Einwirkungen auf die Vegetation erkennbar. Schon seit dem frühen Neolithikum (Linienbandkeramikkultur) sind viele Orte im Lössgebiet besiedelt und in Thüringen auch durch große Gräberfelder belegt. In den Pollenspektren sind erste Pollen vom Getreide-Typ und andere Siedlungszeiger nachweisbar. Im Gebiet sind weitere frühneolithische und mehrere mittelneolithische Kulturen bezeugt, die sich zeitlich teilweise überschneiden (Schwarz 2021). Bemerkenswert sind großflächige Befestigungsanlagen der Baalberger Kultur und der nachfolgenden Salzmünder Kultur im Süden Sachsen-Anhalts. Im späteren Mittelneolithikum ist unter anderem eine Koexistenz der bäuerlichen Bernburger Kultur mit den Rinderhirten der Kugelamphorenkultur nachgewiesen. Mit der Schnurkeramikkultur, die sehr viele Grabfunde und wenige Siedlungen hinterlassen hat, beginnt in Mitteldeutschland das Spätneolithikum. Im weiteren Verlauf tritt die Glockenbecherkultur hinzu. Nach dem Pollenbild ist im Gebiet seit dem Mittelneolithikum mit nahezu kontinuierlichen anthropo-zoogenen Eingriffen in die Vegetation zu rechnen. Die Zeitspanne 3500 bis 2000 v. Chr. weist erhöhte Werte für den Spitzwegerich aus, was für eine Beweidung mit Nutztieren spricht.

Für die frühe Bronzezeit (Aunjetitzer Kultur) sind zahlreiche Grabfunde und viele Hausgrundrisse aufgedeckt worden. Eine Besonderheit sind große Grabhügel mit bemerkenswerten Goldfunden wie Leubingen und Helmsdorf. Im Pollenbild zeichnet sich am Ende der frühen Bronzezeit ein zeitweiliger Rückgang der Siedlungstätigkeit ab. Die spätbronzezeitlichen, regional gegliederten Kulturen werden im Norden vom Nordischen Bronzekreis, im Osten durch die Lausitzer Kultur und im Südwesten von der süddeutschen Urnenfelderkultur beeinflusst.

In der frühen Eisenzeit existieren mehrere regional verbreitete Kulturen. Im 6. Jahrhundert v. Chr. siedeln Kelten am Oberlauf der Saale und an der Orla. Die Römer versuchen wiederholt, ihr Imperium gen Osten auszudehnen, und dringen im Jahr 9 v. Chr. bis an die Saale und 3 v. Chr. bis an die Elbe vor, können aber nicht Fuß fassen. Aus der Römischen Kaiserzeit sind neben Gräberfeldern und Siedlungen Heiligtümer wie das Opfermoor von Oberdorla bezeugt.

Seit der Spätbronzezeit sind höhere Anteile bei Krautigen und Wildgräsern erfasst. Darüber hinaus sind Hochstände der Offenlandzeiger für Abschnitte der frühen Bronzezeit, der Spätbronzezeit, der frühen und späten Vorrömischen Eisenzeit sowie der Römischen Kaiserzeit auszumachen. Dazwischen sind kurze Phasen reduzierter Siedlungszeigerwerte erkennbar.

Im Jahr 375 beginnt mit dem Vordringen der Hunnen die Völkerwanderungszeit. Nach Attilas Tod im Jahr 453 zerfällt das Hunnenreich, und die zuvor abhängigen Stammeskönige etablieren eigene Reiche, so der Thüringerkönig Bisin. Im Jahr 531 wird das Thüringer Herrschaftsgebiet erobert und dem Frankenreich angegliedert. Auch nach der Gründung des Klosters in Ohrdruf 725 durch Winifred Bonifatius folgt noch keine christliche Missionierung der hiesigen Bevölkerung. Zwischen Unstrut, Saale und Weida siedeln sich Slawen an. Im 7. Jahrhundert bemächtigen sie sich der Gebiete östlich der Saale. Sie geraten im 7. und 8. Jahrhundert unter sächsischen Einfluss. Infolge der Sachsenkriege 777–785 Karls des Großen werden die Sachsen unterworfen. Nach der Errichtung des Missionsklosters in Hersfeld (Hessen) im Jahr 769 werden zahlreiche Orte im Gebiet zinspflichtig. 805 wird Erfurt Kontrollstation für den Handel mit den Slawen, 806 werden Magdeburg und Halle erstmals erwähnt.

Die Festigung der Macht östlich der Saale erfolgte durch die deutsche Ostkolonisation unter Heinrich I. Unter der Dynastie der Ottonen bildet sich im 10. Jahrhundert aus dem ehemaligen Ostfrankenreich der Karolinger das Heilige Römische Reich Deutscher Nation heraus. Die spätmittelalterliche Wüstungsperiode hinterlässt viele Ortswüstungen. Die fruchtbaren Feldfluren werden meist von Nachbarorten weiter bewirtschaftet. Der Dreißigjährige Krieg führt somit nicht zur dauerhaften Aufgabe von Siedlungen.

Literatur

Begemann I (2003) Palynologische Untersuchungen zur Geschichte von Umwelt und Besiedlung im südwestlichen Harzvorland (unter Einbeziehung geochemischer Befunde). Dissertation, Universität Göttingen

Bushart M, Suck R (2008) Potentielle Natürliche Vegetation Thüringens. Schriftenreihe Thüringer Landesanstalt für Umwelt und Geologie (TLUG) 78. Thüringer Landesanstalt für Umwelt und Geologie, Jena

Hellmund M, Wennrich V, Becher H, Krichel A, Bruelheide H, Melles M (2011) Zur Vegetationsgeschichte im Umfeld des Süßen Sees, Landkreis Mansfeld-Südharz – Ergebnisse von Pollen- und Elementanalysen. In: Bork HR, Meller H, Gerlach R (eds) Umweltarchäologie – Naturkatastrophen und Umweltwandel im archäologischen Befund. Tagungen des Landesmuseums für Vorgeschichte Halle 6. Landesamt für Denkmalpflege und Archäologie in Sachsen-Anhalt, Landesmuseum für Vorgeschichte, Halle (Saale), 111–127

Hellmund M, Wennrich V (2014) Zur Vegetationsentwicklung im östlichen Harzvorland – Ein Pollendiagramm vom Süßen See, Lkr. Mansfeld-Südharz. Archäologie in Sachsen-Anhalt 7: 40–54

Kainz W, Fleischer C (2006) Boden in Sachsen-Anhalt. In: Landesamt für Geologie und Bergwesen Sachsen-Anhalt (ed) Bodenbericht und Bodeninformationen in Sachsen-Anhalt. Mitteilungen zu Geologie und Bergwesen in Sachsen-Anhalt 11: 33–52

Landesamt für Umweltschutz (ed) (2000) Karte der Potentiellen Natürlichen Vegetation von Sachsen-Anhalt. Erläuterungen zur Naturschutz-Fachkarte M. 1 : 200.000. Berichte Landesamt Umweltschutz Sonderheft 1. Landesamt für Umweltschutz, Halle (Saale)

Litt T (1994) Paläoökologie, Paläobotanik und Stratigraphie des Jungquartärs im nordmitteleuropäischen Tiefland. Dissertationes Botanicae 227. Cramer, Berlin, Stuttgart

Müller H (1953) Zur spät- und nacheiszeitlichen Vegetationsgeschichte des mitteldeutschen Trockengebietes. Nova Acta Leopoldina NF 16. Barth, Leipzig

Nietsch H (1939) Wald und Siedlung im vorgeschichtlichen Mitteleuropa. Mannus-Bücherei 64. Rabitzsch, Leipzig

Schneider H (2012) Eine kritische Betrachtung der palynologischen Untersuchungen in Thüringen vor dem Hintergrund der biostratigraphischen Definitionen nach Firbas (1949). In: Stobbe A, Tegtmeier U (eds) Verzweigungen. Eine Würdigung für A. J. Kalis und J. Meurers-Balke. Frankfurter archäologische Schriften 18. Rudolf Habelt, Bonn, 249–263

Schneider H (2013) Der Stand der palynologischen Forschung in Thüringen vor dem Hintergrund der Buchenausbreitung und deren Ursachen. Artenschutzreport 32: 44–48

Schwarz R (2021) Chronologie und Verbreitung der früh- und mittelneolithischen Kulturen in Sachsen-Anhalt. In: Meller H (ed) Früh- und Mittelneolithikum. Kataloge zur Dauerausstellung im Landesmuseum für Vorgeschichte Halle 2. Landesamt für Denkmalpflege und Archäologie, Halle (Saale), 47–86

Thüringer Wald, Frankenwald und Vogtland

Heike Schneider

Blick auf den Thüringer Wald vom Rennsteig (Foto: S. Jahns)

Ergänzende Information Die elektronische Version dieses Kapitels enthält Zusatzmaterial, auf das über folgenden Link zugegriffen werden kann [https://doi.org/10.1007/978-3-662-68936-3_44].

H. Schneider (✉)
Institut für Geographie, Lehrstuhl Physische Geographie,
Friedrich-Schiller-Universität, Jena, Deutschland
e-mail: heike.schneider@uni-jena.de

Der Naturraum

Der Thüringer Wald und das Thüringisch-Fränkische Schiefergebirge (Thüringer Schiefergebirge und der Frankenwald) mit dem sich anschließenden Vogtland erstrecken sich über ca. 170 km vom Südwesten Thüringens über Oberfranken bis zum Fichtelgebirge. Der Höhenzug bildet zugleich die Wasserscheide zwischen der Elbe im Norden und dem Rhein im Süden und Südwesten. Er ist in vier größere Einheiten untergliedert (Abb. 44.1).

Das Südliche Vorland des Thüringer Waldes zeigt vor allem auf Grund seines Reliefs, teils auch infolge seines geologischen Aufbaus aus Zechstein, Buntsandstein und Muschelkalk, Mittelgebirgscharakter. Von besonderer Bedeutung sind hier die Auslaugungsmulden, die sich in den Tälern parallel zum Thüringer Wald erstrecken. Die mittleren Höhenlagen liegen zwischen 300 und 500 m NN.

Der Thüringer Wald im engeren Sinne ist ein in Nordwest-Südost-Richtung streichendes Kammrückengebirge, dessen Haupttäler zumeist in Quellmulden der Kammlagen entspringen und rasch in Kerb- oder Kerbsohlentäler übergehen. Geologisch besteht der Thüringer Wald im Nordwesten vorwiegend aus permischen Konglomeraten und Siltsteinen, während der mittlere Bereich in einem komplexen Zusammenspiel aus vulkanischer Aktivität, Sedimentation und Tektonik entstanden ist. So prägen neben Vulkaniten und Sedimenten des Oberkarbons und Rotliegenden auch kristalline Gesteine des Grundgebirges (Kambrium bis Unterdevon) diesen Mittelgebirgsabschnitt. Die Höhenlagen überschreiten 1000 m nicht. Der Große Beerberg stellt mit 982 m NN die höchste Erhebung dar.

Demgegenüber weist das südöstlich anschließende Hohe Thüringer Schiefergebirge mit dem Frankenwald eine flächige Gestalt auf. Sie sind Teil einer ausgedehnten, meist 600–800 m NN hohen, flachwelligen, steil zertalten Mittelgebirgsrumpffläche, die nach Norden zum Thüringer Becken hin abflacht und in den Kammlagen Höhen über 800 m erreicht (Großen Farmdenkopf 868 m NN). Geologisch prägen intensiv gefaltete Grauwacken und Tonschiefer des Unterkarbons, permische und karbonische Molasseablagerungen, oberdevonische Basite sowie Siliziklastika des Kambriums bis Devons das Gebiet. Der Übergang wird im Norden durch einen Steilabfall zum Vorland gebildet, für den Komplexe aus Kalkalgen- und Bryozoenriffen des Zechsteinmeeres charakteristisch sind.

Die sich nordöstlich anschließende naturräumliche Einheit Ostthüringer Schiefergebirge-Vogtland bildet die Fortsetzung der nach Norden abdachenden, flachwelligen Hochfläche. Die Höhenlagen schwanken zwischen 300 und 550 m NN. Im Südosten überragen die aufgesetzten Härtlingskuppen des Vogtlandes („Pöhle") die Rumpffläche. Geologisch wird das Gebiet wiederum durch ordovizische, silurische, devonische und unterkarbonische Schiefer sowie oberdevonische Basite charakterisiert. Typisch sind die mächtigen, wasserstauenden Lehme in den flachen Mulden der Hochfläche, die durch die tiefgreifende Verwitterung der Grauwacken und Tonschiefer entstanden sind und die Voraussetzung für zahllose Vermoorungen sowie die Anlage von Teichketten und -mosaiken bilden. Ein imposantes Beispiel bildet die Plothener Teichplatte mit etwa 500 Teichen bis zu einer Größe von 28 ha. Der nordöstliche Randbereich – das Ronneburger Acker- und Bergbaugebiet – wird

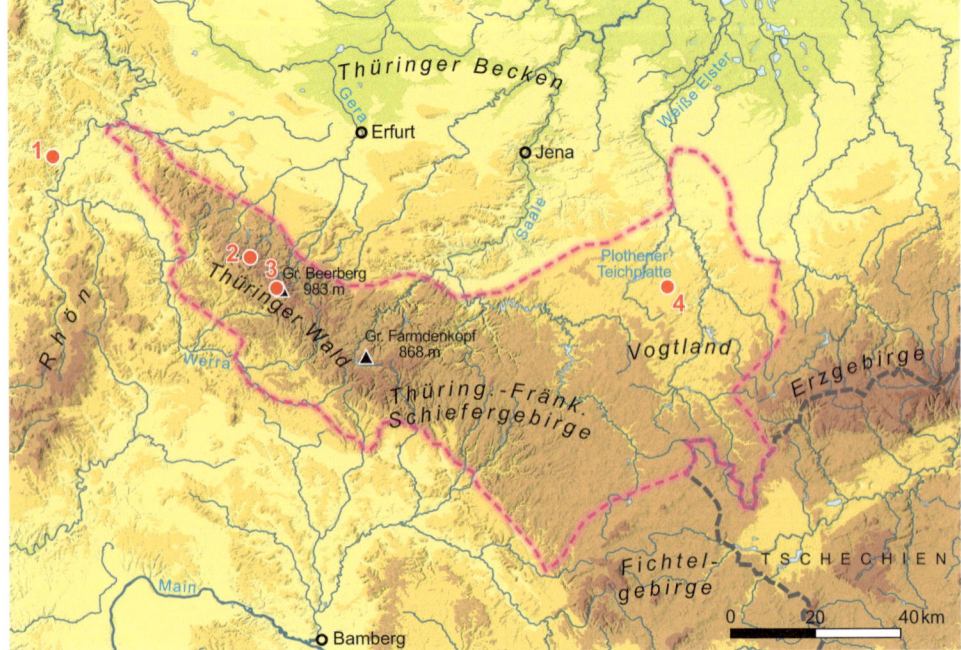

Abb. 44.1 Karte der Region Thüringer Wald, Frankenwald und Vogtland mit pollenanalytisch untersuchten Lokalitäten für das standardisierte Pollendiagramm:
1 Säulingssee,
2 Petermoor,
3 Beerbergmoor.
Zusätzlich diskutiertes Diagramm:
4 Pöllwitzer Moor

bis heute durch die Überreste des Uranbergbaus und die damit verbundenen massiven bergbaulichen Eingriffe in die Landschaft bestimmt.

Böden und Klima

Der Thüringer Wald, das Thüringisch-Fränkische Schiefergebirge und das Vogtland zeichnen sich zumeist durch mächtige periglaziale Fließerden bzw. Schuttdecken aus, in denen sich flach- bis mittelgründige Braunerden entwickeln konnten. In steilen Lagen herrschen Ranker vor, während in den Tallagen neben braunen Auenböden (Vega) vor allem Braunstau-, Ton- und Anmoorgleye vorkommen. In den Buntsandsteingebieten treten Podsole hinzu.

Die mittleren Jahresniederschläge der Höhenlagen des mittleren Thüringer Waldes und des Hohen Thüringer Schiefergebirges liegen mit 800 und 1300 mm über denen der tieferen Mittelgebirgslagen des Gebietes, die im Mittel Werte zwischen 600 und 800 mm aufweisen, wobei insbesondere die nördlichen Gebiete infolge der Leelage zum Hauptkamm des Mittelgebirges die niedrigsten Werte zeigen.

Die Jahresmitteltemperaturen betragen in Abhängigkeit von der Höhenlage zwischen 5 und 6 °C in den oberen Mittelgebirgsregionen und 6 bis 8 °C in den tieferen Lagen. Auffällig sind extreme Unterschiede zwischen nördlichen und südlichen Tallagen sowie zwischen den tief eingeschnittenen Schluchten und den Hochflächen.

Vegetation

In der natürlichen Vegetation wären heutzutage in den tieferen Lagen des Mittelgebirgszuges vorherrschend Buchenwälder, in den höheren Lagen Tannen-Buchen-Wälder zu finden. Der Anteil der Tanne steigt mit zunehmender Höhe und in östlicher Richtung an. In den höchsten Lagen und an staunassen Standorten tritt die Fichte hinzu: Wollreitgras-Fichten-Tannen-Buchen-Wald, Fichten-Moorwald.

Tatsächlich sind heute die höheren Lagen des Thüringer Waldes, des Thüringer Schiefergebirges und des Frankenwaldes bis zu 80–85 % von Wald bedeckt. Im südlichen Vorland, im Ostthüringer Schiefergebirge und im Vogtland bilden die Waldflächen dagegen nur noch 60–65 % der Fläche. Generell herrschen Fichtenforste als Folge intensiver waldwirtschaftlicher Nutzung im gesamten Mittelgebirgszug vor. Als Restbestände der natürlichen Vegetation zeigen sich, in Abhängigkeit von der Höhenstufe und der Bodenbeschaffenheit, Standorte mit Waldmeister-Buchenwald und Hainsimsen-Buchenwald, beide stellenweise mit Tanne, außerdem bodensaurer Eichenwald, Eichen-Hainbuchen-Wald, Schlucht- und Hangmischwald sowie an Felsbildungen Silikatfelsfluren. In den niederschlagsreichen Hochlagen sind Hochmoore zu finden, die sich durch Torfmoosrasen, Moorheiden und natürliche Fichten-Moorwälder auszeichnen (Abb. 44.2). In den Tälern herrschen zumeist artenarme Grünlandgesellschaften vor, allerdings sind vereinzelt auch Bergmähwiesen, Borstgrasrasen, Hochstaudenfluren, Großseggenrieder, Feuchtwiesen und Bachauenwälder zu finden.

Abb. 44.2 Moorheide im Beerbergmoor (Foto: H. Schneider)

Die Nutzung der höheren Lagen des Thüringer Waldes, des Thüringer Schiefergebirges und des Frankenwaldes beschränkt sich aktuell in erster Linie auf die Forstwirtschaft und den Tourismus, während in den tieferen Lagen die Grünlandnutzung für Rinderhaltung sowie der Ackerbau eine sehr große Rolle spielen. Im Ostthüringischen Schiefergebirge ist außerdem die hohe Teichdichte für die Fischzucht von Bedeutung.

Pollenarchive

Da das Thüringisch-Fränkisch-Vogtländische Mittelgebirge außerhalb der Vergletscherungsgebiete lag, fehlen zumeist geomorphologisch die Voraussetzungen für die Bildung von Seen oder tiefgründigen Mooren, die als Langzeitarchive dienen könnten. Dennoch haben sich in den Quellmulden der höheren Lagen zu Beginn des Holozäns vereinzelt Niedermoore gebildet, die im mittleren Holozän infolge zunehmender Feuchtigkeit zum Hochmoorwachstum übergingen. Zu diesen Mooren gehören unter anderem das Saukopf-, Schützenberg-, Peter- und Beerbergmoor sowie die Schneekopfmoore. Daneben gibt es eine Vielzahl kleiner Vermoorungen – meistens Übergangs- oder Niedermoore – in den Quellmulden der Kerbtäler in verschiedenen Höhenlagen, die jedoch meist erst im Mittelalter entstanden sind.

Im Ostthüringischen Schiefergebirge und im Frankenwald haben sich in flachen Mulden über den zähen, wasserstauenden Lehmen des verwitterten Tonschiefers flachgründige Übergangs- und Niedermoore unterschiedlichster Genese gebildet, so im Pöllwitzer Forst, im Bereich der Plothener Teiche und im Gebiet um Lobenstein.

Im südlichen Vorland des Thüringer Waldes und im nördlichen Übergang des Mittelgebirgszuges zum Thüringer Becken prägen im Bereich der Zechsteinformationen Auslaugungssenken verschiedenen Alters und Größe die Landschaft. Während sehr kleine Formen, wie kleine Erdfälle, häufig ungeeignet sind, weisen die größeren Subrosionsbereiche Sedimente auf, die sich für palynologische Untersuchungen eignen. Hier wurden neben Auensedimenten in Subrosionssenken bei Breitungen (Werra) auch Seesedimente (Hautsee) oder Torfe (Rehmer Moor bei Pößneck) abgelagert.

Forschungsgeschichte

Palynologische Untersuchungen im Thüringisch-Fränkisch-Vogtländischen Mittelgebirgszug begannen bereits mit den Untersuchungen von Hueck (1928) und Jahn (1930) im Thüringer Wald. Letzterer untersuchte im Rahmen seiner Dissertation das Saukopfmoor, das Teufelskreismoor, das Moor im Schwarzwassergrund sowie das Beerbergmoor. Wie methodisch üblich, wurden damals nur die Baumpollentypen aufgenommen, sodass Lange (1967) Nachuntersuchungen am Beerbergmoor durchführte. Um die Vegetationsentwicklung der Höhenstufen des Thüringer Waldes genauer zu fassen, analysierte sie vergleichend die Sedimente des Moores im Schmücker Graben (Lange und Schlüter 1972; Lange 1975) und kam zu dem Schluss, dass die Hochmoore des Thüringer Waldes ein subboreales Alter nicht überschreiten, die Quellmoore in den Seitentälern häufig sogar deutlich jünger sind. Nahe dem Saukopfmoor, westlich der Alten Tambacher Straße liegt das Petermoor, das in jüngerer Vergangenheit palynologisch bearbeitet wurde (Reinhardt 2014). Die Erfassung des Moorkerns, von dem in einem Niedermoorstadium einst die Entwicklung des Hochmoores ausging, erlaubt die Rekonstruktion der Vegetationsgeschichte seit dem Präboreal.

Im Gebiet des Frankenwaldes untersuchten Lange et al. (1978) kleinflächige Vermoorungen bei Burglemnitz, Rodacherbrunn und Wetzstein, im Gemäßgrund und nahe dem Kulm in Lehesten, die jeweils subatlantische Bildungen repräsentieren.

Das Ostthüringische Schiefergebirge mit dem Vogtland bildete den Untersuchungsgegenstand in der Arbeit von Heinrich und Lange (1969). Sie konzentrierten sich dabei zum einen auf das Gebiet der Plothener Teiche und zum anderen auf verschiedene Standorte im Forst um Pöllwitz, die Aussagen über die Entwicklung seit dem Präboreal ermöglichen. Die Untersuchungen aus dem sächsischen Vogtland von Frenzel (1930) erbrachten ebenfalls Ablagerungen seit dem Präboreal.

Im südwestlichen Vorland des Mittelgebirges wurden von Lange (1976) verschiedene Moorstandorte im Kreis Schleusingen und Hildburghausen sowie von Schneider (2006) verschiedene Standorte im mittleren Werratal untersucht. Dabei spielten insbesondere die Subrosionssenken eine Rolle, deren Sedimente seit dem Spätglazial akkumuliert wurden.

Insgesamt ist die Anzahl der untersuchten Archive für den Thüringisch-Fränkisch-Vogtländischen Mittelgebirgszug sehr beschränkt, und in vielen Fällen fehlen ^{14}C-Datierungen. Allerdings erlaubt der Vergleich mit den Ergebnissen aus jüngeren Arbeiten eine chronologische Interpretation der bislang analysierten Profile, und so steht im Folgenden die natürliche Entwicklung der Landschaft bis zu den ersten anthropogenen Eingriffen und deren Auswirkungen bis in die Gegenwart im Fokus der Ausführungen (eine vollständige Literaturliste befindet sich im Anhang).

Die regionale Vegetations- und Waldgeschichte

Im Standarddiagramm (Abb. 44.3) wurden spätglaziale und frühholozäne Daten aus dem Säulingssee im Werratal, 234 m NN (Schneider 2006), im südwestlichen Vorland des Mittel-

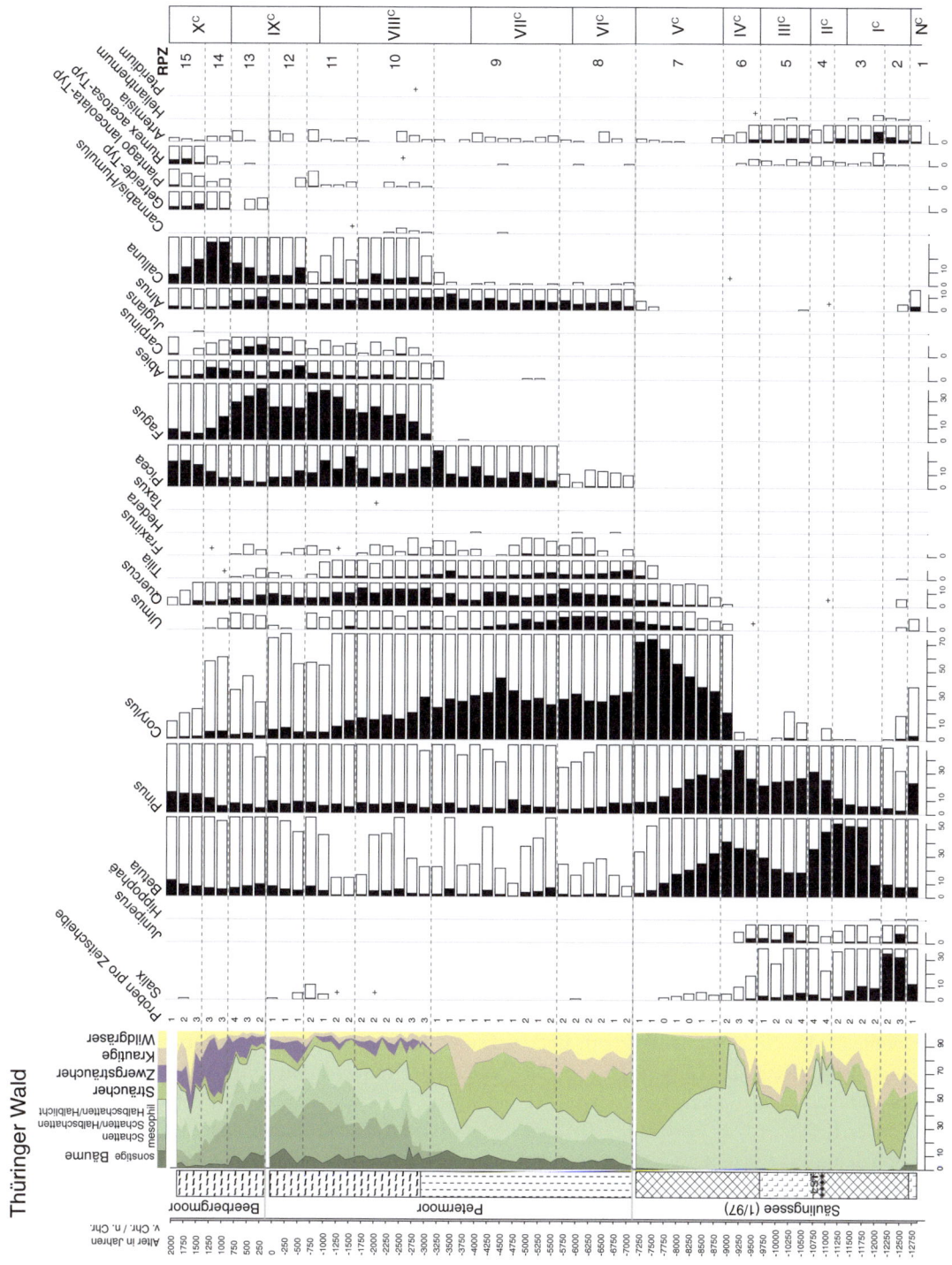

Abb. 44.3 Standardisiertes Pollendiagramm für die Region Thüringer Wald, Frankenwald und Vogtland, kombiniert aus den Profilen Säulingssee (234 m NN, Schneider 2006), Petermoor (814 m NN, Reinhardt 2014) und Beerbergmoor (982 m NN, Lange 1967)

gebirges mit mittel- bis spätholozänen Daten aus dem Petermoor, 814 m NN (Reinhardt 2014), und dem Beerbergmoor, 982 m NN (Lange 1967), im Mittleren Thüringer Wald kombiniert.

Aktuell sind aus dem Thüringisch-Fränkisch-Vogtländischen Mittelgebirgszug keine Profile bekannt, die das Spätglazial enthalten. Das Petermoor gilt bislang als einziges Archiv aus dem Thüringer Wald, das zumindest Sedimente seit dem Präboreal enthält. Um dennoch eine Vorstellung von der vollständigen Entwicklung der Mittelgebirgslandschaft zu geben, wurde der Säulingssee in die Betrachtungen aufgenommen. Er liegt zwar außerhalb der untersuchten Region, kann aber aufgrund seiner unmittelbaren Nachbarschaft zum Thüringer Wald dessen Entwicklung im Spätglazial und frühen Holozän am ehesten abbilden.

Bedingt durch die unterschiedlichen standörtlichen Bedingungen der kombinierten Archive – limnische Ablagerungen im Falle des Säulingssees und Niedermoortorfe im Falle des Petermoors – kommt es zu sprunghaften Verläufen in Kurven einzelner Pollentaxa (z. B. Wildgräser, einige Wildkräuter). Diese Entwicklung spiegelt keinesfalls eine Öffnung der Landschaft im mittleren Holozän wider, sondern ist der lokalen Niedermoorvegetation zuzurechnen.

Für den Vergleich mit den anderen Regionen des Mittelgebirgszuges wurden folgende Diagramme herangezogen: verschiedene Standorte aus dem Frankenwald (Lange et al. 1978), Profile aus dem Pöllwitzer Forst und dem Gebiet der Plothener Teiche (Heinrich und Lange 1969), aus dem sächsischen Vogtland (Frenzel 1930) sowie aus dem Schmücker Graben (Lange und Schlüter 1972) und anderen Hochmooren im Thüringer Wald (Jahn 1930). Zusätzlich stand aus dem Pöllwitzer Forst ein in diesem Rahmen erstmals publiziertes Pollendiagramm der Autorin zur Verfügung (Abb. 44.4).

Die Chronologie der Profile beruht jeweils auf ^{14}C-Datierungen sowie regionalen pollenstratigraphischen Verknüpfungen innerhalb des Arbeitsgebietes. Die Vegetationsgeschichte der letzten 15.000 Jahre kann in 15 unterschiedlich lange regionale Pollenzonen (RPZ) untergliedert werden (s. Tab. S 44.1 im elektronischen Zusatzmaterial).

Die absolute Dominanz des Nichtbaumpollens am Ende des Weichsel-Pleniglazials (RPZ 1, Zeitscheibe 12.750 v. Chr.), besonders der Süß- und Sauergräser, sowie der Nachweis verschiedener Kräuter (u. a. *Artemisia* 1 %) und Zwergsträucher implizieren eine schüttere Vegetation, die von Gräsern und Kräutern dominiert wurde, in die vereinzelt Zwergweiden und Wacholdersträucher eingestreut waren. Das Vegetationsbild ist wohl am ehesten als steppenartig, das Klima als trocken-kalt zu bezeichnen. Die Zone ist durch einen hohen Prozentsatz an Kiefer (ca. 40 %) charakterisiert, der verstärkt auf Fernflug und eine niedrige lokale Pollenproduktion zurückgeht. Das Vorkommen thermophiler Gehölze (*Corylus, Pinus, Ulmus, Alnus*) ist sicher auf Umlagerungsprozesse zurückzuführen.

In der ersten Erwärmungsphase des Spätglazials (RPZ 2, Zeitscheibe 12.500 bis 12.250 v. Chr.), die dem Meiendorf-Intervall zuzuordnen ist, hatte sich ein Vegetationsmosaik aus Offenlandanteilen mit Süß- und Sauergräsern, verschiedenen Mineralboden-Heliophyten und Wacholder (*Juniperus*) auf den trockeneren Standorten entwickelt, während sich Zwergstrauchformationen aus Weiden (*Salix*) und vereinzelten Birken (*Betula*) in den Tälern sowie Hochstaudengesellschaften, aber auch Weidengebüsche in den Tälern und Auen ausbreiteten.

Diese Phase wurde durch eine Folge von Klimaschwankungen abgelöst (RPZ 3, Zeitscheiben 12.000 bis 11.250 v. Chr.). Die Älteste Dryas zeichnete sich dabei erneut durch eine Ausbreitung der Steppenvegetation mit bis zu 11 % *Artemisia*, den *Rumex acetosa*-Typ, *Helianthemum*, Chenopodiaceae und *Campanula*-Arten sowie die rapide Abnahme von *Salix* (unter 6 %) und *Juniperus* aus. Die Vegetation wies deutlich höhere Offenlandanteile auf, während in den Tälern weiterhin Weidengebüsche wuchsen, die von Hochstaudenfluren durchsetzt waren. Zugleich etablierten sich nun innerhalb kurzer Zeit Zwergbirken (*Betula nana*), aber auch lückige Gruppen von Baumbirken. Mit zunehmender Erwärmung war die Landschaft während des Bølling-Interstadials auf den Anhöhen und in den Tälern nun durch lichte Birkenwälder geprägt. An deren Rändern entwickelte sich Schneeball (*Viburnum*), und Wacholder stockte im Unterwuchs der lichten Wälder. Auf den trockenen Standorten herrschten weiterhin Gräser, verschiedene Kräuter und Mineralboden-Heliophyten vor. In den Flussauen und Uferbereichen wechselten sich Gebüsche aus Weiden mit Staudenfluren aus Bärenklau, Mädesüß, Weidenröschen und Gräsern ab.

Der Klimarückschlag der Älteren Dryas (Nichtbaumpollen-Maximum am Ende der RPZ 3) war von kurzer Dauer und wurde durch das Allerød-Interstadial (RPZ 4, Zeitscheiben 11.000 bis 10.750 v. Chr.) abgelöst, das sich durch eine vorwiegend geschlossene Waldlandschaft mit weitgehend stabilen Bodenverhältnissen auszeichnete. Die Birkenwälder auf den Höhen und in den Tälern wurden zunehmend durch Birken-Kiefern-Wälder ersetzt, in deren Unterwuchs die Eberesche (*Sorbus aucuparia*) gedeihen konnte. Mit zunehmender Bewaldung wurden lichtliebende Pflanzen seltener. In den Auen entfalteten sich Staudengesellschaften (u. a. aus Weidenröschen, Bärenklau und Wiesenknopf), während in den Uferbereichen der Bäche und Quellmulden neben verschiedenen Gräsern weiterhin Weidensträucher gediehen. In diese Pollenzone fällt auch die Ablagerung der Ascheschicht, die dem letzten Ausbruch des Laacher See-Vulkans in der Eifel zuzuordnen ist.

Dieser Warmphase folgte der Kälterückschlag der Jüngeren Dryas (RPZ 5, Zeitscheiben 10.500 bis 9750 v. Chr.), der

44 Thüringer Wald, Frankenwald und Vogtland

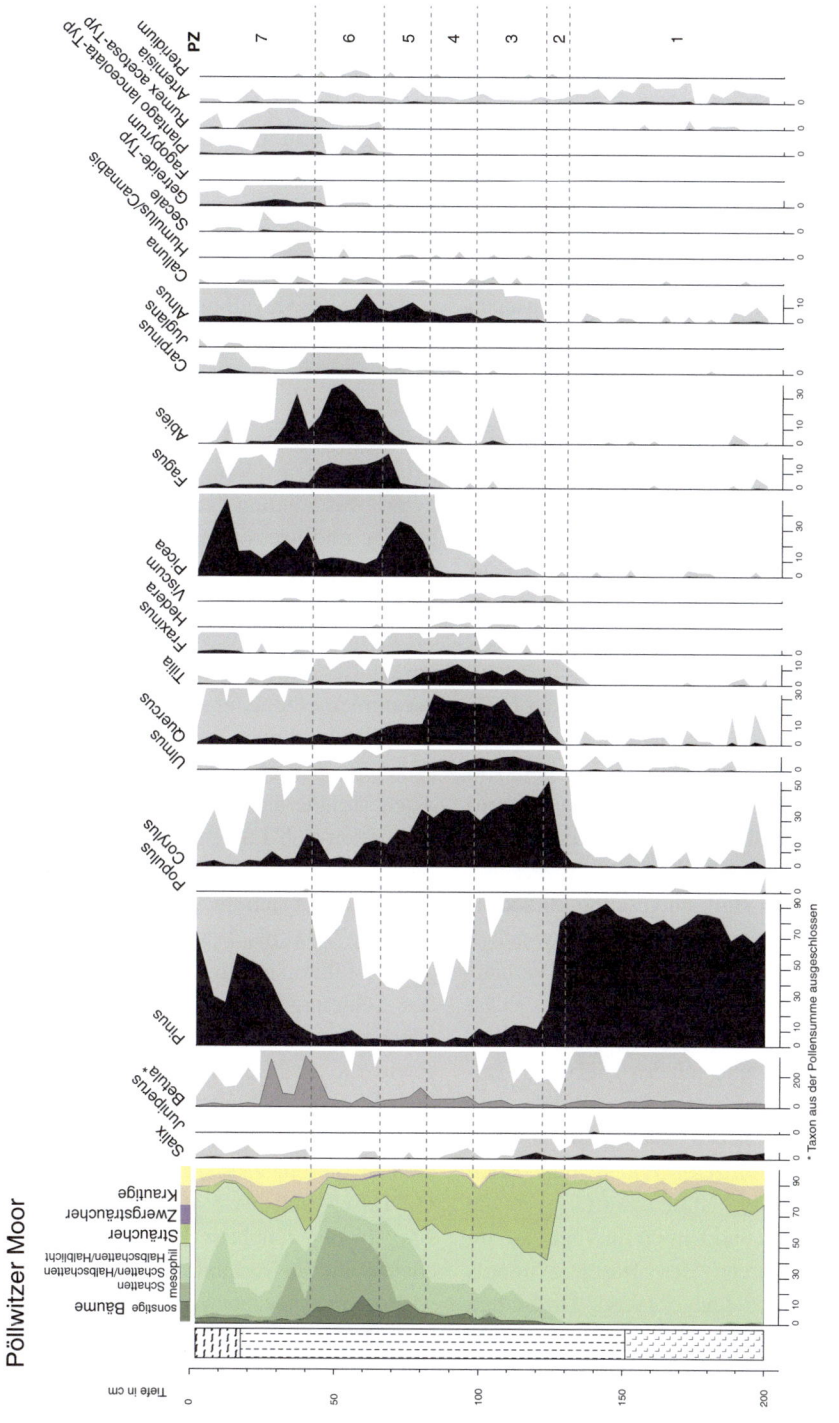

Abb. 44.4 Das Pollendiagramm Pöllwitzer Moor (444 m NN, Schneider 2024) aus dem Vogtland zeigt den Pöllwitzer Forst als Tannenstandort im Subatlantikum

zu Beginn und am Ende eher durch feucht-kalte, in der Hochphase jedoch durch trocken-kalte Bedingungen gekennzeichnet war. Die Landschaft wurde durch Strauchformationen mit Wacholder, Birke, teils auch Weide und große offene Areale steppenartigen Charakters mit Gräsern, verschiedenen Mineralboden-Heliophyten wie Beifuß, Wiesenraute, Hundskamille, Sonnenröschen, Gänsefußgewächse, Wegerich und Meerträubel (*Ephedra*) geprägt. An geschützten Standorten in den Tälern konnten vereinzelt Birken- und Kieferngehölze wachsen, jedoch kann keinesfalls auf eine lockere Bewaldung geschlossen werden. Die Auenbereiche charakterisierte eine Vegetation aus verschiedenen Süß- und Sauergräsern.

Zu Beginn des Holozäns, im Präboreal (RPZ 6, Zeitscheiben 9500 bis 9000 v. Chr.), kam es zu einer raschen Wiederbewaldung, und der zunächst lichte Birkenwald breitete sich schnell aus. In den tieferen Lagen des Mittelgebirgszuges und im Vogtland wurde er bald durch einen Birken-Kiefern-Wald ersetzt (vgl. Abb. 44.4 PZ 1, Frenzel 1930; Heinrich und Lange 1969). Dagegen herrschte in den Höhenlagen die Kiefer (*Pinus*) vor, wie basale Proben aus dem Petermoor belegen. Die Habitate lichtliebender Pflanzen nahmen allmählich ab und beschränkten sich schließlich auf vereinzelte, ausgesprochen trockene Standorte. In den Tälern und Auenbereichen etablierten sich erneut Staudenfluren, die von Gehölzen aus Birken, Weiden und gelegentlich Moltebeere (*Rubus chamaemorus*) durchsetzt waren. Gegen Ende breitete sich die Hasel (*Corylus avellana*) aus.

Während des Boreals (RPZ 7, Zeitscheibe 8750 bis 7250 v. Chr.) stockten zunächst haselreiche Kiefern- und Kiefern-Birken-Wälder. Durch das schnelle Wachstum und die starke Schattwirkung der Hasel wurde der Verjüngungsprozess von Birke und Kiefer offensichtlich stark eingeschränkt, sodass der ursprüngliche Wald bald einem Haselhain weichen musste. Mit zunehmend günstigeren klimatischen Verhältnissen etablierten sich thermophile Gehölze wie Eiche (*Quercus*) und Ulme (*Ulmus*), gefolgt von Linde (*Tilia*). Letztere breitete sich in den Höhenlagen des Thüringer Waldes lokal deutlich schneller aus. In den Quellmulden und Auenbereichen gediehen nun neben Staudenfluren erste Auengehölze aus Birken, vereinzelt Weiden und Erlen (*Alnus*) sowie Eichen, Linden und Ulmen. Auffällig ist die rasante Ausbreitung von Eichen und Ulmen im Vogtland, im Pöllwitzer Forst bereits während des Haselmaximums (Abb. 44.4 PZ 2, Heinrich und Lange 1969). Ursächlich könnte hier eine weitläufige Vernässung des Gebietes über der stauenden Fließerde sein.

Im nachfolgenden frühen Atlantikum (RPZ 8, Zeitscheiben 7000 bis 5750 v. Chr.) herrschte auf den Höhenzügen und in den trockeneren Talabschnitten ein mehr oder weniger dichter Lindenmischwald mit Eiche vor, in dem auch die Hasel weiterhin eine wichtige Rolle spielte. Obgleich die Lindenwerte nicht ausgesprochen hoch waren, dürfte diese Art angesichts ihrer ausgesprochen niedrigen Pollenproduktion und -emission dennoch die vorherrschende Baumart gewesen sein. In den Hochlagen der Mittelgebirge etablierten sich erste Fichte (*Picea*), die sich jedoch zumeist noch nicht ausbreiten konnten. Lediglich im Bereich des südöstlichen Vogtlandes bei Oberpirk (Frenzel 1930) und im Rehauer Forst (Hahne 1992) spielte die Fichte bereits eine wichtige Rolle. In den Tälern und in schattigen Hanglagen innerhalb der Mittelgebirge gediehen Eichen-Ulmen-Mischwälder, während die Randbereiche der Quellmulden und Moore ideale Standorte für die Etablierung der ersten Erlen- und Eschengehölze bildeten.

Im weiteren Verlauf des Atlantikums und während des frühen Subboreals (RPZ 9, Zeitscheiben 5500 bis 3250 v. Chr.) wurden die Wälder aus Eichen, Linden und Ulmen durch die sich ausbreitende Fichte in den Höhenlagen allmählich verdrängt, konnten sonst jedoch ihre Vorherrschaft behaupten. Die Fichte erreichte nun ihre maximale natürliche Ausdehnung im Thüringisch-Fränkischen Mittelgebirge und im Vogtland. Interessant ist die Verbreitung in tieferen Lagen, denn selbst im Pöllwitzer Forst zeigte die Fichte Werte zwischen 15 und 20 % (Abb. 44.4 Beginn PZ 5), was möglicherweise den feuchten Standortverhältnissen geschuldet war. Ulme und Linde spielten in der Gehölzzusammensetzung eine zunehmend geringere Rolle, während die Hasel noch immer die Wälder prägte, in denen auch Efeu und Mistel gediehen. In feuchten Quellmulden und Auen breitete sich die Erle in den Gehölzen aus. Zugleich etablierten sich Tanne (*Abies*) und Buche (*Fagus*) in den tieferen Lagen, die Buchenwerte blieben aber unter 10 %.

Das ändert sich im Verlauf des Subboreals (RPZ 10, Zeitscheiben 3000 bis 1750 v. Chr.). Deutlich feuchtere Bedingungen führten in den Höhenlagen des Thüringer Waldes und des Schiefergebirges zur Bildung von Hochmooren, begünstigten aber auch die schnelle Ausbreitung der Buche sowie die Etablierung der Tanne. Die damit verbundene Schattwirkung behinderte zugleich die Verjüngung der Hasel, die nun weiter abnahm. Die Fichte war leicht rückläufig, sodass in diesem Zeitraum montane Buchen-Fichten-Wälder mit Hasel- und lokal auch Tannenbeteiligung anzunehmen sind. In den feuchten Tallagen und Schluchten herrschten ebenso wie im Vorland des Thüringer Waldes Eichenmischwälder mit Linde, auch mit Ulme und Esche vor. In den Auenbereichen und feuchten Senken breitete sich die Erle aus. Im Gegensatz dazu war das Vogtlandgebiet durch Fichtenwälder mit Hasel und Birke geprägt (Abb. 44.4 PZ 5).

Auffällig ist, dass nun die einzelnen Gebiete eine sehr unterschiedliche Entwicklung nahmen. Diese wurde zum einen von der Lage bezüglich der Wind- und damit der

Niederschlagsrichtung, zum anderen aber vom Ost-West-Gradienten der Tannenausbreitung bzw. dem West-Ost-Gradienten der Buchenverbreitung bestimmt.

In der letzten Phase des Subboreals und mit beginnendem Subatlantikum (RPZ 11, Zeitscheiben 1500 bis 750 v. Chr.) erreichte die Buche in den Höhenlagen der Mittelgebirgsregion Werte von bis zu 35 % und dürfte vor Fichte und Tanne bestandsbildend gewesen sein. Abnehmende Werte der Eichenmischwaldarten dokumentieren, dass die Buche auch in den Tallagen und im Vorland des Mittelgebirges allmählich die Vorherrschaft erlangte. In allen Gebieten trat nun verstärkt die Birke hinzu und legt regelmäßige anthropogene Eingriffe in die Waldlandschaft nahe. Die Erle überschritt in den höheren Lagen des Thüringer Waldes und des Hohen Schiefergebirges 10 % kaum, konnte sich aber in den tieferen Lagen in den Auen und auf feuchten Standorten lokal massiv ausbreiten. Im Vogtland nahm lokal die Birke in den Vermoorungen sehr stark zu, so etwa im Pöllwitzer Forst und im Moosteich bei Plothen. Untersuchungen zur Hydrologie im späten Subboreal und frühen Subatlantikum deuten darauf hin, dass in dieser Phase kühlere, vor allem aber weiterhin feuchte Klimabedingungen herrschten (Litt et al. 2019).

Die maximale Ausdehnung von Buche und Tanne, aber auch von Hainbuche (*Carpinus*) prägten die ältere Phase des Subatlantikums (RPZ 12/13). Diese Phase kann aufgrund unterschiedlich starker Nutzung in zwei Abschnitte unterteilt werden. In der älteren Phase (RPZ 12, Zeitscheiben 500 v. Chr. bis 0) führten menschliche Eingriffe in die Wälder zu einem Vegetationsmosaik aus lokal gestörten Buchenwäldern mit Tannen und Fichten, aber auch Hasel, Birken und Hainbuchen, die von der Öffnung der schattenreichen Buchenbestände profitierten. Im Schiefergebirge herrschten in dieser Zeit Tannenwälder mit starker Buchenbeteiligung vor, während im Vogtland die dominante Tanne sowohl mit der Buche als auch mit der Fichte vergesellschaftet war (Abb. 44.4 PZ 6). Im Frankenwald trat die Tanne dagegen zurück; hier dominierten Fichten und Buchen die Waldlandschaft. Im Mittelgebirgsvorland wurde die buchendominierte Landschaft zudem durch Birken-Eichen-Wälder (Nieder- und Mittelwälder) mit Tendenz zur Verheidung sowie wirtschaftlich genutzte Hartholzauen charakterisiert.

Die sich anschließende RPZ 13 (Zeitscheiben 250 bis 750 n. Chr.) war ein Zeitraum ausgeprägter Waldregeneration, die durch eine Abnahme der Wirtschaftswälder und die maximale Ausbreitung der Buchen- und Tannen-Buchen-Wälder im Thüringer Wald charakterisiert war, hier mit Eichen-Hainbuchen-Wäldern auf ehemals waldwirtschaftlich genutzten Flächen. Die damit einhergehende Abnahme von Birke und Eiche war wiederum auf die Schattwirkung der Buche zurückzuführen, die den anthropogen geförderten Gehölzarten an Konkurrenzkraft überlegen war. Im Gebiet des Schiefergebirges und des Vogtlandes dominierten Buchen-Tannen-Wälder mit Fichtenbeteiligung; dabei war die Tanne im Bereich des Pöllwitzer Forstes nun deutlich überlegen und erreichte ihre maximalen Werte (Abb. 44.4 PZ 6). Im Frankenwald blieb sie dagegen weiterhin hinter der Buche und der Fichte zurück. Zudem spielte im Vogtland, möglicherweise lokal, nun zunehmend die Kiefer im Waldbild eine Rolle, während sich im Mittelgebirgsvorland ausgedehnte Buchenwälder erstreckten und an feuchten Standorten artenreiche Eichenmischwälder mit Hainbuche, in den Auen vor allem Erlen, stockten.

Das jüngere Subatlantikum (RPZ 14 und 15, Zeitscheiben 1000 bis 2000 n. Chr.) stellte eine Periode verstärkter anthropogener Eingriffe mit massiven Auswirkungen auf Vegetation und Landschaft dar. So zeigten sich bereits in der RPZ 14 (Zeitscheiben 1000 bis 1250 n. Chr.) deutliche Verheidungstendenzen in allen Bereichen des Mittelgebirgszuges. Im Thüringer Wald sank der Buchenanteil deutlich, dennoch blieb die Buche gemeinsam mit der Tanne die beherrschende Baumart. Nur feuchte Quellmulden trugen lokal eine lindenreiche Mischwaldbestockung. Im Schiefergebirge und im Frankenwald blieben die montanen Buchenwälder mit starker Fichten- oder Tannenbeteiligung, im Vogtland die tannendominierten Wälder weiterhin bestehen. Dabei spielte hier die Buche oft nur eine untergeordnete Rolle. Zudem gewann im Vogtland auch die Fichte an Bedeutung (Abb. 44.4 Beginn PZ 7). In allen Gebieten nahmen die verbliebenen Eichenmischwaldarten deutlich ab, während die Kiefer sich an gestörten Stellen etablierte und nun mehr als 10 % erreichte. Im Vorland des Höhenzuges verschwanden die Buchenwälder im Verlauf dieser Periode bis auf wenige Restbestände und wurden zum Teil durch bewirtschaftete, birkenreiche Eichenwälder ersetzt. Daneben konnte sich die Hasel an den Waldsäumen und in den Wirtschaftswäldern erneut etablieren. Weite Bereiche der ehemals geschlossenen Wälder wurden nun gerodet und für die Schaffung von Wiesen und Weiden sowie Acker- und Siedlungsflächen genutzt.

In der RPZ 15 (Zeitscheiben 1500 bis 2000 n. Chr.) wurden die anthropogenen Eingriffe auch in den Mittelgebirgen deutlich. Den Thüringer Wald charakterisierten nun zumeist Nadelwälder aus Fichte und Kiefer, während die Buche stetig abnahm. Eine ähnliche Entwicklung hin zu Fichtenforsten mit Kiefernbeteiligung zeigte sich auch im Schiefergebirge, im Frankenwald und im Vogtland. In allen Gebieten spricht die Zunahme des Offenlandes für eine Auflichtung und Verwüstung der Wälder. Der starke Fichtenanstieg hatte vermutlich mehrere Ursachen. So dürften neben den veränderten Klimabedingungen während der Kleinen Eiszeit auch die Vermeilerung der Buche (s. Exkurs Kap. 36) sowie die Förderung der Fichte für die Harz- und Holzgewinnung zu deren schneller Ausbreitung beigetragen haben, die gerade in den höheren Lagen des Mittelgebirgszuges auffällt (Lange und Schlüter 1972). Spätestens ab 1830 n. Chr. erfolgte durch die forstwirtschaftliche Nutzung eine Nivellie-

Abb. 44.5 Blick von der Triniushütte auf Rauenstein im Thüringer Wald (Foto: Jörg Triebel/PIXELIO)

rung aller Unterschiede des Thüringisch-Fränkischen Mittelgebirgszuges in der Waldzusammensetzung, und die Fichte wurde unter Kiefernbeteiligung nun die dominierende Baumart. Breitere Täler wurden zumeist als Grünland genutzt (Abb. 44.5). Das Vorland des Thüringer Waldes und große Teile des Vogtlandes wurden weitgehend entwaldet und in eine agrarisch genutzte Kulturlandschaft mit wenigen Waldbeständen auf ungünstigen Böden umgewandelt.

Menschlicher Einfluss

Bereits seit dem frühen Neolithikum (RPZ 9, 5500 v. Chr.) begann der Mensch im Vorland des Mittelgebirgszuges in die Landschaft einzugreifen, während die höheren Lagen des Thüringer Waldes, des Schiefergebirges und des Frankenwaldes lange Zeit sicher nur durchstreift und in geringem Umfang genutzt wurden. Archäologische Nachweise für die Nutzung des Thüringisch-Fränkischen Mittelgebirgszuges fehlen bislang für die prähistorischen Zeiträume und setzen, mit wenigen Ausnahmen, erst im Mittelalter ein. Alle Nachweise von Besiedlungstätigkeit stammen daher aus palynologischen Untersuchungen und erlauben dementsprechend keine sichere kulturelle Zuordnung.

Erste Indikatoren für beweidete Brachen (*Plantago lanceolata*-Typ, Grünland, *Rumex acetosa*-Typ) und Waldstörung (*Pteridium*) lassen sich im Thüringer Wald während des Endneolithikums möglicherweise durch schnurkeramische Siedler nachweisen (RPZ 10), die die Höhenzüge viehwirtschaftlich nutzten. Gleichzeitig zeigt sich im Vogtland eine geschlossene Getreidekurve. Die nächsten Anzeichen menschlicher Eingriffe in den Höhenlagen häufen sich während der mittleren und späten Bronzezeit (RPZ 11) und lassen auf Begehung und Beweidung sowohl im Thüringer Wald als auch im Schiefergebirge schließen. Es erfolgte ein Sommereintrieb des Viehs aus den tieferen Lagen, denn Hinweise auf ganzjährige Nutzung, wie Getreideanbau oder Siedlungen, fehlen bislang. Diese Entwicklung könnte im Zusammenhang mit mittel- und spätbronzezeitlichen Siedlungszentren sowohl im südwestlichen Vorland als auch in der Orlasenke stehen (Hügelgräber- und Urnenfelderkultur). In der darauffolgenden Hallstatt- und Latèneperiode (RPZ 12) zeichnen sich mit abnehmenden Buchenwerten bei gleichzeitiger Zunahme von Kiefer, Birke und Hasel deutliche Eingriffe in die Waldlandschaft ab. Auch Besenheide (*Calluna*) nahm in dieser Zeit deutlich zu und unterstreicht die lokale Verwüstung von Waldflächen. Vermutlich wurde Holzkohle für die Gewinnung und -verarbeitung von Eisen-, Kupfer- und Golderz aus regionalen Vorkommen des Thüringer Waldes und des Schiefergebirges benötigt, denn im letzten vorchristlichen Jahrhundert endeten diese Eingriffe mit dem Abzug der latènezeitlichen Siedler.

Allerdings wurde das Gebiet keinesfalls siedlungsleer; vielmehr belegen regelmäßige Getreidewerte sowie konstante Anteile von Besenheide, Birke und Kiefer, dass Menschen von der Römischen Kaiserzeit bis zum beginnenden Mittelalter in geringerem Umfang Holz entnahmen, Viehwirtschaft betrieben und kleine Siedlungen unterhielten (RPZ 13). Die höchsten Erhebungen des Mittelgebirgszuges sind bis heute siedlungsleer geblieben. Mittelalterliche Siedlungsgründungen vom 9. bis ins 12. Jahrhundert setzten jedoch größere Rodungen voraus, die sich im Thüringer Wald im Abfall der Buchenkurve sowie im Anstieg von Tanne oder Fichte widerspiegeln. Der Siedlungsausbau, die Blüte des Bergbaus, die Errichtung von Eisenhämmern, Glashütten und Pechsiedereien (s. Kap. 36, 37 und 38) zogen eine massive Waldverwüstung bis ins 19. Jahrhundert nach sich, die sich bis in die Kammlagen des gesamten Mittelgebirgszuges auswirkte. Im Zuge dieser Entwicklung konnten sich während der Kleinen Eiszeit die Fichte und die Kiefer durchsetzen, die dann im Zuge der forstwirtschaftlichen Nutzung ab 1830 n. Chr. endgültig manifestiert wurden.

Da prämittelalterliche archäologische Befunde für den Mittelgebirgszug bislang weitgehend fehlen und auch aus palynologischer Sicht nur wenige Profile zur Verfügung stehen, muss es eine Aufgabe künftiger Forschungen sein, diese Wissenslücke mit Daten zu füllen.

Literatur

Frenzel H (1930) Entwicklungsgeschichte der sächsischen Moore und Wälder seit der letzten Eiszeit auf Grund pollenanalytischer Untersuchungen. Abhandlungen des Sächsischen Geologischen Landesamtes 9: 5–119

Hahne J (1992) Untersuchungen zur spät- und postglazialen Vegetationsgeschichte im nordöstlichen Bayern (Bayerisches Vogtland, Fichtelgebirge, Steinwald). Flora 187: 169–200

Heinrich W, Lange E (1969) Ein Beitrag zur Kenntnis der Waldgeschichte des Thüringisch-Sächsischen Vogtlandes. Feddes Repertorium 80: 437–462

Hueck K (1928) Zur Kenntnis der Hochmoore des Thüringer Waldes. Beiträge zur Naturdenkmalpflege 12: 215–236

Jahn R (1930) Pollenanalytische Untersuchungen an Hochmooren des Thüringer Waldes. Dissertation, Universität Jena

Lange E (1967) Zur Vegetationsgeschichte des Beerberggebietes im Thüringer Wald. Feddes Repertorium 76: 205–219

Lange E (1975) Herausbildung der heutigen Höhenstufen im Thüringer Wald. Biuletyn Geologiczny Warszawa 19: 111–118

Lange E (1976) Zur Entwicklung der natürlichen und anthropogenen Vegetation in frühgeschichtlicher Zeit. Teil 2: Naturnahe Vegetation. Feddes Repertorium 87: 367–442

Lange E, Schlüter H (1972) Zur Entwicklung eines montanen Quellmoores im Thüringer Wald und des Vegetationsmosaiks seiner Umgebung. Flora 161: 562–585

Lange E, Schlüter H, Gringmuth-Dallmer E (1978) Zur Vegetations- und Siedlungsgeschichte des Frankenwaldes. Flora 167: 81–102

Litt Th, Schölzel Chr, Kühl N, Brauer A (2019) Vegetation and climate history in the Westeifel Volcanic Field (Germany) during the past 11.000 years based on annually laminated lacustrine Maar Sediments. Boreas 38: 679–690

Reinhardt J (2014) Palynologische Untersuchung des Petermoors (Thüringer Wald) zur Erfassung klimatischer und anthropogener Einflüsse auf die Moorgenese seit dem frühen Holozän. Staatsexamensarbeit, Universität Jena

Schneider H (2006) Die spät- und postglaziale Vegetationsgeschichte des oberen und mittleren Werratals. Dissertationes Botanicae 403. Cramer, Berlin, Stuttgart

Schneider H (2024) Die Vegetations- und Besiedlungsgeschichte zwischen Orlasenke, Frankenwald und Vogtland. In: Matthias Seidel, Ines Spazier (Hrsg.): Archäologische Forschungen zwischen Vogtland und Rennsteig. Sonderveröffentlichungen des Thüringischen Landesamtes für Denkmalpflege und Archäologie Band 7, Langenweißbach: 363–396

Fichtelgebirge

Manfred Rösch und Jürgen Hahne

Blick auf Warmensteinach im Fichtelgebirge (Foto: simsonne/clipdealer.de)

Der Naturraum

Das Fichtelgebirge nimmt im Nordosten Bayerns und in Tschechien eine hufeisenförmige Fläche von 1600 km² ein (Abb. 45.1). Seine höchsten Erhebungen, Schneeberg und Ochsenkopf, erreichen 1051 und 1024 m NN, weitere Berge zwischen knapp 700 und über 900 m. Zusammen mit Thüringer Wald, Thüringer Schiefergebirge und Frankenwald bildet das Fichtelgebirge die naturräumliche Haupteinheitengruppe Thüringisch-Fränkisches Mittelgebirge, das zum Grundgebirge der Böhmischen Masse gehört. Das Fichtelgebirge wird von vier Flusssystemen in unterschiedliche Himmelsrichtungen entwässert: nach Norden durch die Sächsische Saale, nach Osten durch die Eger, nach Süden durch Fichtel- und Haidenaab sowie nach Westen durch den Weißen Main. Damit bildet es zugleich die europäische Hauptwasserscheide zwischen Donau, Rhein und Elbe. Der Gebirgsstock besteht hauptsächlich aus Granit.

Böden und Klima

Typischer Bodentyp ist eine Podsol-Braunerde, ein steiniger Lehmboden über verwitterter Grauwacke. Trotz der Humusform Mull deutet die Podsolierung auf fortgeschrittene Versauerung hin, die durch das basenarme Ausgangsgestein und die hohen Niederschläge bedingt ist.

Das Klima im Fichtelgebirge ist gemäßigt subkontinental. Die Jahresmitteltemperaturen sind deutlich niedriger als in gleicher Höhenlage im Schwarzwald, bedingt vor allem durch kältere Winter (Herrmann 2021). Die Niederschlagsmengen nehmen erwartungsgemäß mit steigender Höhe zu und übersteigen auf den Bergen die 1000 mm-Jahressumme deutlich.

Vegetation

Als potenzielle natürliche Vegetation gibt Seibert (1968) für das südliche bayerische Vogtland, das östliche und südliche

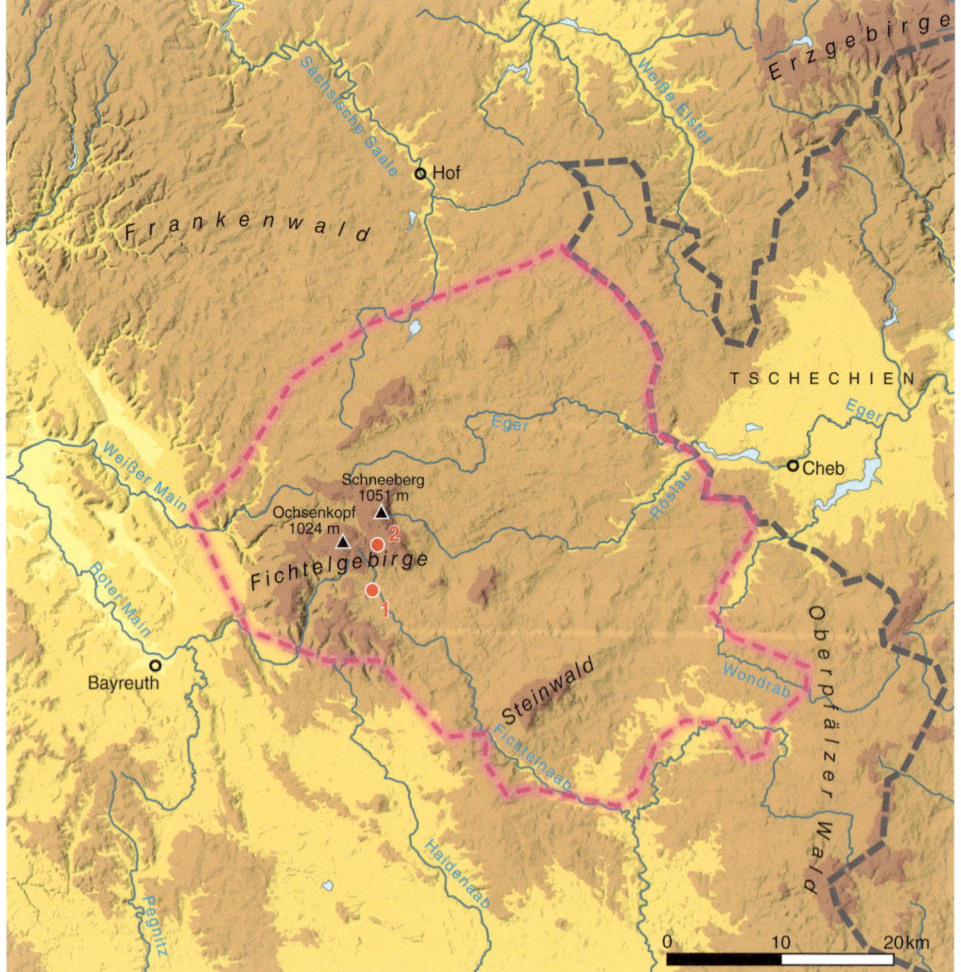

Abb. 45.1 Karte des Fichtelgebirges mit pollenanalytisch untersuchten Lokalitäten für das standardisierte Pollendiagramm: 1 Fichtelberg, 2 Seelohe

Fichtelgebirge und für den größten Teil des Frankenwaldes Eichen-Weißtannen-Wälder an (Hügellandform des Vaccinio-Abietetums mit *Melampyrum pratense*). Im westlichen Fichtelgebirge und in Teilen des bayerischen Vogtlandes bilden Perlgras-Buchenwälder (Melico-Fagetum), gemeinsam mit Labkraut-Buchen-Tannen-Wäldern (Galio-Abietum) die potenzielle natürliche Vegetation. Die Granithöhen des Fichtelgebirges oberhalb 700 m nehmen Fichten-Tannen-Wälder ein (Berglandform des Vaccinio-Abietetum mit *Bazzania trilobata*). Auf basischem Silikatgestein nordöstlich des Steinwaldes ist Zahnwurz-Tannen-Buchen-Wald (Berglandform des Dentaria enneaphylli-Fagetums) verortet. In der montanen Stufe, die nach Vollrath (1957) bei 600 m NN beginnt, wäre ein gemischter Bergwald mit Fichte, Buche, Tanne und Bergahorn verbreitet. In den vergangenen 800–1000 Jahren wurden diese Mischwälder in Fichtenforste umgewandelt. Der Anteil von Buche und Tanne beträgt heute im Fichtelgebirge nur jeweils 2 %. Die Waldgrenze, gebildet von Fichte, würde bei 1250 m liegen, die Obergrenze der Buche bei 1050 m (Firbas 1949).

Pollenarchive

Natürliche Seen gibt es im Fichtelgebirge nicht. Vegetationsgeschichtliche Studien beschränken sich auf Moore: teils Verlandungsmoore, hervorgegangen aus spätglazialen Seen, teils Versumpfungsmoore in Hochlagen, die das Hochmoorstadium erreicht haben, teils Niedermoore in den Tälern. Nur ein geringer Bruchteil von ursprünglich 1500 ha ehemaliger Moorfläche hat im Fichtelgebirge die Umwälzungen durch die Land- und Forstwirtschaft in den letzten Jahrhunderten überstanden.

Durch Entwässerung, Teichbau, Aufforstung und Torfstechen wurden die meisten Moore bis auf geringe Reste zerstört. Von den ehemaligen Hochmooren im Zeitelmoos und in der Häuselloh zeugen nur noch kleinflächige Vegetationsrelikte wie die Moosbeere (*Vaccinium oxycoccus*) oder der Sonnentau (*Drosera rotundifolia*). Die in den Bach- und Flussauen einst typischen Niedermoore, in ihrer Ausbildung als Seggenriede, Röhrichte und Sumpfwälder, sind, wie in Wunsiedel, nahezu vollständig verschwunden.

Forschungsgeschichte

Die ersten Pollenanalysen im Gebiet stammen aus der Seelohe (Firbas 1949; Firbas und v. Rochow 1956; Firbas et al. 1958). Beug (1957) untersuchte die spätglaziale und frühholozäne Vegetationsgeschichte erneut anhand von Material aus der Seelohe und einem Moor bei Fichtelberg. Langer (1962) bearbeitete in einer Studie zu Waldgesellschaften und Waldgeschichte Süddeutschlands auch sieben kleine Vermoorungen im Fichtelgebirge. Nachdem in den Nachbarregionen Bayerischer Wald, Oberpfälzer Wald und Rhön neue Untersuchungen mit ^{14}C-datierten Profilen entstanden waren (Stalling 1987; Knipping 1989; Streitz 1984), legte Hahne (1992) eine umfassende Studie zur Vegetationsgeschichte des Fichtelgebirges vor, auf die sich die folgenden Ausführungen stützen. Eine vollständige Literaturliste befindet sich im Anhang.

Die regionale Vegetations- und Waldgeschichte

Im Standarddiagramm (Abb. 45.2) wurden Daten aus dem Moor bei Fichtelberg (625 m NN, Chronozonen I^C bis V^C) und der Seelohe (778 und 775 m NN, Chronozone VI^C: Seelohe 2, Chronozonen VII^C bis X^C: Seelohe 1) kombiniert. Die Chronologie der Profile von Seelohe (Hahne 1992) basiert auf insgesamt 15 ^{14}C-Datierungen. Für die Chronologie des Profils vom Fichtelberg wurden chronostratigraphische Abschätzungen nach Litt et al. (2007) benutzt. Die Vegetationsgeschichte der letzten 12.500 Jahre kann in 12 unterschiedlich lange regionale Pollenzonen (RPZ) untergliedert werden (s. Tab. S 45.1 im elektronischen Zusatzmaterial).

In der RPZ 1 (Zeitscheiben 12.500 bis 11.500 v. Chr.) ist im untersten Horizont noch eine vegetationsarme Phase des ausklingenden Hochglazials mit dominierendem Kiefernfernflug erfasst, der sich eine Phase mit Steppenrasen anschließt, wie Nachweise von Meerträubel (*Ephedra*) nahelegen, bevor am Übergang zur nächsten Zone die Wiederbewaldung mit Weiden (*Salix*), Wacholder (*Juniperus*) und Birke (*Betula*) einsetzt. Es folgt die Kiefernausbreitung (*Pinus*). In RPZ 2 (Zeitscheiben 11.250 bis 10.750 v. Chr.) herrschten lichte Kiefern-Birken-Wälder vor. RPZ 3 (Zeitscheiben 10.500 bis 9750 v. Chr.) umfasst die Jüngere Dryas und ist durch Zunahme der Gräser und Kräuter sowie des Wacholders gekennzeichnet. Mit Beginn der nacheiszeitlichen Erwärmung in RPZ 4 (Zeitscheiben 9500 bis 8250 v. Chr.) geht der Nichtbaumpollen deutlich zurück, der Wacholder verschwindet, die Pappel (*Populus*) nimmt zu; gegen Ende erscheinen zuerst Ulme (*Ulmus*) und dann Hasel (*Corylus*). Auch die Birke konnte sich stark ausbreiten.

In RPZ 5 (Zeitscheiben 8000 bis 7000 v. Chr.) geht die Kiefer plötzlich stark zurück, und die Hasel breitet sich aus. Zum Ende der Zone, um ca. 7000 v. Chr., am Beginn von VI^C, erreicht sie ihr Maximum von knapp 40 %. Ulme und Eiche (*Quercus*) sind noch schwach vertreten, und Linde (*Tilia*) sowie Fichte (*Picea*) erscheinen. In RPZ 6 (Zeitscheiben 6750 bis 5750 v. Chr.) gehen Birke und Hasel allmählich zurück, und die Kiefer nimmt wieder zu. Die Esche (*Fraxinus*) wandert ein. Bei Ulme, Eiche und Linde ist keine Zunahme zu verzeichnen, jedoch bei Fichte und Erle (*Alnus*). In RPZ 7 (Zeitscheiben 5500 bis 4500 v. Chr.) erreichen Ulme, Eiche

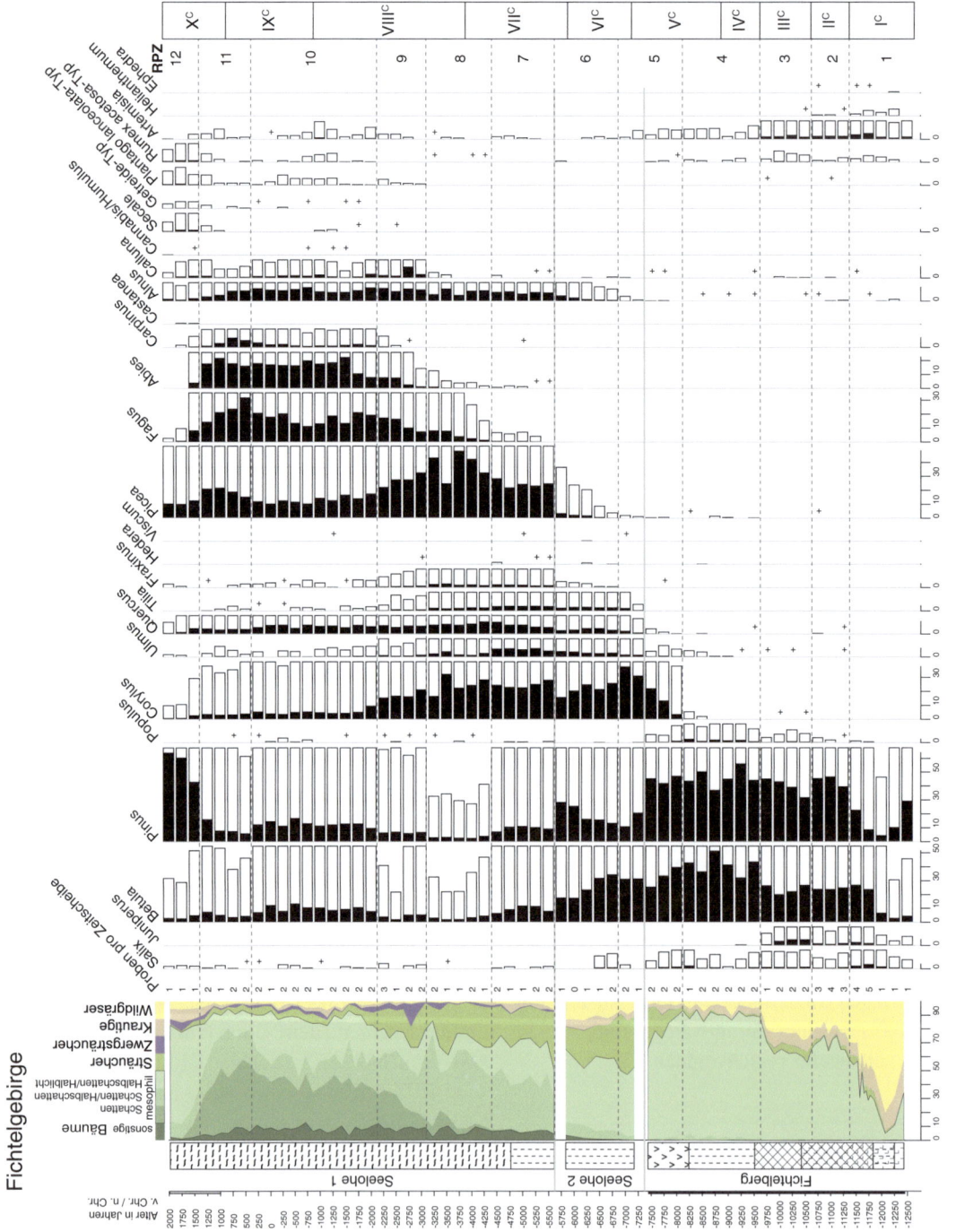

Abb. 45.2 Standardisiertes Pollendiagramm für das Fichtelgebirge, kombiniert aus den Profilen Fichtelberg (625 m NN, Hahne 2009) und Seelohe (778 m NN, Hahne 1992, 2009)

und Linde ihre maximale Ausbreitung, die hier jedoch schwächer ist als in vielen anderen Landschaften. Es dominiert jetzt die Fichte bei gleichzeitiger Erholung der Hasel. Birke und Kiefer werden hingegen immer seltener. In RPZ 8 (Zeitscheiben 4250 bis 3250 v. Chr.) erreicht die Fichtenkurve in zwei aufeinanderfolgenden Maxima ihre Höchststände von fast 50 %. Daneben ist die Hasel noch gut vertreten, insbesondere mit einem sekundären Maximum in der Mitte des 4. Jahrtausends v. Chr., das den Hochstand der Fichtenkurve unterbricht. Birke und Kiefer haben Tiefstände. Ulme und Linde gehen stark zurück, und Buche (*Fagus*), Tanne (*Abies*) sowie Besenheide (*Calluna*) nehmen zu.

RPZ 9 (Zeitscheiben 3000 bis 2250 v. Chr.) ist durch eine Massenausbreitung von Buche und Tanne gekennzeichnet, wodurch die immer noch dominierende Fichte erheblich zurückgedrängt wird. Die Erle erreicht ihren Höchststand, der jedoch mit knapp 10 % vergleichsweise schwach ausfällt. Birke und Kiefer nehmen wieder leicht zu. Im Verlauf der Zone kommt auch die Hainbuche (*Carpinus*) zur Ausbreitung und ist von nun an kontinuierlich im Pollendiagramm nachgewiesen. In RPZ 10 (Zeitscheiben 2000 v. Chr. bis 250 n. Chr.) dominiert zunächst die Buche, dann die Tanne und schließlich wieder die Buche. Ebenfalls gut beteiligt in diesem Bergwald ist die Fichte. Ulme, Linde und Esche werden dagegen sehr selten und haben diskontinuierliche Kurven. Lediglich die Eiche kann sich noch behaupten. Kiefer und Birke nehmen weiter zu. In RPZ 11 (Zeitscheiben 500 bis 1250 n. Chr.) erreicht die Buche anfangs ihr Maximum von knapp 30 % und geht dann langsam zurück. Die Tanne behauptet sich, und die Fichte nimmt zu. Die Hainbuche erreicht ihr Maximum von knapp 10 % um 750 n. Chr., am Ende von IX^C. In RPZ 12 (Zeitscheiben 1500 bis 2000 n. Chr.) dominiert die Kiefer, was vor allem auf lokale Vorkommen in entwässerten Mooren zurückgehen dürfte. Gut beteiligt ist noch die Fichte. Alle übrigen Gehölze gehen zurück oder verschwinden ganz aus dem Pollenniederschlag. Die Nichtbaumpollensumme übersteigt 20 %.

Menschlicher Einfluss

Vor dem Hintergrund des archäologischen Forschungsstandes, der kaum prähistorische Fundstellen im Fichtelgebirge dokumentiert (Abels 1986), nimmt es nicht wunder, dass auch im Pollenprofil deutlicher menschlicher Einfluss erst vergleichbar spät erkennbar wird. Die Kurve des Spitzwegerichs (*Plantago lanceolata*-Typ) setzt erst mit Beginn des 3. Jahrtausends v. Chr. ein (RPZ 9), der erste Nachweis von Getreidepollen datiert noch später, nämlich in die Mitte des 3. Jahrtausends v. Chr. Vage Hinweise auf frühere, neolithische menschliche Eingriffe könnten das Wiedereinsetzen von *Artemisia* im Pollendiagramm (RPZ 7, etwa 5000–4300 v.Chr., Mittelneolithikum) und später der sekundäre Haselgipfel in RPZ 8 (3500–3250 v. Chr., Spät-/Endneolithikum) sein, der ebenfalls mit dem Auftreten von *Artemisia* einhergeht.

Das Einsetzen der Spitzwegerichkurve ab 3000 v. Chr. (Endneolithikum) könnte hingegen eine Nutzung des Raumes im Rahmen von Feldgraswirtschaft – ein Wald-Feldbau-Verfahren – bedeuten, die die ältere Waldbrache ablöste. Der menschliche Einfluss verstärkte sich in RPZ 9 mit Höhepunkt zwischen 2250 und 2000 v. Chr. (Glockenbecherzeit), nimmt aber in RPZ 10 mit der Ausbreitung von Tanne und Buche zunächst wieder stark ab. Eine deutliche Zunahme ist ab 1500 v. Chr. bis kurz vor der Zeitenwende (Mittlere Bronzezeit und Vorrömische Eisenzeit) mit den kontinuierlichen Kurven von *Plantago lanceolata*-Typ, *Artemisia* (*Rumex acetosa*-Typ), regelmäßigen Getreidepollenfunden, darunter auch Roggen (*Secale*), sowie sporadischen Funden von Hanf/Hopfen (*Cannabis/Humulus*) zu verzeichnen. Die Zunahme des Nichtbaumpollens deutet auf eine merkbare Öffnung der Landschaft hin. Im 1. Jahrtausend n. Chr. (RPZ 10, jüngerer Teil, und 11) schwächt sich der menschliche Einfluss deutlich ab, um im 2. Jahrtausend n. Chr. ein nie dagewesenes Ausmaß zu erreichen, das zu einer völligen Umgestaltung von Landschaft und Pflanzendecke führte. Parallelen zur Nutzungsgeschichte anderer Mittelgebirge wie dem Schwarzwald (s. Kap. 23) werden deutlich.

Literatur

Abels BU (1986) Archäologischer Führer Oberfranken. Führer zu archäologischen Denkmälern in Bayern. Franken 2. Konrad Theiss, Stuttgart

Beug HJ (1957) Untersuchungen zur spätglazialen und frühpostglazialen Vegetationsgeschichte einiger Mittelgebirge (Fichtelgebirge, Harz, Rhön). Flora 145: 147–211

Firbas F (1949) Waldgeschichte Mitteleuropas. Erster Band: Allgemeine Waldgeschichte. Gustav Fischer, Jena

Firbas F, v. Rochow M (1956) Zur Geschichte der Moore und Wälder des Fichtelgebirges. Forstwissenschaftliches Centralblatt 75: 367–380

Firbas F, Münnich KO, Wittke W (1958) ^{14}C-Datierungen zur Gliederung der nacheiszeitlichen Waldentwicklung und zum Alter von Rekurrenzflächen im Fichtelgebirge. Flora 146: 512–520

Hahne J (1992) Untersuchungen zur spät- und postglazialen Vegetationsgeschichte im nordöstlichen Bayern (Bayerisches Vogtland, Fichtelgebirge, Steinwald). Flora 187: 169–200

Hahne J (2009) Lithology, age determination and pollen records of five profiles for northern Bavaria, Germany. PANGAEA, https://doi.org/10.1594/PANGAEA.726074

Herrmann D (2021) Wasser vom Dach Europas – Gewässerkunde Fichtelgebirge. Das Fichtelgebirge, Schriftenreihe des Fichtelgebirgsvereins 19. Fichtelgebirgsverein, Wunsiedel

Knipping M (1989) Zur spät- und postglazialen Vegetationsgeschichte des Oberpfälzer Waldes. Dissertationes Botanicae 140. Cramer, Berlin, Stuttgart

Langer H (1962) Beiträge zur Kenntnis der Waldgeschichte und Waldgesellschaften Süddeutschlands. Bericht der Naturforschenden Gesellschaft Augsburg 14(73): 1–120

Litt T, Behre KE, Meyer KD, Stephan HJ, Wansa S (2007) Stratigraphische Begriffe für das Quartär des norddeutschen Vereisungsgebietes. Eiszeitalter und Gegenwart 56: 7–65

Seibert P (1968) Übersichtskarten der natürlichen Vegetationsgebiete von Bayern 1:500.000 mit Erläuterungen. Bundesanstalt für Vegetationskunde, Bad Godesberg

Stalling H (1987) Untersuchungen zur spät- und postglazialen Vegetationsgeschichte im Bayerischen Wald. Dissertationes Botanicae 105, Cramer, Berlin, Stuttgart

Streitz B (1984) Vegetationsgeschichtliche Untersuchungen an zwei Mooren osthessischer Subrosionssenken. Beiträge zur Naturkunde Osthessens 20: 3–77

Vollrath H (1957) Die Pflanzenwelt des Fichtelgebirges und benachbarter Landschaften in geobotanischer Schau. Berichte der Naturwissenschaftlichen Gesellschaft Bayreuth 9: 1–250

Oberpfälzer Wald

Maria Knipping und Jutta Lechterbeck

46

Blick von Westen (Lkr. Tirschenreuth) auf den Oberpfälzer Wald (Foto: M. Knipping)

Ergänzende Information Die elektronische Version dieses Kapitels enthält Zusatzmaterial, auf das über folgenden Link zugegriffen werden kann [https://doi.org/10.1007/978-3-662-68936-3_46].

M. Knipping (✉)
Institut für Biologie, Universität Hohenheim,
Stuttgart, Deutschland
e-mail: maria.knipping@uni-hohenheim.de

J. Lechterbeck
Arkeologisk museum, Universitetet i Stavanger,
Stavanger, Norwegen

Der Naturraum

Der Oberpfälzer Wald wird vom Bayerischen Wald durch die Cham-Further Senke getrennt, an die er sich im Nordwesten anschließt. Er wird in den Vorderen und Hinteren Oberpfälzer Wald unterteilt, Letzterer befindet sich auf tschechischem Staatsgebiet. Westlich schließt sich die Oberpfälzer Senke und nördlich das Fichtelgebirge an.

Der Oberpfälzer Wald bildet den Westrand der Böhmischen Masse. Mehrfach tektonisch umgeprägte, polymetamorphe Gneise bilden hier das Grundgebirge. Daneben sind variszische, paläozoische Granite verbreitet. Nach der variszischen Orogenese kam es zu vulkanischer Tätigkeit auf dem paläozoischen Festland. Im Rotliegenden des ausgehenden Paläozoikums werden Senkungsgebiete mit Sedimenten verfüllt. Das ostbayerische Grundgebirge wurde bereits vor der Oberkreide (ausgehendes Mesozoikum) stark angehoben, was zur Erosion mesozoischer Sedimente führte. Im Tertiär kam es zu tiefgreifender Verwitterung des Grundgebirges und beträchtlicher Erosion. Es sind keine Spuren einer Vergletscherung vorhanden, periglaziale Bildungen sind jedoch häufig. Die höchste Erhebung des Oberpfälzer Waldes – der Schwarzkopf (Čerchov, 1042 m) – liegt in Tschechien.

Böden und Klima

Die Böden des Oberpfälzer Waldes sind vorwiegend Braunerden und Podsol-Braunerden auf Granit oder auf Verwitterungsprodukten von Granit oder Gneis. Insbesondere an den Hängen und auf den Höhen herrschen podsolige Braunerden vor. Felshumusböden und Ranker sind gering verbreitet. In den Tallagen finden sich im Stauwasserbereich Gleye und Anmoorgleye. Die Böden sind generell stark sauer.

Der Oberpfälzer Wald liegt an der Grenze von atlantischem zu kontinentalem Klima. Je nach Witterungseinfluss ergeben sich unterschiedliche Bedingungen: Östliche, kontinentale Witterungseinflüsse führen zu trockenen, kalten Wintern und warmen, trockenen Sommern. Unter westlichem, atlantischem Einfluss ist das Klima feuchter, und die Temperaturunterschiede zwischen Sommer und Winter sind geringer. Im Vergleich zum Bayerischen Wald ist der Oberpfälzer Wald aufgrund seiner geringeren Höhenlage weniger schneereich.

Vegetation

Der Oberpfälzer Wald ist heute hauptsächlich von forstlich genutzten Wäldern bedeckt. Daneben gibt es landwirtschaftlich genutzte Wiesen und Äcker. Bei den Wäldern handelt es sich überwiegend um Fichtenforste und in den tieferen Lagen um Kiefernforste. Als potenzielle natürliche Vegetation sind nach Seibert (1968) folgende Pflanzengesellschaften zu erwarten: großflächig Eichen-Tannen-Wälder auf Braunerden mit geringem Basengehalt (Vaccinio-Abietetum in der Hügellandform). In den tieferen Lagen ist mit einem Moos-Kiefernwald (Leucobryo-Pinetum) oder Preiselbeer-Eichenwald (Vaccinio-Quercetum) zu rechnen, eventuell mit einem Fichten-Tannen-Wald in der Berglandform (Vaccinio-Abietetum) auf Braunerden mit geringem Basengehalt, in einigen höher gelegenen Gebieten ein Tannen-Buchen-Wald (Cardamino enneaphylli-Fagetum); im nördlichen Teil des Oberpfälzer Waldes ein Schwarzerlen-Uferauwald (Stellario-Alnetum) als azonale Vegetation und schließlich Niedermoorgesellschaften (Caricion canescenti-fuscae) oder Schwarzerlenbrüche (Carici elongatae-Alnetum) an vernässten Standorten oder auf Anmooren. Nach Fehn (1962) betrug die Moorfläche Anfang der 1960er-Jahre noch 800 ha. Im Zuge der landwirtschaftlichen Intensivierung ist diese Fläche aber heute stark geschrumpft. Die Pollenarchive des Oberpfälzer Waldes sind durchweg Moore. Da die Region während der letzten Eiszeit nicht vergletschert war, fehlen Karseen.

Forschungsgeschichte

Die vegetationsgeschichtliche Erforschung des Oberpfälzer Waldes begann erst spät. Ende der 1930er-Jahre veröffentlichten Hermann Paul und Josef Lutz einige Profile aus dem Oberpfälzer Mittelland. Erste Diagramme aus dem Oberpfälzer Wald von Hans Langer berücksichtigten nur Baumpollen. Eine erste ausführliche Untersuchung erfolgte Ende der 1960er-Jahre mit der Untersuchung des Kulzer Mooses durch Hans Schmeidl. In der Arbeit von Hartmut Stalling über den Bayerischen Wald wurden Ende der 1980er-Jahre auch zwei Profile aus dem Oberpfälzer Wald und dem Mittelland vorgestellt. Die umfassendste Untersuchung der Vegetationsgeschichte der Region publizierte Maria Knipping mit ihrer Dissertation (Knipping 1989). Sie untersuchte nicht nur eine ganze Reihe von Archiven, sondern unternahm auch eine Anbindung der Vegetationsgeschichte an die Nachbargebiete. Diese Arbeit ist heute noch als Standardreferenz anzusehen und bildet im Wesentlichen die Grundlage der vorliegenden Darstellung und des Standarddiagramms. Eine vollständige Literaturliste befindet sich im Anhang.

Regionale Vegetations- und Waldgeschichte

Das Standarddiagramm für den Oberpfälzer Wald ist aus den Diagrammen Kulzer Moos XII (479 m NN), Kulzer Moos XIV/XV (481 m NN) nordöstlich von Neunburg vorm Wald und Windbruch V (497 m NN) südlich von Waidhaus (Abb. 46.1) zusammengesetzt. Es wurde mit einem neuen, konsistenten Zeit-Tiefen-Modell kombiniert, das auf den vorhandenen ^{14}C-Daten basiert (Abb. 46.2). Die Erle (*Alnus*) wurde wegen ihrer Dominanz als mooreigene Baumgattung in diesem Fall aus der Berechnungssumme ausgeschlossen.

Die Beschreibung der regionalen Vegetationsgeschichte folgt im Wesentlichen Knipping (1989, 1997), jedoch an die neue Chronologie angepasst. Das synthetisierte Diagramm kann in 12 regionale Pollenzonen (RPZ) gegliedert werden (s. Tabelle S 46.1 im elektronischen Zusatzmaterial).

Die RPZ 1 (Zeitscheiben 14.500 bis 12.750 v. Chr.) entspricht dem Pleniglazial und ist durch hohe Werte von Kräutern und Wildgräsern geprägt. Kiefer (*Pinus*) und Birke (*Betula*) sind im Diagramm mit etwa 10–20 % vertreten – im Falle von *Pinus* kann dies auf Fernflug zurückzuführen sein, bei *Betula* sind wohl Zwerg- oder Strauchbirken (*Betula nana* oder *B. humilis*) die Pollenerzeuger. Die Vegetation lässt sich als eine baumlose Rasenvegetation mit Süß- und Sauergräsern sowie zahlreichen heliophilen Stauden beschreiben. Beifuß (*Artemisia*) ist mit durchweg hohen Werten vertreten und zeigt unreife Böden an. Diese durch kontinentales Klima geprägte Vegetation wird oft als Steppentundra bezeichnet. Es ist eine Vegetationsform, die heute nicht mehr anzutreffen ist, da sie sich in Mitteleuropa unter kaltzeitlichen Bedingungen bildete.

Die folgende RPZ 2 (Zeitscheiben 12.500 bis 11.500 v. Chr.) entspricht dem Bølling und ist zunächst durch ansteigende Werte von Weide (*Salix*) und Wacholder (*Juniperus*) geprägt und in der Folge auch von Sanddorn (*Hippophaë*). Auffällig ist, dass trotz der Ausbreitung der Sträucher der Wildgraspollen zunimmt, während der Pollen krautiger Pflanzen zurückgeht. Der Rückgang der Krautigen ist vor allem dem Rückgang von *Artemisia* geschuldet – ein deutliches Zeichen, dass die Böden nun tiefgründiger werden. Das Vorkommen von *Hippophaë* belegt, dass die Temperaturen jetzt bereits subarktisch waren, da Sanddorn schon vor Erreichen subalpiner Verhältnisse nicht mehr blüht. Die RPZ 2 endet mit dem Beginn der Ausbreitung von *Pinus* und *Betula*, hier vermutlich erstmalig Baumbirken und lokale Kiefernvorkommen. Parallel dazu gehen die extremen Heliophyten zurück, besonders Sonnenröschen (*Helianthemum*).

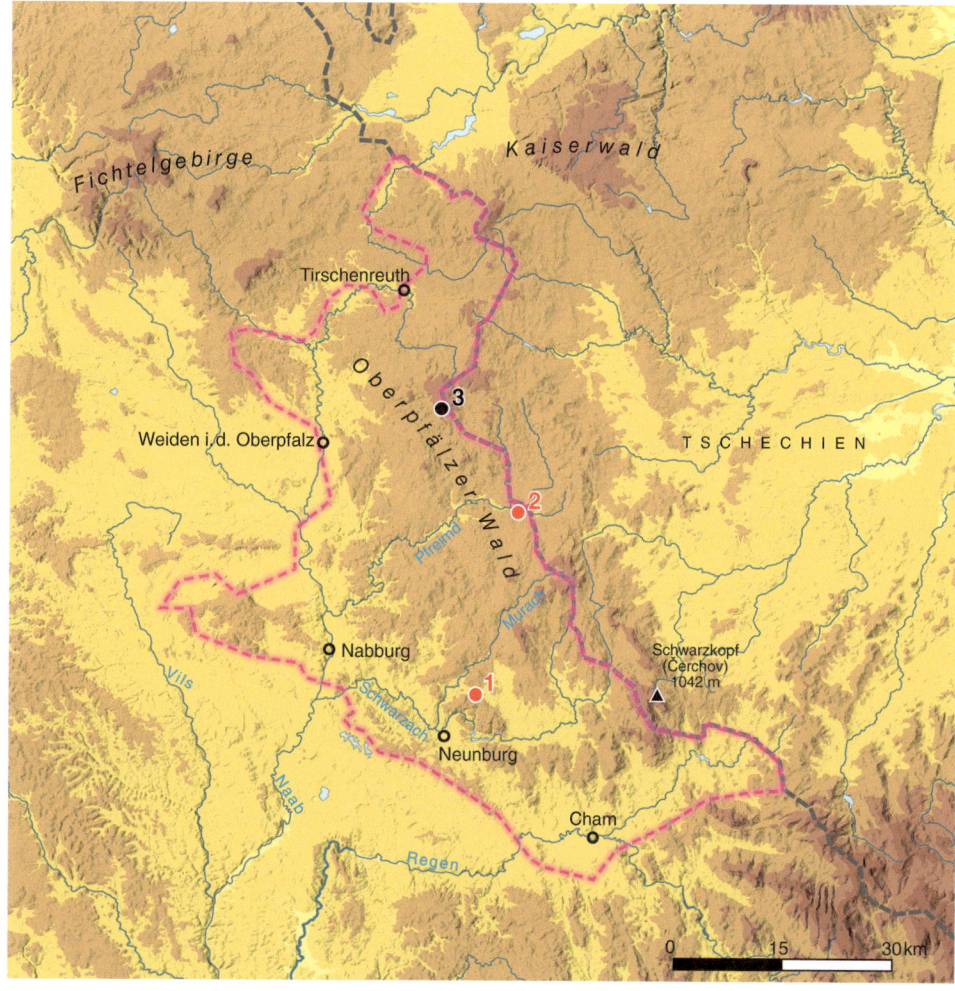

Abb. 46.1 Karte der Region Oberpfälzer Wald mit pollenanalytisch untersuchten Lokalitäten für das standardisierte Pollendiagramm:
1 Kulzer Moos,
2 Windbruch.
Weitere im Text erwähnte Lokalität:
3 Pechlohe

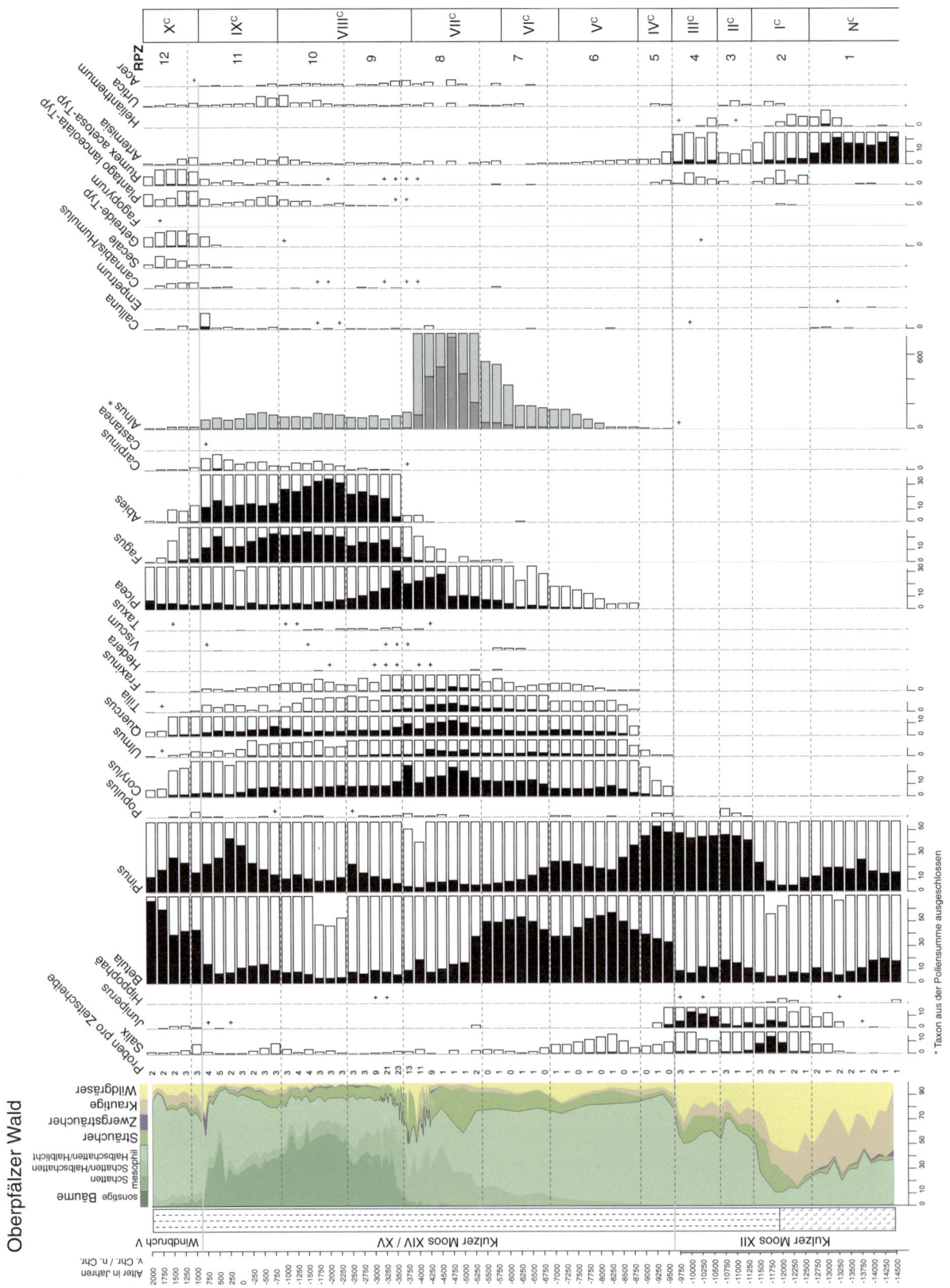

Abb. 46.2 Standardisiertes Pollendiagramm für den Oberpfälzer Wald, kombiniert aus den Profilen Kulzer Moos XII (479 m NN, Knipping 1989), Kulzer Moos XIV/XV (481 m NN, Knipping 1989) und Windbruch V (497 m NN, Knipping 1989)

RPZ 3 (Zeitscheiben 11.250 bis 10.750 v. Chr.) entspricht dem Allerød und ist vor allem durch den deutlichen Anstieg von *Pinus* und den Rückgang von Wildgräsern und Kräutern gekennzeichnet. Gleichzeitig verzeichnet auch *Betula* einen leichten Anstieg, *Artemisia* und heliophile Arten gehen weiter zurück. Es dominieren nun lichte Kiefernwälder. Im Allerød ist auch erstmalig die Anwesenheit der Pappel (*Populus*) bezeugt. Der Kälterückschlag der Jüngeren Dryas (RPZ 4, Zeitscheiben 10.500 bis 9750 v. Chr.) macht sich durch eine vorübergehende Auflichtung der Wälder bemerkbar, belegt durch die nun wieder häufigeren Vorkommen von Wacholder, Beifuß und auch Sonnenröschen.

Der Übergang zum Holozän ist durch sinkende Werte von Wacholder sowie Kräutern und Gräsern markiert. Die RPZ 5 (Zeitscheiben 9500 bis 9000 v. Chr.) entspricht dem Präboreal und wird weiterhin durch hohe *Pinus*-Werte gekennzeichnet. Jedoch bilden sich im Verlauf des Präboreals Kiefern-Birken-Mischbestände heraus, wie an den stark gestiegenen Birkenwerten zu erkennen ist. Am Beginn des Präboreals finden sich noch heliophile Arten und auch Beifuß; diese gehen im Verlauf des Präboreals als Folge der Bewaldung völlig zurück. Im Präboreal kommen auch erste thermophile Laubgehölze vor, nämlich Hasel (*Corylus*) und Ulme (*Ulmus*). Erneut ist Pappel nachgewiesen.

Die RPZ 6 (Zeitscheiben 8750 bis 7000 v. Chr.) ist am Beginn noch von Kiefern und Birken dominiert, jedoch gehen die *Pinus*-Anteile rasch zugunsten von *Betula* zurück. Dies ist zumindest teilweise auf eine lokale Anwesenheit der Birke auf dem Moor verursacht und durch Makroreste belegt. Zusätzlich zu Ulme und Hasel wandern nun auch Eiche (*Quercus*), Linde (*Tilia*) und Esche (*Fraxinus*) ein. Die Zone 6 gehört zum Boreal und ist, wie in weiten Teilen Mitteleuropas, durch die Ausbreitung der Hasel geprägt. Ausgesprochen hohe Haselwerte, wie zum Beispiel im Schwarzwald (s. Kap. 23) oder auch im Bayerischen Wald (s. Kap. 47), wo die Hasel annähernd 40 % der Pollensumme erreicht, treten im Oberpfälzer Wald nicht auf. Dies mag einerseits durch das kontinentalere Klima des Oberpfälzer Waldes bedingt sein, wie Knipping (1989) vermutet. Andererseits werden durch die lokale Anwesenheit der Birke auf dem Moor die Anteile der übrigen Gehölze rein rechnerisch vermindert. Auch die armen Böden können für die geringen Haselanteile mitverantwortlich sein.

Fichte (*Picea*) erreicht gegen Ende der RPZ 6 etwa 1,5 %; es kann mit geringen Vorkommen im Untersuchungsgebiet gerechnet werden. Die Fichte wandert wahrscheinlich aus dem Ostalpenraum und den Karpaten in das Gebiet ein. Noch zu erwähnen wäre die Erle (*Alnus*), die sich im Gebiet ähnlich wie im Bayerischen Wald ab der Mitte des Boreals allmählich ausbreitet. Das Ende von RPZ 6 ist durch einen deutlichen Anstieg der Gräser geprägt, bei gleichzeitigem Abfall der Birkenkurve und leichtem Anstieg der Kiefernkurve. Vermutlich sind Feuer die Ursache für die Auflichtung der Birkenbestände, da immer wieder verkohlte Pflanzenreste im Sediment aufgefunden wurden.

RPZ 7 (Zeitscheiben 6750 bis 5500 v. Chr.) ist wiederum durch hohe *Betula*- und niedrige *Pinus*-Werte gekennzeichnet; die Hasel breitet sich stärker aus, ebenso beginnt die Fichte im Gebiet Fuß zu fassen. Die thermophilen Laubgehölze verbleiben auf einem niedrigen Niveau. Etwa in der Mitte von RPZ 7 beginnt die Erle sich massiv auszubreiten, gleichzeitig nimmt auch die Fichte weiterhin zu. Die Erlenausbreitung erfolgt sehr rasch. Es ist daher anzunehmen, dass das Klima deutlich feuchter und mithin ozeanischer wurde. Dafür sprechen auch der gleichzeitige Anstieg der Haselkurve und das verstärkte Torfwachstum im Kulzer Moos.

In der RPZ 8 (Zeitscheiben 5250 bis 3750 v. Chr.) zeigen sich sowohl in der regionalen als auch in der lokalen Vegetationsentwicklung sehr interessante Aspekte. Die Zone ist zunächst durch die Ausbreitung der thermophilen Gehölze geprägt, vor allem Eiche, Ulme, Linde und Esche. Ahorn (*Acer*) verbleibt, als insektenblütige Gattung unterrepräsentiert, auf einem niedrigen Niveau (0,4 % im Durchschnitt). Der Ulmenfall datiert in das Zeitfenster 4250–4000 v. Chr., gleichzeitig mit dem Lindenfall. Alle anderen Thermophilen weisen ebenfalls einen Einbruch auf, und gleichzeitig haben die Wildgräser einen kurzen Hochstand. Die bisher im Pollendiagramm vorherrschenden *Betula*-Anteile werden durch *Alnus* abgelöst. *Alnus* zeigt einen sehr starken Anstieg (bis zu 800 % der Pollensumme), was auf eine massive Ausbreitung der Erle auf den Moorflächen und die Entstehung von Erlenbrüchen hinweist. Parallel dazu steigen auch die *Picea*-Werte ab 4500 v. Chr. an. Die Fichte hat sich im Gebiet zunächst auf den Mooren ausgebreitet, wie Großreste belegen. Von dort aus konnte sie auf andere Standorte übergreifen. Die Erlenphase endet mit einer kurzfristigen Ausbreitung der Birke, wohl auf den ehemaligen Erlenbruchflächen. Ellenberg (1996) weist darauf hin, dass ein Erlenbruch infolge Basenmangels durch einen Birken- oder Kiefernbruch ersetzt werden kann. Dies würde auch die erhöhten Wildgräserwerte (Poaceae) erklären, die sich nun im Unterwuchs der lichteren Birkenwälder ausbreiten können.

Am Übergang zu RPZ 9 kommt es nochmals zu einem kräftigen Anstieg der Hasel mit einem zeitgleichen Hochstand der Wildgräser, in dessen Folge sich Buche (*Fagus*) und Tanne (*Abies*) ausbreiten. Auch Stalling (1987) vermerkt einen solchen kurzfristigen Haselanstieg vor der Buchenausbreitung. Für die Auflichtung des Waldes, die durch Hasel und Gräser angezeigt wird, diskutiert Knipping (1989) verschiedene mögliche Ursachen, sowohl klimatische als auch anthropogene. Die Datenlage lässt jedoch keine endgültige Entscheidung zu.

RPZ 9 (Zeitscheiben 3500 bis 2500 v. Chr.) umfasst die erste Hälfte des Subboreals und ist durch die Ausbreitung von Buche und Tanne geprägt, die nun auch das Waldbild bestimmen. Eine Höhenabhängigkeit der Vergesellschaftung der beiden Gehölze kann im Oberpfälzer Wald nicht festgestellt werden. Als letztes Laubgehölz wandert nun die Hainbuche (*Carpinus*) ein. Die Fichte wird durch die Ausbreitung der Schatthölzer zurückgedrängt. Die Eiche verbleibt etwa auf dem Niveau des ausgehenden Atlantikums. Ihre Standorte wurden wohl weniger von der Tanne und der Buche beansprucht. Für den Rückgang der anderen Edellaubgehölze – Linde, Ulme, Esche und Ahorn – kann zumindest teilweise eine anthropogene Ursache angenommen werden, da vereinzelt Siedlungsanzeiger wie Spitzwegerich (*Plantago lanceolata*-Typ), Brennnessel (*Urtica*) und Beifuß auftreten.

Die RPZ 10 (Zeitscheiben 2250 bis 1000 v. Chr.) deckt die zweite Hälfte des Subboreals ab. Gegenüber RPZ 9 sind wenige Änderungen im Waldbild zu beobachten. Es dominieren weiterhin Buche und Tanne, jedoch nehmen die Siedlungsanzeiger kontinuierlich zu. Getreidepollen ist erstmalig als Einzelfund registriert. Der Wasserhaushalt wurde durch Rodungen verändert – durch das Fehlen der Bäume erhöhte sich die dem Moor zur Verfügung stehende Wassermenge, und am Übergang zum Subatlantikum setzt vielerorts das Moorwachstum wieder ein.

Die menschliche Einflussnahme auf die Vegetation setzt sich in der RPZ 11 (Zeitscheiben 750 v. Chr. bis 1000 n. Chr.) fort und verstärkt sich. Die bisher dominierenden Gehölze Buche und Tanne verzeichnen deutliche Rückgänge, während zunächst *Betula* und in der Folge *Pinus* zunehmen. Die vorhandenen anthropogenen Anzeiger sind vor allem Weide- und Ruderalzeiger wie Spitzwegerich und Beifuß. Die Wälder des Oberpfälzer Waldes wurden zu dieser Zeit ganz offensichtlich zur Weide und wohl auch Holzentnahme genutzt. Pollenkörner vom *Rumex acetosa*-Typ sind gleichzeitig vorhanden – der Kontext legt nahe, dass es sich hierbei vor allem um Wiesen-Sauerampfer (*Rumex acetosa*) handelt, der ebenfalls ein Weidezeiger ist. Gegen Ende der Zone zeigen sich nochmals eine deutliche Intensivierung und Änderung der Nutzung. Zu den bereits vorhandenen Anzeigern kommen nun beträchtliche Mengen von Getreidepollen, unter anderem auch Roggen (*Secale*), sowie Pollen vom Hopfen/Hanf-Typ (*Humulus/Cannabis*-Typ) hinzu. Eine deutliche Zunahme der Wildgräser belegt die Gegenwart größerer, längerfristig offen gehaltener Flächen. Ein kurzfristiger Anstieg von Besenheide (*Calluna*) deutet die Entstehung von Borstgrasrasen auf den gerodeten bodensauren Waldstandorten an.

Die RPZ 12 (Zeitscheiben 1250 bis 2000 n. Chr.) ist die jüngste Zone des Standarddiagramms; nominell datiert ihr Schluss auf 2000 n. Chr., jedoch bilden sich die heute im Oberpfälzer Wald vorherrschenden Fichtenforste im Pollendiagramm nicht ab. Daher kann davon ausgegangen werden, dass das Profil vor der Etablierung der modernen Forstwirtschaft im 19. Jahrhundert endet. Die RPZ 12 zeigt deutlich die Folgen einer starken Übernutzung des Waldes: Alle Laubgehölze gehen stark zurück, ebenso die standortgemäßen Buchen und Tannen. Kiefer und Birke zeigen kräftige Zuwächse, Wacholder (*Juniperus*) ist erstmalig seit dem Spätglazial wieder nennenswert vertreten. Wildgräser und krautige Pflanzen machen über 20 % der Pollensumme aus. All dies spricht dafür, dass der Wald zum Großteil gerodet war und die Flächen teils durch die Lichtholzarten Kiefer und Birke besiedelt, teils auch beweidet wurden. Darauf weist das Vorkommen des Wacholders hin. Die anthropogenen Anzeiger belegen Weide und Ackerbau.

Menschlicher Einfluss und die Nutzung des Waldes

Anthropogene Einflüsse auf die Vegetation des Oberpfälzer Waldes lassen sich erst spät feststellen. Zwar sind Waldbrände in den Profilen des Oberpfälzer Waldes zur Zeit des Jungpaläolithikums und Mesolithikums nachgewiesen, es ist aber nicht belegbar, dass diese von Menschen verursacht wurden. Pollentypen, die heute als Kulturzeiger gewertet werden (*Artemisia*, *Rumex acetosa*-Typ), sind zwar vorhanden, gehörten damals aber zur natürlichen Vegetation. Im Zeitbereich des Neolithikums finden sich immer wieder Phasen mit erhöhten Birken- und Kiefernwerten, öfters gekoppelt mit erhöhten Pappel-, Weiden- und Beifußanteilen, und auch der Anteil von Spitzwegerich nimmt im Verlauf des Neolithikums zu. Dieser Befund weist auf Auflichtungen hin, möglicherweise durch Waldweide und Transhumanz verursacht; auch eine Form der Niederwaldwirtschaft käme in Siedlungsnähe in Betracht. Die in den letzten Jahrzehnten zunehmenden Funde von jungsteinzeitlichen Steinbeilen und Äxten in der nördlichen und östlichen Oberpfalz weisen auf anthropogene Einflüsse, die bis nach Böhmen reichen (Tillmann 1998). Der mehrmalige kräftige Anstieg der Wildgraskurve hat möglicherweise einen lokalen Charakter und lässt sich nicht auf die Region übertragen. Anzeichen für Ackerbau finden sich hingegen nicht. Bronzezeitliche Eingriffe in das Waldbild sind zunächst kaum nachweisbar. Die Bronzezeit umfasst ziemlich genau die RPZ 10 und damit die Zone, die am ehesten eine holozäne Klimaxvegetation widerspiegelt. Aber in der zweiten Hälfte der Zone nehmen *Plantago lanceolata*-Typ, *Rumex acetosa*-Typ und *Artemisia* zu, gleichzeitig gibt es geringe Zunahmen von *Betula*, *Pinus* und Wildgräsern. Gegen Ende der Zone ist ein Einzelfund eines Getreidepollenkorns dokumentiert. Auch wenn die Wildgräser keine starken Gipfel aufweisen, wie etwa im Neolithikum, zeigen die Kulturzeiger doch eine intensive Beweidung an, die vermutlich weite Teile des Waldes in Mitleidenschaft zog. In der darauffolgenden Eisenzeit breitet sich die Kiefer wiederum stark aus, Gräser und Birke gehen dagegen zurück, ebenso die Kulturzeiger. Die alte Ansicht von der späten Besiedlung des Oberpfälzer Waldes konnte durch die Ausgrabung von hallstattzeitlichen Grabhügeln bei Lohma, Gemeinde Pleystein, widerlegt werden (Schaich 1997). Dies hat somit die von Knipping (1989) postulierte frühe Besiedlung des Raumes Waidhaus im Profil Windbruch bestätigt. Etwa in der Völkerwanderungszeit setzen die kontinuierlichen Kurven von Getreide und Roggen sowie vom *Cannabis/Humulus*-Typ ein. In den Zeitscheiben 625–750 n. Chr. steigen die Werte der Wildgräser stark an, in der Folge kommt es zu einer starken Ausbreitung der Birke. Alle standortgemäßen Gehölztaxa gehen zurück, *Pinus* zeigt einen schwankenden Verlauf. Nach schriftlichen Quellen erfolgte die Besiedlung des Oberpfälzer Waldes vor allem im Verlauf des 12. und 13. Jahrhunderts (Nutzinger 1982). Die starke Auflichtung zwischen 500 und 1000 n. Chr. belegt aber eine frühere Phase der Besiedlung. Eine slawische Gründungsphase datiert in das 8. bis 9. Jahrhundert (Müller-Luckner 1981). Es folgt eine Phase im 9. und 10. Jahrhundert, die durch Ortsnamen, die auf -dorf enden, belegt ist. Die nur spärlichen vormittelalterlichen archäologischen Funde können auch auf den hohen Grünland- und Waldanteil, der archäologische Zufallsfunde unwahrscheinlich macht, und auf geringere Forschungstätigkeit in dem abgelegenen Grenzraum zurückgeführt werden. Die Pollenspektren des Mittelalters und der Neuzeit belegen eine intensive Nutzung der Region. Der Wald wird stark durch Holzentnahme wie auch durch Beweidung geprägt. Die Folge ist eine starke Entwaldung; kurzfristig bilden sich sogar Borstgrasrasen aus. Getreide wurde nicht nur in tieferen Lagen angebaut, sondern konnte sogar im höchstgelegenen untersuchten Profil (Pechlohe, 7 % Getreidepollen der Gesamtpollensumme) nachgewiesen werden (Knipping 1989). Das Einsetzen der systematischen Forstwirtschaft und die Anlage der Fichtenforste sind im Pollendiagramm nicht überliefert.

Literatur

Ellenberg H (1996) Vegetation Mitteleuropas mit den Alpen, 5. Aufl. Ulmer, Stuttgart

Fehn H (1962) Oberpfälzer und Bayerischer Wald. In: Meynen E, Schmithüsen J (eds) Handbuch der naturräumlichen Gliederung Deutschlands 2. Bundesanstalt für Landeskunde und Raumforschung, Bad Godesberg

Knipping M (1989) Zur spät- und postglazialen Vegetationsgeschichte des Oberpfälzer Waldes. Dissertationes Botanicae 140. Cramer, Berlin, Stuttgart

Knipping M (1997) Pollenanalytische Untersuchungen zur Siedlungsgeschichte des Oberpfälzer Waldes. Telma 27: 61–74

Müller-Luckner E (1981) Nabburg. Historischer Atlas von Bayern 50. Kommission für Bayerische Landesgeschichte, München

Nutzinger W (1982) Neunburg vorm Wald. Historischer Atlas von Bayern 52. Kommission für Bayerische Landesgeschichte, München

Schaich M (1997) Zur Ausgrabung eines hallstattzeitlichen Grabhügels bei Lohma, Lkr. Neustadt a. d. Waldnaab im oberpfälzisch-böhmischen Grenzgebiet. Beiträge zur Archäologie in der Oberpfalz 1: 222–230

Seibert P (1968) Übersichtskarte der natürlichen Vegetationsgebiete von Bayern 1:500.000 mit Erläuterungen. Schriftenreihe für Vegetationskunde 3. Bundesanstalt für Vegetationskunde, Bad Godesberg

Stalling H (1987) Untersuchungen zur spät- und postglazialen Vegetationsgeschichte im Bayerischen Wald. Dissertationes Botanicae 105. Cramer, Berlin, Stuttgart

Tillmann A (1998) Die jüngere Steinzeit im Osten der Oberpfalz: Eine Neuorientierung. Beiträge zur Archäologie in der Oberpfalz 2: 111–128

Bayerischer Wald

Jutta Lechterbeck und Maria Knipping

Blick vom Lusen (1370 m) auf den Bayerischen Wald (Foto: Joachim Berga/PIXELIO)

Ergänzende Information Die elektronische Version dieses Kapitels enthält Zusatzmaterial, auf das über folgenden Link zugegriffen werden kann [https://doi.org/10.1007/978-3-662-68936-3_47].

J. Lechterbeck (✉)
Arkeologisk museum, Universitetet i Stavanger,
Stavanger, Norwegen
e-mail: jutta.lechterbeck@uis.no

M. Knipping
Institut für Biologie, Universität Hohenheim,
Stuttgart, Deutschland

Der Naturraum

Der Bayerische Wald ist ein ca. 100 km langer Mittelgebirgszug an der Grenze zwischen Bayern, der Tschechischen Republik und Österreich. Er umfasst eine Fläche von etwa 4650 km^2 (Abb. 47.1) und gliedert sich in den Hinteren und den Vorderen Bayerischen Wald, getrennt durch die Täler der Regen und der Ilz. Im Nordosten grenzt er an den Böhmerwald, im Südwesten an die Iller-Lech-Platte. Im Norden schließen sich die Oberpfälzer Senke und der Oberpfälzer Wald an. Die höchsten Erhebungen im Hinteren Bayerischen Wald sind der Große Arber (1456 m) und der Rachel (1452 m), im Vorderen Bayerischen Wald der Einödriegel (1121 m) und der Dreitannenriegel (1090 m).

Geologisch ist der Bayerische Wald Teil des Böhmischen Massivs und bildet dessen West- und Südwestrand (Troll 1967). Die Böhmische Masse gehört der variszischen Gebirgsbildung des Erdaltertums an (Paläozoikum). Der geologische Untergrund besteht größtenteils aus kristallinem Grundgebirge. Die Hauptbestandteile sind Gneise, Granite und lokal Glimmerschiefer. Bruchtektonik gegen Ende der variszischen Gebirgsbildung führte zur Entstehung einer charakteristischen linearen Störung, die durch einen hydrothermalen Quarzgang aufgefüllt wurde, den sogenannten Pfahl. Der Pfahl durchzieht das Mittelgebirge vom österreichischen Waldviertel bis südöstlich Schwarzenfels in der Oberpfalz auf etwa 150 km Länge. Im Jura des Erdmittelalters (Mesozoikum) war das Gebiet von Meer überflutet. Durch die alpine Orogenese im Paläogen der Erdneuzeit (Känozoikum) wurde der Bayerische Wald wiederum gehoben. Das führte zu tiefgreifender Verwitterung des Grundgebirges und mithin zur Bildung von breiten Muldentälern. Im Eiszeitalter (Pleistozän) waren insbesondere die hohen Lagen des Hinteren Bayerischen Waldes mit lokalen Gletschern bedeckt, ebenso bildete sich eine Reihe von Kargletschern. Eiszeitliche Solifluktionserscheinungen führten zur Bildung von Block-, Hang- und Wanderschuttmassen.

Die Böden des Bayerischen Waldes sind vorwiegend Braunerden und Podsol-Braunerden auf Granit oder Gneis oder deren Verwitterungsprodukte (Sand/Grus). Insbesondere an den Hängen und auf den Höhen herrschen podsolige Braunerden vor, gering verbreitet sind Felshumusböden und Ranker. In den Tallagen sind im Stauwasserbereich Gleye und Anmoorgleye ausgebildet. Die Böden sind generell stark sauer.

Der Bayerische Wald liegt an der Grenze von atlantischem zu kontinentalem Klima. Die Region ist daher durch kalte, schneereiche Winter und kurze, relativ warme Sommer geprägt. Atlantische Westwinde führen zu hohen Jahresniederschlägen – im Vorderen Bayerischen Wald bis zu 1400 mm und im Hinteren Bayerischen Wald bis zu 1850 mm – die im Winter zu Schneehöhen von bis zu 2,5 m akkumulieren. Kontinentale Hochdruckgebiete führen zu Frost von bis zu −30 °C.

Der Bayerische Wald ist in weiten Teilen bewaldet. Dabei handelt es sich bei den Wäldern heute vor allem um anthropogene Fichtenforste. Im Bereich des Inneren Bayerischen Waldes wurde im Jahr 1970 der erste Nationalpark Deutschlands gegründet. Er umfasste zunächst eine Fläche von 130 km^2 und wurde 1997 auf 240 km^2 erweitert. Der Nationalpark schließt einige Waldgebiete ein, die als Urwälder bezeichnet werden. Es handelt sich hierbei um Schon-

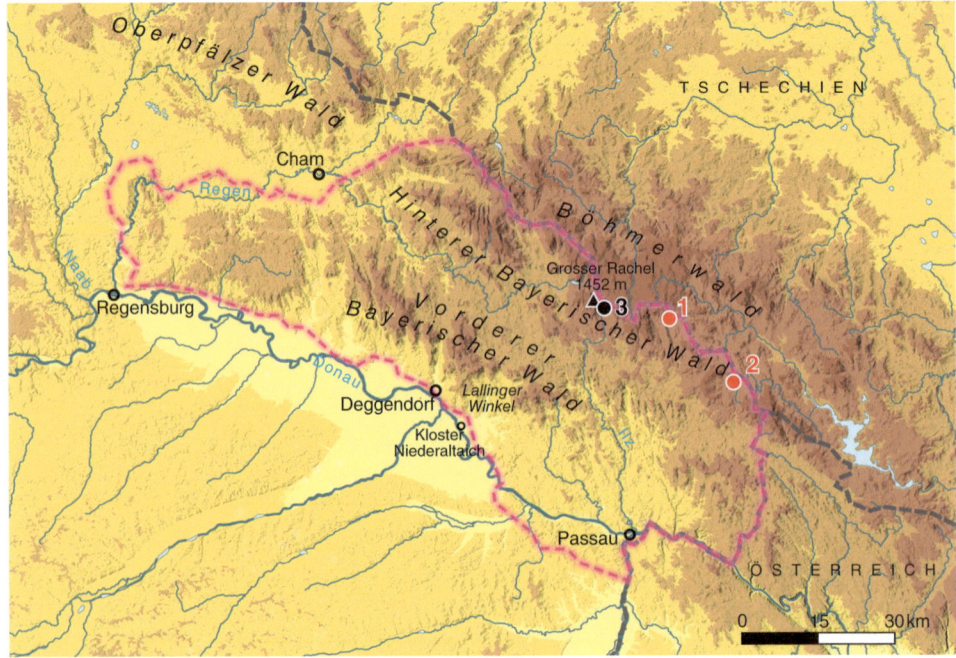

Abb. 47.1 Karte des Böhmerwaldes und Bayerischen Waldes mit pollenanalytisch untersuchten Lokalitäten für das standardisierte Pollendiagramm:
1 Finsterauer Filz,
2 Haidmühle.
Weitere im Text erwähnte Lokalität:
3 Rachelsee

gebiete, die zum Teil schon seit mehr als 100 Jahren nicht mehr forstwirtschaftlich genutzt und weitgehend sich selbst überlassen werden.

Die potenzielle natürliche Vegetation des Bayerischen Waldes weist nach Suck und Bushart (2012) für weite Teile des Gebietes zwischen 400 und 700 m einen Eichen-Tannen-Wald auf sauren Braunerden auf. In den unteren und oberen Hanglagen ist ein Fichten-Tannen-Buchen-Mischwald mit verschiedenen standortgemäßen Pflanzengesellschaften ausgebildet. Die azonale Vegetation ist überwiegend dem Schwarzerlen-Uferauwald zuzuordnen. An vernässten Standorten sind Niedermoorgesellschaften und Schwarzerlenbrüche ausgebildet.

Die Moorflächen betrugen Ende der 1950er-Jahre ca. 1500 ha (Fehn 1959), bereits Mitte der 1970er-Jahre waren die Moore im Vorderen Bayerischen Wald jedoch schon so weit degradiert, dass sich ihr Typus nicht mehr ansprechen ließ (Kaule 1974, 1975; Stalling 1987).

Pollenarchive

Die weitaus überwiegende Anzahl der Pollenarchive im Bayerischen Wald sind Moore. Im Hinteren Bayerischen Wald finden sich in allen Höhenlagen Niedermoore, vor allem in breiten, vernässten Mulden. Übergangsmoore sind meist in den Tallagen anzutreffen, die Hochmoore dagegen zeigen eine deutliche Höhengliederung. In den Tallagen unter 850 m treten hauptsächlich asymmetrische Hochmoore auf, in den Kamm- und Sattellagen zwischen 1100 m und 1350 m sind ombro-soligene Hochmoore verbreitet (Stalling 1987). In dieser Höhenlage gibt es auch Quellmoore an Hängen, die zu steil für eine Hochmoorbildung sind.

Da der Bayerische Wald während der letzten Eiszeit vergletschert war, weist er eine Reihe von Karseen auf, die heute zum Teil verlandet sind, zum Teil aber auch noch eine beträchtliche Größe und Tiefe haben. Pollenanalytisch sind diese Seen bis heute kaum untersucht.

Forschungsgeschichte

Die Moore des Bayerischen Waldes waren schon früh Gegenstand vegetationsgeschichtlicher Forschung. Aus den 1920er- und 1930er-Jahren sind hier Arbeiten von Franz Müller im Ferchenhaider und Seehaider Filz sowie von Karl Rudolph, Antonín Klečka, Selma Ruoff sowie Hermann Paul und Josef Lutz in der Meyerbach-Fleißheimer Au zu nennen, die jedoch als Pionierarbeiten anzusehen sind und nicht den heutigen Standards von Artenzahl und zeitlicher Auflösung der Analysen entsprechen. Ein weiterer Schwerpunkt von Analysen liegt in den 1960er- bis 1970er-Jahren mit Untersuchungen durch Hans Langer, Hans Schmeidl, Roland Schmidt, Friedrich Kral und Ulrich Hauner. Werner Trautmann befasste sich ausschließlich mit der jüngeren Waldgeschichte.

Im Jahre 1987 erschien Hartmut Stallings Dissertation „Untersuchungen zur spät- und postglazialen Vegetationsgeschichte im Bayerischen Wald", die heute noch als Standardreferenz für die Vegetationsgeschichte des Gebietes gelten kann und die auch dieser Darstellung zum großen Teil zugrunde liegt (Stalling 1987). Seit den 1980er-Jahren hat es nur wenige Untersuchungen im Gebiet gegeben, beispielsweise vom Kugelstatt- und Filzmoos durch Oliver Nelle, vom Rachelsee durch Vachel Carter et al. und aus dem Hinteren Bayerischen Wald von Pim van der Knaap et al. (eine vollständige Literaturliste befindet sich im Anhang).

Regionale Vegetations- und Waldgeschichte

Das Standarddiagramm vom Bayerischen Wald ist aus den beiden Diagrammen Finsterauer Filz und Beerenfilz bei Haidmühle (Stalling 1987) zusammengesetzt und mit einem neuen, konsistenten Zeit-Tiefen-Modell kombiniert, das auf der Basis der vorhandenen ^{14}C-Daten sowie pollenstratigraphischer Vergleiche mit dem Profil Rachelsee (van der Knapp et al. 2020) beruht (Abb. 47.2). Im Zuge dieses regionalen Vergleichs wurden die konventionellen ^{14}C-Datierungen des Profils Finsterauer Filz als überwiegend zu jung bewertet, was auf Probleme mit Durchwurzelung in den 10 cm mächtigen Datierungsproben zurückgeführt werden kann. Die Beschreibung der regionalen Vegetationsgeschichte folgt im Wesentlichen Stalling (1987); andere Quellen werden entsprechend zitiert. Das Finsterauer Filz liegt auf 1055 m, das Beerenfilz bei Haidmühle auf 835 m; beide Profile liegen im Hinteren Bayerischen Wald nahe der Grenze zum Böhmerwald. Sie repräsentieren also eher die Vegetationsentwicklung der höheren Lagen des Bayerischen Waldes. Dieses Gebiet war während der letzten Eiszeit vergletschert. Daher beginnt die pollenanalytische Überlieferung erst um etwa 10.000 v. Chr. in der Jüngeren Dryas, regionale Pollenzone (RPZ) 1 (s. auch Tab. S 47.1 im elektronischen Zusatzmaterial), deren Ende hier noch durch Birken-Kiefern-Mischbestände und Rasengesellschaften belegt ist. Das darauffolgende Präboreal (RPZ 2, Zeitscheiben 9500 bis 9000 v. Chr.) ist vor allem durch die Ausbreitung von Kiefer (*Pinus*) und den Rückgang der krautigen Vegetation geprägt. Im Präboreal werden auch erste thermophile Laubgehölze registriert: Die Eiche (*Quercus*) wandert in das Gebiet ein und am Ende des Präboreals auch die Ulme (*Ulmus*). Van der Knaap et al. (2020) beschreiben für den Zeitraum bereits eine geschlossene Waldbedeckung, laut der REVEALS-Rekonstruktion von Carter et al. (2018) hatten Kräuter und Gräser einen Anteil von etwa 30 % an der Vegetationsbedeckung.

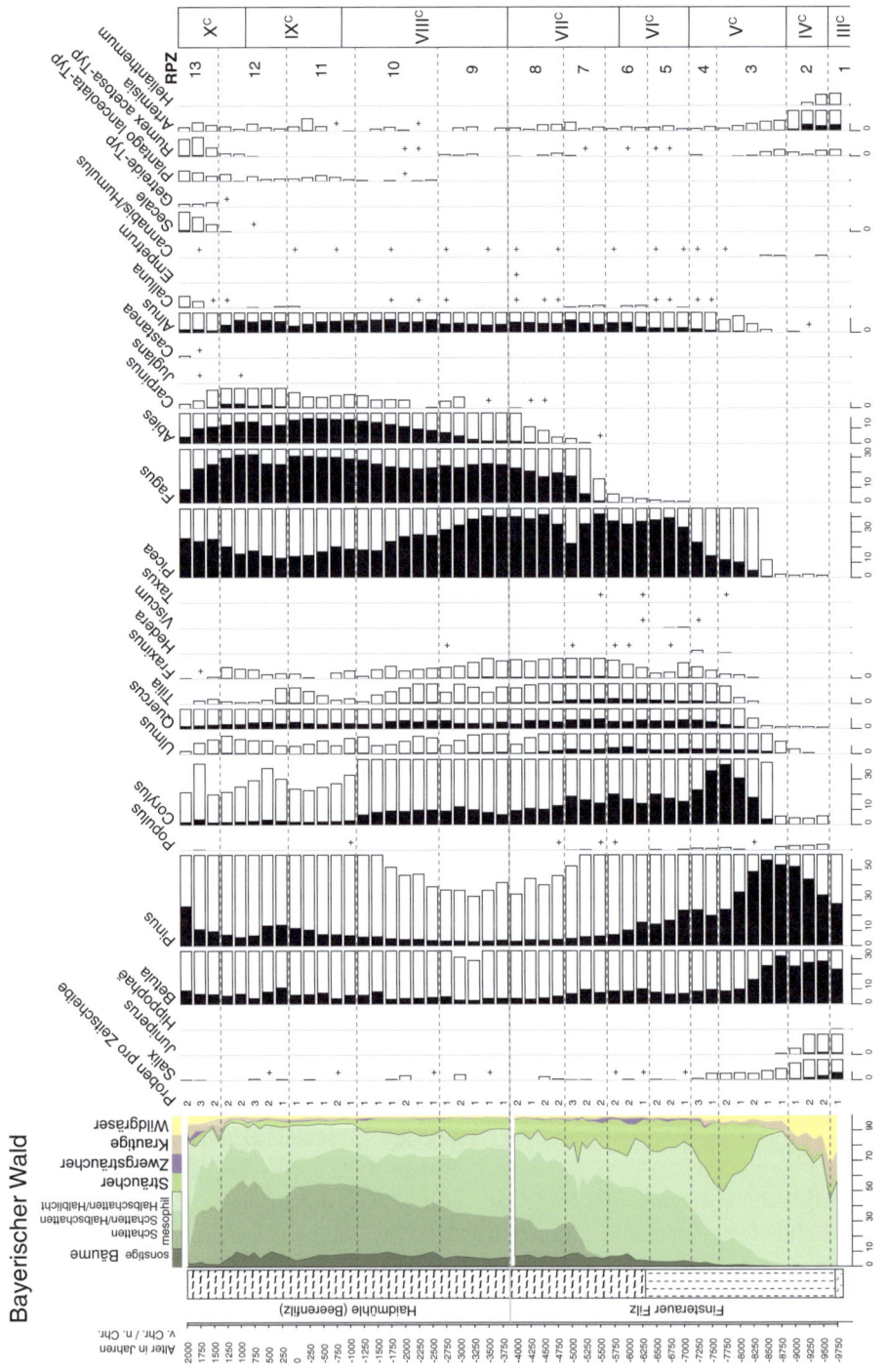

Abb. 47.2 Standardisiertes Pollendiagramm für die Region Böhmerwald und Bayerischer Wald, kombiniert aus den Profilen Finsterauer Filz (1055 m NN, Stalling 1987) und Haidmühle (835 m NN, Stalling 1987)

Das Boreal umfasst die RPZ 3 und 4 (Zeitscheiben 8750 bis 7250 v. Chr.). Die Vegetationsentwicklung ist zunächst durch die weitere Ausbreitung von Kiefer und Birke (*Betula*) geprägt, im Zuge derer die krautigen Elemente mehr und mehr zurückgehen. Im Verlauf des Boreals verschwinden sie fast völlig. Im ausgehenden Boreal gehen dann auch *Pinus* und *Betula* zurück und werden vor allem von Hasel (*Corylus*) und Fichte (*Picea*) abgelöst; auch die thermophilen Laubgehölze des Eichenmischwaldes können sich weiter ausbreiten, Linde (*Tilia*) und Esche (*Fraxinus*) wandern gegen Mitte des Boreals ein. Im Bayerischen Wald kann sich die Fichte unter den frühholozänen Klimabedingungen (warme Sommer und kalte, trockene Winter) besonders in den Höhenlagen ausbreiten, gefördert noch durch eine Zunahme der Sommerfeuchte (van der Knaap et al. 2020).

Das Atlantikum umfasst die RPZ 5 bis 8 (Zeitscheiben 7000 bis 4000 v. Chr.). Mit dem Beginn des Atlantikums setzt die Buchenkurve ein. Die Buche (*Fagus*) breitet sich in der Folge massenhaft aus (RPZ 7 bis 8, Zeitscheiben 5500 bis 4000 v. Chr.); gleichzeitig mit der Ausbreitung der Buche beginnt auch die Tanne (*Abies*) einzuwandern. Die Eichenmischwaldarten gehen zurück, und Kiefer und Birke verschwinden fast völlig. Stalling geht davon aus, dass dies vor allem auf die Verschlechterung der Lichtverhältnisse zurückzuführen ist – die Buche ist eine Schattholzart. Entsprechend sinken auch die Haselwerte noch einmal – dabei kann sich *Corylus* trotz dichter Waldbedeckung an lichten Standorten behaupten. Die Vegetationsrekonstruktion von Carter et al. (2018) zeigt zu dieser Zeit einen Rückgang der krautigen Vegetation auf 5 %. Die Fichte geht als Reaktion auf die Buchenausbreitung ebenfalls zunächst zurück, kann sich aber wieder erholen. Der Ulmen- und der Lindenfall sind im Profil nicht sehr ausgeprägt. Beide Gehölze waren im Bayerischen Wald nur gering vertreten. Ein Rückgang beider Gehölze ist in RPZ 8 etwa zwischen 4250 und 4500 v. Chr. zu verzeichnen, zeitgleich mit dem Ulmenfall im Rachelsee (van der Knaap et al. 2020). Die Gründe für den Ulmenfall sind vielfach diskutiert worden (s. Exkurs Kap. 53), unter anderem wurden anthropogene Ursachen geltend gemacht, die oft im zeitlichen Zusammenhang mit der Neolithisierung stehen. Für den Bayerischen Wald lassen sich allerdings keine Störungsmuster im Pollendiagramm feststellen, die auf menschliches Zutun schließen ließen. Weite Teile des Bayerischen Waldes werden am Ende des Atlantikums von Buchen-Fichten-Wäldern bedeckt. In Höhenlagen über 1050 m konnte sich die Fichte besser behaupten als die Buche, da sie die Winterkälte besser erträgt. In RPZ 8 nehmen die Anteile der Tanne zu, ihr Vorkommen bleibt aber bis zum Ende des Atlantikums sporadisch. Diese späte Tannenausbreitung scheint für den Bayerischen Wald charakteristisch zu sein, wohingegen die Tannenausbreitung in der Tschechischen Republik einem uneinheitlichen Muster folgt: In manchen Regionen geht die *Fagus*- der *Abies*-Ausbreitung voran, in anderen erfolgte sie zur gleichen Zeit, oder die Tannenausbreitung erfolgte vor der Buchenausbreitung. Das holozäne Klimaoptimum ist durch erhöhte Werte von Efeu (*Hedera*), Mistel (*Viscum*) und Eibe (*Taxus*) belegt, was das hier gewählte Standarddiagramm allerdings nicht zeigen kann. Wahrscheinlich sind hier eher die Höhenlagen des Bayerischen Waldes repräsentiert, die für diese thermophilen Gehölze sicherlich wenig günstig waren. Stalling weist zudem darauf hin, dass sich durch die Ausbreitung der Buche die Lichtverhältnisse für Efeu verschlechterten. Für die Mistel war es vor allem der Rückgang der Eichen und Kiefern als Wirtsbäume – die Tanne stand erst am Beginn ihrer Ausbreitung. Im Profil vom Rachelsee (van der Knaap et al. 2020) ist zumindest *Taxus* ab 4500 v. Chr. regelmäßig vertreten, ab etwa 700 n. Chr. als geschlossene Kurve.

Das Subboreal umfasst die RPZ 9 und 10 (Zeitscheiben 3750 bis 1250 v. Chr.) sowie den unteren Teil von RPZ 11 (Zeitscheibe 1000 v. Chr.). Das Subboreal ist vor allem durch die stetige Ausbreitung der Tanne geprägt, die vor allem zu einem Rückgang der Fichte führte. In den mittleren Höhenlagen unterhalb 950 m bildeten sich Buchen-Tannen-Wälder aus. Die Fichte, die im Pollendiagramm immer noch gut vertreten ist, konnte sich offenbar auf vernässten, torfigen Böden eher durchsetzen. Oberhalb von 1150 m konnten sich Fichten-Tannen-Buchen-Wälder ausbilden.

In diesen dichten Beständen gab es kaum mehr Standorte für lichtliebende Taxa wie die Birke, die Hasel, die Kiefer und die Eichenmischwaldarten, deren Werte alle dramatisch zurückgehen. Von den Eichenmischwaldarten weist einzig die Eiche noch nennenswerte Anteile auf, wobei Stalling davon ausgeht, dass der Eichenpollen einen regionalen Niederschlag aus einem Umkreis von 20 bis 50 km widerspiegelt. Hasel ist ebenfalls noch häufig, allerdings eher durch lokalen Polleneintrag bedingt. Im Laufe des Subboreals treten auch die ersten Pollenkörner von Hainbuche (*Carpinus*) auf, der letzten Schattgehölzart, die in das Gebiet einwandert. Außerdem weisen erste Funde von Weidezeigern, wie Spitzwegerich (*Plantago lanceolata*-Typ) und Sauerampfer (*Rumex acetosa*-Typ), sowie von Ruderalzeigern wie Beifuß (*Artemisia*) auf beginnende menschliche Aktivitäten im Gebiet hin – möglicherweise handelt es sich bei diesen frühen Funden noch um Fernflug. Die Grenze zum Subatlantikum ist im Bayerischen Wald schwer zu fassen. Stalling zieht die Grenze dort, wo die *Carpinus*-Kurve erstmalig 1 % erreicht. Er äußert die Vermutung, dass die Hainbuche zu dieser Zeit im Gebiet noch nicht vorkommt. Das ältere Subatlantikum umfasst jeweils einen Teil der RPZ 11 und 12 (Zeitscheiben 750 v Chr. bis 750 n. Chr.). Im Gegensatz zu anderen Profilen in ähnlicher Höhenlage weist das Profil Haidmühle einen erhöhten Fichten- bei einem verringerten Tannenanteil auf. Stalling vermutet, dass es sich hierbei um eine klimatische Besonderheit dieses im äußersten Südosten des Bayerischen Waldes gelegenen Moores handeln könnte – das kontinentalere Klima könnte die Fichte begünstigen. Er weist aber auch auf die Möglichkeit eines vermehrt regionalen Pollenniederschlags aufgrund der Größe des Moores hin. Im Subatlantikum werden auch menschliche Eingriffe erstmals regelmäßig sichtbar, wenn sie sich auch nicht als Anstieg der Wildgräser und Kräuter zeigen. Regelmäßig werden jetzt *Plantago lanceolata* und *Artemisia* registriert, was auf eine Nutzung des Gebietes als Weide hindeutet.

Mit dem Beginn des jüngeren Subatlantikums (ab Zeitscheibe 1000 n. Chr.) setzt auch im Bayerischen Wald eine kontinuierliche Siedlungs- und Nutzungsaktivität ein. Es sind vor allem dvoneie Veränderungen im Waldbild, in denen sich die anthropogenen Einflüsse manifestieren. Stalling konnte für den Bayerischen Wald die menschliche Einflussnahme auf drei Höhenstufen festmachen: erstens in den Tieflagen zwischen 600 und 750 m, es zu ausgedehnten Rodungen kommt; zweitens in den mittleren Lagen zwischen 750 und 950 m, die erst später von Siedlern erschlossen und dementsprechend auch erst später von schwerwiegenden Waldveränderungen betroffen wurden, und drittens in den Höhenlagen, in denen die Eingriffe erst in den letzten zwei bis drei Jahrhunderten erfolgten.

Menschlicher Einfluss und die Nutzung des Waldes

Generell lassen sich anthropogene Einflüsse auf die Vegetation des Bayerischen Waldes erst spät feststellen. Der Bayerische Wald ist ab dem mittleren Boreal komplett bewaldet; krautige Pflanzen und Gräser sind im Pollendiagramm fast nicht sichtbar. Eine Ausnahme bildet *Artemisia*, die kontinuierlich bis zum Ende des Atlantikums vertreten ist und dann während des Subboreals sporadisch. Ebenfalls sporadisch vertreten ist der *Rumex acetosa*-Typ. Beide Taxa gelten als Indikatoren für menschlichen Einfluss: *Artemisia* wird als Ruderalzeiger, *Rumex acetosa* als Weidezeiger angesehen. Der *Rumex acetosa*-Typ enthält jedoch auch *Rumex acetosella*, der eher ein Ackerbauanzeiger ist. Jedoch sind beide Taxa bereits im Spätglazial vorhanden und dort Teil einer lichtliebenden Staudenflurvegetation. Ihr Vorkommen im Pollendiagramm vor dem Subatlantikum ist wahrscheinlich nicht mit anthropogenen Einflüssen erklärbar, zumal andere Indikatoren fehlen, wie generell erhöhte Nichtbaumpollen-Werte oder Störungen des Waldbildes. Sie stellen eine spätglaziale Erbschaft dar und sind einfach niemals komplett aus der Vegetation verschwunden. Der Rückgang von Ulme und Linde um ca. 4500 v. Chr. ging vermutlich auf die Buchenausbreitung zurück.

Erste Pollenfunde des *Plantago lanceolata*-Typs stammen aus dem Subboreal, etwa aus der Zeit um 2600 v. Chr. Da allerdings keine pollenanalytischen Hinweise auf Störungen der Vegetation vorliegen, sind diese frühen Vorkommen des Spitzwegerichs vermutlich auf Fernflug zurückzuführen. Das Standarddiagramm zeigt eine Zunahme der Kiefernwerte ab dem ausgehenden Subboreal; die Birkenkurve hat einen schwankenden Verlauf. Van der Knaap et al. (2020) datieren erste anthropogene Eingriffe im Profil Rachelsee auf die Zeit nach 500 v. Chr., von denen vor allem die Pioniergehölze *Pinus* und *Betula* durch Auflichtungen profitierten. Bis um 500 v. Chr. verbleiben die *Picea-Abies-Fagus*-Wälder in den höheren Lagen weitgehend ungestört. Menschliche Eingriffe bis zu diesem Zeithorizont waren nicht stark genug, um größere Veränderungen in der Vegetation zu verursachen. Letztendlich bleibt aber die Frage offen, wozu diese Eingriffe stattfanden. Das Pollendiagramm verzeichnet lediglich *P. lanceolata* und *Artemisia*, die aber gegenüber vorher nicht erhöht sind – denkbar wäre hier Holzentnahme. Nach der eisenzeitlichen Auflichtung erfolgte eine weitgehende Erholung der Bestände. Van der Knaap et al. (2020) verzeichnen nach 500 n. Chr. eine generelle, temporäre Wiederbewaldung, was auch im Standarddiagramm zum Ausdruck kommt. Die Hainbuche kann sich nun ebenfalls verstärkt ausbreiten.

Deutlicher anthropogener Einfluss ist erst ab der Wende Mittelalter/Neuzeit (RPZ 13, Zeitscheibe 1500 n. Chr.) sichtbar. Hier sind es zunächst wiederum Weide- und Ruderalzeiger, die vor allem eine Weidenutzung nahelegen. Der Rückgang von *Fagus* und *Abies*, die Ausbreitung von Gräsern und der Eintrag von Getreidepollen sind dann der deutliche Nachweis für Rodung, Aufsiedlung und Ackerbau. Die Kurven von Kiefer und Fichte steigen allerdings an. Für die Zunahme der Fichte werden sowohl anthropogene Eingriffe als auch klimatische Ursachen diskutiert (Nelle 2002). Beide Komponenten lassen sich nicht trennen. Die Ausbreitung der Kiefer ist auf eine Degradation der Wälder zurückzuführen. Die Kiefer als Pioniergehölz kann offene Flächen schnell wieder besiedeln. Die verbreitete Streunutzung führte zu Nährstoffentzug, auch das fördert die Kiefer und führt zur Bildung von Heiden, was im Standarddiagramm durch die Zunahme von *Calluna* ab 1500 n. Chr. deutlich belegt ist. Auch an eine anthropogene Förderung der Kiefer kann ge-

Abb. 47.3 Borkenkäfer-Kalamität im Rachelgebiet (Foto: dionus/PIXELIO)

dacht werden; so weist Nelle (2002) darauf hin, dass in den mittelalterlichen Oberpfälzer Eisenrevieren speziell Kiefernholzkohle in der Eisenverarbeitung genutzt wurde.

Der Bayerische Wald wurde demnach erst spät besiedelt. Bereits im frühen Mittelalter wurde er jedoch von Fernwegen durchzogen, die später als Leitlinien für eine Besiedlung gedient haben könnten; im 8. und 9. Jahrhundert werden vom Kloster Niederaltaich erste Siedlungstätigkeiten im Vorwald und im Lallinger Winkel veranlasst, die Gründung von Klöstern im Vorderen Bayerischen Wald ließ aber noch bis ins 11. Jahrhundert auf sich warten (Bender 1996). Eine weitere Phase der Besiedlung erfolgte ab dem 13. Jahrhundert durch die Ansiedlung von Glasmachern – Namen wie Riedlhütte oder Weidhütte bezeugen die Gründung von Glashütten. Diese Glashütten hatten einen enormen Holzbedarf: einmal zum Einheizen der Glasöfen, aber auch für die Gewinnung von Pottasche zur Herabsetzung der Schmelztemperatur. Pottasche wurde von Köhlern gewonnen (s. Exkurse Kap. 36, 37, 38). Aber auch die Holzkohleproduktion führte zu Eingriffen in den Wald. Nelle (2002) kann für den Vorderen Bayerischen Wald drei Phasen von Kohlplätzen feststellen, die zeitlich erstaunlich gut mit den Hauptbesiedlungsphasen des Bayerischen Waldes korrelieren. Diese Aufsiedlung und intensive Nutzung sind nun auch deutlich im Pollendiagramm sichtbar – ab ca. 1250 n. Chr. steigen die Nichtbaumpollen-Werte, und alle Gehölze werden beeinträchtigt. Im Zuge einer modernen Wald- und Forstwirtschaft wird schließlich *Picea* die Hauptbaumart (Abb. 47.3).

Literatur

Bender O (1996) Landschaftsentwicklung im Vorderen Bayerischen Wald. Mitteilungen der fränkischen geographischen Gesellschaft 43: 235–285

Carter VA, Chiverrell RC, Clear JL, Kuosmanen N, Moravcová A, Svoboda M, Svobodová-Svitavská H, van Leeuwen JFN, van der Knaap WO, Kuneš P (2018) Quantitative palynology informing conservation ecology in the Bohemian/Bavarian forests of Central Europe. Frontiers in Plant Science 8: 2260

Fehn H (1959) Oberpfälzer und Bayerischer Wald. In: Meynen E, Schmithüsen J (eds) Handbuch der naturräumlichen Gliederung Deutschlands. Selbstverlag der Bundesanstalt für Landeskunde und Raumforschung, Bad Godesberg

Kaule G (1974) Die Übergangs- und Hochmoore Süddeutschlands und der Vogesen. Landschaftsökologische Untersuchungen mit besonderer Berücksichtigung der Ziele der Raumordnung und des Naturschutzes. Dissertationes Botanicae 27. Cramer, Lehre

Kaule G (1975) Die Vegetation der Moore im Deggendorfer Vorwald. Hoppea 34: 5–16

Nelle O (2002) Zur holozänen Vegetations- und Waldnutzungsgeschichte des Vorderen Bayerischen Waldes anhand von Pollen- und Holzkohleanalysen. Hoppea, Denkschrift der Regensburgischen Botanischen Gesellschaft 63: 161–361

Stalling H (1987) Untersuchungen zur spät- und postglazialen Vegetationsgeschichte im Bayerischen Wald. Dissertationes Botanicae 105. Cramer, Berlin, Stuttgart

Suck R, Bushart M (2012) Die potentielle natürliche Vegetation Bayerns. Bayerisches Landesamt für Umwelt (LfU), Augsburg

Troll C (1967) Bau- und Bildungsgeschichte des Bayerischen Waldes. In: Führer zu geologisch-petrographischen Exkursionen im Bayerischen Wald. Teil I. Geologica Bavarica 58: 15–21

van der Knaap WO, van Leeuwen JFN, Fahse L, Szidat S, Studer T, Baumann J, Heurich M, Tinner W (2020) Vegetation and disturbance history of the Bavarian Forest National Park, Germany. Vegetation History and Archaeobotany 29: 277–295

Erzgebirge

Martin Theuerkauf und Knut Kaiser

Landschaft im Osterzgebirge um Altenberg. Das Foto zeigt beispielhaft das typische, eher sanfte Relief des Erzgebirges mit großflächigem Offenland, dichter Besiedlung und den Spuren des Bergbaus. Nur im Kammbereich dominieren Wälder (Foto: N. Kaiser)

Ergänzende Information Die elektronische Version dieses Kapitels enthält Zusatzmaterial, auf das über folgenden Link zugegriffen werden kann [https://doi.org/10.1007/978-3-662-68936-3_48].

M. Theuerkauf (✉)
Institut für Botanik und Landschaftsökologie, Universität Greifswald, Greifswald, Deutschland
e-mail: martin.theuerkauf@greifswaldmoor.de

K. Kaiser
Deutsches GeoForschungsZentrum GFZ, Potsdam, Deutschland

Der Naturraum

Gliederung und Landschaftsname

Das Erzgebirge (tschechisch Krušné hory, engl. Ore Mountains) weist einen größeren deutsch-sächsischen und einen kleineren tschechisch-böhmischen Anteil mit einer Gesamtfläche von ca. 5300 km² auf. Das etwa 130 km lange und 40 km breite Gebirge erstreckt sich vom Elbsandsteingebirge im Nordosten bis zum Elstergebirge (Vogtland) im Südwesten. Im Norden begrenzen das Erzgebirgsbecken und das Mulde-Lösshügelland, im Süden der Eger-/Ohřegraben und das Nordböhmische Becken/Mostecká pánev das Gebirge (Abb. 48.1). Das Erzgebirge wird in Ost-, Mittleres und Westerzgebirge mit unterschiedlicher Ausprägung vor allem der Geologie, der Geomorphologie und des Klimas unterteilt.

In frühmittelalterlichen Quellen als Miriquidi identifiziert (auch Mircwidu; altniederdeutsch für Dunkel-, Finsterwald), wurde das Gebiet im Hoch- und Spätmittelalter bis zur frühen Neuzeit als Böhmerwald, Böhmischer Wald oder Böhmisches Gebirge bezeichnet. Erst am Ende des 16. Jahrhunderts kam der Name Erzgebirge auf, der auf die Prägung dieses Gebietes durch den Bergbau verweist. Jahrhundertelang spielte das Erzgebirge eine hervorragende Rolle in der Montan- und Industriegeschichte Mitteleuropas und lieferte wichtige Beiträge an Erzen, metallurgischen und weiteren Produkten sowie an technischen und akademischen Innovationen. Teile des Erzgebirges gehören daher seit 2019 als Montanregion Erzgebirge/Krušnohoří zum UNESCO-Weltkulturerbe.

Geologie, Relief, Böden und Hydrologie

Das Erzgebirge ist ein herzynisches Bruchgebirge mit einem steilen Abfall im Südosten und einem flachen Gefälle im Nordwesten. Es formt eine nach Nordwest geneigte Pultscholle. Als Grundgebirgseinheit, ähnlich wie beispielsweise der Schwarzwald und der Harz, wurde das Erzgebirge durch die variszische Gebirgsbildung im Karbon gefaltet, im Perm erodiert und im Tertiär angehoben. Neben den dominierenden metamorphen Gesteinen finden sich Plutonite, lokal auch kreidezeitliche Sedimente (v. a. Sandstein) und tertiäre Vulkanite. Die höchsten Erhebungen befinden sich mit dem Klínovec/Keilberg (1244 m) und dem Fichtelberg (1215 m) im Mittleren Erzgebirge. Der Erzreichtum dieses Gebietes, vor allem Silber, Zinn, Eisen und Uran liefernd, war namensgebend und legendär. Am Erzgebirgsrand wurde in Sachsen Steinkohle abgebaut, in Böhmen wird Braunkohle abgebaut. Das pleistozäne Inlandeis erreichte den nördlichen Erzgebirgsrand nur in der Elstereiszeit.

Periglazial entstandene Schuttdecken mit hohem Lössanteil überziehen nahezu das gesamte Erzgebirge und stellen überwiegend die Ausgangssubstrate für die holozäne Bodenbildung dar. Es dominieren Braunerden und Podsol-Braunerden, ergänzt um Podsole, Staugleye, Gleye, Auenböden und Kolluvien. In den höheren Lagen kommen verbreitet Hoch- und Hangmoore (Mittelgebirgsregenmoore) sowie Versumpfungsmoore vor; sie sind zumeist entlang der Wasserscheiden und in Quellsenken zu finden. Es dominieren mesotroph- und oligotroph-saure Moore. Die Fläche der Moore betrug bis zum Ende des 19. Jahrhunderts vermutlich

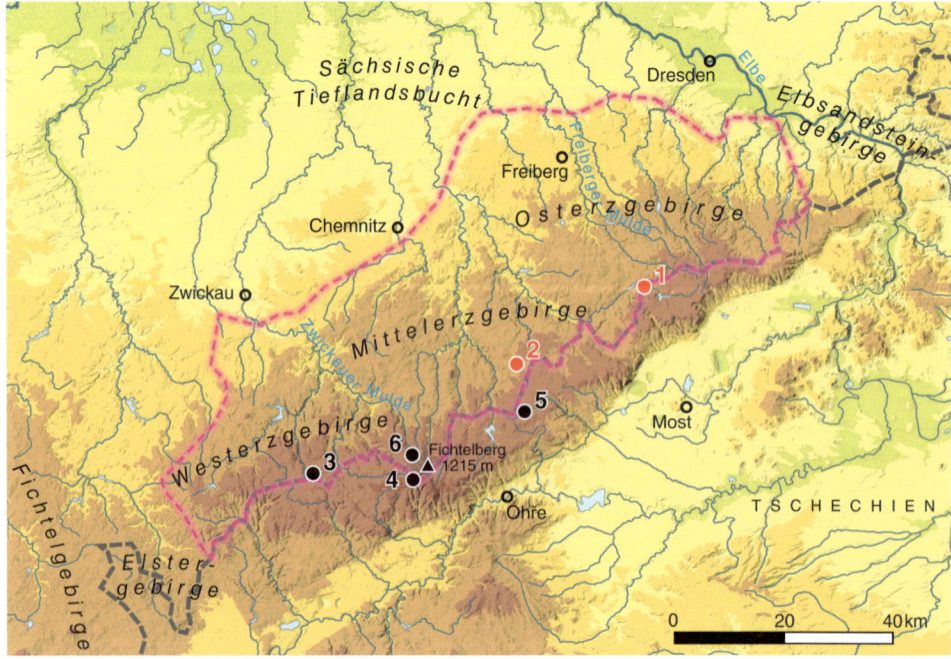

Abb. 48.1 Karte des Erzgebirges mit pollenanalytisch untersuchten Lokalitäten für das standardisierte Pollendiagramm:
1 Fláje-Kiefern,
2 Mothäuser Heide.
Weitere im Text erwähnte Lokalitäten:
3 Kleiner Kranichsee,
4 Boží Dar,
5 Hora Svatého Šebestiána,
6 Pfahlbergmoor

um 60 km²; inzwischen ist sie durch verbreiteten Torfabbau aber auf 42 km² geschrumpft.

Das Erzgebirge gehört vollständig zum Einzugsgebiet der Elbe. Der Gebirgskamm trennt das Mulde- vom Eger-Teileinzugsgebiet. Zwickauer Mulde und Freiberger Mulde sind die Hauptflüsse, Schwarzwasser, Chemnitz und Zschopau die bedeutendsten Nebenflüsse. Charakteristisch sind tief eingeschnittene und gefällestarke Täler. Auf den Kammverebnungen im Wasserscheidenbereich befinden sich großflächige Moore. Seit dem Mittelalter ist das hydrologische System im Erzgebirge durch anthropogene Eingriffe, den vor allem energetischen Bedürfnissen der Montanwirtschaft und weiterer Gewerbe folgend, intensiv überformt worden. Im Ergebnis entstand eine Vielzahl von Teichen, Wehren, Gräben, Aquädukten und Wasserleitungsstollen. Das Erzgebirge weist eine Reihe von Talsperren auf, die zumeist im 20. Jahrhundert für den Hochwasserschutz und zur Trinkwassergewinnung angelegt wurden. Plötzliche Schneeschmelze im Frühjahr und Starkregen im Sommer haben in den Erzgebirgstälern wiederholt zu verheerenden Hochwässern geführt, so im August 2002.

Klima

Die durchschnittlichen Jahresniederschläge sind im Westerzgebirge deutlich höher als im Osterzgebirge und im Kammbereich (1000–1200 mm) höher als am Gebirgsrand (750 mm). Die von Nordwest nach Südost ansteigende Pultscholle des Gebirges erzeugt Stauregen bei West- und Nordwestwetterlagen. Die Kammlagen des Erzgebirges gehören zu den schneereichsten Gebieten der deutschen Mittelgebirge. Vom Gebirgsrand zum Kamm ergibt sich auf nur geringer horizontaler Distanz ein starker vertikaler Gradient der Temperaturen (Chemnitz: 420 m, Jahresdurchschnitt 7,9 °C, Juli 16,6 °C, Januar −1,2 °C; Fichtelberg: 1215 m, Jahresdurchschnitt 2,9 °C, Juli 11,2 °C, Januar −5,1 °C).

Vegetation und Landnutzung

Das Erzgebirge hat Anteil an drei ökologischen Höhenstufen, deren ursprüngliche Waldvegetation zwar nur noch in sehr geringen Resten erhalten ist, die sich jedoch rekonstruieren lässt. In der submontanen Stufe (ca. 300–500 m) dominierten auf trockenen zonalen Standorten Eichen-Buchen-Wälder, in der montanen Stufe (ca. 500–900 m) Tannen-Fichten-Buchen-Wälder und in der hochmontanen Stufe (ca. 900–1200 m) unten Buchen-Fichten-Wälder und oben Fichtenwälder mit hohem Anteil an Eberesche. Die Waldgrenze liegt im Mittleren Erzgebirge bei ca. 1200 m, wird also auf den höchsten Erhebungen gerade noch erreicht. Das Landschaftsbild am Anfang des Kapitels zeigt, dass die Waldgrenze im Erzgebirge auf Sonderstandorten, wie Blockhalden, Windgassen oder Kaltluftsammelbecken, lokal bis auf ca. 900 m absinken kann. Feuchte und nasse azonale Standorte werden durch gemischte Bestände aus Esche, Schwarzerle, Moorbirke und Moorkiefern (Spirken und Latschen) geprägt.

Aktuell ist das Erzgebirge eine überwiegend offene (ca. 60 % Offenlandanteil), auf der größten Fläche intensiv land- und forstwirtschaftlich genutzte und vor allem in den Bach- und Flusstälern dicht besiedelte und industrialisierte Landschaft. Im Wald dominieren standortsfremde Fichtenmonokulturen (ca. 80 %), die nach schweren Rauchschäden in den 1970er- bis 1990er-Jahren aktuell aufgrund des Klimawandels erneut großflächig absterben.

Pollenarchive

Das Erzgebirge ist eine Wiege der Vegetationsgeschichte in Mitteleuropa und mit aktuell etwa 121 Pollendiagrammen sehr gut erforscht. Die bislang untersuchten Pollenarchive umfassen Hoch- und Hangmoore (42 % der Pollendiagramme), Bach- und Flusstäler (31 %) sowie Kleinmoore, hier insbesondere Versumpfungsmoore (14 %). Pollenarchive stellen im Erzgebirge überdies fossile Böden, Stillgewässer (Teiche, Altwässer in Tälern), Kolluvien und archäologische Sedimente dar (zusammen 13 %). Die basalen organischen Sedimente datieren zu 9 % in das Spätglazial, zu 31 % in das Frühholozän, zu 11 % in das Mittelholozän und zu 49 % in das Spätholozän. Einen aktuellen Überblick über palynologische Arbeiten für das Erzgebirge geben Kaiser et al. (2023).

Forschungsgeschichte

Die pollenanalytisch-waldgeschichtliche Forschung begann hier in den 1920er-Jahren mit der Untersuchung einiger Hochmoore entlang des Erzgebirgskammes, wie dem Großen Kranichsee, den Mooren bei Gottesgab/Boží Dar und Sebastiansberg/Hora Svatého Šebestiána sowie dem Georgenfelder Hochmoor bei Zinnwald/Cínovec. Diese Arbeiten wurden von Karl Rudolph und Franz Firbas an der Karls-Universität in Prag durchgeführt und gelten als Pionieruntersuchungen der Palynologie in Mitteleuropa (Rudolph u. Firbas 1924).

In den 1930er- bis 1970er-Jahren folgten im Erzgebirge sowie im benachbarten Vogtland Arbeiten mit vegetationsgeschichtlichem, geobotanischem, geologischem und archäologischem Fokus. Am südlichen Erzgebirgsrand um das nordböhmische Most/Brüx fanden – nach ersten Untersuchungen bereits vor 1940 – seit den 1970er-Jahren umfangreiche palynologische Untersuchungen im ehemaligen und nunmehr vollständig durch den Braunkohlebergbau devastierten Komořanské jezero/Kommerner See statt (Houfková et al. 2017).

Mit dem politischen Umbruch nach 1990 fand sowohl auf der deutschen als auch auf der tschechischen Seite des Erzgebirges eine deutliche Belebung der palynologischen Forschung statt, die vor allem auf umwelt-, moor-, bergbau- und siedlungsgeschichtliche Fragen zielte (z.B. Jankovská et al. 2007; Houfková et al. 2019; Tolksdorf et al. 2020a). Neben einigen ^{14}C-datierten Pollendiagrammen, wie aus den Hochmooren Georgenfeld, Fláje/Fleyh, Boží Dar/Gottesgab und Kovářská/Schmiedeberg, sowie den Wüstungen Spindelbach und Ullersdorf, sind weitere Diagramme zumeist ohne ^{14}C-Daten verfügbar. Auch das unten im Detail vorgestellte Pollendiagramm Mothäuser Heide (Lange et al. 2005) und 20 weitere Pollenprofile aus Mooren des Erzgebirges (Seifert-Eulen 2016) stammen aus dieser Forschungsperiode. Umfangreiches palynologisches Datenmaterial wurde überdies im Zuge des interdisziplinären ArchaeoMontan-Projekts erarbeitet, das sich von 2012 bis 2018 der Erforschung des mittelalterlichen Bergbaus im sächsisch-böhmischen Erzgebirge widmete (Derner 2018; Tolksdorf 2018). Aus diesem Projektzusammenhang liegen nunmehr 14 Pollendiagramme und eine Vielzahl von Einzelproben vor, die aus alluvialen Sedimentsequenzen sowie Niedermooren in Bachtälern stammen. Diese Diagramme sind ^{14}C-datiert und zumeist mit makrobotanischen und anthrakologischen sowie häufig auch mit geochemisch-sedimentologischen Daten kombiniert; sie erhellen vor allem die mittelalterliche bis neuzeitliche Vegetations- und Landnutzungsentwicklung im Mittleren und Osterzgebirge (eine vollständige Literaturliste befindet sich im Anhang).

Regionale Vegetations- und Waldgeschichte

Das Standardprofil Erzgebirge kombiniert die Pollendiagramme Mothäuser Heide für die letzten ca. 11.000 Jahre und Fláje-Kiefern für das ausgehende Spätglazial und den Beginn des Holozäns (Abb. 48.2). Das Profil Mothäuser Heide stammt aus dem gleichnamigen Hochmoor auf dem Kamm des Mittleren Erzgebirges. Mit einer Fläche von 120 ha erstreckt sich das Moor in einer Höhe von 729–773 m. Im Zentrum des Moores erreichen die Torfe eine Mächtigkeit von ca. 8 m. An der Basis dominieren Radizellen-Torfe, oberhalb von 6 m dann Torfmoos-Radizellen-Torfe. Das vorliegende hoch aufgelöste Pollendiagramm wurde an einem Profil aus dem Zentrum des Moores erstellt (Lange et al. 2005). Das Zeit-Tiefen-Modell beruht auf sechs ^{14}C-Datierungen an einem Parallelprofil. Das Profil Fláje-Kiefern liegt im östlichen Erzgebirge, in einem Hochmoor auf der tschechischen Seite des Kamms, auf 760 m (Jankovská et al. 2007). Das Profil ist insgesamt 3,4 m lang. Ähnlich wie in der Mothäuser Heide liegt an der Basis Radizellen-Torf vor,

darüber finden sich dann Torfmoos-Torfe. Im hier verwendeten frühen Abschnitt liegt nur eine Datierung vor, die jedoch als zu jung eingeschätzt wird. Daher wurde der Abschnitt pollenstratigraphisch datiert. Die unteren 20 cm des Profils wurden ins Spätglazial gestellt.

Das Wissen zur spätglazialen Vegetationsgeschichte des Erzgebirges ist noch lückenhaft. Eine Reihe von Diagrammen zeigt deutlich erhöhte Pollenanteile von Offenzeigern wie *Artemisia*, Wildgräser, Zwergbirke (*Betula nana*-Typ) und Wacholder (*Juniperus*), die auf eine weitgehend offene Vegetation hindeuten. Der Abschnitt wird üblicherweise als spätglaziale Phase interpretiert, allerdings ist diese Interpretation bisher kaum durch ^{14}C-Datierungen belegt. Aus den höheren Lagen liegen bisher nur sechs Datierungen mit einem spätglazialen Alter aus vier Profilen vor. In Boží Dar und Hora Svatého Šebestiána datiert der Beginn der Moorbildung und der Offenphase ins mittlere und ausgehende Allerød. Eine erwartbare Differenzierung in ein stärker bewaldetes Allerød und eine offenere Jüngere Dryas ist allerdings pollenstratigraphisch nicht erkennbar. Im Pfahlbergmoor datiert die basale Offenphase dagegen weitgehend ins frühe Holozän.

Im Standarddiagramm wurde der unterste Abschnitt (RPZ 1, Zeitscheiben 10.250 bis 9750 v. Chr., s. auch Tab. S 48.1 im elektronischen Zusatzmaterial), mit Vorbehalt, ins Spätglazial gestellt. Sowohl der Abschnitt Fláje-Kiefern (RPZ 2, Zeitscheiben 9500 bis 9000 v. Chr.) als auch der Abschnitt Mothäuser Heide (RPZ 3, Zeitscheiben 8750 bis 7250 v. Chr.) zeigt noch deutlich erhöhte Anteile der Krautigen und Wildgräser im frühen Holozän. Insgesamt deutet sich damit für das Spätglazial eine offene Vegetation vor allem im oberen Erzgebirge an. Aussagen zu möglichen Änderungen innerhalb des Spätglazials und zu einer möglichen Höhe der Baumgrenze sind bisher nicht möglich. Im frühen Holozän dürfte die Ausbreitung von Wäldern, zumindest in den höheren Lagen, erst mit einiger Verzögerung stattgefunden haben.

Die meisten Pollendiagramme aus dem Erzgebirge setzen erst im Verlauf des Holozäns ein. Zunächst war die Kiefer die dominante Baumart, Birke spielte eine geringere Rolle (RPZ 2 u. 3).

Ab 8500 v. Chr. tritt im Standarddiagramm, nun im Teil Mothäuser Heide (RPZ 3, Zeitscheiben 8750 bis 7250 v. Chr.), auch Hasel (*Corylus*) auf und erreicht schnell einen Anteil von ca. 50 %. Demnach wurde die Hasel im frühen Holozän zu einem weitverbreiteten Gehölz im Erzgebirge. Haselnussfunde an der Basis von Erzgebirgsmooren belegen ihr Vorkommen auch auf dem Gebirgskamm. Heute ist die Hasel im oberen Erzgebirge selten. Als weitere Baumarten traten in dieser Phase auch Ulme (*Ulmus*), Eiche (*Quercus*), Linde (*Tilia*) und Erle (*Alnus*) auf. Ob sie auch in den Kammlagen vorkamen, ist offen. Die heute in den Hochlagen wichtige Eberesche könnte auch im frühen Holozän schon eine bedeutende Rolle gespielt haben.

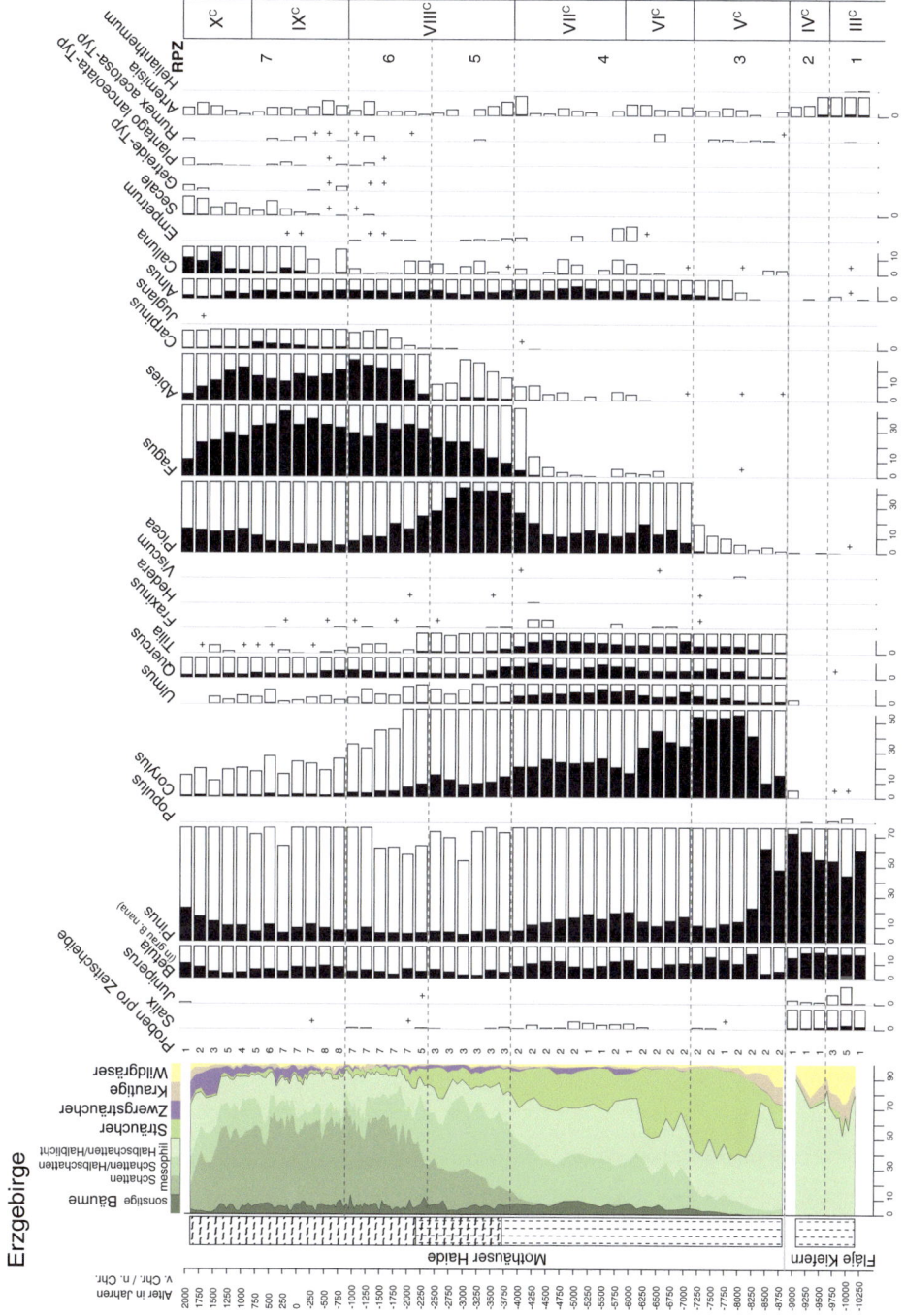

Abb. 48.2 Standardisiertes Pollendiagramm für das Erzgebirge, kombiniert aus den Profilen Fláje-Kiefern (760 m NN, Jankovská et al. 2007) und Mothäuser Heide (765 m NN, Lange et al. 2005)

Ab ca. 7100 v. Chr. erscheint im Standarddiagramm (RPZ 4, Zeitscheiben 7000 bis 4000 v. Chr.) die Fichte (*Picea*). Der Anteil bleibt zunächst mit 10–20 % geringer als in anderen Diagrammen aus dem Erzgebirge. Allgemein steigt der Anteil von *Picea* mit der Höhenlage an: von ca. 10 % am Fuße des Erzgebirges bis ca. 50 % in den Kammlagen (Abb. 48.3). Offenbar wurde die Fichte vor allem in den mittleren und hohen Lagen des Erzgebirges zur dominanten Baumart.

Ab 4000 v. Chr. steigt die *Fagus*-Kurve (RPZ 5, Zeitscheiben 3750 bis 2500 v. Chr.), es breitet sich also die Buche aus. Andere Laubbäume, vor allem Birke, Eiche und Linde, gehen zurück. Auch ist zu dieser Zeit ein ausgeprägter Ulmenfall zu beobachten (s. Exkurs Kap. 53). Der *Picea*-Anteil bleibt hoch oder steigt weiter an. Demnach verdrängte die Buche vor allem andere Laubbäume, nicht aber die Fichte. Das Höhenprofil verweist auf einen Schwerpunkt der Buche in den unteren und mittleren Lagen des Erzgebirges, während die Fichte vermutlich die dominante Baumart oberhalb von 500 m blieb (Abb. 48.3).

Ebenfalls ab 4000 v. Chr. (RPZ 5, Zeitscheiben 3750 bis 2500 v. Chr.) tritt im Standarddiagramm kontinuierlich, wenn auch zunächst in geringen Anteilen, die Tanne (*Abies*) auf. Dieser Anteil nimmt ab 2300 v. Chr. (RPZ 6, Zeitscheiben 2250 bis 1000 v. Chr.) deutlich zu und weist auf die Ausbreitung der Tanne im Erzgebirge hin. Gleichzeitig sinkt

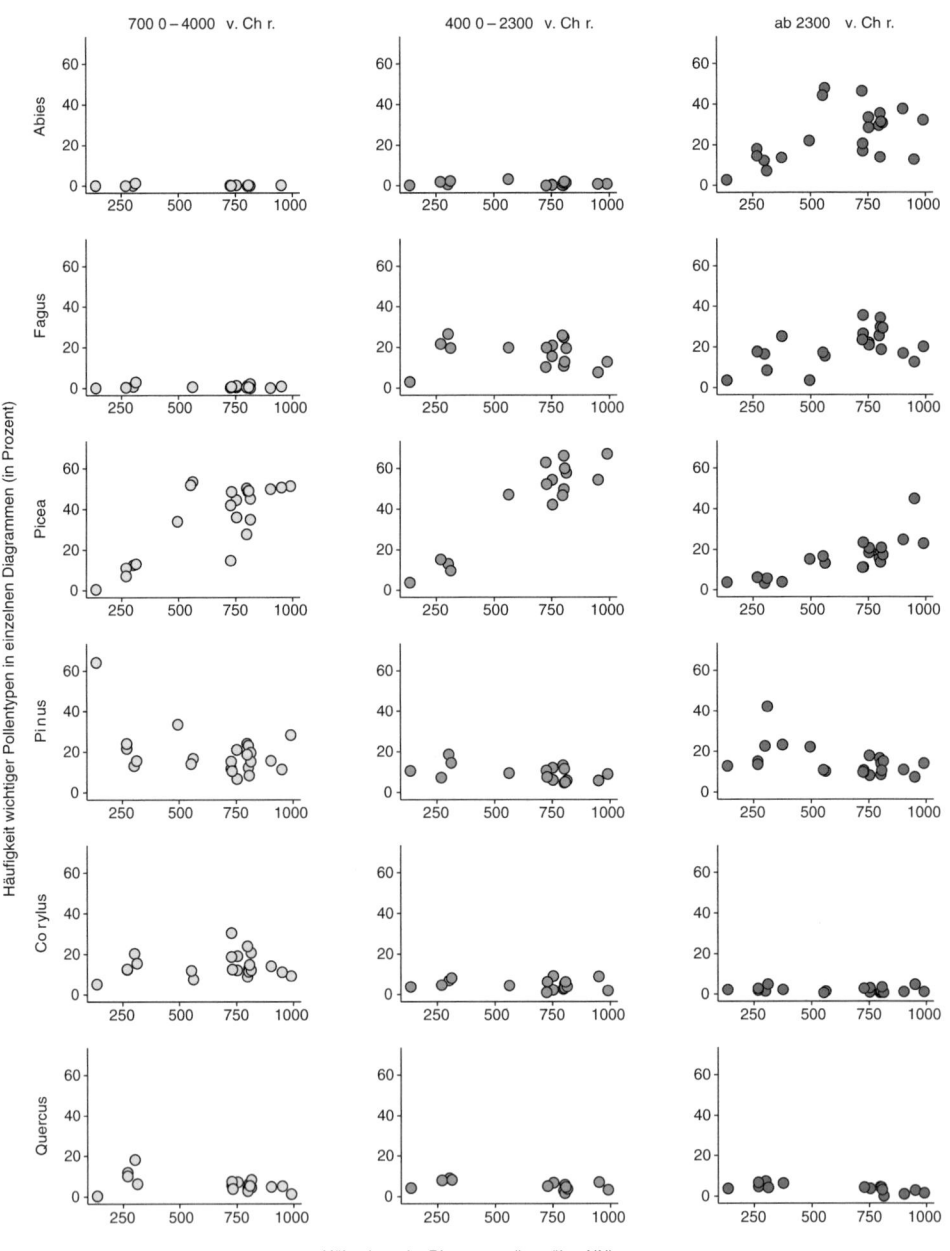

Abb. 48.3 Höhenprofil: Es zeigt den Anteil der sechs häufigsten Pollentypen in 30 Pollendiagrammen aus dem Erzgebirge und aus drei Perioden, angeordnet nach der Höhenlage der jeweiligen Pollendiagramme

der Anteil der Fichte. Das Höhenprofil zeigt nun in allen Höhenlagen einen deutlich geringeren Anteil der Fichte, die lediglich in den Hochlagen noch Werte von 20–40 % erreicht (Abb. 48.3). Die Tanne ist am prominentesten in Lagen oberhalb 500 m vertreten, die Buche ist in allen Lagen ähnlich häufig präsent. Somit wurden Buche und Tanne ab 2300 v. Chr. die dominanten Baumarten des Erzgebirges. Die Fichte war ab dieser Zeit deutlich seltener und blieb nun überwiegend auf die höchsten Lagen beschränkt. Ab ca. 900 v. Chr. (RPZ 7, Zeitscheiben 750 v. Chr. bis 2000 n. Chr.) tritt vermehrt Pollen krautiger Pflanzen auf, zunächst vor allem Heidekraut (*Calluna*), ab etwa 300 n. Chr. dann auch durchgehend Roggen (*Secale*).

Bisher erfassen nur wenige Pollendiagramme aus dem Erzgebirge auch die jüngsten Abschnitte des Holozäns. So fehlen in vielen Mooren die jüngeren Torfe aufgrund von Torfabbau oder Mineralisierung nach Entwässerung. Gut erfasst ist die jüngere Geschichte beispielsweise im Profil Kleiner Kranichsee. Hier, wie auch in anderen Diagrammen, erschwert jedoch der Mangel an ^{14}C-Datierungen eine genaue zeitliche Einordnung. Die jüngere Vegetationsgeschichte des Erzgebirges wird daher im Folgenden in Zusammenhang mit anderen Quellen besprochen.

Menschlicher Einfluss

Das Erzgebirge wurde erst ab dem Hochmittelalter flächendeckend durch den Menschen genutzt, das heißt, der Gebirgswald wurde für land- und holzwirtschaftliche sowie handwerklich-industrielle Zwecke, für Bergbau, Metallurgie, Glasproduktion, Holzkohle-, Teer-, Pottasche-, Kalk- und Baustoffgewinnung (s. Exkurs Kap. 36, 37, 38) gerodet oder stark aufgelichtet. Neben archivalischen und archäologischen Quellen sowie den entsprechenden Landnutzungssignalen in Pollendiagrammen fanden sich jüngst auch kolluviale Ablagerungen unter Wald, die lokale spätmittelalterliche und neuzeitliche Bodenerosion an verschiedenen Stellen im Erzgebirge in einem Höhenintervall von 520 bis 730 m bezeugen (Kaiser et al. 2021). Hinweise auf bronzezeitlichen Zinnseifenbergbau liegen aus dem West- und Osterzgebirge aus Höhen von 900 und 740 m vor (Tolksdorf et al. 2020b). Im unteren Erzgebirge südöstlich von Freiberg wurden in einer Höhe von etwa 300 m spätneolithische Artefakte nachgewiesen und eisenzeitliche ^{14}C-Datierungen erbracht. Prähistorische Einzelfunde, wie Steinbeile oder Metallgegenstände, wurden an verschiedenen Stellen im Gebirge gemacht.

Durch das Erzgebirge verlaufen von Nordwest nach Südost mehrere Altstraßen und Altwege, die sogenannten böhmischen Steige. Diese dienten vermutlich bereits seit der Vorgeschichte, sicher nachweisbar dann ab dem Frühmittelalter dem Personen- und Warenferntransport zwischen dem heutigen Mitteldeutschland und Böhmen; sie wurden unter anderem für den Salztransport aus dem Hallenser in den Prager Raum genutzt. In diesem Zusammenhang steht wahrscheinlich auch der Fund eines ^{14}C-datierten und demnach etwa 1000 Jahre alten Gespannjoches aus Holz in einem Moor bei Reitzenhain im Kammbereich des Mittleren Erzgebirges. Entlang dieser Wegekorridore könnten also bereits vor dem Hochmittelalter mindestens phasenhaft und inselartig Rodungen und saisonale Siedlungen mit Landnutzungsaktivitäten wie Jagd, Beweidung, Holzgewinnung, Bergbau und Transport existiert haben. Diese mögliche frühe Einbeziehung höherer Gebirgslagen in die prähistorische Ökonomie ist auch aus anderen Mittelgebirgsregionen in Mitteleuropa wie dem Harz (Kap. 42), dem Schwarzwald (Kap. 23) und dem Böhmerwald bekannt geworden, dies zumeist erst im Ergebnis jüngerer Forschungen (z. B. Henkner et al. 2018). Im Standarddiagramm treten Pollen des Getreide-Typs und *Secale* als erste Siedlungszeiger schon ab etwa 1000 v. Chr. auf. Ob diese frühen Funde tatsächlich Ackerbau in den Hochlagen des Erzgebirges anzeigen oder aus den angrenzenden Tieflagen eingetragen wurden, ist bisher unbekannt.

Der hochmittelalterliche Landesausbau im sächsischen Erzgebirge vollzog sich während der zweiten Hälfte des 12. Jahrhunderts und war das Ergebnis zielstrebiger bäuerlicher Kolonisation, die durch die staufischen Könige im West- und Mittleren Erzgebirge sowie durch die Meißner Markgrafen im Osterzgebirge initiiert wurde. Von Süden trieben die böhmischen Herzöge, später Könige, die Kolonisation voran. Diverse Burgen und dörfliche Siedlungen – zumeist Waldhufendörfer – sind durch archäologische Funde datiert. Hinzu kommen Klostergründungen am und im Erzgebirge (z.B. Chemnitz im Jahr 1136 und Altzella bei Nossen im Jahr 1162). Die Fließgewässer und böhmischen Steige fungierten als Korridore während der Kolonisation, wie Reihungen von Burgen und Siedlungen deutlich machen. Die Besiedlung vollzog sich offenbar in einem Zuge und hatte um 1200 beidseitig den Gebirgskamm erreicht. Pollenkundlich spiegelt sich der Landesausbau in einer Zunahme synanthroper Pollentypen wider. Ihr Anteil erreicht etwa 5–10 % in den Hochlagen und bis 20 % in den mittleren und unteren Lagen. Im Standarddiagramm ist dieser Anstieg allerdings nur schwach ausgeprägt. Mit dem Landesausbau ändern sich auch die Anteile des Baumpollens – *Fagus* und vor allem *Abies* gehen deutlich zurück, *Picea* und *Pinus* nehmen deutlich zu. Dieses Muster deutet an, dass die landwirtschaftliche Nutzung sich vor allem auf zuvor mit Buche und Tanne bestandenen Standorten konzentrierte.

Mit dem Fund von Silbererz im Jahr 1168 in Freiberg (sog. erstes Berggeschrey) setzt der Bergbau systematisch und großflächig ein, zunächst auf Silber, später auch auf weitere Metalle wie Zinn, Eisen, Kobalt, Nickel, Wismut und Uran. Das Landschaftsbild am Anfang des Kapitels zeigt die deutlich erkennbaren Spuren des Bergbaus in der Region. Dieser lässt sich als eine Abfolge von Phasen des Ausbaus und des Niedergangs periodisieren, mit entsprechenden Auswirkungen auf Besiedlung und Bebauung, Landschaft und Ressourcennutzung (Tolksdorf 2018). Mit der Erschöpfung der Erzlagerstätten im 18./19. Jahrhundert verlor der Bergbau zwar zunächst seine Bedeutung für dieses Gebiet. Doch führte dies über eine zeitig beginnende Industrialisierung und begünstigt durch reichliche Wasserkraftressourcen und die Steinkohlen im Erzgebirgsbecken um Zwickau-Oelsnitz zu einer starken Verdichtung der Bevölkerung und zu einem Siedlungsausbau.

Spätestens am Ende des 18. Jahrhunderts war das Erzgebirge weitgehend entwaldet, und es wurde staatlicherseits eine systematische Wiederbewaldung fast ausschließlich mit Fichte initiiert. Entsprechend steigt der Anteil von *Picea* im Diagramm Kleiner Kranichsee auf über 50 %. Im Standarddiagramm ist diese Phase offenbar nicht mehr erfasst. Nach dem bereits spätmittelalterlich-neuzeitlichen Um- und Ausbau des regionalen Gewässernetzes für montan-industrielle Zwecke fand vor allem im 20. Jahrhundert ein regelrechter Stausee-Bauboom im Erzgebirge statt. Etwa 30 größere und kleinere Talsperren wurden zum Hochwasserschutz und für die Trinkwassergewinnung errichtet. Die massive Ausbeutung montaner Ressourcen (Uranerz und Braunkohle), die Braunkohleverstromung vor allem im Böhmischen Becken und die damals generell niedrigen Standards des technischen Umweltschutzes führten in den 1960er- bis 1990er-Jahren zu gravierenden Umweltschäden im Erzgebirge und in seinem Umland. Mehr als 30.000 ha Wald fielen im Gebirge dem sauren Regen zum Opfer. Das damalige Waldsterben im Erzgebirge war eine der größten und sichtbarsten Umweltkatastrophen in Mitteleuropa. Der Schwerpunkt der Rauchschäden lag in den Kammlagen. Überdies kontaminierten großflächige Halden des Uranbergbaus das Gebiet. Die Fließgewässer waren durch industrielle und kommunale Abwässer stark belastet.

Literatur

Derner K (2018) Středověké hornictví a hutnictví na Přísečnicku ve středním Krušnohoří. Mittelalterlicher Bergbau und Hüttenwesen in der Region Pressnitz im Mittleren Erzgebirge. Veröffentlichungen des Landesamtes für Archäologie Sachsen 68. Landesamt für Archäologie Sachsen, Dresden

Henkner J, Ahlrich J, Fischer E, Fuchs M, Knopf T, Rösch M, Scholten T, Kühn P (2018) Land use dynamics derived from colluvial deposits and bogs in the Black Forest, Germany. Journal of Plant Nutrition and Soil Science 18: 240–260

Houfková P, Bešta T, Bernardová A, Vondrák D, Pokorný P, Novák J (2017) Holocene climatic events linked to environmental changes at Lake Komořany Basin, Czech Republic. The Holocene 27: 1–14

Houfková P, Horák H, Pokorná A, Bešta T, Pravcová I, Novák J, Klír T (2019) The dynamics of a non-forested stand in the Krušné Mts.: The effect of a short-lived medieval village on the local environment. Vegetation History and Archaeobotany 28: 607–621

Jankovská V, Kunes P, van der Knaap WO (2007) Fláje-Kiefern (Krušné Hory Mountains): Late Glacial and Holocene vegetation development. Grana 46: 214–216

Kaiser K, Tolksdorf JF, de Boer AM, Herbig C, Hieke F, Kasprzak M, Kočár P, Petr L, Schubert M, Schröder F et al (2021) Colluvial sediments originating from past land-use activities in the Erzgebirge Mountains, Central Europe: Occurrence, properties and historic environmental implications. Archaeological and Anthropological Sciences 13: 220

Kaiser K, Theuerkauf M, Hieke F (2023) Holocene forest and land-use history of the Erzgebirge, Central Europe: A review of palynological data. E&G Quaternary Science Journal 72: 127–161

Lange E, Christl A, Joosten H (2005) Ein Pollendiagramm aus der Mothäuser Heide im oberen Erzgebirge unweit des Grenzüberganges Reitzenhain. In: Sachenbacher P (ed) Kirche und geistiges Leben im Prozess des mittelalterlichen Landesausbaus in Ostthüringen/Westsachsen. Beiträge zur Frühgeschichte und zum Mittelalter Ostthüringens 2. Beier & Beran, Langenweißbach, 153–169

Rudolph K, Firbas F (1924) Paläofloristische und stratigraphische Untersuchungen böhmischer Moore. Die Hochmoore des Erzgebirges. Ein Beitrag zur postglazialen Waldgeschichte Böhmens. Beihefte zum Botanischen Centralblatt 41/II(1/2): 1–162

Seifert-Eulen M (2016) Die Moore des Erzgebirges und seiner Nordabdachung. Vegetationsgeschichte ausgewählter Moore. Geoprofil 14: 4–78

Tolksdorf JF (2018) Mittelalterlicher Bergbau und Umwelt im Erzgebirge. Eine interdisziplinäre Untersuchung. Veröffentlichungen des Landesamtes für Archäologie Sachsen 67. Landesamt für Archäologie Sachsen, Dresden

Tolksdorf JF, Kaiser K, Petr L, Herbig C, Kočár P, Heinrich S, Wilke FDH, Theuerkauf M, Fülling A, Schubert M et al (2020a) Past human impact in a mountain forest: Geoarchaeology of a medieval glass production and charcoal hearth site in the Erzgebirge, Germany. Regional Environmental Change 20: 71

Tolksdorf JF, Schröder F, Petr L, Herbig C, Kaiser K, Kočár P, Fülling A, Heinrich S, Hönig H, Hemker C (2020b) Evidence for Bronze Age and medieval tin placer mining in the Erzgebirge mountains, Saxony (Germany). Geoarchaeology 35: 198–216

Elbsandstein- und Lausitzer Gebirge, Polzengebiet und Jeschkengebirge

49

Petr Pokorný und Vojtěch Abraham

Blick nach NW vom Gipfel des Klíc (Kleis), einem der dominierenden Vulkankegel (759 m NN) im böhmischen Teil des Lausitzer Gebirges. Tafelberge des Elbsandsteingebirges im Hintergrund (Foto: P. Pokorný)

Ergänzende Information Die elektronische Version dieses Kapitels enthält Zusatzmaterial, auf das über folgenden Link zugegriffen werden kann [https://doi.org/10.1007/978-3-662-68936-3_49].

P. Pokorný (✉)
Center for Theoretical Study, Univerzita Karlova,
Prag, Tschechische Republik
e-mail: pokorny@cts.cuni.cz

V. Abraham
Faculty of Science, Univerzita Karlova,
Prag, Tschechische Republik

Der Naturraum

Die Region am Nordrand des Böhmischen Beckens wird durch die böhmischen Randgebirge mit ihren in charakteristischer Weise verwitterten, kaolinitisch-lehmigen Sandsteinen gebildet. Die Hochplateaus sind mit Löss oder Lössderivaten des Oberpleistozäns bedeckt. Die heutigen Erhebungen der Plateaus liegen zwischen 250 und 300 m und werden von einer Reihe von Vulkankegeln von etwa 500 m Höhe durchschnitten. Die höchsten Erhebungen werden mit etwa 750 m im Lausitzer Gebirge und mit 1000 m im Jeschkengebirge erreicht, die beide im Norden am nördlichen Rand des Gebietes liegen (Abb. 49.1). Damit trennt die Region die Niederungen des Böhmischen Beckens im Süden (Tschechien) von der nordeuropäischen Tiefebene (Deutschland und Polen).

Im Verlauf des Mittel- und Spätpleistozäns wurde die ursprünglich tektonisch erhöhte, aber relativ flache Hochebene durch die Oberelbe und ihre Nebenflüsse (im Nordosten auch durch die oberen Oderzuflüsse) stark überformt, und es bildeten sich die heutigen, in ihrem Erscheinungsbild äußerst vielfältigen Landschaften: Bergrücken, flache Becken mit ausgedehnten Feuchtgebieten, vereinzelte kegelförmige Hügel, tief zerschluchtete Schichtstufen, Tafelberge und von Flüssen gebildete Canyons.

Einzigartige, malerische Landschaften, die örtlich als Felsenstädte bezeichnet werden, entstanden durch tiefe Erosion von (sub-)horizontal geschichteten, mesozoischen (kreidezeitlichen) Blocksandsteinen. Der zeitgenössische tschechische Botaniker Jiří Sádlo hat diesen Landschaftstyp poetisch als „große Sandsteinsymphonie mit wenigen Tönen" charakterisiert, um so die charakteristischen Merkmale lokaler Diversität in der Pflanzenbedeckung zum Ausdruck zu bringen: geringer Artenreichtum (Alpha-Diversität), aber ungewöhnlich hohe räumliche Heterogenität (Beta-Diversität).

Während der kältesten Phasen des Quartärs war die Region praktisch frei von Vergletscherungen. Unter den periglazialen Bedingungen in dieser Zeit waren die Ablagerung von windverwehtem feinem Sediment und die anschließende Bildung unterschiedlich dicker Lössdecken weitverbreitet. Erst während der vorletzten Vereisung – dem Warthe-Stadium des Saale-Glazials – erreichte die nördliche Kontinentaleismasse den NO-Rand des Gebietes an der Stelle, an der sich die heutige Stadt Zittau befindet. Nach dem Ende jeder Eiszeit bedeckten kalkhaltige, nährstoffreiche Losssubstrate alle anstehenden, meist sauren und nährstoffarmen Gesteinsarten, sodass die Bodenverhältnisse in großem Maßstab recht einheitlich waren. Die Lössböden waren anfangs reich an mineralischen Pflanzennährstoffen (Ca, N, P etc.) und hochproduktiv. In warmen und feuchten Perioden, wie z. B. im Holozän, kommt es bei solchen Böden und den darunterliegenden Losssubstraten zu einer fortschreitenden Auswaschung und infolgedessen zu einer natürlich bedingten Sukzession zu schlechteren Bodenverhältnissen (Pokorný und Kuneš 2005). Dieser Prozess beschleunigte sich im mittleren und späten Holozän als Folge der verstärkten Intensität menschlichen Einflusses, der zu Entwaldung und erhöhten Erosionsraten führte, was oft zur Freilegung des darunterliegenden nährstoffärmeren Gesteins führte, auf dem sich anschließend Böden von geringerer Güte entwickelten.

Abb. 49.1 Karte der Region Elbsandstein- und Lausitzer Gebirge, Polzengebiet und Jeschkengebirge mit pollenanalytisch untersuchter Lokalität für das standardisierte Pollendiagramm:
1 Čin-Čan-Tau.
Zusätzlich diskutiertes Diagramm:
2 Jelení louže

Böden und Klima

Die derzeitige Nährstoffverfügbarkeit der Böden bedingt eine Spanne von oligotrophen sandigen Podsolen bis hin zu nährstoffreichen Braunerden.

Die makroklimatischen Bedingungen des Gebietes sind durch mittlere Jahrestemperaturen von 6 bis 9 °C und mittlere Jahresniederschläge von 600 bis 800 mm charakterisiert. Bedingt durch die starken geomorphologischen Gradienten der „Felsenstadt-Landschaft", kommt es jedoch im mikroklimatischen Bereich zu erheblichen Abweichungen von diesen Werten.

Vegetation

Gegenwärtig ist das Gebiet überwiegend von sekundär bewirtschafteten Forsten (meist Fichten) und in den zahlreichen Schutzgebieten von Wäldern mit naturnaher Zusammensetzung bedeckt. Diese natürlichen oder naturnahen Wälder bestehen zumeist ebenfalls aus Fichten (*Picea abies*), vorherrschend auf feuchten Substraten, in geschützten Tälern und Schluchten (Abb. 49.2), aus Buchen (*Fagus sylvatica*), vor allem auf vulkanischen Gesteinen, und aus Waldkiefern (*Pinus sylvestris*) auf Sandböden und Sandsteinaufschlüssen. Eichen (*Quercus robur* und *Q. petraea*) bilden oft eine Beimischung oder lokal eine Subdominanz in diesen Wäldern. Als potenzielle natürliche Vegetation wird im Allgemeinen eine regionale Dominanz von Eichen und Buchen angenommen, aber diese Artenzusammensetzung wurde kürzlich durch eine pollenbasierte quantitative Rekonstruktion infrage gestellt, die auf eine Kodominanz von Fichten schließen lässt (Abraham et al. 2016).

Besiedlungsgeschichte

Die Besiedlungsgeschichte in den Sandsteingebieten unterscheidet sich je nach Landschaftstyp und der naturräumlichen Ausprägung. Die Gebiete der Felsenstädte im Elbsandsteingebirge, im Böhmischen Paradies und in kleinem Maßstab auch im Polzengebiet waren bereits seit dem Jungpaläolithikum kontinuierlich besiedelt. Jäger- und Sammlergruppen siedelten sich in zahlreichen Abri- oder geschützten Felsformationen auf dem Plateau an. Vom Neolithikum bis in das frühe Mittelalter wurden die Wälder auch als Weideland genutzt (Ptáková et al. 2021). Die randlichen Lagen der Sandsteingebiete mit bessern Böden wurden seit dem Neolithikum auch ackerbaulich und besonders in der Spätbronzezeit und der Latèneperiode aufgesiedelt (Dreslerová et al. 2013). Im dritten Landschaftstyp, dem zentralen Teil des Polzengebietes, das weder Felsenstädte noch fruchtbare Böden aufweist, gibt es keine Hinweise auf prähistorische Siedlungen, jedoch archäologische Funde wie Äxte und Hortfunde. Die ungünstigen Siedlungsbedingungen lassen sich anhand der erfolglosen Kolonisationsversuche im Hochmittelalter illustrieren. So wurden in diesem Waldgebiet vier königliche Städte errichtet: Doksy – Hirschberg, Kuřívody – Hühnerwasser, Bezděz – Bössig und Bělá pod Bezdězem – Weißwasser, deren Entwicklung dann jedoch stagnierte oder rückläufig war (Meduna und Sádlo 2009).

Forschungsgeschichte

Pollenanalytische Untersuchungen begannen in diesem Gebiet in den 1920er-Jahren dank der Aktivitäten der Arbeitsgruppe von Karl Rudolph an der Deutschen Universität in Prag. Franz Firbas, der erste und aktivste Student Rudolphs, fokussierte sich in seiner Dissertation auf das Polzengebiet, wo er 25 Einzelstandorte analysierte (Firbas 1927). Seine Studenten und Kollegen setzten ihre Forschungen auch im benachbarten Jeschkengebirge fort. In den unruhigen Zeiten des Zweiten Weltkrieges und kurz danach wurden all diese wissenschaftlichen Arbeiten leider eingestellt. Intensive moderne Untersuchungen in der Region begannen erst Ende der

Abb. 49.2 Das tief in den Sandsteinuntergrund des Elbsandsteingebirges eingeschnittene Tal der Kirnitzsch. Fichtenwälder an solchen Standorten haben nach paläobotanischen Untersuchungen eine lange Geschichte, die mindestens bis ins frühe Holozän zurückreicht (Foto: P. Pokorný)

1990er-Jahre und führten zu einer Reihe von detaillierten, ^{14}C-datierten Pollensequenzen, darunter auch die in diesem Kapitel verwendeten. Alle bisher untersuchten Standorte befinden sich auf dem Gebiet der heutigen Tschechischen Republik. Eine Übersicht der historischen und modernen pollenanalytischen Studien geben Kuneš et al. (2009). Originaldaten, Metadaten und die dazugehörige Literatur sind in einer öffentlich zugänglichen Online-Datenbank verfügbar (http://botany.natur.cuni.cz/palycz/); eine vollständige Literaturliste befindet sich im Anhang.

Regionale Vegetations- und Waldgeschichte

Das gezeigte Standard-Pollendiagramm basiert auf einem einzigen analysierten Pollenprofil, das aus einem tiefen und engen Tal im Sandsteinmassiv des Český ráj, des Böhmischen Paradieses, stammt (Abb. 49.3). Diese Lokalität liegt etwas außerhalb des Gebietes, wird aber dennoch genutzt, da aus der Region selbst noch kein Datensatz von ausreichender Qualität vorliegt, um den gesamten Untersuchungszeitraum abzudecken. Der landschaftliche und ökologische Bezug zum Gebiet ist jedoch so stark, dass sich die grundlegenden Entwicklungen übertragen lassen.

Für die Erläuterung der Vegetations- und Landnutzungsgeschichte im Anschluss an das Standard-Pollendiagramm (Abb. 49.4) werden regionale Pollenzonen (RPZ, s. auch Tab. S 49.1 im elektronischen Zusatzmaterial) verwendet, die mit den biostratigraphischen Zonen von Franz Firbas und auch den Chronozonengrenzen sehr gut korrespondieren. Eine solche hervorragende Übereinstimmung der regionalen Vegetationsentwicklung mit den Zonen von Firbas erklärt sich dadurch, dass das biostratigraphische Konzept von Franz Firbas ursprünglich auf einer Datenbasis entwickelt wurde, die im Wesentlichen aus der gleichen Region stammt.

In der spätglazialen RPZ 1 (Zeitscheiben 13.000 bis 11.500 v. Chr.) lässt sich die Landschaft als sehr vielfältige, mehr oder weniger offene Parklandschaft mit einem spärlichen Bewuchs von Baumbirke (*Betula pendula*), Waldkiefer (*Pinus sylvestris*) und interessanterweise auch Zirbelkiefer (*Pinus cembra*) rekonstruieren. Letztere ist nicht nur pollenanalytisch, sondern auch durch eindeutige subfossile makrobotanische Reste der Zirbelkiefer in den spätglazialen Sedimenten der nahe gelegenen Fundstelle Vlčí rokle nachgewiesen (Pokorný et al. 2023). Das kontinuierliche, aber eher sporadische Vorkommen von Pollenkörnern der Fichte (*Picea*) könnte auf ein lokales Vorkommen dieses klimatisch recht anspruchsvollen Baumes hinweisen. Dies steht in Übereinstimmung mit Funden von Pollenkörnern der Fichte sowie der Zirbelkiefer im Spätglazial von Reichwalde/Oberlausitz und Groß Lieskow/Niederlausitz in der Niederlausitzer und Niederschlesischen Heide (s. Kap. 65), die sich nach Norden an das Gebiet anschließt. Steppenartige Graslandschaften, die im Pollendiagramm durch den hohen Anteil von *Artemisia*, *Helianthemum* und *Juniperus* angezeigt werden, besetzten trockene Stellen des Mosaiks von Habitaten. Die feuchten Gebiete waren wahrscheinlich von Strauchtundra mit Zwergbirke (*Betula nana*), Weide (*Salix*) und Grünerle (*Alnus viridis*) bedeckt.

Die RPZ 2 (Zeitscheiben 11.250 bis 10.750 v. Chr.) spiegelt die Entwicklung während des Allerød-Interstadials wider. Diese zeichnet sich durch eine fast vollständige Bewaldung mit Waldkiefern aus, was am Rückgang aller lichtbedürftigen Taxa zu erkennen ist (RPZ 2). Die Vielfalt der

Abb. 49.3 Luftaufnahme der Felsenstadt von Český ráj (Böhmisches Paradies). Von dort stammt das Standarddiagramm Čin-Čan-Tau (Foto: P. Pokorný)

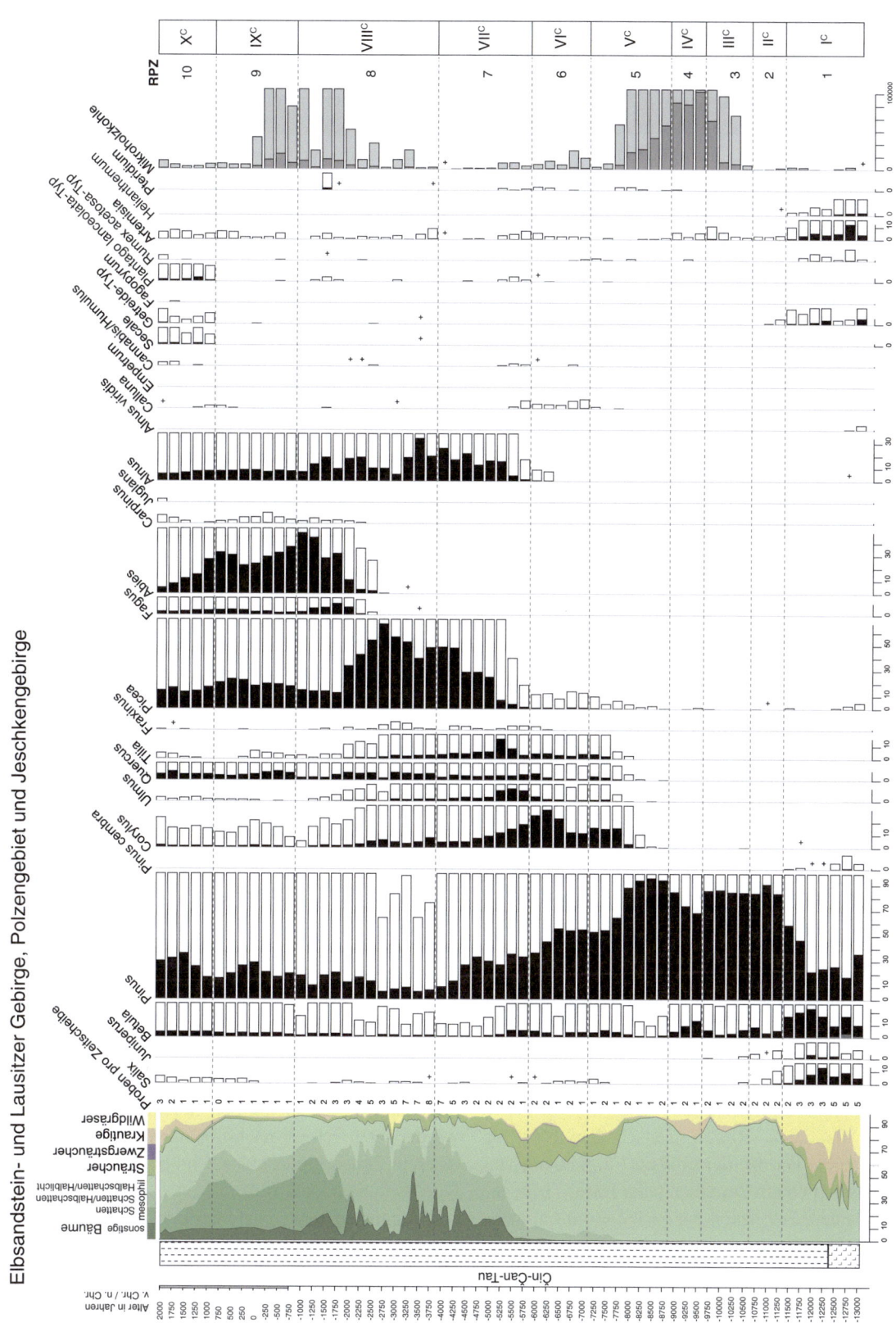

Abb. 49.4 Standardisiertes Pollendiagramm für die Region Elbsandstein- und Lausitzer Gebirge, Polzengebiet und Jeschkengebirge. Profil Čín-Čan-Tau (265 m NN, Šída u. Pokorný 2020)

Habitate in den Felsenstadt-Landschaften könnte für ein auffälliges Merkmal der lokalen Vegetationsentwicklung innerhalb des klimatisch instabilen Spätglazials verantwortlich sein: das Fehlen von Hinweisen auf eine vorübergehende Wiederkehr offener, kälteliebender Vegetationsformationen in der Kaltphase der Jüngeren Dryas (RPZ 3, Zeitscheiben 10.500 bis 9750 v. Chr.). Stattdessen wird eine Kontinuität zu den vorhergehenden und nachfolgenden Phasen im Pollendiagramm dokumentiert – das Weiterbestehen der Kiefernwälder und der weitere Rückgang offener Tundra- und Steppenelemente, sodass RPZ 3 paradoxerweise nicht als klimatisch ungünstige Periode in der Vegetationsentwicklung erscheint, sondern eher eine fortgesetzte Bewaldung zeigt. Dies ist wahrscheinlich der Lage im Inneren des geschützten, mikroklimatisch günstigen Tals geschuldet, aus dem das Pollendiagramm stammt. Ein solches Weiterbestehen von Kiefernbeständen in der Jüngeren Dryas ist aber auch im Spätglazial der Niederlausitzer und Niederschlesischen Heide (s. Kap. 65) belegt.

Im Präboreal (RPZ 4, Zeitscheiben 9500 bis 9000 v. Chr.), das in Mitteleuropa allgemein durch den Rückgang der Steppen- und Tundrenvegetation gekennzeichnet ist, zeigt das Standarddiagramm als einzige Veränderung eine Ausdehnung der Bestände von Baumbirken auf Kosten der Kiefer. Ein steiler Anstieg mikroskopisch kleiner Holzkohlepartikel deutet auf eine Zunahme von Waldbränden hin. Dies kann mit dem Temperaturanstieg sowie mit der Dominanz der Kiefer in Verbindung gebracht werden, deren Bestände anfällig für Brände sind. Zudem könnten diese Waldbrände die Kiefernwälder durch Rückkopplungsprozesse in ihrem Fortbestehen auch begünstigt haben.

Die Periode des Boreals (RPZ 5, 8750 bis 7250 v. Chr.) war Zeuge der großen Vegetationsveränderung, die durch die rasche Ausbreitung der Hasel (*Corylus avellana*) und kurz danach auch anderer Laubbäume, wie Eiche (*Quercus*), Linde (*Tilia*) und Ulme (*Ulmus*), hervorgerufen wurde. Gleichzeitig ist in geringerem Ausmaß auch die Ausbreitung der Fichte zu beobachten. Sie kann aber ebenfalls aufgrund der Lage des Standortes auf der feuchten Talsohle in den Pollenspektren lokal überrepräsentiert sein. Der Rückgang mikroskopisch kleiner Holzkohlepartikel – als Indikator für die Feueraktivität – korreliert mit dem Rückgang der Kiefer und der Ausbreitung der Laubbäume.

Das Ältere Atlantikum (RPZ 6, Zeitscheiben 7000 bis 6000 v. Chr.) ist eine Periode der größten Ausdehnung von Laubwaldgesellschaften mit dominierenden Hasel-, Linden- und Ulmenbeständen. Der Anteil der Fichte nimmt allmählich zu. Die Feuchtgebiete wurden erstmals von der Schwarzerle (*Alnus glutinosa*) besiedelt. Die Waldkiefer nahm weiter ab. Aus heutiger Sicht kann das Vorhandensein eines Laubmischwaldes in diesem Umfang als überraschend angesehen werden, da die Sandsteinfelsenstädte derzeit bis auf wenige Ausnahmen bodensauer und extrem nährstoffarm waren. Die wahrscheinlichste Erklärung ist das verbreitete Vorkommen von Lösssubstraten und nährstoffreichen Böden, die den anstehenden Sandstein noch bedeckten – wie bereits oben beschrieben.

In dieser Periode liefert das Pollendiagramm auch erste Hinweise auf einen möglichen menschlichen Einfluss. Dieser ist durch ein vermehrtes Auftreten von Siedlungszeigern gekennzeichnet, von denen die meisten bereits im Mesolithikum auftreten (Kuneš et al. 2008): Beifuß (*Artemisia*), Besenheide (*Calluna*), Spitzwegerich (*Plantago lanceolata*-Typ) und Adlerfarn (*Pteridium*). Hierbei handelt es sich um heliophile Arten, die auf Waldlichtungen, Brandstellen oder kontinuierlich vom Menschen beeinflussten Ruderalstandorten gut gedeihen. Ein deutlich erhöhtes Vorkommen von Wildgräsern im gleichen Zeitraum kann ebenfalls mit menschlichem Einfluss – der Öffnung der Waldbedeckung – zusammenhängen. Der archäologische Befund aus diesem Sandsteingebiet bestätigt diese Interpretation des Pollenbefundes: Mesolithische Fundstätten sind in der Region reichlich vorhanden, wie die derzeit laufenden Prospektionen und Forschungen an Abri-Fundstellen zeigen (Abb. 49.5).

Während des Jüngeren Atlantikums (RPZ 7, Zeitscheiben 5750 bis 4000 v. Chr.) kommt die Ausbreitung von Laubwäldern zum Stillstand, und kurz darauf folgt eine rasche Ausbreitung der Fichte, die dann zusammen mit der Erle die Waldbestände im Talinneren dominierte.

In der Mitte des Subboreals (RPZ 8, Zeitscheiben 3750 bis 1000 v. Chr.) beginnt nach dem Höhepunkt der Fichtenexpansion um ca. 2500 v. Chr. ein weiterer tiefgreifender Vegetationswandel: die rasche Ausbreitung von Buche (*Fagus sylvatica*), Hainbuche (*Carpinus betulus*) und besonders der Weißtanne (*Abies alba*). In der Folge gingen die Fichte und alle Laubbäume im Hochland, vor allem Ulme und Linde, zurück. In dieser Zeit schritt die Degradation der nährstoffreichen Lösssubstrate und hochwertigen Böden deutlich voran. Regionale sedimentologische und archäologische Befunde weisen auf die Rolle des menschlichen Einflusses, möglicherweise durch Beweidung, und der damit verbundenen Erosion hin. Im Standard-Pollendiagramm wird dieser verstärkte menschliche Einfluss durch eine Zunahme der Feueraktivität und ein leicht erhöhtes Vorkommen von Spitzwegerich (*Plantago lanceolata*) belegt. Das Vegetationsbild, das in der subborealen Periode erreicht wurde, setzt sich im nachfolgenden Älteren Subatlantikum (RPZ 9, Zeitscheiben 750 v. Chr. bis 750 n. Chr.) ohne größere Veränderungen fort.

Die jüngste abgegrenzte Periode, das Jüngere Subatlantikum (RPZ 10, Zeitscheiben 1000 bis 2000 n. Chr.), zeigt eine schlagartige Zunahme des menschlichen Einflusses in Form von Beweidung und Ackerbau. Letzteres spiegelt sich in den deutlich erhöhten Anteilen von Pollen des Getreide-Typs und Roggen (*Secale*) wider. Der Beginn des Hochmittelalters ist aus historischen Quellen als eine Ära der

Abb. 49.5 Moderne pollenanalytische Untersuchungen in der Region sind oft mit archäologischen und paläoökologischen Multiproxy-Forschungsprojekten verbunden. Archäologische Ausgrabungen werden häufig unter den Sandsteinüberhängen durchgeführt, wobei die Stratigraphien oft das gesamte Holozän abdecken und manchmal bis ins Spätglazial hinabreichen (Foto: P. Pokorný)

Besiedlung der bisher bewaldeten Berggebiete sehr gut bekannt – ein Prozess, der mit einem raschen Bevölkerungswachstum infolge der deutschen Kolonisierung auf dem gesamten Gebiet Böhmens verbunden ist. Eine Ausnahme davon stellt das zentrale Tiefland dar, das bereits stark von einer slawischen Bevölkerung besiedelt war. Die Zusammensetzung der Wälder wurde bereits während des gesamten vorgeschichtlichen Zeitraums durch Beweidung verändert, die heutige Zusammensetzung wurde jedoch durch die forstwirtschaftliche Tätigkeit in der Neuzeit geprägt.

Ergänzende Einblicke zur Vegetations- und Landnutzungsgeschichte aus dem Elbsandsteingebirge

Das zusätzliche Pollendiagramm deckt die Vegetationsentwicklung der letzten ca. 6500 Jahre, das heißt vom Ende der RPZ 7 an, ab (Abb. 49.6). Das Originaldiagramm wurde in Pokorný und Kuneš (2005) veröffentlicht. Es zeigt die regionale Entwicklung bei ganz unterschiedlichen topografischen Bedingungen. Im Gegensatz zum Standort des Standard-Pollendiagramms befindet sich das Pollenarchiv (Jelení louže – Hirschpfütze) in einem flachen Tal, das auf einem großen Plateau liegt, gebildet vom Vulkankegel des Großen Winterbergs- (zu sehen auf dem Landschaftsbild am Anfang des Kapitels). Daher ist die Pollensequenz wahrscheinlich weniger durch die Überrepräsentation von Taxa verzerrt, die in den tiefen, feuchten Tälern verstärkt vorkommen, wie *Picea*, *Salix*, *Abies* und *Alnus*. Außerdem liegt die Fundstelle unmittelbar an der Grenze der Region, das heißt knapp 300 m von der heutigen deutschen Grenze entfernt, und spiegelt daher auch die Entwicklung innerhalb der eigentlichen Region unmittelbar wider.

Generell zeigt es die gleichen allgemeinen Entwicklungstendenzen wie das Standarddiagramm. Der Hauptunterschied liegt, nach einer raschen Ausbreitung der beiden Baumarten Buche (*Fagus*) und Tanne (*Abies*) mit dem Beginn des Subboreals (RPZ 8), in der Dominanz der Buche anstelle der Tanne. Auch Besenheide (*Calluna vulgaris*) ist aufgrund der Nähe trockener, felsiger Lebensräume zur Profilentnahmestelle vergleichsweise stärker vertreten. Ein weiterer bedeutender Unterschied im Diagramm Jelení louže ist der zunehmende Anstieg der Siedlungszeiger bereits während des Älteren Subatlantikums (RPZ 9), wahrscheinlich aufgrund der Nähe zu den Altsiedelgebieten der sächsischen Kulturlandschaften im nördlich angrenzenden Gebiet.

Historische Quellen sowie zusätzlich pollenanalytische Untersuchungen aus dem Elbsandsteingebirge geben weiterhin Aufschluss über die allmähliche Entwicklung der Waldbewirtschaftung. So erforderte die Glasindustrie in der Barockzeit eine Steigerung der Produktion von Holz- und Holzkohle – die jährliche Ausbeutung des Waldes wurde Ende des 17. Jahrhunderts verdreifacht (s. Exkurs Kap. 36, 37, 38). Trotz dieser intensiven Waldnutzung beruhte der Nachwuchs nach wie vor nur auf einer natürlichen Verjüngung der Bestände. Das spiegelt sich in den Pollendaten durch die gleichzeitige Abnahme von *Fagus* und *Abies* sowie die Zunahme von *Betula* und *Calluna* wider. In 100 Jahren wurde so der gesamte Gehölzbestand auf die Hälfte des ursprünglichen Zustands reduziert. Dies führte dazu, dass nach Kahlschlag Aufforstungen durchgeführt wurden, um durch diese intensivere Waldbewirtschaftung höhere Holzerträge

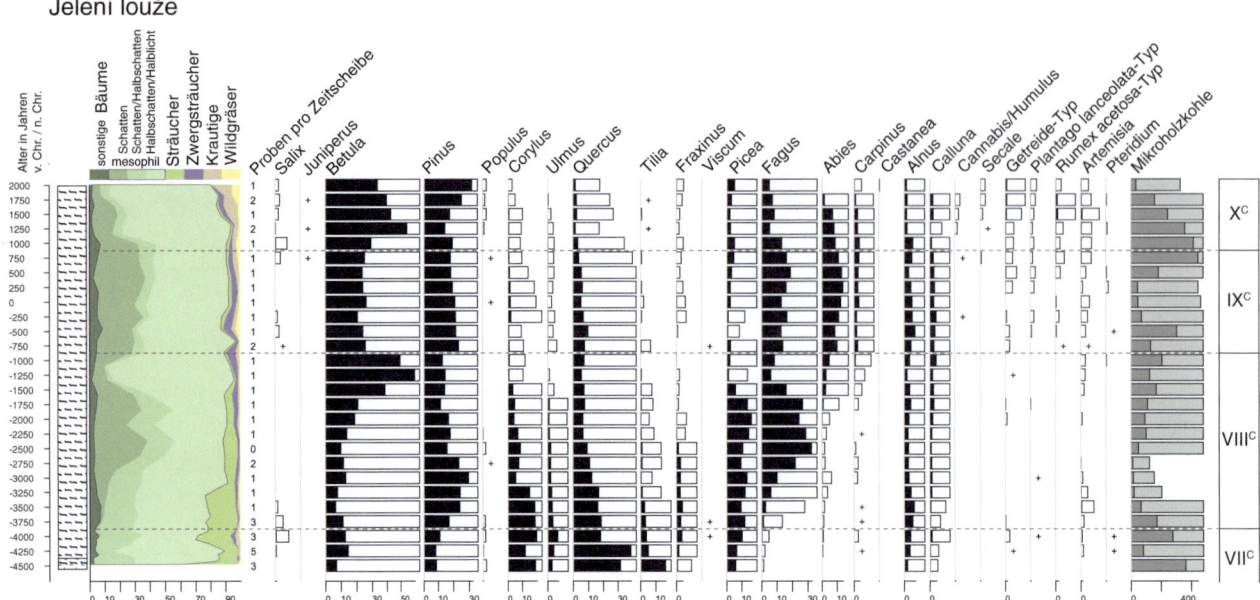

Abb. 49.6 Pollendiagramm Jelení louže (460 m NN, Pokorný und Kuneš 2005) mit ergänzenden Einblicken in die Vegetations- und Landnutzungsgeschichte

zu ermöglichen. Die beliebteste Baumart war dabei die schnell wachsende Fichte. Die Gewinnung von Harz im Elbsandsteingebirge förderte dann die Einführung exotischer Taxa, insbesondere von *Pinus strobus* (Abraham und Pokorný 2008).

Literatur

Abraham V, Kuneš P, Petr L, Svitavská-Svobodová H, Kozáková R, Jamrichová E, Švarcová MG, Pokorný P (2016) A pollen-based quantitative reconstruction of the Holocene vegetation updates a perspective on the natural vegetation in the Czech Republic and Slovakia. Preslia 88: 409–434

Abraham V, Pokorný P (2008) Vegetační změny v Českém Švýcarsku jako důsledek lesnického hospodaření – pokus o kvantitativní rekonstrukci. In: Beneš J, Pokorný P (eds) Bioarchaeologie v České Republice. Praha: Archeologický ústav AV ČR: 443–470

Dreslerová D, Waldhauser J, Abraham V, Kočár P, Křivánek R, Meduna P, Sádlo J (2013) Bezdězsko–Dokesko v pravěku a laténské sídliště v Oknech. Archeologické rozhledy 65: 535–573

Firbas F (1927) Die Geschichte der Nordböhmischen Wälder und Moore seit der letzten Eiszeit. (Untersuchungen im Polzengebiet). Beihefte zum Botanischen Centralblatt 43/II(2/3): 145–219

Kuneš P, Abraham V, Kovařík O, Kopecký M, Břízová E, Janovská V, Knipping M, Kozáková R, Nováková K, Petr L et al (2009) Czech Quaternary Palynological Database – PALYCZ: Review and basic statistics of the data. Preslia 81: 209–238

Kuneš P, Pokorný P, Šída P (2008) Detection of the impact of early Holocene hunter-gatherers on vegetation in the Czech Republic, using multivariate analysis of pollen data. Vegetation History and Archaeobotany 17: 269–287

Meduna P, Sádlo J (2009) Krajina mezi odolností a stagnací. Historická geografie 35: 147–160

Pokorný P, Kuneš P (2005) Holocene acidification process recorded in three pollen profiles from Czech sandstone and river terrace environments. Ferrantia 44: 101–107

Pokorný P, Šída P, Ptáková M, Světlík I (2023) A little luxury doesn't hurt: Swiss stone pine (*Pinus cembra* L.) – an unexpected item in the diet of central European Mesolithic hunter-gatherers. Vegetation History and Archaeobotany 32: 253–262

Ptáková M, Pokorný P, Šída P, Novák J, Horáček I, Juřičková L, Meduna P, Bezděk A, Myšková E, Walls M, Poschlod P (2021) From Mesolithic hunters to Iron Age herders: A unique record of woodland use from eastern central Europe (Czech Republic). Vegetation History and Archaeobotany 30: 269–286

Šída P, Pokorný P (eds) (2020) Mezolit severních Čech III. Vývoj pravěké krajiny Českého ráje: Vegetace, fauna, lidé (Mesolithic of Northern Bohemia III. Development of the prehistoric landscape of the Bohemian Paradise: Vegetation, fauna, people). Dolnověstonické studie, svazek 25, Archeologický ústav AV ČR, Brno

Teil VIII
Exkurse zu Naturphänomenen I

Waldregeneration und Sukzession

Ingo Feeser und Peter Poschlod

Bei heutigem Klima wären ohne menschlichen Einfluss und bis auf wenige Sonderstandorte – wie alpine Hochlagen, salzige Marschen, übernasse Moorstandorte – beschränkt, Wälder die dominierende Vegetationsform. Es ist die menschliche Aktivität, die zu einer Öffnung der Wälder und der Entstehung von Kulturlandschaften führte, mit einem Mosaik von Offenlandvegetationsformen wie Äcker, Weiden, Wiesen und Heiden. Stellt der Mensch die Nutzung dieser Flächen ein, beginnt ein Wiederbewaldungsprozess (Abb. 50.1), der durch eine schrittweise Abfolge typischer Pflanzenvergesellschaftungen charakterisiert ist. Wissenschaftlich ausgedrückt handelt es sich hierbei um eine sekundäre progressive Sukzession. Sukzession (von lat. succedere = nachrücken) bezeichnet einen Vegetationswandel, der durch eine Abfolge von Pflanzengesellschaften gekennzeichnet ist und durch umweltbedingte Veränderungen ausgelöst wird. Diese Auslöser können natürlichen Ursprungs sein wie die Verlandung eines Sees (s. Exkurs Kap. 7), aber auch kulturbedingt, wie eine Nutzungsaufgabe mit anschließendem Brachfallen. Man unterscheidet hierbei primäre und sekundäre Sukzession. Bei Ersterer handelt es sich um eine von Rohböden ausgehende Sukzession, wie zum Beispiel im Falle der Vegetationsentwicklung auf über lange Zeit vergletscherten Gebieten oder auf Standorten ohne Vegetation und ohne Diasporenbank im Boden. Bei der sekundären Sukzession gehen die Sukzessionsprozesse von bereits bestehender Vegetation und diasporenhaltigem Untergrund aus.

Als Beispiel für eine sekundäre Sukzession sei die Wiederbewaldung ehemals landwirtschaftlich genutzter Flächen (Äcker, Grünland) genannt. Da sich durch die vorhergehende Nutzung die Standortbedingungen irreversibel geändert haben können, zum Beispiel durch Bodenbildungsprozesse oder Erosion, kann sich der kurz- oder langfristig entwickelnde Wald, die sogenannte Schluss- oder auch Klimaxgesellschaft, zum Teil deutlich vom ursprünglichen, primären Wald unterscheiden.

Der Verlauf und die Schnelligkeit der Wiederbewaldung sind je nach Ausgangslage unterschiedlich. Dies hängt insbesondere von der aktuellen Vegetation, dem Diasporenpotenzial im Boden und der umgebenden Vegetation ab, wie Ergebnisse von den Sukzessionsparzellen im Grünland der Offenhaltungsversuche Baden-Württemberg zeigen. So wurden manche Sukzessionsparzellen schnell durch Gehölze eingenommen, die durch effektiv windausgebreitete Samen gekennzeichnet sind. Andere Parzellen verbuschten mit Sträuchern, deren Samen vor allem durch Vögel ausgebreitet werden und sich durch klonales Wachstum schnell auf der Fläche ausbreiteten (z. B. Schlehe, Roter Hartriegel). Manche Sukzessionsparzellen waren noch nach über 30 Jahren weitgehend gehölzfrei (Poschlod et al. 2009).

Auf brachfallenden Äckern läuft die Sukzession aufgrund der einheitlichen Bedingungen oft ähnlich ab. Deshalb soll hier eine Abfolge von der Ackerbrache zum Sekundärwald am Beispiel der Göttinger Ackerbrachversuche näher beschrieben werden (Schmidt 1981).

Im ersten Jahr nach der Nutzungsaufgabe breiteten sich schnell kurzlebige krautige Pflanzenarten aus, sogenannte Therophyten. Die Artenzusammensetzung in diesem sowie im folgenden Stadium war noch stark von den bereits im Boden vorhandenen Samen und Früchten abhängig, von der sogenannten Diasporenbank. In den Folgejahren etablierten sich zunehmend ausdauernde Staudengewächse, die für mehrere Jahre das Vegetationsbild dominierten (Stauden-Stadium). Durch eine allmähliche Verbuschung durch Sträucher und Halbsträucher kommt es zu einem Stauden-Gebüsch-Stadium. Hierbei spielten vor allem durch Vögel ausgebreitete Arten wie Brombeere (*Rubus fruticosus*), Holunder (*Sambucus nigra*) oder Weißdorn (*Crateagus* spp.)

I. Feeser (✉)
Institut für Ur- und Frühgeschichte,
Christian-Albrechts-Universität, Kiel, Deutschland
e-mail: ifeeser@ufg.uni-kiel.de

P. Poschlod
Institut für Botanik, Universität Regensburg,
Regensburg, Deutschland

Abb. 50.1 Beispiel für Wiederbewaldung einer Wiese nach Nutzungsaufgabe im Schwarzwald (aus Ludemann 1992).

Oben: Wiesengelände mit geschneiteltem Bergahorn im Jahre 1950.

Mitte: Dasselbe Gelände im Jahre 1975. Inzwischen haben sich in dem hoch aufgewachsenen Kraut- und Grasfilz reichlich Bergahorn- und Eschen-Jungwuchs sowie einzelne Fichten angesiedelt. Die Krone des Bergahorns ist durchgewachsen – nun weit ausladend und bis auf den Boden herabhängend. Aus den Buben von 1950 sind Männer geworden.

Unten: Im Jahr 1990 ist der Bergahorn- und Eschen-Jungwuchs zu einem dichten Stangenholz aufgewachsen, das den alten Bergahorn völlig einschließt und verdeckt. Die einzelne Fichte von 1975 ist links am Bildrand zu erkennen. Und dieselben Personen, die als Buben über eine frisch gemähte Wiese liefen und als Mittdreißiger durch eine lichte Brache gingen, stehen nun an gleicher Stelle im Wald (Fotos: F. Hockenjos)

eine Rolle. Aber auch lichtliebende Pioniergehölze mit windausgebreiteten Samen, wie Birken (*Betula* spp.) oder Weiden (*Salix* spp.), spielten eine bedeutende Rolle (Bonn und Poschlod 1998). Nach diesem Stadium setzten sich neben den Pioniergehölzen weitere windausgebreitete und schnellwüchsige Baumarten wie Ahorn (*Acer* spp.) und Esche (*Fraxinus excelsior*) durch und bildeten einen Pionierwald. Bedingt durch das sich einstellende Waldklima im Unterwuchs des ca. 5 m hohen Kronendaches nahm der Anteil lichtbedürftiger Kräuter und Sträucher stark ab.

Bis sich die konkurrenzkräftigen Baumarten der Schlusswaldgesellschaften wie Eiche (*Quercus robur*) oder Buche (*Fagus sylvatica*) durchsetzen, können viele Jahre vergehen. Die mittelfristige Waldentwicklung hängt dabei vom Diasporenpotenzial der Umgebung ab. Eicheln und Bucheckern werden nur über vergleichsweise kurze Distanzen ausgebreitet. Die unterschiedlich schnelle Etablierung der Baumarten hängt auch von der Zeit ab, die ein Baum braucht, um zu blühen und Samen zu produzieren. Dieses sogenannte Mannbarkeitsalter erreicht zum Beispiel die Birke bereits nach 10–30 und die Esche nach 20–50 Jahren. Buche und Eiche hingegen benötigen je nach Standort 40–80 Jahre (Schütt et al. 1992).

Bei der Interpretation von Wiederbewaldungsprozessen in Pollendiagrammen muss diese zeitliche Differenz zwischen der Etablierung eines Baumes und dem Erreichen des Mannbarkeitsalters berücksichtigt werden. Die frühen Sukzessions- und Verbuschungsstadien lassen sich pollenanalytisch nur schwer fassen. Zum einen sind sie recht kurzlebig, und zum anderen sind viele der daran beteiligten Arten insektenblütig und daher im Pollendiagramm stark unterrepräsentiert. Anders sieht es mit dem Pionierwald aus. Diesen erfasst man im Pollendiagramm durch einen kurzfristigen Gipfel in der Pollenkurve windblütiger und sich effektiv ausbreitender Bäume im Anschluss an einen Rückgang der Siedlungszeigerwerte (z. B. Birke, Abb. 50.2). In seltenen Fällen, wenn der menschliche Einfluss lange gering blieb, können im Anschluss an Pionierbaumgipfel Hochstände anderer Baumarten wie Ulme (*Ulmus*), Eiche oder Buche festgestellt werden, die eine Waldregeneration bis hin zur Schlusswaldgesellschaft belegen.

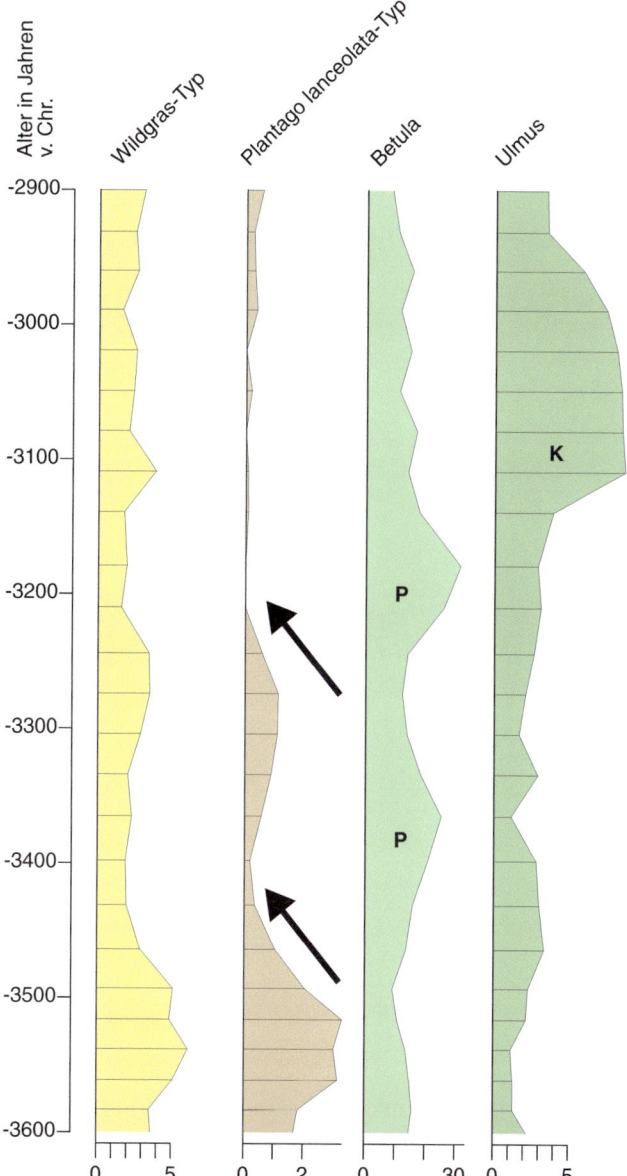

Abb. 50.2 Waldregeneration im Pollendiagramm. Am Beispiel eines Ausschnitts aus einem Pollendiagramm vom Woseriner See, Westmecklenburg (Feeser et al. 2016), lassen sich verschiedene Stadien der Waldregeneration in der Jungsteinzeit fassen. Pfeile: Rückgang der Landnutzung. P: Pionierwald-Stadium. K: Klimaxwald-Stadium (Grafik: I. Feeser)

Literatur

Bonn S, Poschlod P (1998) Ausbreitungsbiologie der Pflanzen Mitteleuropas. Grundlagen und kulturhistorische Aspekte. UTB Große Reihe. Quelle & Meyer, Wiebelsheim

Feeser I, Dörfler W, Czymzik M, Dreibrodt S (2016) A mid-Holocene annually laminated sediment sequence from Lake Woserin: The role of climate and environmental change for cultural development during the Neolithic in Northern Germany. The Holocene 26: 947–963

Ludemann T (1992) Im Zweribach – Vom nacheiszeitlichen Urwald zum „Urwald von morgen". Die Vegetation einer Tallandschaft im Mittleren Schwarzwald und ihr Wandel im Lauf der Jahreszeiten und der Jahrhunderte. Beihefte zu den Veröffentlichungen für Naturschutz und Landschaftspflege in Baden-Württemberg 63: 1–268

Poschlod P, Schreiber KF, Mitlacher K, Römermann C, Bernhardt-Römermann M (2009) Entwicklung der Vegetation und ihre naturschutzfachliche Bewertung. In: Schreiber KF, Brauckmann HJ, Broll G, Krebs S, Poschlod P (eds) Landschaftspflege und Naturschutz im Extensivgrünland. 30 Jahre Offenhaltungsversuche Baden-Württemberg. Naturschutz-Spectrum Themen 97: 243–288

Schmidt W (1981) Ungestörte und gelenkte Sukzession auf Brachäckern. Scripta Geobotanica 15: 1–199

Schütt P, Schuck HJ, Stimm B (1992) Lexikon der Forstbotanik. Schuck, Landsberg.

Megaherbivoren-Theorie und halb offene Weidelandschaften

Walter Dörfler

Halb offene Weidelandschaften haben einen parkartigen Charakter und stellen einen für den Menschen angenehmen Landschaftstyp dar. Ob dabei die Tatsache eine Rolle spielt, dass man einerseits Feinde oder gefährliche Raubtiere von Weitem sehen kann, andererseits aber sich vor potenziellem Jagdwild verstecken kann, sei dahingestellt. Der Mensch bewegt sich gerne in einer solchen Landschaft. Ende der 1990er-Jahren stellte Vera (2000) die Hypothese auf, dass nicht der geschlossene Wald, sondern vielmehr eine durch Megaherbivoren (Abb. 51.1), also große Pflanzenfresser, offen gehaltene Landschaft den natürlichen Zustand Mitteleuropas repräsentiert. Er argumentiert vor allem damit, dass sich die Eiche als Lichtkeimer unter dichter Beschattung nicht regenerieren kann. Pollendiagramme aus der Zeit, bevor der Mensch Ackerbau zu treiben und die Wälder aufzulichten begann, zeigen aber eine klare Dominanz von Waldbäumen. Kräuter und Gräser erreichen in der Regel nur Werte unter 5 % des Pollens aller Landpflanzen. Zwar sind die Bäume als gute Pollenproduzenten meist über- und Kräuter, besonders insektenbestäubte Arten, unterrepräsentiert, doch gibt es Möglichkeiten, dies rechnerisch auszugleichen (s. Kap. 5). So kommt man für die Zeit der Jäger und Sammler auf Offenlandflächen von maximal 10 bis 15 %. Dabei handelt es sich einerseits um natürliche Waldlichtungen, wo Bäume abgestorben sind. Solche Lichtungen können durch äsendes Wild einige Zeit offen gehalten worden sein. Andererseits gab es entlang von Flüssen und Bächen durch Biber gelichtete Bereiche. Der Biber verlässt den sicheren Bereich des Wassers zur Nahrungsaufnahme bis zu einer Entfernung von maximal 100 m. In diesem Bereich bringt er die Bäume durch Abfressen der Rinde oder direktes Fällen zum Absterben (Harthun 1999). Somit gestaltet er aktiv seine ökologische Nische als Pflanzenfresser. Lichtungen und diese Offenlandgalerien entlang der Gewässer bilden einerseits die Nahrungsgrundlage für Grasfresser wie Wisent, Auerochse und Pferd, andererseits bieten sie Standorte für die Regeneration von Eichen. Dass es den Wildtieren nicht gelungen ist, den Wald nachhaltig an der Ausbreitung zu hindern, liegt vor allem an dem Nahrungsengpass im Winter, der die Populationsgröße der Pflanzenfresser limitiert. So wurden die großen Pflanzenfresser des Glazials und Spätglazials wie Ren, Riesenhirsch und Mammut von dem sich ausbreitenden Wald verdrängt (s. Abb. 51.1). Darüber hinaus beschränken auch die Raubtiere, wie Wolf, Luchs und Bär, und nicht zuletzt der Mensch die Populationsgrößen der sich im Holozän etablierenden Herbivoren und der ebenfalls die Vegetation beeinflussenden Omnivoren und Nagetiere. Aus Sicht der Vegetationsgeschichte ist die Megaherbivoren-Hypothese von Vera somit widerlegt. Es mag parkartige Areale innerhalb des Waldes gegeben haben, aber der geschlossene Baumbestand hat dominiert.

Mit der Einführung von Haustieren am Übergang von aneignenden Jägern, Sammlern und Fischern zu produzierenden Bauern wurde die Beweidung der Wälder intensiviert, und Rodungen wirkten sich auf die Dichte des Waldes aus (s. Abb. 51.2 und Exkurs Kap. 19). Im Gegensatz zu den Wildtieren liefen die gehüteten Haustiere nicht weg und konnten vom Menschen mit für sie ansonsten unerreichbaren Zweigen und Blättern aus den Baumkronen versorgt werden. Durch das Sammeln und Lagern von Laubheu als Winterfutter konnte zudem dem Futterengpass im Winter begegnet werden (s. Exkurs Kap. 21). Somit konnte eine im Vergleich zum Wildtierbestand deutlich größere Population von Haustieren auf derselben Fläche ernährt werden (Dörfler 2022). Entsprechend wurde der Wald durch Beweidung sowie die Gewinnung von Laub als Heu und auch direkt als Futter zunehmend gelichtet. In der Nähe von Siedlungen entstanden allmählich parkartige, halb offene Weidelandschaften, die in Mitteleuropa eindeutig als anthropogene Landschaftsformen anzusprechen sind.

W. Dörfler (✉)
Institut für Ur- und Frühgeschichte,
Christian-Albrechts-Universität, Kiel, Deutschland
e-mail: wdoerfler@ufg.uni-kiel.de

Abb. 51.1 Herbivore und Omnivore des Glazials, des Spätglazials und der Warmzeit. Obere Reihe: Ren, Riesenhirsch und Mammut. Das Wildpferd steht für den Übergang von der Kältesteppe des Spätglazials zum bewaldeten Holozän. Daneben Wisent. Mittlere Reihe: Ur, Elch, Rothirsch und Reh. Untere Reihe: Die Omnivoren Bär, Wildschwein und Dachs sowie das Nagetier Biber. Als Größenmaßstab ein Mensch (nach H. Schlichtherle). (Graphik: W. Dörfler)

Abb. 51.2 Das Beziehungsgefüge zwischen Mensch, Wild- und Haustieren und ihre Wirkung auf die Dichte des Waldes. (Grafik: S. Beyer). (Aus Dörfler 2017)

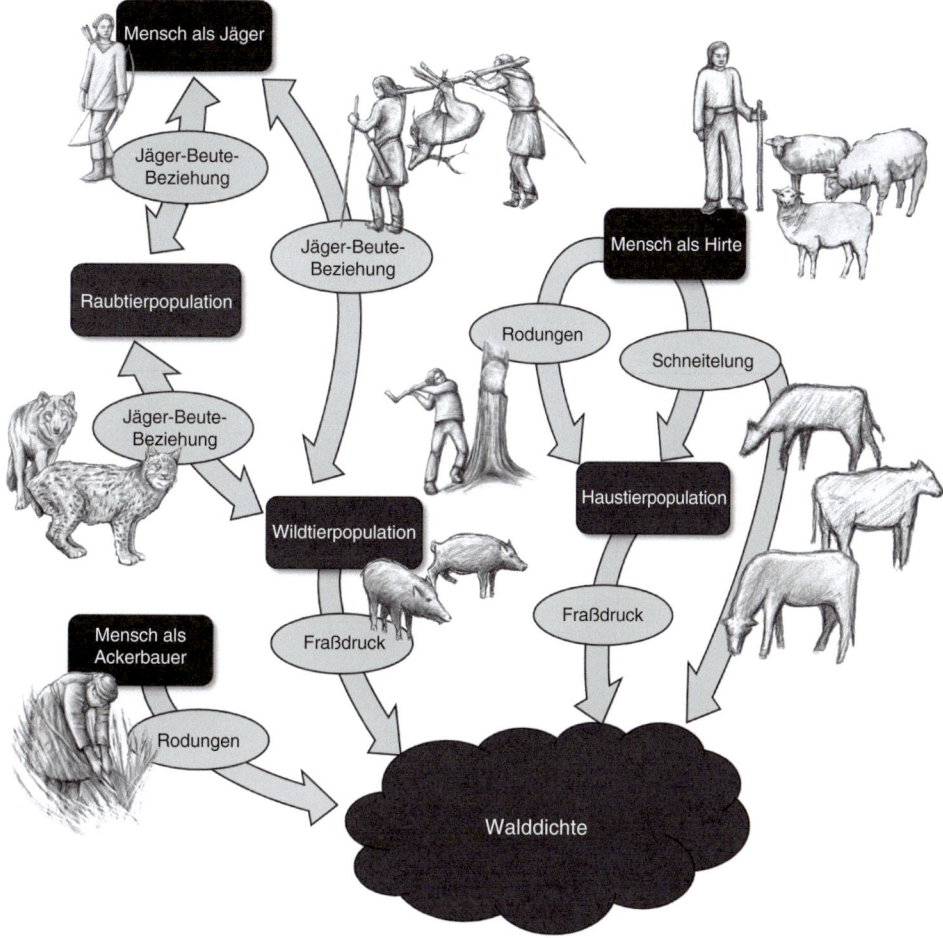

Literatur

Dörfler W (2017) Von der Dichte des naturnahen Waldes und den „Flaschenhälsen" der Wildpopulationen. In: Lechterbeck J, Fischer E (eds) Kontrapunkte – Festschrift Manfred Rösch. Universitätsforschungen zur prähistorischen Archäologie 300. Habelt, Bonn, 95–113

Dörfler W (2022) A biological view on neolithization. In: Klimscha F, Heumüller M, Raemaekers DCM, Peeters H, Terberger T (eds) Stone Age Borderland Experience: Neolithic and Late Mesolithic Parallel Societies in the North European Plain. [Materialhefte zur Ur- und Frühgeschichte Niedersachsens Bd. 60]. Marie Leidorf, Rahden/Westfalen, 343–357

Vera FWM (2000) Grazing Ecology and Forest History. Oxon, New York

Harthun M (1999) Zur Bedeutung der Biberwiesen in der mitteleuropäischen Urlandschaft. Natur- und Kulturlandschaft 3: 146–155

Magerrasen

Peter Poschlod

Magerrasen sind anthropogene Lebensräume, die durch Beweidung und die damit einhergehende Ausmagerung entstanden sind. Die Ausmagerung geschah bis in das 20. Jahrhundert hinein durch die mit der zum Teil intensiven Beweidung einhergehenden Entnahme der Biomasse durch Rinder, Schafe oder Ziegen, seltener auch durch Pferde und die Deposition des Dungs durch die Pferchung auf Ackerflächen. Diese traditionelle Landnutzungspraxis wurde mit der zunehmend intensiveren Nutzung ackerbaulich genutzter Flächen (u. a. Düngung mit Mineraldünger) weitgehend aufgegeben. Heute werden Magerrasen fast nur mehr durch Schafbeweidung oder mechanische Landschaftspflegemaßnahmen offen gehalten.

Magerrasen finden sich vor allem auf flachgründigen Kalk- (Kalkmagerrasen) oder Silikatböden (Silikatmagerrasen) in Hanglagen der Mittelgebirge oder Sandböden (Sandmagerrasen) in Flugsandgebieten, Flusstälern (Rhein, Main u. a.) oder an den Küsten. Diese Standorte gelten als Grenzertragsstandorte und sind deshalb mit dem Abschluss des Vertrags zur Gründung der Europäischen Wirtschaftsgemeinschaft (EWG) im Rahmen der Römischen Verträge im Jahre 1957 und der damit verbundenen Intensivierung der landwirtschaftlichen Produktion seit den 1960er-Jahren aufgrund der Umwandlung in Futterwiesen, seltener in ackerbaulich genutzte Flächen, der zunehmenden Nutzungsaufgabe mit anschließendem Brachfallen oder durch Aufforstung stark zurückgegangen.

Lokal können Magerrasen zu Beginn der Sesshaftwerdung aus Offenlandinseln oder lichten Wäldern hervorgegangen sein. Unterstützt wird diese Interpretation durch archäologische und pollenanalytische Befunde. So liegen Magerrasen oft in der Nachbarschaft neolithischer Siedlungen, und die Wälder waren zu diesem Zeitpunkt nicht geschlossen. Dieses Phänomen wurde bereits von Gradmann (1950) als Steppenheidetheorie formuliert und in der Folge berechtigter Kritik nachgebessert. Auch wenn diese Theorie mit der Begründung, dass Mitteleuropa zu Beginn des Neolithikums bereits ein geschlossenes Waldland war, noch bis in die jüngere Zeit abgelehnt wurde (z. B. Behre 2005: „… vollständig geschlossene dichte Bewaldung"), wurde sie inzwischen durch pollenanalytische und malakologische Befunde lokal bestätigt (Pokorný et al. 2015). Nachweise für das Überleben von Magerrasenarten während und nach der Eiszeit in Refugien stützen diese Befunde (z. B. Bylebyl et al. 2008). Andere Arten sind dagegen wohl erst mit den ersten Siedlern eingewandert, wahrscheinlich mithilfe der mitgeführten Haustiere, die die Früchte oder Samen der entsprechenden Arten ausbreiteten (z. B. Meindl et al. 2016). Seit Beginn der Sesshaftwerdung konnten sich Magerrasen auch in Notzeiten durch Waldweide und Aufgabe ackerbaulich genutzter Flächen wie aus den Feld-Gras- oder Dreifelder-Wechselwirtschaften entwickeln.

Geeignete pollenanalytische Indikatoren für Magerrasen sind sogenannte Weideunkräuter, wie sie stachelige, aromatische oder ungenießbare, giftige, bittere Arten darstellen, die nicht in geschlossenen Wäldern vorkommen. Der windblütige und daher noch am ehesten belegbare Wacholder (*Juniperus communis*) gilt als geeigneter Indikator für Magerrasenstandorte, aber auch für Heiden (Abb. 52.1). In Untersuchungen zu Kalkmagerrasen der Fränkischen Alb korrelierte Pollen von Apiaceae, *Galium*, *Plantago lanceolata*-Typ und Ranunculaceae positiv mit der Verteilung der *Juniperus*-Pollen (Poschlod und Baumann 2010). Alle diese Arten, Gattungen und Familien kommen auch heute in Kalkmagerrasen vor. Leider können typische und kennzeichnende Gräser wie *Brachypodium pinnatum* in Kalkmagerrasen nicht unterschieden werden. Selten finden sich Nachweise bodensaurer Magerrasen, die sich durch Pollennachweise von *Jasione montana* oder Crassulaceen wie auch Sporenfunde von *Botrychium lunaria* neben denen von *Juniperus communis* auszeichnen (Stobbe 1996).

P. Poschlod (✉)
Institut für Botanik, Universität Regensburg,
Regensburg, Deutschland
e-mail: peter.poschlod@ur.de

Abb. 52.1 Wacholderheide bei Münsingen auf der Schwäbischen Alb (Foto: M. Rösch)

Pollenanalytische Befunde für Magerrasen in Deutschland existieren für Kalkmagerrasen der Fränkischen Alb mindestens seit der Eisenzeit (Poschlod und Baumann 2010). Bodensaure Magerrasen sind in der nördlichen Wetterau seit der Bronzezeit belegt (Stobbe 1996).

Makrorestanalytische Befunde unterstützen diese Ergebnisse. Beispielsweise lassen Moosreste in Rasensoden des eisenzeitlichen Fürstengrabhügels Magdalenenberg bei Villingen auf das Vorkommen von Magerrasen schließen (Fritz und Wilmanns 1982). Grundsätzlich darf aber davon ausgegangen werden, dass erste Magerrasen sich schon während des Neolithikums entwickelten und mit zunehmender Landnutzung ausbreiten konnten.

Literatur

Behre KE (2005) Steppenheidetheorie. In: Hoops J (ed) Reallexikon der Germanischen Altertumskunde. 29. Band: Skínismál – Stiklestad. de Gruyter, Berlin, New York, 600–604

Bylebyl K, Poschlod P, Reisch C (2008) Genetic variation of *Eryngium campestre* L. (Apiaceae) in Central Europe. Molecular Ecology 17: 3379–3388

Fritz W, Wilmanns O (1982) Die Aussagekraft subfossiler Moos-Synusien bei der Rekonstruktion eines keltischen Lebensraumes – Das Beispiel des Fürstengrabhügels Magdalenenberg bei Villingen. Berichte der Deutschen Botanischen Gesellschaft 95: 1–18

Gradmann R (1950) Pflanzenleben der Schwäbischen Alb. 1. Bd. Pflanzengeographische Darstellung, 4. Aufl. Schwäbischer Albverein, Stuttgart

Meindl C, Brune V, Listl D, Poschlod P, Reisch C (2016) Survival and postglacial immigration of the steppe plant *Scorzonera purpurea* to Central Europe. Plant Systematics and Evolution 302: 971–984

Pokorný P, Chytrý M, Juřičková L, Sadlo J, Novák J, Ložek V (2015) Mid-Holocene bottleneck for central European dry grasslands: Did steppe survive the forest optimum in northern Bohemia, Czech Republic? The Holocene 25: 716–726

Poschlod P, Baumann A (2010) The historical dynamics of calcareous grasslands in the Central and Southern Franconian jurassic mountains – a comparative pedoanthracological and pollen analytical study. The Holocene 20: 13–23

Stobbe A (1996) Die holozäne Vegetationsgeschichte der nördlichen Wetterau. Paläoökologische Untersuchungen unter besonderer Berücksichtigung anthropogener Einflüsse. Dissertationes Botanicae 260. Cramer, Berlin, Stuttgart

Der klassische Ulmenfall

Ingo Feeser, Manfred Rösch und Susanne Jahns

Die Ulme aus der Familie der Ulmengewächse ist in Mitteleuropa mit drei Baumarten vertreten: der Flatterulme (*Ulmus laevis*), der Feldulme oder Rotrüster (*Ulmus minor*) und der Bergulme oder Weißrüster (*Ulmus glabra*). Hauptverbreitungsgebiete der Flatterulme sind die kontinentaleren östlichen bis nordöstlichen Teile Mitteleuropas. Die Feldulme kommt in weiten Teilen Europas vor und erreicht im südlichen Skandinavien die Nordgrenze ihrer Verbreitung. Die Bergulme ist fast über ganz Europa verbreitet, mit Ausnahme des hohen Nordens. Sie ist vom Tiefland bis in eine Höhenlage von etwa 1300 m anzutreffen. In den Alpen steigt sie sogar bis zu einer Höhenlage von 1500 m auf. Die Flatterulme kommt vornehmlich in Auenwäldern vor und ist heute sehr selten, die Feldulme darüber hinaus in Feldgehölzen, die Bergulme hingegen vor allem in Berg- und Schluchtwäldern mittlerer Gebirgslagen. Der Pollen der Gattung ist zwar leicht identifizierbar, Ansätze zur Unterscheidung der Arten aufgrund der Zahl der äquatorial angeordneten Poren haben sich aber nicht als Routinemethode durchgesetzt.

Die Ulme ist bereits zu Beginn der Nacheiszeit, während Chronozone IV^C, eingewandert und kommt im Verlauf der Chronozone V^C nach der Hasel und vor der Eiche zur Ausbreitung (Abb. 53.1). Während der Steilanstieg der Ulmenkurve in den Pollendiagrammen im Süden bereits um 8500 v. Chr. datiert (Beginn Chronozone V^C, vgl. Kap. 23 und 32), verzögert sich dies Richtung Norden. In Norddeutschland datiert der Steilanstieg der Ulmenkurve auf 7750 v. Chr. (Ende Chronozone V^C, vgl. Kap. 60 und 61). Im Atlantikum (Chronozonen VI^C und VII^C) erreicht sie ihre maximale Verbreitung mit prozentualen Anteilen im Pollenniederschlag von örtlich bis zu 30 %.

Unter dem klassischen Ulmenfall versteht man einen plötzlichen und deutlichen Rückgang der Ulmenkurve im späten 5. bis frühen 4. Jahrtausend v. Chr. auf oftmals weniger als ein Viertel der ursprünglichen prozentualen Anteile. Eine langfristige, allmähliche Abnahme der Ulmenprozentwerte, wie sie zum Beispiel in Süddeutschland schon während der Schattholzeinwanderung zu beobachten ist, entspricht nicht dem Ulmenfall in diesem Sinne.

Traditionell wurde der klassische Ulmenfall zur Abgrenzung der vegetationsgeschichtlichen Zonen Atlantikum und Subboreal benutzt (Fægri 1940; Iversen 1941). Er wurde lange für ein überregional synchrones Ereignis gehalten und seit Iversen (1941) hauptsächlich klimatisch erklärt, als Folge des Übergangs vom feucht-warmen Klima des Atlantikums zum kühleren und trockeneren des Subboreals. Die großen klimatischen Unterschiede im Verbreitungsgebiet widersprechen allerdings einem synchronen klimatisch ausgelösten Rückgang.

Alle Ulmenbestände werden heutzutage durch einen Pilzbefall stark geschädigt. Eine durch den Ulmensplintkäfer übertragene Pilzinfektion verstopft die äußeren Tracheen des ringporigen Holzes, was die Wasserversorgung unterbindet und den Baum absterben lässt (sogenanntes Ulmensterben). Subfossile Nachweise des Ulmensplintkäfers legten nahe, dass ein phytopathogenes Ulmensterben nicht nur eine Erscheinung des 20. Jahrhunderts ist (Girling und Greig 1985). Folglich rückte nach dieser Entdeckung eine phytopathogene Ursache des Ulmenfalls gegenüber der klimatischen Interpretation in den Vordergrund. Mit zunehmend mehr und genaueren absoluten Datierungen erweiterte sich der Zeitraum des Ulmenfalls europaweit auf weit mehr als ein Jahrtausend, was die Klimahypothese weiter schwächte. Schon lange war auch darauf hingewiesen worden, dass in dieser Zeit weite Teile Europas von jungsteinzeitlichen Kulturen besiedelt waren, die bereits einen beträchtlichen Einfluss auf

I. Feeser (✉)
Institut für Ur- und Frühgeschichte,
Christian-Albrechts-Universität, Kiel, Deutschland
e-mail: ifeeser@ufg.uni-kiel.de

M. Rösch
Institut für Ur- und Frühgeschichte und Vorderasiatische Archäologie, Ruprecht-Karls-Universität, Heidelberg, Deutschland

S. Jahns
Brandenburg. Landesamt f. Denkmalpflege
u. Archäol. Landesmuseum, Wünsdorf, Deutschland

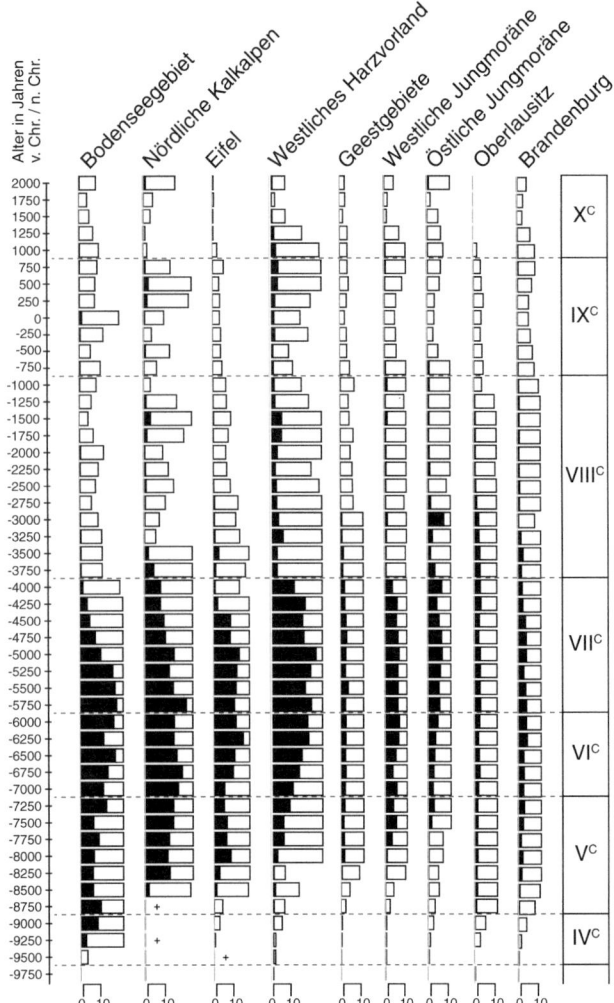

Abb. 53.1 Vergleich von *Ulmus*-Kurven aus standardisierten Pollendiagrammen ausgewählter Arbeitsregionen (Graphik: I. Feeser)

ihre Umwelt ausübten. Die Ausbreitung der Schatthölzer – Buche, Fichte, Tanne, Hainbuche – war wohl keine primäre Ursache des Ulmensterbens, dafür ist sie zu asynchron, doch mag ihre Dominanz dort, wo sie schon etabliert waren, dazu beigetragen haben, dass eine Erholung der Ulmenbestände nach dem Abflauen der Krankheit oder dem Nachlassen menschlicher Eingriffe unterblieb. Bei nur geringen Anteilen von Schattholzarten konnten sich die Ulmenbestände vollständig erholen, wie Beispiele aus dem östlichen Jungmoränengebiet Norddeutschlands zeigen (Abb. 53.1 Kurve östl. Jungmoränengebiet, 3000 v. Chr.; vgl. auch Exkurs Kap. 50 sowie Kap. 61 und 62).

Vielerorts fällt der Ulmenfall mit der jungneolithischen Aufsiedlung des Gebietes durch ackerbau- und viehzuchttreibende Kulturen zusammen, wie zum Beispiel im Gebiet der Trichterbecherkultur in Norddeutschland (s. Kap. 56, 57, 59, 60 und 61) oder im nördlichen Alpenvorland (s. Kap. 9 und 10). Einen weiteren Hinweis auf einen möglichen Zusammenhang von Landnutzung und Ulmenfall liefern Untersuchungen aus dem Allgäu, einem im Vergleich zum Umland agrarischen Ungunstraum. Hier ist ein markanter schneller Rückgang der Ulme erst deutlich später nachweisbar als in den benachbarten, auch archäologisch belegbar früher besiedelten Regionen, am Großen Ursee beispielsweise erst in der Bronzezeit (um 1800 v. Chr.). In der Oberlausitz, die im Neolithikum keine ackerbäuerlichen Siedlungen aufweist, ist gar kein Ulmenfall zu erkennen (Abb. 53.1; s. auch Kap. 65).

Dass Auen seit jeher im Mittelpunkt menschlicher Siedlungs- und Wirtschaftsaktivitäten standen, also Biotope, in denen die Ulmen ihr Hauptvorkommen hatten, spricht ebenso für menschliche Eingriffe als primäre Hauptursache des Ulmenfalls wie auch der Umstand, dass Ulmen neben Eschen die beliebtesten Bäume für Laubheufütterung waren (vgl. Exkurs Kap. 21). Durch die Schneitelung wird die Ulme stärker geschädigt als andere Bäume und kommt über Jahre nicht mehr zur Blüte. Schon Fægri (1940) führte die Nutzung als Viehfutter als vermeintliche Ursache für den Ulmenfall im westlichen Norwegen an.

Ein endgültiger wissenschaftlicher Konsens zu den Ursachen des Ulmenfalls ist bis heute jedoch nicht erreicht und neben einfachen Erklärungen werden oftmals multifaktorielle Erklärungsansätze favorisiert (Oeggl 2013). So ist es möglich, dass primär durch menschliche Eingriffe beeinflusste Ulmenbestände anfälliger für eine Infektion waren und veränderte Bestandstrukturen das Vorkommen und eine Ausbreitung des Ulmensplintkäfers förderten.

Literatur

Fægri K (1940) Quartärgeologische Untersuchungen im westlichen Norwegen. II. Zur spätquartären Geschichte Jærens 7. Bergens Museums Årbok.

Girling MA, Greig J (1985) A first fossil record for Scolytus Soltis (F.) (elm bark beetle): Its occurrence in elm decline deposits from London and the implications for neolithic elm disease. Journal of Archaeological Science 12: 347–351

Iversen J (1941) Land occupation in Denmark's Stone Age. Danmarks geologiske Undersogelse II. Raekke 66: 1–68

Oeggl K (2013) Vom Ulmensterben zur Waldverwüstung: anthropogene Vegetationsveränderungen in den Alpen seit dem Neolithikum. Berichte der Reinhold-Tüxen-Gesellschaft 25: 95–107

Teil IX
Das Tiefland nördlich der Mittelgebirge

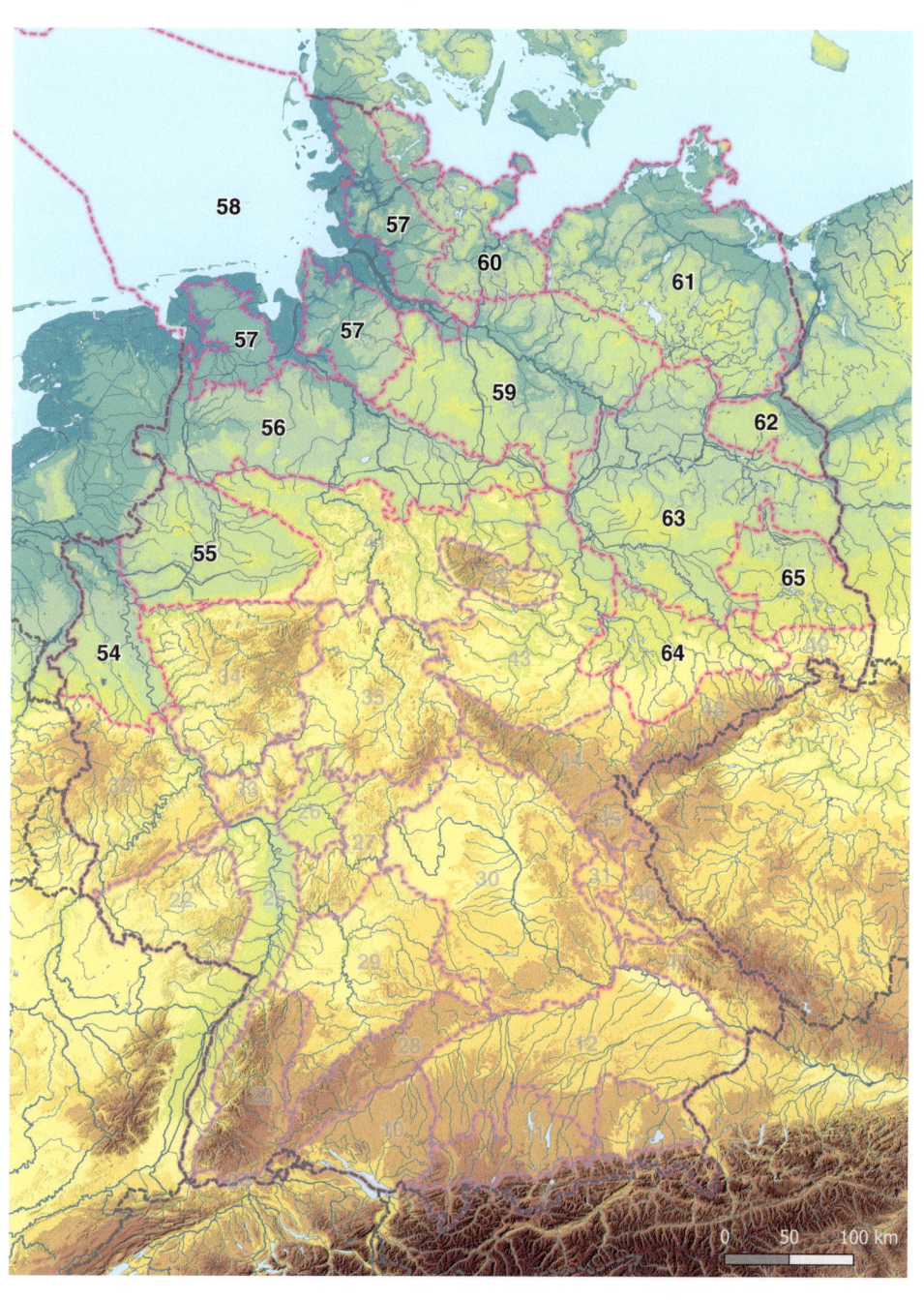

Niederrhein

Arie J. Kalis und Jutta Meurers-Balke

Lösslandschaft zwischen Titz (Kreis Düren) und Elsdorf (Rhein-Erft-Kreis), Rödinger Lössplatte auf der Jülicher Börde. Im Hintergrund links die Sophienhöhe (Außenkippe des Tagebaus Hambach) sowie das Kraftwerk Weisweiler (Foto: M. Zanjani)

Ergänzende Information Die elektronische Version dieses Kapitels enthält Zusatzmaterial, auf das über folgenden Link zugegriffen werden kann [https://doi.org/10.1007/978-3-662-68936-3_54].

A. J. Kalis (✉)
Institut für Archäologische Wissenschaften,
Johann Wolfgang Goethe Universität,
Frankfurt am Main, Deutschland
e-mail: a.j.kalis@tutanota.com

J. Meurers-Balke
Institut für Ur- und Frühgeschichte, Universität zu Köln,
Köln, Deutschland

Der Naturraum

Das Niederrheingebiet untergliedert sich in die Kölner Bucht und das Niederrheinische Tiefland. Das hier vorgestellte Standarddiagramm stammt aus der Kölner Bucht, die eine vom Norden in das Rheinische Schiefergebirge hineinreichende Tiefebene aus glazial überprägten Ablagerungen des Tertiärs ist (Abb. 54.1). Westlich des Rheins werden die älteren glazialen Terrassenablagerungen des Rheins von fruchtbarem Löss überdeckt. Gegliedert werden die Lössplatten durch Taleinschnitte, die in der letzten Kaltzeit entstanden sind, im Holozän aber bis in die Eisenzeit lediglich ephemer durchflossene Trockentäler waren. Ständig wasserführende Flüsse und Bäche entspringen in der Eifel und durchqueren die Lössbörden entlang tektonischer Bruchlinien auf ihrem Weg zu Rhein und Maas (Schalich 1968). Nach Osten, zum Rhein, hin schließen sich die lössfreie Niederterrasse und die holozäne Rheinaue an.

Auf Löss haben sich ackerbaulich hoch geschätzte Luvisole entwickelt. Als potenzielle natürliche Vegetation sind hier buchenreiche Wälder des Melico- und Milio-Fagetums kartiert.

Die Böden der Fluss- und Bachauen sind grundsätzlich nährstoffreich, da sie durch Hochwässer regelmäßig mit Nährstoffen versorgt werden. Traditionell wurden die Auen vor allem als Viehweiden und Mähwiesen genutzt, seit der Eindeichung des Rheins sind sie aber auch hervorragend für Ackerbau geeignet. Die potenzielle natürliche Vegetation ist die Weichholzaue (für die Böden: Gerlach in Brüggler et al. 2017, S. 74 ff.; für die potenzielle natürliche Vegetation Trautmann 1973).

Böden mit hoch anstehendem Grundwasserstand (Gleysole) wurden traditionell als Wiesen- und Weideland genutzt. Bereiche mit niedrigerem Grundwasserstand sind die Wuchsgebiete des Traubenkirschen-Erlen-Eschen-Waldes (Pruno-Fraxinetum). Vernässte Stellen würden von Erlenbruchwäldern (Carici elongatae-Alnetum) eingenommen. Leichtere, das heißt mit unterschiedlich starken Sandanteilen versehene, Grundwasserböden sind die Standorte von Eichen-Hainbuchen-Wäldern (Stellario-Carpinetum), je nach Basengehalt in armer oder reicher Ausprägung.

Die selten vorkommenden Niedermoore ließen sich erst nach Entwässerung und Rodung der hier von Natur aus wachsenden Erlenbruchwälder (Carici elongatae-Alnetum) als Feuchtwiesen nutzen. Sie bilden die einzigen vegetationsgeschichtlichen Archive in diesem Landschaftsraum.

Das Niederrheingebiet gehört zum nordwestdeutschen Klimabereich, in dem unter dem Einfluss maritimer Luftströmungen ausgeglichene Temperaturen mit milden Wintern und kühlen Sommern vorherrschen. Die Jahresniederschläge liegen um 800 mm; die Kölner Bucht ist infolge der Leelage zur Eifel trockener, mit Niederschlägen teils nur um 600 mm (Trautmann 1973).

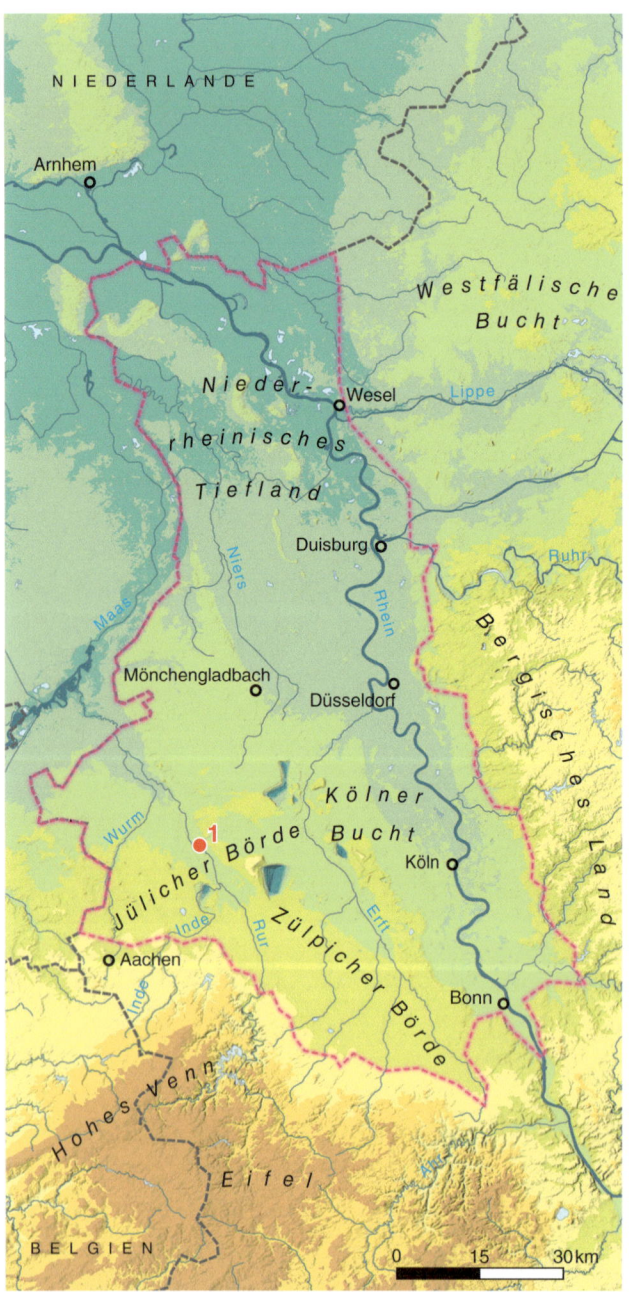

Abb. 54.1 Karte der Region Niederrhein mit pollenanalytisch untersuchten Lokalitäten für das standardisierte Pollendiagramm: 1 Rurtal bei Kiffelberg, Broich und Tetz

Siedlungsgeschichte

Im frühen Postglazial siedelten die mesolithischen Wildbeuter-Gruppen vorwiegend in den Fluss- und Bachtälern von Rur, Inde, Erft und Niers. Die Hochflächen der Lössbörden wurden nur sporadisch aufgesucht (Heinen und Baales 2015). Das ändert sich grundlegend mit dem Beginn der bäuerlichen Kultur. Ab 5350 v. Chr. beginnt mit der

Bandkeramik die ackerbauliche Nutzung der fruchtbaren Lössböden. Seitdem bestimmen Ackerbau und Viehhaltung zunehmend das Landschaftsbild des Niederrheingebietes. Die Verbreitung der altneolithischen Bandkeramik war eng an die Lössvorkommen gebunden. Auch die Siedlungen der mittelneolithischen Großgartacher, Rössener und Bischheimer Kulturgruppen orientierten sich an den Lössvorkommen, doch griffen sie weit über das Gebiet der bandkeramischen Besiedlung hinaus (Zimmermann et al. 2007).

Nach einem Siedlungsrückgang im späten Jungneolithikum beginnt – und dies ist vor allem aus den palynologischen Befunden zu erschließen – eine Umgestaltung der Landschaft, die dann im Endneolithikum mit einer vermutlich großflächig praktizierten Viehwirtschaft einhergeht. Archäologische Fundstellen aus dieser Zeit fanden sich bisher nur vereinzelt, und auch aus der nachfolgenden Früh- und Mittelbronzezeit sind Siedlungsbefunde eher selten. Dies ändert sich erst mit der Urnenfelderzeit um 1200 v. Chr. Die spätbronze-/früheisenzeitlichen Streusiedlungen werden in der Eisenzeit mehr und mehr durch konzentriertere Siedlungsstrukturen abgelöst. Ein erweitertes Nutzpflanzenspektrum ermöglichte es, außer den guten Böden nun auch landwirtschaftlich weniger geeignete Böden beispielsweise für den Hirseanbau zu nutzen (Zerl 2019). Gaius Iulius Caesar, der im 1. vorchristlichen Jahrhundert militärische Aktionen in den rheinischen Lössbörden unternahm, fand bei seinem Rachefeldzug gegen die Eburonen eine landwirtschaftlich voll erschlossene Landschaft vor.

Die römische Okkupation des Niederrheingebietes brachte nicht nur die Errichtung einer Vielzahl militärischer Einrichtungen mit sich, sondern veränderte die Infrastruktur durch die Gründung von Städten (*coloniae*) und Dörfern (*vici*) sowie den systematischen Ausbau von Landwirtschaftsbetrieben (*villae rusticae*) maßgeblich (Brüggler et al. 2017). Eine Reihe der von den Römern ins Land gebrachten und nun im Gartenbau kultivierten neuen Nutzpflanzen haben vermutlich den Niedergang der römischen Provinz Germania inferior und die sogenannte Völkerwanderungszeit nicht überdauern können. Erst in der Merowinger- und vor allem in der Karolingerzeit werden die römischen Traditionen durch die karolingische Renovatio wieder aufgegriffen.

In den nach dem Zusammenbruch der römischen Infrastruktur regenerierten Wäldern wurden im Frühmittelalter neue Siedlungen angelegt. Teile der Landschaft blieben hingegen bewaldet. So existierte beispielsweise als Teil eines größeren Waldgebietes der durch den Abbau tertiärer Braunkohlen zu Berühmtheit gelangte Hambacher Forst als Bürgewald zwischen Maas und Rhein seit karolingischer Zeit (Kaspers 1957). Um die Jahrtausendwende erfolgte im Rahmen eines hoheitlich geförderten mittelalterlichen Landesausbaus die großflächige Entwaldung der Lössbörden zugunsten des Ackerbaus. Dadurch war um 1300 im Rheinland die „unter den Pflug genommene Ackerfläche größer als jemals zuvor und nachher" (Janssen 1997, S. 78). Der bis in die Täler und auf marginalen Böden praktizierte Ackerbau hatte enorme Bodenverlagerungen zur Folge. Dadurch wurden die natürlichen Feuchtgebiete mit Kolluvien zugeschüttet. Zwar ging die Torfbildung in Altarmen der Rur noch weiter. Diese Ablagerungen wurden allerdings durch die massiven Entwässerungsmaßnahmen im vorigen Jahrhundert weitgehend vernichtet. Damit erloschen unsere Archive für die Rekonstruktion der regionalen Vegetationsgeschichte der Lössbörden.

Pollenarchive und Forschungsgeschichte

Die rheinischen Lössbörden gehörten lange Zeit zu den pollenanalytisch am wenigsten untersuchten Landschaften Deutschlands. Das ist vor allem der Sachlage zu verdanken, dass größere Seen und Hochmoore – die von Palynologen bevorzugten Pollenarchive – hier fehlen. In der Übersicht über die Waldgeschichte Mitteleuropas wird für das Niederrheingebiet lediglich ein von Nietsch im Jahre 1940 publizierter Untersuchungspunkt im Rheintal bei Köln-Merheim genannt (Firbas 1949). Diese Ablagerung wurde in den 1970er-Jahren im Zusammenhang mit dem Aufbau der dendrochronologischen Jahrringkurve Westdeutschlands erneut vegetationsgeschichtlich untersucht (Schütrumpf 1973). Altarme des Rheintals sind wesentliche Archive, die vegetationsgeschichtliche Erkenntnisse für das Niederrheingebiet erbracht haben (Rehagen 1964). Im Westen – an der Grenze zu den Niederlanden – hat C. R. Janssen pollenanalytische Untersuchungen aus dem Wurmtal vorgestellt, die erste Einblicke in die Vegetationsentwicklung in den rheinischen Lössbörden gaben (Janssen 1960).

Im Rahmen des DFG-Forschungsprojekts zur neolithischen Besiedlung der Aldenhovener Platte von 1972 bis 1982 begann eine intensive Suche nach pollenführenden Ablagerungen in den Tälern der Jülicher Börde, die von dem mit der Landschaft eng vertrauten Geologen J. Schalich begleitet wurde. Seither sind mehrere Profile aus den Tälern von Wurm, Rur und Erft erarbeitet worden, die eine Übersicht über die holozäne Vegetationsentwicklung erbrachten (u. a. Bunnik 1995). Insbesondere die umfangreichen archäobotanischen Forschungen im Elsbachtal, einem Nebental der Erft, haben wesentliche Erkenntnisse zur historischen Pflanzenverbreitung geliefert (Becker 2005). Ein Resümee über das Verhältnis von Mensch und Umwelt im Rheinland findet sich in einem zusammenfassenden Überblick mit dem Titel „PflanzenSpuren" (Knörzer et al. 1999). Eine vollständige Literaturliste befindet sich im Anhang.

Regionale Vegetations- und Waldgeschichte

In den Lössbörden sind die in den Tälern akkumulierten Sedimente die wichtigsten Archive für palynologische Untersuchungen. Neben Torfen konnten bei günstigen Erhaltungsbedingungen auch Schwemmlösse, Kolluvien und Wiesenkalke pollenanalytisch untersucht werden.

Bei der vegetationsgeschichtlichen Auswertung von ton- und schluffreichen Sedimenten, Kolluvien und Niedermoortorfen sind einige spezifische Eigenarten zu berücksichtigen: Die untersuchten Standorte trugen eine dichte Vegetation von Nasswiesen oder Bruchwäldern. Der am Ort produzierte Pollen macht dementsprechend den wesentlichen Anteil des Pollenspektrums aus. Dies zeigt sich deutlich in einem meist hohen Pollenanteil von Wildgräsern, Weide (*Salix*) und Erle (*Alnus*). Ihre Einbeziehung in die Berechnungsgrundlage führt zur prozentualen Unterrepräsentation von Pollentypen der regionalen Vegetation. Kurzfristige lokale Vegetationsveränderungen können zudem regionale Phänomene verschleiern. Aus diesem Grund wurde die Erle (*Alnus*) aus der Pollensumme ausgeschlossen. Zu berücksichtigen ist allerdings, dass die im hier vorgestellten Pollendiagramm in die Berechnungsgrundlage aufgenommenen Pollen von *Salix*, *Betula* und Gräsern im Frühholozän ebenfalls zur lokalen Pollenkomponente zählen und ihre Prozentwerte nur eingeschränkte Aussagen über ihren Anteil an der regionalen Vegetation zulassen.

Das Standarddiagramm für das Niederrheingebiet (Abb. 54.2) stammt aus dem Rurtal, einer mehrere Kilometer breiten tektonischen Senke der Kölner Bucht, in welcher der kleine Fluss seinen Weg fand. Die im letzten Glazial durchflossene Hauptrinne der Rur verlagerte ihren Lauf im späten Glazial infolge tektonischer Hebungen nach Westen. Infolgedessen blieb im Osten entlang der tektonischen Rurrandfalte eine wassergefüllte Senke bestehen. Das lang gestreckte, sich von Jülich bis Glimbach ziehende Niederungsgebiet verlandete im Verlauf des Holozäns. Das Pollendiagramm stammt von drei Bohrlokalitäten bei Broich, Tetz und Kiffelberg. Die Chronologie des Pollendiagramms basiert auf 61 ^{14}C-Daten. Das Diagramm ist in 13 regionale Pollenzonen (RPZ) aufgeteilt (s. Tab. S. 54.1 im elektronischen Zusatzmaterial).

Pollenführende Sedimente aus dem frühen und mittleren Spätglazial (Zonen I und II nach Firbas) sind bisher in den Lössbörden nicht gefunden worden. Die ältesten pollenanalytisch untersuchten Ablagerungen im Rurtal stammen aus der zweiten Hälfte der Jüngeren Dryaszeit. Sie sind jedoch so stark umgelagert, dass sich daraus kein Bild der regionalen Vegetation erschließen lässt (RPZ 1, Zeitscheibe 9750 v. Chr.).

Der Beginn des Holozäns (ca. 9700 v. Chr.) gibt sich lithologisch durch die nun beginnende Ablagerung humoser und pflanzenreicher toniger Schichten zu erkennen. Das Pollendiagramm zeigt die Wiederbewaldung der rheinischen Lössbörden im Präboreal (RPZ 2, Zeitscheiben 9500 bis 9000 v. Chr.). Aufgrund ihrer geschützten Lage im Leebereich von Eifel und Ardennen hatten Kiefern die Klimaverschlechterung der Jüngeren Dryaszeit im Gebiet überdauern können, sodass bereits am Beginn des Postglazials Kiefernwälder wuchsen, in denen die Birke noch immer gut vertreten war. Die Birken-Kiefern-Wälder des Präboreals waren lichtreich. So sind Pollentypen von krautigen Pflanzen artenreich und in großer Menge vorhanden. Beifuß (*Artemisia*) macht noch immer einen großen Anteil aus, begleitet von weiteren spätglazialen Taxa wie Zwergbirke (*Betula nana*), Wacholder (*Juniperus*), Wiesenraute (*Thalictrum*), Wiesenknopf (*Sanguisorba*) und Bibernelle (*Pimpinella*). Die extrem hohen Werte der Wildgräser dürften vorwiegend von lokalen Nasswiesen stammen. Unterschiedlich ist die frühholozäne Vegetationsentwicklung in der Niederrheinischen Bucht nördlich der Lössbörden: Hier breiteten sich im frühen Präboreal zunächst Birkenwälder aus, die erst im jüngeren Präboreal durch Kiefern-Birken-Wälder ersetzt wurden (Bos et al. 2007).

In den rheinischen Lössbörden blieb die Kiefer während des Boreals (RPZ 3 u. 4) der dominierende Baum, der wohl vor allem die trockenen Böden beherrschte. Auf grundwassernahen, feuchten Standorten wurde die Kiefer ab 8900 v. Chr. zunächst von der Hasel (*Corylus*) (RPZ 3, Zeitscheiben 8750 und 8500 v. Chr.) und später von Eichen (*Quercus*) und Ulmen (*Ulmus*) zurückgedrängt (RPZ 4, Zeitscheiben 8250 bis 6750 v. Chr.).

Im frühen Boreal (RPZ 3) stockten in den Lössbörden flächendeckend Kiefernwälder. Die Dominanz von *Pinus* wird umso deutlicher, wenn man bedenkt, dass der in Abb. 54.2 in der Berechnungsgrundlage enthaltene *Betula*-, *Salix*- und Poaceae-Pollen zur lokalen, im Rurtal ausgebildeten Vegetation gehörte. Die Nadelwälder wurden periodisch von natürlichen Waldbränden heimgesucht. Das zeigt sich in den schlagartig angestiegenen Konzentrationen von Pflanzenkohlenpartikeln in den Ablagerungen.

Im jüngeren Boreal (RPZ 4) verschwinden die lichtliebenden Kräuter wie *Artemisia* – die Waldbedeckung wurde dichter. Noch immer sind die sehr hohen *Salix*- sowie die hohen *Betula*-Werte durch lokale Weiden- und Birkenbruchwälder verursacht. Pollendiagramme anderer Lokalitäten in der Lössbörde zeigen, dass beide Pollentypen in der regionalen Pollenkomponente kaum vertreten sind. Um 7100 v. Chr. wandern Linde (*Tilia*) und Erle ins Gebiet ein.

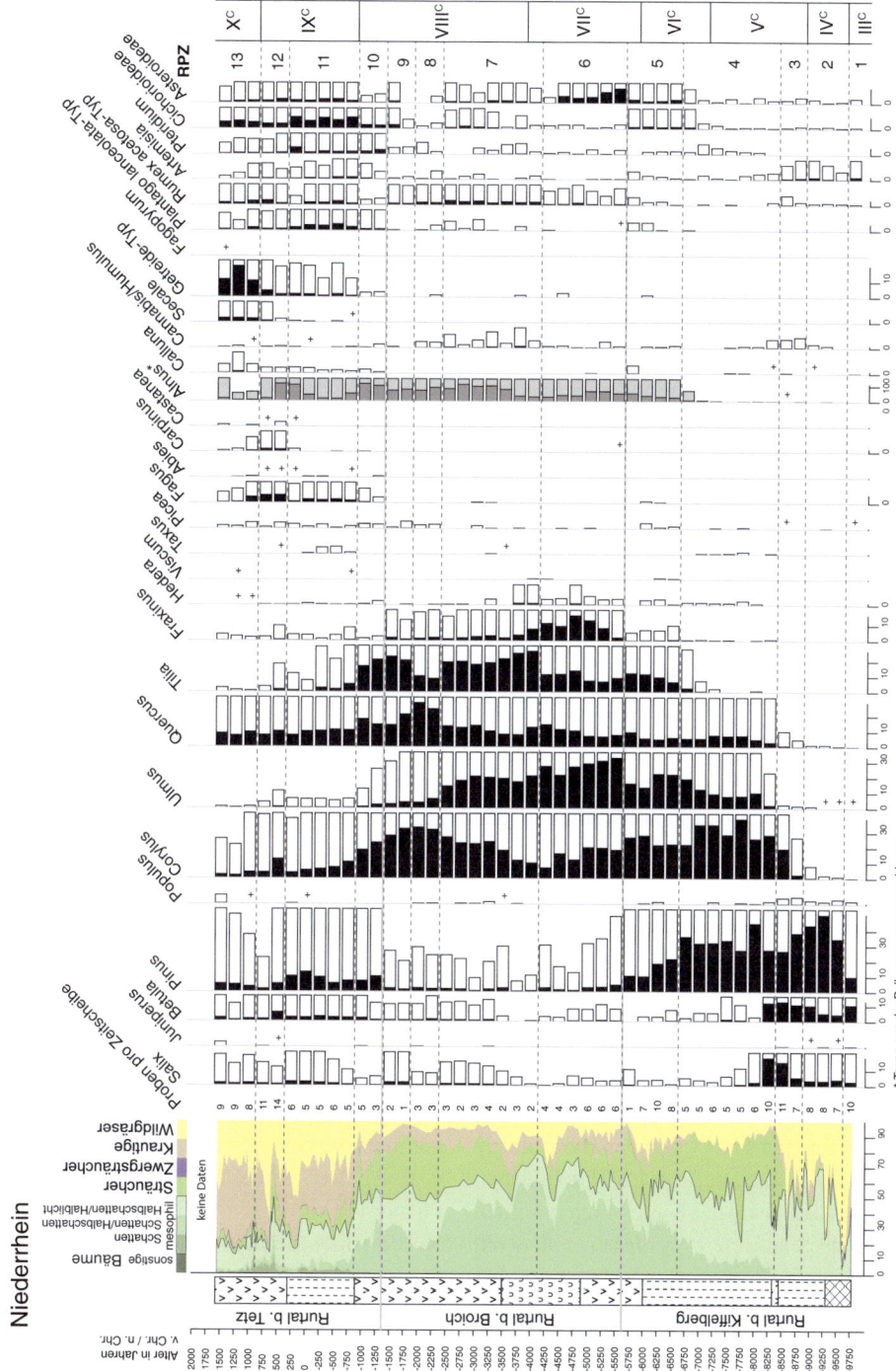

Abb. 54.2 Standardisiertes Pollendiagramm für die Region Niederrhein, kombiniert aus den Profilen Rurtal bei Kiffelberg (65 m NN, Zimmermann et al. 2007), Rurtal bei Broich (75 m NN) und Rurtal bei Tetz (70 m NN, beide Meurers-Balke und Kalis 2006)

Mit dem Rückgang der Kiefer sowie der Ausbreitung von Erle und Linde beginnt um 6600 v. Chr. die RPZ 5 (Zeitscheiben 6500 bis 5750 v. Chr.). Die noch im Boreal von der Kiefer eingenommenen Standorte wurden im Atlantikum sukzessive von lindenreichen Wäldern übernommen. Auf grundwassernahen Böden konnte sich die Ulme weiter ausbreiten, zusammen mit Esche (*Fraxinus*) und Ahorn (*Acer*).

Interessant ist die Einwanderung und Ausbreitung der Erle im Niederrheingebiet. Mit 5–25 % der Gesamtbaumpollen-Summe bleibt *Alnus*-Pollen unterhalb der Werte, die für Erlenbruchwälder üblich sind. Ein Blick auf die lokale Pollenkomponente in den atlantischen Spektren zeigt, dass im Rurtal farndominierte Seggen- und Grasbestände verbreitet waren. Erlen dürften, wie im Boreal auch, in der Sumpfvegetation des Atlantikums noch keine Rolle gespielt haben. Offenbar besiedelten Erlen mit ihrer Präferenz für mineralische Böden die Hartholzaue in Gesellschaften, die dem heutigen Pruno-Fraxinetum ähnlich waren. Die später so typischen Erlenbruchwälder breiteten sich im Gebiet erst im Subboreal aus (RPZ 7). Die Bindung der Erle an die randlichen Hartholzauen hat als Konsequenz, dass das breite Rurtal im Atlantikum wahrscheinlich gehölzarm war. Das machte die Tallandschaft zu einem für die mesolithischen Wildbeuter bevorzugten Jagd- und Sammelgebiet. Dies zeigt sich nicht nur archäologisch in der Verbreitung der mesolithischen Fundstellen entlang der Talränder (Heinen und Baales 2015), sondern auch im palynologischen Befund: Der Anstieg von Störungszeigern wie Korbblütlern (Asteroideae, Cichorioideae), eine Verdichtung der Funde von Kreuzblütlern (Brassicaceae) und erste Nachweise von Spitzwegerich (*Plantago lanceolata*-Typ) in Pollendiagrammen aus der Ruraue sind mit einer deutlichen Zunahme der Pflanzenkohlenkonzentration verbunden.

Mit dem Anstieg der *Fraxinus*-Kurve und der deutlichen Zunahme von *Ulmus* wird die Grenze zur RPZ 6 definiert (Zeitscheiben 5500 bis 4250 v. Chr.). Diese Grenze entspricht dem jüngeren Atlantikum und liegt in den Diagrammen aus dem Rurtal um 5600 v. Chr. Mit dem endgültigen Rückgang der Kiefer nahmen in der Kölner Bucht Ulmen in den Wäldern zu. Dabei dürften Ulmen nicht nur auf den regelmäßig überfluteten Standorten der Hartholzaue gewachsen sein, sondern sich auch auf den Lösshochflächen angesiedelt haben, die bis dahin von der Kiefer eingenommen worden waren. Geeignete Standorte – in diesem Fall wohl von *Ulmus minor* – waren im jüngeren Atlantikum feuchte abflusslose Senken, die auf den lössbedeckten Hochflächen vor der Nivellierung der Landschaft durch Bodenerosion noch zahlreich vorhanden waren.

In diesem Zeitabschnitt wurde die Vegetation in den Lössbörden bereits nachhaltig vom Menschen geprägt. Im vorliegenden Standarddiagramm zeigt sich dies vor allem im Anstieg der *Fraxinus*- und Asteroideae-Pollenkurven. Offenbar begann diese Entwicklung schon im spätesten Mesolithikum (zwischen 5800 und 5300 v. Chr.), verstärkte sich dann aber mit der Einwanderung der ersten Bauern. Der frühe Ackerbau ist im Pollendiagramm nahezu unsichtbar. Die neue neolithische Wirtschaftsweise zeigt sich vielmehr in Veränderungen, die auf die Viehhaltung zurückzuführen sind. So dürfte der Anstieg der Eschenkurve mit der Rinderhaltung in Zusammenhang stehen – sei es durch Eintrieb der Rinder in die Wälder, sei es durch die Gewinnung von Laubheu für die Winterfütterung. Diese Form der Viehwirtschaft existierte während des Alt- und Mittelneolithikums – Bandkeramik, Großgartach, Rössen, Bischheim – und möglicherweise noch bis in das frühe Jungneolithikum mit der älteren Michelsberger Kultur hinein.

Den markanten Anstieg der *Tilia*-Kurve haben wir als Hauptkriterium zur Trennung der Abschnitte RPZ 6 und 7 verwendet (Zeitscheiben 4000 bis 2500 v. Chr.). Eine Wiederbewaldung bisher landwirtschaftlich genutzter Flächen dürfte ursächlich für die zu beobachtende Verdoppelung der Lindenwerte im Pollendiagramm sein (holozänes *Tilia*-Maximum). Siedlungsgeschichtlich befinden wir uns in der jüngeren Michelsberger Kultur, die sich in den rheinischen Lössbörden kaum archäologisch fassen lässt. Zudem hatten über 1000 Jahre Landwirtschaft die Standortbedingungen nachhaltig verändert: Eine fortschreitende Degradierung der Böden sowie die Einebnung der Landschaft durch Hangabtrag und Talfüllung haben einen Teil der von der Ulme bevorzugten nährstoff- und basenreichen, sickerfrischen Böden auf den Hochflächen verändert, und es entstanden Standorte, auf denen die Winterlinde an Konkurrenzkraft überlegen war. Die *Ulmus*-Werte sinken im Pollendiagramm wieder auf Werte wie im frühen Atlantikum (RPZ 5). Ulmen wuchsen vermutlich vornehmlich in den fluss- und bachbegleitenden Hartholzauen. Die Ausbreitung der Lindenwälder spricht dafür, dass die viehwirtschaftliche Nutzung der Wälder im jungneolithischen Wirtschaftssystem – im Gegensatz zum Alt- und Mittelneolithikum – weniger bedeutsam war. Erst ab 3800 v. Chr. lässt sich eine Auflichtung mit der steten Zunahme der Hasel (*Corylus*) im Pollendiagramm vom Rurtal beobachten.

Der Rückgang von Ulme und Linde gegen 2400 v. Chr. markiert die Grenze zur RPZ 8 (Zeitscheiben 2250 und 2000 v. Chr.). Der Ulmenfall (s. Exkurs Kap. 53) ist dasjenige Phänomen, mit dem in den westlichen Mittelgebirgen und in Nordwestdeutschland die Grenze zwischen Atlantikum und Subboreal definiert wird. In den rheinischen Lössbörden kann dieser Vegetationswandel allerdings nicht genutzt werden, da der *Ulmus*-Rückgang in den Pollendiagrammen hier mehr als 1000 Jahre später stattfindet. Der Ulmen- und Lindenrückgang in der Kölner Bucht verläuft auffallend parallel zu den Kurvenanstiegen von *Corylus* und *Quercus*. Letztere erreicht in der RPZ 8 ihre höchsten holozänen Werte. Die Förderung von Hasel und Eiche zeigt, dass in den Lössbörden nun – siedlungsgeschichtlich befinden wir uns in den rheinischen Becherkulturen – eichenreiche Wirtschaftswälder entstanden, in deren Unterstand sich neben Haselsträuchern auch der Ahorn großflächig behaupten konnte. Dies ist mit einer neuen Landnutzungsstrategie zu erklären. Dabei entstanden nun bei Betonung der Viehzucht ausgedehnte Hudewälder (s. Exkurs Kap. 19). Als insektenblütige und im Pollenniederschlag nur schwach vertretene Gattung ist Ahorn im Pollendiagramm nicht dargestellt.

In der RPZ 9 (Zeitscheiben 1750 und 1500 v. Chr.) gehen die lichtliebenden Gehölze Hasel und Eiche deutlich zurück bei gleichzeitiger Zunahme der Linde. Offenbar wurde die Viehwirtschaft in der Bronzezeit nicht mehr großflächig betrieben. Dadurch konnten sich die ehemaligen Hudewälder in Richtung naturnaher lindenreicher Bestände zurückentwickeln. Welche Rolle indes der Ackerbau in der frühen und mittleren Bronzezeit spielte, lässt sich am palynologischen Befund nicht erkennen.

Dies ändert sich in der RPZ 10 (Zeitscheiben 1250 und 1000 v. Chr.). In der späten Bronzezeit trugen die Lössbörden weiterhin lindenreiche Wälder, in denen sich nun erstmals die Buche etablieren konnte. Im Nichtbaumpollen-Spektrum weisen die kontinuierlichen Kurven vom Getreide-Typ, vom *Plantago lanceolata*-Typ und *Artemisia* auf eine intensivierte ackerbauliche Nutzung hin, die in den Lössbörden offenbar zu verstärkter Bodenerosion führte. Dadurch wurden stellenweise ältere, nährstoffarme Kiese und Sande der Terrassenkörper freigelegt. Dies sind die Standorte für Birken und Kiefern, deren Pollen sich zunehmend in den Sedimenten aus der späten Bronze- und der Eisenzeit findet.

Der endgültige Rückgang der Linden- und Haselkurven bei gleichzeitiger Zunahme der Nichtbaumpollen markiert um 900 v. Chr. die Grenze zur RPZ 11 (Zeitscheiben 750 v. Chr. bis 250 n. Chr.). Aufgrund der hohen Nichtbaumpollen-Werte müssen wir davon ausgehen, dass das Gebiet fast waldfrei war. In den verbliebenen Gehölzbeständen fanden neben Eichen nun auch Buchen Wuchsorte.

Wesentliches hat sich bei der Viehwirtschaft geändert: Mit dem neuem Werkstoff Eisen waren in der Eisenzeit die Voraussetzungen für die Anlage und dauerhafte Pflege von Wiesen und Weiden gegeben. Insbesondere die nassen und feuchten Standorte, die vorher von Erlenbruchwäldern eingenommen worden waren, konnten nun als Grünland für die Viehhaltung nutzbar gemacht werden. Selbst arme und trockene, für den Ackerbau wenig geeignete Böden wurden verwendet. Hier entstanden Mager- und Trockenrasen. Die grasdominierten Pflanzengesellschaften des Grünlandes ermöglichten es den eisenzeitlichen Bauern, außer Rindern, Schweinen, Schafen und Ziegen nun auch Pferde zu halten.

In die RPZ 11 gehört auch die Römerzeit. So gravierend die Neuerungen der in der Römerzeit praktizierten Landwirtschaft mit einem auf Überschussproduktion zielenden Getreidebau und vielfältigem Gartenbau auch waren, so wenig wird dies im palynologischen Befund sichtbar – nicht einmal während der Blütezeit der römischen *Villae-rusticae*-Landschaft von 100–250 n. Chr. Die intensive Landnutzung innerhalb der eisenzeitlichen Subsistenzwirtschaft mit zahlreichen, auf unterschiedliche Bodengüte angepassten Ackerfrüchten schöpfte offenbar das Potenzial der Lössbörden bereits weitgehend aus, ebenso wie die folgende auf Gewinnmaximierung zielende römische Landnutzung. Im Gegenteil: Einige der von den Eisenzeitlern genutzten Bereiche wurden in der Römerzeit aufgelassen, sodass das feuchte Grünland wieder von Erlen eingenommen wurde. Auch die starke Ausbreitung des Adlerfarns (*Pteridium*) ist vom bäuerlichen Standpunkt aus betrachtet unproduktiv. Römische Charakteristika im regionalen Pollenspektrum sind allenfalls die importierten Gehölze wie Walnuss (*Juglans regia*), Esskastanie (*Castanea sativa*) und die nicht im Pollendiagramm aufgeführten Hartriegel (*Cornus mas*) und Buchsbaum (*Buxus sempervirens*).

Die RPZ 12 (Zeitscheiben 500 und 750 n. Chr.) ist durch Gipfel von Buche (*Fagus*) und Hainbuche (*Carpinus*) gekennzeichnet, die sich in den rheinischen Lössbörden am Ende des Römischen Reiches ab ca. 400 n. Chr. ausbreiteten. Mit der Etablierung der Hainbuche ist nun das Artenspektrum der naturnahen Wälder vollständig. Die frühmittelalterlichen Buchen- und Hainbuchenwälder entsprechen weitgehend der heute als potenziell natürlich angesehenen Vegetation dieses Gebietes (Trautmann 1973). Dennoch sind im Pollendiagramm weiterhin landwirtschaftliche Aktivitäten evident, beispielsweise im Vorkommen vom Getreide-Typ und nun auch verstärkt von Roggen (*Secale*), Ein markanter Unterschied zu den vorangegangenen Zeiten ist der Gegensatz von Kulturland zu naturnahen Wäldern. Offenbar wurden in der Merowinger- und Karolingerzeit größere Waldgebiete aus der viehwirtschaftlichen Nutzung herausgenommen und als Bannwälder geschont.

Um 1000 n. Chr. beginnt mit dem Rückgang der Buchen- und Hainbuchenkurven die RPZ 13 (Zeitscheiben 1000 bis 1500 n. Chr.). Im Hochmittelalter wurden offenbar die naturnahen Buchen- und Hainbuchenwälder in den rheinischen Lössbörden gerodet und in Kulturland umgewandelt. Dies diente vor allem dem Getreidebau. Dabei war nun Roggen neben Dinkel als Wintergetreide in den Turnus der häufig praktizierten Dreifelderwirtschaft mit Wintergetreide, Sommergetreide und Brache eingegliedert. Im Spätmittelalter trat der als insektenblütige Pflanze unterrepräsentierte Buchweizen (*Fagopyrum*) als Anbaupflanze am Niederrhein in Erscheinung, erstmals schriftlich erwähnt im Jahr 1394 (Slicher van Bath 1960, S. 99).

Die Pollendiagramme des Rurtals brechen vor Beginn der frühen Neuzeit ab, sodass die jüngsten Entwicklungen hin zur gegenwärtigen Kulturlandschaft nicht mehr erfasst sind.

Literatur

Becker WD (2005) Das Elsbachtal. Die Landschaftsgeschichte vom Endneolithikum bis ins Hochmittelalter. Rheinische Ausgrabungen 56. Philipp von Zabern, Mainz

Bos JAA, van Geel B, van der Plicht J, Bohncke SJP (2007) Preboreal climate oscillations in Europe: Wiggle-match dating and synthesis of Dutch high-resolution multi-proxy records. Quaternary Science Reviews 26: 1927–1950

Brüggler M, Jeneson K, Gerlach R, Meurers-Balke J, Zerl T, Herchenbach M (2017) The Roman Rhineland. Farming and consumption in different landscapes. In: Reddé M (ed) Gallia Rustica 1. Les campagnes du nord-est de la Gaule, de la fin de l´âge du Fer à l´Antiquité tardive. Ausonius Mémoires 49: 19–95

Bunnik FPM (1995) Pollenanalytische Ergebnisse zur Vegetations- und Landschaftsgeschichte der Jülicher Lößbörde von der Bronzezeit bis in die frühe Neuzeit. Bonner Jahrbücher 195: 314–349

Firbas F (1949) Waldgeschichte Mitteleuropas. Erster Band: Allgemeine Waldgeschichte. Gustav Fischer, Jena

Heinen M, Baales M (2015) Von Rentier- und Auerochsenjägern. Die letzten Jäger und Sammler in Nordrhein-Westfalen. In: Otten T, Kunow J, Rind MM, Trier M (eds) Revolution Jungsteinzeit. Archäologische Landesausstellung Nordrhein-Westfalen. Schriften zur Bodendenkmalpflege in Nordrhein-Westfalen 11: 33–39

Janssen CR (1960) On the Late-Glacial and Post-Glacial Vegetation of South Limburg (The Netherlands). Wentia 4: 1–112

Janssen W (1997) Kleine Rheinische Geschichte. Patmos, Düsseldorf

Kaspers H (1957) Comitatus nemoris – Die Waldgrafschaft zwischen Maas und Rhein. Untersuchungen zur Rechtsgeschichte der Forstgebiete des Aachen-Dürener Landes einschließlich der Bürge und Ville. Beiträge zur Geschichte des Dürener Landes 7. Zeitschrift des Aachener Geschichtsvereins Beiheft 2: 1–265

Knörzer KH, Gerlach R, Meurers-Balke J, Kalis AJ, Tegtmeier U, Becker WD, Jürgens A (1999) PflanzenSpuren. Archäobotanik im Rheinland: Agrarlandschaft und Nutzpflanzen im Wandel der Zeiten. Materialien zur Bodendenkmalpflege im Rheinland 10: 10–66

Meurers-Balke J, Kalis AJ (2006) Landwirtschaft und Landnutzung in der Bronze- und Eisenzeit. In: Kunow J, Wegner HH (eds) Urgeschichte im Rheinland. Rheinischer Verein für Denkmalpflege und Landschaftsschutz, Köln, 267–276

Rehagen HW (1964) Zur spät- und postglazialen Vegetationsgeschichte des Niederrheingebietes und Westmünsterlandes. Fortschritte in der Geologie von Rheinland und Westfalen 12: 55–96

Schalich J (1968) Die spätpleistozäne und holozäne Tal- und Bodenentwicklung an der mittleren Rur. Fortschritte in der Geologie von Rheinland und Westfalen 16: 339–370

Schütrumpf R (1973) Weitere Profile von Köln-Merheim und ihre Datierung. Kölner Jahrbuch für Vor- und Frühgeschichte 13: 23–35

Slicher van Bath BH (1960) De agrarische geschiedenis van West-Europa 500–1850. Spectrum, Utrecht

Trautmann W (1973) Vegetationskarte der Bundesrepublik Deutschland 1: 200.000: Potentielle Natürliche Vegetation, Blatt CC 5502 Köln. Schriftenreihe für Vegetationskunde 6. Bundesanstalt für Vegetationskunde, Naturschutz und Landschaftspflege, Bonn-Bad Godesberg

Zerl T (2019) Archäobotanische Untersuchungen zur Landwirtschaft und Ernährung während der Bronze- und Eisenzeit in der Niederrheinischen Bucht. Rheinische Ausgrabungen 77. Wissenschaftliche Buchgesellschaft, Darmstadt

Zimmermann A, Meurers-Balke J, Kalis AJ (2007) Das Neolithikum im Rheinland. Bonner Jahrbücher 205: 1–63

Westfälische Bucht

55

Till Kasielke, Jutta Meurers-Balke und Arie J. Kalis

Morgenstimmung im Münsterland bei Senden-Ottmarsbocholt (Foto: Erich Westendarp/PIXELIO)

Ergänzende Information Die elektronische Version dieses Kapitels enthält Zusatzmaterial, auf das über folgenden Link zugegriffen werden kann [https://doi.org/10.1007/978-3-662-68936-3_55].

T. Kasielke (✉)
Geographisches Institut, Ruhr-Universität,
Bochum, Deutschland
e-mail: till.kasielke@rub.de

J. Meurers-Balke
Institut für Ur- und Frühgeschichte, Universität zu Köln,
Köln, Deutschland

A. J. Kalis
Institut für Archäologische Wissenschaften,
Johann Wolfgang Goethe Universität,
Frankfurt am Main, Deutschland

Der Naturraum

Die Westfälische Bucht ist eine nach Westen zum Niederrhein hin geöffnete Tieflandsbucht, die im Nordosten und Osten vom Teutoburger Wald, vom Eggegebirge und von der Paderborner Hochfläche begrenzt wird. Den Südrand markiert der Haarstrang mit den Hellwegbörden, an die sich das Bergisch-Sauerländische Gebirge anschließt (Abb. 55.1).

Geologisch entspricht die Westfälische Bucht dem Münsterländer Kreidebecken. Kreidezeitliche Festgesteine treten an den Rändern der Bucht, an einigen Höhenzügen wie den Baumbergen oder Beckumer Bergen und im Zentralmünsterland nahe an die Oberfläche. Weitenteils sind sie von eiszeitlichen Lockergesteinen überdeckt. Im Kernmünsterland handelt es sich überwiegend um Geschiebelehm der saalezeitlichen Inlandvereisung. Das von schweren Lehmböden geprägte Kernmünsterland wird im Westen, Norden und Osten vom sogenannten Sandmünsterland eingeschlossen. Dort dominieren eiszeitliche Schmelzwassersande, sandige Niederterrassen, sogenannte Talsande, und Flugsande. Auch in den Tälern von Lippe und Emscher, die den Süden der Westfälischen Bucht entwässern, herrschen sandige Böden vor. Die Hellwegbörden tragen hingegen eine fruchtbare Decke aus Lösslehm.

Die Geländehöhen liegen im Allgemeinen bei 40–80 m NN. Die meist ebene bis flachwellige Landschaft wird von einigen inselartigen Erhebungen (u. a. Baumberge, Beckumer Berge) überragt, die Höhen von etwa 100–180 m NN erreichen. Das ozeanische Klima geht mit geringen Jahresschwankungen der Temperatur und in Anbetracht der Höhe recht hohen Niederschlägen einher. Die mittleren Jahresniederschläge liegen etwa bei 750–850 mm, mit tendenzieller Abnahme in östlicher Richtung.

Böden und Vegetation

Bei den recht einheitlichen klimatischen Bedingungen werden die Bodenverhältnisse und die potenzielle natürliche Vegetation maßgeblich vom Untergrundmaterial bestimmt: Auf den entkalkten Lössböden der Hellwegbörden haben sich fruchtbare Parabraunerden entwickelt, auf denen als potenzielle natürliche Vegetation Flattergras-Buchenwälder stocken würden. Auf den lehmig-tonigen Böden des Kern-

Abb. 55.1 Karte der Westfälischen Bucht mit pollenanalytisch untersuchten Lokalitäten für das standardisierte Pollendiagramm: 1 Dortmund-Marten, 2 Zwillbrocker Venn. Weitere im Text erwähnte Lokalität: 3 Castrop-Rauxel, Emscher-Gerinne

münsterlandes haben sich durch Staunässe und Grundwasser geprägte Pseudogleye und Gleye gebildet. Sie sind das potenzielle Wuchsgebiet von Eichen-Hainbuchen-Wäldern. Auf trockeneren Lehmböden beginnt sich die Buche durchzusetzen, die schließlich Waldmeister- und Flattergras-Buchenwälder bildet. Im Sandmünsterland finden sich je nach Grundwasserstand fließende Übergänge von Podsol auf trockeneren Standorten bis hin zu Gley bei stark vernässten Böden. Die stark versauerten reinen Sandböden sind das potenzielle Wuchsgebiet von Birken-Eichen-Wäldern. Auf lehmigen, weniger stark versauerten und trockeneren Sanden wachsen Buchen-Eichen-Wälder. Insbesondere im Nordwesten des Sandmünsterlands waren einst Hoch- und Übergangsmoore weitverbreitet (Burrichter 1973).

Pollenarchive und Forschungsgeschichte

In der Westfälischen Bucht gibt es keine natürlichen Seen. Moore sind vor allem auf das Sandmünsterland beschränkt. Für die übrigen Bereiche der Westfälischen Bucht ist man daher weitgehend auf die Ablagerungen in Fluss- und Bachauen angewiesen. Die palynologische Erforschung der Waldgeschichte in der Westfälischen Bucht beginnt mit den Untersuchungen von Hanns Koch (1929) und Hermann Budde (1930, 1931). Seither sind zahlreiche weitere Moorprofile durch Hermann Budde, Dietrich Goeke, Paula Wilkens, Helene Frohne, Hans-Wolfgang Rehagen, Ernst Burrichter, Erwin Isenberg und Richard Pott bearbeitet worden, wobei zunehmend auch die Rekonstruktion der Siedlungs- und Landnutzungsgeschichte sowie der Einfluss des Menschen auf die Vegetationsentwicklung in den Fokus gerieten. In jüngerer Zeit wurden auch Auenablagerungen pollenanalytisch ausgewertet, so im Ahse-Tal am Nordrand der Soester Börde (Burrichter et al. 1993), an der Lippe (Meurers-Balke und Kalis 2010) und an der Emscher (Kasielke 2014). Eine vollständige Literaturliste befindet sich im Anhang.

Die regionale Vegetations- und Waldgeschichte

Das Standarddiagramm (Abb. 55.2) ist zusammengesetzt aus dem Profil Dortmund-Marten (Kasielke 2014) und Zwillbrocker Venn (Burrichter 1969) (s. auch Tab. S. 55.1 im elektronischen Zusatzmaterial).

Dortmund-Marten liegt im Westen der Lössbörden am Hellweg und umfasst frühholozäne Ablagerungen (Zeitscheiben 9500 bis 7250 v. Chr.; Chronozonen IV^c und V^c). Die Stelle der Probenahme befindet sich am Nordufer des Roßbachs, knapp 3 km vor seiner Mündung in die Emscher. Die untersten Schichten des Profils erwiesen sich als pollenfrei. Aus den humosen bis torfigen Ablagerungen darüber stammt das 1,60 m umfassende frühholozäne Pollenprofil (Abb. 55.2, unterer Teil). Darüber folgten Schichten aus umgelagertem Lösslehm. Für das Profil liegen keine unabhängigen Datierungen vor, und die Chronologie basiert auf einem überregionalen pollenstratigraphischen Vergleich mit der nördlich angrenzenden Region (s. Kap. 56).

Für die jüngeren Phasen des Holozäns wurde als Standarddiagramm für Westfalen ein Pollendiagramm aus dem Zwillbrocker Venn gewählt. Das Moor liegt bei Vreden im äußersten Nordwesten der Westfälischen Bucht (Abb. 55.1). Es ist ein Hochmoor, das sich in einer versumpften Landschaft gebildet hatte. Ursächlich für die Versumpfung waren wasserstauende Tonschichten des Tertiärs, die von eiszeitlichen Sanden überlagert sind. Die Chronologie basiert auf der Arbeit von Kalis und Meurers-Balke (2005), die neben den sechs ^{14}C-Datierungen von Burrichter auch Datierungen aus Mooren der Region berücksichtigt haben (z. B. Hahnenmoor, Middeldorp 1986).

Über das Neolithikum und das Mittelalter können zur Vegetationsgeschichte recht detaillierte Aussagen getroffen werden. In anderen Zeiten hat sich hingegen so wenig Torf gebildet, dass sich die Veränderungen nur grob fassen lassen. Ablagerungen des älteren Atlantikums (Chronozone VI^c) fehlen in beiden Profilen. Auch für den jüngeren Abschnitt der Chronozone X^c (Zeitscheiben 1750 und 2000 n. Chr.) liegen keine Daten aus dem Zwillbrocker Venn vor.

Die untersten holozänen Schichten des Profils Dortmund-Marten sind aufgrund ihrer Pollenarmut quantitativ nicht auswertbar und daher im Diagramm nicht dargestellt. Nachweise von Heliophyten wie Sonnenröschen (*Helianthemum nummularium*), Wiesenraute (*Thalictrum*), Himmelsleiter (*Polemonium caeruleum*) und Große Pimpinelle (*Pimpinella major*) bei hohen Werten von Birke (*Betula*), Kiefer (*Pinus*) und Weide (*Salix*) weisen auf lichte Kiefern-Birken-Wälder hin, wie sie für die beginnende Nacheiszeit durchaus charakteristisch sind.

Das hier dargestellte Pollendiagramm beginnt im fortgeschrittenem Präboreal (RPZ 1, Zeitscheiben 9500 bis 9000 v. Chr.), als die Landschaft weiterhin von Birken- und Kiefern-Birken-Wäldern geprägt wurde. Die Vegetation des vernässten Talbodens wurde zunächst von Seggen (Cyperaceae) und im weiteren Verlauf der RPZ 1 dann von Wildgräsern (Poaceae) dominiert.

Die birkendominierten Wälder werden im frühen Boreal (RPZ 2, Zeitscheiben 8750 und 8500 v. Chr.) durch Kiefernwälder ersetzt. Der Anstieg der Haselkurve (*Corylus*) deutet auf die Ansiedlung und Ausbreitung des Strauches hin. In den obersten Spektren treten erstmals Ulme (*Ulmus*) und Eiche (*Quercus*) auf.

Die RPZ 3 (Zeitscheiben 8250 bis 7250 v. Chr.) wird durch das boreale Haselmaximum (*Corylus*) charakterisiert. Im Bereich des Roßbachtals bildeten sich im Jungboreal Haselhaine aus, unter deren Beschattung sich die Kiefer

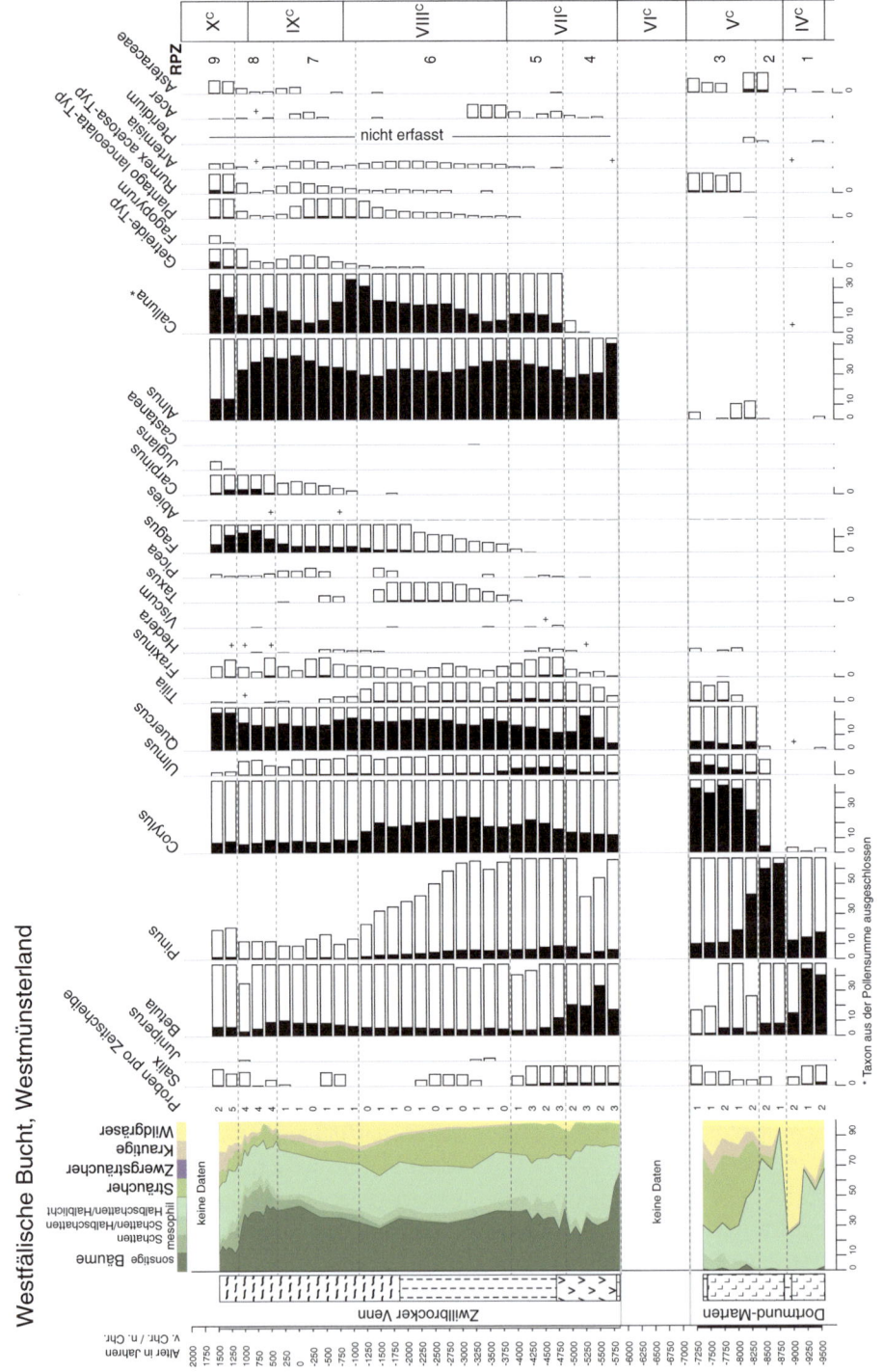

Abb. 55.2 Standardisiertes Pollendiagramm für die Westfälische Bucht, kombiniert aus den Profilen Dortmund-Marten (70 m NN, Kasielke 2014) und Zwillbrocker Venn (29 m NN, Burrichter 1969)

kaum noch verjüngen konnte. Die schattentolerantere Ulme konnte sich hingegen in den Wäldern stark ausbreiten. Auch die Eiche und etwas verzögert die Linde etablierten sich, doch blieben weiterhin Haselsträucher die häufigsten Gehölze in der Landschaft. Ob hierbei der mesolithische Mensch in die natürliche Vegetationsentwicklung eingegriffen hat, kann aufgrund der beobachteten angestiegenen Werte von Pflanzenkohlenpartikeln erwogen werden.

Deutliche Veränderungen zeigen sich auch in der lokalen Vegetation der Roßbachaue. Die in der RPZ 1 extrem hohen Werte der Wildgräser (Poaceae) sind in der RPZ 2 schlagartig abgefallen, während die Werte der Farnsporen (Polypodiales, nicht im Diagramm dargestellt) ebenso unvermittelt stark angestiegen sind. Im Jungboreal (RPZ 3) sinken die Farnwerte dann wieder stark ab.

Die Pollenspektren des frühen Atlantikums (RPZ 4, Zeitscheiben 5750 bis 5000 v. Chr.) werden zunächst von Erle (*Alnus*) und darauffolgend von Birke (*Betula*) dominiert – beide gehören zur lokalen Vegetation eines Birkenbruchwaldes mit vereinzelten Kiefern. Die regionale Vegetation wird von Eichen (*Quercus*) und Hasel (*Corylus*) bestimmt. Die Landschaft war also mit haselreichen Eichenwäldern bestanden, denen auf besseren Böden Linden (*Tilia*) und in den Bachauen Ulmen (*Ulmus*) beigemischt waren.

Mit Beginn der RPZ 5 (Zeitscheiben 4750 bis 4000 v. Chr.) wurde der lokale Birkenbruchwald durch Feuer vernichtet. Es dürfte sich – wie Burrichter bereits 1969 vermutete – um einen durch den Menschen gelegten Brand gehandelt haben, da ein bodennasser Birkenbruch von sich selbst bei Blitzschlag so gut wie nicht entflammbar ist. Nach dem Brand bildete sich zunächst lokal eine Grasfläche aus. Vermutlich war es Pfeifengras (*Molinia*), das als Erstbesiedler die Brandfläche überzog, bevor kurzfristig noch einmal die Birke das Terrain zurückeroberte. In der Folge des Brandes hatte sich inzwischen der Wasserhaushalt des Versumpfungsmoores so verändert, vor allem durch den Wegfall der Pumpwirkung des Baumbestands, dass in der Folgezeit hier kein Birkenbruch mehr wuchs. Es bildete sich vielmehr ein Übergangsmoor mit Heidekraut (*Calluna*) und Torfmoosen (*Sphagnum*). So entstand das stellenweise waldfreie Venn. Zeitgleich macht sich im Pollendiagramm eine Zunahme von Ulmen-, Linden- und Eschenpollen (*Fraxinus*) bemerkbar (RPZ 5). Hier beginnen auch die geschlossenen Pollenkurven von Beifuß (*Artemisia*) und den Gänsefußgewächsen (Chenopodiaceae). Beide sind sicherlich mit anthropogenen Veränderungen der Vegetation verknüpft. Zwar gibt es keinen pollenanalytischen Hinweis auf Ackerbau, doch zeigen nicht nur die Zunahme von Eschen und Efeu (*Hedera helix*), sondern auch die von Haselsträuchern und die vermehrten Nachweise von Ahorn (*Acer*), dass im 5. vorchristlichen Jahrtausend eine vom Menschen aufgelichtete Landschaft existierte, die vor allem dem Tierbestand zugutekam. Ob nun die mittelneolithischen Bauern vom Süden aus ihre Weidegründe im Sommer bis in das nordwestliche Münsterland ausgedehnt hatten oder aber die Swifterbant-Wildbeuter hier lichtreiche Wälder für Wild- oder Haustiere schufen, lässt sich nicht sagen.

RPZ 6 (Zeitscheiben 3750 bis 1250 v. Chr.) beginnt klassisch mit dem Rückgang von Ulmen- (*Ulmus*), Eschen- (*Fraxinus*) und Lindenpollen (*Tilia*). In der Zunahme von Wildgräsern (Poaceae), Beifuß (*Artemisia*), Gänsefußgewächsen (Chenopodiaceae), Spitzwegerich (*Plantago lanceolata*-Typ), Ampfer (*Rumex acetosa*-Typ) und Vogelknöterich (*Polygonum aviculare*-Typ) zeigt sich deutlich die Auflichtung der Landschaft durch die bäuerliche Lebensweise. Leider sind die Torfe von der Jungsteinzeit bis in die Römische Kaiserzeit so langsam aufgewachsen, dass uns aus diesen 4500 Jahren nur insgesamt zehn Pollenspektren aus ca. 30 cm Torf vorliegen. Dennoch lassen sich auch aus diesen wenigen Spektren einige Veränderungen in der Geschichte der Landnutzung ablesen. Die bäuerliche Erschließung der Landschaft war sicherlich ab dem 4. vorchristlichen Jahrtausend mit Viehhaltung und Ackerbau verbunden. Erst um 2300 v. Chr., also zur Zeit der Einzelgrabkultur, sind erstmals Pollenkörner vom Getreide-Typ im Pollendiagramm erfasst. Bis in das 2. vorchristliche Jahrtausend hinein herrschten in der Umgebung des Venns haselreiche Eichenwälder vor, die sicherlich in vielfältiger Weise bäuerlich genutzt wurden – zur Waldweide, zum Sammeln von essbaren Eicheln und Nüssen für Mensch und Vieh, zur Deckung des Holzbedarfs. Bis in diese Zeit kam noch immer die Linde (*Tilia*) in den Wäldern vor, neben der sich bereits seit der Jungsteinzeit ausbreitenden Buche (*Fagus*). Auch die Eibe (*Taxus*), die ein wertvolles Nutzholz liefert, war auf den besseren Böden in den Wäldern vertreten. In der ersten Hälfte des 2. vorchristlichen Jahrtausends, als die Vegetation des Moores zunehmend nicht mehr vom Grundwasser, sondern durch das Regenwasser gespeist wurde, beginnt das lokale Hochmoorwachstum (s. Burrichter 1969).

Mit Beginn der RPZ 7 (Zeitscheiben 1000 v. Chr. bis 250 n. Chr.) lässt sich eine veränderte Landnutzung fassen. Dies gibt sich vor allem in einer Zunahme des Nichtbaumpollens zu erkennen; gleichzeitig nimmt die Buche (*Fagus*) zu, die in dieser Zeit der wichtigste Baum in den naturnahen Wäldern wird. Hierin kommt eine Gliederung der Landschaft in Waldland und landwirtschaftlich genutzte, ständig waldfreie Flächen zum Ausdruck. Der Anstieg der Kurve vom Getreide-Typ legt nahe, dass die Ackerflächen nun wesentlich vergrößert wurden. Charakteristisch für diese Zeit ist insbesondere die Zunahme des Pollens von Spitzwegerich (*Plantago lanceolata*-Typ), Ampfer (*Rumex*), Korbblütlern (Asteraceae), Hahnenfuß (*Ranunculus*, nicht im Diagramm dargestellt) und vor allem Wildgräsern. Ihr vermehrter Nachweis zeigt, dass nun die Grünlandwirtschaft mit Wiesen und Weiden für das Vieh auch hier eingeführt worden war. Das Vieh wurde jetzt nicht mehr überwiegend durch Waldweide und Laubheufütterung ernährt. Dadurch konnte sich in den Wäldern auf besseren Böden nun die Buche ausbreiten, die mehr und mehr die ursprünglich hier verbreitete Linde (*Tilia*) und Eibe (*Taxus*) verdrängte. Auf den ärmeren Böden gewinnt die Eiche die Dominanz, auf den versauerten Böden im Verbund mit der Birke.

Um 1200 v. Chr. findet ein gravierender Wechsel in den Bestattungssitten von vorher punktuell verteilten Körpergräbern zu großen, langfristig belegten Brandgräberfeldern statt (mittlere Bronzezeit zu Urnenfelderzeit). Möglicherweise haben diese kulturellen Veränderungen auch zu einer anderen Auffassung der nutzbaren Landschaft geführt.

Ab der Mitte des 1. nachchristlichen Jahrtausends ist der Torf im Zwillbrocker Venn wieder rascher aufgewachsen. Aus 1000 Jahren liegt etwa 60 cm Torf vor, sodass Burrichter nun wieder relativ kurzfristige Vegetationsveränderungen pollenanalytisch fassen konnte. Da diese im vorliegenden Standarddiagramm nicht sichtbar sind, wird hinsichtlich der siedlungsgeschichtlichen Auswertung auf die Originalpublikation verwiesen (Burrichter 1969; s. auch Meurers-Balke und Kalis 2005).

Im Standarddiagramm ist die RPZ 8 (Zeitscheiben 500 bis 1000 n. Chr.) durch ein deutliches Minimum des Nichtbaumpollens inklusive der Gräser und Getreidepollen charakterisiert. Sie fallen im 6. Jahrhundert auf so niedrige Werte, wie sie in den vorausgegangenen 4000 Jahren nicht erreicht wurden. Dies lässt darauf schließen, dass zwischen 400 und 700 n. Chr. großflächig Wirtschaftsflächen – Äcker, Wiesen, Weiden – aufgegeben wurden und sich wieder bewaldeten, zunächst mit Eichen und Eschen und schließlich auf den besseren Böden mit Buchen. In dieser Zeit kann sich auch die Hainbuche (*Carpinus*) in den Wäldern durchsetzen. Die Wiederbewaldung großer Landschaftsteile mit naturnahen Wäldern ist sicher im Zusammenhang mit den umwälzenden Ereignissen der Völkerwanderungszeit zu sehen.

Der frühmittelalterliche Landesausbau in der Umgebung des Venns kann ab etwa 700 n. Chr. im Pollendiagramm erfasst werden. Dennoch blieben während des Frühmittelalters offenbar einige Gebiete von der Rodung verschont. Die hier stockenden Buchen- und Eichen-Hainbuchen-Wälder dürften relativ naturnah geblieben sein. Das bedeutet, sie waren weitgehend aus der bäuerlichen Nutzung, beispielsweise der Waldweide, ausgenommen. Möglicherweise hatte das adelige Damenstift Vreden, das erstmals 839 erwähnt wird und dessen Bedeutung im 11. Jahrhundert durch die Äbtissin Adelheid, eine Tochter von Kaiser Otto II. und Kaiserin Theophanu, deutlich wird, Interesse an der Erhaltung der Wälder. Denn die Äbtissin vergab nicht nur Lehen und war Markenrichterin, sondern hatte auch das Jagdrecht (Tschuschke 1990).

Erst in der RPZ 9 (Zeitscheiben 1250 und 1500 n. Chr.) ist die volle Entfaltung der spätmittelalterlichen Landwirtschaft erfasst, die nun alle Bereiche einbezieht: Getreideanbau – nun mit dem als Wintergetreide angebauten Roggen auf den besseren Böden – und Grünland sowohl auf trockeneren wie feuchteren Standorten. Selbst die ärmsten Böden wurden noch zum Anbau des anspruchslosen Buchweizens genutzt. Dem spätmittelalterlichen Landesausbau fielen nun zunehmend auch die naturnahen Buchen- und Hainbuchenwälder zum Opfer. Die wenigen Waldreste waren eichenreiche Wirtschaftswälder.

Alte Flussgerinne der Emscher als Archiv für die spätholozäne Vegetations- und Landnutzungsgeschichte

Als Beispiel für eine mosaikartige Landschaftsrekonstruktion aus einem schwierigen Archiv wird im Folgenden ein Diagramm aus einer Ausgrabung in Castrop-Rauxel im Emscherland vorgestellt (Abb. 55.1). Die sich gegenseitig schneidenden und überlagernden Emscher-Gerinne ließen einen zyklischen Wechsel von teilweiser Verlandung und nachfolgender erosiver Ausräumung und Reaktivierung des Altarms erkennen, doch blieben Reste der Gerinneverfüllungen erhalten (Abb. 55.3). Die Entschlüsselung der

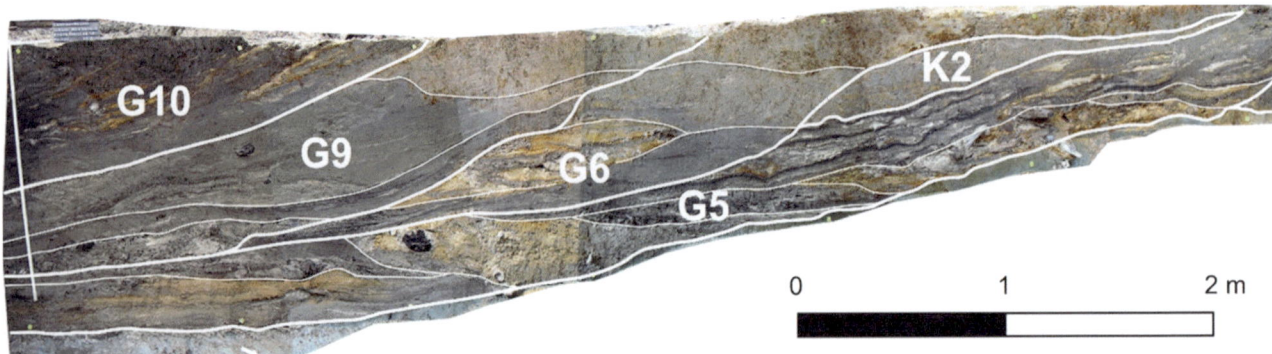

Abb. 55.3 Profil der sich gegenseitig schneidenden und überlagernden Emscher-Gerinne (G) mit einem am Ufer abgelagerten Kolluvium (K2). Nicht alle sedimentären Einheiten sind in diesem Profil erhalten (Foto: LWL-Archäologie für Westfalen)

komplexen Sedimentstratigrafie, die Verbindung der einzelnen Schichten und Gerinne zwischen den Profilen sowie deren chronostratigraphische Einordnung erforderte die Kombination verschiedener Methoden der Sedimentologie, Archäobotanik und Archäologie, gestützt durch Datierungen mittels Dendrochronologie und ^{14}C-Analyse (Kasielke 2014).

Das Pollendiagramm (Abb. 55.4) wurde nach den einzelnen zusammengehörigen Sedimentschichten (Gerinneverfüllungen, Ufersedimente, Kolluvien) gegliedert, da die Proben innerhalb einer solchen Einheit ähnliche Pollenzusammensetzungen aufwiesen. Lediglich die Gerinne G5 und G6 wurden in je zwei Spektrengruppen untergliedert. Trotz der diskontinuierlichen Sedimentation in dem Gerinnekomplex ermöglichte die Pollenanalyse eine Rekonstruktion der Vegetations- und Landnutzungsentwicklung vom späten Subboreal bis ins 19. Jahrhundert.

Der Auenlehm direkt unter den Gerinnen stammt aus dem Subboreal. Aus den Pollenspektren ergibt sich das Bild von farnreichen Erlenwäldern in der Aue und Wäldern aus Linde, Eiche, Kiefer und Hasel auf den höher gelegenen Böden. Die Waldbestände waren bereits teilweise den Acker- und Siedlungsflächen gewichen, und Waldweide hatte zur Auflichtung der Wälder geführt, in denen sich neben Adlerfarn (*Pteridium aquilinum*) auch Kräuter und Gräser ausgebreitet hatten.

Die ältesten Gerinneablagerungen sind Ufersedimente des Endneolithikums. Die hohen Haselwerte als ein typisches Kennzeichen endneolithischer Pollenspektren sind wohl auf eine anthropo-zoogene Auflichtung der Wälder zurückzuführen.

Nach einem Hiatus folgen die Ablagerungen der späten Vorrömischen Eisen- und der Römischen Kaiserzeit. Wie die gestiegenen *Fagus*-Werte zeigen, hatte sich die Buche nun in den Wäldern etabliert und weitgehend die Linde ersetzt. Hohe Getreidewerte sowie Siedlungszeiger wie Gänsefußgewächse (Chenopodiaceae), Beifuß (*Artemisia*) und Margeriten-Pollentyp (*Anthemis*-Typ) deuten auf Siedlungsaktivitäten in der Nähe des Befundes hin. Erhöhte Werte der Gräser und Korbblütler des Cichorioideae-Pollentyps sowie charakteristische Grünlandtaxa wie Spitzwegerich (*Plantago lanceolata*-Typ) verweisen auf die Existenz von Wiesen, Weiden und Ackerbrachen. Das kontinuierliche Auftreten von Besenheide (*Calluna vulgaris*) legt zudem eine Übernutzung siedlungsnaher Böden nahe. Die archäologischen Befunde sowie die hohen Getreidewerte belegen auch in dieser Phase eine angrenzende Siedlung.

Der Pollengehalt des Gerinnes 6 zeigt einen grundlegenden Landschaftswandel: Der starke Anstieg der Baumpollenwerte und der deutliche Abfall der Getreide- und Gräserkurven belegt einen Rückgang von Ackerbau und Grünlandwirtschaft, verbunden mit der Wiederbewaldung ehemaliger Wirtschafts- und Siedlungsflächen als Folge abnehmender Bevölkerungsdichte in der Völkerwanderungszeit. Im Spektrum des Baumpollens zeichnen sich Waldgesellschaften ab, die der potenziellen natürlichen Vegetation im Emscherland entsprechen. Hainbuche (*Carpinus*), Ahorn (*Acer*), Esche (*Fraxinus*) und Ulme (*Ulmus*) erreichen die höchsten Werte im Pollendiagramm.

In den jüngeren Schichten von Gerinne 6 bleibt der Anteil des Baumpollens unverändert hoch, jedoch zeigt sich eine deutliche Veränderung in der Gehölzzusammensetzung der Wälder: Der markante Abfall von Erle, Hainbuche, Ahorn, Buche und Ulme wird durch eine extreme Zunahme des Eichenpollens kompensiert, der hier die höchsten Werte des gesamten Holozäns erreicht. Bemerkenswerterweise lässt sich keine Zunahme an Pollen von Kulturpflanzen und Siedlungszeigern feststellen. Die beobachteten Veränderungen stehen vermutlich mit einer gezielten Umgestaltung der naturnahen Wälder in für die Schweinemast besonders wertvolle Eichenwälder während des Frühmittelalters im Zusammenhang.

In Gerinne 7 dokumentiert eine markante Zunahme des Pollens von Getreide, weiteren Siedlungszeigern und typischen Grünlandtaxa den fortgeschrittenen mittelalterlichen Landesausbau im Emscherland. Die Rodung der Eichenwälder zur Schaffung neuer Nutzflächen sowie zur Gewinnung von Bau- und Brennholz für die gewachsene Bevölkerung äußert sich im deutlichen Rückgang der Eichenkurve. Der Offenlandanteil dürfte in etwa wieder dem der Römischen Kaiserzeit entsprochen haben.

Die Pollenspektren des spätmittelalterlichen Gerinnes 8 zeigen mit einer deutlichen Zunahme an Gehölzpollen die teilweise Wiederbewaldung der Landschaft an. Diese Entwicklung dürfte in Zusammenhang mit mehreren Pestausbrüchen stehen, die im Dortmunder Raum im 14. und 15. Jahrhundert Tausende Tote forderten.

Die gestiegenen Kiefernwerte in den untersuchten Schichten des Gerinnes 9 dürften durch die im 19. Jahrhundert erfolgten Aufforstungen von Heideflächen bedingt sein. Hohe Gehalte an Kohlepartikeln sind wohl auf den verstärkten Steinkohlenabbau am Oberlauf der Emscher zurückzuführen. Die eichenreichen Wirtschaftswälder waren ausgedehnten Ackerflächen gewichen, und selbst die Erlenbruchwälder, die seit dem Atlantikum die Emscherniederung prägten, waren in Weiden und Wiesen umgewandelt worden.

Ein ähnliches Bild vermittelt auch der Pollengehalt der ältesten Schicht aus Gerinne 10. Die darüberliegende Schicht war durch Steinkohleneinträge aus den flussaufwärts liegenden Zechen tiefschwarz gefärbt und konnte daher pollenanalytisch nicht untersucht werden. Zu Beginn des 20. Jahrhunderts wurde die Emscher dann in ein künstliches Bett verlegt und das Gerinne 10 verfüllt.

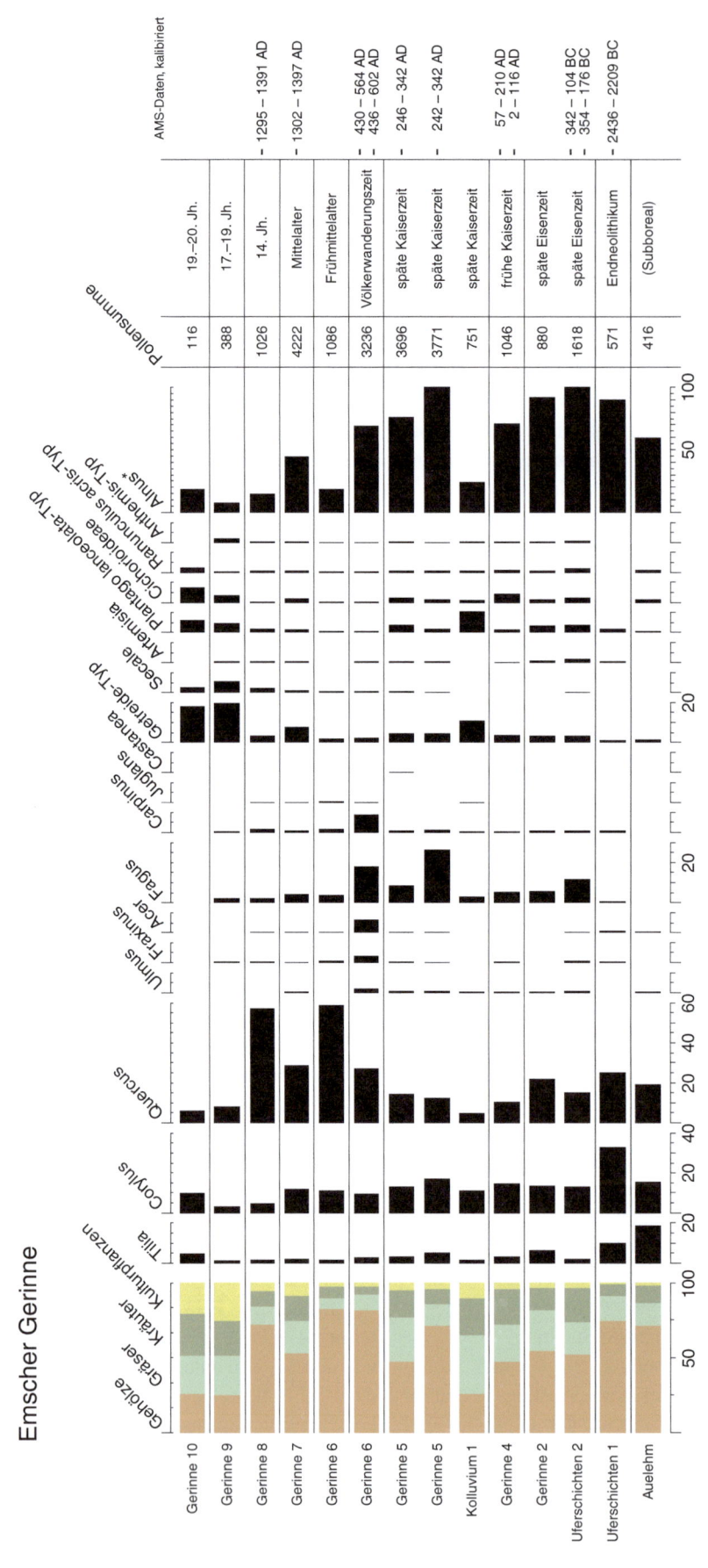

Abb. 55.4 Pollendiagramm Castrop-Rauxel, Emscher-Gerinne (59 m NN, Kasielke 2014). Verlandete Flussgerinne als unkonventionelles Archiv der Vegetations- und Landnutzungsgeschichte

Literatur

Budde H (1930) Pollenanalytische Untersuchungen im Weißen Venn, Westmünsterland. Berichte der Deutschen Botanischen Gesellschaft 48: 26–40

Budde H (1931) Die Waldgeschichte Westfalens auf Grund pollenanalytischer Untersuchungen seiner Moore. Abhandlungen aus dem Westfälischen Provinzial-Museum für Naturkunde 2: 17–26

Burrichter E (1969) Das Zwillbrocker Venn, Westmünsterland, in moor- und vegetationskundlicher Sicht. Mit einem Beitrag zur Wald- und Siedlungsgeschichte seiner Umgebung. Abhandlungen aus dem Landesmuseum für Naturkunde zu Münster in Westfalen 31: 2–60

Burrichter E (1973) Die potentielle natürliche Vegetation in der Westfälischen Bucht, Erläuterungen zur Übersichtskarte 1:200000. Siedlung und Landschaft in Westfalen 8. Geographische Kommission für Westfalen, Münster

Burrichter E, Freund H, Hüppe J, Pott R (1993) Spät- und nacheiszeitliche Vegetationsentwicklung und deren Verlandungssukzessionen in Auenlandschaften nordwestdeutscher Lößbörden. Dissertationes Botanicae 196. Cramer, Stuttgart, Berlin, 399–413

Kasielke T (2014) Spätquartäre Landschaftsentwicklung im oberen Emscherland. Dissertation, Ruhr-Universität Bochum

Koch H (1929) Paläobotanische Untersuchungen einiger Moore des Münsterlandes. Beihefte zum Botanischen Centralblatt 46/II(1): 1–70

Meurers-Balke J, Kalis AJ (2005) Landnutzung in prähistorischer und historischer Zeit im Vredener Land. Ein Pollendiagramm von Ernst Burrichter neu betrachtet. In: Peine HW, Terhalle H (eds) Stift – Stadt – Land. Vreden im Spiegel der Archäologie. Beiträge des Heimatvereins Vreden zur Landes- und Volkskunde 69. Heimatverein Vreden, Vreden, 83–90

Meurers-Balke J, Kalis AJ (2010) Ein neues Pollenprofil aus der Lippeaue bei Bergkamen berichtet über Jahrtausende Landwirtschaftsgeschichte. In: Eggenstein G (ed) Mensch und Fluss. 7000 Jahre Freunde und Feinde. Kettler, Bönen, 95–100

Middeldorp AA (1986) Functional palaeoecology of the Hahnenmoor raised bog ecosystem – A study of vegetation history, production and decomposition by means of pollen density dating. Review of Palaeobotany and Palynology 49: 1–73

Tschuschke V (1990) Die Billunger im Münsterland. Beiträge des Heimatvereins Vreden zur Landes- und Volkskunde 38: 15–43

Südliches niedersächsisches Altmoränengebiet

Andreas Bauerochse, Angelika Kleinmann und Josef Merkt

56

Das heutige Landschaftsbild des südlichen Altmoränengebietes ist von einer intensiv genutzten Agrarlandschaft mit kleineren Waldgebieten geprägt, in das sich kleinere Ortschaften und Bauernhöfe in Einzellage einfügen. Am rechten Bildrand liegt die Ortschaft Anderten und am linken Bildrand der Hämelsee (Foto: J. Merkt)

Ergänzende Information Die elektronische Version dieses Kapitels enthält Zusatzmaterial, auf das über folgenden Link zugegriffen werden kann [https://doi.org/10.1007/978-3-662-68936-3_56].

A. Bauerochse (✉)
Niedersächsisches Landesamt für Denkmalpflege,
Hannover, Deutschland
e-mail: Andreas.Bauerochse@nld.niedersachsen.de

A. Kleinmann · J. Merkt
Herbertingen, Deutschland

Naturraum

Das südliche niedersächsische Altmoränengebiet erstreckt sich in einem von Westen nach Osten auskeilenden Streifen von der deutsch-niederländischen Grenze bis in den Raum östlich von Helmstedt. Die Grenze im Norden verläuft südlich des Küstenkanals entlang der Geestkante von Lathen in Richtung Osten bis Bremen und folgt dann der Weser und der Aller nach Südosten. Über Celle und Wolfsburg wird der östlichste Bereich des Gebietes bei Haldensleben am Mittellandkanal in der südlichen Colbitz-Letzlinger Heide erreicht. Die Südgrenze bildet der Nordrand der Mittelgebirgsschwelle von den Ausläufern des Teutoburger Waldes im Westen über die Mittelgebirgszüge des Wiehen- und Wesergebirges bis zum Elm im Osten (Abb. 56.1, 56.2).

Damit umfasst das Gebiet Teile der Ostfriesisch-Oldenburgischen Geest, die Ems-Hunte-Geest und die Dümmer-Geestniederung, Teile des Weser-Aller-Flachlandes, den westlichen Teil der Börden, den nördlichen Abschnitt des Ostbraunschweigischen Hügellandes sowie die westlichen Bereiche des Ohre-Aller-Hügellandes (Meynen et al. 1953–1962). Die Höhenlagen betragen zwischen 10 m im äußersten Nordwesten und ca. 50 m in den weiter landeinwärts gelegenen Gebieten. In den Randlagen zur Mittelgebirgsschwelle sowie im Bereich der saalezeitlichen Endmoränenzüge der Dümmer-Geestniederung werden vereinzelt etwas größere Höhenlagen erreicht.

Am Südrand des Gebietes zeigen sich an der Oberfläche infolge des Ausdünnens der Quartärdecke und salztektonischer Prozesse Aufragungen und Ausbisse mesozoischer Gesteine. Flächen von glazialen Ablagerungen der älteren Saale-Eiszeit (Drenthe-Stadium) bilden die Grundlage der oberflächennahen Lockersedimente, deren Morphologie im Süden durch die etwa von West nach Ost verlaufenden Endmoränenzüge der Rehburger Phase geprägt ist. Darüber hinaus gliedern die flachen Täler von Aller, Weser, Ems und ihre Zuflüsse die Landschaft. Ihre ebenen Talflächen und Niederungen sind von weichselzeitlichen Talsanden aufgefüllt, die komplexe periglaziale Prozesse durchlaufen haben. Entlang der Fließgewässer finden sich schmale Streifen holozäner Auenablagerungen. Im Süden erstreckt sich entlang der Mittelgebirgsschwelle ein von Ost nach West auskeilender Lössgürtel. Dieser ist im Verlauf der Weichsel-Kaltphase entstanden und bildet den heutigen Bereich der Lössbörden.

Abb. 56.1 Karte des südlichen niedersächsischen Altmoränengebietes mit pollenanalytisch untersuchten Lokalitäten für das Standarddiagramm: 1 Estorf, 2 Schünebusch. Ergänzend ein hochaufgelöstes Diagramm: 3 Hämelsee

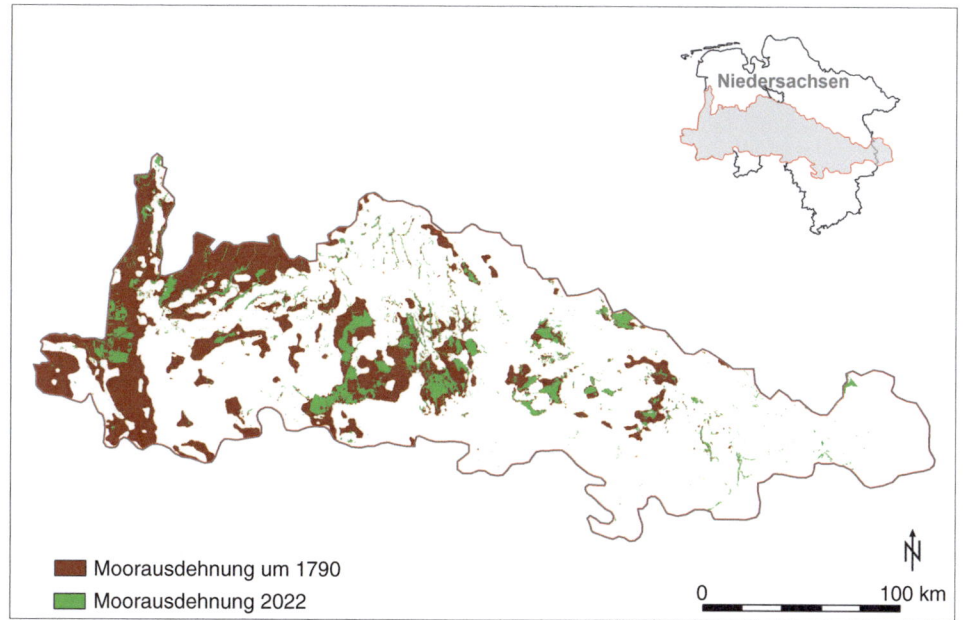

Abb. 56.2 Moorverbreitung im niedersächsischen Altmoränengebiet. Die Abbildung zeigt für den südlichen Teil des niedersächsischen Altmoränengebietes in Braun die Ausdehnung der Moore am Ende des 18. Jahrhunderts, wie sie Overbeck (1975, S. 209 ff.) kartiert hat. In Grün dargestellt ist die heutige Moorausdehnung entsprechend der Kartierungen der kohlenstoffreichen Böden durch das Niedersächsische Landesamt für Bergbau, Energie und Geologie – LBEG (2022). Die dargestellte Kartiereinheit umfasst die Flächen der Nieder- und Hochmoore sowie der flach überdeckten Moore und Sanddeckkulturen (Graphik: A. Bauerochse, A. Niemuth)

Die jüngsten holozänen Schichtglieder im geologischen Aufbau bilden die ausgedehnten, das Landschaftsbild von West nach Ost prägenden Moorkomplexe und Niederungen des Bourtanger Moores, der Dümmer-Geestniederung, des Steinhuder Meeres und des Gifhorner Moores (Abb. 56.2) sowie die Auensedimente entlang der Flüsse Weser, Ems, Leine, Aller und Hunte. Abgesehen von kleinen Erdfällen sind die wenigen offenen Wasserflächen in der Region, wie der Dümmer und das Steinhuder Meer, sehr flach und während des frühen Spätglazials entstanden (Müller 1969).

In weiten Teilen bilden Talsande das Ausgangssubstrat der für die Geest charakteristischen Podsole. Auf den oft von Grund- und Stauwasser beeinflussten saalezeitlichen Geschiebelehmen dominieren Gleyböden und Parabraunerden. In den lössbedeckten Börden im Südosten sind Parabraun- und Schwarzerden (Tschernoseme) die bestimmenden Bodentypen. Daneben finden sich im gesamten Gebiet über Jahrhunderte entstandene Kultosole wie Plaggenesche oder durch Entwässerung und Kulturverfahren wie die Sanddeck- oder die Sandmischkultur geprägte Moorböden (Gehrt et al. 2021).

Klimatisch betrachtet, erstreckt sich das Gebiet von den ozeanischen, ehemals von Hochmooren dominierten Gebieten im Nordwesten mit um 800 mm Jahresniederschlag nach Südosten über die östliche Verbreitungsgrenze der Hochmoore hinaus in den kontinentalen Bereich der mittleren Norddeutschen Tiefebene mit rund 600 mm Jahresniederschlag. Daraus folgen von Nordwest nach Südost verlaufende Gradienten für Niederschlag von etwa 200 mm und für Temperatur von 0,3 °C.

Entwicklung der Moore

Eine Besonderheit des südlichen niedersächsischen Altmoränengebietes bilden die im Verlauf des Holozäns entstandenen Hochmoore, die ein Charakteristikum der Landschaft im gesamten nordwestlichen Niedersachsen sind. Ihre Entstehung war an die klimatischen Veränderungen in Verbindung mit der Verlagerung der Nordseeküstenlinie nach Süden gekoppelt und hat dazu geführt, dass sich die Landschaft etwa ab dem Älteren Atlantikum nachhaltig veränderte (vgl. Behre 2007). Anders als im Fall der grund- oder stauwasserversorgten (soligenen) Niedermoore ist die Entwicklung von ombrogenen Hochmooren (Regenmoore) niederschlagsabhängig; ihr Wachstum und ihre Ausdehnung somit nicht durch Bodenwasserstände begrenzt. Unter den herrschenden kühl-humiden klimatischen Verhältnissen konnten so im Laufe der Jahrtausende großflächige Moorgebiete entstehen, deren Ausdehnung zu Lasten ehemaliger Waldstandorte erfolgte und mit einem fortschreitenden Verlust potenzieller Siedlungsraumes verbunden war. Siedlungsplätze mussten aufgegeben oder verlegt werden, wie paläobotanische Untersuchungen beispielsweise aus der Dümmerniederung zeigen (zuletzt Bauerochse und Leuschner 2022). Dieser Prozess, der bis weit in die zweite Hälfte des 2. nach-

Abb. 56.3 Ausgedehnte Hochmoorgebiete prägen weite Teile des Gebietes. Jahrhundertelange Melioration hat dazu geführt, dass sich der weitaus überwiegende Teil dieser Flächen heute in landwirtschaftlicher Nutzung befindet – insbesondere Grünlandnutzung und Maisanbau, wie hier im Uchter Moor im Landkreis Nienburg. Daneben finden in kleinen Teilbereichen die Restarbeiten der auslaufenden Torfgewinnung statt (Foto: A. Bauerochse)

christlichen Jahrtausends andauerte, hat weite Teile der Landschaft zu nahezu baumlosen Moorlandschaften werden lassen. Erst mit den etwa ab dem 11. Jahrhundert zunächst in Niedermoorbereichen einsetzenden und etwa ab dem 16. Jahrhundert dann auch auf die Hochmoore übergreifenden Meliorationsmaßnahmen sowie der Entwicklung von Moorkulturverfahren wurde es möglich, diese Gebiete nach und nach in Kultur zu nehmen (s. Exkurs Kap. 16). Infolge dieser Urbarmachung sind heute nur noch – zumeist stark veränderte – Reste dieser Moorlandschaften erhalten (Abb. 56.3). Mit diesen insbesondere unter ökosystemaren Gesichtspunkten nachteiligen Veränderungen der Landschaft ging auch der Verlust eines Großteils des Bodenarchivs und der darin teilweise über Jahrtausende erhaltenen artifiziellen Hinterlassenschaften und Paläoinformationen (botanische und faunistische Mikro- und Makroreste) einher.

Vegetation

Das mit Ausnahme der Hochmoore ehemals von Wäldern bestockte Altmoränengebiet im Nordwesten Niedersachsens wäre unter den heutigen klimatischen Bedingungen auf den ärmeren Sandböden mit Eichen-Birken-Wäldern, auf den nährstoffreicheren lehmigeren Standorten mit Eichen-Hainbuchen-Wäldern bestanden (Firbas 1952, S. 149). Anthropogener Einfluss und Nutzung haben über die Jahrtausende jedoch dazu geführt, dass die Landschaft immer weiter entwaldet wurde und die Böden über die klimatisch bedingten Prozesse hinaus weiter degradiert sind. Heute dienen die größten Teile der Landschaft als ackerbaulich genutzte landwirtschaftliche Produktionsflächen (Abb. 56.3). Die ehemaligen Hochmoorgebiete, wie auch die Niederungsmoore entlang der Flüsse, sind nahezu vollständig melioriert und werden ebenfalls überwiegend landwirtschaftlich genutzt. Damit ist – unabhängig von der Bodensituation – der überwiegende Teil des nordwestdeutschen Altmoränengebietes heute eine intensiv agrarisch genutzte Landschaft mit von Eichen und Buchen dominierten Forsten.

Die potenzielle natürliche Vegetation des Raumes bilden in weiten Teilen Eichen-Hainbuchen- und Buchenmischwälder, entlang von Flüssen, Bächen und auf sonstigen Niedermoorstandorten Erlenbruch- und Stieleichenauenwälder sowie Großseggenriede (Suck et al. 2014). Auf den verbliebenen Restflächen der ehemals ausgedehnten und weite Teile der Landschaft einnehmenden Hochmoore würde sich nach Nutzungsaufgabe heute lediglich auf Teilflächen wieder Hochmoorvegetation einstellen: waldfreie Torfmoosrasen, teilweise mit Glockenheide (*Erica tetralix*), Gagelgebüsch (*Myrica gale*) oder Birkenmoorwald (Abb. 56.4). Der überwiegende Teil der Flächen würde infolge von Melioration und langjähriger Nutzung und den damit verbundenen standörtlichen Veränderungen wie Entwässerung, Mineralisation, Nährstoffeintrag und -anreicherung, Tiefumbruch, Veränderung des Bodengefüges etc. vermutlich von feuchten Birken-Eichen-Wäldern, Kiefern-Birken-Eichenmoorwäldern oder Birken- und Kiefernbruchwäldern bestockt werden. Dort, wo die wasserstauenden Schichten durchbrochen und/oder

Abb. 56.4 Auf den nach Torfabbau wiedervernässten Flächen siedeln sich mit Wollgräsern (*Eriophorum*) und Torfmoosen (*Sphagnum*) wieder charakteristische Arten der Hochmoore an. Es entstehen neue Moore (Uchter Moor, Ldkr. Nienburg) (Foto: A. Bauerochse)

die Torfauflagen durch Tiefumbruch und Kuhlen (Rigolen) in den Mineralboden eingearbeitet wurden, entstünden vermutlich Eichen-Hainbuchen- und Buchenmischwälder.

Neben den klimatischen sind es insbesondere die edaphischen Verhältnisse, die das Artenspektrum der Vegetation bestimmen. So weist der dem Berg- und Hügelland vorgelagerte, von Ost nach West auskeilende fruchtbare Lössgürtel, die Börde, eine im Vergleich zur Geest größere Artenvielfalt auf. Dieser Unterschied war es auch, der die Landnutzung und den Anbau von Feldfrüchten über lange Zeiträume regional unterschiedlich geprägt hat. Während im Bereich der fruchtbaren Parabraun- und Braunerden der Börden bereits zur Mitte des 6. vorchristlichen Jahrtausends erste Siedlungen der Linienbandkeramiker entstanden (Gerken und Nelson 2016), ließ die Ausdehnung des Ackerbaus in den nördlich daran anschließenden Gebieten noch längere Zeit auf sich warten.

Bis heute dienen die Lössgebiete vornehmlich dem Anbau anspruchsvoller Feldfrüchte wie Weizen und Zuckerrüben, während auf den nördlich anschließenden glazialen Ablagerungen und meliorierten (Hoch-)Moorstandorten vornehmlich anspruchslosere Getreidearten, Mais und Kartoffeln angebaut werden und eine Bewirtschaftung als Grünland erfolgt.

Pollenarchive

Weite Teile des Nordwestdeutschen Tieflandes waren ehemals von Hochmooren bedeckt und sind auch heute noch reich an Pollenarchiven. Die Entstehung und fortschreitende Ausdehnung dieser Moore führten etwa ab dem mittleren Holozän dazu, dass große Teile ehemaligen potenziellen Siedlungslandes sukzessive verloren gingen. Das änderte sich erst im Mittelalter, als man etwa ab dem 11./12. Jahrhundert begann, zunächst die Niedermoore und nachfolgend etwa ab dem 16./17. Jahrhundert zunehmend auch die Hochmoore zu meliorieren und in Nutzung zu nehmen (Göttlich 1990; Berg 2004; Haverkamp 2011; s. auch Exkurs Kap. 16). Ihren Höhepunkt erreichte die mit der Urbarmachung verbundene Zerstörung der Moore im späten 19. und 20. Jahrhundert infolge des großen Bedarfs an landwirtschaftlicher Nutzfläche und Siedlungsraum sowie des zunehmenden industriellen Torfabbaus. Beispielhaft für diese Erschließung großer, bis dahin noch verbliebener natürlicher Moorgebiete sei hier der Emslandplan genannt – das umfänglichste jemals in Deutschland durchgeführte Programm zur Melioration von Mooren, in dessen Folge der ehemals größte zusammenhängende Moorkomplex im nördlichen Mitteleuropa, das im deutsch-niederländischen Grenzgebiet gelegene Bourtanger Moor, nahezu vollständig zerstört wurde (Abb. 56.2, Haverkamp 2011).

Permafrost, Wind- und Wassererosion und die damit verbundenen, für die Bereiche der heutigen Geest typischen glazialen und periglazialen Prozesse haben in weiten Teilen der Norddeutschen Tiefebene über Jahrtausende zu einer weitgehenden Nivellierung der Landschaft geführt. Infolgedessen existieren in dem Gebiet heute keine tiefen Rinnen und lediglich wenige tiefere Hohlformen, in denen sich organogene Ablagerungen über lange Zeiträume bilden und erhalten konnten. Die wenigen natürlichen Seen sind – wie die beiden größten, das Steinhuder Meer und der Dümmer, mit maximalen Wassertiefen von 2,8 m bzw. 1,5 m – sehr flach. Bei starkem Wind reichen die Wellenbewegungen bis zum Seegrund, sodass die abgelagerten Sedimente immer wieder umgelagert werden und dadurch die limnische Schichtfolge gestört ist (Müller 1969). Im weniger windexponierten Dümmer reicht die Schichtfolge vom ausgehenden Hochglazial bis ins Subatlantikum, weist aber ebenfalls Schichtlücken auf (Dahms 1972).

Abb. 56.5 Blick von Süden über den Hämelsee (Foto: S. Wolters)

Anders stellt sich die Situation in der von den Flusssystemen der Weser und Aller geformten Landschaft im Norden des Gebietes dar. Hier, südöstlich von Eystrup (Landkreis Nienburg/Weser), am nordöstlichen Rand der Region, befindet sich auf 19,5 m NN der Hämelsee mit einer maximalen Wassertiefe von 4,9 m. Seine ovale Form wie auch seine ebenmäßige Beckenmorphologie mit relativ flachem Boden lassen bei geringer Größe und 21 m Beckentiefe auf eine Entstehung als Erdfall schließen (Abb. 56.5, Meinke 1992). Das Becken war von Anbeginn seiner Entstehung im Spätglazial sofort tief, wie die wiederholt massiven Sandpakete zwischen den häufig gewarvten spätglazialen Schichten belegen, die vom übersteilten Beckenrand in die Tiefe geglitten sind. Daraus lässt sich seine Bildung in der Zeit nach Beendigung der Talsandbildung und vor Beginn des Meiendorf-Interstadials ableiten (vor 14.450 BP = 12.500 v. Chr.; Merkt und Müller 1999). Das Seebecken ist mit 17 m spät- und postglazialen, teilweise gewarvten Seeablagerungen gefüllt. Der Hämelsee ist im Gebiet das bisher einzige Pollen- und Umweltarchiv, aus dem eine – bis auf einige prä-allerødzeitliche Sandeinträge – lückenlose, hochaufgelöste Sedimentabfolge vom Allerød bis zur Zeitenwende vorliegt. Zwar finden sich auch im Varreler Schlatt (Landkreis Diepholz), etwa 30 km westlich des Hämelsees, für eine differenzierte Betrachtung der Vegetationsentwicklung geeignete, bis in das Spätglazial zurückreichende Sedimente, allerdings weist dieses Profil aufgrund seiner geringeren Mächtigkeit und wegen des Fehlens gewarvter Sedimente eine geringere Auflösung auf (Kappel et al. 2005). Des Weiteren bestehen im Südwesten entlang der Mittelgebirgsschwelle vereinzelt tiefere, mit Mudden und Torfen gefüllte Erdfälle, deren limnische und sedentäre Füllungen aber jüngeren Ursprungs sind (z. B. Dieckmann 1998).

Forschungsgeschichte

Die Arbeiten zur Vegetationsgeschichte sind vor allem mit drei Namen verbunden: Carl Albert Weber, Fritz Overbeck und Franz Firbas. Sie haben mit ihren Untersuchungen den maßgeblichen Grundstein für das Verständnis der vegetationsgeschichtlichen Entwicklung im Gebiet geschaffen. Eine umfängliche Aufstellung der bis zur Mitte der ersten Hälfte des letzten Jahrhunderts entstandenen Arbeiten findet sich bei Firbas (1952).

Seither ist eine Fülle an Untersuchungen hinzukommen – oftmals im Kontext siedlungsarchäologischer Forschungen. Beispielhaft seien hier die Arbeiten von Reinhard Mohr aus dem nordwestlichen Teil des Gebietes (Oldenburger Münsterland und Dümmer-Geestniederung) genannt, von Erwin Isenberg in der Grafschaft Bentheim, von Erich Kramm aus dem Gebiet zwischen Hase und Ems (Speller Dose und Vinter Moor), von Eberhard Dahms, Andreas Bauerochse und Ursula Diekmann aus der Dümmer-Geestniederung, von Helmut Müller aus der Hannoverschen Geest, von Gerfried Caspers an der Mittelweser, von Eberhard Grüger et al. aus dem Raum Peine, von Fritz Overbeck aus dem Gifhorner Moor, von Elisabeth B. Golombek aus dem Drömling sowie von Josef Merkt und Helmut Müller vom Hämelsee (s. u.) in der Aller-/Weserniederung. Daneben gibt es weitere Untersuchungen, darunter eine Reihe unveröffentlichter studentischer Abschlussarbeiten, denen wichtige Erkenntnisse mit oftmals hoher lokaler Relevanz zur Inkulturnahme einzelner Gebiete zu verdanken sind. Eine vollständige Literaturliste befindet sich im Anhang.

Regionale Vegetations- und Waldgeschichte

Da tiefe Hohlformen weitgehend fehlen, weist das nordwestdeutsche Altmoränengebiet nur wenige bis in das Spätglazial zurückreichende Pollenprofile auf. Eines davon, das Profil Schünebusch, stammt aus einer Bohrung in einem Paläomäander im mittleren Flussabschnitt der Weser, westlich von Stolzenau (Landkreis Nienburg/Weser) im Südosten des Betrachtungsgebietes. Es bildet den unteren Abschnitt des Standardprofils vom Spätglazial bis Mitte des Älteren Subatlantikums (RPZ 1–7, Abb. 56.6, s. auch Tab. S-56.1 im elektronischen Zusatzmaterial). Der daran anschließende jüngere Abschnitt des Subatlantikums wird mit dem Profil Estorf abgebildet (RPZ 8). Wie das Profil Schünebusch stammt auch dieses Profil aus einem Paläomäander der Mittelweser, etwa 10 km nordöstlich vom Schünebusch bei der Ortschaft Estorf. Beide Profile wurden von Caspers (1993) bearbeitet. Ergänzend zu dem in Zeitscheiben von jeweils 250 Jahren untergliederten Standarddiagramm wird mit dem Profil aus dem Hämelsee ein hochaufgelöstes, gut datiertes Pollenprofil vorgestellt (Abb. 56.7).

Das Standarddiagramm erfasst mit seinen unteren Proben das Allerød (RPZ 1, Zeitscheibe 11.000 und 10.750 v. Chr.) und zeigt das für das Ende des gemäßigteren Abschnitts charakteristische Vegetationsbild eines Kiefern-Birken-Waldes (vgl. Behre 1967). Mit *Juniperus* (Wacholder), *Hippophaë* (Sanddorn) und *Filipendula* (Mädesüß, im Diagramm nicht dargestellt) treten drei für spätglaziale Profilabschnitte aus Nordwestdeutschland charakteristische Arten auf. Mit dem Nachweis der heute im Norddeutschen Tiefland fehlenden Grünerle (*Alnus viridis*) gelang Caspers der Beleg für das allerødzeitliche Vorkommen dieser in Europa heute nur mehr im mittel- und südosteuropäischen Gebirgsraum, in den Karpaten und auf Korsika vorkommenden Art. Im Profil Schünebusch ist die Art mit bis zu 7 % des Baumpollenaufkommens vertreten.

Der Abschnitt der Jüngeren Dryas (älterer Abschnitt der RPZ 2, Zeitscheiben 10.500 bis 9750 v. Chr.) ist durch den deutlichen Einbruch der Kiefernpollenkurve und eine Umkehr der Mengenverhältnisse von Birke (*Betula*) und Kiefer (*Pinus*) gekennzeichnet. Gleichzeitig nehmen die Pollenwerte von *Empetrum* (Krähenbeere), *Artemisia* (Beifuß), *Helianthemum* (Sonnenröschen), der Chenopodiaceae (Gänsefußgewächse) sowie des *Rumex acetosa*-Typs (Ampfer) deutlich zu. Die Krähenbeere erreicht in dieser Phase ihr maximales spät- und postglaziales Vorkommen. Hier manifestiert sich ein Klimarückschlag, der die Auflichtung der Landschaft mit einer sich vorübergehend entwickelnden Parktundrenlandschaft zur Folge hatte (Abb. 56.6, Caspers 1993). Das spiegelt sich auch in den Profilen aus der Dümmerniederung wider, für die Pfaffenberg und Dienemann (1964) eine Braunmoostundra mit sehr lückigem Baumbewuchs und einer Dominanz der Birke in dieser Zeit beschrieben haben.

Für den nachfolgenden Abschnitt des Präboreals (jüngerer Abschnitt von RPZ 2, Zeitscheiben 9500 bis 9000 v. Chr.) liegt aus dem Trentelmoor im Landkreis Peine, einem zwischen Endmoränen der Saale-Eiszeit gelegenen verlandeten ehemaligen See, auch eine Studie zur frühholozänen Landschaftsgenese aus dem östlichen Raum der Region vor. Das Profil zeigt neben geringen Anteilen spätglazialer Tundrenelemente (Poaceae, *Artemisia*, Chenopodiaceae, *Helianthemum*) in erster Linie ebenfalls Baumpollen von Kiefern und Birken (Gehrmann 1950). Während sich hier zum Ende des Präboreals die Mengenverhältnisse bereits zu Gunsten der Kiefern verschoben haben, weisen die Profile von der Weser und aus dem Hämelsee für diese Zeit noch immer eine Dominanz der Birke auf – wenngleich mit abnehmendem Anteil (Abb. 56.6, 56.7). Damit zeigen sie eine Entwicklung, wie sie bereits Firbas (1949) als charakteristisch für das Präboreal (Chronozone IV^C) beschrieben hat. Demnach erlangten die Kiefern ihre Dominanz erst am Beginn des Boreals (RPZ 3, Zeitscheiben 8750 bis 7000 v. Chr.) und zeugen zusammen mit den immer häufiger auftretenden Einzelpollenkörnern von Hasel (*Corylus*), Eiche (*Quercus*) und Ulme (*Ulmus*) in den Diagrammen von einer Verbesserung der klimatischen Verhältnisse und einem Näherrücken thermophiler Gehölze.

Den Übergang zum Boreal (RPZ 2/3) markieren die geschlossene Haselkurve und in der Folge die zunehmenden Pollenwerte der Gehölze des Eichenmischwaldes (Eiche und Ulme). Diese Arten breiten sich nachfolgend weiter aus (RPZ 3). Hinzu kommen vereinzelte Pollenkörner der Esche (*Fraxinus*). Die Kurven der für das Spätglazial charakteristischen Arten *Hippophaë* und *Juniperus* setzen hingegen ebenso aus wie die von *Artemisia*, des *Rumex acetosa*-Typs und der Chenopodiaceae oder verharren bei Werten < 1 % des Pollenaufkommens (s. Abb. 56.6, 56.7).

Die RPZ 4 (Zeitscheiben 6750 bis 5000 v. Chr.) ist durch die Ausbreitung der Erle am Beginn des Älteren Atlantikums und deren nachfolgende massive Zunahme charakterisiert. Diese Entwicklung steht im Zusammenhang mit dem ansteigenden Meeresspiegel (vgl. Behre 2007) und den daraus resultierenden steigenden Grundwasserständen, die in den Niederungen zu fortschreitenden Versumpfungen

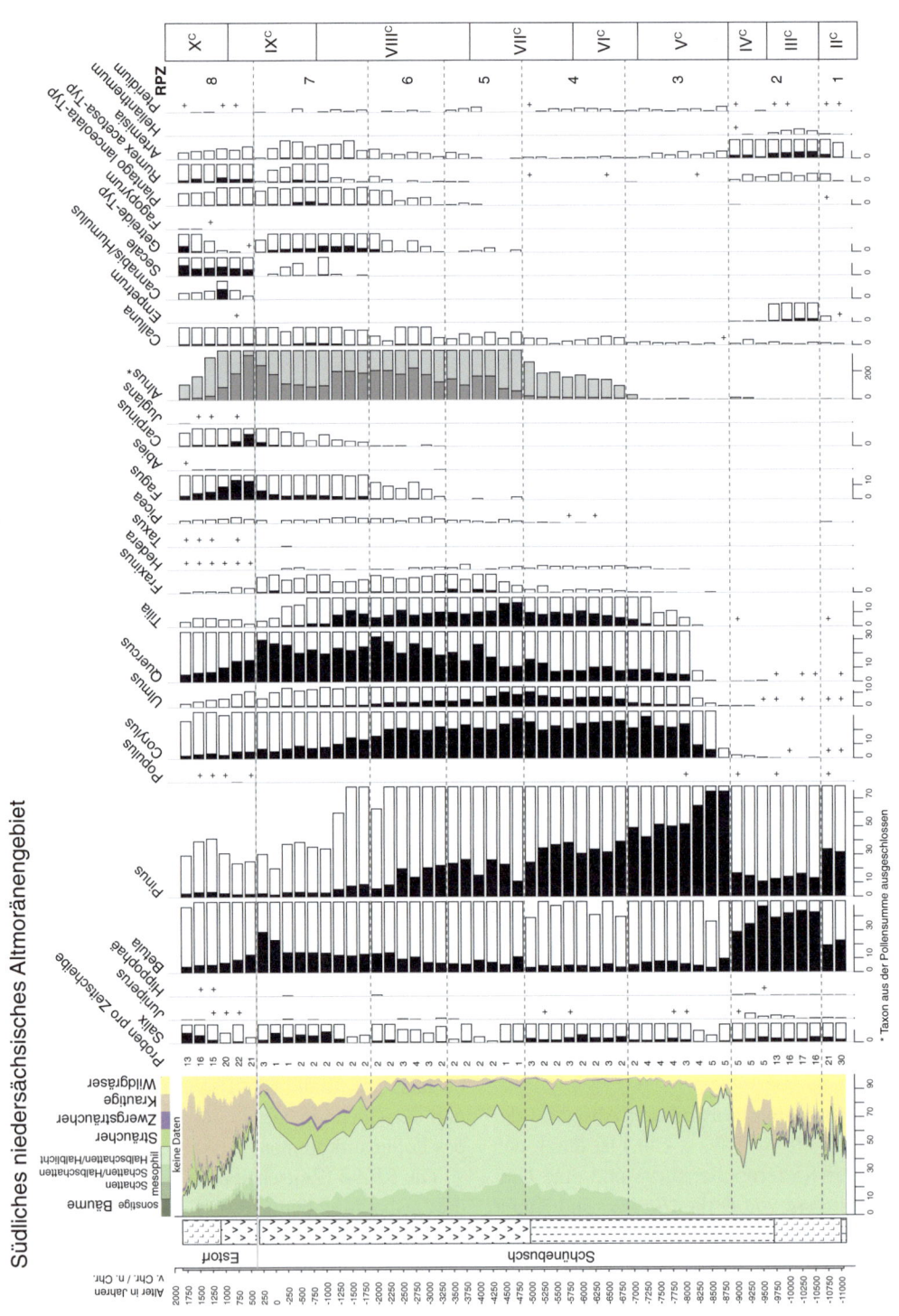

Abb. 56.6 Standardisiertes Pollendiagramm für die Region südliches niedersächsisches Altmoränengebiet, kombiniert aus den Profilen Estorf (26 m NN, Caspers 1993) und Schünebusch (33 m NN, Caspers 1993)

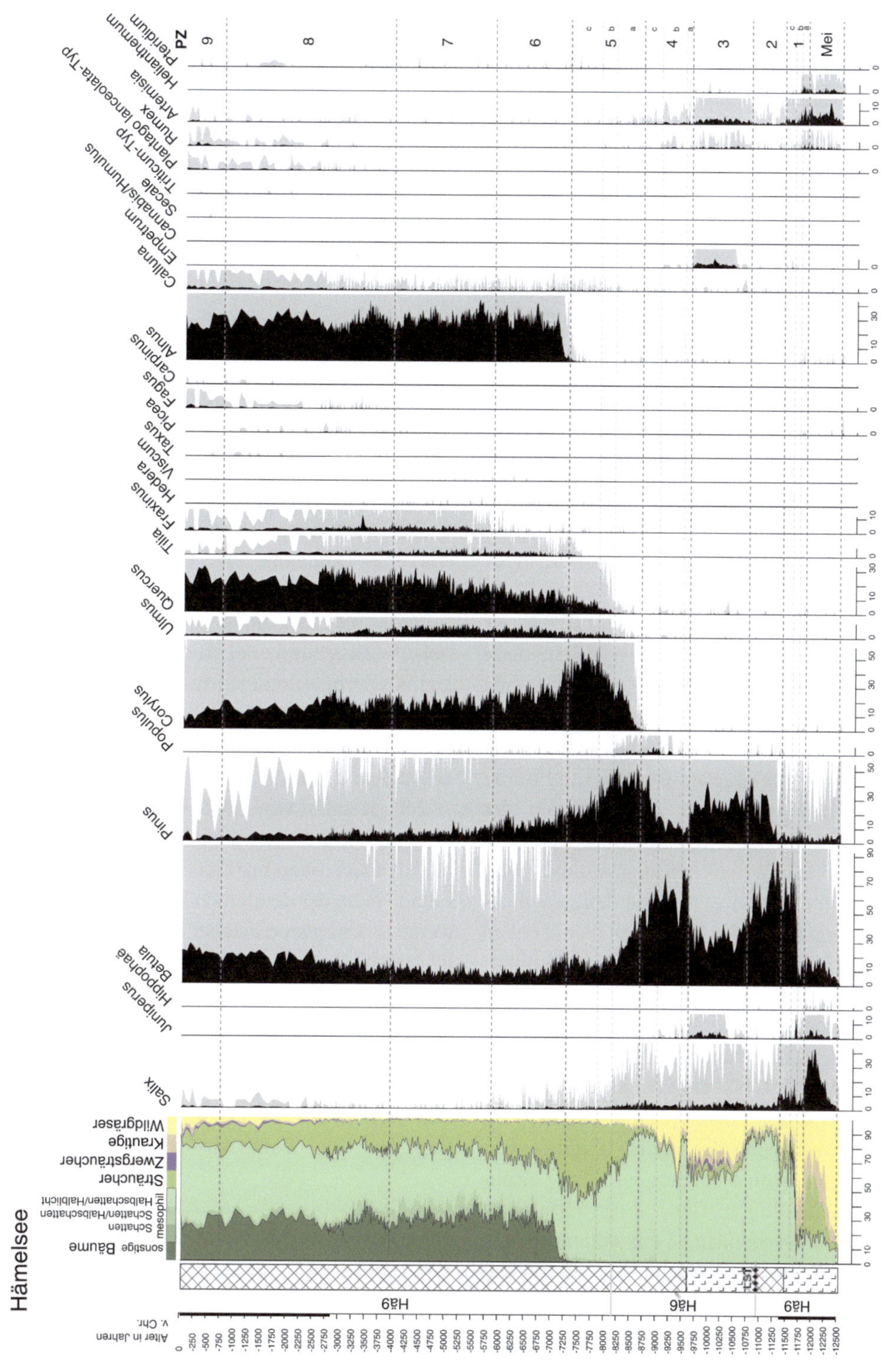

Abb. 56.7 Pollendiagramm aus dem Hämelsee (19,5 m NN, Merkt und Müller 1999; Müller unveröffentl.), Pollenzonen (PZ) modifiziert nach Firbas (1949)

haben. Damit ging eine sich in erster Linie zu Lasten der Kiefer vollziehende Veränderung der Waldbestände einher: die Ausdehnung der vorwiegend von Eiche, Ulme und Linde (*Tilia*) aufgebauten Eichenmischwälder. Es waren Eichen und Ulmen, die diesen Prozess eingeleitet haben, gefolgt von der Linde, die in RPZ 5 (Zeitscheiben 4750 bis 3500 v. Chr.) ihre höchsten Werte erreicht. Mit der Esche etablierte sich eine weitere Laubbaumart mit Hauptverbreitung auf nährstoffreicheren und frischeren Standorten.

Der mittlere Abschnitt der RPZ 5, um 4250 v. Chr., ist durch den Ulmenfall gekennzeichnet. In einer Zunahme der Besenheide (*Calluna*) sowie der Pollen kulturbegleitender Arten (Siedlungszeiger) zeigt sich in der Region der Einfluss von Weidewirtschaft. Mit dem Auftreten des *Plantago lanceolata*-Typs (Spitzwegerich) und erster Getreidepollen werden erste Anzeichen ackerbaulicher Aktivitäten sichtbar. Allerdings treten die Pollen letztgenannter Art zunächst im Süden des Gebietes auf und müssen daher vermutlich auf Einträge aus dem Bereich der Börde zurückgeführt werden. Diese Annahme wird durch das Fehlen archäologischer Nachweise früher linienbandkeramischer Ackerkulturen aus dem Altmoränengebiet gestützt. Erhöhte anthropogene Aktivität tritt im Pollenbild ab RPZ 6 (Zeitscheiben 3250 bis 2000 v. Chr.) in Erscheinung.

Etwa ab dem Älteren Atlantikum (RPZ 4) zeigt sich in der Zunahme der *Calluna*-Pollen eine fortschreitende Verheidung der Landschaft. Mit Blick auf die in dieser Zeit einsetzende Bildung und Ausdehnung der Hochmoore muss die Zunahme von *Calluna* aber vermutlich primär im Zusammenhang mit der Moorentwicklung gesehen werden. Ein Eintrag infolge vermehrter nutzungsbedingter Auflichtungen der Wälder kann für das Gebiet wohl frühestens ab etwa der Mitte des 5. vorchristlichen Jahrtausends angenommen werden. Nachdem bereits für die vorausgehenden Zeiten archäologische Funde die Anwesenheit des Menschen belegt haben (Gerken 2003), erfolgte nun in der südlichen Dümmerniederung der Bau des ersten Moorweges. Weitere archäologische Befunde belegen hier, wie auch am Unterlauf der Ems, wenig später erste trichterbecherzeitliche Siedlungen (Bauerochse und Metzler 2001; Klimscha et al. 2022).

Im Wechsel zu RPZ 6 dokumentiert sich – ausgehend vom Süden – die Einwanderung der Buche (*Fagus sylvatica*) und etwas verzögert – am Übergang zu RPZ 7 (Zeitscheiben 1750 v. Chr. bis 250 n. Chr.) – der Hainbuche (*Carpinus betulus*). Damit verbunden ist ein weiterer Rückgang der Kiefer. Aber auch die Ausdehnung der Eichenmischwaldbestände scheint mit dem Aufkommen der neuen Arten eine Eingrenzung erfahren zu haben, von der insbesondere Ulmen, Eschen und Linden betroffen waren. Das legen zumindest die Profile u. a. aus der Speller Dose und dem Vinter Moor, dem Drömling, dem Oldenburger Münsterland, der Grafschaft Bentheim oder der Dümmer-Geestniederung nahe. Allerdings gibt es auch Profile, in denen sich eine derartige Rückkopplung nicht erkennen lässt, und in vielen der Fälle dürfte es schwierig sein, die Entwicklung losgelöst von anthropogenen Aktivitäten zu betrachten, sodass die Abbildung in den Pollenspektren insgesamt als das Ergebnis des Zusammenwirkens beider Prozesse angesehen werden muss.

Erste Pollenkörner des Getreide-Typs treten sowohl im Schünebusch- (RPZ 5) als auch im Hämelsee-Profil (PZ 7) zwischen 4800 und 4600 v. Chr. auf, begleitet von Pollen des Spitzwegerichs, der Süßgräser und der in diesem Kontext zum überwiegenden Teil als Siedlungszeiger zu wertenden Ampferarten (*Rumex*). Während sich im südlichen Teil des Gebietes bereits am Beginn der RPZ 7 (2000 bis 1750 v. Chr.) erste Roggenpollenkörner (*Secale*) finden, treten sie im Hämelsee-Profil erst um 500 v. Chr. (PZ 9) auf. Diese zeitliche Diskrepanz in den Pollenprofilen von Schünebusch und Hämelsee könnte an der Höhe der gezählten Gesamtpollensumme pro Pollenpräparat liegen, die im Hämelsee-Profil für diesen Zeitbereich zwischen 360 und 600, im Standardprofil aber mindestens 1000 Baumpollen pro Probe beträgt.

Der jüngere Abschnitt der RPZ 7 (ab 1000 v. Chr.) wird von einer Zunahme des Baumpollens, insbesondere von Birke und Eiche, markiert. Zeitgleich nehmen die Werte der Getreide und Siedlungszeiger deutlich ab. Damit scheinen sich im Diagramm ein Rückgang der Siedlungsaktivitäten und Wiederbewaldung abzuzeichnen. Es kann also von einer deutlichen Veränderung des Landschaftsbildes gesprochen werden, die im Zusammenhang mit der Völkerwanderungszeit stehen dürfte.

Mit Beginn von RPZ 8 (Zeitscheiben 500 bis 2000 n. Chr.), und damit zum Ende der Völkerwanderungszeit, zeichnet sich dann mit einer erneuten Auflichtung der Landschaft sowie der deutlichen Zunahme von Roggenpollen und weiterer charakteristischer kulturbegleitender Arten eine neuerliche Zunahme der Siedlungstätigkeit ab. Mit ihr ging im weiteren Verlauf eine massive Überprägung der Landschaft einher. Während davon anfänglich anscheinend vor allem die Eichenmischwälder betroffen waren und Buche sowie Hainbuche zunächst sogar noch zunahmen, dokumentiert sich spätestens ab dem Hochmittelalter ein massiver Rückgang aller Waldbestände.

Das Pollenprofil Hämelsee

Neben dem Standarddiagramm ergänzt das von Helmut Müller zwischen 1996 und 1998 zeitlich hochaufgelöst analysierte Pollendiagramm Hämelsee (Abb. 56.7) das Bild der Vegetationsentwicklung seit der letzten Eiszeit. Es umfasst die Zeitspanne vom Ende des Pleniglazials bis ins Ältere Subatlantikum (PZ 9) und damit mehr als 12.500 Jahre. Seine über weite Teile jahresgeschichteten Ablagerungen waren für die Analyse der Dauer von Klimarückschlägen und für die Chronologie im Spätglazial und im Früh- bis Mittelholozän maßgeblich (Merkt 1994; Merkt und Müller 1999).

Das Pollenprofil setzt sich aus zwei Profundalbohrungen (Hä 6: r 3521050 h 5847450, Hä 9: r 3521049 h 5847448) zusammen: Hä 9 deckt den Abschnitt vom Pleniglazial bis zum Laacher See-Tuff (LST) und Hä 6 vom LST bis Saksunarvatn-Tuff (Saks), Hä 9 vom Saks bis PZ 9 (Älteres Subatlantikum) ab. Helmut Müller (†2008) führte zwischen 1996 und 1998 die Pollenanalysen durch, Josef Merkt die Warvenzählung mittels Dünnschliffanalysen in Kombination mit absolut datierten Tufflagen (LST, Saks) und weiteren ^{14}C-Datierungen. Die Jahresskala wurde durch Interpolation unter Einbeziehung der Tuffalter, Warvenzählungen und kalibrierter ^{14}C-Datierungen generiert (s. auch Merkt und Müller 1999). Die von Merkt und Müller verwendete Biostratigraphie, die sich an der von Iversen (1942) und Firbas (1949) orientiert, folgt den Biozonen Norddeutschlands (Litt et al. 2001). PZ 1 umfasst die Älteste Dryaszeit (Ia = PZ 1a), das Bølling-Interstadial (Ib = PZ 1b) und die Ältere Dryaszeit (Ic = PZ 1c), PZ 2 entspricht dem Allerød-Interstadial (II), PZ 3 der Jüngeren Dryaszeit (III) etc. (vgl. Litt et al. 2007).

Der Beginn des Pollenprofils Hämelsee spiegelt mit dem vermehrten Vorkommen von Gräsern und Kräutern wie *Thalictrum* (Wiesenraute), *Artemisia*, *Helianthemum* und *Rumex*, gefolgt von *Betula*, *Hippophaë*, *Salix* (Weide) und *Juniperus*, das Meiendorf-Interstadial, die erste Warmphase im Spätglazial, wider: das typische Vegetationsbild einer offenen Tundra.

Die wiederholt auftretenden klimatischen Rückschläge im Spätglazial zeigen sich in der Ältesten Dryas- (PZ 1a) und in der Älteren Dryaszeit (PZ 1c) oftmals durch Rückgang von Weide und Wacholder sowie von Birke, in der Jüngeren Dryaszeit (PZ 3) häufig durch die Abnahme von Birke und Kiefer. Alle drei Kältephasen sind durch hohe Pollenanteile von Gräsern und Kräutern wie *Artemisia*, *Helianthemum*, der Chenopodiaceae und der Caryophyllaceae (Nelkengewächse) charakterisiert. Besonders in der Jüngeren Dryaszeit (PZ 3) treten mit dem Rückgang der Birken- und Kiefernpollen häufiger Pollen der Krähenbeere als Ausdruck eines kälteren Klimas, verbunden mit einer Auflichtung der Wälder, auf.

Das Bølling-Interstadial (PZ 1b), die wärmere Phase zwischen Ältester (PZ 1a) und Älterer Dryaszeit (PZ 1c), ist von Wacholder und Weide sowie durch die Ausbreitung der Birken geprägt, das Allerød-Interstadial (PZ 2) durch die sich auf Kosten der Birken vollziehende Ausbreitung der Kiefer. Mit jeder Warmphase nimmt im Spätglazial die Dichte der Bewaldung zu.

Eine Besonderheit im Allerød-Interstadial (PZ 2) ist der Ausbruch des Laacher See-Vulkans, dessen Asche (LST) eine 0,2 mm dicke Lage im Hämelsee um 10.950 v. Chr. bildete (Merkt 1994). Sie ist eine markante Zeitmarke, nach der im Pollendiagramm die höchsten Pollenwerte der Kiefer innerhalb des Spätglazials auftreten.

Zum Ende der Jüngeren Dryaszeit (PZ 3) weisen die Sedimentprofile aus dem Hämelsee um 9625 v. Chr. eine Abnahme des allochthonen Sedimenteintrags auf, bei gleichzeitigem Aufkommen von Algen und Cladoceren (Wasserflöhe), worin eine Verbesserung des Klimas zum Ausdruck kommt. In den Pollenspektren zeigt sich dieser klimatische Wechsel erst ca. 15 Jahre nach dem Beginn der holozänen Erwärmung in einer Abnahme der Gräser, der Kraut- und Kiefern- sowie einer Zunahme der Birkenpollen. Die verzögerte Reaktion der Birke ist dabei auf ihre Mannbarkeit zurückzuführen, die 6–10 Jahre beträgt (Müller 1962).

Endgültig beginnt das Holozän um 11.560 cal. BP (9610 v. Chr.) mit dem Präboreal (PZ 4) und einer warmen Periode, dem Friesland-Thermomer (PZ 4a, s. Behre 1978). Es zeichnet sich durch ein hohes Birkenaufkommen, einen geringen Kiefernanteil sowie geringe Gehalte an Gräser- und Kräuterpollen aus. Nach rund 120 Jahren wurde die holozäne Erwärmung durch einen Klimarückschlag, das Rammelbeek-Kryomer (PZ 4b) (s. van der Hammen 1971), unterbrochen, das über einen Zeitraum von 90 Jahren so einschneidend war, dass die Birken zurückgingen und die Gräser sowie Kräuter wie Ampfer und Wiesenraute deutlich zunahmen. Es dauerte noch einmal rund 190 Jahre, bis sich die klimatischen Verhältnisse wieder deutlich gebessert hatten und die Gras- sowie Krautflora durch die Erholung der Birkenwälder wieder zurückgedrängt wurde.

Im ausgehenden Präboreal (PZ 4c) breitete sich die Kiefer auf Kosten der Birke aus. Die Pappeln (*Populus*) erreichen ihre höchsten Anteile im Profil, und die häufiger auftretenden Einzelkörner von Hasel, Eiche und Ulme zeigen, dass thermophile Gehölze nicht mehr weit vom Einzugsgebiet des Hämelsees entfernt waren. Das vermehrte Vorkommen von *Populus*-Pollen im ausgehenden Präboreal (PZ 4c) und frühen Boreal (PZ 5a) scheint überregionale Veränderungen der Vegetation zu dokumentieren. Allerdings wurde dieser Pollentyp in vielen Profilen nicht erfasst. Das Standardprofil Schünebusch (Abb. 56.6) verzeichnet in diesem Abschnitt ebenfalls vereinzelte Pollen von *Populus*. Die Dreiteilung der Vegetationsentwicklung im Präboreal (PZ 4a–c) zeigt sich auch in anderen hochaufgelösten Sediment- und Pollenprofilen Norddeutschlands, so aus dem Wollingster See (Müller und Kleinmann 1998; Merkt und Kleinmann 1998), dem Plußsee und dem Muggesfelder See (Merkt und Müller 1999).

Der Rückgang der Birke zugunsten der Kiefer sowie die geschlossene Kurve von *Corylus* mit > 1 % Anteil an der Gesamtpollensumme markiert den Beginn des Boreals (PZ 5), das durch die Haselausbreitung gekennzeichnet ist. Pollenanalytisch und sedimentologisch lässt sich der Zeitabschnitt in drei Teile untergliedern (PZ 5a-c). Im ältesten Abschnitt (PZ 5a) erreicht die Kiefer ihre höchsten Pollenwerte im Profil, Birke nimmt deutlich ab, Hasel breitet sich aus und erreicht ein erstes Maximum. Der Pollen von Ulme, Eiche und Esche nimmt zu. Mit dem ersten Rückgang der Haselkurve, der beginnenden Abnahme der Kiefer, der Stabilisierung der Birkenanteile auf niedrigem Niveau und der im Sedimentdünnschliff erkennbaren Einkornlage der Asche vom Vulkanausbruch des Saksunarvatn um 10.210 cal. BP (~8260 v. Chr.) (Merkt et al. 1993; Hajdas et al. 1997) beginnt das mittlere Boreal (PZ 5b), das durch die weitere Ausbreitung der Hasel geprägt ist. Ulme und Eiche beginnen sich ebenfalls auszubreiten. Gegen Ende treten die ersten Pollenkörner von Linde und Ahorn (Acer, in Abb. 56.7 nicht abgebildet) auf. Am Beginn des jüngsten Abschnitts (PZ 5c) erreicht die Hasel ihre höchsten Werte. Eiche, Ulme und Linde nehmen weiter zu. Die Erle wandert ein und erreicht gegen Ende des Boreals (PZ 5) Anteile von > 2 % der Gesamtpollensumme.

Das Ältere Atlantikum (PZ 6) ist die Zeit der Erle und des aufkommenden Eichenmischwaldes, dessen Hauptkomponenten im Wesentlichen Eiche, Ulme und Linde waren. Pollenkörner der Esche treten nun häufiger auf. Neben der Kiefer gehen auch die lichtliebenden Gehölze Birke und Hasel zurück; die Hasel ist dabei noch am stärksten vertreten.

Mit dem vermehrten Aufkommen der Esche setzt das Jüngere Atlantikum (PZ 7) ein, das durch Eichenmischwälder dominiert wird: Die Eiche breitet sich weiter aus. Ulme, Linde und Esche erreichen ihre höchsten Anteile, Kiefer und Hasel nehmen weiterhin ab, die Birke nimmt leicht zu. Bereits hier, im Jüngeren Atlantikum, tritt um 4750 v. Chr. das erste *Triticum-* (Weizen-) Pollenkorn auf, das auf frühe ackerbauliche Aktivitäten in der Region hinweist.

Am Übergang Jüngeres Atlantikum/Subboreal (PZ 7/PZ 8) treten vermehrt Pollenkörner vom *Plantago lanceolata*-Typ auf. Zusammen mit Süßgräsern und den in dieser Phase zum überwiegenden Teil als Siedlungszeiger zu wertenden Ampferarten nehmen sie im Laufe des Subboreals (PZ 8) zu. Zusammen mit dem weiterhin sporadischen Auftreten von Getreidepollen und dem Anstieg der Pollenwerte der Besenheide zeugt dies von einer zunehmenden Öffnung der Wälder im Zuge der spätneolithischen Bewirtschaftung, wie sie auch im Standardprofil (Abb. 56.6) ersichtlich ist. Eine weitere Folge hiervon mag auch die Dominanz von kiefernarmen Laubmischwäldern sein, in denen die Ulmen-, Linden- und Eschenanteile langsam und ab Mitte des Subboreals deutlich abnehmen, während der Birkenanteil ansteigt. Daneben treten vermehrt Pollenkörner der Rotbuche auf und belegen die Einwanderung der Art in das Gebiet – gegen Ende des Subboreals gefolgt von der Hainbuche (*Carpinus*).

Mit dem Rückgang von *Corylus* und der beginnenden Ausbreitung von *Fagus* beginnt das Ältere Subatlantikum (PZ 9), das im Hämelsee-Profil nur noch ansatzweise erfasst ist. Die kiefernarmen Laubmischwälder dominieren weiterhin. Es ist die Zeit der Eichen und Erlen. Die weiter zunehmenden Anteile von Spitzwegerich, Ampfer und der Gräser und das erste Auftreten von *Secale*-Pollen zeigen eine verstärkte, sich seit dem Beginn des Subboreals (PZ 8) vollziehende Öffnung der Landschaft an.

Literatur

Bauerochse A, Leuschner HH (2022) Neolithic colonization of the southwestern Dümmer basin (NW Germany) – evidence from palaeobotanical data. In: Klimscha F, Heumüller M, Raemaekers DCM, Peeters H, Terberger T (eds) Stone Age Borderland Experience: Neolithic and Late Mesolithic Parallel Societies in the Northern European Plain. Materialhefte zur Ur- und Frühgeschichte Niedersachsens 60: 43–57

Bauerochse A, Metzler A (2001) Landschaftswandel und Moorwegebau im Neolithikum in der südlichen Dümmer-Region. Telma 31: 105–133

Behre K-E (1967) The lateglacial and early postglacial history of vegetation and climate in Northwestern Germany. Review of Palaeobotany and Palynology 4: 149–161

Behre K-E (1978) Die Klimaschwankungen im europäischen Präboreal. Petermanns Geographische Mitteilungen 2: 97–102

Behre K-E (2007) A new Holocene sea-level curve for the southern North Sea. Boreas 36: 82–102

Berg E (2004) Die Kultivierung der nordwestdeutschen Hochmoore. Oldenburger Forschungen N.F. 20, Schriftenreihe des Museums Natur und Mensch Oldenburg 31

Caspers G (1993) Vegetationsgeschichtliche Untersuchungen zur Flußauenentwicklung an der Mittelweser im Spätglazial und Holozän. Abhandlungen aus dem Landesmuseum für Naturkunde zu Münster in Westfalen 55, Verlag Westfälisches Museum für Naturkunde, Münster

Dahms E (1972) Limnologische Untersuchungen im Dümmerbecken im Hinblick auf seine Bedeutung als Natur- und Landschaftsschutzgebiet. Dissertation, Freie Universität Berlin

Dieckmann U (1998) Paläoökologische Untersuchungen zur Entwicklung von Natur- und Kulturlandschaft am Nordrand des Wiehengebirges. Abhandlungen aus dem Landesmuseum für Naturkunde zu Münster in Westfalen 60

Firbas F (1949) Waldgeschichte Mitteleuropas. Erster Band: Allgemeine Waldgeschichte. Gustav Fischer, Jena

Firbas F (1952) Spät- und nacheiszeitliche Waldgeschichte Mitteleuropas nördlich der Alpen. Zweiter Band: Waldgeschichte der einzelnen Landschaften. Gustav Fischer, Jena

Gehrmann U (1950) Postglaziale Wald-, Moor-, Klima- und Siedlungsgeschichte auf Grund einer pollenanalytischen Untersuchung des Trentelmoores (Peine). Unveröffentl. Staatsexamensarbeit, Kanthochschule Braunschweig

Gehrt E, Benne I, Evertsbusch S, Krüger K, Langner S (2021) Erläuterungen zur BK 50 von Niedersachsen. GeoBerichte 40, Landesamt für Bergbau, Energie und Geologie, Hannover

Gerken K (2003) Improving the picture of prehistoric settlement distribution by systematic prospection. In: Bauerochse A, Haßmann H (eds) Peatlands, Archaeological Sites – Archives of Nature, Nature Conservation, Wise Use. Marie Leidorf, Rahden/Westfalen, 89–94

Gerken K, Nelson H (2016) Niederstöcken 21 – Linienbandkeramisches Expansionsgebiet jenseits der Lössgrenze im Land der Jäger und Sammler. Nachrichten aus Niedersachsens Urgeschichte 85: 31–84

Göttlich KH (1990) Moorkultivierung für Land- und Forstwirtschaft. In: Göttlich KH (eds) Moor- und Torfkunde, 3. Aufl., Schweizerbart, Stuttgart, 386–410

Hajdas I, Bonani G, Merkt J (1997) Radiocarbon Dating of the Saksunarvatn Ash Layer from Laminated Lake Sediments of Hämelsee, Germany. 16th International Radiocarbon Conference, Book of Abstracts, Groningen, 67

Haverkamp M (2011) Binnenkolonisierung, Moorkultivierung und Torfwirtschaft im Emsland unter besonderer Berücksichtigung des südlichen Bourtanger Moores – Entwicklungslinien und Forschungsstand. Telma 41: 257–287

Iversen J (1942) En pollenanalytisk Tidfaestelse af Ferskvandslagene ved Nørre Lyngby. – Meddelelser fra Dansk Geologisk Forening 10: 130–151

Kappel A, Behling H, Zolitschka B (2005) Rekonstruktion spät- und postglazialer Umweltbedingungen an einem Torfprofil aus dem Varreler Schlatt (Landkreis Diepholz, Nordwestdeutschland). Telma 35: 33–60

Klimscha F, Heumüller M, Raemaekers DCM, Peeters H, Terberger T (eds) (2022) Stone Age Borderland Experience: Neolithic and Late Mesolithic Parallel Societies in the Northern European Plain. Materialhefte zur Ur- und Frühgeschichte Niedersachsens 60. Marie Leidorf, Rahden/Westfalen

Landesamt für Bergbau, Energie und Geologie – LBEG (2022) Böden mit hohen Kohlenstoffgehalten in Niedersachsen 1 : 50.000 (BHK50). Kartenserver des Niedersächsischen Boden-Informations-Systems (NIBIS). https://nibis.lbeg.de/cardomap3/?permalink=I6kfkiD

Litt T, Brauer A, Goslar T, Merkt J, Bałaga K, Müller H, Ralska-Jasiewiczowa M, Stebich M, Negendank JFW (2001) Correlation and synchronisation of Lateglacial continental sequences in northern central Europe based on annually laminated lacustrine sediments. Quaternary Science Reviews 20: 1233–1249

Litt T, Behre KE, Meyer KD, Stephan HJ, Wansa S (2007) Stratigraphische Begriffe für das Quartär des norddeutschen Vereisungsgebietes. Eiszeitalter & Gegenwart 56/1–2: 7–65

Meinke K (1992) Die Entwicklung der Weser im norddeutschen Flachland während des jüngeren Pleistozäns. Dissertation Universität Göttingen

Merkt J (1994) The Allerød-duration and climate as derived from laminated lake sediments. Terra Nostra, Schriften der Alfred Wegener Stiftung 1/94: 59–63

Merkt J, Kleinmann A (1998) Die Entstehung und Entwicklung des Wollingster Sees und seine Ablagerungen. Mitteilungen der Arbeitsgemeinschaft Geobotanik in Schleswig-Holstein und Hamburg 57: 17–27

Merkt J, Müller H (1999) Varve chronology and palynology of the Lateglacial in northwest Germany from lacustrine sediments of Hämelsee in Lower Saxony. Quaternary International 61: 41–59

Merkt J, Müller H, Knabe W, Müller P, Weiser T (1993) The early Holocene Saksunarvatn tephra layer in lacustrine sediments in NW Germany. Boreas 22: 93–100

Meynen E, Schmithüsen J, Gellert J, Neef E, Müller-Miny H, Schultze J (1953–1962) Handbuch der naturräumlichen Gliederung Deutschlands, Bd. 1–8, Bundesanstalt für Landeskunde und Raumforschung, Remagen, Bad Godesberg

Müller H (1962) Pollenanalytische Untersuchung eines Quartärprofils durch die spät- und nacheiszeitlichen Ablagerunen des Schleinsees (Südwestdeutschland). Geologisches Jahrbuch 79: 493–526

Müller H (1969) Diskordanzen und Umlagerungserscheinungen in holozänen Sedimenten flacher Seen Nordwestdeutschlands. Internationale Vereinigung für Theoretische und Angewandte Limnologie: Mitteilungen 17: 211–218

Müller H, Kleinmann A (1998) Palynologische Untersuchungen eines Sedimentprofils aus dem Wollingster See. Mitteilungen der Arbeitsgemeinschaft Geobotanik in Schleswig-Holstein und Hamburg 57: 44–52

Overbeck F (1975) Botanisch-geologische Moorkunde unter besonderer Berücksichtigung der Moore Nordwestdeutschlands als Quellen zur Vegetations-, Klima- und Siedlungsgeschichte. Wachholtz, Neumünster

Pfaffenberg K, Dienemann W (1964) Das Dümmerbecken. Beiträge zur Geologie und Botanik. Wirtschaftswissenschaftliche Gesellschaft zum Studium Niedersachsens Reihe A 78. Veröffentlichungen des Niedersächsischen Instituts für Landeskunde und Landesentwicklung an der Universität Göttingen, zugl. Schriften der Wissenschaftlichen Gesellschaft zum Studium Niedersachsens e.V., Göttingen

Suck R, Bushart M, Hofmann G, Schröder L (2014) Karte der Potentiellen Natürlichen Vegetation Deutschlands. Band I Grundeinheiten. Bundesamt für Naturschutz, Bonn-Bad Godesberg

van der Hammen Th (1971) The upper quaternary stratigraphy of the Dinkel valley. Mededelingen *Rijks Geologische Dienst* NS 22: 59–72

Küstennahe Geestgebiete

Steffen Wolters, Felix Bittmann, Walter Dörfler und Karl-Ernst Behre

Moore haben die Landschaft im Nordwesten Deutschlands über Jahrtausende geprägt, und ihre Nutzung ist weithin sichtbar. Das Spolsener Moor im Landkreis Friesland wurde durch bäuerlichen Torfstich teilweise abgetorft; im Hintergrund stockt ein Moorbirkenwald über der Torfabbaukante. Moorschutzprogramme sichern heute den Schutz naturnaher Restflächen und fördern die Entwicklung ehemals genutzter Moore. Im Spolsener Moor setzte die Wiedervernässung bereits 1975 ein (Foto: S. Wolters)

Ergänzende Information Die elektronische Version dieses Kapitels enthält Zusatzmaterial, auf das über folgenden Link zugegriffen werden kann [https://doi.org/10.1007/978-3-662-68936-3_57].

S. Wolters (✉) · F. Bittmann · K.-E. Behre
Niedersächsisches Institut für historische Küstenforschung,
Wilhelmshaven, Deutschland
e-mail: wolters@nihk.de

W. Dörfler
Institut für Ur- und Frühgeschichte,
Christian-Albrechts-Universität, Kiel, Deutschland

Der Naturraum

Die Geestgebiete umfassen die Altmoränengebiete Nordwestdeutschlands nördlich der Mittelgebirge. Sie gliedern sich grob in die küstennahen Regionen der Schleswig-Holsteinischen Geest, der Stader Geest und der Ostfriesisch-Oldenburgischen Geest (Abb. 57.1) und die sich südlich anschließenden küstenfernen Altmoränenlandschaften (s. Kap. 56 und 59). Während der Weichselkaltzeit waren die Geestgebiete nicht von Gletschern bedeckt und erhielten somit kein frisches, kalkreiches Moränenmaterial. Letztmalig bedeckten die Gletscher der Saalevereisung die Region, deren Moränenmaterial tiefgründig entkalkt ist. Verwitterungsprozesse führten somit seit mindestens 130.000 Jahren – nach dem Rückzug der saalezeitlichen Gletscher – zur Einebnung der Landschaft und Bildung saurer Sandböden, die die Geestgebiete prägen. Darauf weist die von dem niederdeutschen Wort „gest" oder „güst" für „trocken und unfruchtbar" abgeleitete Bezeichnung hin (Behre 2008). Gegen Ende der letzten Kaltzeit, bei noch weitgehendem Fehlen einer geschlossenen Vegetationsdecke, wurden große Mengen von Sand zu Dünen und Flugsanddecken aufgeweht. Im Verlauf des Holozäns entstanden aus diesen Rohböden zunächst Ranker, später Parabraunerden und bei fortschreitender Versauerung Podsole (Abb. 57.2). In den Niederungen dominieren Gley und Pseudogley, vielfach haben sich Nieder- und Hochmoore gebildet. Die Geest setzt sich prinzipiell noch weit in den Bereich der heutigen Nordsee fort; dort wurde sie allerdings infolge des nacheiszeitlichen Meeresspiegelanstiegs von den „jungen" Marschsedimenten sukzessive überdeckt (s. Kap. 58).

Klima

Das Klima der Region ist ozeanisch und stark durch die Nähe der Nordsee geprägt. Die Winter sind daher mild; längere Perioden mit tiefen Temperaturen unter dem Gefrierpunkt sind selten. Die Sommer sind dagegen eher kühl und niederschlagsreich, sodass in aller Regel die Wasserbilanz positiv und die Verdunstung geringer als der Niederschlag ist.

Abb. 57.1 Karte der Region Küstennahe Geestgebiete mit pollenanalytisch untersuchter Lokalität für das standardisierte Pollendiagramm:
1 Eversener See.
Zusätzlich diskutiertes Diagramm:
2. Joldelund.
Weitere im Text erwähnte Lokalitäten:
3 Westrhauderfehn,
4 Upstalsboom,
5 Spolsener Moor,
6 Zwischenahner Meer,
7 Ahlen-Falkenberger Moor,
8 Flögeln,
9 Hohenfelder Moor,
10 Glüsing,
11 Süderlügum

Abb. 57.2 Besenheidepodsole entwickeln sich unter Grünland oder Wald infolge jahrhundertelanger Verheidung. Zuvor vorhandene Baumwurzeln werden durch Ortsteinbildung nachgezeichnet (Foto: K.-E. Behre)

Vegetation

Die Region wird heute intensiv als Grün- und Ackerland genutzt. Die früher großflächigen Moorkomplexe sind zum größten Teil abgetorft, entwässert und in Kulturland übergeführt worden. Wälder sind nur noch inselartig und in Form von angelegten Forsten mit hohem Nadelholzanteil vorhanden. Bei einigen geschützten und relativ natürlich anmutenden Beständen handelt es sich um alte Hudewälder, die über Jahrhunderte zur Waldweide genutzt wurden. Nach der Karte der potenziellen natürlichen Vegetation (Suck et al. 2014) würden auf den höhergelegenen Geestflächen Stieleichenmischwälder basenarmer Standorte vorherrschen. Auf besseren Böden können Flattergras- oder Drahtschmielen-Buchenwälder mit Übergängen zu trockeneren Sternmieren-Stieleichen-Hainbuchen-Wäldern und auf feuchteren Schwarzerlen-Stieleichen-Hainbuchen-Wälder auftreten. Dies gilt besonders für die Stader Geest mit der Hohen Lieth, während auf der schleswig-holsteinischen Geest vor allem bodensaure Buchenwälder neben Pfeifengras-Moorbirken-Steileichen-Wäldern dominieren würden. In den Niederungen und auf entwässerten Moorstandorten fänden sich Moorbirken- und Schwarzerlenwälder. Intakte Hochmoorbereiche würden eine waldfreie, von Torfmoosen und Ericaceen dominierte Hochmoorvegetation aufweisen; deren Ränder sowie abgetorfte und kultivierte Bereiche sind durch Moorbirkenwälder mit Gagelstrauch charakterisiert, die in trockeneren Lagen in Pfeifengras-Moorbirken-Stieleichen-Wälder übergehen.

Siedlungsgeschichte

Mit dem Beginn des Holozäns um ca. 9700 v. Chr. folgt auf das Paläolithikum die frühmesolithische Maglemose-Kultur Norddeutschlands, deren Verbreitung von England über Norddeutschland und Dänemark bis nach Südschweden und ins Baltikum reichte. Ihrer nomadischen Lebensweise als Jäger und Sammler folgend, bevorzugten sie überwiegend saisonale Lager und Stationen mit Zugang zu Trinkwasser und guter Übersicht, so z. B. die Wälle um ehemalige Pingos und Ufer von Seen und Meeresküsten, die für den Fischfang und Jagd auf Wasservögel genutzt werden konnten. Aus der Maglemose-Kultur geht im Gebiet die spätmesolithische Ertebølle-Kultur hervor (bis etwa 4100 v. Chr.), die bereits einfache Keramikgefäße herstellte, aber noch keine Landwirtschaft betrieb. Obwohl es gelegentlich zu Kontakten mit den Vertretern der Linearbandkeramik kam (s. Kap. 4), wurde die sesshafte Lebensweise mit Ackerbau und Viehzucht nicht übernommen, sondern die traditionelle Lebensweise als Jäger und Sammler beibehalten. Im Westen des Gebietes entwickelte sich zeitgleich die spätmesolithisch-neolithische Swifterbant-Kultur (bis etwa 3400 v. Chr.). Ihre Vertreter besiedelten die Niederungen und Dünenlandschaften des Küstengebietes und betrieben Getreideanbau ab etwa 4300 v. Chr. Auf das Mesolithikum folgt als älteste (früh-)neolithische Kultur des Nordens die Trichterbecher-Kultur ab etwa 4100 v. Chr. Zwischen 3600 und 2800 v. Chr. wurden als auffälligstes Kennzeichen mehrere tausend Megalithgräber und Steinkisten aus tonnenschweren

Abb. 57.3 Durch Moorentwässerung und Torfabbau sind in den letzten 100 Jahren zahlreiche übermoorte Megalithgräber wieder sichtbar geworden. Diese ca. 6 m lange Grabanlage mit vier Decksteinen aus dem Ahlen-Falkenberger Moor, Ldkr. Cuxhaven, wurde 2016 der Denkmalschutzbehörde gemeldet und anschließend von Archäologen freigelegt und untersucht (Foto: S. Wolters)

Abb. 57.4 Die Wallhecken Ostfrieslands, wie hier bei Marx im Ldkr. Wittmund, zeugen noch heute von der Neuordnung und Parzellierung der landwirtschaftlichen Nutzflächen vor etwa 200 Jahren. Die Aufhebung gemeinschaftlicher Nutzungsrechte und die Privatisierung der Nutzflächen bedeuteten das Ende des Heidebauerntums und der damit einhergehenden fast vollständigen Entwaldung und Verheidung des Gebiets (Foto: S. Wolters)

Findlingen errichtet. Durch die starke Ausbreitung der Moore seit etwa 6000 v. Chr. wurde der verfügbare Lebensraum auf der Geest sukzessive eingeengt. Dabei wurden zahlreiche Megalithanlagen vollständig vom Moor überwachsen und somit geschützt (Abb. 57.3). Um nasse und vermoorte Bereiche zu überqueren, wurden seit der Trichterbecherzeit bis in die ersten nachchristlichen Jahrhunderte vielfach Bohlenwege angelegt. Ab etwa 2000 v. Chr. gelangte aus dem Süden kommend Bronze in den Norden, und es bildete sich die nordische Bronzezeit heraus. Die Megalithgräber wurden durch Hügelgräber (teilweise zu hunderten in Gräberfeldern wie z. B. im Pestruper Gräberfeld südlich von Oldenburg) und später durch Urnenbestattungen abgelöst. Die Bronzezeit ging etwa 800 v. Chr. in die Vorrömische Eisenzeit über, in der sich die Eisengewinnung im Norden jedoch erst allmählich etablierte (s. u.). Weitverbreitet sind nun Fluren des Typs Celtic Fields (s. Exkurs Kap. 13). Gelegentlich finden sich jedoch auch Hinweise auf schmale Wälle mit Spuren von Zaunpfosten und Steinen. Sie haben dann eher die Funktion als Feldgrenzen, und die Wälle ähneln den heutigen mit Baumreihen bestandenen Wallhecken oder Knicks (Abb. 57.4), die auch als

Windbrecher dienen. Der neue Werkstoff Eisen führte auch zur Verbesserung der Pflüge, die nun ein Streichbrett hatten und mit Eisen bewehrt werden konnten. Für die Römische Kaiserzeit gibt es durch Schriftquellen erstmals nähere Informationen über die Bewohner der Region: Im Westen siedelten die Chauken, nach Osten beidseits der Elbe die Langobarden und im Norden die Angeln, Sachsen, Kimbern und Teutonen. Es bildeten sich ortsfeste Siedlungen mit Einzel- und Mehrbetriebsgehöften, mit zwei bis fünf Wohn-Stall-Häusern, Speichern und Brunnen, teilweise auch Herrenhäuser, die eine soziale Schichtung erkennen lassen. Daneben sind Grubenhäuser verbreitet, in denen vor allem handwerkliche Tätigkeiten wie Weben und Schmieden durchgeführt wurden. In der Völkerwanderungszeit fielen viele Siedlungen wüst, als die Angeln aus Schleswig-Holstein und die Sachsen aus Niedersachsen in großer Zahl nach England zogen. Im frühen Mittelalter wurde das Gebiet dann rasch wieder besiedelt, vor allem durch Friesen und Sachsen, und die Bevölkerung nahm stark zu. Ab dem 17. Jahrhundert setzte die systematische Entwässerung und Abtorfung der Moorgebiete sowie deren Transformation zu landwirtschaftlich genutzten Flächen ein.

Pollenarchive

Im Vergleich zu den Jungmoränengebieten Schleswig-Holsteins und Mecklenburg-Vorpommerns ist die Region arm an Seen. Ausnahmen bilden die flachen Geestrandseen und tieferen Erdfallseen, die durch Salzauslaugung im Untergrund entstanden sind, wie z. B. das Zwischenahner Meer. Darüber hinaus finden sich insbesondere auf der ostfriesischen Halbinsel zahlreiche Kleinsthohlformen periglazialen Ursprungs, die als Pingos bezeichnet werden. Hierbei handelt es sich um ehemalige, mit einem Eiskern versehene Frosthügel in Permafrostgebieten. Als zunächst wassergefüllte, später verlandete und vermoorte Sedimentfallen stellen sie besonders gut geeignete vegetationsgeschichtliche Archive dar, die den Zeitraum seit dem Abschmelzen des Eises nach Ende des eiszeitlichen Maximums etwa vor 20.000 Jahren bis zur Neuzeit abdecken können.

Prägend für die Landschaft war und ist jedoch die großflächige Vermoorung, die bereits im frühen Holozän mit der Bildung von Niedermooren einsetzte. Die wichtigste Ursache der Niedermoorbildung in den Geestgebieten war der nacheiszeitliche Meeresspiegelanstieg und der damit verbundene Anstieg des Grundwasserspiegels, der nicht nur zur Versumpfung der flachen Küstengebiete führte, sondern auch den Wasserabfluss behinderte. So bildeten sich ausgedehnte Niedermoore auch in den Talniederungen größerer Flüsse wie im Leda-Jümme-Gebiet im Emsland, an der Hunte im Bereich des Dümmers nordöstlich von Osnabrück, wie auch an den Unterläufen von Eider und Treene in Schleswig-Holstein. Um 6000 v. Chr. erreichte der steigende Meeresspiegel das Vorfeld der heutigen Küste, und das Klima wurde deutlich ozeanischer. Nun begann auf der Geest das großflächige Wachstum der Hochmoore – Moore, die nur durch Regenwasser versorgt wurden. Die Hochmoore breiteten sich zum einen über bereits vorhandenen Niedermooren aus oder wuchsen direkt auf dem mineralischen Untergrund (sogenannte wurzelechte Hochmoore). Dabei vernässten die Wälder, und ihre Bäume starben ab. Reste dieser Wälder finden sich heute an der Basis der großen Hochmoorkomplexe und treten beim Torfabbau zutage. Im Westen des Gebietes erreichten diese Hochmoore Ausdehnungen von mehr als 100 km², wie das Bourtanger Moor und die Esterweger Dose im Emsland, das Vehnemoor und das Ipweger Moor bei Oldenburg und nördlich davon die Ostfriesischen Zentralmoore. Nach Osten folgt das Teufelsmoor bei Bremen, während im Elbe-Weser-Dreieck und in Schleswig-Holstein die Größen deutlich abnahmen und jeweils weniger als 50 km² erreichten. Von den ursprünglich in Niedersachsen etwa 6300 km² und in Schleswig-Holstein etwa 1700 km² bedeckenden Hoch- und Niedermooren sind oberflächlich heute nur noch kleine Teile sichtbar und weniger als 1 % als intakt zu bezeichnen. Durch Wiedervernässungen und Paludikultur mit dem Ziel des Erhalts und der Neubildung von Torf werden Moore unter Naturschutzgesichtspunkten zunehmend wieder aktiviert und sollen durch ihre Funktion als sehr effektive CO_2-Speicher zur Reduktion der atmosphärischen CO_2-Konzentration beitragen.

Forschungsgeschichte

Der Moorreichtum der küstennahen Geestlandschaften schlägt sich in einer hohen Anzahl und einem sehr frühen Beginn der pollenanalytischen Untersuchungen nieder. Dies ist besonders auf das Wirken des Bremer Moorforschers Carl-Albert Weber zurückzuführen (s. Kap. 3), der bereits ab dem Ende des 19. Jahrhunderts die quantitative Pollenanalyse bei der Untersuchung inter- und postglazialer Sedimente in Nordwestdeutschland einführte. Mit Webers Unterstützung entstanden auch die ersten Pollendiagramme der Region, die Gunnar Erdtman (1924) nach Untersuchungen von vier Mooren in der Umgebung von Bremen und Oldenburg veröffentlichte. Sie zählen zu den ältesten Pollendiagrammen Deutschlands. Auch die nächsten Untersuchungen wurden wenige Jahre später von Erdtman im Raum Oldenburg durchgeführt, bevor sich eine intensive Phase der wald- und moorgeschichtlichen Erforschung anschloss, die den gesamten Nordwesten Deutschlands erfasste. Während dieser Phase wurden bis Ende der 1930er-Jahre weit über 100 Lokalitäten pollenanalytisch bearbeitet und in etwa 40 wissenschaftlichen Artikeln veröffentlicht. Hierbei sind die Arbeiten von Fritz Overbeck und Heinz Schmitz auf der Ostfriesischen Halbinsel und im Bremer Umland, von Dominikus Schröder und Erich Schubert im Elbe-Weser-Raum sowie von Otto Ernst auf der Schleswig-Holsteinischen Geest (und in der Marsch) als methodisch bedeutsam hervorzuheben. In den 1940er- bis 1950er-Jahren wirkte insbesondere Fritz Overbeck mit seinen Untersuchungen zur Hochmoorentwicklung im niedersächsischen Raum. Die langjährigen Arbeiten von ihm und seiner Arbeitsgruppe mündeten schließlich in seiner botanisch-geologischen Moorkunde (Overbeck 1975). Ab dem Ende der 1950er-Jahre rückte die schleswig-holsteinische Geest durch Fritz-Rudolf Averdieck und Klaus Kubitzki wieder in den Blickpunkt, nun auch unter Anwendung der neu eingeführten Radiokarbondatierung. Im oldenburgisch-ostfriesischen Raum gewannen in dieser Zeit zudem moorarchäologisch-pollenanalytische Untersuchungen an Bedeutung, die eng mit dem Namen von Hayo Hayen verknüpft sind. In der zweiten Hälfte der 1960er-Jahre veröffentlichten Karl-Ernst Behre und Burchhard Menke erstmals hochaufgelöste Pollendiagramme, die sich der spätglazialen Vegetationsentwicklung in Ostfriesland und auf der holsteinischen Geest widmeten. Das Spätglazial in Schleswig-Holstein wurde weiterführend von Hartmut Usinger an der Universität Kiel bearbeitet, der außer im Jungmoränengebiet auch auf der Geest tätig war. Auf niedersächsischer Seite begann zu dieser Zeit eine intensive vegetationsgeschichtliche Durchforschung der Moore, die maßgeblich auf die Tätigkeit des Instituts für historische Küstenforschung (NIhK) in Wilhelmshaven zurückzuführen ist. Neben den Arbeiten im Rahmen des archäologischen Forschungsprojektes zur Siedlungskammer Flögeln (zusammenfassend in Behre und Kučan 1994) entstanden durch Michael O'Connell, Walter Dörfler, Sigrid Heider und Holger Freund zahlreiche weitere Pollendiagramme auf der ostfriesischen Halbinsel und im Elbe-Weser-Dreieck. Diese wurden in den letzten 25 Jahren durch weitere Arbeiten – zumeist im siedlungsarchäologischen Kontext – durch Annette Kramer, Felix Bittmann und Steffen Wolters ergänzt. Auf schleswig-holsteinischer Seite prägt das Institut für Ur- und Frühgeschichte der Universität Kiel mit Arbeiten von Walter Dörfler, Björn-Henning Rickert und Ingo Feeser die vegetationsgeschichtliche Forschung auf der Geest. In gut 100 Jahren pollenanalytischer Forschung in den küstennahen Geestgebieten sind mehr als 450 Lokalitäten untersucht worden; eine vollständige Liste der Literatur ist dem Anhang zu entnehmen.

Regionale Vegetations- und Waldgeschichte

Das Standarddiagramm (Abb. 57.5) wurde aus den Sedimenten des Eversener Sees (31 m über NN) erarbeitet, einem ca. 1 ha großen und 7,5 m tiefen See am Nordrand der Achim-Verdener Geest etwa 30 km westlich von Bremen (Abb. 57.1). Die Chronologie fußt auf 42 Radiokarbondaten und umfasst die Vegetationsentwicklung der letzten 14.300 Jahre, die in 16 regionale Pollenzonen (RPZ) gegliedert ist (s. Tab. S. 57.1 im elektronischen Zusatzmaterial).

Die vegetationsgeschichtliche Überlieferung setzt im Eversener See mit der ersten Erwärmung nach dem Ende des Pleniglazials ca. 12.300 v. Chr. ein. Pollenspektren, die zeitlich weiter zurückreichen und noch die arktische Steppentundra des ausgehenden Hochglazials mit einer schütteren Vegetation und vorherrschenden Gräsern und Sauergräsern abbilden, sind in den Geestgebieten die Ausnahme (z. B. Profil Glüsing in Menke 1968) und im Eversener See nicht erfasst. Im Standarddiagramm zeigt die RPZ 1 (Zeitscheiben 12.250 und 12.000 v. Chr.) daher neben Gräsern bereits die wärmebedingte Zunahme von *Betula* (vorrangig *B. nana* – Zwergbirke) und zahlreichen heliophilen Sträuchern (*Hippophaë, Juniperus*), Zwergsträuchern (*Salix, Helianthemum*) und krautigen Vertretern (*Artemisia, Rumex acetosa*-Typ). Die Erwärmung führte zu einer ausgesprochen artenreichen Vegetation, die durch zahlreiche Nachweise weiterer, nicht im Standarddiagramm abgebildeter Taxa, wie z. B. *Dryas, Parnassia, Thalictrum, Sedum, Gypsophila* oder *Selaginella selaginoides* (auch durch Megasporen nachgewiesen), untermauert wird. Diese heliophytenreiche Strauchphase, die mit einem charakteristischen Sanddornmaximum endet und in Norddeutschland als Meiendorf-Interstadial bekannt ist, dauerte bis etwa 11.900 v. Chr.

Die anschließende Vegetationsphase (RPZ 2, Zeitscheiben 11.750 und 11.500 v. Chr.) ist durch die Vorherrschaft von *Betula*-Pollen gekennzeichnet und umfasst die Schwankungen der kühlen Ältesten Tundrenzeit (Steppentundra), des warmen Bølling-Interstadials (Birkenwälder) und der wiederum kühlen Älteren Tundrenzeit mit aufgelichteter Bewaldung. Die kühlen Stadiale dieser Phase sind nur bei einer hohen zeitlichen Auflösung in den Pollendiagrammen sichtbar und machen sich in einem Anstieg von Gräsern und Sauergräsern bei gleichzeitig gesunkenen Birkenwerten sowie in einer verringerten Pollenkonzentration bemerkbar. Die Baumbirkenausbreitung in der Erwärmungsphase tritt hingegen in den meisten Diagrammen der Geestgebiete deutlich hervor. Zwar datieren die ersten Makrorestnachweise von Baumbirken (*Betula pendula, B. pubescens*) bereits in das ausgehende Meiendorf-Interstadial, doch kam es erst während des Bøllings zur Bildung von Birkenwäldern, die lokal unterschiedlich aus wacholder- oder weidenreichen Ausprägungen der Steppentundra hervorgingen und in denen sich im weiteren Verlauf Espen einfanden. Nach einer weiteren Abkühlung, während der sich die Birken-Espen-Wälder etwas auflichteten, kam es ab etwa 11.400 v. Chr. erneut zur dichteren Waldbedeckung (RPZ 3, Zeitscheiben 11.250 und 11.000 v. Chr.). Zunächst bestimmten wieder Birkenwälder mit Espe die Vegetation der Geestgebiete, doch im weiteren Verlauf breitete sich in Norddeutschland zunehmend die

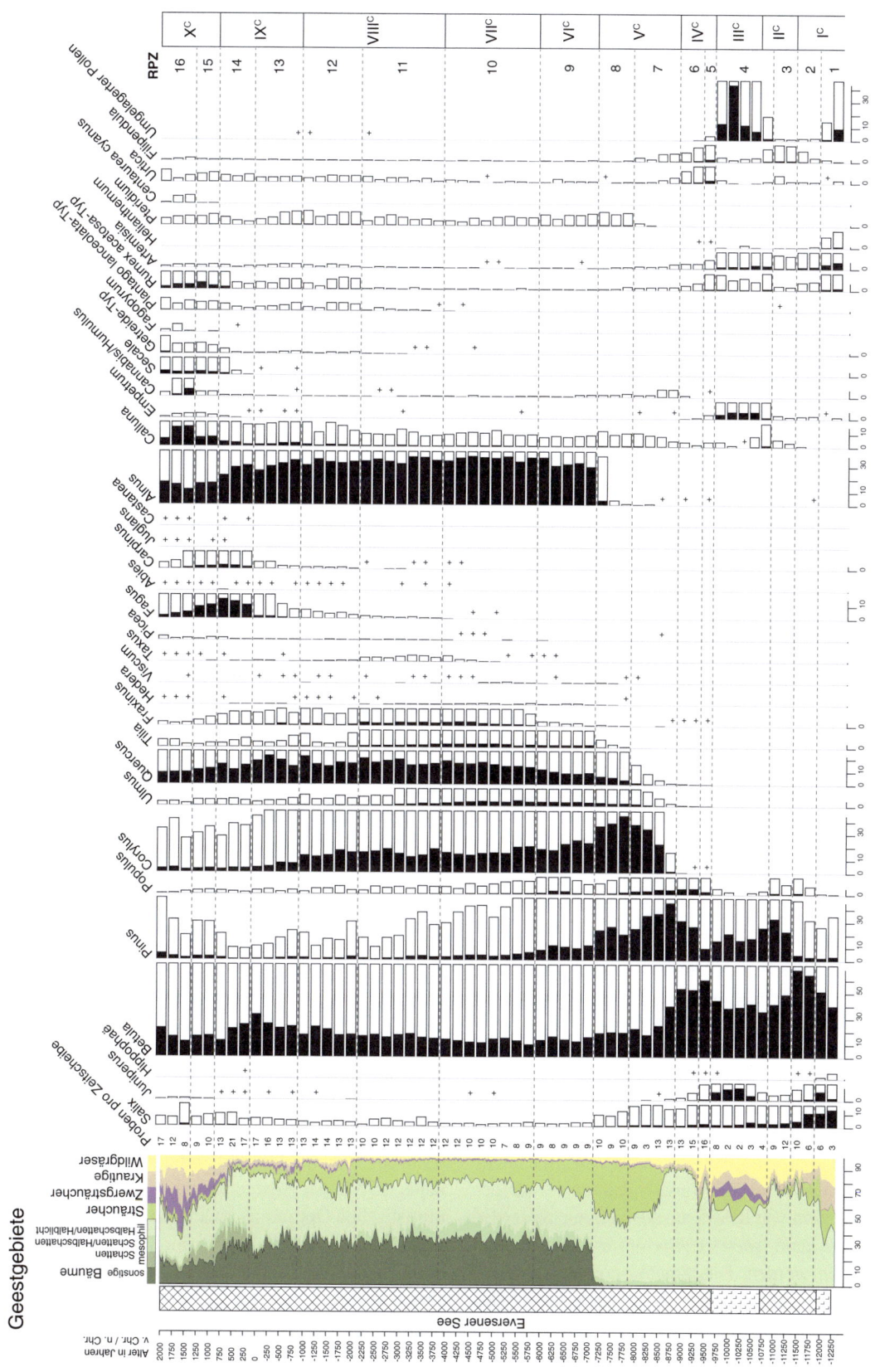

Abb. 57.5 Standardisiertes Pollendiagramm für die Region Küstennahe Geestgebiete. Profil Eversener See (41 m NN, Wolters unveröffentl.)

Kiefer (*Pinus sylvestris*) aus, die besonders in den niedersächsischen Geestgebieten den wesentlichen Teil der allerødzeitlichen Wälder ausmachte. Im nördlichen Teil der schleswig-holsteinischen Geest fasste sie in dieser Zeit allerdings noch nicht Fuß; dort bestimmte die Birke im gesamten Verlauf des Allerøds das Waldbild.

Der Kälterückschlag der Jüngeren Tundrenzeit (III^C) führte ab ca. 10.800 v. Chr. zu einer erneuten Auflichtung der Wälder. Der hohe Grad der Entwaldung wird im Standarddiagramm neben dem erhöhten klastischen Anteil im Sediment besonders durch die Kurve des umgelagerten Pollens deutlich, die in RPZ 4 (Zeitscheiben 10.750 bis 9750 v. Chr.) auf Werte über 30 % ansteigt. Unter dieser Kurve sind Taxa der prä- und frühquartären Floren, wie z. B. *Liquidambar*, *Nyssa* oder *Carya*, zusammengefasst, die aufgrund starker Erosion infolge weitgehender Ausdünnung der Vegetationsdecke aus den oberflächig anstehenden miozänen Braunkohlen in der Umgebung des Eversener Sees in das Seesediment eingetragen wurden. Von der Auflichtung profitierten nun *Artemisia* und *Juniperus*. Der Wacholder gelangte nach seiner Überdauerung in den allerødzeitlichen Wäldern im Zuge einer regressiven Sukzession durch die abkühlungsbedingte Auflichtung der Birken-Kiefern-Wälder verstärkt zur Blüte, begleitet von *Empetrum*. Die Krähenbeere, die bereits seit dem Meiendorf-Interstadial nachgewiesen wurde, zeigt auf der gesamten Geest nun höhere Werte, doch nur in den niedersächsischen Geestgebieten erreicht sie ihr späteiszeitliches Ausbreitungsmaximum mit den höchsten Werten ganz im Westen. Die Standorte der großflächigen Krähenbeerenheiden dürften dabei auf den Rohböden der erst im weiteren Verlauf der Jüngeren Tundrenzeit entstandenen Dünen und Flugsanddecken zu finden sein. Dadurch erklärt sich in gut datierten Pollendiagrammen die zeitliche Verzögerung des Anstiegs der *Empetrum*-Kurve im Verhältnis zum Beginn der Jüngeren Tundrenzeit.

RPZ 5 (Zeitscheibe 9500 v. Chr.) setzt mit dem Übergang zur Nacheiszeit bei 9640 v. Chr. ein und zeigt einen raschen Anstieg der *Betula*-Kurve und den Rückgang heliophiler Taxa. Das spiegelt den Beginn der endgültigen Bewaldung des Gebietes während des Präboreals (IV^C) wider. Es können eine Birken-Kiefern-Zeit (RPZ 5) und eine Kiefern-Birken-Espen-Zeit (RPZ 6, Zeitscheiben 9250 und 9000 v. Chr.) unterschieden werden. Die Werte von *Urtica* und *Filipendula* – klassische spät- und frühpostglaziale Wärmezeiger, die schon im Allerød nachgewiesen wurden – steigen unmittelbar zu Beginn von RPZ 5 an. Als vergleichbarer Erwärmungsanzeiger kann *Isoëtes echinospora* (nicht im Diagramm) angesehen werden. Das Stachelsporige Brachsenkraut, das in Deutschland heute nur noch im Schwarzwald vorkommt, zeigt ein ähnliches Verhalten wie *Urtica* und *Filipendula* und breitete sich mit Einsetzen der präborealen Erwärmung in den Seen auf der Geest geradezu explosionsartig aus.

Zwar vollzog sich in den etwa 900 Jahren des Präboreals der Wandel zu einer reinen Waldlandschaft, doch war das Klima weiterhin Schwankungen unterworfen. Zeitlich und taxonomisch gut aufgelöste Pollendiagramme zeigen eine Dreifachgliederung, deren erste Phase (warm) nach der Typuslokalität Westrhauderfehn in Ostfriesland (Behre 1966) als Frieslandschwankung bezeichnet wird. Der darauffolgende kühlere Abschnitt ist als Rammelbeekphase bekannt. Nach diesem Klimarückschlag setzte sich die Erwärmung fort, und auch die ersten wärmeliebenden Gehölze werden bereits nachgewiesen.

Zu Beginn des Boreals (V^C) herrschten im Gebiet lichte Kiefern-Birken-Wälder mit Espen vor, in denen sich ab ca. 8700 v. Chr. die Massenausbreitung der Hasel vollzog (RPZ 7, Zeitscheiben 8750 bis 8000 v. Chr.), in deren Verlauf Birke und Kiefer zunehmend verdrängt wurden. *Corylus* erreichte nach etwa 900 Jahren das Maximum von etwa 45 %. Dabei schwankt die Höhe des Haselgipfels im Gebiet zwischen 20 % auf den Sandböden und 50 % auf den besseren Standorten. In der Zeit der Haselausbreitung etablierten sich auch Ulme und Eiche in den Kiefern-Hasel-Wäldern, die den beständigen *Populus*-Nachweisen zufolge noch immer relativ licht waren. Mit Gemeinem Schneeball (*Viburnum opulus*) und Hopfen (*Humulus lupulus*) traten im älteren Boreal Elemente feuchter, nährstoffreicher und im jüngeren Boreal mit dem Adlerfarn (*Pteridium aquilinum*) ein Vertreter der frischen halbschattigen Waldstandorte hinzu. Nach dem Erreichen der maximalen Haselwerte vollzog sich im jüngeren Teil des Boreals (RPZ 8, Zeitscheiben 7750 bis 7250 v. Chr.) die weitere Ausbreitung der wärmeliebenden Bäume. Nach Ulme und Eiche sind ab ca. 7800 v. Chr. auch Linde, Esche und Efeu im Gebiet nachgewiesen. Ahorn hingegen tritt erst 2500 Jahre später auf. Der zunehmende Schattenwurf dieser Bäume verstärkte die Verdrängung von Birke und Kiefer auf edaphisch ungünstigere Standorte wie Moorböden oder die grundwasserfernsten Sandböden und leitete schließlich auch den Rückgang der Hasel ein.

Die gegen Ende des Boreals eingewanderte Erle breitete sich ab 7150 v. Chr. auf den nährstoffreichen Feucht- und Nassstandorten rasch aus (RPZ 9, Zeitscheiben 7000 bis 6000 v. Chr.). Sie erreichte am Eversener See bereits 50 Jahre später einen sehr hohen Anteil und blieb in den nächsten etwa 7500 Jahren auf diesem Niveau, was charakteristisch für die meisten Pollendiagramme Nordwestdeutschlands ist. Mit der Ausbreitung der Erle kam es zu Beginn des klimatischen Optimums im älteren Atlantikum (VI^C) zu einer deutlichen standörtlichen Differenzierung mit einer Erlendominanz in den nährstoffreichen Niederungsgebieten und einem Vorherrschen von Eichenmischwäldern auf den mittleren und trockeneren Standorten (dominiert durch Eichen). Zwar ist eine pollenanalytische Unterscheidung auf Artniveau nicht möglich, doch kann anhand der aktuellen Verbreitung der Arten davon ausgegangen werden, dass sowohl

Quercus robur als auch *Q. petraea* an der Waldbildung beteiligt waren. Die Bedeutung der Kiefer nahm im Verlauf des Atlantikums kontinuierlich ab. Vereinzelt auftretende höhere *Pinus*-Pollenwerte im jüngeren Atlantikum oder Subboreal weisen auf seltene Reliktvorkommen der Kiefer im Moor hin, wie dies zuletzt auch anhand von *Pinus*-Makroresten wie Nadeln und Knospenschuppen und von Peridermresten im Hohenfelder Moor im südwestlichen Schleswig-Holstein belegt wurde (Rickert 2008).

Ab 7200 v. Chr. breitete sich die Linde stärker aus. In den meisten Pollendiagrammen ist *Tilia* aufgrund ihrer geringen Pollenproduktion und -verbreitung unterrepräsentiert. Im Standarddiagramm vom Eversener See wird dieser Effekt zusätzlich durch den überproportional hohen *Alnus*-Pollenniederschlag, verursacht durch die lokalen, am Seeufer vorhandenen Bestände, verstärkt. Im gesamten Gebiet der nordwestdeutschen Geest jedoch dürfte der Anteil der Linde in den Eichenmischwäldern sehr hoch gewesen sein. Darauf weisen mehrere Pollendiagramme aus der Siedlungskammer Flögeln (Behre und Kučan 1994) hin, die das Vorkommen von ausgesprochen lindenreichen Waldbereichen belegen. Pollenanalytisch wird überwiegend *Tilia cordata* nachgewiesen, doch zeigen fossile Fruchtfunde aus mesolithischem Kontext im Zwischenahner Meer (Mahlstedt et al. 2018), dass es zumindest lokal Bestände mit reichlich *Tilia platyphyllos* gegeben haben muss, in denen es auch zur Bastardisierung beider Arten (*Tilia* x *vulgaris*) kam.

Das Atlantikum ist der Zeitraum des klimatischen Optimums, das etwas mehr als 3000 Jahre anhielt und die Chronozonen VI^C und VII^C umfasst. In seinem jüngeren Abschnitt (RPZ 10, Zeitscheiben 5750 bis 4000 v. Chr.) kam in Nordwestdeutschland ab etwa 5800 v. Chr. auch die Esche stärker zur Geltung und führte mit der Bildung von Erlen-Eschen-Wäldern zu einer weiteren Differenzierung der grundwassernahen Standorte. Die Temperaturen in dieser Zeit waren um etwa ein bis zwei Grad wärmer als heute, was besonders an der nahezu geschlossenen Kurve der Mistel (*Viscum album*) deutlich wird (vgl. Kap. 2). Deren heutige nordwestliche Arealgrenze liegt auf Höhe von Hannover und stimmt ziemlich genau mit der 17°C-Juni-Isotherme überein (Kuhbier 1997). Als weiterer Wärmezeiger im Gebiet gilt die Wassernuss (*Trapa natans*), die heute ebenfalls keine natürlichen Vorkommen in Nordwestdeutschland hat. Mehr als 500 vollständig erhaltene Nüsse aus wärmezeitlichen Sedimenten des Zwischenahner Meeres (Mahlstedt et al. 2018) belegen eindrucksvoll die klimatische Gunst während des Atlantikums.

Im Zuge des nacheiszeitlichen Meeresspiegelanstiegs erreichte die Nordsee gegen 6000 v. Chr. das heutige Küstenvorfeld, und Nordwestdeutschland geriet zunehmend unter ozeanischen Klimaeinfluss. Eine unmittelbare Folge dieses Klimawandels war die Bildung der Hochmoore. Erste größere Hochmoorbildungen lassen sich ab etwa 6000 v. Chr. nachweisen, doch beschleunigte sich deren Wachstum ab 5500 v. Chr. deutlich und setzte entweder auf vorangegangenen Niedermooren oder direkt auf den mineralischen Böden der Geest ein. Der Übergang von einem kontinentalen zu einem ozeanischen Klima ausgangs RPZ 10 wird im Standarddiagramm (Abb. 57.5) am gegensätzlichen Kurvenverhalten von *Viscum* und *Taxus* deutlich. Die Eibe profitierte von der abnehmenden Kontinentalität und breitete sich als erste Schattholzart in den Eichenmischwäldern aus. Sie konnte nicht nur auf den sauren Mineralböden, sondern auch auf den Moorböden Fuß fassen.

Die menschlichen Eingriffe in die Wälder durch die Jäger-Sammler-Gruppen der Mittelsteinzeit waren zeitlich und lokal sehr begrenzt und werden in der Regel in den Pollendiagrammen nicht sichtbar. Dies ändert sich am Übergang vom Atlantikum zum Subboreal etwa 4000 v. Chr., als sich die jungsteinzeitliche sesshafte Besiedlung und ihre Wirtschaftsweise mit Ackerbau und Tierhaltung in Nordwestdeutschland etablierte. Die jungsteinzeitliche Veränderung der Wälder ist allerdings nicht in jedem Diagramm klar erkennbar und stark abhängig vom Einzugsgebiet der Lokalität und der Nähe zum besiedelten Areal. So zeugen im Standarddiagramm lediglich die geschlossene Kurve des Spitzwegerichs (*Plantago lanceolata*-Typ), spärliche Nachweise vom Getreide-Typ und leicht ansteigende Werte der Wildgräser von der jungsteinzeitlichen Besiedlung der Region (RPZ 11, Zeitscheiben 3750 bis 2250 v. Chr.). Die Waldzusammensetzung in der Umgebung des Eversener Sees blieb – mit Ausnahme des überregionalen Phänomens des Ulmenfalls – davon offensichtlich weitgehend unberührt. Allerdings trat ab 3900 v. Chr. mit der Buche (*Fagus sylvatica*) ein neues Element der mesophilen Wälder hinzu.

Eine deutliche Gliederung der jungsteinzeitlichen Landschaftsveränderungen über einen Zeitraum von fast 2000 Jahren zeigen hingegen Pollendiagramme aus der Siedlungskammer Flögeln und dem benachbarten Ahlen-Falkenberger Moor auf der gut untersuchten Wesermünder Geest. In diesen lässt sich eine erste, wenn auch geringe Auflichtung der Wälder infolge kleinräumlichen Ackerbaus in Kombination mit Waldweide und Schneitelung zur Laubfuttergewinnung bereits ab etwa 4200 v. Chr. verfolgen (Behre und Kučan 1994; Kramer und Bittmann 2015). Ein deutlicher Anstieg der Siedlungszeiger im Zuge stärkerer Rodung und Ausweitung des Ackerbaus (vor allem Gerste und Emmer) ist ab 3500 v. Chr. zu verzeichnen, bevor ab 3100 v. Chr. mit der Intensivierung der Waldweide und der Ausdehnung von Weideflächen durch gezielten Einsatz von Bränden die Auflichtung der Wälder und die Fragmentierung der Landschaft weiter fortschritten. Somit wurde durch die jungsteinzeitliche Besiedlung während der Trichterbecher-Kultur in etwa 2000 Jahren die Naturlandschaft in eine – wenn auch anfangs kleinräumig und inselartig eingestreute – Kulturlandschaft umgewandelt.

Zu Beginn der Bronzezeit erfasste die Landnutzung auch die direkte Umgebung des Eversener Sees. Davon zeugen am Übergang zur RPZ 12 (Zeitscheiben 2000 bis 1000 v. Chr.) die höheren Werte der Kurven vom Getreide-Typ, der Wildgräser und die der sekundären Siedlungszeiger (*Plantago lanceolata*-Typ, *Rumex acetosa*-Typ), während die rückläufigen Kurven insbesondere von *Tilia* und *Fraxinus* die anthropogenen Veränderungen der Waldzusammensetzung illustrieren. Im Gegensatz zum überregional mehr oder weniger zeitgleich verlaufenden und multikausalen Rückgang der Ulme (s. Exkurs Kap. 53) setzt der Rückgang der Linde in den Geestgebieten lokal unterschiedlich zwischen etwa 3500 und 2000 v. Chr. ein und ist direkt mit dem Einsetzen der Waldbewirtschaftung der siedelnden Menschen verbunden. Auch nach lokaler Aufgabe der Landnutzung und spontaner Wiederbewaldung gelang es der Linde nicht, auf ihren alten Standorten wieder Fuß zu fassen, und so verschwand sie in vielen Landschaften Nordwestdeutschlands um Christi Geburt fast vollständig aus den Wäldern. Ihre Standorte wurden nun zunehmend von der Buche eingenommen, die sich ab 2500 v. Chr. langsam weiter ausbreitete. Ab etwa 2000 v. Chr. hatte sich auch die Hainbuche (*Carpinus betulus*) als letzte einheimische Baumart im Gebiet etabliert.

Der Übergang zur RPZ 13 (Zeitscheiben 750 v. Chr. bis Chr. Geb.) ist durch einen deutlichen Rückgang der Hasel gekennzeichnet. Dabei dürfte die weitere Ausbreitung der Schatthölzer Buche und Hainbuche nur eine geringe Rolle gespielt haben, da die Werte von *Fagus* und *Carpinus* zunächst noch relativ niedrig blieben. Der Haselrückgang war auch nicht klimatisch bedingt, obwohl sich während des 1. vorchristlichen Jahrtausends ein deutlich kühleres und feuchteres Klima bemerkbar machte. Das zeigt sich besonders eindrucksvoll in der Entwicklung der Hochmoore. Es bildete sich nun schwach zersetzter Weißtorf, der sich scharf vom darunterliegenden, stark zersetzten Schwarztorf abgrenzt. Die Hauptursache für den Haselrückgang lag in einer weiter zunehmenden Landnutzung und der ab der Eisenzeit eingeführten Anlage großer, planmäßiger Kammerflursysteme, der sogenannten *Celtic fields*. Dies wird in den Pollendiagrammen Nordwestdeutschlands durch einen deutlichen Anstieg der Siedlungszeiger belegt. Daneben tritt nun auch die Besenheide (*Calluna vulgaris*) als Ergebnis einer zunehmenden Verheidung der Landschaft stärker hervor. Derartige anthropogene *Calluna*-Heiden bestanden – zumindest räumlich und zeitlich begrenzt – seit dem Neolithikum. Seit der Vorrömischen Eisenzeit nahm ihr Flächenanteil beständig zu (s. Kap. 15), wenngleich diese Heiden nach Siedlungsauflassung teilweise auch wieder verschwanden. So lassen sich im Umfeld des Eversener Sees weder permanente noch große zusammenhängende Heideflächen nachweisen.

Ab etwa Christi Geburt kam es zu einer kräftigen Ausbreitung der Buche, und auch die Hainbuche – wenngleich mit deutlich geringeren Frequenzen – erlangte stärkere Bedeutung. Beide Gehölze erreichen in RPZ 14 (Zeitscheiben 250 bis 750 n. Chr.) ihre maximale Repräsentanz, doch im Gegensatz zu den südlich anschließenden Mittelgebirgen und den Jungmoränengebieten im Osten gelangte *Fagus* in den Wäldern der nordwestdeutschen Geestgebiete nie zur Vorherrschaft, wenngleich einzelne Diagramme, wie z. B. im Profil Süderlügum im Norden des Gebietes (Kubitzki 1961), sehr hohe *Fagus*-Maxima ausweisen können. Innerhalb des Gebietes lässt sich eine tendenzielle Abnahme der Buche von Ost nach West feststellen. Im Diagramm Eversener See auf der Achim-Verdener Geest erreichte das *Fagus-Quercus*-Verhältnis während des 1. nachchristlichen Jahrtausends einen Wert von ca. 1 : 1 und ähnelt damit den Werten von der schleswig-holsteinischen Geest (Abb. 57.6 unten). Pollendiagramme von der ostfriesischen Halbinsel hingegen zeigen ein klares Übergewicht der Eiche und weisen nicht selten *Fagus-Quercus*-Verhältnisse von 1 : 2 (Spolsener Moor, O'Connell 1986) bis 1 : 4 (Upstalsboom, Freund 1995) auf.

Die Siedlungstätigkeit und der menschliche Einfluss auf die Wälder nahmen während der Römischen Kaiserzeit weiter zu. Das Pollendiagramm vom Eversener See illustriert dabei die Veränderungen des Nutzpflanzenspektrums im Ackerbau, da Emmer- und Nacktgerstenanbau weitgehend erloschen waren und sich mit dem Roggen (*Secale cereale*) eine neue Getreideart ausbreitete, die zusammen mit der Spelzgerste nun das wichtigste Getreide auf der Geest darstellte. Aufgrund der Wanderung der Angeln und Sachsen auf die britische Insel kam es während der Völkerwanderungszeit zu einem starken Bevölkerungsrückgang in Nordwestdeutschland, der gebietsweise zu einer vollständigen Wiederbewaldung führte, bevor ab dem 7. und 8. Jahrhundert im Frühmittelalter ein erneuter Bevölkerungszuwachs den Nutzungsdruck auf die Wälder erhöhte und damit deren endgültige Zerstörung einleitete.

Die Rodung der Wälder wird am Übergang zu RPZ 15 (Zeitscheiben 1000 und 1250 n. Chr.) am Rückgang der Baumpollenkurven und dem deutlichen Anstieg der Siedlungs- und Offenlandzeiger deutlich. Neben Eiche und Buche erfassten die mittelalterlichen Rodungen auch die Feuchtstandorte von Erle und Esche, wie der Rückgang von *Alnus* und *Fraxinus* eindrucksvoll belegt. Es ist dies die Zeit der großflächigen Umwandlung von Wald in Acker- und Weideland und insbesondere der Einführung der Plaggenwirtschaft (s. Exkurs Kap. 15) zur Ermöglichung des „Ewigen Roggenbaus" um 1000 n. Chr. In vielen Pollendiagrammen ist dies mit einem raschen Anstieg der *Secale*-Kurve und dem ersten Auftreten von *Centaurea cyanus* (Kornblume) belegt. Der Roggenanbau sollte das Landschaftsbild nachhaltig prägen. Ein über Jahrhunderte ständig wachsender Bedarf an Heideplaggen zur Düngung der Roggenfelder führte zu einer immer stärkeren Verheidung der gesamten nordwestdeutschen Geest, die sich nach dem Ende der spätmittelalterlichen Wüstungsperiode ab etwa 1500 n. Chr. noch beschleunigte, bis sie im 18. Jahrhundert ihr größtes Ausmaß erreichte. Diese Entwicklung wird im Pollendiagramm durch den weiteren Anstieg der *Calluna*-Kurve am Übergang zur RPZ 16 (Zeitscheiben 1500 bis 2000 n. Chr.) deutlich angezeigt. Ebenso steigen in RPZ 16 die Kurven von *Fagopyrum* (Buchweizen) und besonders kräftig von *Humulus*/*Cannabis* (Hopfen/Hanf; hier wohl Hanf) an. Der Anbau von Buchweizen und Hanf (s. Exkurse Kap. 16 und 39) ist in Norddeutschland seit dem 10./11. Jahrhundert pollenanalytisch belegt, doch treten die höchsten Pollenfrequenzen erst ab der frühen Neuzeit auf. Werte von über 20 % der Gesamtpollensumme, wie im Spolsener Moor (O'Connell 1986), belegen eindeutig den Anbau von Buchweizen auf der Mooroberfläche. Die höchsten *Cannabis*-Pollenwerte hingegen finden sich in der Regel in Pollendiagrammen aus Seen, da diese zur Hanf- und Leinröste genutzt wurden. Der leichte Anstieg der *Pinus*-Pollenkurve in den letzten beiden Zeitscheiben deutet die Wiederaufforstung an, die ab der zweiten Hälfte des 18. Jahrhunderts in Nordwestdeutschland einsetzte. Neben Fichte, Tanne, Lärche und später Douglasie – alles in Nordwestdeutschland nichtheimische Gehölze – kam anfangs verstärkt die Kiefer zur Aufforstung, die in sogenannten Fuhrenkämpen herangezogen wurde. Die Kiefer, deren Bedeutung während des Nacheiszeit stetig zurückging, bis sie schließlich vor etwa 2000 Jahren auf wenige Reliktstandorte wie Moorränder und Dünenzüge verdrängt wurde, fasste durch diese Aufforstungen in Nordwestdeutschland wieder Fuß.

Eisenverhüttung und Vegetationsentwicklung

Vielfach finden sich in den Altmoränen- und Sandergebieten Ablagerungen von Raseneisenerz. Über Jahrhunderte durch Regen ausgelaugt, gelangten Eisen- und Manganionen ins Grundwasser. Unter Beteiligung von Bakterien wurde das Eisen in Niederungen und Bachtälern in Form von Raseneisenerz ausgeschieden. So haben sich bis zu 25 cm mächtige Erzlagerstätten gebildet, die oberflächennah abgebaut werden konnten.

Während die Rohstoffe für Bronze – Kupfer und Zinn – aus meist weit entfernten Gebieten eingehandelt werden mussten, stand das Raseneisenerz vielerorts für eine lokale Erzeugung zur Verfügung. Das Erz ist seit der Eisenzeit in Norddeutschland verhüttet worden. Während die ersten eisernen Objekte in der Vorrömischen Eisenzeit wohl noch importiert waren, fand spätestens seit der Römischen Kaiserzeit ab Christi Geburt eine lokale Erzeugung unter Einsatz von Holzkohle statt (s. Exkurs Kap. 36).

In Joldelund, Nordfriesland, wo die Spuren von eisenzeitlichen Siedlungs- und Verhüttungsaktivitäten unter Dünensandbedeckung gut konserviert waren, fanden in den 1990er-Jahren Forschungen unter Beteiligung der Archäologie, Geophysik, Geographie, Metallurgie, Physik und Umweltarchäologie statt (Jöns 1997; Haffner et al. 2000). Da der Verhüttungsprozess eine sehr energieintensive Technologie darstellt, wurden die Auswirkungen dieses Verfahrens auf die Umwelt mithilfe von Pollen- und Holzkohleanalysen untersucht (Dörfler 2000; Dörfler und Wiethold 2000). Ein kleines Moor, das im Mittelalter komplett von Dünensand überdeckt worden war, lässt die Umweltveränderungen im unmittelbaren Umfeld der römisch-kaiserzeitlichen Siedlung von Joldelund erkennen (Abb. 57.6 oben). Ein Vergleichsdiagramm aus dem benachbarten größeren Moor Hörrmoos zeigt die regionale Entwicklung und erlaubt somit eine Differenzierung zwischen lokalen und regionalen Auswirkungen der Eisenverhüttung vor rund 2000 Jahren (Abb. 57.6 unten).

Durch Untersuchungen von Holzkohlen aus den Rennfeuergruben konnte festgestellt werden, dass für den Prozess eine selektive Holznutzung von Erlen- und Eichenholz erfolgte. Die Analysen der Holzdurchmesser und -zuwachsraten (Jahrringdicke) konnten zeigen, dass es noch keine geregelte Niederwaldwirtschaft gegeben hatte. Es stellte sich daher die Frage, wie sich diese ungeregelte Holznutzung auf die Waldzusammensetzung auswirkte und ob es dadurch zu großflächigen Rodungen kam. Insgesamt wurden ca. 450 Rennfeuergruben durch geomagnetische Prospektion nachgewiesen.

Das Pollendiagramm aus dem „Moor unter den Dünen" zeigt zwar einen deutlichen Rückgang bei den Eichen- und einen schwachen bei den Erlenwerten. Generell dominiert aber auch in der Hauptnutzungsphase der Baumpollen gegenüber den Offenlandanzeigern. Daraus ist zu schließen, dass es trotz der intensiven Nutzung noch nicht zu einer Holzverknappung gekommen ist. Modellrechnungen konnten zeigen, dass bei einer Besiedlungsdauer von ca. 150 Jahren nur etwa drei Öfen pro Jahr betrieben wurden, sodass durch die Eisenproduktion neben dem Eigenbedarf nur ein geringer Überschuss an Eisen erzeugt wurde (Dörfler 1995). Auf die Länge der Nutzung bezogen waren die Auswirkungen moderat, und der Holzbedarf konnte noch allein durch den jährlichen Holzzuwachs gedeckt werden. Die regionalen Auswirkungen zeigen sich auch im Pollendiagramm aus

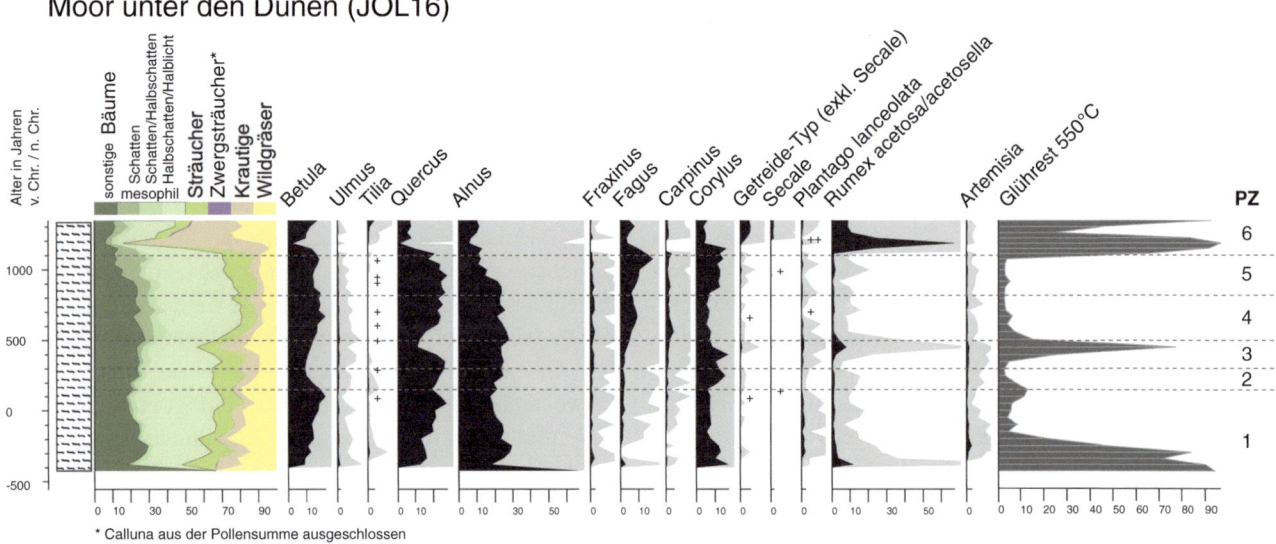

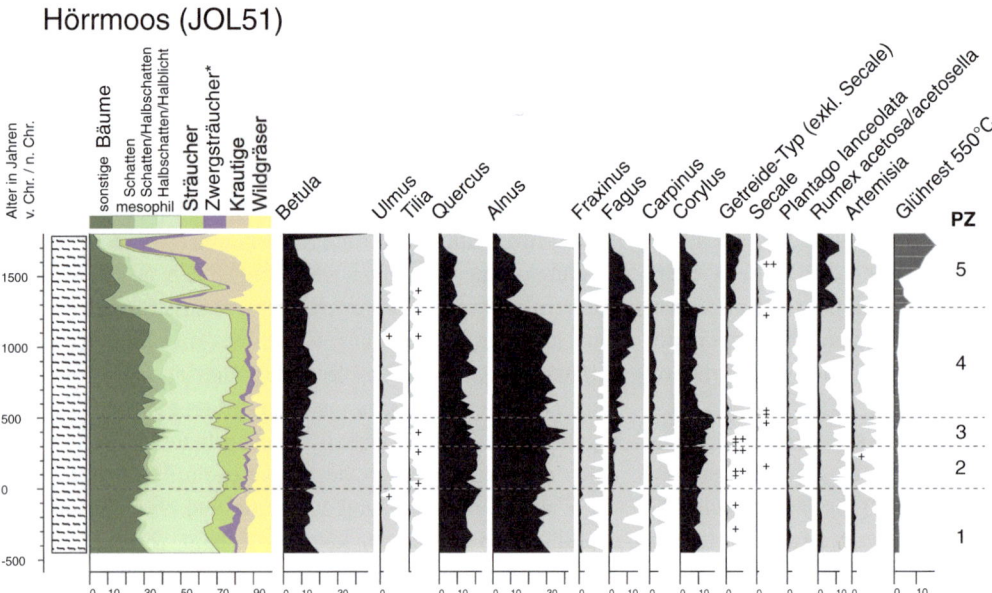

Abb. 57.6 Pollendiagramme aus Joldelund: Moor unter den Dünen (JOL 16, 25 m NN) und Hörrmoos (JOL 51, 22 m NN, beide Dörfler 2000)

dem Hörrmoos. Zwar sind auch leichte Rückgänge bei Erlen und Eichen erkennbar, doch gehen die Siedlungszeigerwerte gegenüber der Vorrömischen Eisenzeit sogar zurück, und der Wald dominiert das Landschaftsbild auf der Nordfriesischen Geest zur Zeit der Eisengewinnung in den ersten Jahrhunderten nach Christi Geburt. Eine nachhaltige Veränderung der Landschaft lässt sich erst ab dem Mittelalter nachweisen. Durch intensive Beweidung und den enormen Holzbedarf in den sich allmählich bildenden Städten wurden die Wälder in großem Stil gerodet, und die schützende Vegetationsdecke wurde zerstört. Winderosion setzte ein, und die am Ende der Eiszeit abgelagerten Flugsande kamen wieder in Bewegung. Die Böden verarmten und Binnendünen breiteten sich aus.

Literatur

Behre KE (1966) Untersuchungen zur spätglazialen und frühpostglazialen Vegetationsgeschichte Ostfrieslands. Eiszeitalter und Gegenwart 17: 69–84

Behre KE (2008) Landschaftsgeschichte Norddeutschlands. Umwelt und Siedlung von der Steinzeit bis zur Gegenwart. Wachholtz, Neumünster

Behre KE, Kučan D (1994) Die Geschichte der Kulturlandschaft und des Ackerbaus in der Siedlungskammer Flögeln, Niedersachsen, seit der Jungsteinzeit. Probleme der Küstenforschung im südlichen Nordseegebiet 21: 1–227

Dörfler W (1995) Versuch einer Modellierung des Energieflusses und des Rohstoffverbrauchs während der römisch-kaiserzeitlichen Eisenverhüttung in Joldelund, Ldkr. Nordfriesland. Probleme der Küstenforschung im südlichen Nordseegebiet 23: 175–185

Dörfler W (2000) Palynologische Untersuchungen zur Vegetations- und Landschaftsentwicklung von Joldelund, Kr. Nordfriesland. In: Haffner A, Jöns H, Reichstein J (eds) Frühe Eisengewinnung in Joldelund, Kr. Nordfriesland. Teil 2: Naturwissenschaftliche Untersuchungen zur Metallurgie- und Vegetationsgeschichte. Universitätsforschungen zur prähistorischen Archäologie 59. Rudolf Habelt, Bonn, 147–207

Dörfler W, Wiethold J (2000) Holzkohlen aus den Herdgruben von Rennfeueröfen und weiteren Siedlungsbefunden des spätkaiserzeitlichen Eisengewinnungs- und Siedlungsplatzes am Kammberg bei Joldelund, Kr. Nordfriesland. In: Haffner A, Jöns H, Reichstein J (eds) Frühe Eisengewinnung in Joldelund, Kr. Nordfriesland. Ein Beitrag zur Siedlungs- und Technikgeschichte Schleswig-Holsteins. Teil 2: Naturwissenschaftliche Untersuchungen zur Metallurgie- und Vegetationsgeschichte. Universitätsforschungen zur prähistorischen Archäologie 59. Rudolf Habelt, Bonn, 217–262

Erdtman G (1924) Pollenstatistische Untersuchung einiger Moore in Oldenburg und Hannover. Geologiska Föreningens i Stockholm förhandlingar 46: 272–278

Freund H (1995) Pollenanalytische Untersuchungen zur Vegetations- und Siedlungsgeschichte im Moor am Upstalsboom Landkreis Aurich (Ostfriesland, Niedersachsen). Probleme der Küstenforschung im südlichen Nordseegebiet 23: 117–152

Haffner A, Jöns H, Reichstein J (eds) (2000) Frühe Eisengewinnung in Joldelund, Kr. Nordfriesland. Ein Beitrag zur Siedlungs- und Technikgeschichte Schleswig-Holsteins. Teil 2: Naturwissenschaftliche Untersuchungen zur Metallurgie- und Vegetationsgeschichte. Rudolf Habelt, Bonn

Jöns H (1997) Frühe Eisengewinnung in Joldelund, Kr. Nordfriesland. Ein Beitrag zur Siedlungs- und Technikgeschichte Schleswig-Holsteins. Teil 1. Einführung, Naturraum, Prospektionsmethoden und archäologische Untersuchungen. Universitätsforschungen zur Prähistorischen Archäologie 40. Rudolf Habelt, Bonn

Kramer A, Bittmann F (2015) Revised human impact in north-western Germany during the Neolithic: Methodological limits and challenges. Journal of Quaternary Science 30: 434–451

Kubitzki K (1961) Zur Synchronisierung der nordwesteuropäischen Pollendiagramme (mit Beiträgen zur Waldgeschichte Nordwestdeutschlands). Flora 150: 43–72

Kuhbier H (1997) Misteln (*Viscum album* L.) in Nordwest-Deutschland. Osnabrücker Naturwissenschaftliche Mitteilungen 23: 187–197

Mahlstedt S, Wolters S, Enters D, Heinrich D, Siegmüller A, Brandt I (2018) Im Trüben gefischt – Steinzeitliche Spuren am Zwischenahner Meer, Ldkr. Ammerland. Siedlungs- und Küstenforschung im südlichen Nordseegebiet 41: 9–40

Menke B (1968) Das Spätglazial von Glüsing. Eiszeitalter und Gegenwart 19: 73–84

O'Connell M (1986) Pollenanalytische Untersuchungen zur Vegetations- und Siedlungsgeschichte aus dem Lengener Moor, Friesland (Niedersachsen). Probleme der Küstenforschung im südlichen Nordseegebiet 16: 171–193

Overbeck F (1975) Botanisch-geologische Moorkunde unter besonderer Berücksichtigung der Moore Nordwestdeutschlands als Quellen zur Vegetations-, Klima- und Siedlungsgeschichte. Wachholtz, Neumünster

Rickert BH (2008) Landschafts- und Siedlungsgeschichte im Bereich des Hohenfelder Moores (Kreis Steinburg). Schriften des Naturwissenschaftlichen Vereins für Schleswig-Holstein 70: 73–90

Suck R, Bushart M, Hofmann G, Schröder L (2014) Karte der Potentiellen Natürlichen Vegetation Deutschlands, Band I, Grundeinheiten. BfN-Skripten 348. Bundesamt für Naturschutz, Bonn-Bad Godesberg

Nordsee und Nordseemarschen

Steffen Wolters, Felix Bittmann und Karl-Ernst Behre

58

Weite Bereiche der Nordseemarschen werden heute als Grünland genutzt wie hier in der Zeteler Marsch auf der ostfriesischen Halbinsel (Foto: S. Wolters)

Ergänzende Information Die elektronische Version dieses Kapitels enthält Zusatzmaterial, auf das über folgenden Link zugegriffen werden kann [https://doi.org/10.1007/978-3-662-68936-3_58].

S. Wolters (✉) · F. Bittmann · K.-E. Behre
Niedersächsisches Institut für historische Küstenforschung,
Wilhelmshaven, Deutschland
e-mail: wolters@nihk.de

Der Naturraum

Während der maximalen Vereisung der letzten Kaltzeit vor etwa 20.000 Jahren lag der Meeresspiegel um etwa 130 m tiefer als heute, und die arktische Eiskappe hatte sich weit nach Süden ausgedehnt: Sie bedeckte Mecklenburg-Vorpommern und Teile von Brandenburg, die östliche Hälfte von Schleswig-Holstein und Dänemark sowie die nördlichen Bereiche der Nordsee. Außerhalb der Gletscher blieb die Landschaft eisfrei und bildete das Periglazialgebiet. Mit dem Rückzug der Eismassen im Zuge der spät- und insbesondere der nacheiszeitlichen Erwärmung stieg der Meeresspiegel wieder an.

Noch um 12.000 v. Chr. verlief die Küstenlinie des mitteleuropäischen Festlandsockels etwa auf der Höhe von Schottland bis zur Nordspitze Jütlands. Sie rückte danach rasch südwärts vor. Rund 2500 Jahre später, zu Beginn des Holozäns, nahm die Nordsee bereits den nördlichen Teil ihres heutigen Beckens ein (Behre 2008), doch bis zum Durchbruch des Ärmelkanals um 7000 v. Chr. bestand noch eine feste Landverbindung nach England. Auf den Landflächen bildeten sich infolge der nacheiszeitlichen Erwärmung Wälder, die sukzessive von der rasch ansteigenden Nordsee überflutet wurden. Während die Küstenlinie weiter nach Süden vorrückte, wurde der eiszeitliche Stauchmoränenzug der Doggerbank umspült und hinterließ eine Insel, die erst nach 6000 v. Chr. vollständig überflutet wurde – zu einer Zeit, als die Nordsee bereits ihr heutiges Küstenvorfeld erreicht hatte und der Meeresspiegelanstieg sich verlangsamte.

Entlang der Küsten und Flussufer bildeten sich infolge dieser Verlangsamung See- und Flussmarschen, teilweise Nehrungen, mit Strand- und Uferwällen aus Sedimenten, die durch Brandung insbesondere bei Sturmfluten und Hochwasserereignissen entlang der Ufer abgelagert wurden. Die dahinter gelegenen, infolge schwächeren Sedimenteintrags niedrigeren Bereiche der See- und Flussmarschen waren vernässt und zur Geest hin mit Bruchwäldern oder Mooren bedeckt. Davor bildeten sich im tidebeeinflussten Bereich ausgedehnte Wattflächen. Bei den vorgelagerten Inseln handelt es sich im Westen (Ostfriesland) um Dünen- oder Barriereinseln, die aus Sandwattflächen durch Wind zu Düneninseln aufgeweht wurden und daher keine Verbindung zu der unterlagernden Geest haben. Im Norden (Nordfriesland) dagegen handelt es sich um Reste des durch extreme mittelalterliche Sturmflutereignisse „zerschlagenen" Festlands. Daher haben diese Inseln zum Teil einen Geestkern, der von Wattsedimenten umgeben ist.

Durch den unterschiedlichen Tidenhub entlang der Küste – er beträgt mehr als 3 m im Inneren der Deutschen Bucht und nimmt nach Westen und Norden deutlich ab – ändern sich die Hydrodynamik und damit die Sedimentationsbedingungen. Dies führt zur Bildung eines breiten, geschlossenen Strandwallsystems in den westlichen Niederlanden bis Den Helder, das sich zu Barriereinseln auflöst (west- und ostfriesische Düneninseln Texel bis Wangerooge). Im Inneren der Deutschen Bucht befinden sich dann nur noch Platen und Sandbänke. Nach Norden verläuft die Entwicklung dann umgekehrt. Es folgen die Inseln Nordfrieslands (Geestinseln oder mit Geestkern und Halligen, z. T. mit Nehrungen: Pellworm bis Fanø in Dänemark), die schließlich wiederum in ein geschlossenes Strandwallsystem übergehen (Abb. 58.1).

Helgoland dagegen besteht als einzige deutsche Hochseeinsel aus Felsen des Buntsandsteins, die durch Salztektonik (Aufsteigen eines permzeitlichen Salzstocks) während des Tertiärs nach oben gedrückt und schräggestellt wurden.

Böden und Klima

Die heutige Marsch nach der Eindeichung stellt eine künstliche Polderlandschaft dar (Koog in Schleswig-Holstein, Groden im Oldenburgischen). Durch anhaltende Aufsedimentierung vor den Deichen konnte immer wieder neues und höhergelegenes Land gewonnen und eingedeicht werden, sodass mehrere Deichlinien eine sogenannte Poldertreppe mit jüngeren küstennahen und älteren landwärtigen Abschnitten bilden. Dementsprechend sind auch die Böden differenziert. Im unmittelbaren Küstenbereich und nur kleinräumig zwischen Watt und Deich liegt die frische Salzmarsch mit Salzwiesen und tidenbedingter Grodenschichtung. Hinter dem Deich wird diese durch Aussüßung zur Kalkmarsch, nach oberflächlicher Entkalkung zur Kleimarsch und schließlich zur tiefgründig entkalkten Alt- oder Knickmarsch, bei der durch Verlagerung von Tonmineralen bei der Aussüßung und Entkalkung durch Versauerung ein tonreicher, verdichteter Bodenhorizont entsteht (Knick).

Das Klima ist wie in den angrenzenden küstennahen Geestgebieten (s. Kap. 57) ozeanisch mit milden Wintern (wenigen Frosttagen) und kühlen, niederschlagsreichen Sommern.

Vegetation

Die Marsch ist küstennah vorwiegend durch Acker- und weiter landeinwärts durch Grünland geprägt. Wälder fehlen vollständig und sind auf mehr oder weniger künstliche Busch- und Baumreihen reduziert. Der vor der Bedeichung teilweise kilometerbreite Marschbereich mit Seegraswiesen, Quellerfluren, Salzschlickgrasbeständen, Andelrasen und Strandnelkengesellschaften (Abb. 58.2) ist heute auf einen sehr schmalen Streifen entlang der Küste außendeichs und auf die Binnenseiten der Inseln im sogenannten Rückseiten-

Abb. 58.1 Karte der Region Nordsee und Nordseemarschen mit pollenanalytisch untersuchter Lokalität für das standardisierte Pollendiagramm:
1 Borkum-Riffgrund.
Weitere im Text erwähnte Lokalitäten:
2 Austerngrund,
3 Doggerbank,
4 Elisenhof,
5 Feddersen Wierde,
6 Sehestedter Außendeichsmoor,
7 Rodenkirchen,
8 Norderney

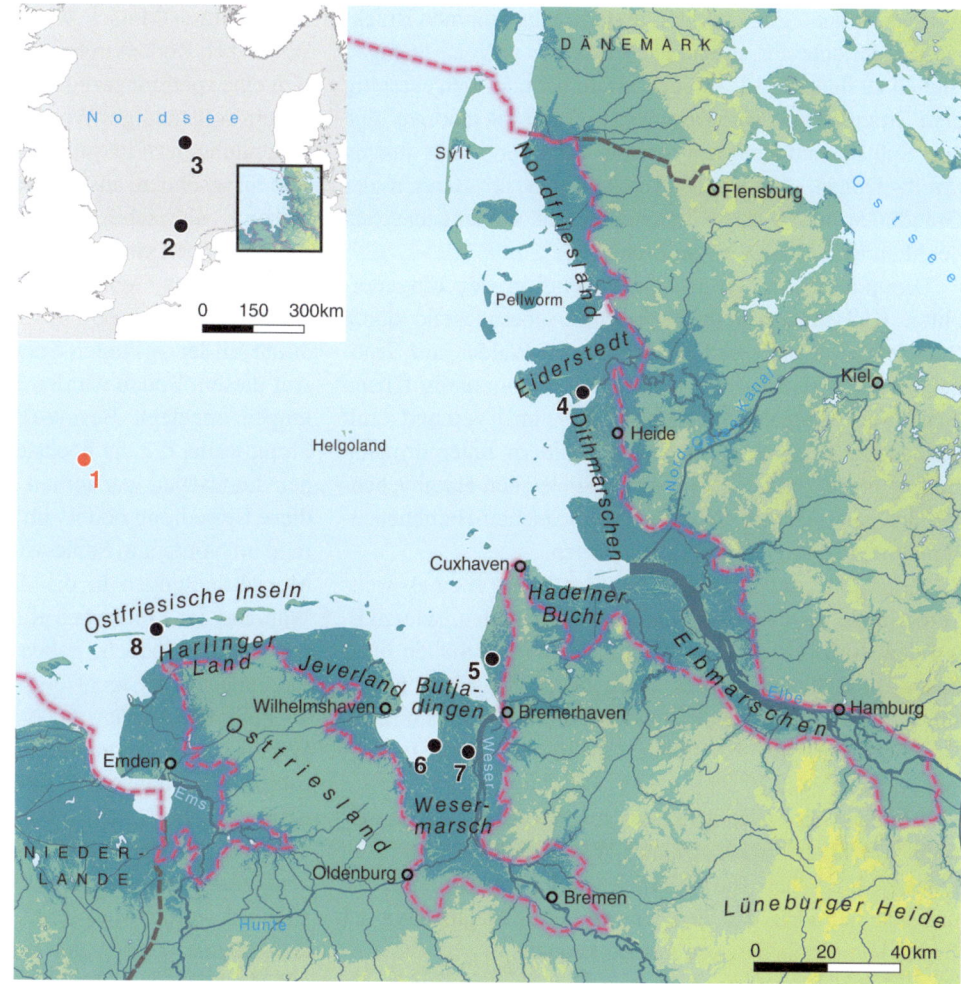

Abb. 58.2 Salzwiese auf der Insel Baltrum. Der Gewöhnliche Strandflieder (*Limonium vulgare*) hat seinen Verbreitungsschwerpunkt in der Rotschwingelzone der oberen Salzwiese, die nur etwa 40- bis 70-mal im Jahr überflutet wird (Foto: S. Wolters)

watt beschränkt. Entlang der Flussmarschen kommen Brackwasserröhrichte vor, die an der Küste nur noch an wenigen Stellen zu finden sind. Auf den Inseln befindet sich seeseitig eine Strand- und Dünenvegetation. Dabei ist eine Abfolge von Spülsäumen über die Strandhaferbestände der jungen (Weiß-)Dünen, den Dünen-Trockenrasen im Bereich der Graudünen bis zu den Küstenheiden und Dünengebüschen der alten Braundünen zu beobachten.

Die potenzielle natürliche Vegetation der eingedeichten Klei- und Knickmarsch würde überwiegend durch Stieleichen-Eschen- und Eschen-Ulmen-Wälder mit Traubenkirsche gebildet (Suck et al. 2014). Kleinräumig fänden sich Stieleichen-Hainbuchen-Wälder im Verbund mit Pfeifengras-Rotbuchen-Stieleichen-Wäldern unter ärmeren Bedingungen und Schwarzerlen-Stieleichen-Hainbuchen-Wälder gemischt mit Sternmieren-Stieleichen-Hainbuchen-Wäldern auf etwas reicheren Standorten.

Moorbirkenwälder sind auf den Resten der ehemals weitverbreiteten küstennahen Hochmoore zu finden, wie z. B. auf dem Außendeichsmoor bei Sehestedt im östlichen Jadebusen. In Gebieten, wo die Geest bis an die Küste heranreicht, oder auf den Geestinseln finden sich Drahtschmielen-Buchenwälder, etwa bei Dangast im südwestlichen Jadebusen oder auf Sylt.

Auf den Uferwällen der Flussmarsch würden sich galerieartig Weichholzauenwälder und Weidengebüsche sowie in höheren Bereichen Hartholzauen mit Eiche, Ulme, Esche und Erle befinden, wie sie noch bis zum Mittelalter vor der Bedeichung nachgewiesen werden konnten.

Siedlungsgeschichte

Bis zur Überflutung der Doggerbank sind mehrfache Hinweise auf die Anwesenheit des Menschen im Bereich der heutigen Nordsee bekannt. Die ältesten nacheiszeitlichen Hinweise datieren in das Mesolithikum (Mittlere Steinzeit, 9700 bis 4100 v. Chr.). Auch von der Brown Bank in der südlichen Nordsee sind Funde von bearbeiteten Knochen aus der Zeit um 8000 v. Chr. bekannt. Weitere Funde (Artefakte und Knochen) vom Grund der Nordsee fanden sich gelegentlich in Fischernetzen. Jungsteinzeitliche Plätze der Trichterbecherkultur finden sich in Form von Großsteingräbern (Megalithen) bei Archsum auf Sylt. Sie wurden jedoch auf dem pleistozänen Untergrund (Geest) errichtet und später dann im Zuge des Meeresspiegelanstiegs teilweise von Marschsedimenten überlagert – heute ragen sie aus dem Watt heraus. Im Gegensatz zur Swifterbandkultur in den Niederlanden sind aus Deutschland keine neolithischen Siedlungen in den Marschen bekannt. Die älteste Siedlung in der deutschen (Fluss-)Marsch wurde auf dem linken Uferwall der Weser bei Rodenkirchen (Abb. 58.1) entdeckt. Dort fand sich eine spätbronzezeitliche Siedlung (ca. 900 v. Chr.), von der ein vollständiges Wohnstallhaus ausgegraben wurde. Die Besiedlung der Flussuferwälle nahm in der Eisenzeit zu. So sind insbesondere aus dem Rheiderland westlich der Ems bei Hatzum zahlreiche Siedlungen aus dieser Zeit durch die Ausgrabungen von Werner Haarnagel bekannt geworden.

Um Christi Geburt zeichnete sich dann eine deutliche Regressionsphase des Meeresspiegels ab, und es kam dadurch in der gesamten Seemarsch zu einer Bodenbildung. Auf diesem Boden wurden in der Folgezeit zahlreiche Siedlungen angelegt. Bevorzugt waren dabei die Ufer- bzw. Strandwälle, die die höchsten Erhebungen in der sonst ebenen Landschaft darstellten. Im Westen des Gebietes setzt diese Besiedlung bereits im 1. Jahrhundert v. Chr. ein, während im Norden, in Schleswig-Holstein, die ersten bekannten Marschsiedlungen in das 1. Jahrhundert n. Chr. datieren. Während der Römischen Kaiserzeit stieg der Sturmflutpegel wieder an, jedoch gaben die Marschenbewohner ihre Siedlungsplätze nicht auf, sondern erhöhten sie durch wiederholte Aufträge aus organischem Material und Klei zu Wurten oder Warften (Terpen in den Niederlanden). In Profilschnitten ist daher eine Abfolge von Siedlungsphasen mit regelmäßigem Wechsel von Kultur- und Auftragsschichten zu erkennen. Diese ältere Wurtenphase hielt bis zur Völkerwanderungszeit an, als ein Großteil der Siedlungsplätze aufgegeben wurde, obwohl der Meeresspiegelanstieg in dieser Zeit stagnierte oder eine weitere Regression erkennbar ist. Im anschließenden Frühmittelalter erfolgte dann eine Neubesiedlung durch die Friesen im Zuge der jüngeren Wurtenphase, zunächst wieder durch Flachsiedlungen, aber auch teilweise durch Wiederbesiedlung der früheren Wurten, bis der weitere Anstieg des Meeresspiegels die Siedler erneut zur Erhöhung der Siedlungsplätze zwang. Durch die Anlage erster, noch niedriger Ringdeiche um die Siedlungen mit ihren Ackerfluren ab dem 10. Jahrhundert wurden erste flächige Schutzmaßnahmen vor Überflutungen ergriffen, bevor es dann ab etwa 1300 einen ersten geschlossenen Seedeich entlang der Küste gab, in dessen Schutz dann keine Erhöhung der Siedlungsplätze mehr nötig war. Bis heute besteht dieser Schutz, doch muss dabei die Erhöhung der Deiche mit dem immer weiter ansteigenden Meeresspiegel und Sturmflutpegel Schritt halten. Gleichzeitig wird durch den Seedeich die weitere binnenseitige Aufsedimentierung mit Marschensedimenten unterbunden, während sie außendeichs weiterhin stattfindet. Somit nimmt der Höhenunterschied zwischen außen und innen fortlaufend zu, und die Entwässerung des tieferliegenden Landes hinter den Deichen wird zunehmend aufwendiger.

Pollenarchive

Als Archive stehen Torfgerölle sowie Torflagen und Seesedimente aus Bohrungen vom Grund der Nordsee zur Verfügung (Abb. 58.3). Die ältesten dieser Torfe stammen aus dem Tiefenbereich zwischen 40 und 50 m und fallen zeitlich in das Präboreal und das Boreal. In der Regel handelt es sich dabei um den Basistorf, der im Zuge der Vernässung durch den Meeresspiegelanstieg gebildet, nachfolgend überflutet und durch marine Sedimente bedeckt wurde. Von Nord nach Süd weist er daher immer jüngere Alter auf. Bei Bohrungen in der Marsch finden sich in den marinen Sedimenten oft eine oder mehrere Torflagen, die als Belege für Schwankungen des Meeresspiegelanstiegs interpretiert werden, da Torfe sich nur unter Süßwasserbedingungen bilden können und daher entsprechende Bedingungen gegeben sein mussten.

Abb. 58.3 Bohrung auf der Nordsee mit dem 2006 außer Dienst gestellten Forschungsschiff „Gauss". Das Bohrgerät wird mithilfe eines Kranauslegers über Bord befördert und danach herabgelassen. Ist der Meeresgrund erreicht, treibt ein Vibrohammer am Kopf des Bohrgerätes eine 6 m lange Stahlröhre in den Untergrund (Foto: S. Wolters)

Forschungsgeschichte

Die ersten Untersuchungen in der Marsch reichen bis in die Anfänge der Pollenanalyse zurück, als Gunnar Erdtman bereits 1924 zwei Pollendiagramme aus der Wesermarsch und 1928 Einzelanalysen aus torfigen Baggerproben aus dem Jadebusen und dem Weserästuar sowie aus einer Marschbohrung auf der Insel Föhr veröffentlichte. Nachfolgend wurden in den 1930er- und 1940er-Jahren über 100 Lokalitäten in der Marsch entlang der gesamten deutschen Nordseeküste untersucht. Prägend für diese Zeit waren die Arbeiten von Dodo Wildvang in der Ems- und der Ostfriesischen Seemarsch, von Fritz Overbeck und Heinz Schmitz in der Wesermarsch, von Erich Schubert in der Harburger Elbmarsch sowie von Otto Ernst in den Marschen Schleswig-Holsteins. Ab Mitte der 1950er-Jahre veröffentlichte Udelgard Grohne (später unter dem Namen U. Körber-Grohne) zahlreiche Pollenanalysen aus der ostfriesischen Seemarsch, der Ems- und der Wesermarsch, die ab 1970 durch die Arbeiten von Karl-Ernst-Behre im Rheiderland ihre Fortsetzung fanden. Auf schleswig-holsteinischer Seite fallen besonders die 1960er-Jahre als eine intensive Phase auf, in der Rolf Wiermann und Burchard Menke in der Marsch tätig waren. Später kamen die Untersuchungen von Fritz-Rudolf Averdieck auf der Insel Sylt und von Arthur Brande in Westeiderstedt hinzu. In den letzten 30 Jahren ist die Anzahl neuer pollenanalytischer Arbeiten in der Marsch rückläufig, und vergleichsweise wenige Lokalitäten wurden intensiver untersucht, so z. B. das Sehestedter Außendeichsmoor im Jadebusen (Behre und Kučan 1999), Rodenkirchen in der Wesermarsch (Kučan 2007) oder Garding in der Eidermarsch (Proborukmi und Urban 2017).

Im Gegensatz zur Marsch blieb das Gebiet der Nordsee für lange Zeit vegetationsgeschichtlich nahezu unerforscht. Zwar wurden bereits in den 1920er-Jahren von Gunnar Erdtman Pollenanalysen aus Torfen vom Meeresgrund publiziert, doch stammten diese von Torfgeröllen (Abb. 58.4), die weder vollständig erhaltene Ablagerungen darstellten, noch genaue Informationen über Position und Wassertiefe überlieferten. Erst ab den 1960er-Jahren standen für die Erforschung der Vegetationsgeschichte am Meeresgrund Profilkerne zur Verfügung, die durch technisch und logistisch aufwendige Bohrungen gewonnen wurden (Abb. 58.3). Nachdem Karl-Ernst Behre und Burchard Menke 1969 ein erstes Pollendiagramm von der Doggerbank publiziert hatten, wurden in den folgenden Jahrzehnten regelmäßig pollenanalytische Untersuchungen an submarinen Torfen aus der Deutschen Bucht

Abb. 58.4 Im Spülsaum der Küste oder am Meeresgrund in den Schleppnetzen der Fischer findet man häufig sogenannte Torfgerölle – kleine, faustgroße oder auch große und bis über 20 kg schwere Bruchstücke, die durch Erosion aus ihrem ehemaligen Lager gerissen wurden. Das abgebildete Torfgeröll weist eine Länge von 70 cm auf. Die zahlreichen Gänge der Bohrmuschel zeugen von der nachträglichen marinen Überprägung. Neben der Grundsubstanz Torf enthalten sie oftmals größere Holzstücke (Foto: S. Wolters)

und angrenzenden Nordseebereichen veröffentlicht (z. B. Ludwig et al. 1979; Behre et al. 1984; Wolters et al. 2010; Krüger et al. 2017; eine vollständige Literaturliste findet sich im Anhang).

Regionale Vegetations- und Waldgeschichte

Einen Überblick über die kurze Waldgeschichte des ehemaligen Festlandes am heutigen Nordseegrund – dem sogenannten Doggerland – gibt das Pollendiagramm in Abb. 58.5. Das Diagramm wurde aus einer submarinen Torfschicht und den im Hangenden befindlichen Überflutungssedimenten erarbeitet, die in ca. 35 m Wassertiefe im Gebiet des sogenannten Borkum-Riffgrundes nördlich der ostfriesischen Inseln Borkum und Juist und westlich von Helgoland, etwa 50 km von der heutigen Küstenlinie entfernt, erbohrt wurden. Die Chronologie basiert auf drei Radiokarbondaten und zeigt die frühholozäne Vegetationsentwicklung vom Beginn der Torfbildung bis zur Überflutung durch die Nordsee.

Etwa 8800 v. Chr. setzte auf dem Borkum-Riffgrund die Vernässung der pleistozänen Sande und die sich anschließende Moorentwicklung ein (RPZ 1). Da sich zu dieser Zeit die Küstenlinie noch ca. 250 km weiter nordwestlich befand, kann ein direkter Einfluss des ansteigenden Meeresspiegels ausgeschlossen werden. Viel eher deuten die hohen Werte von *Pediastrum* und der Wildgräser auf die Bildung eines Flachgewässers mit kräftiger Ried- und Röhrichtvegetation im Bereich der stark mäandrierenden Ur-Ems hin. Die terrestrische Vegetation bestand aus Kiefern-Birken-Wäldern mit bereits eingewanderter Hasel (< 5 %), Eiche und Ulme (beide < 1 %), wie dies im gesamten Norden Deutschlands für die Zeit am Übergang vom Präboreal (Chronozone IV^C) zum Boreal typisch war (Chronozone V^C).

In den nächsten Jahrhunderten entwickelten sich auf den höhergelegenen Standorten Kiefern-Hasel-Wälder mit einer deutlichen Dominanz von *Pinus* (RPZ 2, Zeitscheiben 8500 bis 7500 v. Chr.). In diesen Wäldern breiteten sich die Ulme und besonders die Eiche weiter aus, und auch Esche und später Linde wurden, wenn auch spärlich, nachgewiesen. Wie in den südlich angrenzenden Geestgebieten war auch der Gemeine Schneeball (*Viburnum opulus*) Bestandteil der borealen Waldvegetation und wurde spätestens ab etwa 8200 v. Chr. am Borkum-Riffgrund regelmäßig nachgewiesen. Untypisch erscheint das Fehlen des anderweitig markanten frühborealen Haselanstiegs, denn am Borkum-Riffgrund steigen die Werte von *Corylus* über einen Zeitraum von mehr als 1000 Jahren nur sehr langsam an. Weitere vegetationsgeschichtliche Untersuchungen aus dem Doggerland (z. B. Doggerbank in Behre und Menke 1969 und Krüger et al. 2017 sowie Austerngrund in Behre et al. 1984) zeigen allerdings, dass sich auch im Bereich des ehemaligen Festlandsockels am Grund der Nordsee die Haselausbreitung ab etwa 8700 v. Chr. rapide vollzog und das vorliegende Diagramm lediglich eine lokale Besonderheit mit besonders starker Kieferndominanz darstellt. Auf den grundwassernahen Standorten des Borkum-Riffgrunds herrschten während des gesamten Boreals (RPZ 2) nährstoffliebende Weidengebüsche vor (Kurven von *Salix*, *Cannabis/Humulus*, *Urtica*, *Solanum dulcamara* und *Alisma*). Regelmäßige Nachweise von *Nymphaea*, *Nuphar* und *Potamogeton* (letztere nicht im Diagramm) zeigen an, dass ein sehr hoher Wasserstand die Ausbildung von Schwimmblattgesellschaften mit See- und Teichrose sowie Laichkräutern ermöglichte. Das mehr als 1000-jährige Überdauern der Weidengebüschgesellschaften (im Sinne eines Salicion cinereae) am Borkum-Riffgrund war maßgeblich dem Umstand geschuldet, dass *Alnus* noch nicht eingewandert war und es somit nicht zur Ausbildung von Erlenbruchwäldern als natürlichem Endzustand der Sukzession kommen konnte.

Vor der Massenausbreitung der Erle, die in Nordwestdeutschland und im Gebiet der südlichen Nordsee zwischen 7300 und 7100 v. Chr. erfolgte, hatte die Küstenlinie den Borkum-Riffgrund erreicht, und der Weidenbruchtorf wurde von der Nordsee etwa 7400 v. Chr. überflutet. Über den Torfen wurden nun brackisch-marine Tone abgelagert (RPZ 3, Zeitscheiben 7250 und 7000 v. Chr.), deren Pollengehalt (hohe Werte an Wildgräsern, Cyperaceae und Chenopodiaceae) die Ausbildung von Brackwasserröhrichten und Salzwiesen anzeigt, die auch durch Nachweise von Früchten und Samen belegt sind (z. B. *Phragmites australis*, *Bolboschoenus maritimus*, *Salicornia europaea*, *Suaeda maritima*). Der Rückgang der *Salix*-Kurve zeigt, dass zuerst die Standorte der Weiden-

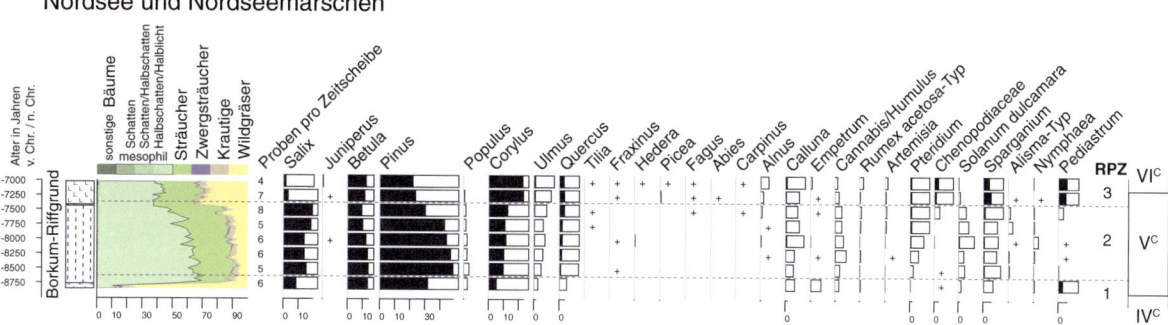

Abb. 58.5 Standardisiertes Pollendiagramm für die Region Nordsee und Nordseemarschen. Profil Borkum-Riffgrund (−35 m NN, Wolters et al. 2010)

gebüsche überflutet wurden, während auf den herausragenden Geestinseln weiterhin Hasel und Kiefer stockten. Bevor auch diese Standorte von der Nordsee überflutet wurden, bricht die vegetationsgeschichtliche Überlieferung ab.

Im Zuge des weiteren Meeresspiegelanstiegs wanderte die Vernässungsfront immer weiter nach Süden und in höhergelegene Bereiche, hier jedoch dann schon in der Sukzession mit der Erle, die z. B. im Gebiet des heutigen Rückseitenwatts von Norderney um etwa 6000 v. Chr. einen mehrere Kilometer breiten Saum aus Erlenbruchwäldern bildete. Bis etwa um Christi Geburt hielt sich hier, wie auch im Bereich der benachbarten Inseln Baltrum und Juist, ein Mosaik aus kleinen Seen, Niedermooren (deren Bildung teilweise bis ins Präboreal zurückreicht) und Röhrichten aus Schneidried (*Cladium mariscus*) alternierend mit brackischen Schilfbeständen und Salzwiesen, nassen und trockenen Heideflächen sowie stellenweise auch Hochmoorbildungen (Schlütz et al. 2021), wie sie für die Zeit 3000 Jahre zuvor auch im Bereich des Borkum-Riffgrunds nachgewiesen werden konnten.

Die Vegetationsentwicklung im unmittelbaren Küstenraum

Die Vegetationsentwicklung im direkten Küstengebiet lässt sich für die letzten 2000 bis 3000 Jahre anhand der botanischen Makroreste sehr gut erfassen. Dazu liefern vor allem die luftabgeschlossenen Schichten der Wurten sehr viel Pflanzenmaterial in hervorragender Erhaltung.

Unter natürlichen Verhältnissen gab es einen breiten, allmählichen Übergang von der Salzwasser- zur Süßwasservegetation. Mit dem Deichbau, der in Deutschland im 13. Jahrhundert zu einer geschlossenen Linie vollendet wurde, änderten sich die ursprünglichen Verhältnisse. Jetzt gab es mit scharfer Grenze außendeichs die salzwasserbeherrschte und binnendeichs die vom Süßwasser beherrschte Vegetation. Nur an den Unterläufen der Flüsse gibt es stellenweise noch Zwischenformationen, die aber stark anthropogen überprägt sind und an die landeinwärts Röhrichte anschließen.

Die umfangreichsten Untersuchungen gab es im Zusammenhang mit den sehr großen archäologischen Grabungen bei der Feddersen Wierde an der Außenweser für den Zeitraum vom 1. Jahrhundert v. Chr. bis ins 5. Jahrhundert n. Chr. (Körber-Grohne 1967) und beim Elisenhof in Eiderstedt für das 7.–12. Jahrhundert (Behre 1976). Hier konnten die natürlichen Salzwiesen rekonstruiert werden, die später durch intensive Beweidung weitgehend verändert wurden und sich erst mit den Nationalparks wieder neu entwickeln (Abb. 58.6).

Für den Bereich der Salzwiesen konnten die klassischen Gesellschaften in ihrer Naturform nachgewiesen werden. Auf die Quellerzone mit dem Salicornietum strictae folgte die Andelwiese mit dem Puccinellietum maritimi. Nach oben schlossen sich dann die Strandnelkengesellschaften des Armerion maritimae an, von denen besonders die Salzbinsenwiese des Juncetum gerardii meist große Flächen einnahm und die wichtigsten Weidegebiete darstellte.

Der Übergang zu den süßwassergeprägten Gesellschaften begann mit einer heute nicht mehr vorhandenen *Eleocharis*-reichen Form des Juncetum gerardii, an die sich bei weiterer Aussüßung ein Farnröhricht mit viel *Thelypteris palustris*, daneben *Phragmites australis*, *Lycopus europaeus*, *Lythrum salicaria* und anderen Arten anschloss. Entlang der Priele und Bäche wurden die Salzwiesen landeinwärts von Brackröhrichten mit *Bolboschoenus maritimus* und *Schoenoplectus tabernaemontani* sowie anschließenden ausgedehnten Schilfröhrichten abgelöst.

Hinter den küstennahen flachen Uferwällen breitete sich binnenseitig meist ein riesiges Niedermoorgebiet aus, das sogenannte Sietland. Dessen Profile zeigen allerdings kein einheitliches Wachstum, sondern mehrfachen hydrologischen Wechsel. Die Zonierung, die heute in horizontaler

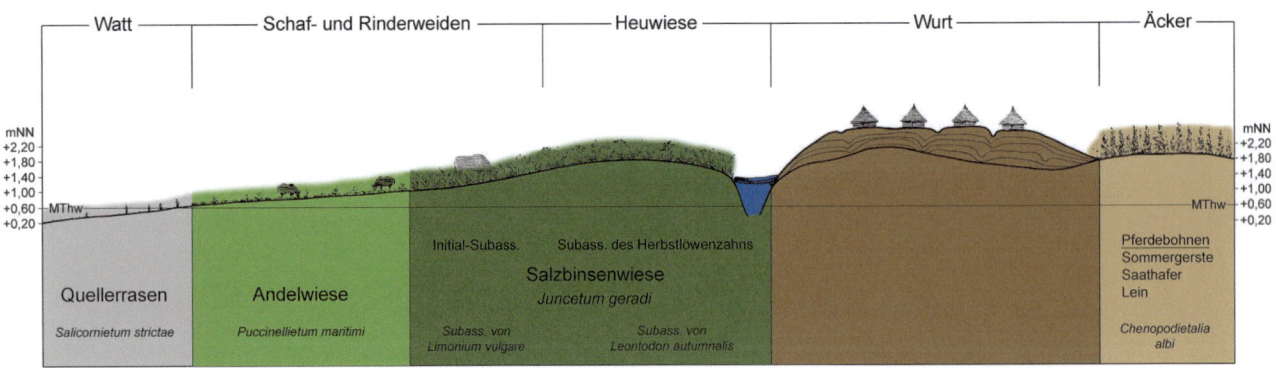

Abb. 58.6 Querschnitt der Pflanzengesellschaften um die frühmittelalterliche Wurt Elisenhof (stark überhöht)

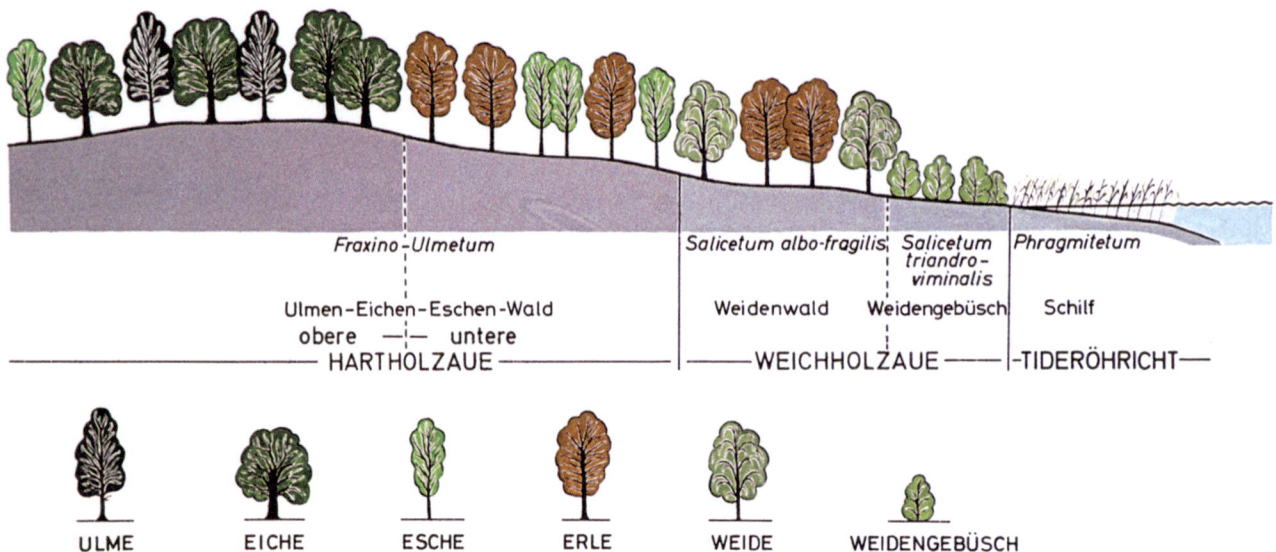

Abb. 58.7 Rekonstruktion der frühsubatlantischen Auenwälder (um 500 v. Chr.) auf dem linken Uferwall der Unterems

Richtung ablaufen sollte, lässt sich für frühere Zeiten in vertikaler Abfolge studieren. Die ursprüngliche Vernässungsfolge wird allerdings von manchmal mehrfachen Verlandungsfolgen gestört, z. T. bis hin zur Bildung von Hochmoor, denen sich jeweils wiederum Vernässungsfolgen anschließen. Diese Vegetationswechsel reflektieren hier jedoch nicht das Klima, sondern den sich indirekt bis ins Binnenland auswirkenden Meeresspiegelanstieg, der immer wieder von Absenkungen unterbrochen war; beides wirkt sich auf die Entwicklung des Wasserstandes in den Sietlandmooren aus.

Hinter den Sietlandmooren beginnt die bewaldete Geest. Von dort aus zogen sich jedoch noch auf den Uferwällen entlang der Unterläufe der Flüsse Auenwälder in Form von Galeriewäldern bis weit in die Flussmarsch hinein. Diese sind wegen ihrer bevorzugten höheren Lage seit langer Zeit der Besiedlung zum Opfer gefallen. An wenigen Stellen lassen sich deren Spuren jedoch mit archäobotanischem Material aus den prähistorischen Siedlungen erfassen. So ließen sich an der unteren Ems die Auenwälder von der Vorrömischen Eisenzeit (ab etwa 700 v. Chr.) bis zu ihrem Verschwinden in der Römischen Kaiserzeit rekonstruieren (Behre 1970). Einzelbefunde aus dem Weser- und Elbegebiet sprechen dafür, dass die an der Ems ermittelten Ergebnisse weitgehend allgemeinen Charakter haben.

Zu Beginn der Vorrömischen Eisenzeit wurde der Emsuferwall besiedelt und dabei stellenweise gerodet. Die große Zahl der beim Hausbau und für Zäune verwendeten Hölzer und die abgesägten Stubben haben sich teilweise gut erhalten. Mit diesem Material gelang es, die ehemaligen Auenwälder und mithilfe der zahlreichen Stubben auch deren Standorte zu rekonstruieren (Abb. 58.7). Die niedrig gelegenen Flächen waren von der erwarteten Weichholzaue besetzt, wie sie stellenweise auch im Tidegebiet heute noch erhalten ist, besonders ausgedehnt im niederländischen Süßwassergezeitendelta des Brabantse Biesbosch (Zonneveld 1960).

Auf den höhergelegenen Teilen des Emsuferwalles ließ sich eine Hartholzaue rekonstruieren, die neben Eschen in ihren oberen Teilen auch Eichen und die in dieser Region nicht mehr erwarteten Ulmen enthielt, damit eindeutig einen voll ausgebildeten Eichen-Ulmen-Auenwald, das Fraxino-Ulmetum. Neben diesen drei Kennarten war auch die Erle in der oberen Hartholzaue häufig, wie die Zusammensetzung der Stubben aus diesem Bereich zeigt. Weitere Arten waren neben der Hasel die selteneren Spitz- und Feldahorn, Vogelbeere, Birke, Pfaffenhütchen, Weißdorn und Echter Kreuzdorn.

Mithilfe von Holzresten aus Bohrungen ließ sich der Eichen-Ulmen-Auenwald auf beiden Ufern der Unterems sogar noch mehr als 2000 weitere Jahre bis in das frühe Subboreal zurückverfolgen und konnte auch an der Unterweser für die Zeit zwischen 1410 und 920 v. Chr. nachgewiesen werden (Behre 1985).

Literatur

Behre KE (1970) Die Entwicklungsgeschichte der natürlichen Vegetation im Gebiet der unteren Ems und ihre Abhängigkeit von den Bewegungen des Meeresspiegels. Probleme der Küstenforschung im südlichen Nordseegebiet 9: 13–47

Behre KE (1976) Die Pflanzenreste aus der frühgeschichtlichen Wurt Elisenhof. Studien zur Küstenarchäologie Schleswig-Holsteins Serie A Band 2. Herbert Lang, Bern, Peter Lang, Frankfurt/M.

Behre KE (1985) Die ursprüngliche Vegetation in den deutschen Marschgebieten und deren Veränderung durch prähistorische Besiedlung und Meeresspiegelbewegungen. Verhandlungen der Gesellschaft für Ökologie 13: 85–96

Behre KE (2008) Landschaftsgeschichte Norddeutschlands. Umwelt und Siedlung von der Steinzeit bis zur Gegenwart. Wachholtz, Neumünster

Behre KE, Dörjes J, Irion G (1984) Ein datierter Sedimentkern aus dem Holozän der südlichen Nordsee. Probleme der Küstenforschung im südlichen Nordseegebiet 15: 135–148

Behre KE, Kučan D (1999) Neue Untersuchungen am Außendeichsmoor bei Sehestedt am Jadebusen. Probleme der Küstenforschung im südlichen Nordseegebiet 26: 35–64

Behre KE, Menke B (1969) Pollenanalytische Untersuchungen an einem Bohrkern der südlichen Doggerbank. Beiträge zur Meereskunde 24/25: 122–129

Körber-Grohne U (1967) Geobotanische Untersuchungen auf der Feddersen Wierde. Feddersen Wierde 1. Franz Steiner, Wiesbaden

Krüger S, Dörfler W, Bennike O, Wolters S (2017) Life in Doggerland – palynological investigations of the environment of prehistoric hunter-gatherer societies in the North Sea Basin. E&G Quaternary Science Journal 66: 3–13

Kučan D (2007) Archäobotanische Untersuchungen zu Umwelt und Landwirtschaft jungbronzezeitlicher Flussmarschbewohner der Siedlung Rodenkirchen-Hahnenknooper Mühle, Ldkr. Wesermarsch. Probleme der Küstenforschung im südlichen Nordseegebiet 31: 17–83

Ludwig G, Müller H, Streif H (1979) Neuere Daten zum holozänen Meeresspiegelanstieg im Bereich der Deutschen Bucht. Geologisches Jahrbuch D 32: 3–22

Proborukmi MS, Urban B (2017) Palaeoenvironmental investigations of the Holocene sedimentary record of the Garding-2 research drill core, northwestern Germany. Zeitschrift der Deutschen Gesellschaft für Geowissenschaften (German Journal of Geology) 168: 39–51

Schlütz F, Enters D, Bittmann F (2021) From dust till drowned: The Holocene landscape development at Norderney, East Frisian Islands. Netherlands Journal of Geosciences 100: e7.

Suck R, Bushart M, Hofmann G, Schröder L (2014) Karte der Potentiellen Natürlichen Vegetation Deutschlands, Band I, Grundeinheiten. BfN-Skripten 348, Bundesamt für Naturschutz, Bonn-Bad Godesberg

Wolters S, Zeiler M, Bungenstock F (2010) Early Holocene environmental history of sunken landscapes: Pollen, plant macrofossil and geochemical analyses from the Borkum Riffgrund, southern North Sea. International Journal of Earth Sciences 99: 1707–1719

Zonneveld IS (1960) De Brabantse Biesbosch: een studie van bodem en vegetatie van een zoetwatergetijdendelta. PUDOC, Wageningen

Prignitz, Wendland, Altmark und Lüneburger Heide

Wiebke Kirleis, Jörg Christiansen und Susanne Jahns

Mittelelbe-Region mit Blick auf den durch die Sendemasten markierten Höhbeck. Im Vordergrund Ausgrabungen in Meetschow 1 (Schneeweiß 2020). Im Hintergrund jenseits der Elbe das Städtchen Lenzen am Rudower See (Foto: F. Ruchhöft (2007))

Ergänzende Information Die elektronische Version dieses Kapitels enthält Zusatzmaterial, auf das über folgenden Link zugegriffen werden kann [https://doi.org/10.1007/978-3-662-68936-3_59].

W. Kirleis (✉)
Institut für Ur- und Frühgeschichte,
Christian-Albrechts-Universität, Kiel, Deutschland
e-mail: wiebke.kirleis@ufg.uni-kiel.de

J. Christiansen
Abteilung Palynologie und Klimadynamik, Institut für Pflanzenwissenschaften, Universität Göttingen, Göttingen, Deutschland

S. Jahns
Brandenburg. Landesamt f. Denkmalpflege u. Archäol. Landesmuseum, Wünsdorf, Deutschland

Der Naturraum

Morphogenese und Böden

Als Teil der norddeutschen Senke wird das Gebiet vom Urstromtal der Elbe durchschnitten, das den westlichen Teil mit der Lüneburger Heide, dem Wendland und der Altmark vom östlichen Teil der Prignitz abgrenzt. Diese wird im Osten durch die Dosse-Niederung begrenzt. Im Norden schließt sich das mecklenburgische Seen- und Sandergebiet an. Nach Nordwesten erfolgt ein allmählicher Übergang zum Stader Geestgebiet, südlich schließen die Lössbörden sowie das östliche Harzvorland an (Abb. 59.1). Der Untergrund wird durch mehrere Tausend Meter mächtige Sande und Lehme gebildet, die als Folge der pleistozänen Kaltzeiten durchgemischt wurden. Das Gebiet wurde in der Elster- und Saalekaltzeit vom Eis mehrfach überfahren, die Weichselvereisung dagegen erreichte es nicht. Es lag somit dem Inlandeis vorgelagert im Periglazialraum, dessen einst kräftige Hügellandschaft intensiv abgetragen und nivelliert wurde. Somit können wir das gesamte Gebiet als Altmoränenlandschaft ansprechen (Liedtke 1994, S. 271 f.). Der präquartäre Untergrund spielt an den Stellen eine Rolle, an denen aufsteigende Salzstöcke des Zechsteinbeckens liegen. Beispiele dafür sind der Arendsee als tiefster Einbruchsee Norddeutschlands, der Maujahn, das Rambower Moor und der Rudower See. Letztere liegen in einer Subrosionsrinne über dem Gorleben-Rambower Salzstock. Zu nennen ist weiterhin der Lüneburger Salzstock, dessen Ausbeutung die Stadt Lüneburg ihren mittelalterlichen Wohlstand verdankt.

Im Holozän kam es im Tal der Elbe und ihrer größeren Zuflüsse zur Sedimentation von Flusssand, Auenlehm, Mudde und Torf. Aus den Niederterrassen wurden große Mengen an Sand ausgeblasen, der sich als Flugsand in Dünenfeldern ablagerte (Jäger 2002). Die höchsten Erhebungen werden von Endmoränen gebildet. Im östlichen Teil erreichen die Ruhner Berge 177 m NN, in der Lüneburger Heide ist der Wilseder Berg fast 170 m hoch, und die Hellberge in der Altmark messen 160 m NN (Langer Berg). Ansonsten lässt sich ein großer Teil des Gebietes als Grundmoränenfläche ansprechen, und wir finden ein Mosaik aus saale- und warthezeitlichen Geschiebemergeln und -lehmen, die teilweise auf Schmelzwassersanden lagern oder auch von diesen überlagert sind.

Abb. 59.1 Karte der Region Prignitz, Wendland, Altmark, Lüneburger Heide mit pollenanalytisch untersuchten Lokalitäten für das standardisierte Pollendiagramm:
1 Löddigsee,
2 Rudower See,
3 Rambower Moor (Profil Boberow 96).
Zusätzlich diskutiertes Diagramm:
4 Maujahn.
Weitere im Text erwähnte Lokalitäten:
5 Lenzen,
6 Bergsoll Helle,
7 Arendsee,
8 Fenn in Wittenmoor,
9 Almstorfer Moor,
10 Melbecker Moor,
11 Elbaer Moor

Als Böden, die aus Flugsanden hervorgegangen sind, sind vor allem Podsole und in Senkenbereichen Gley-Podsole zu nennen. Aus dem in der letzten Warmzeit tief entkalkten Moränenmaterial entstanden teilweise ebenfalls Podsole und auf grundwassernahen Standorten Pseudogley-Podsole aus Geschiebedecksanden über Geschiebelehmen. An reicheren Böden finden sich Parabraunerden aus Sandlössen über glazifluviatilen Sanden, ferner örtlich auf geringmächtigen Sandlössen Braunerden und Bänderparabraunerden. In Tälern und Hangverebnungen/Kolluvien treten Pseudogley-Parabraunerden auf. Näher an der Elbe finden sich auch Gleye aus Auelehmen. Die jüngeren Auelehme sind teilweise kalkhaltig. In Altarmen und Senkenbereichen, etwa spätglazialen Ausblasungswannen, haben sich Niedermoore aus Schilf-Seggentorfen gebildet, die bei Hochwasser überflutet werden (Bodenkundliche Übersichtskarte von Niedersachsen und Bremen 1:500.000). Teilweise haben sie sich zu Hochmooren weiterentwickelt. Vereinzelt finden sich auch anthropogene Böden, hier ist speziell der Plaggenesch zu nennen (vgl. Exkurs Kap. 15).

Klima

Klimageographisch liegt das Gebiet im Übergangsbereich vom gemäßigten, subozeanisch geprägten Westen zum subkontinental geprägten zentraleuropäischen Osten. Das Binnentiefland-Klima zeigt als Übergangsklima mit zunehmender Kontinentalität einen Niederschlagsgradienten. Im Nordwesten erreicht der mittlere Jahresniederschlag noch über 600 mm, im Lee großer Endmoränenhöhenzüge fällt er auch unter 500 mm. Die Lufttemperatur liegt im Jahresdurchschnitt zwischen 7,8 und 9,8 °C, die mittlere Jahresschwankung der Temperatur beträgt 18 °C. Auffallend ist die niedrige mittlere Julitemperatur von zum Teil unter 17 °C. Die Januartemperatur liegt zwischen 0 und −1 °C, und es treten zwischen 70 bis 85 Frosttage im Jahr auf.

Vegetation

In der Nacheiszeit entstanden je nach Mikroklima und abhängig von den Bodenbedingungen auf der Grundmoräne, der Endmoräne sowie auf dem Sander und in den Auenbereichen ganz unterschiedliche Wälder. Die Moränengebiete sind heute von Eichen- und Buchen-Mischbeständen geprägt, auf Sandern und Talsandflächen sind eher Kiefern und Eichen anzutreffen. Fischer (1958) nimmt für die Prignitz Buchenmisch- und Eichen-Hainbuchen-Wälder als ursprüngliche Vegetation an. Die Bedeutung der Rotbuche im nordwestdeutschen Altmoränengebiet wurde bereits im 20. Jahrhundert intensiv debattiert. So postulierte der Geobotaniker Reinhold Tüxen als potenzielle natürliche Vegetation auf nährstoffarmen Böden Eichen-Birken-Wälder und auf nährstoffreichen Böden Eichen-Hainbuchen-Wälder. Dies stand im Widerspruch zu pollenanalytischen Arbeiten von Overbeck und Schmitz (1931), zitiert nach Firbas (1949), die der Rotbuche eine bedeutende Rolle in den Laubmischwäldern der Altmoränenlandschaft zugestehen. Untersuchungen durch Leuschner et al. (1993) zur Nährstoffversorgung von Rotbuchen in der Lüneburger Heide zeigen, dass die Rotbuche sehr wohl auf armen und sauren Substraten gedeihen kann, wenn eine nährstoffreiche organische Auflage vorhanden ist. Sie schließen daraus, dass das potenzielle natürliche Areal der Rotbuche auf grundwasserfernen Standorten Nordwestdeutschlands erheblich größer gewesen sein muss, als bislang angenommen. Als Einschränkung für die Rotbuchenausbreitung kommt allein Staunässe zum Tragen.

Die aktuelle Vegetation im Gebiet ist sehr stark anthropogen überprägt. Zum einen finden wir ausgedehnte Heidelandschaften, die einen Schutzstatus als Kulturlandschaft genießen, wie die Lüneburger Heide, einer der ersten und größten Nationalparks Deutschlands (Abb. 59.2). Daneben prägen weitläufige Kiefernforste die Landschaft. Areale mit besserer Bodengüte werden als Ackerland genutzt, in den Talauen wird Weidewirtschaft betrieben.

Abb. 59.2
Spätsommeraspekt mit blühender Besenheide (*Calluna vulgaris*) in der Ellerndorfer Wacholderheide (Lüneburger Heide). Charakteristisch sind die zahlreichen säulenförmigen Wacholderbüsche (*Juniperus communis*), die durch gezielte Beweidung mit Heidschnucken gefördert werden (Foto: S. Wolters)

Pollenarchive und Forschungsgeschichte

Die naturräumliche Ausstattung der subkontinentalen Altmoränenlandschaft bietet nur wenige Moore und Seen mit guten Ablagerungsbedingungen, die für quantitative vegetationsgeschichtliche Arbeiten geeignet wären. Das Große Moor bei Gifhorn ist das südöstlichste der großflächigen Hochmoore des nordwestdeutschen Flachlandes. Einige Seen bildeten sich in den durch Einbruch von Salzstöcken entstandenen tiefen Senken, von denen der Arendsee in der Altmark und der Rudower See in der Prignitz noch offene Wasserflächen haben. Aus anderen entwickelten sich Verlandungsmoore wie der Maujahn im Hannoverschen Wendland, das Rambower Moor in der Prignitz und das Fenn in Wittenmoor in der Altmark. Im Bereich der Niederterrasse der Elbe sind ausgedehnte Niedermoorflächen anzutreffen, die heute weitgehend entwässert sind und landwirtschaftlich genutzt werden.

Früheste pollenanalytische Untersuchungen in der Prignitz legte Lotte Hein bereits 1931 vor. Die Waldgeschichte der Lüneburger Heide und ihrer Randgebiete rückte dann seit den 1930er-Jahren durch Willi Selle, den Forstwissenschaftler Herbert Hesmer sowie die Botaniker Elisabeth Borngässer und Fritz Overbeck immer wieder in den Fokus vegetationsgeschichtlicher Arbeiten. Hervorzuheben ist die Arbeit von Fritz Overbeck und Siegfried Schneider, die ein Reliktvorkommen der Zwergbirke (*Betula nana*) im Melbecker Moor vorstellt. In den 1960er-Jahren legten der Botaniker Klaus Kubitzki und der Physiker Karl Otto Münnich eine erste auf Radiokarbondatierungen beruhende überregionale Synchronisierung von Pollendiagrammen vor, die auch das Melbecker Moor und das Große Moor bei Gifhorn berücksichtigte. In der DDR wurden die moorkundlichen und vegetationsgeschichtlichen Untersuchungen durch Hanna M. Müller und Elsbeth Lange weitergeführt. Brunhilt Lesemann führte vegetationsgeschichtliche Arbeiten im Wendland durch. Dort folgten weitere Untersuchungen durch Hans-Jürgen Beug.

Archäologische Fragestellungen gewannen zur Jahrtausendwende an Bedeutung. Ausgehend von dem seit der Jungsteinzeit wiederholt besiedelten Fundplatz Rullstorf bei Lüneburg verknüpfte Wiebke Kirleis archäobotanische Makrorestanalysen mit vegetationsgeschichtlichen Arbeiten am Almstorfer und Elbaer Moor und rekonstruierte die anthropogenen Veränderungen der Landschaft in Nordostniedersachsen. Auffällig ist dabei, dass die pollenführenden Ablagerungen im Bevenser Becken erst im ausgehenden Subboreal einsetzen – ein Phänomen, das von Brigitte Urban als typisch für das Uelzener Becken angesehen wird.

Neuere Arbeiten im Wendland durch Falko Turner erschließen die Umwelt altsteinzeitlicher Fundplätze der Federmesser-Gruppe in der Talaue der Jeetzel. Sie erlangten Berühmtheit durch den Fund der frühesten Tierdarstellung aus Bernstein, dem etwa 14.000 Jahre alten Bernsteinelch von Weitsche (Abb. 59.3).

Weitere Untersuchungen wurden in der Prignitz, im Hannoverschen Wendland und in der Altmark am Löddigsee, Rudower See, Rambower Moor, Maujahn und Arendsee durch Hans-Jürgen Beug, Jörg Christiansen, Wiebke Kirleis und Susanne Jahns durchgeführt und mit makrobotanischen Analysen durch Hans-Peter Stika verknüpft. Bemerkenswert ist darüber hinaus der archäologische Fund eines spätneolithischen Fischzauns im Arendsee, der aus ein- bis zweijährigen Haselruten hergestellt wurde. Das umgebende Sedi-

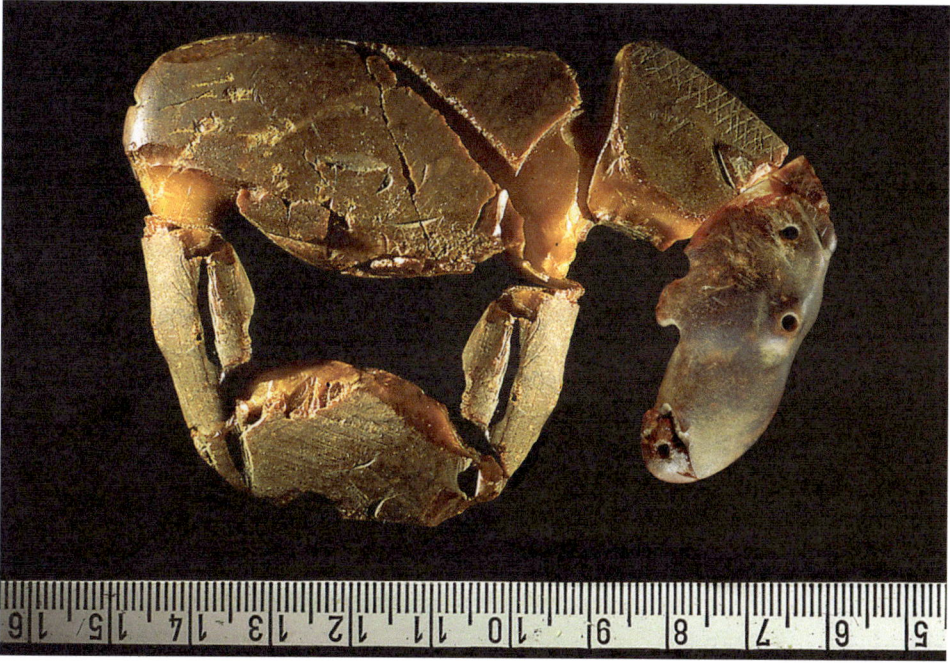

Abb. 59.3 Etwa 14.000 Jahre alte Figur eines Elches aus Bernstein von einem spätpaläolithischen Lagerplatz in der Talaue der Jeetzel im Hannoverschen Wendland. Archäologisch gehört er in die Zeit der Federmesser-Gruppe und ist das älteste Kunstwerk Niedersachsens (© Lower Saxony State Museum)

ment wurde pollenanalytisch von Monika Hellmund untersucht. Ebenfalls aus jüngerer Zeit stammen Analysen jungsteinzeitlicher Niedermoorablagerungen in der Altmark von Sarah Diers. Bemerkenswert ist der Befund, dass die trichterbecherzeitlichen Großsteingräber in der Altmark – anders als im Norden und Westen – nicht im Offenland, sondern in einer dichten Waldlandschaft errichtet wurden. In der Prignitz untersuchte Susanne Jahns jüngst holozäne Ablagerungen am Bergsoll Helle. Eine vollständige Literaturliste befindet sich im Anhang.

Regionale Vegetations- und Waldgeschichte

Für die Beschreibung der Waldgeschichte des Gebietes wurden drei Pollendiagramme kombiniert (Abb. 59.4). Das Weichsel-Spätglazial sowie das frühe und das mittlere Holozän werden anhand einer Untersuchung vom Löddigsee in Südwest-Mecklenburg an der nördlichen Peripherie des Gebietes dargestellt (Jahns 2007). Für den oberen Teil des Diagramms wurden Profile vom Rudower See und vom Rambower Moor in der westlichen Prignitz in Brandenburg verwendet (Jahns et al. 2013). Diese Lokalitäten liegen in einem Graben innerhalb eines pleistozänen Plateaus oberhalb des Gorleben-Rambow-Salzstocks, der sich aus Zechstein gebildet hat. Das Altersmodell wurde anhand mehrerer ^{14}C-Datierungen der drei Sequenzen gebildet. Für das Spätglazial wurden die Chronostratigraphie nach Litt et al. (2007) und die Lage der Laacher See-Tephra (LST) verwendet. Das Diagramm ist in 15 regionale Pollenzonen RPZ unterteilt (s. auch Tab. S 59.1 im elektronischen Zusatzmaterial).

RPZ 1 (Zeitscheiben 12.000 bis 11.750 v. Chr.), ist durch hohe Werte der Wildgräser und sonstiger krautiger Taxa, wie Beifuß (*Artemisia*), Sonnenröschen (*Helianthemum*) und Schwedischem Hartriegel (*Cornus suecica* vertreten durch den *Cornus mas*-Typ), sowie sehr hohe Werte von Sanddorn (*Hippophaë*) gekennzeichnet. Weitere Gehölze mit niedrigeren Anteilen sind Wacholder (*Juniperus*), Weide (*Salix*) und Birke (*Betula*). Bei Letzteren ist von den strauchigen Formen auszugehen. Diese Phase zeigt somit die erste Ausbreitung von Sträuchern nach dem Ende der Weichseleiszeit, mit einem weiterhin hohen Anteil an Offenland. Das Vorkommen von Pollenkörnern der Kiefer (*Pinus*) und thermophiler Gehölze (*Corylus*, *Ulmus*, *Quercus*) ist auf Umlagerungen zurückzuführen. Die Werte von *Hippophaë* gehen innerhalb der Zone zugunsten von *Betula* zurück. RPZ 2 (Zeitscheibe 11.500 v. Chr.) zeigt einen starken Anstieg von *Betula*, der wahrscheinlich auf eine Ausbreitung von Baumbirken im Bølling-Interstadial zurückzuführen ist. Die Werte von *Hippophaë* und die heliophilen krautigen Taxa gehen entsprechend zurück. Der weiterhin hohe Anteil von *Salix*-Pollen und ein Anstieg von *Juniperus* zeigen aber, dass diese ersten Baumbestände noch kein sehr dichtes Kronendach hatten. In RPZ 3 (Zeitscheiben 11.250 bis 10.750 v. Chr.) fallen die Anteile der Birke parallel zu denjenigen von Wacholder und Weide ab. Hohe Werte von *Pinus* zeigen ein zweites Stadium der Bewaldung, in der hauptsächlich die Kiefer bestandsbildend war.

RPZ 4 (Zeitscheiben 10.500 bis 9750 v. Chr.) zeigt den Einfluss des Klimarückschlags der Jüngeren Dryas auf die Vegetation. Das Wiederauftreten von umgelagerten thermophilen Taxa lässt auf erosionsgefährdetes Offenland schließen. Die Kiefernwälder wurden durch die Abkühlung

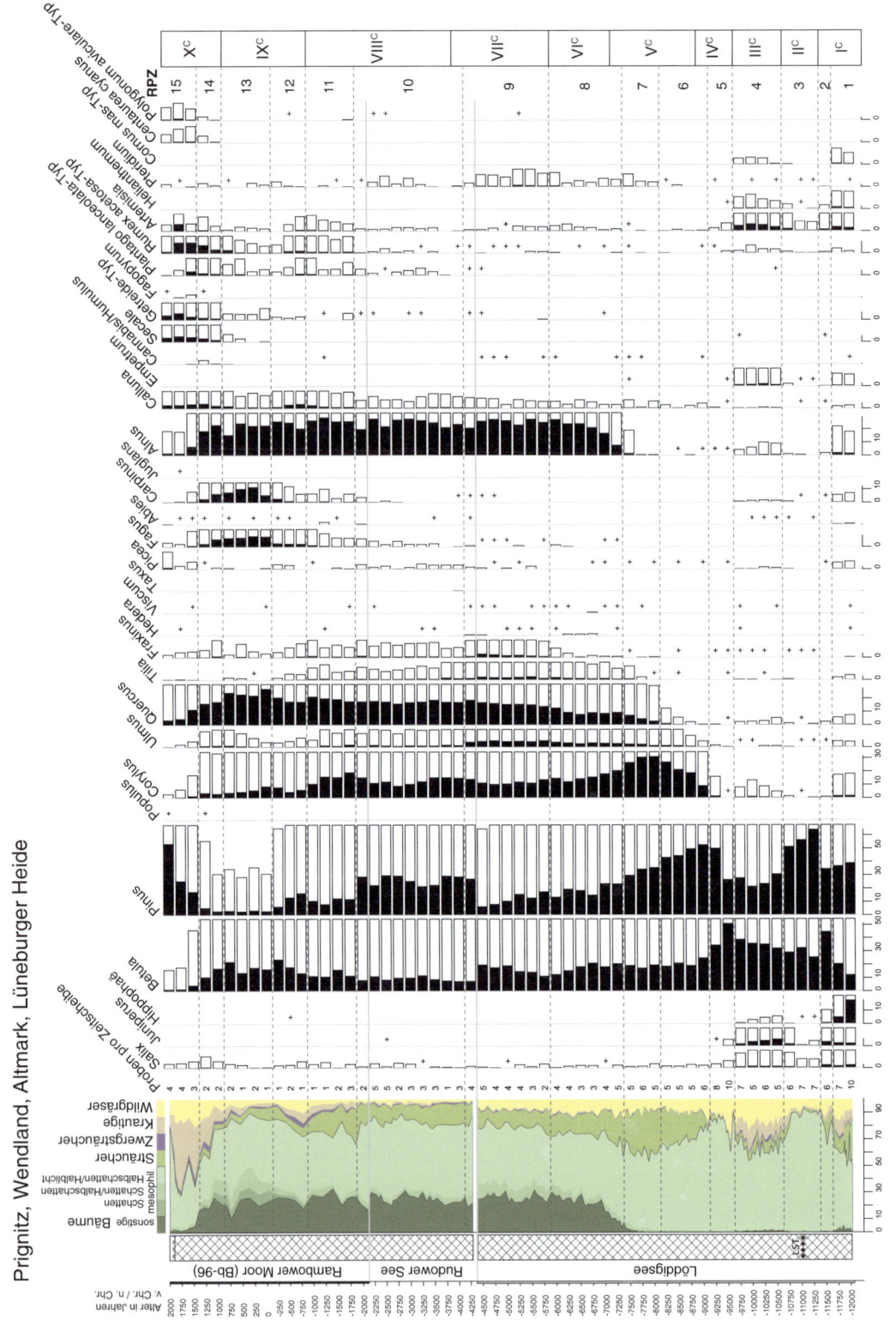

Abb. 59.4 Standardisiertes Pollendiagramm für das Teilgebiet Prignitz, kombiniert aus den Profilen Löddigsee (45 m NN, Jahns 2007), Rudower See und Rambower Moor (Profil Boberow 96) (beide 16 m NN, Jahns et al. 2013)

zurückgedrängt. Dies unterscheidet das Gebiet von den weiter östlich gelegenen Landschaften (vgl. Kap. 62, 63 u. 65), in denen die Kiefer in dieser Periode keinen nennenswerten Rückgang erkennen lässt. Am Löddigsee breiteten sich nun wieder heliophile Arten aus, vor allem Wacholder und Beifuß, weiterhin Weide, Schwedischer Hartriegel, Sonnenröschen und Krähenbeere (*Empetrum*).

Ein deutlicher Anstieg der Birke in RPZ 5 (Zeitscheiben 9500 bis 9250 v. Chr.), gefolgt von einem Anstieg der Kiefer, zeigen die sukzessive Ausbreitung der Waldvegetation infolge der rapiden Erwärmung nach dem Ende der Jüngeren Dryas. Die weiterhin erhöhten Werte von Wildgräsern und *Artemisia* deuten auf eine dichte Krautschicht in diesen Birken- und Kiefernwäldern, die ein lichtes Kronendach hatten. Thermophile Gehölze wie Hasel (*Corylus*), Ulme (*Ulmus*) und Eiche (*Quercus*) haben erste kleinere Vorkommen im Gebiet.

In RPZ 6 (Zeitscheiben 9000 bis 8250 v. Chr.) breitet sich die Hasel auf Kosten der Birke stark aus, und rückläufige Werte von *Artemisia* deuten auf eine Verringerung des Offenlandes. In RPZ 7 (Zeitscheiben 8000 bis 7500 v. Chr.) erreicht die Hasel ihr Maximum. Parallel steigen die Werte von Ulme und Eiche an, und die Kiefer zeigt einen deutlichen Rückgang. Letzteres ist aber nicht im gesamten Gebiet bereits so früh der Fall; in der Prignitz und Altmark setzt ein starker Rückgang der Kiefer erst etliche Jahrhunderte später ein (Jahns et al. 2013; Christiansen 2008; Lange 1986; Kirleis 2003). Die Entwicklung der Kiefernbestände am Löddigsee entspricht aber derjenigen am Rugensee im westlichen Jungmoränengebiet (Dörfler 2011, vergl. Kap. 60). Im Gebiet hatten sich mesophile Wälder etabliert, in denen die Eiche vorherrschte, aber auch die Kiefer noch mit großen Beständen vorkam. Die Hasel – heute ein Gehölz der Waldränder und Lichtungen – bildete in diesen Wäldern wahrscheinlich eine üppige Strauchschicht aus. Zum Ende der Zone sind auch Linde (*Tilia*) und Erle (*Alnus*) mit kleinen Beständen vertreten.

In RPZ 8 (Zeitscheiben 7250 bis 6000 v. Chr.) setzt sich der Trend des Kiefernrückgangs am Löddigsee fort. Parallel ist auch für die Hasel ein Rückgang zu verzeichnen. *Quercus*, *Ulmus*, *Tilia* und nun auch Esche (*Fraxinus*) prägen zunehmend die Wälder. Letztere hatte bestimmt in den Niederungen Vorkommen, in denen aber vor allem eine starke Ausbreitung der Erle zu verzeichnen ist. Efeu (*Hedera*) ist regelmäßig vertreten, und auch die Mistel (*Viscum*) kommt häufiger vor. Beide Arten lassen auf ein wintermildes Klima schließen. Die Rotbuche (*Fagus*) tritt mit einzelnen Pollenkörnern in Erscheinung, sie ist aber mit Sicherheit noch nicht im Gebiet vertreten.

In RPZ 9 (Zeitscheiben 5725 bis 4250 v. Chr.) erreichen Ulme, Linde und Esche ihr Maximum. Die Kiefer sinkt auf sehr niedrige Werte von < 10 % ab, sodass nun vielfältige Laubwälder das Gebiet prägen. Es gibt vereinzelte Pollenfunde von Fichte (*Picea*), Rotbuche und im oberen Bereich der Zone auch von Hainbuche (*Carpinus*). Einzelfunde des Getreide-Typs und des Spitzwegerichs (*Plantago lanceolata*-Typ) deuten auf erste bäuerliche Kulturen in der Gegend hin. Da das Diagramm vom Löddigsee in diesem Bereich einen Hiatus aufweist, wird die jüngste Zeitscheibe dieser Zone bereits vom Diagramm Rudower See repräsentiert. An dieser Lokalität kommt es deutlich später zu einem Rückgang der Kiefer als am Löddigsee, sodass sie hier in RPZ 9 noch höhere Werte aufweist. Die Birke ist am Rudower See mit niedrigeren Anteilen vertreten als am Löddigsee. Dies lässt das Standarddiagramm etwas uneinheitlich erscheinen, zeigt aber tatsächlich die Unterschiede in der Vegetationsbedeckung innerhalb der Region.

In RPZ 10 (Zeitscheiben 4000 bis 2000 v. Chr.) werden die Wälder weiterhin vorwiegend von Eichen beherrscht, bei einem deutlichen Rückgang von Ulme (klassischer Ulmenfall, s. Exkurs Kap. 53), Linde und Esche. Eine dominierende Rolle der Eiche zeichnet sich für diese Zeit auch in der Lüneburger Heide, im Wendland und in der Altmark ab (Kirleis 2003; Lesemann 1969; Lange 1986; Christiansen 2008). *Picea* ist mit einer durchgehenden Kurve vertreten, allerdings mit sehr viel niedrigeren Werten als zeitgleich in den weiter östlich gelegenen Gebieten, sodass davon auszugehen ist, dass die Fichte, wenn überhaupt, nur eine geringfügige Rolle spielte. *Fagus* zeigt nun eine geschlossene Kurve – möglicherweise gefördert durch den einsetzenden Ackerbau in dieser Zeit; im oberen Bereich der Zone ist dies auch für *Carpinus* der Fall.

In RPZ 11 (Zeitscheiben 1750 bis 1000 v. Chr.) steigen die Werte von Rotbuche und Hainbuche allmählich an. Am Löddigsee ist die Rotbuche zum Ende dieser Zone allerdings schon mit hohen Werten vertreten (Jahns 2007), deutlich früher als in der Lüneburger Heide, im Wendland, in der Prignitz und auch in der Altmark (Kirleis 2003; Lesemann 1969; Lange 1986; Christiansen 2008). Parallel zur Ausbreitung von Rotbuche und Hainbuche und dem damit einhergehenden geringeren Lichtgenuss in den Wäldern verliert die Kiefer jetzt auch in der Lüneburger Heide, im Wendland und in der Prignitz stark an Bedeutung – zeitlich deutlich versetzt zum Löddigsee, aber zeitgleich zur Altmark.

RPZ 12 (Zeitscheiben 750 bis 250 v. Chr.) beginnt mit einem deutlich verringerten Anteil von *Corylus* parallel zu einem weiteren Anstieg von *Fagus* und *Carpinus*. Dies dürfte eine weitere Folge eines dunkleren Kronendachs sein, das weniger Standorte für die Hasel bot. In RPZ 13 (Zeitschciben 0 bis 750 n. Chr.) fällt die Kurve von *Pinus* auf Werte unter 5 % ab. Diese sehr niedrigen Anteile, die sich in gleicher Weise auch in anderen Diagrammen aus dem Gebiet darstellen (Lesemann 1969; Lange 1986; Christiansen 2008), zeigen, dass die Kiefer dort in dieser Zeit von den besseren Böden nahezu vollständig verdrängt und die Vegetation von einem stärker atlantisch geprägten kiefernarmen Wald dominiert wurde. Dies unterscheidet das Gebiet deutlich von dem weiter östlich gelegenen märkischen Gebiet außerhalb der baltischen Endmoräne (Kap. 63), wo das stärker kontinental getönte Klima die Kiefer begünstigte. Eiche, Rotbuche und Hainbuche erreichen parallel in RPZ 13 ihre maximale Verbreitung. Eine starke Ausbreitung der Hainbuche ist eine für manche Landschaften des Gebietes prägende Erscheinung. Entlang der Mittelelbe erreicht sie in der westlichen Prignitz, im Hannoverschen Wendland sowie in der Altmark höhere Werte als die Rotbuche. Vermutlich werden der Verbreitung der Rotbuche hier durch staunasse Böden Grenzen gesetzt, was der Ausbreitung der Hainbuche zugute kam. Dies ist bemerkenswert, da eine solche Dominanz der Hainbuche sonst ganz überwiegend an der Ostgrenze der östlich angrenzenden Gebiete vorkommt, am Übergang zu einem von kontinentalerem Klima geprägten Vegetationstyp, wie er in den Eichen-Hainbuchen-Wäldern Osteuropas anzutreffen ist (s. Kap. 62, Kap. 63 u. Kap. 65). In anderen Landschaften des Gebietes ist die Rotbuche während des Älteren Subatlantikums allerdings durchgehend mit höheren Werten vertreten als die Hainbuche (u. a. Kirleis 2003; Jahns 2007; Christiansen 2008).

In der *Alnus*-Kurve ist im 9./10. Jahrhundert ein deutlicher Einbruch zu erkennen, der auf einen ca. 200 Jahre andauernden Rückgang der Bestände zurückzuführen ist. Dieser wurde auch in anderen Landschaften nachgewiesen (s. Kap. 60–64) und ist möglicherweise durch den Befall mit einem pathogenen Pilz verursacht, der durch starke Überschwemmungsereignisse weite Verbreitung fand (Latałowa et al. 2019). Katastrophale Hochwasser konnten an der unteren Mittelelbe für die zweite Hälfte des 10. Jahrhunderts tatsächlich geoarchäologisch nachgewiesen werden (Schneeweiß 2020 und darin zitierte Literatur). Die Erlenbestände erholten sich vollständig von dieser Schädigung und blieben bis zum Hochmittelalter bestehen.

In RPZ 14 (Zeitscheiben 1000 bis 1250 n. Chr.), die in ihrem unteren Bereich zum spätslawischen Mittelalter gehört, kommt die Rotbuche wieder zur Dominanz über die Hainbuche, die Werte beider Taxa sind aber rückläufig. Das Gleiche trifft auf die Eiche, die Hasel und die Birke zu. Offensichtlich wurden Waldbestände zugunsten von Ackerflächen gerodet, wie eine Zunahme von Offenlandzeigern und Getreidepollen belegt. Ansteigende Werte von *Calluna* deuten auf Verheidung hin. Auch im Hannoverschen Wendland zeichnet sich der intensivste Ackerbau der slawischen Bevölkerung in dieser Zeit ab (s. u.).

Der Trend zu mehr Offenland setzt sich innerhalb der Zone fort. Mit Beginn der Ostkolonisation kam es zu einem verstärkten Landesausbau, der sich im Pollendiagramm durch einen weiteren Rückgang der Wälder und einen Anstieg der Siedlungszeiger abzeichnet.

RPZ 15 (Zeitscheiben 1500 bis 2000 n. Chr.) zeigt einen starken Rückgang sämtlicher Gehölze. Auch die Niederungen sind nun von menschlicher Nutzung betroffen, wie der endgültige Rückgang der Erle belegt. Einzige Ausnahme ist die Kiefer, die einen gegenläufigen Trend zeigt und offensichtlich von der Öffnung der Landschaft profitierte. Offenlandzeiger sind mit maximalen Werten vertreten. Diese Entwicklung reflektiert die destruktive Wirtschaftsweise des späten Mittelalters und der frühen Neuzeit. In der jüngsten Zeitscheibe zeigt ein Anstieg von *Picea* und *Pinus* den Beginn der Forstwirtschaft mit der Anpflanzung von schnellwüchsigen Koniferen, die diesen Verwüstungen entgegenwirken sollten (s. Exkurs Kap. 40).

Die Reflexion des menschlichen Einflusses im Standardpollendiagramm

Noch bis ins 5. Jahrtausend v. Chr. waren die dichten Wälder der Altmoränenlandschaft nur dünn besiedelt. Stationen von Wildbeutern mit einer auf das Jagen, Fischen und Sammeln ausgerichteten Ernährungsweise sind in den regionalen Pollendiagrammen nicht sichtbar. Am Löddigsee sind in der Spätphase von RPZ 9 (Zeitscheiben 5800 bis 4000 v. Chr.) Einzelfunde des Getreide-Typs und des *Plantago lanceolata*-Typs nachgewiesen. Allerdings handelt es sich beim Getreide-Typ vermutlich noch um Wildgraspollen. Die Situation stellt sich in der Lüneburger Heide, im Wendland und am Arendsee in der Altmark ähnlich dar. Erste ackerbauliche Aktivitäten der Jungsteinzeit sind erst durch regelmäßige Funde des Spitzwegerichs und des Sauerampfers (*Rumex acetosa*-Typ) bei allerdings weiterhin nur einzelnen Nachweisen des Getreide-Typs in RPZ 10 belegt. Am Löddigsee stehen diese möglicherweise mit einem Siedlungsplatz des jüngeren Mittelneolithikums um 3000–2600 v. Chr. in Zusammenhang. Das umfangreiche von Jagdwild dominierte Tierknochenspektrum dieses Fundplatzes deutet allerdings eher auf eine saisonale Nutzung (Becker und Benecke 2002). Eine ab hier geschlossene Kurve von *Fagus* könnte dennoch darauf hinweisen, dass die Rotbuche durch Ackerbau gefördert wurde, da sie sich leichter auf den fruchtbareren Böden aufgegebener Felder ansiedeln kann als in ungestörten Waldökosystemen des Eichenmischwaldes. Im späten Neolithikum gehen die Werte des *Plantago lanceolata*-Typs wieder zurück.

Eine Zunahme der Hasel und ein starker Anstieg der Siedlungszeiger *Plantago lanceolata*-Typ, *Rumex acetosa*-Typ und *Artemisia* zeigen vermehrte ackerbäuerliche Siedlungstätigkeit während der Bronzezeit in der Region. Eine durchgehende Besiedlung von der späten Bronzezeit zur Vorrömischen Eisenzeit ist in der Prignitz wahrscheinlich. Die meisten Fundstellen datieren dabei in die späte Bronzezeit. Sie liegen gehäuft an den beiden kleinen Flüssen Stepenitz und Löcknitz, die möglicherweise als Handelswege genutzt wurden. Aus dieser Zeit stammen dort auch mehrere große Grabhügel, wie das bedeutende „Königsgrab" von Seddin aus dem 9. Jahrhundert v. Chr. (Abb. 59.5). Für diese Periode zeichnet sich auch im Standarddiagramm und einem weiteren Profil aus der westlichen Prignitz eine sehr ausgeprägte Siedlungstätigkeit mit Getreideanbau und viel

Abb. 59.5 Das spätbronzezeitliche „Königsgrab" von Seddin in der zentralen Prignitz gilt wegen seiner isolierten Lage, der enormen Größe, der großen steinernen Grabkammer mit bemaltem Lehmverputz und der reichen Grabausstattung als die bedeutendste Grabanlage des 9. Jahrhunderts v. Chr. im nördlichen Mitteleuropa. Bei waldarmer Vegetation war es aus allen Richtungen über mehrere Kilometer hinweg zu sehen (Foto: J. May, BLDAM)

Offenland ab, sodass diese bronzezeitlichen Grabhügel möglicherweise als Landmarken dienen konnten. Nicht pollenanalytisch nachgewiesen ist die Einführung der Rispenhirse (*Panicum miliaceum*) in die Region, die aber für die frühe Bronzezeit durch Makroreste belegt ist (Kirleis 2004). Am Übergang zur Vorrömischen Eisenzeit ab ca. 700 v. Chr. ist die Besenheide (*Calluna*) mit einem Maximum vertreten, das synchron auch in der Altmark sowie an mehreren Lokalitäten in den benachbarten Gebieten zu erkennen ist (vgl. Kap. 62 und 63). Dies könnte die Folge verstärkter Beweidung und dadurch verursachter Bildung von Heiden sein (vgl. dazu Odgaard 1994). Regelmäßiges Auftreten des Getreidetyps zeigt weiterhin eine Intensivierung des Ackerbaus an. Im 1. Jahrhundert v. Chr. zeichnet sich dann ein deutlicher Rückgang der Siedlungszeiger ab, der mit einer Abnahme der archäologischen Fundstellen in der Prignitz korrespondiert. In RPZ 13 tritt die sekundäre Kulturpflanze Roggen (*Secale*) erstmals auf, die sich in der Römischen Kaiserzeit – begünstigt durch die Einführung des schollenwendenden Pflugs und einer bodennahen Ernteweise – zur Kulturpflanze aufschwingt (Behre 1992). Die Völkerwanderungszeit ist im Diagramm vom Rambower Moor neben dem oben beschriebenen *Carpinus*-Gipfel durch einen Rückgang von *Secale*, der Wildgräser und der Krautigen (darunter Siedlungszeiger) kenntlich. Anscheinend verließ ein großer Teil der Bevölkerung das Gebiet. Nach dem Ende der Völkerwanderungszeit steigen die Werte des Roggens an und reflektieren den Ackerbau der slawischen Gruppen, die nun in dieser Region lebten. Eine der frühesten bisher bekannten slawischen Siedlungen der Region aus dem 8. Jahrhundert liegt am nördlichen Ufer des Rudower Sees (Schneeweiß 2020). Insgesamt zeichnet sich im früh- und jungslawischen Mittelalter der menschliche Einfluss auf die Waldvegetation nur moderat im Standardpollendiagramm ab, sodass nicht von großflächiger Rodung des Waldes auszugehen ist. Ein leichter Anstieg von *Calluna* zum Ende der RPZ 13 deutet jedoch auf erneute Verheidung. Die Werte der Erle bleiben, abgesehen von dem oben beschriebenen Einbruch im 9./10. Jahrhundert – der wohl nicht vom Menschen verursacht war – konstant und zeigen, dass die Feuchtgebiete für die Anlage landwirtschaftlicher Flächen auch jetzt noch nicht attraktiv waren. Größere Auflichtungen gab es ab dem 10. Jahrhundert nachweislich nur im direkten Umfeld von Siedlungen, wie es ein On-site-Pollendiagramm aus jung- bis spätslawischen Ablagerungen einer Burg bei Lenzen widerspiegelt (Jahns et al. 2015). Umfängliche Makrorestanalysen aus jungslawischen Fundstellen im Gebiet belegen im Getreideanbau ab dem 10. Jahrhundert eine große Bedeutung von Roggen und Rispenhirse neben Gerste (*Hordeum vulgare*) (Alsleben 2012; Stika und Jahns 2013). Als Besonderheit sind Funde großer Anteile von Saathafer (*Avena sativa*) bei den jungslawischen Burgen Parchim-Löddigsee und Lenzen zu erwähnen (Alsleben 2012; Stika 2015). Im Fall der Burg Lenzen stammt er überwiegend aus spätslawischen Schichten, was auch durch die pollenanalytischen Untersuchungen am Fundplatz bestätigt werden konnte (Jahns et al. 2015). Pollenanalytisch lässt sich die slawische Landnutzung detaillierter als im Standarddiagramm in einem weiteren Pollendiagramm vom Maujahn im Hannoverschen Wendland verfolgen, s. u. (Abb. 59.6).

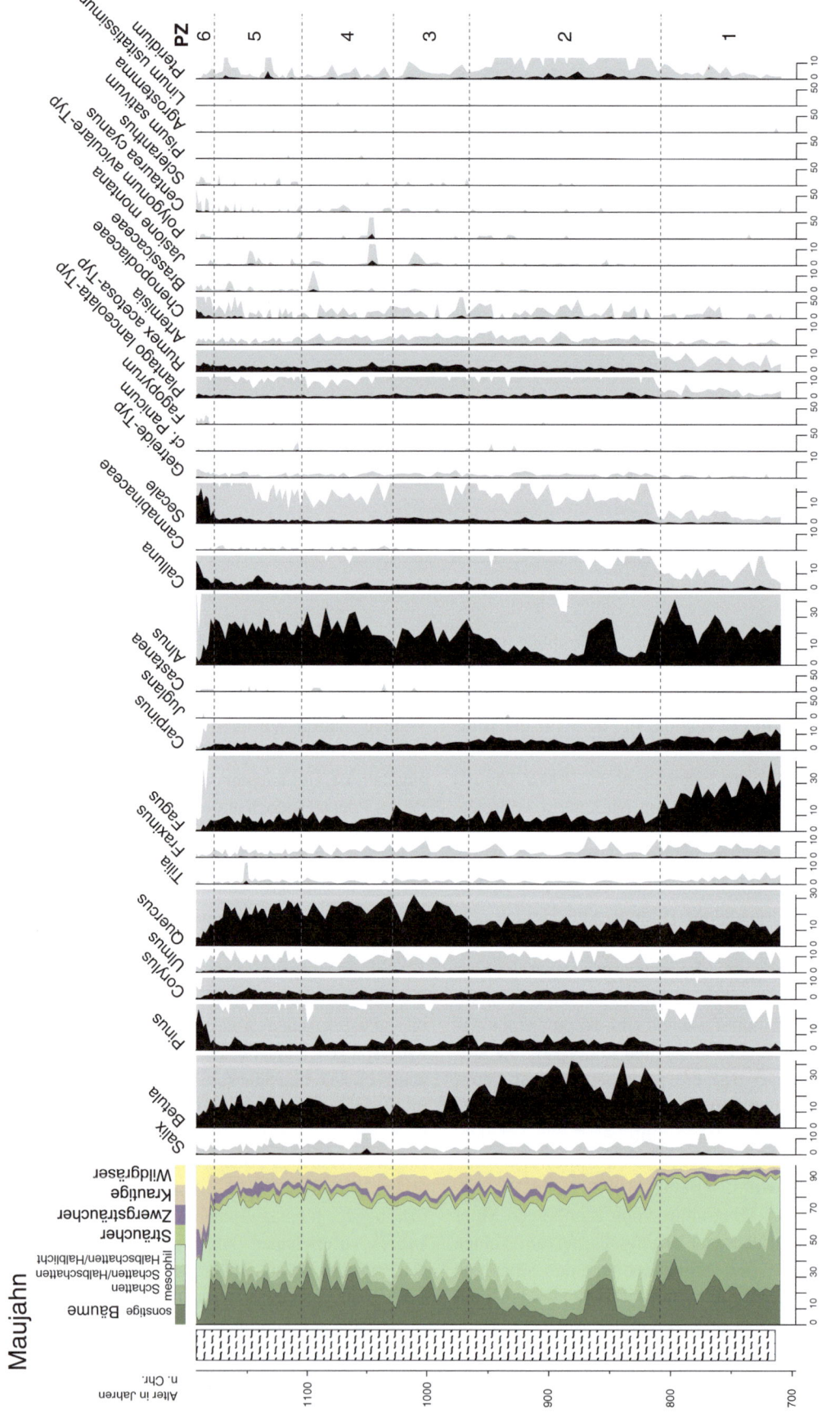

Abb. 59.6 Pollendiagramm aus dem Maujahn, Hannoversches Wendland (33 m NN, Beug 2011). Das Diagramm zeigt die Vegetationsentwicklung im frühen (slawischen) Mittelalter mit hoher zeitlicher Auflösung. PZ: Pollenzonen

Der Trend zu mehr Offenland setzt sich am Beginn des Hochmittelalters mit der Ostkolonisation fort, die in weiten Teilen des Gebietes durch das Herrschaftshaus der Askanier betrieben wurde. Es kam es zu einem verstärkten Landesausbau, der sich im Pollendiagramm durch einen weiteren Rückgang der Wälder und einen Anstieg der Siedlungszeiger abzeichnet. Erhöhte Werte von *Cannabis/Humulus* deuten auf den Anbau von Hanf. Ab der Zeitscheibe 1250 n. Chr. ist auch Buchweizen (*Fagopyrum*) nachgewiesen – eine Kulturpflanze, deren Pollenkörner in der Prignitz und im Hannoverschen Wendland allerdings ganz vereinzelt auch schon im slawischen Mittelalter gefunden wurden (Jahns 2007; Beug 2011, s. Abb. 59.6; Jahns et al. 2015). Belege durch Makroreste gibt es dafür bisher nicht. Das späte Mittelalter und die frühe Neuzeit ab 1500 n. Chr. zeigen bei dem oben beschriebenen Rückgang sämtlicher Gehölze maximale Werte der Wildgräser, *Secale*, Krautige und *Calluna*, und damit die Schaffung großflächigen Agrarlandes. Die Aufforstung mit der schnellwüchsigen Kiefer im jüngsten Spektrum zeigt die planmäßige forstwirtschaftliche Nutzung der Holzressourcen.

Das Pollendiagramm vom Maujahn im Hannoverschen Wendland

Die Prignitz war vom 8. bis zum 12. Jahrhundert von den slawischen Stämmen der Linonen und der Wilzen bewohnt, die dort an der westlichen Peripherie des slawischen Siedlungsgebietes lebten (vgl. Schneeweiß 2020). Eine Häufung von Fundstellen ist seit dem 9. Jahrhundert zu erkennen. Spätestens ab der Mitte des 9. Jahrhunderts siedelten sich die Slawen auch auf dem westlichen Ufer der Elbe an, die nach dem Ende der Sachsenkriege Karls des Großen zu Beginn des 9. Jahrhunderts für einen relativ kurzen Zeitraum als befestigter Grenzverlauf zwischen dem Frankenreich und dem slawischen Siedlungsgebiet gedient hatte. Mehrere Festungen und Burgen zeugen von den kriegerischen Auseinandersetzungen zwischen Franken und Slawen in den folgenden Jahrhunderten. Der sogenannte Wendenkreuzzug, der im Jahr 1147 vom askanischen Fürsten und späteren Markgrafen Albrecht dem Bären gegen die Slawen geführt wurde, beendete die slawische Vorherrschaft in der westlichen Prignitz.

Die Auswirkung der Siedlungsdynamik dieser Periode auf die Vegetationsentwicklung wird durch ein Pollendiagramm aus dem Maujahn dargestellt (Abb. 59.6), einem 3 km westlich der Stadt Dannenberg im Wendland gelegenen Moor. Dieses entwickelte sich aus einem tiefen See in einer Senke, die durch Salzauslaugung in der Zeit des Subboreals entstanden war. Ungewöhnlich mächtige frühmittelalterliche Torflagen (> 2 m) boten die Möglichkeit, ein Pollendiagramm mit einer sehr hohen zeitlichen Auflösung für diese Periode zu erstellen (Beug 2011). Es sind auch kurzfristige Siedlungsschwankungen mit mehreren Proben belegt, sodass die Umweltgeschichte der Slawenzeit detailreich dargelegt werden kann. Der Maujahn ist das letzte von Hans-Jürgen Beug gezählte Pollenprofil.

Das Pollendiagramm kann in sechs Pollenzonen (PZ) unterteilt werden. PZ 1 (ca. 700 bis 810 n. Chr.) datiert in das frühe Mittelalter. Die Pollenwerte von *Pinus* liegen auf sehr niedrigem Niveau, diejenigen der Eiche verzeichnen einen Anstieg. Dem archäologischen Befund zufolge war die Region zu dieser Zeit nur dünn besiedelt. Nachweise von *Secale* zeigen aber, dass die Landschaft nicht völlig siedlungsleer war. Ab ca. 770 n. Chr. ist ein deutlicher, kurzfristiger Rückgang der Erle zu beobachten. Dieser ist aber nicht synchron mit dem oben beschriebenen überregionalen Ereignis, wie es am Rambower Moor zu beobachten ist, sondern fand ca. 200 Jahre früher statt. Die Erlenbestände erholten sich am Maujahn bereits nach ca. 10 Jahren.

Mit dem Beginn von PZ 2 (ca. 810–970 n. Chr.) ist die oben beschriebene Zuwanderung slawischer Stämme in das Gebiet westlich der Elbe erkennbar, die hier im frühen 9. Jahrhundert erfolgte. Ein politisch autonomer slawischer Burgenbau blieb im Hannoverschen Wendland auf die Zeit des 9./10. Jahrhunderts beschränkt (s. Schneeweiß 2020). Der erste Schritt bei der Siedlungstätigkeit der Slawen war eine starke Rodung von Rotbuchenbeständen auf gut drainierten Böden, die sich für den Ackerbau eigneten. Dieser zeichnet sich dann etwas zeitverzögert durch einen starken Anstieg von *Secale* ab – eine Abfolge, die nur bei einer so guten zeitlichen Auflösung fassbar ist. Hohe Werte von *Betula* sind als Folge einer Förderung dieses Pioniergehölzes durch eine Öffnung der Wälder im Zuge ihrer Siedlungstätigkeit anzusehen. Ein geringfügiger Anstieg von *Pinus* und *Corylus* deutet in dieselbe Richtung. Ab ca. 820 n. Chr. gibt es einen erneuten drastischen Erlenrückgang, der diesmal ca. 30 Jahre anhielt. Wenn es sich hierbei um den zeitgleichen überregionalen slawenzeitlichen Erlenrückgang handelt, der sich im Standarddiagramm abzeichnet, so haben sich die Bestände am Maujahn-Moor sehr viel schneller erholt als am Rambower Moor. Grundsätzlich ist auch eine anthropogene Nutzung denkbar, da sich Erlenholz im feuchten Milieu sehr gut als Bauholz eignet. Eine andere lokale Ursache könnte ein starker Anstieg des Wasserspiegels im Moor durch Oberflächenabfluss sein, der durch die Rodungen verursacht wurde. Eine deutliche Zunahme von *Pteridium*-Sporen deutet auf eine Beweidung der Wälder durch Rinder (Behre 1981). Ein Rückgang von *Quercus* als Folge der Nutzung von Eichenholz für die nahe gelegenen Ringburgen bei Hitzacker (ca. 6,5 km nördlich, ab dem 9. Jahrhundert) und Dannenberg (3,7 km östlich, vielleicht 9. Jahrhundert, gesichert ab dem frühen 10. Jahrhundert) ist allerdings nicht zu erkennen. Es handelte sich in beiden Fällen auch um eher kleine Burgen (Schneeweiß 2020). Bezüglich des Ackerbaus ist eine Ausweitung des Roggenanbaus zu erkennen, eines der hauptsächlichen Getreide der Elbslawen (Stika und Jahns 2013). Funde von *Centaurea cyanus*, *Agrostemma* und *Scleranthus* gehören zur typischen Unkrautflora beim Anbau von Roggen als Wintergetreide. Vereinzelt konnten hier auch Pollenkörner des *Panicum*-Typs bestimmt werden. Es ist aber leider sehr schwierig, den Anbau der Rispenhirse (*Panicum miliaceum*) pollenanalytisch zu erfassen, da deren Pollenkörner schwer zu identifizieren sind (Beug 2004). Unter den Makrorestfunden bei Ausgrabungen von slawischen Siedlungen im Gebiet ist die Rispenhirse aber zusammen mit dem Roggen die dominierende Getreideart (Alsleben 2012; Stika 2015). Einzelne Funde von *Fagopyrum*-Pollen zeigen, dass bei den Elbslawen Buchweizen schon im 9. Jahrhundert bekannt war, auch wenn er noch keine größere Bedeutung im Anbau hatte. Funde von Buchweizenpollen aus dem slawischen Mittelalter gibt es auch aus Sedimenten der 29 km östlich liegenden Burg Lenzen am östlichen Elbufer, dort allerdings erst ab dem 11. Jahrhundert (Jahns et al. 2015). Frühmittelalterliche Makrorestfunde dieses Knöterichgewächses gibt es jedoch in der ganzen Region bisher nicht. Anders ist dies im Fall der Walnuss (*Juglans*), deren Vorhandensein am Maujahn um 930 n. Chr. nachgewiesen ist. Dieser Baum tritt am Rambower Moor nur vereinzelt auf, ist aber für die untere Mittelelbe-Region aus slawischem Kontext sowohl durch Pollen als auch durch Makroreste belegt (Stika und Jahns 2013). Sehr wahrscheinlich war die Walnuss den slawischen Völkern durch ihre Kontakte zum Oströmischen Reich schon frühzeitig bekannt.

PZ 3 (ca. 970 bis 1030 n. Chr.) zeigt einen Wechsel in der Wirtschaftsweise an. Offensichtlich ging während des 10. Jahrhunderts die Waldweide in der Gegend zurück, denn die Werte von *Pinus*, *Betula* und *Pteridium* nehmen ab. Entsprechend breitete sich die Eiche wieder aus. Stark rückläufige Anteile von *Carpinus*-Pollen deuten auf weitere Rodungen von Waldbeständen. Nach den gut drainierten vormaligen Rotbuchenstandorten kamen nun auch die von Hainbuchen bestandenen feuchteren Böden in Nutzung. In diesem Abschnitt wurde ein erstes Pollenkorn der Esskastanie (*Castanea*) gefunden. Dieser Baum ist in der Region sehr selten nachgewiesen, doch fanden sich einzelne Pollenkörner auch in den Sedimenten der jungslawischen Burg Lenzen. Auch für die Esskastanie besteht die Möglichkeit einer Herkunft aus dem Oströmischen Reich. Bisher fehlen aber, anders als bei der Walnuss, die entsprechenden Makroreste.

In PZ 4 (ca. 1030 bis 1100 n. Chr.) ist ein leichter Rückgang des menschlichen Einflusses zu verzeichnen, der vor allem am Abfall der *Secale*-Kurve zu erkennen ist. Nachweise weiterer Kulturpflanzen geben Pollenfunde von Lein (*Linum usitatissimum*) und Erbse (*Pisum sativum*) – beides Arten, die sowohl pollenanalytisch als auch makrobotanisch ebenfalls bei der Burg Lenzen belegt sind. Bei den Gehölzen gibt es keine größeren Veränderungen. Archäologisch ist für die jungslawische Zeit ein Rückgang der Fundplätze von Siedlungen zu vermerken. Bei den verbleibenden handelte es sich im Wesentlichen um Einzelhöfe und kleinere Gehöfte (Schneeweiß 2020).

Für die ca. 90 Jahre der PZ 5 (ca. 1100 bis 1180 n. Chr.) zeichnet sich eine kontinuierliche Zunahme des menschlichen Einflusses ab, mit einer Steigerung des Roggenanbaus und fortschreitender Verheidung, angezeigt durch *Calluna*. Dies entspricht der Entwicklung der Landschaft um das Rambower Moor im 11. Jahrhundert, wie sie im Standarddiagramm zu beobachten ist.

PZ 6 (ca. 1180 bis 1200 n. Chr.) spiegelt den Beginn des Landesausbaus durch das askanische Herrscherhaus wider, wie er sich auch in RPZ 14 im Standarddiagramm abzeichnet. Die noch verbliebenen Bestände von Eichen, Rotbuchen und Hainbuchen wurden großenteils gerodet, und so konnte sich ohne deren Beschattung die Kiefer ausbreiten. Auch Fernflug von Kiefernpollen könnte sich in der offenen Landschaft stärker niedergeschlagen haben. Kontinuierliche Funde von *Fagopyrum*-Pollen zeigen die mittlerweile große Bedeutung des Buchweizenanbaus in dieser Periode. Die *Secale*-Kurve steigt deutlich an, ebenso Siedlungs- und Offenlandzeiger wie *Calluna*, Wildgräser, *Rumex acetosa*-Typ, Brassicaceae und Chenopodiaceae. *Castanea*-Pollen ist bemerkenswerterweise nun durchgehend präsent.

Literatur

Alsleben A (2012) Fossile pflanzliche Massenfunde aus dem jungslawischen Handelsplatz Parchim-Löddigsee. In: Paddenberg D (ed) Die Funde der jungslawischen Feuchtbodensiedlung von Parchim-Löddigsee, Kr. Parchim, Mecklenburg-Vorpommern. Frühmittelalterliche Archäologie zwischen Ostsee und Mittelmeer 3. Reichert, Wiesbaden, 371–386

Behre KE (1981) The interpretation of anthropogenic indicators in pollen diagrams. Pollen et Spores 23: 225–245

Behre KE (1992) The history of rye cultivation in Europe. Vegetation History and Archaeobotany 1: 141–156

Becker D, Benecke N (2002) Die neolithische Inselsiedlung am Löddigsee bei Parchim, archäologische und archäozoologische Untersuchungen. Beiträge zur Ur- und Frühgeschichte Mecklenburg-Vorpommerns 40. Archäologisches Landesmuseum Mecklenburg-Vorpommern, Lübstorf

Beug HJ (2004) Leitfaden der Pollenbestimmung für Mitteleuropa und angrenzende Gebiete. Friedrich Pfeil, München

Beug HJ (2011) Changes of the vegetation during the Slavic period, shown by a high resolution pollen diagram from the Maujahn peat bog near Dannenberg, Hanover Wendland, Germany. Vegetation History and Archaeobotany 20: 199–206

Christiansen J (2008) Vegetationsgeschichtliche Untersuchungen in der westlichen Prignitz, dem östlichen Hannoverschen Wendland und der östlichen Altmark. Dissertation, Universität Göttingen

Dörfler W (2011) Pollenanalytische Untersuchungen zur Vegetations- und Siedlungsgeschichte im Einzugsbereich des Rugensee bei

Schwerin. Beiträge zur Ur- und Frühgeschichte Mecklenburg-Vorpommerns. In: Schülke A (ed) Landschaften – Eine archäologische Untersuchung der Region zwischen Schweriner See und Stepenitz. Römisch-Germanische Forschungen 68. Philipp von Zabern, Darmstadt, 315–336

Firbas F (1949) Spät- und nacheiszeitliche Waldgeschichte Mitteleuropas nördlich der Alpen. Erster Band: Allgemeine Waldgeschichte. Gustav Fischer, Jena

Fischer W (1958) Flora der Prignitz. Wissenschaftliche Zeitschrift der Pädagogischen Hochschule Potsdam. Mathematisch-Naturwissenschaftliche Reihe 3: 181–243

Jäger K (2002) Zur Geologie und Geomorphologie topographischer Kleinsthohlformen in der brandenburgischen Prignitz. Institut für Geowissenschaften, Johannes Gutenberg-Universität Mainz.

Jahns S (2007) Palynological investigations into the Late Pleistocene and Holocene history of vegetation and settlement at the Löddigsee, Mecklenburg, Germany. Vegetation History and Archaeobotany 16: 157–169

Jahns S, Beug, HJ, Christiansen J, Kirleis W, Sirocko F (2013) Pollenanalytische Untersuchungen am Rudower See und Rambower Moor zur holozänen Vegetations- und Siedlungsgeschichte in der westlichen Prignitz, Brandenburg. In: Heske I, Nüsse HJ, Schneeweiß J (eds) Landschaft, Besiedlung und Siedlung. Archäologische Studien im nordeuropäischen Kontext. Göttinger Schriften zur Vor- und Frühgeschichte 33. Wachholtz, Neumünster, Hamburg, 277–293

Jahns S, Kennecke H, Knipping M, Christiansen J (2015) Die Umwelt der slawischen Burg Lenzen – pollenanalytische Untersuchungen an den Siedlungsschichten der Burg und am Rudower See. In: Kennecke H (ed) Burg Lenzen. Eine frühgeschichtliche Befestigung am westlichen Rand der slawischen Welt. Materialien zur Archäologie in Brandenburg 9. Marie Leidorf, Rahden/Westfalen, 183–190

Kirleis W (2003) Vegetationsgeschichtliche und archäobotanische Untersuchungen zur Landwirtschaft und Umwelt im Bereich der prähistorischen Siedlungen bei Rullstorf, Ldkr. Lüneburg. Probleme der Küstenforschung im südlichen Nordseegebiet 28: 65–132

Kirleis W (2004) Ein goldgelber Schatz: Der älteste Rispenhirsevorrat Niedersachsens. Archäologie in Niedersachsen 7: 42–44

Lange E (1986) Vegetationsentwicklung im NSG „Fenn in Wittenmoor" und in dessen Umgebung. Archiv für Naturschutz und Landschaftsforschung 26: 243–252

Latałowa M, Święta-Musznicka J, Słowiński M, Pędziszewska A, Noryśkiewicz AM, Zimny M, Obremska M, Ott F, Stivrins N, Pasanen L et al (2019) Abrupt *Alnus* population decline at the end of the first millennium CE in Europe – The event ecology, possible causes and implications. The Holocene 29: 1335–1349

Lesemann B (1969) Pollenanalytische Untersuchungen zur Vegetationsgeschichte des Hannoverschen Wendlands. Flora B158: 480–519

Leuschner C, Rode MW, Heinken T (1993) Gibt es eine Nährstoffmangel-Grenze der Rotbuche im nordwestdeutschen Flachland? Flora 188: 239–249

Liedtke H (1994) Die Gliederung des Eiszeitalters in Norddeutschland und das Holozän. In: Liedtke H, Marcinek J (eds) Physische Geographie Deutschlands. Perths, Gotha

Litt T, Behre KE, Meyer KD, Stephan HJ, Wansa S (2007) Stratigraphische Begriffe für das Quartär des norddeutschen Vereisungsgebietes. Eiszeitalter und Gegenwart 56: 7–65

Odgaard BV (1994) The Holocene vegetation history of northern West Jutland, Denmark. Opera Botanica 123: 1–171

Overbeck F, Schmitz H (1931) Zur Geschichte der Moore, Marschen und Wälder Nordwestdeutschlands I. Das Gebiet von der Niederweser bis zur unteren Ems. Mitteilungen der Provinzialstelle für Naturdenkmalpflege Hannover 3: 1–179

Schneeweiß J (2020) Zwischen den Welten. Archäologie einer Grenzregion zwischen Sachsen, Slawen, Franken und Dänen. Göttinger Schriften zur Ur- und Frühgeschichte 36. Wachholtz, Kiel, Hamburg

Stika HP (2015) Pflanzliche Großreste aus der slawischen Befestigung Burg Lenzen an der unteren Mittelelbe in Brandenburg. In: Kennecke H (ed) Burg Lenzen. Eine frühgeschichtliche Befestigung am westlichen Rand der slawischen Welt. Materialien zur Archäologie in Brandenburg 9. Marie Leidorf, Rahden/Westfalen, 191–249

Stika HP, Jahns S (2013) Pflanzliche Großreste und Pollen aus Slawensiedlungen an der unteren Mittelelbe. In: Willroth KH, Beug HJ, Lüth F, Schopper F (eds) Slawen an der unteren Mittelelbe. Frühmittelalterliche Archäologie zwischen Ostsee und Mittelmeer 4: 253–268

Westliches Jungmoränengebiet

Ingo Feeser und Walter Dörfler

Blick auf den Belauer See von Osten mit der typischen Jungmoränenlandschaft Ostholsteins (Foto: N. Feeser)

Ergänzende Information Die elektronische Version dieses Kapitels enthält Zusatzmaterial, auf das über folgenden Link zugegriffen werden kann [https://doi.org/10.1007/978-3-662-68936-3_60].

I. Feeser (✉) · W. Dörfler
Institut für Ur- und Frühgeschichte,
Christian-Albrechts-Universität, Kiel, Deutschland
e-mail: ifeeser@ufg.uni-kiel.de

Der Naturraum

Die Jungmoränenlandschaft des östlichen Schleswig-Holsteins und Nordwest-Mecklenburgs entstand vor rund 15.000 Jahren mit dem Ende der letzten Eiszeit (Weichseleiszeit). Mehrere Gletschervorstöße, deren Endmoränenzüge sich teilweise überlagern, führten zu einer abwechslungsreichen Landschaft mit Hügeln, Senken, Ebenen und zahlreichen Seen. Die Westgrenze der Region entspricht der ehemaligen Eisrandlage von der Flensburger Förde im Norden bis zum Alstertal nördlich von Hamburg (Abb. 60.1). Von dort verläuft die Grenze in östlicher Richtung bis zum Schweriner See südlich der Wismarer Bucht.

Die Landschaft ist geprägt durch End- und Grundmoränenzüge sowie durch Binnensander und tonige Beckenablagerungen. Daraus resultiert ein oftmals kleinräumiges Relief mit hügeligem Charakter und Höhen zwischen 60 und 160 m NN. Die höchste Erhebung der Region ist mit rund 167 m der Bungsberg in der Holsteinischen Schweiz. Dieser wurde nach neueren Erkenntnissen in einer frühen Phase der letzten Eiszeit (Brandenburg/Frankfurter Stadium) aufgebaut und blieb als sogenannter Nunatak nur während der jüngeren Gletschervorstöße eisfrei. Frühere Arbeiten nahmen einen Ursprung in der vorletzten (Saale- oder Riss-)Eiszeit und fehlende Eisbedeckung während der gesamten Weichseleiszeit an. Neben den glazialen Prozessen spielt – wie an mehreren Stellen in Norddeutschland – auch die Salztektonik eine Rolle. Dabei treten vereinzelt ältere Gesteine an der Oberfläche auf, emporgehoben durch aufsteigende Salzdome. In Schleswig-Holstein sind dies neben Helgoland vor allem der Kalkberg von Bad Segeberg, der aus Sedimenten des Zechsteinmeeres aufgebaut ist.

Mit Ausnahme des Großen Segeberger Sees, der wohl eine auf Auslaugung beruhende Doline ist, sind die Seen des westlichen Jungmoränengebietes weichseleiszeitlichen Ursprungs. Einige Seen der Region sind aus Gletscherzungenbecken hervorgegangen (z. B. Selenter See), andere aus Toteishohlformen. Sogenannte Rinnenseen entstanden in ehemaligen Schmelzwasserrinnen, in denen sich durch temporäre Gletschervorstöße querriegelartige Moränenabsätze bildeten. Dies führte oftmals zu kettenartig angeordneten Seenreihen. Der auf dem Landschaftsbild am Anfang des Kapitels gezeigte Belauer See, einer der am besten untersuchten Seen der Region, ist Teil einer solchen

Abb. 60.1 Karte der Region Westliches Jungmoränengebiet mit pollenanalytisch untersuchten Lokalitäten für das standardisierte Pollendiagramm:
1 Kubitzbergmoor,
2 Belauer See,
3 Poggensee.
Zusätzlich diskutierte Diagramme:
4 Oldenburg Dannau LA77-DAN1 und -SED35.
Weitere im Text erwähnte Lokalität:
5 Rugensee

durch Flussläufe verbundenen Seenkette. Die Hydrologie vieler Gewässer war während der frühen Nacheiszeit noch sehr dynamisch, da sich das Tieftauen der Toteisblöcke bis in das Boreal erstreckte. So entwässerte zum Beispiel der Große Plöner See im frühen Holozän noch nach Süden über die Alster und Elbe in die Nordsee und nicht wie im späteren Verlauf nach Norden über die Schwentine in die Ostsee.

An der Ostseeküste führte der postglaziale Meeresspiegelanstieg (s. Exkurs Kap. 67) zu einer Überflutung glazialer Täler und so zur Ausbildung der Förden. Diese Meeresarme zergliedern die Ostseeküste von der Flensburger Förde im Norden bis zur Travemünder Förde östlich von Lübeck. Im Falle der Schlei, mit rund 40 km der längste, aber auch schmalste Meeresarm, wird ein Ursprung als subglaziale Schmelzwasserrinne angenommen. Mit der Verlangsamung des Meeresspiegelanstiegs vor ca. 6000 Jahren setzten verstärkt Küstenausgleichsprozesse ein. Dies umfasst zum einen die Ausbildung von Steilküsten, die, je nach Intensität der Erosionsprozesse, azonale Sonderstandorte für offene Pionierfluren mit Sanddorn (*Hippophaë rhamnoides*) oder Pionierwälder mit Zitterpappel (*Populus tremula*) bieten. Zum anderen führen Materialumlagerungen, über Haken- und Nehrungsbildungen, zur Abtrennung von Buchten vom Meer sowie zur Ausbildung von Lagunen (Haffen) und zu allmählich aussüßenden Strandseen (vgl. unten Pollenanalytische Untersuchungen im Bereich von Küstensiedlungen).

Böden und Klima

Das schwach atlantische bis subatlantische Klima der Region wird durch die Nähe zur Ostsee und durch den Einfluss der Westwetterlagen des Nordatlantiks geprägt. Der ozeanische Einfluss nimmt dabei von Flensburg im Nordwesten mit einer Jahresmitteltemperatur von 8 °C und 833 mm Jahresniederschlag nach Schwerin im Südosten mit 8,4 °C Jahresmitteltemperatur und 614 mm Jahresniederschlag ab. Der wärmste Monat ist mit 15,8 °C (Flensburg) oder 17,3 °C (Schwerin) der Juli, der kälteste der Januar mit +0,4 °C oder −0,2 °C durchschnittlicher Temperatur. Eine klimatische Sonderstellung nehmen Fehmarn und die unmittelbar südlich angrenzenden Festlandsbereiche (Wagrien) mit deutlich niedrigeren Jahresniederschlägen von unter 600 mm und der höchsten jährlichen Sonnenscheindauer der Region ein.

Als Ausgangssubstrat der Böden herrschen tonreiche Geschiebemergel und steinige Geschiebesande vor, auf denen sich vor allem Braun- und Parabraunerden entwickelten. Im Falle von eher tonigen Substraten und Staunässe bildeten sich Pseudogleye, in abflusslosen Senken auch Gleye, teilweise mit Niedermoorbildung. Auf diesen Niedermooren und über den Verlandungssequenzen einiger Seen treten im niederschlagsreichen Westen Hochmoorbildungen auf. Podsolierung ist selten und auf lokale Sandvorkommen beschränkt (Binnensander). Der zum Teil kleinräumige Reliefwechsel der Jungmoränenlandschaft führt zu einem Mosaik von wechselnden Bodenverhältnissen auf vergleichsweise engem Raum. Die ackerbauliche Nutzung konzentriert sich auf Flächen mit Braun- und Parabraunerden. Die fruchtbarsten Böden der sogenannten Fehmaraner Schwarzerde findet man im Bereich der Halbinsel Wagrien im nördlichen Ostholstein, wo die vergleichsweise niederschlagsarmen Verhältnisse nur geringmächtig entkalkte Böden entstehen ließen.

Vegetation

Bedingt durch das gemäßigte Klima und die bezüglich nachhaltiger Nährstoff- und Wasserversorgung guten Bodenverhältnisse war die Region ursprünglich nahezu vollständig mit krautreichen Laubmischwäldern bedeckt. Offene, also nicht baumdominierte Vegetation war auf Standorte mit extrem nassen und nährstoffarmen oder störungsintensiven Bedingungen beschränkt. Dies umfasst neben Hoch- und Niedermooren auch Küstenüberflutungsmoore und Salzgrasland. Letzteres ist jedoch wahrscheinlich erst durch die Beweidung ehemaliger Schilf- und Röhrichtbestände entlang der Ostseeküste entstanden. Weitere natürliche Standorte offener Vegetationsformen finden sich entlang der Küsten an Steilufer- und Dünensituationen, die durch eine ausgeprägte Störungsdynamik waldfrei bleiben.

Heutzutage sind nur noch 11 % des westlichen Jungmoränengebietes bewaldet. Neben der Buche als dominierender Baumart in Laubmischwäldern (8,5 %) nehmen Nadelholzanpflanzungen ca. 1,7 % der Fläche ein (CLMS 2020). Vor allem auf Standorten mit Braun- und Parabraunerden dominiert heutzutage die ackerbauliche Nutzung (59 %). Viele der ehemaligen feuchten bis nassen Erlenbrüche und Niedermoore sind entwässert und werden als Grünland genutzt.

Die potenzielle natürliche Vegetation der Region besteht überwiegend aus Buchenwäldern. Auf reicheren Böden herrschen krautreiche Waldmeister- oder Flattergras-Buchenwälder (Galio odorati-Fagetum /Milio-Fagetum) mit charakteristischen Frühjahrsgeophyten wie Buschwindröschen, Schlüsselblumen oder Lerchensporn vor. In diesen buchendominierten Wäldern treten auch Traubeneiche, Winterlinde und Hainbuche auf. Ärmere Böden bilden den Standort für unterwuchsarme Drahtschmielen-Buchenwälder (Deschampsio-Fagetum) mit Anteilen von Trauben- und Stieleiche sowie Hängebirke. An grundwassernahen Standorten und Hohlformen ist mit einer größeren Beteiligung von Ulme, Esche und Erle zu rechnen. Auf nassen und zeitweilig überschwemmten Standorten mit guter Nährstoffversorgung bilden Erlenbruchwälder als azonale Waldgesellschaften die potenzielle natürliche Vegetation. Azonale Standorte für Birken und Kiefern bilden zudem die Randbereiche der Hochmoore. Im stärker kontinental geprägten Osten treten neben Eichen und Birken auch Kiefern auf trockenen Sanden häufiger in Erscheinung.

Pollenarchive

Mit den zahlreichen Seen der Jungmoränenlandschaft sowie den ausgedehnten, am westlichen Rand des Jungmoränengebietes vorkommenden Hochmooren sind zahlreiche Geoarchive für regionale Untersuchungen zur Vegetationsgeschichte vorhanden. Daneben bieten kleinere Hoch- und Niedermoore inmitten der Jungmoräne, die in der Regel durch die Verlandung aus kleineren Seen in Toteissenken hervorgegangen sind, zusätzliche Möglichkeiten für kleinräumigere Studien. Weite Teile der heutigen Ostsee waren vor der sogenannten Littorina-Transgression landfest. Bedingt durch den Meeresspiegelanstieg finden sich Torfe und Seeablagerungen des frühen und mittleren Holozäns auch unter dem heutigen Meeresspiegel.

Für paläoökologische Untersuchungen besonders geeignete Archive in Form jahresgeschichteter Sedimente (vgl. Kap. 5, Abb. 5.9) finden sich in den tiefen Becken einiger Seen (z. B. Belauer See, Großer Segeberger See, Poggensee). Diese erlauben neben gut datierten Aussagen zur Vegetations- und Landnutzungsgeschichte auch die hochauflösende Rekonstruktion der Klima- und Witterungsgeschichte (Dreibrodt et al. 2012).

Forschungsgeschichte

Bereits 1904 verfassten der Botaniker Carl Albert Weber und die Archäologin Johanna Mestorf einen Aufsatz über die *Wohnstätten der älteren neolithischen Periode in der Kieler Förde*. Diese Pionierarbeit bildet das früheste Beispiel für die interdisziplinäre Zusammenarbeit der Vegetationsgeschichte mit der Archäologie. Zunächst handelte es sich dabei um eine qualitative und chronologische Beschreibung der durch Makroreste und Pollen nachgewiesenen Pflanzen. Erst im Laufe des ersten Drittels des 20. Jahrhunderts setzten sich quantitative Methoden und die Präsentation in Form von Pollendiagrammen durch. Die chronologische Entwicklung der Gehölzflora kann mit den Namen Fritz Koppe, Erich Kolumbe, Fritz Tidelski, Erich Wasmund, Dominikus Schröder, Rudolf Schütrumpf, Emil Werth, Josef Baas, Paul Groschopf, Max Beyle, Ernst Tapfer, Knud Jessen und Rudolf Hallik verbunden werden. Neben den Grundlagen der Waldgeschichte und Moorkunde wurden dabei Fragen der Küstenentwicklung und des Ostseespiegels ebenso thematisiert wie die zur Umweltrekonstruktion von paläolithischen (Stellmoor) und mesolithischen archäologischen Fundplätzen (Duvensee). Wie auch beim Bohlenweg aus dem Wittmoor spielte dabei die pollenanalytische Datierung von Funden und Fundschichten eine entscheidende Rolle. Nach dem Zweiten Weltkrieg entwickelten sich die Forschungen besonders mit der Erfassung des Nichtbaumpollens und der Etablierung der ^{14}C-Methode weiter. Unter Betreuung von Fritz Overbeck entstanden am Botanischen Institut der Universität Kiel zahlreiche vegetationsgeschichtliche Abschlussarbeiten, darunter auch einige zu Mooren aus dem westlichen Jungmoränengebiet (Heinz Schmitz, Fritz-Rudolf Averdieck, Ludwig Aletsee, Otto Gehl, Hartmut Usinger, Jörg Venus). Diese sind in dem „Moorbibel" genannten Werk von Overbeck (1975) mit dem Titel *Botanisch-Geologische Moorkunde* zusammengefasst. Die Forschung beschäftigte sich weiter mit Fragen der Moorgenese, dem späteiszeitlichen Klima sowie der Entwicklung der Ostseeküste. Seit der Etablierung der Palynologie am Institut für Ur- und Frühgeschichte an der Universität Kiel (Fritz-Rudolf Averdieck seit 1966) entstanden vermehrt Arbeiten zu Umweltrekonstruktionen im Zusammenhang mit archäologischen Grabungen verschiedenster Zeitstellungen. Durch die Weiterentwicklung der Bohrtechnik durch Hartmut Usinger gelangten dabei neben den Analysen an Mooren seit den 1980er-Jahren auch Seeuntersuchungen in den Fokus. Zunehmend wurden regionale und lokale Entwicklungen im engen Umfeld archäologischer Fundplätze studiert, um Fragen nach Siedlungsintensität und -kontinuität zu klären. Weiterentwicklungen in der ^{14}C-Datierung (AMS-Methode) und die Etablierung eines Datierungsgerüstes über Vulkanstaublagen (Tephrochronologie) stellen entscheidende methodische Verbesserungen der 1990er-Jahre dar. Dazu kam die hochauflösende Analyse von jahresgeschichteten Sedimenten, die eine genaue Bestimmung der Dauer und der Geschwindigkeit von paläoökologischen Prozessen erlaubt. Zahlreiche Forscherinnen und Forscher haben neben den genannten zum heutigen Kenntnisstand über das westliche Jungmoränengebiet beigetragen (in chronologischer Reihenfolge Karl Friedrich Engmann, Heinz Schmitz, Massoud Saad, Jutta Balke/Meurers-Balke, Hedwig Boehm-Hartmann, Elsbeth Lange, Burchard Menke, Walter Dörfler, Astrid Schuschan, Michael Walther, Rainer Glos, Julian Wiethold, Björn Rickert, Mykola Sadovnik, Almuth Alsleben, Magda Wieckowska/Wieckowska-Lüth, Ingo Feeser, Marco Zanon und Sascha Krüger). Eine vollständige Literaturliste befindet sich im Anhang.

Regionale Vegetations- und Waldgeschichte

Das standardisierte Diagramm der Region (Abb. 60.2) ist aus den Profilen vom Kubitzbergmoor (Usinger 1975), vom Poggensee (Zanon et al. 2021) und vom Belauer See (Wiethold 1998) zusammengesetzt. Beim Kubitzbergmoor (Zeit-

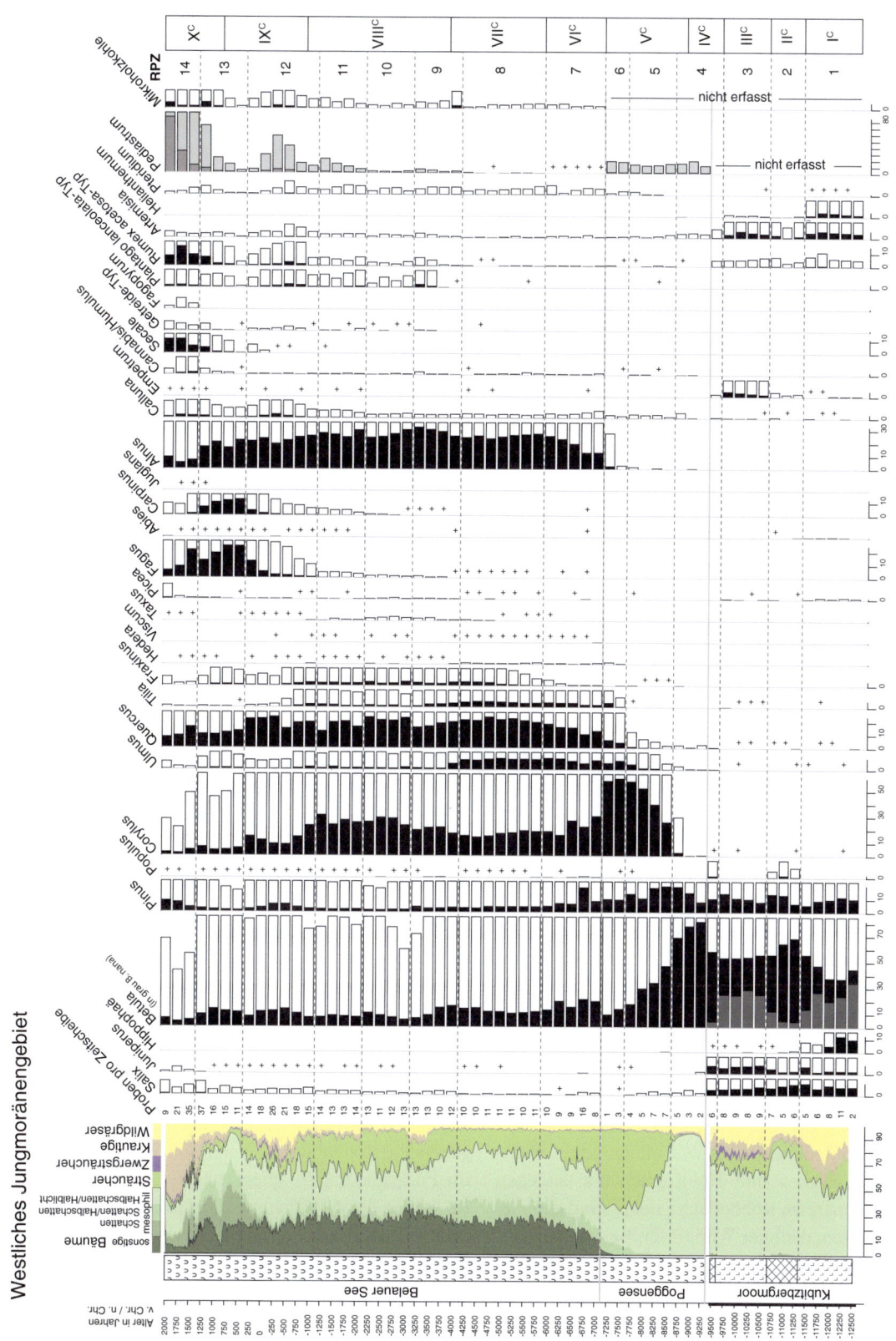

Abb. 60.2 Standardisiertes Pollendiagramm für die Region Westliches Jungmoränengebiet, kombiniert aus den Profilen Belauer See (30 m NN, Wiethold 1998; Dörfler et al. 2012), Poggensee (9 m NN, Zanon et al. 2021) und Kubitzbergmoor (16 m NN, Usinger 1975)

scheiben 12.500 bis 9500 v. Chr., Chronozonen I^C–III^C) handelt es sich um einen kleineren Moorkomplex (ca. 25 ha) unmittelbar nördlich von Kiel. Die Chronologie dieses Moores beruht auf einem überregionalen chronostratigraphischen Vergleich mit Litt et al. (2007). Ein scharfer Sedimentwechsel am Übergang von II^C/III^C weist laut Usinger (1975) auf einen Hiatus hin. Entsprechende Beobachtungen an mehreren spätglazialen Sedimentabfolgen der Region deuten auf ein allgemeineres Phänomen und lassen als Ursache eine Sedimentationsunterbrechung und Erosion infolge einer klimatisch bedingten Seespiegelschwankung vermuten. Nach Einschätzung der Bearbeiter handelt es sich im vorliegenden Fall jedoch um keinen größeren Hiatus. Im Rahmen der mit 250 Jahren vergleichsweise geringen zeitlichen Auflösung im Standarddiagramm ist diese kurze Unterbrechung in der Sedimentabfolge wohl zu vernachlässigen.

Der Poggensee (Zeitscheiben 9250 bis 7250 v. Chr., Chronozonen IV^C und V^C) ist ein vergleichsweise kleiner See (8,7 ha) mit nur temporären kleinen Zu- und Abflüssen. Der See weist bis in das Mittelholozän reichende jahresgeschichtete Sedimente auf und wurde von Averdieck (1987) erstmals pollenanalytisch untersucht. Die hier benutzten Daten gehen auf neuere Untersuchungen von Zanon et al. (2021) zurück, in deren Rahmen eine auf Warvenzählungen und AMS-Datierungen basierende Chronologie erstellt wurde.

Beim Belauer See (Zeitscheiben 7500 v. Chr. bis 2000 n. Chr., Chronozonen VI^C–X^C) handelt es sich um den dritten See (115 ha) einer insgesamt vier Seen umfassenden Seenkette, die von der Alten Schwentine durchflossen wird. Tieftauprozesse bis in das Boreal hinein und die damit zusammenhängende Sackung und Dislokation von Sedimenten hat zur Folge, dass im Seetiefsten bei 29 m heutiger Wassertiefe erst für den Zeitraum ab 7500 v. Chr. eine ungestörte Sedimentsequenz vorliegt. Das Sediment weist bis 300 n. Chr. eine kontinuierliche Jahresschichtung auf. Die Chronologie basiert auf einer Kombination von Warvenzählungen und 16 AMS-^{14}C-Datierungen (Dörfler et al. 2012). Anhand des resultierenden Standarddiagramms wurde die vegetationsgeschichtliche Entwicklung des westlichen Jungmoränengebietes in 14 regionale Pollenzonen untergliedert (vgl. Tab. S 60.1 im elektronischen Zusatzmaterial).

Mit dem Rückzug der Gletscher zum Ende der letzten Eiszeit beginnt die Sedimentation von minerogenen Sedimenten in den in Senken und Hohlformen entstandenen Seen. Auf den humusfreien Rohböden siedeln sich basiphile, lichtliebende Pflanzen, darunter Wildgräser, Beifuß (*Artemisia*), Sonnenröschen (*Helianthemum*) und Sanddorn (*Hippophaë rhamnoides*), an. Der durchgehend hohe minerogene Anteil an den Sedimenten in der regionalen Pollenzone 1 (RPZ 1, Zeitscheiben 12.500 bis 11.500 v. Chr.) legt eine unbefestigte Bodenoberfläche und damit eine lückige Vegetationsbedeckung in der als Älteste Dryas bezeichneten Phase nahe. Bäume fehlten in dieser grasreichen Steppenlandschaft noch. Wie die Untersuchungen zeigen, gehen die hohen Birkenanteile (*Betula*) jedoch nicht allein auf die Zwergbirke (*Betula nana*-Typ) zurück. Daher wird mit einem erheblichen Anteil an Fernflug von Baumbirkenpollen (*Betula pubescens*) gerechnet. Großrestefunde, die ein lokales Vorkommen belegen würden, fehlen. Gleiches gilt für die um 10 % liegenden Anteile der Kiefer (*Pinus*). Erst zum Ende der RPZ 1 (Zeitscheibe 11.500 v. Chr.) legen erhöhte Anteile von Wacholder (*Juniperus*) und gleichzeitig steigende Anteile von Baumbirkenpollen ein allmähliches Heranrücken der Waldgrenze und die damit verbundene beginnende Einwanderung von Gehölzen nahe.

Spätestens mit Beginn der RPZ 2 (Zeitscheiben 11.250 bis 10.750 v. Chr.), die mit der klimatischen Gunstphase des Allerød-Interstadials gleichzusetzen ist, belegen hohe Anteile von *Betula* (> 50 %) die Präsenz von Birkenwäldern. Daran beteiligt waren auch die kälteresistente Zitterpappel (*Populus tremula*) und die Baumkiefer (*Pinus sylvestris*), wie erhöhte Pollenwerte für *Populus* und *Pinus* im Diagramm widerspiegeln. Es ist davon auszugehen, dass die Baumkiefer erst im Laufe der RPZ 2 in das Gebiet einwanderte, wie die typische Ausprägung im Pollendiagramm mit einer frühen Baumbirkenphase (Zeitscheiben 11.500 und 11.250 v. Chr.) und einer zweiten kiefernreichen Phase (Zeitscheiben 11.000 und 10.750 v. Chr.) zeigt. Der im Vergleich zu weiter südlich gelegenen Pollendiagrammen moderate Anstieg von *Pinus* im Kubitzbergmoor weist darauf hin, dass sich die Verbreitungsgrenze der Baumkiefer innerhalb der Region erst allmählich nach Norden vorgeschoben hat. Der allgemein zu beobachtende Wechsel in der Sedimentzusammensetzung zu überwiegend organogenen Sedimenten deutet auf stabilisierte Bodenverhältnisse mit geschlossener Vegetationsdecke hin. Die Anteile des Nichtbaumpollens (s. Krautige und Wildgras-Typ im Summendiagramm) von über 10 %, darunter auch *Artemisia* als ausgesprochen lichtliebendes Taxon, sprechen jedoch für eine gewisse Offenheit der Wälder. Zusammenfassend kann also mit lichten Birken-Pappel-Wäldern und einem allmählichen Vordringen der Kiefer aus südöstlicher Richtung gerechnet werden.

Neben der Einwanderung von neuen Arten kommt es im Zuge der zunehmenden Bewaldung und der damit einhergehenden Bodenbildung auch zur Verdrängung von Arten. Im Pollendiagramm spiegelt sich dies in einem deutlichen Rückgang des Nichtbaumpollens, vor allem von heliophilen oder basophilen Arten, wider. Sanddorn, aber auch die Kornblume (*Centaurea cyanus*), die vereinzelt palynologisch in spätglazialen Ablagerungen in der Region nachgewiesen wurde, verschwanden in der Folge aus der Landschaft, fanden jedoch an den waldfreien Küstenstandorten der Ostsee mit anstehendem frischem Geschiebemergel postglaziale Refugialstandorte.

Die RPZ 3 (Zeitscheiben 10.500 bis 9750 v. Chr.) repräsentiert die Umwelt- und Vegetationsentwicklung während des Kälterückschlags der Jüngeren Dryas. Die Abnahme der Pollenanteile von Gehölzen wie Baumbirke, Kiefer und Zitterpappel belegt einen Rückgang der Bewaldung und die Etablierung einer sogenannten Parktundrenlandschaft von heliophilen Sträuchern und Kräutern. Im Pollendiagramm spiegelt sich dies vor allem in der Zunahme von Zwergbirke (*Betula nana*-Typ), Wachholder (*Juniperus*) und Beifuß (*Artemisia*) wider. Die Krähenbeere (*Empetrum nigrum*), zwar bereits in den vorherigen spätglazialen Abschnitten regelmäßig pollenanalytisch nachgewiesen, kam in dieser Zone zur Massenausbreitung. Basierend auf ihrem heutigen Vorkommen wird dies als ein Hinweis auf die bereits im Allerød begonnene oberflächliche Bodenverarmung gewertet. Eine spärlichere Vegetationsdecke als in der vorhergehenden Zone und die damit verbundene Destabilisierung und Erosion der Böden werden durch einen Wechsel zu stark minerogenen Sedimenten in den untersuchten Archiven bezeugt.

Mit der rapiden klimatischen Erwärmung am Übergang vom Spätglazial zum Holozän kam es zu einer schnellen Wiederbewaldung mit der Baumbirke unter zunehmender Beteiligung der Kiefer, wie in RPZ 4 ersichtlich (Zeitscheiben 9500 bis 8750 v. Chr.). Sträucher wie Wacholder und Weiden, aber auch lichtliebende Kräuter wie Beifuß und Gräser nehmen im Pollendiagramm stark ab. Sie wurden in den zunächst lichten, aber dichter werdenden Birken-Kiefern-Wäldern durch die zunehmende Beschattung seltener. Die wärmeliebenden Gehölze Hasel (*Corylus avellana*) und Ulme (*Ulmus*) wandern im Verlauf der RPZ 4 ins Gebiet ein; sie treten gegen Ende der Zone regelmäßig im Pollendiagramm auf (empirische Grenze). Im Gegensatz zur westlich angrenzenden Altmoräne (vgl. Kap. 57), wo die Kiefer schon in dieser Präboreal genannten Phase (Chronozone IV^C) zur wichtigen Baumart wurde, behalten die Baumbirken auf den lehmig-kalkigen Böden der Jungmoräne die Oberhand. Dies gilt auch noch bei der Zunahme der Kiefer im frühen Boreal (nach 9000 v. Chr., Beginn Chronozone V^C).

Erst mit Beginn der RPZ 5 (Zeitscheiben 8500 bis 7750 v. Chr.) verschieben sich die Dominanzverhältnisse deutlich. Vor allem die Birke nimmt zugunsten der sich schnell ausbreitenden Hasel ab. Zeitgleich etablieren sich zunehmend Eiche und Ulme.

Spätestens in der folgenden RPZ 6 (Zeitscheiben 7500 bis 7250 v. Chr.) sind Eiche, Ulme und neu hinzukommend auch die Linde (*Tilia*) gut in den Birken-Kiefern-Hasel-Wäldern vertreten. Die Hasel behält ihre Dominanz, die sie bereits kurz nach 8000 v. Chr. gegen Ende der vorherigen Zone erreicht hatte. Die Maximalwerte der Hasel unterscheiden sich standörtlich stark, je nach den lokalen Bodenverhältnissen im Einzugsgebiet (Groß et al. 2019). So erreichte sie ihr stärkstes Vorkommen mit bis zu über 70 % im Landpflanzenpollendiagramm auf frischen Standorten mit lehmigen Böden, während auf sandigeren Böden Kiefer und Birke höhere Anteile behielten. Als neue klimatisch anspruchsvolle Arten wanderten zu dieser Zeit Mistel (*Viscum album*) und Efeu (*Hedera helix*) ein. Des Weiteren belegen die ebenfalls in dieser RPZ einsetzenden kontinuierlichen Nachweise für *Alnus* die beginnende Ausbreitung der Schwarzerle (*Alnus glutinosa*) in den Niederungen und Talauen der Region.

Die sich in RPZ 7 (Zeitscheiben 7000 bis 6000 v. Chr.) fortsetzende Ausbreitung der Erle wurde durch einen Anstieg des Grundwasserspiegels gefördert. Dies gilt in ähnlicher Weise für die Esche (*Fraxinus excelsior*), deren Pollen von nun an kontinuierlich im Pollendiagramm auftritt und die auf frischen, grundwasserbeeinflussten Standorten Fuß fasste. Neben einer klimatischen Veränderung haben hierbei vermutlich auch der Anstieg des Meeresspiegels und das damit verbundene Näherrücken der Küstenlinie eine Rolle gespielt (vgl. Exkurs Kap. 67). Im Bereich der Ostsee kam es während der sogenannten Littorina-Transgression zwischen ca. 7000 und 4500 v. Chr. aufgrund des weltweit angestiegenen Meeresspiegels zu einem Salzwassereinbruch. Er führte zu einer Überflutung weiter, zuvor landfester Teile der heutigen Ostsee.

In den Wäldern jenseits der nassen Niederungen nahm die Hasel zugunsten der mesophilen Laubgehölze Eiche, Ulme und Linde ab. Der dem Standarddiagramm zu entnehmende Rückgang der Hasel scheint jedoch durch den Wechsel vom Poggensee zum Belauer See prononcierter, als er sich in den jeweiligen Einzelprofilen darstellt. So nimmt der Anteil von *Corylus* zwischen ca. 7250 und 7000 v. Chr. im Poggensee von rund 58 % auf 46 % ab, während er im Belauer See von 41 % auf 31 % fällt. Je nach edaphischer Situation variierten die Anteile der einzelnen Laubbaumarten am Waldbild. Während auf ärmeren, sandigeren Böden Eichen-Birken-Wälder vorherrschten, sind auf den besten Böden, so zum Beispiel im nördlichen Ostholstein, sogar von Linden dominierte Wälder mit hoher Beteiligung der Ulme pollenanalytisch nachgewiesen. Der kurzfristige Kieferngipfel in der Zeitscheibe 6750 v. Chr. im Pollendiagramm vom Belauer See basiert auf sekundär umgelagertem älterem Material aus ufernahen Flachwasserbereichen und spiegelt daher keine Vegetationsveränderung wider. Diese Störung deutet auf Rutschungen im Seebecken, eventuell im Zusammenhang mit dem Tieftauen letzter Toteisblöcke, hin und muss keine klimatische Ursache haben. Das 8.2 ka-Event (vgl. Kap. 2) ist durch leicht erhöhte Birken- bei gleichzeitig niedrigen Haselanteilen in der Zeitscheibe 6250 v. Chr. charakterisiert und spricht für einen Rückgang der wärmeliebenden Hasel vor allem zugunsten der Birke während des Kälterückschlags.

Die RPZ 8 (Zeitscheiben 5750 bis 4250 v. Chr.) spiegelt die Blütephase der Laubmischwälder des Atlantikums wider, in denen sich zunehmend auch Esche und Eibe (*Taxus bac-

cata) etablieren. Die Pollenanteile von *Corylus* gehen weiter zurück (von ca. 20 % auf weniger als 15 %) und sprechen für ein zunehmend dichtes Kronendach, in dem die lichtliebende Hasel nur noch im Unterwuchs eine Rolle spielt. Die sporadischen Einzelfunde von *Fagus* sind wahrscheinlich mit Fernflug aus den sich in den Mittelgebirgsregionen etablierenden Buchenmischwäldern zu erklären.

Der Übergang zur RPZ 9 (Zeitscheibe 4000 bis 3250 v. Chr.) ist durch den deutlichen Rückgang von *Ulmus*, den klassischen mittelholozänen Ulmenfall, gekennzeichnet, der auch den Übergang vom Atlantikum zum Subboreal markiert (s. Exkurs Kap. 53). Der beginnende Abfall der Ulmenkurve datiert hierbei in der Regel in die letzten Jahrhunderte des 5. Jahrtausends v. Chr. In den sich anschließenden drei Jahrhunderten, bis um 3750 v. Chr., fällt die Ulmenkurve ab. Zeitgleich nehmen Pollenanteile lichtliebender Gehölze wie der Hasel, der Weide, aber auch der Birke zu und sprechen für eine Auflichtung der Wälder. Nach 3750 v. Chr. setzen kontinuierliche Nachweise für den Pollen vom Getreide-Typ und Spitzwegerich (*Plantago lanceolata*-Typ) ein, und weitere Offenlandzeiger wie *Rumex*, *Artemisia* und Wildgräser nehmen deutlich zu. Diese Entwicklungen stellen die frühesten weiträumig nachweisbaren anthropogenen Vegetationsveränderungen im Gebiet dar. Sie umfassen die schrittweise Übernahme neolithischer Wirtschaftsweise im Zusammenhang mit dem Aufkommen der sogenannten Trichterbecherkultur (s. unten Landnutzung- und Siedlungsgeschichte). Während in der Frühphase von ca. 4100 bis 3750 v. Chr. zunächst die einsetzende Haustierwirtschaft zu einer verstärkten Nutzung und damit Auflichtung der Wälder führte, resultierte die Einführung des großflächigen Ackerbaus ab ca. 3750 v. Chr. in einer dauerhaften Öffnung von Teilen der Wälder. Die Eibe scheint von der veränderten Landnutzung profitiert zu haben, wie zunehmende Pollenanteile nahelegen. Sie fand vermutlich in den zunehmend lichten Beständen des lindenreichen Eichenmischwalds bessere Wuchsbedingungen. Die weiterhin zunehmenden Pollenanteile von *Fagus*, aber auch *Picea* und *Carpinus* sind mit Fernflug zu erklären und spiegeln die zunehmende Ausbreitung von Buche, Fichte und Hainbuche in weiter südlich gelegenen Regionen wider. Makrobotanische und anthrakologische Nachweise mit neolithischem Kontext oder neolithischer Datierung deuten eine mögliche Einwanderung der Buche im Laufe der nachfolgenden RPZ 10 an (z. B. Robin et al. 2012).

Am Übergang zur RPZ 10 (Zeitscheibe 3000 bis 2250 v. Chr.) nehmen die Siedlungs- und Offenlandzeiger deutlich ab und belegen eine kurzfristige Phase der weiträumigen Waldregeneration zwischen 3150 und 3000 v. Chr. (vgl. Exkurs Kap. 50), die jedoch nur bedingt im Standarddiagramm aufgelöst ist. Während es sich im westlichen Teil des Gebietes um den Belauer See und den Poggensee um eine Erholung vor allem der Esche handelte, kam es weiter östlich zu einer nahezu vollständigen Wiederbewaldung, bei der vor allem die Ulme wieder Pollenanteile erreichte wie in der Zeit vor dem Ulmenfall (z. B. Rugensee, Dörfler 2011, Abb. 60.1, Lokalität 5). Maximale Pollenanteile für *Alnus* zwischen 3250 und 3000 v. Chr. sind vermutlich nicht auf die abnehmende Landnutzung zurückzuführen, sondern auf eine klimatisch bedingte Förderung der Schwarzerlenbestände durch erhöhte Grundwasserspiegel (vgl. auch Kalis und Meurers-Balke 2005). Hinweise auf erhöhte Wasserstände im Gebiet liegen unter anderem aus dem Poggensee vor (Feeser et al. 2012). Sie korrelieren mit zahlreichen Hinweisen für eine Phase mit kühlerem und feuchterem Klima in Mitteleuropa, vermutlich ausgelöst durch rapide Veränderungen der Tiefenwasserzirkulation im Nordatlantik (u. a. Magny und Haas 2004; Bianchi und McCave 1999). Wie in der vorhergehenden Zone prägten lichte Eichenmischwaldbestände das Waldbild, in dem nun auch die Eibe einen festen Platz einnahm.

Erst mit Beginn der RPZ 11 (Zeitscheiben 2000 bis 1250 v. Chr.) geht die Eibe zurück, was auf eine Zunahme der Waldnutzung zurückzuführen sein dürfte. So liefert die Eibe geschätztes Nutzholz für Bögen und Werkzeuge. Die Hasel erreicht zum Ende der Zone ihr letztes deutliches Maximum. Die deutlich höheren Anteile von Nichtbaumpollen sprechen für eine zunehmende Rodung von Wäldern. Ansteigende Pollenanteile von *Calluna* weisen dabei auf die beginnende Ausbreitung der Besenheide (*Calluna vulgaris*) hin. Die Verheidung von Standorten im Binnenland ist ein anthropogenes Phänomen, das durch eine anhaltende Nutzung leichter Böden mit einhergehender Podsolierung bedingt ist. Sie erreichte ihr Maximum um 200 v. Chr. in der folgenden RPZ 12 (Zeitscheiben 1000 v. Chr. bis 250 n. Chr.). Dem ging eine Zunahme der Landnutzung und Öffnung der Landschaft voraus, wie deutlich ansteigende Nichtbaumpollen-Anteile ab ca. 750 v. Chr. andeuten. Nach ihrem letzten Maximum um 1250 v. Chr. nehmen die Pollenanteile der Hasel stark ab. Als Ursache für diesen in Norddeutschland weitverbreiteten Rückgang der Hasel kommen verschiedene Ursachen in Betracht. Es werden sowohl ein Wechsel zu kühlerem Klima als auch menschliche Eingriffe diskutiert. Die Empfindlichkeit der Hasel gegenüber kühlerem Klima ist im Gebiet nicht nur für das 8.2 ka-Event belegt (siehe RPZ 7), sondern deutet sich auch durch Minima von Pollenakkumulationsraten der Hasel während weiterer klimatischer Kältephasen (vgl. Haas et al. 1998) um 2300 und 1500 v. Chr. an. In den letzten beiden Fällen jedoch legen zeitgleiche Minima bei den Siedlungszeigern wie *Plantago lanceolata*-Typ und auch Getreide-Typ nahe, dass auch ein Rückgang der Land- und Waldnutzung eine Rolle gespielt haben dürfte. Seit dem Beginn von RPZ 9, das heißt mit Beginn des Neolithikums um ca. 4100 v. Chr., deutet die deutliche Korrelation von Landnutzungsphasen mit höheren Pollenanteilen von *Corylus* auf eine anthropogene Förderung der Hasel, vermutlich durch

Auflichtung der Wälder hin. Dieser Zusammenhang ist für die Zunahme der Landnutzung im letzten vorchristlichen Jahrtausend nicht mehr gegeben. Vielmehr nehmen die Pollenanteile der Hasel bei steigenden Pollenanteilen der Siedlungszeiger wie *Plantago lanceolata*-Typ oder *Rumex acetosa*-Typ jetzt ab, bevor sie dann nach ca. 250 v. Chr. parallel zu fallenden Siedlungszeigerwerten wieder leicht ansteigen. Daher scheint es plausibel, dass ein Wandel in der Form der Land- und Waldnutzung für den starken Rückgang der Hasel nach 1250 v. Chr. hauptverantwortlich war. Möglicherweise nahmen Waldweide und Laubheunutzung, die durch Öffnung der Waldstruktur die Hasel im Unterwuchs fördern, ab und die Weideaktivität im Offenland zu. Eine verstärkte Weideaktivität im Offenland kann auch die gleichzeitige, im Pollendiagramm erkennbare Ausbreitung von Heideflächen erklären. Sicherlich wäre es jedoch falsch, hierbei an eine generelle Aufgabe der viehwirtschaftlichen Nutzung der Wälder zu denken. So ist es durchaus möglich, dass im Rahmen von Schweinehaltung die Fruchtmast im Herbst und Winter sogar von gestiegener Bedeutung war, wie erhöhte Pollenanteile für die Eiche andeuten können. Generell scheint jedoch die Buche (*Fagus sylvatica*) am stärksten von einer veränderten Waldnutzung profitiert zu haben. Wenn auch vereinzelte Großrestfunde aus neolithischen und bronzezeitlichen Kontexten sowie anthrakologische Nachweise (Robin et al. 2012) eine Einwanderung der Buche im Subboreal (Chronozone VIII^C) belegen, so begann diese sich erst jetzt im Subatlantikum zunehmend in den Wäldern auszubreiten. Dies und die gleichzeitige Zunahme der Hainbuche (*Carpinus betulus*) markieren einen grundlegenden Wandel der vom Menschen genutzten Wälder, in denen Ulme, Esche und vor allem Linde kontinuierlich an Bedeutung abnahmen. Diese Entwicklung findet ihren Abschluss in RPZ 13 (Zeitscheiben 500 bis 1250 n. Chr.), in der Buche und Hainbuche maximale Pollenanteile erreichen. Hierbei wird zumeist ein erstes Maximum in der Zeit der völkerwanderungszeitlichen Siedlungslücke zwischen ca. 400 und 650 n. Chr. (Zeitscheiben 500 und 750 n. Chr.) erreicht. Mit dem Wiedereinsetzen verstärkter Landnutzung ab ca. 700 n. Chr. sinken ihre Pollenanteile. Ein zweites Maximum der Buchenwerte ist erst am Beginn der nachfolgenden RPZ 14 um 1500 n. Chr. zu beobachten. Von der zurückgehenden Landnutzung während der Völkerwanderungszeit profitierten auch die Esche und Ulme, wie erhöhte Pollenanteile in dieser Zone zeigen. Dies gilt nicht für die Linde, die auf den für sie günstigen Standorten vermutlich durch die Buche verdrängt wurde. Die gleichzeitig abnehmenden Pollenanteile von *Corylus* und *Quercus* müssen in diesem Kontext nicht unbedingt auf einen Rückgang ihrer Bestände zurückgeführt werden, sondern können auch mit einer abnehmenden Pollenproduktion der lichtliebenden Haseln und Eichen durch zunehmende Beschattung in den von Buchen dominierten Wäldern erklärt werden. *Carpinus* erreicht nur ungefähr die Hälfte der Pollenanteile von *Fagus*. Zusätzlich ist ein deutlicher Nordwest-Südost-Gradient der Pollenanteile von *Carpinus*, mit höheren Werten im Süden und Osten, im Gebiet zu beobachten. Dies legt nahe, dass die Hainbuche mit zunehmend ozeanischem Klima hinter der Buche und Eiche als Hauptbaumarten zurücktrat. Dies deckt sich mit der rezenten Verbreitung der Hainbuche, die im nördlichen Teil der Region an ihre Verbreitungsgrenze stößt.

Auch in der RPZ 14 (Zeitscheiben 1500 bis 2000 n. Chr.) blieb die Buche neben der Eiche die dominierende Baumart der Wälder. Diese wurden jedoch zunehmend gerodet und in landwirtschaftliches Nutzland umgewandelt, wie unter anderem die stark zunehmenden Siedlungszeigerwerte erkennen lassen. Dass die Rodungen nun nicht mehr ausschließlich Buchenwaldstandorte betrafen, wird durch den deutlichen Rückgang der Pollenanteile der Erle belegt. Zunehmend wurden die Niederungen in Grünland, Weiden und Wiesen umgewandelt. Der zum Zeitpunkt der maximalen Landöffnung im 18. Jahrhundert einsetzende sogenannte sekundäre Kiefernanstieg ist zumindest anfangs noch mit einem zunehmenden Fernfluganteil des Kiefernpollens aufgrund weiträumiger Entwaldung zu erklären, bevor ab dem Ende des 18. Jahrhunderts auch die beginnende Aufforstung mit Kiefern und Fichten ihren Anteil daran hat.

Landnutzungs- und Siedlungsgeschichte

Die ersten archäologischen Nachweise für menschliche Aktivität im Untersuchungsgebiet datieren in das Spätglazial (RPZ 1–3) und erfassen die Rentierjäger der Hamburger und Ahrensburger Kultur. Auch wenn diese keinen erkennbaren Einfluss auf die Vegetationsdynamik gehabt haben, können erhöhte Holzkohleeinträge in Pollendiagrammen im Umfeld von archäologischen Fundplätzen auf lokale menschliche Aktivität hinweisen (Krüger 2020). Eindeutige palynologische Hinweise für menschliche Aktivitäten sind auch für die meiste Zeit der mesolithischen Jäger-, Fischer- und Sammlergruppen der ersten Hälfte des Holozäns (RPZ 4–8) nicht zu fassen. Wie umfangreiche Untersuchungen im Duvenseer Moor zeigen, ist davon auszugehen, dass Störungen der Vegetation von stark lokal begrenzter Natur waren. Ob die Ausbreitung und lokale Bedeutung der Hasel im frühen Holozän durch gezielte oder indirekte menschliche Förderung beeinflusst wurden, lässt sich beim derzeitigen Forschungsstand nicht eindeutig beantworten. Ein Abgleich der maximalen Pollenanteile des frühholozänen Haselmaximums mit den Bodenarten im Einzugsgebiet der Pollendiagramme legt nahe, dass hauptsächlich naturräumliche Voraussetzungen für Unterschiede in der Bedeutung der Hasel verantwortlich waren (Groß et al. 2019). Dendrologische Untersuchungen deuten jedoch an, dass zumindest im ausgehenden Mesolithikum mit einer gezielten Förderung der Hasel und weiterer

Gehölze zu rechnen ist (Klooß 2015). So wird für die frühe Ertebøllekultur (5400–4750 v. Chr.) eine Waldnutzung postuliert, bei der Stockaustriebe von Hasel und Rotem Hartriegel (*Cornus sanguinea*), aber auch von Gemeinem Schneeball (*Viburnum opulus*) und Esche (*Fraxinus excelsior*) genutzt wurden. Dies scheint vor allem im Falle der Hasel in solchem Umfang geschehen zu sein, dass mit zumindest lokaler Öffnung der Wälder gerechnet werden muss.

Erste eindeutige palynologische Hinweise auf eine anthropogene Veränderung der Waldstruktur und -zusammensetzung in der RPZ 9 fallen mit dem Aufkommen der Trichterbecherkultur (ca. 4100–2800 v. Chr.) im Gebiet zusammen. So spiegelt der Ulmenfall den Wandel der Waldzusammensetzung zwischen 4100 und 3750 n. Chr. wider. Die zunehmende Bedeutung der lichtliebenden Hasel spricht für eine Auflichtung der Waldstruktur. In einigen Pollendiagrammen der Region, so auch im Belauer See, geht dies mit einem deutlichen Anstieg der Einträge von Holzkohlepartikeln in die Seen einher, was ebenfalls mit einer veränderten Landnutzung zusammenhängen kann. Es scheint jedoch fraglich, ob diese, wie teilweise postuliert, mit einer Einführung des Brandfeldbaus zu erklären ist. So beschränken sich pollenanalytische Hinweise auf Getreideanbau in dieser frühen Phase noch auf sporadische Einzelfunde von Pollenkörnern vom Getreide-Typ, wie sie auch in den vorhergehenden Abschnitten des Postglazials und vereinzelt sogar im Spätglazial auftreten. Auch makrobotanische Nachweise für Getreide fehlen aus der Region für diese Zeit bislang. Daher ist davon auszugehen, dass Ackerbau noch keine bedeutende Rolle in der Ökonomie der frühsten neolithischen Gruppen gespielt haben dürfte. Vor dem Hintergrund nun regelmäßiger archäozoologischer Nachweise von Haustierknochen in den Siedlungshinterlassenschaften ist primär von einer Übernahme der Viehzucht auszugehen, wie sie schon Troels-Smith (1953) für die frühsten neolithischen Kulturen in Norddeutschland und Südskandinavien postulierte. So führte vermutlich Laubheugewinnung und Waldweide mit Einsatz von Feuer zur Auflichtung der Wälder. Die damit verbundene Zunahme des Unterwuchses bedeutete eine Verbesserung der Weidequalität. Von diesem Nutzungswandel waren insbesondere die Ulmenbestände betroffen (vgl. Exkurs Kap. 53).

Das Ende des Ulmenfalls um ca. 3750 v. Chr. markiert gleichzeitig die empirische Grenze für das Auftreten des *Plantago lanceolata*-Typs sowie den Beginn regelmäßiger Nachweise von Pollenkörnern des Getreide-Typs. Auch weitere Offenlandzeiger wie *Rumex*, *Artemisia* und Wildgras-Typ nehmen im Pollendiagramm deutlich zu und sprechen für die Entstehung von dauerhaftem Offenland. Gleichzeitig zunehmende Pollenanteile der Hasel deuten auf eine dauerhafte Auflichtung der Wälder hin. Die nun regelmäßigen Nachweise für Pollenkörner vom Getreide-Typ, in Verbindung mit makrobotanischen Nachweisen, belegen die weiträumige Übernahme von Getreideanbau auf permanent offenen Ackerflächen. Auf aufgegebenen Ackerflächen wurden Grabanlagen errichtet, wie palynologische Untersuchungen an fossilen Bodenhorizonten unter Grabhügeln zeigen (Feeser und Dörfler 2016, 2019a). Findlinge, die seit dem Ende der Eiszeit die Landschaft geprägt haben, wurden zusammengetragen und zur Anlage von Gräbern genutzt. Die monumentalen Großsteingräber der Trichterbechergruppen haben die entstandene Kulturlandschaft geprägt und strukturiert. Ab etwa 3150 v. Chr. werden keine neuen Grabanlagen mehr errichtet, und auch die Landnutzung geht deutlich zurück, wie Einbrüche in den Werten der Siedlungszeiger belegen. Die damit verbundene Wiederbewaldung scheint im östlichen Teil der Region, wie auch im angrenzenden Westmecklenburg, bereits etwas früher eingesetzt zu haben und auch stärker ausgeprägt gewesen zu sein, was auf regionale Unterschiede im Niedergang der Trichterbechergruppen hindeutet.

Mit Beginn des Jungneolithikums (ca. 2800–2200 v. Chr.) und dem damit verbundenem Aufkommen der Einzelgrabkultur nimmt die Landnutzung wieder zu (RPZ 10). Großräumig nachweisbare synchrone Schwankungen in den Siedlungszeigern – mit lokalen Minima um ca. 2800, 2600 und 2400 v. Chr. – sind bis nach Westmecklenburg fassbar. Die zeitliche Korrelation mit multidekadischen Temperaturschwankungen in grönländischen Eisbohrkernen wirft die Frage der Abhängigkeit der jungneolithischen Wirtschaftsweise von klimatischen Schwankungen auf. Ob diese im Jungneolithikum primär auf Viehhaltung basierte, wie oftmals von archäologischer Seite vermutet wurde, bleibt fraglich. So lassen zumindest die regelmäßigen Nachweise von Pollenkörnern vom Getreide-Typ, neben archäobotanischen Belegen für Getreide, weiterhin auf eine ackerbauliche Komponente der Subsistenz schließen.

Vom Beginn des Spätneolithikums (ca. 2200 v. Chr.) bis in die frühe Eisenzeit (ab ca. 500 v. Chr.) kommt es infolge zunehmender Landnutzung zu einer beschleunigten Bodenverarmung und zu erhöhten Nährstoffeinträgen in die Gewässer (RPZ 11 und 12). Dies legt einerseits die sich ausbreitende Heide (*Calluna*) und andererseits die Zunahme von Grünalgen (*Pediastrum*) im Pollendiagramm nahe. Die zahlreichen Nachweise subfossil erhaltener Podsol-Bodenhorizonte unter bronzezeitlichen Grabhügeln bestätigen den palynologischen Befund zunehmender Bodenverarmung und -versauerung. Als Reaktion hierauf können die im 1. Jahrhundert v. Chr. einsetzenden kontinuierlichen Nachweise von Roggen (*Secale*), einem Getreide mit geringeren Ansprüchen an die Bodenqualität, gewertet werden.

Die völkerwanderungszeitliche Siedlungslücke (ca. 400–650 n. Chr.) ist durch Minima in allen Siedlungszeigerkurven in der Zeitscheibe 500 n. Chr. im Pollendiagramm erfasst. Deutliche Birkengipfel im Kontext abnehmender Siedlungszeiger vor dem Steilanstieg der Kurven von *Fagus* und *Carpinus* (im standardisierten Diagramm nicht aufgelöst) sprechen für eine weitverbreitete Waldregeneration mit einer Birkenpionierphase (vgl. Exkurs Kap. 50), von der mittelfristig besonders Buche und Hainbuche profitieren konnten.

Die ab 720 n. Chr. wiedereinsetzende Getreidekurve und der Anstieg der Siedlungszeiger belegen die Aufsiedlung im Frühmittelalter. Während im westlichen Teil sächsisch-germanische Gruppen die Region besiedelten, waren dies im östlichen Gebiet slawische Stämme. Der Belauer See befindet sich auf der Grenze beider Siedlungsgebiete, dem sogenannten *Limes Saxoniae*. Wie aus schriftlichen Quellen des Chronisten Adam von Bremen zu entnehmen ist, war Schleswig-Holstein im späten 11. Jahrhundert n. Chr. noch ein im Vergleich zum übrigen Deutschland waldreiches Gebiet. Die zunehmenden Anteile von *Secale*-Pollen und regelmäßige Nachweise der Kornblume (*Centaurea cyanus*) legen den weitverbreiteten Anbau von Roggen als Wintergetreide zu dieser Zeit nahe.

Der deutliche Anstieg der Siedlungszeiger in den Zeitscheiben 1000 und 1250 n. Chr., spiegelt die frühdeutsche Ostkolonisation ab ca. 1140 n. Chr. wider. Die damals festgelegte Besitzstruktur mit Adeligen und der Kirche als Organisatoren der Kolonisation prägen bis heute die Landschaft des westlichen Jungmoränengebietes. Neben der Errichtung von Burgen und Klöstern kommt es in der Folge zu zahlreichen Stadtgründungen und damit einhergehend zu umfangreichen Rodungen. Wie der starke Rückgang von *Alnus* im Pollendiagramm andeutet, wurden nun auch die feuchten Niederungen mit der Schwarzerle gerodet und in Grünland, Weiden und Wiesen umgewandelt. Auch das Aufkommen neuer Kulturpflanzen spiegelt sich in der RPZ 14 wider. So gehen die Höchstwerte für *Cannabis/Humulus*-Pollen auf den Anbau und die Verarbeitung von Hanf (*Cannabis sativa*) als wichtige Faser- und Ölpflanze zurück (vgl. Exkurs Kap. 39). Ältere Nachweise von *Cannabis/Humulus*-Pollenkörnern gehen vermutlich auf wilden Hopfen zurück, der in Bruch- und Auenwäldern sowie nährstoffreichen Staudenfluren vorkommt. Als weitere neue Kulturpflanze ist der Buchweizen (*Fagopyrum esculentum*) zu nennen, dessen Anbau erst seit dem Spätmittelalter, mit einer Blütezeit im 17. Jahrhundert, in der Region belegt ist.

Die erhöhten Baumpollenanteile in der Zeitscheibe 1500 n. Chr. deuten einen Rückgang von Wirtschaftsflächen im Zuge der spätmittelalterlichen Agrarkrise und der damit verbundenen Wüstungsprozesse an. Vermutlich ist dies auch durch die historisch belegten Pestwellen des 14. und 15. Jahrhunderts n. Chr. und die damit ausgelösten Kriege und Konflikte zu erklären. Die deutliche, damit zusammenfallende Förderung der Eichen- und Buchenbestände kann mit der großen Bedeutung der historisch belegten Schweinemast im 16. Jh. zusammenhängen. Neben der Waldweide waren die Wälder wichtige Rohstofflieferanten für die Gewerbe der Köhlerei und Lohgerberei sowie den Schiffbau. Auch der Bedarf an Brennholz nahm mit der Gründung zahlreicher Glashütten im 16. und 17. Jahrhundert deutlich zu. Die intensive Nutzung der Wälder hatte bereits im ausgehenden 15. Jahrhundert Verbote und Erlasse zur Holzausfuhr und Holzschonung zur Folge. Zum Schutz der Felder wurden seit dem ausgehenden 16. Jahrhundert Hecken und Steinwälle angelegt und ab dem frühen 18. Jahrhundert sogar durch fürstliche Bestimmungen angeordnet. Die daraus resultierenden Wallhecken, auch Knicks genannt, prägen noch heute in weiten Teilen Schleswig-Holsteins die Landschaft (ca. 1 % Landesfläche) und stellen eine Sonderform der Mittel- und Niederwaldwirtschaft dar (vgl. Exkurs Kap. 20). So werden die Knicks in der Regel alle 10–15 Jahre auf den Stock gesetzt und nur einzelne Bäume als Überhälter stehen gelassen. Im östlichen Teil der Region, in den zu Mecklenburg gehörenden Gebieten, haben sich diese Elemente der Kulturlandschaft nicht erhalten, da im Zuge der LPG-Bewirtschaftung in der zweiten Hälfte des 20. Jahrhunderts Ackerflächen großflächig zusammengelegt wurden.

Sinkende Getreidepreise durch Importe aus Russland und den USA sorgten im 18. Jahrhundert für eine Umstellung der Wirtschaftsweise: Viele Güter stellten auf Vieh- und Milchwirtschaft um, was eine zusätzliche weiträumige Umwandlung der Wälder in Offen- und Weideland mit sich brachte. Ende des 18. Jahrhunderts wurde schließlich der niedrigste Waldbestand erreicht, der sich auch in dem Nichtbaumpollen-Maximum der Zeitscheibe 1750 n. Chr. widerspiegelt. Um dem damit verbundenen Holzmangel zu begegnen, wurde zur selben Zeit mit der systematischen Aufforstung von Heide- und Ödland begonnen, die im späten 19. Jahrhundert ihren Höhepunkt fand (vgl. Exkurs Kap. 40). Im Pollendiagramm stellt sich diese Entwicklung durch den Rückgang von *Calluna* sowie den Anstieg von *Picea* in der jüngsten Zeitscheibe dar. Heute bedecken Wälder ca. 11 % der Region.

Pollenanalytische Untersuchungen im Bereich von Küstensiedlungen: ein Beispiel aus dem westlichen Oldenburger Graben

Im Folgenden soll exemplarisch auf eine Besonderheit der westlichen Jungmoränenlandschaft eingegangen werden: die Entstehung und menschliche Nutzung der Strandseen entlang der Ostseeküste. Wie eingangs beschrieben, kam es mit dem Abklingen des schnellen Meeresspiegelanstiegs um ca. 4000 v. Chr. (s. Exkurs Kap. 67) zur Ausbildung einer Ausgleichsküste mit Steilufern und durch Nehrungshaken abgeschnittenen Buchten. Für die mesolithischen Jäger, Fischer und Sammler wie auch für die darauffolgenden ersten neolithisch wirtschaftenden Menschen bildete diese Landschaft einen einzigartigen Gunstraum. Reiche Feuersteinvorkommen an den Steilküsten boten das Ausgangsmaterial für Flintwerkzeuge. Die Nutzung sowohl mariner als auch limnischer und terrestrischer Ressourcen bot darüber hinaus gute Voraussetzungen für das Siedeln an den geschützten Lagunen oder Strandseen. Zahlreiche dieser Seen reihen sich entlang der Ostseeküste auf, viele von ihnen sind verlandet. Durch den zwar langsameren, aber andauernden Meeresspiegelanstieg der letzten 6000 Jahre liegen die ehemaligen Küstenstationen zumeist in 2–3 m Tiefe und sind von Sediment überdeckt. Ein glücklicher Sonderfall bietet sich der Archäologie im Bereich des Oldenburger Grabens in Ostholstein. Nach schweren Sturmfluten in den Jahren 1863 und 1872 begann man das Niederungsgebiet durch Deiche bei Weißenhaus im Westen und Dahme im Osten zu schützen. Dadurch sollten neue Flächen für die Landwirtschaft gewonnen werden. Die Niederung wurde von Kanälen und Gräben durchschnitten, und Ende der 1920er- und 1930er-Jahre entstanden jeweils Schöpfwerke, die eine Absenkung des Wasserspiegels unter das Niveau der Ostsee ermöglichten. So liegt der Wasserspiegel heute im Westen bei −1,6 m und im Osten bei −1,9 m NN. Vor dieser Entwässerung konnte das weitläufige Sumpfgebiet nur für den Torfstich genutzt werden. Dabei und bei Drainagearbeiten stieß man immer wieder auf oberflächennahe Siedlungsplätze des ausgehenden Mesolithikums und des Neolithikums. Durch Feldbegehungen nach dem Pflügen oder durch Beobachtungen an Maulwurfshaufen konnten diese Beobachtungen ergänzt werden. So wurden umfangreiche Forschungen in den ufernahen Abfallschichten der Wohnplätze mit sehr guten Erhaltungsbedingungen möglich (Abb. 60.3). Heute zählt der Oldenburger Graben zu einer der am besten untersuchten spätmesolithischen und neolithischen Fundlandschaften. Die Analysen zur Subsistenz zeigen die Nutzung von Meeressäugern, Süß- und Salzwasserfischen, Vögeln und auch Jagdwild (Schmölcke 2000, 2005). Daneben sind zahlreiche Pflanzen gesammelt worden. Im Neolithikum kommen als Haustiere Schwein, Rind und Schaf/Ziege sowie die Kulturpflanzen Gerste, Hartweizen, Emmer, Einkorn und Lein dazu.

Im Rahmen von Ausgrabungen am Wohnplatz Oldenburg-Dannau LA 77 konnten umfangreiche pollenanalytische Untersuchungen durchgeführt werden (Brozio et al. 2014; Feeser und Dörfler 2019b). Die Siedlung bestand in der Zeit von etwa 3200–2900 v. Chr. Pollenanalytisch ist eine Besiedlung im näheren Umfeld ab 3500 v. Chr. nachgewiesen. Im Vorfeld der Siedlung, im ehemaligen Uferbereich, wurden mehrere Profile bearbeitet, die sowohl die ökologische Entwicklung in diesem Teil des Oldenburger Grabens als auch die Nutzungsgeschichte des Siedlungsplatzes dokumentieren (Feeser und Dörfler 2019b).

Das Milieu konnte aufgrund von chemischen und physikalischen Sedimenteigenschaften (XRF-Analyse, Glühverlustbestimmung) und durch die Interpretation von Makroresten (Siebfraktion > 0,2 mm) und des Pollens sowie weiterer Mikroreste rekonstruiert werden. Das Diagramm (Abb. 60.4) zeigt eine Zusammenstellung der wichtigsten Indikatoren. Es hat sich gezeigt, dass im Oldenburger Graben nicht allein der Meeresspiegel der Ostsee, sondern vor allem auch die Küstenmorphologie mit dem Aufbau der Nehrungshaken und deren Durchbrechung durch Sturmfluten für die Ausprägung des Milieus entscheidend waren. So lassen sich limnische Phasen mit Sedimentbildung und telmatische Phasen mit Torfbildung und Abschnitte mit unterschiedlich starkem marinem Einfluss unterscheiden. Wie stark auch der Mensch in die lokale Vegetationsentwicklung eingegriffen hat, lässt sich an den Siedlungszeigern ablesen.

Die Geschichte des Platzes kann aus zwei Teilprofilen mosaikartig rekonstruiert werden. Das längere Profil DAN1C liegt etwas tiefer. Hier beginnt die Sedimentation bereits im frühen Atlantikum, allerdings hat der steigende Wasserspiegel einen Teil der Sedimente wieder erodiert, sodass eine längere Lücke (Hiatus von 4300–2700 v. Chr.)

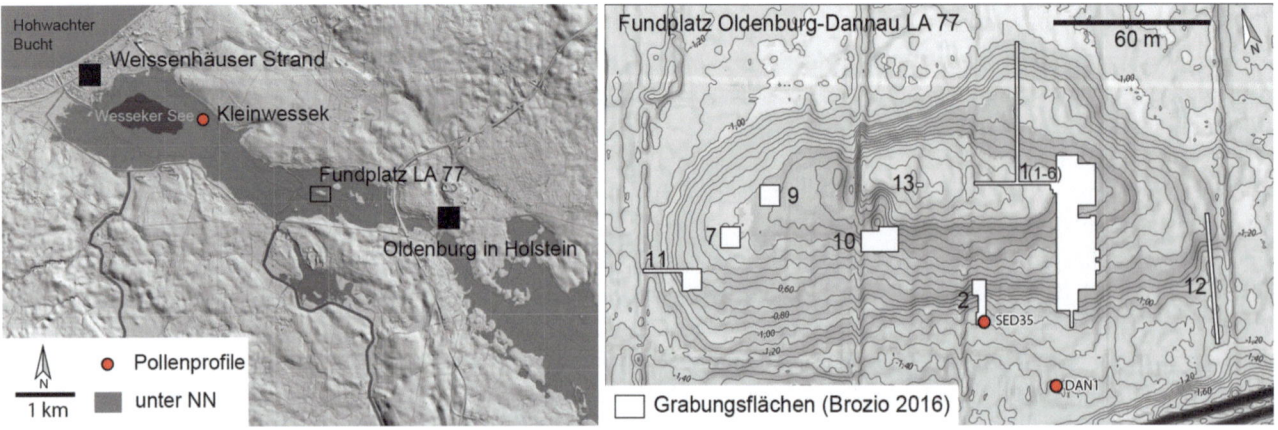

Abb. 60.3 Karte des Westlichen Oldenburger Grabens und Höhenkarte des Fundplatzes Oldenburg-Dannau LA77 mit Grabungsflächen und Lage der im Text erwähnten Pollenprofile

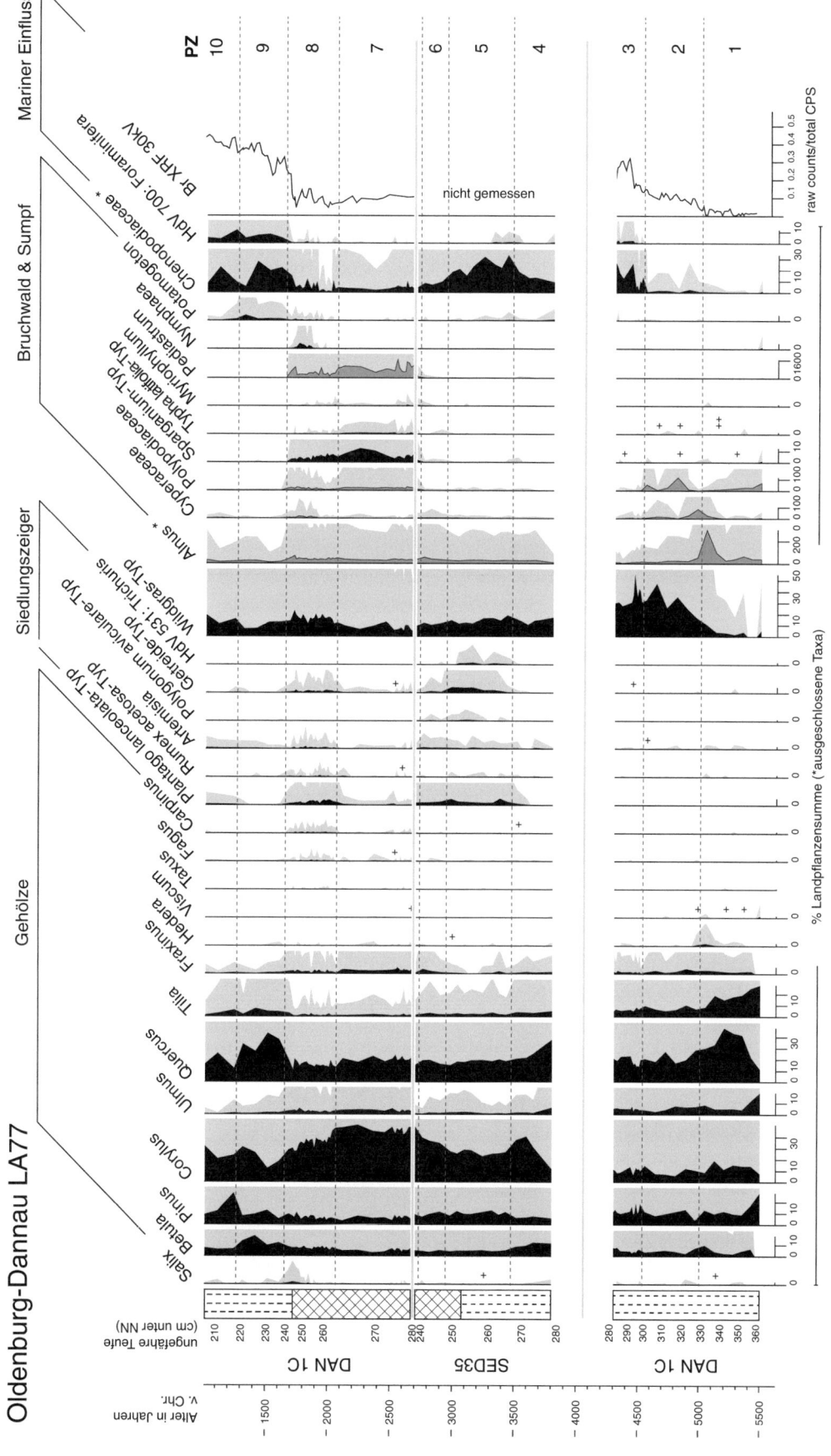

Abb. 60.4 Kombiniertes Pollendiagramm für den Fundplatz Oldenburg Dannau LA77 aus den Profilen DAN1 und -SED 35 (−1 m NN, Feeser und Dörfler 2019b). Das Diagramm zeigt den Verlauf der neolithischen Besiedlung am damaligen Ostseefjord. PZ: Pollenzonen

vorliegt. Der ansteigende Meeresspiegel hat gegen 4500 v. Chr. nicht nur zu einem Rückstau des Süßwassers geführt, sondern auch zu regelmäßigen Überflutungen der Niedermoore des Oldenburger Grabens. Zu den Indikatoren dieses marinen Einflusses zählen neben dem Element Brom in den chemischen Analysen vor allem die Gänsefußgewächse (Chenopodiaceae) im Pollendiagramm sowie Nachweise von Foraminiferen (einzellige schalenbildende Organismen). Der Meeresspiegel hat somit zu diesem Zeitpunkt ein Niveau von nur wenig unter 3 m unter NN gehabt. Der Hiatus im Bohrkern DAN1C kann durch die etwas höher gelegenen Torfe und Sedimente aus dem Profil SED35 weitgehend geschlossen werden. Beide Lokalitäten liegen nur ca. 50 m auseinander (Abb. 60.3). Die Torfbildung am Profilstandort SED35 reicht bis 3800 v. Chr. zurück und deckt somit den größten Teil der neolithischen Besiedlung des Platzes ab. Das Niveau dieser Schicht liegt bei 280 cm unter NN und zeigt in dem Niedermoortorf einen ansteigenden Wasserspiegel. Regelmäßig muss es auch zu Salzwassereinbrüchen gekommen sein, wie relativ hohe Werte der Chenopodiaceae, von *Plantago maritima*-Typ und *Glaux maritima* (nicht im Diagramm dargestellt), sowie die Makroreste von Halophyten (*Atriplex, Sueda, Aster tripolium* und *Zannichellia*) belegen. Zur Zeit der Besiedlung im näheren Umfeld (ab 3500 v. Chr., PZ 5) dominieren die Vertreter halophytischer Ufergesellschaften. Die Siedlungszeigerwerte erreichen ihr Maximum um 3200 v. Chr., gehen aber gegen 3000 v. Chr. zurück und decken sich somit mit der archäologischen Datierung des Fundplatzes. Bemerkenswert für diese Phase sind die Nachweise des non-pollen palynomorphen Typs HdV 531 *Trichuris* in den siedlungsnahen Ablagerungen. Hierbei handelt es sich um Eihüllen von Peitschenwürmern, die parasitisch im Dickdarm verschiedener Säugetiere leben. In diesem Kontext sprechen sie für fäkale Verunreinigung der siedlungsnahen Ablagerungen und sind als Ausdruck der lokalen Siedlungsaktivität zu interpretieren. Um 2900 v. Chr. (PZ 6) weisen erhöhte Werte von *Alnus* und *Fraxinus* auf die Erholung des lokalen Baumbestandes im Umfeld der aufgegebenen Siedlung. Der marine Einfluss scheint zu dieser Zeit deutlich zurückgegangen zu sein. Aus Untersuchungen vom tiefsten Bereich des Oldenburger Grabens (Pollendiagramm Kleinwessek; Venus 2004) wissen wir, dass sich spätestens um 3000 v. Chr. der Sandhaken vor Weissenhäuser Strand gebildet haben muss, sodass es zur Aussüßung und nur noch zu gelegentlichen Einbrüchen von Salzwasser gekommen ist. Im vorliegenden Pollendiagramm belegt die Zunahme von Süßwasseralgen der Gattung *Pediastrum* sowie weitere ans Süßwasser gebundene Pflanzen (u. a. *Myriophyllum* und *Sparganium*) die Aussüßung der Lagune (Pollenzone 7). An diesem Punkt kann wieder auf das Profil DAN1C gewechselt werden, das um 2700 v. Chr. erneut einsetzt. Die wiedereinsetzenden Ablagerungen von Sedimenten an Lokalität DAN1C sowie der Wechsel von Torfen zu limnischen Ablagerungen im Profil SED35 sprechen zugleich für einen Wasserspiegelanstieg mit Beginn des 3. Jahrtausends v. Chr. Gegen 2100 v. Chr. (Pollenzone 8) weist die Zunahme von Nachweisen ufernaher Wasserpflanzen, wie Seerose (*Nymphaea*) und Laichkraut (*Potamogeton*), auf sinkende Wasserstände hin. Zeitgleich erlangen auch die Siedlungszeiger wieder höhere Werte und sprechen für eine spätneolithische Besiedlung im Nahbereich. In der Folge kommt es zur lokalen Verlandung des Gewässers mit erneuter Torfbildung am Untersuchungspunkt ab etwa 1800 v. Chr. Ab 1700 v. Chr. (PZ 9) nehmen wieder Anzeiger für marinen Einfluss zu. Sie belegen, dass die bis zu diesem Zeitpunkt bis auf 1 m unter NN angestiegene Ostsee den Sandhaken bei Weissenhaus durchbrochen und den Oldenburger Graben geflutet haben muss. Ein Wiederanstieg der Siedlungszeiger in Pollenzone 10 weist auf die menschliche Nutzung der angrenzenden Flächen zum Ende der Älteren Bronzezeit hin. Zu dieser Zeit ist mit offenen Salzwiesengesellschaften zu rechnen, die typisch für extensiv genutzte Uferbereiche der Ostsee sind. Sie sind durch zusätzliche, nicht im Pollendiagramm gezeigte Nachweise von *Juncus*-Früchten und Pollen vom *Spergularia*-Typ belegt.

Anhand der Untersuchungen können somit wiederholt lokale Siedlungsphasen ausgemacht werden, deren jeweiliges Ende mit starken naturräumlichen Veränderungen einherging. Dies verdeutlicht das komplexe Wechselspiel zwischen lokaler Siedlungsaktivität, Meeresspiegelanstieg, der Bildung eines Nehrungshakens und dem Aussüßen und Verlanden des Gewässers sowie erneuten Einbrüchen des Meeres im Oldenburger Graben.

Literatur

Averdieck FR (1987) Geobotanische Untersuchungen bei Bad Oldesloe. Berliner Geographische Studien 23: 19–54

Bianchi GG, McCave IN (1999) Holocene periodicity in North Atlantic climate and deep-ocean flow south of Iceland. Nature 397: 515–517

Brozio JP, Dörfler W, Feeser I, Kirleis W, Müller J (2014) A Middle Neolithic well from Northern Germany: a precise source to reconstruct water supply management, subsistence economy, and deposition practices. Journal of Archaeological Science 51: 135–153

CLMS (2020) Corine Landcover (CLC) 2018, Version 2020 20u1. European Union's Copernicus Land Monitoring Service. https://land.copernicus.eu/en/products/corine-land-cover/clc2018

Dörfler W (2011) Pollenanalytische Untersuchungen zur Vegetations- und Siedlungsgeschichte im Einzugsbereich des Rugensee bei Schwerin. In: Schülke A, Landschaften – Eine archäologische Untersuchung der Region zwischen Schweriner See und Stepenitz. Römisch-Germanische Forschungen 68. Philipp von Zabern, Darmstadt, Mainz, 315–335

Dörfler W, Feeser I, van den Bogaard C, Dreibrodt S, Erlenkeuser H, Kleinmann A, Merkt J, Wiethold J (2012) A high-quality annually laminated sequence from Lake Belau, Northern Germany: Revised chronology and its implications for palynological and tephrochronological studies. The Holocene 22: 1413–1426

Dreibrodt S, Zahrer J, Bork HR, Brauer A (2012) Witterungs- und Umweltgeschichte während der norddeutschen Trichterbecherkultur – rekonstruiert auf Basis mikrofazieller Untersuchungen an jahresgeschichteten Seesedimenten. In: Hinz M, Müller J (eds) Frühe Monumentalität und soziale Differenzierung 2. Rudolf Habelt, Bonn, 145–158

Feeser I, Dörfler W (2016) Landschaftsentwicklung und Landnutzung. In: Dibbern H (ed) Das trichterbecherzeitliche Westholstein: Eine Studie zur neolithischen Entwicklung von Landschaft und Gesellschaft. Frühe Monumentalität und soziale Differenzierung 8. Rudolf Habelt, Bonn, 17–24

Feeser I, Dörfler W (2019a) Palynologische Untersuchungen zum Bestattungsplatz Wangels LA 69. Journal of Neolithic Archaeology 21: 89–102

Feeser I, Dörfler W (2019b) Land-use and environmental history at the Middle Neolithic settlement site Oldenburg-Dannau LA 77. Journal of Neolitithic Archaeology 21: 157–208

Feeser I, Dörfler W, Averdieck FR, Wiethold J (2012) New insight into regional and local land-use and vegetation patterns in eastern Schleswig-Holstein during the Neolithic. In: Hinz M, Müller J (eds) Siedlung, Grabenwerk, Großsteingrab. Studien zu Gesellschaft, Wirtschaft und Umwelt der Trichterbechergruppen im nördlichen Mitteleuropa. Frühe Monumentalität und soziale Differenzierung 2. Rudolf Habelt, Bonn, 159–190

Groß D, Lübke H, Schmölcke U, Zanon M (2019) Early Mesolithic activities at ancient Lake Duvensee, northern Germany. The Holocene 29: 197–208

Haas JN, Richoz I, Tinner W, Wick L (1998) Synchronous Holocene climatic oscillations recorded on the Swiss Plateau and at timberline in the Alps. The Holocene 8: 301–309

Kalis AJ, Meurers-Balke J (2005) Erle, Klima und Trichterbecherkultur in Ostholstein. In: Gronenborn D (ed) Klimaveränderung und Kulturwandel in neolithischen Gesellschaften Mitteleuropas, 6700–2200 v. Chr. RGZM-Tagungen 1. Verlag des Römisch-Germanischen Zentralmuseums, Mainz, 203–208

Klooß S (2015) Mit Einbaum und Paddel zum Fischfang – Holzartefakte von endmesolithischen und frühneolithischen Küstensiedlungen an der südwestlichen Ostseeküste. Untersuchungen und Materialien zur Steinzeit in Schleswig-Holstein und im Ostseeraum 6. Wachholtz, Kiel

Krüger S (2020) Of birches, smoke and reindeer dung – Tracing human-environmental interactions palynologically in sediments from the Nahe palaeolake. Journal of Archaeological Science Reports 32: 102370

Litt T, Behre KE, Meyer KD, Stephan H-J, Wansa S (2007) Stratigraphische Begriffe für das Quartär des norddeutschen Vereisungsgebietes. Eiszeitalter und Gegenwart 56: 7–56

Magny M, Haas JN (2004) A major widespread climatic change around 5300 cal. yr BP at the time of the Alpine Iceman. Journal of Quaternary Science 19: 423–430

Overbeck F (1975) Botanisch-geologische Moorkunde. Wachholtz, Neumünster

Robin V, Rickert BH, Nadeau MJ, Nelle O (2012) Assessing Holocene vegetation and fire history by a multiproxy approach: The case of Stodthagen Forest (northern Germany). The Holocene 22: 337–346

Schmölcke U (2000) Die Fauna des endmittelneolithischen Wohnplatzes Wangels LA 505 aus paläoökologischer Sicht. Archäologische Nachrichten aus Schleswig-Holstein 11: 24–33

Schmölcke U (2005) Meeresspiegelanstieg – Landschaftswandel – Kulturwandel. Der südwestliche Ostseeraum zwischen 8800–4000 v. Chr. In: Gronenborn D (ed) Klimaveränderung und Kulturwandel in neolithischen Gesellschaften Mitteleuropas, 6700–2200 v. Chr. RGZM Tagungen 1. Verlag des Römisch-Germanischen Zentralmuseums, Mainz, 189–202

Troels-Smith JA (1953) Ertebøllekultur – Bondekultur. Resultater af de sidste 10 aars undersøgelser i Aamosen, Vestsjælland. Årbøger for Nordisk Oldkyndighed og Historie: 5–62

Usinger H (1975) Pollenanalytische und stratigraphische Untersuchungen an zwei Spätglazial-Vorkommen in Schleswig-Holstein. Mitteilungen der Arbeitsgemeinschaft Geobotanik in Schleswig-Holstein und Hamburg 25: 1–183

Venus J (2004) Pollenanalytische Untersuchungen zur Vegetations- und Siedlungsgeschichte Ostwagriens und der Insel Fehmarn. In: Müller-Wille M (ed) Starigard/Oldenburg. Hauptburg der Slawen in Wagrien 5. Naturwissenschaftliche Beiträge. Veröffentlichungen des SFB 17. Offa-Bücher 82. Wachholtz, Neumünster, 31–94

Wiethold J (1998) Studien zur jüngeren postglazialen Vegetations- und Siedlungsgeschichte im östlichen Schleswig-Holstein. Universitätsforschungen zur Prähistorischen Archäologie 45. Rudolf Habelt, Bonn

Zanon M, Feeser I, Dreibrodt S, Schwark L, van den Bogaard C, Dörfler W (2021) Exploring short-term ecosystem dynamics in connection with the Early Holocene Saksunarvatn ash fallout over continental Europe. Quaternary Science Reviews 253: 106772

Östliches Jungmoränengebiet

Martin Theuerkauf, Pim de Klerk und Dierk Michaelis

61

Drei-Seen-Blick bei Potzlow in der Uckermark, südlich von Prenzlau. Das Bild zeigt eine typische kuppige Grundmoränenlandschaft. Die Hochflächen sind ackerbaulich genutzt, in den oft vermoorten Tälern herrscht Grünland vor. Der Hang im Vordergrund ist Teil des NSG Eulenberge und des Biosphärenreservats Schorfheide-Chorin (Foto: M. Theuerkauf)

Ergänzende Information Die elektronische Version dieses Kapitels enthält Zusatzmaterial, auf das über folgenden Link zugegriffen werden kann [https://doi.org/10.1007/978-3-662-68936-3_61].

M. Theuerkauf (✉)
Institut für Ökologie, Leuphana Universität,
Lüneburg, Deutschland
e-mail: martin.theuerkauf@greifswaldmoor.de

P. de Klerk
Greifswald Moor Centrum, DUENE e.V.,
Greifswald, Deutschland

D. Michaelis
Institut für Botanik und Landschaftsökologie,
Universität Greifswald, Greifswald, Deutschland

Der Naturraum

Das Gebiet umfasst das Jungmoränengebiet in Mecklenburg-Vorpommern und im Nordosten Brandenburgs (Abb. 61.1). Es reicht von der Ostseeküste im Norden bis zur Frankfurter Eisrandlage der Weichselvereisung im Süden. Hier schließen sich die Prignitz, das brandenburg-pommersche Gebiet innerhalb der baltischen Endmoräne und das märkische Gebiet außerhalb der baltischen Endmoräne an (s. Kap. 59, 62 und 63). Im Westen reicht das östliche Jungmoränengebiet an eine Linie vom Schweriner See bis zur Wismarbucht heran, im Osten bis an die polnische Staatsgrenze. Geologisch ist das Jungmoränengebiet eine eiszeitlich geprägte Landschaft mit flachwelligen und kuppigen Grundmoränenplatten, Endmoränen und Sandern. Es wird von ausgedehnten Tälern strukturiert, die als Gletscherzungenbecken oder Schmelzwasserrinnen entstanden. Das Gelände erreicht selten über 100 m Höhe; die höchste Erhebung sind die Helpter Berge mit 178 m NN. Es dominieren meist 50–100 m mächtige Sedimente der Weichsel- und früherer Vereisungen. Vereinzelt erreichen Schollen präquartärer Sedimente wie Kreiden und Tone die Oberfläche.

Naturräumlich können vier Landschaftszonen unterschieden werden: Als nördlichste Zone umfasst das Ostseeküstenland den Küstensaum und sein unmittelbares Hinterland. Der Küstenverlauf war in der Vergangenheit hochdynamisch, bedingt durch den nacheiszeitlichen Anstieg des Meeresspiegels und durch Küstenausgleichsprozesse. Die Ostsee ist ein geologisch sehr junges Meer. Ihre Geschichte begann vor gut 15.000 Jahren mit dem Baltischen Eisstausee. Vor 12.000 Jahren folgten eine kurze marine Phase, das Yoldia-Meer, und wiederum eine Süßwasserphase, der Ancylus-See. Erst vor ca. 9000 Jahren etablierte sich ein dauerhafter Zustrom aus der Nordsee über das Kattegat in das Ostseebecken. Bis vor 6000 Jahren stieg der Wasserstand des nun so genannten Littorina-Meeres rasch um ca. 2,5 cm pro Jahr an und überflutete küstennahe Gebiete. Seither wurde und wird die Küste vor allem durch Ausgleichsprozesse geformt, durch Erosion alter Inselkerne, Transport der Sedimente durch Meeresströmungen und Ablagerung ausgedehnter Sandflächen, den Sandhaken und Nehrungen. So entstanden die Halbinseln und Inseln wie Darß-Zingst, Rügen und Usedom sowie die Bodden, meist flache Küstengewässer mit nur schmaler Verbindung

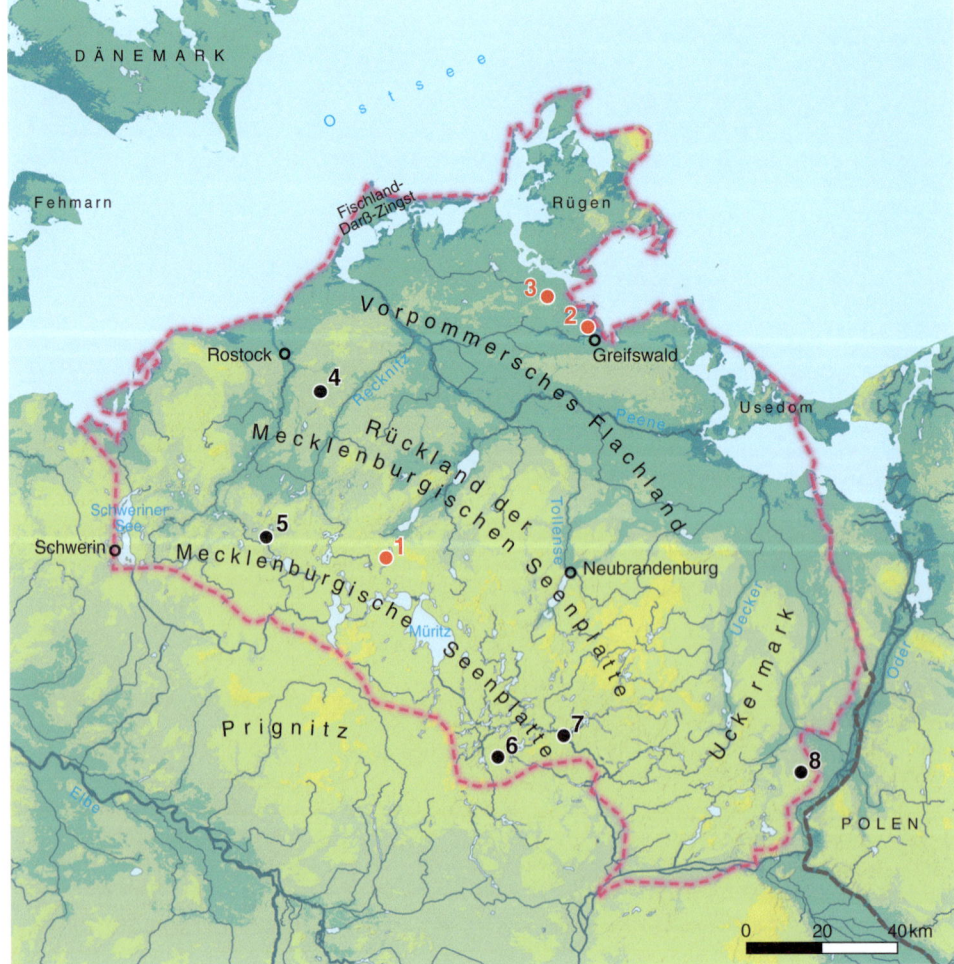

Abb. 61.1 Karte des Östlichen Jungmoränengebiets mit pollenanalytisch untersuchten Lokalitäten für das standardisierte Pollendiagramm:
1 Tiefer See,
2 Kieshofer Moor,
3 Reinberg C.
Weitere im Text erwähnte Lokalitäten:
4 Potremser Moor,
5 Woseriner See,
6 Wittwesee,
7 Stolpsee,
8 Felchowsee

zur Ostsee. Als Binnenmeer hat die Ostsee keine wahrnehmbaren Gezeiten.

Zwischen dem Fischland und der polnischen Grenze schließt sich das Vorpommersche Flachland an. Es reicht in Richtung Südwest bis zu den Tälern von Recknitz, Tollense und Landgraben. Diese Landschaftszone wird von flachwelligen Moränenplatten beherrscht, als Bodentypen dominieren Pseudogley und Gley, auf eingestreuten Sandinseln auch Braunerden. Markant sind die bis mehrere Kilometer breiten vermoorten Flusstäler von Recknitz, Tollense, Trebel, Peene und Uecker. Ebenfalls zum vorpommerschen Flachland gehören der Süden der Insel Rügen sowie die Talsandniederung der Ueckermünder Heide im Nordosten Mecklenburg-Vorpommerns. Die lehmig-sandigen Grundmoränenplatten werden heute weit überwiegend ackerbaulich genutzt. Der Schwerpunkt der Produktion liegt auf Getreide und Ölfrüchten, daneben sind auch Mais, Kartoffeln, Zuckerrüben und Futterpflanzen relevant. Nur in den Talsandlagen von Ueckermünder Heide und Rostocker Heide dominiert forstliche Nutzung.

Dem vorpommerschen Flachland schließt sich das Rückland der Mecklenburgischen Seenplatte an, es folgt etwa der Linie Rostock – Neubrandenburg und geht weiter östlich um Prenzlau in die Uckermark über (Abb. 61.1). Hier überwiegt eine wellige bis teils kuppige Grundmoränenlandschaft, die von ausgedehnten Gletscherzungenbecken strukturiert wird. Diese sind von Südwest nach Nordost ausgerichtet. Hier liegen große Seen wie der Malchiner See, der Kummerower See und der Tollensesee sowie die großen Flusstalmoore von Warnow, Recknitz und Tollense. Weitere markante Landschaftselemente sind Oser, Kames und Drumlins als eiszeitliche Schmelzwasserbildungen. Die dominanten Bodentypen sind Pseudogley und Parabraunerde auf den Moränenplatten sowie Braunerden auf Sandinseln oder Gebieten mit Decksanden. In der Uckermark sind zudem Schwarzerden und Fahlerden verbreitet. Auch in dieser Landschaft überwiegt ackerbauliche Nutzung auf den Hochflächen und Grünland in den Tälern.

Nach Süden folgt schließlich die Landschaftszone Höhenrücken und Mecklenburgische Seenplatte. Sie umfasst die Endmoränenzüge des Pommerschen Stadiums und der Frankfurter Eisrandlage mit Höhen von meist 60–80 m NN. Zwischen beiden Endmoränen liegen ausgedehnte Sanderflächen. Die Zone ist reich an Seen; es werden über 2000 gezählt. Mit Müritz, Schweriner See und Plauer See liegen hier die drei größten sowie mit dem Großem Stechlinsee der tiefste See des östlichen Jungmoränengebietes. Der dominante Bodentyp ist Braunerde; in den Endmoränen kommen Parabraunerde und Pseudogley vor, in den Tälern Gley. Im Bereich der Sander liegen die ausgedehntesten Wälder des Jungmoränengebietes, meist Kiefernforste. Auf den Endmoränen finden sich dagegen auch Laub- und Laubmischwälder. Der Anteil der Wälder beträgt hier knapp 30 %, gegenüber nur 20 % in den anderen Landschaftszonen.

Als heutige potenzielle natürliche Vegetation im Jungmoränengebiet werden vor allem Buchenwälder angenommen. Das Spektrum reicht von Waldgersten-Buchenwäldern auf kalk- und basenreichen Standorten über mesophile Waldmeister-, Flattergras- oder Perlgras-Buchenwälder auf mittleren Standorten bis zu bodensauren Drahtschmielen-Buchenwäldern auf armen, sandigen Standorten. Auf grundwassernahen, mineralischen Standorten wie in der Ueckermünder und Rostocker Heide gelten Moorbirken-Stieleichen-Wälder als potenzielle natürliche Vegetation, auf nassen Standorten mit organischen Böden dagegen Erlen- und Erlen-Eschen-Wälder.

Aufgrund seiner vielfältigen Natur und zahlreichen Gewässer stehen weite Teile des östlichen Jungmoränengebietes unter Schutz. Neben drei Nationalparks, zwei Biosphärenreservaten und sechs Naturparks existieren zahlreiche Natur- und Landschaftsschutzgebiete.

Im östlichen Jungmoränengebiet herrscht ein gemäßigtes Klima mit von West nach Ost zunehmender Kontinentalität. Der Jahresniederschlag erreicht etwa 650 mm im Westen, aber gebietsweise nur 500 mm in der Uckermark. Die Jahresmitteltemperatur lag im Zeitraum 1980–2010 um 9 °C. Im Küstensaum, bis ca. 10–30 km landeinwärts, wird das Klima merklich durch die Ostsee beeinflusst. Die Temperaturen sind hier allgemein ausgeglichener, die Winter also milder und die Sommer kühler als im Binnenland. Die Niederschläge sind geringer. Die Inseln gehören zu den sonnenscheinreichsten Gegenden Deutschlands. Allerdings kann es durch den Seeeffekt auch im Winter zu Extremniederschlägen mit großen Schneehöhen und massiven Verwehungen kommen. Im Binnenland ist das Klima der höchsten Endmoränenzüge in allen Jahreszeiten etwas kühler.

Pollenarchive

Mit seinen über 2000 Seen und vielen Mooren verfügt das östliche Jungmoränengebiet über zahlreiche hervorragende Pollenarchive. Diese sind allerdings nicht gleichmäßig über alle Landschaften verteilt. Die meisten Seen und tiefgründigen Kesselmoore finden sich in der Mecklenburgischen Seenplatte. Hier erlauben Seen und Moore unterschiedlichster Größe vegetationskundliche Arbeiten von einem kleinräumig-lokalen bis zu einem regionalen Maßstab. Die meisten Seen und Moore haben ihren Ursprung in nacheiszeitlichem Toteisaustau, das heißt im Schmelzen von während der Eiszeit begrabenem Eis, meist im mittleren Spätglazial (Kaiser et al. 2012). Besonders wertvoll für die paläoökologische Forschung sind Seen mit jahreszeitlich geschichteten Sedimenten, denn sie ermöglichen eine genaue Datierung der Sedimente und Analysen mit jährlicher Auflösung. Bisher sind im östlichen Jungmoränengebiet zwei Seen mit langen geschichteten Abschnitten im Holozän bekannt, der Woseriner See und der Tiefe See bei Klocksin. Beide wurden in letzter Zeit auch vegetationsgeschichtlich untersucht (Feeser et al. 2016; Brauer et al. 2019).

Im vorpommerschen Flachland sind vor allem die ausgedehnten Flusstalmoore entlang von Warnow, Recknitz, Trebel, Tollense, Peene und Uecker geeignete Pollenarchive (Michaelis und Joosten 2010). Aufgrund von Entwässerung und intensiver Landnutzung sind allerdings die jüngeren Torfe oft degradiert und deshalb Analysen für die letzten 1000–2000 Jahre oft unmöglich. Daneben gibt es vor allem westlich von Schwerin, südlich von Rostock sowie an der östlichen Ostseeküste insgesamt mindestens 39 Regenmoore mit einer Gesamtfläche von ca. 5000 ha. Alle Regenmoore sind durch Entwässerung und oft auch Torfabbau gestört und daher nur noch bedingt als Pollenarchive geeignet. Publiziert wurden bisher Pollendiagramme aus dem Dierhäger Moor, dem Grambower Moor, dem Großen Moor bei Graal-Müritz, dem Großen Göldenitzer Moor und dem Teufelsmoor bei Horst. Abseits der Flüsse und Regenmoore liegen im Gebiet der Grundmoränen auch unzählige Kleinstsenken, die Sölle. Das Potenzial dieser Senken für paläoökologische Untersuchungen ist sehr unterschiedlich und bisher im Allgemeinen kaum erschlossen.

Moore im östlichen Jungmoränengebiet

Mit einer Fläche von ca. 300.000 ha gehört das östliche Jungmoränengebiet zu den moorreichsten Regionen in Deutschland. Größte Ausdehnung haben die zum Teil einige Kilometer breiten Flusstalmoore entlang von Warnow, Recknitz, Peene, Trebel, Tollense und Uecker. Diese Moore entstanden bereits im frühen Holozän, ausgehend von Quellmooren an den Talrändern über weite, offene Durchströmungsmoore bis zu Überflutungsmooren entlang von mehr oder weniger großen Fließgewässern. Gehäufte Funde von mesolithischen Siedlungsplätzen entlang der Flusstäler lassen vermuten, dass sie für die Menschen dieser Periode große Bedeutung hatten. Diese Moore waren die einzigen ausgedehnten offenen Landschaften. Sie stellten einerseits ein Netzwerk von Barrieren dar, das die Jungmoränenlandschaft durchzog. Enge Talabschnitte, in denen die Querung einfacher war, waren vermutlich von besonderer Bedeutung, nicht nur im Mesolithikum, sondern auch später. So liegt das derzeit älteste bekannte Schlachtfeld Europas im Flusstalmoor der Tollense. Ein möglicher Auslöser für die Auseinandersetzungen um 1300 v. Chr. war der Kampf um Handelsrouten. Ein bisher unveröffentlichtes Pollendiagramm von Klaus Kloss aus dem neubrandenburgischen Raum zeigt, dass das Tollensetal Teil eines wichtigen bronzezeitlichen Siedlungszentrums war, das womöglich auch ein (rudimentäres?) politisches Zentrum gewesen sein könnte. Andererseits stellten die Flusstäler aber vermutlich auch ein verbindendes Element dar, denn sie erlaubten neben dem Zugang zu sauberem Wasser und Nahrung auch eine einfache Fortbewegung auf dem Wasser.

Ab ca. 5500 v. Chr. wurden die tiefergelegenen Abschnitte der Flusstalmoore durch den littorinazeitlichen Anstieg der Ostsee beeinflusst. Durch den raschen Wasseranstieg kam es zur Bildung ausgedehnter Flussseen, die je nach Tal zwischen etwa 3500 und 2500 v. Chr. verlandeten und sich teilweise in Überflutungsmoore umwandelten.

Mit einer Fläche von ca. 6000 ha sind Regenmoore im östlichen Jungmoränengebiet von geringerer Bedeutung. Nach den Arbeiten von Precker und Kollegen sind diese Moore auch deutlich jünger. Vor allem im Westen entwickelten sich die ersten Regenmoore ab ca. 4000–5000 v. Chr. Eine zweite Gruppe von Regenmooren entstand ab ca. 1000 v. Chr.

Entlang der Ostseeküste finden sich zudem Küstenüberflutungsmoore. Diese recht jungen Moore entstanden bei langsam steigendem Meeresspiegel und unter dem Einfluss von Beweidung, deshalb nehmen sie als zoo-anthropogene, brackwassergeprägte Moore eine Sonderstellung unter den Mooren Mitteleuropas ein.

Nasse, wachsende Moore treten heute überwiegend noch in der Zone der kuppigen Grundmoräne, der Endmoränen und der Sander auf. Hier sind Seen und mit ihnen Verlandungsmoore sowie zahlreiche, oft kleinflächige, aber tiefgründige Kesselmoore konzentriert. Gegenwärtig sind die großflächigen Moore des Jungmoränengebietes weitgehend trockengelegt und werden landwirtschaftlich genutzt. Durch die Absenkung des Wasserstandes kommt es zu einem Abbau des Torfes und damit einhergehender Nährstofffreisetzung in die Ostsee und hohen Emissionen an Kohlendioxid. In Mecklenburg-Vorpommern sind die Moore die größte Quelle dieser Treibhausgase und verursachen ca. 30 % aller Emissionen im Land. Aus Gründen des Klimaschutzes müssen diese Emissionen durch Wiedervernässung der Moore reduziert werden. Um trotzdem Moore auch in Zukunft wirtschaftlich nutzen zu können, arbeiten die Universität Greifswald und das Greifswald Moor Centrum an der Umsetzung einer nassen Landwirtschaft, der sogenannten Paludikultur (Abb. 61.2).

Abb. 61.2 Schilfmahd in einem nassen Moor. Der Anbau von Schilf ist eine Möglichkeit, Moore bei hohen Wasserständen und damit torferhaltend zu nutzen (Paludikultur) (Foto: T. Dahms)

Forschungsgeschichte

Die Erforschung der Moore hat im östlichen Jungmoränengebiet eine bereits etwa 200-jährige Tradition (Michaelis et al. 2016). Anfänglich standen dabei die Makrofossilanalyse und Fragen der Moorentstehung im Vordergrund. Ein erstes Beispiel sind die moorkundlichen Arbeiten von Adelbert von Chamisso bei Greifswald und auf Rügen im frühen 19. Jahrhundert (vgl. Kap. 3). Im frühen 20. Jahrhundert publizierte Ulrich Steusloff erste quantitative Pollenanalysen aus dem Müritzgebiet, ein Jahrzehnt vor der Vorstellung der ersten Pollendiagramme durch Lennart von Post. 1928 publizierte Kurd von Bülow ein Pollendiagramm aus dem Kieshofer Moor. In den 1930er-Jahren folgten Pollendiagramme von Lotte Hein aus dem Plagefenn bei Angermünde, von Karl Friedrich Engmann aus Mooren und Torflagen an der Ostseeküste, von Herbert Hesmer aus der Schorfheide und von Hedwig Boehm-Hartmann aus ehemaligen, vermoorten Seen auf Rügen.

In den 1950er- und 1960er-Jahren folgten eine Studie von Franz Fukarek zur Vegetation des Darß mit 14 Pollendiagrammen sowie eine Studie von Hanna Müller zum Bereich des Messtischblatts Thurow in der Mecklenburgischen Seenplatte mit 23 Pollendiagrammen. Franz Fukarek erstellte darüber hinaus insgesamt sechs Pollendiagramme aus der Friedländer Großen Wiese, aus Nordwest-Mecklenburg und aus der Ueckermünder Heide, die allerdings erst posthum durch Pim de Klerk veröffentlicht wurden. Hanna Müller veröffentlichte weiterhin die Pollendiagramme Leckerpfuhl, Schäferpfuhl und Serwest aus der Jungmoränenlandschaft nördlich von Eberswalde. Der Leckerpfuhl wurde in den 1990er-Jahren von Elisabeth Endtmann erneut bearbeitet. Elsbeth Lange von der Akademie der Wissenschaften der DDR begann in den späten 1960er-Jahren vegetationskundliche Arbeiten auf Rügen.

In den 1980er-Jahren erarbeiteten Elsbeth Lange und Kollegen eine umfangreiche Monographie über die Vegetations- und Siedlungsgeschichte der Insel Rügen, basierend auf eindrucksvollen 40 Pollendiagrammen. Ihr Diagramm vom Herthamoor in der Stubnitz wurde später durch Arbeiten von Jaqueline Strahl und Elisabeth Endtmann ergänzt.

Von Elsbeth Lange stammt weiterhin ein Diagramm vom Groß Radener Binnensee bei Sternberg mit Schwerpunkt auf dem frühen Mittelalter. Klaus Kloss vom Museum für Ur- und Frühgeschichte Potsdam erstellte die Pollendiagramme Buchholz südlich Fürstenberg und Schlangenpfuhl in Eberswalde sowie Pollendiagramme im Tollensetal und in der Ueckermünde Heide, die zum Teil posthum von Pim de Klerk veröffentlicht wurden, zum Teil aber bisher unveröffentlicht geblieben sind. Ebenfalls noch in diese Periode, wenn auch erst später publiziert, fällt Thomas Schoknechts Dissertation zur Vegetations- und Siedlungsgeschichte Mittelmecklenburgs mit fünf Pollendiagrammen. Von ihm stammen weiterhin die Diagramme Amtssee Chorin und Diebelsee.

Nach der politischen Wende im Jahr 1989 und den damit einhergehenden Änderungen in der Forschungslandschaft erlebte die Pollenanalyse im Gebiet durch mehrere Arbeitsgruppen einen deutlichen Aufschwung. Vor allem archäologisch motiviert sind Pollenanalysen von Walter Dörfler und Ingo Feeser von der Universität Kiel an bisher sieben Seen, darunter hochauflösende Analysen am Woseriner See (Feeser et al. 2016). Ebenfalls einen archäologischen Hintergrund hatten Arbeiten von Sebastian Lorenz und Kollegen zum bronzezeitlichen Schlachtfeld im Tollensetal und von Manuela Schult zur frühmittelalterlichen Siedlungsgeschichte bei Penkun mit fünf hochaufgelösten, aber bisher unveröffentlichten Pollendiagrammen. Im Rahmen des Oderprojekts am Deutschen Archäologischen Institut erstellte Christa Herking die Diagramme Fauler See und Ahlbecker Seegrund in der Ueckermünder Heide und Susanne Jahns die Diagramme Unter-Ückersee und Felchowsee in der Uckermark. Ebenfalls aus der Uckermark stammen die Diagramme Potzlowsee von Elsbeth Lange, Lieper Posse von Dierk Michaelis und Susann Skriewe sowie Behrendsee von Magda Wieckowska-Lüth und Susanne Jahns. Arthur Brande von der TU Berlin erstellte drei Pollendiagramme aus dem Großen Stechlinsee, und von Susanne Jahns und Jaqueline Strahl stammen Pollenanalysen an Wittwesee und Stolpsee.

Zahlreiche Studien zur postglazialen Landschaftsgeschichte gingen und gehen vom Institut für Geographie und Geologie der Universität Greifswald aus, darunter die Dissertationen von Henrik Helbig, von Knut Kaiser mit sechs Pollendiagrammen, unter anderem vom Darß, von Pim de Klerk mit zahlreichen Pollendiagrammen aus dem Endinger Bruch und der Hohlform Reinberg, von Sebastian Lorenz mit Pollendiagrammen vom Krakower Obersee, vom Woseriner See und vom Drewitzer See sowie von Mathias Küster mit Pollendiagrammen aus dem Müritz-Gebiet. Die zahlreichen Pollendiagramme wurden durch Wolfgang Janke, Pim de Klerk, Manuela Schult, Andreas Kaffke, Alexandra Barthelmes, Almut Mrotzek und andere erstellt. Ein weiteres detailliertes Pollendiagramm von Wolfgang Janke aus der Müritz wird in einer Monographie von Reinhard Lampe und Kollegen zur Landschafts- und Gewässergeschichte der Müritz vorgestellt (Lampe et al. 2009). Von Knut Kaiser und Kollegen stammen zahlreiche weitere Studien zur Landschaftsgeschichte des Binnenlandes und von Wolfgang Janke, Reinhard Lampe, Roberto Hensel und Jaqueline Strahl Arbeiten zur Paläoökologie der Küste, der Bodden und der Haffe.

Pollenkundliche Studien sind auch ein Schwerpunkt der Arbeitsgruppe für Moorkunde und Paläoökologie, die Hans Joosten 1996 an der Universität Greifswald etablierte. Bei vegetationskundlichen Arbeiten von Pim de Klerk und Martin Theuerkauf im östlichen Jungmoränengebiet standen das Spätglazial und das frühe Holozän im Mittelpunkt. Bei den Arbeiten von Almut Mrotzek (vorm. Spangenberg) lag der Schwerpunkt hingegen auf der Waldgeschichte der letzten Jahrtausende. Im Rahmen des von der Deutschen Forschungsgemeinschaft geförderten interdisziplinären Forschungsunternehmens „Sinking Coasts: Geosphere, Climate and Anthroposphere of the Holocene Southern Baltic Sea" (SINCOS) und anderer Projekte beschäftigte sich Dierk Michaelis mit der Geschichte der großen Flusstäler von Peene, Recknitz, Trebel und Uecker. Aus diesen Tälern liegen inzwischen mehrere Abschlussarbeiten mit Pollendiagrammen vor.

Ein weiterer Schwerpunkt der Gruppe ist die Arbeit an Methoden, die eine genauere, quantitative Auswertung von Pollendaten ermöglichen. Almut Mrotzek entwickelte mit „Marco Polo" eine Methode, die die Interpretation von Pollendaten aus sehr kleinen Seen oder Mooren verbessert (Mrotzek et al. 2017). Martin Theuerkauf und John Couwenberg entwickelten den Extended Downscaling Approach (EDA) und ROPES (Theuerkauf und Couwenberg 2017, 2018). EDA sucht nach Korrelation zwischen Pollendaten und Mustern in der Landschaft, wie von Boden und Relief. Der Ansatz erlaubt damit bessere Aussagen über die konkrete Verbreitung von Pflanzen in der Landschaft. ROPES ermöglicht es, Pollendaten aus großen Seen und Mooren hinsichtlich der Zusammensetzung der regionalen Vegetation zu interpretieren. Grundlegend für ein besseres Verständnis von Pollendaten sind auch Arbeiten zur Pollenproduktivität von Pflanzen und zur Pollenverbreitung. Ein weiteres Forschungsthema der Gruppe ist die Suche nach der höchstmöglichen zeitlichen Auflösung von Pollenanalysen. Dazu gehören Arbeiten an jahreszeitlich geschichteten Seesedimenten, die als Beispiel die Rekonstruktion des Mastzyklus von Buche und Fichte erlauben, aber auch Arbeiten an Torfen, die mittels einer modifizierten Papierschneidemaschine (DAMOCLES) in bis ca. 0,5 mm Auflösung beprobt werden können.

Darüber hinaus nutzt die Gruppe Pollenanalysen zur Beantwortung ökologischer und moorkundlicher Fragen, wie etwa Greta Gaudig zur Torfbildung in Kesselmooren und Alexandra Barthelmes zur Torfbildung in Erlenbruchwäldern sowie Dierk Michaelis und Hans Joosten zur Entstehung von Durchströmungsmooren. Die Ergebnisse beruhen meist auf der Verknüpfung von Pollenanalyse und der Analyse von Non-Pollen-Palynomorphen (NPPs) und Großresten. Anja Prager konnte in langjährigen Arbeiten mit Pollenfallen viele neue NPPs beschreiben und die Indikation bekannter NPPs schärfen. Die moorkundlichen Arbeiten waren ein Ausgangspunkt für die Entwicklung torfschonender Nutzungsformen von Mooren, sogenannter Paludikulturen. Der Schutz und Erhalt von Mooren, unter anderem durch solche angepassten Nutzungsformen, ist aktuell Schwerpunkt der Gruppe und des im Jahr 2015 gegründeten Greifswald Moor Centrums (Michaelis et al. 2016). Eine vollständige Literaturliste befindet sich im Anhang

Regionale Vegetations- und Waldgeschichte

Die regionale Vegetationsgeschichte des östlichen Jungmoränengebietes wird anhand eines Standarddiagramms besprochen, das Pollenanalysen aus Reinberg (12.650–9650 v. Chr.) und dem Kieshofer Moor bei Greifswald (9650–4000 v. Chr.) mit Pollenanalysen aus dem nördlich der Müritz gelegenen Tiefen See bei Klocksin (4000 v. Chr. bis heute) kombiniert (Abb. 61.3). Die Chronologie des Kieshofer-Moor-Profils beruht auf der Laacher See-Tephra sowie auf

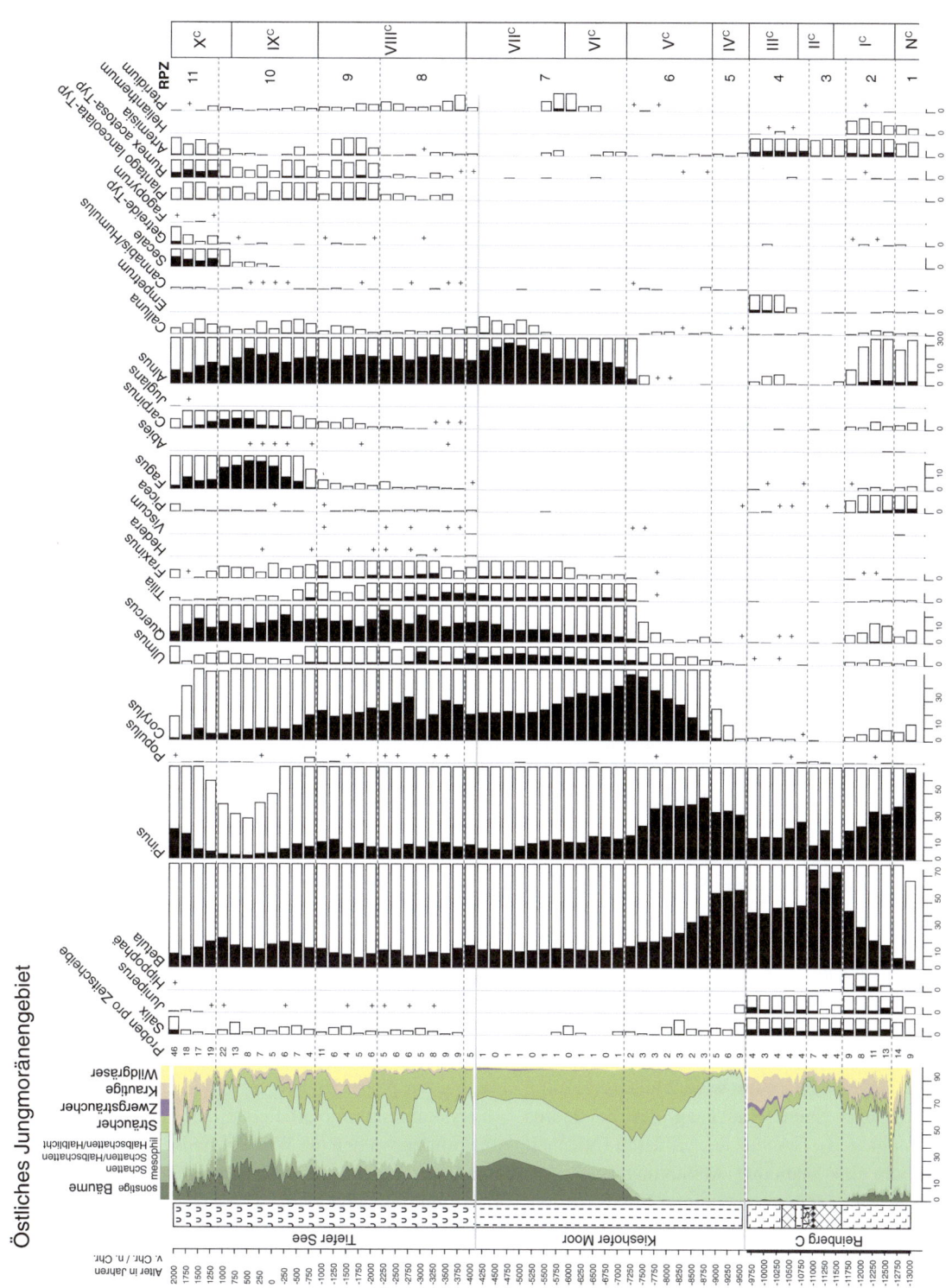

Abb. 61.3 Standardisiertes Pollendiagramm für die Region Östliches Jungmoränengebiet, kombiniert aus den Profilen Tiefer See (62 m NN, Theuerkauf unveröffentl.), Kieshofer Moor (6 m NN, Theuerkauf unveröffentl.) und Reinberg C (8 m NN, de Klerk et al. 2008a)

drei Radiokarbondatierungen aus dem frühen und mittleren Holozän. Die Chronologie des Profils Tiefer See bei Klocksin fußt auf 13 Radiokarbondatierungen und drei Tephralagen (Hekla 4, Glen Garry und Askja 1875). Für etwa die Hälfte des Profils liegen Warvenzählungen vor (Dräger et al. 2017). Das Diagramm ist in 11 regionale Pollenzonen (RPZ) eingeteilt (s. auch Tab. S 61.1 im elektronischen Zusatzmaterial).

Spätglazial

Der Übergang vom Pleniglazial (RPZ 1, Zeitscheiben 13.000 und 12750 v. Chr.) zum Weichselspätglazial ist im östlichen Jungmoränengebiet bisher nur in wenigen Profilen erfasst, etwa im Endinger Bruch (de Klerk 2002) und bei Reinberg (de Klerk et al. 2008a). In der Hohlform Reinberg wird die Basis der spätglazialen Seesedimente vorläufig auf 12.350–12.650 v. Chr. datiert. Mit Verweis auf die unterschiedliche Verwendung stratigraphischer Begriffe vor allem im frühen Spätglazial und noch unzureichender Pollendaten schlug Pim de Klerk eine provisorische regionale Zonierung für Vorpommern vor.

Demnach dominierte zu Beginn des Spätglazials (RPZ 2, Zeitscheiben 12.500 bis 11.750 v. Chr.) zunächst noch offene Vegetation mit Kräutern und Zwergsträuchern (Open vegetation phase I). Vereinzelt kamen erste Baumbirken vor. In der Hohlform Reinberg wurden in einem fossilen Ah-Horizont Reste der lokalen Pioniervegetation gefunden. Sie zeigen Muster aus niedrigen Bulten und tiefen Senken mit Pflanzen sowohl trockener als auch feuchter Standorte. Diese Pioniervegetation ist unmittelbar nach Beginn des Spätglazials durch ansteigende Wasserstände ertrunken (de Klerk et al. 2008a).

In der folgenden *Hippophaë*-Phase kam es im Jungmoränengebiet zur Ausbreitung von Sanddorngebüschen. Diese Phase ist für Nordostdeutschland und ganz Nord- und Mitteleuropa belegt, das heißt, die Sanddornstrauchvegetation kam großflächig vor. Der Sanddorn als lichtliebende Art konnte sich ausbreiten, weil beschattende Wälder noch fehlten, möglicherweise aufgrund gering entwickelter Böden oder klimatischer Trockenheit. Es folgte um 12.025–11.850 v. Chr. eine Phase mit wieder höherem Anteil offener Vegetation und einem Rückgang des Sanddorns (Open vegetation phase II). Ursache der größeren Offenheit war wahrscheinlich eine markante Abkühlung oder eine niederschlagsreiche Phase mit beschleunigter Bodenerosion. Während diese wohl nur 100–200 Jahre dauernde Phase im nördlichen Vorpommern sehr prominente Sedimente hinterließ, lässt sie sich im Süden des Jungmoränengebietes nur sehr vereinzelt in dünnen Sedimentationsschichten erahnen (de Klerk 2008). Es deutet sich daher an, dass im Norden plötzliche Offenheit und ein Rückgang der bodenstabilisierenden Vegetation zu erhöhter Bodenerosion führten. Im Süden war die Bodenerosion nicht erhöht, entweder weil es hier nicht zu einer Öffnung der Vegetation kam oder weil die Böden bereits stabiler waren, möglicherweise durch bereits etablierte Baumbirken.

Dichtere Wälder konnten sich verbreiten erst in RPZ 3 (Zeitscheiben 11.500 bis 11.000 v. Chr.) bei wieder deutlich wärmeren Bedingungen etablieren, in der *Betula-Pinus*-Forest phase. Zunächst breiteten sich Baumbirken aus, mit einiger Verzögerung dann auch die Kiefer. Der Anteil offener Vegetation ging deutlich zurück. Diese Phase ist in zahlreichen Pollendiagrammen des Gebietes belegt, oft erkennbar durch die markante Lage der Laacher See-Tephra. Mit bloßem Auge erkennbar ist die Tephra vor allem in Seen und Mooren östlich der Linie Müritz–Rügen, in der Hauptzugbahn der Aschewolke. Im Süden des östlichen Jungmoränengebietes kann die Tephraschicht noch bis zu 10 cm mächtig sein, im Norden sind es meist nur bis 0,5 cm. Zur Zeit der Ablagerung, vor der Kompaktion der Sedimente, dürfte sie jeweils noch mächtiger gewesen sein. Abseits der Hauptzugbahn ist meist nur ein mikroskopischer Nachweis der Tephra möglich. Als kurzfristige Folgen des Vulkanausbruchs sind erhöhte Bodenerosion, vermutlich durch Starkniederschläge, und kleinflächige Öffnungen der Wälder, vermutlich durch Brände nach Blitzschlag und Überflutungen, zu erkennen. Es gibt keine Hinweise auf längerfristige Auswirkungen des Vulkanausbruchs auf die Vegetation, etwa durch eine längere Abkühlung (de Klerk et al. 2008b). Die Analyse mit dem Extended Downscaling Approach (EDA, s. u.), zeigt für die Zeit des Vulkanausbruchs eine scharfe Differenzierung der Wälder in birkendominierte Wälder auf bindigen Böden der Grund- und Endmoränen und kieferndominierte Wälder auf sandigen Böden, vor allem in der Seenplatte und in den ausgedehnten Talsandniederungen. Daneben kamen vermutlich weitere Bäume wie Pappeln und Weiden vor. Ihre Rolle lässt sich anhand von Pollendaten kaum ermitteln. Regelmäßige Nachweise von Kräuterpollen wie *Artemisia* deuten weiterhin auf Bereiche mit offener Vegetation.

In der letzten Phase des Spätglazials (RPZ 4, Zeitscheiben 10.750 bis 9750 v. Chr.) kommt es bei wieder deutlich kälterem Klima zu einer erneuten Öffnung der Vegetation (Open vegetation phase III/Jüngere Dryas). Allerdings wirkte sich die Abkühlung im Norden deutlich stärker aus als im Süden. Im Norden wichen die Wälder wieder einer weitgehend offenen Vegetation mit nur sehr vereinzelten Gehölzen. Im Süden des Jungmoränengebietes gab es dagegen weiterhin Wälder. Grund für diese Unterschiede der Vegetation war offenbar ein markanter Nord-Süd-Klimagradient in der Region. Möglicherweise war der Norden im Winter und Frühjahr stärker durch sehr kalte Luftmassen vom eisbedeckten Nordatlantik geprägt. Für die Jüngere Dryas wird eine winterliche Eisbedeckung bis ca. 52° nördlicher Breite angenommen. Weiter südlich hatten dagegen kühl-feuchte Luftmassen vom offenen Ozean einen größeren Einfluss. Deutlich geringere Temperaturen im Norden könnten auch durch die Nähe zum noch weitgehend eisbedeckten Skandinavien verursacht worden sein. Mit dem kälteren Klima bildete sich im Norden möglicherweise wieder Permafrost, der zum Rückgang der Wälder beigetragen haben dürfte.

Die offene Vegetation kann als Tundrasteppe charakterisiert werden, denn sie enthielt sowohl Elemente der nordischen Tundra, wie Heidekrautgewächse oder Zwergbirken, als auch Elemente der Steppe, wie Wildgräser und Vertreter der Gattung *Artemisia*. Im Jungmoränengebiet spielten Heidekrautgewächse während der Jüngeren Dryas eine deutlich geringere Rolle als in der heutigen Tundra Nordskandinaviens. Gräser und Vertreter der Gattung *Artemisia* waren dagegen deutlich häufiger als dort (Theuerkauf und Joosten 2012). Grund dafür dürfte die sommerliche Sonneneinstrahlung gewesen sein, die in Mitteleuropa erheblich höher ist als in den Tundren Skandinaviens. Im Spätglazial und Frühholozän war sie, aufgrund anderer Erdbahnparameter, zudem nochmal deutlich höher als heute. Ob die Tundra- und Steppenelemente gemischt oder in einem Muster unterschiedlicher Vegetationstypen vorkamen, ist bisher unbekannt. Einfluss auf die Vegetation hatten vermutlich auch herbivore Großsäuger wie Elch, Rentier, Riesenhirsch, Rothirsch und Wildpferd. Die eiszeitliche Fauna mit Mammut und Wollnashorn war zu dieser Zeit in Mitteleuropa bereits ausgestorben.

Frühholozän

Mit der Erwärmung des beginnenden Holozäns ab ca. 9650 Jahre v. Chr. kam es im östlichen Jungmoränengebiet erneut zur Ausbreitung von Bäumen, zunächst von Baumbirken, dann von Kiefern (RPZ 5, Zeitscheiben 9500 bis 9000 v. Chr.). Innerhalb von etwa 500 Jahren war das Gebiet wieder überwiegend bewaldet; offene Vegetation blieb auf ca. einem Viertel der Fläche erhalten. Grund dafür war vermutlich die zu dieser Zeit höhere sommerliche Sonneneinstrahlung aufgrund anderer Bahnparameter des Erdorbits. Die höhere Einstrahlung dürfte zu höherer Verdunstung und damit zumindest auf wärmebegünstigten und grundwasserfernen Standorten zu periodischem Trockenstress geführt haben, der die Bewaldung bremste. Neben den Ergebnissen der Pollenanalyse deuten auch Vorkommen des Wildpferdes und von Schwarzerden auf Bereiche mit offener Vegetation hin. Das Wildpferd, ein Vertreter offener Landschaften, kam in Nordostdeutschland bis ca. 7500 v. Chr. vor. Schwarzerden finden sich hier vor allem auf Insel Poel und in der Uckermark. Sie entstanden vermutlich vor allem unter den natürlich offenen Bedingungen des Frühholozäns. Alternativ wird jüngst auch eine Entstehung unter menschengemachter Offenheit ab der Bronzezeit vermutet (Acksel et al. 2016).

Die Wiederbewaldung im Frühholozän hatte auch Auswirkungen auf den Wasserhaushalt. Bäume, vor allem Kiefern, verdunsten deutlich mehr Wasser als offene Vegetation, sodass im Laufe der Bewaldung weniger Wasser für die Grundwasserneubildung zur Verfügung steht. Dieser Effekt erklärt – neben klimatischen Änderungen –, deutlich sinkende Wasserstände, die in mehreren Seen des Jungmoränengebietes rekonstruiert wurden (Theuerkauf et al. 2022).

Die Ausbreitung wärmeliebender Gehölze, zunächst der Hasel (*Corylus avellana*), begann erst ca. 1000 Jahre nach Beginn des Holozäns um 8500 v. Chr. (RPZ 6, Zeitscheiben 8750 bis 7250 v. Chr.). Die verzögerte Ausbreitung hatte vermutlich zwei Gründe. Zum einen benötigte die Einwanderung aus den eiszeitlichen Refugien eine gewisse Zeit, auch wenn Menschen die Ausbreitung der Hasel durch Anpflanzungen an ihren Siedlungsplätzen möglicherweise aktiv unterstützt haben. Zum anderen breitete sich die Hasel in Ost-, Mittel- und Nordeuropa synchron um 8500 v. Chr. aus. Eine solch synchrone Ausbreitung kann am besten durch klimatische Einflüsse erklärt werden – offensichtlich wurde es erst um 8500 v. Chr. warm genug für die Ausbreitung der Hasel. Unter den wärmeliebenden heimischen Gehölzen hat die Hasel die geringsten Ansprüche an sommerliche Wärme. In Osteuropa, bei höherer sommerlicher Wärme, breiteten sich dagegen Ulmen als erstes wärmeliebendes Gehölz aus. Die großräumig synchrone Ausbreitung der Hasel in Mitteleuropa lässt vermuten, dass es bereits vorher initiale Populationen gab. Darüber, ob der Mensch die Hasel als Nahrungspflanze aktiv verbreitet hat, kann nur spekuliert werden. Die hochaufgelösten Pollendiagramme vom Kieshofer Moor und vom Potremser Moor zeigen tatsächlich einen ersten vorübergehenden Anstieg der *Corylus*-Kurve um 9200 v. Chr. Vermutlich konnte sich die Hasel um diese Zeit zunächst auf wärmebegünstigten Standorten etablieren und von hier aus, bei fortschreitender Erwärmung ab ca. 8500 v. Chr., in die Landschaft ausbreiten. Die größte Verbreitung erreichte die Hasel bereits um ca. 7700 v. Chr. Um diese Zeit dürfte sie ca. 20–30 % des östlichen Jungmoränengebietes dominiert haben. Sie war weitgehend auf Standorte beschränkt, die heute durch Stau- und Grundwasser geprägt sind, also offenbar auf Standorte mit guter Wasserversorgung angewiesen.

Ab ca. 7500 v. Chr. zeigt das Standarddiagramm, wie viele andere Pollendiagramme aus dem östlichen Jungmoränengebiet, in rascher Folge die Ausbreitung weiterer wärmeliebender Gehölze, also der Ulmen (*Ulmus*), der Eichen (*Quercus*), der Linden (*Tilia*) und der Erlen (*Alnus*). Meist zeigen die Diagramme zunächst eine Ausbreitung von Ulmen und Eichen. Die Reihenfolge der Einwanderung kann aber durchaus variieren, war also offenbar durch lokale Gegebenheiten beeinflusst. Das Standarddiagramm zeigt um diese Zeit auch erste Pollenkörner der Esche (*Fraxinus*). Größere Bedeutung erlangte die Esche aber erst ab ca. 6000 v. Chr. Mit der Einwanderung wärmeliebender Gehölze ging der Anteil der offenen Vegetation weiter zurück, sie blieb nun weitgehend auf semiterrestrische Standorte in den ausgedehnten Flusstälern und Küstenniederungen beschränkt.

Mittleres Holozän

Die Wälder, die sich im Frühholozän etablierten, blieben bis etwa 4000 v. Chr. erhalten (RPZ 7, Zeitscheiben 7000 bis 4000 v. Chr.). Kleine Änderungen in den Pollenkurven von *Alnus*, *Corylus*, *Pinus* und *Quercus* deuten auf eine Zunahme staunasser und grundwassernaher Standorte und die Zunahme der Erle zu Lasten der Hasel, während auf terrestrischen Standorten Eichen zu Lasten der Kiefer zunahmen. Bisher kaum abschätzbar ist die Rolle von im Pollenniederschlag stark unterrepräsentierten Taxa wie Pappel, Ahorn und der wilden Obstgehölze aus der Familie der Rosengewächse. Archäologisch ist diese Periode dem Mesolithikum zuzuordnen. Fundplätze dieser Periode treten mit einer gewissen Konzentration in den eiszeitlich angelegten Flusstälern auf, an Warnow, Trebel, Recknitz und der Oberhavel. Auch aus der Wismarbucht sind heute versunkene Fundplätze dieser Zeit bekannt.

Kurz nach 4000 v. Chr., zu Beginn von RPZ 8 (Zeitscheiben 3750 bis 2250 v. Chr.), zeigt das Standarddiagramm zwei markante Ereignisse – den Ulmenfall und den Beginn der Neolithisierung. Der Anteil von *Ulmus* geht von über 10 % auf 2–3 % zurück, die Häufigkeit von Ulmen in der Landschaft sank demnach um ca. 80 %. Die Gründe für den Rückgang der Ulmen werden im Exkurs-Kap. 53 diskutiert. Die Bestände erholten sich später wieder und erreichten zwischen 3100 und 2900 v. Chr. nochmals die frühere Ausbreitung, gingen dann aber erneut deutlich zurück. Erstes Anzeichen für den Beginn der Neolithisierung ist die Zunahme von Pollen lichtliebender Gehölze (*Corylus* und *Salix*) sowie von Adlerfarn (*Pteridium*) ab 3850 v. Chr. Diese Änderungen werden als erste Öffnung der Wälder infolge einer aufkommenden neolithischen Viehwirtschaft interpretiert (Feeser et al. 2016). Die wichtigsten Nutztiere waren Schafe, Ziegen, Schweine und Rinder. Ab 3600 v. Chr. zeigt der Anstieg von Landnutzungszeigern wie Spitzwegerich (*Plantago lanceolata*-Typ), Sauerampfer (*Rumex acetosa*-Typ) und Beifuß (*Artemisia*) dann auch die Etablierung von Ackerbau in der Region. Allerdings dauerte diese erste Landnutzungsphase nur etwa 100 Jahre; bereits um 3500 v. Chr. deutet sich eine Wiederbewaldung an. Dieses Muster aus kurzen Phasen intensiverer Landnutzung, gefolgt von Wiederbewaldung, setzte sich bis 2000 v. Chr. fort. Im Pollendiagramm Woseriner See, ca. 40 km westlich vom Tiefen See, sind insgesamt acht neolithische Landnutzungsphasen belegt. Da diese synchron zu neolithischen Landnutzungsphasen im Pollendiagramm Belauer See sind (s. Kap. 60), vermuten Feeser et al. (2016), dass die kulturelle Entwicklung im Neolithikum maßgeblich durch Umweltfaktoren, vor allem das Klima, beeinflusst wurde. Das im Neolithikum weniger hochaufgelöste Standarddiagramm zeigt vier neolithische Landnutzungsphasen. Sie verlaufen ebenfalls synchron zu denen im Diagramm Woseriner See. Zeugen der menschlichen Aktivität im Neolithikum sind die Großsteingräber; mindestens 1000 dieser Monumente wurden im Jungmoränengebiet angelegt.

Spätes Holozän

Zu Beginn der RPZ 9 (Zeitscheiben 2000 bis 1000 v.Chr.) um 2000 v. Chr. steigt der Anteil von Landnutzungszeigern wie dem *Plantago lanceolata*-Typ und den Wildgräsern deutlich an. Im Gebiet markiert dieser Anstieg den Beginn der Bronzezeit (Feeser et al. 2019). Die Einführung metallischer Werkzeuge sowie andere (land-)wirtschaftliche und soziale Innovationen ermöglichten eine deutlich intensivere Landnutzung und ein Wachstum der Bevölkerung. Bis heute weithin sichtbare Zeugen der Bronzezeit sind die zahlreichen Hügelgräber. Um 1500 v. Chr. und um 1000 v. Chr. zeigen das Standarddiagramm und das Diagramm Woseriner See einen deutlichen Rückgang der Landnutzung und wieder zunehmende Bewaldung. Dieser zweifache Rückgang der Landnutzung in der Bronzezeit hatte vermutlich soziokulturelle Gründe (Kneisel et al. 2019).

Die auffälligste Änderung in der RPZ 10 (Zeitscheiben 750 v. Chr. bis 1000 n. Chr.) ist der Anstieg der *Fagus*-Pollenkurve bis auf maximal 30 % und der *Carpinus*-Pollenkurve auf über 10 %. Diese Zone markiert damit die Ausbreitung von Buche und Hainbuche im Gebiet. Im Summendiagramm ist bei den sonstigen Bäumen um 950 n. Chr. ein deutlicher Einbruch zu erkennen, der auf einen markanten Rückgang in der *Alnus*-Pollenkurve zurückzuführen ist. Dieses Phänomen ist synchron im östlichen Jungmoränengebiet häufig zu beobachten, zum Beispiel in den Diagrammen Wittwesee, Stolpsee, Potzlowsee und Felchowsee (Jahns 2023). Es tritt aber auch in den südlich anschließenden Gebieten und bis zum Baltikum und Finnland auf. Nach jetzigem Kenntnisstand ist es auf den Befall der Erlen mit einem pathogenen Pilz zurückzuführen (Latałowa et al. 2019). Weiterhin auffällig in RPZ 10 sind fünf Maxima der Landnutzungszeiger, also von Krautigen und Wildgräsern. Die ersten drei Maxima – um 550 v. Chr., 450–150 v. Chr. und 50–400 n. Chr. – sind archäologisch der Eisenzeit zuzuordnen. Die beiden folgenden Maxima – um 750 n. Chr. und 1000 n. Chr. – gehören dagegen zur Periode der slawischen Besiedlung. In allen fünf Maxima bleibt der Anteil der Krautigen und Wildgräser geringer als in RPZ 9 – das Ausmaß der Landnutzung erreichte also kaum das Niveau der Bronzezeit. Das erste Auftreten von *Secale*-Pollen um 350 n. Chr. zeigt den beginnenden Anbau von Roggen in der Region. Größere Bedeutung erlangt dieses Getreide allerdings erst um 1000 n. Chr. Nach allen fünf Maxima der Landnutzungszeiger folgten Perioden der Wiederbewaldung. Das Standarddiagramm zeigt bilderbuchhaft die dabei ablaufende Sukzession: beginnend mit den schnellwüchsigen Gehölzen Birke und Hasel, gefolgt von Esche, Hainbuche und schließlich Buche. Die Wiederbewaldung war in der Völkerwanderungszeit von 450–650 n. Chr. am stärksten ausgeprägt; in dieser Periode dürfte sich die Region wieder weitgehend bewaldet haben. Auch nach den beiden slawischen Maxima der Siedlungszeiger deuten sich eine weitgehende Wiederbewaldung und eine deutliche Abnahme der Besiedlung an. Von archäologischer Seite sind diese Schwankungen der Besiedlung in der slawischen Periode bisher kaum beschrieben und mögliche Gründe dafür bisher nicht bekannt. Sie sind nicht nur im Standarddiagramm belegt, sondern auch im Pollendiagramm vom Woseriner See im Westen sowie aus bisher unveröffentlichten Pollendiagrammen aus der Umgebung von Penkun im Osten des Jungmoränengebietes. Pollendiagramme aus den benachbarten Regionen, wie Rugensee und Belauer See im westlichen Jungmoränengebiet (Kap. 60), Maujahn im niedersächsischen Wendland und Löddigsee in der Prignitz (Kap. 59) und schließlich Großer Krebssee im Odertal (Kap. 62), zeigen dagegen nur geringere Änderungen im Zeitraum von ca. 800–1200 n. Chr. Nach jetzigem Kenntnisstand waren also solche starken Schwankungen der slawischen Siedlungsaktivität ganz überwiegend ein Phänomen des östlichen Jungmoränengebietes. Als sichtbares Zeugnis der slawischen Besiedlung sind etwa 200 Burgwälle erhalten, darunter die namensgebende Michelenburg beim Dorf Mecklenburg südlich von Wismar und die Jaromarsburg auf Kap Arkona.

Die abschließende RPZ 11 (Zeitscheiben 1250 bis 2000 n. Chr.) umfasst das Mittelalter und die Neuzeit. Die Zone ist durch einen kontinuierlich hohen Anteil von Krautigen und Wildgräsern gekennzeichnet. Dieser hohe Anteil zeigt, dass weite Teile des östlichen Jungmoränengebietes seit dem Mittelalter intensiv landwirtschaftlich genutzt werden. Die Verteilung von Wald- und Offenland hat sich seither vermutlich nur wenig verändert. Das Standarddiagramm deutet auf eine gewisse Wiederbewaldung nach dem mittelalterlichen Klimaoptimum im 15. Jahrhundert und nach den Verheerungen des Dreißigjährigen Krieges im 17. Jahrhundert. Ab dem 19. Jahrhundert zeigt es weiterhin einen deutlichen Anstieg der *Pinus*-Pollenkurve, der die Aufforstung ertragsarmer, sandiger Böden reflektiert. So entstanden vor allem in der Mecklenburgischen Seenplatte und in der Ueckermünder und Rostocker Heide ausgedehnte Kieferforste (s. Exkurs Kap. 40).

Schließlich zeigt das Standarddiagramm in den letzten ca. 70 Jahren eine deutliche Zunahme von Baumpollen und eine entsprechende Abnahme von Krautigen und Wildgräsern. Historische Daten zeigen für diese Zeit allerdings nur minimale Veränderungen in der Verteilung von Wald und Offenland in der Region. Grund für die Änderungen im Pollendiagramm ist stattdessen die verringerte Pollenproduktivität von Gräsern und vielen krautigen Pflanzen durch die Intensivierung der Landwirtschaft im 20. Jahrhundert. Heutiges Intensivgrünland wird deutlich früher und häufiger gemäht als traditionelle Heuwiesen. Damit kommen viele Gräser und Kräuter weniger zum Blühen, sodass sie insgesamt weniger Pollen produzieren. Dieses Beispiel verdeutlicht, dass die Interpretation von Pollendiagrammen auch solche Faktoren, die die Pollenproduktion von Pflanzen beeinflussen, wie etwa die Landnutzung, einbeziehen muss.

Die Rekonstruktion kleinräumiger Vegetationsmuster mit dem Extended Downscaling Approach

Das Jungmoränengebiet ist eine sehr vielgestaltige Landschaft mit einer oft engen Verzahnung unterschiedlicher Standorte und einem entsprechend kleinräumigen Muster der Vegetation. Mit Standardmethoden der Pollenanalyse lassen sich solche kleinräumigen Muster in der Vergangenheit nicht rekonstruieren, denn Pollendiagramme aus großen Seen oder Mooren, wie das Diagramm Tiefer See, erlauben nur, die mittlere Zusammensetzung der Vegetation in ihrer weiteren Umgebung zu ermitteln. Um auch kleinräumige Muster der Vegetation in Landschaften zu erkennen, sind ergänzende Analysen nötig, zum Beispiel mit dem Extended Downscaling Approach, kurz EDA (Theuerkauf und Couwenberg 2017). Der Ansatz benötigt zum einen mindestens etwa 20 Pollendiagramme aus einer Region und zum anderen digitale Karten abiotischer Muster der Landschaft, zum Beispiel des Bodens. Prinzipiell testet EDA dann, ob es in definierten Perioden der Vergangenheit Zusammenhänge zwischen den Pollendaten dieser Periode und den abiotischen Mustern der Landschaft, beispielsweise dem Boden, gab. Im Ergebnis ergibt sich dann die wahrscheinliche Zusammensetzung der Vegetation auf unterschiedlichen Standorten.

Analysen mit dem EDA wurden vom Erstautor bereits für fünf Perioden des Spätglazials und frühen Holozäns durchgeführt. Sie zeigen, dass die Vegetation um die Zeit des Ausbruchs des Laacher See-Vulkans deutlich in kieferndominierte Wälder auf sandigen Standorten und birkendominierte Wälder auf lehmigen Standorten differenziert war. Im kälteren Klima der Jüngeren Dryas bestand dagegen keine Bindung der verbliebenen Wälder zu den Böden. Im frühen Holozän differenzierte sich die Vegetation dann rasch wieder in kieferndominierte Wälder auf sandigen Böden und birkendominierte Wälder auf lehmigen Böden. Die Hasel als erstes wärmeliebendes Gehölz breitete sich vor allem auf Standorten aus, die heute durch Stau- und Grundwasser beeinflusst sind. Offenbar war die Hasel weitgehend an solche Standorte mit erhöhter Wasserversorgung gebunden.

Für das vorliegende Kapitel wurden EDA-Analysen für fünf markante Perioden des mittleren und späten Holozäns ergänzt: für die Periode stabiler Waldvegetation im mittleren Holozän (6000–4000 v. Chr.), für das Neolithikum (4000–2000 v. Chr.) und die Bronzezeit (ca. 2000–1000 v. Chr.) als Perioden mit zunehmender Landnutzung, für die Völkerwanderungszeit als Periode weitgehender Wiederbewaldung (450–650 n. Chr.) und schließlich für das Mittelalter als Periode mit sehr intensiver Landnutzung (1200–1400 n. Chr.). Verwendet wurden alle Pollendiagramme des östlichen Jungmoränengebietes, in denen eine oder mehrere dieser Perioden pollenstratigraphisch eindeutig erkennbar sind. Daher konnten auch ältere Diagramme, die nicht unabhängig datiert wurden, einbezogen werden.

Als abiotischer Parameter wird die Verbreitung der wichtigsten Bodentypen nach der digitalen Bodenkarte BÜK300 verwendet, denn die Böden sind heute – und waren es vermutlich auch in der Vergangenheit – für die Verbreitung der Vegetation maßgeblich. Im Laufe des Holozäns haben sich die Eigenschaften der Böden wie etwa der Kalkgehalt verändert. Dennoch repräsentiert die heutige Verbreitung der häufigsten Bodentypen nach wie vor die wichtigsten Landschaftseinheiten des Jungmoränengebietes und stellt damit ein stabiles Muster dar. In der flachwelligen Grundmoräne dominiert Pseudogley, in der kuppigen Grundmoräne Parabraunerde und Pseudogley. Im östlichen Teil, in der Uckermark, finden sich verbreitet Fahlerden und Schwarzerden. Auf den überwiegend sandigen Böden der Seenplatte dominiert Braunerde, in den Talsandlagen wie Ueckermünder und Rostocker Heide Gley.

Für das mittlere Holozän zeigen die Analysen eine deutliche Differenzierung der Wälder (Abb. 61.4). Auf Braunerde, also vor allem den gut drainierten, sandigen Böden der Seenplatte, herrschte die Kiefer vor, begleitet von Birken, Linden und Ulmen. Auf Parabraunerde und Pseudogley, also in der flachwelligen und kuppigen Grundmoräne, dominierten dagegen Linden und Ulmen, begleitet von Hasel, Erle und Esche auf staunassen Standorten und Birken, Hasel und Eichen auf den besser drainierten Standorten. Auf Gley, also vor allem in den ausgedehnten Talsandniederungen von Ueckermünder und Rostocker Heide, zeigt sich wiederum eine Dominanz von Kiefer und Ulmen, begleitet von Linden, Hasel und Erle. Für das Gebiet insgesamt ergibt sich für diese Periode demnach, dass die Kiefer noch die häufigste Baumart war (ca. 30 %). Die häufigsten Laubbäume waren Ulmen (ca. 14 %), Linden (ca. 11 %), Birken (ca. 6 %), Hasel (ca. 5 %) sowie Erlen, Eschen und Eichen mit jeweils ca. 4 %.

Für das Neolithikum zeigen die Analysen, dass der Schwerpunkt der menschlichen Aktivität in der kuppigen Grundmoräne, inklusive der Uckermark, im Bereich der heutigen Parabraunerden und Fahlerden lag (Abb. 61.4). Auf diesen Standorten dürfte der mittlere Anteil offener Vegetation etwa 25–50 % erreicht haben, mit den höheren Werten in der Uckermark. In der Mecklenburgischen Seenplatte mit überwiegend Braunerden und den flachwelligen Grundmoränen mit überwiegend Pseudogley war die Intensität der menschlichen Aktivität wesentlich geringer. Neben der höheren Offenheit änderte sich offenbar auch die Zusammensetzung der Wälder. Im Bereich der Braunerden ging der Anteil der Kiefer zugunsten von Linden und Ulmen zurück. Die Analysen deuten nun auch erste Vorkommen der Fichte an. In End- und Grundmoräne mit Parabraunerde und Pseudogley dominierten weiterhin Linden, Ulmen, Eschen, Haseln und Erlen. Auf Gley, also vor allem in den Talsandniederungen, wird wiederum ein hoher Anteil Kiefer und Fichte rekonstruiert, daneben auch Ulmen, Erle, Eschen und Hasel. Insgesamt waren Kiefer (ca. 15 %) und Ulme (ca. 8 %) deutlich seltener als zuvor, Fichte, Erle und Eiche (jeweils ca. 6 %) dagegen häufiger. Im Standarddiagramm tritt ab ca. 4000 v. Chr. auch Pollen der Buche kontinuierlich auf. Ob sich tatsächlich schon kleine Populationen der Buche im Jungmoränengebiet etablieren konnten, ist bisher nicht belegt. Ebenso könnte es sich hierbei um Fernflug, etwa aus dem Erzgebirge, handeln, denn dort war die Buche seit 4000 v. Chr. häufig (s. Kap. 48).

In der Bronzezeit stieg der Anteil offener Vegetation überall auf 30–50 % (Abb. 61.4). Die menschliche Aktivität erreichte nun also alle Landschaften des Jungmoränengebietes, war aber weiterhin im Bereich der Parabraunerden, also der kuppigen Grund- und Endmoräne, am höchsten.

Während der Völkerwanderungszeit erreichten Buchen- und Hainbuchenwälder sowohl im Bereich der Braunerden, vor allem in der Seenplatte, als auch im Bereich von Pseudogley und Parabraunerden, in Grund- und Endmoräne, etwa einen Anteil von 50 % (Abb. 61.4). Nur in den heute vergleyten Talsandniederungen spielten Buche und Hainbuche eine geringe Rolle, es dominierten weiterhin Kiefer und Birke. Für die offene Vegetation ergibt sich ein Anteil von nur 10 % in der Seenplatte, aber 30 % in den anderen Landschaften. Die höhere Offenheit in der Grundmoräne dürfte zumindest teilweise den hier ausgedehnten Mooren zuzuordnen sein. Nur für Parabraunerden wird weiterhin auch Getreideanbau angezeigt (Abb. 61.4). Menschliche Aktivität konzentrierte sich demnach auf Standorte der kuppigen Grund- und Endmoräne.

Im Mittelalter erreichte schließlich der Anteil offener Vegetation laut EDA-Analyse ca. 65 % im Bereich von Braunerden und Pseudogley, also vor allem in der Seenplatte und auf staunassen Standorten der Grundmoräne, und 85 % im Bereich von Parabraunerden, vor allem in der kuppigen Grund- und Endmoräne (Abb. 61.4).

Insgesamt veranschaulichen die Analysen, dass zumindest in Landschaften, für die zahlreiche Pollenanalysen vorliegen, auch kleinräumige Muster der Vegetation rekonstruiert werden können.

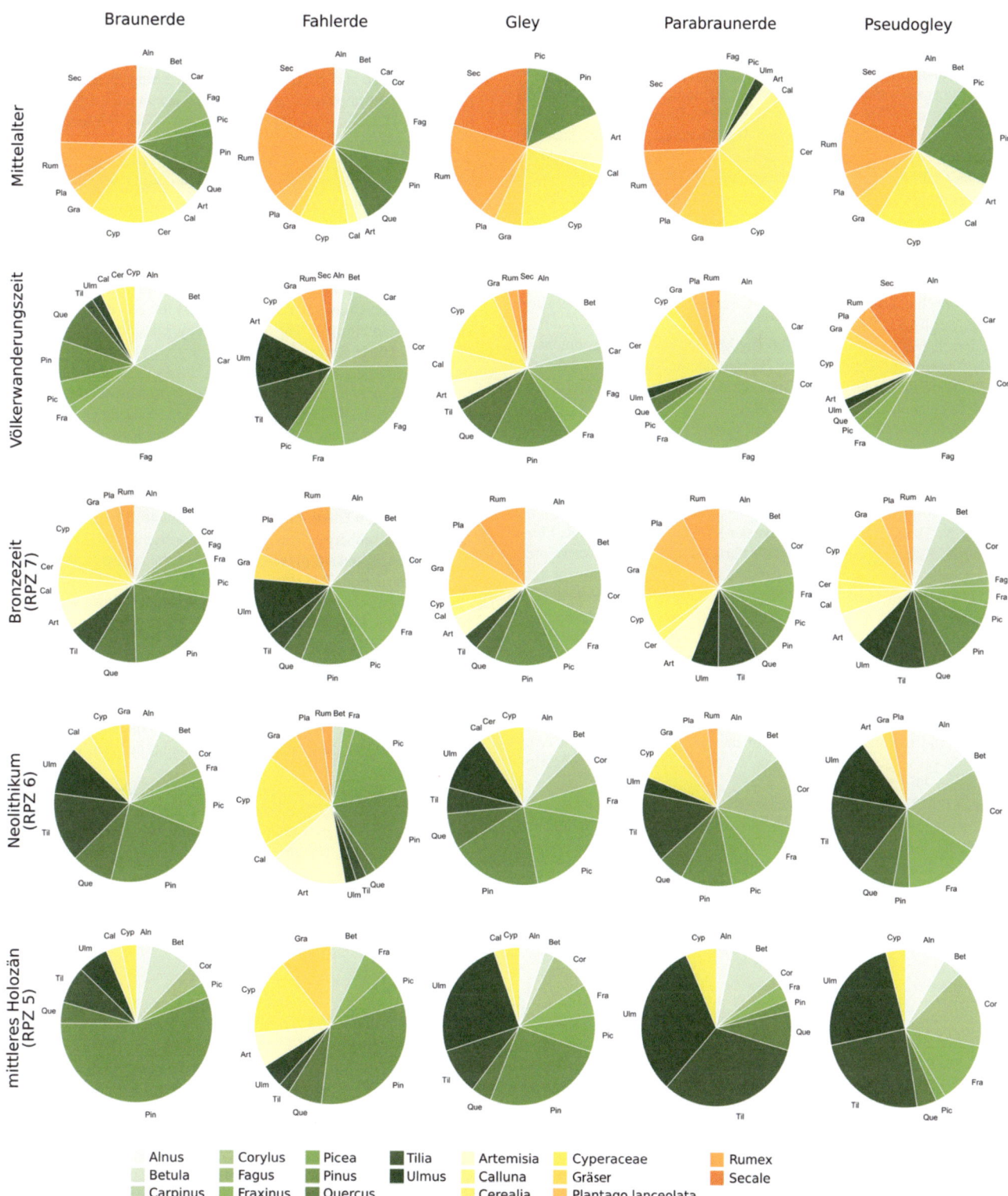

Abb. 61.4 Wahrscheinliche Zusammensetzung der Vegetation auf unterschiedlichen Bodentypen, berechnet mit dem Extended Downscaling Approach für 5 Perioden: die Waldphase des mittleren Holozäns (6000–4000 v. Chr.), das Neolithikum (4000–2000 v. Chr.), die Bronzezeit (~2000–1000 v. Chr.), die Völkerwanderungszeit (450–650 n. Chr.) und das Mittelalter (1200–1400 n. Chr.). Verbreitung der Bodentypen entnommen der digitalen Bodenkarte BÜK 300 (Graphik: M. Theuerkauf)

Literatur

Acksel A, Amelung W, Kühn P, Gehrt E, Regier T, Leinweber P (2016) Soil organic matter characteristics as indicator of Chernozem genesis in the Baltic Sea region. Geoderma Regional 7: 187–200

Brauer A, Schwab MJ, Brademann B, Pinkerneil S, Theuerkauf M (2019) Tiefer See – a key site for lake sediment research in NE Germany. DEUQUA Special Publications 2: 89–93

de Klerk P (2002) Changing vegetation patterns in the Endinger Bruch area (Vorpommern, NE Germany) during the Weichselian Lateglacial and Early Holocene. Review of Palaeobotany and Palynology 119: 275–309

de Klerk P (2008) Patterns in vegetation and sedimentation during the Weichselian Late-glacial in north-eastern Germany. Journal of Biogeography 35: 1308–1322

de Klerk P, Helbig H, Janke W (2008a) Vegetation and environment in and around the Reinberg basin (Vorpommern, NE Germany) during the Weichselian late Pleniglacial, Lateglacial, and Early Holocene. Acta Palaeobotanica 48: 301–324

de Klerk P, Janke W, Kühn P, Theuerkauf M (2008b) Environmental impact of the Laacher See eruption at a large distance from the volcano: Integrated palaeoecological studies from Vorpommern (NE Germany). Palaeogeography, Palaeoclimatology, Palaeoecology 270: 196–214

Dräger N, Theuerkauf M, Szeroczyńska K, Wulf S, Tjallingii R, Plessen B, Kienel U, Brauer A (2017) Varve microfacies and varve preservation record of climate change and human impact for the last 6000 years at Lake Tiefer See (NE Germany). The Holocene 27: 450–464

Feeser I, Dörfler W, Czymzik M, Dreibrodt S (2016) A mid-Holocene annually laminated sediment sequence from Lake Woserin: The role of climate and environmental change for cultural development during the Neolithic in Northern Germany. The Holocene 26: 947–963

Feeser I, Dörfler W, Kneisel J, Hinz M, Dreibrodt S (2019) Human impact and population dynamics in the Neolithic and Bronze Age: Multi-proxy evidence from north-western Central Europe. The Holocene 29: 1596–1606

Jahns S (2023) Frühmittelalterliches Erlensterben in Brandenburg – ein überregionales Ereignis. Archäologie in Berlin und Brandenburg 2021: 28–32

Kaiser K, Lorenz S, Germer S, Juschus O, Küster M, Libra J, Bens O, Hüttl RF (2012) Late Quaternary evolution of rivers, lakes and peatlands in northeast Germany reflecting past climatic and human impact – an overview. E&G Quaternary Science Journal 61: 103–132

Kneisel J, Dörfler W, Dreibrodt S, Schaefer-Di Maida S, Feeser I (2019) Cultural change and population dynamics during the Bronze Age: Integrating archaeological and palaeoenvironmental evidence for Schleswig-Holstein, Northern Germany. The Holocene 29: 1607–1621

Lampe R, Lorenz S, Janke W, Meyer H, Küster M, Hübener T, Schwarz A (2009) Zur Landschafts- und Gewässergeschichte der Müritz. Umweltgeschichtlich orientierte Bohrungen 2004–2006 zur Rekonstruktion der nacheiszeitlichen Entwicklung. Forschung und Monitoring 2. Geozon Science Media, Greifswald

Latałowa M, Święta-Musznicka J, Słowiński M, Pędziszewska A, Noryśkiewicz AM, Zimny M, Obremska M, Ott F, Stivrins N, et al. (2019) Abrupt *Alnus* population decline at the end of the first millennium CE in Europe – The event ecology, possible causes and implications. The Holocene 29: 1335–1349

Michaelis D, Joosten H (2010) Mire development, relative sea-level change, and tectonic movement along the Northeast-German Baltic Sea coast. In: Harff J, Lüth F (eds) SINCOS- Sinking Coasts. Geosphere, Ecosphere and Anthroposphere of the Holocene Southern Baltic-Sea. Bericht der Römisch-Germanischen Kommission 88. Philipp von Zabern, Frankfurt/Main, 101–134

Michaelis D, Abel S, Gaudig G (2016) 200 Jahre Moorforschung in Greifswald – Ein Über- und Ausblick. Telma 46: 195–212

Mrotzek A, Couwenberg J, Theuerkauf M, Joosten H (2017) MARCO POLO – A new and simple tool for pollen-based stand-scale vegetation reconstruction. The Holocene 27: 321–330

Theuerkauf M, Couwenberg J (2017) The extended downscaling approach: A new R-tool for pollen-based reconstruction of vegetation patterns. The Holocene 27: 1252–1258

Theuerkauf M, Couwenberg J (2018) ROPES reveals past land cover and PPEs from single pollen records. Frontiers in Earth Science 6: 14

Theuerkauf M, Joosten H (2012) Younger Dryas cold stage vegetation patterns of central Europe – climate, soil and relief controls. Boreas 41: 391–407

Theuerkauf M, Blume T, Brauer A, Dräger N, Feldens P, Kaiser K, Kappler C, Kästner F, Lorenz S, et al. (2022) Holocene lake-level evolution of Lake Tiefer See, NE Germany, caused by climate and land cover changes. Boreas 51: 299–316

Brandenburgisch-pommersches Jungmoränengebiet innerhalb der baltischen Endmoräne

62

Susanne Jahns und Khadijeh Alinezhad

Der Höhenzug des Barnim vom Schiffshebewerk Niederfinow aus. Im Vordergrund das Eberswalder Urstromtal und der Finowkanal (Foto: S. Jahns)

Ergänzende Information Die elektronische Version dieses Kapitels enthält Zusatzmaterial, auf das über folgenden Link zugegriffen werden kann [https://doi.org/10.1007/978-3-662-68936-3_62].

S. Jahns (✉)
Brandenburg. Landesamt f. Denkmalpflege u. Archäol.
Landesmuseum, Wünsdorf, Deutschland
e-mail: susanne.jahns@bldam.brandenburg.de

K. Alinezhad
Institut für Ur- und Frühgeschichte,
Christian-Albrechts-Universität, Kiel, Deutschland

Der Naturraum

Morphogenese und Böden

Das Gebiet ist Teil der Jungmoränenlandschaft des norddeutschen Flachlandes (Abb. 62.1). Überwiegend wird es von der Ostbrandenburgischen Platte mit Ablagerungen des Brandenburger und des Frankfurter Stadiums der Weichselvereisung gebildet. Im Norden wird das Gebiet vom Eberswalder Urstromtal, im Süden vom Berliner Urstromtal und im Westen von der Havelniederung begrenzt. Im Osten und Nordosten fällt die Hochfläche mit sehr steilem Abhang zum Odertal ab. Die Ostbrandenburgische Platte wird in die naturräumlichen Einheiten des Westbarnim, der Barnimplatte, der Lebuser Platte und des Buckower Hügel- und Kessellands – die Märkische Schweiz – unterteilt. Vorherrschend sind flachwellige Sand- und Lehmflächen, die von Grundmoränen gebildet werden und denen mancherorts steile End- und Stauchmoränen aufgesetzt sind, die im Oberbarnim Höhen von bis zu 150 m NN erreichen. Weiterhin findet man feuchte Niederungen und eingesenkte Rinnentäler, die überwiegend in Nord-Süd-Richtung verlaufen. Häufig haben sich in ihnen langgestreckte Seen gebildet. Am Nord- und Westrand des Gebietes gibt es periglazial entstandene Geländeformen. Sein Nordrand ist durch ausgedehnte Dünenbildungen gekennzeichnet. Eine geologische Besonderheit der Barnimplatte ist der Muschelkalksattel bei Rüdersdorf. Dort steht der prätertiäre Untergrund, von einem Salzstock angehoben, an der Oberfläche an.

Als Substrat der Bodenbildung herrschen auf der Ostbrandenburgischen Platte Sande und lehmige Sande vor. Der häufigste Bodentyp sind Podsole von geringer bis mäßiger Güte. Fruchtbarere Braunerden sind seltener. In den Niederungen haben sich organische Nassböden ausgebildet.

Im Osten grenzt die Ostbrandenburgische Platte an das Oderbruch und das Untere Odertal, eine Niederung von lediglich 3 bis 20 m NN. Die anschließenden Grundmoränenplatten überragen sie um 30 bis 100 m. Die Niederung erstreckt sich über eine Länge von 75 km und eine Breite von 12 bis 15 km. Ihre Form wurde durch prä- und frühquartäre Senkungsvorgänge angelegt und durch die Gletschervorstöße der Weichseleiszeit in ihrer heutigen Gestalt geprägt.

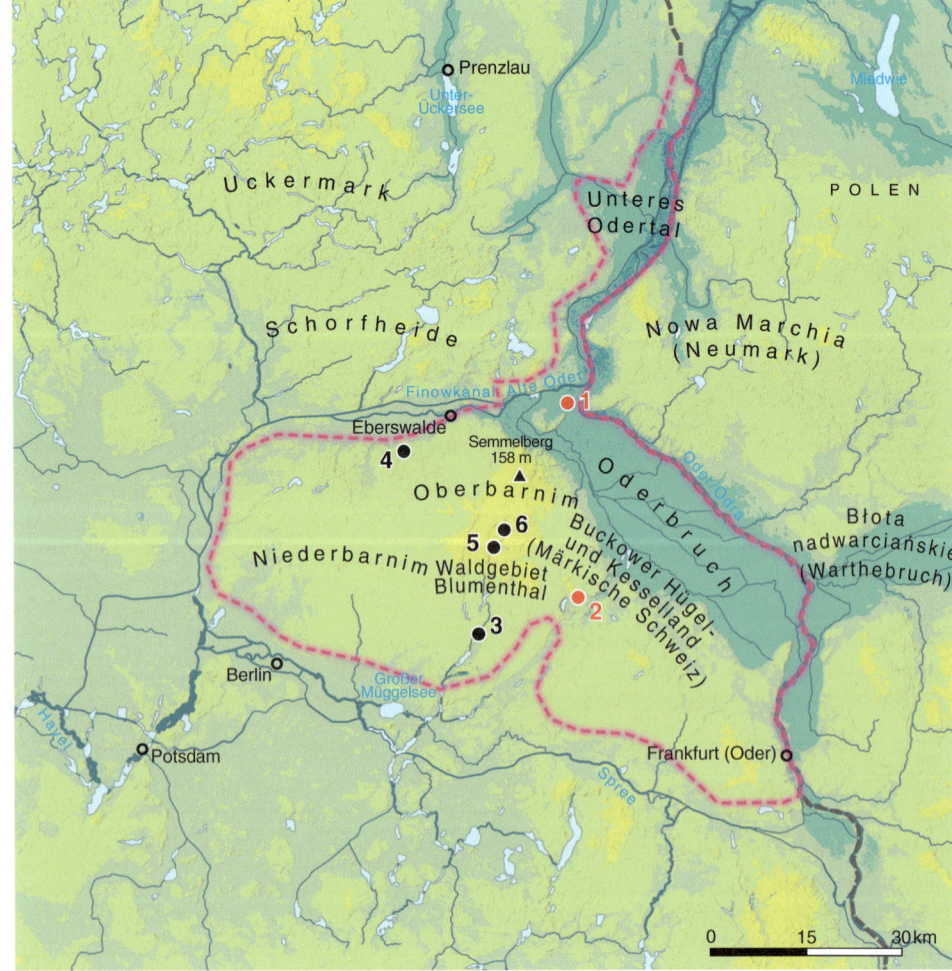

Abb. 62.1 Karte des brandenburgisch-pommerschen Jungmoränengebietes innerhalb der baltischen Endmoräne mit pollenanalytisch untersuchter Lokalität für das standardisierte Pollendiagramm:
1 Großer Krebssee.
Zusätzlich diskutiertes Diagramm:
2 Kleiner Tornowsee.
Weitere im Text erwähnte Lokalitäten:
3 Paddenluch,
4 Äppelbruch,
5 Lattsee,
6 Pichemoor

Ablagerungen des Frankfurter und des Pommerschen Stadiums der Weichselvereisung durchziehen das Odertal. Der Untergrund wird vor allem von Tonen gebildet, aber es treten auch Sande, Kiese und humose Bildungen auf. Es herrschen Mineralböden mit überwiegend hoher Bodengüte vor. Das Oderbruch wurde in den Jahren 1747 bis 1763 durch den preußischen König Friedrich II. trockengelegt. Vorher wurde es regelmäßig von der Oder überschwemmt. Heutzutage ist es von zahlreichen Altarmen und Entwässerungsgräben durchzogen (Abb. 62.2). Im Norden des Oderbruchs liegt die Neuenhagener Oderinsel, ein Umlaufberg, der bis zur Begradigung des Flusses im Jahr 1753 von einer Schleife der Oder umflossen wurde. Von dieser ist heute noch ein Altwasser übrig geblieben: die Alte Oder. Geomorphologisch gehört die Oderinsel zu der sich ostwärts anschließenden Hochfläche. Im nördlichen Bereich wird sie durch Talsandformationen gekennzeichnet, im Süden durch Stauch- und Kiesmoränen (nach Scholz 1971).

Klima

Die Ostbrandenburgische Platte und das Untere Odertal liegen im Bereich des mecklenburgisch-brandenburgischen Übergangsklimas mit mittleren Monatstemperaturen von 17,5 bis 18,5 °C im Juli und −1,5 bis 0 °C im Januar. Damit gehört das Gebiet, vor allem in den höheren Lagen, zu den winterkältesten Gegenden des ostdeutschen Flachlandes. Die Jahressumme der Niederschläge bewegt sich zwischen 490 und 590 mm. Im Osten des Gebietes fallen sie am geringsten aus. Nur das Oderbruch liegt im Übergangsbereich zum Ostdeutschen Binnenklima. Mit einer Jahressumme der Niederschläge zwischen 470 und 550 mm gehört dieses Niederungsgebiet zu den niederschlagsärmsten Landschaften Deutschlands (nach Scholz 1971).

Vegetation

Auf der Barnimplatte werden von Hofmann und Pommer (2005) als potenzielle natürliche Vegetation überwiegend Buchenwälder in verschiedenen Ausprägungen postuliert. Im Osten des Gebietes, auch auf der Neuenhagener Oderinsel, wird der Hainbuche größere Bedeutung zugemessen. Bedingt durch die regulierten Stromauen wird für das Odertal von vorherrschend Erlen-Eschen-Flatterulmen-Wald und Flatterulmen-Stieleichen-Hainbuchen-Wald ausgegangen. In manchen Niederungsgebieten wüchsen Eschen- und Ahornbestände. Für den Altarm der Oder, der die Neuenhagener Oderinsel umschließt, wird Schwarzerlensumpf- und -bruchwald, im Komplex mit Schwarzerlenniederungswald angegeben. Heutzutage gibt es vor allem auf dem Oberbarnim und in der Märkischen Schweiz ausgedehnte Buchenwälder (Abb. 62.3) sowie Kiefern- und Robinienforste. Im Waldgebiet Blumenthal findet man als Besonderheit auch größere Bestände der Hainbuche. Der überwiegende Teil des Gebietes wird aber als Ackerland bewirtschaftet. Das Oderbruch wird vollständig als Ackerfläche und Grünland genutzt.

Abb. 62.2 Grünland und Entwässerungsgraben im Oderbruch (Foto: S. Jahns)

Abb. 62.3 Winterlicher Buchenwald bei Bad Freienwalde, Lkr. Märkisch-Oderland (Foto: S. Jahns)

Pollenarchive und Forschungsgeschichte

Das brandenburgisch-pommersche Jungmoränengebiet innerhalb der baltischen Endmoräne verfügt über eine große Anzahl an Pollenarchiven in Gestalt von Niedermooren und Seen, deren Potenzial aber erst wenig genutzt wurde. Die ersten pollenanalytischen Studien für das Holozän wurden in den 1930er-Jahren von dem Forstbotaniker Herbert Hesmer publiziert. Erst rund 30 Jahre später wurden waldgeschichtliche Untersuchungen am Nordrand der Barnimplatte von Hanna M. Müller durchgeführt. Elsbeth Lange bearbeitete mittel- und spätholozäne Ablagerungen speziell zur Erforschung der Geschichte des Waldgebietes Blumenthal auf der Barnimplatte (Scamoni und Lange 1990). Im Rahmen archäologischer Ausgrabungen analysierte sie weiterhin mehrere Profile im Nordosten von Berlin. Ebenfalls im Rahmen siedlungsgeschichtlicher Forschungen führten Susanne Jahns und Khadijeh Alinezhad Pollenanalysen an Seeablagerungen auf der Neuenhagener Oderinsel und im Buckower Hügel- und Kessenland durch. Weichselspätglaziale und holozäne Sedimente im Tagebau Rüdersdorf wurden von Jaqueline Strahl untersucht. Eine vollständige Literaturliste befindet sich im Anhang.

Regionale Vegetations- und Waldgeschichte

Das Pollendiagramm vom Großen Krebssee auf der Neuenhagener Oderinsel (Jahns 2000) wird als einzige durchgehende, ^{14}C-datierte weichselspätglaziale und holozäne Sequenz aus dem Gebiet für das Standarddiagramm verwendet (Abb. 62.4). Für den spätglazialen Abschnitt des Diagramms wurde die Chronostratigraphie für das Spätglazial nach Litt et al. (2007) und die Laacher See-Tephra (LST) verwendet (s. Kap. 6). Ein gut datiertes Pollendiagramm vom Kleinen Tornowsee zeigt zusätzlich die besondere Vegetationsentwicklung im Buckower Hügel- und Kessenland im mittleren und späten Holozän (Alinezhad unveröffentl., Abb. 62.5).

Das Standarddiagramm ist in 14 regionale Pollenzonen (RPZ) aufgeteilt (s. auch Tab. S 62.1 im elektronischen Zusatzmaterial). In RPZ 1 (Zeitscheibe 11.500 v. Chr.) sind die älteren Phasen des Weichselspätglazials enthalten. Die Zone ist durch hohe Werte von Sanddorn (*Hippophaë*), Wacholder (*Juniperus*), Wildgräsern und Beifuß (*Artemisia*) gekennzeichnet und zeigt damit die offene Vegetation dieser Periode. Weide (*Salix*) ist ebenfalls häufig. Das dominante Gehölz ist aber die Birke (*Betula*). Der hohe Anteil von Pollen lichtliebender Kräuter und Sträucher deutet auf eine noch geringe Verbreitung von Bäumen hin. Pollen von Birken und Weiden ist daher im älteren Teil dieser Zone wahrscheinlich Zwergbirken und Strauchweiden zuzuordnen. Für böllingzeitliche Proben ist hingegen auch von Baumbirken auszugehen, die im Gebiet für diese Zeit durch Funde von Nüsschen und Fruchtschuppen von *Betula pubescens* und *B. pendula* nachgewiesen sind (Kossler 2010). Aufgrund einer zu geringen zeitlichen Auflösung dieses Diagrammabschnitts sind die kurzfristigen Klimaschwankungen in dieser Periode nicht voneinander abzutrennen. Hierzu wird auf die Untersuchungen von Strahl (2005) am Paddenluch bei Rüdersdorf verwiesen.

RPZ 2 (Zeitscheiben 11.250 bis 10.750 v. Chr.) datiert in die spätglaziale Warmphase des Allerøds. Die Zone ist durch hohe Werte der Kiefer (*Pinus*) gekennzeichnet, während der Anteil von Birken- und Weidenpollen geringer ist als zuvor. Pollen von Offenlandzeigern ist selten. Damit deutet sich die Etablierung von dichten Wäldern mit überwiegend Kiefer an.

RPZ 3 (Zeitscheiben 10.500 bis 9750 v. Chr.) datiert in die letzte Kaltphase des Spätglazials, die Jüngere Dryas. Etwas höhere Werte von Beifuß und Wacholder sowie das Vorkommen von Pollen der Krähenbeere (*Empetrum*) deuten auf eine Öffnung der Vegetation. Im Vergleich zum nördlich angrenzenden östlichen Jungmoränengebiet – dort entstand in dieser Zeit deutlich mehr Offenland (s. Kap. 61) – bleiben die Anteile der Lichtzeiger im Diagramm vom Großen Krebssee aber gering. Die Klimaänderung der Jüngeren Dryas hatte auf der Neuenhagener Oderinsel offenbar weniger Auswirkungen auf die Vegetation, als dies weiter nördlich der Fall war (de Klerk 2008). Im Diagramm Großer Krebssee, wie auch in allen anderen Lokalitäten im Gebiet, ist Pollen der Kiefer während der Jüngeren Dryas dominanter als im wärmeren Allerød (Müller 1961; Strahl 2005). Ähnliches gilt für Pollendiagramme des südlich anschließenden märkischen Gebietes außerhalb der baltischen Endmoräne (vgl. Kap. 63) und der Region Niederlausitzer und Niederschlesische Heide (vgl. Kap. 65). Die Kiefer kam demnach in der Jüngeren Dryas häufig vor, Baumbirken dagegen wesentlich seltener. Lokale Vorkommen von Baumbirken bestanden aber weiterhin, etwa am Paddenluch (Strahl 2005).

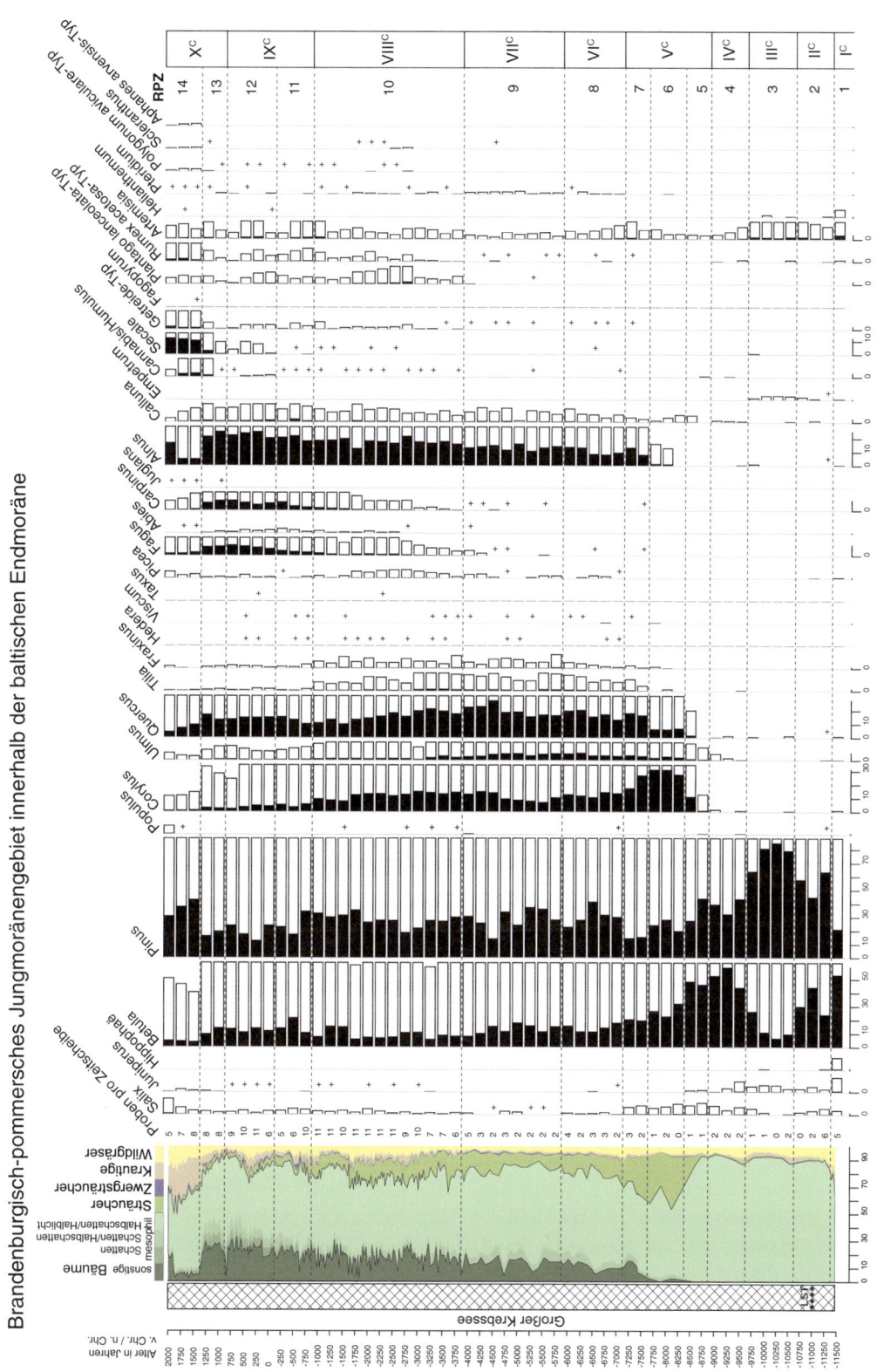

Abb. 62.4 Standardisiertes Pollendiagramm für das brandenburgisch-pommersche Jungmoränengebiet innerhalb der baltischen Endmoräne. Großer Krebssee (20 m NN, Jahns 2000).

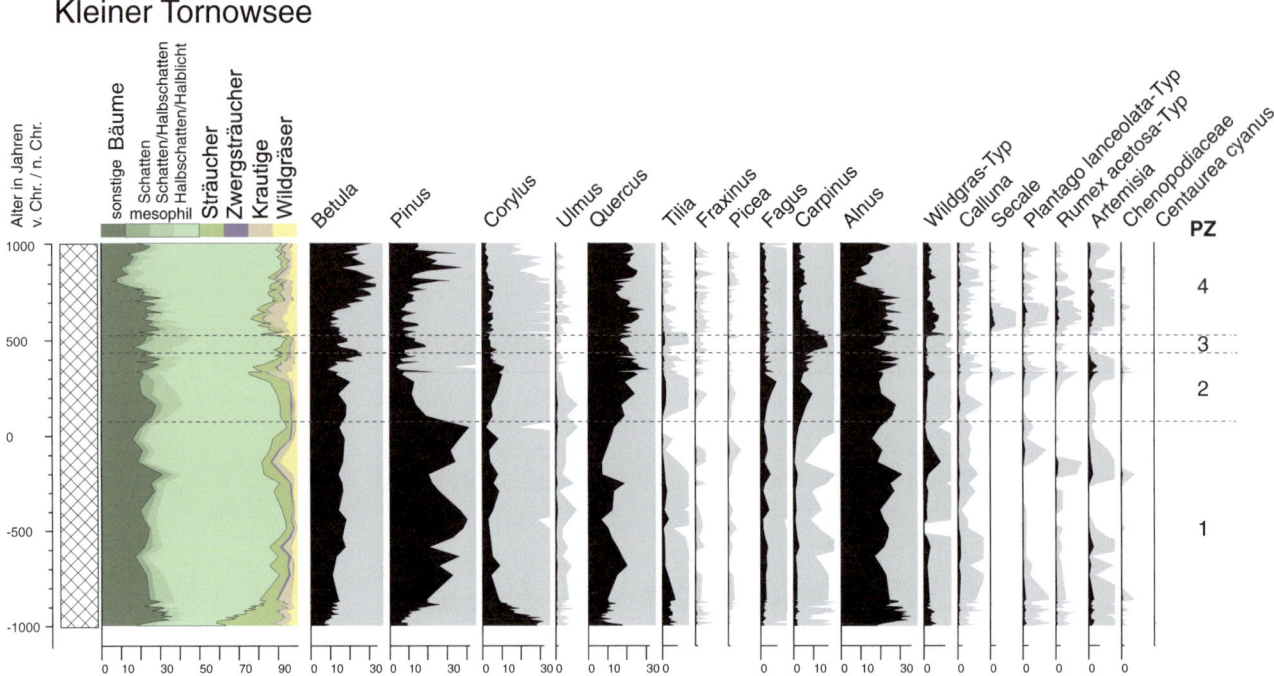

Abb. 62.5 Pollendiagramm vom Kleinen Tornowsee im Buckower Hügel und Kesselland (36,7 m NN, Alinezhad unveröffentl.). Es zeigt eine starke Präsenz der Hainbuche in der Völkerwanderungszeit, eine Besiedlung der Gegend ab 550 n. Chr. sowie einen starken Rückgang der Erle im frühen Mittelalter. PZ: Pollenzonen

Die RPZ 4 (Zeitscheiben 9500 bis 9000 v. Chr.) zeigt nur noch sehr geringe Werte der Offenzeiger Beifuß und Wacholder, was zusammen mit hohen Anteilen von Birkenpollen und geringen Werten der Kiefer auf eine wieder dichtere Bewaldung mit Birken hinweist. Gleichzeitig breiteten sich Weiden aus, die vermutlich in den Niederungsgebieten wuchsen. Mit einer durchgehenden Kurve der Ulme (*Ulmus*) ist das erste thermophile Gehölz im Gebiet nachgewiesen. In RPZ 5 (Zeitscheiben 8750 bis 8500 v. Chr.) kommen auf den grundwasserferneren Standorten die Eiche (*Quercus*) sowie die Hasel (*Corylus*) dazu, die sich zunehmend ausbreitete. Birkenpollen ist weiterhin häufig; wahrscheinlich hatte die Birke auch Standorte in der Oderaue. Pollen von Eiche und Ulme zeigt in RPZ 6 (Zeitscheiben 8250 bis 7750 v. Chr.) deutlich erhöhte Werte. Dies legt die Bildung größerer thermophiler Waldbestände nahe. Die Hasel erreicht ihr Maximum und ist jetzt – wie auch anderenorts im Gebiet – das am stärksten vertretene Gehölz. Vermutlich wuchs sie als Strauchschicht in den Eichenwäldern. Die Birke wurde hingegen auf den trockenen Standorten durch die Hasel und die anderen thermophilen Gehölze sowie auf den nassen Standorten in der Aue durch die Erle (*Alnus*) verdrängt, die hier relativ früh in Erscheinung tritt und im Oderbruch schon erste Standorte hatte. Auch die Esche (*Fraxinus*) ist jetzt in Gebiet als Bestandteil der Auenvegetation vorhanden.

RPZ 7 (Zeitscheiben 7500 bis 7250 v. Chr.) zeigt geringe Anteile von Birken-, Hasel- und Kiefernpollen bei höheren Werten von Eichen-, Erlen-, Linden- und Ulmenpollen und damit eine weitere Ausbreitung der thermophilen Laubwälder. Die Erle breitete sich im Oderbruch großflächig aus, ebenso ist dies im Eberswalder Urstromtal, das schon zum östlichen Jungmoränengebiet zählt (Kap. 61), der Fall (Kloss 1994). Es gibt erste Nachweise der Mistel (*Viscum*). In RPZ 8 (Zeitscheiben 7000 bis 6000 v. Chr.) ist der Anteil von Kiefernpollen wieder etwas höher, vor allem zu Lasten von Birke und Hasel. Da alle drei Taxa viel Pollen produzieren, waren die damit verbundenen Änderungen in der Vegetation vermutlich gering. Steigende Werte von Ulme, Linde und Esche und häufiges Auftreten von Mistelpollen zeigen eine weiter zunehmende Verbreitung der wärmeliebenden Laubgehölze. Zusätzlich gibt es nun Funde von Efeu (*Hedera*), sodass von verhältnismäßig milden Wintertemperaturen ausgegangen werden kann. Das Diagramm zeigt, dass lichtliebende Bäume wie Eiche und Kiefer die Wälder dominierten, in denen sicherlich eine Krautschicht vorhanden war. Trotzdem ist Pollen krautiger Taxa nur wenig vertreten, da das Kronendach der Bäume seine Verbreitung abschirmte. Ein erstes Auftreten von Pollenkörnern der Fichte (*Picea*) dürfte auf Fernflug zurückzuführen sein.

RPZ 9 (Zeitscheiben 5750 bis 4000 v. Chr.) ist durch deutlich erhöhte Werte von Pollen der Esche gekennzeichnet, während diejenigen der Hasel weiter absinken. Die Eiche erreicht in dieser Zeit ihre maximale Verbreitung. Im jüngeren Abschnitt dieser Zone sind Fichte und Buche (*Fagus*) durchgehend vertreten. In der jüngsten Zeitscheibe weisen regelmäßige Funde von Pollen des Spitzwegerichs (*Plantago lanceolata*-Typ) indirekt auf den Beginn des Ackerbaus in der Region hin. Der Anteil von Ulmenpollen geht im Verlauf der Zone etwas zurück. Der in den benachbarten Regionen deutliche klassische Ulmenfall (s. Exkurs Kap. 53) ist hier aber nur sehr schwach ausgeprägt, und die Ulme regenerierte sich in der anschließenden RPZ 10 (Zeitscheiben 3750 bis 1000 v. Chr.) zunächst wieder. Die Linde zeigt am Beginn dieser Zone ein Maximum. Ab 3200 v. Chr. sinken dann zuerst die Pollenanteile der Ulme, dann der Linde ab, während diejenigen des Spitzwegerichs und des Sauerampfers (*Rumex acetosa*-Typ) stark steigen. Der Getreide-Typ ist ab 2900 v. Chr. durchgehend und mit relativ hohen Werten vertreten. Diese Änderungen deuten auf Rodungen der auf den fruchtbareren Böden stockenden Ulmen und Linden für den Ackerbau. Die steinzeitliche Besiedlung, die sich auch in einem Pollendiagramm vom Nordrand der Barnimplatte zeigt (Müller 1961), führte somit auch zu einer Veränderung in der Zusammensetzung des Baumbestandes. Der Anteil der Fichte steigt zu Beginn der RPZ 10 vorübergehend etwas an. Er ist ähnlich hoch wie im südwestlich angrenzenden märkischen Gebiet außerhalb der baltischen Endmoräne. Vermutlich kam die Fichte in beiden Gebieten, zumindest vorübergehend, auf wenigen Sonderstandorten vor (Diskussion dazu s. Kap. 63). In Pollendiagrammen aus dem Blumenthal auf der südlichen Barnimplatte (Lokalitäten Lattsee und Pichemoor) zeichnen sich keine Fichtenvorkommen in dieser Periode ab (Scamoni und Lange 1990). Für die Hainbuche (*Carpinus*) und die Buche zeigt das Pollendiagramm einen Anstieg ab ca. 2600 v. Chr. Beide Baumarten konnten sich vermutlich spätestens in dieser Zeit im Gebiet etablieren. Die Eichenbestände gehen ab ca. 2200 v. Chr. deutlich zurück, entweder als Folge zunehmender Beschattung oder infolge vermehrter Nutzung.

In RPZ 11 (Zeitscheiben 750 bis 250 v. Chr.) ändert sich dieses Bild. Die Werte des Getreide-Typs und weiterer Siedlungszeiger steigen stark an und deuten auf weitverbreiteten Ackerbau. In den verbliebenen Wäldern gibt es weniger Standorte von Linden, Ulmen, Eschen und Haseln als vorher; Buche und Hainbuche sind dagegen häufiger. Als Grund für diese Veränderung ist zum einen ein weiter zunehmend dunkleres Kronendach anzunehmen, und möglicherweise spielt auch die Nutzung dieser Gehölze eine Rolle. So ist besonders die Esche ein bevorzugter Lieferant von Laubheu (s. Exkurs Kap. 21). In RPZ 12 (Zeitscheiben 0 bis 750 n. Chr.) steigen die Werte der Eiche wieder leicht an. Buche und Hainbuche erreichen ihr Maximum, bei etwa gleich hohen Anteilen im Pollendiagramm. Der damit verhältnismäßig hohe Anteil der Hainbuche zeigt sich auch im Norden der Barnimplatte (Müller 1961) und vor allem im Buckower Hügel- und Kesselland, wo die Hainbuche sogar deutlich höhere Werte als die Buche erreicht (Abb. 62.5). In den Pollendiagrammen von der südlichen Barnimplatte überwiegt dagegen eindeutig die Buche (Scamoni und Lange 1990). Parallel zur Ausbreitung von Buche und Hainbuche gehen die Werte der Kiefer stark zurück. Dieser lichtliebende Baum konnte in den schattigen Wäldern nur noch wenige Standorte finden. Der Rückgang der Kiefer ist ebenfalls deutlich in Pollendiagrammen von der südlichen Barnimplatte zu sehen. Auf den sandigeren Böden des Eberswalder Urstromtals ist er hingegen weit weniger stark ausgeprägt (Kloss 1994), und auch am Äppelbruch im Norden der Barnimplatte bleibt die Kiefer mit hohen Werten präsent. Dieses Moor liegt in einem Beckensandgebiet, das der Kiefer offensichtlich Standortvorteile bot (Müller 1961). So zeigt sich das Waldbild in dieser Zeit trotz weniger Untersuchungspunkte durchaus vielgestaltig. Der großflächige Rückzug der Kiefer in diesem Zeitraum in großen Teilen des Gebietes unterscheidet die Zusammensetzung der Wälder dort aber insgesamt deutlich von derjenigen im benachbarten märkischen Gebiet außerhalb der baltischen Endmoräne (s. Kap. 63) und der Niederlausitzer und Niederschlesischen Heide (s. Kap. 65), wo die Kiefer an den meisten Lokalitäten eine stärkere Präsenz behält. Die Entwicklung im brandenburgisch-pommerschen Jungmoränengebiet innerhalb der baltischen Endmoräne gleicht eher derjenigen im nördlich anschließenden östlichen Jungmoränengebiet (s. Kap. 61). Dort geht auf den vor Ort vorherrschenden fruchtbareren Böden mit der Ausbreitung der Buche ebenfalls die Kiefer stark zurück und bleibt vermutlich nur auf den ärmsten Standorten bestehen.

In RPZ 12 tritt Roggenpollen (*Secale*) kontinuierlich auf, dessen Funde auf einen Ackerbau kaiserzeitlicher Siedler deuten. Der obere Teil der Zone zeigt einen sehr starken Rückgang der Offenlandzeiger und deutet damit auf verminderte Landnutzung und weitgehende Wiederbewaldung während der Völkerwanderungszeit von 375–600 n. Chr. Im frühen Mittelalter um 850 n. Chr. kommt es dann zu erneuter Auflichtung des Waldes. Ebenfalls um 850 n. Chr. ist im Summendiagramm ein starker Einbruch in der Kurve der sonstigen Bäume zu erkennen, der auf einen gravierenden Erlenrückgang zurückzuführen ist. Wegen seiner relativ kurzen Dauer zeichnet sich dieser in der Erlenkurve des Standarddiagramms (Abb. 62.4) aufgrund der Darstellung in Zeitscheiben nicht ab. Es handelt sich bei diesem Rückgang der Erle um ein rund um die Ostsee bis ins Binnenland weitverbreitetes Phänomen, das aber wahrscheinlich keine anthropogene Ursache hat (s. u.).

RPZ 13 (Zeitscheiben 1000 und 1250 n. Chr.) zeigt die Entwicklung der Waldvegetation im Mittelalter. Buche und Hainbuche wurden in dieser Zeit stark gerodet. Maximale Werte der Offenlandzeiger in RPZ 14 (Zeitscheiben 1500 bis 2000 n. Chr.) belegen eine weitgehende Entwaldung der Neuenhagener Oderinsel. Eine Ausnahme stellt die Kiefer dar. Sie profitierte von der großflächigen Öffnung der Vegetation und wurde in jüngster Zeit großflächig als Lieferant für Nutzholz gepflanzt (s. Exkurs Kap. 40). Leicht erhöhte Werte der Fichte am Großen Krebssee dürften wohl auf einen größeren Anteil von Pollenfernflug zurückzuführen sein, der in der weitgehend entwaldeten Landschaft stärker zum Tragen kommt. Deutlich geringere Anteile von Erlenpollen lassen darauf schließen, dass nun auch die Niederungen stark in die Nutzung einbezogen, das heißt Erlenwälder in feuchtes Grünland umgewandelt wurden. Diese Entwicklung ist sowohl am Großen Krebssee als auch am Äppelbruch zu beobachten. Im jüngsten Abschnitt des Diagramms von der Neuenhagener Oderinsel zeigt sich dann wieder eine Zunahme der Erle, parallel zu leicht erhöhten Werten von Weide und Pappel. Dies könnte eine Ausbreitung dieser Gehölze auf neuen Feuchtstandorten im Bereich des alten Oderlaufs nach der Begradigung der Oder im Jahre 1753 reflektieren. Eine Wiederbewaldung mit Laubgehölzen trockener Standorte ist dort nicht zu verzeichnen; anders ist es auf der südlichen Barnimplatte, wo sich im Zeitraum von RPZ 14 mancherorts wieder Eichenwald ausbreitete. In Rohhumusprofilen aus dem Blumenthal ist für die letzten 200 Jahre eine anthropogen bedingte starke Ausbreitung von Hainbuchen zu erkennen, für deren Bestände dieses Waldgebiet bis heute bekannt ist (Scamoni und Lange 1990). Im gleichen Zeitraum ist am Äppelbruch am nördlichen Rand der Barnimplatte eine Zunahme der Buchen zu vermerken, die auch archivalisch belegt ist.

Die Siedlungsgeschichte im Spiegel der Pollenanalyse

Obwohl das frühe Neolithikum mit einzelnen Siedlungsplätzen aus der Linienbandkeramik und der Stichbandkeramik im Gebiet vertreten ist, zeigt sich im Pollendiagramm vom großen Krebssee Siedlungstätigkeit erst ab ca. 4000 v. Chr. mit einer durchgehenden Präsenz des Spitzwegerichs. Ab 2900 v. Chr. reflektieren dann hohe Werte des *Plantago lanceolata*- und des *Rumex acetosa*-Typs sowie eine durchgehende Getreidekurve eine Phase starker Besiedlung in der mittleren und späten Steinzeit. Aus dem mittleren Neolithikum sind im Gebiet mehrere Siedlungen, die überwiegend zur Trichterbecherkultur gehören, durch archäologische Befunde nachgewiesen. Einige befinden sich in der näheren Umgebung des Großen Krebssees. Das späte Neolithikum ist mit Siedlungsbefunden der (Oder-)Schnurkeramik relativ zahlreich vertreten; auffällig viele liegen nahe den Abhängen zum fischreichen Oderbruch. Zum Ende dieser Periode starker agrarischer Nutzung deuten relativ hohe Werte der Besenheide (*Calluna*) auf eine Podsolierung von Böden hin. Die Intensität der Landnutzung lässt in der älteren Bronzezeit um ca. 1650 v. Chr. deutlich nach, wie rückläufige Pollenwerte des *Plantago lanceolata*-Typs und des Getreide-Typs belegen. Ein solcher Siedlungsrückgang in der älteren Bronzezeit ist in Pollendiagrammen aus Brandenburg häufig zu beobachten und stimmt mit dem archäologischen Befund überein, denn die frühe und mittlere Bronzezeit ist nur mit wenigen Fundplätzen vertreten. Das Bild ändert sich in der jüngeren und späten Bronzezeit, in der die Landschaft stark besiedelt wurde, was sich in einer deutlichen Zunahme von Pollen des Getreide-Typs und anderer Siedlungszeiger widerspiegelt. Nicht durch die Pollenanalyse abzubilden ist dagegen die Einführung der Rispenhirse (*Panicum miliaceum*) im Gebiet, die aber in dieser Periode dort von Bedeutung war (u. a. Stika 2014). Die intensivere Landwirtschaft setzt sich auch in der Vorrömischen Eisenzeit fort; vorwiegend wurden Siedlungen der Göritzer Gruppe der Billendorfer Kultur nachgewiesen, die sich ebenfalls häufig an den Rändern der Niederungen befinden. Das Pollendiagramm vom Großen Krebssee zeigt diese Siedlungstätigkeit sehr deutlich durch vermehrten Nachweis von Getreide, Siedlungs- und Offenlandzeigern, z. B. den Wildgräsern. Pollen der Besenheide weist besonders hohe Werte auf. Diese starke Verheidung – möglicherweise eine Folge von Beweidung oder Übernutzug der Böden – ist in dieser Periode überregional auch in Pollendiagrammen aus dem märkischen Gebiet außerhalb der baltischen Endmoräne (s. Kap. 63) sowie dem östlichen Jungmoränengebiet (s. Kap. 61) und der Prignitz (s. Kap. 59) zu erkennen.

Roggenanbau ist für die Römische Kaiserzeit durch Pollenfunde nachgewiesen. Während der Völkerwanderungszeit von 375–600 n. Chr. belegt ein sehr starker Rückgang der Offenlandzeiger einen Rückgang der Landnutzung durch den Wegzug großer Teile der germanischen Bevölkerung. Aus der Völkerwanderungszeit gibt es im Gebiet auch nur wenige archäologische Fundstellen. Im frühen Mittelalter wanderte eine slawische Bevölkerung von Osten her ein, die ab dem 7. Jahrhundert erst auf den Grundmoränenplatten, später auch in den Niederungsgebieten lebte. Im Pollendiagramm vom Großen Krebssee ist die slawische Landwirtschaft erst ab 850 n. Chr. zu erkennen. Zeitgleich zum Wiederanstieg der Roggenkurve gibt es dort auch erste Funde von Pollen der Walnuss (*Juglans*). Dieser aus Kleinasien stammende Baum ist im Land Brandenburg aus slawischem Kontext sowohl pollenanalytisch als auch makrobotanisch mehrfach belegt (u. a. Stika und Jahns 2013). Man kann deshalb davon ausgehen, dass er im Zuge der slawischen Besiedlung in das Gebiet eingeführt wurde. In der jungslawischen Zeit (Zeitscheibe 1000 n. Chr.) zeigen hohe Werte des Roggens dessen Stellenwert als hauptsächliches Getreide der Bevölkerung dieser Zeit – so auch auf der südlichen Barnimplatte, im Buckower Hügel- und Kesselland und im Eberswalder Urstromtal nachgewiesen. Ab dem 13. Jahrhundert setzte vom Westen her, im Gebiet von Süden nach Norden fortschreitend, der hochmittelalterliche Landesausbau ein. Die Eiche kommt in dieser Zeit häufiger vor und deutet möglicherweise auf Eichelmast für Schweine. Ab 1300 n. Chr. belegen hohe Werte des *Cannabis/Humulus*-Typs die Nutzung des Großen Krebssees als Hanfröste (s. Exkurs Kap. 39), die bis in die frühe Neuzeit fortgeführt wurde. In den Zeitscheiben 1500 bis 2000 n. Chr. zeigt sich eine weitgehende Entwaldung, und der neuzeitliche Ackerbau dominiert das Gebiet. Er wird durch hohe Werte des Roggens und anderer Getreide sowie durch Funde von Ackerunkräutern des Wintergetreides, wie z. B. Vogelknöterich (*Polygonum aviculare*-Typ), und Knäuel (*Scleranthus*) reflektiert. Auch Buchweizen (*Fagopyrum*) tritt – wie fast überall in Brandenburg – in diesen Zeitraum in Erscheinung.

Das Pollendiagramm vom Kleinen Tornowsee

Das Diagramm vom Kleinen Tornowsee (Abb. 62.5) ist in fünf lokale Pollenzonen (PZ) unterteilt, die zeitlich den RPZ 11 bis 13 im Standarddiagramm entsprechen (Zeitscheiben 750 v. Chr. bis 1250 n. Chr.). Dem pollenanalytischen Befund zufolge waren große Teile der Barnimplatte in den RPZ 12 und 13 überwiegend mit Buchenwald bewachsen, und auf der Neuenhagener Oderinsel waren Buche und Hainbuche mit gleichen Anteilen vertreten. Das Pollendiagramm vom Kleinen Tornowsee zeigt hingegen für das Buckower Hügel- und Kesselland in diesem Zeitraum ein abweichendes Bild der Vegetationsentwicklung. Zwar kommt es auch hier zu einem Anstieg der Buche in PZ 1, die zeitlich parallel zu RPZ 11 im Standarddiagramm liegt, aber ihre Werte verbleiben auf vergleichsweise niedrigem Niveau. In PZ 2, ab ca. 70 n. Chr. breitet sich statt ihrer die Hainbuche aus und erreicht nach einem vorübergehenden Einbruch ab 350 n. Chr. sehr hohe Werte (PZ 3). Dies weist diesen Landstrich für diese Zeit als Hainbuchendominanzgebiet aus, wie es Tobolski (1990) für Landschaften östlich der Oder beschreibt. Diese starke Präsenz der Hainbuche fällt mit der Völkerwanderungszeit (375–600 n. Chr.) zusammen; ihre höchsten Werte erreicht sie zu deren Ende hin. Für diese Periode waren kalte Wintertemperaturen charakteristisch, die der frostresistenten Hainbuche einen Vorteil verschafft haben könnten. Um ca. 550 n. Chr. gehen die Pollenwerte der Hainbuche zurück, und die Eichenwerte steigen an (PZ 4). Parallel zeigt eine Zunahme von Roggen und Offenlandzeigern wie Wildgräsern, Spitzwegerich, Sauerampfer und Beifuß den Beginn einer Besiedlungsphase am Kleinen Tornowsee. Ob es sich dabei bereits um eine sehr frühe Einwanderung slawischer Siedler handelt (s. o.) oder ob sich hierin die Landwirtschaft einer noch verbliebenen germanischen Bevölkerung widerspiegelt, lässt sich beim jetzigen archäologischen Forschungsstand nicht abschließend sagen. Gegen 730 n. Chr. geht die Siedlungstätigkeit zurück, und es breiten sich Birken aus. Gegen ca. 820 n. Chr. etablieren sich – nach einer vorhergehenden Abnahme der Werte von *Quercus* – lichte Eichenbestände, in denen auch Kiefern Standorte haben.

Ebenfalls um 820 n. Chr. ist ein starker Rückgang der Erle zu erkennen, von dem sich die Bestände erst ab 900 n. Chr. wieder erholten. Dieses Phänomen, das auch im Standarddiagramm zu sehen ist (s. o.), zeigt sich in zahlreichen Pollendiagramm in Landschaften um die Ostsee und auch im Binnenland (vgl. Kap. 59, 60, 61 u. 64). Ein Zusammenhang mit menschlicher Siedlungstätigkeit ist hier nicht wahrscheinlich; vielmehr wurde dieser Rückgang der Erle möglicherweise durch den Befall mit einem pathogenen Pilz verursacht, der durch starke Hochwasserereignisse weite Verbreitung fand (Latałowa et al. 2019).

Literatur

de Klerk P (2008) Patterns in vegetation and sedimentation during the Weichselian Late-glacial in north-eastern Germany. Journal of Biogeography 35: 1308–1322

Hofmann G, Pommer U (2005) Potentielle Natürliche Vegetation von Brandenburg und Berlin mit Karte im Maßstab 1 : 200.000. Eberswalder Forstliche Schriftenreihe 24. Ministerium für ländliche Entwicklung, Umwelt und Verbraucherschutz, Potsdam

Jahns S (2000) Late-glacial and Holocene woodland dynamics and land-use history of the Lower Oder valley, north-eastern Germany, based on two, AMS ^{14}C dated, pollen profiles. Vegetation History and Archaeobotany 9: 111–123

Kloss K (1994) Das Pollendiagramm vom Schlangenpfuhl in Eberswalde, Kr. Barnim. Veröffentlichungen des Brandenburgischen Landesmuseums für Ur- und Frühgeschichte 28: 99–103

Kossler A (2010) Faunen und Floren der limnisch-telmatischen Schichtenfolge des Paddenluchs (Brandenburg, Rüdersdorf) vom ausgehenden Weichselhochglazial bis ins Holozän – Aussagen zu Paläomilieu und Klimabedingungen. Berliner paläobiologische Abhandlungen 11. Institut für Geologische Wissenschaften, Freie Universität Berlin

Latałowa M, Święta-Musznicka J, Słowiński M, Pędziszewska A, Noryśkiewicz AM, Zimny M, Obremska M, Ott F, Stivrins N, Pasanen L, et al. (2019) Abrupt *Alnus* population decline at the end of the first millennium CE in Europe – The event ecology, possible causes and implications. The Holocene 29: 1335–1349

Litt T, Behre KE, Meyer KD, Stephan HJ, Wansa S (2007) Stratigraphische Begriffe für das Quartär des norddeutschen Vereisungsgebietes. Eiszeitalter und Gegenwart 56: 7–65

Müller HM (1961) Ein Pollendiagramm vom Äppelbruch bei Eberswalde (Ein Beitrag zur Waldentwicklung). Archiv für Forstwesen 10: 809–816

Scamoni A, Lange E (1990) Die Wälder des Blumenthals – eine entwicklungsgeschichtlich-vegetationskundliche Studie. Gleditschia 18: 263–283

Scholz E (1971) Naturräumliche Gliederung Brandenburgs. Pädagogisches Bezirkskabinett, Potsdam

Stika HP (2014) Botanische Makroreste – Archäobotanische Ergebnisse. In: Beilke-Voigt I (ed) Das jungbronze- und früheisenzeitliche Burgzentrum von Lossow. Ergebnisse der Ausgrabungen 2008 und 2009. Materialien zur Archäologie in Brandenburg 8. Marie Leidorf, Rahden/Westfalen, 139–145

Stika HP, Jahns S (2013) Pflanzliche Großreste und Pollen aus Slawensiedlungen an der unteren Mittelelbe. In: Willroth KH, Beug HJ, Lüth F, Schopper F (eds) Slawen an der unteren Mittelelbe. Frühmittelalterliche Archäologie zwischen Ostsee und Mittelmeer 4. Reichert, Wiesbaden, 253–268

Strahl J (2005) Zur Pollenstratigraphie des Weichselspätglazials von Berlin-Brandenburg. Brandenburger geowissenschaftliche Beiträge 12: 87–112

Tobolski K (1990) Paläoökologische Untersuchungen des Siedlungsgebietes im Lednica-Landschaftspark (Nordwestpolen). Offa 47: 109–131

Märkisches Gebiet außerhalb der baltischen Endmoräne

63

Susanne Jahns, Arthur Brande, Thomas Giesecke und Steffen Wolters

Das Rhinluch bei Friesack im Thorn-Eberswalder Urstromtal, Lkr. Havelland (Foto: S. Jahns)

Ergänzende Information Die elektronische Version dieses Kapitels enthält Zusatzmaterial, auf das über folgenden Link zugegriffen werden kann [https://doi.org/10.1007/978-3-662-68936-3_63].

S. Jahns (✉)
Brandenburg. Landesamt f. Denkmalpflege u. Archäol. Landesmuseum, Wünsdorf, Deutschland
e-mail: susanne.jahns@bldam.brandenburg.de

A. Brande
Institut für Ökologie, Technische Universität, Berlin, Deutschland

T. Giesecke
Physical Geography, Universiteit Utrecht, Utrecht, Niederlande

S. Wolters
Niedersächsisches Institut für historische Küstenforschung, Wilhelmshaven, Deutschland

Der Naturraum

Morphogenese und Böden

Die Topographie des Gebietes (Abb. 63.1) wurde durch die Inlandvereisungen des Quartärs geformt. Dabei überprägte die letzte Vereisung (Weichseleiszeit) meist das ältere, während der vorletzten Vereisung (Saaleeiszeit) angelegte Relief. Der Seenreichtum in den nördlichen und östlichen Teilen geht ebenfalls auf die Weichselvereisung zurück, die lediglich diese Teile des hier beschriebenen Gebietes erreicht hat. Die Schmelzwässer haben dabei ein Netzwerk von weiten Urstromtälern geschaffen, welche die welligen Ebenen der Grundmoränen in Platten zerteilen. Südlich davon liegt der Fläming als Teil des Südlichen Landrückens, der am Hagelberg 200 m NN erreicht. Dieser Höhenzug wurde durch Eisrandlagen der saalezeitlichen Vereisung aufgeschoben, jedoch vor allem durch periglaziäre Vorgänge in der letzten Eiszeit weitgehend wieder abgetragen, sodass sich ein abgerundetes Relief ergibt. Südlich des Flämings fließt die Elbe im saalezeitlich geformten Breslau-Bremer (Baruther) Urstromtal, das den südlichen Teil des Gebietes charakterisiert.

Entsprechend der Gliederung in Jung- und Altmoränengebiete mit den pleistozänen und holozänen Substraten aus Geschiebemergel oder -lehm bis zu Tal- und Flugsanden besteht ein Nordost-Südwest-Trophiegradient der Böden. Parabraunerden, Fahlerden und Pseudogleye sind neben sandigen Podsol-Braunerden die Hauptbodentypen der grundwasserfernen Lagen, auf einem periglazialen Sandlössstreifen im Fläming auch Braunerden. Gleye, Anmoor- und Moorgleye dominieren in den Talungen, soweit diese nicht entwässert und melioriert wurden. Vorherrschende Moortypen des Jungmoränengebietes sind auf den End- und Grundmoränenflächen zahlreiche Verlandungs- und Kesselmoore, randlich oft mit Podsolgleyen, in den Talungen Durchströmungs- und Versumpfungsmoore, stellenweise auch über limnischen Substraten. Demgegenüber treten im Altmoränengebiet nur vereinzelt Hang-, Quell- und Durchströmungsmoore auf (Kühn et al. 2015).

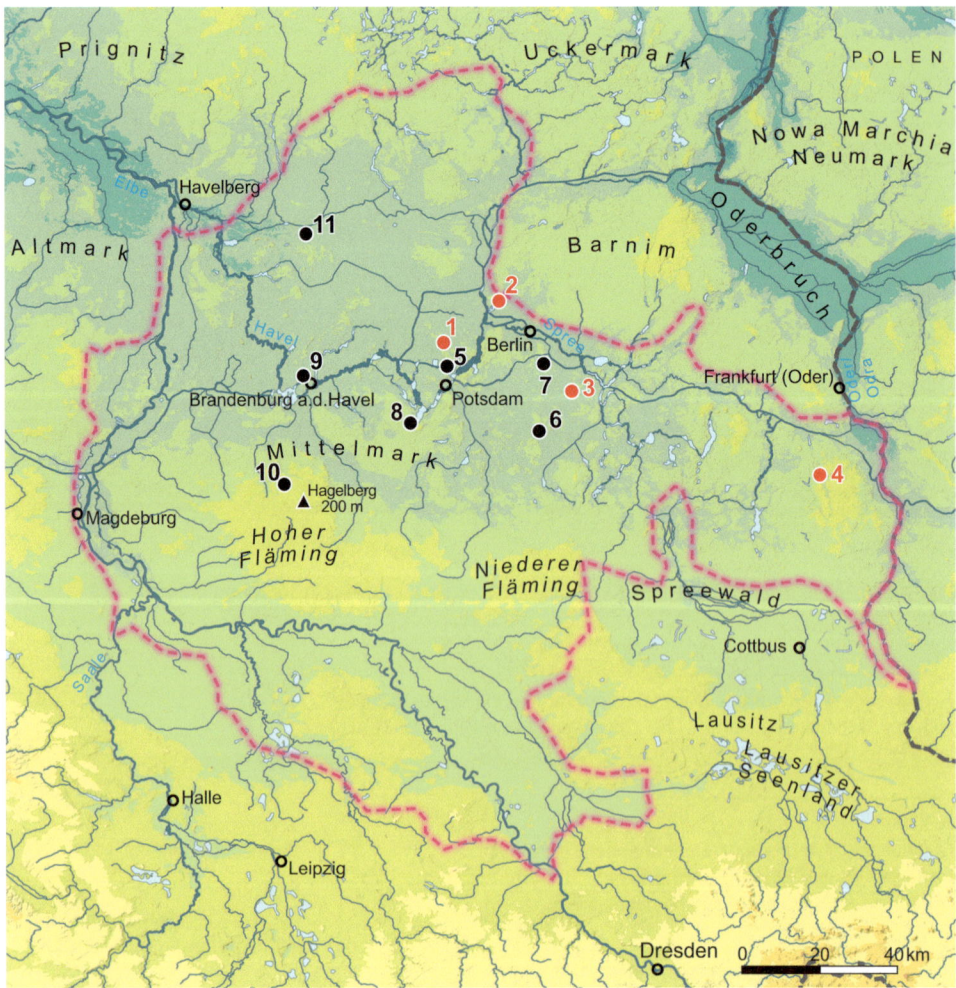

Abb. 63.1 Karte des märkischen Gebiets außerhalb der baltischen Endmoräne mit pollenanalytisch untersuchten Lokalitäten für das standardisierte Pollendiagramm:
1 Kienfenn,
2 Tegeler See,
3 Kienberger Rinne 6.
Zusätzlich diskutierte Diagramme:
2 Tegeler See,
4 Großer Treppelsee.
Weitere im Text erwähnte Lokalitäten:
5 Sacrower See,
6 Rangsdorfer See,
7 Hufeisenteich Britz,
8 Großes Moor bei Ferch,
9 Marienberg,
10 Egelinde,
11 Friesack

Klima

Die Nordost-Südwest-Erstreckung über 280 km von der Unterelbe bis zur Lausitzer Neiße bedingt einen Übergang von gemäßigtem subozeanisch zu subkontinental geprägtem Binnentieflandklima. Dieser Übergangscharakter macht sich vor allem in den mittleren Jahresniederschlägen von 600 mm im Nordwesten zu 550 mm im Südosten bemerkbar. Der Gradient der thermischen Kontinentalität von gemäßigt ozeanisch zu gemäßigt kontinental ist weniger deutlich ausgeprägt. Die Jahresmitteltemperatur von 8–9 °C folgt ebenfalls diesem Gradienten. Dabei wird die Zahl der Frosttage (90–104) auch durch die topographischen Unterschiede zwischen Grundmoränenplatten und Talgebieten mitbestimmt. So ist der Hohe Fläming im Südwesten (bis 200 m NN) etwas kühler und mit 640 mm Jahresniederschlag feuchter als die nördlich angrenzenden Gebiete.

Vegetation

Vegetationsgeschichtlich gehörte das Gebiet nach Firbas (1952) in der Älteren Nachwärmezeit (IX) im nördlichen Teil zum Eichen-Kiefern-Gebiet, im mittleren und südlichen Teil zum eichenarmen Kieferngebiet und im westlichen Teil nördlich der Elbe zum Buchenmischwaldgebiet, auf Sandböden jeweils mit Begünstigung der Kiefer.

Nach Hofmann und Pommer (2005) würden als potenzielle natürliche Vegetation im Nordwesten des Gebietes auf Sand- und Lehmböden Hainsimsen- und Waldmeister-Buchenwälder überwiegen, im subozeanisch beeinflussten Westen stellenweise auch Hainbuchen-Buchen- und Eichen-Buchen-Wälder. Auf entwässerten und meliorierten Niedermooren in den Urstromtälern wären Erlenwälder verbreitet. Für den zentralen und östlichen Teil werden Winterlinden-Eichen-Hainbuchen-Wälder auf den Grundmoränenplatten angegeben, auf grundwasserfernen Sandböden Kiefernwälder, Kiefern-Eichen-Wälder und Eichenwälder. Im Fläming sind Eichen-Buchen-Wälder und ein Hainbuchen-Buchen-Waldtyp genannt.

Für den Winterlinden-Eichen-Hainbuchen-Wald der Grundmoränenplatten im mittleren Teil des Gebietes kann jedoch ausgeschlossen werden, dass er mit entsprechenden Waldtypen der Urlandschaft des Älteren Subatlantikums (IX) vergleichbar ist. Derartige Wälder existierten nicht, da in den damaligen Kiefern-Eichen-(Buchen-)Wäldern dieser Gebiete der Anteil von Hainbuche und Linde zu gering gewesen ist. Andererseits ist das aktuelle Ausbreitungspotenzial der Winterlinde auf Parabraunerde und Braunerde bei Abwesenheit von Konkurrenten, besonders Buche und Hainbuche, beträchtlich (Wolters 2002).

Schwierigkeiten bereitet die Ermittlung des Kiefernanteils in den verschiedenen Waldgesellschaften der ursprünglichen Vegetation und damit auch in der potenziellen natürlichen Vegetation. Das gilt besonders für die nährstoffarmen Sandgebiete, wie am Beispiel des Flämings und des südlichen Potsdamer Raumes gezeigt wurde (Brande 2007; Rubin et al. 2008).

Bei heutigen Waldbeständen handelt es sich häufig, vor allem auf den oligotrophen Sandböden, um Kiefernforste in Monokultur (Abb. 63.2). Laubwaldbestände sind seltener. Als invasive Art breitet sich vielerorts die Robinie aus. Die fruchtbaren Böden auf den Grundmoränen werden großräumig als Ackerland genutzt. Die großen Niederungsgebiete in den Urstromtälern, wie z. B. das auf dem Landschaftsbild am Anfang des Kapitels gezeigte Rhinluch, sind heute zu Grünland umgewandelt.

Abb. 63.2 Kiefernbestand im Schlaubetal, Lkr. Oder-Spree (Foto: J. Möller)

Forschungsgeschichte und Pollenarchive

Im Jungmoränenbereich des Gebietes existieren zahlreiche Moore, die sich für Untersuchungen zur holozänen Vegetationsgeschichte eignen. Hinzu kommen in den großen Niederungen der Urstromtäler viele Seen in den teilweise stark verzweigten Flusssystemen von Havel und Spree sowie glazigene Kesselseen mit Toteisgenese, Rinnenseen und Seen der Gletscherzungenbecken. Das Altmoränengebiet ist hingegen vergleichsweise arm an Mooren und Seen.

Seit Ende der 1920er-Jahre wurden von den Vegetations-, Moor- und Forstkundlern Kurt Hueck, Lotte Hein und Herbert Hesmer die ersten Pollendiagramme zu waldgeschichtlichen Untersuchungen im Gebiet vorgelegt. Diese wurden seit den 1930er-Jahren durch Rudolf Schütrumpfs Pollenanalysen auf Ausgrabungen des Museums für Vor- und Frühgeschichte Berlin ergänzt. Danach kam es zu einer Unterbrechung der vegetationsgeschichtlichen Arbeiten von nahezu 30 Jahren. Erst Ende der 1950er-Jahre führte Horst Kirk an der Forstwissenschaftlichen Fakultät in Eberswalde pollenanalytische Untersuchungen im ostbrandenburgischen Schlaubetal durch. Ebenfalls in Eberswalde wurden mit Beginn der 1960er- bis Anfang der 1970er-Jahre die vegetationsgeschichtlichen Forschungen von Hanna M. Müller am Institut für Waldkunde der Humboldt-Universität und am Institut für Forstwissenschaft der Akademie der Landwirtschaftswissenschaften fortgesetzt; wieder mit dem Schwerpunkt Wald- und Forstgeschichte. Anschließend erfolgte ein großer Teil der Pollenanalysen an holozänen Sedimenten durch Elsbeth Lange an der Akademie der Wissenschaften der DDR in Berlin sowie von Klaus Kloss am Museum für Ur- und Frühgeschichte in Potsdam. Entsprechend der Interessenlage ihrer Institutionen hatten diese Arbeiten einen Fokus auf archäologischen Fragestellungen. Von Kloss ist besonders seine Umweltrekonstruktion beim mesolithischen Lagerplatz Friesack hervorzuheben. Einige der Pollenanalysen von Kloss wurden erst in den 2000er-Jahren durch Pim de Klerk und Susanne Jahns publiziert. Ein weiterer Schwerpunkt der Pollenanalyse lag seit Mitte der 1970er-Jahre an der Technischen Universität (TU) Berlin bei Arthur Brande und seiner Arbeitsgruppe. Als Folge der damaligen politischen Teilung Deutschlands waren diese Arbeiten bis 1989 auf den Westteil der Stadt Berlin beschränkt und fanden, neben der Bearbeitung vielfältiger archäologischer, geomorphologischer, bodenkundlicher und limnologischer Fragestellungen, im Rahmen der Forschungen zu Naturschutz und Stadtökologie statt. Durch die politische Wende von 1989 konnten die Pollenanalysen an der TU Berlin bis zur Auflösung dieser Fachrichtung dort im Jahr 2008 auf das Berliner Umland erweitert werden; zu nennen sind u. a. die Arbeiten von Steffen Wolters in der Döberitzer Heide und von Thomas Giesecke im Schlaubetal. Institutionell werden Pollenanalysen mit vorwiegend archäologischen Fragestellungen im Gebiet vom Brandenburgischen Landesamt für Denkmalpflege und Archäologischem Landesmuseum durchgeführt, erst durch Felix Bittmann, aktuell durch Susanne Jahns. Im Rahmen eines DFG-Projekts zu mittelalterlichen Dörfern untersuchten Dirk Sudhaus und Ximena Tabares Moore und Kleinstgewässer. Ein weiterer Standort für Pollenanalyse ist das Landesamt für Bergbau, Geologie und Rohstoffe Brandenburg mit Klaus Erd und Jaqueline Strahl. Dort liegt der Schwerpunkt auf stratigraphischen und geologischen Fragestellungen, besonders zum Weichsel-Spätglazial und dem Jung- und Mittelpleistozän. An der Freien Universität Berlin erstellte Pim de Klerk ein Pollendiagramm vom Rangsdorfer See im Rahmen eines befristeten Projekts am Institut für Prähistorische Archäologie. Eine vollständige Literaturliste befindet sich im Anhang.

Regionale Vegetations- und Waldgeschichte

Für die Beschreibung der Waldgeschichte des Gebietes wurden die pollenanalytischen Untersuchungen vom Kienfenn in der Döberitzer Heide (Zeitscheiben 12.000 bis 9750 v. Chr.), vom Tegeler See in Berlin (Zeitscheiben 9500 v. Chr. bis 1000 n. Chr.) und von der Kienberger Rinne südlich von Berlin (Zeitscheiben 1250 bis 2000 n. Chr.) (Wolters 2002; Brande 1996; Jahns et al. 2022) zu einem standardisierten Pollendiagramm kombiniert (Abb. 63.3). Das Profil aus der Kienberger Rinne und der obere Teil des Profils vom Tegeler See verfügen über ^{14}C-Datierungen. Für die undatierten Abschnitte des Holozäns wurde für das Altersmodell die Chronologie aus dem Sacrower See übertragen, das auf einer größeren Anzahl von ^{14}C-Datierungen an pflanzlichen Makroresten basiert (Enters et al. 2010). Für das Spätglazial wurden die Chronostratigraphie nach Litt et al. (2007) und die Lage der Laacher See-Tephra (LST) als Zeithorizont verwendet (s. Kap. 6). Das Pollendiagramm ist in 14 regionale Pollenzonen (RPZ) unterteilt (s. auch Tab. S 63.1 im elektronischen Zusatzmaterial).

Da das große Gebiet einen deutlichen Klimagradienten aufweist, wird als Ergänzung für den östlichen Teil die Entwicklung der Chronozonen VII^C–X^C bezüglich der Anteile von Buche, Hainbuche und Fichte anhand eines Vergleichs des Pollendiagramms vom Tegeler See mit demjenigen vom Großen Treppelsee im Schlaubetal gezeigt (Abb. 63.4). Für das Pollendiagramm vom Großen Treppelsee liegt eine auf der Datierung von pflanzlichen Makroresten basierende Chronologie vor (Giesecke 2001).

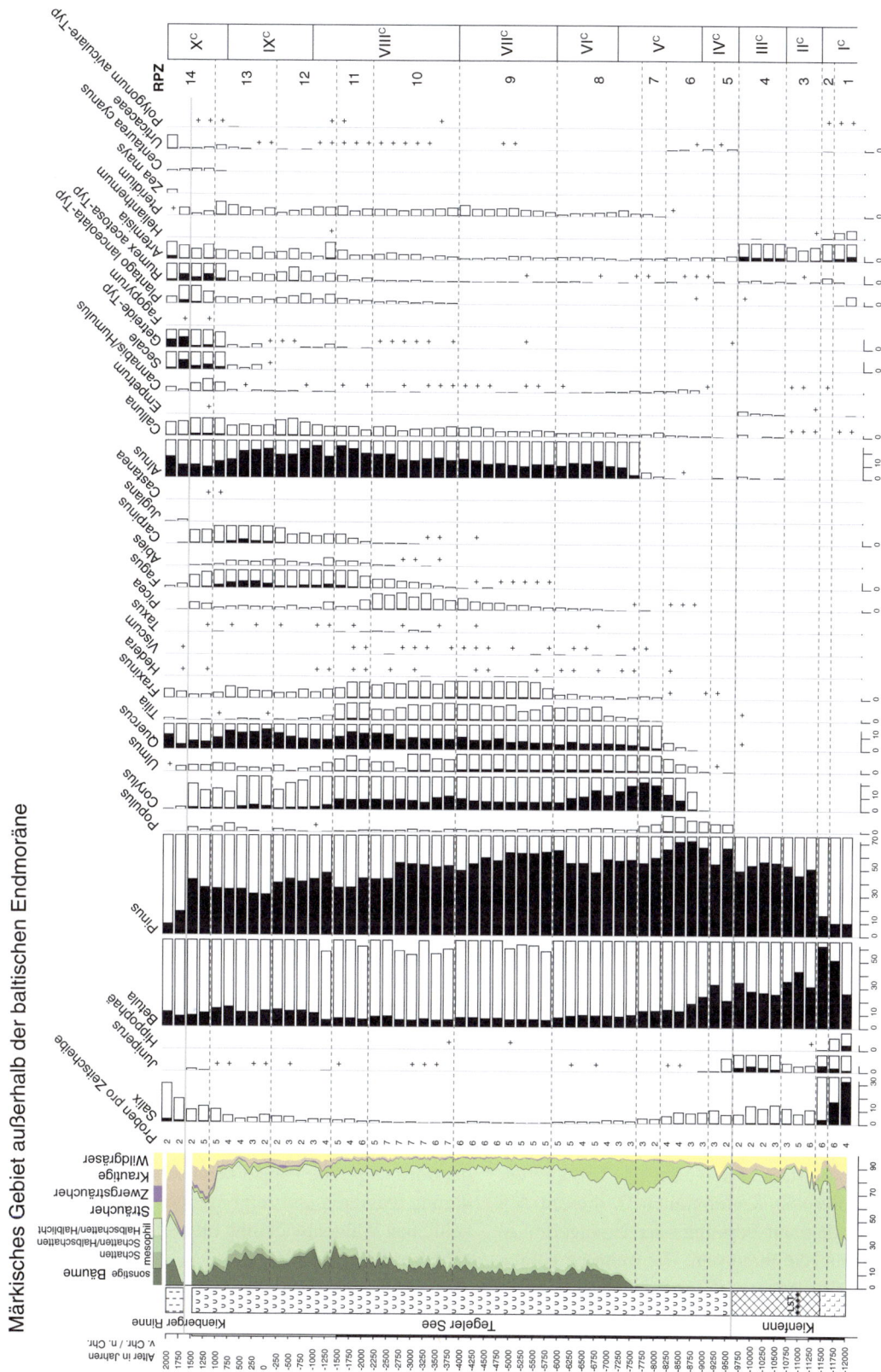

Abb. 63.3 Standardisiertes Pollendiagramm für das märkische Gebiet außerhalb der baltischen Endmoräne, kombiniert aus den Profilen Kienfenn (32 m NN, Wolters 2002), Tegeler See (31 m NN, Brande 1996) und Kienberger Rinne 6 (40 m NN, Jahns et al. 2022)

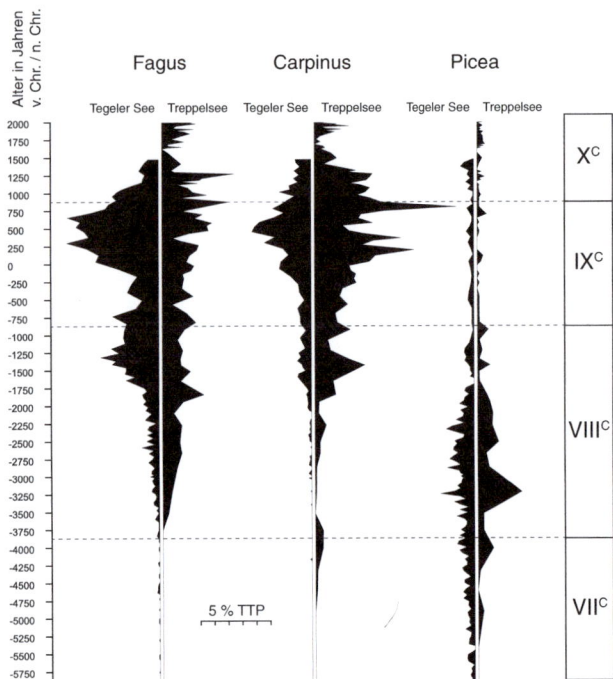

Abb. 63.4 Zwei Pollendiagramme aus dem märkischen Gebiet außerhalb der baltischen Endmoräne zeigen die Unterschiede in den Anteilen von Fichte, Buche und Hainbuche im westlichen Teil des Gebiets am Tegeler See (31 m NN, Brande 1996) gegenüber dem östlichen Teil am Großen Treppelsee (52 m NN, Giesecke 2001) in den Chronozonen VII^C–X^C

Spätglazial

Das Pollendiagramm vom Kienfenn in der Döberitzer Heide zeigt beispielhaft die spätglaziale Vegetationsentwicklung im Gebiet. Die ersten Gehölze, die sich am Ende der letzten Eiszeit in ganz Brandenburg in einer noch waldfreien Landschaft ausbreiteten (RPZ 1, Zeitscheiben 12.000 bis 11.750 v. Chr.), waren strauchförmige Birken und Weiden (z. B. *Betula nana*, *B. humilis*, *Salix repens*, *S. herbacea*), Wacholder (*Juniperus*) und Sanddorn (*Hippophaë rhamnoides*). Letzterer konnte sich auf dem noch wenig befestigten Untergrund in den Jungmoränengebieten leicht ansiedeln und war dort weitverbreitet. Als lichtliebender Strauch hatte er in der ersten noch waldfreien Phase nach dem Ende des Weichsel-Glazials gute Standortbedingungen. Häufiges Auftreten von Beifuß (*Artemisia*) unterstreicht den offenen Charakter der Vegetation. Die Funde von Kiefernpollen in diesem Abschnitt dürften vor allem auf Fernflug oder Umlagerungen älteren Materials zurückzuführen sein. Die weiteren Klimaschwankungen der Chronozone I^C sind in RPZ 2 (Zeitscheibe 11.500 v. Chr.) zusammengefasst. Sie dauerten jeweils nicht einmal 200 Jahre und sind in der hier gewählten Darstellung nicht aufgelöst. Auf die erwähnte Ausbreitung der Sträucher folgte eine relativ kurzfristige Abkühlungsphase, die Älteste Dryaszeit, mit weiterhin hohen Werten von *Hippophaë*. Während der anschließenden neuerlichen Erwärmung im Bølling-Interstadial breitete sich die Birke stark aus. Der deutliche Rückgang der Sanddornbestände weist dabei auf eine zunehmende Konkurrenz durch Baumbirken hin (*Betula pendula*, *B. pubescens*), von denen aus dieser Zeit auch Blatt- und Fruchtfunde bekannt sind. Eine stärkere Beschattung ist aber noch nicht angezeigt, da der Wacholder mit hohen Pollenwerten vertreten ist.

Auf das Bølling folgte eine weitere stadiale Phase, die Ältere Dryaszeit. Mit der Ausbreitung der Kiefer (*Pinus*) seit 11.400 v. Chr., im Allerød-Interstadial (RPZ 3, Zeitscheiben 11.250 bis 10.750 v. Chr.), nahm die Beschattung in den Wäldern stark zu. Die Anwesenheit der Kiefer (*Pinus sylvestris*) ist neben hohen Pollenfrequenzen auch durch zahlreiche Funde von Nadeln und Nadel-Spaltöffnungen belegt. Entsprechend dem nun zunehmenden Kronenschluss in den Wäldern gehen die Werte des Wacholders und anderer lichtliebender Arten zurück. Gleichzeitig gibt es Nachweise von wärmeliebenden Gehölzen wie der Pappel (*Populus*). Eine vorübergehende Ausbreitung der Birken in diesem Abschnitt könnte auf die Bildung von Birkenbrüchern in feuchten Senken zurückzuführen sein, denn bei Untersuchungen an Standorten, die edaphisch die Kiefer begünstigen, ist die Birke deutlich weniger vertreten (Brande 1980).

Auf das Allerød folgte gegen 10.700 v. Chr. die letzte Kaltphase des Spätglazials, die Jüngere Dryaszeit in RPZ 4 (Zeitscheiben 10.500 bis 9750 v. Chr.), mit einer erneuten Öffnung der Wälder, verursacht durch die geringeren Temperaturen und ein trockeneres Klima. Waldbestände mit Birken und Kiefern existierten aber an günstigen Standorten weiter. Sie hatten ein lichtes Kronendach, unter dem Wacholder als Strauchschicht und eine dichte Krautschicht wuchsen. Neben Gräsern waren Heliophyten häufig, wie hohe Pollenwerte von Beifuß (*Artemisia*), Sauerampfer (*Rumex acetosa*-Typ) und Gänsefußgewächsen (Chenopodiaceae) zeigen, und auch die Krähenbeere (*Empetrum*) kam vor.

Holozän

Das Ende der letzten Kältephase ist im Diagramm vom Tegeler See an einem schnellen Rückgang von Wacholder und Beifuß zu erkennen. Dadurch wird die Schließung der Wälder angezeigt. Die Pappel kann schnell auf die Klimaveränderung reagieren und zeigt in dieser ersten Phase der warmzeitlichen Waldentwicklung oft höhere Anteile (RPZ 5, Zeitscheiben 9500 bis 9250 v. Chr.).

Während des gesamten Holozäns herrscht im Gebiet die Kiefer im Pollenniederschlag vor. In der RPZ 5 sind die Werte der Birken weiterhin hoch. Insgesamt ist die Ausbreitung der Birke im Gebiet aber uneinheitlich und pollenstratigraphisch schwierig zu korrelieren (s. Brande 1980). Sie ist möglicherweise als Folge zunehmender Feuchtigkeit zu betrachten und daher je nach Bodenverhältnissen unterschiedlich verlaufen. Die Werte der Wildgräser deuten auf einen weiterhin hohen Lichtgenuss in den Wäldern hin, obwohl andere heliophile Taxa wie *Juniperus* und *Artemisia* zurückgehen. Die präboreale Abkühlungsphase ist im Gebiet selten nachzuweisen, da es nicht zu größeren Auflichtungen kommt und das Verhältnis von Kiefer zu Birke sich nur bedingt für einen Nachweis eignet. Nur an wenigen Lokalitäten deutet sie sich bisher an (u. a. Kleinmann et al. 2002; Wolters 2002). Sukzessive wandern Laubhölzer in das Gebiet ein (RPZ 6, Zeitscheiben 9000 bis 8250 v. Chr.), erst die Ulme (*Ulmus*), dann die Hasel (*Corylus*) und schließlich Eiche (*Quercus*), Linde (*Tilia*) und auch Esche (*Fraxinus*). *Corylus* zeigt in RPZ 7 (Zeitscheiben 8000 bis 7750 v. Chr.) das typische Maximum, das aber 20 % nicht überschreitet. Solche Werte der Hasel – heute vorwiegend an Waldrändern zu finden – weisen sie als Bildner einer Strauchschicht in den Kiefern-Birken-Wäldern des Boreals aus. Generell sind im Gebiet die Werte der Hasel aber nicht sonderlich hoch, und in der Nähe seiner östlichen Grenze gibt es sogar Pollendiagramme, die eine Ausbreitung der Hasel im Boreal ohne ein Maximum zeigen. So unterscheidet sich das Gebiet klar von den weiter westlich gelegenen Landschaften, bei denen die Werte der Hasel im Boreal ein Mehrfaches erreichten. Als ein Grund für die vergleichsweise niedrigen Haselwerte im Osten ist das kontinentalere Klima dort anzunehmen.

Die Etablierung von Eichenwäldern mit Ulmen, Linden und Eschen in RPZ 8 (Zeitscheiben 7500 bis 6000 v. Chr.) führte zu einem Rückgang der Haselbestände. Bei der Ausbreitung von Erlenbruchwäldern stellt das Gebiet eine Übergangszone zwischen einer plötzlichen und großräumigen, gleichzeitigen Erlenausbreitung um 7500 v. Chr. im Osten zu einer graduellen und in der Dynamik uneinheitlichen Ausbreitung im Westen dar (Giesecke et al. 2011). Inwieweit diese mit einem Anstieg des Grundwasserspiegels erklärt werden kann, lässt sich derzeit nicht sagen. Parallel dazu gehen die Werte der Weide, die bis dahin die feuchteren Standorte besiedelt hatte, stark zurück. Efeu (*Hedera*) und Mistel (*Viscum*) – als insektenblütige Arten stark unterrepräsentiert – treten von RPZ 8 bis 11 als fester Bestandteil der damaligen Waldvegetation auf. Zusammen mit dem Fehlen der Stechpalme (*Ilex*) zeigen diese beiden immergrünen Arten ein Klima mit einem Kontinentalitätsindex nach Iversen (1960) von 60 gegenüber 30 in den weiter westlich gelegenen küstennahen Geestgebieten (s. Kap. 57) und im westlichen Jungmoränengebiet an (s. Kap. 60) (Brande 1994). Um 6000 v. Chr. kommt es am Beginn von RPZ 9 zur Ausbreitung der Esche. Ansonsten sind in RPZ 8 und in der nachfolgenden RPZ 9 (Zeitscheiben 5750 bis 4000 v. Chr.) außer einem geringfügigen, aber kontinuierlichen Anstieg der Fichte (*Picea*) keine größeren Veränderungen in der Zusammensetzung der Wälder zu beobachten. Der Beginn der RPZ 10 (Zeitscheiben 3750 bis 2250 v. Chr.) ist durch einen Rückgang der Ulme gekennzeichnet, den sogenannten klassischen Ulmenfall (s. Exkurs Kap. 53). Seit dieser Zeit tritt Pollen der Buche (*Fagus*) in den Diagrammen der Region häufiger auf. Die Prozentwerte bleiben aber gering. Die Rotbuche (*Fagus sylvatica*) war demnach zwar etabliert, aber noch nicht bestandsbildend. Fichtenpollen erreicht zu dieser Zeit seine höchsten Werte mit Maxima um 2–3 %, vor allem in den östlichen Teilen. Das könnte mit dem Anstieg der Kontinentalität nach Osten erklärt werden. Ähnlich wie die Buche ist auch die Fichte (*Picea abies*) zu dieser Zeit sicher nur ein seltener Bestandteil der märkischen Wälder und möglicherweise an besondere Standorte mit Grundwassereinfluss gebunden. Sowohl das Standarddiagramm (Abb. 63.3) als auch die beiden weiteren Pollendiagramme in Abb. 63.4 zeigen, wie die Fichtenanteile mit dem Steigen der Buchenwerte um 1500 v. Chr. wieder absinken. Dies deutet auf eine Konkurrenz der beiden Arten auf weniger grundwasserbeeinflussten Standorten hin. Wir wollen darauf hinweisen, dass die Anwesenheit der Fichte bisher nicht durch Großreste wie Holz, Nadeln oder Zapfenschuppen belegt ist, jedoch kann bei Pollenwerten von mehr als 1 % die regionale Anwesenheit des Baumes angenommen werden (Lisitsyna et al. 2011).

Weiterhin ist in der RPZ 10, begünstigt durch den Ulmenfall und klimatisch-edaphische Faktoren, eine Häufung der Eibe (*Taxus*) bis zu 0,5 % im regionalen Pollenniederschlag zu erkennen (Brande 1994). Auch gibt es Nachweise von Lokalvorkommen, so an Moorrändern, nachgewiesen durch Pollen und Holzreste. Neben der Buche breitet sich auch die Hainbuche (*Carpinus betulus*) aus. Damit wird in RPZ 10 der größte Reichtum der Gehölztaxa erreicht. Zugleich zeigen sich die ersten deutlichen Hinweise auf menschliche Besiedlung im mittleren Neolithikum. Ein Zusammenhang zwischen der menschlichen Siedlungstätigkeit und der gleichzeitigen Ausbreitung der Buche wird für wahrscheinlich gehalten. Vorstellbar ist, dass bei gleichzeitiger Reduzierung von Bäumen mit starker Konkurrenzkraft, wie der Linde, aufgelassene Felder der Buche eine gute Gelegenheit boten, sich in den Wäldern durchzusetzen. Auch der in einigen Untersuchungen belegte Rückgang der Eiche in dieser Zeit dürfte mit Siedlungstätigkeit in Zusammenhang stehen. Eine Wiederausbreitung der Eiche in der Älteren und Mittleren Bronzezeit (2200–1200 v. Chr.) in mehreren Pollendiagrammen aus dem Gebiet zeigt ein Nachlassen der landwirtschaftlichen Tätigkeit in dieser Periode. Eine starke Aufsiedlung in der Jüngeren Bronzezeit (s. u.) führte vielerorts zu einem erneuten Rückgang der Eiche. Die Buche ist außer durch Pollen seit dem Übergang Bronzezeit/Eisenzeit auch durch Makroreste nachgewiesen (Holz, Blätter, Früchte). Im Verlauf der Bronze- und Eisenzeit (RPZ 11, Zeitscheiben 2000 bis 1500 v. Chr. und RPZ 12, Zeitscheiben 1250 bis 250 v. Chr.) steigen die Werte von Buche und Hainbuche an. Letztere scheint sich im östlichen Teil des Gebietes früher etabliert zu haben als weiter im Westen (Abb. 63.4). Die etwas häufigeren Funde von Tannenpollen (*Abies*) sind hingegen als Fernflug aus der Oberlausitz und dem Thüringer Wald anzusehen (s. Kap. 44 u. 65).

In der RPZ 12 kommt es zu einem Rückgang der Hasel, der sowohl auf die zunehmende Beschattung als auch auf ein kühleres Klima in der Eisenzeit hindeuten kann. Ein weiterer Indikator dafür ist ein Rückgang der Linde parallel zu dem der Hasel, für den als andere Ursache auch Nutzung dieses durch den Menschen vielseitig verwendbaren Baumes diskutiert wird. Die Werte der Buche gehen in RPZ 12 nach einem anfänglichen Anstieg wieder zurück, um dann in RPZ 13 erneut anzusteigen. Diese Unterbrechung in der Ausbreitung der Buche ist im Gebiet auch am Rangsdorfer See angedeutet (de Klerk und Brumlich 2018) und weiterhin – stärker ausgeprägt – im buchenreicheren südlichen Bereich des benachbarten östlichen Jungmoränengebiets (Kap. 61) an den Lokalitäten Stolpsee, Wittwesee und Behrendsee zu beobachten (Jahns unveröffentl.).

Im ersten nachchristlichen Jahrtausend (RPZ 13, Zeitscheiben 0 bis 1000 n. Chr.) erreichen Buche und Hainbuche ihre maximalen Werte, die aber generell auf relativ niedrigem Niveau bleiben. Schattige Buchen- und Hainbuchenwälder verbreiten sich im Gebiet nicht in gleichem Ausmaß, wie dies in den benachbarten Landschaften (s. Kap. 59, 61 und 62) der Fall ist. Eine Ausnahme stellt für die Buche der niederschlagsreiche Hohe Fläming dar (Diagramm Egelinde, Brande 2007). Weiterhin konnte die Buche im Gebiet lokal durchaus dominante Bestände bilden; besonders markant ist dies am Hufeisenteich in Berlin-Britz nachgewiesen (Brande 1994). Im östlichsten Teil des Gebietes sind die Werte von Buche und Hainbuche generell noch geringer als in seinem westlichen Teil. Das ist sicherlich eine Folge der dort geringeren Niederschläge, kann aber zum Teil auch edaphische Gründe haben. Die Hainbuche erreicht ganz im Osten häufig etwas höhere Werte als die Buche (Abb. 63.4). Hier wird deutlich, dass die Buche sich dort der Ostgrenze ihres Verbreitungsgebietes nähert, die durch tiefe Wintertemperaturen bestimmt ist. So bekommt die Hainbuche, die gegen Frost resistenter ist als die Buche, einen Konkurrenzvorteil.

Die Ausbreitung der Buche bewirkt im Gebiet, wenn überhaupt, nur einen sehr geringen Rückgang der lichtliebenden Kiefer, die dort vor allem auf armen Sandböden in dem kontinental gefärbten Klima ihre Dominanz nie verlor und weiterhin auf den trockeneren Standorten Eichen-Kiefern-Wälder dominieren. Damit unterscheiden sich die spätholozänen Wälder hier deutlich von den nördlich und westlich angrenzenden Regionen, in denen die Kiefer in der Zeit der maximalen Ausbreitung der Buche merklich an Bedeutung einbüßte.

Während der Völkerwanderungszeit (375–600 n. Chr.) verließ ein großer Teil der ansässigen germanischen Bevölkerung das Gebiet. Ein Charakteristikum dieser Zeit ist vielerorts die Ausbreitung der Hainbuche in den sich nun wieder schließenden Wäldern. In manchen Pollendiagrammen übersteigt die *Carpinus*-Kurve nun auch weiter im Westen des Gebietes diejenige von *Fagus*. Das kann unter anderem an der Fähigkeit der Hainbuche zum Stockausschlag liegen. Eine andere Möglichkeit ist, dass ihr die nachweislich kalten Wintertemperaturen zu dieser Zeit einen Wuchsvorteil verschafften.

Die Landwirtschaft der ab 600 n. Chr. von Osten her einwandernden slawischen Bevölkerungsgruppen führte zunächst noch nicht zu einer größeren Auflichtung der Wälder. Dies war erst seit dem Beginn des 12. Jahrhunderts unter der askanischen und wettinischen Herrschaft der Fall – einer Zeit, in der sich der mittelalterliche Landesausbau überall durch eine flächige Rodung der Wälder und die Anlage von Feldern und Grünland in den Pollendiagrammen widerspiegelt (RPZ 14, Zeitscheiben 1250 bis 2000 n. Chr.). Jetzt wurden auch die Auen in die Nutzung einbezogen und die dort stockenden Erlenwälder stark reduziert. Zahlreiche Wassermühlenstaue beeinträchtigten im Gegenzug in den Niederungen nutzbares Grünland. Die Aufforstung mit Kiefern in jüngerer Zeit, die in einigen Pollendiagrammen aus dem Gebiet zu erkennen ist, spiegelt sich im Standarddiagramm nicht wider.

Die Siedlungsgeschichte im Spiegel der Pollenanalyse

Aus dem Gebiet sind nur vereinzelte Nachweise paläolithischer Jäger- und Sammlergruppen bekannt. Aus dem Mesolithikum sind hingegen viele Lagerplätze belegt, unter anderem der archäobotanisch sehr gut untersuchte Fundplatz Friesack 4 (Wolters 2016). Die botanischen Funde dieser Mesolithstation belegen die große Bedeutung der Haselnuss für die Ernährung seit ihrer massenhaften Verfügbarkeit im Boreal. Diese zeichnet sich in den zahlreichen On-site-Pollendiagrammen von dieser Stätte ab, aus denen sonst aber kein menschlicher Einfluss abgeleitet werden kann (Jahns et al. 2016). Die frühesten bäuerlichen Ansiedlungen sind ab 5300 v. Chr. mit archäologischen Fundstellen der Linienbandkeramik nachgewiesen, die sich hier an der äußersten Peripherie der Verbreitung dieser Kultur befinden. Funde von Pflanzenresten belegen im Havelland für diese frühen Siedlungen einen überwiegenden Anbau von Emmer (Kirleis et al. 2024). Weitere frühneolithische Besiedlung erfolgte später durch Gruppen der Stichbandkeramik (ca. 4900–4500 v. Chr.). Seltener gibt es Fundstellen der Rössener Kultur (4790–4550 v. Chr.) und der Gaterslebener Kultur (4300–3900 v. Chr.). Die frühesten bäuerlichen Siedler im Gebiet lebten inmitten von weiter dort existierenden Jäger- und Sammlergruppen. Ein Einfluss auf die Vegetation durch die frühneolithische Landwirtschaft spiegelt sich allerdings bislang in keinem Pollendiagramm aus dem Gebiet wider. Anscheinend waren die Auflichtungen und landwirtschaftlich genutzten Flächen dieser ersten Bauern klein und somit im Pollenniederschlag nicht sichtbar. Im Pollendiagramm vom Tegeler See zeigt sich menschlicher Einfluss erst im mittleren Neolithikum ab ca. 3700 v. Chr. mit einem durchgängigen Auftreten von Spitzwegerich (*Plantago lanceolata*-Typ) und höheren Werten anderer Siedlungsbegleiter wie *Artemisia*. Das mittlere Neolithikum ist in großen Teilen des Gebietes mit zahlreichen Fundstellen als das Frühneolithikum vertreten. Im Spätneolithikum (ab ca. 3000 v. Chr.) wird im Standarddiagramm der Getreide-Typ (*Triticum*- und *Hordeum*-Typ) häufiger nachgewiesen. In dieser Periode sowie in der älteren und mittleren Bronzezeit (2200–1200 v. Chr.) zeigt sich aber nicht nur eine Abnahme der Siedlungsdichte im archäologischen Fundbild, sondern es werden in mehreren Pollendiagrammen auch ein Nachlassen der landwirtschaftlichen Tätigkeit und eine parallele Wiederausbreitung der Eiche deutlich. Daraus ergibt sich jedoch noch kein einheitliches Bild, und es ist nicht geklärt, ob dem ein tatsächlicher Rückgang der Bevölkerung oder ein Wechsel zu einer weniger destruktiven Art der Landwirtschaft durch verminderte Waldweide zugrunde liegt. In der jüngeren Bronzezeit (ab ca. 1200 v. Chr.) war das ganze Gebiet umfangreich besiedelt. Vor allem die Lausitzer Kultur und an der Elbe die Elb-Havel-Gruppe sowie im Umland der Elbe die Saalemündungsgruppe sind mit sehr zahlreichen Fundstellen nachgewiesen. Entsprechend zeichnet sich diese Periode überall klar durch einen Anstieg der Siedlungszeiger und teilweise durch einen erneuten Rückgang der Eichenbestände ab. Pollenanalytisch schwer nachzuweisen (vgl. Beug 2004) ist das Aufkommen des Anbaus von Rispenhirse (*Panicum miliaceum*) im Gebiet. Eine große Bedeutung dieser Kulturpflanze ist aber ab der jüngeren Bronzezeit durch Makrorestfunde eindeutig belegt (Effenberger 2018). In der Eisenzeit treten die Besiedlungszeiger am Tegeler See deutlich hervor. Wie auch an anderen Lokalitäten ist eine Ausbreitung von Besenheide (*Calluna vulgaris*) zu erkennen, die auf Podsolierung des Bodens schließen lässt; möglicherweise als Folge einer Beweidung mit Rindern, Schafen und Ziegen. Vermutlich steht der oben beschriebene vorübergehende Rückgang der Buche in ursächlichem Zusammenhang mit der Ausbreitung der Besenheide, allerdings ist der Buchenrückgang nicht in allen Diagrammen zu beobachten, die erhöhte eisenzeitliche Werte von *Calluna*-Pollen zeigen. Besonders detailliert bearbeitet ist die eisenzeitliche Periode am Rangsdorfer See, wo neben ausgeprägter Siedlungstätigkeit auch die für den Zeitraum vom 4. bis 1. Jahrhundert v. Chr. archäologisch nachgewiesene Eisenverhüttung durch einen starken Anstieg der Holzkohlepartikel nachvollzogen werden konnte (de Klerk und Brumlich 2018). Plätze der Römischen Kaiserzeit (ab der Zeitenwende) sind im ganzen Gebiet häufig. In dieser Periode beginnt in der Region der Anbau von Roggen (*Secale*), der ab der Römischen Kaiserzeit als domestiziertes Getreide in Erscheinung tritt, wie sowohl im pollenanalytischen als auch im archäobotanischen Befund nachgewiesen wurde (Neef 2002). Der Siedlungsrückgang während der Völkerwanderungszeit (375–600 n. Chr.) wird durch eine Abnahme von Siedlungszeigern und eine Wiederausbreitung der Waldvegetation deutlich. Im 6. und 7. Jahrhundert zogen von Osten slawische Siedlergruppen zu. Die Grenze zum damaligen fränkisch-sächsischen Reich lag an der Mittelelbe. Wichtige Zentren der Slawen waren im Gebiet die Burgen in Köpenick, Spandau und Brandenburg an der Havel. Der Ackerbau wurde in dieser Zeit intensiviert, was durch eine Zunahme des Roggenpollens und einen Rückgang des Gehölzpollens belegt ist. In den Jahren 928 und 929 eroberte der ostfränkische König Heinrich I. die slawische Brandenburg. In der Folge begann die Christianisierung des Gebietes. Unter der Regierung der askanischen und wettinischen Fürstenhäuser kamen ab dem Jahr 1157 Siedler aus der Altmark, dem Harz, dem Rheinland und aus Holland in das Land. Die unter slawischer Besiedlung noch moderate Auflichtung der Wälder erfolgte nun großflächig. Neben Roggen, dem wichtigsten Getreide, tritt bei pollenanalytischen Untersuchungen zeitlich etwas versetzt der Buchweizen (*Fagopyrum*) im Gebiet in Erscheinung. Obwohl als insektenblütige Art stark unterrepräsentiert, findet er sich dennoch in den mittelalterlichen und auch in den neuzeitlichen Spektren fast aller Pollendiagramme. Dies zeigt seine große Bedeutung für die menschliche Ernährung zu dieser Zeit. Ebenfalls für die mittelalterlichen Abschnitte typisch und auch archäobotanisch belegt ist die Walnuss (*Juglans*). Sehr selten wurde die Esskastanie (*Castanea*) – lediglich durch Pollenfunde – nachgewiesen. Der mittelalterliche und frühneuzeitliche Weinbau in Brandenburg – nicht nur schriftlich und durch Bildquellen (Abb. 63.5), sondern auch durch viele Funde von Weinkernen dokumentiert – konnte in einem Profil vom Marienberg in der Stadt Brandenburg an der Havel auch mittels Pollenanalysen belegt werden (Jahns 2023). Ackerunkräuter, die einen Anbau von Wintergetreide anzeigen, wie Kornblume (*Centaurea cyanus*), Vogelknöterich (*Polygonum aviculare*-Typ) und Kornrade (*Agrostemma githago*), treten ab dem Mittelalter häufiger auf. Stellenweise führte Übernutzung zu einer Ausbreitung von Besenheide auf podsolierten Böden. Die spätmittelalterliche Wüstungsperiode konnte bei einigen Untersuchungen nachgewiesen werden (z. B. Jahns et al. 2022). Der Dreißigjährige Krieg, der große Teile der Landschaft entvölkerte, und seine Folgen sind pollenanalytisch bisher nur in Einzelfällen erfasst, so am Großen Moor bei Ferch (Brande et al. 1999). Seit dem 17. Jahrhundert gewannen die Kurfürsten des Hauses Hohenzollern in der Mark Brandenburg an Einfluss – eine Entwicklung, die in der Errichtung eines Zentralstaates und ab 1701 im Königreich Preußen mündete. Der Kartoffelanbau,

Abb. 63.5 Eine Abbildung aus der Chronik des Zacharias Garceaus aus dem Jahr 1582 zeigt den Marienberg bei der Stadt Brandenburg als Weinberg (Tschirch 1928, Cover-Innenseite). Der mittelalterliche Weinbau dort ist auch palynologisch belegt

der im 18. Jahrhundert von König Friedrich II. durch königlichen Erlass eingeführt wurde, lässt sich pollenanalytisch schwierig belegen, da die Bestimmung von Pollen der Kartoffel (*Solanum tuberosum*) problematisch ist (Beug 2004). Lediglich im Diagramm vom Marienberg könnten ungewöhnlich hohe Werte des *Solanum nigrum*-Typs (unter dem auch zumindest teilweise der Kartoffelpollen subsumiert wird) in neuzeitlichen Ablagerungen mit gebotener Vorsicht als Anbau der Kartoffel interpretiert werden (Jahns 2023). Die Anlage der neuzeitlichen Parks wird durch Pollenfunde von Bäumen wie Platane (*Platanus*) und Rosskastanie (*Aesculus*) reflektiert. Aus der modernen Landwirtschaft stammt Pollen von Mais (*Zea mays*).

Literatur

Beug HJ (2004) Leitfaden der Pollenbestimmung für Mitteleuropa und angrenzende Gebiete. Friedrich Pfeil, München

Brande A (1980) Pollenanalytische Untersuchungen im Spätglazial und frühen Postglazial Berlins. Verhandlungen des Botanischen Vereins der Provinz Brandenburg 115: 21–72

Brande A (1994) Eibe und Buche im Holozän Brandenburgs. In: Lotter AF, Ammann B (eds) Beiträge zur Systematik und Evolution, Floristik und Geobotanik, Vegetationsgeschichte und Paläoökologie (Festschrift Gerhard Lang). Dissertationes Botanicae 234. Cramer, Berlin, Stuttgart, 225–239

Brande A (1996) Type region D-s, Berlin. In: Berglund BE, Birks HJ, Ralska-Jasieciczowa M, Wright HE (eds) Palaeoecological events during the last 15.000 years: Regional syntheses of palaoecological studies of lakes and mires in Europe. Wiley, Chichester, 518–523

Brande A (2007) The first pollen diagram from the Hoher Fläming, Brandenburg (Germany). Vegetation History and Archaeobotany 16: 171–181

Brande A, Böse M, Müller M, Facklam M, Wolters S (1999) The Bliesendorf soil and aeolian sand transport in the Potsdam area. GeoArchaeoRhein 3: 147–161

de Klerk P, Brumlich M (2018) Pollenanalysen an Sedimenten aus dem Rangsdorfer See zur Rekonstruktion der Vegetations- und Siedlungsgeschichte im Umfeld der Glienicker Platte mit einer hohen zeitlichen Auflösung der mittleren Bronze- bis frühen römischen Kaiserzeit (ca. 1500 BC–200 AD). In: Brumlich M (ed) Frühe Eisenverhüttung bei Glienick. Siedlungs- und wirtschaftsarchäologische Forschungen zur Vorrömischen Eisen- und Römischen Kaiserzeit in Brandenburg. Berliner Archäologische Forschungen 17. Marie Leidorf, Rahden/Westfalen, 629–651

Effenberger H (2018) Pflanzennutzung und Ausbreitungswege von Innovationen im Pflanzenbau der Nordischen Bronzezeit und angrenzender Regionen. Studien zur nordeuropäischen Bronzezeit 4. Wachholtz, Kiel

Firbas F (1952) Spät- und nacheiszeitliche Waldgeschichte Mitteleuropas nördlich der Alpen. Zweiter Band: Waldgeschichte der einzelnen Landschaften. Gustav Fischer, Jena

Enters D, Kirilova E, Lotter AF, Lücke A, Parplies J, Kuhn G, Jahns S, Zolitschka B (2010) Climate change and human impact at Sacrower See (NE Germany) during the past 13,000 years: A geochemical record. Journal of Paleolimnology 43: 719–737

Giesecke T (2001) Pollenanalytische und sedimentchemische Untersuchungen zur natürlichen und anthropogenen Geschichte im Schlaubetal. Sitzungsberichte der Gesellschaft Naturforschender Freunde zu Berlin 39: 89–112

Giesecke T, Bennett KD, Birks HJB, Bjune AE, Bozilova E, Feurdean A, Finsinger W, Froyd C, Pokorný P, Rösch M, et al. (2011) The pace of Holocene vegetation change – testing for synchronous developments. Quaternary Science Reviews 30: 2805–2814

Hofmann G, Pommer U (2005) Potentielle Natürliche Vegetation von Brandenburg und Berlin mit Karte im Maßstab 1:200.000. Eberswalder Forstliche Schriftenreihe 24. Ministerium für ländliche Entwicklung, Umwelt und Verbraucherschutz, Potsdam

Iversen J (1960) Problems of the Early Postglacial Forest Development in Denmark. Danmarks Geologiske Undersøgelse IV, Raekke 4: 1–32

Jahns S (2023) Pollenanalytische Untersuchungen am Marienberg in der Altstadt von Brandenburg an der Havel. In: Benecke N (ed) Leben in der mittelalterlichen Stadt – neue archäobiologische Forschungen. Workshop 29. November 2019, Berlin. Archäometrische Studien 2. Reichert, Wiesbaden, 161–181

Jahns S, Gramsch B, Kloss K (2016) Pollenanalytische Untersuchungen am mesolithischen Fundplatz Friesack 4, Lkr. Havelland, nach Unterlagen aus dem Nachlass von Klaus Kloss. In: Benecke N, Gramsch B, Jahns S (eds) Subsistenz und Umwelt der Feuchtbodenstation Friesack 4 im Havelland. Arbeitsberichte zur Bodendenkmalpflege in Brandenburg 29. Brandenburgisches Landesamt für Denkmalpflege, Wünsdorf, 25–44

Jahns S, Mrotzek A, Sudhaus D, Tabares X (2022) Landwirtschaft und Holznutzung des mittelalterlichen Dorfes Diepensee, Lkr. Dahme-Spreewald, im Spiegel der pollenanalytischen Untersuchungen an der Kienberger Rinne. In: Jahns S, Hanik S, Schopper F (eds) Untersuchungen zu Lebensbedingungen, Siedlungsdynamik und menschlicher Ernährungsweise in mittelalterlichen ländlichen Siedlungen in Brandenburg. Forschungen zur Archäologie im Land Brandenburg 23. Brandenburgisches Landesamt für Denkmalpflege, Wünsdorf, 125–141

Kirleis W, Jahns S, Dannath Y, Neef R (2024) Früher Ackerbau an der Peripherie – Die Pflanzenfunde neolithischer Fundplätze im Havelland, Brandenburg. In: Kirleis W, Hahn-Weishaupt A, Weinelt M, Jahns S (eds) Neu (im) Land – erste Bäuer:innen in der Peripherie. Der linienbandkeramische Fundplatz Lietzow 10 im Havelland, Brandenburg. Sidestone Press, Leiden, 119–150

Kleinmann A, Merkt J, Müller H (2002) Sedimentologische Untersuchungen an Ablagerungen des Siethener Sees und Blankensees (Brandenburg) – erste Ergebnisse. In: Kaiser K (ed) Die jungquartäre Fluß- und Seegenese in Nordostdeutschland. Greifswalder Geographische Arbeiten 26. Ernst-Moritz-Arndt-Universität, Greifswald, 59–62

Kühn D, Bauriegel A, Müller H, Roßkopf N (2015) Charakterisierung der Böden Brandenburgs hinsichtlich ihrer Verbreitung, Eigenschaften und Potenziale. Brandenburger Geowissenschaftliche Beiträge 22: 5–135

Lisitsyna OV, Giesecke T, Hicks S (2011) Exploring pollen percentage threshold values as an indication for the regional presence of major European trees. Review of Palaeobotany and Palynology 166: 311–324

Litt T, Behre KE, Meyer KD, Stephan HJ, Wansa S (2007) Stratigraphische Begriffe für das Quartär des norddeutschen Vereisungsgebietes. Eiszeitalter und Gegenwart 56: 7–65

Neef R (2002) Ackerbau und Sammelwirtschaft. In: Gringmuth-Dallmer E, Leciejewicz L (eds) Forschungen zu Mensch und Umwelt im Odergebiet in ur- und frühgeschichtlicher Zeit. Römisch-Germanische Forschungen 60. Philipp von Zabern, Mainz, 319–334

Rubin M, Brande A, Zerbe S (2008) Ursprüngliche, historisch anthropogene und potentielle Vegetation bei Ferch (Gde. Schwielowsee, Lkr. Potsdam-Mittelmark). Naturschutz und Landschaftspflege in Brandenburg 17: 14–22

Tschirch O (1928) Geschichte der Chur- und Hauptstadt Brandenburg an der Havel. Festschrift zur 1000-Jahr-Feier im Jahre 1928/29. Band 1. Wiesike, Brandenburg (Havel)

Wolters S (2002) Vegetationsgeschichtliche Untersuchungen zur spätglazialen und holozänen Landschaftsentwicklung in der Döberitzer Heide (Brandenburg). Dissertationes Botanicae 366. Cramer, Berlin, Stuttgart

Wolters S (2016) Die pflanzlichen Makroreste aus der Mesolithstation Friesack. In: Benecke N, Gramsch B, Jahns S (eds) Subsistenz und Umwelt der Feuchtbodenstation Friesack 4 im Havelland. Ergebnisse der naturwissenschaftlichen Untersuchungen. Arbeitsberichte zur Bodendenkmalpflege in Brandenburg 29. Brandenburgisches Landesamt für Denkmalpflege, Wünsdorf, 189–203

Sächsische Tieflandsbucht

Martina Stebich und Dana Höfer

64

Blick auf Pörsten in der Sächsischen Tieflandsbucht. Am Horizont die Kühltürme des Braunkohlekraftwerks Lippendorf (Foto: Gunther Tschuch)

Ergänzende Information Die elektronische Version dieses Kapitels enthält Zusatzmaterial, auf das über folgenden Link zugegriffen werden kann [https://doi.org/10.1007/978-3-662-68936-3_64].

M. Stebich (✉) · D. Höfer
Abt. Quartärpaläontologie, Senckenberg Forschungsinstitut und Naturmuseum Frankfurt am Main, Weimar, Deutschland
e-mail: Martina.Stebich@senckenberg.de

Der Naturraum

Die Sächsische Tieflandsbucht schließt sich südöstlich an das Mitteldeutsche Trockengebiet an. Ausgehend von der Leipziger Tieflandsbucht im Nordwesten erstreckt sich die Region über etwa 160 km nach Südosten bis ins Westlausitzer Hügel- und Bergland hinein (Abb. 64.1). Die durch Altmoränen geprägte Leipziger Tieflandsbucht stellt den südlichsten Ausläufer des Norddeutschen Tieflandes dar. Paläogeographisch befindet sich die Leipziger Tieflandsbucht an der Südgrenze der nordwesteuropäischen Tertiärsenke. Alternierend stattfindende Meeresvorstöße und Küstenvermoorungen ließen dort vom Eozän bis Untermiozän mächtige Schichtenfolgen aus marinen Sanden und ergiebigen Braunkohleflözen entstehen. Durch den Kohleabbau und anschließende Renaturierungsmaßnahmen ist die Landschaft des Ballungsraumes Leipzig-Halle heute tiefgreifend technogen überprägt (Abb. 64.2) (Eissmann und Litt 1994).

Die naturräumliche Abgrenzung orientiert sich darüber hinaus an der Verbreitung von äolischen Sedimenten, Löss, Sandlöss und Treibsand der Weichselkaltzeit, die südlich des pleistozänen Tieflandes zur Ablagerung kamen. Lokal können die Lössauflagen eine Mächtigkeit von bis zu 20 m erreichen (Meszner et al. 2016). Nur selten tritt in den Lössgefilden der kompliziert aufgebaute Festgesteinsuntergrund zutage. Bedingt durch die großräumige Bruchschollentektonik des variszischen Grundgebirges steigt die flachwellige bis hügelige Landschaft südwärts allmählich an, während gleichzeitig die Lössmächtigkeit abnimmt. Das Erzgebirgsvorland, das westlich von Chemnitz Höhen von 300 bis 500 m erreicht, bildet die südliche Begrenzung der Naturregion. Die bis zu 5 km breite, teilweise canyonartig eingeschnittene Elbtalniederung im Südosten der Sächsischen Tieflandsbucht zeichnet sich durch einen eigenständigen Landschaftscharakter aus. Die markante, reliefwirksame von Nordwest nach Südost streichende Störungszone bildet eine Tieflandexklave, welche die west- und mittelsächsischen von den Lausitzer Lössgebieten trennt.

Böden und Klima

Die Bodenausstattung der weitverbreiteten Lössvorkommen besteht hauptsächlich aus mäßig nährstoffversorgten bis reichen, erosionsanfälligen Parabraunerden. Großflächig sind diese jedoch bereits entkalkt und neigen zur Podsolvergleyung. In den kleineren Altmoränengebieten im Nordwesten und Nordosten der Sächsischen Tieflandsbucht sind arme bis mäßig nährstoffversorgte Podsolböden bestimmend. Aus holozänen Ablagerungen der Flusslandschaften sind verschiedene Auenböden hervorgegangen (Sächsisches Landesamt für Umwelt und Geologie 1997).

Das Klima der Region weist eine subkontinentale Prägung auf. Die Temperaturen werden hauptsächlich durch die Höhenlage bestimmt. In der Leipziger Tieflandsbucht sowie in der Dresdner Elbtalweitung – beide nehmen überwiegend Höhen zwischen 80 und 150 m NN ein – erreichen die Temperaturen im Jahresmittel 9–10 °C. Die Temperaturwerte im Hügel- und unteren Bergland (150–350 m NN) bewegen sich dagegen zwischen 7 °C und 9 °C. Mit steigender Höhe nehmen die Niederschlagsmengen graduell zu. Einfluss auf die

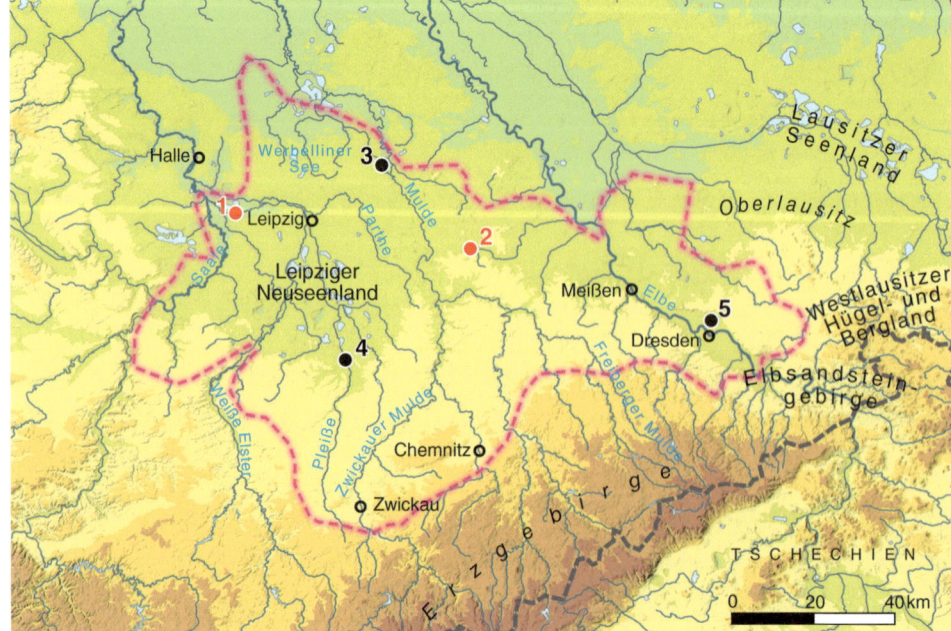

Abb. 64.1 Karte der Sächsischen Tieflandsbucht mit pollenanalytisch untersuchter Lokalität für das standardisierte Pollendiagramm:
1 Zöschen.
Zusätzlich diskutierte Diagramme:
2 Göttwitz I, II und III.
Weitere im Text erwähnte Lokalitäten:
3 Wölperner Torfwiesen,
4 Regis-Breitingen,
5 Dresdner Heide

Abb. 64.2 Braunkohletagebau südlich von Leipzig (Foto: birdpixx/clipdealer.com)

regionale Niederschlagsverteilung haben zudem die vorgelagerten Mittelgebirge sowie die Entfernung vom Meer. So sind im wärmebegünstigten Nordwestsachsen und im Elbtal lediglich 500–600 mm Jahresniederschlag zu verzeichnen, woraus sich eine deutlich negative klimatische Wasserbilanz ergibt. Im Hügel- und Bergland fallen dagegen 700–900 mm Niederschlag im Jahr (Bernhofer und Mellentin 2008).

Vegetation

Heute bilden vorrangig Laubwälder die potenzielle natürliche Vegetation der Sächsischen Tieflandsbucht (Suck et al. 2014). In den wärmeren und trockeneren Gebieten des Tief- und Hügellandes bilden Eichen- und Winterlinden-Hainbuchen-Wälder die natürlichen Waldgesellschaften. Im Nordwesten der Region sowie in der feuchteren Kollinstufe stocken auf der nährstoffreicheren Lössauflage Hainbuchen-Buchen-Wälder. Die nährstoffärmeren Standorte des Erzgebirgsvorlandes kennzeichnen Hainsimsen-Buchenwälder. Entlang einer gedachten Linie von Großenhain über Meißen und Leisnig bis Colditz verläuft die nördliche Grenze des herzynisch-karpatischen Fichtenareals (Thomasius 1990). Durch das nordwestsächsische Hügelland erstreckt sich ostwärts, unter Aussparung der Elbtalniederung, auch die nördliche Verbreitungsgrenze der Tanne (Eisenhauer 2000). Die großen Flussauen von Elbe, Mulde und Elster werden von Feldulmen-Eschen-Auenwäldern begleitet. Der Leipziger Auenwald zählt zu den größten in Mitteleuropa erhaltenen Beständen seiner Art. In deutlichem Kontrast zur potenziellen natürlichen Vegetation (Suck et al. 2014) steht die heutige Waldvegetation der Sächsischen Tieflandsbucht. Da die vielerorts fruchtbaren Lössböden seit Jahrhunderten ackerbaulich genutzt werden, weist die Region aktuell nur noch einen geringen Waldanteil auf, der sich meist auf Sonderstandorte beschränkt. Mit dem enormen Holzbedarf des sächsischen Bergbaus gingen bereits in historischen Zeiten zusätzlich großflächige Kahlschläge einher, die später vorwiegend mit Fichten aufgeforstet wurden. Dementsprechend erreichen nunmehr nur noch forstlich bewirtschaftete Laub-Nadel-Mischwälder, Nadelmischwälder oder Nadelholzforste in Monokultur größere Flächenanteile.

Pollenarchive

Die Gewässerlandschaft der Sächsischen Tieflandsbucht zeichnet sich im Wesentlichen durch ein dichtes Fließgewässernetz sowie eine Vielzahl an Fischteichen, Talsperren und Bergbaufolgeseen aus. Demgegenüber ist die Region äußerst arm an natürlichen Stillgewässern. Größere Seen glazialen Ursprungs, in deren Sedimenten die Spät- und Nacheiszeit lückenlos überliefert sind, fehlen. Auch gelten die sächsischen Lössgefilde als ausgesprochen moorarm. So finden sich im kontinental geprägten Tiefland nur wenige größere Moorvorkommen auf grundwassernahen Standorten, die jedoch heute durch Grundwasserabsenkung, Torfstiche und Bergbau weitgehend verschwunden, entwässert und stark degradiert sind. Hierzu zählen der ehemalige Göttwitzer See (Jacob 1957, 1971) und die Wölperner Torfwiesen (Lange et al. 1985), deren Sedimentabfolgen einen Großteil des Holozäns repräsentieren. In der Leipziger Tieflandsbucht konnten im Zuge von Braunkohleförderarbeiten bei Zöschen

(Litt 1992, 1994) und Regis-Breitingen durch Rudolf Grahmann von Auenlehm bedeckte organogene Sedimente geborgen werden. Weiterhin wurden Moorvorkommen bei Sprotta und Colditz pollenanalytisch untersucht (Frenzel 1930a). Geringmächtige Torfablagerungen aus dem sächsischen Berg- und Hügelland ermöglichen zudem Einblicke in kurze Abschnitte der holozänen Vegetations- und Siedlungsgeschichte am Nordrand der Mittelgebirgszone (Frankenberg in Lange und Heinrich 1970; Lange 1976; Hainichen in Lange 1976; Zwickau in Frenzel 1930a). Im Südosten der Region finden sich mehrere kleine Moorvorkommen in der Binnendünenlandschaft der Dresdner Heide (Frenzel 1932; Seifert-Eulen 2016). Somit liegen aus der Region insgesamt nur wenige und meist wenig detaillierte Pollenbefunde vor. Paläobotanische Überlieferungen der Vegetations- und Landschaftsentwicklung während der frühen Phasen der Späteiszeit fehlen fast gänzlich. Eine umfassende Rekonstruktion der spät- und postglazialen Vegetationsgeschichte dürfte daher für die Sächsische Tieflandsbucht auf der Basis von Pollendaten allein auch künftig nur schwierig realisierbar sein.

Forschungsgeschichte

Ungeachtet des naturräumlich bedingten Mangels an geeigneten Sedimentabfolgen liegen bereits aus der Pionierzeit der Pollenanalyse vegetationsgeschichtliche Untersuchungen aus der Sächsischen Tieflandsbucht vor. In einer umfangreichen Dissertation zur Entwicklungsgeschichte der sächsischen Moore und Wälder seit der letzten Eiszeit sowie nachfolgenden Arbeiten wurden von Hedwig Frenzel (1930a, 1930b, 1932) Torfprofile praktisch aller sächsischen Landschaftseinheiten palynologisch untersucht und miteinander verglichen. Nur wenige pollenanalytische Studien sind bis heute hinzugekommen. In diesen Arbeiten fanden neben vegetations- auch siedlungsgeschichtliche Aspekte Berücksichtigung (u. a. Jacob 1957, 1971; Lange 1976; Litt 1992, 1994; Lange et al. 1985; Seifert-Eulen 2016). Überdies widmete sich der sächsische Vegetationskundler Werner Hempel in einer monographischen Arbeit der nacheiszeitlichen Entwicklung der Pflanzenwelt Sachsens. In seiner historischen Betrachtung verknüpft Hempel (2009) die vorliegenden palynologischen Befunde mit ökologisch-vegetationskundlichen und geschichtswissenschaftlichen Erkenntnissen, um den heutigen Arealbildern und Landschaftsstrukturen der Region nachzuspüren. Dabei kann er auf eine Fülle an floristischen Aufzeichnungen sowie landeskundlich-siedlungsgeschichtlichen Arbeiten zugreifen, die bis ins späte 16. Jahrhundert zurückreichen.

Im Gegensatz zu vielen ombrogenen Hochmooren der Erzgebirgsregion sowie zu den Torfvorkommen am Nordrand der Mittelgebirgszone begann die Ablagerung pollenführender Sedimente im Norden der Sächsischen Tieflandsbucht häufig bereits am Ende des Spätglazials mit der Bildung von Flachgewässern in eiszeitlichen Geländemulden (Frenzel 1930a). In natürlicher Sukzession entwickelten sich diese über ein Riedmoorstadium zu einem Erlenbruch. Klimatisch bedingt und in Abhängigkeit von der jeweiligen Geländesituation wiesen die Riedmoore im Frühholozän meist nur ein geringes bis phasenweise stagnierendes Torfwachstum auf. Ein Großteil dieser Moore stellte sein Wachstum bereits im Atlantikum oder kurz danach wieder ein. Dabei scheint während des Erlenbruchstadiums die Verlandung der meisten ursprünglichen Hohlformen zum Abschluss gekommen zu sein. An anderen Lokalitäten könnten die höheren Niederschläge im mittleren Holozän Abflussbedingungen geschaffen haben, die örtlich ein Moorwachstum nicht mehr begünstigten (Grahmann et al. 1934). Eine vollständige Literaturliste befindet sich im Anhang.

Die regionale Vegetations- und Waldgeschichte

Unter den vorhandenen Pollendiagrammen der Sächsischen Tieflandsbucht weist lediglich das etwa 45 cm mächtige Profil aus Zöschen (Litt 1992, 1994) einen für die Erstellung des Standarddiagramms hinreichend hochauflösenden und kontinuierlichen Probenabstand auf (Abb. 64.3). Die Abfolge liegt westlich von Leipzig in der Weißelster-Aue. Sie repräsentiert die Vegetationsentwicklung des kontinental geprägten Nordwestsachsens vom Endabschnitt des Spätglazials bis zum mittleren Atlantikum. Das Altersmodell basiert auf chronostratigraphischen Vergleichen mit Litt et al. (2007) und einem ^{14}C-Alter aus dem Pollenprofil Zöschen. Als zusätzliche Altersabschätzungen wurde ein weiteres ^{14}C-Alter von der Lokalität Zöschen (5680 ± 60 BP) als *Terminus ante quem* für die Oberkante des untersuchten Pollenprofils verwendet sowie pollenstratigraphische Verknüpfungen mit den Profilen vom Göttwitzer See. Die Altersabschätzungen Letzterer basieren neben den chronostratigraphischen Vergleichen für das Spätglazial mit Litt et al. (2007) auf den Altersangaben von Jacob (1971).

Auf die Darstellung eines kombinierten Diagramms Zöschen/Göttwitz wurde allerdings aufgrund markanter Unterschiede der lokalen Vegetationskomponenten verzichtet. Da das Diagramm von Göttwitz über große Profilabschnitte hinweg eine sehr geringe zeitliche Auflösung aufweist, wurde außerdem darauf verzichtet, für das Profil Zeitscheiben zu berechnen. Daher wird zur Illustration der Vegetationsentwicklung des jüngeren Holozäns ein vereinfachtes klassisches Pollendiagramm des Göttwitzsees präsentiert, das sich wiederum aus den drei Teilprofilen zusammensetzt (Abb. 64.4).

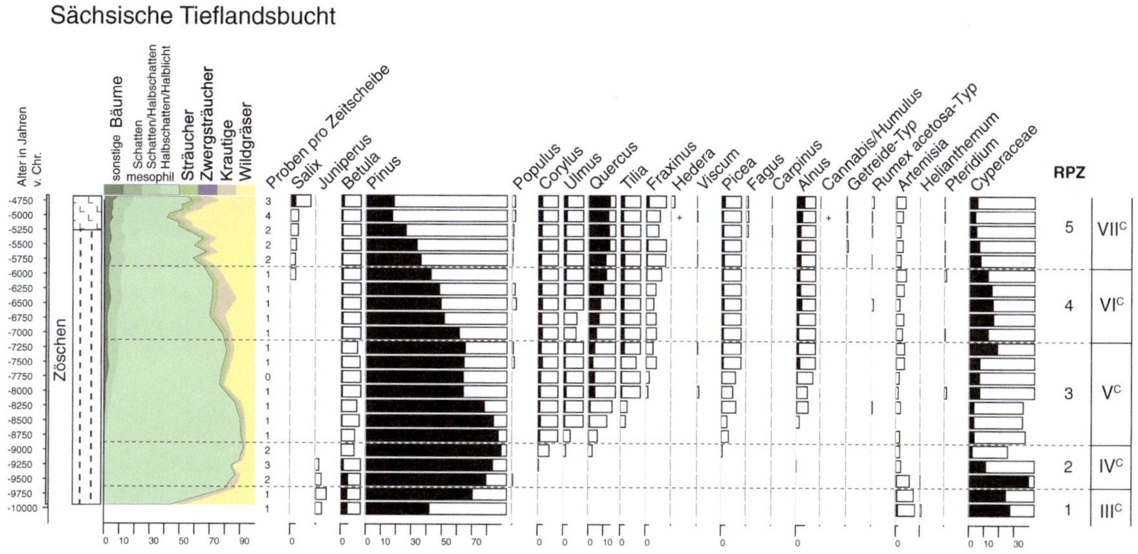

Abb. 64.3 Standardisiertes Pollendiagramm für die Sächsische Tieflandsbucht (Zöschen, 90 m NN, Litt 1992)

Die Vegetations- und Waldentwicklung wurde in acht regionale Pollenzonen (RPZ) gegliedert (s. auch Tab. S 64.1 im elektronischen Zusatzmaterial). RPZ 1–5 wurden anhand der Entwicklungen im Pollenprofil Zöschen definiert (Abb. 64.3 Standarddiagramm), RPZ 6–8 anhand der zusätzlichen Pollenprofile von Göttwitz, Abb. 64.4). Für letztere Profile wurde die Schwarzerle (*Alnus*) aufgrund der starken lokalen Überrepräsentation aus der Pollensumme ausgeschlossen.

Nach Litt (1992, 1994) lassen sich die sandig-humosen Schluffe an der Basis des Profils von Zöschen dem Ende der Jüngeren Dryaszeit zuweisen (RPZ 1, Zeitscheiben 10.000 bis 9750 v. Chr.). Unter den Baumpollen dominiert die Kiefer (*Pinus*), während Birke (*Betula*) und Wacholder (*Juniperus*) eher schwach vertreten sind. Neben den im Sediment erkennbaren Kryoturbationsmustern spiegeln hohe Anteile an Kräuterpollen und die Anwesenheit von Heliophyten das Vorherrschen kaltklimatischer Bedingungen wider. Die Landschaft dürfte demnach weithin offene Vegetation mit allenfalls lückigen Gehölzgruppen getragen haben.

Im Laufe des Präboreals (RPZ 2, Zeitscheiben 9500 bis 9000 v. Chr.) nehmen die Kiefernwerte kontinuierlich zu, bis sie am Ende der Vorwärmezeit ihr holozänes Maximum erreichen. Gleichzeitig nehmen die Anteile an Krautigen deutlich ab. Daher prägen nunmehr lichtdurchflutete Waldbestände das Landschaftsbild. Während in Zöschen die Birke mit Einsetzen der holozänen Wiederbewaldung kaum noch in Erscheinung tritt, ist in anderen Pollendiagrammen der Sächsischen Tieflandsbucht gegen Ende der Vorwärmezeit eine gut ausgebildete Birkenphase belegt (z. B. Göttwitzsee, Regis-Breitingen). Firbas (1949) führt den temporären Birkenanstieg im Präboreal auf eine Klimaschwankung zurück, in deren Verlauf sommerkühl-ozeanische Verhältnisse offenbar die Verbreitung der Kiefer gehemmt und damit eine Wiederausbreitung der Birke begünstigt haben. Mit sehr geringen Werten setzt im Profil Zöschen während des Präboreals die Kurve der Hasel (*Corylus*) ein. Am Übergang zum nachfolgenden Boreal folgen dann erste palynologische Nachweise von Eiche (*Quercus*) und Ulme (*Ulmus*) sowie Fichte (*Picea*).

Im Boreal (RPZ 3, Zeitscheiben 8750 bis 7250 v. Chr.) beherrscht die Kiefer weiterhin das regionale Waldbild Nordwestsachsens, während mesophile Laubgehölze, Eiche, Ulme, Linde (*Tilia*) und Erle (*Alnus*), nunmehr mit niedrigen Werten am Pollenniederschlag beteiligt sind. Der noch geringe Eintrag an Fichtenpollen ist zumindest in der älteren Phase des Boreals wohl auf Fernflug zurückzuführen. Bemerkenswert ist im Zöschener Profil das völlige Fehlen des für den jüngeren Abschnitt des Boreals typischen Haselgipfels (Litt 1994). Die nur geringe Sedimentakkumulation mag auf einen Hiatus im Profil hindeuten. Allerdings weisen – mit Ausnahme des Göttwitzsees – auch andere Pollenbefunde aus dem nördlichen und östlichen Sachsen ein allenfalls schwaches Haselmaximum aus. Übereinstimmend zeigen sich jedoch deutliche Anzeichen einer oder mehrerer borealer Trockenphasen, die in Kombination mit der starken Repräsentanz der Kiefer die geringe Rolle der Hasel innerhalb der subkontinental geprägten Region erklären können. Vergleichbare Verhältnisse sind auch in der Niederlausitz (s. Kap. 65) zu beobachten.

Auch im Atlantikum (RPZ 4 und 5, Zeitscheiben 7000 bis 6000 sowie 5750 bis 4750 v. Chr.) behauptet die Kiefer in Nordwestsachsen zunächst noch viele ihrer ursprünglichen Standorte. Sie verliert jedoch zunehmend an Bedeutung,

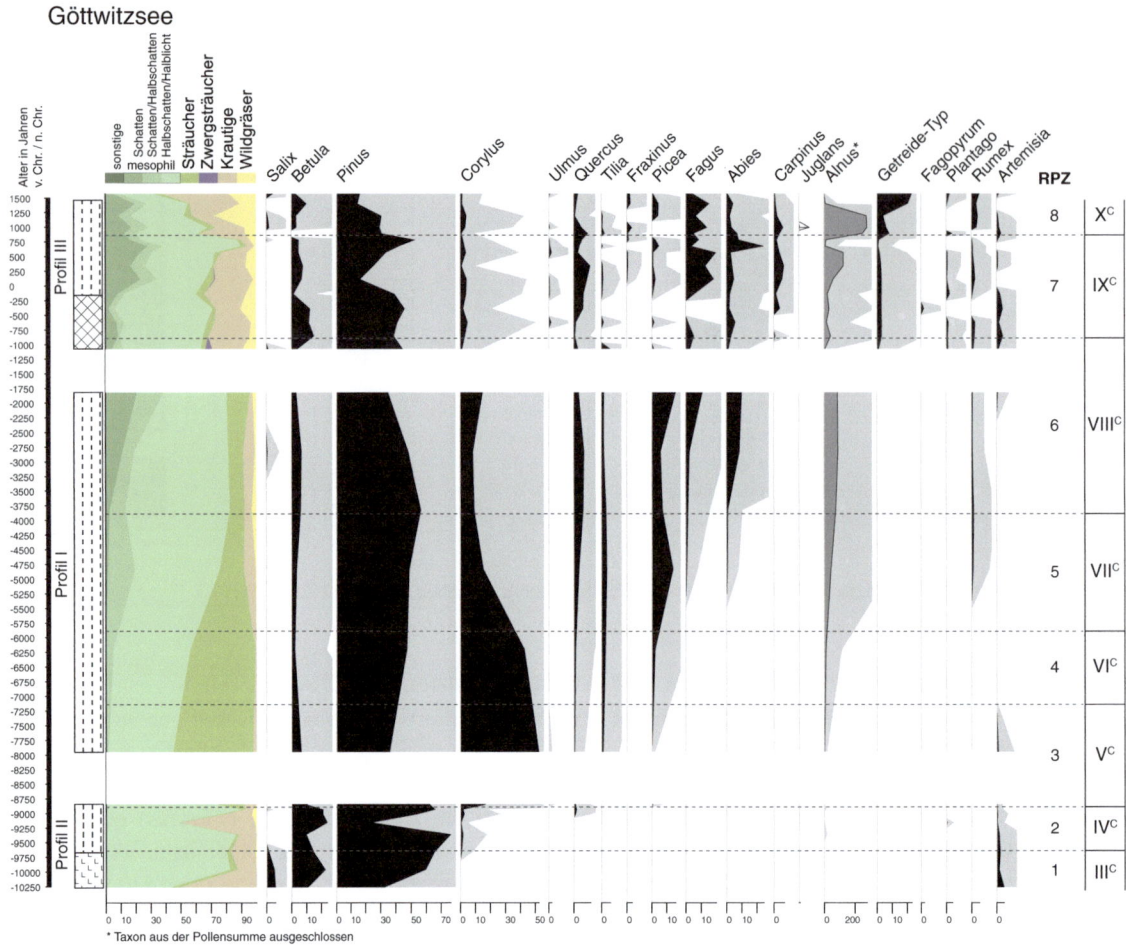

Abb. 64.4 Kombiniertes Pollendiagramm aus den Profilen Göttwitz I, II und III (180 m NN, Jacob 1957 und 1971)

während die Eiche allmählich konkurrenzstärker wird. Hasel, Ulme und Linde kommt in Zöschen weiterhin eine eher begleitende Rolle zu. Das Waldbild des Atlantikums vervollständigen Esche (*Fraxinus*) und Ahorn (*Acer*). Beigemischt sind Nachweise von Efeu (*Hedera*) und Mistel (*Viscum*), welche die Klimagunst dieser Zeit unterstreichen. Eine stärkere Verbreitung mesophiler Laubwälder ist dagegen im mittleren Hügelland Sachsens (Zwickau) oder auf hydrologisch begünstigteren Standorten (Regis-Breitingen) zu verzeichnen.

Die Fichte tritt während des Atlantikums in Zöschen mit niedrigen Werten in Erscheinung. Im weiter östlich gelegenen Göttwitzsee (Abb. 64.1) sprechen die Pollenwerte jedoch für die Präsenz der Fichte nördlich ihres heutigen natürlichen Areals. Während im späteren Atlantikum die Pollenbefunde in der Mittelgebirgsregion eine ausgeprägte Fichtendominanz belegen, sind die Moorprofile des sächsischen Tief- und Hügellandes in Abhängigkeit von den jeweiligen hydrologischen Bedingungen durch mehr oder weniger hohe Erlenwerte gekennzeichnet. In Zöschen bleiben die Erlenwerte jedoch bis zum mittleren Atlantikum niedrig; das korrespondiert offenbar mit der ausgeprägten Trockenheit des Gebietes. Im mittleren Atlantikum sind hier auch die ersten Pollenkörner der Buche (*Fagus*) belegt, während am Göttwitzsee zudem die Tanne (*Abies*) erscheint.

Der weitere Verlauf der Vegetationsgeschichte wird anhand des Profils Göttwitzsee besprochen (Abb. 64.4). Das Subboreal (RPZ 6, ca. 3750 bis 1000 v. Chr.) ist hier durch relativ mächtige Torfablagerungen dokumentiert. Die Erle behält hier ihre hohen Anteile am Pollenniederschlag bei. Ihre lokale Anwesenheit ist auch durch Holzreste im Sediment belegt. Den Elementen des Eichenmischwaldes kommt eine untergeordnete Rolle zu. Schattenertragende Bäume wie Fichte, Buche und Tanne breiten sich etwas weiter aus. Sowohl Fichten- als auch Tannenwerte implizieren kleinere natürliche Standorte in den sächsischen Lössgefilden. Die Bedeutung der Buche bleibt in den Pollenprofilen der nördlichen Sächsischen Tieflandsbucht gering. Als Ursache gilt einerseits die lokale Überrepräsentanz der Erle. Andererseits meidet die Buche die kalkarmen Diluvialböden und Standorte mit ungünstigem Wasserhaushalt. Dagegen verbleibt der Kiefer weiterhin ein recht hoher Anteil, vorzugsweise auf den nährstoffarmen Sandböden. Erstmals treten nun Pollenkörner der Hainbuche (*Carpinus*) auf.

Die jüngsten Torfschichten des Profils vom Göttwitzsee mit hohen Anteilen an Siedlungszeigern ordnet Jacob (1957, 1971) der Nachwärmezeit zu (RPZ 7 und 8, ca. 750 v. Chr. bis 1500 n. Chr.). Buche und Tanne treten jetzt häufiger auf. Die Eiche – offenbar vom Menschen gefördert – tritt wieder etwas stärker hervor. Auffallend ist ein temporärer Erlenrückgang in Göttwitz um 700 n. Chr., der offenbar mit niedrigen Grundwasserständen in Zusammenhang steht. Die markante Trockenphase im nördlichen Sachsen findet möglicherweise eine Entsprechung in weiteren Pollenbefunden aus erlenreichen Landschaften Mittel- und Nordeuropas (Jacob 1957; Latałowa et al. 2019). Letztere führen den überregional stattfindenden Erlenrückgang auf eine Serie abrupter Klimaschwankungen (Überschwemmungen und Trockenheit) und einen damit verbundenen Pilzbefall geschwächter Erlenbestände zwischen 800 und 1000 A.D. zurück. In den obersten Pollenspektren spiegelt sich der artenreiche Mischwald der jüngeren Nachwärmezeit wider.

Menschlicher Einfluss

Weite Teile der Sächsischen Tieflandsbucht zählen zum Altsiedelland Mitteleuropas (Hempel 2009). Frühneolithische Siedlungsspuren, die der linienbandkeramischen Kultur angehören, lassen sich bis in die Mitte des 6. Jahrtausends v. Chr. zurückverfolgen. Die frühe Landnahme zeigt dabei eine deutliche Bindung an die Löss- und Lösslehmgebiete sowie an Flussniederungen. Demnach fanden die Linienbandkeramiker siedlungsfreundliche Bedingungen vorzugsweise in der Leipziger Tieflandsbucht, im mittelsächsischen Lösshügelland sowie in der Dresdner Elbtalweitung. Pollenanalytische Befunde aus diesen Gebieten belegen, dass die neolithischen Ackerbauern selbst in den trockenen Landschaftsteilen eine geschlossene Waldbedeckung vorfanden. Es dominierten gras- und krautreiche Kiefern-Eichen-Wälder sowie Linden-Eichen-Wälder mit Hasel im Unterwuchs, in denen die Buche noch fehlte. Da lichtbedürftige Gehölze zur Zeit des Atlantikums noch stark am Aufbau der Waldgesellschaften beteiligt waren, dürften die Wälder des Tief- und Hügellandes jedoch weit weniger dicht gewesen sein als die Wälder der Mittelgebirgsregionen (Jacob 1957; Hempel 2009). Im Gegensatz dazu ließ sich die Existenz größerer Steppenareale mittels paläobotanischer Methoden nicht belegen (Jacob 1957; Litt 1992, 1994).

In Übereinstimmung mit den archäologischen Funden der Umgebung treten im Pollenprofil Zöschen erste Getreidepollen in Chronozone VII^C (etwa um 5700 v. Chr.) in Erscheinung. Diese Pollenkörner vom Weizen- und wenig später auch vom Gersten-Typ belegen den Einzug des frühneolithischen Ackerbaus im Nordwesten Sachsens. Weitere als Siedlungszeiger geltende Taxa wie Beifuß (*Artemisia*) oder Gänsefußgewächse (Chenopodiaceae) sind hier aufgrund der lokalen Standortbedingungen weniger als Indikatoren für Acker- oder Brachfluren geeignet. Neben Gräsern finden diese Sippen in der fließgewässerreichen Landschaft offenbar auch reichlich natürliche Habitate in den Auen und lokalen Riedstandorten (Litt 1994).

Etwa 500 Jahre nach den ersten Getreidenachweisen zeigt das Zöschener Profil einen markanten Wechsel von anmoorigen Sedimenten zu sogenanntem Auenlehm. Der Befund gilt als Beleg dafür, dass bereits in neolithischer Zeit rodungsbedingte Bodenerosion zu einer verstärkt feinklastischen Sedimentation in den Auen geführt haben muss (Litt 1992, 1994). Die Entstehung der Auenlehme führte wiederum zur Herausbildung neuartiger Ökotope, aus denen die Standorte verschiedener Auwaldtypen hervorgingen. Zusätzlich begannen mit der Siedlungsaktivität vermehrt Abwässer und Fäkalien in die Vorfluter abzufließen. Über Jahrhunderte hinweg reicherte sich irreversibel Stickstoff in den Flusstaleingängen an. Die zunehmend nitrifizierten Böden stellten die Basis für die Entwicklung der heutigen Auenhangwälder mit ihrer stickstoffliebenden oder -tolerierenden Gehölzflora dar (Hempel 2009).

Auch im östlich von Zöschen gelegenen Profil Wölperner Torfwiesen tauchen erste siedlungszeigende Pollen wie Getreide-Typ und Beifuß unmittelbar vor dem Übergang Atlantikum/Subboreal auf und werden dementsprechend von Lange et al. (1985) dem älteren Neolithikum zugeordnet. Radiometrische Altersdatierungen fehlen, doch unterstützen archäologische Funde aus der Umgebung diese Einordnung. Kurze Zeit später zeigen niedrige Erlen- und hohe Kiefernwerte eine ausgeprägte Trockenperiode an, die hier wohl über viele Jahrhunderte hinweg kaum Torfwachstum ermöglichte. Aus diesem nur geringmächtig überlieferten Profilabschnitt lassen sich damit auch keine Erkenntnisse zur Siedlungsaktivität in der Umgebung der Wölperner Torfwiesen gewinnen.

In der Nähe des Göttwitzsees ist das Neolithikum zwar ebenfalls durch archäologisches Fundmaterial belegt, das dazugehörige Pollendiagramm liefert jedoch wenig aussagekräftige Befunde zur menschlichen Einflussnahme während dieser Zeit. So deuten im neolithischen Fundhorizont lediglich Maxima der Birke und der Hasel sowie erhöhte Kräuterpollenwerte eine Auflichtung der Landschaft an (Jacob 1957). Getreidepollen treten nach Jacob (1957, 1971) frühestens ab der Bronzezeit in Erscheinung. Schwankungen der Erlenkurve, gepaart mit gegenläufigen Kiefernwerten, deuten auch am Göttwitzsee auf wechselnde Grundwasserstände während des mittleren und jüngeren Holozäns hin. Besonders die Trockenphasen scheinen dabei mit einer höheren Siedlungsgunst einherzugehen. Das ist vor allem durch archäologisches Fundmaterial im Seesediment selbst sowie in den nahe gelegenen Auen dokumentiert, wird jedoch aus den zeitlich gering aufgelösten Pollenbefunden kaum ersichtlich (Jacob 1971). Auf einen merklichen Siedlungsrückgang lassen dagegen die rückläufigen Kulturzeiger im Göttwitzer Pollendiagramm während der ersten sieben Jahrhunderte n. Chr. schließen. Im Einklang damit liegen aus diesem Zeitabschnitt, der im Wesentlichen die späte Römische Kaiserzeit und die Völkerwanderungszeit umfasst, kaum archäologische Funde aus der Umgebung vor. In diesem Profilbereich zeigen deutlich erhöhte Erlenwerte feuchte Bedingungen, während gleichzeitig die Buche eine Ausbreitung erfährt.

Im Früh- und Hochmittelalter erfolgte mit der gebirgswärtigen Ausweitung der Altsiedelgebiete in der Sächsischen Tieflandsbucht eine deutliche Erweiterung des Siedlungsraumes. Als dominante Bewirtschaftungsform etablierte sich die Dreifelderwirtschaft (Hempel 2009). Die Anlage neuer Siedlungen sowie landwirtschaftlicher Nutzflächen ging in der gesamten Region mit größeren Rodungen und einer zunehmenden Beeinflussung der siedlungsnahen Wälder durch Holzentnahme und Waldweide einher. Im Hochmittelalter begann zudem eine großflächige Dezimierung des Waldes aufgrund des enormen Holzbedarfs im Bergbau, im Hüttenwesen und in der Glasindustrie, sodass bis zum ausgehenden Mittelalter weite Gebiete bereits völlig entwaldet waren. Im Pollenbefund der Sächsischen Tieflandsbucht lassen sich die stark zunehmenden menschlichen Eingriffe vor allem an einer sprunghaft steigenden Zahl an Getreidepollen (Weizen-Typ und Roggen) sowie Pollen anderer kulturbegleitender Pflanzen wie Ampfer (*Rumex acetosa*-Typ), Beifuß, Kornblume (*Centaurea cyanus*) und Spitzwegerich (*Plantago lanceolata*-Typ) ablesen. Eine exakte zeitliche Einordnung der siedlungsbedingten Änderungen des Pollenniederschlags gestaltet sich allerdings aufgrund fehlender Radiokarbondatierungen schwierig und damit auch die Verknüpfung der Befunde aus den einzelnen Teilregionen. Mitunter können lediglich Ergebnisse der Orts- und Siedlungsnamenforschung vage Anhaltspunkte für den Zeitpunkt von Rodungs- und Siedlungsaktivitäten liefern (Lange et al. 1985).

Aus den verfügbaren Pollenbefunden lassen sich immerhin deutliche regionale Unterschiede in der Waldzusammensetzung und -nutzung zur Zeit des Mittelalters ablesen. In der Dresdner Heide ist die Kiefer auch in den subatlantischen Pollenspektren stark repräsentiert. In den Pollendiagrammen spiegelt sich ab dem 12. Jahrhundert eine verstärkte Holznutzung unter Schonung der Eiche im Rückgang der Laubbäume wider. Das Auftreten von Wachtelweizen (*Melampyrum*), Adlerfarn (*Pteridium*), Brennnessel (*Urtica*) und Hopfen (*Humulus*) weist außerdem auf Hutung und Eichelmast hin. Rodungen drängten schließlich den Heidewald auf das heutige Areal zurück (Seifert-Eulen 2016). Die Pollendiagramme aus dem Erzgebirgsvorland zeigen eine hohe Beteiligung der Nadelgehölze am Waldaufbau. Neben der Kiefer sind auch Tanne und Fichte in unterschiedlichen Anteilen vertreten. Mit dem Einsetzen der slawischen und frühdeutschen Landnahme im 12./13. Jahrhundert geht dort der Anteil an Tanne und Fichte stark zurück, während Kiefer und Eiche zunehmen. Es bleibt bisher lediglich eine Vermutung, dass der frühe Bergbau einen entscheidenden Anteil an den erfassten Änderungen des Waldbildes trägt.

Die subatlantischen Pollenspektren der sächsischen Lössgefilde (Wölperner Torfwiesen, Göttwitzsee) sind wiederum standortbedingt durch hohe, teilweise stark schwankende Erlenwerte gekennzeichnet. In Wölpern setzt die Getreidekurve gleichzeitig mit einem starken Erlenanstieg wieder ein und wird von Lange et al. (1985) mit dem frühen slawischen Landausbau in Verbindung gebracht. Das etwas detailliertere Profil Göttwitzsee zeigt jedoch während der slawischen Siedlungsperiode einen starken Abfall der Erle, was wiederum für eine ausgesprochene Trockenphase spricht. Bekräftigt wird Jacobs Interpretation durch eine auf dem Gelände des Göttwitzsees gefundene Quelleinfassung, die mithilfe von Keramik ins 8.–10. Jahrhundert datiert werden kann. Jacob (1971) stellt darüber hinaus fest, dass ein offenbar slawenzeitliches *Alnus*-Minimum in vielen Pollendiagrammen aus erlenreichen Regionen belegt ist, sodass dem Ereignis eine überregionale Bedeutung zukommt. Vor der Hauptsiedlungszeit mit dem starken Anstieg der Siedlungszeiger, steigt der Grundwasserspiegel noch einmal kräftig an, sodass es lokal zur Bildung eines Erlenbruchwaldes kommt. Mit dem erneuten Absinken des Grundwassers und der Erlenkurve erfahren die Kulturzeiger nach 1200 n. Chr. nun einen starken Anstieg im Pollendiagramm. An der Waldzusammensetzung sind ab etwa 1250 n. Chr. neben Kiefer und Birke auch Buche, Eiche und Hainbuche nicht unwesentlich beteiligt (Jacob 1971). Bereits um 1400 n. Chr. gelten die Aufsiedlung des sächsischen Tief- und Hügellandes sowie die Formierung der Siedlungs- und Wirtschaftsflächen als abgeschlossen (Hempel 2009).

Das Aussetzen der Kurve der Hainbuche und etwas später der Buche, kombiniert mit deutlich zunehmenden Anteilen der Linde, dokumentiert im Wölperner Profil die anthropogenen Einflüsse auf die Waldzusammensetzung im ausgehenden Mittelalter und der frühen Neuzeit, die zu den heutigen Vegetationsverhältnissen überleiten – einem kleinflächigen, edaphisch beeinflussten Mosaik aus Kiefern-Traubeneichen-Wäldern und buchenfreien Stieleichen-Winterlinden-Hainbuchen-Wäldern (Lange 1976; Hempel

1982). Die zunehmenden Rodungsaktivitäten, die zur vollständigen Entwaldung der Hänge führte, förderte wiederum die Erosion der Lössböden im Umland, was sich in der Ablagerung mineralischer Sedimente mit stark zersetztem Pollenmaterial in den jüngsten Ablagerungen der Göttwitzer Profilsequenz zeigt. In Wölpern führte die Anlage von Drainagen zur Einstellung des Torfwachstums im Laufe der Neuzeit. Schließlich dokumentiert ein steiler Anstieg der Kiefer in den jüngsten Pollenspektren der Dresdner Heide den Übergang zur forstwirtschaftlichen Nutzung der Wälder (Seifert-Eulen 2016).

Zusammenfassend lässt sich feststellen, dass aufgrund der insgesamt ungünstigen naturräumlichen Voraussetzungen für die Überlieferung von Pollenfloren aus der Sächsischen Tieflandsbucht nur unvollständige paläobotanische Befunde zur nacheiszeitlichen Vegetations- und Siedlungsgeschichte vorliegen. Dennoch wurden bereits früh regionale Unterschiede in der Vegetationsentwicklung und der Siedlungsgeschichte innerhalb der Region festgestellt. Diese lassen sich hauptsächlich auf unterschiedliche klimatische und standörtliche Faktoren, aber auch auf die Einwanderungsgeschichte der einzelnen Gehölze sowie in jüngerer Zeit auf Siedlungseinflüsse zurückführen.

Überdies zeigen die palynologischen Befunde der Sächsischen Tieflandsbucht, dass die nacheiszeitliche Vegetationsentwicklung der Region einen eigenen Charakter aufweist: So zeichnet sich die subkontinental geprägte Region durch eine hohe Konkurrenzkraft der Kiefer bis zum mittleren Atlantikum aus (Litt 1994). Eine boreale Massenausbreitung der Hasel ist dagegen einzig im Profil vom Göttwitzsee dokumentiert (Jacob 1957). Tendenziell ähnelt die früh- bis mittelholozäne Vegetationsentwicklung daher eher den subkontinental beeinflussten Landschaften Ostmitteleuropas (Litt 1994). Die Existenz größerer postglazialer Steppenbiotope lässt sich palynologisch nicht nachweisen. Nach der Einwanderung der Eichenmischwaldarten gegen Ende des Boreals bleibt deren Anteil an der Waldzusammensetzung im Flach- und Hügelland gering. Deren bezieht sich auf die Eichenmischwaldarten. Die Pollendiagramme des Tieflandes sind während des Atlantikums meist durch hohe Erlenwerte gekennzeichnet, während sich in der südlich anschließenden Gebirgsregion eine ausgeprägte Fichtendominanz einstellte. Die Pollenbefunde legen jedoch nahe, dass es natürliche Standorte der Fichte und später auch der Tanne nördlich ihrer heutigen Nordgrenze gegeben haben muss. Die Tanne wurde im Subboreal neben der Buche Teil der regionalen Gehölzvegetation. Die Hauptausbreitung der Hainbuche dürfte dagegen erst während der Nachwärmezeit erfolgt sein. Anthropogene Einflüsse auf das Vegetationsgefüge sind bereits in frühneolithischer Zeit nachweisbar. Einen erheblichen Einfluss auf die Siedlungsaktivitäten sowie die anthropogene Landnutzung dürfte dem Wechsel von ausgeprägten Trocken- und Feuchtephasen zugekommen sein. Das beeinflusste sicherlich auch das Ausbreitungsverhalten von Buche, Tanne und Hainbuche. Umfangreiche Rodungsaktivitäten setzten in der gesamten Region mit der slawisch-frühdeutschen Besiedlungsphase ein. Nur wenige Jahrhunderte später waren bereits große Teile der Sächsischen Tieflandsbucht entwaldet und das Vegetationsgefüge insgesamt durch anthropogene Nutzung stark überprägt.

Literatur

Bernhofer C, Mellentin U (2008) Sachsen im Klimawandel: eine Analyse. Freistaat Sachsen, Staatsministerium für Umwelt und Landwirtschaft, Dresden

Eisenhauer DR (2000) Empfehlungen zum Wiedereinbringen der Weißtanne. Schriftenreihe der Sächsischen Landesanstalt für Forsten 22. Sächsische Landesanstalt für Forsten, Pirna/OT Graupa

Eissmann L, Litt T (1994) Das Quartär Mitteldeutschlands: ein Leitfaden und Exkursionsführer: mit einer Übersicht über das Präquartär des Saale-Elbe-Gebietes. Altenburger naturwissenschaftliche Forschungen 7. Mauritianum, Altenburg

Firbas F (1949) Waldgeschichte Mitteleuropas. Erster Band: Allgemeine Waldgeschichte. Gustav Fischer, Jena

Frenzel H (1930a) Entwicklungsgeschichte der sächsischen Moore und Wälder seit der letzten Eiszeit auf Grund pollenanalytischer Untersuchungen. Abhandlungen des Sächsischen Geologischen Landesamts 9: 5–119

Frenzel H (1930b) Pollenanalytische Untersuchungen sächsischer Moore westlich der Elbe. Dissertation, Universität Leipzig

Frenzel H (1932) Die nacheiszeitliche Waldgeschichte der Dresdner Heide. In: Koepert O, Pusch O (eds) Die Dresdner Heide und ihre Umgebung. C. Heinrich, Dresden-Neustadt, 40–49

Grahmann R, Frenzel H, Geyer F (1934) Spät- und postglaziale Süßwasserbildungen in Regis-Breitingen und die Entwicklung der Urlandschaft in Westsachsen. Mitteilungen aus dem Osterlande 22: 14–44

Hempel W (2009) Die Pflanzenwelt Sachsens von der Späteiszeit bis zur Gegenwart. Weissdorn-Verlag, Jena

Hempel W (1982) Ursprüngliche und potentielle natürliche Vegetation – eine Analyse der Entwicklung von Landschaft und Waldvegetation. Habilitationsschrift, TU Dresden.

Jacob H (1957) Pollenanalytische Untersuchungen der Torfschichten des Göttwitzer Sees bei Wermsdorf, Bezirk Leipzig. Arbeits- und Forschungsberichte zur Sächsischen Bodendenkmalpflege 6: 317–330

Jacob H (1971) Pollenanalysen aus dem Gebiet des ehemaligen Göttwitzer Sees bei Mutzschen, Kr. Grimma. Arbeits- und Forschungsberichte zur Sächsischen Bodendenkmalpflege 19: 159–157

Lange E (1976) Zur Entwicklung der natürlichen und anthropogenen Vegetation in frühgeschichtlicher Zeit, Teil 2: Naturnahe Vegetation. Feddes Repertorium 87: 367–442

Lange E, Heinrich W (1970) Floristische und vegetationskundliche Beobachtungen auf dem MTB Frankenberg/Sa. [5044]. Hercynia NF 7: 53–86

Lange E, Köhler H, Müller G (1985) Zur Entwicklung des NSG „Wölperner Torfwiesen". Hercynia NF 22: 105–112

Latałowa M, Święta-Musznicka J, Słowiński M, Pędziszewska A, Noryśkiewicz AM, Zimny M, Obremska M, Ott F, Stivrins N, Pasanen L et al (2019) Abrupt *Alnus* population decline at the end of the first millennium CE in Europe – The event ecology, possible causes and implications. The Holocene 29: 1335–1349

Litt T (1992) Fresh investigations into the natural and anthropogenically influenced vegetation of the earlier Holocene in the Elbe-Saale Region, Central Germany. Vegetation History and Archaeobotany 1: 69–74

Litt T (1994) Paläoökologie, Paläobotanik und Stratigraphie des Jungquartärs im nordmitteleuropäischen Tiefland. Dissertationes Botanicae 227. Cramer, Berlin, Stuttgart

Litt T, Behre KE, Meyer KD, Stephan HJ, Wansa S (2007) Stratigraphische Begriffe für das Quartär des norddeutschen Vereisungsgebietes. Eiszeitalter und Gegenwart 56: 7–65

Meszner S, Faust D, Jary Z., Krawczyk M, Raczyk J, Ryzner K (2016) Late Pleistocene loess-palaeosol sequences from Saxony and Silesia. In: Faust D, Heller K (eds) Erkundungen in Sachsen und Schlesien. Quartäre Sedimente im landschaftsgenetischen Kontext. Deuqua Excursions. Geozon Science Media, Berlin, 37–73

Sächsisches Landesamt für Umwelt und Geologie (ed) (1997) Bodenatlas des Freistaates Sachsen Teil 2: Standortkundliche Verhältnisse und Bodennutzung. Selbstverlag, Radebeul

Seifert-Eulen M (2016) Die Moore des Erzgebirges und seiner Nordabdachung. Vegetationsgeschichte ausgewählter Moore. Geoprofil 14: 4–78

Suck R, Bushart M, Hoffmann G, Schröder L (2014) Karte der Potentiellen Natürlichen Vegetation Deutschlands – Band 3 (Erläuterungen, Auswertungen, Anwendungsmöglichkeiten, Vegetationstabellen), BfN-Skripten 377. Bundesamt für Naturschutz, Bonn-Bad Godesberg

Thomasius H (1990) Vorkommen, Bedeutung und Bewirtschaftung der Fichte in der DDR. Forstwirtschaftliches Centralblatt 109: 138–151

Niederlausitzer und Niederschlesische Heide

65

Susanne Jahns, Michèle Dinies, Andrea Klimaschewski, Maria Knipping ⓘ und Jaqueline Strahl ⓘ

Die Hornoer Hochfläche in der Niederlausitz, Lkr. Spree-Neiße. Im Hintergrund der Braunkohle-Tagebau, im Vordergrund das 2004/2005 abgebaggerte Dorf Horno (Foto: E. Bönisch)

Ergänzende Information Die elektronische Version dieses Kapitels enthält Zusatzmaterial, auf das über folgenden Link zugegriffen werden kann [https://doi.org/10.1007/978-3-662-68936-3_65].

S. Jahns (✉)
Brandenburg. Landesamt f. Denkmalpflege u. Archäol.
Landesmuseum, Wünsdorf, Deutschland
e-mail: susanne.jahns@bldam.brandenburg.de

M. Dinies
Inst. f. Geogr. Wissenschaften, Freie Universität, Berlin, Deutschland

A. Klimaschewski
Institut für Ökologie, Technische Universität, Berlin, Deutschland

M. Knipping
Inst. Biol., Universität Hohenheim, Stuttgart, Deutschland

J. Strahl
Landesamt f. Bergbau, Geol. u. Rohstoffe Brandenburg, Cottbus, Deutschland

Der Naturraum

Morphogenese und Böden

Die Region Niederlausitzer und Niederschlesische Heide gehört zum Altmoränengebiet des Norddeutschen Flachlandes (Abb. 65.1). Den nördlichen Teil, die Niederlausitz, prägt das Glogau-Baruther, den südlichen Teil, die Oberlausitz, das Lausitzer Urstromtal. Ersteres ist eine Abflussbahn der weichselzeitlichen, Letzteres der saalezeitlichen Schmelzwässer. Die Neiße-Aue ist die östliche Grenze des Gebietes. Unterschiedliche Formationen wie der Fläming, die Niederlausitzer Randhügel und die Ruhland-Königsbrücker Heiden bilden seine westliche Grenze. Nach Süden schließt das Lausitzer Lösshügelland an, das in die Mittelgebirgslandschaft des Elbsandstein- und Lausitzer Gebirges, des Polzengebiets und des Jeschkengebirges übergeht (s. Kap. 49).

Mittelpleistozäne Platten, Becken und Moränenzüge kennzeichnen die Landschaft. Die heterogene Oberflächengestalt geht vorrangig auf Ablagerungen und Formenbildungen der Saalekaltzeit mit einer Abfolge sandig-lehmiger Becken und flachwelliger Platten, kiesiger Hügel, Talsandflächen und feuchter Niederungen zurück. Die Höhen erreichen 50 bis 200 m NN. Der von Nordwest nach Südost verlaufende Lausitzer Grenzwall, ein Moränenwall aus der jüngeren Saalekaltzeit, bildet eine Wasserscheide.

Talsand- und Sandböden geringer und mittlerer Güte, häufig podsoliert, dominieren in den Urstromtälern. Auf den Hochflächen bildeten sich aus lehmigen Sanden Braunerden, in den Niederungen mineralische, meist schwach bis mäßig podsolierte Nassböden oder Flachmoore. Es gibt Raseneisenvorkommen, die seit der Eisenzeit ausgebeutet wurden. Im Osten des Gebietes reichen mächtige miozäne Braunkohleformationen vielfach bis nahe an die Oberfläche des Lausitzer Braunkohlereviers. Durch den jahrzehntelangen Abbau dieser Braunkohlen im Tagebau wurde dort die Landschaft großflächig umgestaltet, wie im Hintergrund des Landschaftsbildes am Anfang des Kapitels zu erkennen ist. Ganz im Norden liegt der Spreewald im Glogau-Baruther-Urstromtal. Hier verzweigen sich die Spree und ihr Nebenfluss Malxe in einer breiten, äußerst gefällearmen Aue in zahlreiche Arme (Abb. 65.2).

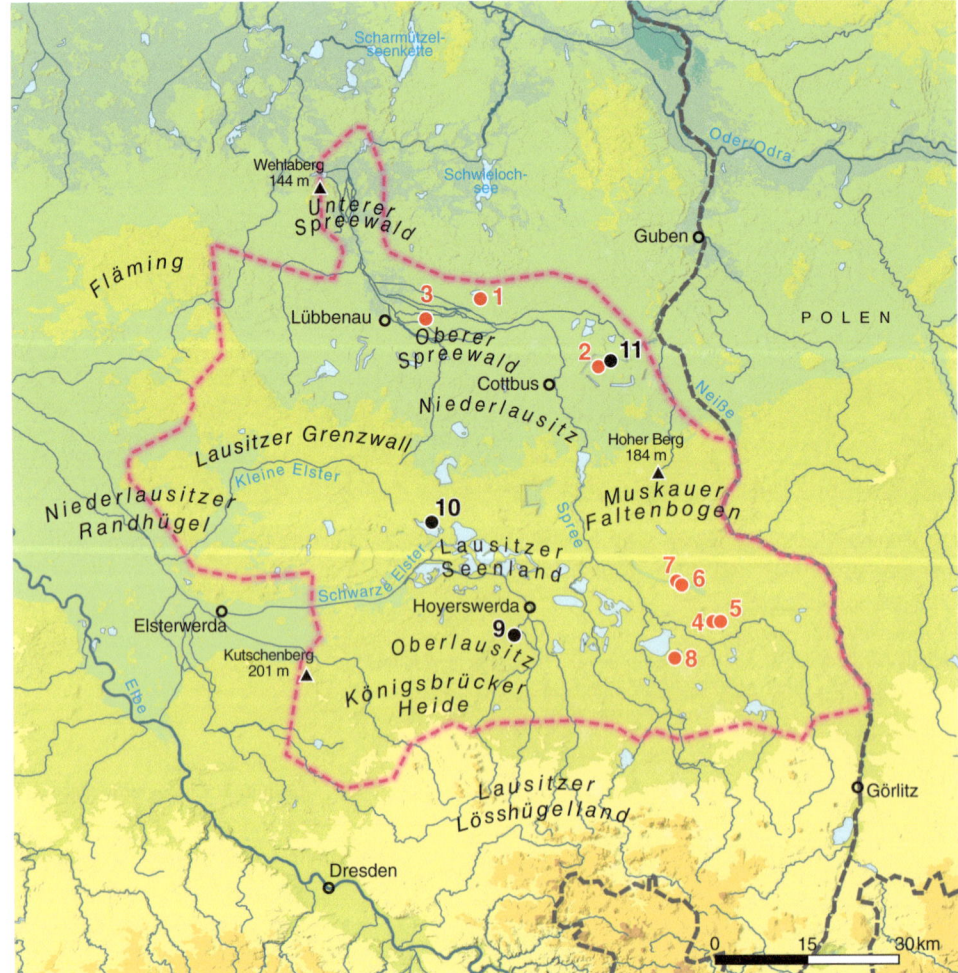

Abb. 65.1 Karte der Region Niederlausitzer und Niederschlesische Heide mit pollenanalytisch untersuchten Lokalitäten für das standardisierte Pollendiagramm Spreewald:
1 Byleguhrer Bagen,
2 Merzdorf 31,
3 Leipe.
Für das standardisierte Pollendiagramm Niederlausitzer und Niederschlesische Heide, Region Oberlausitz:
4 Reichwalde III 881 A,
5 Reichwalde Neuteich RW 2090,
6 Nochten,
7 Altteicher Moor.
Zusätzlich diskutiertes Diagramm:
8 Klitten.
Weitere im Text erwähnte Lokalitäten:
9 Dubringer Moor,
10 Meuro,
11 Groß Lieskow.

Abb. 65.2 Der Spreewald (Foto: S. Jahns)

Der in sich geschlossene und von zahlreichen Wasserläufen durchzogene Spreewald setzt sich aus feuchten Niederungen, Talsandterrassen und Schwemmkegeln zusammen. Zur allgemeinen Vermoorung der Spree-Malxe-Aue kam es durch den Anstieg des Grundwasserspiegels im Spätpleistozän und durch häufige Spreehochwasser, die wegen der nördlichen Talverengung flussabwärts und des sehr geringen Gefälles der Spree nur langsam abfließen konnten. Es entwickelten sich zumeist Erlen-Bruchwaldtorfe von geringer Mächtigkeit, außerdem Auentone (regionaler Name Klock) und stellenweise in tieferen Senken auch Verlandungsmoore auf Mudden. Hydrologisch bedingt besteht ein starker Gegensatz zwischen den fast ständig feuchten Niederungen mit ihren Flachmoorböden und teilweise schlickhaltigen Moorerden und den nur wenig höher gelegenen, aber hochwasserfreien Talsand- und Schwemmsandkegelflächen mit mäßig gebleichten rostfarbenen Waldböden, die vor allem am Rand des Cottbusser Schwemmsandfächers stellenweise in mineralische Nassböden auf Ton, die sogenannten Klockerden, übergehen.

Klima

Das Gebiet liegt im Bereich des ostdeutschen Binnenlandklimas mit einer mittleren Januartemperatur von −1 bis 0,5 °C und einer mittleren Julitemperatur von 17,5 bis 18,5 °C. Das Jahresmittel liegt bei 8 bis 8,9 °C. In der Niederung des Spreewalds wird die kontinentale Komponente des Klimas durch die Feuchtigkeit abgeschwächt. Die Jahressumme der Niederschläge liegt in der Niederlausitz zwischen 570 und 690 mm, mit den geringsten Niederschlägen im nördlichen Teil. In der Oberlausitz beträgt die Jahressumme der Niederschläge 600 bis 650 mm.

Vegetation

Als potenzielle natürliche Vegetation der trockenen Standorte werden von Hofmann und Pommer (2005) für den nördlichen Teil des Gebietes überwiegend subkontinentale grundwasserferne Laubmischwälder mit Kiefern, Traubeneichen, Winterlinden und Hainbuchen angegeben. Die Niederungsgebiete, dabei besonders markant der Spreewald, zeigen Schwarzerlen- und Eschenwälder und die Neiße-Aue Weiden- und Ulmenauenwälder. Für die Flusstäler und nassen Niederungen der Oberlausitz werden Erlenbruchwälder in verschiedenen Ausprägungen als potenzielle natürliche Vegetation postuliert. Die grundwasserbestimmten feuchten Standorte würden den Kiefern-Birken-Stieleichen-Wäldern mit Pfeifengras oder Erle angehören. Auf den grundwasserfernen Talsanden würden Kiefern-Traubeneichen-Wälder stocken. Für die mäßig nährstoffreichen Standorte im Osten werden Hainbuchen-Traubeneichen-Wälder und für edaphisch günstigere Standorte vereinzelte Bucheninseln angegeben, so im Muskauer Faltenbogen (Schmidt et al. 2002).

Heute ist das Gebiet – mit Ausnahme von Naturschutzgebieten wie dem Biosphärenreservat Oberlausitzer Heide und Teichlandschaft und der Königsbrücker Heide – stark durch landwirtschaftliche Flächen und Nutzwälder, vor allem Kiefernforste in Monokultur, geprägt. Auf den Tagebauhalden wachsen häufig Birken. Die vereinzelten natürlichen Fichtenvorkommen in der Oberlausitz finden sich an durchfeuchteten Stellen wie Moorrändern (Großer 1954/55).

Forschungsgeschichte und Pollenarchive

Aufgrund der Seltenheit von mächtigeren Moorbildungen und Gewässern im Norden des Gebietes wurden dort bisher nur wenige pollenanalytische Arbeiten durchgeführt. Besonders betrifft dies das Holozän. Ältere waldgeschichtliche Arbeiten gibt es von Herbert Hesmer. Vorwiegend weichselspätglaziale, aber auch holozäne Ablagerungen wurden von Jaqueline Strahl vom Landesamt für Bergbau, Geologie und Rohstoffe Brandenburg sowie von Felix Bittmann, Maria Knipping und Ricarda Voigt im Rahmen der brandenburgischen Braunkohlenarchäologie untersucht. Für das Holozän liegen weiterhin einige Untersuchungen vor, die von Elsbeth Lange, Andrea Klimaschewski, Ina Begemann, Susanne Jahns und Klaus Kloss (teilweise durch Pim de Klerk publiziert) durchgeführt wurden. Neben geologischen und vegetationskundlichen Fragestellungen stehen dabei auch die Landschafts- und die Siedlungsgeschichte im Fokus dieser Arbeiten.

Die Oberlausitz ist hingegen reich an Mooren, die schon früh Gegenstand moorkundlicher Untersuchungen wurden. Bereits am Ende des 19. Jahrhunderts bediente sich Georg Woitschach dabei der Pollenanalyse. Aus den 1930er-Jahren liegen waldgeschichtliche und moorkundliche Studien von Hedwig Frenzel, Liselotte Stark und Julius Jaeschke vor. Mit demselben Schwerpunkt bearbeiteten ab den 1950er-Jahren Traugott Schulze und Hanna M. Müller einige Moore in der Oberlausitz. Zwei bisher nur als Vorbericht oder gar nicht veröffentlichte palynologische Pollendiagramme von Maria Seifert und Klaus Kloss aus dem Dubringer Moor (bekannt aus dem Roman „Krabat" von Otfried Preußler), einem der bedeutendsten Moore im Gebiet, wurden in jüngerer Zeit durch Pim de Klerk publiziert, der auch ein Pollendiagramm von Klaus Kloss aus dem Tagebau Bärwalde bei Uhyst neu interpretiert hat. Neuere Untersuchungen führten Maria Knipping, Michèle Dinies und Elisabeth Warmbrunn durch. Eine vollständige Literaturliste befindet sich im Anhang.

Die regionale Vegetations- und Waldgeschichte

Große Unterschiede im Verlauf der Vegetationsentwicklung im Süden und Norden des Gebietes erfordern zwei Standarddiagramme (Abb. 65.3, Abb. 65.4).

Aus dem nördlichen Teil des Gebietes wurden für den spätglazialen Abschnitt Daten vom Byhleguhrer Bagen im Spreewald verwendet (Strahl 2005). Das Altersmodell für diesen Abschnitt folgt Litt et al. (2007) unter Einbeziehung der Laacher See-Tephra (LST, s. Kap. 6). Das frühe Holozän wird durch das Profil Merzdorf 31 dargestellt, das am Südrand des Glogau-Baruther Urstromtales auf dem Cottbusser Schwemmsandfächer liegt. Es stammt aus einem kleinen verlandeten See, der im Braunkohletagebau Cottbus-Nord angeschnitten wurde. Da es das einzige Diagramm mit Radiokarbondatierungen ist (Jahns 2004), wurde es einbezogen, obwohl es lediglich den Zeitraum vom 9750–5250 v. Chr. (Chronozonen IV^C–VII^C) umfasst. Für das mittlere und späte Holozän wird ein Diagramm von Leipe im Spreewald gezeigt, das eine nahezu durchgehende Sequenz dieses Zeitabschnitts bietet (Brande et al. 2007). Die trockenen Standorte des Gebietes spiegeln sich darin nur eingeschränkt wider, und es musste eine gewisse, durch die lokale Vegetation verursachte Uneinheitlichkeit in Kauf genommen werden. Das Altersmodell für den Diagrammteil Leipe wurde nach biostratigraphischen Kriterien erstellt.

Aus der Oberlausitz liegt das Spätglazial an Profilen aus dem ehemaligen Altliebeler Großteich im Tagebau Reichwalde (RW 3 und RW Neuteich) detailliert analysiert vor (Friedrich et al. 2001). In einem Profil aus dem 190 ha großen Altteicher Moor (Nochten) ist der größere Teil des Holozäns überliefert (in Teilen publiziert durch Dinies 2021). Das Profil bricht aber wegen Zerstörung der jüngsten Torfschichten um 200 v. Chr. ab. Deshalb wurden die jüngeren Abschnitte durch eine ältere Arbeit von Hanna M. Müller vom Altteicher Moor (Altteich, Großer 1964) ergänzt. Für dieses Profil existieren keine Originalzähldaten mehr, sodass nicht alle Pollentypen im Diagramm darstellbar sind. Deshalb wird der mittelalterlich-neuzeitliche Abschnitt durch ein weiteres Pollendiagramm bei Klitten, ebenfalls im Tagebau Nochten, ergänzt (Abb. 65.5). Die Diagramme RW 3 und Nochten verfügen über zahlreiche Radiokarbondatierungen, die in das Altersmodell eingehen. Für den Abschnitt, der durch das Profil RW Neuteich dargestellt wird, wurde für die Alterseinstufung die Chronostratigraphie für das Spätglazial nach Litt et al. (2007) verwendet. Das Profil Klitten wurde pollenstratigraphisch datiert.

Niederlausitz

Das Standarddiagramm für die Niederlausitz ist in 15 regionale Pollenzonen (RPZ) gegliedert s. auch Tab. S 65.1 im elektronischen Zusatzmaterial). Das Pollendiagramm vom Byleguhrer Bagen enthält Ablagerungen des Weichselspätglazials ab der Ältesten Dryas. Die Klimaschwankungen in dieser Epoche, die zum Teil nur wenige 100 Jahre andauerten, sind im Pollendiagramm durch die Zusammenfassung in Blöcken von je 250 Jahren nicht in ihrer feinen Auflösung darstellbar; sie sind aber im Summendiagramm deutlich zu erkennen.

RPZ 1 fasst den Zeitraum der Ältesten Dryas, des Bølling-Interstadials und der Älteren Dryas zusammen (Zeitscheibe 11.750 v. Chr.). Die Zone ist zum einen durch hohe Werte von Wacholder (*Juniperus*) und Sanddorn (*Hippophaë*) gekennzeichnet. Sie zeigen eine geringe Beschattung an, die

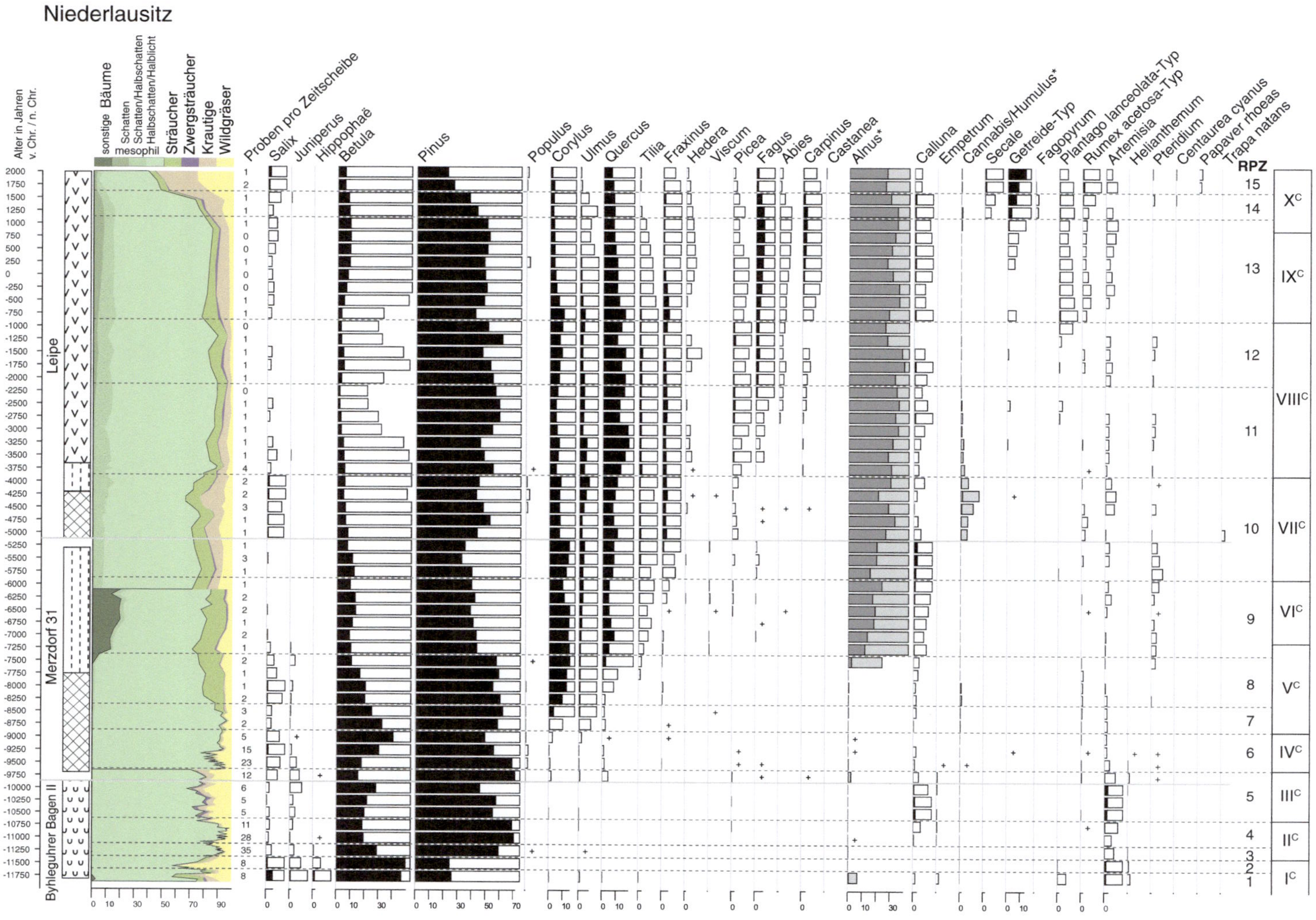

* Taxa im Profil Leipe aus der Pollensumme ausgeschlossen.
Darstellung der Werte für dieses Profil um den Faktor 10 verkleinert im Verhältnis zur Skala.

Abb. 65.3 Standardisiertes Pollendiagramm vom Spreewald, kombiniert aus den Profilen Byhleguhrer Bagen (Höhe 54 m NN, Strahl 2005), Merzdorf 31 (Höhe 64 m NN, Jahns 2004) und Leipe (Höhe 51,1 m NN, Brande et al. 2007)

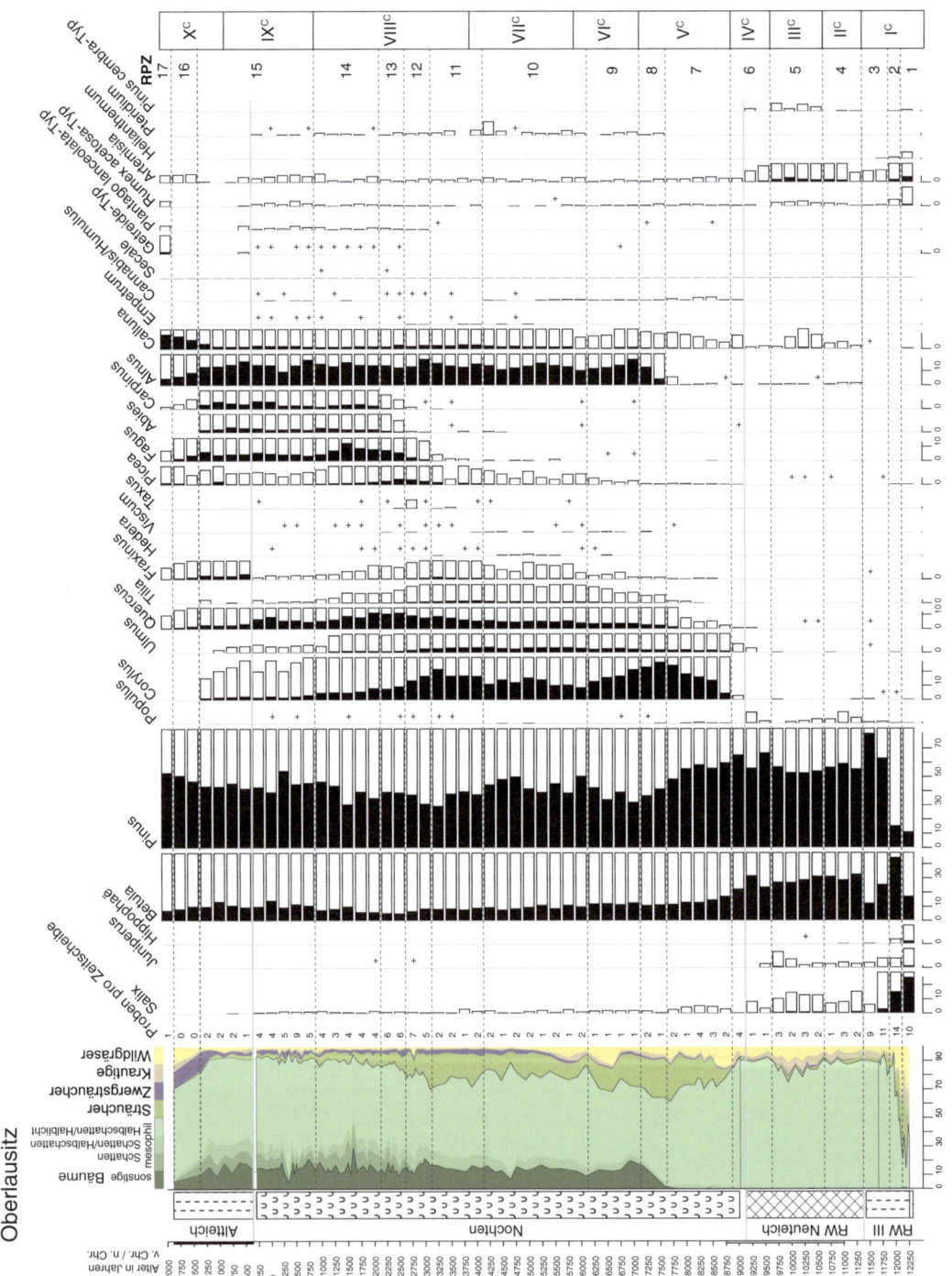

Abb. 65.4 Standardisiertes Pollendiagramm für die Niederlausitzer und Niederschlesische Heide, Region Oberlausitz, kombiniert aus den Profilen Reichwalde RW III 881 (133 m NN, Friedrich et al. 2001), Reichwalde Neuteich RW 2090 (132 m NN, Friedrich et al. 2001), Nochten (132 m NN, Dinies unveröffentl.) und Altteich (109 m NN, Großer 1964)

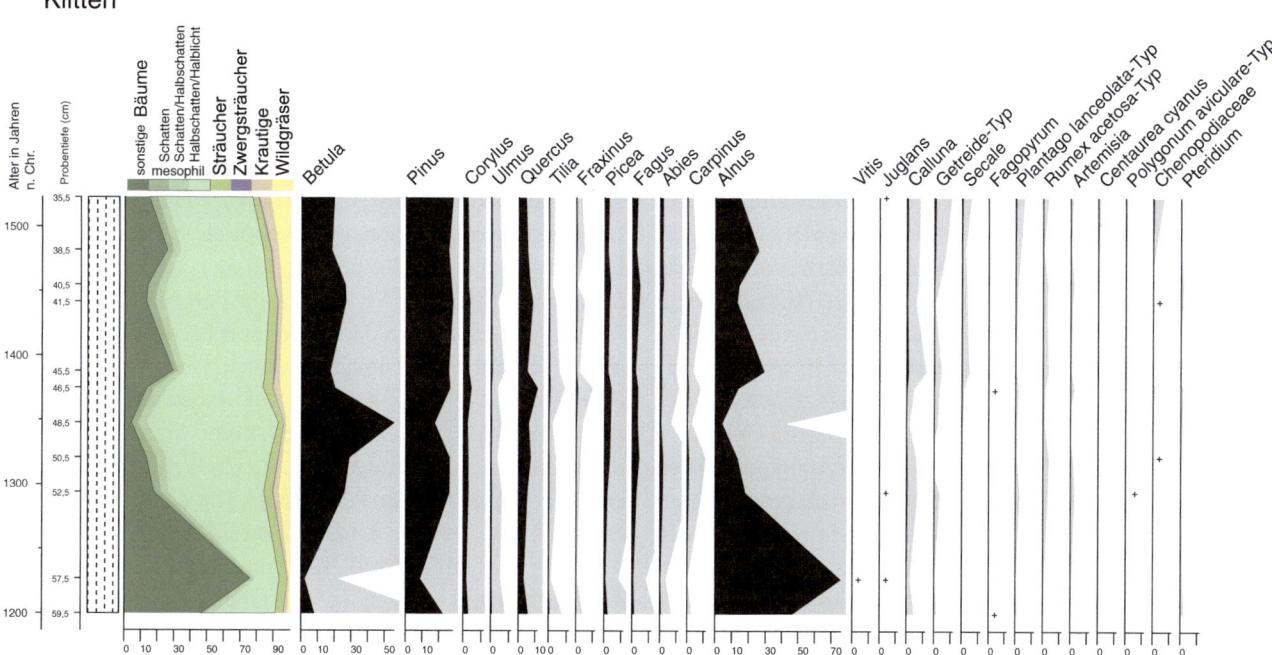

Abb. 65.5 Das Pollendiagramm von Klitten in der Oberlausitz (128 m NN, Dinies unveröffentl.) zeigt die mittelalterliche Entwicklung der Vegetation

sich auch in verhältnismäßig hohen Anteilen von Wildgräsern widerspiegelt. Das Vorkommen des Sanddorns deutet auf den noch bestehenden Rohbodencharakter der besiedelten Substrate sowie auf einen hohen Kalkgehalt hin. So weisen andere Standorte im Gebiet, in denen ein kalkarmes Substrat vorherrscht, in diesem Abschnitt nur geringe Werte von Sanddorn auf (Strahl 2005). Des Weiteren sind Birke (*Betula*) und Weide (*Salix*) häufig. Dabei handelt es sich wohl überwiegend um Zwergsträucher. Für den bøllingzeitlichen Abschnitt ist aber auch von Baumbirken auszugehen, die in der Niederlausitz durch Makrorestfunde belegt sind. Kiefernpollen (*Pinus*) ist am Byleguhrer Bagen in RPZ 1 mit Werten von > 20 % vorhanden. Die Kiefer ist aber weder dort noch an anderen Untersuchungspunkten im Gebiet durch Funde von Spaltöffnungen oder Makroresten belegt. Möglicherweise stammt der Pollen aus der Oberlausitz, wo zu dieser Zeit bereits Bestände von Kiefern vorkamen (s. u.). Von dort ausgehend scheinen sie sich am Byleguhrer Bagen ab der Älteren Dryas auszubreiten (RPZ 2, Zeitscheibe 11.500 v. Chr.). Der Klimarückschlag in diesem Abschnitt wird durch deutlich höhere Werte der Krautigen und besonders der Wildgräser angezeigt, was auch an anderen Untersuchungspunkten in der Niederlausitz festgestellt werden konnte (Bittmann und Pasda 1999; Strahl 2005). Sanddorn und Wacholder erreichen nicht mehr so hohe Werte wie in RPZ 1. Die Werte von *Betula* bleiben aber, trotz abnehmender Bewaldungsdichte, auf hohem Niveau.

In der allerødzeitlichen RPZ 3 (Zeitscheibe 11.250 v. Chr.) werden die lichtliebenden Arten durch die Etablierung von Birken- und vor allem von Kiefernwäldern zurückgedrängt. Dieser Trend verstärkt sich in RPZ 4. Kieferpollen dominiert in diesem Abschnitt mit Werten um 70 %. Die Anwesenheit von größeren Beständen der Kiefer im Gebiet wird darüber hinaus auch durch Funde von Spaltöffnungen und Makroresten belegt. Die Espe (*Populus*) ist vorhanden. Die Werte der Birke gehen zurück, und das Gleiche trifft auf die Zeiger offener Vegetation wie Wildgräser und Beifuß (*Artemisia*) zu. So ist in RPZ 4 (Zeitscheiben 11.000 bis 10.750 v. Chr.) von einem dichteren Kronendach auszugehen, auch wenn die Zusammensetzung der Wälder im Gebiet noch Schwankungen zeigt und sich phasenweise an manchen Stellen wieder Birken ausbreiten (Bittmann und Pasda 1999; Strahl 2005).

RPZ 5 (Zeitscheiben 10.500 bis 9750 v. Chr.) zeigt den längerfristigen Klimarückschlag der Jüngeren Dryas durch eine erneute Öffnung der Vegetation. *Juniperus* und krautige Taxa, vor allem Wildgräser, *Artemisia* und Besenheide (*Calluna*) breiten sich aus. Als Folge des zumeist kühlen und trockenen Klimas in dieser Zeit zeigt die Kiefer am Byleguhrer Bagen und in anderen Pollendiagrammen aus dem Gebiet zwar einen leichten Rückgang, bleibt aber weiterhin dominant. Ein Überdauern von Kiefernbeständen in der Niederlausitz bestätigen neben Nachweisen von Kiefernspaltöffnungen am Byleguhrer Bagen und im Tagebau Cottbus-Nord vor allem die Funde von Zapfen und ganzen Stämmen im Tagebau, die dendrochronologisch und durch ^{14}C-Datierungen in die Jüngere Dryas eingeordnet werden konnten (u. a. Spurk et al. 1999). Auch Baumbirken sind durch ganze Stämme als Waldbildner in dieser Zeit belegt.

Die RPZ 6 (Zeitscheiben 9500 bis 9000 v. Chr.) wird vom Pollendiagramm Merzdorf 31 abgedeckt. Der Abschnitt ist durch hohe Werte von Kiefer und Birke charakterisiert, bei gleichzeitigem Rückgang von Wildgräsern, Artemisia, Calluna sowie der Krautigen insgesamt. Die Wildgräser zeigen – im Summendiagramm ersichtlich – im mittleren Teil der Zone einen erneuten Gipfel. Möglicherweise spiegelt sich hier der Klimarückschlag des Präboreals (Rammelbeek-Phase) wider, der sich auch an anderer Stelle im Tagebau Cottbus-Nord bei Groß Lieskow andeutet (Bittmann und Pasda 1999). Auch *Populus* ist in diesem Abschnitt vertreten. Geschlossene Kurven von Ulme (*Ulmus*), Hasel (*Corylus*) und etwas später auch von Eiche *(Quercus)* zeigen den Beginn der Einwanderung thermophiler Gehölze im Gebiet.

In RPZ 7 (Zeitscheiben 8750 bis 8500 v. Chr.) breitet sich die Hasel (*Corlyus avellana*) in der Niederlausitz aus. Parallel steigen die Werte der Ulme und auf geringerem Niveau diejenigen der Eiche an. Birke und Espe zeigen einen deutlichen Rückgang, und das Gleiche trifft auf die Wildgräser und die Krautigen zu. Die Werte der Kiefer bleiben hoch.

In RPZ 8 (Zeitscheiben 8250 bis 7500 v. Chr.) kommt es zu einem starken Anstieg der Pollenwerte von *Corylus*, allerdings fehlt im Pollendiagramm Merzdorf 31 das für das Boreal charakteristische Haselmaximum. Vergleichsweise niedrige Haselwerte in dieser Periode sind in der Niederlausitz nicht ungewöhnlich. Aber an den meisten anderen untersuchten Stellen ist zumindest ein kleines Maximum vorhanden. Die geringe Präsenz der Hasel im Norden des Gebietes könnte darauf zurückzuführen sein, dass sie in den dort auf sandigem Boden dominierenden Kiefernwäldern nur schwer Fuß fassen konnte. Im oberen Bereich der Zone setzt sich der Anstieg von *Quercus* fort, parallel zum erstmaligen Auftreten der Linde (*Tilia*). Geringe Pollenwerte der Erle (*Alnus*) zeigen, dass die Schwarzerle (*Alnus glutinosa*) bereits wenige Standorte auf Nassböden besiedelte.

Der Beginn von RPZ 9 (Zeitscheiben 7250 bis 6000 v. Chr.) ist durch den Steilanstieg der Erle gekennzeichnet, die sich in Form von Auen- und Bruchwäldern nun großflächig in den Niederungen etabliert. Die Eichen- und Lindenbestände breiten sich hingegen auf den trockeneren, höhergelegenen Standorten weiter aus. Die Werte von Birke und Kiefer gehen zurück, während die Hasel keine Veränderung zeigt. Im oberen Teil der Zone ist auch die Esche (*Fraxinus*) auf feuchteren Standorten in den Wäldern vertreten. *Calluna* zeigt deutlich höhere Werte. Diese könnten auf eine zunehmende Podsolierung der Böden zurückzuführen sein, aber die Besenheide kann auch als Unterwuchs in den Kiefernbeständen und an Moorrändern vorkommen. Funde von Mistel (*Viscum*) und Efeu (*Hedera*) deuten auf ein wintermildes Klima. Es gibt einzelne Pollenfunde von *Fagus*; von einem Vorkommen der Buche (*Fagus sylvatica*) im Gebiet ist aber anhand dieser wenigen Funde noch nicht auszugehen.

Höhere Werte der Esche kennzeichnen RPZ 10 (Zeitscheiben 5750 bis 4000 v. Chr.). Dieser Teil von RPZ 10 wird vom Pollendiagramm Leipe dargestellt, das einen Standort im Auengebiet des Oberspreewaldes zeigt. Der Anstieg der in feuchtem Milieu gut wüchsigen Esche ist in diesem Habitat besonders ausgeprägt. Sie kommt hier in Vergesellschaftung mit der Erle vor. Die dem lokalen Auenwald geschuldeten ungewöhnlich hohen Werte der Erle im Diagramm Leipe werden der Übersichtlichkeit halber mit 10-facher Verkleinerung dargestellt. Auch die starke Präsenz der Weide (*Salix*) und besonders des Hopfens (*Humulus*) sind lokalstandörtlich bedingt. Einzelne Pollenkörner von *Trapa* deuten auf warme Sommer, denn die Wassernuss (*Trapa natans*) blüht erst bei Wassertemperaturen von mindestens 20 °C. Weitere pollenanalytische Nachweise der Wassernuss gibt es im Gebiet vom Neuendorfer See im Unterspreewald (Brande unveröffentl.) – dort mit Nachweisen vom Subatlantikum bis in die Gegenwart – sowie in der Oberlausitz (Küster und Warmbrunn 2000). Aus dem benachbarten märkischen Gebiet außerhalb der baltischen Endmoräne (s. Kap. 63) gibt es Funde von Makroresten der Wassernuss im frühen und mittleren Holozän (Wolters 2016). Die Werte der Kiefer bleiben auf hohem Niveau und belegen die Bedeutung dieses Baumes auf den trockeneren Standorten des Auengebietes. Die Fichte ist in RPZ 10 mit einer durchgehenden Kurve vorhanden. Die Werte sind aber so niedrig, dass sie überwiegend auf Fernflug zurückzuführen sein dürften und höchstens vereinzelte Vorkommen im Gebiet vorhanden waren. *Corylus* zeigt wesentlich niedrigere Werte als in RPZ 9 des Profils Merzdorf; wahrscheinlich war es für die Hasel im Spreewald zu feucht.

In RPZ 11 (Zeitscheiben 3750 bis 2250 v. Chr.) dominieren Kiefern und Eichen auf den trockeneren Standorten. Die Eiche erreicht ihr Maximum. Es kommt zu einem weiteren Anstieg von Fichtenpollen, sodass man jetzt von lokalen Standorten der Fichte (*Picea abies*) ausgehen kann. Die Ulme zeigt einen deutlichen Rückgang (s. Exkurs Kap. 53). Ihre Bestände regenerieren sich zwar wieder, gehen aber im oberen Bereich der Zone ein weiteres Mal zurück. Die Buche wandert in das Gebiet ein; entsprechend vermindern sich durch zunehmende Beschattung die Bestände von Hasel und Birke sowie die Standorte für Wildgräser und Krautige. Im oberen Bereich der Zone tritt auch die Hainbuche *(Carpinus)* in Erscheinung. Es gibt erste, allerdings äußerst spärliche Nachweise des Getreide-Typs und des Siedlungszeigers Spitzwegerich (*Plantago lanceolata*-Typ), die bäuerliche Aktivitäten im Spreewald oder dessen Umfeld anzeigen. Wenige Pollenfunde der Tanne (*Abies*) ab dem Ende dieser Zone dürften auf Fernflug aus der Oberlausitz zurückzuführen sein (s. u.). Die Werte des Hopfens gehen zurück, stetige Vorkommen von Efeu zeigen aber ein weiterhin feuchtes Waldklima an.

Auch in RPZ 12 (Zeitscheiben 2000 bis 1000 v. Chr.) ist die Kiefer dominant. Bei den Laubgehölzen der trockeneren Standorte bestimmt nach wie vor die Eiche das Waldbild, aber die Buche breitet sich weiter aus. Da sie eine gute Wasserversorgung braucht, jedoch keine Staunässe verträgt, besiedelte sie die Niederungen mit niedrigen Grundwasserständen und die Hanglagen. Die Kurve der Hainbuche, die eigentlich besser auf nassen Böden gedeiht als die Buche, setzt hingegen in dieser Zone phasenweise aus. Die Birkenwerte sind weiterhin sehr niedrig. Regelmäßige Vorkommen vom *Plantago lanceolata*-Typ zum Ende der Zone zeigen eine Intensivierung der landwirtschaftlichen Aktivitäten in der Bronzezeit. Parallel leicht erhöhte Werte der Hasel als mögliche Folge anthropogen aufgelichteter Wälder deuten in dieselbe Richtung.

RPZ 13 (Zeitscheiben 750 v. Chr. bis 1000 n. Chr.) zeigt das Maximum der Ausbreitung von Buche und Hainbuche. Die Fichte wird dadurch zurückgedrängt. Die Buche ist häufiger als die Hainbuche. Dieses Verhältnis unterscheidet den Spreewald von vielen Standorten im benachbarten östlichen Teil des märkischen Gebietes außerhalb der baltischen Endmoräne (s. Kap. 63), in denen die Hainbuche, als Folge des dortigen kontinentalen Klimas mit tiefen Wintertemperaturen, über die Buche dominiert. Speziell für den Spreewald wird diese Komponente aber durch die lokale hohe Feuchtigkeit abgeschwächt. Die maximale Ausbreitung von Buche und Hainbuche ist mit einem Rückgang von Eiche, Linde, Esche und Hasel verbunden. Neben einer Beeinträchtigung durch mangelnden Lichtgenuss, verursacht durch den Kronenschluss der Buchenbestände, könnte auch eine Nutzung durch den Menschen zum Rückgang dieser Gehölze geführt haben. So ist die Eiche ein bevorzugtes Bauholz, während vor allem die Esche als Laubfutter diente (s. Exkurs Kap. 21). Die Linde kann vielfältig genutzt werden. Menschlicher Einfluss wird auch durch vermehrte Funde von Siedlungszeigern wie dem *Plantago lanceolata*-Typ und dem Sauerampfer (*Rumex acetosa*-Typ) sowie nun auch häufiger vom Getreide-Typ im oberen Bereich der Zone angezeigt. Ein Wiederanstieg der Birke könnte auf Besiedlung offener Flächen zurückzuführen sein.

In RPZ 14 (Zeitscheiben 1250 bis 1500 n. Chr.) nimmt die Nutzung der Wälder durch den Menschen weiter zu. Durch Rodung verursachte Auflichtung spiegelt sich im Rückgang des Gehölzpollens wider, vor allem betrifft dies die Linde. Das ist bemerkenswert, da das nahe dem Bohrprofil gelegene Dorf Leipe seinen Namen von niedersorbisch Lipa für Linde herleitet. Aber auch andere Gehölze zeigen einen Rückgang. Der Ackerbau wurde ausgeweitet. In dieser Zone ist Roggenpollen (*Secale*) erstmals nachgewiesen, weiterhin zeigen Funde von *Fagopyrum* den mittelalterlichen Buchweizenanbau in der Niederlausitz.

In RPZ 15 (Zeitscheiben 1750 bis 2000 n. Chr.) weitet sich die Öffnung der Waldvegetation noch einmal stark aus. Sämtliche Gehölze, mit Ausnahme von Weide und Erle, sind davon betroffen. Der Spreewald bleibt als von Erlen dominierter Auenwald bis heute bestehen. Bei der Weide ist Förderung durch menschliche Nutzung, die dort bis in die heutige Zeit betrieben wird, wahrscheinlich. Der Anbau von Getreide nimmt in der Umgebung von Leipe nun größere Flächen ein. Die Wildgräser und der *Rumex acetosa*-Typ sind mit maximalen Werten vertreten und zeigen zusammen mit dem *Plantago lanceolata*-Typ die Bildung von Dauergrünland im Spreewald. Eine Besonderheit ist der Nachweis von Esskastanie (*Castanea sativa*). Dieser Fund ist aber nicht singulär, denn Pollenkörner der Esskastanie sind im Mittelalter räumlich nahe dem Spreewald auch im märkischen Gebiet außerhalb der baltischen Endmoräne (Kap. 63) vereinzelt vertreten. Buchweizen ist weiterhin nachgewiesen, geht aber gegenüber dem Mittelalter etwas zurück.

Oberlausitz

Das Standarddiagramm für die Oberlausitz ist in 17 regionale Pollenzonen (RPZ) gegliedert (Abb. 65.4, s. auch Tab. S 65.2 im elektronischen Zusatzmaterial). Die älteste Phase, Chronozone I^C, kann in drei regionale Pollenzonen unterteilt werden. Bei RPZ 1 (Zeitscheibe 12.250 v. Chr.) handelt es sich um eine waldfreie Vegetation. Vorhandener Gehölzpollen stammt vermutlich von strauchförmigem Weiden und Zwergbirken (*Betula nana*) sowie von Sanddorn und Wacholder. *Betula nana* konnte auch makrobotanisch belegt werden. Der Anteil von Wildgräsern und von lichtliebenden Kräutern wie *Artemisia* und dem *Rumex acetosa*-Typ ist sehr hoch. Kiefernpollen ist nur mit niedrigen Werten vorhanden und kann als umgelagert angesehen werden. Höchstens vereinzelte Bestände der Zirbe (*Pinus cembra*) könnten vor Ort gewachsen sein.

Die nachfolgende RPZ 2 (Zeitscheibe 12.000 v. Chr.) ist durch die starke Ausbreitung baumförmiger Birken gekennzeichnet, die neben dem hohen Anteil von Birkenpollen auch durch zahlreiche Funde von Früchten, Fruchtschuppen und Blättern belegt werden. Das immer dichter werdende Kronendach wird durch die Abnahme der lichtliebenden Arten wie *Hippophaë*, *Juniperus*, *Salix* und *Artemisia* angezeigt. Der Kräuterpollen wird insgesamt deutlich weniger. Somit zeigt sich hier die erste Bewaldungsphase im Gebiet.

In der anschließenden RPZ 3 (Zeitscheiben 11.750 bis 11.500 v. Chr.) steigt die Kurve von *Pinus* stark an, sodass sie nun die dominante Baumart in diesen ersten Wäldern darstellt. Ihre Anwesenheit wird auch durch ^{14}C-datierte komplette liegende Kiefernstämme in den Sedimenten des Altliebeler Großteichs belegt. Somit war die Kiefer in der Oberlausitz schon um ca. 11.880 v. Chr. etabliert, das heißt ca. 600 Jahre früher als in der Niederlausitz. Das Kronendach dieser Kiefernwälder war dichter als das der vorherigen

Baumbirkenbestände, und entsprechend gehen die Werte der Krautigen und der Wildgräser auf ein Minimum zurück. Der Anteil der Birken nimmt stark ab. Die Espe (*Populus tremula*) hatte kleinere Vorkommen. Es gibt vereinzelt Funde von Pollenkörnern der Fichte (*Picea*). Ob es sich dabei um den Niederschlag lokaler Vorkommen dieses Baumes oder um Fernflug handelt, ist noch unklar. Aber auch in der nach Süden anschließenden Mittelgebirgsregion (vgl. Kap. 49) wurde in prä-allerødzeitlichen Abschnitten Fichtenpollen nachgewiesen, und in Südpolen ist die Fichte durch Makrorestfunde für das Spätglazial belegt (Szczepanek 1989).

In RPZ 4 (Zeitscheiben 11.250 bis 10.750 v. Chr.) breiten sich wieder Birken aus und zeigen eine Vernässung des Standortes an; die Kiefer ist aber weiterhin die wichtigste Baumart. Anscheinend wurde der Wald wieder lichter, denn *Calluna* und *Artemisia* sind etwas stärker vertreten. Die Zunahme dieser beiden Taxa könnte auch mit den regelmäßig nachgewiesenen, möglicherweise vom Menschen verursachten Bränden des Spätpaläolithikums zusammenhängen. Neben der Kiefer und Birke gehört auch die Espe, die in dieser Zone ein Maximum zeigt, zum Waldbild. An den lichteren Stellen ist Wacholder, der keine volle Beschattung verträgt, weiterhin vorhanden.

In RPZ 5 (Zeitscheiben 10.500 bis 9750 v. Chr.) deutet ein Anstieg von *Salix*, *Juniperus*, *Artemisia* und *Calluna* auf eine weitere Auflichtung des Waldes. So gehen die Werte der Kiefer und im oberen Bereich auch der Birke leicht zurück, verbleiben jedoch auf hohem Niveau. Die Espe ist weiterhin vertreten, verzeichnet aber einen markanten Rückgang. Insgesamt ist diese Zone durch eine Kälte und Trockenheit anzeigende Vegetation charakterisiert. Die Zirbe ist in diesem Abschnitt fast durchgehend, wenn auch mit niedrigen Pollenwerten nachgewiesen. Da sie deutlich weniger Pollen produziert als die Waldkiefer (*Pinus sylvestris*), ist ihr Vorkommen im näheren Umfeld wahrscheinlich, wenn auch bislang nicht durch Makroreste belegt. Weitere Pollenfunde der Zirbe gibt es für diese Zeitstellung bei Meuro in der südlichen Niederlausitz (Knipping 2022). Das Vorkommen der Zirbe während der Jüngeren Dryas unterscheidet die Vegetation im Süden des Gebietes von derjenigen weiter im Norden.

In RPZ 6 (Zeitscheiben 9500 bis 9000 v. Chr.) zeigt ein leichter Anstieg von Birken und Kiefern sowie der Espe die nach dem Ende der letzten Kaltphase des Spätglazials etablierte Waldvegetation. Die Zirbe kommt nur noch vereinzelt vor. Die Wälder haben noch einen lichten Charakter, denn die Werte von *Artemisia* bleiben anfangs relativ hoch. Zum Ende dieses Abschnitts zeigen Pollenfunde von Hasel (*Corylus*), Ulme (*Ulmus*) und Eiche (*Quercus*) die ersten thermophilen Gehölze im Gebiet um Reichwalde an.

In RPZ 7 (Zeitscheiben 8750 bis 7750 v. Chr.) dringt die Hasel in die Kiefern-Birken-Wälder ein und breitet sich rasch und kontinuierlich aus. Sie etabliert sich im Unterwuchs und außerdem als Konkurrent von Birke und Ulme in der etwas nährstoffreicheren Grundmoränenlandschaft. Während aber die Ulme durch die fortschreitende Erwärmung gefördert wird, verliert die Birke an Bedeutung. Gegen Ende der Zone deuten sich Eichen- und Eschenvorkommen an.

RPZ 8 (Zeitscheiben 7500 bis 7250 v. Chr.) ist durch ein Haselmaximum mit deutlich höheren Werten als in der Niederlausitz gekennzeichnet. Ein kontinuierlicher Rückgang der Kiefer belegt, dass selbst auf den etwas besseren Sandstandorten die Hasel die Kiefern verdrängte. Mit Beginn der geschlossenen Fichtenkurve zum Ende der Zone sind erstmalig Fichtenvorkommen (*Picea abies*) nachgewiesen. Die Schwarzerle (*Alnus glutinosa*) wandert – zeitgleich mit der Entwicklung in der Niederlausitz – um 7400 v. Chr. ein, mit nachfolgend rascher Massenausbreitung auf Nassstandorten der Auen und angrenzenden Mineralböden.

In RPZ 9 (Zeitscheiben 7000 bis 6250 v. Chr.) stocken haselreiche Kiefern-Eichen-Wälder auf den ärmeren Sandstandorten, Laubmischwälder mit Eiche, Ulme, Linde, Esche, Hasel und Kiefer auf den etwas nährstoffreicheren, feuchteren sowie Erlenbestände auf den nassen Standorten. Die Wälder profitieren von der weiterhin zunehmenden klimatisch bedingten Bodenfeuchte. Die Hasel geht gegenüber RPZ 9 leicht zurück, was auf die zunehmende Beschattung der sich weiter ausbreitenden Laubgehölze Ulme, Linde und Esche auf den nährstoffreicheren Standorten der Moränenlandschaft zurückzuführen ist. Auch auf den nährstoffärmeren Sandböden, auf denen sich Eichen zunehmend in den Kiefernbeständen etablieren, wird die Hasel zurückgedrängt. Die Fichtenbestände nehmen leicht zu.

RPZ 10 (Zeitscheiben 6000 bis 4250 v. Chr.) ist durch einen leichten Anstieg von Esche und Fichte gekennzeichnet. Wenige Funde von Buchenpollen zeigen die näher rückende Arealgrenze von *Fagus sylvatica*. Pollen von Efeu (*Hedera*) ist regelmäßig vertreten und weist auf ein feuchtes Waldklima und milde Wintertemperaturen hin, da das Ausreifen der Früchte frostanfällig ist.

In RPZ 11 (Zeitscheiben 4000 bis 3250 v. Chr.) ist die Einwanderung der Buche in das Gebiet zu erkennen. Die Fichte gewinnt weiter an Bedeutung. Anders als am 30 km weiter westlich gelegenen Dubringer Moor (de Klerk und Joosten 2016) ist der klassische Ulmenfall um 4000 v. Chr. (s. Exkurs Kap. 53) im Diagramm von Nochten nicht zu erkennen; vielmehr zeichnet sich hier ein Rückgang der Ulme erst im Verlauf der RPZ 12 (Zeitscheiben 3000 bis 2750 v. Chr.) ab. Weiterhin zeigt sich nun neben höheren Werten der Eiche auch eine Zunahme von Fichte und Buche, deren schattige Bestände die Hasel zunehmend an die Waldränder verdrängen. Die Hainbuche (*Carpinus betulus*) ist mit zunächst wenigen Standorten im Gebiet vertreten. Regelmäßige Funde von Spitzwegerich (*Plantago lanceolata*-Typ) weisen, wenn auch ohne Funde des Getreide-Typs, auf geringfügigen jungsteinzeitlichen Ackerbau. Parallel zu einem Rückgang der Ulme und Linde ab 2900 v. Chr. breitet sich die Eibe (*Taxus baccata*) in den Wäldern aus. Gleichzeitig ist ein deutlicher Anstieg der Wildgräser zu erkennen. Möglicherweise ist beides auf neolithische Waldweide zurückzuführen.

In RPZ 13 (Zeitscheiben 2500 bis 2250 v. Chr.) stocken weiterhin Kiefern-Eichen-Wälder auf den ärmeren, trockeneren Sandböden. Die Eiche erreicht in dieser Zone auch in der Oberlausitz ihr Maximum. Die Hainbuche gewinnt an Bedeutung. Gleichzeitig breiten sich auf den feuchteren, nährstoffreicheren Böden Buchen mit ihrem dunklen Kronendach aus. Die Anteile der Linde, die ebenfalls auf nährstoffreichen Böden stockt, gehen noch einmal deutlich zurück. Mit der Tanne (*Abies alba*) etabliert sich eine weitere Schattholzart. Die Eibenbestände werden dadurch weitgehend wieder aus den Wäldern verdrängt, und auch die Licht-/Halbschattgehölze Hasel und Birke zeigen einen deutlichen Rückgang. Die Abnahme der Birke und auch der Esche und Ulme könnte auf eine weitere Ausbreitung der Fichte in bodenfeuchten Mischwäldern auf Mineralböden zurückzuführen sein. Sie zeigt zu Beginn der Zone ihr Maximum. Möglicherweise profitierte die Fichte von einem feuchteren Klima, das ihr auch Habitate außerhalb der (an-)moorigen Böden, auf denen sie heutzutage hauptsächlich zu finden ist, ermöglichte. Die landwirtschaftliche Tätigkeit des Spätneolithikums wird weiterhin durch regelmäßige Funde von Spitzwegerichpollen angezeigt. Pollenkörner vom Getreide-Typ kommen nur mit wenigen Einzelfunden vor.

In RPZ 14 (Zeitscheiben 2000 bis 1000 v. Chr.) ist die maximale Ausdehnung der Buchenbestände zu verzeichnen, und Tanne und Hainbuche weisen ebenfalls höhere Pollenwerte auf. Diese Entwicklung zeichnet sich zeitgleich auch am Dubringer Moor ab (de Klerk und Joosten 2016). Waldbestände mit vorherrschend Buche stocken vorrangig auf den etwas nährstoffreicheren Böden der saalezeitlichen Moränenflächen. Die Hainbuche breitet sich vermutlich auf den für die Buche zu nassen Standorten aus. Die Tanne kann sich auf schweren und auch auf moorigen Böden gegenüber der Buche behaupten. Eiche und Hasel werden allmählich durch die sich weiter ausbreitenden Schatthölzer verdrängt. Die Fichte ist in diesen Wäldern auf den Mineralböden nicht konkurrenzkräftig und kann sich wohl lediglich auf vermoorten Sonderstandorten halten. Ackerbau ist für das Gebiet um das Altteicher Moor nun auch durch Pollen des Getreide-Typs nachgewiesen. Der anthropogene Einfluss auf die Vegetation bleibt indes weiter sehr gering.

In RPZ 15 (Zeitscheiben 750 v. Chr. bis 1250 n. Chr.) dominieren weiterhin Kiefern-Birken-Eichen-Wälder und feuchtere Eichen-Buchen-Kiefern-Wälder auf der Mehrzahl der Standorte. Tanne und Hainbuche breiten sich weiter aus. Die konstanten Werte beider Arten lassen auf stabile Populationen schließen. Die Hainbuche weist aber durchgehend geringere Werte auf als die Buche. Die recht hohen Anteile der Tanne bis 6 % lassen auf deren Vorkommen auch außerhalb der heute noch von ihr bestandenen (an-)moorigen Standorte schließen. Nur hier im Süden des Gebietes finden sich solche Tannenbestände (s. auch Küster und Warmbrunn 2000; de Klerk und Joosten 2016). Sie behaupteten sich dort trotz der Konkurrenz durch Buchen – über 50 km nördlich der heutigen Grenze des geschlossenen montanen Areals der Tanne. Die größeren Vorkommen von erst der Fichte in RPZ 13, dann der Tanne in RPZ 14 und 15 im Oberlausitzer Teil des Gebietes sind als Ausläufer aus den nach Süden anschließenden Mittelgebirgen anzusehen und unterscheiden dieses Teilgebiet deutlich von der nördlich angrenzenden Niederlausitz.

Die Kiefern können sich wieder vermehrt ausbreiten, sowohl auf dem Moor selbst als auch auf mineralischem Boden, hier auf Kosten der Hasel, der Eiche und sogar der Buche. Eine Ursache für diese Expansion der Kiefer könnten die recht zahlreichen für diesen Zeitabschnitt postulierten Trockenphasen sein (Jäger 1999), die der Kiefer auf trockeneren Standorten zu einem Konkurrenzvorteil verhalfen. Der menschliche Einfluss auf die Vegetation ist weiterhin gering. Etwas höhere Spitzwegerich-, Ampfer- und Beifußanteile lassen aber auf Landnutzung schließen. Vereinzelt ist bereits gegen Ende der RPZ 14 Roggen nachgewiesen. Der obere Teil von RPZ 15 wird vom Pollendiagramm Altteich dargestellt. Die im Vergleich zum Pollendiagramm Nochten niedrigeren Werte der Eiche und der deutlich höhere Anteil der Esche sind als standortsbedingt anzusehen und deshalb nicht als eigene Pollenzone ausgewiesen.

In RPZ 16 (Zeitscheiben 1500 bis 1750 n. Chr.) verweisen der Rückgang von Eiche, Esche, Buche, Hainbuche und Erle sowie das Aussetzen von Hasel, Ulme und Tanne auf die einsetzenden Rodungen im späten Mittelalter und der frühen Neuzeit. Die Kiefer breitet sich auf den Freiflächen aus. Auch erhöhte Werte von *Artemisia* und *Calluna* zeigen Nutzung und Verheidung an, Letztere wohl als Folge von Beweidung. In RPZ 17 (Zeitscheibe 2000 n. Chr.) zeigt sich die maximale Ausbreitung der Heide während der frühen Neuzeit, bei gleichzeitigem weiterem Rückgang fast aller verbliebenen Gehölze. Nur die Kiefer breitet sich als Pioniergehölz aus. Getreidepollen mit Werten von > 1 % weist auf ausgedehnten Ackerbau. Das letzte Jahrhundert ist im Diagramm Altteich nicht enthalten.

Die Vegetations- und Landnutzungsgeschichte des Mittelalters am Beispiel des Pollendiagramms Klitten

Da sich die Entwicklung der Vegetation des Mittelalters im Standarddiagramm aus der Oberlausitz nur unzureichend widerspiegelt, wird der Abschnitt seit dem 13. Jahrhundert in dem kurzen Pollendiagramm von Klitten gesondert dargestellt (Abb. 65.5).

Hier zeigt sich zunächst noch ein großer Anteil der Erle (*Alnus*), die aber bald durch die Kultivierung der feuchten Standorte stark zurückgedrängt wird. Als einzige nennenswerte Baumbestände sind danach lediglich die Pionierarten Kiefer (*Pinus*) und Birke (*Betula*) zu nennen. Auch hier sind die Siedlungszeiger mit nur geringen Anteilen vertreten, und die Kurve des Roggens (*Secale*) ist erst ab dem 15. Jahrhundert geschlossen. Anzeichen einer Verheidung wie im Diagramm Altteich fehlen hier. Vereinzelt kommen Pollenkörner von Walnuss (*Juglans*) und Buchweizen (*Fagopyrum*) vor. Der Nachweis des insektenblütigen Buchweizens bei insgesamt geringen Anteilen von Siedlungszeigern zeigt, dass – ebenso wie in der Niederlausitz – auch in der Oberlausitz während des Mittelalters und der Neuzeit Buchweizenanbau eine große Rolle spielte. Er wurde bis in das 20. Jahrhundert im gesamten Gebiet fortgeführt.

Menschlicher Einfluss

Das Spätpaläolithikum und besonders das Mesolithikum sind sowohl in der nördlichen Oberlausitz als auch in der Niederlausitz mit zahlreichen Fundstellen vertreten. Das frühe Neolithikum ist hingegen weitestgehend ohne Siedlungsbefunde. Erst seit dem mittleren Neolithikum (ca. 3800 v. Chr.) setzt in der Niederlausitz die bäuerliche Besiedlung ein. Auf den Talsandflächen des Oberlausitzer Heide- und Teichgebietes findet dies nochmals 1000 Jahre später statt. Das Binnendünengebiet der Muskauer Heide ist auch dann weiterhin fundleer. Diesem Befund entspricht, dass neolithischer Ackerbau in beiden Diagrammen lediglich indirekt durch geringe Werte von Spitzwegerich angezeigt wird. Auch am ca. 30 km entfernten Dubringer Moor ist neolithischer Ackerbau nicht erkennbar (de Klerk und Joosten 2016). Die markante Ausbreitung der Eibe im Diagramm Nochten um 2900 v. Chr. (s. o.) ist allerdings eine mögliche Folge von Waldweide. Beide Pollendiagramme zeigen auch für die Bronzezeit und die darauffolgenden ur- und frühgeschichtlichen Perioden nur geringfügigen menschlichen Einfluss auf die Vegetation. Dabei sind Fundstätten aus der frühen Bronzezeit häufig (seit 2100 v. Chr.). Besonders in der späten Bronzezeit (Lausitzer Kultur, ca. 1350–800 v. Chr.) und der frühen Eisenzeit (Billendorfer Kultur, ca. 800–500 v. Chr.) ist die Fundstellendichte im gesamten Gebiet sehr hoch. Auch in der mittel-, jung- und spätslawischen Zeit war das Gebiet dicht besiedelt. Der dort ansässige Stamm der Lusitzi gab der heutigen (Nieder-)Lausitz ihren Namen. Kennzeichnend für die zweite Hälfte des 9. Jahrhunderts sind zahlreiche Ringwallburgen, die vorwiegend aus Eichenholz gebaut wurden. Der Nachbau solch einer Ringwallburg bei Raddusch verdeutlicht den enormen Bedarf an Bauholz für ein Bauwerk dieser Größe (Abb. 65.6). Speziell für die jungslawische Zeit belegen makrobotanische Untersuchungen im Gebiet umfänglichen Ackerbau mit Roggen als häufigstem Getreide, gefolgt von Rispenhirse (*Panicum miliaceum*) (Jäger 1966; Medović 2004).

Im Teilgebiet der Oberlausitz wurden zu dieser Zeit auch Landschaften besiedelt, die in der Urgeschichte fundarm bis fundleer sind. Dennoch spiegelt sich in beiden Pollendiagrammen auch für diese Epochen nur geringe Siedlungstätigkeit wider. Dies ist dadurch zu erklären, dass sowohl der

Abb. 65.6 Das Museum Slawenburg Raddusch, der Nachbau einer Ringwallanlage des slawischen Stammes der Lusitzi aus dem 9./10. Jahrhundert n. Chr. (Foto: E. Bönisch, BLDAM)

Moorstandort bei Nochten als auch der Spreewald nicht günstig für die Anlage von bäuerlichen Siedlungen waren, sodass weitere pollenanalytische Untersuchungen zur Siedlungsgeschichte wünschenswert wären. Erst während des späten Mittelalters und der Neuzeit ist in den Pollendiagrammen, einhergehend mit Rodung des Waldes, durchgehend Getreidepollen nachgewiesen. Anbau von Buchweizen, der bis heute eine wichtige Rolle in den Kochrezepten der Lausitz spielt, ist in beiden Teilen des Gebietes für das Mittelalter und die Neuzeit belegt.

Literatur

Bittmann F, Pasda C (1999) Die Entwicklung einer Düne während der letzten 12000 Jahre: Untersuchungsergebnisse von Groß Lieskow (Stadt Cottbus) in der Niederlausitz. Quartär 49/50: 39–54

Brande A, Klimaschewki A, Poppschötz R (2007) Spätpleistozänholozäne Sedimentation und Vegetation im Oberspreewald (Brandenburg). In: Archäologische Gesellschaft in Thüringen e.V. (ed) Terra praehistorica. Festschrift für Klaus-Dieter Jäger. Beiträge zur Ur- und Frühgeschichte Mitteleuropas 48. Beier & Beran, Langenweißbach, 52–68

de Klerk P, Joosten H (2016) Vegetation history and mire development in the northwestern part of the Dubringer Moor near Hoyerswerda (Sachsen, E Germany) inferred from a pollen diagram from the legacy of Klaus Kloss. Mauritiana 30: 70–95

Dinies M (2021) 6000–2000 cal BP: Hinweise auf Subsistenzstrategien in der nordöstlichen Oberlausitz anhand von Vegetationsänderungen. Ein pollenanalytischer Beitrag zum Übergang von Meso- zu Neolithikum. In: Schier W, Orschiedt J, Stäuble H, Liebermann C (eds) Mesolithikum oder Neolithikum? Auf den Spuren später Wildbeuter. Berlin Studies of the Ancient World 72. edition topoi, Berlin, 69–94

Friedrich M, Knipping M, van der Kroft P, Renno A, Schmidt S, Ullrich O, Vollbrecht J (2001) Untersuchungen zur Besiedlungs-, Landschafts- und Vegetationsentwicklung an einem verlandeten See im Tagebau Reichwalde, Niederschlesischer Oberlausitzkreis. Arbeits- und Forschungsberichte zur Sächsischen Bodendenkmalpflege 43: 21–94

Großer KH (1954/55) Die standortbildenden Elemente und das Waldbild in der nördlichen und östlichen Oberlausitz. Abhandlungen und Berichte des Naturkundemuseums Görlitz 34: 81–143

Großer KH (1964) Die Wälder am Jagdschloß bei Weißwasser (OL). Waldkundliche Studien in der Muskauer Heide. Abhandlungen und Berichte des Naturkundemuseums Görlitz 39: 1–124

Hofmann G, Pommer U (2005) Potentielle Natürliche Vegetation von Brandenburg und Berlin mit Karte im Maßstab 1 : 200.000. Eberswalder Forstliche Schriftenreihe 24. Ministerium für ländliche Entwicklung, Umwelt und Verbraucherschutz, Potsdam

Jäger KD (1966) Die pflanzlichen Großreste aus der Burgwallgrabung Tornow, Kr. Calau. In: Hermann J, Tornow und Vorberg. Schriften der Sektion für Ur- und Frühgeschichte 21: 164–189

Jäger KD (1999) Ur- und frühgeschichtliche Klimabeeinflussung durch Intensitätsunterschiede agrarischer Landnutzung? In: Cziesla E, Kersting T, Pratsch S (eds) Den Bogen spannen … Festschrift für Bernhard Gramsch zum 65. Geburtstag. Beier & Beran, Langenweißbach, 515–522

Jahns S (2004) Ein frühholozänes Pollendiagramm aus dem Tagebau Cottbus-Nord. Verhandlungen des Botanischen Vereins Berlin Brandenburg 137: 79–87

Knipping M (2022) Pollenanalytische Untersuchungen eines Torfprofils von Großräschen im ehemaligen Tagebau Meuro. In: Schopper F, Bönisch E (eds) Ausgrabungen im Niederlausitzer Braunkohlerevier 2015/2016. Arbeitsberichte zur Bodendenkmalpflege in Brandenburg 32: 17–28

Küster H, Warmbrunn E (2000) Paläoökologische Untersuchungen in der Oberlausitz. Arbeits- und Forschungsberichte zur Sächsischen Bodendenkmalpflege 42: 250–267

Litt T, Behre KE, Meyer KD, Stephan HJ, Wansa S (2007) Stratigraphische Begriffe für das Quartär des norddeutschen Vereisungsgebietes. Eiszeitalter und Gegenwart 56: 7–65

Medović A (2004) Zum Ackerbau in der Lausitz vor 1000 Jahren. Der Massenfund verkohlten Getreides aus dem slawischen Burgwall unter dem Hof des Barockschlosses von Groß Lübbenau, Kreis Oberspreewald-Lausitz. In: Müller-Wille M (ed) Starigard/Oldenburg. Hauptburg der Slawen in Wagrien 5. Naturwissenschaftliche Beiträge. Veröffentlichungen des SFB 17. Offa-Bücher 82. Wachholtz, Neumünster, 185–236

Schmidt PA, Hempel W, Denner, M, Döring N, Gnüchtel A, Walter B, Wendel D (2002) Potentielle Natürliche Vegetation Sachsens mit Karte 1:200.000. In: Sächsisches Landesamt für Umwelt und Geologie (ed) Materialien zu Naturschutz und Landespflege 2002. Selbstverlag, Dresden

Spurk M, Kromer B, Peschke P (1999) Dendrochronologische, palynologische und Radiokarbon-Untersuchungen eines Waldes aus der jüngeren Tundrenzeit. Quartär 49/50: 34–38

Strahl J (2005) Zur Pollenstratigraphie des Weichselspätglazials von Berlin-Brandenburg. Brandenburger geowissenschaftliche Beiträge 12: 87–112

Szczepanek K (1989) Type region P-c: Low Beskidy Mts. Acta Palaeobotanica 29: 17–23

Wolters S (2016) Die pflanzlichen Makroreste der Mesolithstation Friesack. In: Benecke N, Gramsch B, Jahns S (eds) Subsistenz und Umwelt der Feuchtbodenstation Friesack 4 im Havelland. Arbeitsberichte zur Bodendenkmalpflege in Brandenburg 29. Brandenburgisches Landesamt für Denkmalpflege, Wünsdorf, 189–202

Teil X
Exkurse zu Naturphänomenen II

(Potenzielle) Natürliche Vegetation und Ökogramme nach Ellenberg

Walter Dörfler, Manfred Rösch und Ingo Feeser

In vielen Regionalkapiteln wird auf die sogenannte potenzielle natürliche Vegetation (PNV) verwiesen. Unter diesem auf Tüxen (1956) zurückgehenden Konstrukt versteht man die hypothetisch sich letztendlich einstellende Vegetation, wie sie sich nach Aussetzen menschlicher Eingriffe im jeweiligen Gebiet entwickeln würde. Im Gegensatz zur natürlichen Vegetation sensu Hueck und Scamoni, die eine hypothetische Vegetation ohne jeglichen menschlichen Einfluss in Vergangenheit und Gegenwart darstellt (Scamoni 1964), geht die PNV also von den gegenwärtigen durch menschliche Nutzung veränderten Standortfaktoren und dem aktuellen Artengefüge inklusive aller vorhandenen Neophyten aus. Kritisiert wird das Konzept der PNV für die mangelnde Berücksichtigung der langfristigen Dynamik von Ökosystemen, wie z. B. Sukzessionsprozesse oder Bodenentwicklung, sowie Unsicherheiten bei der Beurteilung potenziell wichtiger Standortfaktoren, wie natürliche Feuer oder Wildverbiss (vergl. Exkurs Kap. 51). Ein interessanter Ansatz, die PNV experimentell zumindest kleinräumig zu erschließen, ist das Bannwaldkonzept. Ausgesuchte Waldgebiete in unterschiedlichen Wuchsregionen werden dabei aus der forstlichen Nutzung genommen und sich selbst überlassen. Sie sollen sich zu „Urwäldern" aus zweiter Hand entwickeln. Die Beschreibung der PNV im Rahmen der Regionalkapitel soll als eine vegetationskundliche Charakterisierung des großräumigen Standortpotenzials bezüglich klimatischer und edaphischer Faktoren verstanden werden. Eine schematische Übersicht der grundlegenden standörtlichen Differenzierung für Mitteleuropa bezüglich ausgewählter abiotischer Faktoren hat Ellenberg (1986) in sogenannten Ökogrammen dargestellt. So zeigt Abb. 66.1 links die Verbreitung der rezenten mitteleuropäischen Laubwaldgesellschaften entlang des standörtlichen Feuchte- und Säuregradienten. Auf Grundlage der Boden- und Klimaansprüche kann man auch für vergangene Zeiten hypothetische Ökogramme erstellen, um die räumliche Verteilung der unterschiedlichen potenziellen prähistorischen Pflanzengesellschaften zu veranschaulichen (Knitter et al. 2019). Dies ist natürlich nur im groben Maßstab möglich, da auch die Böden und das Klima sich seit prähistorischen Zeiten weiterentwickelt und verändert haben. So kann z. B. für das späte Atlantikum – vor Einwanderung der Buche – eine Vegetation postuliert werden, die auf trockenen kalkreichen Böden von einem lindenreichen Eichenmischwald, auf trockenen sauren Böden hingegen von einem Eichen-Birken-Wald gebildet würde. Abb. 66.1 zeigt rechts diese Verteilung im Vergleich zu den rezenten von Buchen dominierten Waldgesellschaften. Soll aus einem Pollendiagramm eine flächige Verteilung abgeleitet werden, so muss die unterschiedliche Pollenproduktion und -verbreitung der einzelnen Arten und Gattungen allerdings berücksichtigt werden (siehe Kap. 5: Kalibration von Pollendaten).

W. Dörfler (✉) · I. Feeser
Institut für Ur- und Frühgeschichte,
Christian-Albrechts-Universität, Kiel, Deutschland
e-mail: wdoerfler@ufg.uni-kiel.de

M. Rösch
Institut für Ur- und Frühgeschichte und Vorderasiatische Archäologie, Ruprecht-Karls-Universität, Heidelberg, Deutschland

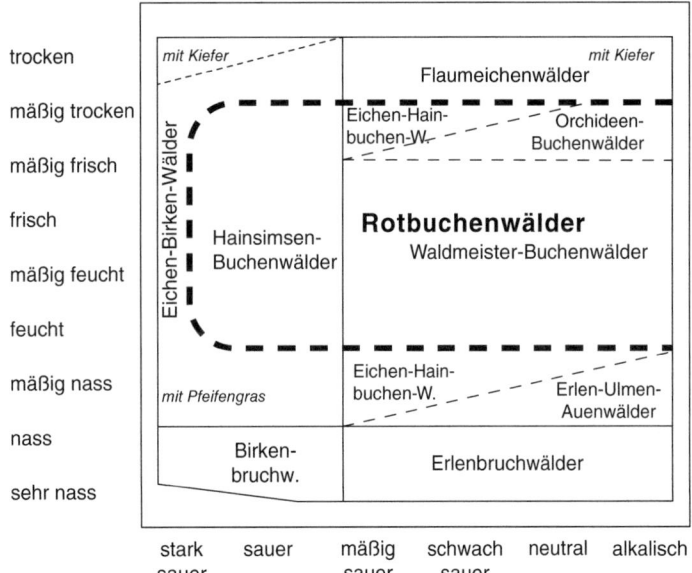
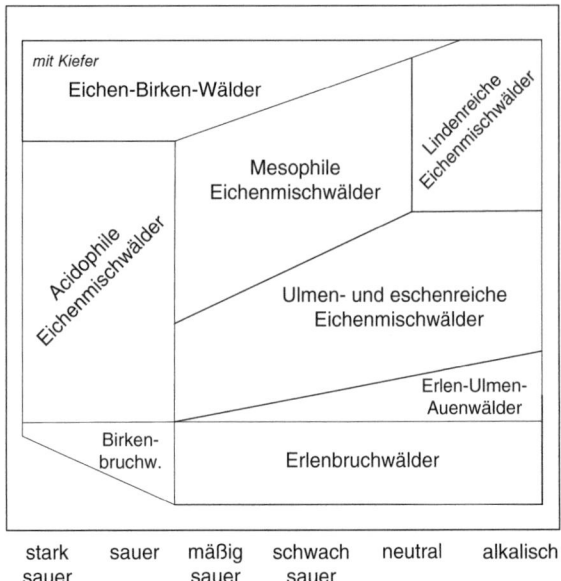

Abb. 66.1 Links: Ungefährer Feuchtigkeits- und Säurebereich der Verbände und Unterverbände mitteleuropäischer Laubwaldgesellschaften (Ellenberg 1986, Abb. 53). Rechts: Verbreitung potenzieller prähistorischer Laubwaldgesellschaften am Ende des Atlantikums ergänzen: in Norddeutschland (ca. 3500 v. Chr.) nach Knitter et al. (2019)

Literatur

Ellenberg H (1986) Vegetation Mitteleuropas mit den Alpen. Ulmer, Stuttgart

Knitter D, Brozio JP, Dörfler W, Duttmann R, Feeser I, Hamer W, Kirleis W, Müller J, Nakoinz O (2019) Transforming landscapes: Modeling land-use patterns of environmental borderlands. The Holocene 29: 1572–1586

Scamoni A (1964) Vegetationskarte der Deutschen Demokratischen Republik (1 : 500.000). Akademie Verlag, Berlin

Tüxen R (1956) Die heutige potentielle natürliche Vegetation als Gegenstand der Vegetationskartierung. Angewandte Pflanzensoziologie 14: 5–42

Meeresspiegelbewegungen und ihre Folgen

67

Karl-Ernst Behre

Die Bewegungen des Meeresspiegels sind Folgen der Klimaentwicklung. Während der Kaltzeiten waren riesige Wassermassen im Eis gebunden, und entsprechend sank der Meeresspiegel – im Maximum der letzten Kaltzeit um etwa 130 m. Damit war der größte Teil der flachen Nordsee trockengefallen, und die Britischen Inseln waren mit dem Festland verbunden.

Mit der nacheiszeitlichen Erwärmung schmolzen die Gletscher. Der Meeresspiegel stieg zunächst sehr schnell an, und die Nordsee drang nach Süden in ihr altes Bett vor (Abb. 67.1). Dorthin waren inzwischen die Bäume eingewandert, und es gab Moore und Süßwasserseen, die tief unter dem heutigen Meeresspiegel liegen. Pollenanalysen aus überschlickten Torfen seit der Jüngeren Tundrenzeit zeigen, dass die Wälder ganz ähnlich aussahen wie in den benachbarten Küstengebieten (Krüger et al. 2017). Sie ertranken nach und nach im ansteigenden Meer (vgl. Kap. 58).

Um 7000 v. Chr. brach der Ärmelkanal in die Nordsee durch, und England wurde wieder zur Insel. Arten mit später Ausbreitung wie die Ahorne, die Fichte und die Tanne erreichten England deshalb nicht mehr, und im bereits vorher abgetrennten Irland fehlt auch die Linde. Sehr wahrscheinlich unter Mithilfe des Menschen hat es jedoch die Buche geschafft, die Meerenge zu überqueren; sie ist seit der Bronzezeit in England nachgewiesen. Um 6000 v. Chr. wurde das Gebiet der heutigen Ostfriesischen Inseln von der See erreicht, und kurz darauf ging die Doggerbank unter, die noch lange als große Insel in der Nordsee bestanden hatte.

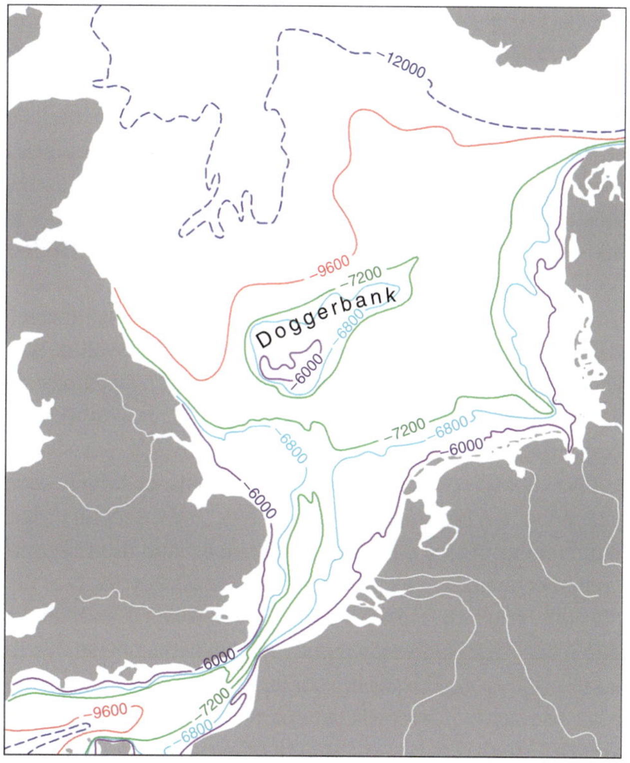

Abb. 67.1 Verlauf der Nordseeküstenlinien 12.000 bis 6000 v. Chr. In der Mitte der Nordsee blieb die Doggerbank lange als Insel bestehen (Grafik: M. Spohr nach Entwurf K.-E. Behre, NIhK)

Nach einer langen steilen Anstiegsphase verlangsamte sich der Meeresspiegelanstieg ab 5000 v. Chr., und ab 3000 v. Chr. traten zeitweilige Meeresspiegelabsenkungen auf, während denen große Flächen aussüßten und nachfolgend zum Teil mächtige Torfe gebildet wurden, die danach wieder von marinen Sedimenten zugedeckt worden sind. Dieser mehrfache Wechsel von marinen und torfigen Ablagerungen zeigt sich in den Bohrprofilen der Nordseemarschen und differenziert den Meeresspiegelanstieg (Behre 2003). Die Ostfriesischen Inseln entstanden sehr wahrscheinlich während einer Meeresspiegelabsenkung um Christi Geburt. Sie sind im Naturzustand reine Schwemmsandkörper und bewegten sich mit den Strömungen nach Südosten, sind inzwischen jedoch durch Wasserbaumaßnahmen weitgehend festgelegt. Demgegenüber sind die Nordfriesischen Geestinseln Sylt, Amrum und Föhr Reste des ehemaligen Festlandes aus eis-

K.-E. Behre (✉)
Niedersächsisches Institut für historische Küstenforschung, Wilhelmshaven, Deutschland
e-mail: behre@nihk.de

I. Feeser et al. (Hrsg.), *Vegetationsgeschichte der Landschaften in Deutschland*, https://doi.org/10.1007/978-3-662-68936-3_67

zeitlichem Material. Die dortigen Marscheninseln Pellworm, Nordstrand und die Halligen bestehen dagegen aus marinen Ablagerungen.

Die heutige Nordseeküste ist das Ergebnis jahrhundertelanger Auseinandersetzung des Menschen mit dem Meer. Bis in die Vorrömische Eisenzeit reagierte die Besiedlung passiv und folgte den Küstenveränderungen. Ab Christi Geburt wehrten sich die Bewohner aktiv gegen den Meeresspiegelanstieg, indem sie Wurten (Wohnhügel) bauten. Schließlich setzte im späten 11. Jahrhundert der Deichbau ein, zunächst mit Ringdeichen, was dann im 13. Jahrhundert zu einer geschlossenen Deichlinie führte. Der dadurch bewirkte Stau führte bei den großen Sturmfluten zu Deichbrüchen, die nach und nach große Landverluste zur Folge hatten. So entstanden die großen Buchten Dollart, Leybucht und Jadebusen erst ab dem 13. Jahrhundert. Im Jahr 1362 erweiterte eine besonders gewaltige Sturmflut die Buchten und zerschlug vor allem die Marsch Nordfrieslands in zahlreiche Inseln. In der Folgezeit gab es ein mehrmaliges Hin und Her zwischen Landverlusten und Landgewinnen, bis die heutige Küste festgelegt wurde. Dabei wurden die Leybucht wie auch die ältere Harlebucht vollständig bedeicht und Dollart und Jadebusen erheblich verkleinert.

Um die Buchten bildeten sich ebenso wie an den übrigen Küstenstrecken und Flussunterläufen breite Uferwälle, hinter denen sich große Moorgebiete entwickelten. Durch sie wurde die Salzwiesenvegetation von der Süßwasservegetation getrennt.

Die Seespiegelveränderungen der Ostsee zeigen eine gegenüber der Nordsee weitgehend eigene Entwicklung. Die Umrisse der Ostsee und ihre Wasserstände sind das Ergebnis von Interferenzen zwischen dem Meeresspiegelanstieg der Nordsee (Eustasie) und der skandinavischen Landhebung durch das Abschmelzen der aufliegenden Eislast in der Nacheiszeit (Isostasie). Das führte zu einer mehrfachen Abschnürung von der Nordsee und dem damit verbundenen Wechsel von Süß- und Salzwasser (Andrén et al. 2011).

Durch das abschmelzende Eis bildete sich zunächst ein großer Eisstausee, der jedoch die heutige deutsche Ostseeküste nicht erreichte. Nach dem Rückzug der Gletscherfront entwässerte dieser Stausee durch das heutige Mittelschweden in die Nordsee. Der ansteigende Weltmeeresspiegel führte dann für eine relativ kurze Zeit zwischen 9400 und 9100 v. Chr. zu einem Salzwassereinbruch; es bildete sich das sogenannte Yoldiameer. Die Landhebung führte aber spätestens 7500 v. Chr. zur Isolation und Aussüßung (Ancyllussee). Erst mit dem weiteren Anstieg des Meeresspiegels öffnete sich die heute noch bestehende Verbindung zur Nordsee zwischen den dänischen Inseln und Schweden. Das einströmende Salzwasser führte zur Bildung des Littorinameeres, das nach

einer Übergangsphase ab etwa 6500 v. Chr. voll salzig war. Die weitere Landhebung verengte die Verbindung, sodass das Ostseewasser in den letzten 2000 Jahren deutlich weniger Salz erhält als das der Nordsee an ausströmendem Süßwasser und das Littorinameer damit zu Ende ging.

Anders als in der Nordsee gibt es in der Ostsee ein unterschiedliches Verhalten der Meeresspiegelbewegungen. Wegen der verschiedenen Isostasiebeträge gelten die Meeresspiegelkurven in der Ostsee deshalb nur regional. In Abb. 67.2 ist die Kurve vom Oldenburger Graben (Jakobsen et al. 2004) in Rot der von Behre (2003) für die südliche Nordsee gegenübergestellt.

Heute ist die Ostsee ein Brackwassermeer, und der Salzgehalt sinkt von 1,8 % bei Flensburg auf 1,0 % bei Stettin und unter 0,5 % bei Helsinki. Entsprechend ist die Salzwiesenvegetation nur schwach ausgebildet und verliert sich nach Nordosten. Zum Vergleich: Die Nordsee hat 3,3 % Salzgehalt. Gezeiten sind in der Ostsee nur minimal ausgebildet.

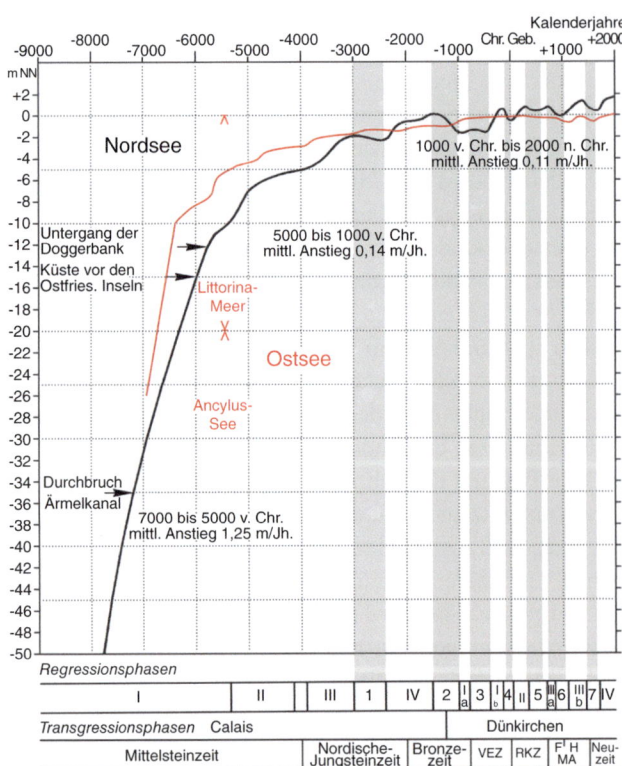

Abb. 67.2 In Schwarz: Meeresspiegelkurve für die südliche Nordsee (Mittleres Tidehochwasser). In den Fußleisten sind die Transgressionen (Überflutungsphasen) mit römischen, die Regressionen (Rückzugsphasen) mit arabischen Ziffern angegeben. VEZ = Vorrömische Eisenzeit, RKZ = Römische Kaiserzeit, MA = Mittelalter (Behre 2003). In Rot: Meeresspiegelkurve der Ostsee für den Oldenburger Graben in Ostholstein (Jakobsen et al. 2004) (Graphik: K.-E. Behre, NIhK)

Literatur

Andrén T, Björck S, Andrén E, Conley D, Zillén L, Anjar J (2011) The Development of the Baltic Sea Basin during the last 130 ka. In: Harff J, Björck S, Hoth P (eds) The Baltic Sea Basin. Springer, Berlin, Heidelberg.

Behre KE (2003) Eine neue Meeresspiegelkurve für die südliche Nordsee. Probleme der Küstenforschung im südlichen Nordseegebiet 28: 8–63

Jakobsen O, Meurers-Balke J, Hoffmann-Wieck G, Thiede J (2004) Postglazialer Meeresspiegelanstieg in der südwestlichen Ostsee – Geoarchäologische Ergebnisse aus der Niederung des Oldenburger Grabens (Ostholstein). Coastline Reports 1: 9–21

Krüger S, Dörfler W, Bennike O, Wolters S (2017) Life in Doggerland – Palynological investigations of the environment of prehistoric hunter-gatherer societies in the North Sea Basin. E&G Quaternary Science Journal 66: 3–13

Anthropogene Bodenveränderungen

Stefan Dreibrodt

Spätestens seit dem Beginn der Sesshaftwerdung beeinflussen wirtschaftende Menschen die Böden Mitteleuropas. Dazu zählen Bodendegradierungen, aber auch die Schaffung landwirtschaftlich nutzbarer Böden.

Bodendegradierung umfasst sowohl die Bodenerosion als auch die Bodenverarmung. Als Bodenerosion wird der Abtrag der Bodendecke durch oberflächlich abfließendes Wasser oder Wind bezeichnet. Daraus hervorgegangen sind bestimmte Erosions- und Akkumulationsformen. Dies sind einerseits Erosionstäler und gekappte Bodenprofile, andererseits Kolluvien, begrabene Böden, Schwemmfächer und Auenlehme (Abb. 68.1). Deren Untersuchung ermöglicht die Rekonstruktion der Erosionsgeschichte. Wegen der bodenschützenden Wirkung von Wäldern setzt holozäne Bodenerosion in Mitteleuropa eine Entwaldung und Zerstörung der schützenden Vegetationsdecke voraus. Das kann lokal durch natürliche Waldbrände, Stürme oder altersbedingtes Absterben erfolgen. Auf Landschaftsebene ist die Waldrodung durch den Menschen die Hauptursache. Zusätzlich wird Wassererosion durch die Variabilität der Niederschläge und Winderosion, besonders durch windige Trockenphasen beeinflusst. Das Relief spielt eine eher sekundäre Rolle. Im Offenland kann selbst bei geringer Hangneigung nach ergiebigen Niederschlägen erodierender Oberflächenabfluss stattfinden. Die Folgen sind erheblich: Auf den Abtragungsstandorten wird aufgrund des verminderten Bodenvolumens das verfügbare Wasser- und Nährstoffdargebot reduziert. Dies wirkt sich bei dünnen Bodendecken über Festgestein besonders gravierend aus. Die Ablagerung des abgetragenen Bodenmaterials erfolgt meist an den Unterhängen. Geringe Mengen des umgelagerten Bodenmaterials werden in Seen, Flussauen oder ins Meer transportiert.

Außergewöhnlich intensive Erosionsprozesse führen zur Ablagerung von wenig fruchtbaren, teilweise grobkörnigen Sedimenten (Kolluvien) an den Unterhängen. Die Geschichte der Bodenerosion in den Landschaften Deutschlands wurde von verschiedenen Autoren zusammengefasst (zuletzt Dreibrodt und Bork 2022). Lokal wurden bereits für das frühe Holozän Bodenerosionsprozesse nachgewiesen, die durch natürliche Klimaschwankungen erklärt werden (Dreibrodt et al. 2010). Mit der Sesshaftwerdung neolithischer Gruppen und dem Einsetzen des Ackerbaus nimmt die Anzahl von Kolluvien in Deutschland sprunghaft zu. Eine weitere Zunahme der Erosion ist durch die Ausweitung des Pflugbaus in der Bronzezeit und insbesondere in der Eisenzeit zu beobachten. Ein ausgeprägtes Minimum der Bodenerosion während der sogenannten Völkerwanderungszeit korreliert mit der in Pollendiagrammen sichtbaren nahezu vollständigen Wiederbewaldung in weiten Teilen Deutschlands. Jüngere Perioden des hohen und insbesondere des späten Mittelalters sind durch eine erhöhte Zahl von Kolluvien oder Einträgen (Turbiditen) in Seen ausgewiesen. Gravierende Folgen hatten extrem erosive Starkregenereignisse, besonders, wenn sie mit Phasen ausgedehnter Landschaftsöffnung zusammenfielen (Bork et al. 1998; Dreibrodt und Bork 2022).

In zahlreichen Flussauen entstand als Folge der Erosion im Einzugsgebiet eine Auenlehmdecke. Rekonstruktionen der holozänen Flussaktivität legen nahe, dass sich als Folge der Entwaldung der Mittelgebirge auch deren Wasserabflüsse grundlegend veränderten. Während in vielen kleineren Flussauen während des frühen bis mittleren Holozäns vermoorte Bereiche dominierten, setzte vor allem seit der Bronzezeit weiträumig ein ausgeprägtes jährliches Hochwasserregime ein, das zur Ablagerung einer Auenlehmdecke führte (Dreibrodt und Bork 2022; Dreibrodt et al. 2023).

Winderosion war und ist in Deutschland ein Phänomen der sandigen Altmoränenlandschaften vor allem in Norddeutschland. Phasen ausgeprägter Winderosion fallen zeitlich mit starker Landschaftsöffnung zusammen. Während diese im Spätglazial und frühen Holozän natürlichen Ursprungs waren, lassen sich im jüngeren Holozän Reaktivierungen von Binnendünen mit der Landnutzung

---

S. Dreibrodt (✉)
Landesamt für Denkmalpflege Baden-Württemberg,
Gaienhofen-Hemmenhofen, Deutschland
e-mail: stefan.dreibrodt@rps.bwl.de

Abb. 68.1 Geoarchive zur Rekonstruktion anthropogener Bodenveränderungen a) und b) Kolluvien und begrabene Böden (Dreibrodt u. Wiethold 2015), c) – e) Alluviale Sedimente und begrabene Böden (Dreibrodt et al. 2013, 2023): **a)** flächenhaft abgelagertes Hangkolluvium am Belauer See, Norddeutschland (Anzeiger moderater Erosionsintensität); Basis: spätneolithische Grube in initialer Braunerde, begraben durch spätmittelalterliches Kolluvium, in dem sich frühneuzeitlich ein initialer Podsol gebildet hat, begraben durch jüngere Kolluvien; **b)** Füllungen von Erosionsrinnen (Gullys, Anzeiger intensiver Erosionsintensität), die sich in der Vorrömischen Eisenzeit, im Mittelalter und in der Neuzeit eingeschnitten haben; **c)** Schwarzerde, die sich zwischen 5000 und 500 vor heute an einem Lössstandort im Harzvorland nahe Güsten gebildet hat, nachfolgend von neuzeitlichem Auenlehm (obere 40 cm im Profil) begraben; **d)** quartäre Schotter (Vordergrund) und holozäne Feinsedimentfüllung einer Flussrinne (Bronzezeit bis Römische Kaiserzeit, Hintergrund) am Tell Okolište, Visokobecken, Zentralbosnien; **e)** frühholozäner Auenlehm unter dem Tell Donje Mostre, Visokobecken, Zentralbosnien (humoses Feinsediment, untere ca. 40 cm)

während der Eisenzeit, im Mittelalter und in der Neuzeit korrelieren (Jansen et al. 2013; Küster et al. 2014).

Bodenverarmung als Folge menschlicher Eingriffe wird am schnellsten auf nährstoffarmen, sandigen Substraten wirksam. Dies schlug sich in der Geest in Form von Podsolböden bereits während des Neolithikums und auf Binnensandern des Jungmoränengebiets auch in der Bronze- und Eisenzeit nieder (Dreibrodt und Wiethold 2015). Dieser

Prozess der Bildung von Podsolen unter Heide setzte sich in vielen Landschaften Norddeutschlands vor allem im Mittelalter und in der frühen Neuzeit fort. Die Plaggenwirtschaft und die Entstehung von Plaggeneschböden ist als Reaktion auf diese Bodenverarmung zu verstehen (s. Exkurs Kap. 15). Aber auch die Entwicklung der Schwarzerdeböden (Chernoseme) ist durch den Menschen unterstützt worden. Durch Rodungen der Wälder wurden anezische Regenwürmer gefördert, die ihren Kot an der Bodenoberfläche hinterlassen und deren Gänge in größere Tiefe reichen können. Besonders in Gebieten mit Löss (eiszeitlichem Schluff und Feinsand) als Ausgangssubstrat haben sich über die Jahrtausende mächtige humose Oberbodenschichten gebildet, die ein äußerst fruchtbares Substrat für den Ackerbau bilden (Dreibrodt et al. 2022).

Zu den weiteren bodenverändernden Eingriffen durch den Menschen zählen seit dem Mittelalter Be- und vor allem Entwässerungsmaßnahmen. Dies betrifft ganze Großlandschaften wie die Marschen, nahezu alle Flussauen und besonders die Moore und Brücher, von denen nur geringe Reste in einem naturnahen Zustand verblieben sind.

Literatur

Bork HR, Bork H, Dalchow C, Faust B, Piorr HP, Schatz T (1998) Landschaftsentwicklung in Mitteleuropa: Wirkungen des Menschen auf Landschaften. Klett, Gotha

Dreibrodt S, Wiethold J (2015) Lake Belau and its catchment (northern Germany): A key archive of environmental history in northern central Europe since the onset of agriculture. The Holocene 25: 296–322

Dreibrodt S, Bork HR (2022) Soil erosion and sedimentation in central Europe – From the Neolithic to the Industrial Revolution. The German and Polish Records. In: Shroder JF (ed) Treatise on Geomorphology, 2nd edition. Elsevier, Amsterdam, 547–560

Dreibrodt, S, Lomax, J, Nelle O, Lubos C, Fischer P, Mitusov A, Reiss S, Radtke U, Nadeau M, Grootes PM, Bork HR (2010) Are mid-latitude slopes sensitive to climate oscillations? Implications from an Early Holocene sequence of slope deposits and buried soils from eastern Germany. Geomorphology 122: 351–369

Dreibrodt S, Lubos C, Hofmann R, Müller-Scheessel N, Richling I, Nelle O, Fuchs M, Rassmann K, Kujumdzic-Vejzagic Z, Bork HR, Müller J (2013) Holocene river and slope activity in the Visoko Basin, Bosnia-Herzegovina – climate and land-use effects. Journal of Quaternary Science 28: 559–570

Dreibrodt S, Hofmann R, Corso M, Bork HR, Duttmann R, Martini S, Saggau P, Schwark L, Shatilo L, Videiko M et al (2022) Earthworms, Darwin and prehistoric agriculture – Chernozem genesis reconsidered. Geoderma 409: 115607

Dreibrodt S, Langan CCM, Fuchs M, Bork HR (2023) Anthropogenic impact on erosion, pedogenesis and fluvial processes in the central European landscapes of the eastern Harz mountains forelands (Germany). Quaternary Science Reviews 303: 107980

Jansen D, Lungershausen U, Robin V, Dannath Y, Nelle O (2013) Wood charcoal from an inland dune complex at Joldelund (Northern Germany). Information on Holocene vegetation and landscape changes. Quaternary International 289: 24–35

Küster M, Fülling A, Kaiser K, Ulrich J (2014) Aeolian sands and buried soils in the Mecklenburg Lake District, NE Germany: Holocene land-use history and pedo-geomorphic response. Geomorphology 211: 64–76

Gesamtbibliographie der pollenanalytischen Untersuchungen der Landschaften in Deutschland

Nördliche Kalkalpen (Kapitel 9)

Adamski S, Friedmann A (2019) Holozäne Vegetations- und Feuergeschichte des Halskopfmoores (NO-Karwendel, Österreich). Innsbrucker Geographische Studien 41: 45–67

Bludau W (1985) Zur Paläoökologie des Ammergebirges im Spät- und Postglazial. Schäuble, Rheinfelden

Bludau W, Görres M (1993) Untersuchungen zur Siedlungstätigkeit des Menschen im süddeutschen Gebirge am Beispiel eines ombrogenen Moores – Pollenanalytische und geochemische Ergebnisse. Telma 23: 213–236

Böhm S (2011) Holozäne Vegetationsgeschichte des Halskopfmoores (Karwendel, Österreich). Diplomarbeit, Universität Augsburg

Bortenschlager I (1976) Beiträge zur Vegetationsgeschichte Tirols II: Kufstein – Kitzbühel – Paß Thurn. Berichte des naturwissenschaftlich-medizinischen Vereins Innsbruck 63: 105–137

Bortenschlager S (1984) Beiträge zur Vegetationsgeschichte Tirols I: Inneres Ötztal – Unteres Inntal. Berichte des naturwissenschaftlich-medizinischen Vereins Innsbruck 71: 19–56

Breitenlechner E, Goldenberg G, Lutz J, Oeggl K (2013) The impact of prehistoric mining activities on the environment: A multidisciplinary study at the fen Schwarzenbergmoos (Brixlegg, Tyrol, Austria). Vegetation History and Archaeobotany 22: 351–366

Brunnacker K, Freundlich J, Menke M, Schmeidl H (1976) Das Jungholozän im Reichenhaller Becken. Eiszeitalter und Gegenwart 27: 159–173

Dieffenbach-Fries H (1981) Zur spät- und postglazialen Vegetationsentwicklung bei Oberstdorf (Oberallgäu) und im Kleinwalsertal (Vorarlberg). Pollen- und makrofossilanalytische Untersuchungen an drei Mooren der montanen Stufe. Dissertation, Technische Hochschule Darmstadt

Eicher U, Oeggl K (1989) Pollen- and oxygen-isotope analyses of late- and postglacial sediments from the Schwemm raised bog near Walchsee in Tirol, Austria. Boreas 18: 245–253

Feldner R (1981) Waldgesellschaften, Wald- und Forstgeschichte und waldbauliche Planung im Naturschutzgebiet Ammergauer Berge. Dissertation, Universität für Bodenkultur Wien

Friedmann A, Stojakowits P, Korch O (2022) History of vegetation and land-use change in the Northern Calcareous Alps (Germany/Austria). In: Schickhoff U, Singh RB, Mal S (eds) Mountain Landscapes in Transition: Effects of Land Use and Climate Change. Sustainable Development Goals Series. Springer, Cham, 601–612

Gams H, Nordhagen R (1923) Postglaziale Klimaänderungen und Erdkrustenbewegungen in Mitteleuropa. Landeskundliche Forschungen 25. Geographische Gesellschaft, München

Gilck F, Poschlod P (2019) The origin of alpine farming: A review of archaeological, linguistic and archaeobotanical studies in the Alps. The Holocene 29: 1503–1511

Gilck F, Poschlod P (2021) The history of human land use activities in the Northern Alps since the Neolithic Age. A reconstruction of vegetation and fire history in the Mangfall Mountains (Bavaria, Germany). The Holocene 31: 579–591

Graf von Sarnthein R (1940) Moor- und Seeablagerungen aus den Tiroler Alpen in ihrer waldgeschichtlichen Bedeutung. II. Teil: Seen der Nordtiroler Kalkalpen. Beihefte zum Botanischen Centralblatt 60/B(3): 437–492

Große-Brauckmann G (1998) Das Fünfblänkenmoor am Engenkopf, ein bemerkenswertes ombrosoligenes Moor in einem Karstgebiet des südlichen Allgäus. Carolinea 56: 29–62

Große-Brauckmann G (2002) Paläobotanische Befunde von zwei Mooren im Gebiet des Hohen Ifen, Vorarlberg (Österreich). Telma 32: 17–36

Grüger E, Jerz H (2010) Untersuchung einer Doline auf dem Zugspitzplatt. E&G Quaternary Science Journal 59: 66–75

Kauczor K (1993) Untersuchungen zu Vegetationsgeschichte und Vegetationsgeographie am Weißensee bei Füssen. Diplomarbeit, Ludwig-Maximilians-Universität München

Kral F (1987) Ein pollenanalytischer Beitrag zur Waldgeschichte des Salzburger Untersberges. Jahrbuch des Vereins zum Schutz der Bergwelt 52: 93–105

Kral F (1989) Pollenanalytische Untersuchungen im Fernpaßgebiet (Tirol): Zur Frage des Reliktcharakters der Bergsturz-Kiefernwälder. Verhandlungen der zoologisch-botanischen Gesellschaft Österreichs 126: 127–138

Kral F (1990) Ein pollenanalytischer Beitrag zur natürlichen und anthropogenen Waldentwicklung in den Berchtesgadener Alpen. Forschungsberichte Nationalpark Berchtesgaden 20: 7–20

Kral F (1993) Zum Aufbau von Fichten-Tannen-Buchenwäldern im jüngeren Postglazial (Bregenzerwald und Obersteiermark). Verhandlungen der zoologisch-botanischen Gesellschaft Österreichs 130: 171–188

Krisai R, van Leeuwen JFN, van der Knaap WO (2016) Present-day vegetation and the Holocene and recent development of Egelsee-Moor, Salzburg province, Austria. Vegetation History and Archaeobotany 25: 555–568

Langer H (1959) Zur Waldgeschichte des Großen Waldes am Grünten (Allgäu). Botanische Jahrbücher 78(4): 489–497

Mayer H (1962) Zur waldbaulichen Beurteilung anthropogen beeinflußter Fichten-Tannen-Buchenwälder (Abieti-Fagetum) in den Chiemgauer Alpen. Forstwissenschaftliches Centralblatt 81(11/12): 357–371

Mayer H (1963) Tannenreiche Wälder am Nordabfall der mittleren Ostalpen. BLV Verlagsgesellschaft, München, Basel, Wien

Mayer H (1965) Zur Waldgeschichte des Steinernen Meeres (Naturschutzgebiet Königssee). Jahrbuch des Vereins zum Schutze der Alpenpflanzen und -tiere 30: 1–20

Mayer H (1966) Waldgeschichte des Berchtesgadener Landes (Salzburger Kalkalpen). Forstwissenschaftliche Forschungen. Beihefte zum Forstwissenschaftlichen Centralblatt 22: 1–42

Müller JR, Schmidt R, Schmid AM, Froh J (1985) Die postglaziale Entwicklungsgeschichte des Funtensees (palynologische, sedimentologische und paläolimnologische Untersuchungen eines Bohrkerns). Forschungsberichte des Nationalparks Berchtesgaden 7: 67–96

Obidowicz A, Schober H (1985) Moorkundliche und vegetationsgeschichtliche Untersuchungen des Sennalpenmoores im Trauchgauer Flysch (Ammergebirge). Berichte der Bayerischen Botanischen Gesellschaft 56: 147–165

Oeggl K (1988) Beiträge zur Vegetationsgeschichte Tirols VII: Das Hochmoor Schwemm bei Walchsee. Berichte des naturwissenschaftlich-medizinischen Vereins Innsbruck 75: 37–60

Oeggl K (1998) Palynologische Untersuchungen aus dem Bereich des römischen Bohlenweges bei Lermoos, Tirol. In: Walde E (ed) Via Claudia. Neue Forschungen. Institut für Klassische Archäologie der Leopold-Franzens-Universität, Innsbruck, 147–171

Oeggl K (1999) Die Pflanzenreste der jungeisenzeitlichen Siedlung auf dem Himmelreich bei Wattens. In: Mark G, Appler H, Tomedi G (eds) Gedenkschrift für Aufschnaiter. Heimatkundliche Blätter 8. Heimatkunde- und Museumsverein, Watten-Volders, 33–42

Oeggl K (2004) Palynologische Untersuchungen zur vor- und frühgeschichtlichen Erschließung des Lermooser Beckens in Tirol. Berichte der Reinhold-Tüxen-Gesellschaft 16: 75–86

Oeggl K, Walde C (2007) Zur Vegetations- und Siedlungsentwicklung auf dem Tannberg: Pollenanalysen aus dem Kalbele- und dem Körbersee. Walserheimat 81: 33–38

Pasda K, Lopez Correa M, Stojakowits P, Häck B, Prieto J, al-Fudhaili N, Mayr C (2020) Cave finds indicate elk (Alces alces) hunting during the Late Iron Age in the Bavarian Alps. E&G Quaternary Science Journal 69: 187–200

Paul H, Ruoff S (1932) Pollenstatistische und stratigraphische Mooruntersuchungen im südlichen Bayern. II. Teil. Moore in den Gebieten der Isar-, Allgäu- und Rheinvorlandgletscher. Berichte der Bayerischen Botanischen Gesellschaft 20: 1–264

Peters M (2010) Vergleichende Untersuchung zur Landschafts-, Vegetations- und Siedlungsgeschichte zwischen Donau und Alpen in Südbayern während der letzten 15.000 Jahre. Habilitationsschrift, Universität Augsburg

Peters M (2012) Von den Kelten zu den Römern – Eine vergleichende Landschaftsgeschichte zwischen Alpen und Donau. In: Bagley JM, Eggl C, Neumann D, Schefzik M (eds) Alpen, Kult und Eisenzeit. Festschrift für Amei Lang zum 65. Geburtstag. Internationale Archäologie Studia Honoraria 30. Marie Leidorf, Rahden/Westfalen, 539–562

Rausch KA (1975) Untersuchungen zur spät- und nacheiszeitlichen Vegetationsgeschichte im Gebiet des ehemaligen Inn-Chiemseegletschers. Flora 164: 235–282

Reissinger A (1941) Der Freibergsee bei Oberstdorf und das Problem der glazialen Erosion im Allgäu. Abhandlungen der Bayerischen Akademie der Wissenschaften. Mathematisch Naturwissenschaftliche Abteilung NF 50: 1–72

Schantl H (1992) Pollenanalytische Untersuchungen zur spät- und postglazialen Vegetationsgeschichte im Saalach- und Salzachtal. Dissertation, Universität Innsbruck

Schantl-Heuberger H (1993) Pollenanalytische Untersuchungen zur spätglazialen Vegetationsentwicklung im Salzachtal. Innsbrucker Geographische Studien 20: 71–81

Schantl-Heuberger H (1994) Pollenanalytische Untersuchungen zur spät- und postglazialen Geschichte der Vegetation im Saalach- und Salzachtal (Salzburg/Austria). Berichte des naturwissenschaftlich-medizinischen Vereins Innsbruck 81: 61–84

Schmeidl H (1962) Der bronzezeitliche Prügelweg im Agathzeller Moor. Bayerische Vorgeschichtsblätter 27: 131–142

Schmeidl H (1967) Zur Altersdatierung der Mettenhamer Filze. In: Ganss O (ed) Erläuterungen zur Geologischen Karte von Bayern 1:25000, Blatt Nr. 8240 Marquartstein. Bayerisches Geologisches Landesamt, München, 170–174

Schmeidl H (1972) Zur spät- und postglazialen Vegetationsgeschichte am Nordrand der bayerischen Voralpen. Berichte der Deutschen Botanischen Gesellschaft 85(1–4): 79–82

Schmeidl H (1973) Zur Vegetations- und Waldentwicklung im Frillenseegebiet. In: Doben K (ed) Erläuterungen zur Geologischen Karte von Bayern 1:25 000, Blatt Nr. 8242 Innzell. Bayerisches Geologisches Landesamt, München, 74–80

Schmeidl H (1980) Die Moorvorkommen des Kartenblattes 8239 Aschau im Chiemgau. In: Ganss O, Geologische Karte von Bayern 1:25000. Erläuterungen zum Kartenblatt 8239 Aschau im Chiemgau. Bayerisches Geologisches Landesamt, München, 111–132

Schmeidl H, Kral F (1969) Zur pollenanalytischen Altersbestimmung der Eisbildungen in der Schellenberger Eishöhle und in der Dachstein-Rieseneishöhle. Jahrbuch des Vereins zum Schutze der Alpenpflanzen und -tiere 34: 67–84

Schmidt R (1978) Postglaziale Vegetationsentwicklung und Klimaoszillationen im Pollenbild des Profiles Hirzkarsee/Dachstein 1800 m NN (O.Ö.). Linzer Biologische Beiträge 10: 161–169

Stojakowits P (2014) Pollenanalytische Untersuchungen zur Rekonstruktion der Vegetationsgeschichte im südlichen Iller-Wertach-Jungmoränengebiet seit dem Spätglazial. Dissertation, Universität Augsburg

Stojakowits P, Korch O, Grashey-Jansen S, Friedmann A (2019) Contributions to the EPD 45. Zugspitzplatt, Wetterstein Mountains (Germany). Grana 58: 396–398

Wahlmüller N (1985) Beiträge zur Vegetationsgeschichte Tirols V: Nordtiroler Kalkalpen. Berichte des naturwissenschaftlich-medizinischen Vereins Innsbruck 72: 101–144

Wahlmüller N (1985) Der vorgeschichtliche Mensch in Tirol. Neue Aspekte aufgrund der Pollenanalyse. Veröffentlichungen des Museum Ferdinandeum Innsbruck 65: 105–120

Walde C (1999) Zur Vegetations- und Siedlungsentwicklung im Raum Kramsach-Brixlegg (Tirol, Österreich). Berichte des naturwissenschaftlich-medizinischen Vereins Innsbruck 86: 61–80

Walde C (2010) Palynologische Untersuchungen zur Kulturlandschaftsgeschichte in Westtirol. Dissertation, Universität Innsbruck

Walde C, Oeggl K (2003) Blütenstaub enthüllt dreitausendjährige Siedlungsgeschichte im Tannberggebiet. Walserheimat 73: 162–175

Walde C, Oeggl K (2004) Neue Ergebnisse zur Siedlungsgeschichte am Tannberg. Die Pollenanalysen aus dem Körbersee. Walserheimat 75: 309–317

Weber K (1999) Vegetations- und Klimageschichte im Werdenfelser Land. Augsburger Geographische Hefte 13: 1–127

Bodenseegebiet/Ehemaliger Rheingletscher nördlich vom Bodensee (Kapitel 10)

Ammann B, van der Knaap WO, Lang G, Gaillard MJ, Kaltenrieder P, Rösch M, Finsinger W, Wright HE, Tinner W (2014) The potential of stomata analysis in conifers to estimate presence of conifer trees: Examples from the Alps. Vegetation History and Archaeobotany 23: 249–264

Archäologisches Landesmuseum Baden-Württemberg, Landesamt für Denkmalpflege im Regierungspräsidium Stuttgart (eds) (2016) 4.000 Jahre Pfahlbauten. Begleitband zur Großen Landesausstellung Baden-Württemberg 2016. Thorbecke, Ostfildern

Baum TG (2014) Models of wetland settlement and associated land use in South-West Germany during the fourth millennium B.C. Vegetation History and Archaeobotany 23(Supplement 1): 67–80

Baum T, Mainberger M, Taylor T, Tinner W, Hafner A, Ebersbach R (2020) How many, how far? Quantitative models of Neolithic land use for six wetland sites on the northern Alpine forelands between 4300 and 3700 BC. Vegetation History and Archaeobotany 29: 621–639

Baum T, Nendel C, Jacomet S, Colobran M, Ebersbach R (2016) "Slash and burn" or "weed and manure"? A modelling approach to explore

hypotheses of late Neolithic crop cultivation in pre-alpine wetland sites. Vegetation History and Archaeobotany 25: 611–627
Bertsch A (1955) Das Pollendiagramm vom ehemaligen Schussensee bei Ravensburg. Jahreshefte des Vereins für vaterländische Naturkunde in Württemberg 109(2): 136–143
Bertsch A (1960) Über einen Fund von allerödzeitlichem Laacher Bimstuff und seine Zuordnung zur Vegetationsentwicklung. Naturwissenschaften 47: 167
Bertsch A (1961) Untersuchungen zur spätglazialen Vegetationsgeschichte Südwestdeutschlands. Flora 151: 243–280
Bertsch K (1925) Pollenanalytische Untersuchungen in Oberschwaben. Mikrokosmos 19(7): 138–142
Bertsch K (1925) Das Brunnenholzried. Veröffentlichungen der Staatlichen Stelle für Naturschutz beim Württembergischen Landesamt für Denkmalpflege 2: 67–172
Bertsch K (1930) Beitrag zur Waldgeschichte Württembergs. Veröffentlichungen der Staatlichen Stelle für Naturschutz beim Württembergischen Landesamt für Denkmalpflege 7: 137–155
Bertsch K (1931) Wasserspiegelschwankungen des Bodensees in der älteren Nacheiszeit. Abhandlungen des Naturwissenschaftlichen Vereins zu Bremen 28 (Festschrift CA Weber): 51–59
Bertsch K (1931) Paläobotanische Monographie des Federseerieds. Bibliotheca Botanica 103. Schweizerbart, Stuttgart
Bertsch K (1932) Die Pflanzenreste. In: Reinerth H (ed) Das Pfahldorf Sipplingen. Schriften des Vereins zur Geschichte des Bodensees 59: 7–154
Bertsch K (1932) Die Pflanzenreste der Pfahlbauten von Sipplingen und Langenrain im Bodensee. Badische Fundberichte 2(9): 305–320
Bertsch K (1950) Nachträge zur vorgeschichtlichen Botanik des Federseerieds. Veröffentlichungen der Württembergischen Landesstelle für Naturschutz und Landschaftspflege 19: 88–127
Blank W (1953) Zur Verlandungs- und Klimageschichte des oberschwäbischen Federseemoors. Dissertation, Universität Tübingen
Bofinger J, Hald J, Lechterbeck J, Merkl M, Rösch M, Schlichtherle H (2012) Die ersten Bauern zwischen Hegau und westlichem Bodensee. Eine archäologische und vegetationsgeschichtliche Untersuchung zur Besiedlungsdynamik während der Jungsteinzeit. Denkmalpflege in Baden-Württemberg 41(4): 245–250
Clark JS, Merkt J, Müller H (1989) Post-glacial fire, vegetation and human history on the northern Alpine forelands, south-western Germany. Journal of Ecology 77: 897–925
Eusterhues K, Lechterbeck J, Rösch M, Schneider J, Wolf U (1997) Environmental change and human impact since the last ice-age. High-resolution archives from Lake Steisslingen. Würzburger Geographische Manuskripte 41: 71–72
Filzer P (1965) Pollenanalytische Ergebnisse. In: German R, Dehm R, Ernst W, Filzer P, Käss W, Müller G, Witt W (eds) Ergebnisse der wissenschaftlichen Kernbohrung Ur-Federsee 1. Oberrheinische Geologische Abhandlungen 14: 105–113
Filzer P (1975) Die Bauhölzer der Heuneburg bei Hundersingen a. d. D. Mitteilungen des Vereins für Forstliche Standortskunde und Forstpflanzenzüchtung 4: 39–42
Firbas F (1935) Die Vegetationsentwicklung des mitteleuropäischen Spätglazials. Bibliotheca Botanica 112. Schweizerbart, Stuttgart
Firbas F (1952) Das Bodenseegebiet. In: Spät- und nacheiszeitliche Waldgeschichte Mitteleuropas nördlich der Alpen. Zweiter Band: Waldgeschichte der einzelnen Landschaften. Gustav Fischer, Jena, 7–11
Firbas F (1952) Das Gebiet des ehemaligen Rheingletschers nördlich vom Bodensee. In: Spät- und nacheiszeitliche Waldgeschichte Mitteleuropas nördlich der Alpen. Zweiter Band: Waldgeschichte der einzelnen Landschaften. Gustav Fischer, Jena, 11–19
Fischer E, Marinova E, Rösch M (2022) Contributions to the European pollen database 62: Königseggsee, Upper Swabia, Germany. Grana 61(4): 314–317
Fischer E, Rösch M, Sillmann M, Ehrmann O, Liese-Kleiber H, Voigt R, Stobbe A, Kalis AEJ, Stephan E, Schatz K, Posluschny A (2010) Landnutzung im Umkreis der Zentralorte Hohenasperg, Heuneburg und Ipf. Archäobotanische und archäozoologische Untersuchungen und Modellberechnungen zum Ertragspotential von Ackerbau und Viehhaltung. In: Krausse DL (ed) „Fürstensitze" und Zentralorte der frühen Kelten. Forschungen und Berichte zur Vor- und Frühgeschichte in Baden-Württemberg 120(2): 195–265
Frenzel B, Bludau W (1987) On the duration of the Interglacial to Glacial transition at the end of the Eemian Interglacial (deep sea stage 5 e): Botanical and sedimentological evidence. In: Berger WH, Labeyrie LD (eds) Abrupt Climatic Change. Reidel, Dordrecht, 151–162
German R, Filzer P, Dehm R, Freude H, Jung W Witt W (1968) Ergebnisse der wissenschaftlichen Kern-Bohrung Wurzacher Becken 1 (DFG). Jahreshefte des Vereins für vaterländische Naturkunde in Württemberg 123: 33–68
Geyh MA, Merkt J, Müller H (1971) Sediment-, Pollen- und Isotopenanalysen an jahreszeitlich geschichteten Ablagerungen im zentralen Teil des Schleinsees. Archiv für Hydrobiologie 69(3): 366–399
Geyh MA, Merkt J, Müller H, Streif H (1974) Reconstitutions paléoclimatiques et paléoécologiques à partir de l'étude des sédiments lacustres de l'Allemagne méridionale. Société Hydrotechnique de France. XIIIeme journées de l'hydraulique, Paris, 16–18 septembre 1974. Rapport I.7: 1–7
Göttlich K (1951) Das Häckler Ried. Seine Entstehung und sein gegenwärtiger Zustand. Veröffentlichungen der Staatlichen Stelle für Naturschutz beim Württembergischen Landesamt für Denkmalpflege 20: 5–64
Göttlich K (1955) Ein Pollendiagramm ungestörter späteiszeitlicher Verlandungsschichten im Federseebecken. Beiträge zur naturkundlichen Forschung in Südwestdeutschland 14(2): 88–92
Göttlich K (1957) Über interglaziale, spät- und postglaziale Funde von Isoetes tenella, Ephedra und Armeria in Oberschwaben. Berichte der Deutschen Botanischen Gesellschaft 70(4): 139–144
Göttlich K (1960) Beiträge zur Entwicklungsgeschichte der Moore in Oberschwaben. Teil 1: Altmoräne und Äußere Jungmoräne. Jahreshefte des Vereins für vaterländische Naturkunde in Württemberg 115: 93–174
Göttlich K (1962) Ein moorgeologisches Nord-Süd-Profil des Federseemoores (Federseestudien I). Jahreshefte des Vereins für vaterländische Naturkunde in Württemberg 117: 143–149
Göttlich K (1962) Zur Umwelt der neolithischen Siedlungen im süd-östlichen Federseemoor (Federseestudien II). Jahreshefte des Vereins für vaterländische Naturkunde in Württemberg 117: 149–177
Göttlich K (1965) Das Federseemoor im Verhältnis zu den übrigen Moor- und Anmoorvorkommen aus dem Blatt Saulgau der Moorkarte von Baden-Württemberg 1:50000 (Federseestudien VIII). Jahreshefte des Vereins für vaterländische Naturkunde in Württemberg 120: 222–223
Göttlich K (1970) Moorkarte von Baden-Württemberg 1:50000. Erläuterungen zum Blatt Saulgau L7922. 2. Auflage. Landesvermessungsamt Baden-Württemberg, Stuttgart
Göttlich K (1972) Moorkarte von Baden-Württemberg 1:50000. Erläuterungen zum Blatt Biberach L7924. Landesvermessungsamt Baden-Württemberg, Stuttgart
Gronbach G (1961) Pollenanalytische Untersuchungen zur Geschichte des Federsees und zur vorgeschichtlichen Besiedlung des Federseerieds. In: Zimmermann W (ed) Der Federsee. Die Natur- und Landschaftsschutzgebiete Baden-Württembergs 2. Verlag des Schwäbischen Albvereins, Stuttgart, 316–355
Gronbach G (1998) Pollendiagramm A4. Zur Erfassung der neolithischen Siedlungsphasen des Federsees. In: Landesdenkmalamt Baden-Württemberg (ed) Siedlungsarchäologie im Alpenvorland V. Forschungen und Berichte zur Vor- und Frühgeschichte Baden-Württembergs 68. Konrad Theiss, Stuttgart, 77–85

Haas JN, Magny M (2004) Schichtgenese und Vegetationsgeschichte. In: Jacomet S, Leuzinger U, Schibler J (eds) Die jungsteinzeitliche Seeufersiedlung Arbon/Bleiche 3. Umwelt und Wirtschaft. Archäologie im Thurgau 12. Kanton Thurgau, Frauenfeld, 43–49

Hauff R (1953) Pollenanalytische Untersuchungen. In: Moosmayer V, Zeil: Standort, Wald und Waldwirtschaft im Fürstlich Waldburg-Zeil'schen Forst. Mitteilungen des Vereins für Forstliche Standortskunde und Forstpflanzenzüchtung 3: 11–13

Hauff R (1953) Das Alter der Zeiler Missen. In: Moosmayer V, Zeil: Standort, Wald und Waldwirtschaft im Fürstlich Waldburg-Zeil'schen Forst. Mitteilungen des Vereins für Forstliche Standortskunde und Forstpflanzenzüchtung 3: 17–18

Hauff R (1960) Drei neue Pollenprofile aus Nord- und Südwürttemberg. Mitteilungen des Vereins für Forstliche Standortskunde und Forstpflanzenzüchtung 9: 16–25

Hauff R (1961) Nachwärmezeitliche Pollenprofile aus baden-württembergischen Forstbezirken II. Mitteilungen des Vereins für Forstliche Standortskunde und Forstpflanzenzüchtung 11: 66–78

Hauff R (1969) Nachwärmezeitliche Pollenprofile aus baden-württembergischen Forstbezirken IV. Mitteilungen des Vereins für Forstliche Standortskunde und Forstpflanzenzüchtung 19: 29–48

Hinderer M, Hirbodian S, Marinova E, Nelle O, Rückert P, Schwalb A, Rösch M (2021) Umweltgeschichte aus vier Archiven – Das interdisziplinäre DFG-Projekt Bad Waldsee. Denkmalpflege in Baden-Württemberg 50(3): 184–190

Hölzer A, Hölzer A (1989) Untersuchungen zur jüngeren Vegetations- und Siedlungsgeschichte im Seewadel (Hegau). Telma 19: 57–75

Höpfer B, Werner S, Scherer S, Schmid D, Scholten T, Kühn P, Knopf T (2020) Talsiedlung – Höhensiedlung – Bestattungsplatz? Weitere Forschungen zur bronzezeitlichen Besiedlung des Westallgäus bei Leutkirch. Archäologische Ausgrabungen in Baden-Württemberg 2019: 24–27

Jacomet S (2009) Plant economy and village life in neolithic lake dwellings at the time of the Alpine Iceman. Vegetation History and Archaeobotany 18: 47–59

Kerig T, Lechterbeck J (2004) Laminated sediments, human impact, and a multivariate approach: A case study in linking palynology and archaeology (Lake Steisslingen, South-West Germany). Quaternary International 113: 19–39

Kleinmann A, Merkt J, Müller H (2015) Sedimente des Degersees: Ein Umweltarchiv – Sedimentologie und Palynologie. In: Mainberger M, Merkt J, Kleinmann A (eds) Pfahlbausiedlungen am Degersee. Archäologische und naturwissenschaftliche Untersuchungen. Berichte zu Ufer- und Moorsiedlungen Südwestdeutschlands 6. Materialhefte zur Archäologie in Baden-Württemberg 102: 409–471

Lang G (1951) Nachweis von Ephedra im südwestdeutschen Spätglazial. Die Naturwissenschaften 38(14): 334–335

Lang G (1952) Zur späteiszeitlichen Vegetations- und Florengeschichte Südwestdeutschlands. Flora 139: 243–294

Lang G (1952) Späteiszeitliche Pflanzenreste in Südwestdeutschland. Beiträge zur naturkundlichen Forschung in Südwestdeutschland 11(2): 89–110

Lang G (1962) Vegetationsgeschichtliche Untersuchungen der Magdalenienstation an der Schussenquelle. Veröffentlichungen des Geobotanischen Instituts der ETH Rübel 37: 129–154

Lang G (1967) Über die Geschichte von Pflanzengesellschaften aufgrund quartärbotanischer Untersuchungen. In: Tüxen R (ed) Pflanzensoziologie und Palynologie. Bericht über das Internationale Symposium in Stolzenau/Weser 1962. Springer, Dordrecht, 24–37

Lang G (1970) Florengeschichte und mediterran-mitteleuropäische Florenbeziehungen. Feddes Repertorium 81: 315–335

Lang G (1973) Chronologische Probleme der späteiszeitlichen Vegetationsentwicklung in Südwestdeutschland. Pollen et Spores 5(1): 129–142

Lang G (1990) Die Vegetation des westlichen Bodenseegebietes. 2. Auflage. Gustav Fischer, Stuttgart, New York

Lechterbeck J (2001) Human impact oder climatic change? Zur Vegetationsgeschichte des Spätglazials und Holozäns in hochauflösenden Pollenanalysen laminierter Sedimente des Steißlinger Sees (Südwestdeutschland). Tübinger mikropaläontologische Mitteilungen 25. Institut und Museum für Geologie und Paläontologie der Universität Tübingen, Tübingen

Lechterbeck J (2013) Neue Untersuchungen an zwei Bohrkernen aus dem Steeger See: Pollenanalysen, Sedimentologie und multivariate Statistik. Fundberichte aus Baden-Württemberg 33: 37–48

Lechterbeck J, Kerig T, Kleinmann A, Sillmann M, Wick L, Rösch M (2014) How was bell beaker economy related to corded ware and early Bronze Age lifestyles? Archaeological, botanical and palynological evidence from the Hegau, Western Lake Constance region. Journal of Environmental Archaeology 19(2): 95–113

Lechterbeck J, Rösch M (2021) Böhringer See, western Lake Constance (Germany): An 8500 year record of vegetation change. Grana 60(2): 119–131

Lechterbeck J, Wolf-Brozio U, Eusterhues K, Schneider J (1999) High resolution stratigraphy of the Late Glacial – The environmental history of lake Steisslingen in a Mid-European context. EUG 10: 28th March–1st April 1999, Strasbourg, France. Journal of Conference Abstracts 4(1): 192

Liese-Kleiber H (1984) Pollenanalysen am Federsee. Forschungsstand und neue Untersuchungen. In: Berichte zu Ufer- und Moorsiedlungen Südwestdeutschlands 1. Materialhefte zur Vor- und Frühgeschichte in Baden-Württemberg 4: 80–100

Liese-Kleiber H (1985) Pollenanalysen in urgeschichtlichen Ufersiedlungen – Vergleich von Untersuchungen am westlichen Bodensee und Neuenburger See. In: Berichte zu Ufer- und Moorsiedlungen Südwestdeutschlands 2. Materialhefte zur Vor- und Frühgeschichte Baden-Württembergs 7: 200–240

Liese-Kleiber H (1988) Zur zeitlichen Verknüpfung von Verlandungsverlauf und Siedlungsgeschichte des Federsees. Erste Ergebnisse von Pollenanalysen und Radiocarbondaten aus Linienprofilen. In: Küster H (ed) Der prähistorische Mensch und seine Umwelt. Festschrift für Udelgard Körber-Grohne. Forschungen und Berichte zur Vor- und Frühgeschichte Baden-Württembergs 31. Konrad Theiss, Stuttgart, 163–176

Liese-Kleiber H (1990) Züge der Landschafts- und Vegetationsentwicklung im Federseegebiet. Neolithikum und Bronzezeit in neuen Pollendiagrammen. In: Siedlungsarchäologische Untersuchungen im Alpenvorland. 5. Kolloquium der Deutschen Forschungsgemeinschaft vom 29.–30. März 1990 in Gaienhofen-Hemmenhofen. Bericht der Römisch-Germanischen Kommission 71. Philipp von Zabern, Mainz, 58–83

Liese-Kleiber H (1993) Pollenanalyse zur Geschichte der Siedlungslandschaft des Federsees vom Neolithikum bis ins ausgehende Mittelalter. In: Brombacher C, Jacomet S, Hass JN (eds) Festschrift Zoller: Beiträge zu Philosophie und Geschichte der Naturwissenschaften, Evolution und Systematik, Ökologie und Morphologie, Geobotanik, Pollenanalyse und Archäobotanik. Dissertationes Botanicae 196. Cramer, Berlin, Stuttgart, 347–368

Liese-Kleiber H (1993) Settlement and landscape history at the Federsee, south-west Germany, as reflected in pollen diagrams. Vegetation History and Archaeobotany 2: 37–46

Liese-Kleiber H (1995) Pollenanalysen in der neolithischen Siedlungslandschaft des nördlichen Federseemoores. Untersuchungen im Umfeld der jungsteinzeitlichen Siedlung Ödenahlen. In: Landesdenkmalamt Baden-Württemberg (ed) Siedlungsarchäologie im Alpenvorland III. Forschungen und Berichte zur Vor- und Frühgeschichte Baden-Württembergs 46. Konrad Theiss, Stuttgart, 255–283

Liese-Kleiber H (1997) Erste Pollenanalysen und ^{14}C-Daten aus den mesolithischen Lagerplätzen Henauhof Nord I und II am Federsee. In: Kind CJ (ed) Die letzten Wildbeuter. Henauhof Nord II und das Endmesolithikum in Baden-Württemberg. Materialhefte zur Archäologie in Baden-Württemberg 39. Konrad Theiss, Stuttgart, 212–232

Liese-Kleiber H (2016) Die Bronzezeit im Siedlungsraum des Federsees – Pollenanalysen zur Landschaftsentwicklung. In: Landesamt für Denkmalpflege (ed) Siedlungsarchäologie im Alpenvorland XIII. Forschungen und Berichte zur Vor- und Frühgeschichte in Baden-Württemberg 128. Konrad Theiss, Darmstadt, 63–131

Maier U (1995) Moorstratigraphische und paläoethnobotanische Untersuchungen in der jungsteinzeitlichen Moorsiedlung Ödenahlen am Federsee. In: Landesdenkmalamt Baden-Württemberg (ed) Siedlungsarchäologie im Alpenvorland III. Forschungen und Berichte zur Vor- und Frühgeschichte Baden-Württembergs 46. Konrad Theiss, Stuttgart, 143–253

Maier U (2016) Moorstratigraphische Untersuchungen zur Verlandungsgeschichte des südlichen Federseemoores im Umfeld der bronzezeitlichen „Siedlung Forschner". In: Landesamt für Denkmalpflege (ed) Siedlungsarchäologie im Alpenvorland XIII. Forschungen und Berichte zur Vor- und Frühgeschichte in Baden-Württemberg 128. Konrad Theiss, Darmstadt, 133–162

Maier U (2016) Neue moorstratigraphische und archäobotanische Untersuchungen in der spätbronzezeitlichen „Wasserburg Buchau" im südlichen Federseemoor. In: Landesamt für Denkmalpflege (ed) Siedlungsarchäologie im Alpenvorland XIII. Forschungen und Berichte zur Vor- und Frühgeschichte in Baden-Württemberg 128. Konrad Theiss, Darmstadt, 489–526

Merkt J, Müller H (1978) Paläolimnologie des Schleinsees. In: Geologisches Landesamt Baden-Württemberg (ed) Erläuterungen zur Geologischen Karte von Baden-Württemberg 1:25000, Blatt 8323 Friedrichshafen-Ost. Landesvermessungsamt Baden-Württemberg, Stuttgart, 29–31

Mielke K, Müller H (1981) Palynologie. In: Bender F (ed) Angewandte Geowissenschaften 1. Enke, Stuttgart, 393–407

Million S, Eisenhauer A, Billamboz A, Rösch M, Krausse D, Nelle O (2017) Iron Age utilization of silver fir (Abies alba) wood around the Heuneburg – Local origin or timber import? Quaternary International: 363–375

Müller H (1962) Pollenanalytische Untersuchung eines Quartärprofils durch die spät- und nacheiszeitlichen Ablagerungen des Schleinsees (Südwestdeutschland). Geologisches Jahrbuch 79: 493–526

Müller I (1947) Über die spätglaziale Vegetations- und Klimaentwicklung im westlichen Bodenseegebiet. Planta 35(1/2): 57–69

Müller I (1947) Der pollenanalytische Nachweis der menschlichen Besiedlung im Federsee- und Bodenseegebiet. Planta 35(1/2): 70–87

Müller U (2000) A Late-Pleistocene pollen sequence from the Jammertal, south-western Germany with particular reference to location and altitude as factors determining Eemian forest composition. Vegetation History and Archaeobotany 9: 125–131

Niessen F, Schröder HG, Giovanoli F, Ostendorp W, Schmitz W, Sturm M, Neukirch S, Hofmann W (1990) Beiträge zur Landschafts- und Siedlungsgeschichte am Bodensee-Untersee: Paläolimnologische Untersuchungen. Bericht der Römisch-Germanischen Kommission 71: 245–308

Paul H, Ruoff S (1932) Pollenstatistische und stratigraphische Mooruntersuchungen im südlichen Bayern. II. Teil. Moore in den Gebieten der Isar-, Allgäu- und Rheinvorlandgletscher. Berichte der Bayerischen Botanischen Gesellschaft 20: 1–264

Pfaffenberg K (1954) Das Wurzacher Ried. Eine stratigraphische und paläobotanische Untersuchung. Geologisches Jahrbuch 68: 479–500

Reingruber A, Rösch M (2005) Bemerkungen zu dem Aufsatz von Birgit Gehlen und Werner Schön: Das „Spätmesolithikum" und das initiale Neolithikum in Griechenland – Implikationen für die Neolithisierung der alpinen und circumalpinen Gebiete. Archäologische Informationen 26(2): 111–121

Rieckhoff S, Rösch M (2019) Ein keltischer Exodus? Archäologisch-botanische Überlegungen zum Übergang Eisenzeit – Römische Kaiserzeit in Südwestdeutschland. In: Karl R, Leskovar J (eds) Interpretierte Eisenzeiten. Fallstudien, Methoden, Theorie. Tagungsbeiträge der 8. Linzer Gespräche zur interpretativen Eisenzeitarchäologie. Studien zur Kulturgeschichte von Oberösterreich 49. Bibliothek der Provinz, Linz, 57–87

Rösch M (1983) Geschichte der Nussbaumer Seen (Kt. Thurgau) und ihrer Umgebung seit dem Ausgang der letzten Eiszeit aufgrund quartärbotanischer, stratigraphischer und sedimentologischer Untersuchungen. Mitteilungen der Thurgauischen Naturforschenden Gesellschaft 45: 1–110

Rösch M (1985) Ein Pollenprofil aus dem Feuenried bei Überlingen am Ried: Stratigraphische und landschaftsgeschichtliche Bedeutung für das Holozän im Bodenseegebiet. In: Becker B, Billamboz A, Dieckmann B, Kokabi M, Kromer B, Liese-Kleiber H, Rösch M, Schlichtherle H, Strahm C (eds) Berichte zu Ufer- und Moorsiedlungen Südwestdeutschlands 2. Materialhefte zur Vor- und Frühgeschichte Baden-Württembergs 7. Konrad Theiss, Stuttgart, 43–79

Rösch M (1985) Nussbaumer Seen – Spät- und postglaziale Umweltveränderungen einer Seengruppe im östlichen Schweizer Mittelland. In: Lang G (ed) Swiss lake and mire environments during the last 15000 years. Dissertationes Botanicae 87. Cramer, Vaduz, 337–379

Rösch M (1986) Zwei Moore im westlichen Bodenseegebiet als Zeugen prähistorischer Landschaftsveränderung. Telma 16: 83–111

Rösch M (1987) Zur Umwelt und Wirtschaft des Neolithikums am Bodensee – Botanische Untersuchungen in Bodman-Blissenhalde. Archäologische Nachrichten aus Baden 38/39: 42–53

Rösch M (1987) Der Mensch als landschaftsprägender Faktor des westlichen Bodenseegebiets seit dem späten Atlantikum. Eiszeitalter und Gegenwart 37: 19–29

Rösch M (1988) Subfossile Moosfunde aus prähistorischen Feuchtbodensiedlungen: Aussagemöglichkeiten zu Umwelt und Wirtschaft. In: Küster H (ed) Der prähistorische Mensch und seine Umwelt. Festschrift für Udelgard Körber-Grohne zum 65. Geburtstag. Forschungen und Berichte zur Vor- und Frühgeschichte Baden-Württembergs 31. Konrad Theiss, Stuttgart, 177–198

Rösch M (1990) Botanische Untersuchungen an Pfahlverzügen der endneolithischen Ufersiedlung Hornstaad-Hörnle V am Bodensee. In: Landesdenkmalamt Baden-Württemberg (ed) Siedlungsarchäologie im Alpenvorland II. Forschungen und Berichte zur Vor- und Frühgeschichte Baden-Württembergs 37. Konrad Theiss, Stuttgart, 325–352

Rösch M (1990) Botanische Untersuchungen in spätneolithischen Ufersiedlungen von Wallhausen und Dingelsdorf am Überlinger See. In: Landesdenkmalamt Baden-Württemberg (ed) Siedlungsarchäologie im Alpenvorland II. Forschungen und Berichte zur Vor- und Frühgeschichte Baden-Württembergs 37. Konrad Theiss, Stuttgart, 227–266

Rösch M (1990) Hegne-Galgenacker am Gnadensee: Erste botanische Daten zur Schnurkeramik am Bodensee. In: Landesdenkmalamt Baden-Württemberg (ed) Siedlungsarchäologie im Alpenvorland II. Forschungen und Berichte zur Vor- und Frühgeschichte Baden-Württembergs 37. Konrad Theiss, Stuttgart, 199–226

Rösch M (1990) Zur subfossilen Moosflora von Allensbach-Strandbad. In: Landesdenkmalamt Baden-Württemberg (ed) Siedlungsarchäologie im Alpenvorland II. Forschungen und Berichte zur Vor- und Frühgeschichte Baden-Württembergs 37. Konrad Theiss, Stuttgart, 167–172

Rösch M (1990) Pollenanalytische Untersuchungen in spätneolithischen Ufersiedlungen von Allensbach-Strandbad. In: Landesdenkmalamt Baden-Württemberg (ed) Siedlungsarchäologie im Alpenvorland II. Forschungen und Berichte zur Vor- und Frühgeschichte Baden-Württembergs 37. Konrad Theiss, Stuttgart, 91–112

Rösch M (1990) Vegetationsgeschichtliche Untersuchungen im Durchenberggried. In: Landesdenkmalamt Baden-Württemberg (ed) Siedlungsarchäologie im Alpenvorland II. Forschungen und Berichte zur Vor- und Frühgeschichte Baden-Württembergs 37. Konrad Theiss, Stuttgart, 9–56

Rösch M (1990) Veränderungen von Wirtschaft und Umwelt während Neolithikum und Bronzezeit am Bodensee. In: Siedlungsarchäologische Untersuchungen im Alpenvorland. 5. Kolloquium der Deutschen Forschungsgemeinschaft vom 29.–30. März 1990 in Gaienhofen-Hemmenhofen. Bericht der Römisch-Germanischen Kommission 71. Philipp von Zabern, Mainz, 161–186

Rösch M (1991) Zum Stand der vegetationsgeschichtlichen Erforschung des Spätwürm und des Holozäns im Bereich Oberschwabens und der Schwäbischen Alb. In: Hahn J, Kind CJ (eds) Urgeschichte in Oberschwaben und der mittleren Schwäbischen Alb. Archäologische Informationen aus Baden-Württemberg 17. Gesellschaft für Vor- und Frühgeschichte in Württemberg und Hohenzollern, Stuttgart, 20–24

Rösch M (1991) Ein Pollenprofil aus dem Profundal der Radolfzeller Bucht (Bodensee-Untersee). Fundberichte aus Baden-Württemberg 16: 57–62

Rösch M (1992) Human impact as registered in the pollen record: Some results from the western Lake Constance region, Southern Germany. Vegetation History and Archaeobotany 1: 101–109

Rösch M (1993) Prehistoric land use as recorded in a lake-shore core at Lake Constance. Vegetation History and Archaeobotany 2: 213–232

Rösch M (1994) Gedanken zur Auswirkung (prä-)historischer Holznutzung auf Wälder und Pollendiagramme. In: Lotter AF, Ammann B (eds) Festschrift Gerhard Lang. Beiträge zur Systematik und Evolution, Floristik und Geobotanik, Vegetationsgeschichte und Paläoökologie. Dissertationes Botanicae 234. Cramer, Berlin, Stuttgart, 447–471

Rösch M (1995) Geschichte des Nussbaumersees aus botanisch-ökologischer Sicht. In: Schläfli A (ed) Naturmonographie Die Nussbaumer Seen. Schriftenreihe der Kartause Ittingen 5. Mitteilungen der Thurgauischen Naturforschenden Gesellschaft 53: 43–59

Rösch M (1995) Archäobotanische Untersuchungen in der spätbronzezeitlichen Ufersiedlung Hagnau-Burg (Bodenseekreis). In: Landesdenkmalamt Baden-Württemberg (ed) Siedlungsarchäologie im Alpenvorland IV. Forschungen und Berichte zur Vor- und Frühgeschichte Baden-Württembergs 47. Konrad Theiss, Stuttgart, 239–313

Rösch M (1996) New approaches to prehistoric land-use reconstruction in south-western Germany. Vegetation History and Archaeobotany 5: 65–79

Rösch M (1996) Type Regions D-n, D-l and D-r, Southwest Germany. In: Berglund BE, Birks HJB, Ralska-Jasiewiczowa M, Wright HE (eds) Palaeoecological Events during the Last 15000 Years: Regional Syntheses of Palaeoecological Studies of Lakes and Mires in Europe. Wiley, Chichester, 523–542

Rösch M (1997) Holocene sediment accumulation in the shallow water zone of Lake Constance. Archiv für Hydrobiologie Supplement 107(4): 541–562

Rösch M (1997) Botanische Hinweise zur Besiedlungsdichte im Bodenseebecken zwischen 3000 und 500 v. Chr. In: Rittershofer KF (ed) Demographie der Bronzezeit. Paläodemographie – Möglichkeiten und Grenzen. Internationale Archäologie 36. Marie Leidorf, Espelkamp, 5–13

Rösch M (1998) The history of crop and crop weed in south-western Germany from the Neolithic period to modern times, as shown by archaeobotanical evidence. Vegetation History and Archaeobotany 7: 109–125

Rösch M (2000) Anthropogener Landschaftswandel in Mitteleuropa während des Neolithikums. Beobachtungen und Überlegungen zu Verlauf und möglichen Ursachen. Germania 78(2): 293–318

Rösch M (2002) Ziegenkot aus den Horgener Schichten von Ludwigshafen-Seehalde, Gde. Bodman-Ludwigshafen, Kreis Konstanz. Archäologische Ausgrabungen in Baden-Württemberg 2001: 49–51

Rösch M (2002) Ein Pollenprofil von Wangen, Hinterhorn, Gemeinde Öhningen, Kreis Konstanz. Fundberichte aus Baden-Württemberg 26: 7–19

Rösch M (2003) Vom Urwald zum Maisfeld – Landschaftsgeschichte am Bodensee/Untersee. In: Was haben wir aus dem See gemacht? Kulturlandschaft Bodensee Teil II – Untersee. Arbeitshefte Landesdenkmalamt Baden-Württemberg 12: 21–33

Rösch M (2004) Neue Forschungen zur Umwelt und Ernährung der Pfahlbaubewohner aus Südwestdeutschland. Leipziger online-Beiträge zur ur- und frühgeschichtlichen Archäologie 12(1): 1–14

Rösch M (2005) Spätneolithische und bronzezeitliche Landnutzung am westlichen Bodensee – Versuch einer Annäherung anhand archäobotanischer und experimenteller Daten. In: Della Casa P, Trachsel M (eds) WES'04 Wetland Economics and Societies. Collectio Archaeologica 3. Chronos, Zürich, 105–119

Rösch M (2012) Forest, wood, and ancient man. Interdisciplinaria Archaeologica 3(2): 205–213

Rösch M (2013) Change of land use during the last two millennia as indicated in the pollen record of a profundal core from Mindelsee, Lake Constance Region, Southwest Germany. In: Von Sylt bis Kastanas. Festschrift für Helmut Johannes Kroll. Offa 69/70. Wachholtz, Neumünster, 355–370

Rösch M (2016) Weinbau am Bodensee im Spiegel der Rebpollen. In: Knubben T, Schmauder A (eds) Seewein – Weinkultur am Bodensee. Thorbecke, Ostfildern, 51–59

Rösch M (2018) Evidence for rare crop weeds of the Caucalidion group in Southwestern Germany since the Bronze Age – Paleo-ecological implications. Vegetation History and Archaeobotany 26: 75–84

Rösch M (2018) Als aus dem Wildbeuter der Landwirt wurde. Kulturlandschaft Bodensee: Eine 7000-jährige wechselvolle Geschichte. Bodensee-Jahrbuch 2018: 198–205

Rösch M (2019) Landschaftswandel in Südwestdeutschland zwischen Jungsteinzeit und Neuzeit als Folge von Landnutzung und deren Veränderung. In: Becker V, O'Neill A, Beier HJ, Einicke R (eds) Varia neolithica IX. Archäologische Defizite – Lösungsansätze aus Bodenkunde und Archäologie. Beiträge zur Ur- und Frühgeschichte Mitteleuropas 90. Beier & Beran, Langenweißbach, 99–114

Rösch M (2019) Vegetationsgeschichtliche Untersuchungen zur Kenntnis der Kulturlandschaftsgeschichte im Hinterland von Unteruhldingen. Plattform 25–27: 4–9

Rösch M (2020) Ein Pollenprofil aus dem Moor am Durchenberg, Stadt Radolfzell, Landkreis Konstanz. Fundberichte aus Baden-Württemberg 40: 37–47

Rösch M, Feger KH, Fischer E, Hinderer M, Kämpf L, Kleinmann A, Lechterbeck J, Marinova E, Schwalb A, Tserendorj G, Wick L (2021) How changes of past vegetation and human impact are documented in lake sediments: Paleoenvironmental research in southwestern Germany, a review. In: Rosen MR, Finkelstein D, Park Boush L, Pla-Pueyo S (eds) Limnogeology: Progress, Challenges and Opportunities. A tribute to Elizabeth Gierlowski-Kordesch. Springer, Heidelberg, New York, 107–134

Rösch M, Fischer E, Müller H, Sillmann M, Stika HP (2008) Botanische Untersuchungen zur eisenzeitlichen Landnutzung im südlichen Mitteleuropa. In: Krausse D (ed) Frühe Zentralisierungs- und Urbanisierungsprozesse. Zur Genese und Entwicklung frühkeltischer Fürstensitze und ihres territorialen Umlandes. Forschungen und Berichte zur Vor- und Frühgeschichte in Baden-Württemberg 101. Konrad Theiss, Stuttgart, 319–347

Rösch M, Hahn S (2016) Besiedlung und Landnutzung im Allgäu von der Jungsteinzeit bis zur Neuzeit – ein interdisziplinäres Forschungsprojekt. Archäologische Ausgrabungen in Baden-Württemberg 2015: 45–50

Rösch M, Kleinmann A, Lechterbeck J, Sillmann M, Wick L (2010) A bell beaker site with wet preservation from Hegau, South-West Germany: Macrofossil and pollen evidence for land use. In: 15th Conference of the International Work Group for Palaeoethnobotany Wilhelmshaven 2010, Programme and Abstracts. Terra Nostra 2010(2): 74

Rösch M, Kleinmann A, Lechterbeck J, Wick L (2014) Botanical off-site and on-site data as indicators of different land use systems: A discussion with examples from Southwest Germany. In: Bittmann F, Gerlach R, Rösch M, Schier W (eds) Farming in the Forest – Ecology and Economy of Fire in Prehistoric Agriculture. Vegetation History and Archaeobotany 23(Suppl. 1): 121–133

Rösch M, Kleinmann A, Lechterbeck J, Wick L (2014) Erratum to: Botanical off-site and on-site data as indicators of different land use systems: A discussion with examples from Southwest Germany. Vegetation History and Archaeobotany 23: 647–648

Rösch M, Lechterbeck J (2016) Seven millennia of human impact as reflected in a high-resolution pollen profile from the profundal sediments of Litzelsee, Lake Constance region, Germany. Vegetation History and Archaeobotany 25: 339–358

Rösch M, Marinova E (2020) Contributions to the European pollen database 51: Zeller See. Grana 60(3): 243–245

Rösch M, Ostendorp W (1988) Pollenanalytische, torf- und sedimentpetrographische Untersuchungen an einem telmatischen Profil vom Bodensee-Ufer bei Gaienhofen. Telma 18: 373–395

Rösch M, Stojakowits P, Friedmann A (2020) Does site elevation determine the onset and intensity of human impact? Pollen evidence from southern Germany. Vegetation History and Archaeobotany 30(2): 255–268

Rösch M, Wick L (2018) Contributions to the European pollen database 41: Western Lake Constance (Germany) Überlinger See, Mainau. Grana 58(1): 78–80

Rösch M, Wick L (2019) Contributions to the European pollen database 43: Buchensee (Lake Constance region, Germany). Grana 58(4): 308–310

Ryabogina N, Marinova E, Rösch M (2021) Contributions to the European pollen database 56: Gnadensee. Grana 60(6): 477–479

Scherer S, Höpfer B, Deckers K, Fischer E, Fuchs M, Kandeler E, Lehndorff E, Lomax H, Marhan S, Marinova E, Lechterbeck J, Meister J, Poll C, Rahimova H, Rösch M, Wroth K, Zastrow J, Knopf T, Scholten T, Kühn P (2021) Middle Bronze Age land use practices in the north-western Alpine foreland – A multi-proxy study of colluvial deposits, archaeological features and peat bogs. EGU General Assembly 2021, online, 19–30 Apr 2021, EGU21-15578

Schütrumpf R (1968) Die neolithischen Siedlungen von Ehrenstein bei Ulm, Aichbühl und Riedschachen im Federseemoor im Lichte moderner Pollenanalyse. In: Zürn H (ed) Das jungsteinzeitliche Dorf Ehrenstein. Teil II: Naturwissenschaftliche Beiträge. Veröffentlichungen des Staatlichen Amts für Denkmalpflege Stuttgart Reihe A 10/II. Silberburg, Stuttgart, 79–104

Stark P (1923) Zur Entwicklungsgeschichte der badischen Bodenseemoore. Berichte der Deutschen Botanischen Gesellschaft 41: 361–373

Stark P (1925) Die Moore des badischen Bodenseegebietes. I: Die nähere Umgebung von Konstanz. Berichte der Naturforschenden Gesellschaft zu Freiburg im Breisgau 24: 1–123

Stark P (1927) Die Moore des badischen Bodenseegebietes. II: Das Areal um Hegne, Dettingen, Kaltbrunn, Mindelsee, Radolfzell und Espasingen. Berichte der Naturforschenden Gesellschaft zu Freiburg im Breisgau 28: 1–238

Staudacher W (1933) Ein Beitrag zur Vorgeschichte und vorgeschichtlichen Besiedlung des Federseemoors. Jahreshefte des Vereins für vaterländische Naturkunde in Württemberg 89(4): 55–89

Styring A, Maier U, Stephan E, Schlichtherle H, Bogaard A (2016) Cultivation of choice: New insights into farming practices at Neolithic lakeshore sites. Antiquity 90(349): 95–110

Tserendorj G, Marinova E, Lechterbeck J, Behling H, Wick L, Fischer1 E, Sillmann M, Märkle T, Rösch M (2021) Intensification of agriculture in southwestern Germany between Bronze Age and Medieval period, based on archaeobotanical data from Baden-Württemberg. In: Fiorentino G, Caracuta V, Primavera M, Bittmann F (eds) Proceedings of the 18th IWGP conference Lecce 2019. Vegetation History and Archaeobotany 30: 35–46

Wick (2015) Palynologische onsite-Untersuchungen an Kurzprofilen vom Siedlungsplatz Degersee 1. In: Mainberger M, Merkt J, Kleinmann A, Pfahlbausiedlungen am Degersee. Archäologische und naturwissenschaftliche Untersuchungen. Berichte zu Ufer- und Moorsiedlungen Südwestdeutschlands 6. Materialhefte zur Archäologie in Baden-Württemberg 102: 331–344

Wick L, Rösch M (2006) Von der Natur- zur Kulturlandschaft – Ein Forschungsprojekt zur jungsteinzeitlichen und bronzezeitlichen Landnutzung am Bodensee. Denkmalpflege in Baden-Württemberg 35(4): 225–233

Zimmermann W (1961) Der Federsee. Die Natur- und Landschaftsschutzgebiete Baden-Württembergs 2. Verlag des Schwäbischen Albvereins, Stuttgart

Schwäbisch-Bayerische Alt- und Jungmoränenlandschaft (Kapitel 11)

Beug HJ (1976) Die spät- und frühpostglaziale Vegetationsgeschichte im Gebiet des ehemaligen Rosenheimer Sees (Oberbayern). Botanische Jahrbücher für Systematik 95: 373–400

Bludau W, Feldmann L (1994) Geologische, geomorphologische und pollenanalytische Untersuchungen zum Toteisproblem im Bereich der Osterseen südlich von Seeshaupt (Starnberger See). Eiszeitalter und Gegenwart 44: 114–128

Bull A (2003) Untersuchungen zur spätglazialen Klima- und Vegetationsdynamik im Allgäu. Magisterarbeit, Universität Freiburg

Bürger O (1995) Prähistorische Landschaftskunde am Fallbeispiel Pestenacker. Pollenanalytische Untersuchungen zur Vegetations- und Siedlungsgeschichte im Altmoränengebiet zwischen Lech und Isar (Bayerisches Alpenvorland). Korneli, München

Firbas F (1935) Die Vegetationsentwicklung des mitteleuropäischen Spätglazials. Bibliotheca Botanica 112. Schweizerbart, Stuttgart

Firbas F (1952) Das Gebiet des ehemaligen Iller- und Lechgletschers. In: Spät- und nacheiszeitliche Waldgeschichte Mitteleuropas nördlich der Alpen. Zweiter Band: Waldgeschichte der einzelnen Landschaften. Gustav Fischer, Jena, 19–20

Firbas F (1952) Das Gebiet des ehemaligen Isargletschers. In: Spät- und nacheiszeitliche Waldgeschichte Mitteleuropas nördlich der Alpen. Zweiter Band: Waldgeschichte der einzelnen Landschaften. Gustav Fischer, Jena, 20–23

Firbas F (1952) Das Gebiet des ehemaligen Inn-Chiemsee- und Salzachgletschers. In: Spät- und nacheiszeitliche Waldgeschichte Mitteleuropas nördlich der Alpen. Zweiter Band: Waldgeschichte der einzelnen Landschaften. Gustav Fischer, Jena, 23–26

Frenzel B (1978) Das Problem der Riss/Würm-Warmzeit im deutschen Alpenvorland. In: Frenzel B (ed) Quaternary Glaciations in the Northern Hemisphere. Führer zur Exkursionstagung des IGCP-Projektes 73/1/24. Deutsche Forschungsgemeinschaft, Bonn, 103–114

Friedmann A, Stojakowits P (2017) Zur spät- und postglazialen Vegetationsgeschichte des Allgäu mit Alpenanteil. In: Lechterbeck J, Fischer E (eds) Kontrapunkte. Festschrift Manfred Rösch. Universitätsforschungen zur prähistorischen Archäologie 300. Rudolf Habelt, Bonn, 51–63

German R, Filzer P (1964) Beiträge zur Kenntnis spät- und postglazialer Akkumulation im nördlichen Alpenvorland. Eiszeitalter und Gegenwart 15: 108–122

Görres M, Bludau W (1992) Der Zusammenhang zwischen pollen- und ^{14}C-analytisch ermittelten Siedlungsphasen und erhöhten Mineralstoffgehalten in Profilen des Weidfilzes (Starnberger See). Telma 22: 123–144

Gross H (1956) Moorgeologische Untersuchung zweier Filze des oberbayerischen Jungmoränengebiets im Umland des Starnberger Sees. Berichte der Bayerischen Botanischen Gesellschaft 31: 12–24

Hilbig O (1991) Pollenanalytische Untersuchungen am Buchendorfer Weiher, Landkreis Starnberg (Oberbayern). In: Schmidt H (ed) 6000 Jahre Ackerbau und Siedlungsgeschichte im oberen Würmtal bei München. Buchendorfer, München, 15–27

Hohenstatter E (1966) Pollenanalytische und stratigraphische Untersuchung eines Profils aus dem Eschenloher Moor, unter Einbeziehung der tierischen Fossilien. Berichte der Bayerischen Botanischen Gesellschaft 39: 57–61

Jerz H, Kleinmann A (1995) Ein spätglazialer Schwemmfächer bei Weilheim-Wielenbach. Geologica Bavarica 99: 245–251

Jerz H, Schmeidl H (1977) Das Toteisloch von Wolkersdorf. In: Ganss O (ed) Erläuterungen zur Geologischen Karte von Bayern 1:25 000, Blatt Nr. 8140/8141 Prien a. Chiemsee/Traunstein. Bayerisches Geologisches Landesamt, München, 190–193

Kauczor K (1993) Untersuchungen zu Vegetationsgeschichte und Vegetationsgeographie am Weißensee bei Füssen. Diplomarbeit, Ludwig-Maximilians-Universität München

Kleinmann A (1995) Seespiegelschwankungen am Ammersee. Ein Beitrag zur spät- und postglazialen Klimageschichte Bayerns. Geologica Bavarica 99: 253–367

Knipping M (2009) Die Roseninsel im Starnberger See und ihre pollenanalytischen Befunde. Documenta naturae 174: 21–27

Kossack G, Schmeidl H (1974/75) Vorneolithischer Getreidebau im bayerischen Alpenvorland. Jahresbericht der Bayerischen Bodendenkmalpflege 15/16: 7–23

Küster H (1986) Werden und Wandel der Kulturlandschaft im Alpenvorland. Pollenanalytische Aussagen zur Siedlungsgeschichte am Auerberg in Südbayern. Germania 64(2): 533–559

Küster H (1988) Vom Werden einer Kulturlandschaft. Vegetationsgeschichtliche Studien am Auerberg (Südbayern). Quellen und Forschungen zur prähistorischen und provinzialrömischen Archäologie 3. VCH Acta Humaniora, Weinheim

Küster H (1990) Vegetationsgeschichtliche Untersuchungen am Waginger See. In: Soika C (ed) Heimatbuch des Landkreis Traunstein, V. Der nördliche Rupertiwinkel. Erdl, Trostberg, 21–28

Küster H (1995) Postglaziale Vegetationsgeschichte Südbayerns: Geobotanische Studien zur prähistorischen Landschaftskunde. Akademie Verlag, Berlin

Langer H (1961) Zur postglazialen Waldentwicklung im Tertiären Hügelland und die heutigen Forstgesellschaften. Bericht der Naturforschenden Gesellschaft Augsburg 12: 11–34

Langer H (1962) Beiträge zur Kenntnis der Waldgeschichte und Waldgesellschaften Süddeutschlands. Bericht der Naturforschenden Gesellschaft Augsburg 14(73): 1–120

Lüninghöner M (1994) Vegetationsgeschichtliche Untersuchungen an Sedimenten des Tegernsees. Diplomarbeit, Universität Göttingen

Olli-Vesalainen M, Wissert R, Frenzel B (1983) Über das Alter des spätglazialen Wolfratshauser Sees südlich von München. In: Jerz H (ed) Führer zu den Exkursionen der Subkommission für Europäische Quartärstratigraphie im Nördlichen Alpenvorland und Nordalpengebiet (Bayern, Tirol, Salzburger Land, Oberösterreich). INQUA-SEQS, München, 111–115

Paul H, Ruoff S (1927) Pollenstatistische und stratigraphische Mooruntersuchungen im südlichen Bayern. I. Teil. Moore im außeralpinen Gebiet der diluvialen Salzach-, Chiemsee- und Inn-Gletscher. Berichte der Bayerischen Botanischen Gesellschaft 19: 1–84

Paul H, Ruoff S (1932) Pollenstatistische und stratigraphische Mooruntersuchungen im südlichen Bayern. II. Teil. Moore in den Gebieten der Isar-, Allgäu- und Rheinvorlandgletscher. Berichte der Bayerischen Botanischen Gesellschaft 20: 1–264

Peters M (2005) Paläobotanische Forschungen am Institut für Vor- und Frühgeschichtliche Archäologie und Provinzialrömische Archäologie der LMU während der letzten 10 Jahre. In: Päffgen B (ed) Cum grano salis: Beiträge zur Europäischen Vor- und Frühgeschichte. Festschrift für Volker Bierbrauer zum 65. Geburtstag. Likias, Friedberg, 41–52

Peters M (2008) Vegetationsgeschichtliche Untersuchungen. In: Mühlemeier S, Peters M (eds) Ein Fenster in die Römerzeit. Die Villa rustica von Leutstetten. Starnberger Stadtgeschichte Band 2. Kulturverlag, Starnberg, 80–113

Peters M (2009) Von den Kelten zu den Römern. Eine vergleichende Landschaftsgeschichte zwischen Alpen und Donau. In: Bagley J, Eggl C, Neumann D, Schefzik M (eds) Alpen, Kult und Eisenzeit. Festschrift für Amei Lang zum 65. Geburtstag. Marie Leidorf, Rahden/Westfalen, 539–563

Peters M (2015) Pollenanalytische Untersuchungen im Haspelmoor. In: Mundorff A, von Seckendorff E (eds) Am Wasser. Steinzeitmenschen am Haspelsee. Museum Fürstenfeldbruck, 35–47

Peters M (2017) Pollenanalytische Untersuchungen im Umfeld der frührömischen Holz-Kies-Strasse. In: Zanier W (ed) Die frührömische Holz-Kies-Straße im Eschenloher Moos. Münchner Beiträge zur Vor- und Frühgeschichte 64. Beck, München, 125–134

Peters M, Fesq-Martin M (2006) Graspollen als Indikator für die Entwicklung von Kulturlandschaft. Rundgespräche der Kommission für Ökologie 31: 79–92

Peters M, Stojakowits P, Friedmann A (2024) Zur spätglazialen Vegetationsgeschichte des nordwestdeutschen Tieflands und des bayerischen Alpenvorlandes – ein Vergleich. Berichte der Reinhold-Tüxen-Gesellschaft 32: 67–84

Rausch KA (1975) Untersuchungen zur spät- und nacheiszeitlichen Vegetationsgeschichte im Gebiet des ehemaligen Inn-Chiemseegletschers. Flora 164: 235–282

Rösch M (1979) Nacheiszeitliche Geschichte und ökologische Bedingungen des Eibenwaldes bei Paterzell/Oberbayern. Diplomarbeit, Universität Hohenheim

Rösch M (2018) Contributions to the European pollen database: 48. Mires near the yew forest of Paterzell (Upper Bavaria, Germany). Grana 60: 155–157

Rösch M, Friedmann A, Rieckhoff S, Stojakowits P, Sudhaus D (2021) A Late Würmian and Holocene pollen profile from Tüttensee, Upper Bavaria, as evidence of 15 Millenia of landscape history in the Chiemsee glacier region. Acta Palaeobotanica 61: 136–147

Rösch M, Friedmann A, Stojakowits P (2024) Contributions to the European pollen database: 70. Bad Tölz, Egelsee (Bavaria, Germany). Grana 63: 67–70

Schmeidl H (1970) Die spätglaziale Vegetationsentwicklung im westlichen Salzachgletschergebiet. Mitteilungen der Ostalpin-Dinarischen pflanzensoziologischen Arbeitsgemeinschaft 10: 70–75

Schmeidl H (1971) Ein Beitrag zur spätglazialen Vegetations- und Waldentwicklung im westlichen Salzachgletschergebiet. Eiszeitalter und Gegenwart 22: 110–126

Schmeidl H (1972) Vegetationskundliche Untersuchungen im Chiemseegebiet. Berichte der Deutschen Botanischen Gesellschaft 85: 153–156

Schmeidl H (1977) Pollenanalytische Untersuchungen im Gebiet des ehemaligen Chiemseegletschers. In: Ganss O (ed) Erläuterungen zur Geologischen Karte von Bayern 1:25 000, Blatt Nr. 8140/8141 Prien a. Chiemsee/Traunstein. Bayerisches Geologisches Landesamt, München, 239–244

Schmeidl H, Kossack G (1971) Archäologische und paläobotanische Untersuchungen an der „Römerstraße" in den Rottauer Filzen, Landkreis Traunstein. Jahresbericht der Bayerischen Bodendenkmalpflege 8/9: 9–36

Schneider T (2006) Schwemmkegel-, Talsohlen- und Moorentwicklung am Alpennordrand im Spät- und Postglazial. Geographica Augustana 1, Reihe A. Institut für Geographie, Universität Augsburg

Sokol C (2003) Palynologische Untersuchungen im Langen Filz (Murnauer Moos): Ein Beitrag zur Vegetations- und Besiedlungsgeschichte im randalpinen Bereich des Werdenfelser Landes. Diplomarbeit, Ludwig-Maximilians-Universität München

Stojakowits P (2008) Pollenanalytische Untersuchungen zur Vegetations- und Kulturlandschaftsgeschichte im Spitalmoos (Ostallgäu). Diplomarbeit, Universität Augsburg

Stojakowits P (2014) Pollenanalytische Untersuchungen zur Rekonstruktion der Vegetationsgeschichte im südlichen Iller-Wertach-Jungmoränengebiet seit dem Spätglazial. Dissertation, Universität Augsburg

Stojakowits P, Friedmann A (2013) Pollenanalytische Rekonstruktion der Vegetations- und Landnutzungsgeschichte des südlichen Ostallgäus (Bayern). Telma 43: 55–82

Stojakowits P, Friedmann A (2016) Der Untere Inselsee (Landkreis Oberallgäu, Bayern, Deutschland) als Archiv der Vegetationsgeschichte der letzten 15000 Jahre. Naturkundliche Beiträge aus dem Allgäu 51: 3–18

Stojakowits P, Friedmann A, Bull A (2014) Die spätglaziale Vegetationsgeschichte im oberen Illergebiet (Allgäu/Bayern). E & G Quaternary Science Journal 63(2): 130–142

Sudhaus D, Friedmann A, Peters M (2008) Pollenanalytische Untersuchungen zur mesolithischen Freilandstation bei Hopferau. Bericht der Bayerischen Bodendenkmalpflege 49: 49–55

Voigt R (1989) Vegetationsgeschichtliche Untersuchungen in der Reischenau und am Haspelmoor (Bayern). Diplomarbeit, Universität Göttingen

Voigt R (1996) Paläolimnologische und vegetationsgeschichtliche Untersuchungen an Sedimenten aus Fuschlsee und Chiemsee (Salzburg und Bayern). Dissertationes Botanicae 270. Cramer, Berlin, Stuttgart

Wagner E (1991) Pollenanalytische Untersuchungen im Leutstettener Moos. Ein Vorbericht. In: Schmidt H (ed) 6000 Jahre Ackerbau und Siedlungsgeschichte im oberen Würmtal bei München. Buchendorfer, München, 15–27

Iller-Lech-Platte, Tertiärhügelland und Isar-Inn-Schotterplatten (Kapitel 12)

Bakels C (1978) Four linearbandkeramik settlements and their environment: A paleoecological study of Sittard, Stein, Elsloo and Hienheim. Analecta Praehistorica Leidensia 11: 1–244

Becker B (1982) Dendrochronologie und Paläoökologie subfossiler Baumstämme aus Flussablagerungen. Ein Beitrag zur nacheiszeitlichen Auenentwicklung im südlichen Mitteleuropa. Mitteilungen der Kommission für Quartärforschung 5: 1–120

Brunnacker K (1959) Zur Kenntnis des Spät- und Postglazials in Bayern. Geologica Bavarica 43: 74–150

Czysz W, Schmid W (2013) Die Römerstraße im Unterzeller Bachtal bei Dasing im Landkreis Aichach-Friedberg – Eine Studie zur Landschaftsgeschichte im Alpenvorland. Bericht der Bayerischen Bodendenkmalpflege 54: 9–43

Feldmann L, Geissert F, Schirmer U, Schirmer W (1991) Die jüngste Niederterrasse der Isar nördlich von München. Neues Jahrbuch für Geologie und Paläontologie – Monatshefte 1991(3): 127–144

Firbas F (1952) Das Gebiet des ehemaligen Iller- und Lechgletschers. In: Spät- und nacheiszeitliche Waldgeschichte Mitteleuropas nördlich der Alpen. Zweiter Band: Waldgeschichte der einzelnen Landschaften. Gustav Fischer, Jena, 19–20

Firbas F (1952) Das Gebiet des ehemaligen Isargletschers. In: Spät- und nacheiszeitliche Waldgeschichte Mitteleuropas nördlich der Alpen. Zweiter Band: Waldgeschichte der einzelnen Landschaften. Gustav Fischer, Jena, 20–23

Firbas F (1952) Das Gebiet des ehemaligen Inn-Chiemsee- und Salzachgletschers. In: Spät- und nacheiszeitliche Waldgeschichte Mitteleuropas nördlich der Alpen. Zweiter Band: Waldgeschichte der einzelnen Landschaften. Gustav Fischer, Jena, 23–26

German R, Filzer P (1964) Beiträge zur Kenntnis spät- und postglazialer Akkumulation im nördlichen Alpenvorland. Eiszeitalter und Gegenwart 15: 108–122

Göttlich K (1955) Pollenanalytische Untersuchungen zur Entwicklungs- und Vegetationsgeschichte des Langenauer Donaumoores bei Ulm. Jahreshefte des Vereins für vaterländische Naturkunde in Württemberg 110: 171–198

Grametzki I (1975) Zur spät- und postglazialen Vegetationsgeschichte des bayerischen Molassehügellandes südlich der Donau. Zulassungsarbeit, Universität Hohenheim

Graul H, Groschopf P (1952) Geologische und morphologische Betrachtungen zum Iller-Schwemmkegel bei Ulm. Bericht der Naturforschenden Gesellschaft Augsburg 5: 3–27

Jerz H, Peters M (2002) Flussdynamik der Donau bei Ingolstadt in vorgeschichtlicher, geschichtlicher und heutiger Zeit, mit Ergebnissen zur Landschafts- und Vegetationsentwicklung. Rundgespräche der Kommission für Ökologie 24: 95–108

Kiendl A (2009) Pollenanalytische Untersuchungen zur Vegetationsgeschichte des Brementalmoors. Diplomarbeit, Universität Augsburg

Knipping M (2005) Pollenanalytische Untersuchungen an einem Paläomäander der Donau bei Sarching (Landkreis Regensburg). Hoppea – Denkschriften der Regensburgischen Botanischen Gesellschaft 66: 495–502

Kortfunke C (1992) Über die spät- und postglaziale Vegetationsgeschichte des Donaumooses und seiner Umgebung. Dissertationes Botanicae 184. Cramer, Berlin, Stuttgart

Küster H (1992) Vegetationsgeschichtliche Untersuchungen. In: Maier F, Geilenbrügge U, Hahn E, Köhler HJ, Sievers S (eds) Ergebnisse der Ausgrabungen 1984–1987 in Manching. Steiner, Stuttgart, 435–476

Langer H (1958) Zur Waldgeschichte von Bayerisch-Schwaben. Bericht der Naturforschenden Gesellschaft Augsburg 9: 1–38

Langer H (1958) Die Vegetationsverhältnisse des Benninger Riedes und ihre Verknüpfung mit der Vegetationsgeschichte des Memminger Tales. Botanische Jahrbücher 77(4): 355–422

Langer H (1959) Der Wandel im Waldbild der Stauden- und Zusamplatte. Bericht der Naturforschenden Gesellschaft Augsburg 11: 8–58

Langer H (1961) Zur postglacialen Waldentwicklung im Tertiären Hügelland und die heutigen Forstgesellschaften. Bericht der Naturforschenden Gesellschaft Augsburg 12: 11–34

Langer H (1962) Beiträge zur Kenntnis der Waldgeschichte und Waldgesellschaften Süddeutschlands. Bericht der Naturforschenden Gesellschaft Augsburg 14(73): 1–120

Milovanovic A, Friedmann A, Stojakowits P (2020) Ein Beitrag zur holozänen Vegetationsgeschichte des niederbayerischen Tertiärhügellandes. Hoppea, Denkschriften der Regensburger Botanischen Gesellschaft 81: 145–158

Paul H, Ruoff S (1932) Pollenstatistische und stratigraphische Mooruntersuchungen im südlichen Bayern. II. Teil. Moore in den Gebieten der Isar-, Allgäu- und Rheinvorlandgletscher. Berichte der Bayerischen Botanischen Gesellschaft 20: 1–264

Peters M (2002) Entwicklung und Veränderung der Flußlandschaft im Bereich Ingolstadt/Manching seit der letzten Eiszeit. In: Dobiat C, Sievers S, Stöllner T (eds) Dürrnberg und Manching. Wirtschaftsarchäologie im ostkeltischen Raum. Akten des internationalen Kolloquiums in Hallein/Bad Dürrnberg vom 7. bis 11. Oktober 1998. Kolloquien zur Vor- und Frühgeschichte 7. Rudolf Habelt, Bonn, 207–218

Peters M (2002) Paläoökosystemforschung im Einzugsgebiet des Freisinger Dombergs. Archäologie im Landkreis Freising 8: 129–136

Peters M (2009) Von den Kelten zu den Römern. Eine vergleichende Landschaftsgeschichte zwischen Alpen und Donau. In: Bagley J,

Eggl C, Neumann D, Schefzik M (eds) Alpen, Kult und Eisenzeit. Festschrift für Amei Lang zum 65. Geburtstag. Marie Leidorf, Rahden/Westfalen, 539–563

Peters M (2011) Pollenanalytische Untersuchungen zur Vegetationsgeschichte in Bayern zwischen Donau und den Alpen seit der Jüngeren Dryas-Zeit. Berichte der Reinhold-Tüxen-Gesellschaft e. V. 23: 119–137

Peters M, Peters A (2011) Analyse eines Pollenprofils aus dem Schuttertal in Ingolstadt-Pettenhofen – Zur Rekonstruktion der vorgeschichtlichen Umwelt. Bericht der Bayerischen Bodendenkmalpflege 52: 19–46

Peters M, Wunsch S (2014) Der Beginn des Neolithikums an der oberbayerischen Donau und angrenzenden Gebieten im Spiegel der Pollenanalyse. In: Husty L, Irlinger W, Pechtl J (eds) „…und es hat doch was gebracht!" Festschrift für Karl Schmotz zum 65. Geburtstag. Marie Leidorf, Rahden/Westfalen, 37–48

Petrosino N (2006) Zur Vegetations- und Agrargeschichte im Kelheimer Raum. Hoppea – Denkschriften der Regensburgischen Botanischen Gesellschaft 67: 5–215

Raab A, Leopold M, Völkel J (2005) Vegetation and land-use history in the surroundings of the Kirchenmoos (Central Bavaria, Germany) since the late Neolithic Period to the early Middle Ages. Zeitschrift für Geomorphologie NF Supplement 139: 35–61

Schmeidl H (1959) Pollenanalytische Untersuchungen. In: Brunnacker K (ed) Erläuterungen zur Geologischen Karte von Bayern 1:25 000, Blatt Nr. 7636 Freising Süd. Bayerisches Geologisches Landesamt, München, 61–66

Schmeidl H (1962) Pollenanalytische Untersuchungen. In: Brunnacker K (ed) Erläuterungen zur Geologischen Karte von Bayern 1:25 000, Blatt Nr. 7536 Freising Nord. Bayerisches Geologisches Landesamt, München, 58–69

Seybold O (2012) Die postglaziale Vegetationsgeschichte des Tafertshofer Riedes (Unterallgäu, Bayern). Diplomarbeit, Universität Augsburg

Stojakowits P, Friedmann A (2015) Vegetationsgeschichtliche Untersuchungen aus dem Lechtal bei Augsburg. Berichte des Naturwissenschaftlichen Vereins für Schwaben 119: 23–36

Stojakowits P, Friedmann A (2016) Zum Ablauf der Vegetationsgeschichte im Paartal bei Dasing unter Berücksichtigung der menschlichen Einflussnahme seit der Römerzeit. Bericht der Bayerischen Bodendenkmalpflege 57: 183–193

Stojakowits P, Friedmann A (2017) Paläobotanische Befunde aus dem Schmuttertal bei Neusäß. Berichte des Naturwissenschaftlichen Vereins für Schwaben 121: 15–28

Stojakowits P, Friedmann A (2018) Ein Beitrag zur frühholozänen Vegetationsgeschichte im unteren Isartal und angrenzenden Tertiärhügelland. Hoppea – Denkschriften der Regensburgischen Botanischen Gesellschaft 79: 143–154

Stojakowits P, Friedmann A (2023) Zur spätglazialen und altholozänen Vegetationsgeschichte im Raum Augsburg. Berichte des Naturwissenschaftlichen Vereins für Schwaben 127: 2–14

Stojakowits P, Peters M, Friedmann A (2023) Zur spät- und postglazialen Vegetationsgeschichte nordöstlich von München. Bericht der bayerischen Bodendenkmalpflege 64: 7–18

Voigt R (1989) Vegetationsgeschichtliche Untersuchungen in der Reischenau und am Haspelmoor (Bayern). Diplomarbeit, Universität Göttingen

Pfälzisches Berg- und Hügelland (Kapitel 22)

Dubois G, Dubois C, Hée A, Walter E (1938) La végétation et l'historie de la Tourbière d'Erlenmoos en Vasgovie. Bulletin de la Société d'Histoire Naturelle de la Moselle 35: 41–54

Firbas F (1934) Zur spät- und nacheiszeitlichen Vegetationsgeschichte der Rheinlandpfalz. Beihefte zum Botanischen Centralblatt 52/B(1): 119–156

Firbas F (1935) Die Vegetationsentwicklung des mitteleuropäischen Spätglazials. Bibliotheca Botanica 112. Schweizerbart, Stuttgart

Firbas F (1952) Die Vogesen. In: Spät- und nacheiszeitliche Waldgeschichte Mitteleuropas nördlich der Alpen. Zweiter Band: Waldgeschichte der einzelnen Landschaften. Gustav Fischer, Jena, 28–32

Firbas F (1952) Das Pfälzische Berg- und Hügelland. In: Spät- und nacheiszeitliche Waldgeschichte Mitteleuropas nördlich der Alpen. Zweiter Band: Waldgeschichte der einzelnen Landschaften. Gustav Fischer, Jena, 32–34

Firtion F, Fischer F (1955) La dépression de Losheim: aperçu morphologique et palynologie d'un dépôt tourbeux. Annales Universitatis Saraviensis, Naturwissenschaften-Scientia 4: 80–87

Firtion F, Kolling A, Schröder K (1959) Die Talaueablagerungen der Theel bei Lebach und ihre Bedeutung zur jüngeren Waldgeschichte und zur Archäologie des Saarlandes. Annales Universitatis Saraviensis, Naturwissenschaften-Scientia 8: 161–212

Firtion F, Schröder K (1961) Der Fund von Bos primigenius Boj bei Saarbrücken-Burbach und seine geologische Bedeutung. Beiträge zur saarländischen Archäologie und Kunstgeschichte. 8. Bericht der Staatlichen Denkmalpflege im Saarland: 23–25

Gouriveau E (2020) Résilience des écosystèmes: approche multiproxy de l'impact environnemental des activités humaines passées et récentes dans les Vosges du Nord (mines, verreries, activités militaires et agro-pastorales). Thèse de doctorat de l'Université Bourgogne Franche-Comté

Gouriveau E, Ruffaldi P, Duchamp L, Robin V, Schnitzler A, Walter-Simonnet AV (2020) Holocene vegetation history in the Northern Vosges Mountains (NE France): Palynological, geochemical and sedimentological data. The Holocene 30(6): 888–904

Gouriveau E, Ruffaldi P, Duchamp L, Robin V, Schnitzler A, Figus C, Walter-Simonnet AV (2021) From the Neolithic to the present day: The impact of human presence on floristic diversity in the sandstone Northern Vosges (France). Bulletin de la Société Géologique de France 192(1): 4

Hatt JP (1937) Contribution à l'analyse pollinique des tourbières du Nord-Est de la France. Bulletin du Service de la Carte Géologique d'Alsace et de Lorraine 4: 1–79

Hauff R (1965) Pollenanalytische Untersuchungen im Saar-Hügelland. Mitteilungen des Vereins für Forstliche Standortskunde und Forstpflanzenzüchtung 15: 24–27

Hildebrandt H, Heuser-Hildebrandt B, Wolters S (2007) Kulturlandschaftsgenetische und bestandsgeschichtliche Untersuchungen anhand von Kohlholzspektren aus historischen Meilerplätzen, Pollendiagrammen und archivalischen Quellen im Naturpark Pfälzerwald, Forstamt Johanniskreuz. Mainzer Geographische Studien, Sonderband 3. Geographisches Institut der Johannes-Gutenberg-Universität, Mainz

Jaeschke J (1938) Zur nacheiszeitlichen Waldgeschichte der Rhein- und Saarpfalz. Beihefte zum Botanischen Centralblatt 58/B(2): 235–242

Leschik G (1961) Die postglaziale Waldentwicklung im mittleren Saartal. Veröffentlichungen des Instituts für Landeskunde des Saarlandes 4: 1–39

Precht J (1953) Pollenanalytische Untersuchung zur Kiefernfrage im Pfälzerwald. Mitteilungen der Pollichia III. Reihe 1: 150–159

Schloß S (2017) Zur spätholozänen Vegetationsgeschichte und Landnahme im Pfälzerwald – Ein Pollenprofil aus dem Queich-Tal bei Wilgartswiesen. In: Lechterbeck J, Fischer E (eds) Kontrapunkte. Festschrift für Manfred Rösch. Universitätsforschungen zur prähistorischen Archäologie 300. Rudolf Habelt, Bonn, 65–71

Sittler C, Sittler-Becker J (1954) Etude palynologique de tourbières de Sarre et de la région de Forbach (Moselle). VIII. Congrès international de Botanique, Paris, Section 6: 248–249

Stolz C (2011) Budgeting soil erosion from floodplain and alluvial fan sediments in the western Palatinate Forest (Pfälzerwald, Germany). Zeitschrift für Geomorphologie 55(4): 437–461

Wagner A (1965) Zur Regionalgliederung im Saarland. Mitteilungen des Vereins für Forstliche Standortskunde und Forstpflanzenzüchtung 15: 3–23

Wolters S (2007) Zur spätholozänen Vegetationsgeschichte des Pfälzerwaldes: Neue pollenanalytische Untersuchungen im Pfälzischen Berg- und Hügelland. E&G Quaternary Science Journal 56(3): 139–161

Zandstra KJ (1954) Die jungquartäre morphologische Entwicklung des Saartales. Erdkunde 8: 276–285

Schwarzwald (Kapitel 23)

Bauer M, Knipping M (1993) ^{14}C-Daten und paläobotanische Befunde von Kalktuffvorkommen: Rückschlüsse auf das Mindestalter der Wutachschlucht. In: Einsele G, Ricken W (eds) Eintiefungsgeschichte und Stoffaustrag im Wutachgebiet (SW-Deutschland). Tübinger Geowissenschaftliche Arbeiten 15(C): 74–84

Bertsch K (1930) Beitrag zur Waldgeschichte Württembergs. Veröffentlichungen der Staatlichen Stelle für Naturschutz beim Württembergischen Landesamt für Denkmalpflege 7: 137–155

Broche W (1929) Pollenanalytische Untersuchungen an Mooren des südlichen Schwarzwaldes und der Baar. Berichte der naturforschenden Gesellschaft Freiburg im Breisgau 29(1/2): 1–243

Dierssen B, Dierssen K (1984) Vegetation und Flora der Schwarzwaldmoore. Beihefte zu den Veröffentlichungen für Naturschutz und Landschaftspflege in Baden-Württemberg 39: 1–512

Dieterich H (1967) Ein neues Pollenprofil aus dem Forstbezirk Bonndorf. Mitteilungen des Vereins für Forstliche Standortskunde und Forstpflanzenzüchtung 17: 40–41

Dietz U (2001) Zur jüngeren Vegetationsgeschichte im Hotzenwald (Südschwarzwald): Drei Pollenprofile aus dem Lindauer Moos bei Ibach und Untersuchungen zum rezenten Pollenniederschlag. Mitteilungen des Vereins für Forstliche Standortskunde und Forstpflanzenzüchtung 41: 29–43

Dietz U (2003) Pollenanalytische Untersuchungen im Hotzenwald – ältere und neue Erkenntnisse zur Vegetationsgeschichte. In: Körner H (ed) Der Hotzenwald. Beiträge zur Natur und Kultur einer Landschaft im Südschwarzwald. Lavori, Freiburg, 75–94

Fezer F (1957) Eiszeitliche Erscheinungen im nördlichen Schwarzwald. Forschungen zur deutschen Landeskunde 87: 1–86

Finckh E (1928) Pollenanalytische Untersuchungen an Hochmooren des nördlichen Schwarzwaldes. Jahreshefte des Vereins für vaterländische Naturkunde in Württemberg 84: 44–46

Firbas F (1952) Der Schwarzwald. In: Spät- und nacheiszeitliche Waldgeschichte Mitteleuropas nördlich der Alpen. Zweiter Band: Waldgeschichte der einzelnen Landschaften. Gustav Fischer, Jena, 34–43

Frenzel B (1982) Über eine vormittelalterliche Besiedlung in einigen Teilen des nördlichen Schwarzwaldes. In: Winkler H (ed) Geschichte und Naturwissenschaften in Hohenheim. Festschrift für Günther Franz zum 80. Geburtstag. Thorbecke, Sigmaringen, 239–263

Friedmann A (2000) Die spät- und postglaziale Landschafts- und Vegetationsgeschichte des südlichen Oberrheintieflands und Schwarzwalds. Freiburger Geographische Hefte 62: 1–222

Gams H (1948) Floren- und Vegetationsgeschichte des südlichen Schwarzwalds. In: Müller K (ed) Der Feldberg im Schwarzwald. Naturwissenschaftliche, landwirtschaftliche, forstwirtschaftliche, geschichtliche und siedlungsgeschichtliche Studien. Bielefelds, Freiburg i. Br., 387–402

Gassmann G, Wieland G, Rösch M (2006) Das Neuenbürger Erzrevier im Nordschwarzwald als Wirtschaftsraum während der Späthallstatt- und Frühlatènezeit. Germania 84(2): 273–306

Göttlich K (1968) Die Entwicklungsgeschichte des Schwenninger Moores und einiger wichtiger Moore der Baar. In: Benzing AG, Müller T (eds) Das Schwenninger Moos. Die Natur- und Landschaftsschutzgebiete Baden-Württembergs 5. Landesstelle für Naturschutz und Landschaftspflege Baden-Württemberg, Ludwigsburg, 99–134

Gradmann R (1931) Süddeutschland. Engelhorn, Stuttgart

Halbfass W (1898) Zur Kenntnis der Seen des Schwarzwalds. Petermanns Geographische Mitteilungen 44: 241–251

Hauff R (1957) Pollenanalytische Untersuchungen aus dem Forstamt Schönmünzach. Mitteilungen des Vereins für Forstliche Standortskunde und Forstpflanzenzüchtung 6: 56–58

Hauff R (1958) Die Bedeutung der Pollenanalyse für die forstliche Standortskartierung. Allgemeine Forst- und Jagdzeitung 13: 45–747

Hauff R (1960) Drei neue Pollenprofile aus Nord- und Südwürttemberg. Mitteilungen des Vereins für Forstliche Standortskunde und Forstpflanzenzüchtung 9: 16–25

Hauff R (1961) Nachwärmezeitliche Pollenprofile aus baden-württembergischen Forstbezirken II. Mitteilungen des Vereins für Forstliche Standortskunde und Forstpflanzenzüchtung 11: 66–78

Hauff R (1967) Nachwärmezeitliche Pollenprofile aus baden-württembergischen Forstbezirken III. Mitteilungen des Vereins für Forstliche Standortskunde und Forstpflanzenzüchtung 17: 23–39

Hauff R (1973) Ergebnisse der pollenanalytischen Untersuchung des Schüttmaterials vom Magdalenenberg. In: Spindler K (ed) Magdalenenberg III. Der hallstattzeitliche Fürstengrabhügel bei Villingen im Schwarzwald 3. Neckar-Verlag, Villingen, 61–67

Hauff R (1978) Nachwärmezeitliche Pollenprofile aus baden-württembergischen Forstbezirken V. Mitteilungen des Vereins für Forstliche Standortskunde und Forstpflanzenzüchtung 26: 53–67

Hauff R (1981) Ein Pollenprofil vom Westrand des Südschwarzwalds. Mitteilungen des Vereins für Forstliche Standortskunde und Forstpflanzenzüchtung 29: 30–32

Hausburg H (1968) Die Ausbreitung der Fichte im Hornisgrinde-Kniebis-Murggebiet des Nordschwarzwaldes bis etwa 1800. Mitteilungen des Vereins für Forstliche Standortskunde und Forstpflanzenzüchtung 17: 3–22

Henkner J, Ahlrichs J, Fischer E, Fuchs M, Knopf T, Rösch M, Scholten T, Kühn P (2018) Land use dynamics derived from colluvial deposits and bogs in the Black Forest, Germany. Journal of Plant Nutrition and Soil Science 181: 240–260

Hölzer A (1977) Vegetationskundliche und ökologische Untersuchungen im Blindenseemoor bei Schonach. Dissertationes Botanicae 36. Cramer, Vaduz

Hölzer A, Hölzer A (1987) Paläoökologische Mooruntersuchungen an der Hornisgrinde im Nordschwarzwald. Carolinea 45: 43–50

Hölzer A, Hölzer A (1988) Untersuchungen zur jüngeren Vegetations- und Siedlungsgeschichte im Blindenseemoor (Mittlerer Schwarzwald). Carolinea 46: 23–30

Hölzer A, Hölzer A (1988) Untersuchungen zur jüngeren Vegetations- und Siedlungsgeschichte in der Seemisse am Ruhestein (Nordschwarzwald). Telma 18: 157–174

Hölzer A, Hölzer A (1995) Zur Vegetationsgeschichte des Hornisgrindegebietes im Nordschwarzwald: Pollen, Großreste und Geochemie. Carolinea 53: 199–228

Hölzer A, Hölzer A (2000) Ein Torfprofil vom Westabfall der Hornisgrinde im Nordschwarzwald mit Meesia triquetra Angstr. Carolinea 58: 139–148

Hölzer A, Hölzer A (2003) Untersuchungen zur Vegetations- und Siedlungsgeschichte im Großen und Kleinen Muhr an der Hornisgrinde (Nordschwarzwald). Mitteilungen des Vereins für Forstliche Standortskunde und Forstpflanzenzüchtung 42: 31–44

Hölzer A, Hölzer A (2014) Untersuchungen zum Rezentpollenniederschlag im Nordschwarzwald im Bereich der Hornisgrinde. Standort Wald 48: 63–66

Hölzer A, Schloß S (1981) Paläoökologische Studien an der Hornisgrinde (Nordschwarzwald) auf der Grundlage von chemischer Analyse, Pollen- und Großrestuntersuchung. Telma 11: 17–30

Jaeschke J (1934) Zur postglazialen Waldgeschichte des nördlichen Schwarzwaldes. Beihefte zum Botanischen Centralblatt 51/II(3): 527–565

Kämpf L, Wick L, Rius D, Duprat-Oualid F, Millet L, Feger KH (2017) Spuren menschlicher Landnutzung in Sedimenten des Bergsees (Südschwarzwald). In: Lechterbeck J, Fischer E (eds) Kontrapunkte. Festschrift für Manfred Rösch. Universitätsforschungen zur prähistorischen Archäologie 300. Rudolf Habelt, Bonn, 41–50

Knopf T, Bosch S, Kämpf L, Wagner H, Fischer E, Wick L, Millet L, Rius D, Duprat-Oualid F, Rösch M, Feger KH, Bräuning A (2016) Archäologische und naturwissenschaftlichen Untersuchungen zur Landnutzungsgeschichte des Südschwarzwaldes. Archäologische Ausgrabungen in Baden-Württemberg 2015: 50–55

Knopf T, Fischer E, Kämpf L, Wagner H, Wick L, Duprat-Oualid F, Floss H, Frey T, Loy AK, Millet L, Rius D, Bräuning A, Feger KH, Rösch M (2019) Zur Landnutzungsgeschichte des Südschwarzwaldes – Archäologische und naturwissenschaftliche Untersuchungen. Fundberichte aus Baden-Württemberg 39: 19–101

Lang G (1952) Zur späteiszeitlichen Vegetations- und Florengeschichte Südwestdeutschlands. Flora 139: 243–294

Lang G (1952) Späteiszeitliche Pflanzenreste in Südwestdeutschland. Beiträge zur naturkundlichen Forschung in Südwestdeutschland 11(2): 89–110

Lang G (1954) Neue Untersuchungen über die spät- und nacheiszeitliche Vegetationsgeschichte des Schwarzwaldes. I. Der Hotzenwald im Südschwarzwald. Beiträge zur naturkundlichen Forschung in Südwestdeutschland 13: 3–42

Lang G (1955) Neue Untersuchungen über die spät- und nacheiszeitliche Vegetationsgeschichte des Schwarzwaldes. II. Das absolute Alter der Tannenzeit im Südschwarzwald. Beiträge zur naturkundlichen Forschung in Südwestdeutschland 14: 24–31

Lang G (1955) Über spätquartäre Funde von Isoëtes und Najas flexilis im Schwarzwald. Berichte der Deutschen Botanischen Gesellschaft 68: 24–27

Lang G (1958) Neue Untersuchungen über die spät- und nacheiszeitliche Vegetationsgeschichte des Schwarzwaldes. III. Der Schurmsee im Nordschwarzwald. Beiträge zur naturkundlichen Forschung in Südwestdeutschland 17(1): 20–34

Lang G (1971) Die Vegetationsgeschichte der Wutachschlucht und ihrer Umgebung. In: Sauer KFJ, Schnetter M (eds) Die Wutach. Die Natur- und Landschaftsschutzgebiete Baden-Württembergs 6. Selbstverlag des Badischen Landesvereins für Naturkunde und Naturschutz e.V., Freiburg, 323–349

Lang G (1972) Pollenanalytische Untersuchungen zum Schwenninger Auerochsenfund mit mesolithischem Steckschuß. Schriften des Vereins für Geschichte und Naturgeschichte der Baar 29: 202–211

Lang G (1973) Neue Untersuchungen über die spät- und nacheiszeitliche Vegetationsgeschichte des Schwarzwaldes. IV. Das Baldenwegermoor und das einstige Waldbild am Feldberg. Beiträge zur naturkundlichen Forschung in Südwestdeutschland 32: 31–51

Lang G (1975) Palynologische, großrestanalytische und paläolimnologische Untersuchungen im Schwarzwald – ein Arbeitsprogramm. Beiträge zur naturkundlichen Forschung in Südwestdeutschland 34 (Oberdorfer-Festschrift): 201–208

Lang G (2005) Seen und Moore des Schwarzwaldes als Zeugen spätglazialen und holozänen Vegetationswandels. Andrias 16. Staatliches Museum für Naturkunde, Karlsruhe

Lang G, Merkt J, Streif H (1984) Spätglazialer Gletscherrückzug und See- und Moorentwicklung im Südschwarzwald, Südwestdeutschland. In: Lang G (ed) Festschrift Max Welten. Dissertationes Botanicae 72. Cramer, Vaduz, 213–234

Langer H (1962) Beiträge zur Kenntnis der Waldgeschichte und Waldgesellschaften Süddeutschlands. Bericht der Naturforschenden Gesellschaft Augsburg 14(73): 1–120

Lotter AF, Birks HJB (1993) The impact of the Laacher See Tephra on terrestrial and aquatic ecosystems in the Black Forest, southern Germany. Journal of Quaternary Science 8: 263–276

Lotter AF, Hölzer A (1989) Spätglaziale Umweltverhältnisse im Südschwarzwald: Erste Ergebnisse paläolimnologischer und paläoökologischer Untersuchungen an Seesedimenten des Hirschenmoores. Carolinea 47: 7–14

Lotter AF, Hölzer A (1994) A high-resolution Late-Glacial and early Holocene environmental history of Rotmeer, southern Black Forest (Germany). In: Lotter AF, Ammann B (eds) Festschrift Gerhard Lang. Beiträge zur Systematik und Evolution, Floristik und Geobotanik, Vegetationsgeschichte und Paläoökologie. Dissertationes Botanicae 234. Cramer, Berlin, Stuttgart, 365–388

Ludemann T (2003) Large-scale reconstruction of ancient forest vegetation by anthracology – a contribution from the Black Forest. Phytocoenologia 33: 645–666

Mathewes RW (2023) Plant macrofossils as indicators of vegetation and climate change in the Northern Black Forest of Germany during the last millennium – with focus on the Little Ice Age. Vegetation History and Archaeobotany 32: 111–123

Oberdorfer E (1931) Die postglaziale Klima- und Vegetationsgeschichte des Schluchsees (Schwarzwald). Berichte der naturforschenden Gesellschaft Freiburg im Breisgau 31(1/2): 2–85

Oberdorfer E (1938) Ein Beitrag zur Vegetationskunde des Nordschwarzwaldes. Beiträge zur Naturkundlichen Forschung in Südwestdeutschlands 3(2): 150–270

Oberdorfer E, Lang G (1953) Waldstandorte und Waldgeschichte der Ostabdachung des Südschwarzwaldes. Allgemeine Forst- und Jagdzeitung 124(6): 169–172

Peschke P (1985) Beobachtungen zur quartären Relief- und Landschaftsentwicklung im Nagoldtalknie. In: Kullen S (ed) Aspekte landeskundlicher Forschung: Beiträge zur sozialen und regionalen Geographie unter besonderer Berücksichtigung Südwestdeutschlands. Festschrift zum 60. Geburtstag von Hermann Grees. Tübinger Geographische Studien 90. Sonderband 15. Selbstverlag des Geographischen Instituts der Universität Tübingen, Tübingen, 55–70

Peschke P (1986) Palynologische Untersuchungen von Dolinenfüllungen in Wutach-Schottern aus der Kiesgrube Großwald, Gemeinde Reiselfingen, Kreis Breisgau-Hochschwarzwald, Baden-Württemberg. Jahrheft des Geologischen Landesamts Baden-Württemberg 28: 181–200

Radke GJ (1973) Landschaftsgeschichte und -ökologie des Nordschwarzwaldes. Hohenheimer Arbeiten – Pflanzliche Produktion 68: 3–121

Reidl K, Suck R, Bushart M, Herter W, Koltzenburg M, Michiels HG, Wolf T (2013) Potentielle natürliche Vegetation von Baden-Württemberg. Naturschutz-Spectrum Themen 100. Landesanstalt für Umwelt, Messungen und Naturschutz Baden-Württemberg, Ubstadt-Weiher

Rodenwaldt U, Hauff R (1957) Die Waldgeschichte des Villinger Stadtwaldes (Schwarzwald-Baar). Allgemeine Forst- und Jagdzeitung 128(1): 19–26

Rösch M (1989) Pollenprofil Breitnau-Neuhof: Zum zeitlichen Verlauf der holozänen Vegetationsentwicklung im südlichen Schwarzwald. Carolinea 47: 15–24

Rösch M (2000) Long-term human impact as registered in an upland pollen profile from the southern Black Forest, south-western Germany. Vegetation History and Archaeobotany 9: 205–218

Rösch M (2009) Zur vorgeschichtlichen Besiedlung und Landnutzung im nördlichen Schwarzwald aufgrund vegetationsgeschichtlicher Untersuchungen in zwei Karseen. Mitteilungen des Vereins für Forstliche Standortskunde und Forstpflanzenzüchtung 46: 69–82

Rösch M (2009) Botanical evidence for prehistoric and medieval land use in the Black Forest. In: Klápště J, Sommer P (eds) Medieval Rural Settlement in Marginal Landscapes. Ruralia VII, 8th–14th Sep 2007 Cardiff. Brepols, Turnhout, 335–343

Rösch M (2010) Der Nordschwarzwald – das Ruhrgebiet der Kelten? Neue Ergebnisse zur Landnutzung seit über 3000 Jahren. Alemannisches Jahrbuch 2009/2010: 155–169

Rösch M (2012) Vegetation und Waldnutzung im Nordschwarzwald während sechs Jahrtausenden anhand von Profundalkernen aus dem Herrenwieser See. Standort Wald 47: 43–64

Rösch, M (2015) Abies alba and Homo sapiens in the Schwarzwald – a difficult story. Interdisciplinaria Archaeologica 6(1): 47–62

Rösch M (2015) Nationalpark – Natur – Weißtanne – Fichte. Sechs Jahrtausende Wald und Mensch im Nordschwarzwald. Denkmalpflege in Baden-Württemberg 44(3): 154–159

Rösch M (2015) Wild, Wald und Baum – seit jeher ein gestörtes Verhältnis? Archäobotanische Ansichten zu den Interessenkonflikten in der Waldwirtschaft mit Fallbeispielen aus dem Nordschwarzwald. In: Porada HT, Heinze M, Schenk W (eds) Jagdlandschaften in Mitteleuropa. Dietrich Denecke zum 80. Geburtstag. Siedlungsforschung: Archäologie – Geschichte – Geographie 32. Selbstverlag Arkum e.V., Bonn, 185–200

Rösch M (2017) Ein Pollenprofil aus dem Schluchsee zur Kenntnis der Landnutzungsgeschichte im Hochschwarzwald. Archäologische Ausgrabungen in Baden-Württemberg 2016: 28–32

Rösch M, Gassmann, G, Wieland, G (2009) Keltische Montanindustrie im Schwarzwald – eine Spurensuche. In: Kelten am Rhein. Akten des dreizehnten Internationalen Keltologiekongresses, 23.–27. Juli 2007 in Bonn. Erster Teil, Archäologie, Ethnizität und Romanisierung. Beihefte Bonner Jahrbücher 58(1). Philipp von Zabern, Mainz, 263–278

Rösch M, Heumüller M (2008) Vom Korn der frühen Jahre – Sieben Jahrtausende Ackerbau und Kulturlandschaft. Archäologische Informationen aus Baden-Württemberg 55: 3–102

Rösch M, Märkle T (2015) Kelten, Dinkel, Eisenerz. Sieben Jahrtausende Siedlung und Wirtschaft im Enztal. Archäologische Informationen aus Baden-Württemberg 73. Gesellschaft für Archäologie in Württemberg und Hohenzollern, Esslingen

Rösch M, Marinova E (2022) Contributions to the European Pollen Database 64: Huzenbacher See. Grana 61(5): 394–397

Rösch M, Tserendorj G (2011) Florengeschichtliche Beobachtungen im Nordschwarzwald (Südwestdeutschland). Hercynia NF 44: 53–71

Rösch M, Tserendorj G (2011) Der Nordschwarzwald – früher besiedelt als gedacht? Pollenprofile belegen ausgedehnte vorgeschichtliche Besiedlung und Landnutzung. Denkmalpflege in Baden-Württemberg 40(2): 66–73

Rösch M, Volk H, Wieland G (2005) Frühe Waldnutzung und das Alter des Naturwaldes im Schwarzwald. AFZ Der Wald 12: 636–638

Rohrer C (2006) Zur jüngeren Vegetationsgeschichte im Schluchseegebiet (Südschwarzwald): Drei Pollenprofile aus dem Steerenmoos. Mitteilungen des Vereins für Forstliche Standortskunde und Forstpflanzenzüchtung 44: 5–19

Rydberg J, Rösch M, Heinz E, Biester H (2015) Influence of catchment vegetation on mercury accumulation in lake sediments from a long-term perspective. Science of the Total Environment 538: 896–904

Schammel C (1991) Sedimentologische und biostratigraphische Untersuchungen an Sedimentkernen aus dem Profundal des Schurmsees. Dissertation, Universität Freiburg

Scheifele M (1996) Als die Wälder auf Reisen gingen. Wald – Holz – Flößerei in der Wirtschaftsgeschichte des Enz-Nagold-Gebietes. Braun, Karlsruhe

Schloß S (1978) Pollenanalytische Untersuchungen in der Seemisse beim Wildsee/Ruhestein (Nordschwarzwald). Beiträge zur naturkundlichen Forschung in Südwestdeutschland 37: 37–53

Schloß S (1987) Ein spätglaziales Pollenprofil von der Hornisgrinde, Nordschwarzwald. Carolinea 45: 167–168

Schütze M, Tserendorj G, Pérez-Rodríguez M, Rösch M, Biester H (2018) Prediction of Holocene mercury accumulation trends by combining palynological and geochemical records of lake sediments (Black Forest, Germany). Geosciences 8(10): 358

Stark P (1924) Pollenanalytische Untersuchungen an zwei Schwarzwaldhochmooren. Zeitschrift für Botanik 16: 593–618

Stark P (1929) Über die Wandlungen des Waldbildes im Schwarzwald während der Postglazialzeit. Naturwissenschaften 17: 1–8, 31–35

Sudhaus D (2005) Paläoökologische Untersuchungen zur spätglazialen und holozänen Landschaftsgeschichte des Ostschwarzwaldes im Vergleich mit den Buntsandsteinvogesen. Freiburger Geographische Hefte 64: 1–153

Wilmanns O (2001) Exkursionsführer Schwarzwald. Eine Einführung in Landschaft und Vegetation. Ulmer, Stuttgart

Wilmanns O (2012) Frühe Siedler im Schwarzwald. Ein landschaftsökologischer Beitrag zur interdisziplinären Methodenvielfalt. Standort Wald 47: 5–33

Zeitvogel W (1985) Pollenanalytische Untersuchungen an Sedimenten von Schwarzwaldseen zur Rekonstruktion der jüngsten Waldgeschichte. Diplomarbeit, Universität Freiburg

Hochrhein (Kapitel 24)

Becker B, Ammann B, Anselmetti FS, Hirt A, Magny M, Millet L, Rachoud AM, Sampietro G, Wüthrich C (2006) Palaeoenvironmental studies on Lake Bergsee, Black Forest, Germany. Neues Jahrbuch für Geologie und Paläontologie 240: 405–445

Duprat-Oualid F, Rius D, Bégeot C, Magny M, Millet L, Wulf S, Appelt O (2017) Vegetation response to abrupt climate changes in Western Europe from 45 to 14.7k cal a BP: the Bergsee lacustrine record (Black Forest, Germany). Journal of Quaternary Science 32: 1008–1021

Härri H (1932) Löss- und pollenanalytische Untersuchungen am Breitsee (Möhlin, Aargau). Mitteilungen der Aargauischen Naturforschenden Gesellschaft 19: 99–152

Knopf T, Fischer E, Kämpf L, Wagner H, Wick L, Duprat-Oualid F, Floss H, Frey T, Loy AK, Millet L, Rius D, Bräuning A, Feger KH, Rösch M (2019) Zur Landnutzungsgeschichte des Südschwarzwaldes – Archäologische und naturwissenschaftliche Untersuchungen. Fundberichte aus Baden-Württemberg 39: 19–101

Wick L (2015) Das Hinterland von Augusta Raurica: Paläoökologische Untersuchungen zur Vegetation und Landnutzung von der Eisenzeit bis zum Mittelalter. Jahresberichte aus Augst und Kaiseraugst 36: 209–215

Oberrheinisches Tiefland (Kapitel 25)

Baas J (1938) Zur Geschichte der Pflanzenwelt und der Haustiere im unteren Main-Tal. Abhandlungen der Senckenbergischen Naturforschenden Gesellschaft 440: 1–36

Beyer R (1976) Pollenanalytische und sedimentologische Untersuchung einer verlandeten Rheinschlinge bei Neuhofen (Pfalz). Diplomarbeit, Universität Göttingen

Bos JAA, Dambeck R (2012) Paläoökologische Untersuchungen im nördlichen Oberrheingraben vom Spätglazial bis zum Atlantikum – Vegetationsgeschichte und anthropogene Einflüsse. In: Stobbe A, Tegtmeier U (eds) Verzweigungen. Eine Würdigung für A. J. Kalis und J. Meurers-Balke. Frankfurter archäologische Schriften 18. Rudolf Habelt, Bonn, 59–90

Bos JAA, Dambeck R, Kalis AJ, Schweizer A, Thiemeyer H (2008) Palaeoenvironmental changes and vegetation history of the northern Upper Rhine Graben (southwestern Germany) since the Lateglacial. Netherlands Journal of Geosciences – Geologie en Mijnbouw 87(1): 67–90

Dambeck R (2005) Beiträge zur spät- und postglazialen Fluss- und Landschaftsgeschichte im nördlichen Oberrheingraben. Dissertation, Universität Frankfurt am Main

Erkens G, Dambeck R, Volleberg KP, Bouman MTIJ, Bos JAA, Cohen KM, Wallinga J, Hoek WZ (2009) Fluvial terrace formation in the northern Upper Rhine Graben during the last 20,000 years as a result of allogenic controls and autogenic evolution. Geomorphology 103: 476–495

Ertlen D, Schneider N, Gauthier E, Wiethold J, Richard H, Thomas Y, Böes E (2014) Human environmental impact from the neolithic to the Middle Ages: A pluridisciplinary approach focused on a small catchment area at the Kochersberg (Bas-Rhin, France). Quaternaire 25(3): 195–208

Firbas F (1952) Das Oberrheinische Tiefland. In: Spät- und nacheiszeitliche Waldgeschichte Mitteleuropas nördlich der Alpen. Zweiter Band: Waldgeschichte der einzelnen Landschaften. Gustav Fischer, Jena, 43–49

Friedmann A (1998) Pollenanalytische Untersuchungen im Wasenweiler Ried (Südbaden). In: Mäckel R, Friedmann A (eds) Wandel der Geo-Biosphäre in den letzten 15000 Jahren im südlichen Oberrheintiefland und Schwarzwald. Freiburger Geographische Hefte 54: 163–174

Friedmann A (2000) Die spät- und postglaziale Landschafts- und Vegetationsgeschichte des südlichen Oberrheintieflands und Schwarzwalds. Freiburger Geographische Hefte 62: 1–222

Ganne A, Jedrusiak F (2018) Chapitre 6: Analyses palynologiques et carpologiques. In: Reddé M (ed) Oedenburg – Fouilles françaises, allemandes et suisses à Biesheim et Kunheim, Haut-Rhin, France. Volume 3: L'agglomération civile. Monographien des Römisch-Germanischen Zentralmuseums 79(3). Schnell & Steiner, Regensburg, 387–420

Große-Brauckmann G, Malchow G, Streitz B (1990) Makrofossil- und pollenanalytische Befunde vom Altneckarbett bei Riedstadt-Goddelau. In: Wagner P (ed) Die Holzbrücken bei Riedstadt-Goddelau, Kreis Groß-Gerau. Materialien zur Vor- und Frühgeschichte von Hessen 5. Landesamt für Denkmalpflege Hessen, Wiesbaden, 111–132

Hatt JP (1937) Contribution à l'analyse pollinique des tourbières du Nord-Est de la France. Bulletin du Service de la Carte Géologique d'Alsace et de Lorraine 4: 1–79

Heim J (1987) L'habitat Néolithique récent (groupe de Munzingen) de Geispolsheim (Bas-Rhin), lieux-dits Bruechel et Kirstenfeld – Les mobiliers – Analyse palynologique. Cahiers de l'Association pour la Promotion de la Recherche Archéologique en Alsace 3: 134–135

Hölzer A (1995) Untersuchungen zur Vegetationsgeschichte der Rheinebene anhand von Pollen, Großresten und Geochemie am Profil „Walldorf". Abschlußbericht. Landesanstalt für Umweltschutz, Karlsruhe

Hölzer A, Hölzer A (1994) Studies on the Vegetation history of the Lautermoor in the Upper Rhine valley (SW-Germany) by means of pollen, macrofossils and geochemistry. In: Lotter AF, Ammann B (eds) Festschrift Gerhard Lang. Beiträge zur Systematik und Evolution, Floristik und Geobotanik, Vegetationsgeschichte und Paläoökologie. Dissertationes Botanicae 234. Cramer, Berlin, Stuttgart, 309–336

Küster H (1988) Urnenfelderzeitliche Pflanzenreste aus Burkheim, Gemeinde Vogtsburg, Kreis Breisgau-Hochschwarzwald (Baden-Württemberg). In: Küster H (ed) Der prähistorische Mensch und seine Umwelt. Festschrift für Udelgard Körber-Grohne. Forschungen und Berichte zur Vor- und Frühgeschichte Baden-Württembergs 31. Konrad Theiss, Stuttgart, 261–268

Lechner A (2007) Die Entwicklung der Nördlichen Oberrheinniederung bei Jockgrim seit dem mittleren Holozän im Spiegel fluvialgeomorphologischer Veränderungen. Telma 37: 27–36

Lechner A (2007) Neue Erkenntnisse zur nacheiszeitlichen Landschaftsentwicklung im Oberrheintiefland aus paläo-ökologischer Sicht. Berichte Freiburger Forstliche Forschung 70: 98–131

Lechner A (2008) Paläoökologische Beiträge zur Rekonstruktion der holozänen Vegetations-, Moor- und Flussauenentwicklung im Oberrheintiefland. Sierke Verlag, Göttingen

Lechner A (2009) Palaeohydrologic conditions and geomorphic processes during the Postglacial in the Palatine Upper Rhine river floodplain. Zeitschrift für Geomorphologie NF 53(2): 217–245

Lechner A, McCabe C, Faustmann A, Mischka D (2003) Zur holozänen Landschaftsgenese im Bereich des Wasenweiler Rieds unter besonderer Berücksichtigung archäologischer Fundplätze vom Mesolithikum bis zum Frühmittelalter. Freiburger Universitätsblätter 160: 35–61

Leßmann U (1983) Pollenanalysen an Böden im nördlichen Oberrheintal unter besonderer Berücksichtigung der Steppenböden. Dissertation, Universität Bonn

Löscher M, Cordes-Hieronymus U, Schloß S (1983) Holozäne und jungpleistozäne Sedimente im Oberrheingraben bei Heidelberg. In: Schirmer W (ed) Holozäne Talentwicklung – Methoden und Ergebnisse. Geologisches Jahrbuch A 71: 61–72

Mäckel R, Friedmann A (1999) Holozäner Landschaftswandel im südlichen Oberrheintiefland und Schwarzwald. Eiszeitalter und Gegenwart 49: 1–20

Mäckel R, Friedmann A, Seidel J, Schneider R (2001) Natural and anthropogenic changes in the palaeoenvironment of the Black Forest and Upper Rhine lowlands since the Bronze Age. In: Schauer P (ed) DFG-Graduiertenkolleg 462 „Paläoökosystemforschung und Geschichte". Beiträge zur Siedlungsarchäologie und zum Landschaftswandel. Regensburger Beiträge zur prähistorischen Archäologie 7. Universitätsverlag, Regensburg, 143–160

Mäckel R, Friedmann A, Sudhaus, D (2009) Environmental changes and human impact on landscape development in the Upper Rhine region. Erdkunde 63(1): 35–49

Mäckel R, Schneider R, Friedmann A, Seidel J (2002) Environmental changes and human impact on the relief development in the Upper Rhine valley and Black Forest (South-West Germany) during the Holocene. Zeitschrift für Geomorphologie NF Supplement 128: 31–45

Mayer C (1937) Die Niederungswälder und die Moore der Freiburger Bucht. Botanische Jahrbüch für Systematik, Pflanzengeschichte und Pflanzengeographie 68: 216–243

Müller I, Firbas F (1949) Die vegetationsgeschichtliche Zuordnung eines hallstattzeitlichen Fundes bei Ludwigshafen. Mitteilungen des Badischen Landesvereins für Naturkunde und Naturschutz in Freiburg im Breisgau NF 5: 47–49

Müller-Stoll WR (1936) Untersuchungen urgeschichtlicher Holzreste nebst Anleitung zu ihrer Bestimmung. Praehistorische Zeitschrift 27: 3–57

Oberdorfer E (1934) Zur Geschichte der Sümpfe und Wälder zwischen Mannheim und Karlsruhe. Jahresbericht des Vereins für Naturkunde Mannheim 100/101: 99–124

Oberdorfer E (1937) Zur spät- und nacheiszeitlichen Vegetationsgeschichte des Oberelsasses und der Vogesen. Zeitschrift für Botanik 30: 513–572

Oberdorfer E (1975) Vegetationsgeschichte und Vegetationsgliederung im Karlsruher Raum. In: Schäfer A (ed) Oberrheinische Studien III. Festschrift für Günther Haselier. Braun-Verlag, Karlsruhe, 9–17

Ollive V (2007) Dynamique d'occupation anthropique et dynamique alluviale du Rhin au cours de l'Holocène – Géoarchéologie du site d'Oedenburg (Haut-Rhin, France). Thèse de Doctorat, Université de Bourgogne

Ollive V, Petit C, Garcia J, Wick L, Schlumbaum A (2009) La paysage antique. In: Reddé M (ed) Oedenburg – Fouilles françaises, allemandes et suisses à Biesheim et Kunheim, Haut-Rhin, France. Volume 1: Les camps militaires julio-claudiens. Monographien des Römisch-Germanischen Zentralmuseums 79(1). Schnell & Steiner, Regensburg, 17–43

Petit C, Reddé M, Girardclos O, Ollive V (2014) Milieux humides et aménagements anthropiques dans la plaine du Rhin: le site romain d'Oedenburg (Haut-Rhin). In: Bernard V, Favory F, Fiches JL (eds) Silva et saltus en Gaule romaine: dynamique et gestion des forêts et des zones rurales marginales. Annales littéraires 936. Presses universitaires de Franche-Comté, Besançon, 31–44

Precht J (1954) Pollenanalytische Untersuchungen in der Speyerbachsenke. Mitteilungen der Pollichia III. Reihe 2: 113–118

Raab K (1997) Moore und Anmoore in der Oberrheinebene. Materialien zum Bodenschutz 6. Landesanstalt für Umweltschutz Baden-Württemberg, Karlsruhe

Reddé M, Nuber HU, Jacomet S, Schibler J, Schucany C, Schwarz PA, Seitz G (2005) Oedenburg: une agglomération d'époque romaine sur le Rhin supérieur: Fouilles françaises, allemandes et suisses sur les communes de Biesheim et Kunheim (Haut-Rhin). Gallia 62: 215–277

Richard H (1986) Annexe III: Analyse palynologique. In: Plouin S, Lambach F, Piningre JF, Bonnet C, Un tertre à palissade: le tumulus 21 de Mussig (Bas-Rhin). Revue Archéologique de l'Est et du Centre Est 37: 26–29

Richard H (1991) Annexe II: Analyses palynologiques. In: Bonnet C, Plouin S, Lambach F, Le tumulus I de Colmar-Riedwihr (Haut-Rhin). Gallia 48: 54

Rothschild S (1935) Zur Geschichte der Moore und Wälder im Nordteil der Oberrheinischen Tiefebene. Beihefte zum Botanischen Centralblatt 54/B(1/2): 140–184

Schloß S (2007) Beiträge zur Natürlichkeit der Kiefer im Rheintal – Ergebnisse pollenanalytischer Untersuchungen im Bienwald/Rheinland-Pfalz. Berichte Freiburger Forstliche Forschung 70: 132–140

Schneider R (2000) Landschafts- und Umweltgeschichte im Einzugsgebiet der Elz. Dissertation, Universität Freiburg

Seidel J, Faustmann A, Rauschkolb M, Sudhaus D (2004) Untersuchungen zur Landschaftsgeschichte entlang der TENP-Trasse im Raum Freiburg von 2001 bis 2003. Berichte der Naturforschenden Gesellschaft zu Freiburg i. Br. 94: 151–173

Sleumer H (1934) Eine pollenanalytische Untersuchung des Wasenweiler Riedes. Mitteilungen des Badischen Landesvereins für Naturkunde und Naturschutz in Freiburg im Breisgau NF 3(3): 25–28

Stark P (1926) Ein altes Moorprofil im Oberrheintal bei Mannheim. Berichte der deutschen botanischen Gesellschaft 44: 373–376

Stöhr W (1972) Über Funde von Großresten der allerödzeitlichen Berg- oder Hakenkiefer und des Wacholders aus dem Mainzer Sand. Mainzer naturwissenschaftliches Archiv 11: 129–140

van der Brelie G (1977) Pollenanalytische Untersuchungen. In: Scharpff HJ (ed) Erläuterungen zur Geologischen Karte von Hessen 1:25000, Blatt 6316 Worms. Hessisches Landesamt für Bodenforschung, Wiesbaden, 81–84

Vigreux T, Aoustin D, Flotté P (2011) Enregistrement sédimentaire et environnement Holocène de la plaine alluviale du Giessen (Scherwiller, Bas-Rhin, Alsace). Quaternaire 22(2): 129–145

Vigreux T, Aoustin D, Degeai JP, Koziol A (2012) Évolution de la plaine alluviale du Rhin dans la région du „Ried nord": paléoenvironnement et interactions anthropiques depuis l'Âge du Bronze jusqu'à l'Antiquité/Haut Moyen Âge (Roeschwoog, Bas-Rhin, Alsace). Quaternaire 23(4): 321–337

von Wahl P (1988) Zur Paläoökologie des südlichen und mittleren Oberrheingrabens am Beispiel der Lokalitäten Kinzhurst II und Weingarten II. In: Lang G (ed) Führer zur Exkursion des systematisch-geobotanischen Institutes Bern in den Schwarzwald, die Oberrheinebene und die Vogesen (XII. Moorexkursion). 1. Teil: Schwarzwald und Oberrheinebene. Bern, 159–168

Waldmann F (1989) Beziehungen zwischen Stratigraphie und Bodenbildungen aus spätglazialen und holozänen fluviatilen Sedimenten in der nördlichen Oberrheinebene. Dissertation, Universität Freiburg

Wuscher P, Rault E, Chosson M, Gauthier A (2020) Le tardiglaciaire et l'holocène du ried de la Zorn à Weyersheim (Alsace, France): données nouvelles sur les paléoenvironnements et les dynamiques de peuplement d'une zone humide en périphérie de la plaine rhénane. Quaternaire 31(1): 19–31

Rhein-Main-Tiefland (Kapitel 26)

Andres W, Bos JAA, Houben P, Kalis AJ, Nolte S, Rittweger H, Wunderlich J (2001) Environmental change and fluvial activity during the Younger Dryas in central Germany. Quaternary International 79: 89–100

Baas J (1936) Das Todesjahr unseres Ur's wird festgestellt. Bos primigenius Boj. in der Lebensgruppe „Frankfurter Urlandschaft". Natur und Volk 66: 520

Baas J (1938) Zur Geschichte der Pflanzenwelt und der Haustiere im unteren Main-Tal. Abhandlungen der Senckenbergischen Naturforschenden Gesellschaft 440: 1–36

Baitinger H, Hansen L, Kalis A, Kreuz A, Pare C, Schäfer E, Schatz K, Stobbe A (2010) Der Glauberg – Ergebnisse der Forschungen in den Jahren 2004–2009. In: Beilharz D, Krauße DL (eds) Fürstensitze und Zentralorte der frühen Kelten. Abschlusskolloquium des DFG-Schwerpunktprogramms 1171 in Stuttgart, 12.–15. Oktober 2009. Forschungen und Berichte zur Vor- und Frühgeschichte in Baden-Württemberg 120(2). Konrad Theiss, Stuttgart, 289–318

Balzer I, Stobbe A (2016) Kleine Löcher – große Wirkung: umweltarchäologische Forschungen auf dem Glauberg. Jahrbuch für Archäologie und Paläontologie in Hessen 2015: 50–53

Bauer K (1999) Vegetations- und Landschaftsgeschichte im Naturschutzgebiet Mönchbruch. Diplomarbeit, Universität Frankfurt am Main

Bos JAA (1998) Aspects of the Lateglacial-Early Holocene Vegetation Development in Western Europe – palynological and palaeobotanical investigations in Brabant (The Netherlands) and Hessen (Germany). LPP contributions series 10. Proefschrift, Universiteit Utrecht

Bos JAA (2001) Lateglacial and Early Holocene vegetation history of the northern Wetterau and the Amöneburger Basin (Hessen), central-west Germany. Review of Palaeobotany and Palynology 115: 177–212

Bos JAA, Dambeck R (2012) Paläoökologische Untersuchungen im nördlichen Oberrheingraben vom Spätglazial bis zum Atlantikum – Vegetationsgeschichte und anthropogene Einflüsse. In: Stobbe A, Tegtmeier U (eds) Verzweigungen. Eine Würdigung für A. J. Kalis und J. Meurers-Balke. Frankfurter archäologische Schriften 18. Rudolf Habelt, Bonn, 59–90

Bos JAA and Urz R (2003) Late Glacial and early Holocene environment in the middle Lahn River valley (Hessen, central-west Germany) and the local impact of early Mesolithic people? Vegetation History and Archaeobotany 12(1): 19–36

Bringemeier L, Stobbe A (2018) Vegetationsgeschichte und Landschaftsentwicklung. Vergleichende paläoökologische Untersuchungen zur Ressourcennutzung im hessischen Mittelgebirgsraum. In: Hansen S, Krause R (eds) Bronzezeitliche Burgen zwischen Taunus und Karpaten. Beiträge der Ersten Internationalen LOEWE-Konferenz vom 7. bis 9. Dezember 2016 in Frankfurt/M. Universitätsforschungen zur prähistorischen Archäologie 319. Prähistorische Konfliktforschung 2. Rudolf Habelt, Bonn, 17–25

Dambeck R, Bos JAA (2002) Lateglacial and Early Holocene landscape evolution of the northern Upper Rhine River valley, southwestern Germany. Zeitschrift für Geomorphologie NF Supplement 128: 101–127

Große-Brauckmann G, Malchow G, Streitz B (1990) Makrofossil- und pollenanalytische Befunde vom Altneckarbett bei Riedstadt-Goddelau. In: Wagner P (ed) Die Holzbrücken bei Riedstadt-Goddelau, Kreis Groß-Gerau. Materialien zur Vor- und Frühgeschichte von Hessen 5. Landesamt für Denkmalpflege Hessen, Wiesbaden, 111–132

Jorns W (1965) Das Pfungstädter Moor, ein Archiv zur Geschichte der einstigen Vegetation. In: Mushake ALJ (ed) Pfungstadt – Vergangenheit und Gegenwart. Mushake, Trautheim, 151–154

Kalis AJ, Lindenthal J, Rupp V, Stobbe A (1995) Archäologische und naturwissenschaftliche Untersuchungen zur Romanisierung in der römischen Civitas Taunensium (Hessen, Deutschland). Archäologische Informationen 18(2): 187–193

Kalis AJ, Meurers-Balke J, Stobbe A (2013) Öde Wälder und wüste Sumpfgebiete oder blühende Felder und saftige Weiden? Zur Landwirtschaft der Rhein-Weser-Germanen. In: Rasbach G (ed) Westgermanische Bodenfunde. Akten des Kolloquiums anlässlich des 100. Geburtstages von Rafael von Uslar am 5. und 6. Dezember 2008. Kolloquien zur Vor- und Frühgeschichte 18. Rudolf Habelt, Bonn, 63–76

Kalis AJ, Stobbe A (1991) Zur holozänen Waldgeschichte der Wetterau. In Rupp V (ed) Archäologie der Wetterau. Aspekte der Forschung. Wetterauer Geschichtsblätter 40. Bindernagelsche Buchhandlung, Friedberg (Hessen), 31–39

Kreuz A, Nolte S, Stobbe A (1998) Interpretation pflanzlicher Reste aus holozänen Auensedimenten am Beispiel von drei Bohrkernen des Wettertales (Hessen). Eiszeitalter und Gegenwart 48: 133–161

Leschik G (1994) Zur Waldgeschichte im Rhein-Main-Gebiet. In: Jockenhövel A (ed) Ausgrabungen in der Talauensiedlung „Riedwiesen" bei Frankfurt am Main-Schwanheim. Fundberichte aus Hessen 24/25: 102–104

Rothschild S (1935) Zur Geschichte der Moore und Wälder im Nordteil der Oberrheinischen Tiefebene. Beihefte zum Botanischen Centralblatt 54/B(1/2): 140–184

Schweizer A (2001) Archäopalynologische Untersuchungen zur Neolithisierung der nördlichen Wetterau/Hessen: Mit einem methodischen Beitrag zur Pollenanalyse in Lössgebieten. Dissertationes Botanicae 350. Cramer, Berlin, Stuttgart

Schweizer A (2005) Die Neolithisierung der Wetterau (Hessen) aus archäopalynologischer Sicht. In: Lüning J, Frirdrich J, Zimmermann A (eds) Die Bandkeramik im 21. Jahrhundert: Symposium in der Abtei Brauweiler bei Köln vom 16.–19.09.2002. Marie Leidorf, Rahden/Westfalen, 289–297

Schweizer A, Kalis AJ (2006) Die Waldbedeckung zur Zeit der Bandkeramik in Süd- und Mittelhessen. Berichte der Kommission für Archäologische Landesforschung in Hessen 8: 127–133

Singer C (2006) Die Vegetation des nördlichen Hessischen Rieds während der Eisenzeit, der römischen Kaiserzeit und dem Frühmittelalter. Pollenanalytische Untersuchungen zur vegetationsgeschichtlichen Rekonstruktion eines Natur- und Siedlungsraumes unter römischem Einfluss. Dissertation, Universität Frankfurt/Main

Sojka K (2002) Rekonstruktion der holozänen Vegetations- und Landschaftsentwicklung der nördlichen Oberrheinebene mittels palynologischer Untersuchungen von Neckaraltlaufsedimenten. Diplomarbeit, Universität Frankfurt/Main

Steckhan HU (1958) Vegetationsgeschichtliche Untersuchung einer römerzeitlichen Torfbildung am Schrenzer bei Butzbach in Hessen. Saalburg Jahrbuch 17: 61–64

Stobbe A (1994) Ein subatlantisches Pollenprofil aus der Horloffaue bei Unter-Widdersheim/Wetterau. Berichte der Kommission für Archäologische Landesforschung in Hessen 3: 175–190

Stobbe A (1996) Die holozäne Vegetationsgeschichte der nördlichen Wetterau – paläoökologische Untersuchungen unter besonderer Berücksichtigung anthropogener Einflüsse. Dissertationes Botanicae 260. Cramer, Berlin, Stuttgart

Stobbe A (2000) Die Vegetationsentwicklung in der Wetterau und im Lahntal in den Jahrhunderten um Christi Geburt. Ein Vergleich der palynologischen Ergebnisse. In: Haffner A, von Schnurbein S (eds) Kelten, Germanen, Römer im Mittelgebirgsraum zwischen Luxemburg und Thüringen. Kolloquien zur Vor- und Frühgeschichte 5. Rudolf Habelt, Bonn, 201–219

Stobbe A (2006) Ein eisenzeitlicher Graben am Glauberg – Seine Geschichte aus palynologischer Sicht. HessenArchäologie 2005: 61–64

Stobbe A (2008) Die Wetterau und der Glauberg – Veränderungen der Wirtschaftsmethoden von der späten Bronzezeit zur Frühlatènezeit. In: Krausse D (ed) Frühe Zentralisierungs- und Urbanisierungsprozesse. Zur Genese und Entwicklung frühkeltischer Fürstensitze und ihres territorialen Umlandes. Kolloquium des DFG-Schwerpunktprogramms 1171 in Blaubeuren 9.–11. Oktober 2006. Forschungen und Berichte zur Vor- und Frühgeschichte in Baden-Württemberg 101. Konrad Theiss, Stuttgart, 97–114

Stobbe A (2008) Palynological and archaeological data – a comparative approach. In: Posluschny A, Lambers K, Herzog I (eds) Layers of Perception. Proceedings of the 35th International Conference on Computer Applications and Quantitative Methods in Archaeology (CAA) Berlin, April 2–6 2007. Kolloquien zur Vor- und Frühgeschichte 10. Rudolf Habelt, Bonn, 411–412

Stobbe A (2008) Vegetationsgeschichtliche Untersuchungen am Glauberg. In: Schwitalla GM (ed) Der Glauberg in keltischer Zeit. Zum neuesten Stand der Forschung: öffentliches Symposium 14.–16. September 2006 in Darmstadt. Fundberichte aus Hessen, Beiheft 6. Rudolf Habelt, Wiesbaden, Bonn, 211–222

Stobbe A (2008) Vegetationsveränderungen in der Ohmaue zu Füßen der Amöneburg zwischen 0–800 AD – palynologische Auswertung von Profil Mardorf. In: Meyer M, Benecke N (eds) Mardorf 23, Landkreis Marburg-Biedenkopf. Archäologische Studien zur Besiedlung des deutschen Mittelgebirgsraumes in den Jahrhunderten um Christi Geburt. Berliner archäologische Forschungen 5. Marie Leidorf, Rahden/Westfalen, 435–449

Stobbe A (2009) Die Wetterau in römischer Zeit – eine waldfreie Landschaft? In: Zimmer S (ed) Kelten am Rhein. Akten des dreizehnten internationalen Keltologiekongresses 23.–27. Juli 2007 in Bonn. Beihefte der Bonner Jahrbücher 58. Philipp von Zabern, Mainz, 251–261

Stobbe A (2011) Pollenanalytische Untersuchungen im mittleren Lahntal zwischen Wetzlar und Gießen – die Jahrtausende um Christi Geburt (1000 BC–1000 AD). Vegetations- und Landschaftsgeschichte. In: Abegg A, Walter D, Biegert S (eds) Die Germanen und der Limes. Ausgrabungen im Vorfeld des Wetterau-Limes im Raum Wetzlar-Gießen. Römisch-Germanische Forschungen 67. Philipp von Zabern, Mainz, 32–56

Stobbe A (2016) Das „Wasserreservoir" im Nordwinkel der Annexwälle – pollenanalytische und sedimentologische Untersuchungen. In: Hansen L, Pare CFE (eds) Untersuchungen im Umland des Glaubergs. Zur Genese und Entwicklung eines frühlatènezeitlichen Fürstensitzes in der östlichen Wetterau. Glauberg-Studien 2. Materialien zur Vor- und Frühgeschichte von Hessen 28. Rudolf Habelt, Wiesbaden, Bonn, 241–249

Stobbe A (2017) Das perfekte vegetationsgeschichtliche Archiv – eine Frage der Perspektive. In: Lechterbeck J, Fischer E (eds) Kontrapunkte. Festschrift für Manfred Rösch. Universitätsforschungen zur prähistorischen Archäologie 300. Rudolf Habelt, Bonn, 203–217

Stobbe A (2020) Der Mensch lebt nicht schlecht vom Wald allein. Von der Symbiose Mensch-Wald in der Vorgeschichte am Beispiel der Wetterau. Jahresberichte der Wetterauischen Gesellschaft für die gesamte Naturkunde zu Hanau 170 (Themenband Wald): 37–54

Stobbe A, Baitinger H (2008) Neue Untersuchungen am „Weiher" auf dem Glauberg, Wetteraukreis. HessenArchäologie 2007: 172–175

Stobbe A, Bringemeier L (2022) Die Waldentwicklung zwischen Neolithikum und Eisenzeit in der hessischen Mittelgebirgszone vor dem Hintergrund anthropogener und klimatischer Einflüsse. In: Hansen S, Krause R (eds) Die Frühgeschichte von Krieg und Konflikt. Beiträge der Vierten Internationalen LOEWE-Konferenz 2019 in Frankfurt/M. Universitätsforschungen zur prähistorischen Archäologie 383. Prähistorische Konfliktforschung 5. Rudolf Habelt, Bonn, 403–428

Stobbe A, Gumnior M (2021) Palaeoecology as a tool for the future management of forest ecosystems in Hesse (Central Germany): Beech (Fagus sylvatica L.) versus lime (Tilia cordata Mill.). Forests 12(7): 924

Stobbe A, Kalis AJ (2001) Vegetation und Landschaft der Wetterau zu Lebzeiten des Glaubergfürsten. In: Hansen S, Pingel V (eds) Archäologie in Hessen. Festschrift für Fritz-Rudolf Herrmann. Marie Leidorf, Rahden/Westfalen, 119–126

Stobbe A, Kalis AJ (2002) Wandel einer Landschaft. Ergebnisse von Pollenuntersuchungen in der östlichen Wetterau. In: Baitinger H, Pinsker B (eds) Das Rätsel der Kelten vom Glauberg. Glaube – Mythos – Wirklichkeit. Ausstellungskatalog Frankfurt am Main. Konrad Theiss, Stuttgart, 121–129

Stobbe A, Kroemer D, Zerl T (2014) Die Burg von Rodgau-Hainhausen – auf Torf gebaut. HessenArchäologie 2013: 148–152

Stobbe A, Rasbach G, Röpke A, Rühl L (2020) A Roman well in Waldgirmes (Hesse, Germany) – Palynological analyses supported by plant macro-remains and micromorphological studies. Vegetation History and Archaeobotany 29: 133–151

Stobbe A, Uebeler M, König A, Wittig R (2022) Die Entwicklung der Vegetation des Taunus seit der letzten Eiszeit. In Wittig R, Ehmke W, König A, Uebeler M (eds) Taunusflora – Ergebnisse einer Kartierung im Vortaunus, Hohen Taunus und kammnahen Hintertaunus. Botanische Vereinigung für Naturschutz in Hessen e. V., Frankfurt am Main, 23–33

Odenwald und Spessart (Kapitel 27)

Brande A, Weichhardt-Kulessa K, Zerbe S (2011) Moorvegetation und -entwicklung der Drei Seen im mittleren Odenwald (Bayern). Telma 41: 29–66

Firbas F (1952) Taunus, Odenwald, Spessart. In: Spät- und nacheiszeitliche Waldgeschichte Mitteleuropas nördlich der Alpen. Zweiter Band: Waldgeschichte der einzelnen Landschaften. Gustav Fischer, Jena, 49–51

Große-Brauckmann G (1999) Torfbildende Pflanzengemeinschaften der Vergangenheit im Vorderen Odenwald. Botanik und Naturschutz in Hessen 11: 51–70

Große-Brauckmann G (2000) Moore im westlichen Hinteren Odenwald (Wegscheide-Gebiet) – historisch-floristisch sowie pollen- und makrorestanalytisch. Botanik und Naturschutz in Hessen 12: 9–27

Große-Brauckmann G, Haußner W, Mohr K (1973) Über eine kleine Vermoorung im Odenwald, ihre Ablagerungen und ihre Entwicklung – auch im Zusammenhang mit der Entwicklung der umgebenden Kulturlandschaft. Zeitschrift für Kulturtechnik und Flurbereinigung 14: 132–143

Große-Brauckmann G, Lebong U (2001) Pollenanalytische und Makrofossilbefunde aus dem Sandstein-Odenwald. Carolinea 59: 25–44

Große-Brauckmann G, Streitz B (1977) Das Wiesbüttmoor: Über die Pflanzendecke eines kleinen Naturschutzgebietes im Spessart, Teil 1. Natur und Museum 107(4):103–108

Große-Brauckmann G, Streitz B (1977) Das Wiesbüttmoor: Über die Pflanzendecke eines kleinen Naturschutzgebietes im Spessart, Teil 2. Natur und Museum 107(5):141–148

Große-Brauckmann G, Streitz B, Lebong U, Ader G (1984) Das Rote Wasser: Pflanzendecke, Entwicklungsgeschichte und Naturschutz eines kleinen Tales im Odenwald. Telma 14: 57–79

Jaeschke J (1935) Zur Waldgeschichte des Odenwaldes und des Taunus (Vorläufige Mitteilung). Forstwissenschaftliches Centralblatt 57(17): 541–549

Jaeschke J (1936) Zur nacheiszeitlichen Waldgeschichte des Odenwaldes, Taunus und Spessarts. Forstwissenschaftliches Centralblatt 58(11): 375–382

Kreuz A (2018) Von der „Waldeinsamkeit" zu modernen Forsten. Zur Vegetations- und Nutzungsgeschichte von Odenwald und Spessart. Denkmalpflege und Kulturgeschichte 2: 16–22

Kreuz A (2024) Zur Vegetations- und Nutzungsgeschichte von Odenwald und Spessart. In: Wackerfuß W (ed) Beiträge zur Erforschung des Odenwaldes und seiner Randlandschaften 9. Breuberg-Bund, Breuberg-Neustadt, 1–33

Lagies M (2004) Vegetationsgeschichtliche Untersuchungen am Wiesbüttmoor (Spessart). HessenArchäologie 2003: 167–170

Lagies M (2005) Neue pollenanalytische Forschungen in Spessart und Odenwald – eine Zusammenfassung. Carolinea 63: 113–134

Lagies M (2005) Palynologische Untersuchungen zur Vegetations- und Siedlungsgeschichte von Spessart und Odenwald während des jüngeren Holozäns. In: Regierungspräsidium Stuttgart, Landesamt für Denkmalpflege (eds) Zu den Wurzeln europäischer Kulturlandschaft – experimentelle Forschungen. Wissenschaftliche Tagung Schöntal 2002, Tagungsband. Materialhefte zur Archäologie Baden-Württembergs 73. Konrad Theiss, Stuttgart, 169–271

Streitz B, Große-Brauckmann G (1977) Das Wiesbüttmoor: Entstehung und Entwicklungsgeschichte einer kleinen Vermoorung im Spessart. Natur und Museum 107(12): 367–374

Weichhardt-Kulessa K (2011) Vegetationskundliche und vegetationsgeschichtliche Untersuchungen an Mooren im Spessart und Odenwald. Dissertation, Technische Universität Berlin

Weichhardt-Kulessa K, Brande A, Zerbe S (2007) Zwei kleine Waldmoore im Hochspessart als Archive der Landschaftsgeschichte und Objekte des Naturschutzes. Telma 37: 57–76

Weichhardt-Kulessa K, Zerbe S, Brande A (2004) Ecological investigations of mires in the Spessart mountains (Germany) focussing on vegetation and land-use history. Verhandlungen der Gesellschaft für Ökologie 34: 399

Zerbe S (1999) Die Wald- und Forstgesellschaften des Spessarts mit Vorschlägen zu deren zukünftigen Entwicklung. Mitteilungen des Naturwissenschaftlichen Museums der Stadt Aschaffenburg NF 19: 3–354

Schwäbische Alb (Kapitel 28)

Bertsch K (1926) Pollenanalytische Untersuchungen an einem Moor der Schwäbischen Alb. Veröffentlichungen der Staatlichen Stelle für Naturschutz beim Württembergischen Landesamt für Denkmalpflege 3: 7–27

Bertsch K (1929) Wald- und Florengeschichte der Schwäbischen Alb. Veröffentlichungen der Staatlichen Stelle für Naturschutz beim Württembergischen Landesamt für Denkmalpflege 5: 5–58

Bertsch K (1929) Blütenstaubuntersuchungen im württembergischen Neckargebiet. Jahreshefte des Vereins für vaterländische Naturkunde in Württemberg 85: 1–42

Bertsch K (1930) Die diluviale Flora der Schwäbischen Alb. Berichte der Deutschen Botanischen Gesellschaft 48(9): 365–373

Bertsch K (1953) Blütenstaubuntersuchungen bei Ulm. Jahreshefte des Vereins für vaterländische Naturkunde in Württemberg 108: 68–70

Bertsch K (1955) Vegetationsverhältnisse der Steinzeitsiedlung im Ulmer Blautal. Naturwissenschaftliche Monatsschrift „Aus der Heimat" 63(11/12): 225–230

Firbas F (1952) Die Schwäbische Alb. In: Spät- und nacheiszeitliche Waldgeschichte Mitteleuropas nördlich der Alpen. Zweiter Band: Waldgeschichte der einzelnen Landschaften. Gustav Fischer, Jena, 51–54

Göttlich K (1951) Ein Pollendiagramm aus der Südwestalb, entwicklungs- und waldgeschichtlich betrachtet (Dürbheimer Moor bei Spaichingen, Wttbg.). Berichte der Deutschen Botanischen Gesellschaft 64: 174–179

Göttlich K (1979) Das Geifitze-Moor bei Onstmettingen, Zollernalbkreis – und weitere Vorkommen auf der Schwäbischen Alb. Veröffentlichungen für Naturschutz und Landschaftspflege in Baden-Württemberg 49/50: 505–524

Göttlich K, Werner J (1968) Zur Flußgeschichte der Lauchert. Jahresberichte und Mitteilungen des Oberrheinischen Geologischen Vereins NF 50: 115–126

Gregor HJ, Brande A, Poschlod P (1985) Paläoethnobotanische Untersuchung eines mittelalterlichen Brunneninhaltes in Kelheim. Documenta naturae 23: 1–26

Groschopf P (1952) Pollenanalytische Datierung württembergischer Kalktuffe und der postglaziale Klima-Ablauf. Jahreshefte der Geologischen Abteilung des Württembergischen Statistischen Landesamtes 2: 72–94

Groschopf P (1955) Die pollenanalytischen Untersuchungen. In: Paret O (ed) Das Steinzeitdorf Ehrenstein bei Ulm (Donau). Schweizerbart, Stuttgart, 34–40

Groschopf P (1961) Beiträge zur Holozänstratigraphie Südwestdeutschlands nach C-14 Bestimmungen. Jahreshefte des Geologischen Landesamtes Baden-Württemberg 4: 137–143

Groschopf P, Hauff R, Kley A (1951) Das obere Filstal vor 10.000 Jahren. Neue Württembergische Zeitung, 7.April 1951, 10

Grüger E (1995) Pollenanalytische Untersuchungen an Sedimenten des Schmiechener Sees. In: Germann R, Grüger E, Schreiner A, Strayle G, Villinger E (eds) Geologie: Die Entstehung des Schmiecher Sees aufgrund der Bohrung Schmiecher See 1. Beihefte zu den Veröffentlichungen für Naturschutz und Landschaftspflege in Baden-Württemberg 78. Landesamt für Umweltschutz Baden-Württemberg, Karlsruhe, 74–84

Hauff R (1937) Die Buchenwälder auf den kalkarmen Lehmböden der Ostalb und die nacheiszeitliche Waldentwicklung auf diesen Böden. Jahreshefte des Vereins für vaterländische Naturkunde in Württemberg 93: 51–97

Hauff R (1969) Nachwärmezeitliche Pollenprofile aus baden-württembergischen Forstbezirken IV. Mitteilungen des Vereins für Forstliche Standortskunde und Forstpflanzenzüchtung 19: 29–48

Hauff R (1979) Pollenanalytische Untersuchungen in der Traufzone der Südwestalb. Mitteilungen des Vereins für Forstliche Standortskunde und Forstpflanzenzüchtung 27: 36–38

Lang G (1952) Zur späteiszeitlichen Vegetations- und Florengeschichte Südwestdeutschlands. Flora 139: 243–294

Langer H (1962) Beiträge zur Kenntnis der Waldgeschichte und Waldgesellschaften Süddeutschlands. Bericht der Naturforschenden Gesellschaft Augsburg 14(73): 1–120

Rösch M (1993) Quartärbotanische Untersuchung eines frühholozänen Torfes von Bad Urach (Schwäbische Alb). In: Brombacher C, Jacomet S, Hass JN (eds) Festschrift Zoller: Beiträge zu Philosophie und Geschichte der Naturwissenschaften, Evolution und Systematik, Ökologie und Morphologie, Geobotanik, Pollenanalyse und Archäobotanik. Dissertationes Botanicae 196. Cramer, Berlin, Stuttgart, 369–376

Rösch M (1999) Ein Pollenprofil aus dem ehemaligen Fischweiher des Herzogs von Württemberg bei Nabern, Stadt Kirchheim/Teck, zur Kenntnis der Kulturlandschaftsgeschichte des Späten Mittelalters und der Frühen Neuzeit im Vorland der Schwäbischen Alb. Fundberichte aus Baden-Württemberg 23: 741–778

Schütrumpf R (1968) Die neolithischen Siedlungen von Ehrenstein bei Ulm, Aichbühl und Riedschachen im Federseemoor im Lichte moderner Pollenanalyse. In: Zürn H, Das jungsteinzeitliche Dorf Ehrenstein. Teil II: Naturwissenschaftliche Beiträge. Veröffentlichungen des Staatlichen Amts für Denkmalpflege Stuttgart Reihe A 10/II. Silberburg, Stuttgart, 79–104

Smettan H (1992) Was der Blütenstaub unter dem Göppinger Rathaus verrät. Hohenstaufen/Helfenstein – Historisches Jahrbuch für den Kreis Göppingen 2: 9–20

Smettan H (1993) Wie der Mensch die Pflanzendecke des Albuchs veränderte. – Pollenanalytische Ergebnisse zum Einfluß des vor- und frühgeschichtlichen Menschen auf die Umwelt. Höhle und Karst 1993: 333–344

Smettan H (1994) Pollenanalysen im Kühloch bei Herbrechtingen-Bolheim. Jahrbuch des Heimat- und Altertumsverein Heidenheim an der Brenz 5: 231–239

Smettan H (1995) Archäoökologische Untersuchungen auf dem Albuch. Beiträge zur Eisenverhüttung auf der Schwäbischen Alb. Forschungen und Berichte zur Vor- und Frühgeschichte in Baden-Württemberg 55: 37–136

Smettan H (2004) Vegetationsgeschichtliche Untersuchungen am westlichen Riesrand (Württemberg). In: Krause R, Pfeffer KH (eds) Studien zum Ökosystem einer keltisch-römischen Siedlungskammer am Nördlinger Ries. Tübinger Geographische Studien 130. Selbstverlag des Geographischen Instituts der Universität Tübingen, Tübingen, 179–242

Smettan H (2010) Die Landschaftsgeschichte im Umfeld der Heuneburg/obere Donau. Ein Beitrag zur Wald-, Moor- und Besiedlungsgeschichte. Fundberichte aus Baden-Württemberg 31: 115–264

Smettan H (2020) Die spät- und nacheiszeitliche Vegetationsgeschichte der Schwäbischen Alb. Jahreshefte der Gesellschaft für Naturkunde in Württemberg 176: 5–42

Neckarland (Kapitel 29)

Bertsch K (1926) Ein untergegangenes Torfmoor bei Großgartach. Veröffentlichungen der Staatlichen Stelle für Naturschutz beim Württembergischen Landesamt für Denkmalpflege 3: 28–31

Bertsch K (1929) Wald- und Florengeschichte der Schwäbischen Alb. Veröffentlichungen der Staatlichen Stelle für Naturschutz beim Württembergischen Landesamt für Denkmalpflege 5: 5–58

Bertsch K (1929) Blütenstaubuntersuchungen im württembergischen Neckargebiet. Jahreshefte des Vereins für vaterländische Naturkunde in Württemberg 85: 1–42

Filzer P (1960) Eine Tuffsandgrube am Fuße der Schwäbischen Alb als vegetationskundliches Archiv. Aus der Heimat 68(6): 221–224

Filzer P (1973) Beziehungen zwischen der Vegetationsgeschichte und der vor- und frühgeschichtlichen Besiedlung im Tübinger Raum. Jahreshefte der Gesellschaft für Naturkunde in Württemberg 128: 118–126

Firbas F (1941) Ein buchenzeitliches Torflager in Korntal bei Stuttgart. Veröffentlichungen der Württembergischen Landesstelle für Naturschutz 17: 147–157

Firbas F (1952) Das Neckarland. In: Spät- und nacheiszeitliche Waldgeschichte Mitteleuropas nördlich der Alpen. Zweiter Band: Waldgeschichte der einzelnen Landschaften. Gustav Fischer, Jena, 54–60

Groschopf P (1952) Pollenanalytische Datierung württembergischer Kalktuffe und der postglaziale Klima-Ablauf. Jahreshefte der Geologischen Abteilung des Württembergischen Statistischen Landesamtes 2: 72–94

Hauff R (1956) Pollenanalytische Beiträge zur nachwärmezeitlichen Waldgeschichte des Schwäbisch-Fränkischen Waldes. Mitteilungen des Vereins für Forstliche Standortskartierung 5: 3–9

Hauff R (1960) Drei neue Pollenprofile aus Nord- und Südwürttemberg. Mitteilungen des Vereins für Forstliche Standortskunde und Forstpflanzenzüchtung 9: 16–25

Hauff R (1961) Nachwärmezeitliche Pollenprofile aus baden-württembergischen Forstbezirken II. Mitteilungen des Vereins für Forstliche Standortskunde und Forstpflanzenzüchtung 11: 66–78

Hauff R (1967) Nachwärmezeitliche Pollenprofile aus baden-württembergischen Forstbezirken III. Mitteilungen des Vereins für Forstliche Standortskunde und Forstpflanzenzüchtung 17: 22–39

Hauff R (1969) Nachwärmezeitliche Pollenprofile aus baden-württembergischen Forstbezirken IV. Mitteilungen des Vereins für Forstliche Standortskunde und Forstpflanzenzüchtung 19: 29–48

Hauff R, Sebald O (1965) Ein floristisch und vegetationsgeschichtlich interessantes Moor bei Haigerloch. Jahreshefte des Vereins für vaterländische Naturkunde in Württemberg 120: 224–231

Körber-Grohne U (1978) Pollen-, Samen- und Holzbestimmungen aus der mittelalterlichen Siedlung aus der Oberen Vorstadt in Sindelfingen (Württemberg). In: Scholkmann B (ed) Sindelfingen/Obere Vorstadt. Forschungen und Berichte zur Archäologie in Baden-Württemberg 3. Müller & Gräff, Stuttgart, 184–198

Körber-Grohne U (1985) Die biologischen Reste aus dem hallstattzeitlichen Fürstengrab von Hochdorf, Gemeinde Eberdingen (Kreis Ludwigsburg). Forschungen und Berichte zur Vor- und Frühgeschichte in Baden-Württemberg 19: 85–265

Körber-Grohne U (1994) Der Torf unter der römischen Siedlung in der Flußaue der Kirnau. Stratigraphie und Pollenanalyse. Der römische Weihebezirk von Osterburken II. Forschungen und Berichte zur Vor- und Frühgeschichte 49: 363–366

Körber-Grohne U, Rösch M (1988) Römerzeitliche Brunnenfüllung im Vicus von Mainhardt, Kreis Schwäbisch-Gmünd. Fundberichte aus Baden-Württemberg 13: 307–323

Rieth A (1938) Vorgeschichtliche Funde aus dem Kalktuff der Schwäbischen Alb und des württembergischen Muschelkalkgebietes. Mannus 30(4): 562–584

Schaaf G (1925) Hohenloher Moore mit besonderer Berücksichtigung des Kupfermoores. Veröffentlichungen der Staatlichen Stelle für Naturschutz beim Württembergischen Landesamt für Denkmalpflege 1: 1–58

Schaaf G (1932) Blütenstaubzählungen an Hohenloher Mooren. Veröffentlichungen der Staatlichen Stelle für Naturschutz beim Württembergischen Landesamt für Denkmalpflege 8: 77–100

Smettan H (1986) Pollenanalytische Untersuchungen zur Vegetations- und Siedlungsgeschichte der Umgebung von Sersheim, Kreis Ludwigsburg. Fundberichte aus Baden-Württemberg 10: 367–421

Smettan H (1988) Naturwissenschaftliche Untersuchungen im Kupfermoor bei Schwäbisch Hall – ein Beitrag zur Moorentwicklung sowie zu Vegetations- und Siedlungsgeschichte der Haller Ebene. Forschungen und Berichte zur Vor- und Frühgeschichte in Baden-Württemberg 31: 81–115

Smettan H (1989) Der Cannabis/Humulus-Pollentyp und seine Auswertung im Pollendiagramm. In: Körber-Grohne U, Küster H (eds) Archäobotanik. Dissertationes Botanicae 133. Cramer, Berlin, Stuttgart, 25–40

Smettan H (1990) Naturwissenschaftliche Untersuchungen in der Neckarschlinge bei Laufen am Neckar. Fundberichte aus Baden-Württemberg 15: 437–473

Smettan H (1990) Pollenanalytische Beiträge aus Sindelfingen. Sindelfinger Jahrbuch 31: 290–306

Smettan H (1991) Die Gipskeuperdolinen in der Umgebung von Sersheim, Kreis Ludwigsburg. Veröffentlichungen für Naturschutz und Landschaftspflege in Baden-Württemberg 66: 251–310

Smettan H (1991) Ein pollenanalytischer Beitrag zur Geschichte von Hochdorf, Gemeinde Eberdingen, Kreis Ludwigsburg. Fundberichte aus Baden-Württemberg 16: 631–637

Smettan H (1992) Was der Blütenstaub unter dem Göppinger Rathaus verrät. Hohenstaufen/Helfenstein – Historisches Jahrbuch für den Kreis Göppingen 2: 9–20

Smettan H (1998) Pollenanalytische Untersuchungen im Umfeld der bandkeramischen Siedlung. In: Krause R (ed) Die bandkeramischen Siedlungsgrabungen bei Vaihingen an der Enz, Kreis Ludwigsburg (Baden-Württemberg). Ein Vorbericht zu den Ausgrabungen von 1994–1997. Bericht der Römisch-Germanischen Kommission 79. Philipp von Zabern, Mainz, 58–63

Smettan H (1999) Der Leofelser Moortopf in Hohenlohe. Naturwissenschaftliche Untersuchung zu seiner Entwicklung und zur Besiedlungsgeschichte in seiner Umgebung. Fundberichte aus Baden-Württemberg 23: 808–844

Smettan H (2000) Vegetationsgeschichtliche Untersuchungen am oberen Neckar im Zusammenhang mit der vor- und frühgeschichtlichen Besiedlung. Materialhefte zur Archäologie in Baden-Württemberg 49. Konrad Theiss, Stuttgart

Smettan H (2000) Der Kügelhofer Moortopf in Hohenlohe – Naturwissenschaftliche Untersuchungen zu seiner Entwicklung und zur Besiedlungsgeschichte in seiner Umgebung. Jahreshefte der Gesellschaft für Naturkunde in Württemberg 156: 157–187

Smettan H (2002) Vegetationsgeschichtliche Untersuchungen in der Leinbachaue bei Leingarten-Großgartach, Kreis Heilbronn. Fundberichte aus Baden-Württemberg 26: 45–67

Smettan H (2006) Der Reußenberg in Hohenlohe. Naturwissenschaftliche Untersuchungen zur Entwicklung seiner Karsthohlformen sowie zur Wald- und Besiedlungsgeschichte seiner Umgebung. Jahreshefte der Gesellschaft für Naturkunde in Württemberg 162: 151–227

Mittel- und unterfränkisches Maingebiet und Fränkische Alb (Kapitel 30)

Brande A (1975) Vegetationsgeschichtliche und pollenstratigraphische Untersuchungen zum Paläolithikum von Mauern und Meilenhofen (Fränkische Alb). Quartär 26: 73–106

Eggert T, Katzschmann A, Kasper T, Knipping M, Werther L, Wolters P, Ettel P, Haberzettl T (2021) Sedimentologische und palynologische Untersuchungen am Hohenrother See. In: Ettel P (ed) Siedlung – Landschaft – Wirtschaft. Aktuelle Forschungen im frühmittelalterlichen Pfalzgebiet Salz (Unterfranken). Jenaer Schriften zur Vor- und Frühgeschichte 11. Beier & Beran, Langenweißbach, 221–237

Ertl U (1987) Pollenstratigraphie von Talprofilen im Main-Regnitz-Gebiet. Berichte der Naturwissenschaftlichen Gesellschaft Bayreuth 19: 45–123

Falkenstein F, Schußmann M (2016) Forschungen am Bullenheimer Berg 2011–2015. Bericht der Bayerischen Bodendenkmalpflege 57: 101–182

Firbas F (1952) Das mittel- und unterfränkische Maingebiet und die Fränkische Alb. In: Spät- und nacheiszeitliche Waldgeschichte Mitteleuropas nördlich der Alpen. Zweiter Band: Waldgeschichte der einzelnen Landschaften. Gustav Fischer, Jena, 60–64

Hauff R (1956) Pollenanalytische Beiträge zur nachwärmezeitlichen Waldgeschichte des Schwäbisch-Fränkischen Waldes. Mitteilungen des Vereins für Forstliche Standortskartierung 5: 3–9

Hilgart M, Knipping M, Reisch L, Rieder KH, Trappe M (1999) Der Talraum der Altmühl bei Kinding während der älteren Eisenzeit (Hallstattzeit). Untersuchungen zur Archäologie und Paläoökologie einer vorgeschichtlich dicht besiedelten Kulturlandschaft. Mitteilungen der Fränkischen Geographischen Gesellschaft 46: 127–170

Hilpert B, Ambros D, Knipping M (2017) Paläontologische und palynologische Funde aus der Sandgrube Roth bei Gremsdorf. Natur und Mensch. Jahresmitteilungen der Naturhistorischen Gesellschaft Nürnberg e.V. 2016: 111–120

Knipping M (2001) Pollenanalytische Untersuchungen an einem Profil aus dem Ottmaringer Tal (Südliche Frankenalb). Quartär 51/52: 211–227

Küster H (1993) Pollenanalytische Untersuchungen im Bereich des Karlsgrabens. Das Archäologische Jahr in Bayern 1993: 135–138

Lange E (1976) Zur Entwicklung der natürlichen und anthropogenen Vegetation in frühgeschichtlicher Zeit. Teil 2: Naturnahe Vegetation. Feddes Repertorium 87(6): 367–442

Langer H (1962) Beiträge zur Kenntnis der Waldgeschichte und Waldgesellschaften Süddeutschlands. Bericht der Naturforschenden Gesellschaft Augsburg 14(73): 1–120

Nelle O, Schmidgall J (2003) Der Beitrag der Paläobotanik zur Landschaftsgeschichte von Karstgebieten am Beispiel der vorgeschichtlichen Höhensiedlung Kallmünz (Südöstliche Frankenalb). Eiszeitalter und Gegenwart 53: 55–73

Ott-Eschke M (1946) Pflanzengeographische Untersuchungen über den Bestockungswandel des Nürnberger Reichswaldes. Dissertation, Universität Erlangen-Nürnberg

Ott-Eschke M (1952) Pollenanalytische Untersuchungen im Gebiet des Nürnberger Reichswaldes. Forstwissenschaftliches Centralblatt 71: 48–63

Peters M, Peters A (2011) Analyse eines Pollenprofils aus dem Schuttertal in Ingolstadt-Pettenhofen – Zur Rekonstruktion der vorgeschichtlichen Umwelt. Bericht der Bayerischen Bodendenkmalpflege 52: 19–46

Rehagen HW (1960) Pollenanalytische Untersuchung eines Torfvorkommens von Tennenlohe bei Erlangen. Geologische Blätter für Nordost-Bayern 10(4): 168–170

Schirmer U, Schirmer W (1988) Das Alter der Ebinger Terrasse. In: Schirmer W (ed) Junge Flußgeschichte des Mains um Bamberg. 24. DEUQUA-Tagung. Führer zur Exkursion H. Hannover, 10–13

Stojakowits P, Knipping M (2023) Quartäre Vegetationsentwicklung in Bayern im Spiegel der Pollenarchive und Makrorestanalyse. In: Uthmeier T, Mischka D (eds) Steinzeit in Bayern. Das Handbuch. WBG Theiss, Darmstadt, 148–167

Zeidler H (1939) Untersuchungen an den Mooren im Gebiet des mittleren Mainlaufs. Zeitschrift für Botanik 34: 1–66

Zeidler H (1956) Pollenanalyse und Standortkunde. Waldhygiene 8: 237–248

Oberpfälzer Senke (Kapitel 31)

Firbas F (1952) Die Oberpfälzer Senke. In: Spät- und nacheiszeitliche Waldgeschichte Mitteleuropas nördlich der Alpen. Zweiter Band: Waldgeschichte der einzelnen Landschaften. Gustav Fischer, Jena, 64–66

Knipping M (1989) Zur spät- und postglazialen Vegetationsgeschichte des Oberpfälzer Waldes. Dissertationes Botanicae 140. Cramer, Berlin, Stuttgart

Paul H, Lutz J (1939) Zur Kenntnis der Moore des Oberpfälzer Mittellandes. Zeitschrift für Botanik 34: 193–230

Stalling H (1987) Untersuchungen zur spät- und postglazialen Vegetationsgeschichte im Bayerischen Wald. Dissertationes Botanicae 105. Cramer, Berlin, Stuttgart

Eifel und Hunsrück (Kapitel 32)

Bahrig B (1985) Sedimentation und Diagenese im Laacher Seebecken (Osteifel). Bochumer geologische und geotechnische Arbeiten 19: 1–231

Bastin B (1980) Mise en évidence et datation ^{14}C de l'oscillation préboréale de Piottino dans un nouveau diagramme pollinique réalisé dans le Hinkelsmaar (Eifel occidental). Annales de la Société géologique de Belgique 103: 87–95

Bauer E (1974) Der Soonwald im Hunsrück. Dissertation, Universität Freiburg

Becker T (1975) Zur nacheiszeitlichen Waldgeschichte des Hunsrück. Annales Universitatis Saraviensis 12: 97–120

Boscheinen J, Bosinski G, Brunnacher K, Koch U, van Kolfschoten T, Turner E, Urban B (1984) Ein altpaläolithischer Fundplatz bei Miesenheim Kreis Mayen-Koblenz/Neuwieder Becken. Archäologisches Korrespondenzblatt 14: 1–16

Brauer A, Litt T, Negendank JFW, Zolitschka B (2001) Lateglacial varve chronology and biostratigraphy of lakes Holzmaar and Meerfelder Maar. Boreas 30: 83–88

Brunnacker K, Fruth HJ, Juvigne E, Urban B (1982) Spätpaläolithische Funde aus Thür, Kreis Mayen-Koblenz. Archäologisches Korrespondenzblatt 12: 417–427

Dörfler W (2019) Zur Vegetations- und Umweltgeschichte im Mittelgebirgsraum von Hunsrück und Eifel mit einem Schwerpunkt in Belginum. In: Cordie R, Haßlinger N, Wiethold J (eds) Was aßen Kelten und Römer? Umwelt, Landwirtschaft und Ernährung westlich des Rheins. Schriften des Archäologieparks Belginum 17. Archäologiepark Belginum, Morbach-Wederath, 15–26

Dörfler W, Evans A, Löhr H (1998) Trierer Walramsneustraße – Untersuchungen zum römerzeitlichen Landschaftswandel im Hunsrück-Eifel-Raum an einem Beispiel aus der Trierer Talweite. In: Müller-Karpe A, Brandt H, Jöns H, Krauße D, Wigg A (eds) Studien zur Archäologie der Kelten, Römer und Germanen im Mittel- und Westeuopa. Alfred Haffner zum 60. Geburtstag gewidmet. Studia honoraria 4. Marie Leidorf, Rahden/Westfalen, 119–152

Dörfler W, Evans A, Nakoinz O, Usinger H, Wolf A (2000) Wandel der Kulturlandschaft als Ausdruck kulturellen Wandels? Pollenanalytische und siedlungsarchäologische Untersuchungen zur Romanisierung in der Vulkaneifel. In: Haffner A, von Schnurbein S (eds) Kelten, Germanen, Römer im Mittelgebirgsraum zwischen Luxemburg und Thüringen. Akten des Internationalen Kolloquiums zum DFG-Schwerpunktprogramm „Romanisierung" in Trier vom 28. bis 30. September 1998. Rudolf Habelt, Bonn, 129–146

Erlenkeuser H, Frechen J, Straka H, Willkomm H (1971) Das Alter einiger Eifelmaare nach neuen petrologischen, pollenanalytischen und Radiokarbon-Untersuchungen. Decheniana 125: 113–129

Firbas F (1952) Das Rheinische Schiefergebirge: Hohes Venn, Eifel und Hunsrück. In: Spät- und nacheiszeitliche Waldgeschichte Mitteleuropas nördlich der Alpen. Zweiter Band: Waldgeschichte der einzelnen Landschaften. Gustav Fischer, Jena, 66–73

Frechen J, Straka H (1950) Die pollenanalytische Datierung der letzten vulkanischen Tätigkeit im Gebiet einiger Eifelmaare. Die Naturwissenschaften 37(8): 184–185

Frenzel B (1983) Mires – Repositories of climatic information or self-perpetuating ecosystems? In: Gore AJP (ed) Mires: Swamp, Bog, Fen and Moor – General studies. Ecosystems of the world, 4. Auflage. Elsevier, Amsterdam, New York, 35–65

Frenzel B (1991) Die vormittelalterliche Besiedlungsgeschichte des westlichen Hunsrücks und der Westeifel nach paläobotanischen Befunden. In: Haffner A, Miron A (eds) Studien zur Eisenzeit im Hunsrück-Nahe-Raum – Symposium Birkenfeld 1987. Trierer Zeitschrift für Geschichte und Kunst des Trierer Landes und seiner Nachbargebiete, Beiheft 1. Selbstverlag des Rheinischen Landesmuseums, Trier, 309–336

Herbig C, Sirocko F (2013) Palaeobotanical evidence for agricultural activities in the Eifel region during the Holocene: Plant macro-remain and pollen analyses from sediments of three maar lakes in the Quaternary Westeifel Volcanic Field (Germany, Rheinland-Pfalz). Vegetation History and Archaeobotany 22: 447–462

Houben P, Kühl N, Dambeck R, Overath J (2013) Lateglacial to Holocene rapid crater infilling of a MIS 2 maar volcano (West-Eifel Volcanic Field, Germany): Environmental history and geomorphological feedback mechanisms. Boreas 42: 947–958

Hummel M (1949) Zur postglazialen Wald-, Siedlungs- und Moorgeschichte der Vordereifel. Planta 37: 451–497

Jungerius PD, Riezebos PA, Slotboom RT (1968) The age of Eifel Maars as shown by the presence of Laacher See ash of Allerød age. Geologie en Mijnbouw 47: 199–205

Juvingné E (1982) A propos de l'âge de Maars et volcans de l'Eifel occidental. Zeitschrift für Geomorphologie NF 26: 243–250

Kalis AJ, Meurers-Balke J (1997) Landnutzung im Neolithikum. In: Richter J (ed) Neolithikum. Geschichtlicher Atlas der Rheinlande Beiheft II/2.1-II/2.2. Publikationen der Gesellschaft für Rheinische Geschichtskunde 12(1b). Rheinland Verlag, Köln, 25–55

Kersberg H, Peters I (1967) Das Truffvenn im Kyllwald (Südwesteifel). Decheniana 118: 153–163

Kopf C (2020) Hypothese der Hangbruchgenese im südwestdeutschen Mittelgebirge Hunsrück anhand hydrologischer, pedologischer und geobotanischer Untersuchungen in der Region des Nationalpark Hunsrück-Hochwald. Mitteilungen aus der Forschungsanstalt für Waldökologie und Forstwirtschaft Rheinland-Pfalz 85. Landesforsten Rheinland-Pfalz, Trippstadt

Kubitz B (2000) Die holozäne Vegetations- und Siedlungsgeschichte in der Westeifel am Beispiel eines hochauflösenden Pollendiagrammes aus dem Meerfelder Maar. Dissertationes Botanicae 339. Cramer, Berlin, Stuttgart

Kühl N, Moschen R (2012) A combined pollen and $\delta 18O$ Sphagnum record of mid-Holocene climate variability from Dürres Maar (Eifel, Germany). The Holocene 22: 1075–1085

Kühl N, Moschen R, Wagner S, Brewer S, Peyron O (2010) A multi-proxy record of late Holocene natural and anthropogenic environmental change from the Sphagnum peat bog Dürres Maar, Germany: Implications for quantitative climate reconstructions based on pollen. Journal of Quaternary Science 25(5): 675–688

Leroy SAG, Zolitschka B, Negendank JFW, Seret G (2000) Palynological analyses in the laminated sediment of Lake Holzmaar (Eifel, Germany): Duration of Lateglacial and Preboreal biozones. Boreas 29: 52–71

Litt T (2003) Editorial: Environmental response to climate and human impact in central Europe during the last 15,000 years – A German contribution to PAGES-PEPIII. Quaternary Science Reviews 22: 1–4

Litt T (2004) Eifelmaare als Archive für die Vegetations- und Klimageschichte der letzten 15000 Jahre. Berichte der Reinhold-Tüxen-Gesellschaft 16: 87–95

Litt T, Brauer A, Goslar T, Merkt J, Bałaga K, Müller H, Ralska-Jasiewiczowa M, Stebich M, Negendank JFW (2001) Correlation and synchronisation of Lateglacial continental sequences in northern central Europe based on annually-laminated lacustrine sediments. Quaternary Science Reviews 20: 1233–1249

Litt T, Schölzel C, Kühl N, Brauer A (2009) Vegetation and climate history in the Westeifel Volcanic Field (Germany) during the last 11,000 years based on annually laminated lacustrine sediments. Boreas 38: 679–690

Litt T, Stebich M (1999) Bio- and chronostratigraphy of the Lateglacial in the Eifel region, Germany. Quaternary International 61: 5–16

Lotter AF; Birks HJB und Zolitschka B (1995) Late-glacial pollen and diatom changes in response to two different environmental perturbations: Volcanic eruption and Younger Dryas cooling. Journal of Paleolimnology 14: 23–47

Müller MJ, Schröder D, Urban B, Zöller L (1983) Zur weichselzeitlichen Entwicklungsgeschichte der unteren Saar (Rheinisches Schiefergebirge). Eiszeitalter und Gegenwart 33: 79–94

Persch F (1950) Zur postglazialen Wald- und Moorentwicklung im Hohen Venn. Decheniana 104: 81–93

Peters I (1967) Pollenanalytische Untersuchungen im Truffvenn bei Weißenseifen. Decheniana 118(2): 165–179

Riezebos PA, Slotboom RT (1984) Three-fold subdivision of the Allerød chronozone. Boreas 13: 347–353

Schloß S, Wick L (2019) Pollenprofile aus dem Nationalpark Hunsrück-Hochwald. Zur Vegetations- und Umweltgeschichte einer Kleinregion im südlichen Idarwald. In: Cordie R, Haßlinger N, Wiethold J (eds) Was aßen Kelten und Römer? Umwelt, Landwirtschaft und Ernährung westlich des Rheins. Schriften des Archäologieparks Belginum 17. Archäologiepark Belginum, Morbach-Wederath, 27–32

Schroeder K (1971) Geologisch-paleobotanische Untersuchung eines römerzeitlichen Brunnens bei Irrel, Kreis Bittburg-Prüm (Eifel). Trierer Zeitschrift für Geschichte und Kunst des Trierer Landes 34: 97–117

Schroeder K (1973) Die palaeobotanische Auswertung subfossiler Pflanzenreste aus einem römischen Brunnen bei Irrel, Kreis Bitburg (Eifel). Abhandlungen der Arbeitsgemeinschaft für tier- und pflanzengeographische Heimatforschung im Saarland 4: 38–51

Schroeder K (1975) Die palaeobotanische Auswertung eines Torfvorkommens beim gallo-römischen Quellheiligtum von Hochscheid im Hunsrück. In: Weisgerber G (ed), Das Pilgerheiligtum des Apollo und der Sirona von Hochscheid im Hunsrück. Rudolf Habelt, Bonn, 131–144

Schroeder K (1978) Pflanzenreste aus einem Brunnen des gallo-römischen Ortes Belginum bei Wederath im Hunsrück nebst Vergleich mit anderen römischen Brunnen. Annales Universitatis Saraviensis 14: 114–129

Schüler G, Kopf C, Gorecky A, Krüger JP, Dotterweich M, Seifert-Schäfer A, Hoffmann S, Scherzer J, Kneisel C, Trappe J, et al. (2020) Die Hangbrücher des Hunsrücks. Mitteilungen aus der Forschungsanstalt für Waldökologie und Forstwirtschaft Rheinland-Pfalz 86. Landesforsten Rheinland-Pfalz, Trippstadt

Schütrumpf R (1973) Weitere Profile von Köln-Merheim und ihre Datierung. Kölner Jahrbuch für Vor- und Frühgeschichte 13: 23–35

Schwaar J (1969) Die Gerolsteiner Moß, Eifel, in moor- und vegetationskundlicher Sicht. Berichte der Deutschen Botanischen Gesellschaft 82: 249–264

Schwaar J (1970) Nachwärmezeitliche Vegetationsgeschichte des Salmwaldes/Eifel. Berichte der Deutschen Botanischen Gesellschaft 83: 89–107

Sirocko F, Dietrich S, Veres D, Grootes P, Schaber-Mohr K, Seelos K, Nadeau MJ, Kromer B, Rothacker L, Röhner M, Krbetschek M, Appleby P, Hambach U, Rolf C, Sudo M, Grim S (2013) Multi-proxy-dating of Holocene maar lakes and Pleistocene dry maar sediments in the Eifel, Germany. Quaternary Science Reviews 62: 56–72

Sirocko F, Knapp H, Dreher F, Förster MW, Albert J, Brunck H, Veres D, Dietrich S, Zech M, Hambach U, Röhner M, Rudert S, Schwibus K, Adams C, Sigl P (2016) The ELSA-Vegetation-Stack: Reconstruction of Landscape Evolution Zones (LEZ) from laminated Eifel maar sediments of the last 60,000 years. Global and Planetary Change 142: 108–135

Stebich M (1999) Palynologische Untersuchungen zur Vegetationsgeschichte des Weichsel-Spätglazial und Frühholozän an jährlich geschichteten Sedimenten des Meerfelder Maares (Eifel) Dissertationes Botanicae 320. Cramer, Berlin, Stuttgart

Straka H (1952) Zur spätquartären Vegetationsgeschichte der Vulkaneifel. Arbeiten zur Rheinischen Landeskunde 1. Selbstverlag des Geographischen Instituts der Universität Bonn, Bonn

Straka H (1954) Pollenanalytische Datierung zweier Vulkanausbrüche bei Strohn (Eifel). Planta 43: 461–471

Straka H (1956) Die pollenanalytische Datierung von jüngeren Vulkanausbrüchen. Erdkunde 10(3): 204–216

Straka H (1957) Zwei C14-Bestimmungen zum Alter der Eifel-Maare. Naturwissenschaftliche Rundschau 3: 109–110

Straka H (1958) Ein spätglaziales Pollendiagramm aus dem Hinkelsmaar bei Manderscheid (Vulkaneifel). Flora 146: 412–424

Straka H (1960) Zwei postglaziale Pollendiagramme aus dem Hinkelsmaar bei Manderscheid (Vulkaneifel). Decheniana 112: 219–241

Straka H (1961) Pollenanalytische Untersuchungen spätglazialer Ablagerungen aus zwei Maaren westlich Gillenfeld (Vulkaneifel). Pollen et Spores 3: 275–302

Straka H (1975) Die spätquartäre Vegetationsgeschichte der Vulkaneifel. Pollenanalytische Untersuchungen an vermoorten Maaren. In: Landesamt für Umweltschutz Rheinland-Pfalz (ed) Beiträge zur

Landespflege in Rheinland-Pfalz, Beiheft 3. Nising, Oppenheim, 1–163

Trautmann W (1962) Natürliche Waldgesellschaften und nachwärmezeitliche Waldgeschichte am Nordwestrand der Eifel. In: Lüdi W, Lange OL (eds) Festschrift Franz Firbas. Veröffentlichungen des Geobotanischen Institutes Rübel in Zürich 37. Hans Huber, Bern, 250–266

Usinger H (1982) Pollenanalytische Untersuchungen an spätglazialen und präborealen Sedimenten aus dem Meerfelder Maar (Eifel). Flora 172: 373–409

Usinger H (1984) Pollenanalytische Untersuchungen zum Alter des Meerfelder Maares und zur Vegetationsentwicklung in der Westeifel während der ausklingenden Eiszeit. Courier Forschungsinstitut Senckenberg 65: 49–66

Wiethold J (1998) Archäobotanische Aspekte der „Romanisierung" in Südwestdeutschland. In: Müller-Karpe A, Brandt H, Jöns H, Krauße D, Wigg A (eds) Studien zur Archäologie der Kelten, Römer und Germanen im Mittel- und Westeuopa. Alfred Haffner zum 60. Geburtstag gewidmet. Studia honoraria 4. Marie Leidorf, Rahden/Westfalen, 531–532

Wiethold J (2000) Verkohlte Pflanzenreste aus der späthallzeitlichen Siedlung von Borg „Seelengewann". In: Miron A (ed) Archäologische Untersuchungen im Trassenverlauf der Bundesautobahn A8 im Landkreis Merzig-Wadern. Berichte der Staatlichen Denkmalpflege im Saarland. Abteilung Bodendenkmalpflege, Beiheft 4. Landesdenkmalamt im Ministerium für Umwelt, Saarbrücken, 403–419

Wiethold J (2000) Verkohlte Pflanzenreste der Bronze- und Eisenzeit aus Büschdorf „Weichenförstchen I". In: Miron A (ed) Archäologische Untersuchungen im Trassenverlauf der Bundesautobahn A8 im Landkreis Merzig-Wadern. Berichte der Staatlichen Denkmalpflege im Saarland. Abteilung Bodendenkmalpflege, Beiheft 4. Landesdenkmalamt im Ministerium für Umwelt, Saarbrücken, 73–95

Wiethold J (2000) Die Pflanzenreste aus den Aschegruben. Ergebnisse archäobotanischer Analysen. In: Miron A (ed) Archäologische Untersuchungen im Trassenverlauf der Bundesautobahn A8 im Landkreis Merzig-Wadern. Berichte der Staatlichen Denkmalpflege im Saarland. Abteilung Bodendenkmalpflege, Beiheft 4. Landesdenkmalamt im Ministerium für Umwelt, Saarbrücken, 131–152

Wiethold J (2000) Kontinuität und Wandel in der landwirtschaftlichen Produktion und Nahrungsmittelversorgung zwischen Spätlatènezeit und gallo-römischer Epoche. In: Haffner A, von Schnurbein S (eds) Kelten, Germanen, Römer im Mittelgebirgsraum zwischen Luxemburg und Thüringen. Akten des Internationalen Kolloquiums zum DFG-Schwerpunktprogramm „Romanisierung" in Trier vom 28. bis 30. September 1998. Rudolf Habelt, Bonn, 147–160

Zolitschka B (1990) Spätquartäre jahreszeitlich geschichtete Seesedimente ausgewählter Eifelmaare. Documenta naturae 60. München

Zolitschka B, Haverkamp B, Negendank JFW (1992) Younger Dryas oscillation – varve dated microstratigraphic, palynological and palaeomagnetic records from lake Holzmaar, Germany. In: Bard E, Broecker WS (eds) The Last Deglaciation: Absolute and Radiocarbon Chronologies. Springer, Berlin, Heidelberg, 81–101

Taunus (Kapitel 33)

Bringemeier L, Stobbe A (2018) Vegetationsgeschichte und Landschaftsentwicklung. Vergleichende paläoökologische Untersuchungen zur Ressourcennutzung im hessischen Mittelgebirgsraum. In: Hansen S, Krause R (eds) Bronzezeitliche Burgen zwischen Taunus und Karpaten. Beiträge der Ersten Internationalen LOEWE-Konferenz vom 7. bis 9. Dezember 2016 in Frankfurt/M. Universitätsforschungen zur prähistorischen Archäologie 319. Prähistorische Konfliktforschung 2. Rudolf Habelt, Bonn, 17–25

Firbas F (1952) Taunus, Odenwald, Spessart. In: Spät- und nacheiszeitliche Waldgeschichte Mitteleuropas nördlich der Alpen. Zweiter Band: Waldgeschichte der einzelnen Landschaften. Gustav Fischer, Jena, 49–51

Jaeschke J (1935) Zur Waldgeschichte des Odenwaldes und des Taunus (Vorläufige Mitteilung). Forstwissenschaftliches Centralblatt 57(17): 541–549

Jaeschke J (1936) Zur nacheiszeitlichen Waldgeschichte des Odenwaldes, Taunus und Spessarts. Forstwissenschaftliches Centralblatt 58(11): 375–382

Schmenkel G (2001) Pollenanalytische Untersuchungen im Taunus. Berichte der Kommission für Archäologische Landesforschung in Hessen 6: 225–232

Schmenkel G (2003) Das Profil Emsbachtal zur Zeit der mittelalterlichen Glashütten. Pollenanalytische Untersuchungen zur Vegetationsgeschichte. In: Stepphun P (ed) Glashütten im Gespräch. Berichte und Materialien vom 2. Internationalen Symposium zur archäologischen Erforschung mittelalterlicher und frühneuzeitlicher Glashütten Europas. Schmidt-Römhild, Lübeck, 171–174

Stobbe A, Bringemeier L (2022) Die Waldentwicklung zwischen Neolithikum und Eisenzeit in der hessischen Mittelgebirgszone vor dem Hintergrund anthropogener und klimatischer Einflüsse. In: Hansen S, Krause R (eds) Die Frühgeschichte von Krieg und Konflikt. Beiträge der Vierten Internationalen LOEWE-Konferenz 2019 in Frankfurt/M. Universitätsforschungen zur prähistorischen Archäologie 383. Prähistorische Konfliktforschung 5. Rudolf Habelt, Bonn, 403–428

Stobbe A, Gumnior M (2021) Palaeoecology as a tool for the future management of forest ecosystems in Hesse (Central Germany): Beech (*Fagus sylvatica* L.) versus lime (*Tilia cordata* Mill.). Forests 12(7): 924

Stobbe A, Uebeler M, König A, Wittig R (2022) Die Entwicklung der Vegetation des Taunus seit der letzten Eiszeit. In Wittig R, Ehmke W, König A, Uebeler M (eds) Taunusflora – Ergebnisse einer Kartierung im Vortaunus, Hohen Taunus und kammnahen Hintertaunus. Botanische Vereinigung für Naturschutz in Hessen e. V., Frankfurt am Main, 23–33

Sauerländisches Bergland und Westerwald (Kapitel 34)

Averdieck FR (1958) Pollenanalytische Untersuchungen am Niederrhein. Zusammenfassender Bericht über die Arbeiten zur Vegetations- und Siedlungsgeschichte am Niederrhein vom 1.10.1957–31.3.1958. Unveröffentlichter Bericht im Geologischen Landesamt Nordrhein-Westfalen, 1–31

Budde H (1926) Pollenanalytische Untersuchungen der Ebbemoore. Ein Beitrag zur Waldgeschichte des Ebbegebirges. Verhandlungen des Naturhistorischen Vereins der Preussischen Rheinlande und Westfalens 83: 251–266

Budde H (1928) Pollenanalytische Untersuchungen der Moore auf der Hofginster Heide bei Hilchenbach. Verhandlungen des Naturhistorischen Vereins der Preussischen Rheinlande und Westfalens 85: 1–8

Budde H (1929) Pollenanalytische Untersuchungen des Moores am Bahnhof Erndtebrück. Verhandlungen des Naturhistorischen Vereins der Preussischen Rheinlande und Westfalens 86: 129–137

Budde H (1929) Waldgeschichte des Sauerlandes auf Grund von pollenanalytischen Untersuchungen seiner Moore. Berichte der Deutschen Botanischen Gesellschaft 47: 327–337

Budde H (1931) Die Waldgeschichte Westfalens auf Grund pollenanalytischer Untersuchungen seiner Moore. Abhandlungen aus dem Westfälischen Provinzial-Museum für Naturkunde 2: 17–26

Budde H (1938) Pollenanalytische Untersuchungen eines sauerländischen Moores bei Lützel. Decheniana 97: 169–186

Budde H (1939) Die ursprünglichen Wälder des Ebbe- und Lennegebirges im Kreise Altena auf Grund pollenanalytischer, forstgeschichtlicher und floristischer Untersuchungen. Decheniana 98: 165–207

Budde H (1952) Die Waldgeschichte des Ebbegebirges. Veröffentlichungen der Naturwissenschaftlichen Vereinigung Lüdenscheid e.V. 2: 19–23

Firbas F (1952) Das Rheinische Schiefergebirge: Sauerländisches Bergland, Westerwald. In: Spät- und nacheiszeitliche Waldgeschichte Mitteleuropas nördlich der Alpen. Zweiter Band: Waldgeschichte der einzelnen Landschaften. Gustav Fischer, Jena, 74–75

Fritz E (1952) Zur Entstehung des Niederwaldes. Holzkohleuntersuchung der Le Tène-Zeit aus dem Giebelwald. Blätter des Siegerländer Heimatvereins 3: 78–80

König H (1970) Untersuchungen zur Vegetationsentwicklung in Wittgenstein (Moor Erndtebrück). Wittgenstein 34(1): 2–53

Pott R (1985) Vegetationsgeschichtliche und pflanzensoziologische Untersuchungen zur Niederwaldwirtschaft in Westfalen. Abhandlungen aus dem Westfälischen Museum für Naturkunde 47(4): 1–75

Pott R (1985) Beiträge zur Wald- und Siedlungsentwicklung des westfälischen Berg- und Hügellandes auf Grund neuer pollenanalytischer Untersuchungen. In: Pott R, Sternschulte A, Wittig R, Rückert E (eds) Vegetationsgeographische Studien in Nordrhein-Westfalen. Wald- und Siedlungsentwicklung – Bauerngärten – Spontane Flora. Siedlung und Landschaft in Westfalen 17. Selbstverlag von der Geographischen Kommission für Westfalen, Münster, 1–37

Pott R (1986) Der pollenanalytische Nachweis extensiver Waldbewirtschaftungen in den Haubergen des Siegerlandes. In: Behre KE (ed) Anthropogenic Indicators in Pollen Diagrams. Balkema, Rotterdam, Boston, 125–134

Pott R (1990) Die Haubergswirtschaft im Siegerland. Vegetationsgeschichte, extensive Holz- und Landnutzungen im Niederwaldgebiet des südwestfälischen Berglandes. Wilhelm-Münker-Stiftung 28. Selbstverlag, Siegen, 6–41

Pott R (1992) Geschichte der Wälder des westfälischen Berglandes unter dem Einfluß des Menschen. Forstarchiv 63: 171–182

Pott R (2017) Landschafts- und Vegetationsveränderungen unter dem Einfluss des prähistorischen und historischen Menschen. In: Lechterbeck J, Fischer E (eds) Kontrapunkte. Festschrift für Manfred Rösch. Universitätsforschungen zur prähistorischen Archäologie 300. Rudolf Habelt, Bonn, 73–93

Pott R, Caspers G (1989) Waldentwicklung im südwestfälischen Bergland. In: Becker G, Mayr A, Temlitz K (eds) Sauerland-Siegerland-Wittgensteiner Land. Spieker 33. Geographische Kommission für Westfalen, Münster, 45–56

Pott R, Freund H, Speier M (1992) Anthropogenic changes of landscape by extensive woodland management and charcoal production in Siegerland (Northrhine-Westphalia, Germany). In: Métailié JP (ed) Protoindustries et histoire des forêts: acte du colloque tenu à la Maison de la forêt, Loubières, Ariège, les 10–13 octobre 1990. Cahiers de l'ISARD 3: 163–183

Pott R, Speier M (1993) Vegetationsgeschichtliche Untersuchungen zur Waldentwicklung und Landnutzung im Siegerland und Lahn-Dill-Gebiet. In: Steuer H, Zimmermann U (eds) Montan-Archäologie in Europa. Thorbecke, Sigmaringen, 531–550

Pott R, Speier M (1996) Pflanzensoziologische und vegetationsgeschichtliche Untersuchung der Ebbegebirgsmoore. In: Moore in deutschen Mittelgebirgen unter besonderer Berücksichtigung des Süderberglandes. Tagungsband des Symposiums vom 14. und 15. Juli 1995 in der Evangelischen Akademie Nordhelle (Ebbegebirge). Galunder, Wiehl, 19–42

Rehagen HW (1968) Vegetations- und Moorgeschichte. In: Thome KN, Geologische Karte von NRW 1:25000. Erläuterungen zu Blatt 4615 Meschede. Geologisches Landesamt Nordrhein-Westfalen, Krefeld, 115–119

Rehagen HW (1970) Moorbildungen und Vegetationsgeschichte. In: Lusznat M (ed) Geologische Karte von NRW 1:25000. Erläuterungen zu Blatt 5014 Hilchenbach. Geologisches Landesamt Nordrhein-Westfalen, Krefeld, 118–124

Speier M (1994) Vegetationskundliche und paläoökologische Untersuchungen zur Rekonstruktion prähistorischer und historischer Landnutzung im südlichen Rothaargebirge. Abhandlungen aus dem Westfälischen Museum für Naturkunde 56(3/4): 3–174

Speier M (1999) Das Ebbegebirge – Vegetationskundliche und paläoökologische Untersuchungen zur Vegetations- und Landschaftsgeschichte des Hochsauerlandes. Abhandlungen aus dem Westfälischen Museum für Naturkunde 61(4): 3–175

Speier M (2005) Biogeowissenschaftliche Untersuchung spätglazialer und frühholozäner Seeablagerungen im Westerwald – erste Ergebnisse. Berichte der Reinhold-Tüxen-Gesellschaft 17: 93–112

Speier M, Pott R (1995) Paläobotanische Untersuchungen zur Entwicklung prähistorischer und historischer Waldfeldbausysteme im Lahn-Dill-Bergland. In: Pinsker B (ed) Eisenland – Zu den Wurzeln der Nassauischen Eisenindustrie. Begleitkatalog zur Sonderausstellung der Sammlung Nassauischer Altertümer im Museum Wiesbaden. Verlag des Vereins für Nassauische Altertumskunde und Geschichtsforschung, Wiesbaden, 235–256

Speier M, Pott R (1998) Der Krieg als landschaftsverändernder Faktor – Die Entwicklung der Wälder im Südwestfälischen Bergland während des 30-jährigen Krieges. In: Wald, Krieg und Frieden – Westfälische Wälder im Zeitalter des Dreißigjährigen Krieges und des Westfälischen Friedens. Ministerium für Umwelt, Raumordnung und Landwirtschaft des Landes Nordrhein-Westfalen, Düsseldorf, 50–59

Speier M, Pott R (2005) Paläoökologische Untersuchungen zur prähistorischen und historischen Vegetations- und Landschaftsentwicklung des Lahn-Dill-Berglandes. In: Jockenhövel A, Willms C (eds) Das Dietzhölzetal-Projekt: Archäometallurgische Untersuchungen zur Geschichte und Struktur der mittelalterlichen Eisengewinnung im Lahn-Dill-Gebiet (Hessen). Münstersche Beiträge zur ur- und frühgeschichtlichen Archäologie 1. Marie Leidorf, Rahden/Westfalen, 500–521

Stobbe A (2018) Ein neues Pollenprofil vom Kleinen Wähbach am Giller im Rothaargebirge. Kreis Siegen-Wittgenstein, Regierungsbezirk Arnsberg. Archäologie in Westfalen-Lippe 2017: 217–222

von Rüden H (1952) Beitrag zur Waldgeschichte des nordöstlichen Sauerlandes auf Grund einer Pollenanalyse des Naturschutzgebietes Hamorsbruch. Naturschutz in Westfalen 12: 97–100

Rhön, Vogelsberg, Knüll und Meißner und ihr Vorland (Kapitel 35)

Andres W, Bos JAA, Houben P, Kalis AJ, Nolte S, Rittweger H, Wunderlich J (2001) Environmental change and fluvial activity during the Younger Dryas in central Germany. Quaternary International 79: 89–100

Beug HJ (1957) Untersuchungen zur spätglazialen und frühpostglazialen Floren- und Vegetationsgeschichte einiger Mittelgebirge. Flora 145: 167–211

Beug HJ (2016) Die spät- und nacheiszeitliche Vegetationsentwicklung am Nordrand der niedersächsischen und hessischen Mittelgebirge (Harz bis Weser). Friedrich Pfeil, München

Beyer R (1978) Pollenanalytische Untersuchung in den Franzosenwiesen, Burgwald, Kreis Marburg (Typoskript). In: Weiss J (ed) Zur

Biologie des Burgwaldes. Die Schutzwürdigkeit einer Waldlandschaft des hessischen Burgwaldes. Naturschutz in Hessen 3: 51–81

Bismarck W (1941) Über spät- und postglaziale Bildungen im unteren Efzetal bei Homberg-Efze. Zentralblatt für Mineralogie, Geologie und Paläontologie Abt. B, Schweizerbart, 107–122

Bohn U, Große-Brauckmann G (1988) Hinweise und Erläuterungen zu den Exkursionen am 20. und 21. September: NSG Rotes Moor, NSG Schwarzes Moor. In: Renaturierungsprojekte und Renaturierungsprozesse an Mooren in Mittelgebirgslandschaften. Tagung des BMU und der DGMT in der Rhön, September 1988. Darmstadt

Bohn U, Schniotalle S (2007) Hochmoor-, Grünland- und Waldrenaturierung im Naturschutzgebiet „Rotes Moor"/Hohe Rhön 1981–2001. Ergebnisse 20-jähriger wissenschaftlicher Begleituntersuchungen im Rahmen und im Anschluss an ein E+E-Vorhaben des Bundes. Bundesamt für Naturschutz, Bonn

Bos JAA (1998) Aspects of the Lateglacial-Early Holocene Vegetation Development in Western Europe – palynological and palaeobotanical investigations in Brabant (The Netherlands) and Hessen (Germany). LPP contributions series 10. Proefschrift, Universiteit Utrecht

Bos JAA (2001) Lateglacial and Early Holocene vegetation history of the northern Wetterau and the Amöneburger Basin (Hessen), central-west Germany. Review of Palaeobotany and Palynology 115: 177–212

Bos JAA, Urz R (2003) Late Glacial and early Holocene environment in the middle Lahn River valley (Hessen, central-west Germany) and the local impact of early Mesolithic people – pollen and macrofossil evidence. Vegetation History and Archaeobotany 12: 19–36

Boucsein H (1955) Der Burgwald, Forstgeschichte eines deutschen Waldgebietes. Veröffentlichungen des Instituts für Forstgeschichte und Forstrecht der Forstlichen Fakultät der Georg-August-Universität Göttingen in Hannoversch-Münden 1, Elwert, Marburg

Boucsein H (2009) Geschichte der Wälder und Forsten in Oberhessen: eine integrierte Kulturgeschichte des hessischen Forstwesens. Burgwald, Cölbe-Schönstadt

Bringemeier L, Stobbe A (2016) German uplands in a new light – reinvestigating prehistoric landscapes of Hesse, Germany. Boletín de la Asociación Latinoamericana de Paleobotánica y Palinología 16: 167

Bringemeier L, Stobbe A (2018) Vegetationsgeschichte und Landschaftsentwicklung. Vergleichende paläoökologische Untersuchungen zur Ressourcennutzung im hessischen Mittelgebirgsraum. In: Hansen S, Krause R (eds) Bronzezeitliche Burgen zwischen Taunus und Karpaten. Beiträge der Ersten Internationalen LOEWE-Konferenz vom 7. bis 9. Dezember 2016 in Frankfurt/M. Universitätsforschungen zur prähistorischen Archäologie 319. Prähistorische Konfliktforschung 2. Rudolf Habelt, Bonn, 17–25

Bütehorn N (2013) Klein, aber fein – das Große und das Kleine Moor auf der Langen Rhön. In: Kramm G, Kramm H (eds) Moore und ihre Bedeutung für die Rhön. 49. Kulturtagung im Hotel Milseburg am 09./10. März 2013. Rhönklub, Fulda, 15–17

Daut G, Andres T, Henkel K, Mäusbacher R, Scharf B, Schneider H (2002) Entwicklung von Subrosionssenken in SW-Thüringen – Analyse quartärer Seesedimente. Beiträge zur Geologie von Thüringen NF 9: 301–324

Disselnkötter B (1983) Untersuchungen zur Vegetations- und Moorentwicklung am Beispiel des Schweinsberger Moores und des Saurasens im Amöneburger Becken mit Hilfe pollenanalytischer und vegetationskundlicher Methoden. Diplomarbeit, Universität Marburg

Firbas F (1934) Über die Bestimmung der Walddichte und der Vegetation waldloser Gebiete mit Hilfe der Pollenanalyse. Planta 22: 109–145

Firbas F (1952) Rhön, Vogelsberg, Knüll und Meißner und ihr Vorland. In: Spät- und nacheiszeitliche Waldgeschichte Mitteleuropas nördlich der Alpen. Zweiter Band: Waldgeschichte der einzelnen Landschaften. Gustav Fischer, Jena, 84–89

Flenner T (1992) Pollenanalytische Untersuchung des Niedermoores Wannersbruch im Vogelsberg. Diplomarbeit, Universität Frankfurt/Main

Gahl M (1979) Untersuchung eines Moorvorkommens in der Gemarkung Wolferode, Kreis Marburg-Biedenkopf. Diplomarbeit, Universität Gießen

Gauhl F (1991) Untersuchungen zur Entwicklung des Schwarzen Moores in der Rhön: Verlauf und Ursachen der Vermoorung. Flora 185: 1–16

Gortner E (1989) Untersuchungen zur jungquartären Auengeschichte im westlichen Gießener Lahntal. Diplomarbeit, Universität Gießen

Große-Brauckmann G (1996) Moore in der Rhön als Beispiele für Entstehung, Entwicklung und Ausbildungsformen von Mooren und ihre Probleme heute. Beiträge zur Naturkunde in Osthessen 32: 73–99

Große-Brauckmann G, Reimann S (1989) Resthochmoor- und Leegmoorflächen des Roten Moores in der Rhön: Ausgangszustand, Renaturierungsmaßnahmen und einige vorläufige Befunde und Überlegungen. Telma Beiheft 2: 37–65

Große-Brauckmann G, Streitz B, Schild G (1987) Einige vegetationsgeschichtliche Befunde aus der Hohen Rhön. Beiträge zur Naturkunde in Osthessen 23: 31–65

Hahne J (1982) Vegetationsgeschichtliche Untersuchungen am Schwarzen Moor in der Rhön. Diplomarbeit, Universität Göttingen

Hahne J (1987) Untersuchungen zur spät- und postglazialen Vegetationsgeschichte im nördlichen Bayern. Dissertation, Universität Göttingen

Hahne J (1991) Untersuchungen zur spät- und postglazialen Vegetationsgeschichte im nördlichen Bayern (Rhön, Grabfeld, Lange Berge). Flora 185: 17–32

Herzog M (2006) Vegetationsgeschichtliche Untersuchungen im südlichen Kellerwald (Hessen). Magisterarbeit, Universität Aachen

Hesmer H (1928) Die Waldgeschichte der Nacheiszeit des nordwestdeutschen Berglandes aufgrund von pollenanalytischen Mooruntersuchungen. Zeitschrift für Forst- und Jagdwesen 60(4/5): 193–245, 299–313

Hölting B, Zakosek H (1972) Hydrogeologische und bodenkundliche Untersuchungen in der Lahn-Aue bei Wehrda nördlich Marburg/Lahn. In: Bargon E (ed) Beiträge zur Bodenkunde: ein Symposium. Festschrift zum 65. Geburtstag von Eduard Mückenhausen. Fortschritte in der Geologie von Rheinland und Westfalen 21. Geologisches Landesamt Nordrhein Westfalen, Krefeld, 371–388

Holtz S (1966) Organogene Ablagerungen in Salzauslaugungssenken des nördlichen Rhönvorlandes. Zeitschrift der Deutschen Geologischen Gesellschaft 116: 989–990

Houben P, Nolte S, Rittweger H, Wunderlich J (2001) Lateglacial and Holocene environmental change indicated by floodplain deposits of the Hessian Depression (Central Germany). In: Maddy D, Macklin M, Woodward JC (eds) River basin sediment systems: Archives of environmental change. Balkema, Lisse, Abingdon, Exton, Tokyo, 249–264

Huckriede R (1972) Altholozäner Beginn der Auelehm-Sedimentation im Lahntal? Notizblatt des Hessischen Landesamtes für Bodenforschung zu Wiesbaden 100: 153–163

Igl M (2000) Untersuchungen zur spät- und postglazialen Fluß- und Landschaftsgenese im mittleren Werratal unter besonderer Berücksichtigung von Subrosionssenken. Dissertation, Universität Jena

Igl M, Mäusbacher R, Schneider H, Baade J (2000) Sensitivity of fluvial systems to climate change and human impact – A case study from Central Europe. In: Slaymaker O (ed) Geomorphology and Global Environmental Change 7. Wiley, Chichester, 215–233

Jaeschke J (1938) Zur Waldgeschichte des Knüllgebirges. Forstwissenschaftliches Centralblatt 60(21): 676–683

Janoschek A, Knoblich K (1967) Ein Spätglazialprofil aus Gießen. Bericht der Oberhessischen Gesellschaft für Natur- und Heilkunde NF 35: 39–42

Jenrich J (2012) Das Schwarze Moor, größtes Rhöner Hochmoor. Heimatjahrbuch Rhön-Grabfeld 2012. Mack, Mellrichstadt, 453–463

Jenrich J, Kiefer W (2012) Das Rote Moor – Ein Juwel in der Hochrhön. Parzeller, Fulda

Kalis AJ (2010) Umwelt, Klima und Landnutzung im Jungneolithikum. In: Badisches Landesmuseum Karlsruhe (ed) Jungsteinzeit im Umbruch: die Michelsberger Kultur und Mitteleuropa vor 6000 Jahren. Katalog zur Ausstellung im Badischen Landesmuseum Schloss Karlsruhe 20.11.2010–15.5.2011. Primus, Darmstadt, 37–43

Kalis AJ, Meurers-Balke J, Stobbe A (2013) Öde Wälder und wüste Sumpfgebiete oder blühende Felder und saftige Weiden? Zur Landwirtschaft der Rhein-Weser-Germanen. In: Rasbach G (ed) Westgermanische Bodenfunde. Akten des Kolloquiums anlässlich des 100. Geburtstages von Rafael von Uslar am 5. und 6. Dezember 2008. Kolloquien zur Vor- und Frühgeschichte 18. Rudolf Habelt, Bonn, 63–76

Keilhack K, Rudolph K (1929) Naturgeschichte des Roten und Schwarzen Moores in der Rhön und Gutachten über die Beschaffenheit der Moorlager des Roten Moores. Veröffentlichung der Zentralstelle für Balneologie NF 9: 65–92

Kiefer W (1996) Die Moore der Rhön. Parzeller, Fulda

Koch H (1956) Torf an der Fulda. Die Zeitschrift des Vereins für hessische Geschichte und Landeskunde 67: 199–203

Lang HD (1954) Ein Alleröd-Profil mit eingelagertem Laacher-See-Tuff bei Marburg/Lahn. Neues Jahrbuch für Geologie und Paläontologie, Monatshefte 8: 362–372

Lang HD (1956) Jungpleistozäne Torfe im nördlichen Hessen Notizblatt des Hessischen Landesamtes für Bodenforschung zu Wiesbaden 84: 245–251

Lange E (1968) Pollenanalysen. In: Ellenberg J, Die geologisch-geomorphologische Entwicklung des südwest-thüringischen Werragebiets im Pliozän und Quartär. Dissertation, Universität Jena

Lange E (1976) Zur Entwicklung der natürlichen und anthropogenen Vegetation in frühgeschichtlicher Zeit, Teil 2. Naturnahe Vegetation. Feddes Repertorium 87(6): 367–442

Lange E, Gringmuth-Dallmer E (2001) Untersuchungen zur Vegetations- und Besiedlungsgeschichte im südlichen Thüringen. Mitteilungen aus dem Biosphärenreservat Rhön 4: 1–75

Litt T, Schmincke HU, Kromer B (2003) Environmental response to climatic and volcanic events in central Europe during the Weichselian Lateglacial. Quaternary Science Reviews 22: 7–32

Mäckel R (1969) Untersuchungen zur jungquartären Flußgeschichte der Lahn in der Gießener Talweitung. Eiszeitalter und Gegenwart 20: 138–174

Mäusbacher R, Schneider H, Igl M (2001) Influence of late glacial climate change on sediment transport in the river Werra (Thuringia, Germany). Quaternary International 79: 101–109

Martini HJ (1941) Die Trassenführung der Weser-Main-Wasserstraße im Gebiet der Auslaugungssenke von Breitungen (Werra). Berichte der Reichsstelle für Bodenforschung. Jena

Overbeck F (1928) Studien zur postglazialen Waldgeschichte der Rhön. Zeitschrift für Botanik 20: 145–206

Overbeck F, Aletsee L, Müller K, Wiermann R (1962) Einige Hinweise zu den Exkursionen im nordwestdeutschen Flachland und in der Rhön. 5. Internationales Symposium der Quartärbotaniker vom 26.8. bis 6.9.1962 in Kiel und Göttingen. Institut für Weltwirtschaft, Kiel

Overbeck F, Griez I (1954) Mooruntersuchungen zur Rekurrenzflächenfrage und Siedlungsgeschichte in der Rhön. Flora 141: 51–94

Overbeck F, Münnich KO, Aletsee L, Averdieck FR (1957) Das Alter des „Grenzhorizontes" norddeutscher Hochmoore nach Radiocarbon-Datierungen. Flora 145: 37–71

Pfalzgraf H (1934) Die Vegetation des Meißners und seine Waldgeschichte. Repertorium specierum novarum regni vegetabilis Beiheft 75: 1–80

Rein U (1940) Bericht über die pollenanalytische Untersuchung der Bohrproben aus dem Breitunger Senkungsgebiet. Berichte der Reichsstelle für Bodenforschung. Berlin

Rittweger H (1992) Sedimentologische und pollenanalytische Untersuchungen im Amöneburger Becken bei Marburg a. d. Lahn. Berichte der Kommission für Archäologische Landesforschung in Hessen 1: 63–64

Rittweger H (1997) Spätquartäre Sedimente im Amöneburger Becken – Archive der Umweltgeschichte einer mittelhessischen Altsiedellandschaft. Materialien zur Vor- und Frühgeschichte in Hessen 20: 3–242

Rittweger H (2007) Moor in der Steinzeit, Müllhalde im Mittelalter, Garten in der Neuzeit. Veröffentlichung des Fuldaer Geschichtsvereins 67. Parzeller, Fulda

Schäfer M (1988) Pollenanalysen von Böden im Hohen Vogelsberg. Diplomarbeit, Universität Frankfurt/Main

Schäfer M (1991) Grünland im Hohen Vogelsberg (Hessen) in prähistorischer Zeit – Ergebnisse von Bodenpollenanalysen. Archäologisches Korrespondenzblatt 11(4): 477–489

Schäfer M (1995) Pollenanalysen an den Mooren des Hohen Vogelsberges (Hessen) – Beiträge zur Vegetationsgeschichte und anthropogene Nutzung eines Mittelgebirges. Dissertation, Universität Frankfurt (Main)

Schäfer M (1996) Pollenanalysen an den Mooren des Hohen Vogelsberges (Hessen) – Beiträge zur Vegetationsgeschichte und anthropogene Nutzung eines Mittelgebirges. Dissertationes Botanicae 265. Cramer, Berlin, Stuttgart

Schäfer M (1996) Vegetationsgeschichtlicher Überblick nach neuen Ergebnissen von Pollenanalysen. In: Hocke R (ed) Naturwald-Reservate in Hessen 5/1, Niddahänge östlich Rudingshain. Waldkundliche Untersuchungen. Mitteilungen der Hessischen Landesforstverwaltung 31. Hessisches Ministerium des Innern und für Landwirtschaft, Forsten und Naturschutz, Wiesbaden, 38–52

Scharlau K (1954) Die Bedeutung der Pollenanalyse für das Freiland-Wald-Problem unter besonderer Berücksichtigung der Altlandschaften im Hessischen Bergland. Berichte zur Deutschen Landeskunde 13: 10–32

Schirmer U (1998) Spätglaziale Vegetationsgeschichte an der Lahn. In: Ikinger A (ed) Geschichte aus der Erde. Festschrift Wolfgang Schirmer. GeoArchaeoRhein 2. LIT Verlag, Münster, 163–175

Schirmer U (1999) Pollenstratigraphische Gliederung des Spätglazials im Rheinland. Eiszeitalter und Gegenwart 20: 138–174

Schmitz H (1929) Beiträge zur Waldgeschichte des Vogelsbergs. Planta 7(5): 653–701

Schneider H (2002) Die spät- und postglaziale Vegetationsgeschichte des oberen und mittleren Werratals: paläobotanische Untersuchungen unter besonderer Berücksichtigung anthropogener Einflüsse. Dissertation, Universität Jena

Schneider H (2006) Die spät- und postglaziale Vegetationsgeschichte des oberen und mittleren Werratals. Dissertationes Botanicae 403. Cramer, Berlin, Stuttgart

Schneider H (2012) Eine kritische Betrachtung der palynologischen Untersuchungen in Thüringen. In: Stobbe A, Tegtmeier U (eds) Verzweigungen – Eine Würdigung für A. J. Kalis und J. Meurers-Balke. Frankfurter Archäologische Schriften 18. Rudolf Habelt, Bonn, 249–264

Schneider H, Daut G, Henkel K, Höfer D, Igl M, Mäusbacher R, van der Borg K (2002) Untersuchungen an Subrosionssenken des mittleren Werratals. Beiträge zur Geologie von Thüringen NF 9: 325–340

Schneider H, Höfer D, Mausbächer R, Gude M (2007) Past flood events reflected in Holocene floodplain records of East-Germany. Geomorphology 92(3–4): 208–219

Schneider H, Höfer D, Irmler R, Daut G, Mäusbacher R (2010) The correlation between climate, man and debris flow events – a palynological approach. Geomorphology 120(1–2): 48–55

Stalling H (1983) Untersuchungen zur nacheiszeitlichen Vegetationsgeschichte des Meißners (Nordhessen). Flora 174: 357–376

Stebich M, Schneider H (2002) Bedeutende Fossilvorkommen des Quartärs in Thüringen, Teil 1. Mikro- und Makrofloren. Beiträge zur Geologie von Thüringen NF 9: 119–144

Steckhan HU (1959) Pollenanalytisch-vegetationsgeschichtliche Untersuchungen zur frühen Siedlungsgeschichte im Vogelsberg, Knüll und Solling. Dissertation, Universität Göttingen

Steckhan HU (1961) Pollenanalytisch-vegetationsgeschichtliche Untersuchungen zur frühen Siedlungsgeschichte im Vogelsberg, Knüll und Solling. Flora 150(4): 514–551

Stobbe A (1992) Pollenanalytische Untersuchungen an Niedermooren im Wettertal und Horloffgraben. Berichte der Kommission für Archäologische Landesforschung Hessen 1: 59–62

Stobbe A (1996) Die holozäne Vegetationsgeschichte der nördlichen Wetterau – paläoökologische Untersuchungen unter besonderer Berücksichtigung anthropogener Einflüsse. Dissertationes Botanicae 260. Cramer, Berlin, Stuttgart

Stobbe A (2000) Die Vegetationsentwicklung in der Wetterau und im Lahntal in den Jahrhunderten um Christi Geburt. Ein Vergleich der palynologischen Ergebnisse. In: Haffner A, von Schnurbein S (eds) Kelten, Germanen, Römer im Mittelgebirgsraum zwischen Luxemburg und Thüringen. Kolloquien zur Vor- und Frühgeschichte 5. Rudolf Habelt, Bonn, 201–219

Stobbe A (2008) Die Wetterau und der Glauberg – Veränderungen der Wirtschaftsmethoden von der späten Bronzezeit zur Frühlatènezeit. In: Krausse D (ed) Frühe Zentralisierungs- und Urbanisierungsprozesse. Zur Genese und Entwicklung frühkeltischer Fürstensitze und ihres territorialen Umlandes. Kolloquium des DFG-Schwerpunktprogramms 1171 in Blaubeuren 9.–11. Oktober 2006. Forschungen und Berichte zur Vor- und Frühgeschichte in Baden-Württemberg 101. Konrad Theiss, Stuttgart, 97–114

Stobbe A (2008) Vegetationsveränderungen in der Ohmaue zu Füßen der Amöneburg zwischen 0–800 AD – palynologische Auswertung von Profil Mardorf. In: Meyer M, Benecke N (eds) Mardorf 23, Landkreis Marburg-Biedenkopf. Archäologische Studien zur Besiedlung des deutschen Mittelgebirgsraumes in den Jahrhunderten um Christi Geburt. Berliner archäologische Forschungen 5. Marie Leidorf, Rahden/Westfalen, 435–449

Stobbe A (2009) Ein römischer Brunnen im freien Germanien. Archäologie in Deutschland 2009(2): 28–29

Stobbe A (2011) Pollenanalytische Untersuchungen im mittleren Lahntal zwischen Wetzlar und Gießen – die Jahrtausende um Christi Geburt (1000 BC–1000 AD). Vegetations- und Landschaftsgeschichte. In: Abegg A, Walter D, Biegert S (eds) Die Germanen und der Limes. Ausgrabungen im Vorfeld des Wetterau-Limes im Raum Wetzlar-Gießen. Römisch-Germanische Forschungen 67. Philipp von Zabern, Mainz, 32–56

Stobbe A, Bringemeier L (2022) Die Waldentwicklung zwischen Neolithikum und Eisenzeit in der hessischen Mittelgebirgszone vor dem Hintergrund anthropogener und klimatischer Einflüsse. In: Hansen S, Krause R (eds) Die Frühgeschichte von Krieg und Konflikt. Beiträge der Vierten Internationalen LOEWE-Konferenz 2019 in Frankfurt/M. Universitätsforschungen zur prähistorischen Archäologie 383. Prähistorische Konfliktforschung 5. Rudolf Habelt, Bonn, 403–428

Stobbe A, Gumnior M (2021) Palaeoecology as a tool for the future management of forest ecosystems in Hesse (Central Germany): Beech (Fagus sylvatica L.) versus lime (Tilia cordata Mill.). Forests 12(7): 924

Stobbe A, Rasbach G, Röpke A, Rühl L (2020) A Roman well in Waldgirmes (Hesse, Germany) – palynological analyses supported by plant macro-remains and micromorphological studies. Vegetation History and Archaeobotany 29: 133–151

Streitz B (1984) Vegetationsgeschichtliche Untersuchungen an zwei Mooren osthessischer Subrosionssenken. Beiträge zur Naturkunde in Osthessen 20: 3–77

Urz R (2002) Archäobotanische Untersuchungen zur Veränderung der Flusslandschaft im mittleren Lahntal (Hessen) in prähistorischer Zeit. Archäologisches Korrespondenzblatt 32(2): 169–186

Urz R, Stobbe A, Bringemeier L, Kühn M, Wick L (2021) Vegetation, Landnutzung, Land- und Viehwirtschaft zwischen Urnenfelderzeit und Mittellatènezeit. In: Lehnemann E, Urz R, Meiborg C (eds) Die latènezeitliche Brücke mit Siedlung bei Kirchhain-Niederwald, Landkreis Marburg-Biedenkopf. Interdisziplinäre Forschungen zur eisenzeitlichen Siedlungslandschaft des Amöneburger Beckens. Materialien zur Vor- und Frühgeschichte von Hessen 31(1). Selbstverlag des Landesamtes für Denkmalpflege Hessen, Wiesbaden, 233–288

von Rochow M (1952) Untersuchung eines Moores an der bandkeramischen Siedlung bei Bracht, Kreis Marburg. Mitteilungen der Floristisch-Soziologischen Arbeitsgemeinschaft NF 3: 13–23

Wiermann R (1961) Pollenanalytische Untersuchung im Spätglazial von Klein-Linden. In: Dahm HD, Guenther EW, Jaeckel SGA, Weiler W, Weyl R, Wiermann R (eds) Eine spätglaziale Schichtfolge aus der Grube Fernie bei Gießen-Klein-Linden. Notizblatt des Hessischen Landesamtes für Bodenforschung zu Wiesbaden 89. Rudolph, Steinfeld, 332–359

Weserbergland und nördliches Harzvorland (Kapitel 41)

Ahrens W, Steinberg K (1943) Jungdiluvialer Tuff im Eichsfeld. Berichte des Reichsamts für Bodenforschung 1943: 17–30

Averdieck FR (1985) Zur eiszeitlichen Flora des Wesertals bei Höxter. Egge-Weser 3(1): 37–38

Averdieck FR, Preywitsch K (1995) Die Grundlosen bei Höxter — Ein Beitrag zur Vegetations- und Siedlungsgeschichte der Umgebung von Höxter. Egge-Weser 7: 57–78

Begemann I (2003) Palynologische Untersuchungen zur Geschichte von Umwelt und Besiedlung im südwestlichen Harzvorland (unter Einbeziehung geochemischer Befunde). Dissertation, Universität Göttingen

Bertsch A (1962) Zum Besuch des Lutterangers und Seeburger Sees. Hektographierter Exkursionsführer des Quartärbotanikersymposiums 1962 in Kiel und Göttingen

Bertsch A (1965) Die Pollenanalyse. In: Janssen W (ed) Königshagen – ein archäologisch-historischer Beitrag zur Siedlungsgeschichte des südwestlichen Harzvorlandes. Quellen und Darstellungen zur Geschichte Niedersachsens 64: 135–142

Beug HJ (1986) Vegetationsgeschichtliche Untersuchungen über das Frühe Neolithikum im Untereichsfeld, Landkreis Göttingen. In: Behre KE (ed) Anthropogenic indicators in pollen diagrams. Balkema, Rotterdam, Boston, 115–124

Beug HJ (1992) Vegetationsgeschichtliche Untersuchungen über die Besiedlung im Unteren Eichsfeld, Landkreis Göttingen, vom frühen Neolithikum bis zum Mittelalter. Neue Ausgrabungen und Forschungen in Niedersachsen 20: 261–339

Beug HJ (2016) Die spät- und nacheiszeitliche Vegetationsentwicklung am Nordrand der niedersächsischen und hessischen Mittelgebirge (Harz bis Weser). Friedrich Pfeil, München

Brelie Gvd, Hiltermann H, Müller H (1974) Das Alter der Sinterkalke vom Solbad Laer i. T. W. Osnabrücker Naturwissenschaftliche Mitteilungen 3: 53–68

Brelie Gvd, Teichmüller R, Thomson PW, Werner H (1953) Das Spät- und Postglazialprofil von Wallensen im Hils. Geologisches Jahrbuch 67: 231–242

Broihan F (1937) Pollenanalytische Untersuchungen über die Rohhumusbildung und Waldvermoorung im Hils und Harz. Staatsexamensarbeit, Universität Göttingen

Bubenzer O (1999) Sedimentfallen als Zeugen der spät- und postglazialen Hang- und Talbodenentwicklung im Einzugsgebiet der Schwülme (Südniedersachsen). Kölner Geographische Arbeiten 72: 1–132

Burrichter E (1952) Wald- und Forstgeschichtliches aus dem Raum Iburg. Natur und Heimat 12(2): 1–13

Burrichter E, Freund H, Hüppe J, Pott R (1993) Spät- und nacheiszeitliche Vegetationsentwicklung und deren Verlandungssukzessionen in Auenlandschaften nordwestdeutscher Lößbörden. Dissertationes Botanicae 196 (Festschrift Zoller). Cramer, Stuttgart, Berlin, 399–413

Chen SH (1982) Neue Untersuchungen über die spät- und postglaziale Vegetationsgeschichte im Gebiet zwischen Harz und Leine. Dissertation, Universität Göttingen

Chen SH (1988) Neue Untersuchungen über die spät- und postglaziale Vegetationsgeschichte im Gebiet zwischen Harz und Leine (BRD). Flora 181: 147–177

Deppe H (1926) Die Verbreitung der Steppentriften und Steppenhaine im ostfälischen Berg- und Hügellande in ihrer Beziehung zu urgeschichtlichen Siedlungen. Nachrichtenblatt für Niedersachsens Vorgeschichte NF 3: 44–65

Deppe A, Stritzke R (2009) Bodenkundliche und palynologische Untersuchungen im Naturschutzgebiet Begatal, Kreis Lippe, NRW. Geologie und Paläontologie in Westfalen 72: 5–30

Firbas F (1950) The Late-Glacial Vegetation of Central Europe. New Phytologist 49(2): 163–173

Firbas F (1951) Die quartäre Vegetationsentwicklung zwischen den Alpen und der Nord- und Ostsee. Erdkunde 5(1): 6–15

Firbas F (1952) Das Weserbergland. In: Spät- und nacheiszeitliche Waldgeschichte Mitteleuropas nördlich der Alpen. Zweiter Band: Waldgeschichte der einzelnen Landschaften. Gustav Fischer, Jena, 75–84

Firbas F (1953) Das absolute Alter der jüngsten vulkanischen Eruptionen im Bereich des Laacher Sees. Naturwissenschaften 40(2): 54–55

Firbas F (1954) Über die nachwärmezeitliche Ausbreitung einiger Waldbäume. European Journal of Forest Research 73(1): 1–8

Firbas F (1954) Zur Vegetationsgeschichte des Göttinger Gebiets. Göttinger Jahrbuch 1954: 60–64

Firbas F (1954) Die Vegetationsentwicklung im Spätglazial von Wallensen im Hils. Nachrichten der Akademie der Wissenschaften in Göttingen. Mathematisch-physikalische Klasse 5: 37–49

Firbas F, Broihan F (1936) Das Alter der Trockentorfschichten im Hils. Planta 26(2): 291–302

Freund H (1994) Pollenanalytische Untersuchungen zur Vegetations- und Siedlungsentwicklung im westlichen Weserbergland. Abhandlungen aus dem Westfälischen Museum für Naturkunde 56(1): 3–103

Freundlich J (1973) Die Altersbestimmungen nach der Radiokohlenstoffmethode. Pollenanalyse, Jahrringanalyse und C14-Datierung in ihrem Zusammenwirken für die urgeschichtliche Chronologie. Archäologisches Korrespondenzblatt 3: 159–162

Fricke K, Thomson W (1955) Entstehung und Alter eines Torflagers im „Seeburger Trichter" bei Vlotho a. d. Weser. Geologisches Jahrbuch 70: 511–514

Fritsch A (1996) Die Beziehung zwischen Pollenniederschlag und Vegetation; Untersuchungen anhand von Oberflächenproben im Gebiet zwischen dem Weserdurchbruchstal und dem nördlichen Harzvorland. Diplomarbeit, Universität Göttingen

Geyh MA (1967) Hannover Radiocarbon Measurements V. Radiocarbon 9: 218–236

Grüger E (1980) Das Alter des Quell-Erlenwaldes Fiekers Busch bei Rinteln a. d. Weser nach pollenanalytischen Untersuchungen. Mitteilungen der Floristisch-soziologischen Arbeitsgemeinschaft NF 22: 139–144

Grüger E (1993) Über die Deutung pollenanalytischer Daten aus archäologischen und siedlungsgeschichtlichen Untersuchungen (mit Befunden aus der Umgebung von Pompeji und vom Höllerer See in Oberösterreich). In: Friesinger H (ed) Bioarchäologie und Frühgeschichtsforschung. Berichte des Symposions der Kommission für Frühmittelalterforschung, 13.–15. November 1990, Stift Zwettl, Niederösterreich. Archaeologia Austriaca 2: 43–66

Hesmer H (1928) Die Waldzeiten der Nacheiszeit des nordwestdeutschen Berglandes auf Grund von pollenanalytischen Mooruntersuchungen. Zeitschrift für Forst- und Jagdwesen 60(4/5): 193–245, 299–313

von Hoyningen PF (1938) Langelau und Königslau in der Senne. Bodenkundliche und pollenanalytische Untersuchungen germanischer Stätten. Jahrbuch der Preußischen Geologischen Landesanstalt zu Berlin 58: 135–185

Hüppe J, Pott R, Störmer D (1989) Landschaftsökologisch-vegetationsgeschichtliche Studien im Kiefernwuchsgebiet der nördlichen Senne. Abhandlungen aus dem Westfälischen Museum für Naturkunde 51(3): 3–77

Jahnk SL, Behling H, Küchler P, Schmidt M (2020) Vegetations- und Landnutzungsgeschichte des Reinhardswaldes (Hessen). History of vegetation and land use in the Reinhardswald forest (Hesse, Germany). Tuexenia 40: 101–130

Jahns S (2005) The later Holocene history of vegetation, land-use and settlements around the Ahlequellmoor in the Solling area, Germany. Vegetation History and Archaeobotany 15(1): 57–63

Jahns S (2010) Die Geschichte der Vegetation am Ahlequellmoor von der Jungsteinzeit bis zur Gegenwart. In: Stephan HG (ed) Der Solling im Mittelalter. Archaeotopos, Dormagen, 572–574

Jahns W (1996) Die Ablösung der Waldweiderechte in den Holzmindener Sollingforsten. Jahrbuch für den Landkreis Holzminden 14: 67–87

Kalis AJ, Meurers-Balke J, Schamuhn, S (2007) Streiflichter auf Umwelt und Ernährung. Archäobotanische Untersuchungen zum Kloster Gravenhorst. In: Münz-Vierboom B (ed) Von Klostermauern und frommen Frauen. Die Ergebnisse der Ausgrabungen im ehemaligen Zisterzienserinnenkloster Gravenhorst. Philipp von Zabern, Münster, 175–180

Knörzer KH (1949) Die Vegetation des Torfmoores im Solling und die nacheiszeitliche Waldgeschichte dieses Gebietes auf Grund von Pollenuntersuchungen. Staatsexamensarbeit, Universität Göttingen

Koch M (2017) Relikte neuzeitlicher Waldwirtschaft auf dem Digitalen Geländemodell im Umfeld Höxters. Kreis Höxter, Regierungsbezirk Detmold. Archäologie in Westfalen-Lippe 2016: 254–257

Koch H (1936) Beitrag zur Florengeschichte des Osnabrücker Landes. Veröffentlichungen des Naturwissenschaftlichen Vereins zu Osnabrück 23: 57–98

Kretzmeyer E (1949) Entstehung des Göttinger Leinetals im Rahmen der spät- und nacheiszeitlichen Vegetationsgeschichte dieses Gebietes. Staatsexamensarbeit, Universität Göttingen

Lesemann B (1968) Pollenanalytische Untersuchung eines Flachmoores im Umlauftal der Weser bei Bodenfelde. Berichte der Naturhistorischen Gesellschaft Hannover 112: 91–96

Linkerhägner G (1950) Die Vegetation und Entwicklung der Bruchmoore in den westdeutschen Mittelgebirgen mit besonderer Berücksichtigung des Sollings. Staatsexamensarbeit, Universität Göttingen

Litt T (1990) Pollenanalytische Untersuchungen im Allertal bei Eilsleben, Kr. Wanzleben, und ihre Aussagemöglichkeiten zur Vegetationsentwicklung während des Frühneolithikums. Jahresschrift für mitteldeutsche Vorgeschichte 73: 49–55

Litt T (1992) Fresh investigations into the natural and anthropogenically influenced vegetation of the earlier Holocene in the Elbe-Saale Region, Central Germany. Vegetation History and Archaeobotany 1: 69–74

Overbeck F, Schneider S (1940) Torfzersetzung und Grenzhorizont, ein Beitrag zur Frage der Hochmoorentwicklung in Niedersachsen. Angewandte Botanik 22(5): 321–379

Pfaffenberg K (1934) Stratigraphische und pollenanalytische Untersuchungen in einigen Mooren nördlich des Wiehengebirges. Jahrbuch der Preußischen Geologischen Landesanstalt zu Berlin 54: 160–193

Pott R (1982) Das Naturschutzgebiet „Hiddeser Bent – Donoper Teich" in vegetationsgeschichtlicher und pflanzensoziologischer Sicht. Abhandlungen aus dem Westfälischen Museum für Naturkunde 44(3): 3–105

Pott R (1983) Geschichte der Hude- und Schneitelwirtschaft in Nordwestdeutschland und ihre Auswirkungen auf die Vegetation. Oldenburger Jahrbuch 83: 357–376

Pott R (1985) Beiträge zur Wald- und Siedlungsentwicklung des westfälischen Berg- und Hügellandes auf Grund neuer pollenanalytischer Untersuchungen. In: Pott R, Sternschulte A, Wittig R, Rückert E (eds) Vegetationsgeographische Studien in Nordrhein-Westfalen. Wald- und Siedlungsentwicklung – Bauerngärten – Spontane Flora. Siedlung und Landschaft in Westfalen 17. Selbstverlag von der Geographischen Kommission für Westfalen, Münster, 1–37

Pott R (1985) Vegetations- und Siedlungsgeschichte von Ostwestfalen-Lippe. In: Führer zu archäologischen Denkmälern in Deutschland 10: Der Kreis Lippe I. Konrad Theiss, Stuttgart, 25–29

Pott R (1995) Vegetations- und Landschaftsentwicklung im Unteren Weserbergland. Spieker – Landeskundliche Beiträge und Berichte 37: 13–22

Pretzsch K (1998) Der Bodenteich (Lüneburger Heide) und der Westerhöfer Teich (Niedersächsisches Bergland) – Untersuchungen in holozänen Senken. Telma 28: 75–93

Ricken W, Grüger, E (1988) Vegetationsentwicklung, Paläoböden, Seespiegelschwankungen: Untersuchungen an eem- und weichselzeitlichen Sedimenten vom Südrand des Harzes. Eiszeitalter und Gegenwart 38(1): 37–51

Rohdenburg H, Meyer B, Willerding U, Jahnkuhn H (1962) Quartärgeomorphologische, bodenkundliche, paläobotanische und archäologische Untersuchungen an einer Löß-Schwarzerde Insel mit einer wahrscheinlich spätneolithischen Siedlung im Bereich der Göttinger Leineaue. Göttinger Jahrbuch 1962: 37–56

Rohlmann C (1958) Entstehungsgeschichte des Seeangers bei Ebergötzen im Rahmen der spät- und nacheiszeitlichen Waldgeschichte des Eichsfeldes um Seeburg. Staatsexamensarbeit, Universität Göttingen

Schlütz F (1996) Ein kurzer Beitrag über palynologische Untersuchungen im Wesertal bei Höxter-Corvey. In: Gerken B (ed) Wo lebten Pflanzen und Tiere in der Naturlandschaft und der früheren Kulturlandschaft Europas? Universität-Gesamthochschule Paderborn, Höxter, 187–189

Schlütz F (1997) Beiträge zur Vegetations- und Siedlungsgeschichte im Wesertal bei Höxter-Corvey. Ausgrabungen und Funde in Westfalen-Lippe 9(A): 55–72

Schlütz F (1998) Einbeck Negenborner Weg. Pollenanalytische Untersuchungen. Ein Beitrag zur Vegetationsgeschichte der Stadt Einbeck im Mittelalter. In: Heege A (ed) Einbeck, Negenborner Weg. I: Naturwissenschaftliche Studien zu einer Töpferei des 12. und frühen 13. Jahrhunderts. Keramiktechnologie, Paläoethnobotanik, Pollenanalyse, Archäozoologie. Isensee, Oldenburg, 169–174

Schneekloth H (1967) Vergleichende pollenanalytische und ^{14}C-Datierungen an einigen Mooren im Solling. Geologisches Jahrbuch 84: 717–734

Scholz H (1949) Der Aufbau der Hochmoore als Ausdruck von Klimaschwankungen unter besonderer Berücksichtigung des Mecklenbruches im Solling. Staatsexamensarbeit, Universität Göttingen

Schroeder FG (1963) Der Waldzustand im Teutoburger Wald bei Halle (Westf.) im 16. Jahrhundert. Natur und Heimat 23: 9–15

Schütrumpf R (1973) Pollenanalyse, Jahrringanalyse. II. Die relativ-chronologische Datierung fossiler Eichenstämme aus der Kölner Bucht und dem nördlichen Vorland des Teutoburger Waldes nach der Pollenanalyse. Archäologisches Korrespondenzblatt 3: 143–153

Schwaar J (1976) Paläobotanische Untersuchungen im Belmer Bruch bei Osnabrück. Abhandlungen des Naturwissenschaftlichen Vereins zu Bremen 38(2): 207–258

Singer D (2016) Holocene environmental history and nature conservation of the fen Körbecker Bruch (Warburger Börde, Germany). Bachelorarbeit, Universität Göttingen

Steckhan HU (1958) Zur pollenanalytischen Altersbestimmung eines Schädelfundes in Kiesablagerungen der Leine bei Alfeld. Neues Archiv für Niedersachsen 9(5): 397–399

Steckhan HU (1961) Pollenanalytisch- vegetationsgeschichtliche Untersuchungen zur frühen Siedlungsgeschichte im Vogelsberg, Knüll und Solling. Flora 150(4): 514–551

Steinberg K (1944) Zur spät- und nacheiszeitlichen Vegetationsgeschichte. Hercynia 3(7/8): 529–587

Streif H (1970) Limnogeologische Untersuchung des Seeburger Sees (Untereichsfeld). Beihefte zum Geologischen Jahrbuch 83: 1–106

Tacke E (1943) Die Entwicklung der Landschaft im Solling. Veröffentlichungen des Provinzial-Instituts für Landesplanung und niedersächsische Landes- und Volksforschung Hannover-Göttingen A1/13. Stalling, Oldenburg

Trautmann W (1957) Natürliche Waldgesellschaften und nacheiszeitliche Waldgeschichte des Eggegebirges. Mitteilungen der Floristisch-soziologischen Arbeitsgemeinschaft NF 6/7: 276–296

Weinberg HJ (1981) Die erdgeschichtliche Entwicklung der Beierstein-senke als Modell für die jungquartäre Morphogenese im Gipskarstgebiet Hainholz/Beierstein (südwestliches Harzvorland). Berichte der Naturhistorischen Gesellschaft Hannover 124: 67–112

Weinberg HJ, Klarr K (1990) Erdfälle in der Asse. Gesellschaft für Strahlen- und Umweltforschung Bericht 19/90. Institut für Tieflagerung, München

Werth E, Baas J (1936) Pollenanalytische Untersuchungen einiger Trockentorfe verschiedener Waldböden Nord- und Mitteldeutschlands. Planta 25(3): 315–345

Wiermann R, Schulze D (1986) Pollenanalytische Untersuchungen im Großen Torfmoor bei Nettelstedt (Kreis Minden-Lübbecke). Ein Beitrag zur Vegetations- und Siedlungsgeschichte im Vorland des Wiehengebirges. Abhandlungen aus dem Westfälischen Museum für Naturkunde 48(2/3): 481–495

Willerding U (1957) Bearbeitung und vegetationsgeschichtliche Auswertung nacheiszeitlicher Pflanzenreste aus dem Leinetal bei Göttingen, besonders aus der Göttinger Kiesgrube. Staatsexamensarbeit, Universität Göttingen

Willerding U (1960) Beiträge zur jüngeren Geschichte der Flora und Vegetation der Flußauen. (Untersuchungen aus dem Leinetal bei Göttingen). Flora 149: 435–476

Willerding U (1967) Beiträge zur jüngeren Geschichte der Flora und Vegetation der Flussauen. In: Tüxen R (ed) Pflanzensoziologie und Palynologie. Springer, Dordrecht, 71–77

Willerding U (1978) Mittelalterliche Pflanzenreste aus der Wüstung Oldendorp bei Einbeck, Kreis Northeim. In: Plümer E (ed) Die Wüstung Oldendorp bei Einbeck. Archäologisch-historische Untersuchungen zur Siedlungsgeschichte des mittleren Leinetales. Einbeck, 228–248

Willerding U (1994) Spätglaziale und frühpostglaziale Holzkohlenfunde aus Abris bei Reinhausen, Ldkr. Göttingen. Veröffent-

lichungen der urgeschichtlichen Sammlungen des Landesmuseums zu Hannover 43: 147–160
Willkomm H (1995) Radiokohlenstoffdatierung der Sedimente der Grundlosen. Egge-Weser 7: 79–85
Witt K (1930) Zur Waldgeschichte der Nacheiszeit im westlichen Harzvorland. Mitteilungen der Floristisch-soziologischen Arbeitsgemeinschaft in Niedersachsen 2: 98–115
Wohlfahrt M (2002) Vegetationsgeschichtliche Untersuchung der Warburger Börde im Bereich des Rösebecker Bruchs. Diplomarbeit, Universität Göttingen
Wunderlich HG (1959) Zur Abfolge und Altersstellung quartärer Bildungen im Stadtgebiet von Göttingen. Eiszeitalter und Gegenwart 10(1): 41–55

Harz (Kapitel 42)

Bartens H (1990) Untersuchungen über die Vegetationsgeschichte des Bruchberges im Oberharz. Diplomarbeit, Universität Göttingen
Beug HJ (1957) Untersuchungen zur spätglazialen und frühpostglazialen Floren- und Vegetationsgeschichte einiger Mittelgebirge (Fichtelgebirge, Harz und Rhön). Flora 145: 167–211
Beug HJ (1982) Vegetation history and climatic changes in central and southern Europe. In: Harding A (ed) Climatic Change in Later Prehistory. University Press, Edinburgh, 85–102
Beug HJ (1986) Frühpostglaziale Seeablagerungen im Oberharz. Abhandlungen aus dem Landesmuseum für Naturkunde zu Münster in Westfalen 48(2/3): 313–416
Beug HJ (1994) Vegetationsgeschichtliche Untersuchungen an präborealen Seeablagerungen im Oberharz. In: Lotter AF, Ammann B (eds) Festschrift Gerhard Lang. Beiträge zur Systematik und Evolution, Floristik und Geobotanik, Vegetationsgeschichte und Paläoökologie. Dissertationes Botanicae 234. Cramer, Berlin, Stuttgart, 111–128
Beug HJ (1996) Wie haben sich im Hochharz die Sattelvermoorungen gebildet? Berichte der Reinhold-Tüxen-Gesellschaft 8: 193–198
Beug HJ (1997) Die Entwicklung des Sonnenberger Moores im Hochharz. Berichte der Naturhistorischen Gesellschaft Hannover 139: 121–131
Beug HJ (2005) Die Entwicklung der Moore im Hochharz – ein landschaftsgeschichtliches Phänomen. Archiv für Naturschutz und Landschaftsforschung 44(2): 1–9
Beug HJ (2005) Palynology and palaeoecology. Zeitschrift für Geomorphologie NF Supplement 139: 19–33
Beug HJ, Henrion I, Schmüser A (1999) Landschaftsgeschichte im Hochharz: Die Entwicklung der Wälder und Moore seit dem Ende der letzten Eiszeit. Papierflieger, Clausthal-Zellerfeld
Brinkmann A (1994) Untersuchungen über die Vegetations- und Landschaftsgeschichte in den höheren Lagen des Nationalparks Hochharz (Sachsen-Anhalt). Diplomarbeit, Universität Göttingen
Broihan F (1937) Pollenanalytische Untersuchungen über die Rohhumusbildung und Waldvermoorung im Hils und Harz. Staatsexamensarbeit, Universität Göttingen
Chen SH (1982) Neue Untersuchungen über die spät- und postglaziale Vegetationsgeschichte im Gebiet zwischen Harz und Leine. Dissertation, Universität Göttingen
Chen SH (1988) Neue Untersuchungen über die spät- und postglaziale Vegetationsgeschichte im Gebiet zwischen Harz und Leine (BRD). Flora 181: 147–177
Firbas F (1952) Der Harz und sein westliches Vorland. In: Spät- und nacheiszeitliche Waldgeschichte Mitteleuropas nördlich der Alpen. Zweiter Band: Waldgeschichte der einzelnen Landschaften. Gustav Fischer, Jena, 89–95
Firbas F, Losert H, Broihan F (1939) Untersuchungen zur jüngeren Vegetationsgeschichte im Oberharz. Planta 30(3): 422–456

Gałka M, Szal M, Broder T, Loisel J, Knorr KH (2019) Peatbog resilience to pollution and climate change over the past 2700 years in the Harz Mountains, Germany. Ecological Indicators 97: 183–193
Galle KL (1953) Die Geschichte der Wälder und Moore des Oberharzes am Beispiel eigener Untersuchungen im Sonnenberger Hochmoor. Staatsexamensarbeit, Universität Göttingen
Henrion I (1982) Untersuchungen zur Entwicklung von Sattelmooren im Oberharz. Dissertation, Universität Göttingen
Henrion I (1989) Langfristige natürliche Wachstums- und Regenerationsprozesse in Mooren des Oberharzes. Telma Beihefte 2: 365–380
Henrion I (1990) Neue Pollendiagramme aus dem Frühpostglazial des Oberharzes. Tuexenia 10: 513–522
Hesmer H (1928) Die Waldgeschichte der Nacheiszeit des nordwestdeutschen Berglandes auf Grund von pollenanalytischen Mooruntersuchungen. Zeitschrift für Forst- und Jagdwesen 60(4/5): 193–245, 299–313
Knapp H (2012) Habitat Harz: Paläobotanische Untersuchungen zur Umweltgeschichte eines Mittelgebirges. Dissertation Universität Kiel
Knapp H (2012) Environmental history of the Harz Mountains during the last 1000 years – combining pollen and charcoal analyses. Quaternary International 279–280: 249
Knapp H, Nelle O, Kirleis W (2015) Charcoal usage in medieval and modern times in the Harz Mountains Area, Central Germany: Wood selection and fast overexploitation of the woodlands. Quaternary International 366: 51–69
Knapp H, Robin V, Kirleis W, Nelle O (2013) Woodland history in the upper Harz Mountains revealed by kiln site, soil sediment and peat charcoal analyses. Quaternary International 289: 88–100
Klie A (1992) Vegetationsgeschichtliche Untersuchungen über die Waldgrenze am Brocken. Staatsexamensarbeit, Universität Göttingen
Lenk C (1976) Untersuchungen über Alter und Entstehung von einfachen Hangmooren im Oberharz. Staatsexamensarbeit, Universität Göttingen
Müller N, Lamersdorf N (1995) Verteilung und Mobilität von Schwermetallen in einem pollenanalytisch datierten Torfkern aus dem Roten Moor (Hochharz). Telma 25: 143–162
Philippi S (1965) Zur Datierung eines Plattenweges am Wurmberg/Oberharz mit Hilfe der Pollenanalyse. Neue Ausgrabungen und Forschungen in Niedersachsen 2: 224–231
Preidel A (1980) Moorkundliche Untersuchungen an Kolken und Schlenken im Oberharz. Diplomarbeit, Universität Göttingen
Robin V, Knapp H, Bork HR, Nelle O (2013) Complementary use of pedoanthracology and peat macro-charcoal analysis for fire history assessment: Illustration from Central Germany. Quaternary International 289: 78–87
Schmüser A (1998) Untersuchungen über die Vegetations- und Landschaftsgeschichte des Brockenfeldes und des Brockens. Dissertation, Universität Göttingen
Schulz H (1974) Untersuchungen über den Bruchberg/Oberharz im Hinblick auf die nacheiszeitliche Geschichte seiner Wälder und die Entwicklung seines Kamm-Hochmoores. Staatsexamensarbeit, Universität Göttingen
Stoller J (1908) Die Moore des Oberharzes. In: Königlich Preußische Geologische Landesanstalt (ed) Erläuterungen zur Geologischen Karte von Preußen und benachbarten Bundesstaaten, Lieferung 100, Blatt Harzburg. Selbstverlag, Berlin, 120–123
Trautmann W (1957) Natürliche Waldgesellschaften und nacheiszeitliche Waldgeschichte des Eggegebirges. Mitteilungen der Floristisch-soziologischen Arbeitsgemeinschaft NF 6/7: 276–296
Ulmann M (1997) Die Vegetationsgeschichte Oberharzer Hochmoore in der Siedlungszeit (Pollenzone X nach Firbas): Eine Untersuchung zu Entwicklung und Veränderungen der Moorvegetation mit den dafür maßgeblichen ökologischen Bedingungen unter Verwendung eines durch Leithorizonte gegliederten Referenzpollendiagramms

zur relativen Datierung von Torfprofilen aus der gleichen Region. Shaker, Aachen

Urban B (1975) Pollenanalytische Untersuchungen zur Entstehungsgeschichte des Bruchbergmoores/Oberharz. Diplomarbeit, Universität Köln

Urban B (1978) Pollenanalytische Untersuchungen zur Entstehungs- und Entwicklungsgeschichte des Bruchbergmoores/Oberharz. Eiszeitalter und Gegenwart 28: 189–194

Voigt R (2006) Settlement history as reflection of climate change: The case study of Lake Jues (Harz Mountains, Germany). Geografiska Annaler 88 A(2): 97–105

Voigt R, Grüger E, Baier J, Meischner D (2008) Seasonal variability of Holocene climate: A palaeolimnological study on varved sediments in Lake Jues (Harz Mountains, Germany). Journal of Paleolimnology 40: 1021–1052

Wendt L, Bülow Kv (1927) Ein Pollendiagramm aus dem Brockengebiet. Centralblatt für Mineralogie, Geologie und Paläontologie, Abteilung B 7: 277–287

Wille M (1995) Vegetationsgeschichtliche Untersuchungen über das jüngere Holozän im Oberharz. Diplomarbeit, Universität Göttingen

Willutzki H (1962) Zur Waldgeschichte und Vermoorung sowie über Rekurrenzflächen im Oberharz. Nova Acta Leopoldina NF 25(160). Barth, Leipzig

Mitteldeutsches Trockengebiet (Kapitel 43)

Altehage C, Jonas F (1936) Die Vegetation und Entwicklung eines mitteldeutschen Trockenrasenbodens bei Merseburg. Beihefte zum Botanischen Centralblatt 55/B(3): 347–372

Arnold C (2013) Palynologische Untersuchung zur spätholozänen Entwicklung der Mittelmühlenwiesen bei Bürgel. Examensarbeit, Universität Jena

Becher H (2010) Pollenanalytische Untersuchungen zur Vegetationsgeschichte im Umkreis des Süßen Sees, Landkreis Mansfeld-Südharz, Sachsen-Anhalt, vom Hochmittelalter bis zur Neuzeit. Bachelorarbeit, Universität Halle-Wittenberg

Begemann I (2003) Palynologische Untersuchungen zur Geschichte von Umwelt und Besiedlung im südwestlichen Harzvorland (unter Einbeziehung geochemischer Befunde). Dissertation, Universität Göttingen

Behrens H, Schröter E (1980) Siedlungen und Gräber der Trichterbecherkultur und Schnurkeramik bei Halle (Saale). Veröffentlichungen des Landesmuseums für Vorgeschichte in Halle 34. Verlag der Wissenschaften, Berlin

Boettger T, Hiller A, Junge FW, Litt T, Mania D, Scheele D (1998) Late Glacial stable isotope record, radiocarbon stratigraphy, pollen and mollusc analyses from Geiseltal area, central Germany. Boreas 27: 88–100

Boettger T, Hiller A, Junge FW, Mania D, Kremenetski K (2009) Late Glacial/Early Holocene environmental changes in Thuringia, Germany: Stable isotope record and vegetation history. Quaternary International 203: 105–112

Danke S (2010) Vom Jäger und Sammler zum Ackerbauern und Viehzüchter – pollenanalytische Untersuchungen zur Neolithisierung der Orlasenke/Thüringen im Atlantikum. Staatsexamensarbeit, Universität Jena

Erbstößer M (2010) Palynologische Untersuchung zur Genese eines Moores im Saale-Holzland bei Neustadt/Orla. Examensarbeit, Universität Jena

Ettel P, Jahr T, Kleinsteuber L, Petruck A, Schneider F, Schneider H, Tannhäuser C, Zeumann S (2013) Geoarchäologisches Praktikum der FSU Jena 2010 und 2011 auf dem Alten Gleisberg, Saale-Holzland-Kreis. Neue Ausgrabungen und Funde in Thüringen 7: 97–107

Ettel P, Arnold C, Jahr T, Kleinsteuber I, Mörbe W, Paust E, Rochlitz P, Schneider F, Schneider H (2015) Geoarchäologisches Praktikum der FSU Jena 2012/13 auf dem Alten Gleisberg, Saale-Holzland-Kreis. Neue Ausgrabungen und Funde in Thüringen 8: 29–42

Firbas F (1952) Das mitteldeutsche Trockengebiet. In: Spät- und nacheiszeitliche Waldgeschichte Mitteleuropas nördlich der Alpen. Zweiter Band: Waldgeschichte der einzelnen Landschaften. Gustav Fischer, Jena, 96–99

Fischer J (1963) Pollenanalytische Untersuchung von Holozänprofilen im mittleren Geiseltal. Diplomarbeit, Universität Halle-Wittenberg

Fischer S (2010) Pollenanalytische Untersuchungen zur Vegetationsentwicklung im frühen Subatlantikum. Examensarbeit, Universität Jena

Gringmuth-Dallmer E, Lange E (1988) Untersuchungen zur frühgeschichtlichen Siedlungs- und Wirtschaftsentwicklung im nördlichen Thüringer Becken. Zeitschrift für Archäologie 22: 83–101

Hein L (1951) Pollenanalytische Untersuchungen an den Sedimenten des Salzigen Sees. Hallesches Jahrbuch für Mitteldeutsche Erdgeschichte 1: 64–66

Hellmund M (2004) Frühe Vegetation in der Fuhneaue. In: Meller H, Oexle J (eds) Von Peißen nach Wiederitzsch, Archäologie an einer Erdgas-Trasse. Landesamt für Archäologie Sachsen, Gröbers, Dresden, 36–37

Hellmund M (2005) Pflanzenkohlen und Pollenkörner – Botanische Befunde. In: Meller H (ed) Quer-Schnitt – Ausgrabungen an der B6n Benzingerode-Heimburg. Archäologie in Sachsen-Anhalt Sonderband 2. Landesamt für Denkmalpflege und Archäologie in Sachsen-Anhalt, Landesmuseum für Vorgeschichte, Halle (Saale), 15–22

Hellmund M (2006) Pollen und Sporen aus dem schnurkeramischen Brunnen. In: Meller H (ed) Archäologie XXL – Archäologie an der B6n im Landkreis Quedlinburg. Archäologie in Sachsen-Anhalt, Sonderband 4. Landesamt für Denkmalpflege und Archäologie in Sachsen-Anhalt, Landesmuseum für Vorgeschichte, Halle (Saale), 93–95

Hellmund M (2014) Pollenanalysen an geschichteten Grabensedimenten aus der Salzmünder Kultur am Erdwerk von Salzmünde. In: Meller H, Friederich S (eds) Salzmünde-Schiepzig – ein Ort, zwei Kulturen. Ausgrabungen an der Westumfahrung Halle (A143). Archäologie in Sachsen-Anhalt Sonderband 21(1). Landesamt für Denkmalpflege und Archäologie in Sachsen-Anhalt, Landesmuseum für Vorgeschichte, Halle (Saale), 265–267

Hellmund M (2017) Pollenanalysen an Bohrprofilen aus der Stöbnitz-Aue bei Oechlitz, Saalekreis. In: Meller H, Becker M (eds) Neue Gleise auf alten Wegen II: Jüdendorf bis Gröbers. Archäologie in Sachsen-Anhalt Sonderband 26(2). Landesamt für Denkmalpflege und Archäologie in Sachsen-Anhalt, Landesmuseum für Vorgeschichte, Halle (Saale), 61–65

Hellmund M, Helbig H, Nicolay A (2011) Zur Zeitstellung der fluviatilen Sedimente in der Helme-Aue bei Niederröblingen. In: Meller H (ed) Kultur in Schichten. Archäologie am Autobahndreieck Südharz (A 71). Archäologie in Sachsen-Anhalt Sonderband 14. Landesamt für Denkmalpflege und Archäologie in Sachsen-Anhalt, Landesmuseum für Vorgeschichte, Halle (Saale), 29–34

Hellmund M, Wennrich V, Becher H, Krichel A, Bruelheide H, Melles M (2011) Zur Vegetationsgeschichte im Umfeld des Süßen Sees, Landkreis Mansfeld-Südharz – Ergebnisse von Pollen- und Elementanalysen. In: Bork HR, Meller H, Gerlach R (eds) Umweltarchäologie – Naturkatastrophen und Umweltwandel im archäologischen Befund. 3. Mitteldeutscher Archäologentag vom 07. bis 09. Oktober 2010 in Halle (Saale). Tagungen des Landesmuseums für Vorgeschichte Halle 6. Landesamt für Denkmalpflege und Archäologie in Sachsen-Anhalt, Landesmuseum für Vorgeschichte, Halle (Saale), 111–127

Hellmund M, Wennrich V (2014) Zur Vegetationsentwicklung im östlichen Harzvorland – Ein Pollendiagramm vom Süßen See, Landkreis Mansfeld-Südharz. Archäologie in Sachsen-Anhalt 7: 40–54

Höfer D, Schneider H (2006) Erdgaspipeline Stegal-Loop: Begleitprojekt Pollenanalyse. Neue Ausgrabungen und Funde in Thüringen 2: 147–156

Honig J (2009) Palynologische Untersuchungen der Vegetationsgeschichte in der Orlasenke am Beispiel des Bodelwitzer Moors. Examensarbeit, Universität Jena

Jacob H (1977) Zur Pflanzenwelt der Seen im Niedermoor von Oberdorla. Alt-Thüringen 14: 145–147

Jacob H (1981) Kulturpflanzennachweise aus Honigresten. Zeitschrift für Archäologie 15: 209–212

Jacob H (1987) Frühholozäne Torfablagerungen aus Mühlhausen (Thüringen). Alt-Thüringen 22/23: 29–34

Jacob H (1997) Paläo-ethnobotanische Untersuchungen des Opfermoores von Oberdorla, Unstrut-Hainich-Kreis. Ein Beitrag zur jüngeren Vegetationsgeschichte am nördlichen Rand des Thüringer Beckens. Alt-Thüringen 31: 228–253

Jacob H (2003) Vegetationsgeschichtliche Untersuchungen am Opfermoor Oberdorla. In: Behm-Blancke G, Dušek S (eds) Heiligtümer der Germanen und ihrer Vorgänger in Thüringen – die Kultstätte Oberdorla. Weimarer Monographien zur Ur- und Frühgeschichte 38(1). Konrad Theiss, Stuttgart, 30–35

Jacob H (2004) Das „Rieth" bei Oberdorla, Unstrut-Hainich-Kreis. Sedimentstratigraphie des Niedermoors und Vegetationsgeschichte der Kultstätte. Alt-Thüringen 37: 69–82

Jäger KD (1965) Beobachtungen und Untersuchungen zum Übergang von Pleistozän zum Holozän im Thüringer Becken. Wissenschaftliche Zeitschrift der Friedrich-Schiller-Universität Jena, Mathematisch-Naturwissenschaftliche Reihe 14(4): 59–72

Jäger KD (1967) Holozäne Binnenwasserkalke im Ostteil der Thüringer Triasmulde. In: Quartärkomitee der Deutschen Demokratischen Republik (ed) Probleme und Befunde der Holozänstratigraphie in Thüringen, Sachsen und Böhmen. Arbeitsexkursion der INQUA-Subcommission on Holocene im Herbst 1967. Berlin, Prag, 6–31

Jeschke J, Lange E, Westhus W (1989) Zur Vegetationsgeschichte und zur Genese der Torflager im Naturschutzgebiet Sonder, Nördliches Thüringer Becken. Flora 183: 177–188

Karius H, Natho G (1998) Zur Waldgeschichte im Bördekreis. Börde, Bode, Lappwald 6: 3–15

Karwarth M (1957/1959) Pollenanalyse aus dem „Altenburger Holzland" im Norden des Ostthüringischen Buntsandsteingebietes als Beitrag zur örtlichen Waldentwicklungsgeschichte. Diplomarbeit, Eberswalde, Hannoversch-Münden

Lange E (1965) Zur Vegetationsgeschichte des zentralen Thüringer Beckens. Drudea 5(1): 3–58

Lange E (1966) Zur spätglazialen Vegetation des Thüringer Beckens. Hercynia NF 3(4): 400–406

Lange E (1967) Vegetationsgeschichtliche Untersuchungen im Thüringer Becken anhand von Pollendiagrammen aus den Naturschutzgebieten „Alperstedter Ried" und „Große Sonder". Landschaftspflege und Naturschutz in Thüringen 4(2): 12–17

Lange E (1971) Ein Pollendiagramm von Gera-Tinz und dessen Aussagen zum kaiserzeitlichen Verhüttungsplatz. Zeitschrift für Archäologie 5: 289–301

Lange E (1976) Zur Entwicklung der natürlichen und anthropogenen Vegetation in frühgeschichtlicher Zeit. Teil 2: Naturnahe Vegetation. Feddes Repertorium 87(6): 367–442

Lange E (1980) Wald und Offenland während des Neolithikums im herzynischen Raum auf Grund pollenanalytischer Untersuchung. In: Schlette F (ed) Urgeschichtliche Besiedlung in ihrer Beziehung zur natürlichen Umwelt. Wissenschaftliche Beiträge der Martin-Luther-Universität Halle-Wittenberg 1980/6(L15). Akademie Verlag, Halle (Saale), 11–20

Lange E, Jäger KD, von Knorre D, (1967) Holozäne Landschaftsentwicklung im mitteldeutschen Trockengebiet. In: Quartärkomitee der Deutschen Demokratischen Republik (ed) Probleme und Befunde der Holozänstratigraphie in Thüringen, Sachsen und Böhmen. Arbeitsexkursion der INQUA-Subcommission on Holocene im Herbst 1967. Berlin, Prag, 52–82

Lange E, Gringmuth-Dallmer E, Schoknecht T (1987) Grundzüge der Vegetations- und Landschaftsentwicklung unter den seit dem Neolithikum währenden anthropogenen Einflüssen vom Mansfelder Hügelland bis zum Oberharz. In: Schubert R (ed) Erfassung und Bewertung anthropogener Vegetationsveränderungen Teil 1. Wissenschaftliche Beiträge der Martin-Luther-Universität Halle-Wittenberg 1987/4(P26). Akademie Verlag, Halle (Saale), 45–53

Lange E, Schultz A (1965) Pollenanalytische Datierung spätglazialer und holozäner Sedimente im zentralen Thüringer Becken. Wissenschaftliche Zeitschrift der Friedrich-Schiller-Universität Jena, Mathematisch-Naturwissenschaftliche Reihe 14(4): 55–58

Litt T (1992) Investigations on the extent of the Early Neolithic settlement in the Elbe-Saale region and on its influence on the natural environment. In: Frenzel B (ed) Evaluation of Land Surfaces Cleared from Forests by Prehistoric Man in Early Neolithic Times and the Time of Migrating Germanic Tribes. Special Issue: ESF Project European Palaeoclimate and Man 3. Gustav Fischer, Stuttgart, Jena, New York, 83–91

Litt T (1992) Fresh investigations into the natural and anthropogenically influenced vegetation of the earlier Holocene in the Elbe-Saale Region, Central Germany. Vegetation History and Archaeobotany 1: 69–74

Litt T (1994) Paläoökologie, Paläobotanik und Stratigraphie des Jungquartärs im nordmitteleuropäischen Tiefland. Unter besonderer Berücksichtigung des Elbe-Saale-Gebietes. Dissertationes Botanicae 227. Cramer, Berlin, Stuttgart

Litt T (2021) Naturraum Mitteldeutschland im Neolithikum. In: Meller H (ed) Früh- und Mittelneolithikum. Katalog zur Dauerausstellung im Landesmuseum Vorgeschichte Halle (Saale) Band 2. Landesamt für Denkmalpflege und Archäologie Sachsen-Anhalt, Landesmuseum für Vorgeschichte, Halle (Saale), 119–124

Luthardt H (1958) Die Entwicklung und der montane Charakter des Waldbildes im Einzugsgebiet der Roda. Dissertation, Universität Jena

Mangold J (2011) Palynologische Untersuchung zum Neolithikum im Weimarer Land am Beispiel der Erlenwiese. Examensarbeit, Universität Jena

Mania D (1967) Der ehemalige Aschersleber See in spät- und postglazialer Zeit. Hercynia 4: 199–260

Mania D, Seifert M, Thomae M (1993) Spät- und Postglazial im Geiseltal (mittleres Elbe- Saalegebiet). Eiszeitalter und Gegenwart 43: 1–22

Meschner S (2008) Die Vegetations- und Landnutzungsgeschichte der letzten 5.000 Jahre am Beispiel des Mühlberger Rieds (Thüringer Becken). Diplomarbeit, Universität Jena

Mihr M (2012) Palynologische Untersuchungen zur Frühgeschichte des Thüringer Beckens im Umfeld des Orlishäuser Hügels/Kreis Sömmerda). Examensarbeit, Universität Jena

Müller H (1953) Zur spät- und nacheiszeitlichen Vegetationsgeschichte des mitteldeutschen Trockengebietes. Nova Acta Leopoldina NF 16(110). Barth, Leipzig

Neumann E (2010) Palynologische Untersuchungen zur Landschaftsgeschichte zwischen Subboreal und Subatlantikum im Umfeld des Bodelwitzer Moores, Kreis Pößneck. Examensarbeit, Universität Jena

Nietsch H (1939) Wald und Siedlung im vorgeschichtlichen Mitteleuropa. Mannus-Bücherei 64. Rabitzsch, Leipzig

Oehm B (1997) Ein Beitrag zur Vegetationsgeschichte im Salz-Subrosionsgebiet der Mansfelder Mulde westlich von Halle (Saale). In: Frühauf M, Hardenbicker U (eds) Geowissenschaftliche Umweltforschung im mitteldeutschen Raum. UZU-Schriftenreihe NF 2. Universitätszentrum für Umweltwissenschaften, Halle/S., 99–106

Pint A, Schneider H, Frenzel P, Horne DJ, Voigt M, Viehberg F (2016) Late Quaternary lake history of the Siebleber Senke (Thuringia, Central Germany) – methods of palaeoenvironmental analysis using Ostracoda and pollen. The Holocene 27(4): 526–540

Pleines T (2002) Vegetationsgeschichtliche Untersuchungen an den Sedimenten des Moslochs westlich von Nordhausen, Thüringen. Diplomarbeit, Universität Göttingen

Schliewenz H (2010) Einfluss der germanischen Besiedlung auf die Landschaftsgeschichte im Umfeld der Thüringischen Königsburg

(Gebesee – Thüringer Becken) – eine palynologische Betrachtung. Examensarbeit, Universität Jena

Schmidt F (2011) Palynologische Untersuchungen zur holozänen Landschaftsgenese in den Randlagen des Thüringer Beckens am Beispiel der Erlenwiese südlich von Weimar. Examensarbeit, Universität Jena

Schneider H (2012) Eine kritische Betrachtung der palynologischen Untersuchungen in Thüringen vor dem Hintergrund der biostratigraphischen Definitionen nach Firbas (1949). In: Stobbe A, Tegtmeier U (eds) Verzweigungen. Eine Würdigung für A. J. Kalis und J. Meurers-Balke. Frankfurter archäologische Schriften 18. Rudolf Habelt, Bonn, 249–264

Schneider H (2013) Der Stand der palynologischen Forschung in Thüringen vor dem Hintergrund der Buchenausbreitung und deren Ursachen. Artenschutzreport 32: 44–48

Siebert A (2003) Palynologische Untersuchungen in Ostthüringen – Ein Beitrag zur Rekonstruktion der Vegetationsgeschichte. Examensarbeit, Universität Jena

Siebert A, Schneider H, Dietrich H (2004) Palynologische Untersuchungen in den „Klosterlausnitzer Sümpfen" (Ost-Thüringen). Haussknechtia 10: 199–237

Stolz K (2004) Palynological investigations on Late Quaternary sediments of Salziger See, Mansfelder Land, Germany, and comparison with their sedimentology. Diplomarbeit, Universität Leipzig

Suderlau G (1974) Die spät- und postglazialen Ablagerungen in den Senken des Raumes Eisleben – Artern – Bad Frankenhausen und ihre ingenieurgeologische Bedeutung. Dissertation, Universität Halle/Saale

Suderlau G (1975) Jungquartäre Ablagerungen in den Senken des Raumes Eisleben – Artern – Bad Frankenhausen. Hercynia N.F. 12(2): 228–255

Tipold D (2010) Palynologische Untersuchungen zur Landschaftsentwicklung im Umfeld des Alten Gleisberges am Beispiel des Teufelsmoors bei Poxdorf im Kreis Bürgel. Examensarbeit, Universität Jena

Toepfer V (1955) Bericht über die Grabungen am Bruchsberg bei Königsaue, Kreis Aschersleben, im Jahre 1952. In: Rothmaler W, Padberg W (eds) Beiträge zur Frühgeschichte der Landwirtschaft II. Wissenschaftliche Abhandlungen 15. Deutsche Akademie der Landwirtschaftswissenschaften, Berlin, 15–19

Toepfer V (1956) Bandkeramische Funde im Uferprofil des ehemaligen Gaterslebener See. Ausgrabungen und Funde 1(5): 214–217

Voigt M (2010) Palynologische Untersuchungen zum holozänen Landschaftswandel im Umfeld der Siebleber Senke im Kreis Gotha. Examensarbeit, Universität Jena

Wennrich V (2006) Die spätweichselglaziale und holozäne Klima- und Umweltgeschichte des Mansfelder Landes/Sachsen-Anhalt abgeleitet aus Seesedimenten des ehemaligen Salzigen Sees. Leipziger Geowissenschaften 17: 1–95

Wennrich V, Wagner B, Melles M, Morgenstern P (2005) Late Glacial and Holocene history of former Salziger See, central Germany, and its climatic and environmental implications. International Journal of Earth Science 94: 275–284

Thüringer Wald, Frankenwald und Vogtland (Kapitel 44)

Firbas F (1952) Thüringer Wald, Frankenwald und Vogtland. In: Spät- und nacheiszeitliche Waldgeschichte Mitteleuropas nördlich der Alpen. Zweiter Band: Waldgeschichte der einzelnen Landschaften. Gustav Fischer, Jena, 99–102

Frenzel H (1930) Entwicklungsgeschichte der sächsischen Moore und Wälder seit der letzten Eiszeit auf Grund pollenanalytischer Untersuchungen. Abhandlungen des Sächsischen Geologischen Landesamts 9: 5–119

Hahne J (1992) Untersuchungen zur spät- und postglazialen Vegetationsgeschichte im nordöstlichen Bayern (Bayerisches Vogtland, Fichtelgebirge, Steinwald). Flora 187: 169–200

Heinrich W, Lange E (1969) Ein Beitrag zur Kenntnis der Waldgeschichte des Thüringisch-Sächsischen Vogtlandes. Feddes Repertorium 80(4–6): 437–462

Hueck K (1928) Zur Kenntnis der Hochmoore des Thüringer Waldes. Beiträge zur Naturdenkmalpflege 12(3): 215–236

Jahn R (1930) Pollenanalytische Untersuchungen an Hochmooren des Thüringer Waldes. Dissertation, Universität Jena

Lange E (1967) Zur Vegetationsgeschichte des Beerberggebietes im Thüringer Wald. Feddes Repertorium 76(3): 205–219

Lange E (1970) Beispiele anthropogenen Einflusses auf die Vegetationsentwicklung in frühgeschichtlicher Zeit. Mitteilungen der ostalpin-dinarischen pflanzensoziologischen Arbeitsgemeinschaft 10(2): 46–52

Lange E, Schlüter H (1972) Zur Entwicklung eines montanen Quellmoores im Thüringer Wald und des Vegetationsmosaiks seiner Umgebung. Flora 161: 562–585

Lange E, Schlüter H, Gringmuth-Dallmer E (1978) Zur Vegetations- und Siedlungsgeschichte des Frankenwaldes. Flora 167: 81–102

Reinhardt J (2014) Palynologische Untersuchung des Petermoors (Thüringer Wald) zur Erfassung klimatischer und anthropogener Einflüsse auf die Moorgenese seit dem frühen Holozän. Staatsexamensarbeit, Universität Jena

Schlüter H (1964) Zur Waldentwicklung im Thüringer Gebirge, hergeleitet aus Pollendiagrammen, Archivquellen und Vegetationsuntersuchungen. Archiv für Forstwesen 13: 283–305

Schneider H (2006) Die spät- und postglaziale Vegetationsgeschichte des oberen und mittleren Werratals. Dissertationes Botanicae 403. Cramer, Berlin, Stuttgart

Schneider H, Höfer D, Mäusbacher R, Gude M (2007) Past flood events reflected in Holocene floodplain records of East-Germany. Geomorphology 92(3–4): 208–219

Schneider H (2024) Palynologische Untersuchungen zur Vegetationsentwicklung im Umfeld der ehemaligen Glashütte Glücksthal. In: Seidel M, Spazier I (eds) Archäologische Forschungen zwischen Vogtland und Rennsteig. Sonderveröffentlichungen des Thüringischen Landesamtes für Denkmalpflege und Archäologie Band 7. Beier & Beran, Langenweißbach, 269–274

Schneider H (2024) Die Vegetations- und Besiedlungsgeschichte zwischen Orlasenke, Frankenwald und Vogtland. In: Seidel M, Spazier I (eds) Archäologische Forschungen zwischen Vogtland und Rennsteig. Sonderveröffentlichungen des Thüringischen Landesamtes für Denkmalpflege und Archäologie Band 7. Beier & Beran, Langenweißbach, 363–396

Schneider H (2024) Die holozäne Vegetations- und Besiedlungsgeschichte des Thüringer Schiefergebirges. In: Seidel M, Spazier I (eds) Archäologische Forschungen zwischen Vogtland und Rennsteig. Sonderveröffentlichungen des Thüringischen Landesamtes für Denkmalpflege und Archäologie Band 7. Beier & Beran, Langenweißbach, 397–422

Thomas CL, Jansen B, Czerwiński S, Gałka M, Knorr KH, van Loon EE, Egli M, Wiesenberg GLB (2023) Comparison of paleobotanical and biomarker records of mountain peatland and forest ecosystem dynamics over the last 2600 years in central Germany. Biogeosciences 20: 4893–4914

Werth E, Baas J (1936) Pollenanalytische Untersuchungen einiger Trockentorfe verschiedener Waldböden Nord- und Mitteldeutschlands. Planta 25(3): 315–345

Fichtelgebirge (Kapitel 45)

Beug HJ (1957) Untersuchungen zur spätglazialen und frühpostglazialen Floren- und Vegetationsgeschichte einiger Mittelgebirge (Fichtelgebirge, Harz und Rhön). Flora 145: 167–211

Firbas F (1937) Der pollenanalytische Nachweis des Getreidebaus. Zeitschrift für Botanik 31: 447–478

Firbas F (1952) Das Fichtelgebirge. In: Spät- und nacheiszeitliche Waldgeschichte Mitteleuropas nördlich der Alpen. Zweiter Band: Waldgeschichte der einzelnen Landschaften. Gustav Fischer, Jena, 110–113

Firbas F, Münnich KO, Wittke W (1958) ^{14}C-Datierungen zur Gliederung der nacheiszeitlichen Waldentwicklung und zum Alter von Rekurrenzflächen im Fichtelgebirge. Flora 146: 512–520

Firbas F, von Rochow M (1956) Zur Geschichte der Moore und Wälder des Fichtelgebirges. Forstwissenschaftliches Centralblatt 75: 367–380

Hahne J (1992) Untersuchungen zur spät- und postglazialen Vegetationsgeschichte im nordöstlichen Bayern (Bayerisches Vogtland, Fichtelgebirge, Steinwald). Flora 187: 169–200

Knipping M (1989) Zur spät- und postglazialen Vegetationsgeschichte des Oberpfälzer Waldes. Dissertationes Botanicae 140. Cramer, Berlin, Stuttgart

Langer H (1962) Beiträge zur Kenntnis der Waldgeschichte und Waldgesellschaften Süddeutschlands. Bericht der Naturforschenden Gesellschaft Augsburg 14(73): 1–120

Reissinger A (1933) Die Seelohe. Ein Beitrag zur Vegetationsgeschichte des Fichtelgebirges. Der Siebenstern – Zeitschrift des Fichtelgebirgsvereins 7(3): 3–7

Oberpfälzer Wald (Kapitel 46)

Firbas F (1952) Böhmerwald, Bayerischer Wald und Oberpfälzer Wald. In: Spät- und nacheiszeitliche Waldgeschichte Mitteleuropas nördlich der Alpen. Zweiter Band: Waldgeschichte der einzelnen Landschaften. Gustav Fischer, Jena, 115–118

Knipping M (1989) Zur spät- und postglazialen Vegetationsgeschichte des Oberpfälzer Waldes. Dissertationes Botanicae 140. Cramer, Berlin, Stuttgart

Knipping M (1997) Pollenanalytische Untersuchungen zur Siedlungsgeschichte des Oberpfälzer Waldes. Telma 27: 61–74

Langer H (1962) Beiträge zur Kenntnis der Waldgeschichte und Waldgesellschaften Süddeutschlands. Bericht der Naturforschenden Gesellschaft Augsburg 14(73): 1–120

Paul H, Lutz J (1939) Zur Kenntnis der Moore des Oberpfälzer Mittellandes. Zeitschrift für Botanik 34: 193–230

Schmeidl H (1969) Beitrag zur spätglazialen Vegetations- und postglazialen Waldentwicklung im südlichen Oberpfälzer Wald. In: Rückert G (ed) Erläuterungen zur Bodenkarte von Bayern 1:25000, Blatt Nr. 6640 Neunburg vorm Wald. Bayerisches Geologisches Landesamt, München, 103–113

Stalling H (1987) Untersuchungen zur spät- und postglazialen Vegetationsgeschichte im Bayerischen Wald. Dissertationes Botanicae 105. Cramer, Berlin, Stuttgart

Bayerischer Wald (Kapitel 47)

Brande A (1995) Pollenanalysen zur Bestandsgeschichte der Hochlagenwälder am Plöckenstein (Böhmerwald). Zentralblatt für das gesamte Forstwesen 112: 1–17

Carter VA, Chiverrell RC, Clear JL, Kuosmanen N, Moravcová A, Svoboda M, Svobodová-Svitavská H, van Leeuwen JFN, van der Knaap WO, Kuneš, P (2018) Quantitative palynology informing conservation ecology in the Bohemian/Bavarian Forests of Central Europe. Frontiers in Plant Science 8: 2268

Firbas F (1952) Böhmerwald, Bayerischer Wald und Oberpfälzer Wald. In: Spät- und nacheiszeitliche Waldgeschichte Mitteleuropas nördlich der Alpen. Zweiter Band: Waldgeschichte der einzelnen Landschaften. Gustav Fischer, Jena, 115–118

Hauner U (1980) Untersuchungen zur klimagesteuerten tertiären und quartären Morphogenese des Inneren Bayerischen Waldes (Rachel-Lüsen) unter besonderer Berücksichtigung pleistozänkaltzeitlicher Formen und Ablagerungen. Regensburger Geographische Schriften 14. Selbstverlag des Instituts für Geographie an der Universität Regensburg, Regensburg

Klečka I (1928) Agrobotanické studie o rokytských rašelinách. Sborník Československé Akademie Zemědělské 3(2): 195–264

Kral F (1979) Pollenanalytische Untersuchungen zur Waldgeschichte des Kubany-Urwaldreservates „Boubínský prales" (Böhmerwald, ČSSR). Forstwissenschaftliches Centralblatt 98: 91–110

Langer H (1962) Beiträge zur Kenntnis der Waldgeschichte und Waldgesellschaften Süddeutschlands. Bericht der Naturforschenden Gesellschaft Augsburg 14(73): 1–120

Müller F (1927) Paläofloristische Untersuchungen dreier Hochmoore des Böhmerwaldes. Lotos – Zeitschrift für Naturwissenschaften 75: 83–80

Nelle O (2002) Zur holozänen Vegetations- und Waldnutzungsgeschichte des Vorderen Bayerischen Waldes anhand von Pollen- und Holzkohleanalysen. Hoppea – Denkschrift der Regensburgischen Botanischen Gesellschaft 63: 161–361

Paul H, Lutz J (1939) Zur Kenntnis der Moore des Oberpfälzer Mittellandes. Zeitschrift für Botanik 34: 193–230

Raab T (1999) Würmzeitliche Vergletscherung des Bayerischen Waldes im Arbergebiet. Regensburger Geographische Schriften 32: 1–127

Reissinger A (1931) Schlammuntersuchungen am Schwarzen See im Böhmerwald. Berichte der Naturwissenschaftlichen Gesellschaft Bayreuth 3: 1–6

Rudolph K (1928) Die bisherigen Ergebnisse der botanischen Mooruntersuchungen in Böhmen. Beihefte zum Botanischen Centralblatt 45/II(1): 1–180

Ruoff S (1932) Stratigraphie und Entwicklung einiger Moore des Bayrischen Waldes in Verbindung mit der Waldgeschichte des Gebietes. Forstwissenschaftliches Centralblatt 54(15): 479–533

Schmeidl H (1981) Die Vegetations- und Waldentwicklung im Bayerischen Wald, Böhmerwald und südlichen Oberpfälzer Wald. Telma 11: 11–39

Schmidt R (1977) Zur spätglazialen Vegetationsentwicklung im Arber-Gebiet (Bayerischer Wald – Böhmerwald). Jahrbuch des Oberösterreichischen Musealvereins 122(1): 183–192

Schreiber H (1924) Die Moore des Böhmerwaldes und des deutschen Südböhmen, Band 4. Verlag des Deutschen Moorvereins in der Tschechoslowakei, Sebastiansberg

Stalling H (1987) Untersuchungen zur spät- und postglazialen Vegetationsgeschichte im Bayerischen Wald. Dissertationes Botanicae 105. Cramer, Berlin, Stuttgart

Trautmann W (1952) Pollenanalytische Untersuchungen über die Fichtenwälder des Bayerischen Waldes. Planta 41: 83–124

van der Knaap WO, van Leeuwen JFN, Fahse L, Szidat S, Studer T, Baumann J, Heurich M, Tinner W (2020) Vegetation and disturbance history of the Bavarian Forest National Park, Germany. Vegetation History and Archaeobotany 29: 277–295

Erzgebirge (Kapitel 48)

Cappenberg K, Hemker C (2024) Der Wald der Zukunft in der Vergangenheit verwurzelt. Das ArchaeoForest-Projekt: Untersuchungen und Erkenntnisse zur historischen Vegetationsdynamik und Landschaftsnutzung im Osterzgebirge. Der Anschnitt 76: 147–171

Derner K (2018) Středověké hornictvi a hutnictvi na Přisecnicku ve středním Krušnohoří. Mittelalterlicher Bergbau und Hüttenwesen in der Region Pressnitz im mittleren Erzgebirge. Veröffentlichungen des Landesamtes für Archäologie Sachsen 68. Landesamt für Archäologie Sachsen, Dresden

Firbas F (1952) Das Erzgebirge. In: Spät- und nacheiszeitliche Waldgeschichte Mitteleuropas nördlich der Alpen. Zweiter Band: Waldgeschichte der einzelnen Landschaften. Gustav Fischer, Jena, 103–110

Frenzel H (1930) Entwicklungsgeschichte der sächsischen Moore und Wälder seit der letzten Eiszeit auf Grund pollenanalytischer Untersuchungen. Abhandlungen des Sächsischen Geologischen Landesamts 9: 5–119

Großer KH, Wolters S, Schaarschmidt J (2006) Das Hochmoor bei Jahnsgrün im Erzgebirge. Naturschutzarbeit in Sachsen 48: 41–52

Houfková P, Bešta T, Bernardová A, Vondrák D, Pokorný P, Novák J (2017) Holocene climatic events linked to environmental changes at Lake Komořany Basin, Czech Republic. The Holocene 27: 1–14

Houfková P, Horák H, Pokorná A, Bešta T, Pravcová I, Novák J, Klír T (2019) The dynamics of a non-forested stand in the Krušné Mts.: The effect of a short-lived medieval village on the local environment. Vegetation History and Archaeobotany 28: 607–621

Huber B, Schmidt E (1939) Die mittelalterlichen Holzfunde der Wasserburg Obergöltzsch bei Rodewisch. Tharandter forstliches Jahrbuch 90: 146–154

Jacob H (1957) Waldgeschichtliche Untersuchungen im Tharandter Gebiet. Feddes Repertorium Beihefte 137: 183–275

Jankovská V, Kunes P, van der Knaap WO (2007) Fláje-Kiefern (Krušné Hory Mountains): Late Glacial and Holocene vegetation development. Grana 46: 214–216

Kaiser K, Theuerkauf M, Hieke F (2023) Holocene forest and land-use history of the Erzgebirge, Central Europe: A review of palynological data. E&G Quaternary Science Journal 72: 127–161

Kaiser K, Tolksdorf JF, de Boer AM, Herbig C, Hieke F, Kasprzak M, Kočár P, Petr L, Schubert M, Schröder F, Fülling A, Hemker C (2021) Colluvial sediments originating from past land-use activities in the Erzgebirge Mountains, Central Europe: occurrence, properties and historic environmental implications. Archaeological and Anthropological Sciences 13: 220

Lange E, Christl A, Joosten H (2005) Ein Pollendiagramm aus der Mothäuser Heide im oberen Erzgebirge unweit des Grenzüberganges Reitzenhain. In: Sachenbacher P (ed) Kirche und geistiges Leben im Prozess des mittelalterlichen Landesausbaus in Ostthüringen/Westsachsen. Beiträge zur Frühgeschichte und zum Mittelalter Ostthüringens 2. Beier und Beran, Langenweißbach, 153–169

Münster B (1926) Pollenanalytische Untersuchungen sächsischer Moore im Erzgebirge. Diplomarbeit. Forstliche Hochschule, Tharandt

Rudolph K (1928) Die bisherigen Ergebnisse der botanischen Mooruntersuchungen in Böhmen. Beihefte zum Botanischen Centralblatt 45/II(1): 1–180

Rudolph K, Firbas F (1922) Pollenanalytische Untersuchungen böhmischer Moore (Vorläufige Mitteilung). Berichte der Deutschen Botanischen Gesellschaft 40: 393–405

Rudolph K, Firbas F (1924) Paläofloristische und stratigraphische Untersuchungen böhmischer Moore. Die Hochmoore des Erzgebirges. Ein Beitrag zur postglazialen Waldgeschichte Böhmens. Beihefte zum Botanischen Centralblatt 41/II(1/2): 1–162

Schlöffel M (2011) Die postglaziale Waldgeschichte der Lehmhaide. Rekonstruktion spät- und postglazialer Umweltbedingungen an einem Torfprofil aus dem Erzgebirge. Arbeits- und Forschungsberichte zur sächsischen Bodendenkmalpflege 51/52: 9–27

Schmidt E (1939) Bericht über die beim Aufräumen des Grillenburger Schloßteiches zutage getretenen Pflanzenreste. Tharandter forstliches Jahrbuch 90: 154–157

Schmeidl H (1940) Beitrag zur Frage des Grenzhorizontes im Sebastiansberger Hochmoor. Beihefte zum Botanischen Centralblatt 60/B(3): 493–524

Schreiber H (1921) Die Moore und die Torfgewinnung im Erzgebirge. Arbeiten der deutschen Sektion des Landeskulturrates für Böhmen 28. Verlag der deutschen Sektion des Landeskulturrates für Böhmen, Prag

Schreiber H (1923) Die Moore Nordwestböhmens. Verlag der deutschen Sektion des Landeskulturrates für Böhmen, Prag

Seifert-Eulen M (2016) Die Moore des Erzgebirges und seiner Nordabdachung. Vegetationsgeschichte ausgewählter Moore. Geoprofil 14: 4–78

Stebich M, Litt T (1997) Das Georgenfelder Hochmoor – ein Archiv für Vegetations-, Siedlungs- und Bergbaugeschichte. Leipziger Geowissenschaften 5: 209–216

Tolksdorf JF (2018) Mittelalterlicher Bergbau und Umwelt im Erzgebirge. Eine interdisziplinäre Untersuchung. Veröffentlichungen des Landesamtes für Archäologie Sachsen 67. Landesamt für Archäologie Sachsen, Dresden

Tolksdorf JF, Kaiser K, Petr L, Herbig C, Kočár P, Heinrich S, Wilke FDH, Theuerkauf M, Fülling A, Schubert M, Schröder F, Křivánek R, Schulz L, Bonhage A, Hemker C (2020) Past human impact in a mountain forest: Geoarchaeology of a medieval glass production and charcoal hearth site in the Erzgebirge, Germany. Regional Environmental Change 20: 71

Tolksdorf JF, Schröder F, Petr L, Herbig C, Kaiser K, Kočár P, Fülling A, Heinrich S, Hönig H, Hemker C (2020) Evidence for Bronze Age and Medieval tin placer mining in the Erzgebirge mountains, Saxony (Germany). Geoarchaeology 35: 198–216

Elbsandstein- und Lausitzer Gebirge, Polzengebiet und Jeschkengebirge (Kapitel 49)

Abraham V, Kuneš P, Petr L, Svitavská-Svobodová H, Kozáková R, Jamrichová E, Švarcová MG, Pokorný P (2016) A pollen-based quantitative reconstruction of the Holocene vegetation updates a perspective on the natural vegetation in the Czech Republic and Slovakia. Preslia 88: 409–434

Abraham V, Pokorný P (2008) Vegetační změny v Českém Švýcarsku jako důsledek lesnického hospodaření – pokus o kvantitativní rekonstrukci. In: Beneš J, Pokorný P (eds) Bioarchaeologie v České Republice. Archeologický ústav AV ČR, Praha, 443–470

Firbas F (1927) Paläofloristische und stratigraphische Untersuchungen böhmischer Moore IV. Die Geschichte der nordböhmischen Wälder und Moore seit der letzten Eiszeit (Untersuchungen im Polzengebiet). Beihefte zum Botanischen Centralblatt 43/II(2/3): 145–219

Firbas F (1937) Ein nordböhmischer Beitrag zur pollenanalytischen Behandlung der Heidefrage. Natur und Heimat 8: 10–16

Firbas F (1952) Das Elbsandstein- und Lausitzer Gebirge, das Polzengebiet und Jeschkengebirge. In: Spät- und nacheiszeitliche Waldgeschichte Mitteleuropas nördlich der Alpen. Zweiter Band: Waldgeschichte der einzelnen Landschaften. Gustav Fischer, Jena, 120–124

Kuneš P, Abraham V, Kovařík O, Kopecký M, Břízová E, Janovská V, Knipping M, Kozáková R, Nováková K, Petr L, Pokorný P, Rozková A, Rybníčková E, Svobodvá-Svitavská H, Wacnik A (2009) Czech Quaternary Palynological Database – PALYCZ: Review and basis statistics of the data. Preslia 81: 209–238

Kuneš P, Pokorný P, Šída P (2008) Detection of the impact of early Holocene hunter-gatherers on vegetation in the Czech Republic, using multivariate analysis of pollen data. Vegetation History and Archaeobotany 17: 269–287

Meduna P, Sádlo J (2009) Krajina mezi odolností a stagnací. Historická geografie 35(1): 147–160

Müller HM (1968) Beiträge zur Vegetationsentwicklung in der Oberlausitz. Abhandlungen und Berichte des Naturkundemuseums Görlitz 43(5): 1–11

Pokorný P, Kuneš P (2005) Holocene acidification process recorded in three pollen profiles from Czech sandstone and river terrace environments. Ferrantia 44: 101–107

Pokorný P, Šída P, Ptáková M, Světlík I (2023) A little luxury doesn't hurt: Swiss stone pine (Pinus cembra L.) – an unexpected item in the diet of central European Mesolithic hunter-gatherers. Vegetation History and Archaeobotany 32: 253–262

Schulze T (1956) Pollenanalytische Mooruntersuchungen in der Umgebung der Sumpfschanze Brohna. Arbeits- und Forschungsberichte zur sächsischen Bodendenkmalpflege 5: 287–292

Šída P, Pokorný P (eds) (2020) Mezolit severních Čech III. Vývoj pravěké krajiny Českého ráje: Vegetace, fauna, lidé. (Mesolithic of Northern Bohemia III. Development of the prehistoric landscape of the Bohemian Paradise: Vegetation, fauna, people) Dolnověstonické studie, svazek 25, Archeologický ústav AV ČR, Brno

Slavíková-Veselá J (1950) Reconstruction of the succession of forest trees in Czechoslovakia on the basis of an analysis of charcoals from prehistoric settlements. Studia Botanica Čechoslovaca 11: 198–225

Niederrhein (Kapitel 54)

Arora SK, Becker WD, Boenigk W, Bunnik FPM, Päffgen B, Kalis AJ, Meurers-Balke J (1995) Eine frühmittelalterliche Talverfüllung im Elsbachtal, Rheinland (Frimmersdorf 114) – Archäologische, geologische und archäobotanische Untersuchungen. Bonner Jahrbücher 195: 251–297

Averdieck FR, Döblin H (1959) Das Spätglazial am Niederrhein. Fortschritte in der Geologie im Rheinland und Westfalen 4: 341–362

Becker WD (2005) Das Elsbachtal. Die Landschaftsgeschichte vom Endneolithikum bis ins Hochmittelalter. Rheinische Ausgrabungen 56. Philipp von Zabern, Mainz

Behling H, Street M (1999) Palaeoecological studies at the Mesolithic site at Bedburg-Königshoven near Cologne, Germany. Vegetation History and Archaeobotany 8: 273–285

Bertsch K, Steeger A (1926) Jungdiluviale pflanzenführende Ablagerungen am nördlichen Niederrhein. Verhandlungen des Naturhistorischen Vereines der Preussischen Rheinlande Westfalen 20: 49–65

Bunnik FPM (1995) Pollenanalytische Ergebnisse zur Vegetations- und Landschaftsgeschichte der Jülicher Lößbörde von der Bronzezeit bis in die frühe Neuzeit. Bonner Jahrbücher 195: 314–349

Bunnik FPM, Kalis AJ, Meurers-Balke J, Stobbe A (1995) Archäopalynologische Betrachtungen zum Kulturwandel in den Jahrhunderten um Christi Geburt. Archäologische Informationen 18(2): 169–185

Dämmer HW, Gerlach R, Glasmacher HA, Meurers-Balke J, Schalich J, Tegtmeier U, Wendt P, van Zijderveld K (2000) Umweltarchäologie einer Talauenlandschaft im rheinischen Braunkohlenrevier. Archäologie im Rheinland 1999: 178–182

Firbas F (1952) Das nordwestdeutsche Altmoränengebiet. In: Spät- und nacheiszeitliche Waldgeschichte Mitteleuropas nördlich der Alpen. Zweiter Band: Waldgeschichte der einzelnen Landschaften. Gustav Fischer, Jena, 144–173

Gerlach R, Herchenbach M, Meurers-Balke J (2016) Das Rheinufer vor der Colonia Ulpia Traiana. Archäologie im Rheinland 2015: 114–116

Gerlach R, Meurers-Balke J (2014) Wo wurden römische Häfen am Niederrhein angelegt? Die Beispiele Colonia Ulpia Traiana (Xanten) und Burginatium (Kalkar). In: Kennecke H (ed) Der Rhein als europäische Verkehrsachse: Die Römerzeit. Bonner Beiträge zur Vor- und Frühgeschichtlichen Archäologie 16. Rheinische Friedrich-Wilhelm-Universität, Bonn, 199–208

Gerlach R, Meurers-Balke J (2018) Mergeln in der Römerzeit? Von abflusslosen Hohlformen, kalkholden Unkräutern und rheinischen „Kesselmooren". In: Aufleger M, Tutlies P (eds) Das Ganze ist mehr als die Summe seiner Teile. Festschrift für Jürgen Kunow. Materialien zur Bodendenkmalpflege im Rheinland 27. Landschaftsverband Rheinland, Bonn, 305–316

Gerlach R, Meurers-Balke J, Kalis AJ (2022) The Lower Rhine (Germany) in Late Antiquity: A time of dissolving structures. Netherlands Journal of Geosciences 101: e14

Janssen CR (1960) On the Late-Glacial and Post-Glacial Vegetation of South Limburg (The Netherlands). Wentia 4: 1–112

Josephs M (2009) Holozäne Vegetationsgeschichte, aktuelle Vegetationsdynamik und Diasporenpotential des Bodens im Gangelter Bruch, einem regional bedeutsamen Feuchtgebiets-Renaturierungsraum der deutsch-niederländischen Grenze. Dissertation, Universität Düsseldorf

Kalis AJ (1983) Die menschliche Beeinflussung der Vegetationsverhältnisse auf der Aldenhovener Platte (Rheinland) während der vergangenen 2000 Jahre. Beiträge zur Siedlungsgeschichte im Rheinland. Rheinische Ausgrabungen 24: 331–345

Kalis AJ (1988) Zur Umwelt des frühneolithischen Menschen: ein Beitrag der Pollenanalyse. In: Küster H (ed) Der prähistorische Mensch und seine Umwelt. Festschrift für Udelgard Körber-Grohne. Forschungen und Berichte zur Vor- und Frühgeschichte Baden-Württembergs 31. Konrad Theiss, Stuttgart, 125–137

Kalis AJ, Bunnik FPM (1990) Holozäne Vegetationsgeschichte in der westlichen Niederrheinischen Bucht. In: W Schirmer (ed) Rheingeschichte zwischen Mosel und Maas. Deuqua-Führer 1. Deutsche Quartärvereinigung, Hannover, 266–272

Kalis AJ, Karg S, Meurers-Balke J, Teunissen-van Oorschot H (2008) Mensch und Vegetation am unteren Niederrhein während Eisen- und Römerzeit. In: Müller M, Schalles HJ, Zieling N (eds) Colonia Ulpia Traiana. Xanten und sein Umland in römischer Zeit. Geschichte der Stadt Xanten 1. Philipp von Zabern, Mainz, 31–48

Kalis AJ, Meurers-Balke J (1994) Die Vegetationsgeschichte. In: Brunotte E, Immendorf R, Schlimm R (eds) Die Naturlandschaft und ihre Umgestaltung durch den Menschen. Erläuterungen zur Hochschulexkursionskarte Köln und Umgebung. Kölner Geographische Arbeiten 63. Geographisches Institut der Universität zu Köln, Köln, 14–23

Kalis AJ, Meurers-Balke J (1997) Landnutzung im Neolithikum. In: Richter J (ed) Neolithikum. Geschichtlicher Atlas der Rheinlande Beiheft II/2.1-II/2.2. Publikationen der Gesellschaft für Rheinische Geschichtskunde 12(1b). Rheinland Verlag, Köln, 25–55

Kalis AJ, Meurers-Balke J (2001) Die Pollenspektren der hochmittelalterlichen Ablagerungen des Kölner Heumarktes. Kölner Jahrbuch 34: 931–944

Kalis AJ, Meurers-Balke J (2003) Zur pflanzensoziologischen Deutung archäobotanischer Befunde. Zwei Pollendiagramme aus dem Wurmtal (Aldenhovener Platte). In: Eckert J, Eisenhauer U, Zimmermann A (eds) Archäologische Perspektiven. Analysen und Interpretationen im Wandel. Festschrift für Jens Lüning zum 65. Geburtstag. Studia honoraria 20. Marie Leidorf, Rahden/Westfalen, 251–277

Kalis AJ, Meurers-Balke J (2005) Ein Pollendiagramm als Spiegel der Besiedlungsgeschichte. In: Horn HG, Hellenkemper H, Isenberg G, Kunow J (eds) Von Anfang an. Archäologie in Nordrhein-Westfalen. Schriften zur Bodendenkmalpflege in Nordrhein-Westfalen 8. Philipp von Zabern, Mainz, 195–200

Kalis AJ, Meurers-Balke J (2007) Landnutzung im Niederrheingebiet zwischen Krieg und Frieden. In: Uelsberg G (ed) Krieg und Frieden. Kelten – Römer – Germanen. Begleitbuch zur Ausstellung. Primus Verlag, Darmstadt, 144–153

Kalis AJ, Meurers-Balke J (2016) Zwei mittelalterliche Brunnen im Belmen. Eine palynologische Betrachtung ihrer Umwelt. In: Berthold J (ed) Das Elsbachtal im Mittelalter und in der frühen Neuzeit – Archäologie einer Kulturlandschaft. Rheinische Ausgrabungen 74. Philipp von Zabern, Darmstadt, 339–356

Kalis AJ, Meurers-Balke J (2017) Einblicke in zwei mittelalterliche Brunnen in Belmen – Das Elsbachtal im 15. Jahrhundert aus pollenanalytischer Sicht. In: Lechterbeck J, Fischer E (eds) Kontrapunkte. Festschrift für Manfred Rösch. Universitätsforschungen zur Prähistorischen Archäologie 300. Rudolf Habelt, Bonn, 279–304

Kalis AJ, Meurers-Balke J, Closs I, Schweizer A (2001) Die hochmittelalterliche Pollenflora von Köln. Kölner Jahrbuch 34: 909–929

Kalis AJ, Meurers-Balke J, Stobbe A (2013) Öde Wälder und wüste Sumpfgebiete oder blühende Felder und saftige Weiden? Zur Landwirtschaft der Rhein-Weser-Germanen. In: Rasbach G (ed) Westgermanische Bodenfunde. Akten des Kolloquiums anlässlich des 100. Geburtstages von Rafael von Uslar am 5. und 6. Dezember 2008. Kolloquien zur Vor- und Frühgeschichte 18. Rudolf Habelt, Bonn, 63–75

Kasse C, Hoek WZ, Bohncke SJP, Konert M, Weijers JWH, Cassee ML, van der Zee RM (2005) Late Glacial fluvial response of the Niers-Rhine (western Germany) to climate and vegetation change. Journal of Quaternary Science 20(4): 377–394

Knörzer KH, Gerlach R, Meurers-Balke J, Kalis AJ, Tegtmeier U, Becker WD, Jürgens A (1999) PflanzenSpuren. Archäobotanik im Rheinland: Agrarlandschaft und Nutzpflanzen im Wandel der Zeiten. Materialien zur Bodendenkmalpflege im Rheinland 10. Rheinland-Verlag, Köln

Knörzer KH, Meurers-Balke J (1999) Die frühholozäne Flora des Rheintales bei Neuss und der Erftaue bei Hombroich. Decheniana-Beiheft 38: 1–181

Knörzer KH, Meurers-Balke J (2002) Archäobotanische Untersuchungen zur Latènesiedlung von Porz-Lind. In: Joachim HE (ed) Porz-Lind. Ein mittel- bis spätlatènezeitlicher Siedlungsplatz im „Linder Bruch" (Stadt Köln). Rheinische Ausgrabungen 47. Philipp von Zabern, Mainz, 93–196

Meurers-Balke J (1999) Die Pollenanalyse als Instrument zur Datierung von Auenablagerungen. Archäologie im Rheinland 1998: 145–149

Meurers-Balke J, Kalis AJ (2006) Landwirtschaft und Landnutzung in der Bronze- und Eisenzeit. In: Kunow J, Wegner HH (eds) Urgeschichte im Rheinland. Rheinischer Verein für Denkmalpflege und Landschaftsschutz, Köln, 267–276

Meurers-Balke J, Kalis AJ, Gerlach R (2013) Ein merowingerzeitlicher Prospektionsschacht in Rheinbach, Kr. Euskirchen. Archäobotanische und geoarchäologische Untersuchungen. In: von Carnap-Bornheim C, Dörfler W, Kirleis W, Müller J, Müller U (eds) Von Sylt bis Kastanas. Festschrift für Helmut Johannes Kroll. Offa 69/70. Wachholtz, Neumünster, 319–353

Meurers-Balke J, Kalis AJ, Urz R (2006) Eine römische Rinne verlandet – Archäobotanische Untersuchungen am Filzengraben in Köln. Kölner Jahrbuch 37: 555–567

Meurers-Balke J, Maier A, Kalis AJ, Bos JAA (2012) Archäobotanische Untersuchungen zum spätpaläolithischen Fundplatz Rietberg. In: Richter J (ed) Rietberg und Salzkotten-Thüle. Anfang und Ende der Federmessergruppen in Westfalen. Kölner Studien zur Prähistorischen Archäologie 2. Marie Leidorf, Rahden/Westfalen, 175–206

Meurers-Balke J, Urz R, Kalis AJ (2010) Das Elsbachtal im frühen Jungpaläolithikum. Ein Blick auf die kaltzeitliche Pflanzendecke vor 36000 Jahren. In: Kunow J (ed) Braunkohlenarchäologie im Rheinland. Entwicklung von Kultur, Umwelt und Landschaft. Materialien zur Bodendenkmalpflege im Rheinland 21. Ralf Liebe, Weilerswist, 147–154

Meurers-Balke J, Zerl T, Kalis AJ (2016) Archäobotanische Untersuchungen zu den Ausgrabungen am Breslauer Platz. In: Berthold J, Lobüscher T, Reuter I (eds) Ausgrabungen am Breslauer Platz in Köln. Archäologische Untersuchungen im Rahmen des Nord-Süd Stadtbahnbaus. Kölner Jahrbuch 49: 278–294

Meurers-Balke J, Zerl T, Kalis AJ (2018) „Nam quid laudatius Germaniae pabulis?" – Denn was wird mehr gelobt als die Weiden Germaniens? Neues zum römischen Grünland am Niederrhein. In: Aufleger M, Tutlies P (eds) Das Ganze ist mehr als die Summe seiner Teile. Festschrift für Jürgen Kunow. Materialien zur Bodendenkmalpflege im Rheinland 27. Landschaftsverband Rheinland, Bonn, 295–304

Neumann FH, Meurers-Balke J, Kalis AJ, Gerlach R (2021) Die frühholozäne Vegetationsgeschichte von Wesel-Vorselaer (Niederrhein). Archäologie im Rheinland 2020: 73–75

Nietsch H (1940) Pollenanalytische Untersuchungen auf der Niederterrasse bei Köln. Zeitschrift der Deutschen Geologischen Gesellschaft 92: 350–364

Peters I (1966) Verlandete Altwässer auf der Niederterrasse bei Köln? Die Entstehung des Linder Bruchs aufgrund einer Pollen- und Großrestanalyse. Eiszeitalter und Gegenwart 17: 139–148

Rehagen HW (1964) Zur spät- und postglazialen Vegetationsgeschichte des Niederrheingebietes und Westmünsterlandes. Fortschritte in der Geologie im Rheinland und Westfalen 12: 55–96

Rehagen HW (1967) Neue Beiträge zur Vegetationsgeschichte des Spät- und Postglazials am Niederrhein. In: Tüxen R (ed) Pflanzensoziologie und Palynologie. Bericht über das Internationale Symposium in Stolzenau/Weser 1962. Springer, Dordrecht, 78–86

Schirmer W, Schirmer U (1995) Auen- und Besiedlungsgeschichte im Norden von Düsseldorf. In: Lommerzheim R, Oesterwind BC (eds) Die hallstattzeitliche Siedlung von Düsseldorf-Rath. Rheinische Ausgrabungen 38. Rheinland Verlag, Köln, 74–123

Schütrumpf R (1971) Neue Profile von Köln-Merheim. Ein Beitrag zur Waldgeschichte der Kölner Bucht. Kölner Jahrbuch für Vor- und Frühgeschichte 12: 7–20

Schütrumpf R (1973) Weitere Profile von Köln-Merheim und ihre Datierung. Kölner Jahrbuch für Vor- und Frühgeschichte 13: 23–35

Schütrumpf R (1973) Die relativchronologische Datierung fossiler Eichenstämme aus der Kölner Bucht und dem nördlichen Vorland des Teutoburger Waldes nach der Pollenanalyse. Archäologisches Korrespondenzblatt 3: 143–153

Zerl T, Meurers-Balke J, Kalis AJ (2021) Nach den Römern. Eine verlassene Stadt verbuscht. Archäologie im Rheinland 2020: 160–162

Zimmermann A, Meurers-Balke J, Kalis AJ (2007) Das Neolithikum im Rheinland. Bonner Jahrbücher 205: 1–63

Westfälische Bucht (Kapitel 55)

Budde H (1930) Pollenanalytische Untersuchungen im Weißen Venn, Westmünsterland. Berichte der Deutschen Botanischen Gesellschaft 48: 26–40

Budde H (1931) Die Waldgeschichte Westfalens auf Grund pollenanalytischer Untersuchungen seiner Moore. Abhandlungen aus dem Westfälischen Provinzial-Museum für Naturkunde 2: 17–26

Budde H, Runge F (1940) Pflanzensoziologische und pollenanalytische Untersuchung des Venner Moores, Münsterland. Abhandlungen aus dem Landesmuseum für Naturkunde der Provinz Westfalen 11(1): 3–28stark

Burrichter E (1969) Das Zwillbroker Venn, Westmünsterland, in moor- und vegetationskundlicher Sicht. Mit einem Beitrag zur Wald- und Siedlungsgeschichte seiner Umgebung. Abhandlungen aus dem Landesmuseum für Naturkunde zu Münster in Westfalen 31(1): 2–60

Burrichter E (1976) Vegetationsräumliche und siedlungsgeschichtliche Beziehungen in der Westfälischen Bucht – ein Beitrag zur Entwicklungsgeschichte der Kulturlandschaft. Abhandlungen aus dem Landesmuseum für Naturkunde zu Münster in Westfalen 38(1): 3–14

Burrichter E, Freund H, Hüppe J, Pott R (1993) Spät- und nacheiszeitliche Vegetationsentwicklung und deren Verlandungssukzessionen in Auenlandschaften nordwestdeutscher Lößbörden. Dissertationes Botanicae 196 (Festschrift Zoller). Cramer, Stuttgart, Berlin, 399–413

Burrichter E, Pott R (1987) Zur spät- und nacheiszeitlichen Entwicklungsgeschichte von Auenablagerungen im Ahse-Tal bei Soest (Hellwegbörde). In: Köhler E, Wein N (eds) Natur- und Kulturräume. Münstersche Geographische Arbeiten 27. Schöningh, Paderborn, 129–135

Firbas F (1952) Das nordwestdeutsche Altmoränengebiet. In: Spät- und nacheiszeitliche Waldgeschichte Mitteleuropas nördlich der Alpen. Zweiter Band: Waldgeschichte der einzelnen Landschaften. Gustav Fischer, Jena, 144–173

Frohne H (1962) Pollenanalytische Untersuchungen im Weißen Venn bei Velen (Münsterland). Abhandlungen aus dem Landesmuseum für Naturkunde zu Münster in Westfalen 24(1): 1–16

Goeke D (1953) Das Amtsvenn und die Waldentwicklung im Nordwest-Münsterland nach Blütenstaubuntersuchungen. Natur und Heimat 13: 19–27

Hüppe J, Pott R, Stürmer D (1989) Landschaftsökologisch-vegetationsgeschichtliche Studien im Kiefernwuchsgebiet der nördlichen Senne. Abhandlungen aus dem Westfälischen Museum für Naturkunde 51(3): 3–77

Isenberg E (1979) Pollenanalytische Untersuchungen zur Vegetations- und Siedlungsgeschichte im Gebiet der Grafschaft Bentheim. Abhandlungen aus dem Landesmuseum für Naturkunde zu Münster in Westfalen 41(2): 3–59

Kasielke T (2014) Spätquartäre Landschaftsentwicklung im oberen Emscherland. Dissertation, Ruhr-Universität Bochum

Kasielke T, Meurers-Balke J, Stapel B (2013) Die boreale Landschaft an der Emscher. In: Baales M, Pollmann HO, Stapel B (eds) Westfalen in der Alt- und Mittelsteinzeit. Landschaftsverband Westfalen-Lippe, Münster, 203–206

Koch H (1929) Paläobotanische Untersuchungen einiger Moore des Münsterlandes. Beihefte zum Botanischen Centralblatt 46/II(1): 1–70

Kramm E (1980) Die Entwicklung der Wälder Westfalens nach der letzten Eiszeit. Natur- und Landschaftskunde Westfalen 16(4): 97–104

Kramm E (1981) Beiträge der Pollenanalyse zur Erforschung der Siedlungsgeschichte von Westfalen. Natur- und Landschaftskunde Westfalen 17(4): 105–112

Kramm E, Müller HM (1978) Weichselzeitliche Torfe aus den Emsterrassen bei Münster (Westfalen). Eiszeitalter und Gegenwart 28: 39–44

Meurers-Balke J, Kalis AJ (2005) Landnutzung in prähistorischer und historischer Zeit im Vredener Land. Ein Pollendiagramm von Ernst Burrichter neu betrachtet. In: Peine HW, Terhalle H (eds) Stift – Stadt – Land. Vreden im Spiegel der Archäologie. Beiträge des Heimatvereins Vreden zur Landes- und Volkskunde 69. Heimatverein Vreden, Vreden, 83–90

Meurers-Balke J, Kalis AJ (2010) Ein neues Pollenprofil aus der Lippeaue bei Bergkamen berichtet über Jahrtausende Landwirtschaftsgeschichte. In: Eggenstein G (ed) Mensch und Fluss. 7000 Jahre Freunde und Feinde. Kettler, Bönen, 95–100

Meurers-Balke J, Kalis AJ (2011) Mannstreu und Römer an der Bumannsburg? Ein Pollendiagramm aus der Lippeaue. Kreis Unna, Regierungsbezirk Arnsberg. Archäologie in Westfalen-Lippe 2010: 221–225

Meurers-Balke J, Kasielke T (2012) Holozäner Landschaftswandel an der Emscher bei Castrop-Rauxel-Ickern. Archäologie in Westfalen-Lippe 2011: 196–200

Meurers-Balke J, Zerl T, Kalis AJ (2015) Ein Häuschen im Garten – Pflanzenreste aus einer mittelalterlichen Latrine in Paderborn, Busdorfstift. Westfalen. Hefte für Geschichte und Volkskunde 93: 251–260

Peters M, Stojakowits P, Friedmann A (2024) Zur spätglazialen Vegetationsgeschichte des nordwestdeutschen Tieflands und des bayerischen Alpenvorlandes – ein Vergleich. Berichte der Reinhold-Tüxen-Gesellschaft 32: 67–84

Pott R (1984) Pollenanalytische Untersuchungen zur Vegetations- und Siedlungsgeschichte im Gebiet der Borkenberge bei Haltern in Westfalen. Abhandlungen aus dem Westfälischen Museum für Naturkunde 46(2): 3–28

Rehagen HW (1964) Zur spät- und postglazialen Vegetationsgeschichte des Niederrheingebietes und Westmünsterlandes. Fortschritte in der Geologie im Rheinland und Westfalen 12: 55–96

Trautmann W (1969) Zur Geschichte des Eichen-Hainbuchenwaldes im Münsterland aufgrund pollenanalytischer Untersuchungen. Schriftenreihe für Vegetationskunde 4: 109–129

Wilkens P (1955) Pollenanalytische und stratigraphische Untersuchungen zur Entstehung und Entwicklung des Venner Moores bei Münster in Westfalen. Abhandlungen aus dem Landesmuseum für Naturkunde zu Münster in Westfalen 17(3): 1–40

Südliches niedersächsisches Altmoränengebiet (Kapitel 56)

Barth E (1995) Pflanzensoziologische und pollenanalytische Untersuchungen zur Vegetations- und Siedlungsentwicklung in der Meerbecke-Niederung im Erdfallgebiet „Heiliges Meer" (Westfalen). Diplomarbeit, Universität Hannover

Barth E (2001) Trophie-Entwicklung eines nordwestdeutschen Stillgewässers unter dem Einfluß von Landschafts- und Siedlungsgeschichte. Paläoökologische Untersuchungen zur Vegetations- und Nährstoffentwicklung am Erdfallsee „Großes Heiliges Meer" (Westfalen). Dissertation, Universität Hannover

Barth E (2002) Vegetations- und Nährstoffentwicklung eines nordwestdeutschen Stillgewässers unter dem Einfluss von Landschafts- und Siedlungsgeschichte – Paläoökologische Untersuchungen an dem Erdfallsee „Großes Heiliges Meer". Abhandlungen aus dem Westfälischen Museum für Naturkunde 64(2/3): 3–216

Bauerochse A (2003) Environmental change and its influence on trackway construction and settlement in the south-western Duemmer area. In: Bauerochse A, Haßmann H (eds) Peatlands – Archaeological Sites, Archives of Nature, Nature Conservation, Wise Use. Marie Leidorf, Rahden/Westfalen, 68–78

Bauerochse A (2018) Das Lebensumfeld des Mädchens aus dem Uchter Moor – paläoökologische Betrachtungen zur Moor- und Landschaftsentwicklung des Großen Moores bei Uchte im 1. Jahrtausend v. Chr. In: Bauerochse A, Haßmann H, Püschel K, Schultz M (eds) „Moora" – Das Mädchen aus dem Uchter Moor. Eine Moorleiche der Eisenzeit aus Niedersachsen II – Naturwissenschaftliche Ergebnisse. Materialhefte zur Ur- und Frühgeschichte Niedersachsens 47. Marie Leidorf, Rahden/Westfalen, 163–181

Bauerochse A, Metzler A (2001) Landschaftswandel und Moorwegebau im Neolithikum in der südwestlichen Dümmer-Region. Telma 31: 105–133

Bauerochse A, Niemuth A, Jantz N, Shumilovskikh L, Metzler A (2018) Archäologische und paläobotanische Untersuchungen zum bronzezeitlichen Moorweg Su 3 im Darlaten Moor. In: Bauerochse A, Haßmann H, Püschel K, Schultz M (eds) „Moora" – Das Mädchen aus dem Uchter Moor. Eine Moorleiche der Eisenzeit aus Niedersachsen II – Naturwissenschaftliche Ergebnisse. Materialhefte zur Ur- und Frühgeschichte Niedersachsens 47. Marie Leidorf, Rahden/Westfalen, 15–31

Beschoren B (1936) Über das Alluvium im Leinetal bei Neustadt am Rübenberge und im Allertal bei Celle. Jahrbuch der Preußischen Geologischen Landesanstalt zu Berlin 56: 196–204

Bittmann F, Wolters S (2005) Auf der Suche nach Tacitus' dichten Wäldern. Paläoökologische Untersuchungen im Umfeld der Varusschlacht. Varus-Kurier 7: 1–3

Broihan F (1960) Ein Beitrag zur nacheiszeitlichen Waldgeschichte des Hannoverschen Flachlandes auf Grund pollenanalytischer Untersuchungen. Der mathematische und naturwissenschaftliche Unterricht 13(1): 33–41

Buchwald K, Losert H (1953) Pflanzensoziologische und pollenanalytische Untersuchungen am „Blanken Flat" bei Vesbeck. Mitteilungen der Floristisch-soziologischen Arbeitsgemeinschaft NF 4: 124–146

Caspers G (1993) Vegetationsgeschichtliche Untersuchungen zur Flußauenentwicklung an der Mittelweser im Spätglazial und Holozän. Abhandlungen aus dem Westfälischen Museum für Naturkunde 55(1): 3–101

Caspers G, Grosse-Brauckmann G (2003) Paläoökologische Untersuchungen des Pestruper Moores (Landkreis Oldenburg) in Hinblick auf die Flussgeschichte der Hunte seit dem Weichsel-Spätglazial. Telma 33: 21–34

de Bruijn R (2012) Pingo Remnants in the Northern Netherlands and Adjacent North-western Germany. M. Sc.-Thesis, Utrecht University

Dieckmann U (1998) Paläoökologische Untersuchungen zur Entwicklung von Natur- und Kulturlandschaft am Nordrand des Wiehengebirges. Abhandlungen aus dem Landesmuseum für Naturkunde zu Münster in Westfalen 60(4): 3–155

Dietz C, Grahle HO, Müller H (1958) Ein spätglaziales Kalkmuddevorkommen im Seck-Bruch bei Hannover. Geologisches Jahrbuch 76: 67–102

Eckstein J, Leuschner JJ, Giesecke T, Shumilovskikh L, Bauerochse A (2010) Dendroecological investigations at Venner Moor (northwest Germany) document climate-driven woodland dynamics and mire development in the period 2450–2050 BC. The Holocene 20(2): 231–244

Erbe J (1958) Spätglaziale Ablagerungen im Emsland und seinen Nachbargebieten. Geologisches Jahrbuch 76: 103–128

Firbas F (1952) Das nordwestdeutsche Altmoränengebiet. In: Spät- und nacheiszeitliche Waldgeschichte Mitteleuropas nördlich der Alpen. Zweiter Band: Waldgeschichte der einzelnen Landschaften. Gustav Fischer, Jena, 144–173

Freund H (1994) Pollenanalytische Untersuchungen zur Vegetations- und Siedlungsentwicklung im westlichen Weserbergland. Abhandlungen aus dem Westfälischen Museum für Naturkunde 56(1): 3–103

Fuchs S (2008) Palynologische Rekonstruktion der Vegetations- und Siedlungsgeschichte im Bereich der Kalkrieser-Niewedder Senke, Landkreis Osnabrück. Masterarbeit, Universität Göttingen

Gehrmann W (1950) Postglaziale Wald-, Moor-, Klima- und Siedlungsgeschichte auf Grund einer pollenanalytischen Untersuchung des Trentelmoores (Peine). Staatsexamensarbeit, Pädagogische Hochschule Braunschweig

Golombek E (1980) Pollenanalytische Untersuchungen zur spät- und postglazialen Vegetationsgeschichte im Drömling (Ostniedersachsen). Berichte der Naturhistorischen Gesellschaft Hannover 123: 79–157

Golombek E (1990) Palynologische Untersuchungen im Altwarmbüchener Moor bei Hannover. Berichte der Naturhistorischen Gesellschaft Hannover 132: 31–45

Grahle HO, Schneekloth H (1963) Der Darnsee bei Bramsche. Geologisches Jahrbuch 82: 43–64

Große-Brauckmann G (1968) Einige Ergebnisse einer vegetationskundlichen Auswertung botanischer Torfuntersuchungen, besonders im Hinblick auf Sukzessionsfragen. Acta Botanica Neerlandica 17(1): 59–69

Große-Brauckmann G (1976) Zum Verlauf der Verlandung bei einem eutrophen Flachsee (nach quartärbotanischen Untersuchungen am Steinhuder Meer). II. Die Sukzession, ihr Ablauf und ihre Bedingungen. Flora 165: 415–455

Große-Brauckmann G, Dierßen K (1973) Zur historischen und aktuellen Vegetation im Poggenpohlsmoor bei Dötlingen (Oldenburg). Mitteilungen der Floristisch-soziologischen Arbeitsgemeinschaft NF 15/16: 109–145

Grüger E, Schlütz F, Henrich A (2003) Vegetations- und siedlungsgeschichtliche Untersuchungen am Trentelmoor bei Peine. Beiträge zur Naturkunde Niedersachsens 56: 175–192

Hacker E (2001) Ein ungewöhnliches Moorprofil. II. Der Moortrichter der „Molberger Dose" in Niedersachsen. Telma 31: 45–52

Hauschild S, Lüttig G (1993) Zur erdgeschichtlichen Entwicklung der Emsland-Moore. Eiszeitalter und Gegenwart 43: 29–43

Hayen H (1958) Zur Zeitstellung des menschlichen Unterschenkels aus dem Lengener Moor bei Bentstreek. Oldenburger Jahrbuch 57(2): 45–122

Hayen H (1958) Vom „Roten Franz" und anderen Moorleichen im Emsland. Jahrbuch des Emsländischen Heimatvereins 6: 24–53

Hayen H (1961) Zur Kenntnis des Bareler Moores (Gemeinde Dötlingen, Landkreis Oldenburg) und des dortigen Moorleichen Fundes von 1784. Oldenburger Jahrbuch 60(2): 69–102

Hayen H (1963) Große Bohlenwege im Randmoor westlich der Unterweser. Prähistorische Zeitschrift 41: 206–209

Hayen H (1965) Der Bohlweg I (Bou) in der Dose zwischen Sprakel und Tinnen (Kreis Meppen, Regierungsbezirk Osnabrück). Die Kunde NF 16: 74–94

Hayen H (1966) Moorbotanische Untersuchungen zum Verlauf des Niederschlagsklima und seiner Verknüpfung mit der menschlichen Siedlungstätigkeit. Neue Ausgrabungen und Forschungen in Niedersachsen 3: 280–307

Heinrich H (2002) Die Siedlungs- und Vegetationsgeschichte der Wedemark. Bericht der Naturhistorischen Gesellschaft zu Hannover 144: 103–119

Hesmer H (1932) Die Entwicklung der Wälder des nordwestdeutschen Flachlandes. Zugleich ein Beitrag zur Frage seiner natürlichen Waldgesellschaften. Zeitschrift für Forst- und Jagdwesen 64(10): 577–607

Hesmer H (1933) Alter und Entstehung der Humusauflagen in der Oberförsterei Erdmannshausen. Forstarchiv 9(20): 323–339

Hielscher F (2017) Untersuchungen des Bohlenweges (PR VI) im Aschener Moor und der Einfluss des Menschen in der Region von Diepholz (NW Deutschland) Bachelorarbeit, Universität Göttingen

Isenberg E (1979) Pollenanalytische Untersuchungen zur Vegetations- und Siedlungsgeschichte im Gebiet der Grafschaft Bentheim. Abhandlungen aus dem Landesmuseum für Naturkunde zu Münster in Westfalen 41(2): 3–63

Jonas F (1934) Zur Waldentwicklung Nordwestdeutschlands. Repertorium specierum novarum regni vegetabilis 76: 149–152

Jonas F (1934) Die Entwicklung der Hochmoore am Nordhümmling. Repertorium specierum novarum regni vegetabilis 78(2): 1–88

Jonas F (1935) Postglaziale Waldentwicklung im atlantischen Nordwestdeutschland. Repertorium specierum novarum regni vegetabilis 81: 91–107

Jonas F (1935) Klimaschwankungen des Würmglazials und Bodenbildungen des nordwestdeutschen Diluviums. Niedersächsischer Heimatschutz: Beiträge zur Emslandkunde 4: 7–51

Jonas F (1939) Eine subarktische Klimaschwankung der Würmeiszeit. Beihefte zum Botanischen Centralblatt 59/B(1): 59–88

Jonas F (1941) Zwischen- und nacheiszeitliche Heideböden am Aschendorfer Draiberg. Repertorium specierum novarum regni vegetabilis 104(2): 17–70

Jonas F (1941) Papenburg. Die Entwicklung und Besiedlung einer nordwestdeutschen Landschaft seit dem Ende der letzten Eiszeit bis zur Gegenwart. Repertorium specierum novarum regni vegetabilis 124: 3–72

Jonas F (1942) Das Unteremsgebiet. Entwicklung und Besiedlung Ostfrieslands. Repertorium specierum novarum regni vegetabilis 125(2): 45–102

Jonas F (1943) Von der Heide zur Marsch. Repertorium specierum novarum regni vegetabilis 129(1): 1–134

Jonas F (1944) Von der Heide zur Marsch. Repertorium specierum novarum regni vegetabilis 129(2): 135–281

Jonas F, Benrath W (1937) 6000 Jahre Getreidebau in Nordwestdeutschland. Die Auswertung eines Bodenprofils als Kulturdokument. Repertorium specierum novarum regni vegetabilis 91: 36–49

Kappel A, Behling H, Zolitschka B (2005) Rekonstruktion spät- und postglazialer Umweltbedingungen an einem Torfprofil aus dem Varreler Schlatt (Landkreis Diepholz, Nordwestdeutschland). Telma 35: 33–60

Koch H (1930) Stratigraphische und pollenfloristische Studien an drei nordwestdeutschen Mooren. Planta 11(3): 509–527

Koch H (1934) Untersuchungen zur Geschichte des Waldes an der Mittelems. Botanische Jahrbücher 66(5): 567–598

Koch H (1934) Ein Profil aus dem Bourtanger Moor als Beispiel zur Moor- und Waldgeschichte an der Mittelems. Berichte der Deutschen Botanischen Gesellschaft 52: 101–109

Koch H (1934) Mooruntersuchungen im Emsland und im Hümmling. Internationale Revue der gesamten Hydrobiologie und Hydrographie 31(1/2): 109–156

Koch H (1936) Beitrag zur Florengeschichte des Osnabrücker Landes. Veröffentlichungen des Naturwissenschaftlichen Vereins zu Osnabrück 23: 57–98

Kramer A, Bittmann F, Nösler D (2014) New insights into vegetation dynamics and settlement history in Hümmling, north-western Germany, with particular reference to the Neolithic. Vegetation History and Archaeobotany 23: 461–478

Kramm E (1978) Pollenanalytische Hochmooruntersuchungen zur Floren- und Siedlungsgeschichte zwischen Ems und Hase. Abhandlungen aus dem Landesmuseum für Naturkunde zu Münster in Westfalen 40(4): 3–42

Kubitzki K (1961) Zur Synchronisierung der nordwesteuropäischen Pollendiagramme (mit Beiträgen zur Waldgeschichte Nordwestdeutschlands). Flora 150(1): 43–72

Kubitzki K, Münnich KO (1960) Neue ^{14}C-Datierungen zur nacheiszeitlichen Waldgeschichte Nordwestdeutschlands. Berichte der Deutschen Botanischen Gesellschaft 73: 137–146

Lagies M (2003) Untersuchungen zur nacheiszeitlichen Vegetationsgeschichte am Bullenteich in Braunschweig. Neue Ausgrabungen und Forschungen in Niedersachsen 24: 297–324

Lang HD (1959) Pollenanalytisches Übersichtsprofil des Hahnenmoores. Manuskript, Niedersächsisches Landesamt für Bodenforschung, Hannover

Menke B (1963) Beiträge zur Geschichte der Erica-Heiden Nordwestdeutschlands. Flora 153: 521–548

Menke B (1964) Das Huntloser Torfmoor. Oldenburger Jahrbuch 63: 43–62

Merkt J, Müller H, Knabe W, Müller P, Weiser T (1993) The early Holocene Saksunarvatn tephra found in lake sediments in NW Germany. Boreas 22: 93–100

Merkt J, Müller H (1999) Varve chronology and palynology of the Lateglacial in Northwest Germany from lacustrine sediments of Hämelsee in Lower Saxony. Quaternary International 61: 41–59

Meurers-Balke J (1992) Palynologische Untersuchungen zum neolithischen Bohlweg VII (Pr) im Großen Moor am Dümmer. Archäologische Mitteilungen aus Nordwestdeutschland 15: 119–146

Meyer-Grünhagen U (2011) Pollenanalytische Untersuchungen zur Vegetations-, Siedlungs- und Klimageschichte Süd-Oldenburgs (Naturpark Wildeshauser Geest). Bericht, Hannover

Middeldorp AA (1986) Functional palaeoecology of the Hahnenmoor raised bog ecosystem – A study of vegetation history, production and decomposition by means of pollen density dating. Review of Palaeobotany and Palynology 49: 1–73

Mohr R (1990) Untersuchungen zur nacheiszeitlichen Vegetations- und Moorentwicklung im nordwestlichen Niedersachsen mit besonderer Berücksichtigung von Myrica gale L. Vechtaer Arbeiten zur Geographie und Regionalwissenschaft 12. Vechtaer Druckerei und Verlag, Vechta

Müller H (1956) Ein Beitrag zur holozänen Emstalentwicklung zwischen Meppen und Dörpen auf Grund von pollenanalytischen Untersuchungen. Geologisches Jahrbuch 71: 491–504

Müller H (1968) Zur Entstehung und Entwicklung des Steinhuder Meeres. Wasser-Abwasser 109(20): 538–541

Müller H (1969) Diskordanzen und Umlagerungserscheinungen in holozänen Sedimenten flacher Seen Nordwestdeutschlands. Mitteilungen der Internationalen Vereinigung für theoretische und angewandte Limnologie 17: 211–218

Nietsch H (1952) Zur spät- und nacheiszeitlichen Entwicklung einiger Flußtäler in nordwestlichen Deutschland. Zeitschrift der Deutschen Geologischen Gesellschaft 104(1): 29–40

Nietsch H (1955) Hochwasser, Auenlehm und vorgeschichtliche Siedlung. Erdkunde 9(1): 20–39

Nietsch H (1955) Untersuchungen über die jüngere Talgeschichte der Weser bei Schlüsselburg und das Alter des Niederterrassenlehms bei Stolzenau. Jahrbuch der Geographischen Gesellschaft Hannover 1954/1955: 19–28

Nösler D, Kramer A, Jöns H, Gerken K, Bittmann F (2011) Aktuelle Forschungen zur Besiedlung und Landnutzung zur Zeit der Trichterbecher- und Einzelgrabkultur in Nordwestdeutschland – ein Vorbericht zum DFG-SPP „Monumentalität". Nachrichten aus Niedersachsens Urgeschichte 80: 23–45

Overbeck F, Schneider S (1940) Torfzersetzung und Grenzhorizont, ein Beitrag zur Frage der Hochmoorentwicklung in Niedersachsen. Angewandte Botanik 22(5): 321–379

Peters M, Stojakowits P, Friedmann A (2024) Zur spätglazialen Vegetationsgeschichte des nordwestdeutschen Tieflands und des bayerischen Alpenvorlandes – ein Vergleich. Berichte der Reinhold-Tüxen-Gesellschaft 32: 67–84

Pfaffenberg K (1930) Das Geestmoor bei Blockwinkel (Kreis Sulingen in Hannover). Jahrbuch der Preußischen Geologischen Landesanstalt zu Berlin 51: 337–349

Pfaffenberg K (1934) Stratigraphische und pollenanalytische Untersuchungen in einigen Mooren nördlich des Wiehengebirges. Jahrbuch der Preußischen Geologischen Landesanstalt zu Berlin 54: 160–193

Pfaffenberg K (1936) Pollenanalytische Altersbestimmung einiger Bohlwege am Diepholzer Moor. Nachrichten aus Niedersachsens Urgeschichte 10: 62–98

Pfaffenberg K (1949) Pollendiagramm Dümmersee im westlichen Hannover. In: Firbas F (ed) Spät- und nacheiszeitliche Waldgeschichte Mitteleuropas nördlich der Alpen. 1. Band. Allgemeine Waldgeschichte. Gustav Fischer, Jena, 411

Pfaffenberg K (1952) Pollenanalytische Untersuchungen an nordwestdeutschen Kleinstmooren. Ein Beitrag zur Waldgeschichte des Syker Flottsandgebietes. Mitteilungen der Floristisch-soziologischen Arbeitsgemeinschaft NF 3: 27–43

Pfaffenberg K (1957) Ein Eibenholzpfeil aus dem Wietingsmoor. Die Kunde NF 8(3–4): 191–197

Pfaffenberg K, Dienemann W (1964) Das Dümmerbecken. Beiträge zur Geologie und Botanik. Veröffentlichungen des Niedersächsischen Instituts für Landeskunde und Landesentwicklung der Universität Göttingen 78(A): 1–121

Pfaffenberg K, Hassenkamp W (1934) Über die Versumpfungsgefahr des Waldbodens im Syker Flottsandgebiet. Abhandlungen des Naturwissenschaftlichen Vereins zu Bremen 29(1/2): 89–121

Pott R, Hüppe J (1991) Die Hudelandschaften Nordwestdeutschlands. Abhandlungen aus dem Westfälischen Museum für Naturkunde 53(1/2): 5–313

Pott R, Hüppe J (2001) Flussauen- und Vegetationsentwicklung an der mittleren Ems – Zur Geschichte eines Flusses in Nordwestdeutschland. Abhandlungen aus dem Westfälischen Museum für Naturkunde 63(2): 5–119

Schlüter M (1997) Pollenanalytische Untersuchungen zur lokalen Vegetations- und Siedlungsentwicklung im geologischen Senkungsgebiete des Heiligen Meeres. Diplomarbeit, Universität Hannover

Schneekloth H, Wendt I (1963) Neuere Ergebnisse der ^{14}C-Datierung. Geologisches Jahrbuch 80: 23–48

Schneider S (1955) Botanisch-geologische Untersuchung der Fundstelle der Moorleichen im Großen Moor am Dümmer. Die Kunde NF 6(3/4): 40–49

Schneider S (1956) Ein Stiefel mit Skelettresten aus dem Großen Moor bei Hunteburg. Die Kunde NF 7(1/2): 46–54

Schneider S, Steckhan HU (1963) Das Große Moor bei Barnstorf (Kreis Grafschaft Diepholz). Beihefte zum Geologischen Jahrbuch 55: 139–192

Schroeder FG (1957) Zur Vegetationsgeschichte des Heiligen Meeres bei Hopsten (Westfalen). Abhandlungen aus dem Landesmuseum für Naturkunde zu Münster in Westfalen 18(2): 3–38

Schütrumpf R (1988) Moorgeologisch-pollenanalytische Untersuchungen zu der neolithischen Moorsiedlung Hüde I. In: Jacob-Friesen G (ed) Palynologische und säugetierkundliche Untersuchungen zum Siedlungsplatz Hüde I am Dümmer Landkreis Diepholz. Göttinger Schriften zur Vor- und Frühgeschichte 23. Wachholtz, Neumünster, 9–33

Schwaar J (1979) Die Vegetationsentwicklung im Osnabrücker Raum. Führer zu vor- und frühgeschichtlichen Denkmälern 42: 35–42

Schwaar J (1979) Spät- und postglaziale Pflanzengesellschaften im Dümmer-Gebiet. Abhandlungen des Naturwissenschaftlichen Vereins zu Bremen 39: 129–152

Selle W (1935) Der Bullenteich. Jahresbericht des Vereins für Naturwissenschaft zu Braunschweig 23: 1–24

Selle W (1935) Das Torfmoor bei Rieseberg. Jahresbericht des Vereins für Naturwissenschaft zu Braunschweig 23: 46–58

Selle W (1935) Das Werden des Eddesser Moores. Jahresbericht des Vereins für Naturwissenschaft zu Braunschweig 23: 59–79

Selle W (1940) Die Pollenanalyse von Ortstein-Bleichsandschichten. Beihefte zum Botanischen Centralblatt 60/B(3): 525–549

Selle W (1958) Beiträge zur Siedlungs- und Vegetationsgeschichte in Niedersachsen. II. Kreis Aschendorf (Emsland). Abhandlungen des Naturwissenschaftlichen Vereins zu Bremen 35(2): 366–373

Shumilovskikh LS, Schlütz F, Achterberg I, Bauerochse A, Leuschner HH (2015) Non-pollen palynomorphs from Mid-Holocene peat of the raised bog Borsteler Moor (Lower Saxony, Germany). Studia Quaternaria 32(1): 5–18

Speier M, Helmreich C (2005) Das bronzezeitliche Hügelgräberfeld von Stöcken, Ldkr. Soltau-Fallingbostel. Vegetationsgeschichtliche Untersuchungen zur mesolithischen und bronzezeitlichen Umwelt in der südlichen Lüneburger Heide. Die Kunde N.F. 56: 91–106

Uhden O (1960) Das Große Moor bei Ostenholz. Schriftenreihe des Kuratoriums für Kulturbauwesen 9: 89–94

Vinken R, Baumann GE, Benda L (1971) Erläuterungen zu Blatt Dingelbe Nr. 3826. Geologische Karte von Niedersachsen 1:25 000, Niedersächsisches Landesamt für Bodenforschung, Hannover

Weiss A (1968) Pollenanalytische Untersuchungen im Pestruper Moor (Landkr. Oldenburg). Diplomarbeit, Universität Darmstadt

Wijmstra TA, Smit A, van der Hammen T, van Geel B (1971) Vegetational succession, fungal spores and short-term cycles in pollen diagrams from the Wietmarscher Moor. Acta Botanica Neerlandica 20: 401–410

Küstennahe Geestgebiete (Kapitel 57)

Aletsee L (1959) Zur Geschichte der Moore und Wälder des nördlichen Holsteins. Nova Acta Leopoldina NF 139(21): 5–51

Arsenoglou S, Averdieck FR (1980) Moortypologie und Moorgeologie des Randmoorgebietes zwischen Heide und Meldorf, Kreis Dithmarschen, Schleswig-Holstein. Telma 10: 33–65

Averdieck FR (1953) Zum Vegetationsbild der Flachmoor- und Bruchwaldtorfe am Rande der Boberger Dünen. Hammaburg 4(9): 18–22

Averdieck FR (1957) Zur Geschichte der Moore und Wälder Holsteins. Ein Beitrag zur Frage der Rekurrenzflächen. Nova Acta Leopoldina NF 130(19): 5–113

Averdieck FR (1957) Ein Moorprofil sagt über die Vegetationsgeschichte seiner Umgebung aus. Harburger Jahrbuch 7: 109–122

Averdieck FR, Münnich K (1957) Palynologische Betrachtung der Siedlungsgeschichte im Norden Hamburgs unter Zuhilfenahme neuer Datierungsmethoden. Hammaburg 5(11): 9–22

Averdieck FR (1958) Pollenanalytische Untersuchungen zur Vegetationsgeschichte im Osten Hamburgs. Mitteilungen der Geographischen Gesellschaft Hamburg 53: 161–176

Averdieck FR (1975) Über ein „Apidenspektrum" im Hochmoortorf. In: Moor und Torf in Wissenschaft und Wirtschaft. Siegfried Schneider zum 70.Geburtstag. Torfforschung GmbH, Bad Zwischenahn, 43–48

Averdieck FR (1975) Palynologischer Befund auf der Teltwisch. In: Tromnau G, Neue Ausgrabungen im Ahrensburger Tunneltal. Offa-Bücher 33. Wachholtz, Neumünster, 104–105

Averdieck FR (1976) Palynologische Untersuchungen zur Altersbestimmung und Vegetationsgeschichte des Alstertals. Mitteilungen aus dem Geologisch-Paläontologischen Institut der Universität Hamburg 46: 81–89

Averdieck FR (1981) Pollenanalytische Untersuchungen am Grabhügel Kellinghusen LA 11. Steinburger Jahrbuch 25: 165–167

Averdieck FR (1982) Paläobotanische Untersuchungen an zwei Grabhügeln in Hamburg-Bergedorf. In: Schneider R (ed) Bergedorf – Auf den Spuren der Urgeschichte. Lichtwark 45. Lichtwark-Ausschuss, Bergedorf, 42–47

Averdieck FR (1986) Palynologische Beiträge zu den Grabungen bei Hammah, Groß Sterneberg und Schwinge 1983–1984. In: Landkreis Stade (ed) Landschaftsentwicklung und Besiedlungsgeschichte im Stader Raum. Ein interdisziplinäres Forschungsprojekt. Die Untersuchungen der Jahre 1983–1984 in Hammah und Groß Sterneberg. Stelzer, Stade, 155–181

Averdieck FR, Helmuth H, Willkomm H (1971) Ein menschliches Schädeldach von der Ochsenkoppel/Eggstedt und seine Bedeutung. Die Heimat 78(1): 1–5

Averdieck FR, Schneider S (1977) Anthropogen beeinflußte Moorprofile. Telma 7: 15–26

Behling H (2003) Beiträge zur nacheiszeitlichen Siedlungsgeschichte in der Umgebung des Breitenfelder Moores bei Hellwege, Landkreis Rotenburg/Wümme. Archäologische Berichte des Landkreises Rotenburg-Wümme 10: 21–30

Behling H (2003) Untersuchungen zur holozänen Vegetations-, Feuer- und Siedlungsgeschichte auf der Verdener Geest bei Hellwege, Landkreis Rotenburg/Wümme (Nordwestdeutschland). Abhandlungen des Naturwissenschaftlichen Vereins zu Bremen 45(2): 491–503

Behre KE (1966) Untersuchungen zur spätglazialen und frühpostglazialen Vegetationsgeschichte Ostfrieslands. Eiszeitalter und Gegenwart 17: 69–84

Behre KE (1967) The late glacial and early postglacial history of vegetation and climate in northwestern Germany Review of Palaeobotany and Palynology 4: 149–161

Behre KE (1976) Beginn und Form der Plaggenwirtschaft in Nordwestdeutschland nach pollenanalytischen Untersuchungen in Ostfriesland. Neue Ausgrabungen und Forschungen in Niedersachsen 10: 197–244

Behre KE (1976) Pollenanalytische Untersuchungen zur Vegetations- und Siedlungsgeschichte bei Flögeln und im Ahlmoor (Elb-Weser-Winkel). Probleme der Küstenforschung im südlichen Nordseegebiet 11: 101–118

Behre KE (1980) Zur mittelalterlichen Plaggenwirtschaft in Nordwestdeutschland und angrenzenden Gebieten nach botanischen Untersuchungen. Abhandlungen der Akademie der Wissenschaften zu Göttingen, Philologisch-Historische Klasse 3 Folge 116: 30–44

Behre KE (2001) Umwelt und Wirtschaftsweisen in Norddeutschland während der Trichterbecherzeit. In: Kelm R (ed) Zurück zur Steinzeitlandschaft: Archäobiologische und ökologische Forschung zur jungsteinzeitlichen Kulturlandschaft und ihrer Nutzung in Nordwestdeutschland. Albersdorfer Forschungen zur Archäologie und Umweltgeschichte 2. Boyens, Heide, 27–38

Behre KE (2002) Zur Geschichte der Kulturlandschaft Nordwestdeutschlands seit dem Neolithikum. Bericht der Römisch-Germanischen Kommission 83: 39–68

Behre KE, Kučan D (1986) Die Reflektion archäologisch bekannter Siedlungen in Pollendiagrammen verschiedener Entfernung – Beispiele aus der Siedlungskammer Flögeln, Nordwestdeutschland. In: Behre KE (ed) Anthropogenic Indicators in Pollen Diagrams. Balkema, Rotterdam, Boston, 95–114

Behre KE, Kučan D (1994) Die Geschichte der Kulturlandschaft und des Ackerbaus in der Siedlungskammer Flögeln, Niedersachsen, seit der Jungsteinzeit. Probleme der Küstenforschung im südlichen Nordseegebiet 21: 5–227

Behrens A, Mennenga M, Wolters S, Siegmüller A, Karle M, Frederiks PL (2024) Six feet under – the Funnel Beaker megalithic graves under the Ahlen-Falkenberger Moor, Germany, Praehistorische Zeitschrift 99(2): 479–528

Bittmann F (2012) Pollenanalytische Untersuchungen im Bereich des ehemaligen Zisterzienserklosters Ihlow, Ldkr. Aurich. In: Bärenfänger R, Brüggler M (eds) Ihlow. Archäologische, historische und naturwissenschaftliche Forschungen zu einem ehemaligen Zisterzienserkloster in Ostfriesland. Beiträge zur Archäologie in Niedersachsen 16. Marie Leidorf, Rahden/Westfalen, 281–282

Bittmann F, Kramer A (2020) Das Huvenhoopsmoor – Vegetationsgeschichtliche Untersuchungen zur Besiedlungsgeschichte des Neolithikums im Landkreis Rotenburg/Wümme. Nachrichten des Marschenrates zur Förderung der Forschung im Küstengebiet der Nordsee 57: 70–75

Bock W, Menke B, Strehl E, Ziemus H (1985) Neue Funde des Weichselspätglazials in Schleswig-Holstein. Eiszeitalter und Gegenwart 35: 161–180

Bokelmann K, Heinrich D, Menke B (1983) Fundplätze des Spätglazials am Hainholz-Eisinger Moor, Kreis Pinneberg. Offa 40: 199–239

Bönisch T (2015) Pollenanalytische Untersuchungen zur bronzezeitlichen Vegetations- und Siedlungsgeschichte des Twellbergmoores bei Cuxhaven, Nordwestdeutschland. Bachelorarbeit, Universität Göttingen

Brinkmann P (1934) Zur Geschichte der Moore, Marschen und Wälder Nordwestdeutschlands III. Das Gebiet der Jade. Botanische Jahrbücher 66(4): 369–445

Cordes H (1967) Moorkundliche Untersuchungen zur Entstehung des Blocklandes bei Bremen. Abhandlungen des Naturwissenschaftlichen Vereins zu Bremen 37(2): 147–196

de Bruijn R (2012) Pingo Remnants in the Northern Netherlands and Adjacent North-western Germany. M. Sc.-Thesis, Utrecht University

Dörfler W (1984) Pollenanalytische Untersuchung zur Vegetations- und Siedlungsgeschichte im Bereich des Mulsumer Moores (Kreis Cuxhaven). Diplomarbeit, Universität Göttingen

Dörfler W (1989) Pollenanalytische Untersuchungen zur Vegetations- und Siedlungsgeschichte im Süden des Landkreises Cuxhaven, Niedersachsen. Probleme der Küstenforschung im südlichen Nordseegebiet 17: 1–75

Dörfler W (2000) Palynologische Untersuchungen zur Vegetations- und Landschaftsentwicklung von Joldelund, Kr. Nordfriesland. In: Haffner A, Jöns H, Reichstein J (eds) Frühe Eisengewinnung in Joldelund, Kr. Nordfriesland. Teil 2: Naturwissenschaftliche Untersuchungen zur Metallurgie- und Vegetationsgeschichte. Universitätsforschungen zur prähistorischen Archäologie 59. Rudolf Habelt, Bonn, 147–207

Dümmler H, Menke B (1970) Der Einfluß der Holozänentwicklung auf Landschaft und Böden der Broklandsauniederung (Dithmarschen). Meyniana 20: 9–16

Erdtman G (1924) Pollenstatistische Untersuchung einiger Moore in Oldenburg und Hannover. Geologiska Föreningens i Stockholm Förhandlingar 46(3–4): 272–278

Erdtman G (1928) Studien über die postarktische Geschichte der nordwesteuropäischen Wälder II. Untersuchungen in Nordwestdeutschland und Holland. Geologiska Föreningens i Stockholm Förhandlingar 50(3): 368–380

Ernst O (1934) Zur Geschichte der Moore, Marschen und Wälder Nordwestdeutschlands IV. Untersuchungen in Nordfriesland. Schriften des Naturwissenschaftlichen Vereins für Schleswig-Holstein 20(2): 209–334

Feeser I, Dörfler W, Averdieck FR (2016) Palynologische Untersuchungen im Umfeld der Fundstelle Büdelsdorf LA 1. In: Hage F (ed) Büdelsdorf und Borgstedt: Grabenwerk, nichtmegalithische und megalithische Grabbauten einer trichterbecherzeitlichen Kleinregion. Frühe Monumentalität und soziale Differenzierung 11. Rudolf Habelt, Bonn, 204–220

Firbas F (1952) Das nordwestdeutsche Altmoränengebiet. In: Spät- und nacheiszeitliche Waldgeschichte Mitteleuropas nördlich der Alpen. Zweiter Band: Waldgeschichte der einzelnen Landschaften. Gustav Fischer, Jena, 144–173

Freund H (1995) Pollenanalytische Untersuchungen zur Vegetations- und Siedlungsgeschichte im Moor am Upstalsboom Landkreis Aurich (Ostfriesland, Niedersachsen). Probleme der Küstenforschung im südlichen Nordseegebiet 23: 117–152

Freund H (1997) Pollenanalytische Untersuchungen zur Vegetations- und Siedlungsentwicklung beim Kloster Barthe, Landkreis Leer (Ostfriesland, Niedersachsen). Probleme der Küstenforschung im südlichen Nordseegebiet 24: 253–273

Freund H (2001) Pollenanalytischer Bericht I und II, Grabung Wehldorf FStNr. 7. In: Gerken K, Studien zur jung- und spätpaläolithischen sowie mesolithischen Besiedlung im Gebiet zwischen Wümme und Oste. Archäologische Berichte des Landkreises Rotenburg (Wümme) 9. Isensee, Oldenburg, 160–161

Geipel C, Wolters S, Bittmann F (2010) Die Mooreichen von Varel – Pollenanalytische und dendrochronologische Untersuchungen zur Landschaftsgeschichte des Jadebusenraumes. Nachrichten des Marschenrates zur Förderung der Forschung im Küstengebiet der Nordsee 47: 80–83

Gerken K, Groß D, Wild M (2016) Einsichten zum Spätpaläolithikum und Mesolithikum im Ldkr. Rotenburg (Wümme). Die Exkursion am 22.03.2015. Archäologische Berichte des Landkreises Rotenburg (Wümme) 20: 277–300

Grahle HO, Müller H (1967) Das Zwischenahner Meer. Geologische Untersuchungen an niedersächsischen Binnengewässern Nr. 5. Oldenburger Jahrbuch 66: 85–121

Grohne U (1957) Zur Entwicklungsgeschichte des ostfriesischen Küstengebietes auf Grund botanischer Untersuchungen. Probleme der Küstenforschung im südlichen Nordseegebiet 6: 1–48

Grohne U (1957) Die Bedeutung der Biologie für die vorgeschichtliche Siedlungsforschung, insbesondere in der Marsch. Deutsche Akademie der Landwirtschaftswissenschaften zu Berlin – Wissenschaftliche Abhandlungen 24: 48–72

Große-Brauckmann G, Baden W (1957) Bodenkundliche Exkursion durch das Teufelsmoor. Tagung der Deutschen Bodenkundlichen Gesellschaft in Bremen vom 2. Bis 8. September 1957. Bremen, 1–20

Große-Brauckmann G (1969) Zur Zonierung und Sukzession im Randgebiet eines Hochmoors (nach Torfuntersuchungen im Teufelsmoor bei Bremen). Vegetatio 17: 33–49

Grüß A (1975) Vergleichende vegetationskundliche und stratigraphische Untersuchungen in Kleinstmooren des Forstes Rüstje/Kreis Stade. Schriftliche Hausarbeit, Universität Oldenburg

Hallik R (1949) Geologische Betrachtung zum Bohlweg im Wittmoor. Hammaburg 2: 100–101

Hallik R (1949) Geologische Betrachtung zum Bohlweg im Wittmoor. Die Heimat – Zeitschrift für Natur- und Landeskunde von Schleswig-Holstein und Hamburg 56: 12–13

Hallik R (1977) Pollendiagramm Neuenwalde. In: Metzger-Krahé F, Mesolithikum an der Unterelbe. Das Verhalten des mesolithischen Menschen zu seiner Umwelt. Band 2. Offa-Ergänzungsreihe 2. Verein zur Förderung der Schleswig-Holsteinischen Landesmuseums für Vor- und Frühgeschichte, Schleswig, 156–159

Hallik R, Grube E (1954) Spät- und postglaziale Gyttja im Altmoränengebiet bei Elmshorn. Neues Jahrbuch für Geologie und Paläontologie/Monatshefte 7: 315–322

Hauschild S, Lüttig G (1993) Zur erdgeschichtlichen Entwicklung der Emsland-Moore. Eiszeitalter und Gegenwart 43: 29–43

Hayen H (1953) Das Bronzemesser von Hollriede. Pollenanalytische Untersuchung eines neuen Bronzefundes aus dem Lengener Moor. Oldenburger Jahrbuch 52/53: 202–210

Hayen H (1954) Pollenanalytische Untersuchung zu einem Spandolch der Periode I der Bronzezeit aus Schwaneburgermoor. Oldenburger Jahrbuch 54: 40–54

Hayen H (1958) Zur Zeitstellung des menschlichen Unterschenkels aus dem Lengener Moor bei Bentstreek. Oldenburger Jahrbuch 57(2): 45–122

Hayen H (1959) Palynologische Untersuchung zur Kappe aus Bargerfehn (Ostfriesland). Die Kunde NF 10(1/2): 112–126

Hayen H (1960) Vorkommen der Eibe (Taxus baccata L.) in oldenburgischen Mooren. Oldenburger Jahrbuch 59(2): 51–67

Hayen H (1961) Pollenanalytische Untersuchung. In: Marschalleck KH, Zwei Verwahrfunde von Feuersteindolchen in Jever (Oldbg). Oldenburger Jahrbuch 60(2): 107–109

Hayen H (1963) Große Bohlenwege im Randmoor westlich der Unterweser. Prähistorische Zeitschrift 41: 206–209

Hayen H (1964) Die Knabenmoorleiche aus dem Kayhausener Moor 1922. Oldenburger Jahrbuch 63: 19–42

Hayen H (1966) Moorbotanische Untersuchungen zum Verlauf des Niederschlagsklimas und seiner Verknüpfung mit der menschlichen Siedlungstätigkeit. Neue Ausgrabungen und Forschungen in Niedersachsen 3: 280–307

Hayen H (1970) Der bronzezeitliche Stapfweg IV (St) im Moore bei Groß Heins, Kreis Verden. Neue Ausgrabungen und Forschungen in Niedersachsen 5: 376–388

Heider S (1995) Die Siedlungs- und Vegetationsgeschichte im Ostteil des Elbe-Weser-Dreiecks nach pollenanalytischen Untersuchungen. Probleme der Küstenforschung im südlichen Nordseegebiet 23: 51–115

Housley RA, Riede F, Gerken K, Niemann H, Bramham-Law CWF, Lane CS, Cullen VL, Gamble CS (2015) Discovery of tephra in a Late-glacial and early Holocene organic sediment sequence in Schünsmoor (Niedersachsen, Germany). Die Kunde NF 63: 163–181

Hüser A, Wolters S, Larocque-Tobler I, Mahlstedt S, Enters D (2017) Von Sedimenten, Zuckmücken, Pollen und kleinen Steinen – Suchen und Finden des Mesolithikums an Pingo-Ruinen. Archäologie in Niedersachsen 20: 92–96

Jakobeit W (1950) Zur Altersfrage des Jochs in Mitteleuropa. Forschungen und Fortschritte 26: 171–174

Jonas F (1933) Grenzhorizont und Vorlaufstorf. Repertorium specierum novarum regni vegetabilis 71: 194–214

Jonas F (1934) Zur Waldentwicklung Nordwestdeutschlands. Repertorium specierum novarum regni vegetabilis 76: 149–152

Jonas F (1934) Die paläobotanische Untersuchung brauner Flugsande und deren Stellung im Alluvium. Repertorium specierum novarum regni vegetabilis 76: 153–163

Jonas F (1934) Die Entwicklung der Hochmoore am Nordhümmling. Repertorium specierum novarum regni vegetabilis 78(2): 1–88

Jonas F (1935) Klimaschwankungen des Würmglazials und Bodenbildungen des nordwestdeutschen Diluviums. Niedersächsischer Heimatschutz: Beiträge zur Emslandkunde 4: 7–51

Jonas F (1935) Postglaziale Waldentwicklung im atlantischen Nordwestdeutschland. Repertorium specierum novarum regni vegetabilis 81: 91–107

Jonas F (1936) Nordwestdeutsche Wälder und Heiden während des letzten Würm-Interstadials. Repertorium specierum novarum regni vegetabilis 86: 1–11

Jonas F (1937) Das Profil Vosseberg als Beispiel der Entstehung von Ortstein-Bleichsandschichten im Unteremsgebiet. Planta 27(3): 295–303

Jonas F (1938) Zwischen- und nacheiszeitliche Heideböden am Aschendorfer Draiberg. Repertorium specierum novarum regni vegetabilis 104(1): 1–14

Jonas F (1938) Heiden, Wälder und Kulturen Nordwestdeutschlands. 1. Heft. Repertorium specierum novarum regni vegetabilis 109(1): 3–97

Jonas F (1939) Eine subarktische Klimaschwankung der Würmeiszeit. Beihefte zum Botanischen Centralblatt 59/B(1): 59–88

Jonas F (1939) Zur Entstehung und Ausbreitung der spätglazialen Heidevegetation. Ein Beitrag zur Frage der Schwarzsand- und Schwarzerdentstehung in Mitteleuropa. Beiheft zum Botanischen Centralblatt 59(B): 89–112

Jonas F (1941) Zwischen- und nacheiszeitliche Heideböden am Aschendorfer Draiberg. Repertorium specierum novarum regni vegetabilis 104(2): 17–70

Jonas F (1941) Heiden, Wälder und Kulturen Nordwestdeutschlands. 2. Heft. Repertorium specierum novarum regni vegetabilis 109(2): 3–28

Jonas F (1941) Papenburg. Die Entwicklung und Besiedlung einer nordwestdeutschen Landschaft seit dem Ende der letzten Eiszeit bis zur Gegenwart. Repertorium specierum novarum regni vegetabilis 124: 3–72

Jonas F (1941) Das Jadegebiet. Entwicklung und Besiedlung Ostfrieslands Heft 1. Repertorium specierum novarum regni vegetabilis 125(1): 1–44

Jonas F (1942) Das Unteremsgebiet. Entwicklung und Besiedlung Ostfrieslands. Repertorium specierum novarum regni vegetabilis 125(2): 45–102

Jonas F (1942) Mittelostfriesland. Entwicklung und Besiedlung Ostfrieslands. Repertorium specierum novarum regni vegetabilis 125(3): 103–181

Jonas F (1943) Von der Heide zur Marsch. Repertorium specierum novarum regni vegetabilis 129(1): 1–134

Jonas F (1944) Von der Heide zur Marsch. Repertorium specierum novarum regni vegetabilis 129(2): 135–281

Jonas F (1955) Das Torfprofil „Klostermoor II", Am Burlager Tief bei Papenburg. Neues Jahrbuch für Geologie und Paläontologie/Monatshefte 6: 257–262

Kaiser K, Mühmel-Horn HP, Walther M (1989) Spätglaziale und holozäne Dünen im Rendsburger Staatsforst beiderseits des mittleren Sorgetales zwischen Tetenhusen/Föhrden und Krummenort (Schleswig-Holstein). Meyniana 41: 97–152

Kalis AJ, Meurers-Balke J (1998) Gräber im Moor? Ein Kommentar zu pollenstratigraphischen Untersuchungen an Moorleichen. Archäologische Mitteilungen aus Nordwestdeutschland 21: 71–78

Kliewe D (1992) Vegetationsgeschichtliche Untersuchung am Pennworthmoor bei Cuxhaven (Niedersachsen). Diplomarbeit, Universität Bremen

Kliewe D (1993) Vegetationsgeschichtliche Untersuchung am Pennworthmoor bei Cuxhaven (Niedersachsen). Südliches Moor – PWM

I. Bericht der AG Vegetationsbotanik/Vegetationskunde und Naturschutz der Universität Bremen. Bremen, 1–11

Kliewe D (1993) Vegetationsgeschichtliche Untersuchung am Twellbergmoor, Cuxhaven-Duhnen (Niedersachsen). Bericht für die Archäologische Denkmalpflege. Cuxhaven, 1–15

Kloppmann S (1991) Pollenanalytische Untersuchungen zur Vegetations- und Siedlungsgeschichte am Scharmoor bei Cuxhaven. Staatsexamensarbeit, Universität Göttingen

Koch H (1934) Mooruntersuchungen im Emsland und im Hümmling. Internationale Revue der gesamten Hydrobiologie und Hydrographie 31(1/2): 109–156

Koch H (1934) Untersuchungen zur Geschichte des Waldes an der Mittelems. Botanische Jahrbücher 66(5): 567–598

Kolumbe E (1934) Wald und Heide in Schleswig-Holstein. Botanisches Archiv 36: 269–300

Kolumbe E (1941) Einzelprofile aus holsteinischen Mooren 1. Die Niederung von Embühren. Die Heimat 51(5): 65–68

Kolumbe E (1952) Neue Untersuchungen an interglazialen Torfen von Hamburg und Burg in Dithmarschen. Mitteilungen aus dem Geologischen Staatsinstitut Hamburg 21: 46–58

Kolumbe E (1953) Ein nachwärmezeitliches Salix-Maximum in Flachmoortorfen von Hamburg-Fuhlsbüttel. Mitteilungen aus dem Geologischen Staatsinstitut Hamburg 22: 28–31

Kolumbe E, Beyle M (1938) Die Bohlwege im Wittmoor (Holstein). In: Aus Hansischem Raum. Sonderhefte der Hansischen Gilde. Evert, Hamburg

Kolumbe E, Beyle M (1942) Dünensande und Torfe im Westteil des Esinger Moores (Holstein). Abhandlungen des Naturwissenschaftlichen Vereins zu Bremen 33(1): 91–114

Kolumbe E, Beyle M (1942) Mitteilung über einen Eichenbruchwaldtorf von Lieth bei Elmshorn in Holstein. Beihefte zum Botanischen Centralblatt 61/B(3): 591–594

Kolumbe E, Koppe F (1932) Über einen Bohlweg im Stapeler Moor (Ostfriesland) und seine Stellung im Pollendiagramm. Jahrbuch der Preußischen Geologischen Landesanstalt zu Berlin 53: 421–428

Kolumbe E, Koppe F (1933) Pollenanalytische Untersuchungen an zwei Heidemooren (Löwenstedt, Kr. Husum und Rüsterbergen, Kr. Rendsburg). Studien zur postglazialen Florengeschichte Schleswig-Holsteins II, Jahrbuch der Preußischen Geologischen Landesanstalt zu Berlin 54: 546–552

Körber-Grohne U (1967) Geobotanische Untersuchungen auf der Feddersen Wierde. Feddersen Wierde 1. Franz Steiner, Wiesbaden

Kramer A, Mennenga M, Nösler D, Jöns H, Bittmann F (2012) Neolithic settlement and land use history in Northwestern Germany – First results from an interdisciplinary research project. In: Hinz M, Müller J (eds) Siedlung, Grabenwerk, Großsteingrab. Rudolf Habelt, Bonn, 317–336

Kramer A, Bittmann F (2015) Flögeln reloaded – Zur Chronologie der Vegetations- und Siedlungsgeschichte in Nordwestdeutschland während des Neolithikums. Siedlungs- und Küstenforschung im südlichen Nordseegebiet 38: 89–106

Kramer A, Bittmann F (2015) Revised human impact in north-western Germany during the Neolithic: Methodological limits and challenges. Journal of Quaternary Science 30(5): 434–451

Krüger S, Fischer Mortensen M, Dörfler W (2020) Sequence completed – Palynological investigations on Lateglacial/Early Holocene environmental changes recorded in sequentially laminated lacustrine sediments of the Nahe palaeolake in Schleswig-Holstein, Germany. Review of Palaeobotany and Palynology 280: 104271

Kubitzki K (1960) Moorkundliche und pollenanalytische Untersuchungen am Hochmoor „Esterweger Dose". Schriften des Naturwissenschaftlichen Vereins für Schleswig-Holstein 30: 12–18

Kubitzki K, Münnich KO (1960) Neue C-14-Datierungen zur nacheiszeitlichen Waldgeschichte Nordwestdeutschlands. Berichte der Deutschen Botanischen Gesellschaft 73(4): 137–146

Kubitzki K (1961) Zur Synchronisierung der nordwesteuropäischen Pollendiagramme (mit Beiträgen zur Waldgeschichte Nordwestdeutschlands). Flora 150(1): 43–72

Kučan D (1973) Pollenanalytische Untersuchungen zu einem Bohlweg aus dem Meerhusener Moor (Landkreis Aurich/Ostfriesland). Probleme der Küstenforschung im südlichen Nordseegebiet 10: 65–68

Kühl N (1998) Pollenanalytische Untersuchungen zur Vegetations- und Siedlungsgeschichte in einem Kesselmoor bei Drangstedt, Landkreis Cuxhaven. Probleme der Küstenforschung im südlichen Nordseegebiet 25: 303–324

Lange W, Menke B (1967) Beiträge zur frühpostglazialen erd- und vegetationsgeschichtlichen Entwicklung im Eidergebiet, insbesondere zur Flußgeschichte und zur Genese des sogenannten Basistorfes. Meyniana 17: 29–44

Mahlstedt S, Wolters S, Enters D, Heinrich D, Siegmüller A, Brandt I (2018) Im Trüben gefischt – steinzeitliche Spuren am Zwischenahner Meer, Landkreis Ammerland. Siedlungs- und Küstenforschung im südlichen Nordseegebiet 41: 9–40

Marschalleck KH (1957) Zwei Opferfunde aus ostfriesischen Mooren. Die Kunde NF 8(3–4): 249–273

Matthes B (2000) Agrarwirtschaft und Umwelt der vorgeschichtlichen Siedlung Langwedel-Daverden, Kreis Verden. Diplomarbeit, Universität Hannover

Mecke A (1995) Pollenanalytische Untersuchungen zur spät- und postglazialen Vegetations- und Klimageschichte im Landkreis Friesland. Probleme der Küstenforschung im südlichen Nordseegebiet 23: 11–49

Menke B (1963) Beiträge zur Geschichte der Erica-Heiden Nordwestdeutschlands. Flora 153: 521–548

Menke B (1968) Ein Beitrag zur pflanzensoziologischen Auswertung von Pollendiagrammen, zur Kenntnis früherer Pflanzengesellschaften in den Marschenrandgebieten der schleswig-holsteinischen Westküste und zur Anwendung auf die Frage der Küstenentwicklung. Mitteilungen der Floristisch-soziologischen Arbeitsgemeinschaft NF 13: 195–224

Menke B (1969) Vegetationsgeschichtliche Untersuchungen und Radiocarbondatierungen zur holozänen Entwicklung der schleswig-holsteinischen Westküste. Eiszeitalter und Gegenwart 20: 35–45

Menke B (1968) Das Spätglazial von Glüsing. Eiszeitalter und Gegenwart 19: 73–84

Mennenga M, Behrens A, Wolters S, Karle M, Siegmüller A, Frederiks PL (2024) Under the bog for thousands of years – a new Funnel Beaker settlement near Wanna, Germany. Journal of Neolithic Archaeology 26: 165–194

Mittmann M, Enters D, Behling H, Zolitschka B (2004) Pollenanalytische und sedimentologische Untersuchungen zur Vegetations- und Siedlungsgeschichte am Eversener See, Landkreis Rotenburg (Wümme), Niedersachsen. Archäologische Berichte des Landkreis Rotenburg (Wümme) 11: 37–63

Mohr E, Hayen H (1967) Wasserbüffelhörner im Nordseeraum und bei Danzig. Oldenburger Jahrbuch 66: 13–67

Mohr R (1990) Untersuchungen zur nacheiszeitlichen Vegetations- und Moorentwicklung im nordwestlichen Niedersachsen mit besonderer Berücksichtigung von Myrica gale L. Vechtaer Arbeiten zur Geographie und Regionalwissenschaft 12. Vechtaer Druckerei und Verlag, Vechta

Müller H (1956) Ein Beitrag zur holozänen Emsentwicklung zwischen Meppen und Dörpen auf Grund von pollenanalytischen Untersuchungen. Geologisches Jahrbuch 71: 491–504

Müller H (1970) Ökologische Veränderungen im Otterstedter See im Laufe der Nacheiszeit. Bericht der Naturhistorischen Gesellschaft zu Hannover 114: 33–47

Müller H, Kleinmann A (1998) Palynologische Untersuchung eines Sedimentprofiles aus dem Wollingster See. Mitteilungen der

Arbeitsgemeinschaft Geobotanik Schleswig-Holstein und Hamburg 57: 44–52

Münnich KO (1957) Zur C14-Datierung der Federmesserkultur. Eiszeitalter und Gegenwart 8: 209

Niemann H, Gerken H, Namyslo E (2010) Holzkohlenanalyse als Indikator für natürliche und anthropogen verursachte Brände. Rekonstruktion der Vegetations- und Feuergeschichte begleitend zu den Fundstellen Oldendorf 52 und 69, Ldkr. Rotenburg (Wümme), Niedersachsen. Archäologische Berichte des Landkreises Rotenburg (Wümme) 16: 5–30

Nilsson T (1948) Versuch einer Anknüpfung der postglazialen Entwicklung des nordwestdeutschen und niederländischen Flachlandes an die pollenfloristische Zonengliederung Südskandinaviens. Meddelanden från Lunds Geologisk-Mineralogiska Institution 112. Gleerup, Lund

O'Connell M (1986) Pollenanalytische Untersuchungen zur Vegetations- und Siedlungsgeschichte aus dem Lengener Moor, Friesland (Niedersachsen). Probleme der Küstenforschung im südlichen Nordseegebiet 16: 171–193

Overbeck F (1947) Studien zur Hochmoorentwicklung in Niedersachsen und die Bestimmung der Humifizierung bei stratigraphisch-pollenanalytischen Mooruntersuchungen. Planta 35(1/2): 1–56

Overbeck F (1949) Ein spätglaziales Profil von Huxfeld bei Bremen. Planta 37: 376–398

Overbeck F (1950) Die Moore Niedersachsens. 2. Auflage. Geologie und Lagerstätten Niedersachsens 3. Walter Dorn, Bremen-Horn

Overbeck F (1950) Neue pollenanalytische-stratigraphische Untersuchungen zum Pflug von Walle. Nachrichten aus Niedersachsens Urgeschichte 19: 3–31

Overbeck F (1952) Das große Moor bei Gifhorn im Wechsel hygrokliner und xerokliner Phasen der nordwestdeutschen Hochmoorentwicklung. Veröffentlichungen des Niedersächsischen Amtes für Landesplanung und Statistik 41. Walter Dorn, Bremen-Horn

Overbeck F (1975) Botanisch- geologische Moorkunde unter besonderer Berücksichtigung der Moore Nordwestdeutschlands als Quellen zur Vegetations-, Klima- und Siedlungsgeschichte. Wachholtz, Neumünster

Overbeck F, Münnich KO, Aletsee L, Averdieck FR (1957) Das Alter des „Grenzhorizontes" norddeutscher Hochmoore nach Radiokarbon-Datierungen. Flora 145: 37–71

Overbeck F, Schmitz F (1931) Zur Geschichte der Moore, Marschen und Wälder Nordwestdeutschlands I. Das Gebiet von der Niederweser bis zur unteren Ems. Mitteilungen der Provinzialstelle für Naturdenkmalpflege Hannover 3: 1–179

Overbeck F, Schneider S (1938) Mooruntersuchungen bei Lüneburg und bei Bremen und die Reliktnatur von Betula nana L. in Nordwestdeutschland. Zeitschrift für Botanik 33: 1–54

Overbeck F, Schneider S (1940) Torfzersetzung und Grenzhorizont, ein Beitrag zur Frage der Hochmoorentwicklung in Niedersachsen. Angewandte Botanik 22(5): 321–379

Overbeck F, Schneider S (1942) Botanisch-geologische Bemerkungen zu den Moorleichenfunden von Edewechterdamm in Oldenburg. Abhandlungen des Naturwissenschaftlichen Vereins zu Bremen 32(1): 38–63

Peters M, Stojakowits P, Friedmann A (2024) Zur spätglazialen Vegetationsgeschichte des nordwestdeutschen Tieflands und des bayerischen Alpenvorlandes – ein Vergleich. Berichte der Reinhold-Tüxen-Gesellschaft 32: 67–84

Pfaffenberg K (1939) Entwicklung und Aufbau des Lengener Moores. Abhandlungen des Naturwissenschaftlichen Vereins zu Bremen 31(1): 114–151

Pfaffenberg K (1942) Die geologische Lagerung und pollenanalytische Altersbestimmung der Moorleiche von Bockhornerfeld. Abhandlungen des Naturwissenschaftlichen Vereins zu Bremen 32(1): 77–90

Pfaffenberg K (1958) Geologische und botanische Untersuchungen an der Moorleiche aus dem Lengener Moor. Abhandlungen des Naturwissenschaftlichen Vereins zu Bremen 35(2): 301–321

Plum G (1952) Zur Frage klimatisch bedingter Feuchtigkeitsschwankungen und des davon abhängigen Wechsels in der Vegetation. Stratigraphisch-pollenanalytisch-kolorimetrische Untersuchungen einiger niedersächsischer Hochmoore. Dissertation, Universität Bonn

Pott R, Hüppe J (1991) Die Hudelandschaften Nordwestdeutschlands. Abhandlungen aus dem Westfälischen Museum für Naturkunde 53(1/2): 5–313

Pott R, Hüppe J (2001) Flussauen- und Vegetationsentwicklung an der mittleren Ems – Zur Geschichte eines Flusses in Nordwestdeutschland. Abhandlungen aus dem Westfälischen Museum für Naturkunde 63(2): 5–119

Raffius K, Möhler H (2012) Vegetationsgeschichtliche Untersuchungen zur spätglazialen und holozänen Landschaftsdynamik, Klimaveränderungen und Siedlungsaktivitäten im Gebiet des Bullensees bei Zeven, Landkreis Rotenburg. Archäologische Berichte des Landkreises Rotenburg-Wümme 17: 7–21

Rickert BH (2008) Landschafts- und Siedlungsgeschichte im Bereich des Hohenfelder Moores (Kreis Steinburg). Schriften des Naturwissenschaftlichen Vereins für Schleswig-Holstein 70: 73–90

Sass G (1934) Pollenanalytische Untersuchungen von Torfen aus der Geest und Marsch Schleswig-Holsteins. Jahresbericht des Niedersächsischen Geologischen Vereins 26: 42–70

Scheffer M (1982) Pollenanalytische Untersuchungen an einem postglazialen Kleinstmoor bei Wittmund/Ostfriesland. Diplomarbeit, TU Clausthal

Schmitz H (1951) Die pollenanalytische Altersbestimmung einiger Raseneisenerze. Schriften des Naturwissenschaftlichen Vereins für Schleswig-Holstein 25: 138–141

Schneekloth H (1963) Das Hohe Moor bei Scheeßel (Kreis Rotenburg/Hannover). Geologisches Jahrbuch 55: 1–104

Schneekloth H (1963) Das Weiße Moor bei Kirchwalsede (Kreis Rotenburg/Hannover). Geologisches Jahrbuch 55: 105–138

Schneekloth H, Wendt I (1963) Neuere Ergebnisse der ^{14}C-Datierung. Geologisches Jahrbuch 80: 23–48

Schneekloth H (1970) Das Ahlen-Falkenberger Moor. Eine moorgeologische Studie mit Beiträgen zur Altersfrage des Schwarz-/Weißtorfkontaktes und zur Stratigraphie des Küstenholozäns. Geologisches Jahrbuch 89: 63–96

Schneider S (1938) Die pollenanalytische Altersbestimmung des Wagenrades von Beckdorf, Kreis Stade. Nachrichten aus Niedersachsens Urgeschichte 12: 72–77

Schneider S (1956) Ein Stiefel mit Skelettresten aus dem Großen Moor bei Huntebug. Die Kunde NF 7(1/2): 46–54

Schröder D (1930) Pollenanalytische Untersuchungen in den Worpsweder Mooren. Ein Beitrag zur postglazialen Wald- und Klimaentwicklung Nordwestdeutschlands, insbesondere zur Grenzhorizontfrage. Abhandlungen des Naturwissenschaftlichen Vereins zu Bremen 28(1): 13–30

Schröder D (1931) Zur Moorentwicklung Nordwestdeutschlands. Abhandlungen des Naturwissenschaftlichen Vereins zu Bremen 28 (Festschrift CA Weber): 97–104

Schröder D (1939) Eine bronzezeitliche Wegstrecke in Nordhannover. Darstellungen aus Niedersachsens Urgeschichte 4: 125–152

Schubert E (1933) Zur Geschichte der Moore, Marschen und Wälder Nordwestdeutschlands II. Das Gebiet an der Oste und Niederelbe. Mitteilungen der Provinzialstelle für Naturdenkmalpflege Hannover 4: 1–148

Schütrumpf R (1940) Pollenanalytische Altersbestimmung eines vorgeschichtlichen Tuchfundes aus dem Langwedeler Moor, Kreis Verden. Die Kunde 8: 93–101

Schütrumpf R (1957) Die pollenanalytische Untersuchung der Gyttja-Schicht vom Fundplatz Rissen-Bombentrichter. Eiszeitalter und Gegenwart 8: 207–208

Schwaar J (1977) Vegetationsgeschichtliche Untersuchungen im Wildenlohsmoor bei Friedrichsfehn, Kreis Oldenburg. Abhandlungen des Naturwissenschaftlichen Vereins zu Bremen 38: 335–354

Schwaar J (1983) Spät- und postglaziale Vegetationsstrukturen im oberen Wümmetal bei Tostedt (Landkreis Harburg). Jahrbuch des Naturwissenschaftlichen Vereins für das Fürstentum Lüneburg 36: 139–166

Schwaar J (1985) Subfossile Kleinseggenrieder, versunkene Hochmoore, natürliche Kiefernvorkommen und bis in das Mittelalter überdauernde Ulmenmischwälder bei Lauenbrück, Kreis Rotenburg/Wümme. Jahrbuch des Naturwissenschaftlichen Vereins für das Fürstentum Lüneburg 37: 161–175

Schwaar J (1986) Subfossile, moosreiche Kleinseggenriede im Geeste-Mündungstrichter bei Laven, Kreis Cuxhaven. Tuexenia 6: 205–218

Schwaar J (1990) Natur und Vergangenheit – Bremen und sein Umland in den letzten 12000 Jahren. Abhandlungen des Naturwissenschaftlichen Vereins zu Bremen 41(2): 49–86

Schwaar J, Brandt KH (1984) Pflanzenfunde aus einer vorgeschichtlichen Siedlung in Bremen-Rekum. Abhandlungen des Naturwissenschaftlichen Vereins zu Bremen 40: 171–194

Selle W (1958) Beiträge zur Siedlungs- und Vegetationsgeschichte in Niedersachsen. II. Kreis Aschendorf (Emsland). Abhandlungen des Naturwissenschaftlichen Vereins zu Bremen 35(2): 366–373

Selle W (1959) Beiträge zur Siedlungs- und Vegetationsgeschichte in Niedersachsen. I. Südlicher Teil des Kreises Rotenburg/Wümme. Berichte der Naturhistorischen Gesellschaft Hannover 104: 2–20

Smidt C, Wolters S, Zolitschka B (2017) Pingo-Ruinen: Nachweis und flächenhafte Verbreitung periglazialer Relikte südlich von Friedeburg (Ostfriesland). Nachrichten des Marschenrats zur Förderung der Forschung im Küstengebiet der Nordsee 54: 39–50

Struve KW (1973) Hölzerne Scheibenräder aus einem Moor bei Alt-Bennebek, Kreis Schleswig. Offa 30: 205–218

Tidelski F (1933) Zur Waldgeschichte der schleswig-holsteinischen Geest. Schriften des Naturwissenschaftlichen Vereins für Schleswig-Holstein 20(1): 56–74

Tidelski F (1938) Ein Moorleichenfund aus dem Ruchmoor, Gemarkung Damendorf, Kreis Eckernförde. Offa 3: 89–137

Tilly K (2014) Unbekannte Eiszeitrelikte in Ostfriesland – Pingoruinen. Diplomarbeit, Universität Münster

Usinger H (1975) Pollenanalytische und stratigraphische Untersuchungen an zwei Spätglazial-Vorkommen in Schleswig-Holstein. Mitteilungen der Arbeitsgemeinschaft Geobotanik in Schleswig-Holstein und Hamburg 25: 1–183

Usinger H (1978) Pollen- und großrestanalytische Untersuchungen zur Frage des Bölling-Interstadials und der spätglazialen Baumbirken-Einwanderung in Schleswig-Holstein. Schriften des Naturwissenschaftlichen Vereins für Schleswig-Holstein 48: 41–61

Usinger H (1981) Zur spät- und frühen postglazialen Vegetationsgeschichte der schleswig-holsteinischen Geest nach einem Pollen- und Pollendichtediagramm aus dem Esinger Moor. Pollen et Spores 23(3–4): 389–432

Usinger H (1982) Pollenanalytische Untersuchungen an einem vorgeschichtlichen Sandweg im Meerhusener Moor/Ostfriesland. Abhandlungen des Naturwissenschaftlichen Vereins zu Bremen 39: 405–423

Usinger H (1997) Pollenanalytische Datierung spätpaläolithischer Fundschichten bei Ahrenshöft, Kr. Nordfriesland. Archäologische Nachrichten aus Schleswig-Holstein 8: 50–73

van den Bogaard C, Dörfler W, Glos R, Nadeau MJ, Grootes PM, Erlenkeuser H (2002) Two tephra layers bracketing late Holocene paleoecological changes in northern Germany. Quaternary Research 57(3): 314–324

van Dijk J (2010) Relative Dating of Two Supposed Pingo Remnants near Esens, Ostfriesland, Northwest Germany. A lithological and palynological research. M. Sc.-Thesis, Utrecht University

van Mourik JM (1989) Beiträge zur Landschaftsentwicklung im Tal der Rheider Au, Kreis Schleswig-Flensburg. Offa 46: 275–283

Vogel H (1963) Moorstratigraphische und pollenanalytische Untersuchungen am Himmelmoor bei Quickborn. Mitteilungen der Arbeitsgemeinschaft für Floristik in Schleswig-Holstein und Hamburg 12: 4–35

Walther M (1990) Untersuchungsergebnisse zur jungpleistozänen Landschaftsentwicklung Schwansens (Schleswig-Holstein). Berliner Geographische Abhandlungen 52: 1–143

Wasmund E (1934) Prähistorie, Anthropologie und Pollenanalyse in Schleswig-Holstein. Schriften des Naturwissenschaftlichen Vereins für Schleswig-Holstein 20(2): 365–433

Weber CA (1924) Das Moor des Steinkammergrabes von Hammah. Praehistorische Zeitschrift 15: 40–52

Werner H (1951) Zur Entstehung der Schleswig-Holsteinischen Raseneisenerze. Schriften des Naturwissenschaftlichen Vereins für Schleswig-Holstein 25: 138–141

Werth E (1934) Nochmals zum Alter des Pflugs von Walle. Die Kunde 2(6): 86–89

Werth E, Klemm M (1936) Pollenanalytische Untersuchungen einiger wichtiger Dünenprofile und submariner Torfe in Norddeutschland. Beihefte zum Botanischen Centralblatt 55/B(1/2): 95–158

Wildvang D (1933) Das Pollendiagramm des Berumerfehner Moores. Jahrbuch der Preußischen Geologischen Landesanstalt zu Berlin 54: 204–210

Wildvang D (1933) Versuch einer stratigraphischen Eingliederung der ostfriesischen Marschmoore ins Alluvialprofil und die sich dabei ergebenden Folgerungen in Bezug auf Bodenschwankungen. Jahrbuch der Preußischen Geologischen Landesanstalt zu Berlin 54: 642–685

Wildvang D (1935) Über Flugsande der ostfriesischen Geest. Abhandlungen des Naturwissenschaftlichen Vereins zu Bremen 29(3/4): 292–307

Wildvang D (1938) Die Geologie Ostfrieslands. Abhandlungen der Preußischen Geologischen Landesanstalt NF 181: 3–211

Wildvang D, Schroller H (1936) Der Bohlweg von Oltmannsfehn-Ockenhausen, Kreis Leer. Die Kunde 4(5): 73–81

Wolters S, Hüser A (2024) Reihenhaussiedlung mit Dorfteich? Archäologische, pollenanalytische und archäobotanische Untersuchungen an einem Siedlungsplatz in Schiffdorf, Landkreis Cuxhaven. Nachrichten des Marschenrates 61, 73–85

Wolters S, Städing R, Kühl N (2018) Zur Wald- und Forstgeschichte der Schweinebrücker Fuhrenkämpe. Nachrichten des Marschenrates zur Förderung der Forschung im Küstengebiet der Nordsee 55: 48–56

Zickermann F (1996) Vegetationsgeschichtliche, moorstratigraphische und pflanzensoziologische Untersuchungen zur Entwicklung seltener Moorökosysteme in Nordwestdeutschland. Abhandlungen aus dem Westfälischen Museum für Naturkunde 58(1): 3–109

Nordsee und Nordseemarschen (Kapitel 58)

Averdieck FR (1967) Botanisch-moorgeologische Untersuchungen am „Tuul" von Westerland (Sylt). Offa 24: 84–100

Averdieck FR (1980) Geobotanik des Sylter Holozäns. In: Kossack G (ed) Archsum auf Sylt Teil 1. Römisch-germanische Forschungen 39: 147–172

Averdieck FR, Hummel P (1974) Zum Alter und Aufbau des Heidesandes auf Sylt. Meyniana 24: 9–25

Barckhausen J, Müller H (1984) Ein Pollendiagramm aus der Leybucht. Probleme der Küstenforschung im südlichen Nordseegebiet 15: 127–134

Behre KE, Menke B (1969) Pollenanalytische Untersuchungen an einem Bohrkern der südlichen Doggerbank. Beiträge zu Meereskunde 24/25: 122–129

Behre KE (1970) Die Entwicklungsgeschichte der natürlichen Vegetation im Gebiet der unteren Ems und ihre Abhängigkeit von den Bewegungen des Meeresspiegels. Probleme der Küstenforschung im südlichen Nordseegebiet 9: 13–48

Behre KE (1976) Die Pflanzenreste aus der frühgeschichtlichen Wurt Elisenhof. Studien zur Küstenarchäologie Schleswig-Holsteins Serie A Band 2. Herbert Lang, Bern, Peter Lang, Frankfurt/M.

Behre KE (1977) Acker, Grünland und natürliche Vegetation während der römischen Kaiserzeit im Gebiet der Marschensiedlung Bentumersiel/Unterems. Probleme der Küstenforschung im südlichen Nordseegebiet 12: 67–84

Behre KE (1985) Die ursprüngliche Vegetation in den deutschen Marschgebieten und deren Veränderung durch prähistorische Besiedlung und Meeresspiegelbewegungen. Verhandlungen der Gesellschaft für Ökologie 13: 85–96

Behre KE (1986) Ackerbau, Vegetation und Umwelt im Bereich früh- und hochmittelalterlicher Siedlungen im Flußmarschgebiet der unteren Ems. Probleme der Küstenforschung im südlichen Nordseegebiet 16: 99–125

Behre KE, Dörjes J, Irion G (1984) Ein datierter Sedimentkern aus dem Holozän der südlichen Nordsee. Probleme der Küstenforschung im südlichen Nordseegebiet 15: 135–148

Behre KE, Dörjes J, Irion G (1985) A dated Holocene sediment core from the bottom of the southern North Sea. Eiszeitalter und Gegenwart 35: 9–13

Behre KE, Kučan D (1999) Neue Untersuchungen am Außendeichsmoor bei Sehestedt am Jadebusen. Probleme der Küstenforschung im südlichen Nordseegebiet 26: 35–64

Brande A (1988) Zur frühsubatlantischen Vegetations- und Landschaftsentwicklung Westeiderstedts. Offa 66: 138–147

Brandt K, Behre KE (1976) Eine Siedlung der älteren vorrömischen Eisenzeit (und der römischen Kaiserzeit) bei Oldendorp (Unterems) mit Aussagen zu Umwelt, Ackerbau und Sedimentationsgeschehen. Nachrichten aus Niedersachsens Urgeschichte 45: 447–458

Brinkmann P (1934) Zur Geschichte der Moore, Marschen und Wälder Nordwestdeutschlands III. Das Gebiet der Jade. Botanische Jahrbücher 66(4): 369–445

Cordes H (1967) Moorkundliche Untersuchungen zur Entstehung des Blocklandes bei Bremen. Abhandlungen des Naturwissenschaftlichen Vereins zu Bremen 37(2):147–196

Erdtman G (1924) Pollenstatistische Untersuchung einiger Moore in Oldenburg und Hannover. Geologiska Föreningens i Stockholm Förhandlingar 46(3–4): 272–278

Erdtman G (1924) Studies in Micro-Palaeontology I–IV. Geologiska Föreningens i Stockholm Förhandlingar 46(6–7): 676–681

Erdtman G (1925) Some micro-analysis of "moorlog" from the Dogger Bank. The Essex Naturalist 21: 107–112

Erdtman G (1927) En pollenanalytisk undersökning av torvprov från Jadebukten och Weserestuariet. Svensk Botanisk Tidskrift 21(1): 91

Erdtman G (1928) Studien über die postarktische Geschichte der nordwesteuropäischen Wälder II. Untersuchungen in Nordwestdeutschland und Holland. Geologiska Föreningens i Stockholm Förhandlingar 50(3): 368–380

Ernst O (1934) Zur Geschichte der Moore, Marschen und Wälder Nordwestdeutschlands IV: Untersuchungen in Nordfriesland. Schriften des Naturwissenschaftlichen Vereins für Schleswig-Holstein 20(2): 209–334

Firbas F (1952) Das nordwestdeutsche Altmoränengebiet. In: Spät- und nacheiszeitliche Waldgeschichte Mitteleuropas nördlich der Alpen. Zweiter Band: Waldgeschichte der einzelnen Landschaften. Gustav Fischer, Jena, 144–173

Freund H (2003) Die Dünen und Salzwiesenvegetation auf Juist und deren Änderung als Indikator für die Entwicklung der Insel seit dem Frühen Mittelalter. Probleme der Küstenforschung im südlichen Nordseegebiet 28: 133–283

Freund H, Gerdes G, Streif H, Dellwig O, Watermann F (2004) The indicative meaning of diatoms, pollen and botanical macro fossils for the reconstruction of palaeoenvironments and sea-level fluctuations along the coast of Lower Saxony; Germany. Quaternary International 112: 71–87

Freund H, Petersen J, Pott R (2003) Investigations on recent and subfossil salt-marsh vegetation of the East Frisian barrier islands in the southern North Sea (Germany). Phytocoenologia 33(2–3): 349–375

Freund H, Streif H (1999) Natürliche Pegelmarken für Meeresspiegelschwankungen der letzten 2000 Jahre im Bereich der Insel Juist. Petermanns Geographische Mitteilungen 143: 34–45

Godwin H (1943) Coastal peat beds of the British Isles and North Sea: Presidential address to the British Ecological Society 1943. Journal of Ecology 31(4): 199–247

Godwin H (1945) Coastal peat beds of the North Sea region, as indices of land- and sea-level changes. The New Phytologist 44(1): 29–69

Grohne U (1952) Zur Datierung der Küstenmoore zwischen Jadebusen und Dollart. Abhandlungen des Naturwissenschaftlichen Vereins zu Bremen 33(1): 121–132

Grohne U (1955) Palynologische Untersuchung der Grabung Tofting. In: Bantelmann A (ed) Tofting – eine vorgeschichtliche Warft an der Eidermündung. Offa-Bücher 12. Wachholtz, Neumünster, 98–103

Grohne U (1957) Zur Entwicklungsgeschichte des ostfriesischen Küstengebietes auf Grund botanischer Untersuchungen. Probleme der Küstenforschung im südlichen Nordseegebiet 6: 1–48

Grohne U (1957) Botanische Untersuchungen der vorgeschichtlichen Siedlung Jemgum an der Ems. Die Kunde NF 8(1–2): 44–52

Grohne U (1957) Die Bedeutung der Biologie für die vorgeschichtliche Siedlungsforschung, insbesondere in der Marsch. Deutsche Akademie der Landwirtschaftswissenschaften zu Berlin – Wissenschaftliche Abhandlungen 24: 48–72

Hahne J (1996) Pollenanalytische Untersuchungen an den Bohrkernen 89/4 und 89/9, südliche Nordsee. Geologisches Jahrbuch 146(A): 163–175

Hayen H (1960) Vorkommen der Eibe (Taxus baccata L.) in oldenburgischen Mooren. Oldenburger Jahrbuch 59(2): 51–67

Hayen H (1963) Zwei hölzerne Moorwege aus dem Fundgebiet Ipweger Moor B, Kreis Ammerland in Oldenburg. Neue Ausgrabungen und Forschungen in Niedersachsen 1: 113–131

Hayen H (1966) Moorbotanische Untersuchungen zum Verlauf des Niederschlagsklima und seiner Verknüpfung mit der menschlichen Siedlungstätigkeit. Neue Ausgrabungen und Forschungen in Niedersachsen 3: 280–307

Hayen H (1969) Ein Kiefernwaldhorizont im Südteil des Ipweger Moores (Gemeinde Morriem, Kreis Wesermarsch). Neue Ausgrabungen und Forschungen in Niedersachsen 4: 329–347

Jonas F (1934) Die Entwicklung der Hochmoore am Nordhümmling. Repertorium specierum novarum regni vegetabilis 78(2): 1–88

Jonas F (1936) Nordwestdeutsche Wälder und Heiden während des letzten Würm-Interstadials. Repertorium specierum novarum regni vegetabilis 86: 1–11

Jonas F (1941) Heiden, Wälder und Kulturen Nordwestdeutschlands. 2. Heft. Repertorium specierum novarum regni vegetabilis 109(2): 3–28

Jonas F (1941) Papenburg. Die Entwicklung und Besiedlung einer nordwestdeutschen Landschaft seit dem Ende der letzten Eiszeit bis zur Gegenwart. Repertorium specierum novarum regni vegetabilis 124: 3–72

Jonas F (1941) Das Jadegebiet. Entwicklung und Besiedlung Ostfrieslands Heft 1. Repertorium specierum novarum regni vegetabilis 125(1): 1–44

Jonas F (1942) Das Unteremsgebiet. Entwicklung und Besiedlung Ostfrieslands. Repertorium specierum novarum regni vegetabilis 125(2): 45–102

Jonas F (1944) Von der Heide zur Marsch. Repertorium specierum novarum regni vegetabilis 129(2): 135–281

Koch H (1952) Torf im Watt nordfriesischer Halligen. Berichte der Deutschen Botanischen Gesellschaft 65(1): 3–9

Körber-Grohne U (1967) Geobotanische Untersuchungen auf der Feddersen Wierde. Feddersen Wierde 1. Franz Steiner, Wiesbaden

Krüger S, Dörfler W, Bennike O, Wolters S (2017) Life in Doggerland – Palynological investigations of the environment of prehistoric hunter-gatherer societies in the North Sea Basin. Quaternary Science Journal 66(1): 3–13

Kučan D (2007) Archäobotanische Untersuchungen zu Umwelt und Landwirtschaft jungbronzezeitlicher Flussmarschbewohner der Siedlung Rodenkirchen-Hahnenknooper Mühle, Landkreis Wesermarsch. Probleme der Küstenforschung im südlichen Nordseegebiet 31: 17–83

Lang HD (1959) Über den Aufbau der Butjadinger Marsch. Geologisches Jahrbuch 76: 541–552

Liebezeit G, Wöstmann R, Wolters S (2008) Allochthonous organic matter as carbon, nitrogen and phosphorus source on a sandbank island (Kachelotplate, Lower Saxonian Wadden Sea, Germany) Senckenbergiana maritima 38(2): 153–161

Linke G (1979) Ergebnisse geologischer Untersuchungen im Küstenbereich südlich Cuxhaven – Ein Beitrag zur Diskussion holozäner Fragen. Probleme der Küstenforschung im südlichen Nordseegebiet 13: 39–83

Ludwig G, Müller H, Streif H (1979) Neue Daten zum holozänen Meeresspiegelanstieg im Bereich der Deutschen Bucht. Geologisches Jahrbuch D 32: 3–22

Mahlstedt S, Siegmüller A, Wolters S (2021) Die mesolithischen Birkenrindenfunde von Osteel (Ostfriesland). Siedlungs- und Küstenforschung im südlichen Nordseegebiet 44: 9–24

Menke B (1968) Ein Beitrag zur pflanzensoziologischen Auswertung von Pollendiagrammen, zur Kenntnis früherer Pflanzengesellschaften in den Marschenrandgebieten der schleswig-holsteinischen Westküste und zur Anwendung auf die Frage der Küstenentwicklung. Mitteilungen der Floristisch-soziologischen Arbeitsgemeinschaft NF 13: 195–224

Menke B (1969) Vegetationskundliche und vegetationsgeschichtliche Untersuchungen an Strandwällen. Mitteilungen der Floristisch-soziologischen Arbeitsgemeinschaft NF 14: 95–120

Menke B (1993) Palynologische Untersuchung des Vibrokerns „Gauss 1987/5" aus der südlichen Nordsee. Berichte aus der Geologischen Landesanstalt Schleswig-Holstein 3: 13–18

Menke B (1996) Palynologische Untersuchung des Vibrokerns „Gauss 1987/5" aus der südlichen Nordsee. Geologisches Jahrbuch 146(A): 176–182

Menke B, Barelds J (1986) Beiträge zur Entwicklung des Holozäns im Raum Husum-Simonsberg/Nordfriesland. Offa 43: 265–272

Mohr R (1990) Untersuchungen zur nacheiszeitlichen Vegetations- und Moorentwicklung im nordwestlichen Niedersachsen mit besonderer Berücksichtigung von Myrica gale L. Vechtaer Arbeiten zur Geographie und Regionalwissenschaft 12. Vechtaer Druckerei und Verlag, Vechta

Mohr E, Hayen H (1967) Wasserbüffelhörner im Nordseeraum und bei Danzig. Oldenburger Jahrbuch 66: 13–67

Müller H (1956) Pollendiagramm der Bohrung II auf der Geise. In: Dechend W, Sindowski KH (eds) Die Gliederung des Quartärs im Raum Krummhörn-Dollart (Ostfriesland) und die geologische Entwicklung der Unteren Ems. Geologisches Jahrbuch 71: 461–490

Nietsch H (1958) Pollenanalytischer Beitrag zur Geschichte der Wesermarsch bei Bremen. Die Kunde NF 9(1–2): 72–83

Oele E (1969) The Quaternary geology of the Dutch part of the North Sea, north of the Frisian Isles. Geologie en Mijnbouw 48(5): 467–480

Overbeck F, Schmitz F (1931) Zur Geschichte der Moore, Marschen und Wälder Nordwestdeutschlands I. Das Gebiet von der Niederweser bis zur unteren Ems. Mitteilungen der Provinzialstelle für Naturdenkmalpflege Hannover 3: 1–179

Overbeck F, Schneider S (1940) Torfzersetzung und Grenzhorizont, ein Beitrag zur Frage der Hochmoorentwicklung in Niedersachsen. Angewandte Botanik 22(5): 321–379

Peters M (1996) Vergleichende Vegetationskartierung der Insel Borkum und beispielhafte Erfassung der Veränderung von Landschaft und Vegetation einer Nordseeinsel. Dissertationes Botanicae 257. Cramer, Berlin, Stuttgart

Peters M, Stojakowits P, Friedmann A (2024) Zur spätglazialen Vegetationsgeschichte des nordwestdeutschen Tieflands und des bayerischen Alpenvorlandes – ein Vergleich. Berichte der Reinhold-Tüxen-Gesellschaft 32: 67–84

Pfaffenberg K (1941) Über einige Moore aus der jüngsten Hebungsstufe in der Umgebung von Wilhelmshaven. Probleme der Küstenforschung im südlichen Nordseegebiet 2: 22–32

Pfaffenberg K (1941) Pollenanalytische Altersbestimmungen von alluvialem Ton und Torf aus den Bohrungen bei Wilhelmshaven. In: Häntzschel W, Brand E, Brockmann C, Oldewage H, Pfaffenberg K (eds), Zur jüngsten geologischen Entwicklung der Jade-Bucht. Senckenbergiana 23(1/3): 49–56

Pfaffenberg K (1954) Zur Frage des Grenzhorizontes in den Hochmooren des Jadegebietes. Zeitschrift der Deutschen Geologischen Gesellschaft 105(1): 80–94

Proborukmi MS, Urban B (2017) Palaeoenvironmental investigations of the Holocene sedimentary record of the Garding-2 research drill core, northwestern Germany. Zeitschrift der Deutschen Gesellschaft für Geowissenschaften (German Journal of Geology) 168: 39–51

Frechen M, Grube A, Kenzler M, Proborukmi MS, Stephan HJ, Thiel C, Urban B, Zhang J (2017) Eiszeiten in Schleswig-Holstein – Ergebnisse einer OSL-Datierungsstudie. Tagung der Arbeitsgemeinschaft Norddeutscher Geologen 80: 23–24

Sass G (1934) Pollenanalytische Untersuchungen von Torfen aus der Geest und Marsch Schleswig-Holsteins. Jahresbericht des Niedersächsischen Geologischen Vereins 26: 42–70

Schneekloth H, Wendt I (1963) Neuere Ergebnisse der ^{14}C-Datierung. Geologisches Jahrbuch 80: 23–48

Schneekloth H (1968) Altersunterschiede des Schwarz-/Weißtorfkontaktes im Kehdinger Moor. Geologisches Jahrbuch 85: 135–146

Schubert E (1933) Zur Geschichte der Moore, Marschen und Wälder Nordwestdeutschlands II. Das Gebiet an der Oste und Niederelbe. Mitteilungen der Provinzialstelle für Naturdenkmalpflege Hannover 4: 1–148

Schütte H (1931) Der Aufbau des Weser-Jade-Alluviums. Schriften des Vereins für Naturkunde an der Unterweser NF 5: 3–40

Schütte H (1935) Das Alluvium des Jade-Weser-Gebietes. Ein Beitrag zur Geologie der deutschen Nordseeküste. Veröffentlichungen der Wirtschaftswissenschaftlichen Gesellschaft zum Studium Niedersachsens 13(B): 1–100

Schwaar (1989) Veränderte der Mesolithiker schon die Vegetation? Nachweis (Pollenanalyse) von Callunaheiden im Bereich eines mesolithischen Fundplatzes im Bremer Blockland. Braun-Blanquetia 3: 253–256

Schwaar J (1990) Natur und Vergangenheit – Bremen und sein Umland in den letzten 12000 Jahren. Abhandlungen des Naturwissenschaftlichen Vereins zu Bremen 41(2): 49–86

Schwaar J, Brandt KH (1984) Pflanzenfunde aus einer vorgeschichtlichen Siedlung in Bremen-Rekum. Abhandlungen des Naturwissenschaftlichen Vereins zu Bremen 40: 171–194

Schwaar J, Brandt KH (2006) Pollenanalytische Ergebnisse aus dem Bereich eines mesolithischen Fundplatzes in Bremen-Horn/Lehe – Veränderten Jäger und Sammler schon die Vegetation? Abhandlungen des Naturwissenschaftlichen Vereins zu Bremen 46: 9–26

Shennan I, Lambeck K, Flather R, Horton B, McArthur J, Innes J, Lloyd J, Rutherford M, Wingfield R (2000) Modelling western North Sea palaeogeographies and tidal changes during the Holocene. In: Shennan I, Andrews J (eds) Holocene Land-Ocean Interaction and Environmental Change around the North Sea. Special Publications 166(1). Geological Society, London, 299–319

Sindowski KH (1965) Das Watt – Holozän der Oxstedt-Berenscher Rinne am Westrand der Altenwalder Geest südlich Cuxhaven. Zeitschrift der Deutschen Geologischen Gesellschaft 115: 167–176

Stürtz E, Waller K (1935) Die Fallward. Ergebnisse einer Ausgrabung auf einer Wurt im Lande Wursten. Mannus 27: 223–238

Todtmann EM (1933) Ergebnisse einer Eembohrung südlich von Husum. Mitteilungen aus dem Mineralogisch-Geologischen Staatsinstitut in Hamburg 14: 89–104

Vermeer-Louman GG (1934) Hoofdstuk II: Doggerbank-Veen. In: Pollen-analytisch onderzoek van den west-nederlandschen bodem. Proefschrift, Universiteit van Amsterdam. De Westertoren, Amsterdam, 43–58

von de Brelie G (1955) Die Küstentorfe Ostfrieslands und ihre marine Beeinflussung. Neues Jahrbuch für Geologie und Paläontologie 4/5: 201–217

Vos M (2001) Ein pollenanalytischer Beitrag zur Vegetations- und Landschaftsgeschichte der Jader Marsch, Kreis Wesermarsch. Staatsexamensarbeit, Universität Göttingen

Wagner K, Enters D, Schlütz F, Blume K, Hüser A (2019) Interdisziplinäre Untersuchungen einer potentiellen Pingo-Ruine bei Nüttermoor (Ostfriesland). Nachrichten des Marschenrats zur Förderung der Forschung im Küstengebiet der Nordsee 56: 30–38

Weber CA (1898) Untersuchung der Moor- und einiger anderen Schichtproben aus dem Bohrloche des Bremer Schlachthofes. Abhandlungen des Naturwissenschaftlichen Vereins zu Bremen 14(3): 475–482

Wendt I, Schneekloth H, Budde E (1963) Hannover Radiocarbon Measurements I. Niedersächsisches Landesamt für Bodenforschung, Hannover, Radiocarbon 4: 100–108

Werth E (1937) Weitere Untersuchungen an prähistorischen Kulturpflanzen. Bericht der Deutschen Botanischen Gesellschaft 55: 622–630

Werth E, Baas J (1934) Wie alt sind Viehzucht und Getreidebau in Deutschland? Natur und Volk 64(12): 495–505

Werth E, Baas J (1936) Pollenanalytische Untersuchungen zur Vegetations- und Kulturgeschichte im deutschen Küsten-Bereich der Ostsee und Nordsee. Abhandlungen der Senckenbergischen Naturforschenden Gesellschaft 434: 1–41

Whitehead H (1920) More about "moorlog" a peaty deposit from the Dogger Bank in the North Sea. The Essex Naturalist 19: 242–250

Wiermann R (1962) Botanisch-moorkundliche Untersuchungen in Nordfriesland. Meyniana 12: 97–146

Wiermann R (1965) Moorkundliche und vegetationsgeschichtliche Betrachtungen zum Außendeichsmoor bei Sehstedt (Jadebusen). Berichte der Deutschen Botanischen Gesellschaft 78(7): 269–278

Wiermann R (1966) C-14-Daten zur Moor- und Marschengeschichte bei Bordelum (Nordfriesland). Flora 156(B): 237–251

Wildvang D (1933) Versuch einer stratigraphischen Eingliederung der ostfriesischen Marschmoore ins Alluvialprofil und die sich dabei ergebenden Folgerungen in Bezug auf Bodenschwankungen. Jahrbuch der Preußischen Geologischen Landesanstalt zu Berlin 54: 642–685

Wildvang D (1935) Ein wichtiges Argument für die zeitweilige Unterbrechung der Küstensenkung durch eine Hebung. Abhandlungen des Naturwissenschaftlichen Vereins zu Bremen 29(3): 238–244

Wildvang D (1935) Das Profil von Uttum und seine Bedeutung für die geschichtliche Entwicklung des ostfriesischen Marschalluviums. Abhandlungen des Naturwissenschaftlichen Vereins zu Bremen 29(3): 252–280

Wildvang D (1936) Der tiefere Untergrund der Ostfriesischen Nordseeinseln. Veröffentlichungen der Naturforschenden Gesellschaft in Emden 104: 1–56

Wildvang D (1937) Die Pollenanalyse im Dienste der Marschenforschung. Die Kunde 5(5): 80–90

Wildvang D (1938) Die Geologie Ostfrieslands. Abhandlungen der Preußischen Geologischen Landesanstalt NF 181: 3–211

Wildvang D (1939) Zur Geologie des unteren Ledatales. Abhandlungen des Naturwissenschaftlichen Vereins zu Bremen 31(2): 286–306

Wildvang D (1941) Zur Geologie des unteren Emsgebietes mit besonderer Berücksichtigung des Stadtkreises Emden. Archiv für Landes- und Volkskunde von Niedersachsen 1941(5): 5–51

Wolters S (2009) Neue Daten zur Vegetationsgeschichte der südlichen Nordsee. Pollenanalytische Untersuchungen an in-situ Torflagern und Torfgeröllen. Nachrichten des Marschenrats zur Förderung der Forschung im Küstengebiet der Nordsee 45: 53–57

Wolters S (2012) Pollenanalytische und archäobotanische Untersuchungen am mittelalterlichen Kirchhügel in Ellens. In: Haiduck H, Eine untergegangene Kirche am Jadebusen. Kataloge und Schriften des Schlossmuseums Jever 29. Risius, Weener, 165–176

Wolters S (2023) Der Pingo von Esens-Nordorf – eine vegetationsgeschichtliche Voruntersuchung. Nachrichten des Marschenrates zur Förderung der Forschung im Küstengebiet der Nordsee 60: 69–75

Wolters S, Zeiler M, Bungenstock F (2010) Early Holocene environmental history of sunken landscapes: Pollen, plant macrofossil and geochemical analyses from the Borkum Riffgrund, southern North Sea. International Journal of Earth Sciences 99: 1707–1719

Wolters S, Segschneider M (2019) Silvae submersae – Bäume im Wattenmeer bei Hallig Gröde, Nordfriesland. Nachrichten des Marschenrats zur Förderung der Forschung im Küstengebiet der Nordsee 56: 55–62

Wolters S, Segschneider M, Schlütz F (2017) Verwurzelt im Watt – Eine archäologisch, vegetationsgeschichtliche Untersuchung des Waldrestes südöstlich der Hallig Gröde. Archäologische Nachrichten aus Schleswig-Holstein 22: 48–53

Zagwijn WH, Veenstra HJ (1966) A pollen-analytical study of cores from the Outer Silver Pit, North Sea. Marine Geology 4: 539–551

Prignitz, Wendland, Altmark, Lüneburger Heide (Kapitel 59)

Averdieck FR (1978) Zu den eeminterglazialen Ablagerungen von Mienenbüttel. Mitteilungen der Geographischen Gesellschaft in Hamburg 68: 109–111

Becker K (1995) Paläoökologische Untersuchungen in Kleinmooren zur Vegetations- und Siedlungsgeschichte der zentralen Lüneburger Heide. Dissertation, Universität Hannover

Becker K, Urban B (2006) Jungholozäne Umweltentwicklung und Landnutzungsgeschichte im Hardautal, Ldkr. Uelzen (südliche Lüneburger Heide). Telma 36: 11–38

Beug HJ (2011) Changes of the vegetation during the Slavic period, shown by a high resolution pollen diagram from the Maujahn peat bog near Dannenberg, Hanover Wendland, Germany. Vegetation History and Archaeobotany 20: 199–206

Beug HJ, Jahns S, Christiansen J (2013) Beiträge zur Vegetationsgeschichte der Mittelelberegion unter besonderer Berücksichtigung des slawenzeitlichen Mittelalters. In: Willroth KH, Beug HJ, Lüth F, Schopper F, Messal S, Schneeweiß J (eds) Slawen an der unteren Mittelelbe. Frühmittelalterliche Archäologie zwischen Ostsee und Mittelmeer 4. Reichert, Wiesbaden, 19–28

Borngässer E (1941) Das Große Moor bei Deimern, ein Hochmoor in der Lüneburger Heide. Beihefte zum Botanischen Centralblatt 61/B(1/2): 33–71

Brande A (2008) Moorentwicklung in Lehmgruben der Elbaue bei Jerichow (Sachsen-Anhalt). Telma 38: 27–54

Brüggemann H (1966) Geologische Untersuchungen im Seewiesengebiet bei Bodenteich und in der näheren Umgebung. Diplomarbeit, Universität Hannover

Burkart M, Küster H, Schelski A, Pötsch J (1998) A historical and plant sociological appraisal of floodplain meadows in the lower Havel valley, northeast Germany. Phytocoenologia 28: 85–103

Christiansen J (2008) Vegetationsgeschichtliche Untersuchungen in der westlichen Prignitz, dem östlichen Hannoverschen Wendland und der nördlichen Altmark. Dissertation, Universität Göttingen

Christiansen J (2019) Palynologische Untersuchungen zur Vegetations- und Siedlungsgeschichte im Bereich des Arendsees und zum Alter seiner Sedimente. In: Leineweber R (ed) Antiquum Arnesse – Interdisziplinäre Forschungen zur Geschichte des Arendsees (2003–2011). Archäologie in Sachsen-Anhalt Sonderband 31. Landesamt für Denkmalpflege und Archäologie Sachsen-Anhalt, Halle (Saale), 33–38

Christiansen J, Jahns S (2012) Paläoökologische Untersuchungen über die Entwicklung der Pflanzendecke zur Slawenzeit – ein Beitrag zu den Beziehungen zwischen Umwelt und Besiedlung in der westlichen Peripherie des slawischen Siedlungsraumes. In: Biermann F, Kersting T, Klammt A, Westfalen T (eds) Transformationen und Umbrüche des 12./13. Jahrhunderts. Beiträge zur Ur- und Frühgeschichte Mitteleuropas 64. Beier & Beran, Langenweißbach, 191–196

Demnick D, Diers S, Bork HR, Fritsch B, Müller J (2011) Das Großsteingrab Lüdelsen 3 in der westlichen Altmark – Vorbericht zur Ausgrabung 2007 und zum Pollenprofil vom Beetzendorfer Bruch. Jahresschrift für mitteldeutsche Vorgeschichte 92: 231–308

Diers S (2014) Mensch-Umweltbeziehungen zwischen 4000–2200 BC: Vegetationsgeschichtliche Untersuchungen an Mooren und trichterbecherzeitlichen Fundplätzen der Altmark. Dissertation, Universität Kiel

Diers S (2018) Mensch-Umweltbeziehungen zwischen 4000–2200 BC: Vegetationsgeschichtliche Untersuchungen an Mooren und trichterbecherzeitlichen Fundplätzen der Altmark. Frühe Monumentalität und Differenzierung 15. Rudolf Habelt, Bonn

Diers S, Fritsch B (2019) Changing environments in a megalithic landscape: The Altmark case. In: Müller J, Hinz M, Wunderlich M (eds) Megaliths – Societies – Landscapes. Early Monumentality and Social Differentiation in Neolithic Europe 2. Frühe Monumentalität und Differenzierung 18. Rudolf Habelt, Bonn, 719–752

Diers S, Demnick D, Fritsch B, Müller J (2009) Megalithlandschaft Altmark – ein neues Projekt zu Großsteingräbern und Siedlungsmustern in der Altmark. In: Beier HJ, Claßen E, Doppler T, Ramminger B (eds) Neolithische Monumente und neolithische Gesellschaften. Beiträge der Sitzung der Arbeitsgemeinschaft Neolithikum während der Jahrestagung des Norddeutschen Verbandes für Altertumsforschung e.V. in Schleswig 9.–10. Oktober 2007. Beiträge zur Ur- und Frühgeschichte Mitteleuropas 56. Beier & Beran, Langenweißbach, 65–71

Diers S, Jansen D, Alsleben A, Dörfler W, Müller J, Mischka D (2014) The Western Altmark versus Flintbek – Palaeoecological research on two megalithic regions. Journal of Archaeological Science 41: 185–198

Engmann KF (1937) Pollenanalytische Untersuchungen fossiler Böden im Flugsandgebiet von Leussow. Mitteilungen aus der Mecklenburgischen Geologischen Landesanstalt NF 10(45): 1–24

Firbas F (1952) Das nordwestdeutsche Altmoränengebiet. In: Spät- und nacheiszeitliche Waldgeschichte Mitteleuropas nördlich der Alpen. Zweiter Band: Waldgeschichte der einzelnen Landschaften. Gustav Fischer, Jena, 144–173

Firbas F (1952) Das märkische Gebiet außerhalb der baltischen Endmoräne. In: Spät- und nacheiszeitliche Waldgeschichte Mitteleuropas nördlich der Alpen. Zweiter Band: Waldgeschichte der einzelnen Landschaften. Gustav Fischer, Jena, 192–201

Frenzel H, Grahmann R (1932) Beiträge zur Kenntnis des norddeutschen Paläolithikums und Mesolithikums. Mannus-Bibliothek 52: 64–68

Fritsch B, Diers S (2019) Spätneolithikum in der Altmark. In: Leineweber R (ed) Antiquum Arnesse – Interdisziplinäre Forschungen zur Geschichte des Arendsees (2003–2011). Archäologie in Sachsen-Anhalt Sonderband 31. Landesamt für Denkmalpflege und Archäologie Sachsen-Anhalt, Halle (Saale), 113–121

Gehl O (1952) Die Hochmoore Mecklenburgs: nebst einem Beitrag zur Waldgeschichte des Küstenraumes zwischen Elbe und Oder. Geologie Zeitschrift für das Gesamtgebiet der Geologie und Mineralogie sowie der angewandten Geophysik 2: 1–99

Gildenstern IV, Turner F (2011) 11 000 Jahre Vegetationsentwicklung in der südlichen Lüneburger Heide – Mit einem Beitrag zur spät- und nacheiszeitlichen Geschichte der Isoëtes-Arten in Norddeutschland. Berichte der Naturhistorischen Gesellschaft Hannover 153: 97–116

Hein L (1931) Beiträge zur postglazialen Waldgeschichte Norddeutschlands. Pollenanalysen aus märkischen Mooren. Verhandlungen des Botanischen Vereins der Provinz Brandenburg 73: 5–83

Hellmund M (2009) Pollenanalysen an Sedimenten des neolithischen Fischzauns vom Arendsee, Altmarkkreis Salzwedel. Nachrichtenblatt Arbeitskreis Unterwasserarchäologie 15: 28–36

Hellmund M (2019) Vegetationsgeschichtliche und archäobotanische Befunde vom spätneolithischen Fischzaun des Arendsees, Altmarkkreis Salzwedel. In: Leineweber R (ed) Antiquum Arnesse – Interdisziplinäre Forschungen zur Geschichte des Arendsees (2003–2011). Archäologie in Sachsen-Anhalt Sonderband 31. Landesamt für Denkmalpflege und Archäologie Sachsen-Anhalt, Halle (Saale), 71–90

Hesmer H (1932) Nachweis des natürlichen Vorkommens der Fichte in der südlichen Lüneburger Heide. Forstarchiv 8(1/2): 39–45

Jahns S (2007) Palynological investigations into the Late Pleistocene and Holocene history of vegetation and settlement at the Löddigsee, Mecklenburg, Germany. Vegetation History and Archaeobotany 16: 157–169

Jahns S (2008) Die Reflektion der Besiedlung im späten Neolithikum in Pollendiagrammen aus dem Löddigsee bei Parchim, Mecklenburg, und aus dem östlichen Brandenburg. In: Dörfler W, Müller J (eds) Umwelt – Wirtschaft – Siedlung im dritten vorchristlichen Jahrtausend Mitteleuropas und Südskandinaviens. Offa-Bücher 84. Wachholtz, Neumünster, 211–217

Jahns S (2012) Eine pollenanalytische Untersuchung zur Umwelt der jungslawischen Inselsiedlung im Löddigsee bei Parchim, Mecklenburg. In: Paddenberg D (ed) Die Funde der jungslawischen Feuchtbodensiedlung von Parchim-Löddigsee, Kreis Parchim, Mecklenburg-Vorpommern. Frühmittelalterliche Archäologie zwischen Ostsee und Mittelmeer 3. Reichert, Wiesbaden, 387–390

Jahns S (2015) Offenland – Pollenanalytische Untersuchungen an bronzezeitlichen Ablagerungen nahe dem Königsgrab Seddin, Landkreis Prignitz. Archäologie in Berlin und Brandenburg 2013: 63–65

Jahns S (2018) Pollenanalytische Untersuchungen zur Bronzezeit am Bergsoll bei Helle, Landkreis Prignitz. Arbeitsberichte zur Bodendenkmalpflege in Brandenburg 33: 85–90

Jahns S (2023) Frühmittelalterliches Erlensterben in Brandenburg – ein überregionales Ereignis. Archäologie in Berlin und Brandenburg 2021: 28–32

Jahns S, Beug HJ, Christiansen J, Kirleis W, Sirocko F (2013) Pollenanalytische Untersuchungen am Rudower See und Rambower Moor zur holozänen Vegetations- und Siedlungsgeschichte in der westlichen Prignitz, Brandenburg. In: Heske I, Nüsse HJ, Schneeweiß J (eds) Landschaft, Besiedlung und Siedlung. Archäologische Studien im nordeuropäischen Kontext. Festschrift für Karl-Heinz Willroth zu seinem 65. Geburtstag. Göttinger Schriften zur Vor- und Frühgeschichte 33. Wachholtz, Neumünster, 277–293

Jahns S, Kennecke H, Knipping M, Christiansen J (2015) Die Umwelt der slawischen Burg Lenzen – pollenanalytische Untersuchungen an den Siedlungsschichten der Burg und am Rudower See. In: Kennecke H (ed) Burg Lenzen. Eine frühgeschichtliche Befestigung am westlichen Rand der slawischen Welt. Materialien zur Archäologie in Brandenburg 9. Marie Leidorf, Rahden/Westfalen, 183–190

Jeschke L, Lange E (2006) Ein Beitrag zur jüngeren Waldgeschichte der Perleberger Heide. Veröffentlichungen zur brandenburgischen Landesarchäologie 38: 247–258

Kirleis W (2003) Vegetationsgeschichtliche und archäobotanische Untersuchungen zur Landwirtschaft und Umwelt im Bereich der prähistorischen Siedlungen bei Rullstorf, Landkreis Lüneburg. Probleme der Küstenforschung im südlichen Nordseegebiet 28: 65–132

Kirleis W (2009) Ein Geschichtsbuch der besonderen Art. Vegetationsgeschichtliche Untersuchungen zu spätholozänen Veränderungen im Rambower Moor In: Das Rambower Moor. Beiträge aus dem Biosphärenreservat Flusslandschaft Elbe-Brandenburg 9: 39–44

Kloss K (2002) Ergebnisse der Moorbohrungen und pollenanalytischen Testuntersuchungen in der Umgebung der neolithischen Siedlung an Elde und Löddigsee bei Parchim. In: Becker D, Benecke N (eds) Die neolithische Inselsiedlung am Löddigsee bei Parchim, archäologische und archäozoologische Untersuchungen. Beiträge zu Ur- und Frühgeschichte Mecklenburg-Vorpommerns 40. Archäologisches Landesmuseum und Landesamt für Bodendenkmalpflege Mecklenburg-Vorpommern, Lübstorf, 45–46

Kučan D (1985) Ältereisenzeitliche Kulturpflanzenreste aus der Siedlung Hamburg-Langenbek. Probleme der Küstenforschung im südlichen Nordseegebiet 16: 87–97

Kubitzki K (1961) Zur Synchronisierung der nordwesteuropäischen Pollendiagramme (mit Beiträgen zur Waldgeschichte Nordwestdeutschlands). Flora 150(1): 43–72

Kubitzki K, Münnich KO (1960) Neue ^{14}C-Datierungen zur nacheiszeitlichen Waldgeschichte Nordwestdeutschlands. Berichte der Deutschen Botanischen Gesellschaft 73: 137–146

Küster H, Pötsch J (1998) Ökosystemwandel in Flußlandschaften Norddeutschlands. Berichte der Reinhold-Tüxen-Gesellschaft 10: 61–71

Lange E (1986) Vegetationsentwicklung im NSG „Fenn im Wittenmoor" und in dessen Umgebung. Archiv für Naturschutz und Landschaftsforschung 26(4): 243–252

Lange E, Succow M (1985) Zur Entwicklungs- und Vegetationsgeschichte des Moores Düstere Lake bei Havelberg. Gleditschia 13(1): 183–191

Lesemann B (1969) Pollenanalytische Untersuchungen zur Vegetationsgeschichte des Hannoverschen Wendlandes. Flora 158(B): 480–519

Lübars HJ (1958) Ein Beitrag zur Waldentwicklungsgeschichte der nordöstlichen Colbitz-Letzlinger Heide. Diplomarbeit, Humboldt-Universität Berlin

Meier B, Firbas F (1964) Pollenanalytische Untersuchungen an einer Probegrabung bei Rebenstorf (Kreis Lüchow-Dannenberg). Nachrichten aus Niedersachsens Urgeschichte 33: 55–59

Mathews A (1997) Pollenanalytische und pflanzensoziologische Untersuchungen in der Flußauenlandschaft der mittleren Elbe. Dissertation, Universität Hannover

Mathews A (1997) Spät- und postglaziale Gewässerentwicklung im Elbe-Havel-Winkel am Beispiel eines palynologisch bearbeiteten Profils aus dem Scholler Land. Naturkundliche Berichte 6/7: 3–6

Mathews A (2000) Palynologische Untersuchungen zur Vegetationsentwicklung im Mittelelbegebiet. Telma 30: 9–42

Müller HM (1962) Pollenanalytische Untersuchungen im Bereich des Meßtischblattes Thurow/Südostmecklenburg. Dissertation, Universität Halle

Müller HM (1970) Die spätglaziale Vegetationsentwicklung in der DDR. In: Jäger KD (ed) Probleme der weichsel-spätglazialen Vegetationsentwicklung in Mittel- und Nordeuropa. Voraussetzungen, Vorträge, Diskussionen und Ergebnisse einer internationalen pollenanalytischen Arbeitstagung in Frankfurt/Oder (DDR) 28.–29. März 1969. Deutsche Akademie der Wissenschaften, Berlin, 81–109

Overbeck F (1947) Studien zur Hochmoorentwicklung in Niedersachsen und die Bestimmung der Humifizierung bei stratigraphisch-pollenanalytischen Mooruntersuchungen. Planta 35(1/2): 1–56

Overbeck F (1950) Die Moore Niedersachsens. 2. Auflage. Geologie und Lagerstätten Niedersachsens 3. Walter Dorn, Bremen-Horn

Overbeck F (1952) Das große Moor bei Gifhorn im Wechsel hygroklimer und xerokliner Phasen der nordwestdeutschen Hochmoorentwicklung. Veröffentlichungen des Niedersächsischen Amtes für Landesplanung und Statistik 41. Walter Dorn, Bremen-Horn

Overbeck F, Münnich KO, Aletsee L, Averdieck FR (1957) Das Alter des „Grenzhorizontes" norddeutscher Hochmoore nach Radiokarbon-Datierungen. Flora 145: 37–71

Overbeck F, Schneider S (1938) Mooruntersuchungen bei Lüneburg und bei Bremen und die Reliktnatur von Betula nana L. in Nordwestdeutschland. Zeitschrift für Botanik 33: 1–54

Overbeck F, Schneider S (1940) Torfzersetzung und Grenzhorizont, ein Beitrag zur Frage der Hochmoorentwicklung in Niedersachsen. Angewandte Botanik 22(5): 321–379

Paddenberg D, Jahns S (2007) Parchim-Löddigsee – Siedlungs- und Umweltgeschichte einer slawischen Fernhandelssiedlung. In: Biermann F, Kersting T (eds) Siedlung, Kommunikation und Wirtschaft im westslawischen Raum. Beiträge zur Ur- und Frühgeschichte Mitteleuropas 46. Beier & Beran, Langenweißbach, 267–282

Peters M (1989) Vegetationskundliche und pollenanalytische Untersuchungen im Bornriethmoor (südliche Lüneburger Heide). Diplomarbeit, Institut für Geographie der Universität Hannover

Plum G (1952) Zur Frage klimatisch bedingter Feuchtigkeitsschwankungen und des davon abhängigen Wechsels in der Vegetation. Stratigraphisch-pollenanalytisch-kolorimetrische Untersuchungen einiger niedersächsischer Hochmoore. Dissertation, Universität Bonn

Pretzsch K (1998) Der Bodenteich (Lüneburger Heide) und der Westerhöfer Teich (Niedersächsisches Bergland) – Untersuchungen in holozänen Senken. Telma 28: 75–93

Riecke F, Brande A (1993) Zur Wiedereinbürgerung der Rotbuche in die Colbitz-Letzlinger Heide. Der Wald 43: 184–188

Scharf B, Röhrig R, Kanzler-Semkat S, Beug HJ, Büttner O, Christiansen J, Fieker J, Schindler HH, Schindler HM (2019) Der Arendsee – entstanden durch Subrosion. In: Leineweber R (ed) Antiquum Arnesse – Interdisziplinäre Forschungen zur Geschichte des Arendsees (2003–2011). Archäologie in Sachsen-Anhalt Sonderband 31. Landesamt für Denkmalpflege und Archäologie Sachsen-Anhalt, Halle (Saale), 23–32

Schelski A (1997) Untersuchungen zur holozänen Vegetationsgeschichte an der unteren Havel. Dissertation, Universität Potsdam

Schmitz H (1962) Zur Geschichte der Waldhochmoore Südost-Holsteins. Veröffentlichungen des Geobotanischen Instituts der Eidgenössischen Technischen Hochschule Stiftung Rübel in Zürich 37: 207–222

Schneekloth H (1965) Die Rekurrenzfläche im Großen Moor bei Gifhorn – eine zeitgleiche Bildung? Geologisches Jahrbuch 83: 477–496

Schwaar J (1988) Nacheiszeitliche Waldentwicklung in der Lüneburger Heide. Jahrbuch des Naturwissenschaftlichen Vereins für das Fürstentum Lüneburg 38: 25–46

Selle W (1936) Die nacheiszeitliche Wald- und Moorentwicklung im südöstlichen Randgebiet der Lüneburger Heide. Jahrbuch der Preußischen Geologischen Landesanstalt zu Berlin 56: 371–421

Selle W (1939) Ergänzung zur nacheiszeitlichen Wald- und Moorentwicklung im südöstlichen Randgebiet der Lüneburger Heide. Pollenanalyse eines kleinen Moores bei Grussendorf. Jahrbuch der Preußischen Geologischen Landesanstalt zu Berlin 59: 272–288

Selle W (1940) Die Pollenanalyse von Ortstein-Bleichsandschichten. Beihefte zum Botanischen Centralblatt 60/B(3): 525–549

Selle W (1941) Der Bestockungsanteil der Buche, Hainbuche, Eiche und Birke in Nordwestdeutschland auf Grund von pollenanalytischen Untersuchungen. Zeitschrift für Forst- und Jagdwesen 73(3): 65–108

Selle W (1953) Gesetzmäßigkeiten im pleistozänen und holozänen Klimaablauf. Abhandlungen des naturwissenschaftlichen Vereins zu Bremen 33: 259–290

Selle W (1962) Beitrag zur Vegetationsgeschichte des Weichselspätglazials und des Postglazials im südlichen Randgebiet der Lüneburger Heide. Berichte der Naturhistorischen Gesellschaft Hannover 106: 41–47

Tolksdorf JF, Turner F, Kaiser K, Eckmeier E, Bittmann F, Veil S (2014) Lateglacial/early Holocene fluvial reactions of the Jeetzel river (Elbe valley). Zeitschrift für Geomorphologie NF 58: 211–232

Turner F, Tolksdorf JF, Viehberg F, Schwalb A, Kaiser K, Bittmann F, von Bramann U, Pott R, Staesche U, Breest K, Veil S (2013) Lateglacial/early Holocene fluvial reactions of the Jeetzel river (Elbe valley, northern Germany) to abrupt climatic and environmental changes. Quaternary Sciences Reviews 60: 91–109

Turner F, Pott R, Schwarz A, Schwalb A (2014) Response of Pediastrum in German floodplain lakes to Late Glacial climate changes. Journal of Paleolimnology 52: 293–310

Werth E, Baas J (1936) Pollenanalytische Untersuchungen einiger Trockentorfe verschiedener Waldböden Nord- und Mitteldeutschlands. Planta 25(3): 315–345

Wiethold J (1995) Ein Blick auf den Speisezettel Lüneburger Patrizierfamilien im 16. und 17. Jahrhundert – Archäobotanische Untersuchungen in Lüneburg. Mitteilungen des Arbeitskreises Lüneburger Altstadt e.V. 11:65–74

Wiethold J (2000) Der archäologische Nachweis von Gewürzen im frühneuzeitlichen Lüneburg. Denkmalpflege in Lüneburg 2000: 29–36

Wiermann R (1969) Einige neue Aspekte zur Frage nach dem natürlichen Vorkommen der Fichte im norddeutschen Flachland. Abhandlungen des Landesmuseums für Naturkunde Münster 31: 11–16

Zerbe S, Brande A, Kähler B (2004) Vegetationsökologische Untersuchungen als Grundlage für die zukünftige Entwicklung anthropogener Laubholzbestände. Das Beispiel des Colbitzer Lindenwaldes (Sachsen-Anhalt). Naturschutz und Landschaftsplanung 36(12): 357–362

Zickermann F (1996) Vegetationsgeschichtliche, moorstratigraphische und pflanzensoziologische Untersuchungen zur Entwicklung seltener Moorökosysteme in Nordwestdeutschland. Abhandlungen aus dem Westfälischen Museum für Naturkunde 58(1): 3–109

Westliches Jungmoränengebiet (Kapitel 60)

Aletsee L (1959) Zur Geschichte der Moore und Wälder des nördlichen Holsteins. Nova Acta Leopoldina NF 139(21): 5–51

Aletsee L (1967) Datierungsversuch der Moorleichenfunde von Dätgen 1959/60. Offa 24: 79–83

Averdieck FR (1965) Palynologische Betrachtungen zu einigen Bohrprofilen bei Alt-Lübeck. Offa 21/22: 280–283

Averdieck FR (1966) Palynologische Untersuchungen zu der Grabung in Damp, Kr. Eckernförde. Offa 23: 122–129

Averdieck FR (1971) Zur postglazialen Geschichte der Eibe (Taxus baccata L.) in Nordwestdeutschland. Flora 160: 28–42

Averdieck FR (1972) Die nacheiszeitliche Vegetations- und Besiedlungsgeschichte im Spiegel des Großen Plöner Sees. Jahrbuch für Heimatkunde im Kreis Plön 2: 38–39

Averdieck FR (1972) Palynologische Untersuchungen an Bohrkernen aus der Flensburger Außenförde (Ostsee). Meyniana 22: 1–4

Averdieck FR (1973) Der palynologische Befund. In: Hucke K, Bohlken H, Reichstein H, Averdieck FR (eds) Neue Funde vom mesolithischen Wohnplatz bei Marienbad, Kreis Ostholstein. Offa 30: 183–185

Averdieck FR (1974) Zur Vegetations-, Siedlungs- und Seegeschichte. In: Hinz H (ed) Bosau – Untersuchung einer Siedlungskammer in Ostholstein 1. Wachholtz, Neumünster, 150–169

Averdieck FR (1975) Palynologischer Befund auf der Teltwisch. In: Tromnau G, Neue Ausgrabungen im Ahrensburger Tunneltal. Offa-Bücher 33. Wachholtz, Neumünster, 104–105

Averdieck FR (1978) Palynologischer Beitrag zur Entwicklungsgeschichte des Großen Plöner Sees und der Vegetation seiner Umgebung. Archiv für Hydrobiologie 83: 1–46

Averdieck FR (1978) Geobotanische Untersuchungen zur Siedlungsgrabung in Klein-Neudorf, Gemeinde Bosau, Kreis Ostholstein. Offa 35: 157–162

Averdieck FR (1979) Paläobotanische Untersuchungen am Litoral des Großen Plöner Sees. Archiv für Hydrobiologie 86: 161–180

Averdieck FR (1980) Botanische und palynologische Untersuchungen an einigen Torffunden in Eckernförde. Offa 37: 253–255

Averdieck FR (1980) Zur Vegetations- und Siedlungsgeschichte bei Bosau. In: Hinz H (ed) Bosau – Untersuchung einer Siedlungskammer in Ostholstein 4. Wachholz, Neumünster, 97–106

Averdieck FR (1980) Zum Stand der palynologischen Untersuchungen an Erdbauten in Schleswig-Holstein. Offa 37: 384–393

Averdieck FR (1981) Ein palynologischer Beitrag zur Grabung Duvensee, Wohnplatz 6, 1975. Kölner Jahrbuch für Vor- und Frühgeschichte 15: 189–190

Averdieck FR (1981) Botanischer Befund. In: Bokelmann K, Averdieck FR, Willkomm H (eds) Duvensee, Wohnplatz 8. Neue Aspekte zur Sammelwirtschaft im frühen Mesolithikum. Offa 38: 32–36

Averdieck FR (1981) Paläobotanische Untersuchungen an den Slawenburgen Scharstorf, Kreis Plön, und Warder, Kreis Segeberg. Offa 38: 323–331

Averdieck FR (1981) Paläobotanische Untersuchungen an Wallproben von Alt-Lübeck. Lübecker Schriften zu Archäologie und Kulturgeschichte 5: 103–111

Averdieck FR (1984) Palynologischer Beitrag zur Grabung im Burgwall Alt Lübeck 1981. Lübecker Schriften zu Archäologie und Kulturgeschichte 9: 41–44

Averdieck FR (1985) Botanische Ergebnisse. In: Bokelmann K, Averdieck FR, Willkomm H, Duvensee, Wohnplatz 13. Offa 42: 28–31

Averdieck FR (1985) Archäobotanische Untersuchungen zu den meso- und neolithischen Siedlungsschichten von Bistoft (LA 11). Offa 42: 347–364

Averdieck FR (1986) Pollenanalytische Untersuchungen zum Wohnplatz 13 aus dem Duvenseer Moor. Offa 43: 165–169

Averdieck FR (1987) Geobotanische Untersuchungen bei Bad Oldesloe. Berliner Geographische Studien 23: 19–54

Averdieck FR (1989) Botanische Bearbeitung von Proben der Grabungsplätze Heiligen-Geist-Hospital und Königstraße in Lübeck. Offa 46: 307–332

Averdieck FR (1990) Untersuchungen zur Geobotanik bei Bad Oldesloe. Meyniana 42: 115–122

Averdieck FR (2004) Zur Vegetations- und Siedlungsgeschichte von Starigard/Oldenburg. Ein palynologischer Beitrag zur Wall- und Siedlungsgrabung. In: Müller-Wille M (ed) Starigard/Oldenburg. Hauptburg der Slawen in Wagrien 5. Naturwissenschaftliche Beiträge. Veröffentlichungen des SFB 17. Offa-Bücher 82. Wachholtz, Neumünster, 95–127

Averdieck FR (2006) Palynologischer Beitrag zu den Grabungen Scharstorf und Warder. In: Röhrer-Ertl O, Averdieck FR, Beiträge zu den archäologischen Grabungen auf der Slawenburg von Scharstorf und der frühdeutschen Motte von Warder. Dr. Johanna Brandt-Gesellschaft e.V. Preetz, Gesellschaft für Archäologie und Regionalgeschichte e.V. Sventana, Schellhorn

Averdieck FR, du Saar A (1973) Pollen- und diatomeenanalytische Untersuchungen an jüngsten geschichteten Sedimenten aus dem Großen Plöner See (Schleswig-Holstein). Meyniana 23: 1–8

Averdieck FR, Eberle G, Willkomm H (1982) Der „Buchenwaldtorf" vom Dummersdorfer Ufer bei Lübeck-Travemünde. Abhandlungen des Naturwissenschaftlichen Vereins zu Bremen 39(3): 299–311

Averdieck FR, Erlenkeuser H, Willkomm H (1972) Altersbestimmungen an Sedimenten des Großen Segeberger Sees. Schriften des Naturwissenschaftlichen Vereins für Schleswig-Holstein 42: 47–57

Averdieck FR, Prange W (1975) Palynologische und tektonische Untersuchungen einer von Toteis gestörten Schichtfolge am Hochfelder See bei Bothkamp (Holstein). Meyniana 27: 1–13

Balke J (1973) Pollenanalytischer Befund bei dem mesolithischen Fundplatz im Dosenmoor, Kreis Rendsburg-Eckernförde. In: Hingst H, Arbeitsbericht für 1972. Offa 30: 223–227

Behre KE (1969) Untersuchungen des botanischen Materials der frühmittelalterlichen Siedlung Haithabu (Ausgrabung 1963–1964). In: Schietzel K (ed) Berichte über die Ausgrabungen in Haithabu. Bericht 2. Wachholtz, Neumünster, 7–55

Behre KE (1983) Ernährung und Umwelt der wikingerzeitlichen Siedlung Haithabu. Die Ergebnisse der Untersuchungen der Pflanzenreste. Die Ausgrabungen in Haithabu 8. Wachholtz, Neumünster

Beyle M (1928) Moorgeologischer Teil. In: Schwantes G, Nordisches Paläolithikum und Mesolithikum. Mitteilungen aus dem Museum für Völkerkunde in Hamburg 13. Festschrift zum fünfzigjährigen Bestehen des Hamburgischen Museums für Völkerkunde. Selbstverlag des Museums für Völkerkunde, Hamburg, 202–204

Beyle M (1940) Pflanzenreste aus der Grabung Haithabu. Offa 5: 77–82

Boehm-Hartmann H (1973) Zur Entwicklungsgeschichte des kleinen Ukleisees. Archiv für Hydrobiologie 71: 323–362

Briel M, Klooß S, Hartz S, Feeser I, Schmölcke U, Müller A (2018) „Glück im Unglück" – neue Ergebnisse von einem altbekannten mittelsteinzeitlichen Fundplatz am Rande des Satrupholmer Moores in Satrup, Kreis Schleswig-Flensburg. Archäologische Nachrichten Schleswig-Holstein 23: 18–29

Brozio JP, Dörfler W, Feeser I, Kirleis W, Müller J (2014) A Middle Neolithic well from Northern Germany: A precise source to reconstruct water supply management, subsistence economy, and deposition practices. Journal of Archaeological Science 51: 135–153

Diers S, Jansen D, Alsleben A, Dörfler W, Müller J, Mischka D (2014) The Western Altmark versus Flintbek – palaeoecological research on two megalithic regions. Journal of Archaeological Science 41: 185–198

Dörfler W (1988) Pollenanalytische Untersuchung der Sedimentreste an der Harpune aus der Bondenau. In: Bokelmann K (ed) Eine Rengeweihharpune aus der Bondenau bei Bistoft, Kreis Schleswig-Flensburg. Offa 45: 8–10

Dörfler W (1992) Radiography of peat profiles: a fast method for detecting human impact on vegetation and soils. Vegetation History and Archaeobotany 1: 93–100

Dörfler W, Kroll H, Meier D, Willroth KH (1992) Von der Eisenzeit zum Mittelalter. Siedlungsforschung in Angeln und Schwansen. In: Müller-Wille M, Hoffman D (eds) Der Vergangenheit auf der Spur. Wachholtz, Neumünster, 111–139

Dörfler W (2001) Von der Parklandschaft zum Landschaftspark. Rekonstruktion der neolithischen Landschaft anhand von Pollenanalysen aus Schleswig-Holstein. In: Kelm R (ed) Zurück zur Steinzeitlandschaft: Archäobiologische und ökologische Forschung zur jungsteinzeitlichen Kulturlandschaft und ihrer Nutzung in Nordwestdeutschland. Albersdorfer Forschungen zur Archäologie und Umweltgeschichte 2. Boyens, Heide, 39–55

Dörfler W (2011) Pollenanalytische Untersuchungen zur Vegetations- und Siedlungsgeschichte im Einzugsbereich des Rugensee bei Schwerin. In: Schülke A (ed) Landschaften – Eine archäologische Untersuchung der Region zwischen Schweriner See und Stepenitz. Römisch-Germanische Forschungen 68. Philipp von Zabern, Darmstadt, Mainz, 315–335

Dörfler W, Feeser I, van den Bogaard C, Dreibrodt S, Erlenkeuser H, Kleinmann A, Merkt J, Wiethold J (2012) A high-quality annually laminated sequence from Lake Belau, Northern Germany: Revised chronology and its implications for palynological and tephrochronological studies. The Holocene 22: 1413–1426

Dreibrodt S, Krüger S, Weber J, Feeser I (2021) Limnological response to the Laacher See eruption (LSE) in an annually laminated Allerød sediment sequence from the Nahe palaeolake, northern Germany. Boreas 50: 167–183

Engmann KF (1939) Untersuchungen über Vegetation und Aufbau des Drispether Hochmoores und über den Ablauf der nacheiszeitlichen Waldgeschichte auf den jungdiluvialen Bodenflächen in Nordwestmecklenburg. Archiv der Freunde der Naturgeschichte in Mecklenburg 14: 109–122

Feeser I, van den Bogaard C, Dörfler W (2023) Palaeoecological investigations at the archaeological site Mang de Bargen, Bornhöved, Kreis Segeberg: New insights into local to over-regional land-use changes during the Bronze Age. In: Schaefer-Di Maida S (ed) Unter Hügeln. Bronzezeitliche Transformationsprozesse in Schleswig-Holstein am Beispiel des Fundplatzes von Mang de Bargen (Bornhöved, Kr. Segeberg). Scales of Transformation 16. Sidestone Press Academics, Leiden, 423–439

Feeser I, Dörfler W (2014) The glade effect: Vegetation openness and structure and their influences on arboreal pollen production and the reconstruction of anthropogenic forest opening. Anthropocene 8: 92–100

Feeser I, Dörfler W (2015) The early Neolithic in pollen diagrams from eastern Schleswig-Holstein and Western Mecklenburg – evidence for a 1000 year cultural adaptive cycle? In: Kabaciński J, Hartz S, Raemakkers D, Terberger T (eds) The Dąbki Site in Pomerania and the Neolithisation of the North-European Lowlands (c. 5000–3000 cal BC). Archäologie und Geschichte im Ostseeraum 8. Marie Leidorf, Rahden/Westfalen, 291–306

Feeser I, Dörfler W (2019) Palynologische Untersuchungen zum Bestattungsplatz Wangels LA 69. Journal of Neolithic Archaeology 21: 89–102

Feeser I, Dörfler W (2019) Land-use and environmental history at the Middle Neolithic settlement site Oldenburg-Dannau LA 77. Journal of Neolithic Archaeology 21: 157–208

Feeser I, Dörfler W, Averdieck FR, Wiethold J (2012) New insight into regional and local land-use and vegetation patterns in eastern Schleswig-Holstein during the Neolithic. In: Hinz M, Müller J (eds) Siedlung, Grabenwerk, Großsteingrab. Studien zu Gesellschaft, Wirtschaft und Umwelt der Trichterbechergruppen im nördlichen Mitteleuropa. Frühe Monumentalität und soziale Differenzierung 2. Rudolf Habelt, Bonn, 159–190

Feeser I, Furholt M (2014) Ritual and economic activity during the Neolithic in Schleswig-Holstein, northern Germany: An approach to combine archaeological and palynological evidence. Journal of Archaeological Science 51: 126–134

Feeser I, Schaefer-Di Maida S, Dreibrodt S, Kneisel J, Filipovic D (2022) Onsite to offsite: A multidisciplinary and multiscale consideration of the 13th to 11th century BCE transformation in northern Germany. In: Kirleis W, Filipovic D, Dal Corso M (eds) Millet and what else? The wider context of the adoption of millet cultivation in Europe. Scales of Transformation 14. Sidestone Press Academics, Leiden, 185–215

Firbas F (1952) Das schleswig-holsteinische Jungmoränengebiet. In: Spät- und nacheiszeitliche Waldgeschichte Mitteleuropas nördlich der Alpen. Zweiter Band: Waldgeschichte der einzelnen Landschaften. Gustav Fischer, Jena, 173–178

Gehl O (1952) Die Hochmoore Mecklenburgs: nebst einem Beitrag zur Waldgeschichte des Küstenraumes zwischen Elbe und Oder. Geologie Zeitschrift für das Gesamtgebiet der Geologie und Mineralogie sowie der angewandten Geophysik 2: 1–99

Glos R (1992) Kleinstmoore im Klosterforst Preetz und ihre Eignung für die Rekonstruktion der lokalen Vegetationsentwicklung. Diplomarbeit, Universität Kiel

Glos R (1998) Entwicklungs- und Vegetationsgeschichte im Bereich des Dosenmoores. In: Irmler U, Müller K, Eigner J (eds) Das Dosenmoor: Ökologie eines regenerierenden Hochmoores. Faunistisch-ökologische Arbeitsgemeinschaft, Kiel, 76–92

Groschopf P (1936) Die postglaziale Entwicklung des Großen Plöner Sees in Ostholstein auf Grund pollenanalytischer Sedimentuntersuchungen. Archiv für Hydrobiologie 30: 1–84

Groschopf P (1937) Diagenetische Beobachtungen an marinen postglazialen Sedimenten der Kieler Förde. Geologie der Meere und Binnengewässer 1: 279–290

Günther EW (1952) Fundumstände und die Geologie des Moores und seiner Umgebung. In: Günther EW, Nobis G, Raddatz K, Schütrumpf R (eds) Frühgeschichtliche Moorfunde von Barsbek (Kreis Plön). Meyniana 1: 33–37

Hartz S, Kalis AJ, Klassen L, Meurers-Balke J (2011) Neue Ausgrabungen zur Ertebøllekultur in Ostholstein und der Fund von vier stratifizierten durchlochten donauländischen Äxten. In: Meurers-Balke J, Schön W (eds) Vergangene Zeiten … Liber Amicorum. Gedenkschrift für Jürgen Hoika. Archäologische Berichte 22. Rudolf Habelt, Bonn, 25–61

Hirsch K, Hirsch P, Wiethold J (1996) Fundstelle Rastorf, Kreis Plön, LA 47. Untersuchung eines Ofens aus der Zeit um Christi Geburt in der Kiesgrube Hoheneichen. Archäologische Nachrichten Schleswig-Holstein 7: 94–120

Jakobsen O (2004) Die Grube-Wesseker Niederung (Oldenburger Graben, Ostholstein): Quartärgeologische und geoarchäologische Untersuchungen zur Landschaftsgeschichte vor dem Hintergrund des anhaltenden postglazialen Meeresspiegelanstiegs. Dissertation, Universität Kiel

Jankuhn H, Schütrumpf R (1952) Siedlungsgeschichte und Pollenanalyse in Angeln. Offa 10: 28–45

Jessen K (1938) Some West Baltic pollen diagrams. Quartär 1: 124–139

Kalis AJ, Merkt J, Wunderlich J (2003) Environmental changes during the Holocene climatic optimum in central Europe – Human impact and natural causes. Quaternary Science Reviews 22: 33–79

Kalis AJ, Meurers-Balke J (1998) Die „Landnam"-Modelle von Iversen und Troels-Smith zur Neolithisierung des westlichen Ostseegebietes – ein Versuch ihrer Aktualisierung. Praehistorische Zeitschrift 73(1): 1–24

Kalis AJ, Meurers-Balke J (2001) Zur Landnutzung der Trichterbecherkultur in der norddeutschen Jungmoränenlandschaft. In: Kelm R (ed) Zurück zur Steinzeitlandschaft: Archäobiologische und ökologische Forschung zur jungsteinzeitlichen Kulturlandschaft und ihrer Nutzung in Nordwestdeutschland. Albersdorfer Forschungen zur Archäologie und Umweltgeschichte 2. Boyens, Heide, 56–69

Kalis AJ, Meurers-Balke J (2005) Erle, Klima und Trichterbecherkultur in Ostholstein. In: Gronenborn D (ed) Klimaveränderung und Kulturwandel in neolithischen Gesellschaften Mitteleuropas 6700–2200 v. Chr. RGZM-Tagungen 1. Verlag des Römisch-Germanischen Zentralmuseums, Mainz, 203–208

Klooß R, Feeser I (2023) Vorbericht zur Ausgrabung zweier Megalithgräber LA 29 von Oeversee, Kreis Schleswig-Flensburg. Offa 78: 203–215

Klooß R, Fischer J, Feeser I (2023) Vorbericht zur Ausgrabung des neolithischen Fundplatzes Waabs LA 147, Kr. Rendsburg-Eckernförde. Offa 78: 193–202

Kolumbe E (1932) Pollenanalytische Untersuchungen der Schöneberger Strandmoore (Salzwiesen) in Holstein. Jahrbuch der Preußischen Geologischen Landesanstalt zu Berlin 53: 408–420

Kolumbe E (1934) Wald und Heide in Schleswig-Holstein. Botanisches Archiv 36: 269–300

Kolumbe E, Beyle M (1941) Pollenanalytische Untersuchungen. In: Möller H (ed) Das Satrupholmer Moor. Schriften zur schleswig-holsteinischen Landesforschung: Veröffentlichungen des Instituts für Volks- und Landesforschung an der Landesuniversität Kiel 2. Wachholtz, Neumünster, 11–14

Koppe F, Kolumbe E (1926) Über die rezente und subfossile Flora des Sandkatener Moores bei Plön: Erster Beitrag zur Kiefernfrage in Schleswig-Holstein. Berichte der Deutschen Botanischen Gesellschaft 44: 589–598

Krüger S (2020) Of birches, smoke and reindeer dung – Tracing human–environmental interactions palynologically in sediments from the Nahe palaeolake. Journal of Archaeological Science: Reports 32: 102370

Krüger S, Fischer Mortensen M, Dörfler W (2020) Sequence completed – Palynological investigations on Lateglacial/Early Holocene environmental changes recorded in sequentially laminated lacustrine sediments of the Nahe palaeolake in Schleswig-Holstein, Germany. Review of Palaeobotany and Palynology 280: 104271

Lange E (1976) Zur Entwicklung der natürlichen und anthropogenen Vegetation in frühgeschichtlicher Zeit. Teil 2: Naturnahe Vegetation. Feddes Repertorium 87: 367–442

Lütjens I, Wiethold J (1999) Vegetationsgeschichtliche und archäologische Untersuchungen zur Besiedlung des Bornhöveder Seengebietes im Neolithikum. Archäologische Nachrichten aus Schleswig-Holstein 9: 30–67

Menke B (1969) Vegetationskundliche und vegetationsgeschichtliche Untersuchungen an Strandwällen. Mitteilungen der Floristisch-soziologischen Arbeitsgemeinschaft NF 14: 95–120

Menke B (1995) Vegetations- und Bodenentwicklung im Bereich der celtic fields im Gehege Ausselbek bei Ülsby, Kreis Schleswig-Flensburg. Offa 52: 7–58

Meurers-Balke J (1978) Pollenanalytische Untersuchungen zu früh- und mittelneolithischen Moorfunden von Bistoft, Kreis Schleswig-Holstein. Kölner Jahrbuch für Vor- und Frühgeschichte 16: 35–40

Meurers-Balke J (1983) Siggeneben–Süd. Ein Fundplatz der frühen Trichterbecherkultur an der holsteinischen Ostseeküste. Stratigraphische und pollenanalytische Untersuchungen. Offa 50: 14–37

Meurers-Balke J (1985) Landschaft und Besiedlung, pollenanalytische Untersuchungen zur Geschichte der Habernisser Bucht in den letzten drei vorchristlichen Jahrtausenden. In: Meurers-Balke J, Arnold V, Hulthén B, Johnen N, Liermann R, Löffler R, Reichstein H, Strzoda U (eds) Neukirchen-Bostholm, Kreis Schleswig-Flensburg. Offa 42: 274–300

Meurers-Balke J, Kalis AJ (2011) Zur pollenanalytischen Datierung archäologischer Funde in ufernahen Sedimenten – zwei Beispiele zur Keramik der frühen Trichterbecher-Kultur aus Ostholstein. Bericht der Römisch-Germanischen Kommission 89: 27–45

Meurers-Balke J, Kalis AJ (2017) …40 Jahre her, doch nicht vergessen. Der Fundplatz Grube-Brücke aus der Fuchsberg-Stufe der Trichterbecherkultur. In: Rupp N, Beck C, Franke G, Wendt KP (eds) Winds of Change. Archaeological Contributions in Honour of Peter Breunig. Frankfurter Archäologische Schriften 35. Rudolf Habelt, Bonn, 73–86

Mischka D, Dörfler W, Grootes P, Heinrich D (2007) Die neolithische Feuchtbodensiedlung Bad Oldesloe-Wolkenwehe LA 154. Vorbericht zu den Untersuchungen 2006. Offa 61/62: 25–64

Müller-Wille M, Dörfler W, Meier D, Kroll H (1988) The transformation of rural society, economy and landscape during the first millennium AD: Archaeological and palaeobotanical contributions from northern Germany and southern Scandinavia. Geografiska Annaler 70B(1): 53–68

Overbeck F, Münnich KO, Aletsee L, Averdieck FR (1957) Das Alter des „Grenzhorizontes" norddeutscher Hochmoore nach Radiokarbon-Datierungen. Flora 145: 37–71

Rickert BH (2001) Untersuchungen zur Entwicklungsgeschichte und rezenten Vegetation ausgewählter Kleinstmoore im nördlichen Schleswig-Holstein. Mitteilungen der Arbeitsgemeinschaft Geobotanik in Schleswig-Holstein und Hamburg 60: 1–146

Rickert BH (2006) Kleinstmoore als Archive für räumlich hoch auflösende landschaftsgeschichtliche Untersuchungen. Fallstudien aus Schleswig-Holstein. EcoSys. Beiträge zur Ökosystemforschung 45: 1–173

Rickert BH (2007) Vegetationskundliche Interpretation botanischer Makroreste aus den ertebøllezeitlichen und frühneolithischen Fundschichten des Siedlungsplatzes Wangels LA 505. Schriften des naturwissenschaftlichen Vereins für Schleswig-Holstein 69: 15–28

Robin V, Rickert BH, Nadeau MJ, Nelle O (2012) Assessing Holocene vegetation and fire history by a multiproxy approach: The case of Stodthagen Forest (northern Germany). The Holocene 22(3): 337–346

Saad M (1970) Entwicklungsgeschichte des Schöhsees aufgrund mikroskopischer und chemischer Untersuchungen. Archiv für Hydrobiologie 67: 32–77

Sadovnik M (2012) Reconstruction of forest and land use history from the Neolithic to the present for the Westensee area, Schleswig-Holstein, Germany, using a multi-proxy approach. Dissertation, Universität Kiel

Sadovnik M, Bork HR, Nadeau MJ, Nelle O (2012) Can the period of Dolmens construction be seen in the pollen record? Pollen analytical investigations of Holocene settlement and vegetation history in the Westensee area, Schleswig-Holstein, Germany. In: Kluiving SJ, Guttmann-Bond E (eds) Landscape Archaeology between Art and Science. Amsterdam University Press, Amsterdam, 197–209

Sadovnik M, Robin V, Nadeau MJ, Bork HR, Nelle O (2014) Neolithic human impact on landscapes related to megalithic structures: Palaeoecological evidence from the Krähenberg, northern Germany. Journal of Archaeological Science 51: 164–173

Schmitz H (1951) Die Zeitstellung der Buchenausbreitung in Schleswig-Holstein. Forstwissenschaftliches Centralblatt 70: 193–203

Schmitz H (1952) Der pollenanalytische Nachweis der Besiedelung im Küstengebiet. Abhandlungen des Naturwissenschaftlichen Vereins zu Bremen 33: 57–66

Schmitz H (1952) Pollenanalytische Untersuchungen an der inneren Lübecker Bucht. Die Küste – Archiv für Forschung und Technik an der Nord- und Ostsee 1(2): 34–44

Schmitz H (1953) Die Waldgeschichte Ostholsteins und der zeitliche Verlauf der postglazialen Transgression an der holsteinischen Ostseeküste. Berichte der Deutschen Botanischen Gesellschaft 66: 151–166

Schmitz H (1954) Pollenanalytische Untersuchungen an Bohrergebnissen bei Heiligenhafen. Teilbericht 3/7. Wasser- und Schifffahrtsamt, Gewässerkundliche Unterstelle, Kiel

Schmitz H (1955) Die pollenanalytische Gliederung des Postglazials im nordwestdeutschen Flachland. Eiszeitalter und Gegenwart 6(1): 52–59

Schmitz H (1957) Zur Geschichte der Kornblume, Centaurea cyanus L., in Schleswig-Holstein. Mitteilungen aus dem Staatsinstitut für Allgemeine Botanik, Hamburg 11: 33–38

Schmitz H (1958) Auswertung einer pollenanalytischen Untersuchung aus dem Gehege Außelbek für die Siedlungsgeschichte. In: Jankuhn H (ed) Ackerfluren der Eisenzeit und ihre Bedeutung für die frühe Wirtschaftsgeschichte. 37.–38. Bericht der Römisch Germanischen Kommission 1956–1957: 206–214

Schmitz H (1962) Zur Geschichte der Waldhochmoore Südost-Holsteins. Veröffentlichungen des Geobotanischen Instituts der Eidgenössischen Technischen Hochschule Stiftung Rübel in Zürich 37: 207–222

Schmitz H (1968) Der pollenanalytische Nachweis menschlicher Eingriffe in die natürliche Vegetation in vor- und frühgeschichtlicher Zeit. In: Claus M, Haarnagel W, Raddatz K (eds) Studien zur europäischen Vor- und Frühgeschichte. Wachholtz, Neumünster, 409–412

Schneider S (1948) Bericht über moorbotanische Untersuchungen der Grabung Satrupholmer Moor 1947. Manuskript, Hannover

Schröder D (1935) Zur Waldentwicklung im Schleswiger Jungmoränengebiet. Abhandlungen des Naturwissenschaftlichen Vereins zu Bremen 29: 282–291

Schröder D (1937) Zur Waldentwicklung im Schleswiger Jungmoränengebiet II (Praeboreal). Jahrbuch der Moorkunde 24: 3–7

Schütrumpf R (1935) Pollenanalytische Untersuchungen der Magdalénien- und Lyngby-Kulturschichten der Grabung Stellmoor. Nachrichtenblatt für Deutsche Vorzeit 11(11): 231–238

Schütrumpf R (1936) Paläobotanisch- pollenanalytische Untersuchungen der paläolithischen Rentierjägerfundstätte von Meiendorf bei Hamburg. Veröffentlichungen des Archäologischen Reichsinstituts 1. Wachholtz, Neumünster

Schütrumpf R (1938) Die mesolithischen Kulturen vom Pinnberg in Holstein und ihre Stellung im Pollendiagramm. Offa 3: 10–17

Schütrumpf R (1943) Die pollenanalytische Untersuchung der Rentierjägerfundstätte Stellmoor in Holstein. In: Rust A (ed), Die alt- und mittelsteinzeitlichen Funde von Stellmoor. Wachholtz, Neumünster, 6–45

Schütrumpf R (1951) Die pollenanalytische Untersuchung eisenzeitlicher Funde aus dem Rüder Moor, Kreis Schleswig. Offa 9: 53–56

Schütrumpf R (1951) Die pollenanalytische Untersuchung der Verlandungsschichten des Wellsees bei Kiel – ein Beispiel für eine Anwendung der Pollenanalyse in der Praxis. Schriften des Naturwissenschaftlichen Vereins für Schleswig-Holstein 25: 131–137

Schütrumpf R (1952) Die pollenanalytische Horizontierung der Knochenfunde von Barsbek, Kreis Plön. In: Guenther EW, Nobis G, Raddatz K, Schütrumpf R (eds) Frühgeschichtliche Moorfunde von Barsbek (Kreis Plön). Meyniana 1: 38–43

Schütrumpf R (1954) Die empirische Buchenpollengrenze, eine neue Zeitmarke in ostholsteinischen Pollendiagrammen. Meyniana 2: 193–203

Schütrumpf R (1955) Das Spätglazial. Eiszeitalter und Gegenwart 6: 41–51

Schütrumpf R (1958) Die pollenanalytische Untersuchung der neuen Moorleichen aus dem Kreis Eckernförde. Praehistorische Zeitschrift 36: 156–166

Schütrumpf R (1958) Die Mooruntersuchungen bei Ausgrabungen am Pinnberg bei Ahrensburg in Holstein. In: Rust A (ed) Die Funde vom Pinneberg. Offa-Bücher 14. Wachholtz, Neumünster, 17–25

Schütrumpf R (1958) Die pollenanalytische Untersuchung an den altsteinzeitlichen Moorfundplätzen Borneck und Poggenwisch. In: Rust A (ed) Die jungpaläolithischen Zeltanlagen von Ahrensburg. Offa-Bücher 15. Wachholtz, Neumünster, 11–22

Schütrumpf R (1968) Die Datierung der beiden steinzeitlichen Moorfunde aus Schleswig-Holstein. In: Claus M, Haarnagel W, Raddatz K (eds) Studien zur europäischen Vor- und Frühgeschichte. Wachholtz, Neumünster, 22–27

Schütrumpf R (1972) Stratigraphische und pollenanalytische Ergebnisse der Ausgrabung des Ellerbek-zeitlichen Wohnplatzes Rosenhof (Ostholstein). Archäologisches Korrespondenzblatt 2: 9–16

Schütrumpf R (1981) Der pollenanalytische Nachweis einer „Schwimmenden Insel" und die Anzahl der Siedlungsphasen am mittelsteinzeitlichen Fundplatz Duvensee, Kreis Herzogtum Lauenburg/Schleswig-Holstein. Kölner Jahrbuch für Vor- und Frühgeschichte 15: 161–180

Schwabedissen H (1951) Eisenzeitliche Einbäume und Paddel aus dem Rüder Moor. Offa 9: 52–53

Schwabedissen H (1963) Der neolithische Fundplatz Fuchsberg im Satruper Moor. Praehistorische Zeitschrift 41: 202–204

Schwantes G, Gripp K, Beyle M (1925) Der frühmesolithische Wohnplatz von Duvensee. Praehistorische Zeitschrift 16: 173–177

Stolz C, Pidek I, Suchora M (2020) The quick death of a lake: Human impact on Lake Tresssee (N Germany) during the last 6000 years – an approach using pollen, Cladocera and sedimentology. Acta Paleobotanica 60: 156–180

Struve KW (1973) Hölzerne Scheibenräder aus einem Moor bei Alt-Bennebek, Kreis Schleswig. Offa 30: 205–218

Tapfer E (1940) Meeresgeschichte der Kieler und Lübecker Bucht im Postglazial. Geologie der Meere und Binnengewässer 4: 114–244

Tidelski F (1929) Untersuchungen über spät- und postglaziale Ablagerungen in Becken der kuppigen Grundmoränenlandschaft Schleswig-Holsteins. Archiv für Hydrobiologie 20: 345–398

Tidelski F (1938) Ein Moorleichenfund aus dem Ruchmoor, Gemarkung Damendorf, Kreis Eckernförde. Offa 3: 89–137

Tidelski F (1955) Landschaftsaufbau und Landschaftswandel des Moorseeraumes im südlichen Hinterlande Kiels. Mitteilungen der Arbeitsgemeinschaft für Floristik in Schleswig-Holstein und Hamburg 5: 291–323

Tidelski F (1960) Pollenanalytische Untersuchungen von voll-, spät- und postglazialen Ablagerungen aus dem Trentmoor und dem Brennacker (Kreis Plön). Schriften des Naturwissenschaftlichen Vereins für Schleswig-Holstein 30: 92–109

Usinger H (1975) Pollenanalytische und stratigraphische Untersuchungen an zwei Spätglazial-Vorkommen in Schleswig-Holstein. Mitteilungen der Arbeitsgemeinschaft Geobotanik in Schleswig-Holstein und Hamburg 25: 1–183

Usinger H (1978) Pollen- und großrestanalytische Untersuchungen zur Frage des Bölling-Interstadials und der spätglazialen Baumbirken-Einwanderung in Schleswig-Holstein. Schriften des Naturwissenschaftlichen Vereins für Schleswig-Holstein 48: 41–61

Usinger H (1981) Ein weit verbreiteter Hiatus in spätglazialen Seesedimenten: Mögliche Ursache für Fehlinterpretation von Pollendiagrammen und Hinweis auf klimatisch verursachte Seespiegelbewegungen. Quaternary Science Journal 21: 91–107

Usinger H (1981) Zur spät- und frühen postglazialen Vegetationsgeschichte der schleswig-holsteinischen Geest nach einem Pollen- und Pollendichtediagramm aus dem Esinger Moor. Pollen et Spores 23(3–4): 389–432

Usinger H (1981) Pollen- und Großrestanalysen an limnischem Spätglazial aus dem Scharnhagener Moor, Schleswig-Holstein. Schriften des Naturwissenschaftlichen Vereins für Schleswig-Holstein 51: 85–105

Usinger H, Wolf A (1982) Zur vegetations- und klimageschichtlichen Gliederung des Alleröds nach Untersuchungen im Blixmoor und Kubitzbergmoor (Schleswig-Holstein). Schriften des Naturwissenschaftlichen Vereins für Schleswig-Holstein 52: 29–45

Usinger H (2004) Vegetation and climate of the lowlands of northern Central Europe and adjacent areas around the Younger Dryas-Preboreal transition with special emphasis on the Preboreal oscillation. In: Terberger T, Eriksen BV (eds) Hunters in a Changing World. Environment and Archaeology of the Pleistocene-Holocene Transition (ca. 11000–9000 B.C.) in Northern Central Europe. Internationale Archäologie – Arbeitsgemeinschaft, Symposium, Tagung, Kongress 5. Marie Leidorf, Rahden/Westfalen, 1–26

van den Bogaard C, Dörfler W, Glos R, Nadeau MJ, Grootes PM, Erlenkeuser H (2002) Two tephra layers bracketing late Holocene paleoecological changes in northern Germany. Quaternary Research 57(3): 314–324

Venus J (2004) Pollenanalytische Untersuchungen zur Vegetations- und Siedlungsgeschichte Ostwagriens und der Insel Fehmarn. In: Müller-Wille M (ed) Starigard/Oldenburg. Hauptburg der Slawen in Wagrien 5. Naturwissenschaftliche Beiträge. Veröffentlichungen des SFB 17. Offa-Bücher 82. Wachholtz, Neumünster, 31–94

Walther M (1990) Beiträge zur spätglazialen und früh-postglazialen Vegetationsentwicklung in Süd-Angeln (Schleswig-Holstein). Meyniana 42: 101–113

Walther M (1990) Untersuchungsergebnisse zur jungpleistozänen Landschaftsentwicklung Schwansens (Schleswig-Holstein). Berliner Geographische Abhandlungen 52: 1–143

Walther M (1993) Vegetationsgeschichtliche und paläolimnologische Untersuchungen zum Spät- und frühen Postglazial in Schwansen (Schleswig-Holstein). Meyniana 45: 107–129

Wasmund E (1933) Erfahrungen bei Dammbauten auf Unterwasserböden in Ostholstein. Geologie und Bauwesen 5(3): 129–164

Wasmund E (1934) Prähistorie, Anthropologie und Pollenanalyse in Schleswig-Holstein. Schriften des Naturwissenschaftlichen Vereins für Schleswig-Holstein 20(2): 365–383

Weber CA (1891) Über zwei Torflager im Bette des Nord-Ostsee-Canales bei Grünenthal. Neues Jahrbuch für Mineralogie, Geologie und Paläontologie 2: 62–85

Weber CA (1905) Über Litorina- und Prälitorinabildungen der Kieler Föhrde. Englers Botanische Jahrbücher für Systematik, Pflanzengeschichte und Pflanzengeographie 35: 1–54

Weber CA, Mestorf J (1904) Wohnstätten der älteren neolithischen Periode in der Kieler Föhrde. Bericht des Museums vaterländischer Altertümer bei der Universität Kiel 43: 3–24

Werth E, Baas J (1936) Pollenanalytische Untersuchungen zur Vegetations- und Kulturgeschichte im deutschen Küsten-Bereich der Ostsee und Nordsee. Abhandlungen der Senckenbergischen Naturforschenden Gesellschaft 434: 1–41

Werth E, Klemm M (1936) Pollenanalytische Untersuchungen einiger wichtiger Dünenprofile und submariner Torfe in Norddeutschland. Beihefte zum botanischen Centralblatt 55/B(1/2): 95–158

Werth E (1954) Die stratigraphischen Grundlagen für eine postglaziale Waldgeschichte Norddeutschlands. Berichte der Deutschen Botanischen Gesellschaft 67: 317–322

Wieckowska M, Dörfler W, Kirleis W (2012) Vegetation and settlement history of the past 9000 years as recorded by lake deposits from Großer Eutiner See (Northern Germany). Review of Palaeobotany and Palynology 174: 79–90

Wieckowska M, Dörfler W, Kirleis W (2012) Holocene history of environment and human impact on two islands in the Ostholstein lakeland area, Northern Germany. Vegetation History and Archaeobotany 21: 303–320

Wiethold J (1998) Studien zur jüngeren postglazialen Vegetations- und Siedlungsgeschichte im östlichen Schleswig-Holstein. Universitätsforschungen zur prähistorischen Archäologie 45. Rudolf Habelt, Bonn

Winn K, Averdieck FR (1983) Beitrag zur geologischen Entwicklung der westlichen Mecklenburger Bucht (westliche Ostsee) im Spät- und Postglazial. Senckenbergiana maritima 15: 167–197

Winn K, Averdieck FR (1984) Post-Boreal Development of the Western Baltic: Comparison of two local Sediment Basins. Meyniana 36: 35–50

Winn K, Averdieck FR, Erlenkeuser H, Werner F (1986) Holocene sea level rise in the western Baltic and the question of isostatic subsidence. Meyniana 38: 61–80

Winn K, Averdieck FR, Werner F (1982) Spät- und postglaziale Entwicklung des Vejsnaes-Gebietes (Westliche Ostsee). Meyniana 34: 1–28

Zanon M, Feeser I, Dreibrodt S, Schwark L, van den Bogaard C, Dörfler W (2021) Exploring short-term ecosystem dynamics in connection with the early Holocene Saksunarvatn ash fallout over continental Europe. Quaternary Science Reviews 253: 106772

Östliches Jungmoränengebiet (Kapitel 61)

Barthelmes A (2009) Vegetation Dynamics and Carbon Sequestration of Holocene Alder (Alnus glutinosa) Carrs in NE Germany. Dissertation, Universität Greifswald

Barthelmes A, de Klerk P, Prager A, Theuerkauf M, Unterseher M, Joosten H (2012) Expanding NPP analysis to eutrophic and forested sites: Significance of NPPs in a Holocene wood peat section (NE Germany). Review of Palaeobotany and Palynology 186: 22–37

Barthelmes A, Prager A, Joosten H (2006) Palaeoecological analysis of Alnus wood peats with special attention to non-pollen palynomorphs. Review of Palaeobotany and Palynology 141: 33–51

Benrath W, Jonas F (1937) Joachimsthal, ein Beispiel für die Auswertung eines postglazialen Pollendiagramms. Feddes Repertorium 91: 55–82

Billwitz K, Helbig, H, Kaiser K, de Klerk P, Kühn P, Terberger T (2000) Untersuchungen zur spätpleistozänen bis frühholozänen Landschafts- und Besiedlungsgeschichte in Mecklenburg-Vorpommern. Neubrandenburger Geologische Beiträge 1: 24–38

Boehm-Hartmann H (1937) Spät- und postglaziale Süßwasser-Ablagerungen auf Rügen. I Pollenanalytische und paläontologische Untersuchungen. Archiv für Hydrobiologie 31: 1–37

Brande A (1995) Younger Dryas vegetation gradient in northeast Germany. Terra Nostra – Schriften der Alfred-Wegener-Stiftung 2/1995: 35

Brande A (2002) Zur Palynologie des Großen Stechlinsees (Brandenburg). In: Kaiser K (ed) Die jungquartäre Fluß- und Seengenese in Nordostdeutschland. Greifswalder Geographische Arbeiten 26: 135–138

Brande A (2003) Late Pleistocene and Holocene pollen stratigraphy of Lake Stechlin. Advances in Limnology 58: 281–311

Brande A (2004) Vegetationsgeschichte. In: Lütkepohl M, Flade M (eds) Das Naturschutzgebiet Stechlin. Natur und Text, Rangsdorf, 32–37

de Klerk P (2002) Changing vegetation patterns in the Endinger Bruch area (Vorpommern, NE Germany) during the Weichselian Lateglacial and Early Holocene. Review of Palaeobotany and Palynology 119: 275–309

de Klerk P (2004) Changes in vegetation and environment at the Lateglacial-Holocene transition in Vorpommern (Northeast Germany). In: Terberger T, Eriksen BV (eds) Hunters in a Changing World. Environment and Archaeology of the Pleistocene-Holocene Transition (ca. 11000–9000 B.C.) in Northern Central Europe. Internationale Archäologie – Arbeitsgemeinschaft, Symposium, Tagung, Kongress 5. Marie Leidorf, Rahden/Westfalen, 27–42

de Klerk P (2004) A pollen diagram from a kettle-hole mire near the Kalksee (N Brandenburg, NE Germany) from the legacy of Klaus Kloss. Archiv für Naturschutz und Landschaftsforschung 43(4): 19–28

de Klerk P (2004) Vegetation history and landscape development of the "Friedländer Große Wiese" region (Vorpommern, NE Germany) inferred from four pollen diagrams of Franz Fukarek. Eiszeitalter und Gegenwart 54: 71–94

de Klerk P (2005) A pollen diagram from the Ahlbecker Seegrund (Ueckermünder Heide, Vorpommern, NE Germany) from the legacy of Franz Fukarek. Archiv für Naturschutz und Landschaftsforschung 44(3): 93–108

de Klerk P (2007) A pollen diagram of the Moorer Busch near Grevesmühlen (NW Mecklenburg, NE Germany) from the legacy of Franz Fukarek. Archiv für Naturschutz und Landschaftsforschung 46(4): 3–16

de Klerk P (2008) Patterns in vegetation and sedimentation during the Weichselian Late-glacial in north-eastern Germany. Journal of Biogeography 35: 1308–1322

de Klerk P (2017) Contributions to the EPD 31. Endinger Bruch Hoher Birkengraben (NE Germany): From lake to carr. Grana 56(2): 155–157

de Klerk P (2017) Contributions to the EPD 32. Endinger Bruch EB25 (NE Germany): from fen to bog. Grana 56(2): 158–160

de Klerk P (2024) Vegetation history and landscape development in and around the Friedländer Große Wiese peatland (Mecklenburg-Vorpommern, NE Germany): an integration of palaeoecological and geomorphological data – mit ausführlicher Zusammenfassung auf Deutsch. Proceedings of the Greifswald Mire Centre 03/2024: 1–53

de Klerk P, Helbig H (2006) A pollen diagram from a kettle-hole near Horst (Vorpommern, NE Germany) covering the later part of the Weichselian Lateglacial. Zeitschrift für Geologische Wissenschaften 34: 379–387

de Klerk P, Helbig H, Helms S, Janke W, Krügel K, Kühn P, Michaelis D, Stolze S (2001): The Reinberg Researches: palaeoecological and geomorphological studies of a kettle hole in Vorpommern (NE Germany), with special emphasis on a local vegetation during the Weichselian Pleniglacial/Lateglacial transition. Greifswalder Geographische Arbeiten 23: 43–131

de Klerk P, Helbig H, Janke W (2008) Vegetation and environment in and around the Reinberg basin (Vorpommern, NE Germany) during the Weichselian late Pleniglacial, Lateglacial, and Early Holocene. Acta Palaeobotanica 48(2): 301–324

de Klerk P, Janke W, Kühn P, Theuerkauf M (2008) Environmental impact of the Laacher See eruption at a large distance from the volcano: Integrated palaeoecological studies from Vorpommern (NE Germany). Palaeogeography, Palaeoclimatology, Palaeoecology 270: 196–214

de Klerk P, Michaelis, D, Spangenberg A (2001) Auszüge aus der weichselspätglazialen und holozänen Vegetationsgeschichte des Naturschutzgebietes Eldena (Vorpommern). Greifswalder Geographische Arbeiten 23: 187–208

de Klerk P, Stolze S (2002) Unterschiede in Vegetation und Sedimentation zwischen N-Vorpommern und S-Mecklenburg: ein spätglazialer Klimagradient? Greifswalder Geographische Arbeiten 26: 161–165

Dörfler W (2007) Arbeitsbericht zu palynologischen Untersuchungen an Seesedimenten der Kerne KOSII und KOSIII aus dem Krakower See. In: Lorenz S, Die spätpleistozäne und holozäne Gewässernetzentwicklung im Bereich der Pommerschen Haupteisrandlage Mecklenburgs. Dissertation, Universität Greifswald, 223–225

Dörfler W (2008) Das 3. Jahrtausend vor Christus in hochauflösenden Pollendiagrammen aus Norddeutschland. Jahrtausend Mitteleuropas und Südskandinaviens. In: Dörfler W, Müller J (eds) Umwelt-Wirtschaft-Siedlungen im dritten vorchristlichen Jahrtausend Mitteleuropas und Südskandinaviens. Offa-Bücher 84. Wachholtz, Neumünster, 135–148

Dräger N, Theuerkauf M, Szeroczyńska K, Wulf S, Tjallingii R, Plessen B, Kienel U, Brauer A (2017) Varve microfacies and varve preservation record of climate change and human impact for the last 6000 years at Lake Tiefer See (NE Germany). The Holocene 27: 450–464

Dreßler M, Hübener T, Selig U, Dörfler W (2002) Rekonstruktion der Trophieentwicklung des Dudinghusener Sees (Mecklenburg) seit dem Subboreal. In: Kaiser K (ed) Die Jungquartäre Fluß- und Seegenese in Nordostdeutschland. Greifswalder Geographische Arbeiten 26: 111–114

Dreßler M, Selig U, Dörfler W, Adler S, Schubert H, Hübener T (2006) Environmental changes and the Migration Period in northern Germany as reflected in the sediments of Lake Dudinghausen. Quaternary Research 66: 25–37

Endtmann E (1998) Untersuchungen zur spät- und nacheiszeitlichen Vegetationsentwicklung des Leckerpfuhls (Mönchsheider Sander, NE-Brandenburg). Verhandlungen des Botanischen Vereins von Berlin und Brandenburg 131: 137–166

Endtmann E (2002) Das „Herthamoor" – ein palynostratigraphische Leitprofil für das Holozän der Insel Rügen. Greifswalder Geographische Arbeiten 26: 143–147

Endtmann E (2004) Die spätglaziale und holozäne Vegetations- und Siedlungsgeschichte des östlichen Mecklenburg-Vorpommerns – Eine paläoökologische Studie. Dissertation, Universität Greifswald

Engmann KF (1936) Das erste mecklenburgische Pollendiagramm. Mitteilungen aus der Mecklenburgischen Geologischen Landesanstalt NF 8(43): 15–30

Engmann KF (1937) Pollenanalytischer Beitrag zur Geschichte eines mecklenburgischen Küstenhochmoores. Mitteilungen aus der Mecklenburgischen Geologischen Landesanstalt NF 10(45): 25–32

Engmann KF (1938) Altalluviale Moostorflager im Küstengebiet der südlichen Ostsee. Sitzungsberichte und Abhandlungen der Naturforschenden Gesellschaft zu Rostock Dritte Folge 7: 89–109

Feeser I, Dörfler W, Czymzik M, Dreibrodt S (2016) A mid-Holocene annually laminated sediment sequence from Lake Woserin: The role of climate and environmental change for cultural development during the Neolithic in Northern Germany. The Holocene 26: 947–963

Feeser I, Dörfler W, Kneisel J, Hinz M, Dreibrodt S (2019) Human impact and population dynamics in the Neolithic and Bronze Age:

Multi-proxy evidence from north-western Central Europe. The Holocene 29: 1596–1606

Firbas F (1952) Das mecklenburgisch-vorpommersche Jungmoränengebiet. In: Spät- und nacheiszeitliche Waldgeschichte Mitteleuropas nördlich der Alpen. Zweiter Band: Waldgeschichte der einzelnen Landschaften. Gustav Fischer, Jena, 179–183

Fischer U (2000) Beitrag zur Vegetationsgeschichte und Genese des mittleren Peenetalmoores. Natur und Naturschutz in Mecklenburg-Vorpommern 35: 112–117

Fischer U, Michaelis D (2003) Naturschutzgebiet Peenewiesen bei Gützkow. Greifswalder Geographische Arbeiten 30: 49–59

Fukarek F (1961) Die Vegetation des Darß und ihre Geschichte. Gustav Fischer, Jena

Fukarek F (1972) Ein Beitrag zur Entwicklungsgeschichte des Kernbruchs bei Feldberg. Naturschutzarbeit in Mecklenburg 15: 52–61

Gärtner P (1998) Neue Erkenntnisse zur jungquartären Landschaftsentwicklung in Nordwestbrandenburg – Eine landschaftsgenetische Studie am Ausgang des Rheinsberger Beckens. In: Baume O (ed) Beiträge zur quartären Relief- und Bodenentwicklung. Festschrift zum 70. Geburtstag von Joachim Marcinek. Münchner Geographische Abhandlungen A49: 95–116

Gaudig G, Couwenberg J, Joosten H (2006) Peat accumulation in kettle holes: Bottom up or top down? Mires and Peat 1: 1–16

Gehl O (1952) Die Hochmoore Mecklenburgs: nebst einem Beitrag zur Waldgeschichte des Küstenraumes zwischen Elbe und Oder. Geologie Zeitschrift für das Gesamtgebiet der Geologie und Mineralogie sowie der angewandten Geophysik 2: 1–99

Göhler M, Kaffke A (1999) Pollen- und Großrestanalyse in einem Quellmoorkomplex in der Sernitz-Niederung. Diplomarbeit, Universität Greifswald

Hallik R (1943) Pollenanalytische Untersuchungen im Postglazial Westpommerns. Neues Jahrbuch für Geologie und Paläontologie: Abhandlungen 88(B): 41–84

Hallik R, Ludwig A (1959) Ein spätglaziales Torfprofil aus der Insel Usedom. Archiv der Freunde der Naturgeschichte in Mecklenburg 5: 20–35

Hein L (1931) Beiträge zur postglazialen Waldgeschichte Norddeutschlands. Pollenanalysen aus märkischen Mooren. Verhandlungen des Botanischen Vereins der Provinz Brandenburg 73: 5–83

Helbig H, de Klerk P (2002) Geoökologische Prozesse des Pleni- und Spätglazials in der Hohlform „Reinberg", Nordvorpommern. Greifswalder Geographische Arbeiten 26: 31–34

Helbig H, de Klerk P (2002) Befunde zur spätglazialen fluvial-limnischen Morphodynamik in kleinen Talungen Vorpommerns. Eiszeitalter und Gegenwart 51: 51–66

Helbig H, de Klerk P, Kühn P, Kwasniowski J (2002) Colluvial sequences on till plains in Vorpommern (NE Germany). Zeitschrift für Geomorphologie NF Supplement 128: 81–100

Hensel R, Janke W, Meng S, Lorenz S (2021) Stratigraphie und Genese eines karbonatreichen Beckenprofils am Kliff von Meschendorf (Ostsee, Mecklenburg). Brandenburger Geowissenschaftliche Beiträge 28: 97–124

Herking C (2002) Der menschliche Einfluß auf die Vegetation im Umkreis des Ahlebecker Sees des Kleinen Faulen Sees, Kreis Uecker-Randow, im Spiegel pollenanalytischer Untersuchungen. Archäologische Nachrichten aus Mecklenburg-Vorpommern 9: 16–25

Herking C, Wiethold J (2004) Klima und Vegetation während der Bronzezeit – Pollenanalytische Untersuchungen zur Rekonstruktion prähistorischer Umweltveränderungen. Archäologie in Mecklenburg-Vorpommern 3: 18–23

Hesmer H (1933) Die natürliche Bestockung und die Waldentwicklung auf verschiedenartigen märkischen Standorten. Zeitschrift für Forst- und Jagdwesen 65(10–12): 505–651

Homann M, Kleinmann A, Merkt J, Schwarz C (1995) Rasche Klimaänderungen, Dauer von Klimaphasen, Klimainterpretation von langen Zeitreihen aus feingeschichteten Seeablagerungen. Archivbericht Nr. 113516. Niedersächsisches Landesamt für Bodenforschung, Hannover, 1–80

Hübener T, Dörfler W (2004) Reconstruction of the trophic development of the Lake Krakower Obersee (Mecklenburg, Germany) by means of sediment-diatom- and pollen-analysis. Studia Quaternaria 21: 101–108

Hueck K (1928) Ein Pollendiagramm aus der Uckermark. Verhandlungen des Botanischen Vereins der Provinz Brandenburg 70: 1–8

Hueck K (1929) Vegetationsstudien am Plötzendiebel bei Joachimsthal (Uckermark). Beiträge zur Naturdenkmalpflege 8: 1–231

Jahns S (1997) Erste Ergebnisse der pollenanalytischen Untersuchungen im Rahmen des „Oderprojekts". Berichte zum Oderprojekt 2: 39–48

Jahns S (1999) Der Felchowsee – ein Archiv für die Vegetationsgeschichte der letzten 10200 Jahre. Angermünder Heimatkalender 1999: 136–138

Jahns S (2000) Late-glacial and Holocene woodland dynamics and land-use history of the Lower Oder valley, north-eastern Germany, based on two, AMS 14C dated, pollen profiles. Vegetation History and Archaeobotany 9: 111–113

Jahns S (2001) On the Late Pleistocene and Middle to Late Holocene vegetation history of the Ücker valley, northeastern Germany. Vegetation History and Archaeobotany 10: 97–104

Jahns S (2007) Wald und Feld an der Himmelstür. Archäologie in Berlin und Brandenburg 2006: 96–98

Jahns S (2013) Zur Entwicklung der Waldbedeckung von Brandenburg und Berlin in der Nacheiszeit – Eine erste Auswertung anhand ausgewählter Pollendiagramme. In: Raab T, Raab A, Gerwin W, Schopper F (eds) Landschaftswandel – Landscape Change. GeoRS Geopedology and Landscape Development Research Series 1. Brandenburg University of Technology, Cottbus, 9–24

Jahns S (2020) Silvis horrida aut paludibus foeda. In: Uelsberg G, Wemhoff M (eds) Germanen – eine archäologische Bestandsaufnahme. WBG Theiss, Darmstadt, 110–115

Jahns S (2023) Frühmittelalterliches Erlensterben in Brandenburg – ein überregionales Ereignis. Archäologie in Berlin und Brandenburg 2021: 28–32

Jahns S, Christiansen J, Kirleis W, Sudhaus D (2013) On the Holocene vegetation history of Brandenburg and Berlin. In: Kadrow S, Włodarczak P (eds) Environment and Subsistence – Forty years after Janusz Kruk's "Settlement Studies". Studien zur Archäologie in Ostmitteleuropa 11. Rudolf Habelt, Bonn, 311–330

Jahns S, Herking C (2002) Zur holozänen und spätpleistozänen Vegetationsgeschichte im westlichen unteren Odergebiet. In: Gringmuth-Dallmer E, Leciejewicz L (eds) Forschungen zu Mensch und Umwelt im Odergebiet in ur- und frühgeschichtlicher Zeit. Römisch-Germanische Forschungen 60. Philipp von Zabern, Mainz, 33–49

Jahns S, Herking C (2002) Der menschliche Einfluß auf die Vegetation im westlichen unteren Odergebiet im Spiegel der pollenanalytischen Untersuchungen. In: Gringmuth-Dallmer E, Leciejewicz L (eds) Forschungen zu Mensch und Umwelt im Odergebiet in ur- und frühgeschichtlicher Zeit. Römisch-Germanische Forschungen 60. Philipp von Zabern, Mainz, 373–381

Jahns S, Herking C, Kloss K (2002) Landschaftsrekonstruktion entlang des westlichen unteren Oderlaufs anhand ausgewählter Pollenkurven aus acht Seeprofilen. In Kaiser K (ed) Die jungquartäre Fluß- und Seegenese in Nordostdeutschland. Greifswalder Geographische Arbeiten 26: 153–156

Jahns S, Wieckowska-Lüth M (2025) Was macht der Mensch im Wald? Veränderungen im Aufbau der Wälder in der Jungsteinzeit und der Vorrömischen Eisenzeit in Nordbrandenburg. Archäologie in Berlin und Brandenburg 2023

Janke W (1978) Schema der spät- und postglazialen Entwicklung der Talungen der spätglazialen Haffstauseeabflüsse. Wissenschaftlichel

Zeitschrift der Ernst-Moritz-Arndt-Universität Greifswald, Mathematisch-naturwissenschaftliche Reihe 27: 39–41

Janke W (1996) Biostratigraphische Untersuchungen am spätpaläolithischen Fundplatz Nienhagen, Ldkr. Nordvorpommern. Bodendenkmalpflege in Mecklenburg-Vorpommern, Jahrbuch 1995: 49–56

Janke W (2002) Zur Genese der Flußtäler zwischen Uecker und Warnow (Mecklenburg-Vorpommern). Greifswalder Geographische Arbeiten 26: 39–43

Janke W (2002) The development of the river valleys from the Uecker to the Warnow. In: Lampe R (ed) Holocene Evolution of the South-Western Baltic Coast – Geological, Archaeological and Palaeoenvironmental Aspects. Greifswalder Geographische Arbeiten 27: 101–106

Janke W (2002) Pollen and diatom analyses from sediment cores of the Szczecin Lagoon. In: Lampe R (ed) Holocene Evolution of the South-Western Baltic Coast – Geological, Archaeological and Palaeoenvironmental Aspects. Greifswalder Geographische Arbeiten 27: 115–117

Janke W (2007) Arbeitsbericht zu pollenanalytischen Untersuchungen am Bohrkern SBR2 im Scheidebruch am Südufer des Krakower Sees. In: Lorenz S, Die spätpleistozäne und holozäne Gewässernetzentwicklung im Bereich der Pommerschen Haupteisrandlage Mecklenburgs. Dissertation, Universität Greifswald, 230–235

Jeschke L, Lange E (1987) Zur Landschafts- und Vegetationsgeschichte im Gebiet der Sternberger Seen im Nordwesten der DDR. Flora 179: 317–334

Kaffke A (2007) Ergebnisse der Pollenanalyse aus dem Kern AHR/D aus dem Tiefen Bruch im Nebel-Durchbruchstal. In: Lorenz S, Die spätpleistozäne und holozäne Gewässernetzentwicklung im Bereich der Pommerschen Haupteisrandlage Mecklenburgs. Dissertation, Universität Greifswald, 238–240

Kaffke A, Kaiser K (2002) Das Pollendiagramm „Prerower Torfmoor" auf dem Darß (Mecklenburg-Vorpommern): neue Ergebnisse zur holozänen Biostratigraphie und Landschaftsgeschichte. Meyniana 54: 89–112

Kaiser K (2001) Die spätpleistozäne bis frühholozäne Beckenentwicklung in Mecklenburg-Vorpommern. Dissertation, Universität Greifswald

Kaiser K, Barthelmes A, Czakó Pap S, Hilgers A, Janke W, Kühn P, Theuerkauf M (2006) A Lateglacial palaeosol cover in the Altdarss area, southern Baltic Sea coast (northeast Germany): investigations on pedology, geochronology and botany. Netherlands Journal of Geosciences 85(3): 197–220

Kaiser K, Bogen C, Czakó-Pap C, Janke W (2003) Zur Geoarchäologie des mesolithisch-neolithischen Fundplatzes Rothenklempenow am Latzigsee in der Ueckermünder Heide (Vorpommern). Greifswalder Geographische Arbeiten 29: 27–68

Kaiser K, de Klerk P, Terberger T (1999) Die „Riesenhirschfundstelle" von Endingen: geowissenschaftliche Untersuchungen an einem spätglazialen Fundplatz in Vorpommern. Eiszeitalter und Gegenwart 49: 102–123

Kaiser K, Endtmann E, Bogen C, Czakó-Pap S, Kühn P (2001) Geoarchäologie und Palynologie spätpaläolithischer und mesolithischer Fundplätze in der Ueckermünder Heide, Vorpommern. Zeitschrift für Geologische Wissenschaften 29: 233–244

Kaiser K, Endtmann E, Janke W (2000) Befunde zur Relief-, Vegetations- und Nutzungsgeschichte an Ackersöllen bei Barth, Landkreis Nordvorpommern. Bodendenkmalpflege in Mecklenburg-Vorpommern 47: 151–180

Kaiser K, Janke W (1998) Bodenkundlich-geomorphologische und paläobotanische Untersuchungen im Ryckbecken bei Greifswald. Bodendenkmalpflege in Mecklenburg-Vorpommern 45: 69–102

Kaiser K, Küster M, Fülling A, Theuerkauf M, Dietze E, Graventein H, Koch PJ, Bens O, Brauer A (2014) Littoral landforms and pedosedimentary sequences indicating late Holocene lake-level changes in northern central Europe — A case study from northeastern Germany. Geomorphology 216: 58–78

Kaiser K, Oldorff S, Breitbach C, Kappler C, Theuerkauf M, Scharnweber T, Schult M, Küster M, Engelhardt C, Heinrich I, Hupfer M, Schwalbe G, Kirschey T, Bens O (2018) A submerged pine forest from the early Holocene in the Mecklenburg Lake District, northern Germany. Boreas 47: 910–925

Kaiser K, Schneider T, Küster M, Dietze E, Fülling A, Heinrich S, Kappler C, Nelle O, Schult M, Theuerkauf M, Vogel S, de Boer AM, Börner A, Preusser F, Schwabe M, Ulrich J, Wirner M, Bens O (2020) Palaeosols and their cover sediments of a glacial landscape in northern central Europe: Spatial distribution, pedostratigraphy and evidence on landscape evolution. Catena 193: 104647

Kaiser K, Schoknecht T, Janke W, Kloss K, Prehn B (2002) Geomorphologische, palynologische und archäologische Beiträge zur holozänen Landschaftsgeschichte im Müritzgebiet (Mecklenburg-Vorpommern). Eiszeitalter und Gegenwart 51: 15–32

Kleissle K, Müller HM (1969) Neue Fundpunkte spätglazialer Bimsaschen im Nordosten der DDR. Geologie 18(5): 600–607

Kliewe H (1959) Ergebnisse geomorphologischer Untersuchungen im Odermündungsraum. Geographische Berichte 4: 10–26

Kliewe H, Lange E (1968) Ergebnisse geomorphologischer, stratigraphischer und vegetationsgeschichtlicher Untersuchungen zur Spät- und Postglazialzeit auf Rügen. Petermanns Geographische Mitteilungen 112(4): 241–255

Kliewe H, Lange E (1971) Korrelationen zwischen pollenanalytischen und morphogenetisch- stratigraphischen Untersuchungen, dargestellt an Holozänablagerungen auf Rügen. Petermanns Geographische Mitteilungen 115(1): 4–8

Kloss K (1980) Pollenanalysen zur Vegetations-, Siedlungs- und Moorgeschichte am Südrand der ostmecklenburgisch-brandenburgischen Seenplatte (Kreis Gransee). Archiv für Naturschutz und Landschaftsforschung 20: 203–212

Kloss K (1994) Das Pollendiagramm vom Schlangenpfuhl in Eberswalde, Kr. Barnim. Veröffentlichungen des Brandenburgischen Landesmuseums für Ur- und Frühgeschichte 28: 99–103

Kolp O (1965) Paläogeographische Ergebnisse der Kartierung des Meeresgrundes der westlichen Ostsee zwischen Fehrmann und Arkona. Beiträge zur Meereskunde 12–14: 19–59

Kossler A, Strahl J (2011) The Late Weichselian to Holocene succession of the Niedersee (Rügen, Baltic Sea) – new results based on multi-proxy studies. Quaternary Science Journal 60: 434–454

Kretschmer H, Arndt K, Müller HM (1971) Untersuchungen an Dünen im Gebiet des Dänengrundes bei Zempin (Usedom). Petermanns Geographische Mitteilungen 115(1): 9–15

Krey L, Kloss K (1990) Geographische und pollenanalytische Untersuchungen des Kleinen Barsch-Sees (Bezirk Potsdam, DDR). Limnologica 21: 117–123

Krienke HD, Strahl J, Frenzel P, Keding E (1999) Weichseleiszeitliche und holozäne Ablagerungen im Bereich der Deponie Tessin bei Rostock (Mecklenburg-Vorpommern) unter besonderer Berücksichtigung des Prä-Alleröd-Komplexes. Meyniana 51: 125–151

Krienke HD, Strahl J, Kossler A, Thieke HU (2006) Stratigraphie und Lagerungsverhältnisse einer quasi vollständigen weichselzeitlichen Schichtenfolge im Bereich des Deponiestandorts Grimmen (Mecklenburg-Vorpommern). Brandenburgische geowissenschaftliche Beiträge 13: 133–154

Krog H (1965) Ergebnisse pollenanalytischer Untersuchungen von 2 Torfkernen aus der Mecklenburger Bucht. Beiträge zur Meereskunde 12–14: 60–61

Krog H (1965) Pollenanalytischer Befund der Torfprobe von Station 6 südlich Bornholm. In: Kolp O (ed) Paläogeographische Ergebnisse der Kartierung des Meeresgrundes der westlichen Ostsee zwischen Fehrmann und Arkona. Beiträge zur Meereskunde 12–14: 55–56

Küster M (2013) Holozäne Landschaftsentwicklung der Mecklenburgischen Seenplatte: Relief- und Bodengenese, hydrologische Entwicklung sowie Siedlungs- und Landnutzungsgeschichte in Nordostdeutschland. Dissertation, Universität Greifswald

Küster M, Janke W, Meyer H, Lorenz S, Lampe R, Hübener T, Klamt AM (2012) Zur jungquartären Landschaftsentwicklung der Mecklenburgischen Kleinseenplatte. Nationalparkamt Müritz, Greifswald

Lampe R, Endtmann E, Janke W, Meyer H, Lübke H, Harff J, Lemke W (2005) A new relative sea-level curve for the Wismar Bay, N-German Baltic coast. Meyniana 57: 5–35

Lampe R, Janke W (2002) The High Cliff of the Fischland. Greifswalder Geographische Arbeiten 27: 169–174

Lampe R, Janke W, Schult M, Meng S, Lampe M (2016) Multiproxy-Untersuchungen zur Paläoökologie und -hydrologie eines spätglazial- bis frühholozänen Flachsees im nordostdeutschen Küstengebiet (Glowe-Paläosee/Insel Rügen). Quaternary Science Journal 65: 41–75

Lampe R, Lorenz S, Janke W, Meyer H, Küster M, Hübener T, Schwarz A (2009) Zur Landschafts- und Gewässergeschichte der Müritz. Umweltgeschichtlich orientierte Bohrungen 2004–2006 zur Rekonstruktion der nacheiszeitlichen Entwicklung. Forschung und Monitoring 2. Geozon Science Media, Greifswald

Lane CS, de Klerk P, Cullen VL (2012) A tephrochronology for the Lateglacial palynological record of the Endinger Bruch (Vorpommern, NE Germany). Journal of Quaternary Science 27: 141–149

Lange E (1967) Pollenanalytische Untersuchungen in Lietzow-Buddelin auf Rügen. Natur und Naturschutz in Mecklenburg 5: 109–114

Lange E (1969) Ergebnisse der pollenanalytischen Untersuchungen zur Ausgrabung am Schloßberg von Feldberg. Slavia Antiqua 16: 85–94

Lange E (1970) Einige Ergebnisse der pollenanalytischen Untersuchungen bei Demmin. Zeitschrift für Archäologie 4: 287–293

Lange E (1970) Beispiele anthropogenen Einflusses auf die Vegetationsentwicklung in frühgeschichtlicher Zeit. Mitteilungen der ostalpin-dinarischen pflanzensoziologischen Arbeitsgemeinschaft 10(2): 46–52

Lange E (1971) Beitrag zur frühgeschichtlichen Vegetationsentwicklung im Flachland der DDR. Petermanns Geographische Mitteilungen 115(1): 17–24

Lange E (1976) Zur Entwicklung der natürlichen und anthropogenen Vegetation in frühgeschichtlicher Zeit. Teil 2: Naturnahe Vegetation. Feddes Repertorium 87(6): 367–442

Lange E (1984) Paläo-ethnobotanische Untersuchungen zur Ausgrabung am slawischen Burgwall Mecklenburg, Kreis Wismar. In: Donat P (ed) Die Mecklenburg – eine Hauptburg der Obodriten. Schriften zur Ur- und Frühgeschichte 37. Akademie Verlag, Berlin, 147–159

Lange E, Jeschke L, Knapp HD (1986) Die Landschaftsgeschichte der Insel Rügen seit dem Spätglazial. Schriften zur Ur- und Frühgeschichte 38. Akademie-Verlag, Berlin

Lorenz S (2007) Die spätpleistozäne und holozäne Gewässernetzentwicklung im Bereich der Pommerschen Haupteisrandlage Mecklenburgs. Dissertation, Universität Greifswald

Lorenz S, Schult M, Lampe R, Spangenberg A, Michaelis D, Meyer H, Hensel R, Hartleib J (2014) Geowissenschaftliche und paläoökologische Ergebnisse zur holozänen Entwicklung des Tollensetals. In: Jantzen D, Orschiedt J, Piek J, Terberger T (eds) Tod im Tollensetal: Forschungen zu den Hinterlassenschaften eines bronzezeitlichen Gewaltkonflikts in Mecklenburg-Vorpommern. Beiträge zur Ur- und Frühgeschichte Mecklenburg-Vorpommerns 50. Landesamt für Kultur und Denkmalpflege Mecklenburg-Vorpommern, Schwerin, 37–60

Lubliner-Mianowska K (1965) Pollenanalytischer Befund des Torfprofils an Station DS 9. In: Kolp O (ed) Paläogeographische Ergebnisse der Kartierung des Meeresgrundes der westlichen Ostsee zwischen Fehrmann und Arkona. Beiträge zur Meereskunde 12–14: 53

Lubliner-Mianowska K (1965) Die Pollenanalyse einer Stechrohr-Probe aus der Mecklenburger Bucht. Beiträge zur Meereskunde 12–14: 62–73

Michaelis D (2013) Flora and development of raised bogs in Mecklenburg-Vorpommern. Plant Diversity and Evolution 130(3–4): 251–264

Michaelis D, Joosten H (2007) Mire development, relative sea-level change, and tectonic movement along the Northeast-German Baltic Sea coast. Bericht der Römisch-Germanischen Kommission 88: 101–134

Michaelis D, Skriewe S (2004) Die Lieper Posse in NO-Brandenburg – Braunmoostorfe, Akkumulationsraten und das Problem mit der Moorgenese. Telma 34: 11–29

Mrotzek A (2017) Contributions to the EPD 34. Carwitzer See (north-eastern Germany): Regional vegetation development during the past 7000 years. Grana 56(4): 318–320

Müller HM (1962) Pollenanalytische Untersuchungen im Bereich des Meßtischblattes Thurow/Südostmecklenburg. Dissertation, Universität Halle

Müller HM (1965) Vorkommen spätglazialer Tuffe in Nordostdeutschland. Geologie 14: 1118–1123

Müller HM (1966) Beiträge zur Vegetationsentwicklung auf dem Mönchsheider Sander bei Chorin. Archiv für Forstwesen 15: 857–867

Müller HM (1967) Das Pollendiagramm „Serwest", ein Beitrag zur Wechselwirkung natürlicher und anthropogener Faktoren in der Vegetationsentwicklung. Feddes Repertorium 74: 123–137

Müller HM (1970) Die spätglaziale Vegetationsentwicklung in der DDR. In: Jäger KD (ed) Probleme der weichsel-spätglazialen Vegetationsentwicklung in Mittel- und Nordeuropa. Voraussetzungen, Vorträge, Diskussionen und Ergebnisse einer internationalen pollenanalytischen Arbeitstagung in Frankfurt/Oder (DDR) 28.–29. März 1969. Deutsche Akademie der Wissenschaften, Berlin, 81–109

Müller HM, Kohl G (1966) Radiocarbondatierungen zur jüngeren Vegetationsentwicklung Südostmecklenburgs. Flora 156(B): 408–418

Nitz B, Schirrmeister L, Klessen R (1995) Spätglazial-altholozäne Landschaftsgeschichte auf dem nördlichen Barnim - zur Beckenentwicklung im nordostdeutschen Tiefland. Petermanns Geographische Mitteilungen 139: 143–158

Nötzold T (1965) Pflanzenfossilien aus einem submarinen Torf der Mecklenburger Bucht. Beiträge zur Meereskunde 12–14: 74–77

Pankow H, Hülsmeyer B (1976) Über die Entstehung, Entwicklungsgeschichte und Vegetation des „Großen Moores" bei Graal-Müritz. Gleditschia 4: 161–196

Peters K, Ratzke U, Strahl J (2002) Geologie von Söllen bei Rosenow, Landkreis Demmin (Mecklenburg-Vorpommern). In: Kaiser K (ed) Die jungquartäre Fluß- und Seengenese in Nordostdeutschland. Greifswalder Geographische Arbeiten 26: 91–95

Precker A (1993) Das Große Göldenitzer Moor und das Teufelsmoor bei Horst (Ein Beitrag zur Entstehungs- und Nutzungsgeschichte Mecklenburger Regenmoore und zu ihrer gegenwärtigen ökologischen Situation). Dissertation, Universität, Kiel

Precker A, Knapp HD (1990) Das Teufelsmoor bei Horst, Kr. Rostock - landeskulturelle Nachnutzung eines industriell abgetorften Regenmoores. Gleditschia 18: 309–365

Reinhard H (1963) Beitrag zur Entwicklungsgeschichte des Grenztales (NE-Mecklenburg) und seine Beziehung zur Litorina-Transgression. Geologie 12(1): 94–117

Richter G (1968) Fernwirkungen der litorinen Ostseetransgression auf tiefliegende Becken und Flußtäler. Eiszeitalter und Gegenwart 19: 48–72

Rickert BH (2005) Die postglaziale Entwicklungsgeschichte und aktuelle Vegetation des Kesselmoores „Schwarzsee". Kieler Notizen zur Pflanzenkunde in Schleswig-Holstein und Hamburg 33: 4–53

Rowinsky V (1999) Moor- und pollenanalytische Untersuchungen zur Waldgeschichte des Naturschutzgebietes Kläden. Aus Kultur und Wissenschaft 1: 59–74

Rowinsky V, Strahl J (2004) Entwicklung von extrem tiefgründigen Kesselmooren im Plauer Stadtwald (Mecklenburg-Vorpommern). Telma 34: 39–64

Rudolph K (1929) Bützow im Warnowtal. In: Keilhack K, Über die Heilmittel des zukünftigen Sol- und Moorbades Bützow in Mecklenburg. Veröffentlichungen der Zentralstelle für Balneologie NF 9: 31–58

Scamoni A (1961) Die Eichenmischwälder des Höhendiluviums in Brandenburg. Märkische Heimat 5: 307–314

Schlaak N (1993) Studie zur Landschaftsgenese im Raum Nordbarnim und Eberswalder Urstromtal. Berliner Geographische Arbeiten 76: 1–160

Schlaak N, Schoknecht T (2002) Geomorphologische und palynologische Untersuchungen im Vorland der Pommerschen Eisrandlage am Beispiel der Bugsinseerinne (Nordbrandenburg). In: Kaiser K (ed) Die jungquartäre Fluß- und Seengenese in Nordostdeutschland. Greifswalder Geographische Arbeiten 26: 101–105

Schlaak N, Schoknecht T (2017) Die Entstehung des Amtssees Chorin und seine Lage im Modellgebiet der „Glazialen Serie". Eberswalder Jahrbuch 2017: 236–247

Schmitz H (1961) Pollenanalytische Untersuchungen in Hohen Viecheln am Schweriner See. In: Schuldt E (ed) Hohen Viecheln. Ein mittelsteinzeitlicher Wohnplatz in Mecklenburg. Deutsche Akademie der Wissenschaft zu Berlin – Schriften der Sektion Vor- und Frühgeschichte 10. Akademie-Verlag, Berlin, 14–38

Schmitz H (1962) Zur Geschichte der Waldhochmoore Südost-Holsteins. Veröffentlichungen des Geobotanischen Instituts der Eidgenössischen Technischen Hochschule Stiftung Rübel in Zürich 37: 207–222

Schoknecht T (1996) Pollenanalytische Untersuchungen zur Vegetations-, Siedlungs- und Landschaftsgeschichte in Mittelmecklenburg. Beiträge zur Ur- und Frühgeschichte Mecklenburg-Vorpommerns 29. Archäologisches Landesmuseum für Mecklenburg-Vorpommern, Lübstorf

Schult M (2007) Ergebnisse der Pollenanalyse von den Bohrpunkten GWRK1 und DRK2 innerhalb eines Deltas im Mildenitz-Durchbruchstal. In: Lorenz S, Die spätpleistozäne und holozäne Gewässernetzentwicklung im Bereich der Pommerschen Haupteisrandlage Mecklenburgs. Dissertation, Universität Greifswald, 240–244

Schult M (2007) Arbeitsbericht zu pollenanalytischen Untersuchungen an einem fossilen Podsol in der Nossentiner Heide (Profil NHD4). In: Lorenz S, Die spätpleistozäne und holozäne Gewässernetzentwicklung im Bereich der Pommerschen Haupteisrandlage Mecklenburgs. Dissertation, Universität Greifswald, 244–246

Schult M (2007) Arbeitsbericht zu pollenanalytischen Untersuchungen an basalen Seesedimenten des Woseriner Sees (Mecklenburg). In: Lorenz S, Die spätpleistozäne und holozäne Gewässernetzentwicklung im Bereich der Pommerschen Haupteisrandlage Mecklenburgs. Dissertation, Universität Greifswald, 247–249

Schult M (2007) Arbeitsbericht zu palynologischen Untersuchungen an Seesedimenten des Drewitzer Sees. In: Lorenz S, Die spätpleistozäne und holozäne Gewässernetzentwicklung im Bereich der Pommerschen Haupteisrandlage Mecklenburgs. Dissertation, Universität Greifswald, 252–267

Schulz H (1965) Pollenanalytischer Beitrag zur Entwicklungsgeschichte der Mecklenburger Bucht. Beiträge zur Meereskunde 12–14: 78–84

Schulz J (1999) Landschaftsökologie des Jeeser Moores und des Söllkenmoores. Diplomarbeit, Universität Greifswald

Schwarz A (2006) Rekonstruktion der Entwicklung des Schulzensees und des Tiefen Sees (Mecklenburg-Vorpommern) seit dem Spätglazial mittels Diatomeenanalyse unter besonderer Berücksichtigung der Trophiegeschichte. Greifswalder Geographische Arbeiten 41: 1–166

Schwarz A, Dörfler W (1999) Untersuchung des Pollen- und Diatomeenvorkommens in einem Sedimentkern des Schulzensees (Mecklenburg-Vorpommern). Berichte des IGB 7: 52–53

Spangenberg A (2008) 2000 Jahre Waldentwicklung auf nährstoff- und basenreichen Standorten im mitteleuropäischen Jungpleistozän – Fallstudie Naturschutzgebiet Eldena (Vorpommern Deutschland). Dissertation, Universität Greifswald

Steusloff U (1905) Torf- und Wiesenkalk-Ablagerungen im Rederang-und Moorsee-Becken. Ein Beitrag zur Geschichte der Müritz. Ratsbuchdruckerei C. Michael, Güstrow

Strahl J (1996) Pollenanalytische Untersuchung eines Vibrokernprofils aus dem NW-Teil des Greifswalder Boddens, südliche Ostsee. Senckenbergiana maritima 27: 49–56

Strahl J (1997) Pollenanalytische Untersuchung von Sedimentkernen aus dem Seegebiet des Greifswalder Boddens (NE-Deutschland, südliche Ostsee). Zeitschrift der Deutschen Geologischen Gesellschaft 148: 81–93

Strahl J (1999) Die Vegetationsgeschichte des Herthamoores in der Stubnitz (Halbinsel Jasmund, Rügen). Greifswalder Geowissenschaftliche Beiträge 6: 437–477

Strahl J (1999) Detailergebnisse der pollenanalytischen Untersuchungen an Sedimentkernen aus dem Greifswalder Bodden (südliche Ostsee), Teil 2. Bericht zum DFG-Projekt Ni 352/1-2: Holozäne Sedimentationsgeschichte und rezente Sedimentdynamik im Bereich der südlichen Arkonasee und benachbarter Boddengewässer. Bonn

Strahl J (2008) Pollenanalytische Untersuchung der Bohrung „Am Frauentog See", Grapenwerder Bruch bei Penzlin. Neubrandenburger Geologische Beiträge 8: 30–31

Strahl J, Keding E (1996) Pollenanalytische und karpologische Untersuchung des Aufschlusses „Hölle" unterhalb Park Dwasieden (Halbinsel Jasmund, Insel Rügen), Mecklenburg. Meyniana 48: 165–184

Terberger T, de Klerk P, Helbig H, Kaiser K, Kühn P (2004) Late Weichselian landscape development and human settlement in Mecklenburg-Vorpommern (NE Germany). Eiszeitalter und Gegenwart 54: 138–175

Theuerkauf M (2002) Die Laacher See-Tephra in Nordostdeutschland: Paläoökologische Untersuchungen mit hoher zeitlicher und räumlicher Auflösung. Greifswalder Geographische Arbeiten 26: 171–174

Theuerkauf M (2003) Die Vegetation NO-Deutschlands vor und nach dem Ausbruch des Laacher See-Vulkans (12880 cal. BP). Greifswalder Geographische Arbeiten 29: 143–189

Theuerkauf M (2007) Pollenanalytische Untersuchungen des Sedimentkerns DREWI2 aus dem nördlichen Drewitzer See (Mecklenburg). In: Lorenz S, Die spätpleistozäne und holozäne Gewässernetzentwicklung im Bereich der Pommerschen Haupteisrandlage Mecklenburgs. Dissertation, Universität Greifswald, 273–280

Theuerkauf M, Joosten H (2012) Younger Dryas cold stage vegetation patterns of central Europe – climate, soil and relief controls. Boreas 41: 391–407

Theuerkauf M, Bos JAA, Jahns S, Janke W, Kuparinen A, Stebich M, Joosten H (2014) Corylus expansion and persistent openness in the early Holocene vegetation of northern central Europe. Quaternary Science Reviews 90: 183–198

Theuerkauf M, Dräger N, Kienel U, Kuparinen A, Brauer A (2015) Effects of changes in land management practices on pollen productivity of open vegetation during the last century derived from varved lake sediments. The Holocene 25: 733–744

Theuerkauf M, Engelbrecht E, Dräger N, Hupfer M, Mrotzek A, Prager A, Scharnweber T (2019) Using annual resolution pollen analysis to synchronize varve and tree-ring records. Quaternary 2(3): 23

Theuerkauf M, Blume T, Brauer A, Dräger N, Feldens P, Kaiser K, Kappler C, Kästner F, Lorenz S, Schmidt JP, Schult M (2022) Holocene lake-level evolution of Lake Tiefer See, NE Germany, caused by climate and land cover changes. Boreas 51: 299–316

Tiedemann T (1955) Beitrag zur Waldentwicklungsgeschichte der östlichen Schorfheide. Diplomarbeit, Humboldt-Universität Berlin

van Asch N, Kloos ME, Heiri O, de Klerk P, Hoek WZ (2012) The Younger Dryas cooling in northeast Germany: summer temperature and environmental changes in the Friedländer Große Wiese region. Journal of Quaternary Science 27: 531–543

Verse G, Niedermeyer RO, Strahl J (1999) Kleinskalige holozäne Meeresspiegelschwankungen an Überflutungsmooren des NE-deutschen Küstengebietes (Greifswalder Bodden, südliche Ostsee). Meyniana 51: 153–180

von Bülow K (1928) Pollenanalytischer Beitrag zur Kenntnis des Kieshofer Moores bei Greifswald. Abhandlungen und Berichte der Pommerschen Naturforschenden Gesellschaft 9: 103–113

von Bülow K (1928) Die deutschen Moorprovinzen. Jahrbuch der Preußischen Geologischen Landesanstalt 49: 207–219

von Bülow K (1929) Drei Pollendiagramme aus Vor- und Ostpommern (Beiträge zur Kenntnis des Alluviums in Pommern IV). Jahrbuch der Preußischen Geologischen Landesanstalt zu Berlin 49: 933–946

von Bülow K (1932) Der Beginn der Moorbildung in den südlichen Küstenländern der Ostsee, insbesondere Pommern. Mitteilungen aus dem Naturwissenschaftlichen Verein für Neu-Vorpommern und Rügen 59: 41–63

Wolf A, Jahns S (2024) Vegetationsbedeckung und Landnutzung in Eberswalde von der Völkerwanderungszeit bis in die Neuzeit. Veröffentlichungen der brandenburgischen Landesarchäologie 50: 143–156

Wulf M, Kaiser K, Mrotzek A, Geiges-Erzgräber L, Schulz L, Stockmann I, Schneider T, Kappler C, Bens O (2021) A multisource approach helps to detect a forest as a reference site in an intensively used rural landscape (Uckermark, NE Germany). iForest – Biogeosciences and Forestry 14: 426–436

Zerbe S, Brande A (2003) Woodland degradation and regeneration in Central Europe during the last 1,000 years – a case study in NE Germany. Phytocoenologia 33: 683–700

Zerbe S, Brande A, Gladitz F (2000) Kiefer, Eiche und Buche in der Menzer Heide (N-Brandenburg). Verhandlungen des Botanischen Vereins Berlin Brandenburg 133: 44–86

Brandenburg-pommersches Jungmoränengebiet innerhalb der baltischen Endmoräne (Kapitel 62)

Brande A (1985) Moorgeschichtliche Untersuchungen. In: Sukopp H, Böcker R (eds) Das Naturschutzgebiet Ziegeleigraben/Albtalweg in Reinickendorf. Im Auftrag des Senators für Bau- und Wohnungswesen (Oberste Naturschutzbehörde), Berlin, 10–50

Bussemer S, Gärtner P, Heise A, Kunkel C, Strahl J (2016) Die Entwicklung des Wandlitzer Sees und seiner Umgebung (Naturpark Barnim) seit dem ausgehenden Weichsel-Glazial. Brandenburgische Geowissenschaftliche Beiträge 23: 33–58

Bussemer S, Kunkel C, Strahl J (2013) Komplexe landschaftsgenetische und standortkundliche Studie zum Einzugsgebiet des Regenbogensees (Barnim) als Prototyp eines mesotrophen Weichwassersees Brandenburgs. Brandenburgische Geowissenschaftliche Beiträge 20: 117–123

Firbas F (1952) Das brandenburg-pommersche Jungmoränengebiet innerhalb der baltischen Endmoräne. In: Spät- und nacheiszeitliche Waldgeschichte Mitteleuropas nördlich der Alpen. Zweiter Band: Waldgeschichte der einzelnen Landschaften. Gustav Fischer, Jena, 183–192

Gärtner P (1993) Beiträge zur Landschaftsgeschichte des westlichen Barnim. Berliner Geographische Arbeiten 77: 1–121

Hesmer H (1933) Die natürliche Bestockung und die Waldentwicklung auf verschiedenartigen märkischen Standorten. Zeitschrift für Forst- und Jagdwesen 65(10–12): 505–651

Jahns S (1999) Pollenanalytische Untersuchungen am Großen Krebssee, Ostbrandenburg. Germania 77: 639–661

Jahns S (2000) Late-glacial and Holocene woodland dynamics and land-use history of the Lower Oder valley, north-eastern Germany, based on two, AMS ^{14}C dated, pollen profiles. Vegetation History and Archaeobotany 9: 111–123

Jahns S (2011) Vegetation cover and human impact during the Neolithic and Bronze Age based on pollen diagrams from Brandenburg. In: Hildebrandt-Radtke I, Czebreszuk J, Dörfler W, Müller J (eds) Anthropogenic Pressure in the Neolithic and Bronze Age in Central-European Lowlands. Studien zur Archäologie in Ostmitteleuropa 8. Rudolf Habelt, Bonn, 43–48

Jahns S (2011) Die holozäne Waldgeschichte von Brandenburg und Berlin – eine aktuelle Übersicht. Tuexenia 4: 47–55

Jahns S (2013) Zur Entwicklung der Waldbedeckung von Brandenburg und Berlin in der Nacheiszeit – Eine erste Auswertung anhand ausgewählter Pollendiagramme. In: Raab T, Raab A, Gerwin W, Schopper F (eds) Landschaftswandel – Landscape change. GeoRS Geopedology and Landscape Development Research Series 1. Brandenburg University of Technology, Cottbus, 9–24

Jahns S (2015) Bronze Age settlements reflected in pollen diagrams from Brandenburg, Eastern Germany. In: Kneisel J, Kirleis W, dal Corso M, Scholz H, Taylor N, Tiedtke V (eds) The Third Food Revolution? Setting the Bronze Age Table: Common Trends in Economic and Subsistence Strategies in Bronze Age Europe. Proceedings of the International Workshop Socio-Environmental Dynamics over the Last 12,000 Years: The Creation of Landscapes III, 15th–18th April 2011 in Kiel. Universitätsforschungen zur prähistorischen Archäologie 283. Rudolf Habelt, Bonn, 237–249

Jahns S, Christiansen J, Kirleis W, Sudhaus D (2013) On the Holocene vegetation history of Brandenburg and Berlin. In: Kadrow S, Włodarczak P (eds) Environment and subsistence – forty years after Janusz Kruk's "Settlement Studies". Studien zur Archäologie in Ostmitteleuropa 11. Rudolf Habelt, Bonn, 311–330

Jahns S, Herking C (2002) Zur holozänen und spätpleistozänen Vegetationsgeschichte im westlichen unteren Odergebiet. In: Gringmuth-Dallmer E, Leciejewicz L (eds) Forschungen zu Mensch und Umwelt im Odergebiet in ur- und frühgeschichtlicher Zeit. Römisch-Germanische Forschungen 60. Philipp von Zabern, Mainz, 33–49

Jahns S, Herking C (2002) Der menschliche Einfluß auf die Vegetation im westlichen unteren Odergebiet im Spiegel der pollenanalytischen Untersuchungen. In: Gringmuth-Dallmer E, Leciejewicz L (eds) Forschungen zu Mensch und Umwelt im Odergebiet in ur- und frühgeschichtlicher Zeit. Römisch-Germanische Forschungen 60. Philipp von Zabern, Mainz, 373–381

Jahns S, Kirleis W (2013) Die bronzezeitliche Besiedlung in Pollendiagrammen aus Brandenburg. In: Willroth KE (ed) Beiträge zur Siedlungsarchäologie und Paläoökologie des zweiten vorchristlichen Jahrtausends in Südskandinavien, Norddeutschland und den Niederlanden. Workshop vom 7. bis 9. April 2011 in Sankelmark. Studien zur nordeuropäischen Bronzezeit 1. Wachholtz, Kiel, 239–246

Jahns S, Zabel M (2003) Naturräumliche Veränderungen und Besiedlung an der unteren Oder. In: Kunow J, Müller J (eds) Archäoprognose Brandenburg I. Forschungen zur Archäologie im Land Brandenburg 8. Brandenburgisches Landesamt für Denkmalpflege und Archäologisches Landesmuseum, Brandenburg, 217–228

Jahns S, Herking C, Kloss K (2002) Landschaftsrekonstruktion entlang des westlichen unteren Oderlaufs anhand ausgewählter Pollenkurven aus acht Seeprofilen. In: Kaiser K (ed) Die jungquartäre Fluß- und Seegenese in Nordostdeutschland. Greifswalder Geographische Arbeiten 26: 153–156

Kossler A, Luckert J, Müller H, Schlaack N, Strahl J, Thieke HU, Weiss M (2004) Palynologische, malakologische und sedimentologisch-geochemische Untersuchungen an limnischen weichselspätglazial-holozänen Sedimenten des Paddenluchs, Tagebau Rüdersdorf (Brandenburg). Tagungsband und Exkursionsführer der 71. Tagung der Arbeitsgemeinschaft Norddeutscher Geologen 01.–04. Juni 2004 in Frankfurt, 71–72

Lange E (1980) Ergebnisse pollenanalytischer Untersuchungen zu den Ausgrabungen in Waltersdorf und Berlin-Marzahn. Zeitschrift für Archäologie 14: 243–248

Lange E (1992) Widerspiegelung des Landesausbaus in Pollendiagrammen aus dem Gebiet zwischen Elbe und Oder. In: Brachmann H, Vogt HJ (eds) Mensch und Umwelt, Studien zu Siedlungsausgriff und Landesausbau in Ur- und Frühgeschichte. Akademie Verlag, Berlin, 219–228

Müller HM (1961) Ein Pollendiagramm aus dem Äppelbruch bei Eberswalde. Archiv für Forstwesen 10: 809–816

Müller HM (1965) Vorkommen spätglazialer Tuffe in Nordostdeutschland. Geologie 14: 1118–1123

Müller HM (1970) Die spätglaziale Vegetationsentwicklung in der DDR. In: Jäger KD (ed) Probleme der weichsel-spätglazialen Vegetationsentwicklung in Mittel- und Nordeuropa. Voraussetzungen, Vorträge, Diskussionen und Ergebnisse einer internationalen pollenanalytischen Arbeitstagung in Frankfurt/Oder (DDR) 28.–29. März 1969. Deutsche Akademie der Wissenschaften, Berlin, 81–109

Scamoni A (1959) Der Kiefernwald in Brandenburg. Märkische Heimat 3: 26–36

Scamoni A, Lange E (1990) Die Wälder des Blumenthals – eine entwicklungsgeschichtlich-vegetationskundliche Studie. Gleditschia 18: 263–283

Schlaak N (1993) Studie zur Landschaftsgenese im Raum Nordbarnim und Eberswalder Urstromtal. Berliner Geographische Arbeiten 76: 1–160

Schlaak N (1997) Äolische Dynamik im brandenburgischen Tiefland seit dem Weichselspätglazial: Ergebnisse aus den Forschungsprojekten Ma 1425/3-1;3-2. Arbeitsberichte des Geographischen Instituts der Humboldt-Universität zu Berlin 24: 1–58

Schlaak N, Kahl J, Strahl J (2003) Sedimentologische und stratigraphische Befunde aus Uferwall und Aue: Beispiele zwischen Manschnow und Alt Tucheband. In: Schroeder JH, Brose F (eds) Führer zur Geologie von Berlin und Brandenburg 9: Oderbruch – Märkische Schweiz – Östlicher Barnim. Selbstverlag Geowissenschaftler in Berlin und Brandenburg e.V., Berlin, 71–78

Schlaak N, Luckert J, Strahl J, Thieke HU (2006) Die Entwicklung von Ackerhohlformen im Jungmoränengebiet nordöstlich von Berlin – neue Befunde von einem Soll bei Seefeld/Werneuchen. Tagungsband und Exkursionsführer der 73. Tagung der Arbeitsgemeinschaft Norddeutscher Geologen 06.–09. Juni 2006 in Halle, 37–38

Strahl J (2005) Zur Pollenstratigraphie des Weichselspätglazials von Berlin-Brandenburg. Brandenburger Geowissenschaftliche Beiträge 12: 87–112

Märkisches Gebiet außerhalb der baltischen Endmoräne (Kapitel 63)

Alaily F, Brande A, Schindler D (1997) Bodenentwicklung am Rande eines oligotrophen Moores im Raum Berlin. Mitteilungen der Deutschen Bodenkundlichen Gesellschaft 85: 1087–1090

Alaily F, Brande A (2002) Bodenentwicklung am Rande oligotropher Moore im Raum Berlin. Journal of Plant Nutrition and Soil Science 165(3): 305–312

Alaily F, Brande A (2004) Soil associations in the surroundings of oligotrophic mires in the Berlin region. International Peat Journal 12: 21–31

Benecke N, Jahns S, Wolters S (2023) Last hunter-gatherers, first farmers in Brandenburg – An archaeobiological discourse. In: Pöllath N, Battermann N, Emra S, Goebel V, Paxinos P, Schwarzenberger M, Trixl S, Zimmermann M (eds) Animals and Humans through Time and Space: Investigating Diverse Relationships. Essays in Honour of Joris Peters. Documenta Archaeobiologiae 16. Marie Leidorf, Rahden/Westfalen, 69–83

Bertsch K (1942) Lehrbuch der Pollenanalyse. Ferdinand Enke, Stuttgart

Böcker R, Brande A, Sukopp H (1986) Das Postfenn im Berliner Grunewald. Abhandlungen aus dem Westfälischen Museum für Naturkunde 48: 417–432

Böse M, Brande A (1986) Zur Entwicklungsgeschichte des Moores Alter Hof am Havelufer (Berliner Forst Düppel). Berliner-Forschungen 1: 11–42

Böse M, Brande A (1979) Zum Pleistozän der Platten des Brandenburgischen Jungmoränengebiets. Catena 6: 183–202

Böse M, Brande A (2000) Regional patterns of Holocene sand transport in the Berlin-Brandenburg area. In: Dulias R, Pelka-Gosciniak J (eds) Aeolian processes in different landscape zones. Dissertations of Faculty of Earth Sciences 5. University of Silesia and Association of Polish Geomorphologists, Sosnowiec, 51–58

Böse M, Brande A (2010) Landscape history and man-induced landscape changes in the Young Morainic Area of the North European plain – A case study from the Bäke Valley, Berlin. Geomorphology 122: 274–282

Böse M, Brande A, Rowinsky V (1993) Zur Beckenentwicklung und Paläoökologie eines Kesselmoores am Rande des Beelitzer Sanders. Berliner Geographische Arbeiten 78: 35–53

Böse M, Müller M, Brande A, Facklam M (2002) Jungdünenentwicklung und Siedlungsgeschichte auf der Glindower Platte (Brandenburg). Brandenburgische Geowissenschaftliche Beiträge 9: 45–57

Brande A (1977) Pollenanalytische Untersuchungen. In: Pachur HJ, Haberland W (eds) Untersuchungen zur morphologischen Entwicklung des Tegeler Sees (Berlin). Die Erde 108: 336–337, 339

Brande A (1977) Moorstratigraphie und Pollendiagramm Pechsee, Vegetationsgeschichte am Groß Glienicker See. In: Sukopp H (ed) Interdisziplinäre Arbeitsgruppe (Projektgruppe) Ökologie und Umweltforschung 1972–1976. Zeitschrift TU Berlin 9: 278–322

Brande A (1978/79) Die Pollenanalyse im Dienste der landschaftsgeschichtlichen Erforschung Berlins. Berliner Naturschutzblätter 65/66: 435–443, 469–475

Brande A (1979) Moorstratigraphie. In: Sukopp H, Auhagen A (eds) Die Naturschutzgebiete Großer Rohrpfuhl und Kleiner Rohrpfuhl im Stadtforst Berlin-Spandau, Teil 1. Sitzungsberichte der Gesellschaft Naturforschender Freunde zu Berlin NF 19: 120–125

Brande A (1980) Pollenanalytische Untersuchungen im Spätglazial und frühen Postglazial Berlins. Verhandlungen des Botanischen Vereins der Provinz Brandenburg 115: 21–72

Brande A (1980) Landbiozönosen p.p., Moorentwicklung p.p., Heiligensee-Entwicklung. In: Sukopp H, Blume HP, Elvers H, Horbert M (eds) Beiträge zur Stadtökologie von Berlin (West). Landschaftsentwicklung und Umweltforschung 3. Selbstverlag der TU Berlin, Berlin, 37, 78–80

Brande A (1985) Mittelalterlich-neuzeitliche Vegetationsentwicklung am Krummen Fenn in Berlin-Zehlendorf. Verhandlungen des Berliner Botanischen Vereins 4: 3–65

Brande A (1986) Stratigraphie und Genese Berliner Kleinmoore. Telma 16: 319–321

Brande A (1987) Zur Landschaftsgeschichte des Siepegraben-Gebietes. Berliner Naturschutzblätter 31: 12–20

Brande A (1987) Pollenanalysen an spät- und nacheiszeitlichen Berliner Seesedimenten. In: Pachur HJ, Röper HP (eds) Zur Paläolimnologie Berliner Seen. Berliner Geographische Abhandlungen 44: 4, 45–57, 67–99

Brande A (1988) Das Bollenfenn in Berlin Tegel. Telma 18: 95–135

Brande A (1988) Zum Stand der palynologischen Forschung im Berliner Quartär. Documenta naturae 44: 1–7

Brande A (1989/90) Die Geschichte der Buche in Berlin. Jahrbuch des Vereins für die Geschichte Berlins (Der Bär von Berlin) 38/39: 129–145

Brande A (1990) Eine Synthese zur säkularen Landschaftsentwicklung in Berlin (West). Verhandlungen des Berliner Botanischen Vereins 8: 21–31

Brande A (1990) Klimageschichte seit der Eiszeit. Wald- und Moorgeschichte. Siedlungs- und Stadtgeschichte p.p. In: Sukopp H (ed) Stadtökologie – das Beispiel Berlin. Reimer, Berlin, 22–30, 33–39

Brande A (1992) Der Lingenpfuhl – ein vegetationsgeschichtliches Archiv der Baumberge (Berlin-Heiligensee). Berliner Naturschutzblätter 36: 17–23

Brande A (1992) Palynostratigraphie. In: Böse M, Kasprzak L, Kozarski S (eds) IGCP 253 Peribaltic Group, International Symposium: Last Ice Sheet Dynamics and Deglaciation in the North European Plain, Excursion Guide. Poznań, Berlin, 73–82

Brande A (1993) Die Entwicklung der Dendroflora Brandenburgs seit der Eiszeit. Beiträge zur Gehölzkunde 1993: 77–84

Brande A (1994) Eibe und Buche im Holozän Brandenburgs. In: Lotter AF, Ammann B (eds) Festschrift Gerhard Lang. Beiträge zur Systematik und Evolution, Floristik und Geobotanik, Vegetationsgeschichte und Paläoökologie. Dissertationes Botanicae 234. Cramer, Berlin, Stuttgart, 225–239

Brande A (1995) Younger Dryas gradient in Northeastern Germany. Terra Nostra – Schriften der Alfred Wegener-Stiftung 2/95: 35–37

Brande A (1995) Moorgeschichtliche Untersuchungen im Spandauer Forst (Berlin). Schriftenreihe für Vegetationskunde 27 (Festschrift Sukopp): 249–255

Brande A (1996) Type region D-s, Berlin. In: Berglund BE, Birks HJ, Ralska-Jasieciczowa M, Wright HE (eds) Palaeoecological events during the last 15,000 years. Regional synthesis of palaeoecological studies of lakes and mires in Europe. Wiley, Chichester, 518–523

Brande A (2000) Zur Landschafts-, Vegetations- und Nutzungsgeschichte im Gebiet des Krummen Fenns (Berlin-Zehlendorf). Verhandlungen des Botanischen Vereins von Berlin und Brandenburg 133: 27–44

Brande A (2001) Pollenanalysen zur Geschichte der Spree im Unterspreewald. In: Juschus O, Das Jungmoränengebiet südlich von Berlin, Untersuchungen zur jungquartären Landschaftsentwicklung zwischen Unterspreewald und Nuthe. Dissertation, Humboldt-Universität Berlin

Brande A (2006) Brandenburger Stadtseenbecken (See- und Vegetationsgeschichte mit Pollendiagramm Breitling). In: Porada T, Kinder S (eds) Brandenburg an der Havel und Umgebung. Landschaften in Deutschland – Werte der deutschen Heimat 69. Böhlau, Köln, Weimar, Wien, 268–271

Brande A (2007) The first pollen diagram from the Hoher Fläming, Brandenburg (Germany). Vegetation History and Archaeobotany 16: 171–181

Brande A (2008) Pollenanalysen zur Geschichte der Pfaueninsel. In: Sukopp H, Sukopp S, Seiler M, Brande A (eds) Die Pfaueninsel – Botanisch-historische Exkursion am 3. Juni 2007. Verhandlungen des Botanischen Vereins von Berlin und Brandenburg 141: 233–247

Brande A (2010) Zur Landschafts-, Vegetations- und Seegeschichte. Mit einem Pollendiagramm. In: Sukopp H, Sukopp S, Mollenhauer D, Krauss M, Brande A (eds) Botanisch-historische Exkursion Tegeler See am 13.9.2009. Verhandlungen des Botanischen Vereins von Berlin und Brandenburg 143: 303–325

Brande A (2010) Palynologische Untersuchungen auf den Grabungen Biesdorf, Buch und Burgwall Spandau. Miscellanea Archaeologica 4 (Festschrift Menghin): 180–195

Brande A (2012) Pollenanalysen zur archäologischen Grabung Alt-Hermsdorf am Tegeler Fließtal in Berlin. Verhandlungen des Botanischen Vereins von Berlin und Brandenburg 145: 19–52

Brande A (2023) Die Pollenanalyse im Dienste der Archäologie und Bodendenkmalpflege Berlins. In: Landesdenkmalamt Berlin (ed) 30 Jahre Hauptstadtarchäologie – Festschrift für Karin Wagner. Beiträge zur Denkmalpflege in Berlin 59. Anton H. Konrad, Weißenhorn, 184–193

Brande A, Launhardt M (1986) Zur Entwicklungsgeschichte des Hufeisenteiches in Britz, Berlin-Neukölln. Ausgrabungen in Berlin 7: 157–164

Brande A, Schumann M (1991) Pollen- und Holzkohlenanalysen zum Problem der mittelalterlichen Teerschwelen in Düppel (Berlin-Zehlendorf). Acta praehistorica et archaeologica 23: 103–110

Brande A, Lehrkamp H (2003) Entwicklung, Bodenaufbau und Nutzung des Roten Luchs und anderer Moore der Märkischen Schweiz. In: Schroeder JH, Brose F (eds) Führer zur Geologie von Berlin und Brandenburg 9: Oderbruch – Märkische Schweiz – Östlicher Barnim. Geowissenschaftler in Berlin und Brandenburg e.V., Berlin, 249–256

Brande A, Rohner MS (2016) Das Blausteinfenn – Vegetation, Entwicklung und Schutz eines Hangmoores im Hohen Fläming. Telma 46: 83–108

Brande A, Rowinsky V (2017) Moore als Archiv – ein Inventar aus den „Fercher Bergen" bei Potsdam (Brandenburg). Telma 47: 45–74

Brande A, Böse M, Müller M, Facklam M, Wolters S (1999) The Bliesendorf soil and aeolian sand transport in the Potsdam area. GeoArchaeoRhein 3: 147–161

Brande A, Hoelzmann P, Klawitter J (1990) Genese und Paläoökologie eines brandenburgischen Kesselmoores. Telma 20: 27–54

Brande A, Deutschbein M, Rowinsky V (1991) Paläoökologie und Wiedervernässung in Berliner Kesselmooren. Telma 21: 35–55

Brande A, Müller M, Wolters S (2001) Jungholozäne Vegetations- und Moorentwicklung. In: Schroeder JH (ed) Führer zur Geologie von Berlin und Brandenburg 4: Potsdam und Umgebung. 2. erweiterte Auflage. Selbstverlag Geowissenschaftler in Berlin und Brandenburg e.V., Berlin, 95–99

de Klerk P (2006) A pollen diagram from the Teufelssee near Potsdam (C Brandenburg, NE Germany) from the legacy of Klaus Kloss. Archiv für Naturschutz und Landschaftsforschung 45: 23–35

de Klerk P (2006) Lateglacial and Early Holocene vegetation history near Hennigsdorf (C Brandenburg, NE Germany): A new interpretation of palynological data of Klaus Kloss. Archiv für Naturschutz und Landschaftsforschung 45: 37–52

de Klerk P (2007) Lateglacial and Holocene vegetation development around a terrestrialised bay of the Blankensee near Schönhagen (C Brandenburg, NE Germany) inferred from a pollen diagram of the late Klaus Kloss. Archiv für Naturschutz und Landschaftsforschung 46: 27–40

de Klerk P (2012) Lateglacial and Holocene vegetation development and fluvial dynamics in the Odra valley near the Slavic fortification/Grodisch of Wiesenau (Brandenburg, E. Germany) inferred from a pollen diagram from the legacy of Klaus Kloss. Veröffentlichungen zur brandenburgischen Landesarchäologie 45: 131–142

de Klerk P, Brumlich M (2018) Pollenanalysen an Sedimenten aus dem Rangsdorfer See zur Rekonstruktion der Vegetations- und Siedlungsgeschichte im Umfeld der Glienicker Platte mit einer hohen zeitlichen Auflösung der mittleren Bronze- bis frühen römischen Kaiserzeit (ca. 1500 BC–200 AD). In: Brumlich M (ed) Frühe Eisenverhüttung bei Glienick. Siedlungs- und wirtschaftsarchäologische Forschungen zur vorrömischen Eisen- und römischen Kaiserzeit in Brandenburg – Teil II. Berliner Archäologische Forschungen 17. Marie Leidorf, Rahden/Westfalen, 629–651

Enters D, Kirilova E, Lotter AF, Lücke A, Parplies J, Kuhn G, Jahns S, Zolitschka B (2010) Climate change and human impact at Sacrower See (NE Germany) during the past 13,000 years: A geochemical record. Journal of Palaeolimnology 43: 719–737

Firbas F (1952) Das märkische Gebiet außerhalb der baltischen Endmoräne. In: Spät- und nacheiszeitliche Waldgeschichte Mitteleuropas nördlich der Alpen. Zweiter Band: Waldgeschichte der einzelnen Landschaften. Gustav Fischer, Jena, 192–201

Giesecke T (2000) Pollenanalytische und sedimentchemische Untersuchungen zur Landschaftsgeschichte am Großen Treppelsee

(Ost-Brandenburg, Deutschland). Sitzungsberichte der Gesellschaft Naturforschender Freunde zu Berlin NF 29: 89–112

Hanik S, Jahns S (2005) Leben am Ende der Eiszeit. Der spätpaläolithische Lagerplatz Wustermark 22, Landkreis Havelland. Archäologie in Berlin und Brandenburg 2005: 29–31

Hanik S, Jahns S (2010) Untersuchungen zu Pflanzen- und Tierwelt am altsteinzeitlichen Fundplatz Wustermark 22. In: Gramsch B, Beran J (eds) Spätaltsteinzeitliche Funde von Wustermark, Fundplatz 22, Landkreis Havelland. Veröffentlichungen zur brandenburgischen Landesarchäologie 41/42: 132–137

Hein L (1931) Beiträge zur postglazialen Waldgeschichte Norddeutschlands. Pollenanalysen aus märkischen Mooren. Verhandlungen des Botanischen Vereins der Provinz Brandenburg 73: 5–83

Hesmer H (1932) Die Entwicklung der Wälder des nordwestdeutschen Flachlandes. Zugleich ein Beitrag zur Frage seiner natürlichen Waldgesellschaften. Zeitschrift für Forst- und Jagdwesen 64(10): 577–607

Hesmer H (1933) Die natürliche Bestockung und die Waldentwicklung auf verschiedenartigen märkischen Standorten. Zeitschrift für Forst- und Jagdwesen 65(10–12): 505–651

Illig H, Lange E (1992) Vegetationsgeschichtliche und vegetationskundliche Untersuchungen im Rinnental bei Schuhlen-Wiese (Lausitz). Verhandlungen des Botanischen Vereins von Berlin und Brandenburg 125: 5–18

Jacob H (1962) Die Ergebnisse der pollenanalytischen Untersuchungen auf der Schloßinsel in Berlin-Köpenick. In: Herrmann J, Köpenick – Ein Beitrag zur Frühgeschichte Groß-Berlins. Deutsche Akademie der Wissenschaften Berlin, Schriften der Sektion Vor- und Frühgeschichte 12: 98–100

Jahns S (1999) Ein holozänes Pollendiagramm vom Kleinen Mochowsee, nördliche Niederlausitz Gleditschia 27: 45–56

Jahns S (2009) Landschaftsbild im Wandel – Die Mark Brandenburg zwischen dem 11. und dem 15. Jahrhundert. In: Müller J, Neitmann K, Schopper F (eds) Wie die Mark entstand – 850 Jahre Mark Brandenburg. Forschungen zur Archäologie im Land Brandenburg 11. Brandenburgisches Landesamt für Denkmalpflege und Archäologisches Museum, Wünsdorf, 152–157

Jahns S (2011) Die holozäne Waldgeschichte von Brandenburg und Berlin – eine aktuelle Übersicht. Tuexenia 4: 47–55

Jahns S (2013) Zur Entwicklung der Waldbedeckung von Brandenburg und Berlin in der Nacheiszeit – Eine erste Auswertung anhand ausgewählter Pollendiagramme. In: Raab T, Raab A, Gerwin W, Schopper F (eds) Landschaftswandel – Landscape Change. GeoRS Geopedology and Landscape Development Research Series 1. Brandenburg University of Technology, Cottbus, 9–24

Jahns S (2015) Pollen- und Makrorestanalysen auf der Dominsel. In: Grebe K, Kirsch K, Dalitz S, Hogarth S (eds) Die Brandenburg im slawischen Mittelalter. Forschungen zur Archäologie im Land Brandenburg 16. Brandenburgisches Landesamt für Denkmalpflege und Archäologisches Museum, Wünsdorf, 279–282

Jahns S (2015) Bronze Age settlements reflected in pollen diagrams from Brandenburg, Eastern Germany. In: Kneisel J, Kirleis W, dal Corso M, Scholz H, Taylor N, Tiedtke V (eds) The Third Food Revolution? Setting the Bronze Age Table: Common Trends in Economic and Subsistence Strategies in Bronze Age Europe. Proceedings of the International Workshop Socio-Environmental Dynamics over the Last 12,000 Years: The Creation of Landscapes III, 15th–18th April 2011 in Kiel. Universitätsforschungen zur prähistorischen Archäologie 283. Rudolf Habelt, Bonn, 237–249

Jahns S (2015) Zur nacheiszeitlichen Waldgeschichte in Brandenburg anhand von Pollenanalysen. Düppel Journal – Archäologie Geschichte Naturkunde 2015: 19–22

Jahns S (2021) Zur mittelalterlichen und neuzeitlichen Vegetations- und Kulturgeschichte am Marienberg in der Altstadt von Brandenburg an der Havel. Düppel Journal Archäologie Geschichte Naturkunde 2020: 69–78

Jahns S (2022) Weinreben und Walnussbäume – Prämonstratenser auf dem Marienberg in Brandenburg an der Havel. Archäologie in Berlin und Brandenburg 2020: 83–86

Jahns S (2023) Pollenanalytische Untersuchungen am Marienberg in der Altstadt von Brandenburg an der Havel. In: Benecke N (ed) Leben in der mittelalterlichen Stadt – neue archäobiologische Forschungen. Workshop 29. November 2019, Berlin. Archäometrische Studien 2. Reichert, Wiesbaden, 161–181

Jahns S, Münch U (2008) Pollenanalytische Untersuchungen zur Siedlungsgeschichte am Gabelsee, Landkreis Oder-Spree, Brandenburg, im Vergleich mit einer archäologischen Verdachtsflächenkarte. In: Kunow J, Müller J, Schopper F (eds) Archäoprognose Brandenburg II. Forschungen zur Archäologie im Land Brandenburg 10. Brandenburgisches Landesamt für Denkmalpflege und Archäologisches Museum, Wünsdorf, 259–269

Jahns S, Kirleis W (2013) Die bronzezeitliche Besiedlung in Pollendiagrammen aus Brandenburg. In: Willroth KE (ed) Beiträge zur Siedlungsarchäologie und Paläoökologie des zweiten vorchristlichen Jahrtausends in Südskandinavien, Norddeutschland und den Niederlanden. Workshop vom 7. bis 9. April 2011 in Sankelmark. Studien zur nordeuropäischen Bronzezeit 1. Wachholtz, Kiel, 239–246

Jahns S, Knipping M (2022) Pollenanalytische Untersuchungen an kaiserzeitlichen, mittelalterlichen und neuzeitlichen Sedimenten aus Brunnen und Wasserstellen des Dorfes Horno in der Niederlausitz, Brandenburg. In: Jahns S, Hanik S, Schopper F (eds) Untersuchungen zu Lebensbedingungen, Siedlungsdynamik und menschlicher Ernährungsweise mittelalterlicher ländlicher Siedlungen in Brandenburg. Forschungen zur Archäologie im Land Brandenburg 23. Brandenburgisches Landesamt für Denkmalpflege und Archäologisches Museum, Wünsdorf, 241–252

Jahns S, Sudhaus D, Tabares X (2016) Getreide, Hanf und Heidekraut – Mittelalterliches Wirtschaften in Diepensee, Landkreis Dahme-Spreewald. Archäologie in Berlin und Brandenburg 2014: 96–101

Jahns S, Gramsch B, Kloss K (2016) Pollenanalytische Untersuchungen am mesolithischen Fundplatz Friesack 4, Landkreis Havelland, nach Unterlagen aus dem Nachlass von Klaus Kloss. In: Benecke N, Gramsch B, Jahns S (eds) Subsistenz und Umwelt der Feuchtbodenstation Friesack 4 im Havelland. Ergebnisse der naturwissenschaftlichen Untersuchungen. Arbeitsberichte zur Bodendenkmalpflege in Brandenburg 29: 25–44

Jahns S, Begemann I, Sudhaus D (2019) Zur spät- und nacheiszeitlichen Geschichte des Waldes in der Niederlausitz. Neue Beiträge zur Wald- und Forstgeschichte 1: 60–75

Jahns S, Christiansen J, Kirleis W, Sudhaus D (2013) On the Holocene vegetation history of Brandenburg and Berlin. In: Kadrow S, Włodarczak P (eds) Environment and Subsistence – Forty years after Janusz Kruk's "Settlement Studies". Studien zur Archäologie in Ostmitteleuropa 11. Rudolf Habelt, Bonn, 311–330

Jahns S, Begemann I, Greiser C, Knipping M, Michaelis D, Sudhaus D, Tabares X (2022) Vegetationsgeschichtliche und moorkundliche Untersuchungen in der Niederlausitz, Brandenburg. In: Jahns S, Hanik S, Schopper F (eds) Untersuchungen zu Lebensbedingungen, Siedlungsdynamik und menschlicher Ernährungsweise mittelalterlicher ländlicher Siedlungen in Brandenburg. Forschungen zur Archäologie im Land Brandenburg 23. Brandenburgisches Landesamt für Denkmalpflege und Archäologisches Museum, Wünsdorf, 167–202

Jahns S, Mrotzek A, Sudhaus D, Tabares X (2022) Landwirtschaft und Holznutzung des mittelalterlichen Dorfes Diepensee, Landkreis Dahme-Spreewald, im Spiegel der pollenanalytischen Untersuchungen an der Kienberger Rinne. In: Jahns S, Hanik S, Schopper F (eds) Untersuchungen zu Lebensbedingungen, Siedlungsdynamik und menschlicher Ernährungsweise mittelalterlicher ländlicher Siedlungen in Brandenburg. Forschungen zur Archäologie im Land

Brandenburg 23. Brandenburgisches Landesamt für Denkmalpflege und Archäologisches Museum, Wünsdorf, 125–141

Juschus O (2001) Das Jungmoränenland südlich von Berlin. Untersuchungen zur jungquartären Landschaftsentwicklung zwischen Unterspreewald und Nuthe. Dissertation, Humboldt-Universität Berlin

Juschus O (2003) Das Jungmoränenland südlich von Berlin. Berliner Geographische Arbeiten 95: 1–152

Kaffke A (2002) Holozäner Seespiegelanstieg und Moorwachstum durch Versumpfung – palynologische und stratigraphische Untersuchungen am Görner See (Havelland, Brandenburg). In: Kaiser K (ed) Die jungquartäre Fluß- und Seegenese in Nordostdeutschland. Greifswalder Geographische Arbeiten 26: 157–160

Kirk H (1960) Waldgeschichtliche Untersuchungen im Gebiet der Oberförsterei Siehdichum, Kreis Fürstenberg (Oder). Beiträge zur Flora und Vegetation Brandenburgs 32. Wissenschaftliche Zeitschrift der Pädagogischen Hochschule Potsdam, Mathematisch-Naturwissenschaftliche Reihe, 6(1/2): 159–170

Kirleis W, Jahns S, Dannath Y, Neef R (2024) Früher Ackerbau an der Peripherie – Die Pflanzenfunde neolithischer Fundplätze im Havelland, Brandenburg. In: Kirleis W, Hahn-Weishaupt A, Weinelt M, Jahns S (eds) Neu (im) Land – erste Bäuer:innen in der Peripherie. Der linienbandkeramische Fundplatz Lietzow 10 im Havelland, Brandenburg. Sidestone, Leiden, 119–150

Kleinmann A, Merkt J, Müller H (2002) Sedimentologische Untersuchungen an Ablagerungen des Siethener Sees und Blankensees (Brandenburg) – erste Ergebnisse. In: Kaiser K (ed) Die jungquartäre Fluß- und Seegenese in Nordostdeutschland. Greifswalder Geographische Arbeiten 26: 59–62

Kloss K (1985) Pollenanalysen zur Geschichte einer germanischen Siedlung bei Klein Köris, Kreis Königs-Wusterhausen, südöstlich Berlin. Flora 176: 439–448

Kloss K (1987) Der pollenanalytische Befund an der Fundstelle des Ur-Skeletts am Schlaatz bei Potsdam. Veröffentlichungen des Museums für Ur- und Frühgeschichte Potsdam 21: 65–67

Kloss K (1987) Pollenanalysen zur Vegetationsgeschichte, Moorentwicklung und mesolithisch- neolithischen Besiedelung im Unteren Rhinluch bei Frisack, Bezirk Potsdam. Veröffentlichungen des Museums für Ur- und Frühgeschichte Potsdam 21: 101–120

Kloss K (1987) Zur Umwelt mesolithischer Jäger und Sammler im Unteren Rhinluch bei Friesack. Veröffentlichungen des Museums für Ur- und Frühgeschichte Potsdam 21: 121–130

Kloss K (1993) Pollenanalytische Untersuchungen an zwei kaiserzeitlichen Brunnen von Phöben, Landkreis Potsdam. Veröffentlichungen des Brandenburgischen Landesmuseums für Ur- und Frühgeschichte 27: 105–111

Kloss K (1998) Auswertung der Pollenbohrung von Göttin. In: Biermann F (ed) Der mittelalterliche Töpferofen von Göttin, Stadt Brandenburg an der Havel. Ein Beitrag zur Keramik- und Siedlungsforschung der Zauche. Veröffentlichungen des Brandenburgischen Landesmuseums für Ur- und Frühgeschichte 32: 228–229

Kloss K, Welcher KP (1987) Federmesserfundplatz und anthropogene Einflüsse in einem Pollendiagramm zum Spätglazial bei Hennigsdorf, Kreis Oranienburg. Ausgrabungen und Funde 32: 54–62

Knape H, Brande A (2008) Zur Geologie im Bereich der archäologischen Grabungen in Berlin, Biesdorf-Süd. Brandenburgische Geowissenschaftliche Beiträge 15: 99–108

Krey L, Kloss K (1990) Geographische und pollenanalytische Untersuchungen des Kleinen Barsch-Sees (Bezirk Potsdam, DDR). Limnologica 21: 117–123

Lange E (1971) Beitrag zur frühgeschichtlichen Vegetationsentwicklung im Flachland der DDR. Petermanns Geographische Mitteilungen 115(1): 17–24

Lange E (1976) Zur Entwicklung der natürlichen und anthropogenen Vegetation in frühgeschichtlicher Zeit. Teil 2: Naturnahe Vegetation. Feddes Repertorium 87(6): 367–442

Lange E (1977) Das Pollendiagramm von Berlin-Blankenburg – ein Beitrag zur frühgeschichtlichen Landwirtschaft und Vegetation. Schriften zur Ur- und Frühgeschichte 30: 545–549

Lange E (1980) Ergebnisse pollenanalytischer Untersuchungen zu den Ausgrabungen in Waltersdorf und Berlin-Marzahn. Zeitschrift für Archäologie 14: 243–248

Lange E (1986) Pollenanalytische Untersuchungen von Burggrabensedimenten aus der nordwestlichen Niederlausitz – Ein Beitrag zu methodischen Fragen der Auswertung von Pollendiagrammen und zur slawischen Landwirtschaft. In: Behre KE (ed) Anthropogenic Indicators in Pollen Diagrams. Balkema, Rotterdam, Boston, 153–166

Lange E, Liebetrau U (1973) Die weichselglaziale und holozäne Talentwicklung im südlichen Jungmoränengebiet der DDR – Morphogenetisch-stratigraphische und pollenanalytische Untersuchungen im Friedländer Tal bei Beeskow. Berliner Geographische Arbeiten 54: 671–676

Lange E, Illig H, Illig J, Wetzel G (1978) Beiträge zur Vegetations- und Siedlungsgeschichte der nordwestlichen Niederlausitz. Abhandlungen und Berichte des Naturkundemuseums Görlitz 52(3): 1–80

Müller HM (1965) Vorkommen spätglazialer Tuffe in Nordostdeutschland. Geologie 14: 1118–1123

Müller HM (1965) Das Naturschutzgebiet Teufelsbruch in Berlin-Spandau. VI. Pollenanalytische Untersuchungen. Sitzungsbericht der Gesellschaft für Naturforschende Freunde zu Berlin NF 5: 113–123

Müller HM (1969) Pollenanalysen des Moosfenns. In: Arbeitsstelle Dresden, Engelmann G (eds) Werte der deutschen Heimat 15: Potsdam und seine Umgebung. Akademie Verlag, Berlin, 154–158

Müller HM (1969) Die spätpleistozäne und holozäne Vegetationsentwicklung im östlichen Tieflandbereich der DDR zwischen Nördlichem und Südlichen Landrücken. Wissenschaftliche Abhandlungen der Geographischen Gesellschaft der DDR 10: 155–165

Müller HM (1970) Die spätglaziale Vegetationsentwicklung in der DDR. In: Jäger KD (ed) Probleme der weichsel-spätglazialen Vegetationsentwicklung in Mittel- und Nordeuropa. Voraussetzungen, Vorträge, Diskussionen und Ergebnisse einer internationalen pollenanalytischen Arbeitstagung in Frankfurt/Oder (DDR) 28.–29. März 1969. Deutsche Akademie der Wissenschaften, Berlin, 81–109

Müller HM (1971) Untersuchungen zur holozänen Vegetationsentwicklung südlich von Berlin. Petermanns Geographische Mitteilungen 115: 37–45

Müller HM, Kopp D, Kohl G (1971) Pollenanalytische Untersuchungen zur Altersbestimmung von Humusauflagen einiger Bodenprofile im subkontinentalen Tieflandgebiet der DDR. Petermanns Geographische Mitteilungen 115: 25–36

Neugebauer I, Brauer A, Fräger N, Dulski P, Wulf S, Plessen B, Mingran J, Herzschuh U, Brande A (2012) A Younger Dryas varve chronology from Rehwiese palaeolake record in NE-Germany. Quaternary Science Reviews 36: 91–101

Rowinsky V (1995) Hydrologische und stratigraphische Studien zur Entwicklungsgeschichte von Brandenburger Kesselmooren. Berliner Geographische Abhandlungen 60: 1–154

Rowinsky V (2001) Spätglaziale und holozäne Klimaentwicklung am Beispiel des Großen Fercher Kesselmoores. In: Schroeder JH (ed) Führer zur Geologie von Berlin und Brandenburg 4: Potsdam und Umgebung. 2. erweiterte Auflage. Selbstverlag Geowissenschaftler in Berlin und Brandenburg e.V., Berlin, 85–95

Rubin M, Brande A, Zerbe S (2008) Ursprüngliche, anthropogene und potentielle Vegetation bei Ferch (Gemeinde Schwielowsee, Landkreis Potsdam-Mittelmark). Naturschutz und Landschaftspflege in Brandenburg 17: 14–22

Scamoni A (1950) Waldkundliche Untersuchungen an grundwassernahen Talsanden. Akademie Verlag, Berlin

Schütrumpf R (1938) Stratigraphisch-pollenanalytische Mooruntersuchungen im Dienste der Vorgeschichtsforschung. Praehistorische Zeitschrift 28/29: 158–183

Stapelfeldt T, Hanik S, Jahns S (2019) Archäologische, archäozoologische und archäobotanische Untersuchungen an einem völkerwanderungszeitlichen Brunnen der Dorfstelle Wustermark 23. In: Fischer-Schröter P (ed) Die germanische Siedlung Wustermark 23, Landkreis Havelland. Materialien zur Archäologie in Brandenburg 11. Marie Leidorf, Rahden/Westfalen, 377–387

Stoller J (1927) Moorgeologische Untersuchung im Havelländischen Luche nordwestlich von Friesack zur Feststellung des Alters einer mesolithischen Kulturschicht an der Rhinbrücke. Jahrbuch der Preußischen Geologischen Landesanstalt 48: 748–764

Strahl J (1993) Pollenanalytische Untersuchungen der Bohrung Pfauenwiesen (Pfauenwiesenbecken) südlich Biesenthal, Land Brandenburg. In: Daber R, Rüffle L, Wendt BP (eds) Pflanzen der geologischen Vergangenheit. Museum für Naturkunde der Humboldt-Universität Berlin, Berlin, 145–154

Strahl J (2005) Zur Pollenstratigraphie des Weichselspätglazials von Berlin-Brandenburg. Brandenburger Geowissenschaftliche Beiträge 12: 87–112

Strahl J (2013) Zur vegetationsgeschichtlichen Entwicklung des Sawallschen Luchs südlich Trebatsch, Landkreis Oder-Spree. Natur und Landschaft in der Niederlausitz 30: 5–32

Sudhaus D, Jahns S (2012) Zur Umwelt der mittelalterlichen Siedlung Horno. Fünf pollenanalytische Untersuchungen auf der Hornoer Hochfläche, Landkreis Spree-Neiße. Archäologie in Berlin und Brandenburg 2010: 113–115

Sukopp H, Brande A (1985) Beiträge zur Landschaftsgeschichte des Gebietes um den Tegeler See. Sitzungsberichte der Gesellschaft Naturforschender Freunde zu Berlin NF 24/25: 198–214

Werth E, Baas J (1936) Pollenanalytische Untersuchungen einiger Trockentorfe verschiedener Waldböden Nord- und Mitteldeutschlands. Planta 25(3): 315–345

Werth E, Klemm M (1936) Pollenanalytische Untersuchungen einiger wichtiger Dünenprofile und submariner Torfe in Norddeutschland. Beihefte zum Botanischen Centralblatt 55/B(1/2): 95–158

Wittkopp B, Vohberger M, Tütken T, Tabares X, Sudhaus D, Stika HP, Schütt R, Niggemeyer J, Krause-Kyora B, Jungklaus B, Jahns S, Hanik S, Grupe G, Eickhoff S, Civis G (2017) Die Nachbarn von Düppel – das mittelalterliche Dorf Diepensee. Düppel Journal Archäologie Geschichte Naturkunde 2016: 14–38

Wolf H (2004) Neue Pollenanalysen zur Vegetationsgeschichte des Potsdamer Raumes. Verhandlungen des Botanischen Vereins von Berlin und Brandenburg 137: 89–106

Wolters S (1998) Das Kienfenn – ein Beitrag zur Vegetationsgeschichte. Döberitzer Heide mit Ferbitzer Bruch 8: 21–28

Wolters S (1999) Spät- und postglaziale Vegetationsentwicklung im Bereich der Fercher Berge südwestlich von Potsdam. Gleditschia 27: 25–44

Wolters S (2000) Blasenbinse und Zwerg-Lein – Fossilnachweise verschollener Pflanzen. Döberitzer Heide mit Ferbitzer Bruch 10: 28–31

Wolters S (2002) Vegetationsgeschichtliche Untersuchungen zur spätglazialen und holozänen Landschaftsentwicklung in der Döberitzer Heide (Brandenburg). Dissertationes Botanicae 366. Cramer, Berlin, Stuttgart

Sächsische Tieflandsbucht (Kapitel 64)

Endtmann E (2012) Rekonstruktion der Vegetation eines Paläomäanders im Bereich der Pleißewiesen zwischen Windischleuba und Remsa (Thüringen, Altenburger Land) – Erste Ergebnisse. Mauritiana 23: 270–281

Firbas F (1952) Die sächsische Tieflandsbucht (außerhalb des mitteldeutschen Trockengebietes). In: Spät- und nacheiszeitliche Waldgeschichte Mitteleuropas nördlich der Alpen. Zweiter Band: Waldgeschichte der einzelnen Landschaften. Gustav Fischer, Jena, 220–223

Frenzel H (1930) Pollenanalytische Untersuchungen sächsischer Moore westlich der Elbe. Dissertation, Universität Leipzig

Frenzel H (1930) Entwicklungsgeschichte der sächsischen Moore und Wälder seit der letzten Eiszeit auf Grund pollenanalytischer Untersuchungen. Abhandlungen des Sächsischen Geologischen Landesamts 9: 5–119

Frenzel H (1932) Die nacheiszeitliche Waldgeschichte der Dresdner Heide. In: Koepert O, Pusch O (eds) Die Dresdner Heide und ihre Umgebung. Verlag C. Heinrich, Dresden-Neustadt, 40–49

Grahmann R (1934) Grundriß der Quartärgeologie Sachsens. In: Frenzel W, Radig W, Reche O (eds) Grundriß der Vorgeschichte Sachsens. Karl Richter, Leipzig, 1–60

Grahmann R, Frenzel H, Geyer F (1934) Spät- und postglaziale Süßwasserbildungen in Regis-Breitingen und die Entwicklung der Urlandschaft in Westsachsen. Mitteilungen aus dem Osterlande 22: 14–44

Gross H (1958) Zwei bemerkenswerte begrabene Moorböden aus dem Gebiet von Hainichen in Sachsen. Berichte der Geologischen Gesellschaft in der Deutschen Demokratischen Republik für das Gesamtgebiet der Geologischen Wissenschaften 3: 209–218

Hempel W (2009) Die Pflanzenwelt Sachsens von der Späteiszeit bis zur Gegenwart. Weissdorn, Jena

Jacob H (1957) Pollenanalytische Untersuchungen der Torfschichten des Göttwitzer Sees bei Wermsdorf, Bezirk Leipzig. Arbeits- und Forschungsberichte zur Sächsischen Bodendenkmalpflege 6: 317–330

Jacob H (1971) Pollenanalysen aus dem Gebiet des ehemaligen Göttwitzer Sees bei Mutzschen, Kr. Grimma. Arbeits- und Forschungsberichte zur Sächsischen Bodendenkmalpflege 19: 159–175

Lange E (1976) Zur Entwicklung der natürlichen und anthropogenen Vegetation in frühgeschichtlicher Zeit, Teil 2: Naturnahe Vegetation. Feddes Repertorium 87(6): 367–442

Lange E, Heinrich W (1970) Floristische und vegetationskundliche Beobachtungen auf dem MTB Frankenberg/Sa (5044). Hercynia 7, 63–86

Lange E, Köhler H, Müller G (1985) Zur Entwicklung des NSG „Wölperner Torfwiesen". Hercynia NF 22: 105–112

Litt T (1987) Zur Datierung begrabener Böden in holozänen Ablagerungsfolgen. Jahresschrift für mitteldeutsche Vorgeschichte 70, 177–189

Litt T (1992) Fresh investigations into the natural and anthropogenically influenced vegetation of the earlier Holocene in the Elbe-Saale Region, Central Germany. Vegetation History and Archaeobotany 1: 69–74

Litt T (1994) Paläoökologie, Paläobotanik und Stratigraphie des Jungquartärs im nordmitteleuropäischen Tiefland. Unter besonderer Berücksichtigung des Elbe-Saale-Gebietes. Dissertationes Botanicae 227. Cramer, Berlin, Stuttgart

Schneider H (2023) Palynologische Untersuchungen an zwei frühmerowingerzeitlichen Gräbern bei Zschernitzsch, Lkr. Altenburger Land. In: Spazier I (ed) Neue Archäologische Forschungen im Altenburger Land. Sonderveröffentlichungen des Thüringischen Landesamtes für Denkmalpflege und Archäologie 6. Beier & Beran, Langenweißbach, 273–275

Schneider H (2023) Palynologische Untersuchungen zur holozänen Vegetationsgeschichte des Altenburger Landes. In: Spazier I (ed) Neue Archäologische Forschungen im Altenburger Land. Sonderveröffentlichungen des Thüringischen Landesamtes für Denkmalpflege und Archäologie 6. Beier & Beran, Langenweißbach, 321–348

Schulz G (1928) Über ein postglaziales Torfprofil aus der Gegend von Zwickau. Senckenbergiana 10(3/4): 121–136

Seifert-Eulen M (2016) Die Moore des Erzgebirges und seiner Nordabdachung. Vegetationsgeschichte ausgewählter Moore. Geoprofil 14: 4–78

Weber HA (1918) Über spät- und postglaziale lakustrine und fluviatile Ablagerungen in der Wyhraniederung bei Lobstädt und Borna und die Chronologie der Postglazialzeit Mitteleuropas. Abhandlungen des Naturwissenschaftlichen Vereins zu Bremen 24: 189–267

Niederlausitzer und Niederschlesische Heide (Kapitel 65)

Bittmann F, Pasda C (1999) Die Entwicklung einer Düne während der letzten 12000 Jahre: Untersuchungsergebnisse von Groß Lieskow (Stadt Cottbus) in der Niederlausitz. Quartär 49/50: 39–54

Brande A, Klimaschewki A, Poppschötz R (2007) Spätpleistozän-holozäne Sedimentation und Vegetation im Oberspreewald (Brandenburg). In: Archäologische Gesellschaft in Thüringen e.V. (ed) Terra praehistorica. Festschrift für Klaus-Dieter Jäger. Beiträge zur Ur- und Frühgeschichte Mitteleuropas 48. Beier & Beran, Langenweißbach, 52–68

de Klerk P (2004) The pollen diagram "Repten CRep 89/2" (Niederlausitz, S Brandenburg, E Germany) from the legacy of Klaus Kloss. Archiv für Naturschutz und Landschaftsforschung 43: 9–17

de Klerk P (2005) Vegetation history and landscape development of a dune area near Uhyst (Oberlausitz, E Germany) in the Lateglacial, Early Holocene, and Late Holocene: A new interpretation of a pollen diagram of Klaus Kloss. Archiv für Naturschutz und Landschaftsforschung 44: 79–92

de Klerk P, Joosten H (2016) Vegetation history and mire development in the northwestern part of the Dubringer Moor near Hoyerswerda (Sachsen, E Germany) inferred from a pollen diagram from the legacy of Klaus Kloss. Mauritiana 30: 77–95

de Klerk P, Tietz O, Joosten H (2022) Paläoökologische Forschungen im Dubringer Moor bei Hoyerswerda (Sachsen): eine Neubearbeitung alter Daten. Berichte der Naturforschenden Gesellschaft der Oberlausitz 30: 131–148

Dinies M (2021) 6000–2000 cal BP: Hinweise auf Subsistenzstrategien in der nordöstlichen Oberlausitz anhand von Vegetationsänderungen. Ein pollenanalytischer Beitrag zum Übergang von Meso- zu Neolithikum. In: Schier W, Orschiedt J, Stäuble H, Liebermann C (eds) Mesolithikum oder Neolithikum? Auf den Spuren später Wildbeuter. Studies of the Ancient World 72. Edition Topoi, Berlin, 69–94

Dinies M (2021) Neuzeitliche Getreide- und Buchweizenäcker in Südbrandenburg – eine pollenanalytische Untersuchung. In: Hirsch F, Raab A, Raab T (eds) Beiträge zur Landnutzungsgeschichte in der Niederlausitz und im Erzgebirge. GeoRS Geopedology and Landscape Development Research Series 10. Brandenburg University of Technology, Cottbus, 30–58

Dinies M (2022) Frühneuzeitliche Getreide- und Buchweizenäcker von Gosda in Südbrandenburg. In: Schopper F (ed) Ausgrabungen im Niederlausitzer Braunkohlerevier. Arbeitsberichte zur Bodendenkmalpflege in Brandenburg 32: 273–294

Firbas F (1952) Die Niederlausitzer und Niederschlesische Heide. In: Spät- und nacheiszeitliche Waldgeschichte Mitteleuropas nördlich der Alpen. Zweiter Band: Waldgeschichte der einzelnen Landschaften. Gustav Fischer, Jena, 223–226

Firbas F, Grahmann R (1928) Über jungdiluviale und alluviale Torflager in der Grube Marga bei Senftenberg (Niederlausitz). Abhandlungen der Sächsischen Akademie der Wissenschaften zu Leipzig, Mathematisch-Naturwissenschaftliche Klasse 40(4): 1–63

Frenzel H (1930) Entwicklungsgeschichte der sächsischen Moore und Wälder seit der letzten Eiszeit auf Grund pollenanalytischer Untersuchungen. Abhandlungen des Sächsischen Geologischen Landesamts 9: 5–119

Frenzel H (1933) Pollenanalytische Untersuchungen im Neudorfer Moor bei Wittichenau. Berichte der Naturforschenden Gesellschaft Görlitz 32: 5–19

Friedrich M, Knipping M, van der Kroft P, Renno A, Schmidt S, Ullrich O, Vollbrecht J (2001) Ein Wald am Ende der letzten Eiszeit. Untersuchungen zur Besiedlungs-, Landschafts- und Vegetationsentwicklung an einem verlandeten See im Tagebau Reichwalde, Niederschlesischer Oberlausitzkreis. Arbeits- und Forschungsberichte zur Sächsischen Bodendenkmalpflege 43: 21–94

Goßler N, Jahns S, Wetzel G (2007) Archäologische Fundplätze auf Flußsedimenten. In: Archäologische Gesellschaft in Thüringen e.V. (ed) Terra praehistorica. Festschrift für Klaus-Dieter Jäger. Beiträge zur Ur- und Frühgeschichte Mitteleuropas 48. Beier & Beran, Langenweißbach, 125–146

Großer KH (1964) Die Wälder am Jagdschloß bei Weißwasser (OL). Waldkundliche Studien in der Muskauer Heide. Abhandlungen und Berichte des Naturkundemuseums Görlitz 39: 1–124

Hempel W (2006) Pflanzengeographische Stellung und mögliche postglaziale Vegetationsentwicklung der Muskauer Heide. Berichte der Naturforschenden Gesellschaft der Oberlausitz 14: 3–14

Hesmer H (1932) Die Entwicklung der Wälder des nordwestdeutschen Flachlandes. Zugleich ein Beitrag zur Frage seiner natürlichen Waldgesellschaften. Zeitschrift für Forst- und Jagdwesen 64(10): 577–607

Hesmer H (1933) Die natürliche Bestockung und die Waldentwicklung auf verschiedenartigen märkischen Standorten. Zeitschrift für Forst- und Jagdwesen 65(10–12): 505–651

Illig H, Lange E (1989) Burg und Dorf Reichwalde (Niederlausitz) – ein Beitrag zur Vegetations- und Siedlungsgeschichte. Biologische Studien Luckau 18: 21–31

Jacob H (1966) Die Ergebnisse der pollenanalytischen Untersuchungen von Material aus den Burganlagen Tornow und Vorberg. In: Herrman J (ed) Tornow und Vorberg, ein Beitrag zur Frühgeschichte der Lausitz. Schriften der Sektion Vor- und Frühgeschichte 21. Deutsche Akademie der Wissenschaften, Berlin 161–163

Jaeschke J (1937) Blütenstaubzählungen an einigen sächsischen Mooren. Forstwissenschaftliches Centralblatt 59: 541–549

Jahns S (2001) Ergebnisse der Pollenanalyse des Torfprofils von Merzdorf. Arbeitsberichte zur Bodendenkmalpflege in Brandenburg 8: 91–94

Jahns S (2004) Ein frühholozänes Pollendiagramm aus dem Tagebau Cottbus-Nord. Verhandlungen des Botanischen Vereins Berlin-Brandenburg 137: 79–87

Jahns S (2011) Die holozäne Waldgeschichte von Brandenburg und Berlin – eine aktuelle Übersicht. Tuexenia 4: 47–55

Jahns S (2014) Pollenanalytische Untersuchungen an einem Bodenprofil aus dem Dryas-Wald am Tagebau Cottbus-Nord. Arbeitsberichte zur Bodendenkmalpflege in Brandenburg 27: 169–172

Jahns S (2015) Zur nacheiszeitlichen Waldgeschichte in Brandenburg anhand von Pollenanalysen. Düppel Journal – Archäologie Geschichte Naturkunde 2015: 19–22

Jahns S, Begemann I, Sudhaus D (2019) Zur spät- und nacheiszeitlichen Geschichte des Waldes in der Niederlausitz. Neue Beiträge zur Wald- und Forstgeschichte 1: 60–75

Jahns S, Christiansen J, Kirleis W, Sudhaus D (2013) On the Holocene vegetation history of Brandenburg and Berlin. In: Kadrow S, Włodarczak P (eds) Environment and Subsistence – Forty Years after Janusz Kruk's "Settlement Studies". Studien zur Archäologie in Ostmitteleuropa 11. Rudolf Habelt, Bonn, 311–330

Kloss K (1986) Pollenanalytische Untersuchungen in einer Billendorfer Kulturschicht bei Lübben-Steinkirchen, Oberspreewald. Veröffentlichungen des Museums für Ur- und Frühgeschichte Potsdam 20: 157–160

Kloss K (1990) Beitrag zur Moor- und Vegetationsgeschichte des Dubringer Moores, Kreis Hoyerswerda, nach einem Pollendiagramm. Abhandlungen und Berichte des Naturkundemuseums Görlitz 64: 33–36

Kloss K (1991) Pollenanalytische Sondierungen in einem Uferprofil des Byhleguhrer Sees, Kr. Lübben, mit einem Siedlungshorizont der römischen Kaiserzeit. Ausgrabungen und Funde 36: 71–74

Kloss K (1991) Beitrag zur Vegetationsgeschichte und Moorgenese in einem Dünengebiet bei Uhyst, Kr. Hoyerswerda. Veröffentlichungen des Museums für Ur- und Frühgeschichte Potsdam 25: 75–77

Knipping M (2022) Pollenanalytische Untersuchungen eines Torfprofils von Großräschen im ehemaligen Tagebau Meuro. In: Schopper F, Bönisch E (eds) Ausgrabungen im Niederlausitzer Braunkohlerevier 2015/2016. Arbeitsberichte zur Bodendenkmalpflege in Brandenburg 32: 17–28

Knipping M, Renno A, Friedrich M, Ullrich O, Vollbrecht J (2001) Excursion Reichwalde. In: Guide Book INQUA Subcommission of the Eurosiberian Holocene, Late Vistulian and Early Holocene of the Region between the Spree and Odra Rivers, May 1–5, 2001 Bautzen-Dychów, 1–14

Korluß C, Methner R, Jahns S (2006) Archäologische Untersuchungen am Schlossberg in Burg (SPN). Arbeitsberichte zur Bodendenkmalpflege in Brandenburg 16: 33–57

Küster H, Warmbrunn E (2000) Paläoökologische Untersuchungen in der Oberlausitz. Arbeits- und Forschungsberichte zur Sächsischen Bodendenkmalpflege 42: 250–267

Lange E (1970) Beispiele anthropogenen Einflusses auf die Vegetationsentwicklung in frühgeschichtlicher Zeit. Mitteilungen der ostalpin-dinarischen pflanzensoziologischen Arbeitsgemeinschaft 10(2): 46–52

Lange E (1973) Pollenanalytische Untersuchungen in Tornow und Presenchen. In: Herrmann J (ed) Die germanischen und slawischen Siedlungen und das mittelalterliche Dorf von Tornow (Kreis Calau). Schriften zur Ur- und Frühgeschichte 26. Akademie Verlag, Berlin, 203–241

Lange E (1973) Pollenanalytische Untersuchung in Ragow, Kreis Calau. Zeitschrift für Archäologie 7: 86–93

Lange E (1975) Methodisches zum archäologischen Befund und zu den Ergebnissen der pollenanalytischen Untersuchungen in Ragow, Kreis Calau. In: Historiker-Gesellschaft der DDR (ed) Moderne Probleme der Archäologie. VII. Tagung der Fachgruppe Ur- und Frühgeschichte 10.–12. Mai 1973 in Dresden. Akademie Verlag, Berlin, 247–253

Lange E (1975) The development of agriculture during the first millennium A.D. Geologiska Föreningens I Stockholm Förhandlingar 97: 116–124

Lange E (1986) Pollenanalytische Untersuchungen von Burggrabensedimenten aus der nordwestlichen Niederlausitz – Ein Beitrag zu methodischen Fragen der Auswertung von Pollendiagrammen und zur slawischen Landwirtschaft. In: Behre KE (ed) Anthropogenic Indicators in Pollen Diagrams. Balkema, Rotterdam, Boston, 153–166

Lange E, Illig H (1985) Vegetationskundlich-pollenanalytische Untersuchungen in der Umgebung von Schönfeld, Kreis Calau. Veröffentlichungen des Museums für Ur- und Frühgeschichte Potsdam 19: 175–185

Lange E, Illig H, Illig J, Wetzel G (1978) Beiträge zur Vegetations- und Siedlungsgeschichte der nordwestlichen Niederlausitz. Abhandlungen und Berichte des Naturkundemuseums Görlitz 52(3): 1–80

Michaelis D, Mrotzek A (2021) Bericht zu Makrofossil- und Pollenanalysen an dem Dubringer Moor. Forschungsbericht, Universität Greifswald

Müller HM (1968) Beiträge zur Vegetationsentwicklung in der Oberlausitz. Abhandlungen und Berichte des Naturkundemuseums Görlitz 43(5): 1–11

Müller HM (1970) Die spätglaziale Vegetationsentwicklung in der DDR. In: Jäger KD (ed) Probleme der weichsel-spätglazialen Vegetationsentwicklung in Mittel- und Nordeuropa. Voraussetzungen, Vorträge, Diskussionen und Ergebnisse einer internationalen pollenanalytischen Arbeitstagung in Frankfurt/Oder (DDR) 28.–29. März 1969. Deutsche Akademie der Wissenschaften, Berlin, 81–109

Müller HM, Kopp D, Kohl G (1971) Pollenanalytische Untersuchungen zur Altersbestimmung von Humusauflagen einiger Bodenprofile im subkontinentalen Tieflandgebiet der DDR. Petermanns Geographische Mitteilungen 115: 25–36

Nowel W, Anatasow O, Erd K (1972) Neue Ergebnisse zur Dünenbewegung im Baruther Urstromtal. Zeitschrift für Angewandte Geologie 18: 410–418

Poppschütz R, Strahl J (2004) Fazies- und Pollenanalyse an einem weichselspätglazialen Flusslauf im „Oberen Spreeschwemmfächer" bei Cottbus. Berliner Geographische Arbeiten 96: 69–88

Reichel W (2000) Kaltzeitliche Zeugnisse und pollenanalytische Untersuchungen im Stadtgebiet von Neustadt in Sachsen. Sächsische Heimatblätter 6: 355–359

Schulze T (1954) Pollenanalytische Untersuchungen in der Oberlausitzer Heide (Vorläufige Mitteilung). Abhandlungen und Berichte des Naturkundemuseums Görlitz 34(1): 111–115

Schulze T (1956) Pollenanalytische Mooruntersuchungen in der Umgebung der Sumpfschanze Brohna. Arbeits- und Forschungsberichte zur sächsischen Bodendenkmalpflege 5: 287–291

Schulze T, Glotz E (1955) Das Gehängemoor bei Tränke (Oberlausitzer Heide). Eine geomorphologische, pollenanalytische und pflanzensoziologische Betrachtung. Abhandlungen und Berichte des Naturkundemuseums Görlitz 34(2): 145–162

Seifert M (1995) Die Vegetationsentwicklung des Dubringer Moores. Report. Sächsisches Landesamt für Umwelt und Geologie, Freiberg

Seifert M (1998) Vegetationsentwicklung. In: Vogel J (ed) Das Dubringer Moor. Staatliches Umweltfachamt Bautzen und Naturforschende Gesellschaft der Oberlausitz e.V., Görlitz, 16–25

Spurk M, Kromer B, Peschke P (1999) Dendrochronologische, palynologische und Radiocarbon-Untersuchungen eines Waldes aus der Jüngeren Tundrenzeit. Quartär 49/50: 34–37

Stark L (1936) Zur Geschichte der Moore und Wälder in Schlesien in postglazialer Zeit. Englers Botanisches Jahrbuch 67: 494–640

Strahl J (2005) Zur Pollenstratigraphie des Weichselspätglazials von Berlin-Brandenburg. Brandenburger Geowissenschaftliche Beiträge 12: 87–112

Ulbricht H, Brix M (1958) Vegetationskundliche Untersuchungen am Südrande des norddeutschen Kiefernwaldes, dargestellt am Halbendorfer Forstrevier (Oberlausitz). Wissenschaftliche Zeitschrift der Technischen Hochschule Dresden 7(3): 455–469

Voigt R (2011) Ein Pollenprofil bei Striesow in der Spreeaue. Arbeitsberichte zur Bodendenkmalpflege in Brandenburg 21: 39–47

Warmbrunn E (2000) Vegetationsveränderungen in der nördlichen Oberlausitz seit der letzten Eiszeit. Dissertation, Ludwig-Maximilians-Universität München

Woitschach G (1889) Bericht über einige Moore Niederschlesiens. Jahresbericht der Schlesischen Gesellschaft für Vaterländische Cultur 66: 169–173

Zeitz J (2014) Erfordernisse des Bodenschutzes In: Luthardt V, Zeitz J (eds) Moore in Berlin und Brandenburg. Natur und Text, Rangsdorf, 200–207

MIX
Papier aus verantwortungsvollen Quellen
Paper from responsible sources
FSC® C105338

If you have any concerns about our products,
you can contact us on
ProductSafety@springernature.com

In case Publisher is established outside the EU,
the EU authorized representative is:
**Springer Nature Customer Service Center GmbH
Europaplatz 3, 69115 Heidelberg, Germany**

Printed by Libri Plureos GmbH
in Hamburg, Germany